高等学校电子信息类系列教材

西安电子科技大学教材建设基金资助项目

工程制图与计算机绘图

（含习题集）

（第四版）

许社教　主　编

程培涛　副主编

西安电子科技大学工程图学教研组　编

西安电子科技大学出版社

内容简介

本书以培养学生绘制和阅读工程图样的能力为主要目的，注重培养使用绘图软件绘制工程图样和建立三维几何模型的能力。除绪论以外，本书包括制图的基本知识，投影法及点、直线和平面的投影，立体、截交线及切口，相贯线，组合体，轴测图，机件的各种表达方法，标准件与连接，常用件，零件图，公差与配合、几何公差简介，装配图，电子设备图，计算机二维绘图，计算机三维建模及绘图等15章，以及附录(AutoCAD上机指导)和参考文献。为便于教学，本书配有习题集。

本书可作为高等工科院校电子类及应用理科类各专业的教学用书，亦可供机械和电子行业的工程技术人员参考。

图书在版编目（CIP）数据

工程制图与计算机绘图 ：含习题集 / 许社教主编. --4 版. -- 西安 ：西安电子科技大学出版社，2024. 8. -- ISBN 978-7-5606-7369-1

Ⅰ. TB23-44；TP391. 72-44

中国国家版本馆 CIP 数据核字第 2024HR0326 号

责任编辑　刘小莉
出版发行　西安电子科技大学出版社（西安市太白南路 2 号）
电　　话　(029) 88202421　88201467　　邮　　编　710071
网　　址　www. xduph. com　　电子邮箱　xdupfxb001@163. com
经　　销　新华书店
印刷单位　陕西天意印务有限责任公司
版　　次　2024 年 8 月第 4 版　2024 年 8 月第 1 次印刷
开　　本　787 毫米×1092 毫米　1/16　印张 40. 25
字　　数　785 千字
定　　价　99. 00 元
ISBN 978-7-5606-7369-1
XDUP 7670004-1

前　言

本书第一版为原电子工业部制定的《1996—2000年全国电子信息类专业教材编审出版规划》中的规划教材，由机械电子工程专业教学指导委员会审定。第一版教材于2000年4月出版，王鹏程任主编，参加编写的同志有王鹏程、许社教、时其昌、陆丙、璩柏青、方福仂、付林泉、牛林富、杜淑幸、严惠娥。

本书第二版于2004年6月出版，许社教任主编，参加编写的同志有许社教、时其昌、陆丙、璩柏青、方福仂、牛林富、杜淑幸、严惠娥、杜美玲、黄曜玥。

本书第三版于2012年6月出版，许社教任主编，参加编写的同志有许社教、程培涛、赵泽、张志华、刘小院、王云超、张建国、璩柏青、杜美玲、严惠娥、杜淑幸、亿珍珍、杜敬利。

制图课教学长期以来存在难教难学的问题，主要原因在于教学理论不充分。本次教材修订加入了编者长期研究并成功实践的教学理论，如体投影的面投影堆集理论、曲面投影的半曲面概念、形体分析法的分解组合理论、组合体尺寸标注的定位元素理论、装配图的基本装配关系驱动绘制理论等，以求破解制图课程难教难学的困局。

除此之外，其他方面的修订有：

(1) 增加了“直线与点的相对位置及其投影特性”“直线与平面相交”“平面与特殊平面相交”等内容，以使教材知识点和内容逻辑关系完整；

(2) 计算机绘图部分除介绍AutoCAD外，增加了SolidWorks三维建模，以适应复杂或专业的三维建模，两个软件均使用最新版本2023版；

(3) 贯彻最新的制图及相关国家标准，如剖面区域表示法、公差与配合、材料牌号等；

(4) 为加强计算机绘图实践环节，增加了附录——AutoCAD上机指导。

本版教材由许社教任主编并统稿，程培涛任副主编。参加本次教材编写和修订的人员有：许社教(绪论、第3章、第5章、第7章、第13章)、史宝全(第1章)、张建国(第2章)、张志华(第3章)、刘小院(第4章、第15章)、王云超(第5章)、连培园(第6章)、杜美玲(第8章)、严惠娥(第9章、第11章)、杜淑幸(第10章)、亿珍珍(第12章)、程培涛(第14章)、秦萌(第15章、附录)。

在此，特别感谢西安电子科技大学出版社对本书出版的一贯支持和责任编辑为本书出版所付出的辛劳。

由于编者水平所限，书中难免有疏漏之处，殷切希望广大读者提出批评意见和建议，并及时反馈给我们(E-mail：shejxu@sina. com)。

编　者

2024年3月

目　录

绪　论

在现代化的工业生产中，各种机器、仪表及设备都是按照工程图样进行生产的。图样以图形为主，包括尺寸、符号以及必要的文字说明，是设计与生产过程中的重要技术资料。在生产活动中，人们离不开图样，就如同在生活中离不开语言一样，它是交流设计思想、表达设计要求的一种重要工具，因而工程图样被公认为工程界的“语言”是非常确切的。

电子类专业的学生为什么要学习工程制图呢？这是因为电子产品中的“电”（线路）和“机”（结构）是密不可分的，“电”依附在“机”上。在设计和制造电子产品时，不仅需要有表达电原理的线路图，还必须有表达机械结构的机械图。没有合理的结构设计，不可能制造出优秀的电子产品。电子线路专业人员必须具备必要的结构知识，才能有效地与结构设计人员交流设计意图。因此，电子线路专业人员具备看懂产品结构图样和绘制一定复杂程度机械图样的能力是十分必要的。

工程制图是高等工科院校培养高级工程技术人才的一门必修的技术基础课，学习本课程的目的主要是培养学生绘制和阅读机械图样的能力。应该特别指出，这种能力的培养是高等工科院校进行基本工程技术训练的重要组成部分。

本课程是一门实践性很强的技术基础课。在学习过程中，要掌握好工程制图的基本知识和基本理论，加强基本技能的训练，紧密联系生产实际，多看、多画、多想，着重画图、读图的实践，多在完全理解“图形”含义上下工夫，这是学好本课程的最基本点。用平面图形表达空间物体是本课程的基本特征，因此，在学习中既要重视物体几何关系的空间分析，又要重视正投影法中的各种作图方法。在学习过程中，应树立“严格遵守标准”的观念。工程图样既然是一种语言，就有不容违反的“语言规范”，即《技术制图》《机械制图》国家标准和各有关规定，在学习和实践中要自始至终给予重视并认真贯彻。

工程图样是生产不断发展的产物。随着生产的发展，图样也将不断更新和完善，以适应新的形势。20 世纪 50 年代后期，计算机绘图的出现是设计、绘图的一个飞跃，它标志着计算机对人的辅助作用，其使用范围日趋广泛。然而，工程技术人员在计算机面前并没有，也永远不会“相形见绌”，他们在绘图、读图方面所具有的丰富经验，是驾驭计算机绘图的重要条件。

本书根据当代电子信息科学技术的发展和 21 世纪教学内容与课程体系改革的要求，加强了计算机绘图的内容，要求学生不仅具备一定的计算机绘图知识，而且能用绘图软件绘制一定复杂程度的工程图样和建立三维几何模型。

01

第1章　制图的基本知识

工程图样是设计和制造产品过程中的重要技术资料，是工程界的一种共同语言，因此，对工程图样的内容、画法、格式等必须作出统一的规定。国家标准《技术制图》《机械制图》是我国的重要技术标准，它统一规定了一些画图规则，要求有关部门遵照执行。我们要认真学习和严格执行国家标准(代号GB)的有关规定。本章介绍了国家标准《技术制图》《机械制图》中的部分内容，同时也介绍了绘图工具的正确使用方法和一些基本绘图方法。

1.1　国家标准《技术制图》《机械制图》的基本规定

在国家标准中，对图纸幅面、比例、字体、图线和尺寸等基本内容均作了规定，下面分别加以介绍。

一、图纸幅面及格式(GB/T 14689—2008)

1. 图纸幅面尺寸

绘制图样时，应优先采用表1-1所规定的基本幅面。其中，B为图纸短边尺寸，L为图纸长边尺寸；a、c、e的含义见图1-1～图1-4。必要时，可以按规定加长幅面。加长幅面的尺寸是由基本幅面的短边成整数倍增加后得出的。

表1-1　图纸幅面尺寸　　单位：mm

<table>
<tr><td>幅面代号</td><td>A0</td><td>A1</td><td>A2</td><td>A3</td><td>A4</td></tr>
<tr><td>$B\times L$</td><td>841×1189</td><td>594×841</td><td>420×594</td><td>297×420</td><td>210×297</td></tr>
<tr><td>e</td><td colspan="2">20</td><td colspan="3">10</td></tr>
<tr><td>c</td><td colspan="3">10</td><td colspan="2">5</td></tr>
<tr><td>a</td><td colspan="5">25</td></tr>
</table>

2. 图框格式

(1) 在图纸上必须用粗实线画出图框，其格式分为留有装订边和不留装订边两种，但同一产品的图样只能采取一种格式。

（2）留有装订边的图纸，其图框格式如图1-1、图1-2所示，尺寸按表1-1的规定。

（3）不留装订边的图纸，其图框格式如图1-3、图1-4所示，尺寸按表1-1的规定。

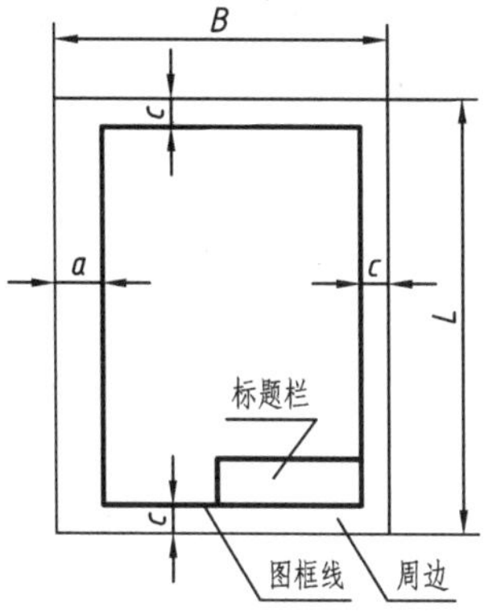

图1-1　A4竖放（留装订边）

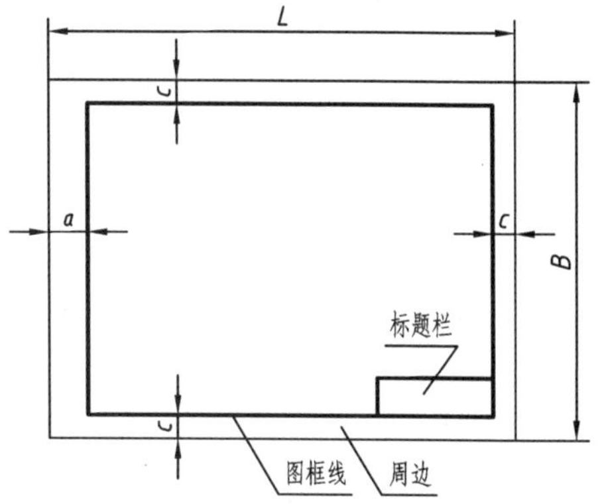

图1-2　A0～A3横放（留装订边）

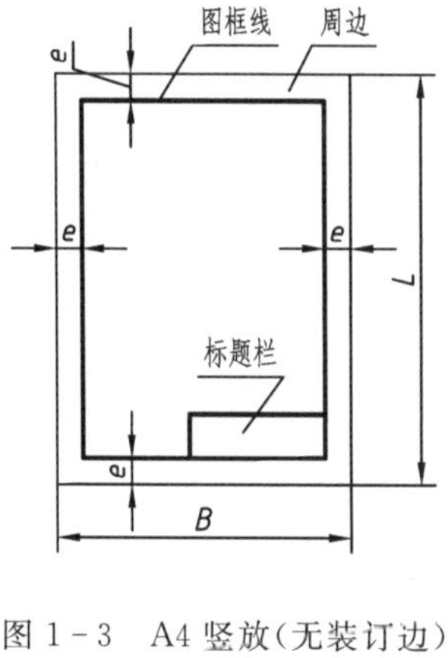

图1-3　A4竖放（无装订边）

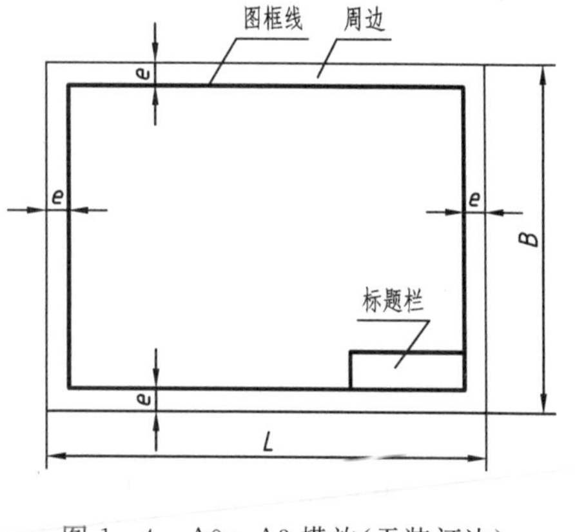

图1-4　A0～A3横放（无装订边）

3. 对中符号

为了复制或缩微摄影的方便，可采用对中符号。对中符号是从周边画入图框内约5 mm的一段粗实线，如图1-5所示。

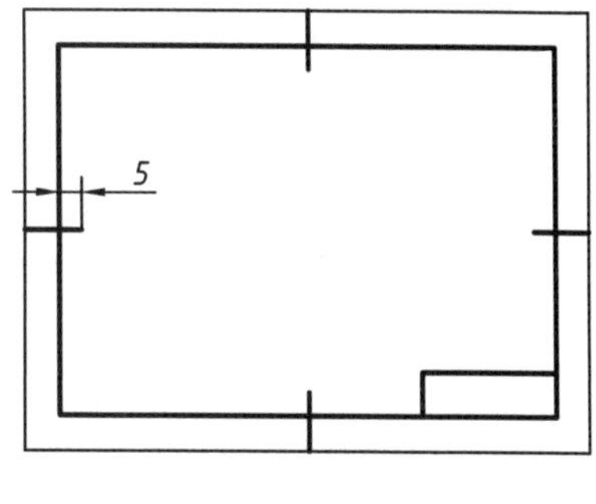

图1-5　图纸的对中符号

4. 标题栏及其方位

每张图纸上都必须画出标题栏。通常沿看图方向看去，标题栏应位于图纸的右下角，标题栏中的文字方向与看图方向一致。

绘制工程图样时，标题栏格式和尺寸应按《GB/T 10609.1—2008 技术制图标题栏》中的规定绘制。在制图作业中，对于零件图，建议采用图1-6所示的简化标题栏格式；对于装配图，建议采用图1-7所示的简化标题栏及明细表格式。

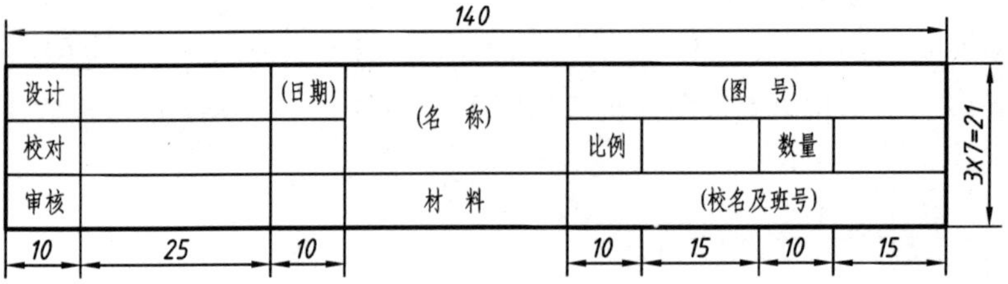

图 1-6 简化标题栏

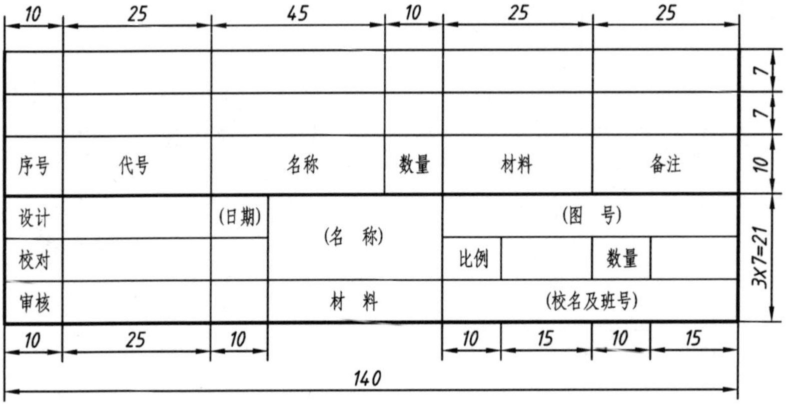

图 1-7 简化标题栏及明细表

5. 图幅分区

图幅分区编号后，便于查找视图内详细结构、标注内容及修改处等，图幅分区如图 1-8 所示。

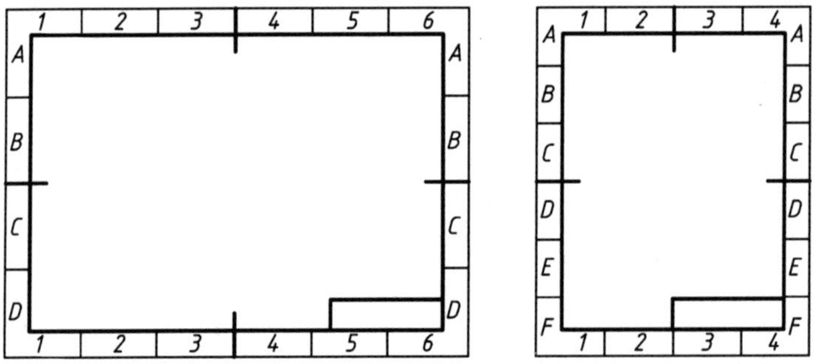

图 1-8 图幅分区

图幅分区的数目按图样的复杂程度来确定，但应是偶数。分区线为细实线，每一分区的长度应在 25～75 mm 之间选取。

在分区内，按标题栏长边方向从左到右用阿拉伯数字依次编写，按标题栏短边方向从上到下用大写拉丁字母依次编写。编写顺序应从图纸的左上角开始，并在对应的边上重编写一次。分区代号由拉丁字母和阿拉伯数字组合而成，字母在前、数字在后并排书写，如 B3、D4 等。

二、比例(GB/T 14690 — 1993)

图样中图形与其实物相应要素的线性尺寸之比称为比例。图样的比例分为原值比例、放大比例和缩小比例。

(1) 原值比例：比值为 1 的比例，即 1∶1。

(2) 放大比例：比值大于 1 的比例，如 2∶1 等。

(3) 缩小比例：比值小于 1 的比例，如 1∶2 等。

需要按比例绘制图样时，应从表 1 - 2 规定的优先比例中选取适当的比例。必要时，也允许选取表 1 - 3 中的比例。

表 1 - 2　优 先 比 例

种　类	比　例		
原值比例	1∶1		
放大比例	5∶1 $5\times10^{n}:1$	2∶1 $2\times10^{n}:1$	 $1\times10^{n}:1$
缩小比例	1∶2 $1:2\times10^{n}$	1∶5 $1:5\times10^{n}$	1∶10 $1:1\times10^{n}$

注：*n* 为正整数。

表 1 - 3　允 许 比 例

种　类	比　例				
放大比例		4∶1 $4\times10^{n}:1$		2.5∶1 $2.5\times10^{n}:1$	
缩小比例	1∶1.5 $1:1.5\times10^{n}$	1∶2.5 $1:2.5\times10^{n}$	1∶3 $1:3\times10^{n}$	1∶4 $1:4\times10^{n}$	1∶6 $1:6\times10^{n}$

注：*n* 为正整数。

在选取比例时，最好选用 1∶1 的原值比例，以便于直接从图中看出实物的真实大小。由于物体的大小及其结构的复杂程度不同，画图时对大而简单的物体，宜采用缩小的比例，如1∶2；对小而复杂的物体，宜采用放大的比例，如 2∶1。对同一物体的各个视图应采用相同的比例，并在标题栏“比例”一栏中填写所用的比例。当零件某部位上有较小或比较复杂的结构需用不同比例绘制时，必须另行标注，如图1 - 9所示。

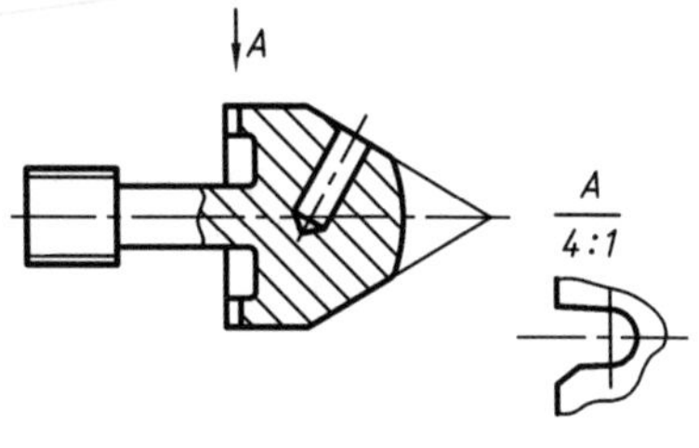

图 1 - 9　不同比例的标注

三、字体(GB/T 14691 — 1993)

图样中的字体包括汉字、字母和数字。字体的尺寸和书写要求如下：

(1) 图样中书写的字体必须做到：字体工整、笔画清楚、间隔均匀、排列整齐。

(2) 字体高度(用 h 表示)的公称尺寸系列为 1.8、2.5、3.5、5、7、10、14、20 mm。字体的高度代表字体的号数。

(3) 汉字应写成长仿宋体，并应采用国家正式公布推行的简化字。汉字的高度不应小于 3.5 mm，其字宽一般为 $h/\sqrt{2}$ 。

(4) 字母和数字分 A 型和 B 型。A 型字体的笔画宽度为字高(h)的 1/14，B 型字体的笔画宽度为字高(h)的 1/10。在同一图样上，只允许选用一种型式的字体。一般采用 A 型字体。

(5) 字母和数字可写成斜体或直体。斜体字字头向右倾斜，与水平基准线成 75°。但是，量的单位、符号一定是直体。

(6) 用作指数、分数、极限偏差、注脚等的数字或字母，一般采用小一号的字体。

(7) 字体示例：

① 长仿宋体汉字示例：

10号

字体工整　　笔画清楚

间隔均匀　　排列整齐

7号

横平竖直注意起落结构均匀填满方格

5号

技术制图机械电子汽车航空船舶土木建筑矿山井坑港口纺织服装

3.5号

螺纹齿轮端子接线飞行指导驾驶舱位挖填施工引水通风闸阀坝棉麻化纤

② 拉丁字母示例：

大写斜体

ABCDEFGHIJKLMN

OPQRSTUVWXYZ

小写斜体

abcdefghijklmn

opqrstuvwxyz

③ 阿拉伯数字示例：

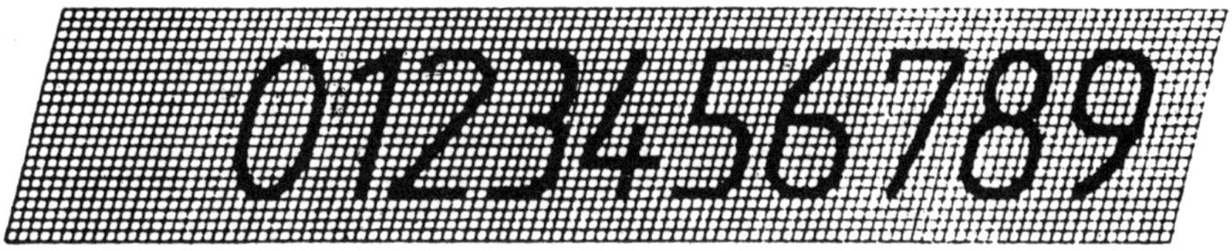

④ 罗马数字示例：

斜体

⑤ 希腊字母示例：

大写斜体　　　　小写斜体

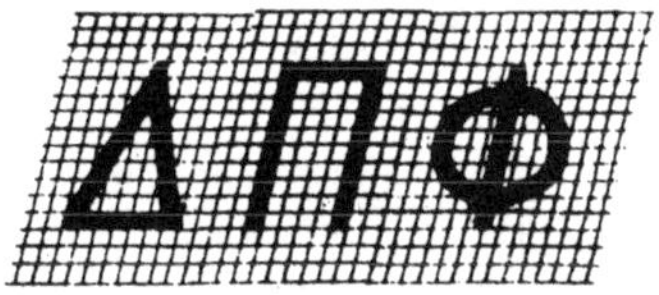

⑥ 字体的应用示例：

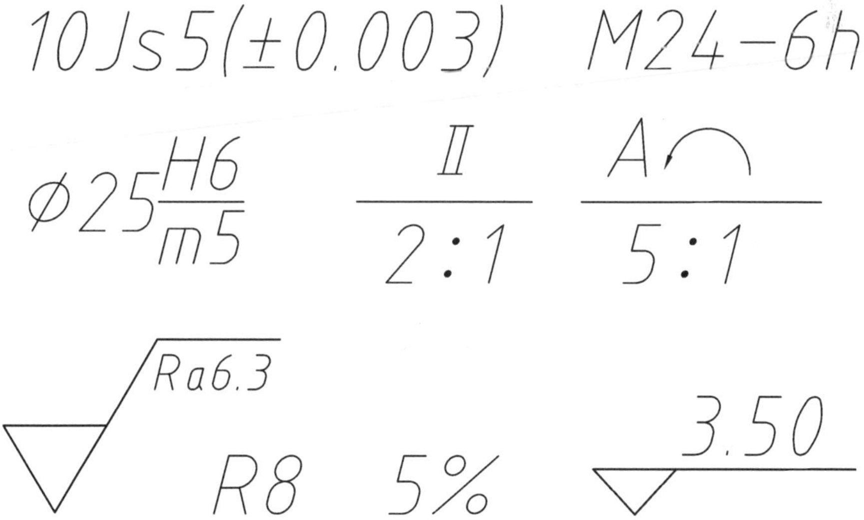

四、图线(GB/T 4457.4—2002)

图线是起点和终点以任意方式连接的一种几何图形，它可以是直线或曲线、连续线或不连续线。

1. 图线型式及应用

绘制图样时，各种图线的名称、型式、代号、宽度以及在图上的一般应用见表 1-4。各种图线在图形上的应用如图 1-10 所示，后面章节中还有进一步的阐述。

表 1-4 图线型式及其应用

序号	名称	图线型式及代号	图线宽度	一般应用
1	粗实线	━━━━━━ A	d	A1 可见轮廓线及可见棱边线(图 1-10(a)) A2 相贯线 A3 螺纹牙顶线 A4 螺纹终止线 A5 剖切符号用线
2	细实线	———————— B	$d/2$	B1 尺寸界线及尺寸线(图 1-10(a)) B2 过渡线(图 1-10(b)) B3 剖面线(图(1-10(a)) B4 重合断面轮廓线(图 1-10(a)) B5 指引线和基准线 B6 螺纹牙底线 B7 表示平面的对角线 B8 投影线
3	波浪线	C	$d/2$	C1 断裂处的边界线(图 1-10(a)) C2 视图与剖视的分界线(图 1-10(a))
4	双折线	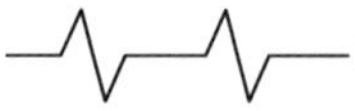 D	$d/2$	D1 断裂处的边界线(图 1-10(a))
5	细虚线	- - - - - - - - E	$d/2$	E1 不可见轮廓线及不可见棱边线(图 1-10(a))
6	粗虚线	━ ━ ━ ━ ━ ━ ━ F	d	F1 允许表面处理的表示线
7	细点画线	———— · ———— G	$d/2$	G1 轴线(图 1-10(b)) G2 对称中心线(图 1-10(a)) G3 孔系分布的中心线 G4 齿轮的分度圆线 G5 剖切线
8	粗点画线	━━━━ · ━━━━ J	d	J1 限定范围表示线(如限定测量热处理表面的范围)
9	细双点画线	———— · · ———— K	$d/2$	K1 相邻辅助零件的轮廓线(图 1-10(a)) K2 极限位置的轮廓线(图 1-10(a)) K3 轨迹线(图 1-10(a)) K4 中断线

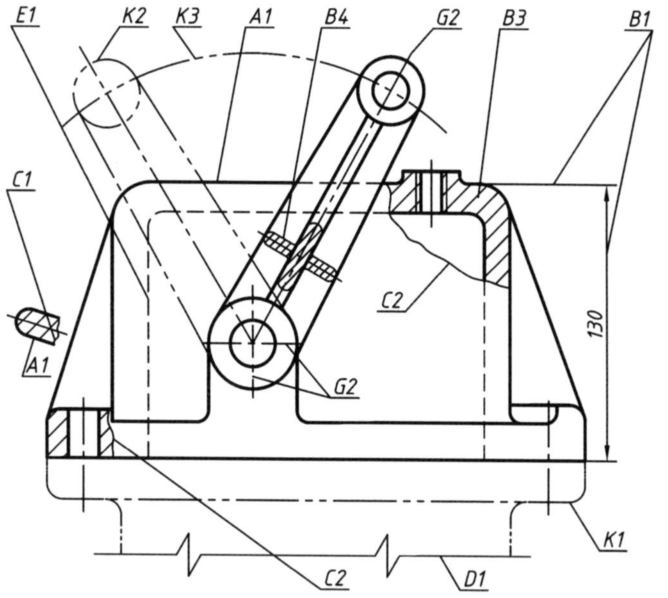

(*a*)

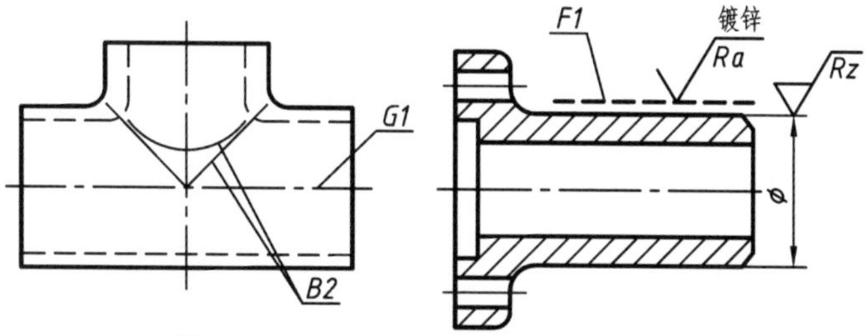

(*b*)　　(*c*)

图 1－10　图形上各种图线应用示例

2. 图线的画法

(1) 图线的宽度应根据图样的类型、尺寸大小和复杂程度在下列组别中选择，该组别数据的公比为$\sqrt{2}$(≈1.4)：

0.25，0.35，0.5，0.7，1，1.4，2 (mm)

其中，0.5 mm、0.7 mm 为优先采用的图线组别。

在机械图样中采用粗细两种线宽，它们之间的比例为 2∶1。

(2) 在同一图样中，同类图线的宽度应一致，同类线型(如细虚线、细点画线、细双点画线)的线段长度和间隔应各自大致相等，建议在图 1－11 所示的范围内选取。

(3) 细点画线和细双点画线的两端均应为线段。它们彼此相交以及与细虚线或其他图线相交处都应是线段，而不应该是间隔。当细虚线是实线的延长线时，相接处应留出空隙，如图 1－12 所示。

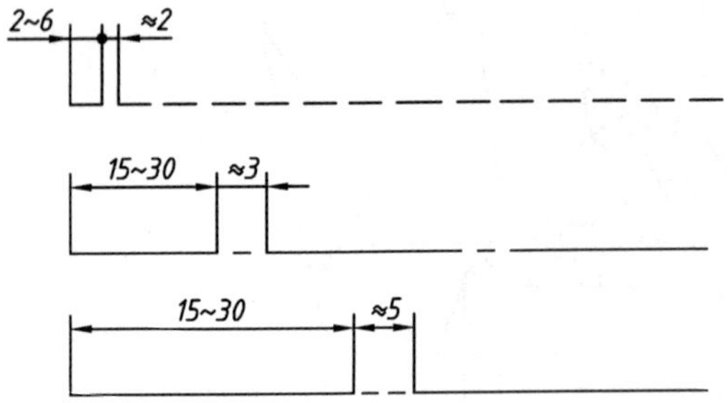

图 1-11 细虚线、细点画线和细双点画线的规格

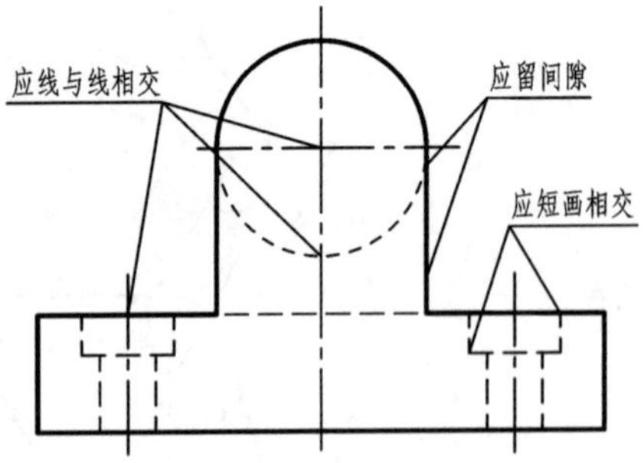

图 1-12 细虚线、细点画线等在相交处的画法

(4) 两平行线(包括剖面线)之间的距离应不小于图线的两倍宽度，其最小距离不得小于 0.7 mm。

(5) 对称图形的对称中心线应超出其轮廓线 2～5 mm，如图 1-13(*a*)所示。在较小的图形上绘制点画线或双点画线有困难时，可用细实线来代替，如图 1-13(*b*)所示。

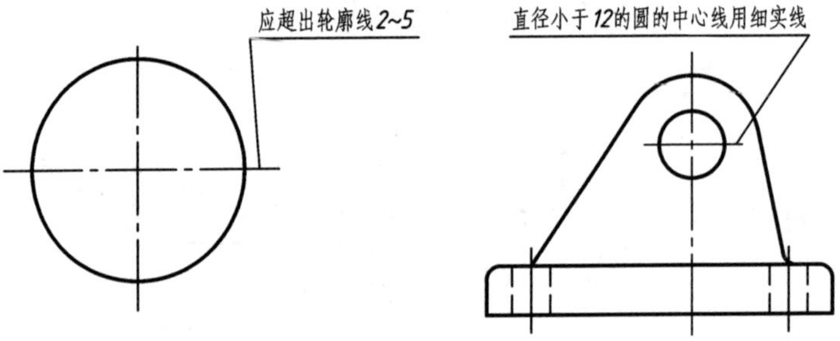

(*a*) (*b*)

图 1-13 中心线的画法

五、尺寸注法(GB/T 4458.4—2003)

图形只能表达零件的形状，而零件的大小还需通过标注尺寸才能确定。标注尺寸是一项极为重要的工作，必须认真细致，一丝不苟。

1. 基本规则

(1) 零件的真实大小应以图样上所注的尺寸数值为依据，与图形的大小及绘图的准确度无关。

(2) 图样(包括技术要求和其他说明)中的尺寸以毫米为单位时，不需标注其计量单位的代号或名称。如果采用其他单位，则必须标注。

(3) 零件的每一尺寸，一般只标注一次，并应标注在表示该结构最清晰的图形上。

图样上标注的每一个尺寸，一般由尺寸界线、尺寸线、尺寸线终端(箭头或斜线，机械图样常用箭头，本书尺寸线终端采用箭头形式)和尺寸数字四个要素组成，其相互间的关系如图 1-14(*a*)所示。

尺寸界线用以表示尺寸的范围。

尺寸线用以表示尺寸的方向。

尺寸数字用以表示尺寸的大小。

箭头用以表示尺寸的起讫。

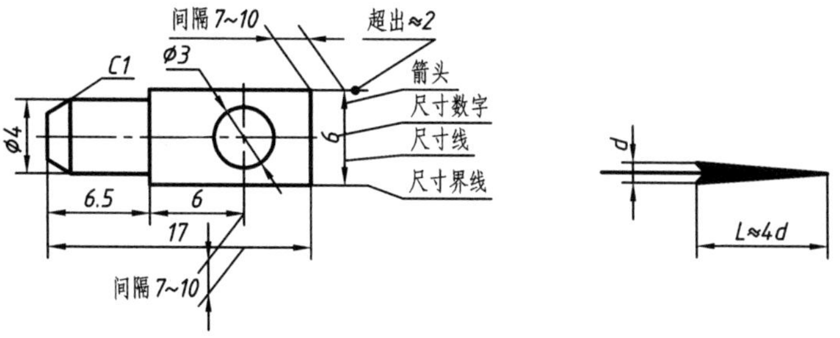

(a)　(b)

图 1-14　尺寸要素

2. 尺寸要素的画法及标注规定

(1) 尺寸界线：尺寸界线用细实线画出，也可用轮廓线、棱边线、轴线或中心线代替，一般应与尺寸线垂直并超出尺寸箭头的末端约 2～3 mm。

(2) 尺寸线：尺寸线必须用细实线单独画出，不能用其他的图线代替或画在其延长线上。标注直线尺寸时，尺寸线必须与所标注的线段平行。当有几条互相平行的尺寸线时，大尺寸要注在小尺寸的外面，以免尺寸线与尺寸界线相交。在圆及圆弧上标注尺寸时，尺寸线一般应通过圆心。

(3) 尺寸数字：沿看图方向，尺寸数字一般标注在尺寸线的上方或中断处(仅限垂直尺寸和倾斜尺寸的标注)，当位置不够时也可标注在外面或引出来标注。尺寸数字不可被任何图线所通过，当无法避免时，必须将图线断开。

(4) 箭头：箭头宽度与粗实线等宽，长度是宽度的 4 倍，如图 1-14(*b*)所示。箭头应指到尺寸界线，在同一图纸上所有尺寸箭头的大小应基本相同。

3. 常用的尺寸注法

(1) 线性尺寸注法：标注线性尺寸数字时，规定要顺着尺寸线方向写。水平方向的数字头朝上；垂直方向的数字头朝左；倾斜方向的数字应取字头偏上，并尽量避免在与垂直中心线成 30°角范围内标注尺寸；当无法避免时，可按图 1-15 所示的引出形式标注。

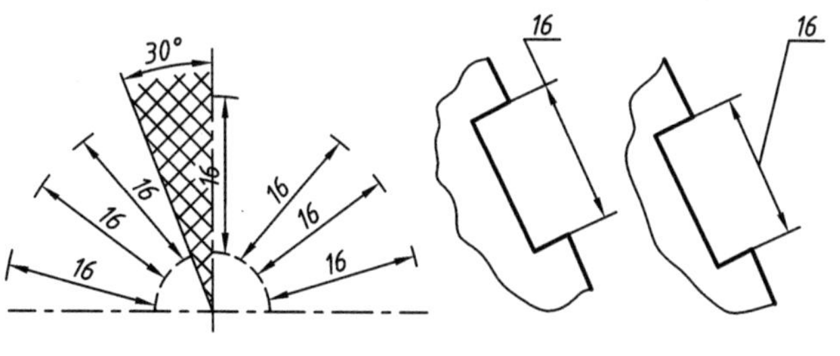

图 1-15　线性尺寸的数字方向

(2) 角度尺寸注法：尺寸界线应沿径向引出。尺寸线应画成圆弧，圆心是角的顶点。尺寸数字一律水平书写，一般注在尺寸线的中断处，必要时可写在尺寸线上方或外面，也可引出标注，如图 1-16 所示。

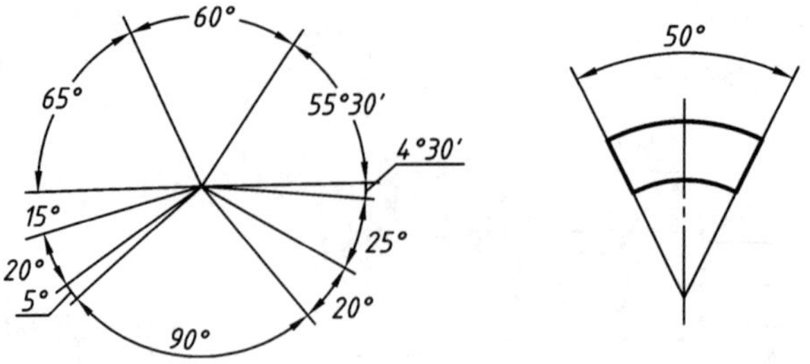

图 1-16　角度尺寸注法

(3) 圆和圆弧尺寸注法：注写圆或圆弧的直径或半径尺寸时，在尺寸数字之前应分别加直径符号“ϕ”、半径符号“R”。对小于或等于半圆的圆弧标注半径尺寸，对大于半圆的圆弧标注直径尺寸。在圆或圆弧上标注尺寸时，尺寸线一般应通过圆心，如图 1-17 所示。

当圆弧半径过大或在图纸范围内无法标出其圆心位置时，可按图 1-18(*a*)的形式标注。如无需标出其圆心位置，则可按图 1-18(*b*)的形式标注。

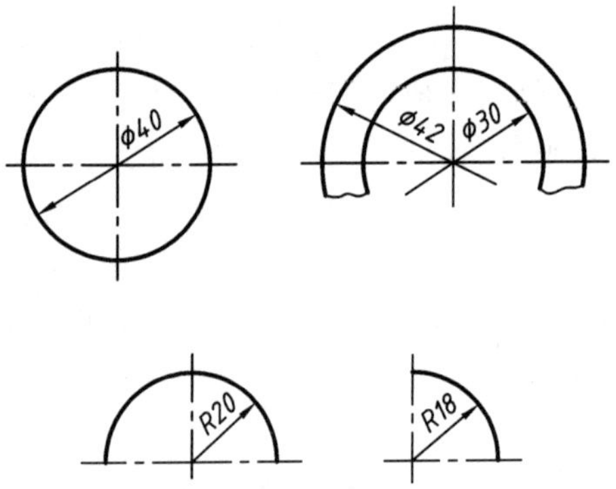

图 1-17　圆和圆弧尺寸注法

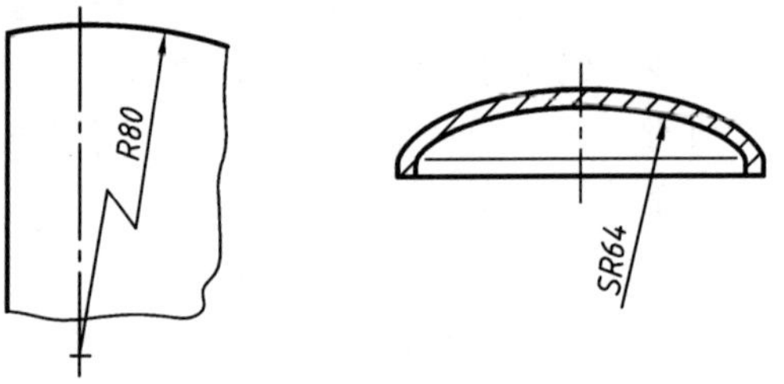

(*a*)　(*b*)

图 1-18　大圆弧尺寸的注法

(4) 小尺寸注法：对于小线性尺寸、小圆尺寸和小圆弧尺寸，当没有足够位置画箭头或写数字时，可按图 1-19 所示的形式标注尺寸。

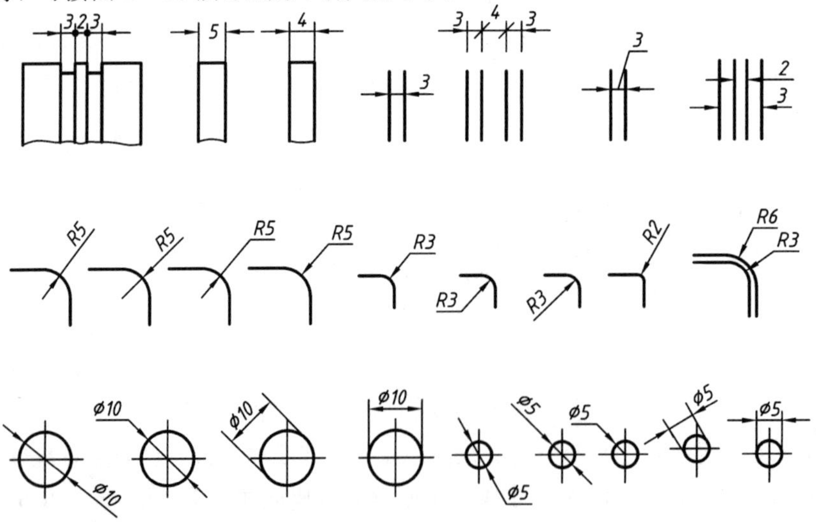

图 1-19　小尺寸注法

（5）球面尺寸注法：标注球面的直径或半径尺寸时，应在符号“ϕ”或“R”前加注符号“S”，如图 1－20 所示。

（6）圆弧和弦长尺寸注法：标注弦长尺寸时，尺寸界线应平行于弦的垂直平分线；标注弧长尺寸时，尺寸线用圆弧，尺寸数字上方应加注符号“⌒”，如图 1－21 所示。

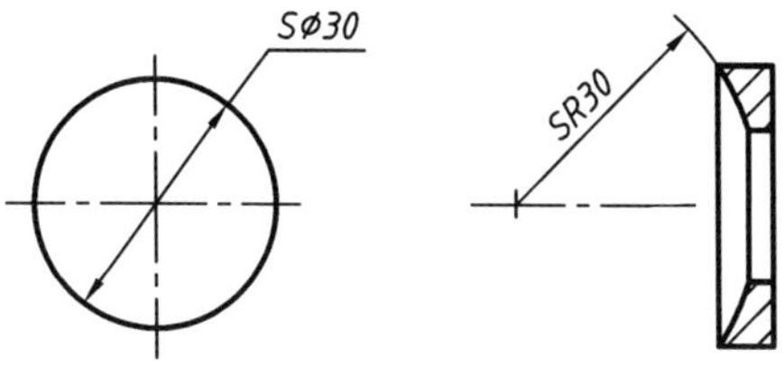

图 1－20　球面尺寸注法

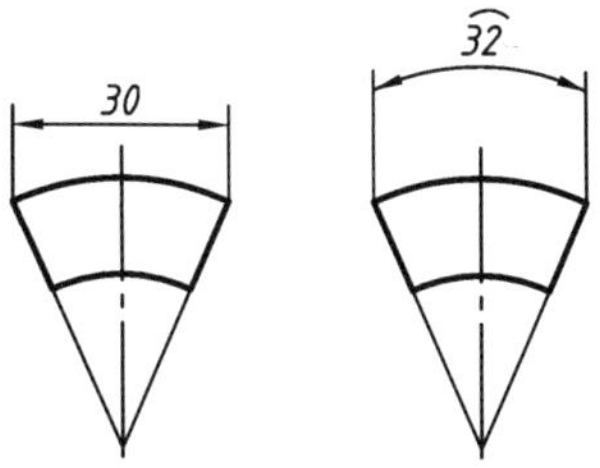

图 1－21　弦长和弧长的尺寸注法

（7）光滑过渡处的尺寸注法：在光滑过渡处，必须用细实线将轮廓线延长，并从它们的交点处引出尺寸界线。尺寸界线如垂直于尺寸线，则图线很不清晰，所以允许倾斜，如图1－22 所示。

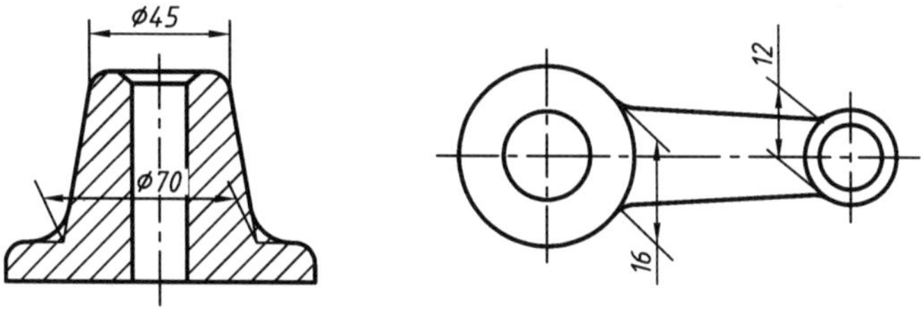

图 1－22　光滑过渡处的尺寸注法

（8）正方头和正方孔的尺寸注法：正方头或正方孔的横剖面为正方形，可在边长尺寸数字前加注符号“□”或用 14×14 代替□14，如图 1－23 所示。

（9）薄板零件厚度的注法：标注板类零件的厚度时，可在尺寸数字前加注符号“t”，如图 1－24 所示。

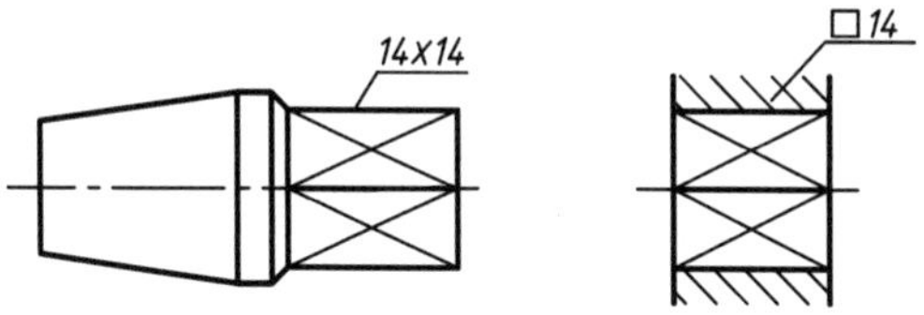

图 1－23　正方头和正方孔的尺寸注法

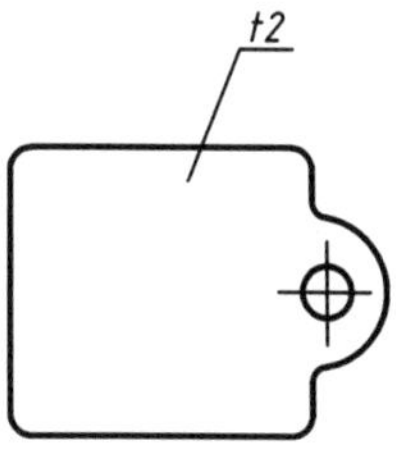

图 1－24　薄板零件厚度的注法

（10）斜度和锥度的注法：斜度和锥度的定义见 1.3 节。斜度和锥度可按图 1－25(a)和(b)标注，斜度和锥度的符号如图 1－25(c)和(d)所示。符号的线宽为 $h/10$，h 为字的高度。符号的方向应与斜度、锥度的方向一致。

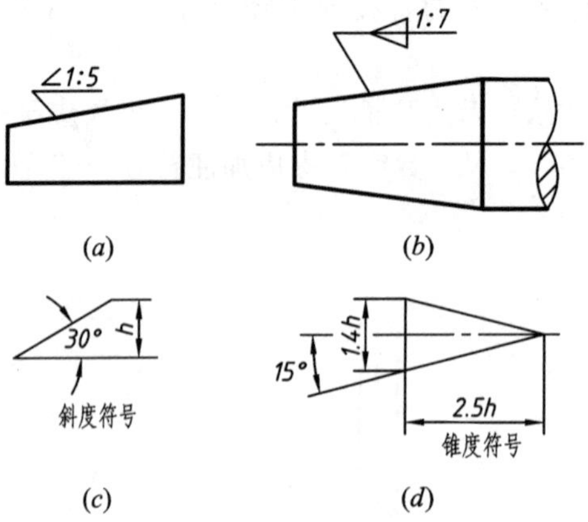

图 1-25 斜度和锥度的注法

(11) 对称图形的尺寸注法：对于对称图形，应把尺寸标注为对称分布；当对称图形只画出一半或略大于一半时，尺寸线应略超过对称线或断裂处的边界线，此时仅在尺寸线的一端画出箭头，如图 1-26 所示。

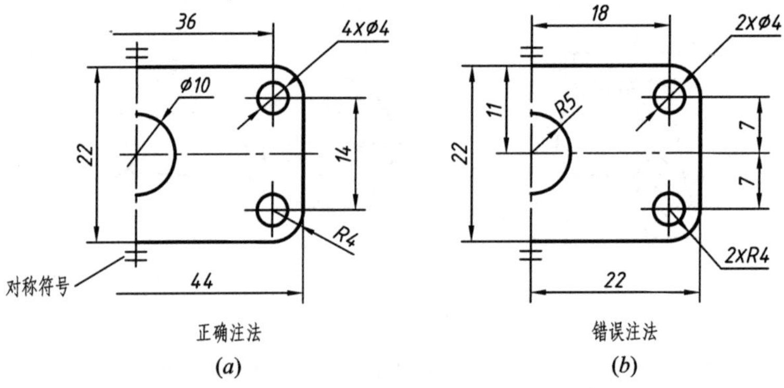

图 1-26 对称图形的尺寸标注

4. 尺寸的简化注法

标注尺寸时，应尽可能使用符号和缩写词，常用的符号和缩写词见表 1-5。这里介绍几条尺寸的简化注法。

表 1-5 常用的符号和缩写词(摘自 GB/T 4458.4—2003)

名称	符号和缩写词	名称	符号和缩写词	名称	符号和缩写词
直径	ϕ	厚度	t	深孔或锪平	⌴
半径	R	正方形	□	埋头孔	∨
球直径	$S\phi$	45°倒角	C	均布	EQS
球半径	SR	深度	↧	弧长	⌒

(1) 标注尺寸时，可使用单边箭头，如图 1-27(*a*)所示；也可采用带箭头的指引线，如图 1-27(*b*)所示；还可采用不带箭头的指引线，如图 1-27(*b*)所示。

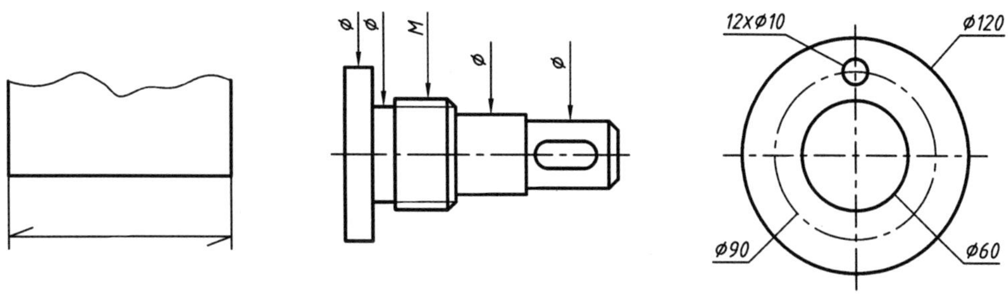

使用单边箭头　带箭头的指引线　不带箭头的指引线

(*a*)　(*b*)　(*c*)

图 1-27　尺寸的简化注法(一)

(2) 一组同心圆弧、圆心位于一条直线上的多个不同心圆弧、一组同心圆，它们的半径或直径尺寸可用共用的尺寸线和箭头依次表示，如图 1-28 所示。

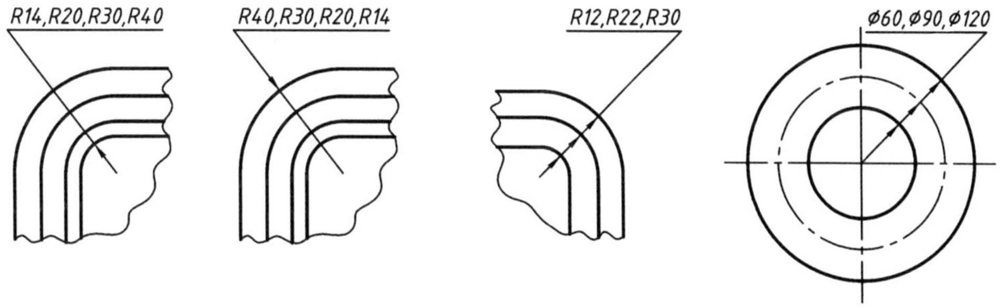

一组同心圆弧　一条直线上的不同心圆弧　一组同心圆

(*a*)　(*b*)　(*c*)

图 1-28　尺寸的简化注法(二)

(3) 在同一图形中，对于尺寸相同的孔、槽等组成要素，可仅在一个要素上注出其尺寸和数量，并用缩写词“EQS”表示“均匀分布”，如图 1-29(*a*)所示。当组成要素的定位和分布情况在图形中已明确时，可不标注其角度，并省略“EQS”，如图 1-29(*b*)所示。

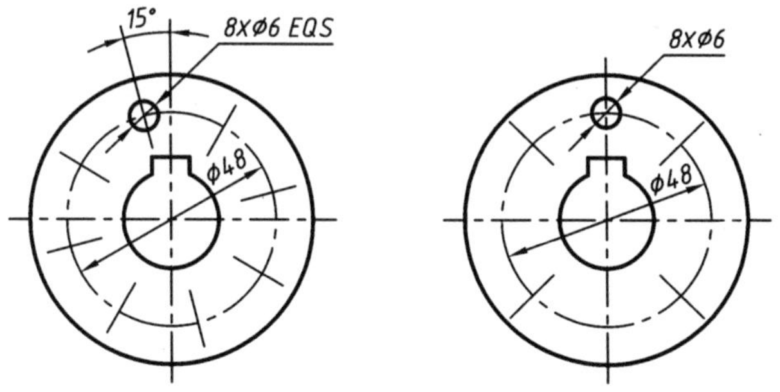

(*a*)　(*b*)

图 1-29　尺寸的简化注法(三)

(4) 光孔、螺纹不通孔、沉孔等的尺寸简化注法见 10.4 节。

1.2 绘图工具和仪器的使用方法

要提高绘图的准确度和绘图效率，必须正确地使用各种绘图工具和仪器。常用的绘图工具和仪器有图板、丁字尺、三角板、比例尺、圆规、分规、铅笔、曲线板等，效率高的还有各种绘图机。

下面介绍常用绘图工具和仪器的用法。

一、图板、丁字尺、三角板的用法(见图1－30～图1－33)

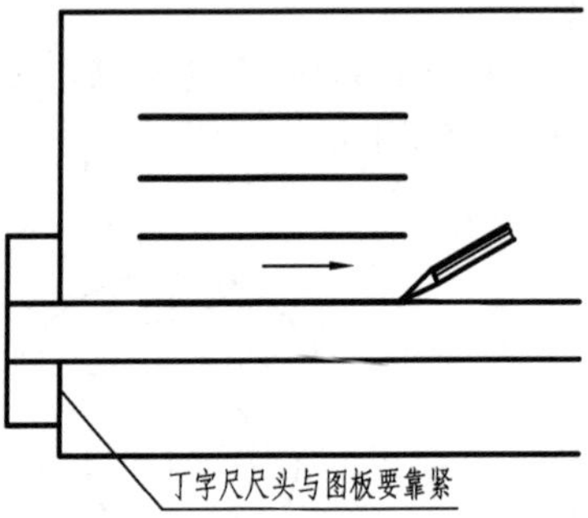

图1－30　用丁字尺画水平线

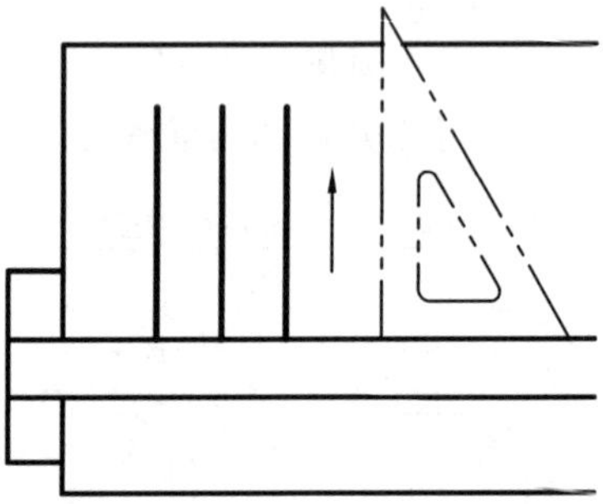

图1－31　用丁字尺、三角板配合画竖直线

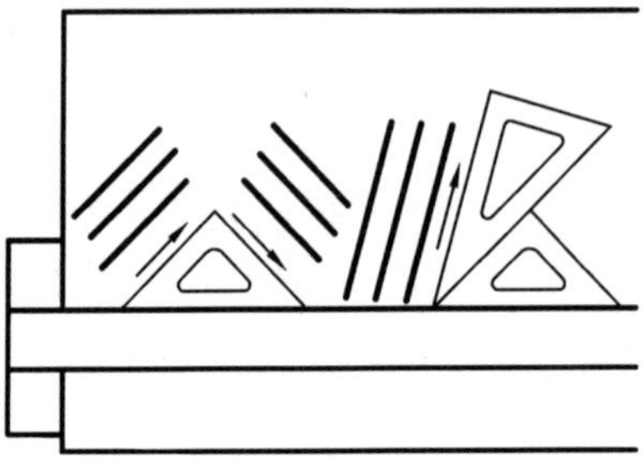

图1－32　用丁字尺、三角板配合画15°整倍数的斜线

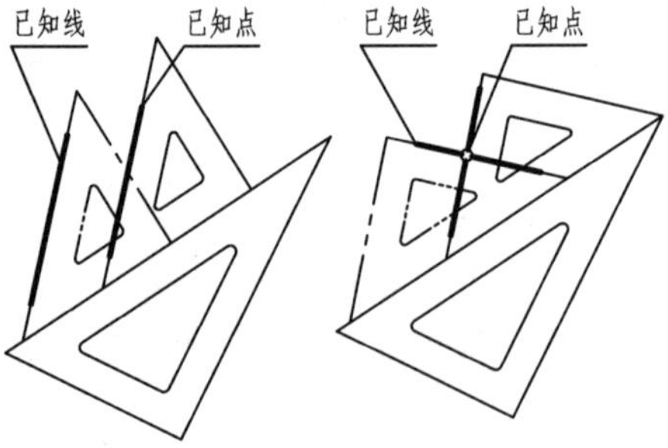

图1－33　用两块三角板配合作已知线的平行线或垂直线

二、分规的用法(见图1－34)

三、圆规的用法(见图1－35)

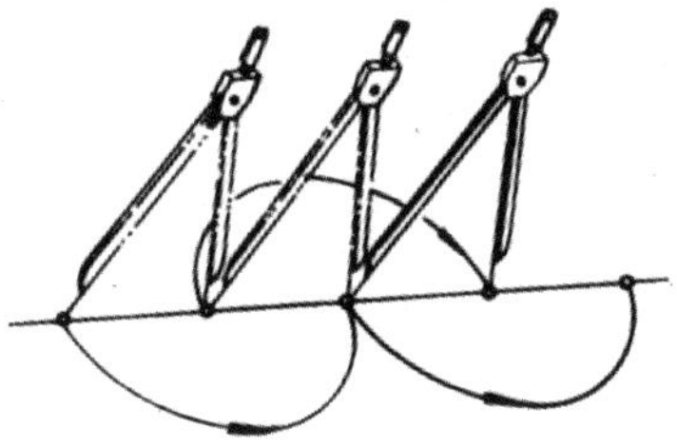

图 1-34　用分规连续截取等长线段

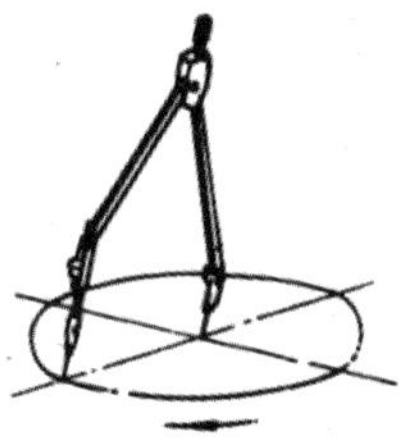

图 1-35　圆规的用法

画图时，圆规应按顺时针方向旋转并稍向前倾斜。

四、曲线板的用法(见图 1-36)

画图时，先用细实线通过各点徒手连成曲线，如图 1-36(*a*)所示；再分段描绘，每两段连接处要有一小段重复，以保证所连曲线光滑过渡，如图 1-36(*b*)所示。

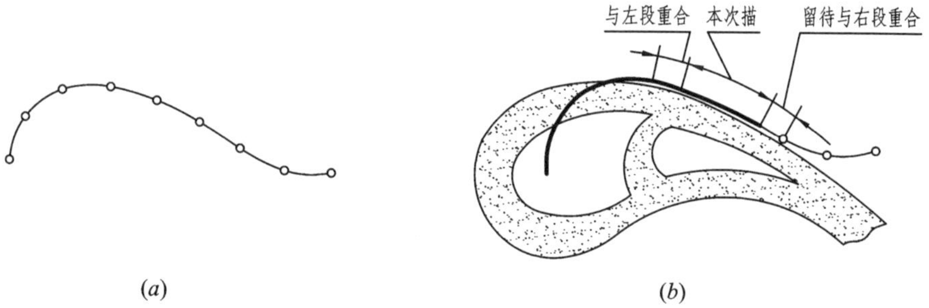

图 1-36　曲线板的用法

五、比例尺的用法(见图 1-37)

画图时，比例尺除用来直接在图上量取尺寸外，还可用分规从比例尺上量取尺寸。

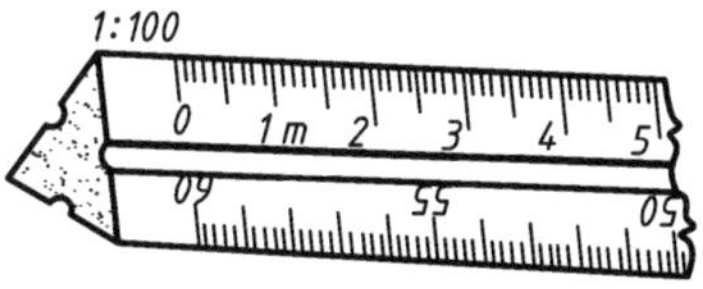

图 1-37　比例尺

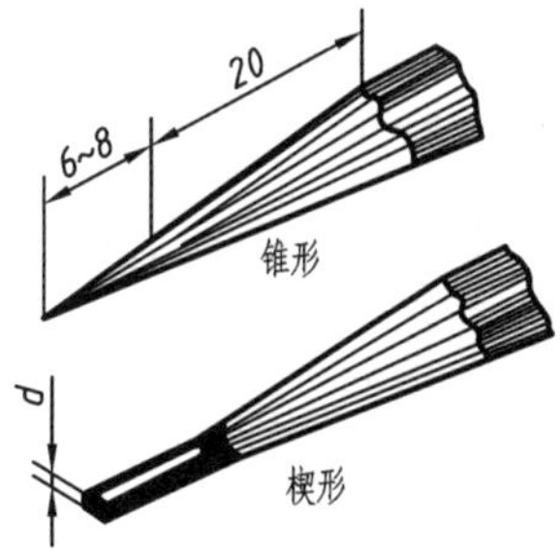

图 1-38　铅笔的削法

六、铅笔的削法(见图 1-38)

铅笔的铅芯削成锥形用来画底稿和写字，削成楔形用来加深粗线。

1.3 几何作图

机器零件的轮廓形状都是由直线、圆弧和其他一些曲线所组成的几何图形。本节介绍一些基本几何图形的作图方法。

一、斜度和锥度的画法

1. 斜度

一直线对另一直线或一平面对另一平面的倾斜程度，称为斜度。如图 1-39(*a*)中角 α 的对边 *BC* 与邻边 *AB* 之比，称为 *AC* 对 *AB* 的斜度，它说明了斜边对底边的倾斜程度。

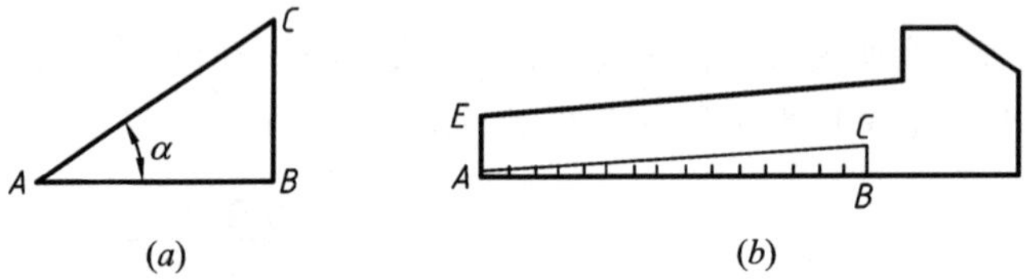

图 1-39 斜度的画法

图 1-39(*b*)是一钩头楔键，其上面斜度为 1∶15，作图步骤如下：

(1) 在水平线上取 *AB*=15 个等分；

(2) 过 *B* 作垂线，取 *BC*=1 个等分；

(3) 连接 *AC*，即得斜度 1∶15；

(4) 过 *E* 作 *AC* 的平行线，即作出钩头楔键上面的斜度。

2. 锥度

正圆锥底圆直径(*D*)与其高(*L*)之比称为锥度，对于正圆锥台则为两底圆直径之差与其高之比，如图 1-40(*a*)所示，即

$$锥度=\frac{D}{L}=\frac{D-d}{l}$$

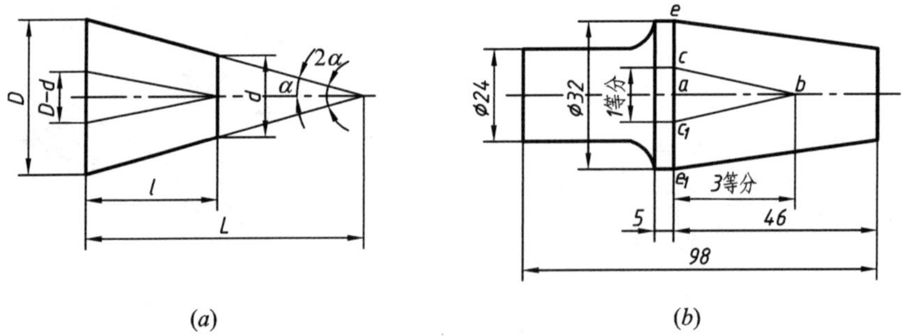

图 1-40 锥度的画法

图 1-40(*b*)是一旋塞，其右部是一个锥度等于 1∶3 的正圆锥台，作图步骤如下：

(1) 由 *a* 沿轴线向右取 3 等分得 *b*；

(2) 由 a 沿垂线向上、下各取半等分得 c 和 c_1；

(3) 过 e 和 e_1 分别作 bc 和 bc_1 的平行线，即作出旋塞的锥度。

二、作与已知圆的中心线成定角的圆的切线

在绘制平面图形时常需画出已知圆的切线，并且所画切线与圆的中心线成定角。

如图 1-41 所示，在已知圆 O 的左边作圆 O 的切线，并与圆 O 的水平中心线成 15°角。其画图步骤如下：

(1) 延长圆 O 的水平中心线 OC；

(2) 用量角器或两块三角板作 $\angle COB=75°$，B 点在圆上，即为切点；

(3) 作 $AB\perp OB$，AB 即为所求切线。

此题有两解(图中只画出一解)。

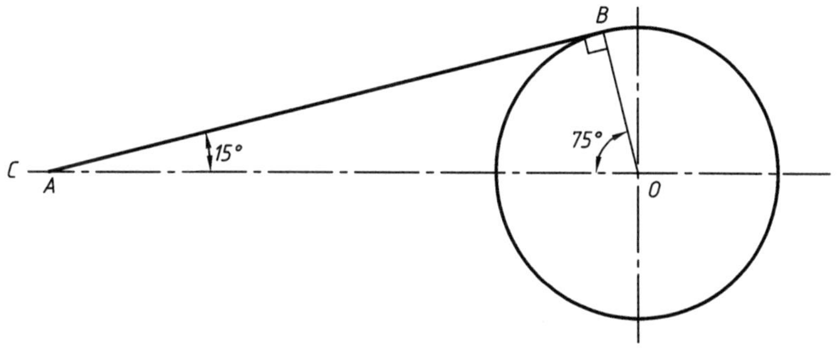

图 1-41　定角切线的画法

三、平面图形中线段的连接

绘图时常遇到将一条线(直线或圆弧)用圆弧光滑地过渡到另一条线的情况。这种光滑过渡，几何学中叫相切，制图中称为线段的连接，并将其切点称为连接点，起连接作用的圆弧称为连接弧，如图 1-42 所示。

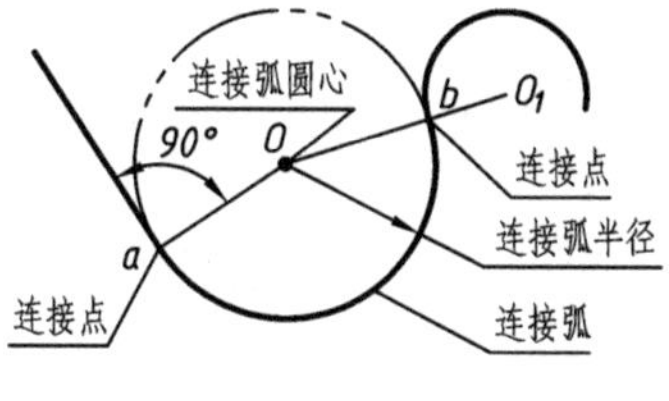

图 1-42　线段连接

(1) 用已知半径为 R 的圆弧连接两相交直线Ⅰ和Ⅱ，如图 1-43 所示。

作与两直线距离分别为 R 的平行线，相交于 O 点；从 O 点向已知两直线作垂线，垂足 K 与 K_1 即为连接点；以 O 为圆心，R 为半径作圆弧，即与两直线相连接。

(2) 用已知半径为 R 的圆弧连接直线Ⅰ和已知圆弧 O_1，如图 1-44 所示。

以 O_1 为圆心、R_1+R 为半径画圆弧，与距离直线Ⅰ为 R 的平行线相交，交点 O 即为连接弧的圆心；连接 OO_1 交已知圆弧于点 K，自 O 点作直线Ⅰ的垂线得垂足 K_1，K 与 K_1 两点即为连接点；以 O 为圆心、R 为半径作圆弧，即将直线Ⅰ与已知圆弧 O_1 相连接。

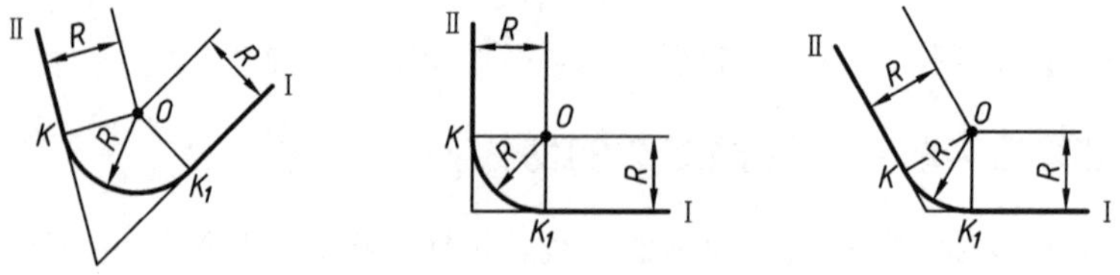

(*a*) (*b*) (*c*)

图 1-43 用圆弧连接两相交直线

(*a*) 锐角；(*b*) 直角；(*c*) 钝角

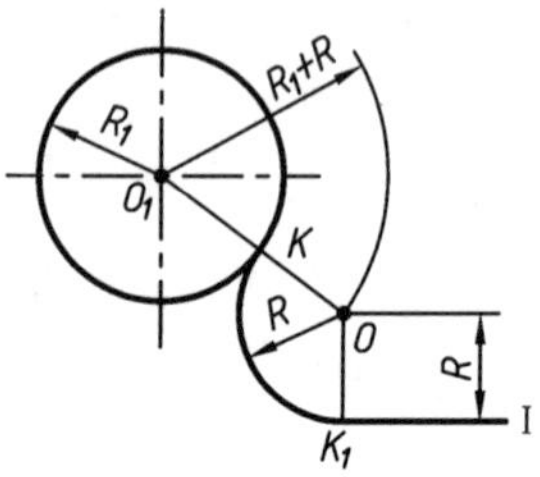

图 1-44 用圆弧连接已知直线及已知圆弧

(3) 用已知半径为 R 的圆弧连接两个已知圆弧。

① 外连接：如图 1-45 所示，以 O_1 为圆心、$R+R_1$ 为半径画圆弧，再以 O_2 为圆心、$R+R_2$ 为半径画另一圆弧，此两圆弧的交点 O 即为所求连接弧的圆心；连接 OO_1 及 OO_2，分别与已知圆弧相交于 K 与 K_1 两点，此两点即为连接点；以 O 为圆心，R 为半径作圆弧，即将两已知圆弧相连接。

② 内连接：如图 1-46 所示，作图方法与外连接类似，不同之处仅在于连接弧的圆心 O 是用 $R-R_1$ 和 $R-R_2$ 为半径的两圆弧交点求出的。

③ 混合连接：如图 1-47 所示，混合连接是外连接和内连接的综合应用，连接弧的圆心 O 是用 $R+R_1$ 和 $R-R_2$ 为半径的两圆弧交点求出的。

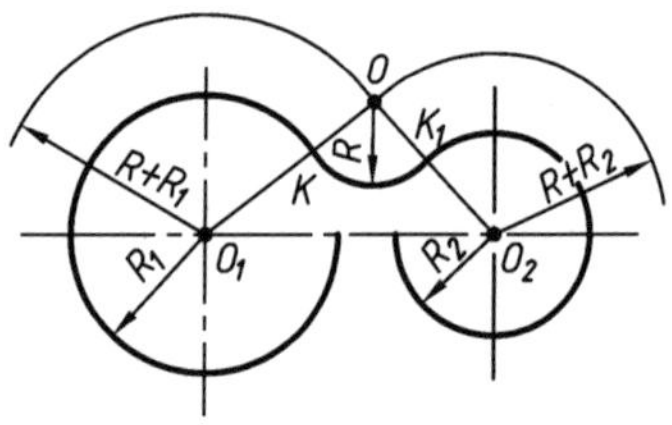

图 1-45 外连接的画法

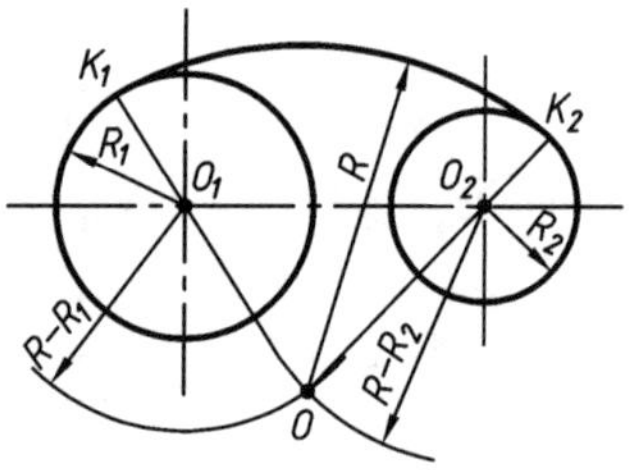

图 1-46 内连接的画法

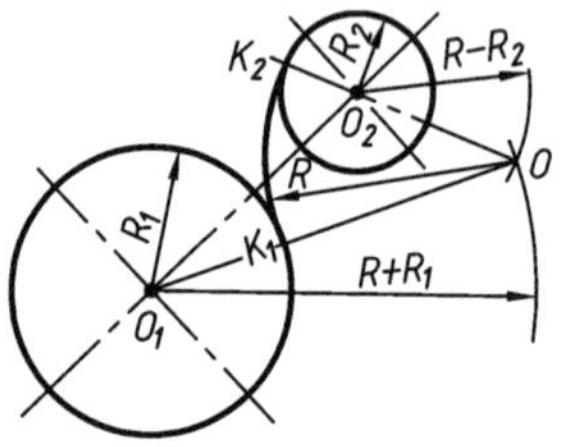

图 1-47 混合连接的画法

1.4 平面图形的线段分析与画法

一、平面图形的尺寸分析

根据尺寸在平面图形中所起的作用，平面图形的尺寸可分为定位和定形两类。

1. 定位尺寸

确定平面图形上几何要素位置的尺寸，称为定位尺寸，如圆心和直线相对于坐标系的位置等。图 1 - 48(*b*)中的 22、27、150 等尺寸属于定位尺寸。通常，在平面图形中每一线框或线段需要两个方向的定位尺寸。在每个方向上，标注几何要素定位尺寸的点或线称为尺寸基准。在平面图形中，一般多选用图形的对称中心线、圆的中心线、重要的轮廓线或圆弧的圆心等作为尺寸基准，如图 1 - 48 中圆的中心线Ⅰ与Ⅱ、圆心Ⅲ等。

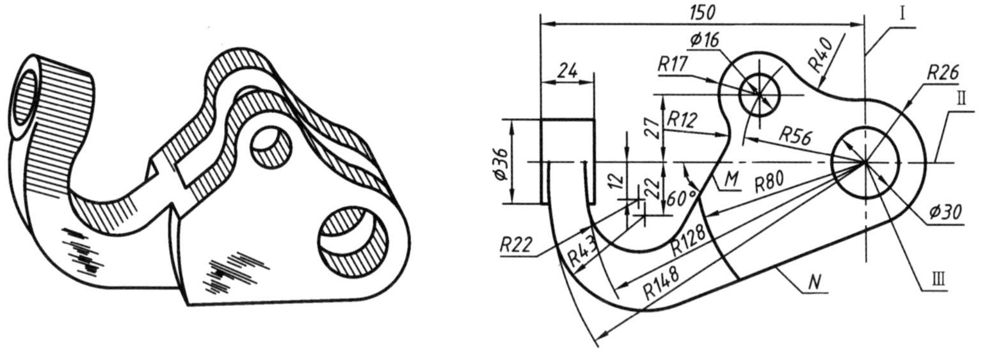

(*a*)　(*b*)

图 1 - 48　尺寸分析与线段分析

2. 定形尺寸

确定平面图形上几何要素形状和大小的尺寸称为定形尺寸。一般情况下，圆和圆弧的直径或半径、多边形的边长和顶角大小都是定形尺寸，如图 1 - 48(*b*)中的 ϕ30、*R*26、ϕ36、24 等。

当然，直径、半径和角度也可以作为定位尺寸。

必须指出，有时一个尺寸可以兼有定形和定位两种作用。

二、平面图形的线段分析

根据所注尺寸的多少，平面图形的线段可以分为已知线段、中间线段和连接线段三类。

1. 已知线段

凡定位尺寸和定形尺寸全部注出的线段称为已知线段，如图 1 - 48(*b*)中的圆弧 *R*26、*R*17 等，无需依靠其他线段即可直接画出。

2. 中间线段

凡注有定形尺寸和不完全定位尺寸的线段称为中间线段，如图 1 - 48 中的圆弧 *R*22 仅有定位尺寸 12，圆弧 *R*43 仅有定位尺寸 22 等，直线段 *M* 属于中间线段。显然，中间线段的位置要依靠它与相邻线段的连接关系，经过几何作图才能确定。

3. 连接线段

凡只注出定形尺寸而不必注出定位尺寸的线段或纯粹起连接作用的线段(如公切线等)称为连接线段。连接线段的位置要根据它与相邻线段的连接关系，经过几何作图才能确定，如图 1－48 中的圆弧 $R40$、$R12$ 和直线段 N 等。

由上可知，绘制平面图形时，在作出主要尺寸基准线之后，应首先画出已知线段，其次画中间线段，最后才能画出连接线段。

三、平面图形作图举例

图 1－49 所示为一手柄的平面图形，其作图步骤如下：

(1) 分析。该图形的水平对称中心线Ⅰ(轴线)是高度方向的尺寸基准，端面Ⅲ是长度方向的尺寸基准，由Ⅲ确定端面Ⅱ，再由Ⅱ确定Ⅳ。

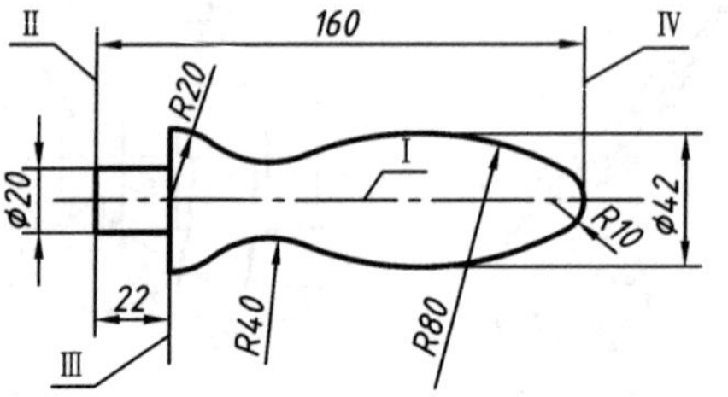

图 1－49 手柄的平面图形

由图 1－49 可以看出，该图形由两个封闭线框组成，其中注有尺寸 $\phi20$、22、$R20$、$R10$ 的均为已知线段，注有 $R80$ 的圆弧为中间线段，注有 $R40$ 的圆弧为连接线段。

(2) 作图。作图步骤如图 1－50 所示，最后擦去多余图线并加深。

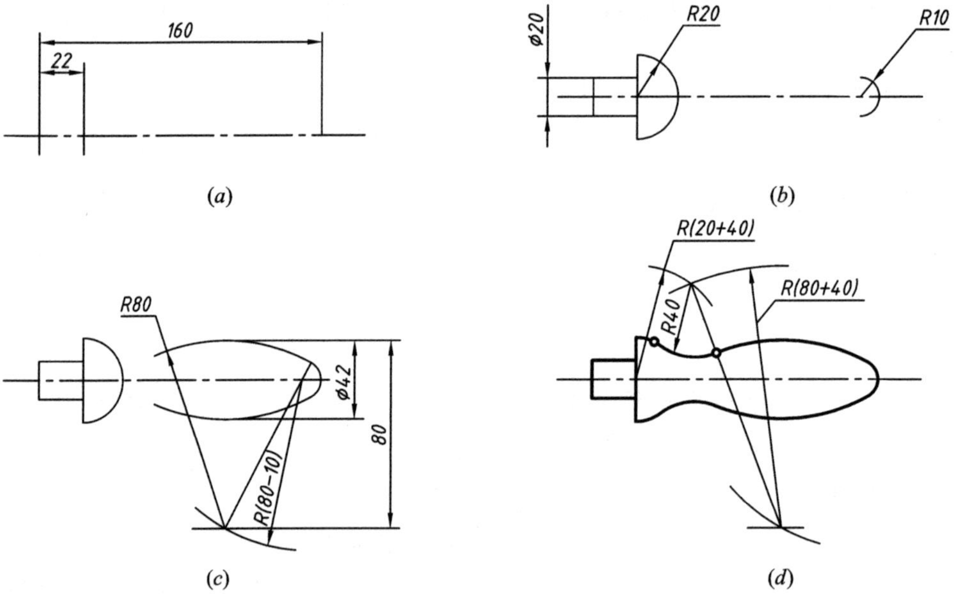

图 1－50 平面图形作图步骤

(*a*) 画出尺寸基准线；(*b*) 画出已知线段；

(*c*) 画出中间线段；(*d*) 画出连接线段，加深

02

第 2 章　投影法及点、直线和平面的投影

工程图样是根据投影法绘制的。由于点、线、面是构成空间物体的基本元素，因此本章在介绍投影法基本知识的基础之上，介绍点、直线、平面的投影特性。

2.1　投影法的基本知识

一、投影法

物体在光线照射下会产生影子，如图 2-1 所示。用几何方法分析这种自然现象(图 2-2)，把光源 S 称为投射中心，光线称为投射线，得到影子的平面称为投影面，物体的影子称为投影。因此，要作出物体在投影面上的投影，实质上就是作出通过该物体的点、线、面的投射线与投影面的一系列交点和交线。这种按几何法将物体表示在平面上的方法，称为投影法。

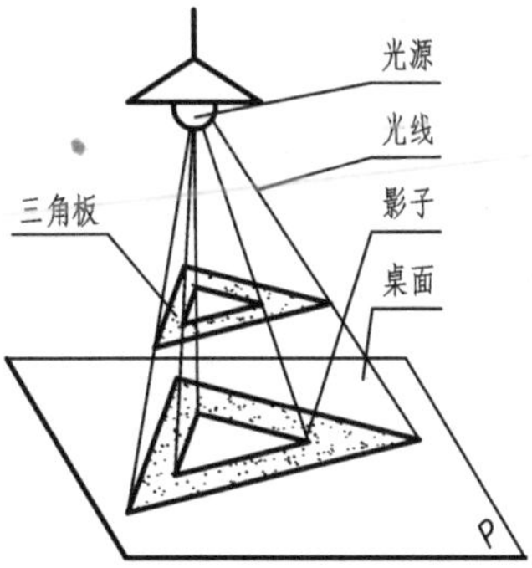

图 2-1　投影现象

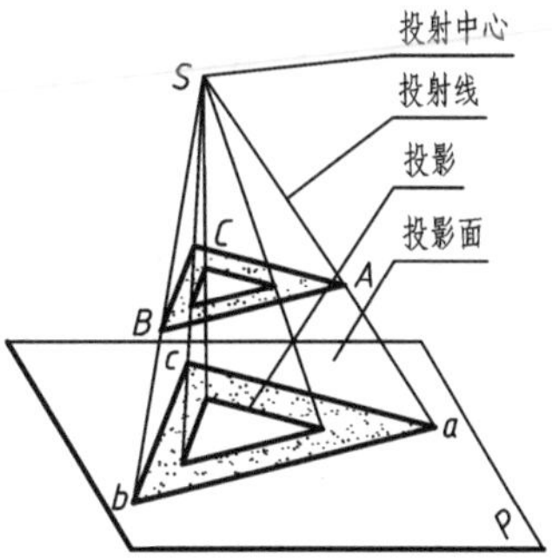

图 2-2　投影方法

二、投影法的分类

1. 中心投影法

投射中心 S 距离投影面有限远时，所有投射线汇交于投射中心，如图 2-2 所示，这种投影方法称为中心投影法。按中心投影法作出的投影称为中心投影，这种投影法主要用于绘制建筑物的透视图。

2. 平行投影法

投射中心距离投影面无限远时，所有投射线互相平行，如图 2－3 所示，这种投影法称为平行投影法。按平行投影法作出的投影称为平行投影。在平行投影法中，投射线的方向称为投射方向。根据投射方向与投影面是否垂直，平行投影法又分斜投影法和正投影法两种。

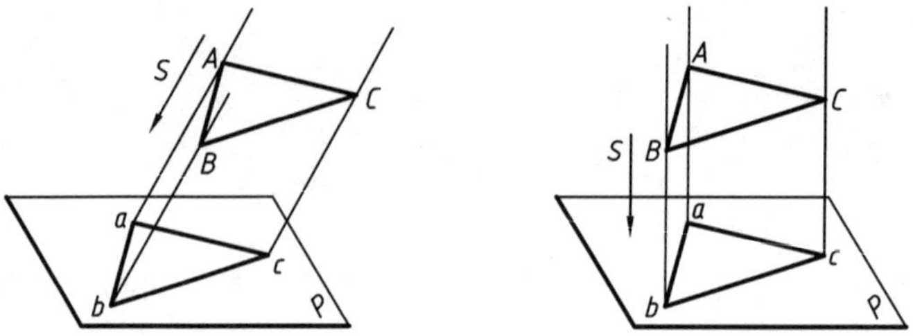

(*a*) (*b*)

图 2－3 平行投影

(1) 斜投影法：投射方向与投影面倾斜，如图 2－3(*a*)所示。

(2) 正投影法：投射方向与投影面垂直，如图 2－3(*b*)所示。正投影法主要用于绘制机械、电气、建筑和土木工程等图样。

轴测投影(轴测图)是平行投影的一种。轴测图立体感强，在工程中常用作辅助图样。本书中反映点、线、面、体在空间投影情况的插图以及反映物体空间形状的插图等均采用轴测图。

三、平行投影的基本性质

1. 平行投影的不变性

(1) 点的投影仍然是点。

(2) 直线的投影一般仍是直线，如图 2－4 所示。直线上点的投影在直线的投影上，线段上的点分线段之比等于点的投影分线段投影之比，如图 2－4 中，$\frac{AK}{KB}=\frac{ak}{kb}$。

(3) 空间互相平行的直线，其投影仍互相平行，如图 2－5 所示，$AB/\!/CD$，$ab/\!/cd$。

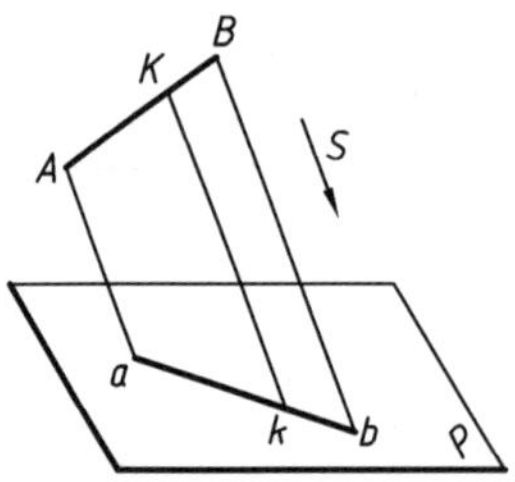

图 2－4 投影的定比性

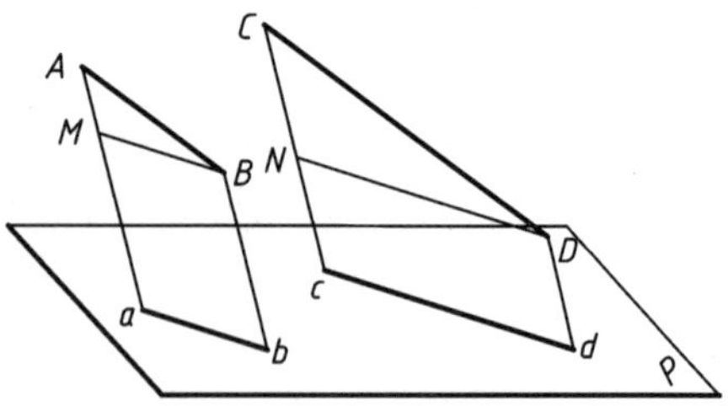

图 2－5 投影的平行性

(4) 当线段或者平面平行于投影面时，其投影反映原线段的实长或原平面图形的实形。如图 2－6 所示，因为 $AB/\!/$P 及$\triangle CDE/\!/$P，故 $ab=AB$ 及$\triangle cde\cong\triangle CDE$。

2. 积聚性

当直线、平面、柱面平行于投射方向时，其投影具有积聚性，如图 2-7 所示。

3. 类似性

当平面与投影面倾斜但不平行投射方向时，其投影具有类似性。如平面多边形的投影仍为同边数的多边形，平面上圆的投影为椭圆。

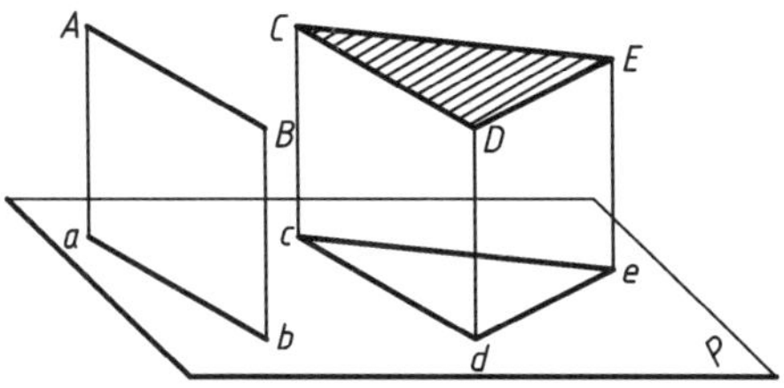

图 2-6　投影的实形性

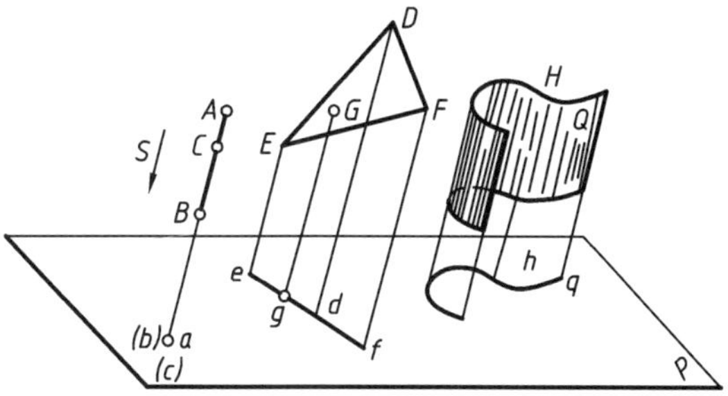

图 2-7　线、面投影的积聚性

2.2　点 的 投 影

点、直线、平面、立体等几何元素中，点是最基本的元素。因此，首先研究点的投影。

一、点的三面投影

三个互相垂直的平面把空间分成八个部分，每个部分称为一个分角，顺序编号如图 2-8 所示。

国家标准《技术制图》中规定物体的图样优先采用第一角画法，即物体放在第一角内作正投影。国际上的技术文件中，也有采用第三角画法的图样。

三个互相垂直的平面构成三投影面体系，简称三面体系。三个投影面分别称为水平投影面(H)、正立投影面(V)和侧立投影面(W)。相应的两投影面交线称为投影轴，三条投影轴的汇交点称为原点，如图 2-8 所示。

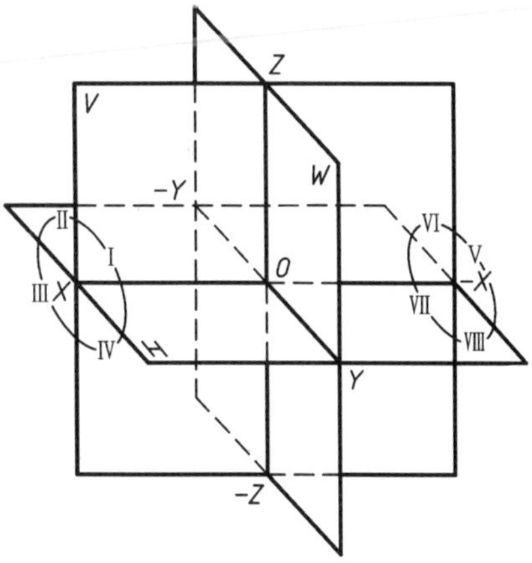

图 2-8　三投影面体系

如图 2-9(*a*)所示，在三投影面体系中，将第一角内空间点 *A* 向三个投影面上作正投影：H 面上的投影用 *a* 表示，称为点的水平投影；V 面上的投影用 *a*′表示，称为点的正面投影；W 面上的投影用 *a*″表示，称为点的侧面投影。

为使点的三面投影图绘制在同一平面上，须将 *OY* 轴分解成两部分：OY_H(在 H 面内)和 OY_W(在 W 面内)。将 H 面绕 *OX* 轴按图 2-9(*b*)中箭头方向旋转到与 V 面同面，将 W 面绕 *OZ* 轴按图 2-9(*b*)中箭头方向旋转到与 V 面同面，最后即得到如图 2-9(*c*)所示点 *A*

的三面投影图。

图 2-9(c)中，点 A 的三个投影 a、a′、a″ 来自三个不同的投影平面，它们经过投影面展开后，重合在同一个平面——V 面上。

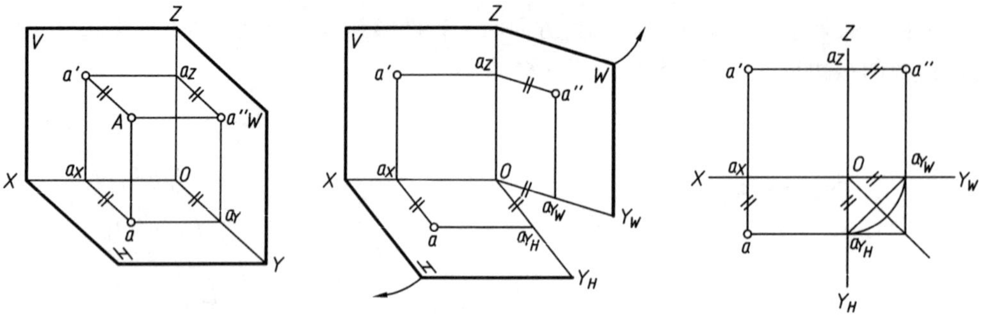

(a) (b) (c)

图 2-9 点的三面投影

下面分析点在三投影面体系中的投影规律。

由图 2-9(a)可知，自 A 向三投影面作投影，形成以点 A 为顶点的长方体。投影展开时，$aa_X \perp OX$、$a'a_X \perp OX$ 及 $a'a_Z \perp OZ$、$a''a_Z \perp OZ$ 不变，另外，$aa_X = a''a_Z$；或者在图 2-9(b)中，$Oa_{Y_H} = Oa_{Y_W}$ 也不变。由此便可得出点在三投影面体系中的投影规律如下：

(1) 点的正面投影和水平投影连线垂直于 OX 轴，即 $a'a \perp OX$。

(2) 点的正面投影和侧面投影连线垂直于 OZ 轴，即 $a'a'' \perp OZ$。

(3) 点的水平投影到 OX 轴的距离，等于点的侧面投影到 OZ 轴的距离，即 $aa_X = a''a_Z$，或者 $Oa_{Y_H} = Oa_{Y_W}$。

以上是空间任一点的三面投影所必须保持的基本关系。作图时为使 $aa_X = a''a_Z$，可以原点为圆心作圆弧，或者自原点引 45°辅助线，或作等腰直角三角形，如图 2-9(c)所示，但同一个图的画法应一致。

二、点的投影与直角坐标的关系

若将三投影面体系当做笛卡尔直角坐标系，则投影面体系的原点相当于坐标原点，投影轴相当于坐标轴，投影面相当于坐标平面，如图 2-10(a)所示。空间点 A 到 W、V、H 各投影面的距离即为点 A 的坐标(x,y,z)。在投影图上，点 A 的三个投影 a、a′、a″ 也完全

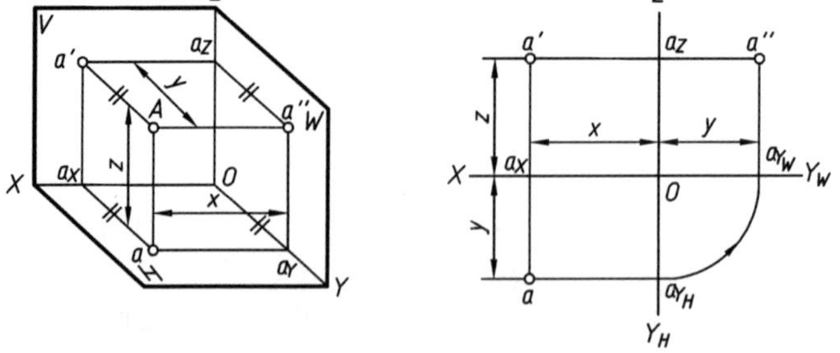

(a) (b)

图 2-10 点的投影与直角坐标的关系

可以用坐标确定，如图 2-10(*b*)所示。因此，有了点的三个坐标(x,y,z)，即可作出点的投影(a,a',a'')；有了点的投影(a,a',a'')，即可确定它的坐标(x,y,z)。由图 2-10(*b*)可以看出，点在每个投影面上的投影(如水平投影 a)反映了点的两个坐标(如 x,y)。点在任两个投影面上的投影反映了点的三个坐标。因此，有了点的两面投影，即可作出第三面投影。

[例 2-1]　已知点 A 的两个投影 a、a'，求作第三个投影 a''，如图 2-11(*a*)所示。

解　作图步骤如下：

(1) 由点 a' 作线垂直于 OZ 轴，a'' 在此直线上；

(2) 由点 a 作 $aa_{Y_H} \perp OY_H$，用画圆弧的方法作 a_{Y_W} 点，自 a_{Y_W} 作线垂直于 OY_W；

(3) 直线 $a''a_{Y_W}$ 与直线 $a'a''$ 的交点 a'' 即为点 A 的侧面投影，如图 2-11(*b*)所示。

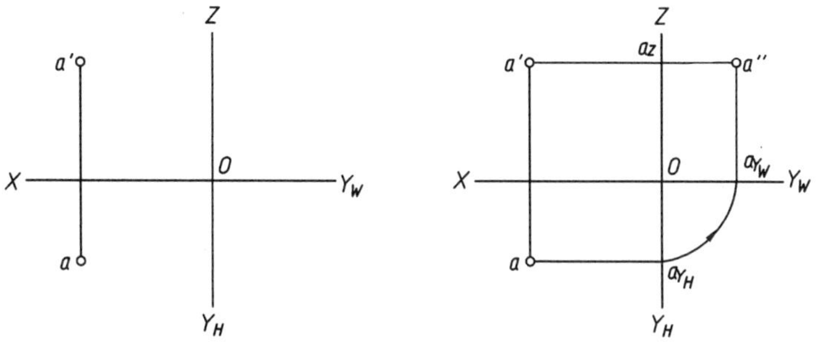

(*a*)　(*b*)

图 2-11　求作第三个投影

[例 2-2]　已知点 A 的坐标(15，8，12)，求作点 A 的三面投影。

解　如图 2-12(*a*)所示，自点 O 沿 X 轴向左量取 Oa_X=15 mm，得 a_X 点。自 a_X 作线垂直于 OX，如图 2-12(*b*)所示；自 a_X 向下量取 aa_X=8 mm，得点 A 的水平投影 a；自 a_X 向上量取12 mm得 a'。用画圆弧的方法作出点 A 的侧面投影 a''，如图 2-12(*c*)所示。其中 $aa_{Y_H} \perp OY_H$，$a''a_{Y_W} \perp OY_W$，$a'a'' \perp OZ$。

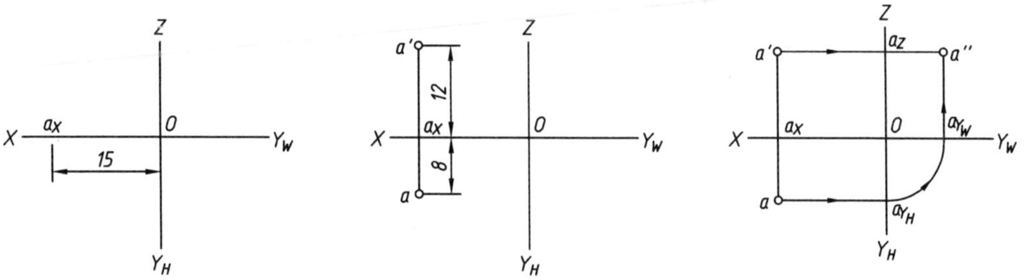

(*a*)　(*b*)　(*c*)

图 2-12　已知点的坐标求作点的投影

[例 2-3]　已知两点 A、B 的投影，如图 2-13(*a*)所示，试判断这两点的空间相对位置，并作出两点的轴测图。

解　由图 2-13(*a*)的水平(或正面)投影可以看出，点 A 比点 B 的 X 坐标大，因此点 A 在点 B 的左方；由水平(或侧面)投影可以看出，点 A 比点 B 的 Y 坐标大，因此点 A 在点 B 的前方；由正面(或侧面)投影可以看出，点 A 比点 B 的 Z 坐标小，因此点 A 在点 B 的下方。综合起来，点 A 在点 B 的左、前、下方。

用图 2-13(*b*)说明 *A*、*B* 两点的轴测图的作图方法，步骤如下：

(1) 作投影轴的轴测图——轴测轴。使 *OX* 水平，*OZ*⊥*OX*,*OY* 平分∠*XOZ*。*OX* 向左，*OZ* 向上，*OY* 向前。

(2) 作 V 面为矩形，H、W 面为平行四边形，表示 H、V、W 的投影面边框可以画成粗线。

(3) 作点的轴测投影图。沿各轴测轴自 *O* 点按 1∶1 比例量取点 *A* 及点 *B* 的各坐标值，得 a_X、a_Y、a_Z 及 b_X、b_Y、b_Z，过它们分别作相应轴测轴的平行线，其交点即为点 *A* 和点 *B* 的轴测图，如图 2-13(*b*)所示。

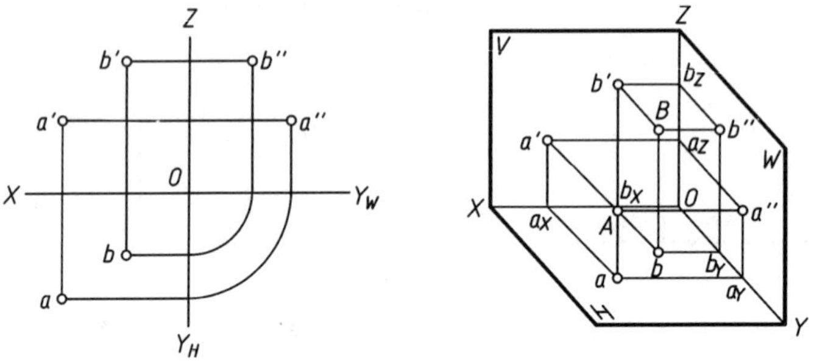

(*a*) (*b*)

图 2-13 空间两点的相对位置及轴测投影

三、特殊位置点与重影点的投影

若点在投影面上，则它的一个坐标为零。如图 2-14 中点 *A* 在 H 面上，其 *Z* 坐标为零，点 *A* 的正面投影及侧面投影分别在 *OX* 及 OY_W 轴上。若点在投影轴上，则它的两个坐标为零，读者可自己分析其投影特性。若空间两点的两个坐标相同(另一个坐标不同)，如图 2-14 中 *B*、*C* 两点，则它们在 H 面上的投影重合成一点，称为 *B*、*C* 的重影点。对于重影点，一般把相应坐标大的点规定为可见，而把坐标较小的点规定为不可见，并用小括号表示。若有多个点重影，则规定只有一个点可见，其余点都不可见。

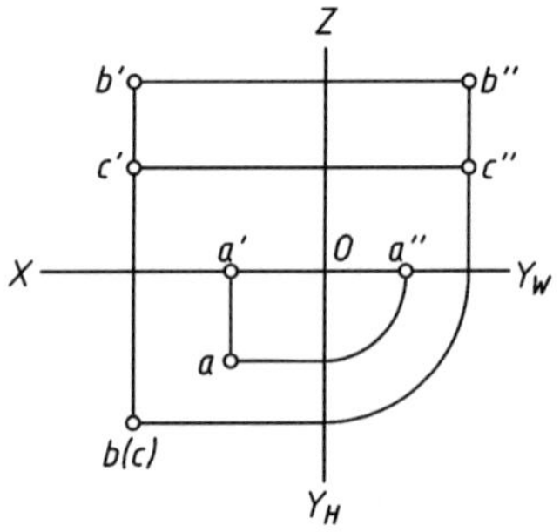

图 2-14 特殊位置点与重影点的投影

2.3 直线的投影

由 2.1 节“平行投影的基本性质”可知，直线的投影一般仍为直线。同时又由初等几何可知，两点可以确定唯一一条直线。因此，欲作直线的投影图，只要作出直线上任意两点的投影，然后用直线连接两点的同面投影，即得直线的三面投影。

直线对投影面的位置有三种情况：直线与某一投影面垂直，如图 2-15(*a*)所示，称为投影面垂直线；直线与某一投影面平行并与另两个投影面倾斜，如图 2-15(*b*)所示，称为投影面平行线；直线与三投影面都倾斜，如图 2-15(*c*)所示，称为一般位置直线。在三投影面体系中，直线对 H、V、W 投影面的倾角，分别用 α、β、γ 表示，如图 2-15(*c*)所示。

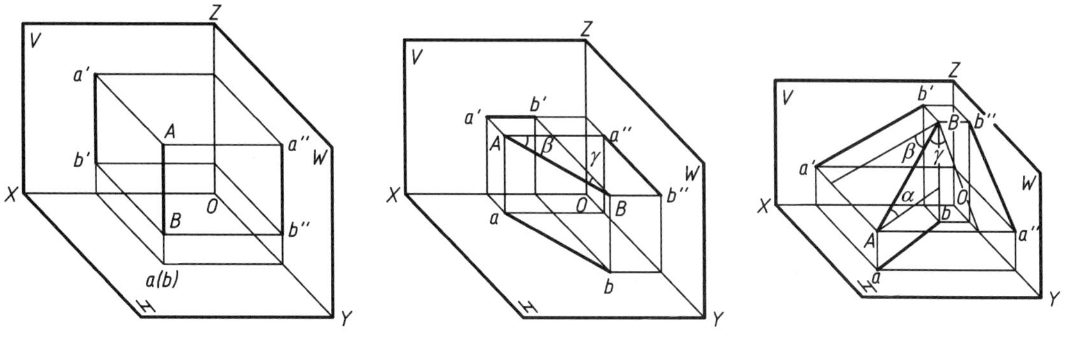

(*a*)　(*b*)　(*c*)

图 2-15　直线对投影面的相对位置

(*a*) 投影面垂直线；(*b*) 投影面平行线；(*c*) 一般位置直线

一、各种位置直线的投影特性

1. 投影面垂直线

投影面垂直线有三种：垂直于 H 面的直线称为铅垂线；垂直于 V 面的直线称为正垂线；垂直于 W 面的直线称为侧垂线。

现以图 2-16(*a*)所示物体上的铅垂线 *AB* 为例，分析其投影特性，如图 2-16(*c*)所示。

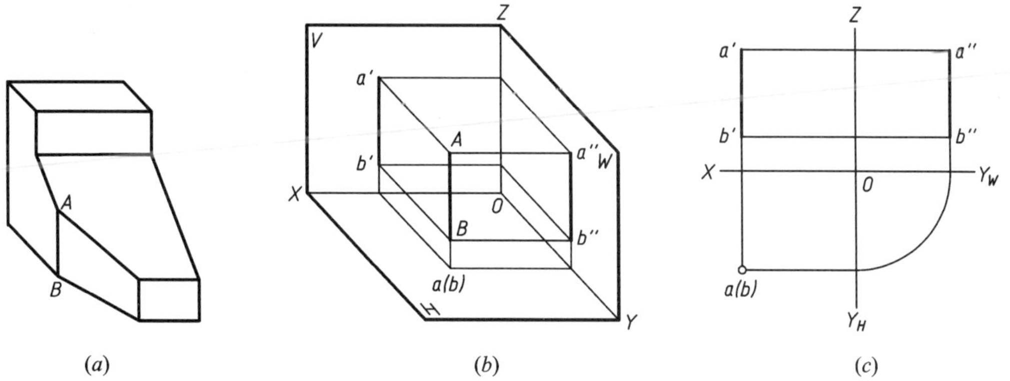

(*a*)　(*b*)　(*c*)

图 2-16　铅垂线

(1) 水平投影：由于 *AB* 垂直于 H 面，所以 A、*B* 两点在 H 面上的投影重合，如图 2-16(*b*)所示。在投影图 2-16(*c*)中，其水平投影积聚成一点。

(2) 正面投影：由于 *AB* 垂直于 H 面，故必垂直于 *OX* 轴和 *OY* 轴，同时必平行于 V 面和 W 面，所以其正面投影垂直于 *OX* 轴，即 $a'b' \perp OX$，并且 $a'b'$ 反映 *AB* 实长，即 $a'b' = AB$。

(3) 侧面投影：与(2)类似，$a''b'' \perp OY_W$，$a''b'' = AB$。

直线与各投影面夹角分别为：$\alpha=90°$，$\beta=\gamma=0°$。

正垂线和侧垂线也有类似的投影特性。各种投影面垂直线的投影特性见表 2－1。

表 2－1 投影面垂直线的投影特性

	轴测图	投影图	投影特性
铅垂线	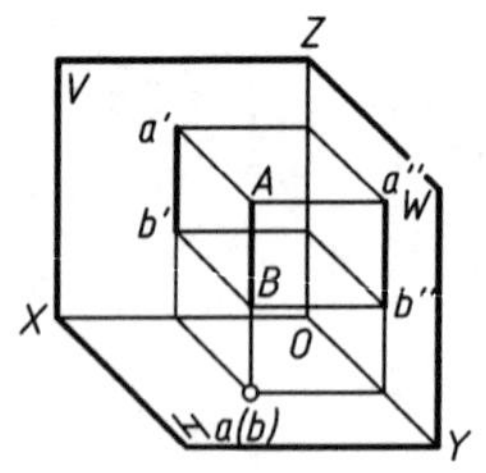	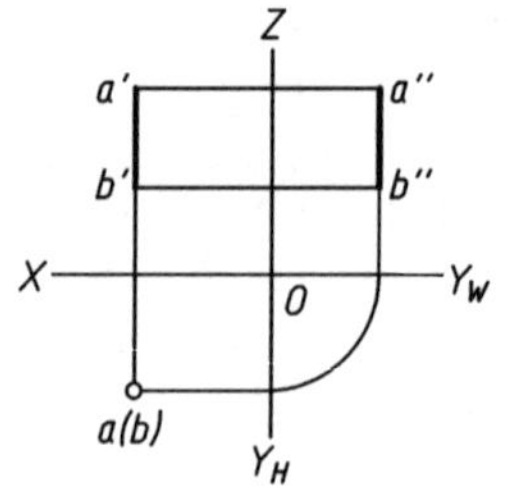	ab 积聚为一点 $a'b' \perp OX$，$a''b'' \perp OY_W$ $a'b'=a''b''=AB$
正垂线	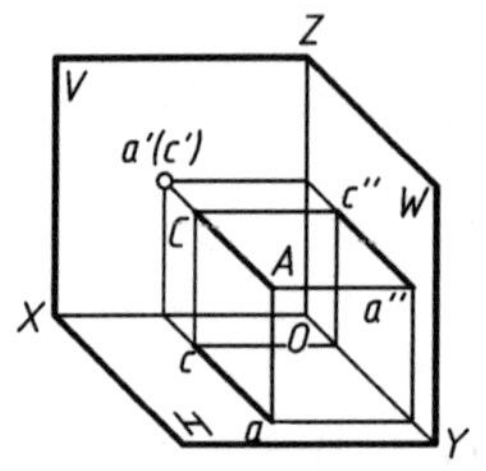	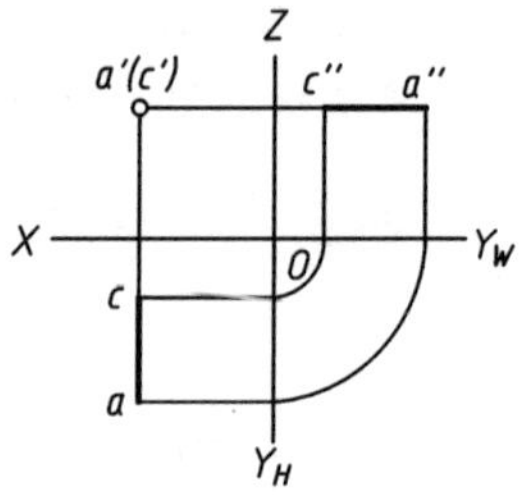	$a'c'$ 积聚为一点 $ac \perp OX$，$a''c'' \perp OZ$ $ac=a''c''=AC$
侧垂线	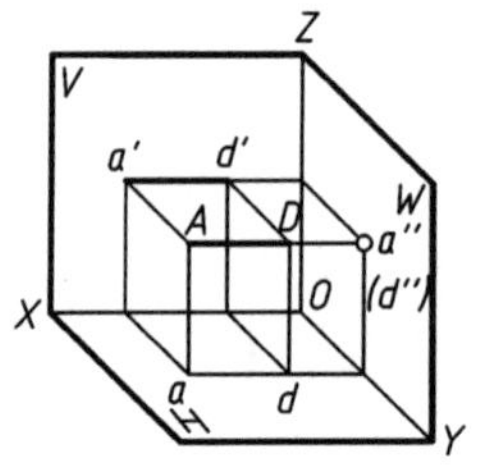	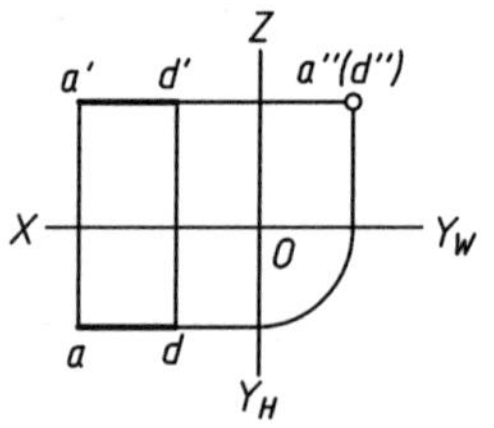	$a''d''$ 积聚为一点 $ad \perp OY_H$，$a'd' \perp OZ$ $ad=a'd'=AD$

2. 投影面平行线

投影面平行线有三种：平行于 H 面并倾斜于 V 面、W 面的直线称为水平线；平行于 V 面并倾斜于 H 面、W 面的直线称为正平线；平行于 W 面并倾斜于 H 面、V 面的直线称为侧平线。

现以图 2－17(*a*)所示物体上的水平线 AB 为例，分析其投影特性，如图 2－17(*c*)所示。

(1) 水平投影：由于 AB 平行于 H 面，所以水平投影反映实长，即 $ab=AB$，并且 ab 与 OX 轴及 OY_H 轴的夹角反映直线 AB 对 V 面及 W 面的倾角 β、γ 的真实大小，对 H 面的倾角 α 为零度。

(2) 正面及侧面投影：正面投影平行于 OX 轴，即 $a'b' /\!/ OX$；侧面投影平行于 OY_W 轴，即 $a''b'' /\!/ OY_W$。由于 AB 对 V、W 面倾斜，所以正面及侧面投影均小于 AB 实长，即 $a'b'<AB$，$a''b''<AB$。

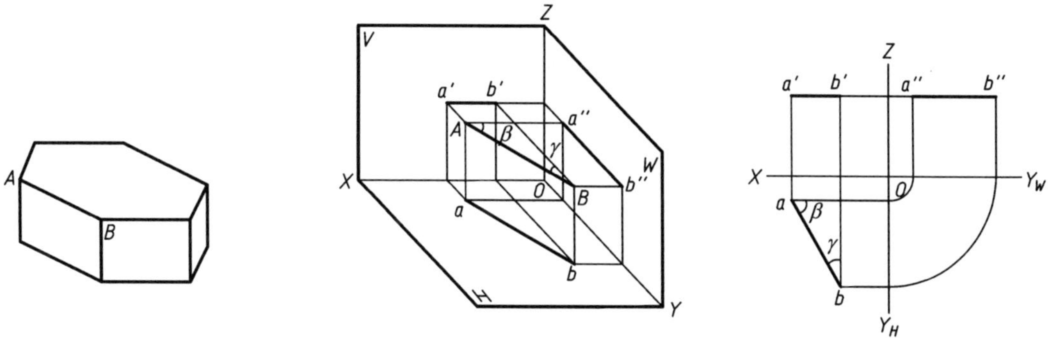

(a)　　(b)　　(c)

图 2-17　水平线

正平线及侧平线也有类似的投影特性。各种投影面平行线的投影特性见表 2-2。

表 2-2　投影面平行线的投影特性

	轴测图	投影图	投影特性
水平线	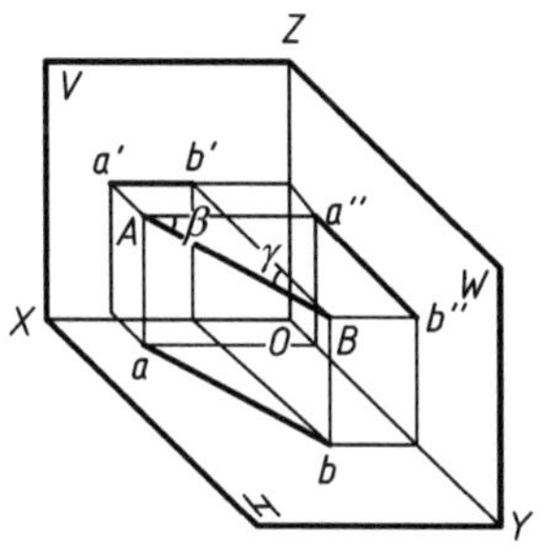	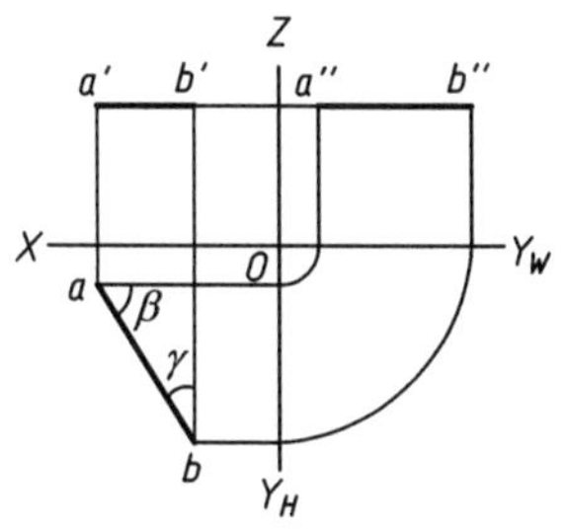	$ab=AB$ $a'b'//OX$，$a''b''//OY_W$ $a'b'<AB$，$a''b''<AB$ $\alpha=0°$ 真实反映 β、γ 角
正平线	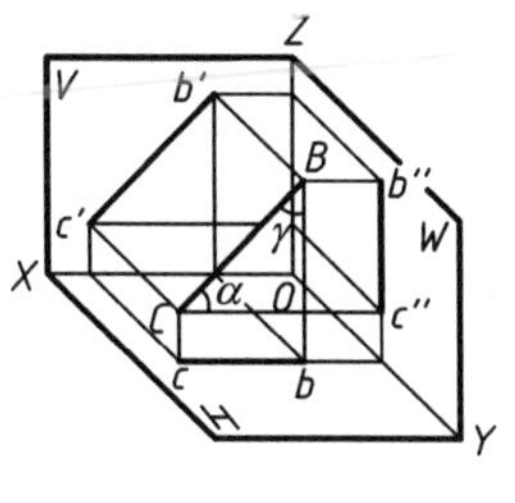	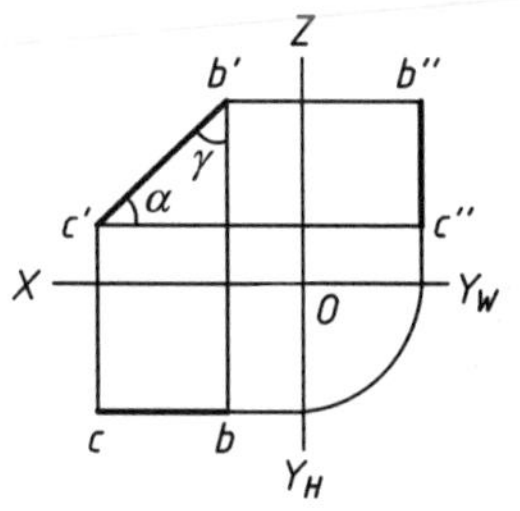	$b'c'=BC$ $bc//OX$，$b''c''//OZ$ $bc<BC$，$b''c''<BC$ $\beta=0°$ 真实反映 α、γ 角
侧平线	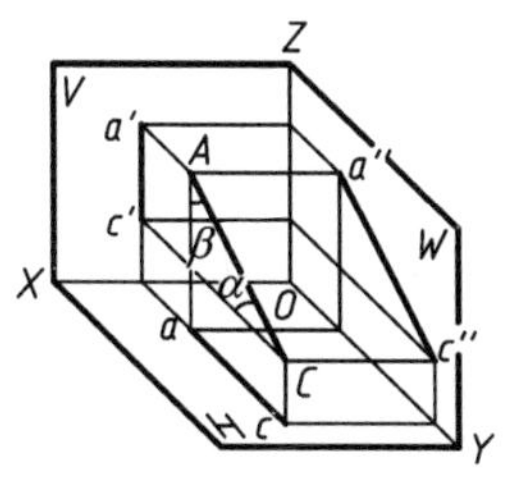	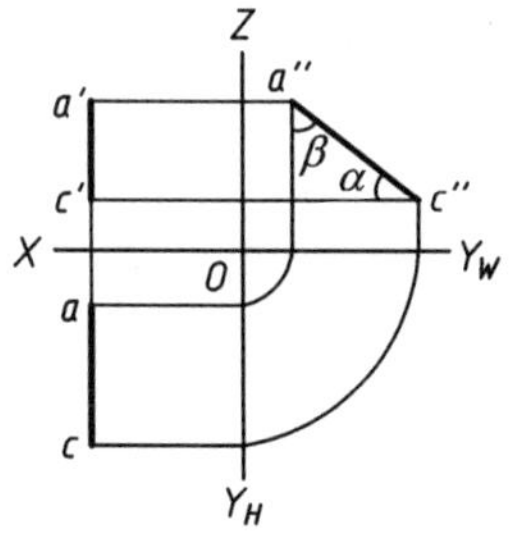	$a''c''=AC$ $ac//OY_H$，$a'c'//OZ$ $ac<AC$，$a'c'<AC$ $\gamma=0°$ 真实反映 α、β 角

3. 一般位置直线

对三个投影面都倾斜(既不平行也不垂直)的直线称为一般位置直线，如图 2－18 所示。一般位置直线的各面投影都对投影轴倾斜，既不反映空间线段的实长(投影缩小)，也不反映空间直线对投影面的夹角。

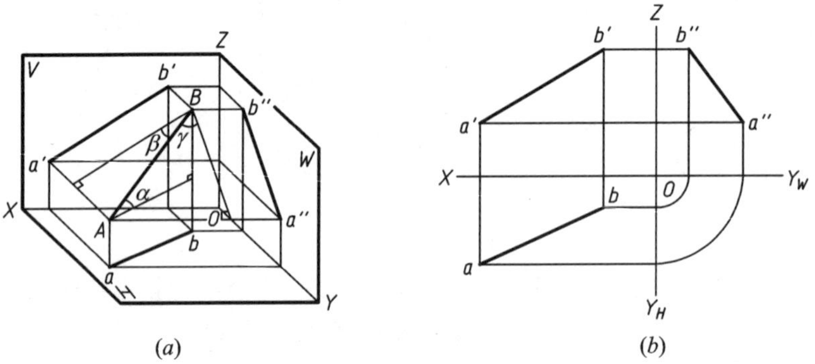

图 2－18　一般位置直线

二、直线与点的相对位置及其投影特性

直线与点的相对位置有两种情况，即点在直线上和点在直线外。根据投影的基本特性可知：如果点在直线上，则点的各个投影必在直线的同面投影上，且点分割直线长度之比等于点的投影分割直线投影长度之比。如图 2－19 所示，点 C 在直线 AB 上，其水平投影 c 必在 ab 上，正面投影 c' 必在 $a'b'$ 上，侧面投影 c'' 必在 $a''b''$ 上，且 $AC:CB=ac:cb=a'c':c'b'=a''c'':c''b''$。

反之，如果点的各个投影均在直线的同面投影上，且分直线各投影长度成相同之比，则该点必在此直线上。如果点的投影不符合上述条件，则点必在直线外。如图 2－19(*b*)中的 D、E 两点都不在直线 AB 上。

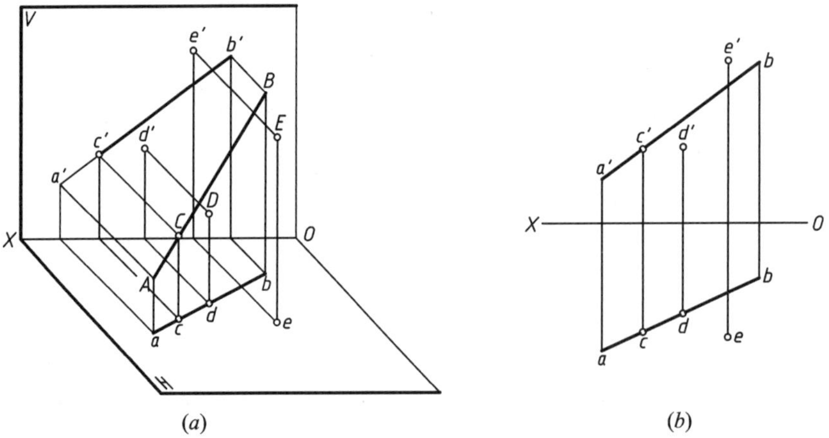

图 2－19　直线与点的相对位置

在一般情况下，根据两面投影即可确定点是否在直线上，但当直线为投影面平行线

时，仅知两投影位于该直线所不平行的两投影面的投影上，仍不能判定点是否在直线上。例如，图 2－20(a)为一侧平线 AB，已知 C、D 两点的正面投影和水平投影均在直线的同面投影上，但还不能确定 C、D 两点是否在 AB 上。如果作出侧平线 AB 和 C、D 两点的侧面投影 $a''b''$和 c''、d''，则可判定点 D 在直线 AB 上，而点 C 在此直线外。或者，如图 2－20(b)所示，按初等几何中用平行线分线段成比例的方法来判断。因 $a'd' : d'b' = ad : db$，故点 D 在 AB 上；而 $a'c' : c'b' \neq ac : cb$，故点 C 不在 AB 上。

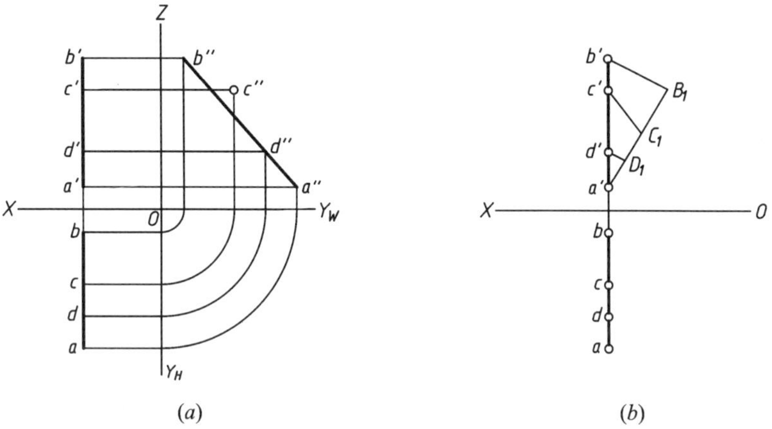

图 2－20　直线与点相对位置的判别

［例 2－4］　已知直线 AB=20 mm，并知 AB 的水平投影 ab 和 A 点的正面投影 a'(见图 2－21(a))，求(1) 直线 AB 的正面投影；(2) 在 AB 上取一点 C，使 AC=15 mm，作出点 C 的投影。

解　欲求 AB 的正面投影，只需求出 b'即可，故本题的第(1)问是根据 AB 的实长及水平投影 ab 求出 A、B 两点的 Z 坐标差，从而定出 b'；第(2)问是根据 AC 的实长，利用定比性求点 C 的两投影。

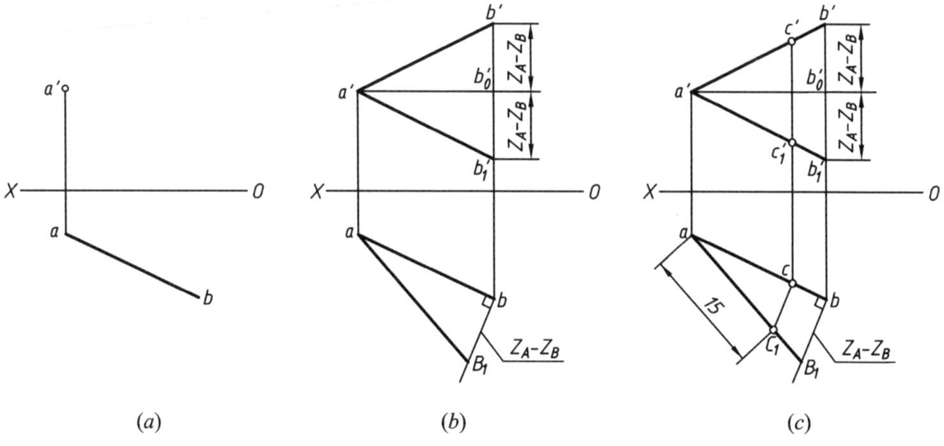

图 2－21　根据已知条件求直线与点的投影

作图步骤如下(见图 2－21(b)、(c))：

(1) 自 b 作 ab 的垂线 bB_1；

(2) 以 a 为圆心，AB 的实长 20 mm 为半径画圆弧交 bB_1 于 B_1，bB_1 即为 A、B 两点的 Z 坐标差(此方法为直角三角形法，即利用直线段的水平投影(或正面投影)、两端点的 Z 坐标差(或 Y 坐标差)作为直角边构造一个直角三角形，其中，直角三角形的斜边为直线段的实长，斜边与水平投影(或正面投影)的夹角为 α(或 β))；

(3) 过 b 作 OX 轴的垂线，过 a' 作 OX 轴的平行线，两线相交于 b_0'，自 b_0' 向上(或向下)量取一段长度 bB_1 得 b' 或 b_1'，连接 $a'b'$ 或 $a'b_1'$ 即为所求之正面投影(本题两解，见图 2-21(b))；

(4) 在 aB_1 上，自点 a 起量取 15 mm 得点 C_1(图 2-21(c))；

(5) 过 C_1 作 bB_1 的平行线交 ab 于点 c；

(6) 根据直线上点的投影特性求出点 C 的正面投影 c' 或 c_1'。

三、两直线的相对位置及其投影特性

空间两直线相对位置有三种情况：两直线平行、两直线相交和两直线交叉(既不平行也不相交)。

1. 两直线平行

根据平行投影的基本性质可知，如果空间两直线互相平行，则两直线的各同面投影互相平行。如图 2-22(a)、(b)所示，若空间直线 $AB /\!/ CD$，则 $ab /\!/ cd$，$a'b' /\!/ c'd'$，$a''b'' /\!/ c''d''$。

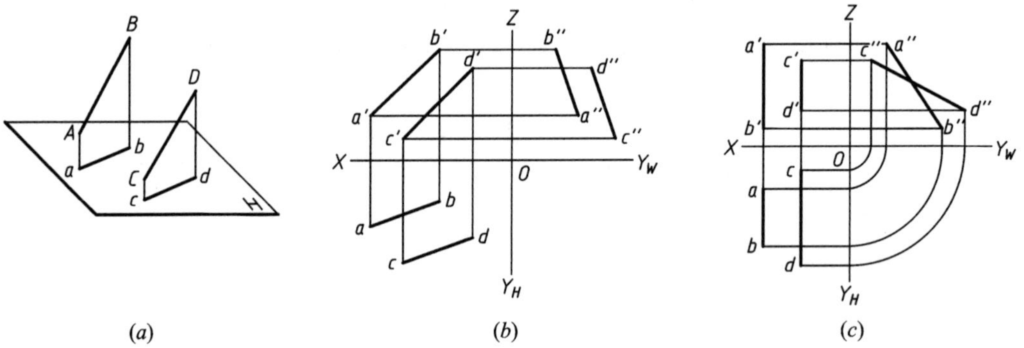

图 2-22 平行两直线的投影

反之，三组同面投影都平行的两条直线，这两条直线在空间也一定平行。需要注意，若两条直线都平行于某投影面，一般需由它们所平行的投影面上的投影判断它们是否平行。如图2-22(c)所示，AB 和 CD 都是侧平线，它们的正面投影及水平投影必平行，但侧面投影不平行，所以 AB、CD 在空间也不平行。

2. 两直线相交

如图 2-23(a)所示，空间两直线 AB 与 CD 相交于 K 点。K 点是它们的共有点，既在 AB 上也在 CD 上，所以 K 点的水平投影 k 一定是 ab 与 cd 的交点，正面投影 k' 一定是 $a'b'$ 与 $c'd'$ 的交点。在三面投影体系里，侧面投影 k'' 一定是 $a''b''$ 与 $c''d''$ 的交点，如图 2-23(b)所示。由于 k、k'、k'' 是同一点 K 的三面投影，所以它必须符合点的投影规律。

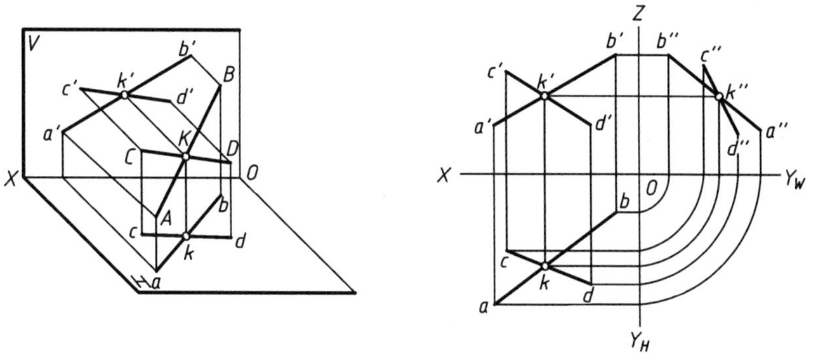

(a)　　　(b)

图 2-23　相交两直线的投影

由此可以得出结论：如果两直线相交，它们的同面投影必相交，且两直线各同面投影的交点即为两直线交点的投影。反之，如果两直线各同面投影相交，且交点的各面投影符合点的投影规律，则此两直线在空间必相交。

3. 两直线交叉

空间两直线 AB 与 CD 既不平行也不相交，即是交叉两直线，如图 2-24 所示。因为交叉两直线在空间不相交，所以它们的同面投影的交点不是同一个点的投影，而是两直线上不同的两点在同一个投影面上的重影点。如图 2-24(*a*)所示，水平投影 ab 与 cd 的交点，实际上是 AB 上的Ⅲ点与 CD 上的Ⅳ点在水平投影面上的重影点。同理，正面投影 $a'b'$ 与 $c'd'$ 的交点，实际上是 AB 上的Ⅰ点与 CD 上的Ⅱ点在正立投影面上的重影点。AB 与 CD 的投影图及可见性如图 2-24(*b*)所示。

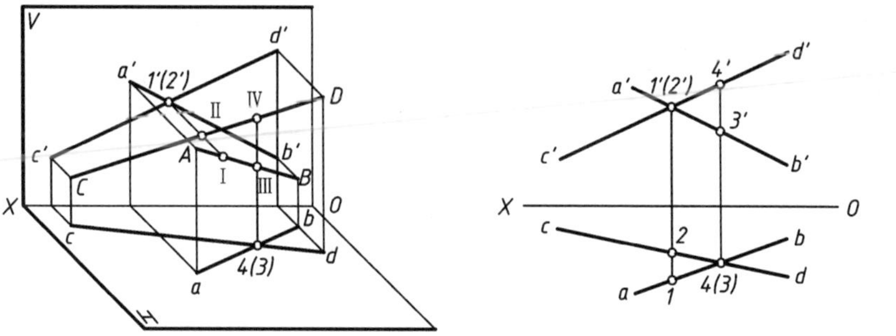

(a)　　　(b)

图 2-24　交叉两直线及其重影点

2.4　平 面 的 投 影

一、平面的表示法

平面是构成立体的几何元素。由初等几何可知，平面可由下列任意一组几何元素确定：

(1) 不在同一直线上的三点，如图 2 - 25(a)所示。

(2) 一直线和直线外的一点，如图 2 - 25(b)所示。

(3) 相交两直线，如图 2 - 25(c)所示。

(4) 平行两直线，如图 2 - 25(d)所示。

(5) 任意的平面图形(如平面上的三角形、圆及其他封闭图形，不封闭的平面曲线)，如图 2 - 25(e)所示。

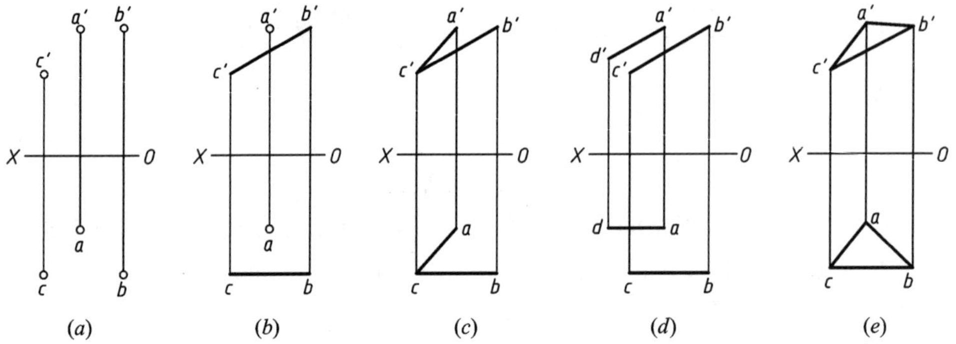

图 2 - 25　平面的几何元素表示及投影

平面也可以用它的迹线来表示，如图 2 - 26 所示。图 2 - 27 是图 2 - 26 迹线平面对应的投影图。

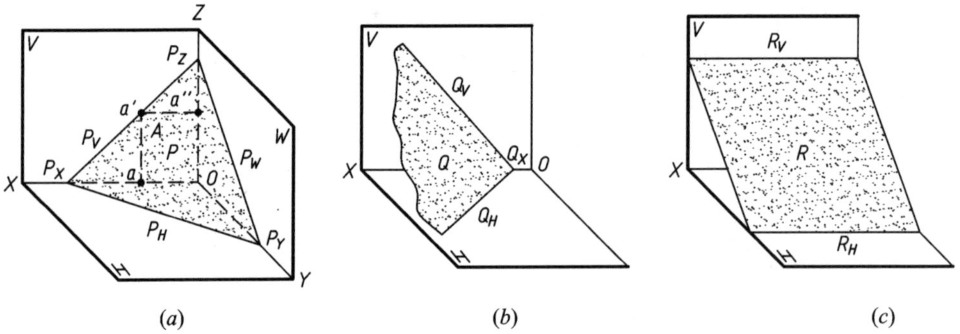

图 2 - 26　用迹线表示的平面

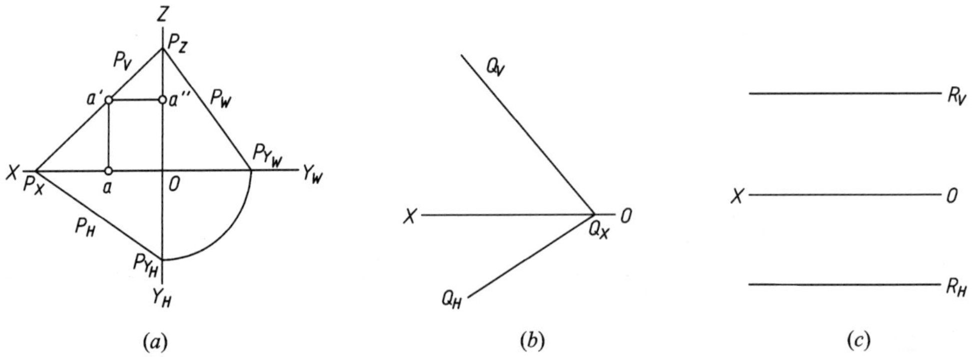

图 2 - 27　迹线平面的投影图

平面与投影面的交线称为平面的迹线。如图 2－26(*a*)所示，平面 P 与 H 面的交线称为水平迹线，用 P_H 表示；平面 P 与 V 面的交线称为正面迹线，用 P_V 表示；平面 P 与 W 面的交线称为侧面迹线，用 P_W 表示。平面与投影轴的交点也是相应两条迹线与投影轴的交点，称为迹线的集合点。迹线既在平面上也在投影面上，因此在投影图上只画迹线的一个投影，如水平迹线 P_H 的水平投影，而不画（也不标记）它的正面及侧面投影，如图 2－27(*a*)所示。图中点 *A* 在正面迹线 P_V 上。

平面对 H、V、W 投影面的倾角，同样分别用 α、β、γ 表示。

迹线是平面上的特殊直线。迹线表示的平面可看作是相交两直线表示的平面，它是平面几何元素表示的特殊情况。因此，迹线表示平面的投影作图可转换为几何元素表示平面的投影作图。

二、各种位置平面的投影特性

平面对投影面的位置有三种：平行、垂直、倾斜，如图 2－28 所示。

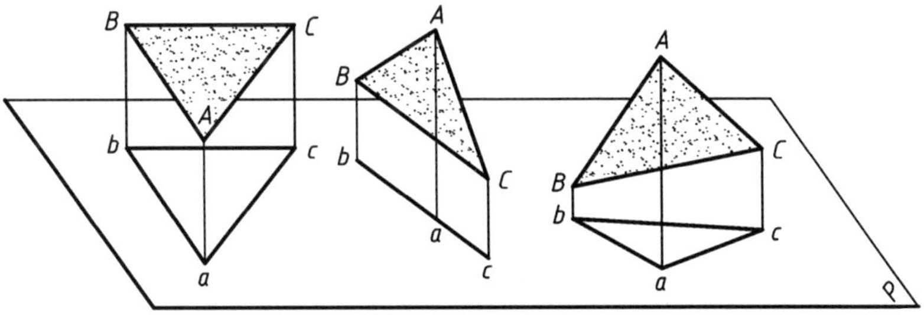

图 2－28　平面对投影面的各种位置

在三投影面体系中，根据平面所处的位置，平面可以分成投影面平行面、投影面垂直面及一般位置平面三类。

1. 投影面平行面

平行于一个投影面的平面称为投影面平行面。平行于 H 面的平面称为水平面；平行于 V 面的平面称为正平面；平行于 W 面的平面称为侧平面。

现以水平面为例，分析其投影特性，如图 2－29 所示。

(1) 水平投影：水平面平行于水平投影面，故水平投影反映平面的实形。用迹线表示的水平面无水平迹线。

(2) 正面投影及侧面投影：正面投影及侧面投影都具有积聚性，且积聚成直线，分别平行于 *OX* 轴及 OY_W 轴。用迹线表示的水平面，其正面及侧面迹线分别平行于 *OX* 轴及 OY_W 轴。

水平面对三个投影面的夹角容易得到，$\alpha=0°$，$\beta=\gamma=90°$。

正平面和侧平面有类似的投影特性。三种投影面平行面的投影特性见表 2－3。

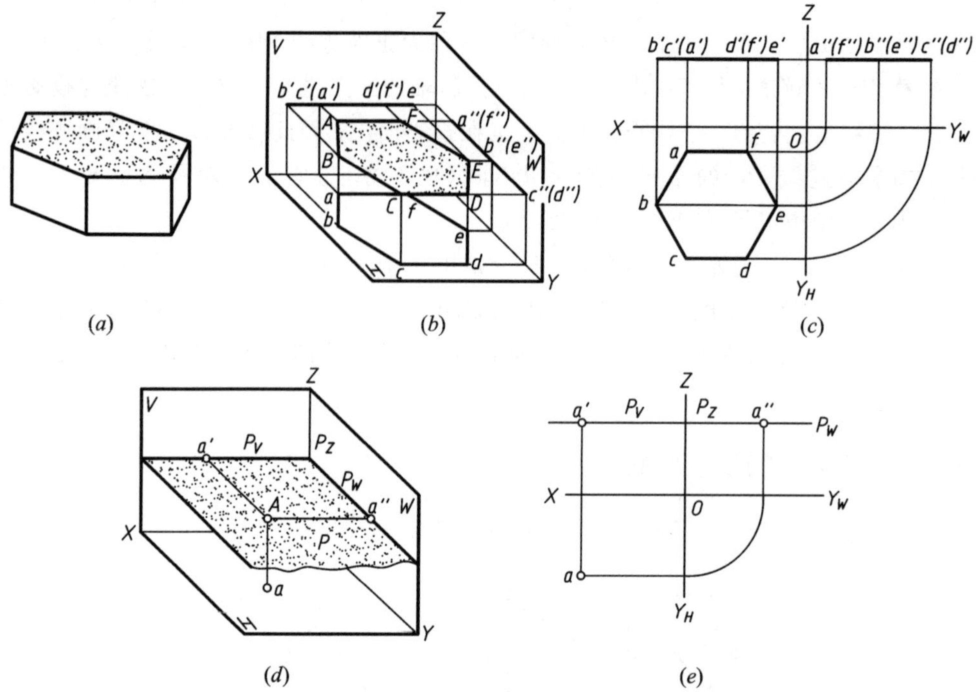

图 2-29　水平面的投影

表 2-3　投影面平行面的投影特性

	轴测图	投影图	投影特性
水平面	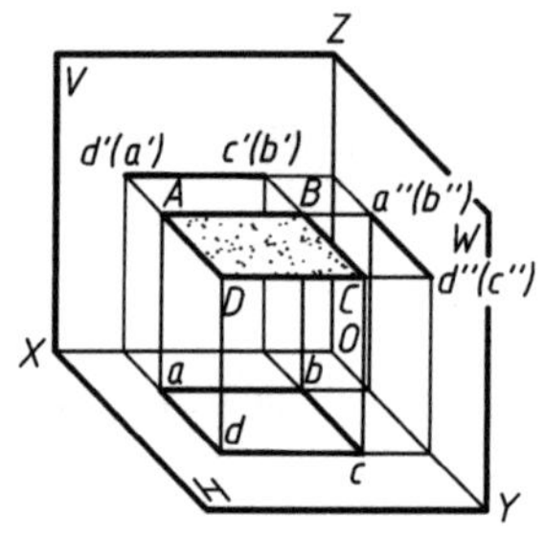	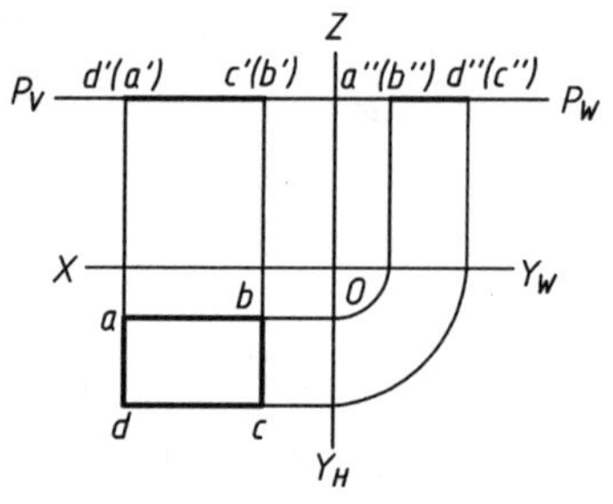	abcd 反映实形； $a'b'c'd'$和$a''b''c''d''$均积聚成直线，分别与 P_V、P_W 重合；$a'b'c'd'$ // OX，P_V // OX，$a''b''c''d''$ // OY_W，P_W // OY_W $\alpha=0°$，$\beta=\gamma=90°$
正平面	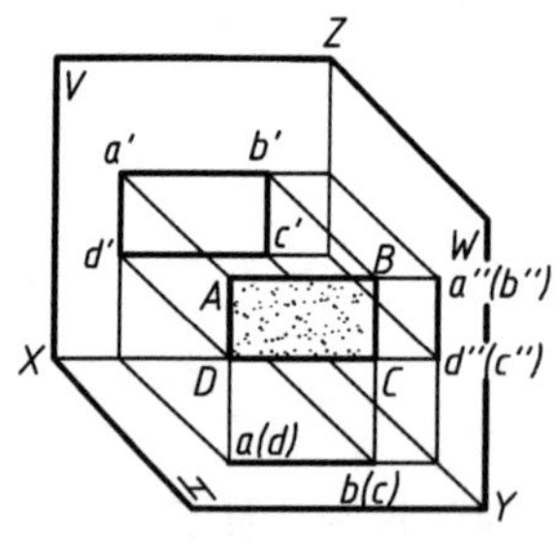	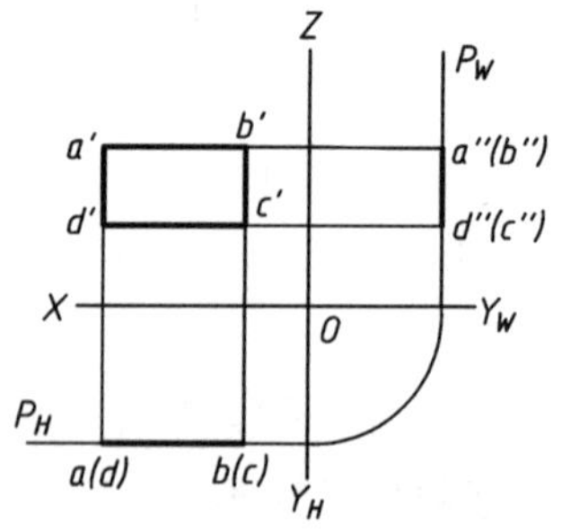	$a'b'c'd'$反映实形； abcd 和$a''b''c''d''$均积聚成直线，分别与 P_H、P_W 重合；abcd // OX，P_H // OX，$a''b''c''d''$ // OZ，P_W // OZ $\beta=0°$，$\alpha=\gamma=90°$

续表

	轴 测 图	投 影 图	投 影 特 性
侧平面	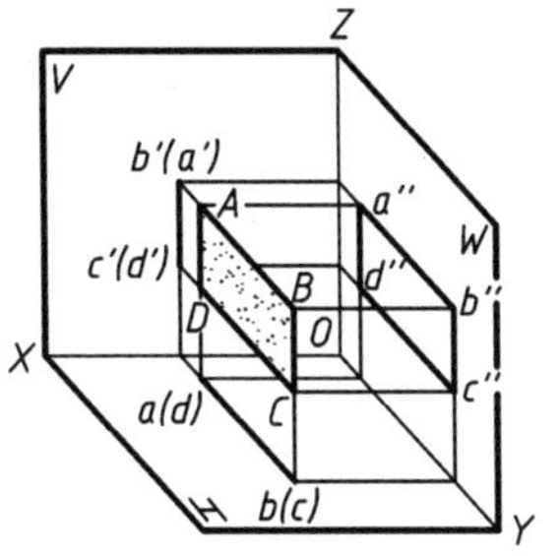	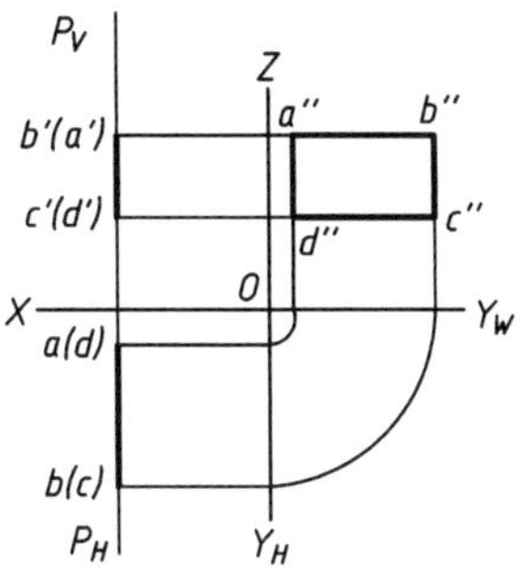	$a''b''c''d''$反映实形；$abcd$和$a'b'c'd'$均积聚成直线，分别与P_H、P_V重合；$abcd \parallel OY_H$，$P_H \parallel OY_H$，$a'b'c'd' \parallel OZ$，$P_V \parallel OZ$ $\gamma=0°$，$\alpha=\beta=90°$

2. 投影面垂直面

垂直于一个投影面并与另外两个投影面倾斜的平面称为投影面垂直面。垂直于 H 面并与 V 面、W 面倾斜的平面称为铅垂面；垂直于 V 面并与 H 面、W 面倾斜的平面称为正垂面；垂直于 W 面并与 H 面、V 面倾斜的平面称为侧垂面。

现以铅垂面为例，分析其投影特性，如图 2-30 所示。

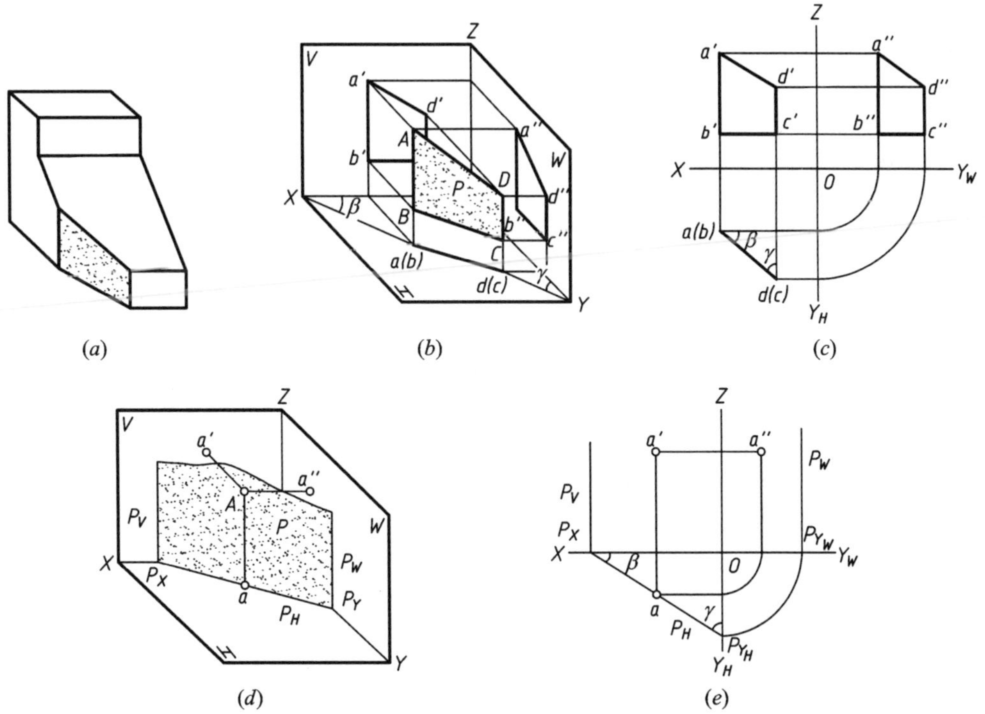

图 2-30 铅垂面的投影

(1) 水平投影：由于铅垂面垂直于 H 面，所以其水平投影具有积聚性，积聚成直线。该直线与 OX 轴及 OY_H 轴的夹角，反映平面与 V 面及 W 面的夹角 β 及 γ。铅垂面的水平迹线与平面的积聚性投影重合，对 OX 轴及 OY_H 轴都倾斜。

(2) 正面投影及侧面投影：铅垂面的正面投影及侧面投影是平面图形的类似形(多边形则边数相同，圆则成为椭圆)，面积缩小。铅垂面的正面及侧面迹线分别垂直于 OX 轴及 OY_W 轴。

正垂面及侧垂面有类似的投影特性。各种投影面垂直面的投影特性见表 2-4。

表 2-4　投影面垂直面的投影特性

	轴测图	投影图	投影特性
铅垂面	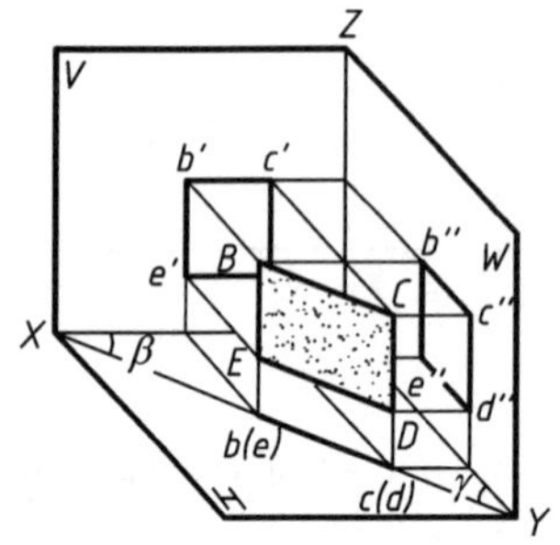	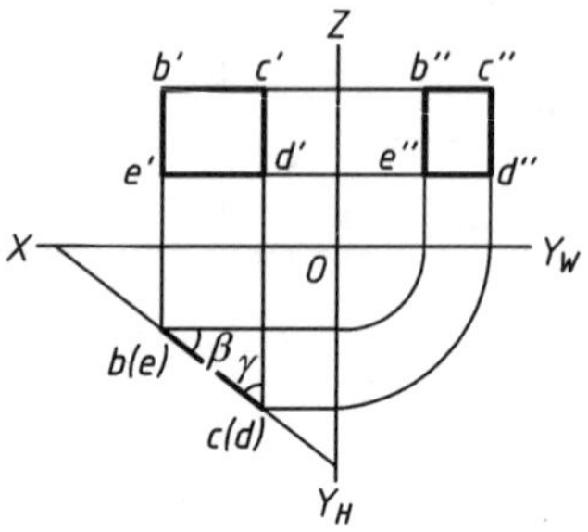	$bcde$ 积聚成一直线，反映 β、γ 角；$b'c'd'e'$ 和 $b''c''d''e''$ 的面积变小，但边数不变 $\alpha=90°$
正垂面	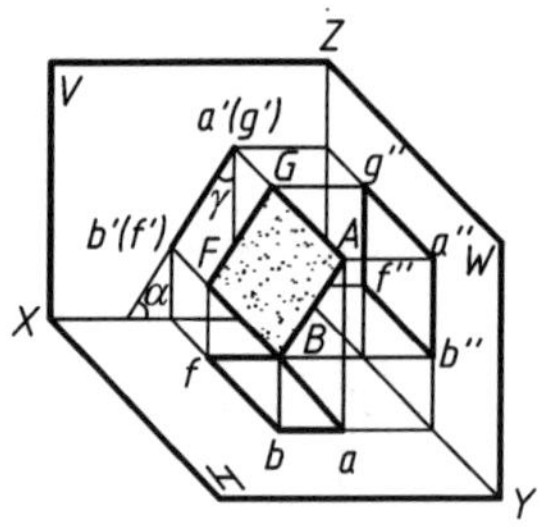	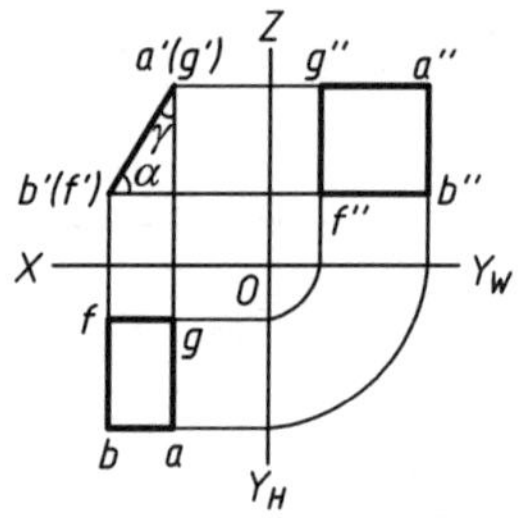	$a'b'f'g'$ 积聚成一直线，反映 α、γ 角；$abfg$ 和 $a''b''f''g''$ 的面积变小，但边数不变 $\beta=90°$
侧垂面	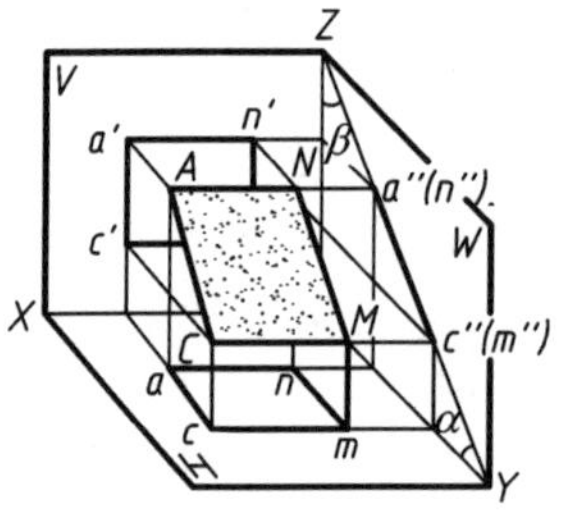	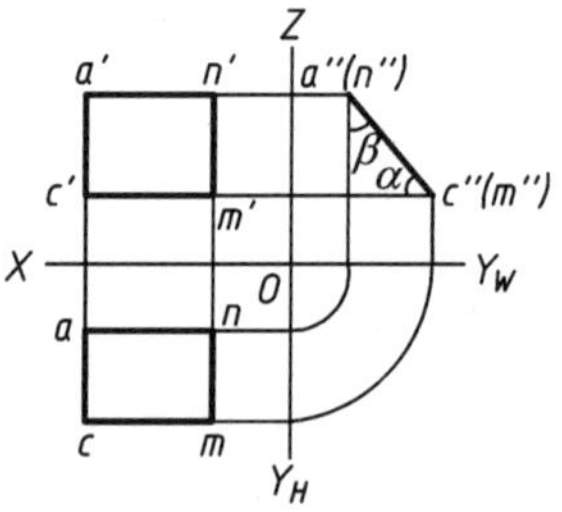	$a''c''m''n''$ 积聚成一直线，反映 β、α 角；$acmn$ 和 $a'c'm'n'$ 的面积变小，但边数不变 $\gamma=90°$

3. 一般位置平面

与三个投影面既不平行也不垂直，而处于倾斜位置的平面，称为一般位置平面，如图 2-31 所示。

一般位置平面的三面投影都是小于空间平面实形的类似形，其各面迹线均对投影轴倾斜。

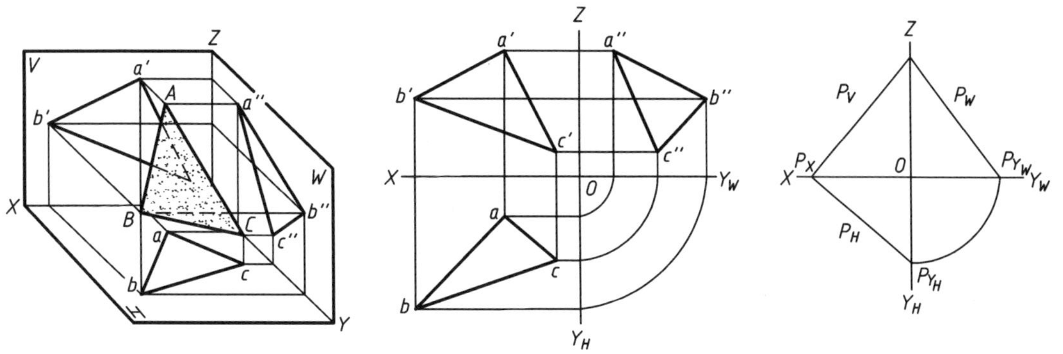

(a)　(b)　(c)

图 2 - 31　一般位置平面的投影

三、平面上的直线和点

1. 平面上取直线和点

欲在平面上取直线，可以使直线通过平面上的两个点，或者使直线通过平面上一点且平行于平面内另一条直线。如图 2 - 32(*a*)所示，相交两直线 *CD* 和 *DE* 确定一平面，*A*、*B* 两点分别在 *CD* 和 *DE* 直线上，即在平面上，连接 *A*、*B* 两点的直线也在该平面上。图 2 - 32(*b*) 中，三角形 *ABC* 确定一平面，通过平面内的 *A* 点作直线 *AD* // *BC*，*AD* 即在该平面上。反之，也可以用上述原理判断一条直线是否在平面内。

欲在平面内取点，可以先在平面内取直线，再在直线上取点。因为直线若在平面上，则直线上所有点都在平面上。反之，也可以根据这一原理判断点是否在平面上。

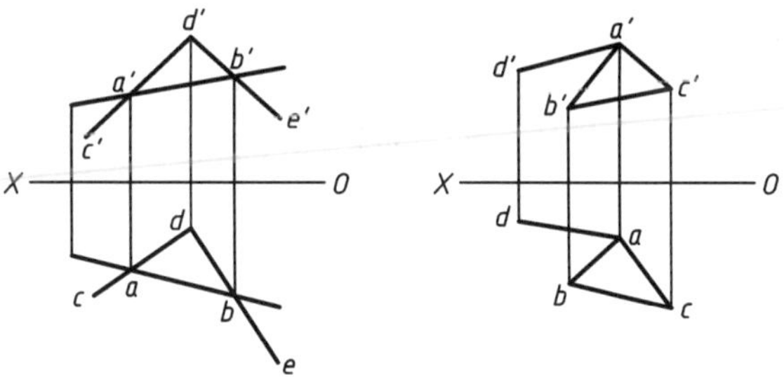

(a)　(b)

图 2 - 32　在平面上取直线

［**例 2 - 5**］　已知△*ABC* 上点 *D* 的正面投影，试作出 *D* 点的水平投影，如图 2 - 33(*a*)所示。

解　通过 *D* 点在平面内取直线 *AE*，*E* 点在 *BC* 上，*d*′在 *a*′*e*′上。由 *D* 点在 *AE* 上，即可作出 *D* 点的水平投影 *d*。

作图步骤如下：

(1) 连接 *a*′和 *d*′，延长交 *b*′*c*′于 *e*′。

(2) 作 *e*，*e* 在 *bc* 上，连接 *a*、*e* 两点。

(3) 由 *d*′作出 *D* 点的水平投影 *d*。

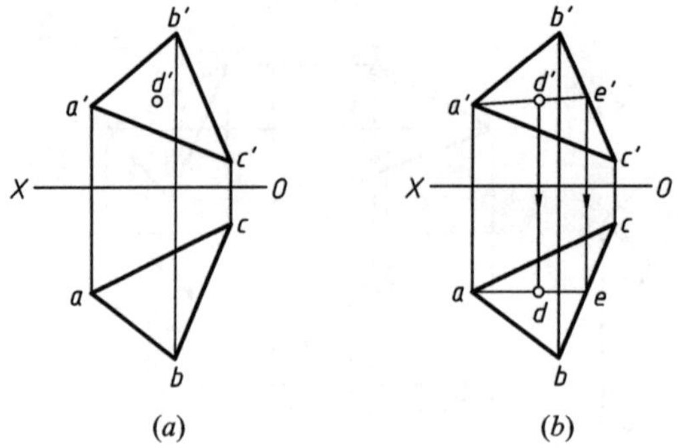

图 2-33　在平面上取点

[例 2-6]　已知平面四边形 $ABCD$ 的水平投影及相交两边 AB、BC 的正面投影，如图2-34(a)所示，试完成其正面投影。

解　四边形四个顶点位于同一个平面上，已知 A、B、C 三个顶点的两面投影，故本题实质上是由△ABC 内点 D 的水平投影 d 求作正面投影 d'。

作图步骤如下(图 2-34(b))：

(1) 连接 ac 和 bd，交点为 e，e 是 AC、BD 交点 E 的水平投影。

(2) 作 E 点的正面投影 e'，连接 b'、e'，D 点在直线 BE 上。

(3) 延长 $b'e'$，由点的投影规律作出 d'。

图 2-34(c)是另外一种作法：过 d 作 $de \parallel bc$，作 E 点的正面投影 e'，过 e'作 $e'd' \parallel b'c'$，由 d 即可作出 d'。

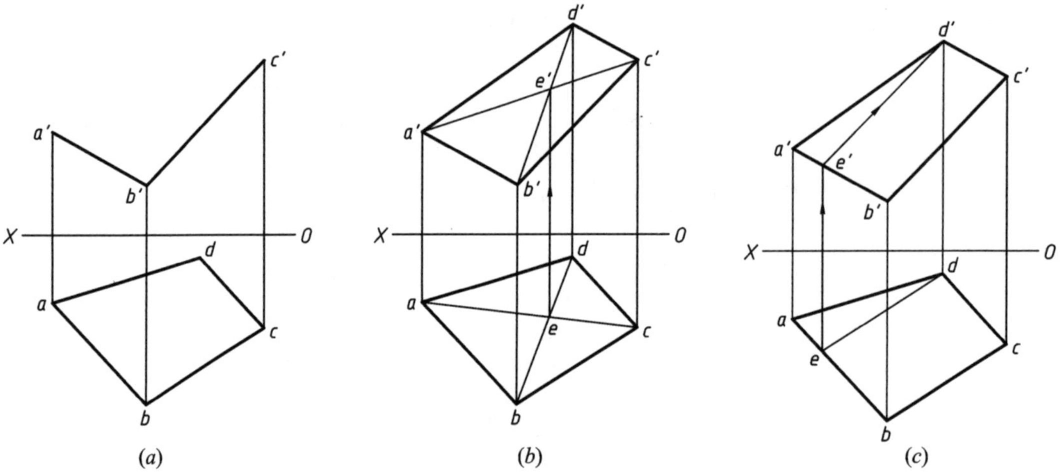

图 2-34　补全四边形

2. 包含点或直线作平面

包含已知点或直线可以作无数个平面，如果加上其他限制条件，则可以作唯一的或者有限个平面。

[例 2-7]　过已知点 A 作正垂面，使 $\alpha=30°$，如图 2-35(a)所示。

解　(1) 用迹线表示。如图 2-35(b)所示，过 a'作正垂面的正面迹线 P_V，使其与 OX

轴夹角为 30°。水平迹线通过迹线的集合点并与 OX 轴垂直。图中作出两解：P_{V1} 和 P_{V2}。

(2) 用几何元素(三角形)表示。以点 A 为三角形的顶点，三角形的正面投影积聚成线，且与 OX 轴夹角为 30°，水平投影为三角形，如图 2-35(c)所示。本题有四解，其中 $\triangle B_1C_1A$ 与 $\triangle B_4C_4A$ 位于同一平面上，$\triangle B_2C_2A$ 与 $\triangle B_3C_3A$ 位于同一平面上。

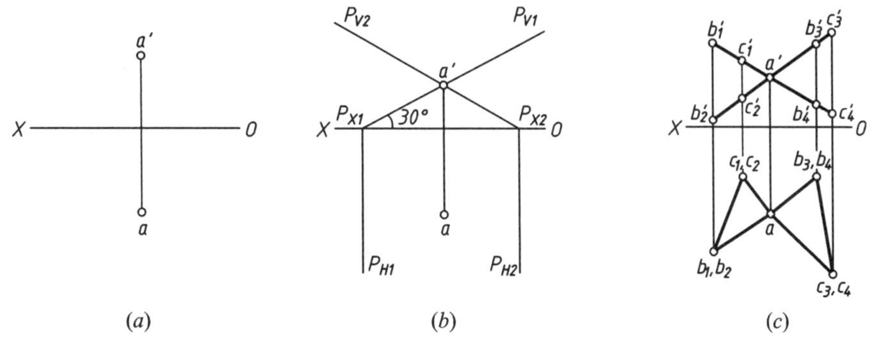

图 2-35　过 A 点作正垂面与 H 面成 30°角

四、直线与平面相交

关于直线与平面相交，仅介绍直线与特殊位置平面(称投影面平行面和投影面垂直面为特殊位置平面)相交和投影面垂直线与平面相交的情况。

特殊位置平面或投影面垂直线总有一个投影有积聚性，因此当直线与特殊位置平面相交或投影面垂直线与平面相交时，可直接利用其积聚性求出交点。

1. 直线与特殊位置平面相交

在图 2-36 中，一般位置直线 EF 与水平面相交，因交点是水平面上的点，它的正面投影必在 $a'b'c'$ 上；交点又是直线 EF 上的点，它的正面投影也必在 $e'f'$ 上。因此 $e'f'$ 与 $a'b'c'$ 的交点 k' 便是交点 K 的正面投影。由于 K 点在直线 EF 上，可通过 k 在 ef 上找出对应的水平投影 k。点 $K(k'、k)$ 即为直线 EF 与水平面 $\triangle ABC$ 的交点。

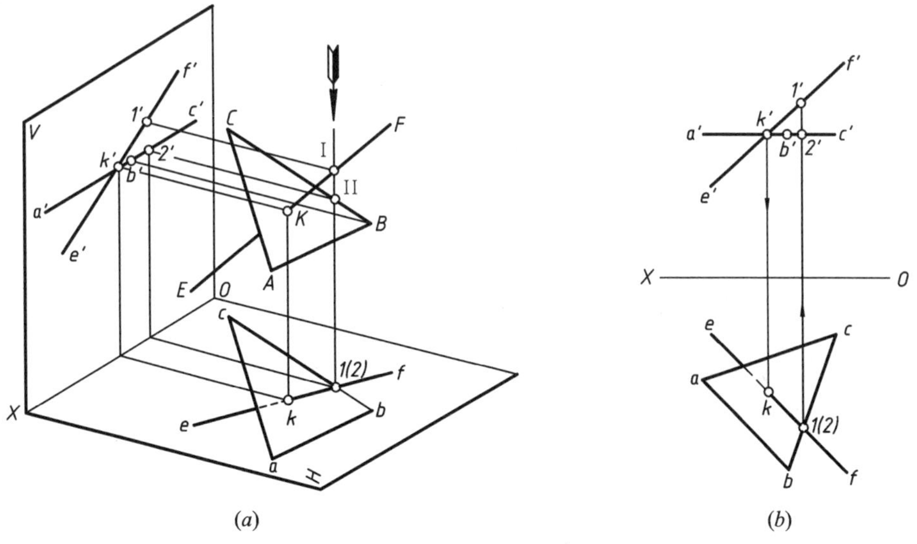

图 2-36　直线与平面相交

为了增强图形的立体感，需要进行直线可见性的判别。直线与平面的交点是直线可见与不可见的分界点。用粗实线和细虚线分别表示直线可见和不可见部分的投影，其可见性要利用直线与平面边的重影点加以判别。

在图 2-36(*b*)中，因平面的正面投影有积聚性，故不必判别直线的可见性，而在水平投影中，*ef* 和 *abc* 重合的部分才发生可见性问题，并且点 *k* 是可见与不可见部分的分界点。这里只有两种可能：*FK* 在△*ABC* 之上而 *KE* 在下面；或者相反。图中 *BC* 和 *EF* 是交叉两直线，而 *ef* 和 *bc* 交于点 1(2)，在 $e'f'$ 及 $b'c'$ 上分别求出 1′和 2′，点Ⅰ、Ⅱ即是位于铅垂线上的一对重影点。可以看出，位于 *EF* 上的点Ⅰ较 *BC* 上点Ⅱ的 *Z* 坐标值大，因此在水平投影中，*fk* 可见，*ke* 被△*ABC* 遮住的部分为不可见。

若直线 *AB* 与铅垂面 *P* 相交(见图 2-37)，因迹线 P_H 反映铅垂面 *P* 的投影积聚性，故 P_H 与 *ab* 的交点 *k* 即为交点 *K* 的水平投影，然后在 $a'b'$上找出点 *K* 正面投影 k'。按照空间方位，直线 *AK* 段位于铅垂面 *P* 之前，*KB* 段位于铅垂面 *P* 之后，因此在正面投影中，$a'k'$可见，$k'b'$不可见。直线可见性如图 2-37 所示。

2. 投影面垂直线与平面相交

当直线为投影面垂直线时，由于它的一个投影有积聚性，因此可利用平面上取点的方法直接求出交点的另一个投影。图 2-38 所示为铅垂线 *AB* 与△*CDE* 相交，由于 *AB* 的水平投影 *a*(*b*)有积聚性，所以交点 *K* 的水平投影 *k* 与 *a*(*b*)重影。其正面投影 k'可借助平面内所作的直线 *CF* 求出。直线可见性如图 2-38 所示。

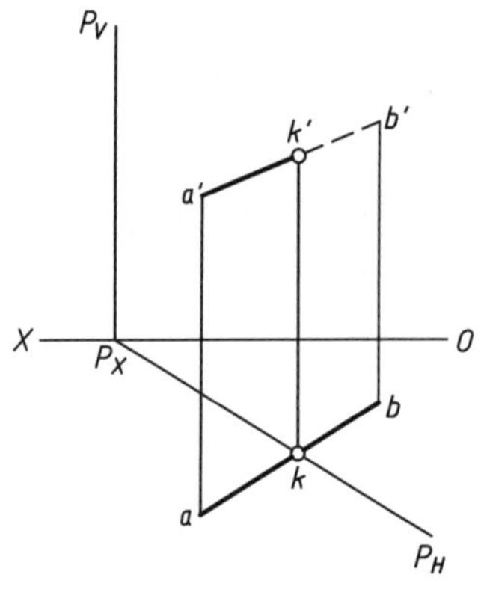

图 2-37 直线与铅垂面相交

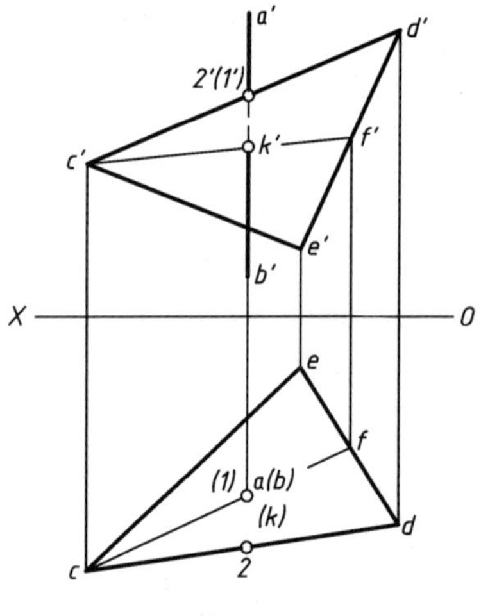

图 2-38 铅垂线与一般位置平面相交

五、平面与特殊位置平面相交

平面与特殊位置平面相交包括两种情况：特殊位置平面与特殊位置平面相交(两投影面平行面相交、两投影面垂直面相交、投影面平行面与投影面垂直面相交)和一般位置平面与特殊位置平面相交。

两平面相交时，交线是两平面可见与不可见的分界线。用粗实线和细虚线分别表示平面边可见和不可见部分的投影，边的可见性要根据两平面边的重影点判别。

当相交两平面均为特殊位置平面时，一般都可根据其有积聚性的投影分析出交线的位置，并根据另一投影确定交线投影的长度。图2-39表示正垂面$DEFG$与水平面$\triangle ABC$相交，由于它们的正面投影均有积聚性，且交于点$n'(m')$，所以该点必为交线的正面投影，并可断定交线为正垂线，在水平投影上，交线投影的长度应在两平面的重影范围之内，故交线水平投影为mn。最后在水平投影上进行平面$DEFG$与$\triangle ABC$边的可见性判别。

当相交两平面之一为一般位置平面时，可选该平面内任意两条直线与特殊位置平面相交，求出两个交点即可确定交线的位置和投影长度。图2-40表示一般位置平面$DEFG$与水平面$\triangle ABC$相交。因为$\triangle ABC$的正面投影有积聚性，所以可直接求出$DEFG$的两边DG和EF与$\triangle ABC$的交点M（m、m'）和N（n、n'），连接MN即为两平面的交线。最后在水平投影上进行两平面边的可见性判别。

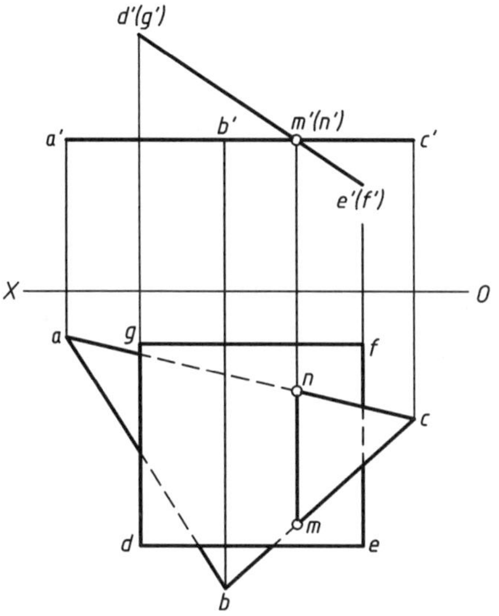

图2-39 水平面与正垂面相交

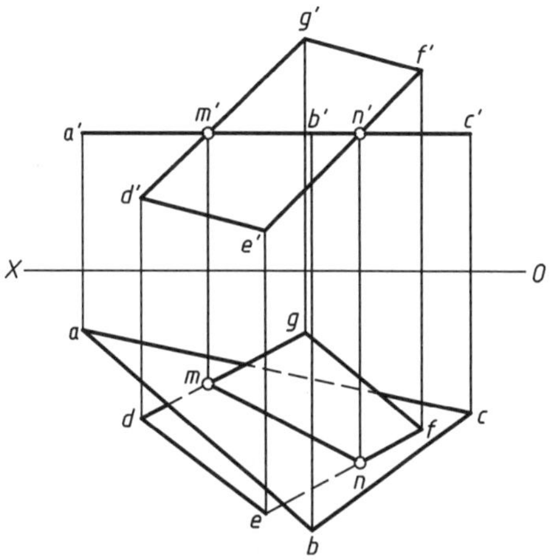

图2-40 一般位置平面与水平面相交

03

第 3 章　立体、截交线及切口

立体是由表面(平面、曲面)围成的几何体。作立体投影的基本思想是把围成体的所有表面的投影作出来。立体的形状虽千差万别，但按其表面性质的不同，可将立体分为平面立体和曲面立体两大类。完全由平面围成的立体称为平面立体，如多面体；完全由曲面围成的立体或由平面和曲面围成的立体称为曲面立体，如圆柱体等。观察复杂形状的立体，发现绝大多数的立体是由一些单一形状的立体按一定方式生成的，称这些单一形状的立体为基本体。基本体按其表面性质的不同，可分为平面基本体和曲面基本体。平面基本体有棱柱、棱锥等，曲面基本体即回转体，有圆柱体、圆锥体、圆球体、圆环体等。由基本体生成复杂形状立体的方式主要有截切、相贯和组合，相贯和组合将分别在第 4 章和第 5 章介绍。

本章介绍立体投影的形成原理、三视图及其投影规律、基本体的投影及其表面上的点和线、立体截交线。

3.1　立体投影的形成及三视图

一、立体投影的形成

立体投影形成的原理是面投影堆集理论。该理论认为立体的投影是表面(平面、曲面)投影的集合，要画一个立体的投影，就是把围成立体的所有表面的投影一个一个画出来，这是立体投影“堆”的过程。为减少所画投影线条，可按照从上往下画、从前往后画、从左往右画的顺序绘制表面的投影。在画表面投影的过程中，可见投影(可见轮廓线)用粗实线画，不可见投影(不可见轮廓线)用细虚线画。当表面投影重合时，粗实线优先，即粗实线与细虚线重合时按粗实线画，而粗实线与粗实线重合、细虚线与细虚线重合时分别只画一次，这是立体投影“集”的过程。一个面一个面的投影去“堆”，边“堆”边“集”，这是一个动态的形成过程。立体的投影是所有表面投影的堆集结果，这就是立体投影的面投影堆集理论。

下面以平面立体 V 形块(图 3 - 1(a))为例，介绍立体投影的形成过程。

将立体正放(立体的主要表面分别平行于投影面)在三投影面体系中，该立体的 9 个表面中，有上下 3 个水平面、上部 2 个正垂面(V 字槽)、前后 2 个正平面、左右 2 个侧平面。

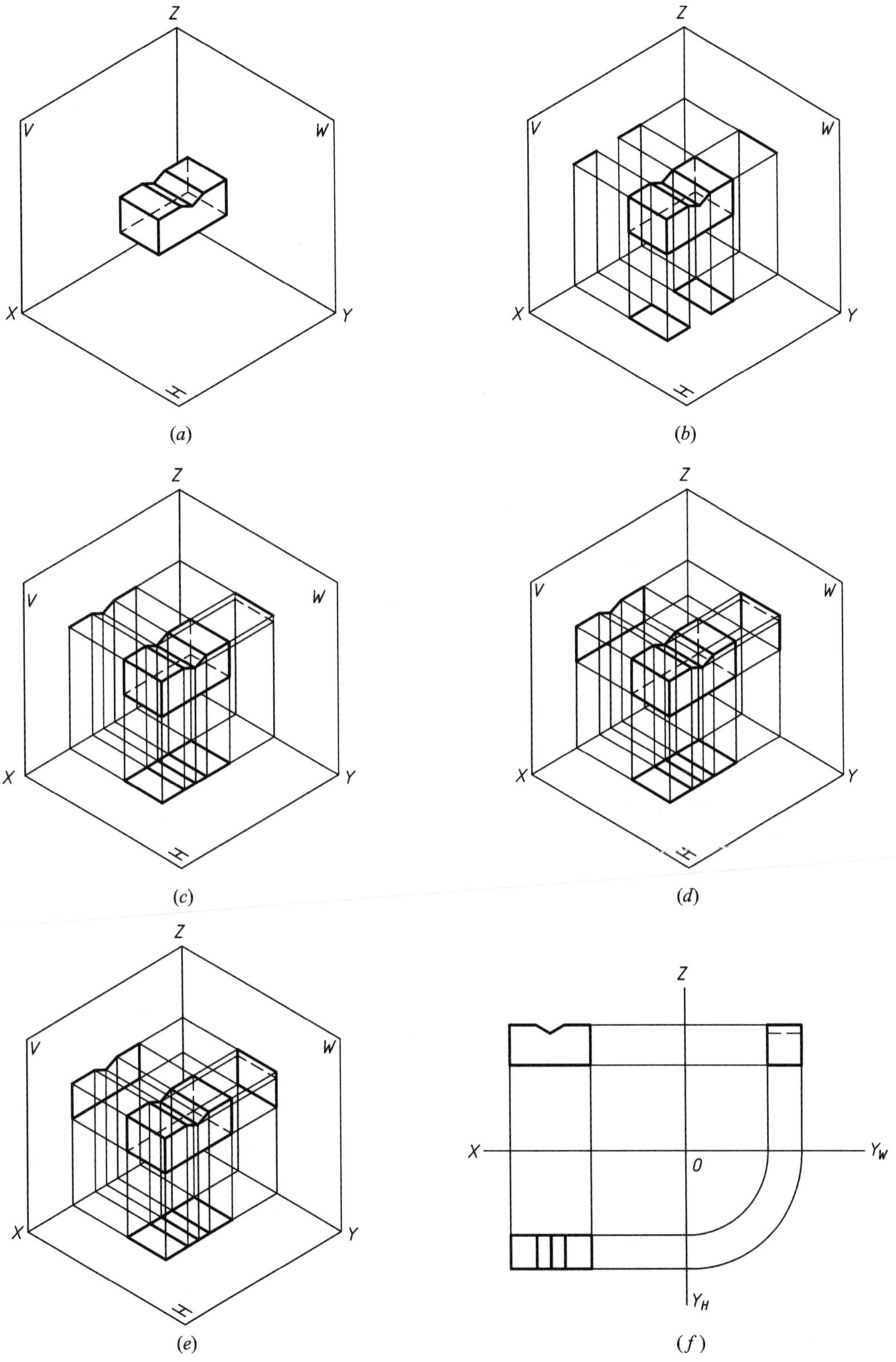

图 3-1　立体投影的形成

立体投影的形成步骤如下：

(1) 利用水平面的投影特性并结合投影可见性，作出上部两个水平面的三个投影，左边那个水平面的三个投影的线型均为粗实线，而右边那个水平面的正面投影和水平投影的线型均为粗实线，侧面投影的线型则为细虚线，且细虚线与粗实线重合时按粗实线画，如图 3-1(*b*)所示。

(2) 利用正垂面的投影特性并结合投影可见性，作出上部两个正垂面的三个投影，其中正面投影和水平投影的线型均为粗实线，而侧面投影的线型均为细虚线，且细虚线与粗实线重合时按粗实线画，粗实线与粗实线重合时只画一次，如图 3-1(*c*)所示。

(3) 利用正平面的投影特性并结合投影可见性，作出前后两个正平面的三个投影，其中前面那个正平面的三个投影的线型均为粗实线，而后面那个正平面的水平投影和侧面投影的线型均为粗实线，正面投影的线型则为细虚线，线型重合时的画法同前，如图 3-1(*d*)所示。

(4) 利用侧平面的投影特性并结合投影可见性，作出左右两个侧平面的三个投影，其中左面那个侧平面的三个投影的线型均为粗实线，而右面那个侧平面的正面投影和水平投影的线型均为粗实线，侧面投影的线型则为细虚线，线型重合时的画法同前，如图 3-1(*e*)所示。

(5) 作出底部水平面的三个投影，其正面投影和侧面投影的线型均为粗实线，而水平投影的线型为细虚线，线型重合时的画法同前，如图 3-1(*e*)所示；至此，V 形块的 9 个表面的投影堆集完成。

(6) 按照第 2 章投影面的展开方法，将图 3-1(*e*)的投影面展开，便得到 V 形块这个立体的三个投影，如图 3-1(*f*)所示。

二、三视图及其投影规律

三投影面体系本是研究几何元素投影的参照系，但对立体而言，其参照作用没有点、直线、平面那样明显，为简化作图，图 3-1(*f*)中的投影轴可以省略。我们把省略投影轴后的立体投影称为视图。其中，与立体正面投影对应的视图称为主视图，与立体水平投影对应的视图称为俯视图，与立体侧面投影对应的视图称为左视图，这就是常见的三视图。对立体而言，视图与投影本质上是一样的。图 3-2 为上述 V 形块这个立体的三视图。

三视图的投影规律包括方位对应关系和尺寸(度量)对应关系：

(1) 方位对应关系。

立体有上、下、左、右、前、后六个方位，每个视图反映立体四个方位：主视图反映立体上、下、左、右四个方位；俯视图反映立体左、右、前、后四个方位；左视图反映立体上、下、前、后四个方位。三视图的方位对应关系为：

主视图与左视图均反映立体的上、下方位；主视图与俯视图均反映立体的左、右方位；俯视图与左视图均反映立体的前、后方位。

(2) 尺寸(度量)对应关系。

立体有长、宽、高三个方向的尺寸，每个视图反映立体两个方向的尺寸，主视图反映立体长和高两个方向的尺寸，俯视图反映立体长和宽两个方向的尺寸，左视图反映立体宽和高两个方向的尺寸。三视图的尺寸(度量)对应关系为：

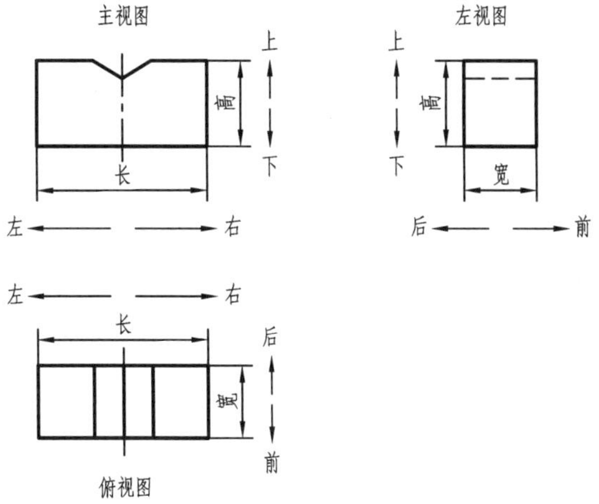

图 3-2　立体的三视图

① 主视图与俯视图在长度方向尺寸相等，画图时遵循“长对正”；

② 主视图与左视图在高度方向尺寸相等，画图时遵循“高平齐”；

③ 俯视图与左视图在宽度方向尺寸相等，画图时遵循“宽相等”。

作图时，“长对正”“高平齐”用工具可直观地做到，而“宽相等”则不那么直观，需要在宽度方向取一个基准量取宽度，通常以立体的前后对称平面、轴线、后部的端面(线、点)、前部的端面(线、点)等几何元素作为测量宽度的基准。

画视图时，要注意线型的使用，除了上面所讲的粗实线、细虚线的用法外，还要重视细点画线的用法。细点画线的用法主要有对称中心线(包括表示明显的对称平面、圆中心线，如图 3-2 主视图和俯视图中表示左右对称平面的细点画线)、轴线、孔系分布的中心线等。

画视图时，还要注意线型重合时的画法，当不同线型的图线重合时，粗实线优先级最高，即其他线型与粗实线重合时只画粗实线(如前述的细虚线与粗实线重合、图 3-2 俯视图中细点画线与粗实线重合等)，其次是细虚线，即除粗实线外的其他线型与细虚线重合时只画细虚线。

此外，不同线型的图线相交处的画法，可参照 1.1 节“图线的画法”中的规定执行。

3.2　平面立体的投影及表面上的点和线

平面立体的各表面都是三角形或平面多边形，它们的边是平面立体的棱边，其顶点是平面立体的顶点。

一、平面立体的投影

以图 3-3(*a*)的三棱锥为例。该立体有四个表面，底面为水平面，三个侧棱面为一般位置平面。根据 3.1 节的面投影堆集理论，得到三棱锥的三个投影，其中侧棱面的投影可通过作出锥顶投影后，再与底面顶点投影连线得到。图 3-3(*b*)是该三棱锥的三视图。

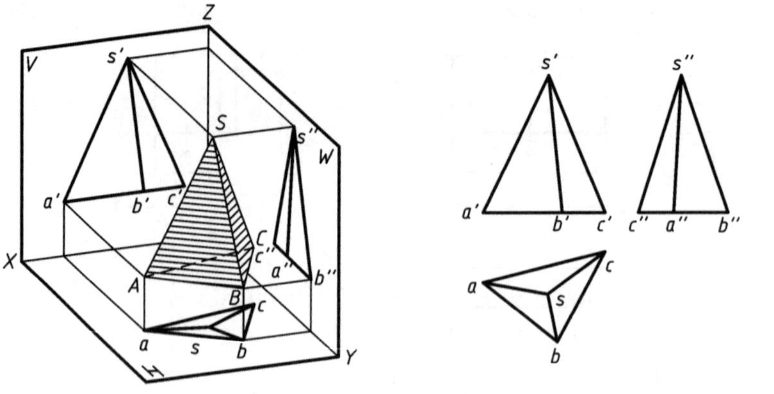

(a) (b)

图 3-3 三棱锥的投影

二、平面立体表面上的点和线

由于平面立体的各表面都是平面，因此在平面立体表面上取点和线与在平面上取点和线的方法完全相同。

如图 3-4(a)所示，已知三棱锥表面上 D 点的正面投影 d'和 K 点的水平投影 k，求作它们的另外两个投影。

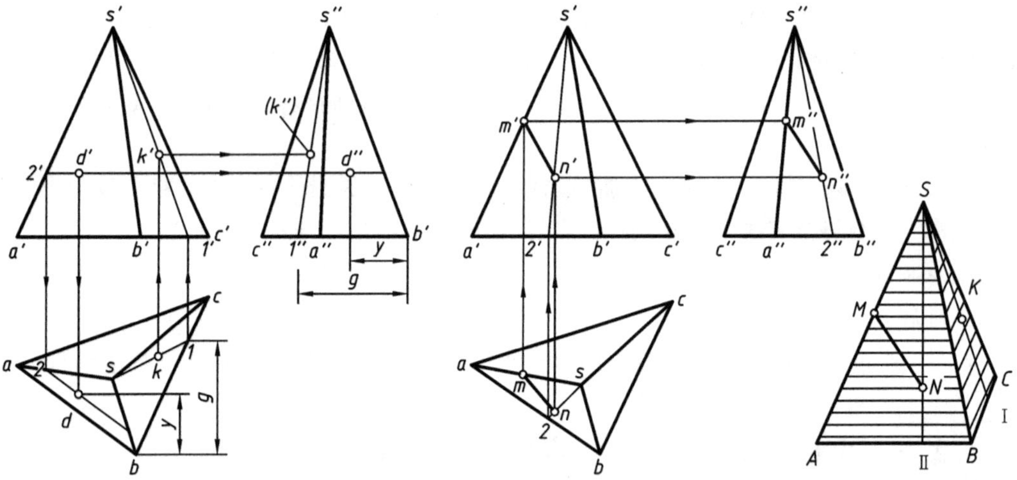

(a) (b)

图 3-4 平面立体表面上取点、线

首先作 D 点的两个投影：由点 D 的正面投影 d'(可见)，可知点 D 在三棱锥表面 SAB 上，通过点 D 作平行于 AB 的辅助线，即可作出点 D 的水平投影 d。由点 D 的正面投影及水平投影即可作出其侧面投影 d''。图中用量取点 D 到点 B 的宽度尺寸(点 D 在点 B 后方)的方法作出 d''，最后判断可见性，d、d''均可见。

由点 K 的水平投影(可见)可知 K 点在三棱锥的 SBC 表面上，通过 K 点在 SBC 上作

辅助线 $S1$，即可作出点 K 的另外两个投影。在侧面投影上，因 SBC 表面不可见，故 k'' 也不可见，k' 可见。

图 3-4(*b*)中已知直线 MN 的水平投影 mn，求作它的另外两个投影。其中，M 点在三棱锥的棱 SA 上，N 点在三棱锥表面 SAB 上。作出 M、N 点的正面投影及侧面投影，用直线连接同面投影（m'、n' 和 m''、n''）即得。因表面 SAB 的三面投影均可见，所以 MN 的三面投影也均可见。

3.3　回转体的投影及表面上的点和线

将母线（直线或曲线）绕轴线旋转，即形成回转面。由回转面或者回转面和平面围成的立体称为回转体。图 3-5 所示为圆柱（母线为直线）、圆锥（母线为直线）、圆球（母线为半圆）、圆环（母线为圆）等回转体。

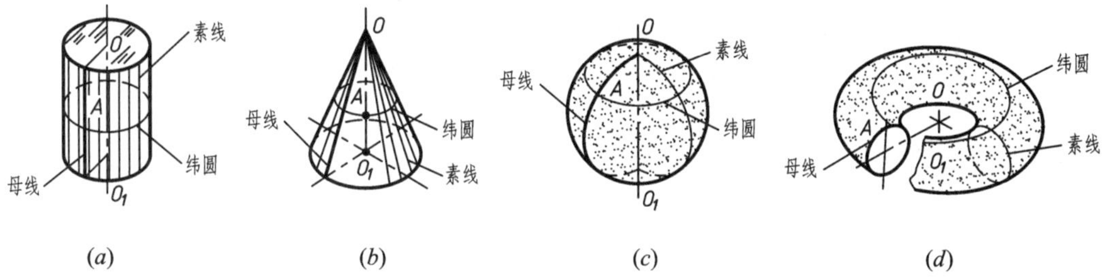

图 3-5　回转曲面和回转体

(*a*) 圆柱；(*b*) 圆锥；(*c*) 圆球；(*d*) 圆环

母线在旋转时的任一位置称为素线。母线上任一点（如图 3-5 中的 A 点）的轨迹称为纬圆（或者回转圆），纬圆所在平面必垂直于轴线。

回转体上的回转面，可看成是由完全对称的两个半曲面组成的。回转面沿投射线方向两个半曲面有遮挡关系的投影，是由上下两个半曲面，或左右两个半曲面，或前后两个半曲面投影堆集形成的。半曲面概念对于理解回转面的投影以及回转面上点和线的方位具有重要作用。

一、圆柱体

圆柱体由圆柱面和上、下底面围成，圆柱面由直母线绕与它平行的直线旋转而成。

1. 圆柱体的投影

画圆柱体投影时，一般选择轴线垂直于某个投影面，如图 3-6 所示，轴线垂直于H 面。

轴线铅垂放置的圆柱体水平投影为圆。它是圆柱面在 H 面上的积聚性投影，也是底面的投影。用垂直相交的细点画线画出圆的中心线。

圆柱体正面投影为矩形，矩形左、右两边 $a'a_1'$、$b'b_1'$ 是圆柱面对 V 面的外形轮廓线，也是圆柱面最左和最右的素线投影。这两条素线也称为前、后转向素线，它把圆柱面分成前、后两个半圆柱面，前半个圆柱面正面投影可见，后半个圆柱面正面投影不可见，转向素线是可见的。矩形的上、下两边为圆柱体上、下底面(水平面)的积聚性投影。圆柱体轴线平行于V面，用细点画线表示轴线的投影。

圆柱体侧面投影也是矩形，矩形上、下两边也是圆柱体上、下底面的积聚性投影。矩形左、右两边是圆柱面最前、最后两条素线的侧面投影，它们是圆柱面对W面的外形轮廓线，$c''c''_1$ 是圆柱面的最前素线的投影，$d''d''_1$ 是圆柱面的最后素线的投影。最前、最后这两条左右转向素线把圆柱面分为左、右两个半圆柱面，左半个圆柱面的侧面投影可见，右半个圆柱面的侧面投影不可见。用细点画线表示轴线的投影。

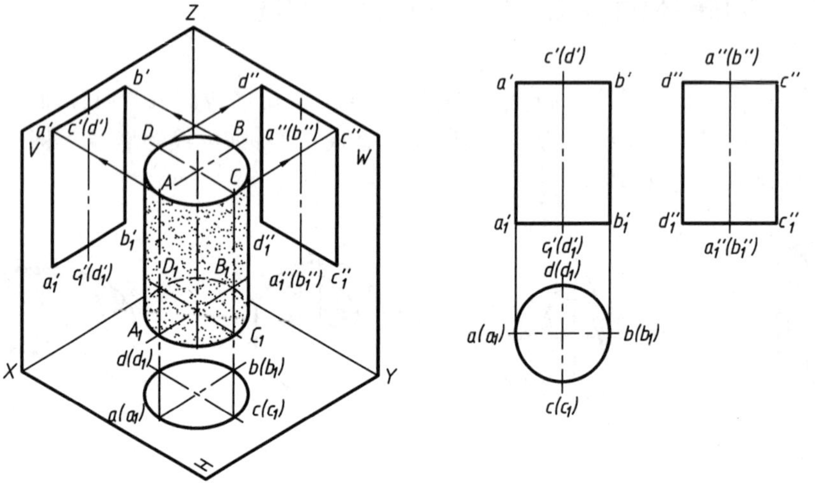

图 3-6 圆柱体的投影

2. 圆柱体表面上的点和线

在圆柱表面上取点，可利用圆柱面对某一投影面的积聚性进行作图。如图 3-7(*a*)所示，已知圆柱表面上点 *E* 的正面投影 *e*′，并且可见，求作它的水平投影及侧面投影。由点 *E* 的正面投影可知，*E* 点在圆柱面右前部分，利用圆柱面水平投影的积聚性，可作出点 *E* 的水平投影 *e*。根据点的投影规律可作出点 *E* 的侧面投影 *e*″，并且不可见。

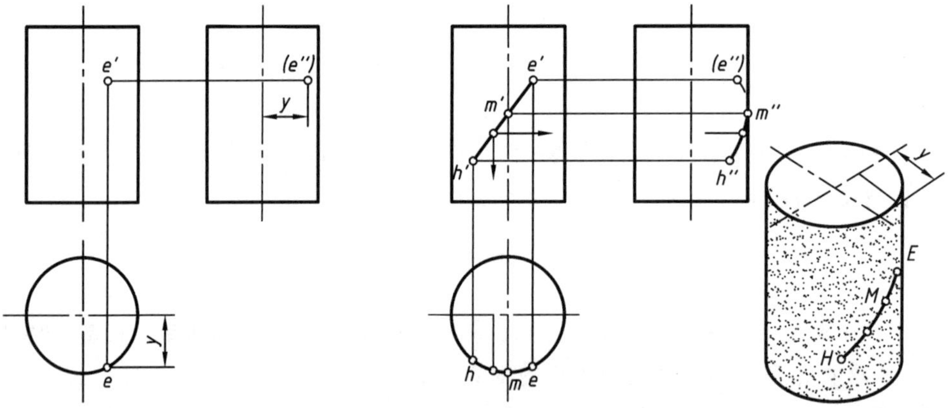

(*a*) (*b*)

图 3-7 圆柱体表面上取点、线

图 3-7(*b*)中，已知曲线段 EMH 的正面投影 $e'm'h'$，求作它的水平投影及侧面投影。根据圆柱面的形成原理，线段 EMH 既不是直线也不是圆弧(是一段椭圆弧)。作 EMH 的投影时，须作出它上面的一系列点的投影，然后用曲线光滑连接各点的同面投影即可。EMH 的水平投影重合在圆柱面的水平投影上。需要注意，曲线段跨过圆柱面转向素线的点(如 M)的投影必须作出，因为它是曲线段在侧面投影上可见与不可见的分界点。

二、圆锥体

圆锥体由圆锥面和底面围成，如图 3-8 所示。圆锥面由直线绕与它相交的直线旋转而成。

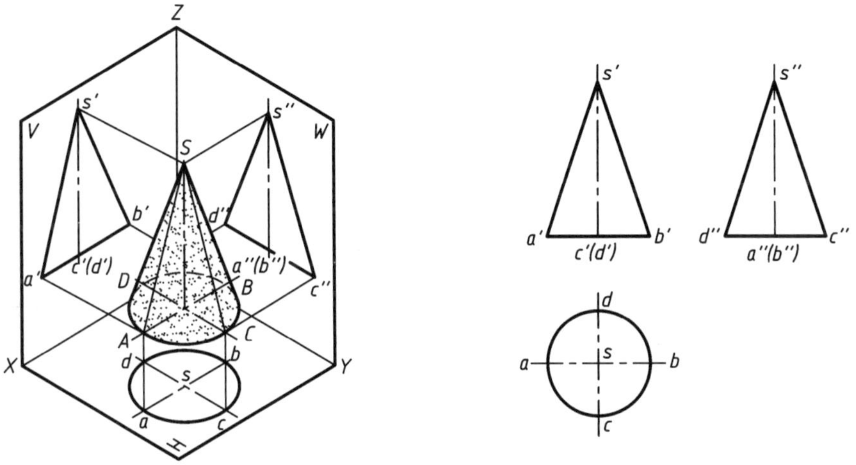

图 3-8　圆锥体的投影

1. 圆锥体的投影

轴线铅垂放置的圆锥体的水平投影为圆，用垂直相交的细点画线画出圆的中心线。

圆锥体的正面投影及侧面投影均为等腰三角形。正面投影三角形的两边 $s'a'$ 和 $s'b'$ 为圆锥面对 V 面的外形轮廓线，分别是圆锥面最左、最右的素线投影。最左、最右这两条前、后转向素线把圆锥面分为前、后两个半圆锥面，前半个圆锥面的正面投影可见，后半个圆锥面的正面投影不可见。侧面投影三角形的两边 $s''c''$ 和 $s''d''$ 为圆锥面对 W 面的外形轮廓线，分别是圆锥面最前、最后的素线投影。最前、最后这两条左、右转向素线把圆锥面分为左、右两个半圆锥面，左半个圆锥面的侧面投影可见，右半个圆锥面的侧面投影不可见。正面投影及侧面投影中，等腰三角形的底边为圆锥体底面的投影。用细点画线表示轴线的投影。

2. 圆锥体表面上的点和线

在圆锥面上取点可以采用两种方法：

(1) 素线法。如图 3-9(*a*)所示，已知圆锥面上点 F 的水平投影 f，求作点 F 的正面投影及侧面投影。作图时，过锥顶 S 和点 F 作圆锥面的一条辅助素线 SE，则 F 点在该素线上。先在水平投影上过 f 确定 SE 的水平投影 se，再作 SE 的正面投影及侧面投影。根据点在直线上的投影规律，即可作出 f' 及 f''。因点 F 在圆锥面的左、前部分上，所以点 F 的正面投影及侧面投影均可见。

(2) 纬圆法(回转圆法)。在图 3-9(*a*)中，过点 F 作水平纬圆，其水平投影为半径等于 sf 的圆。该圆与圆锥面最右素线的水平投影的交点为 a，此交点的正面投影 a'在最右边的素线上，于是可作此纬圆的正面投影及侧面投影(这两个投影为长度是 $2sf$ 的直线段)。由点 F 在此纬圆上，即可作出点 F 的正面投影及侧面投影，如图 3-9(*a*)所示。

如图 3-9(*b*)所示，若已知曲线段 FMH 的正面投影 $f'm'h'$，求作它的另外两个投影。作图时可作线段上一系列点的水平投影及侧面投影，其中侧面投影最前转向素线上的点 M 必须作出，然后用曲线依次光滑连接各点的同面投影，并判别可见性。

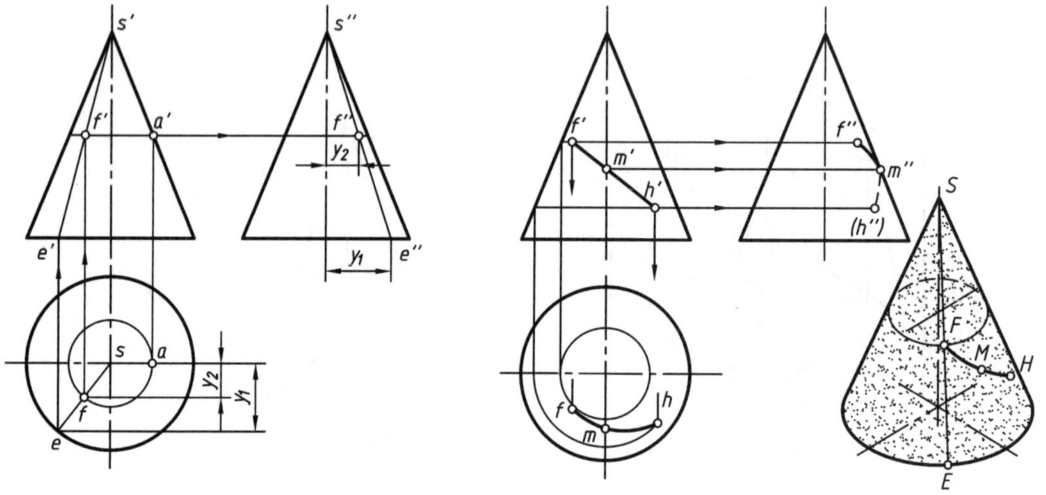

(*a*) (*b*)

图 3-9 圆锥体表面上取点、线

三、圆球体

圆球体由圆球面围成。圆球面由母线半圆绕通过直径的直线旋转而成。

1. 圆球体的投影

如图 3-10(*a*)所示，圆球面上有三个大圆，分别是正平大圆(处于正平面的大圆)、水平大圆(处于水平面的大圆)和侧平大圆(处于侧平面的大圆)。水平大圆是圆球体的上、下转向线，侧平大圆是圆球体的左、右转向线，正平大圆是圆球体的前、后转向线。圆球体的三面投影都是圆，用垂直相交的细点画线画出圆的中心线，如图 3-10(*b*)所示。圆球体在三个投影面上投影的外形轮廓线均为大小相等的圆，其直径与圆球的直径相同，其中，正面投影的外形轮廓线用正平大圆的正面投影表示，水平投影的外形轮廓线用水平大圆的水平投影表示，侧面投影的外形轮廓线用侧平大圆的侧平投影表示。

在图 3-10(*b*)中，水平大圆将圆球面分成上、下两个半球面，在水平投影中，上半个球面可见，下半个球面不可见。正平大圆把圆球面分成前、后两个半球面，在正面投影中，前半个球面可见，后半个球面不可见。侧平大圆把圆球面分成左、右两个半球面，在侧面投影中，左半个球面可见，右半个球面不可见。

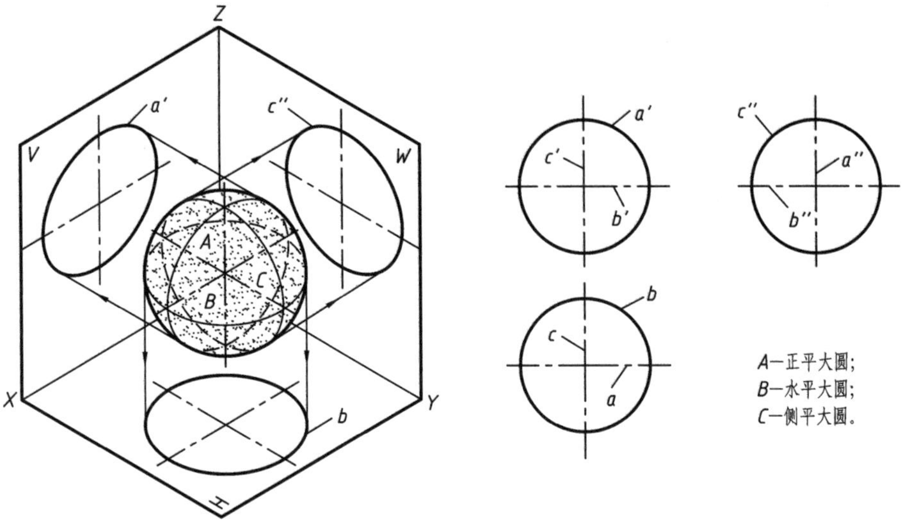

(a)　　　　(b)

图 3-10　圆球体的投影

2. 圆球体表面上的点和线

在圆球面上取点，只能用平行于某个投影面的纬圆即纬圆法来作图。

如图 3-11(*a*)所示，已知圆球面上点 *E* 的水平投影，并且可见，求作它的另外两个投影。作图时，可以通过点 *E* 在球面上作水平纬圆，其水平投影是以 *oe* 为半径的圆。该圆与正平大圆的交点确定了该圆正面投影和侧面投影的位置，这两个投影均为水平直线，由此即可作出 *e*′及 *e*″。由水平投影知点 *E* 在球面的前、右、上部分，故 *e*′可见，*e*″不可见。同样，也可以通过 *E* 点在球面上作正平纬圆(如图 3-11(*a*))或侧平纬圆。

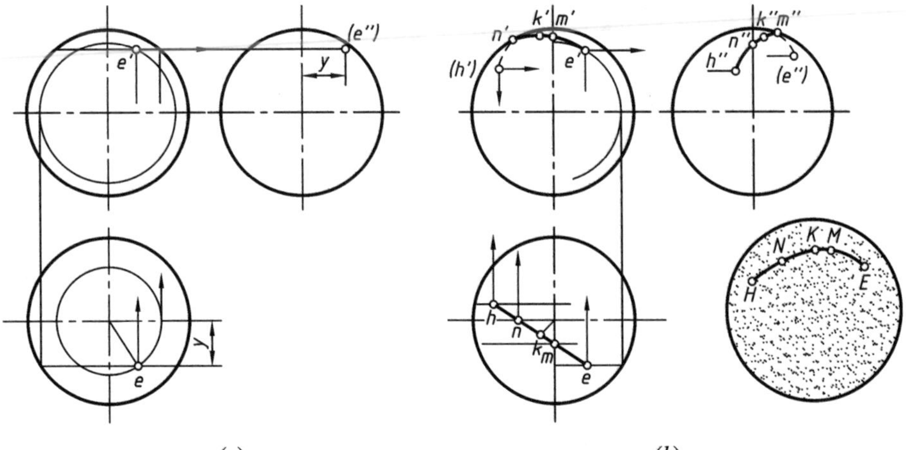

(a)　　　　(b)

图 3-11　圆球体表面上取点、线

在球面上取线的作图方法如图 3-11(*b*)所示。若已知球面上曲线段 *EMH* 的水平投影 *emh*，可以用纬圆法作线段上一系列点的正面投影及侧面投影，然后用曲线顺次光滑连接各点的同面投影即可。图中曲线段跨越前、后转向线的 N 点和跨越左、右转向线的 M 点的两投影必须作出，因为它们分别是曲线段 EMH 的正面投影及侧面投影上可见与不可见的分界点。另外，K 点也是一个特殊点，它是曲线段的最上点。

四、圆环体

圆环体由圆环面围成。圆环面由圆(母线)绕圆外直线(该直线与圆同面)旋转而成。

圆环体的投影如图 3-12 所示。

圆环面上取点只能用纬圆法。

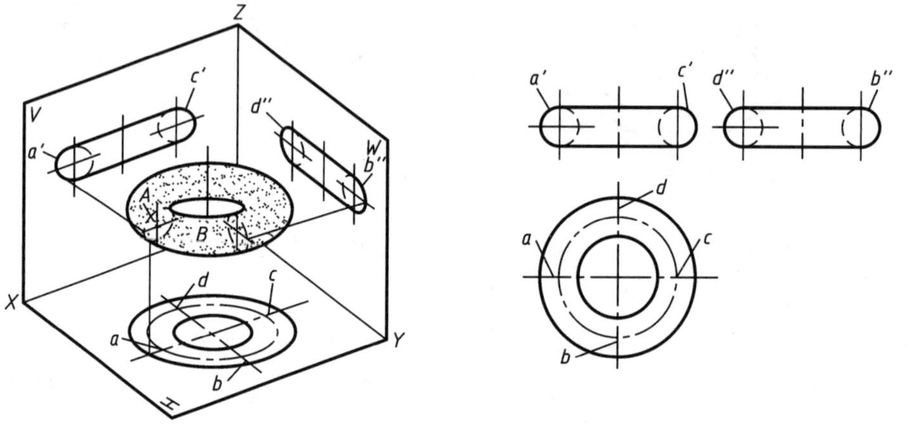

(a)　　(b)

图 3-12　圆环体的投影

3.4　立体截交线及切口

在机械制造中，机器零件常被平面切掉一部分，或者被几个平面切出口子。立体与截切平面的交线称为截交线；立体被几个截切平面切出的口子称为切口。截交线是立体表面与截切平面的交线，截交线上的点是立体表面与截切平面的共有点。平面立体和回转体表面取点、取线的投影作图方法是截交线投影作图的基础。

一、平面立体截交线与切口

平面与平面立体相交，截交线是三角形或封闭的平面多边形。

[例 3-1]　如图 3-13 所示，用正垂面 P 截去三棱锥头部，求截交线的投影。

解　分析与作图。由于截切平面为正垂面，故截交线正面投影重合在正垂面的正面迹线上，迹线 P_V 与 $s'a'$、$s'b'$、$s'c'$ 的交点即为截交线各顶点的正面投影 $1'$、$2'$、$3'$。根据点在直线上的投影规律，即可作出截交线顶点的水平投影 1、2、3 及侧面投影 $1''$、$2''$、$3''$。用直线连接相应两点的同面投影即得所求截交线的投影，最后判别可见性。

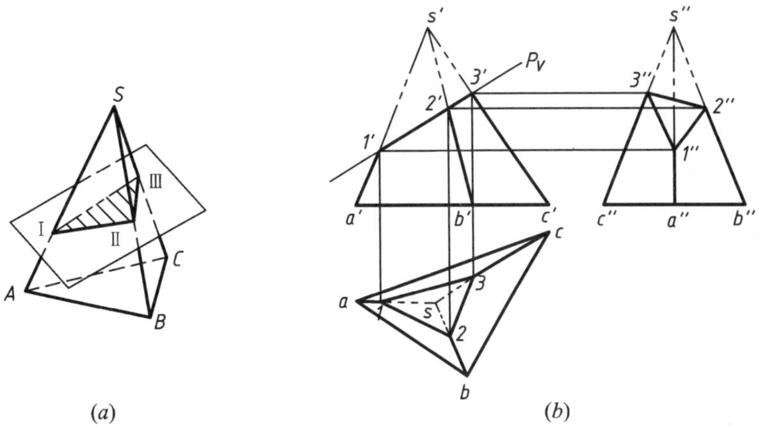

图 3-13　三棱锥截交线的投影

［例 3-2］　求作图 3-14(a)所示四棱台切口的投影。

解　分析与作图。由图 3-14(a)正面投影知，四棱台切口由左、右两个侧平面和一个水平面截切而成，故分别作出各截切平面的截交线即可。

投影作图如图 3-14(b)所示。若水平面与四棱台完全截交，则截交线为矩形，截交线顶点即为水平面与各棱线的交点。因水平面仅截棱台的中间部分，故截交线仅有中间部分线段。水平截切平面的侧面投影不可见；侧平面截交线的水平投影积聚成一直线段，例如 ab。同理可作出另一侧平面的水平投影，再作出水平截切平面与侧平截切平面交线的投影，最后连接有关线段，即完成切口的投影。

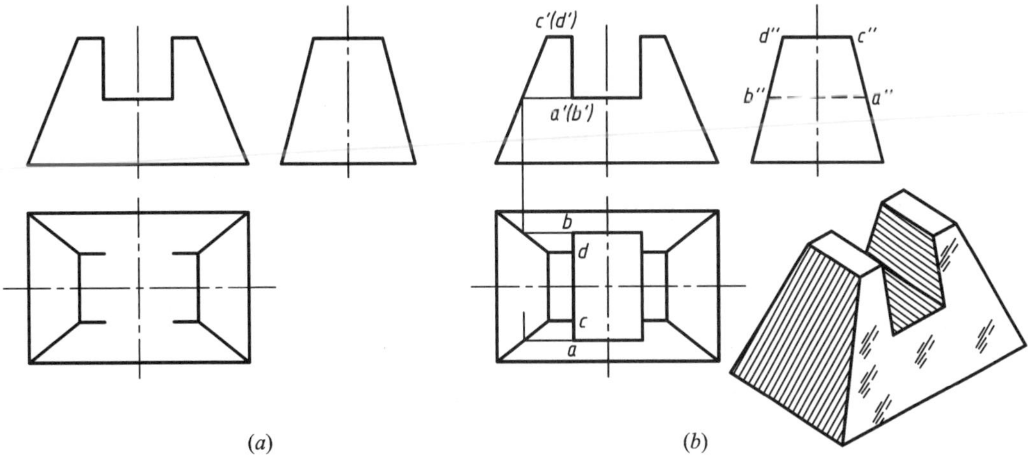

图 3-14　四棱台切口

二、回转体截交线与切口

平面与回转体的截交线一般是闭合的平面曲线，或者是曲线与直线围成的平面图形。

圆柱体、圆锥体、圆球体与不同位置的平面相交，其截交线投影图见表 3-1、表 3-2 和表 3-3。

表 3-1 圆柱体截交线

截切平面位置	垂直于轴线	平行于轴线	倾斜于轴线
截交线形状	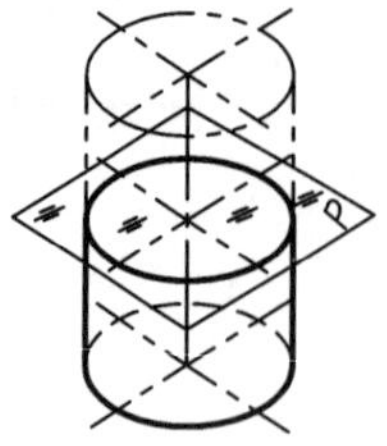 圆(直径等于圆柱直径)	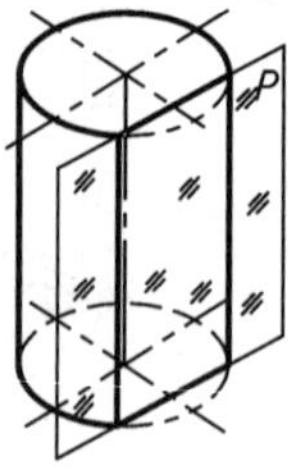 矩形(竖边是圆柱素线)	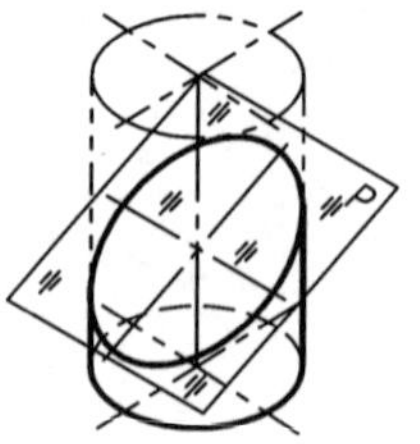 椭圆(短轴等于圆柱直径)
投影图	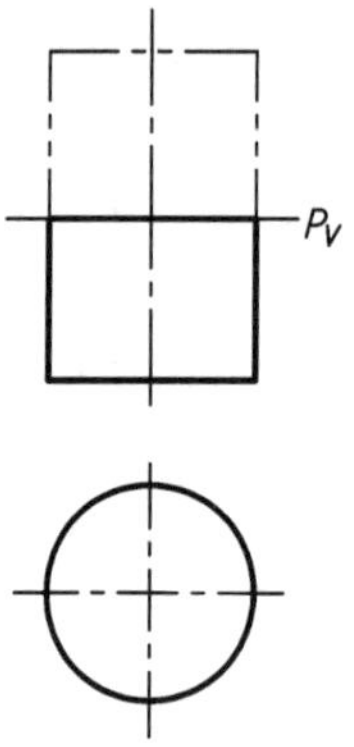	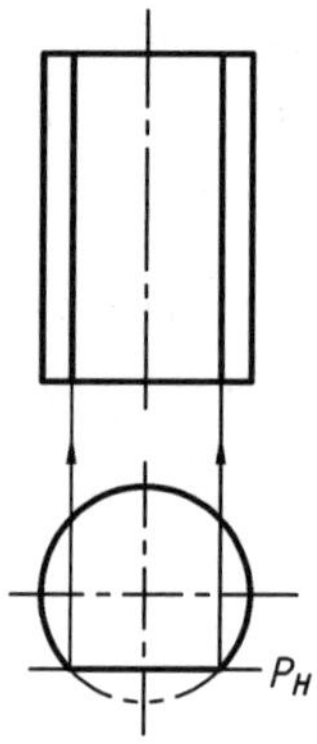	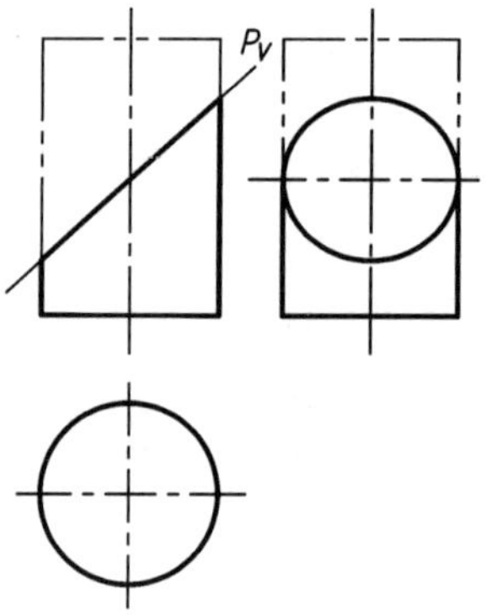

表 3-2 圆锥体截交线

截切平面位置	垂直于轴线 $\theta=0°$	与所有素线相交 $\theta<\alpha$	平行于一条素线 $\theta=\alpha$	平行于两条素线 $\theta>\alpha$ 特殊情况为平行于轴线，$\theta=90°$	通过锥顶
截交线	圆	椭　圆	抛物线 (与锥面交线)	双曲线 (与锥面交线)	相交两直线 (连同与锥底面的交线为一个三角形)
轴测图	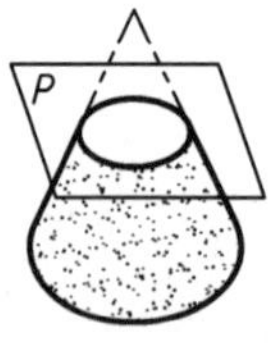	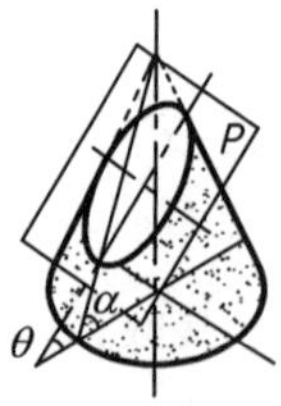	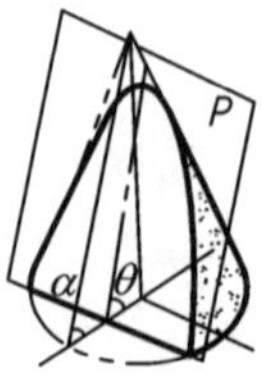	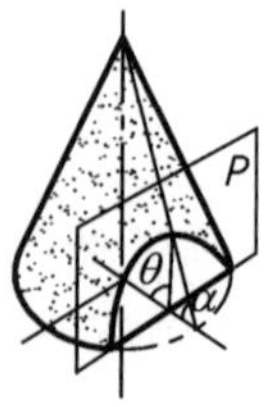	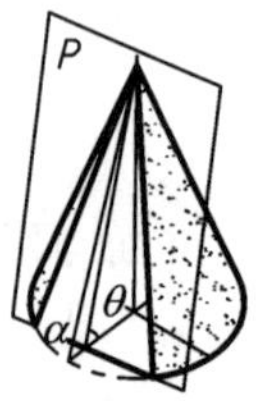

续表

截切平面位置	垂直于轴线 $\theta=0°$	与所有素线相交 $\theta<\alpha$	平行于一条素线 $\theta=\alpha$	平行于两条素线 $\theta>\alpha$ 特殊情况为平行于轴线，$\theta=90°$	通过锥顶
投影图	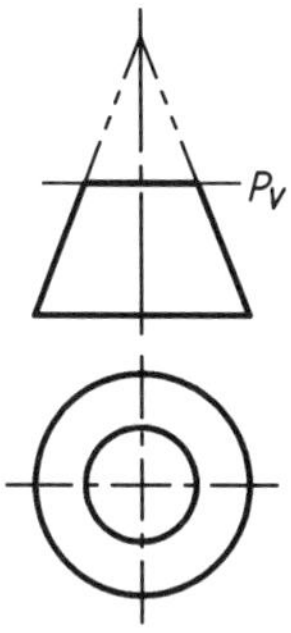	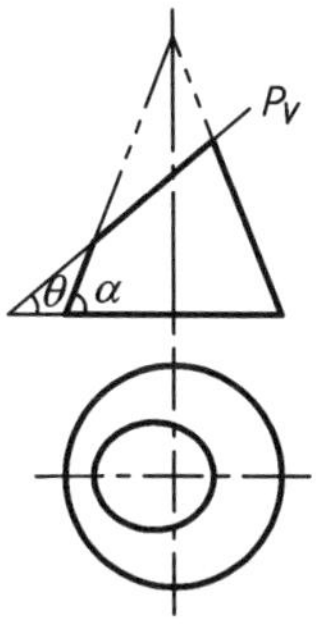	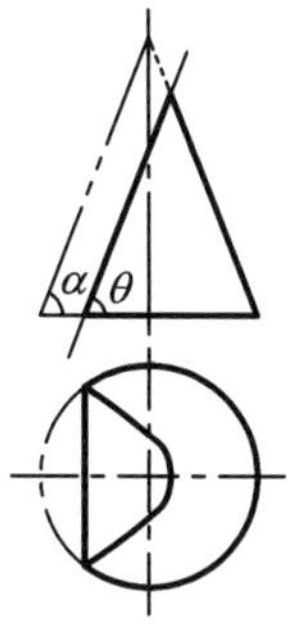	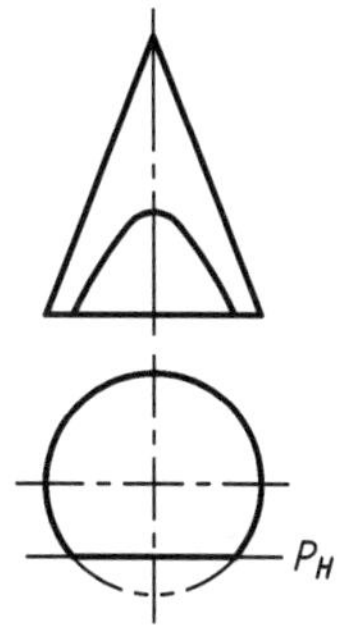	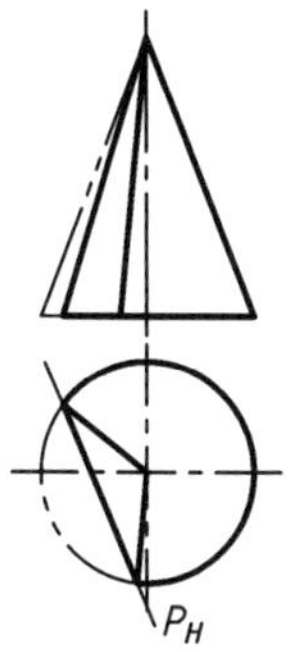

表 3-3　圆球体截交线

截切平面位置	与球交于任意位置
截交线形状	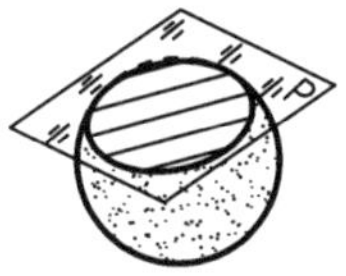 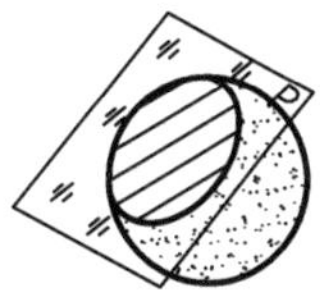
投　影　图	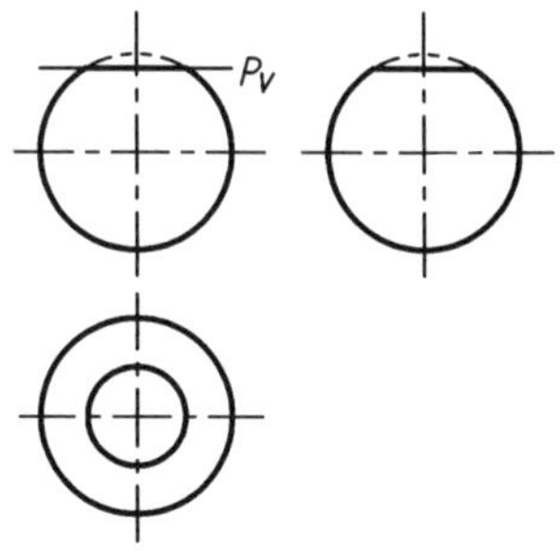 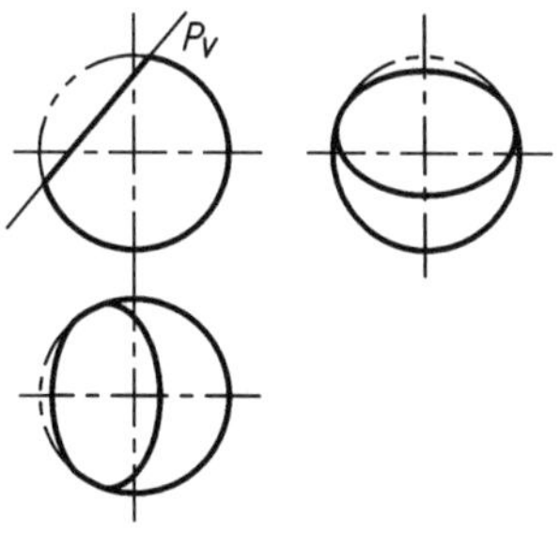

平面与回转体相交时，为便于截交线投影作图，一般将截切平面放置成特殊位置——投影面平行面或投影面垂直面。作截交线投影时，须充分利用截切平面的投影特性，并熟练掌握求截交线上的点(立体表面与截切平面的共有点)的作图方法。

作回转体截交线投影的方法是：根据表 3 - 1、表 3 - 2 和表 3 - 3 确定截交线的形状特点；根据投影分析作截交线上的特殊点；用回转体表面取点、取线的投影作图方法作截交线上适当的中间点(或称为一般点)；判断可见性并用线段(直线或曲线)光滑连接各点的同面投影。

1. 圆柱体截交线与切口

［**例 3 - 3**］　求正垂面与圆柱体的截交线，如图 3 - 15 所示。

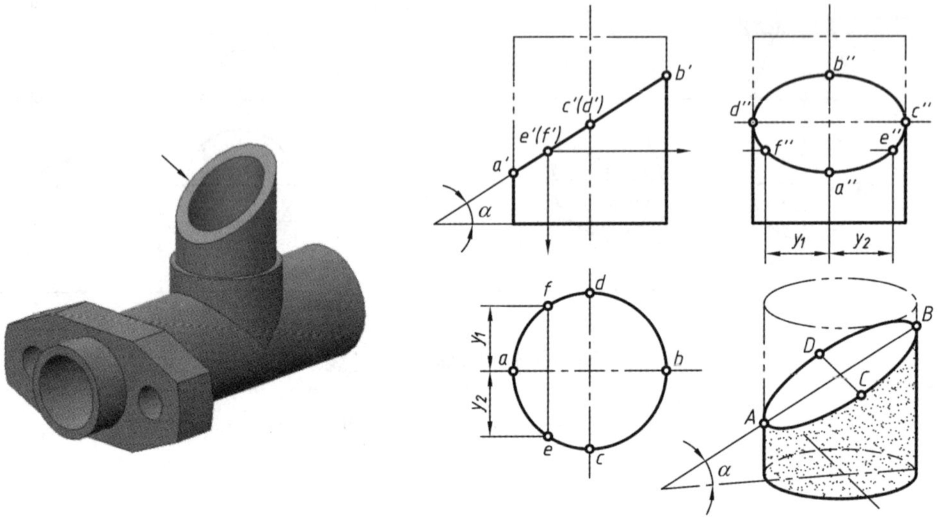

(*a*)　　　　(*b*)

图 3 - 15　平面斜切圆柱

解　分析与作图。由表 3 - 1，圆柱被平面斜切时截交线为椭圆。因截切平面为正垂面，故截交线的正面投影重影在截切平面的正面投影上；截交线的水平投影重影在圆柱面的积聚性投影上；侧面投影一般为椭圆，但不反映空间椭圆的实形。

作图过程如下：

(1) 作截交线上的特殊点。如图 3 - 15(*b*)中的 *A* 点(最下点及最左点，椭圆长轴端点)、*B* 点(最上点及最右点，椭圆长轴端点)、*C* 点(最前点，椭圆短轴端点)、*D* 点(最后点，椭圆短轴端点)。

(2) 作截交线上的一般点。如图中 *E*、*F* 点，利用圆柱面上取点的方法作出。

(3) 用曲线光滑连接各点的侧面投影。

［**例 3 - 4**］　求作图 3 - 16(*a*)所示套筒上部切口的投影。

解　分析与作图。由表 3 - 1，圆柱被平行于轴线和垂直于轴线的平面截切后，截交线分别为直线和圆弧。图 3 - 16(*b*)所示为实心圆柱体切口的投影：在侧面投影上，圆柱面最前和最后转向素线在切口内的部分被切掉，截交线(直线)向轴线方向“退缩”。图3 - 16(*c*)所示为圆筒切口的投影：其内圆柱面对正面及侧面的外形轮廓线画成细虚线，在侧面投影上，侧平面与水平面两个截切平面的交线在圆筒厚度(实体)方向上应画出一段细虚线。

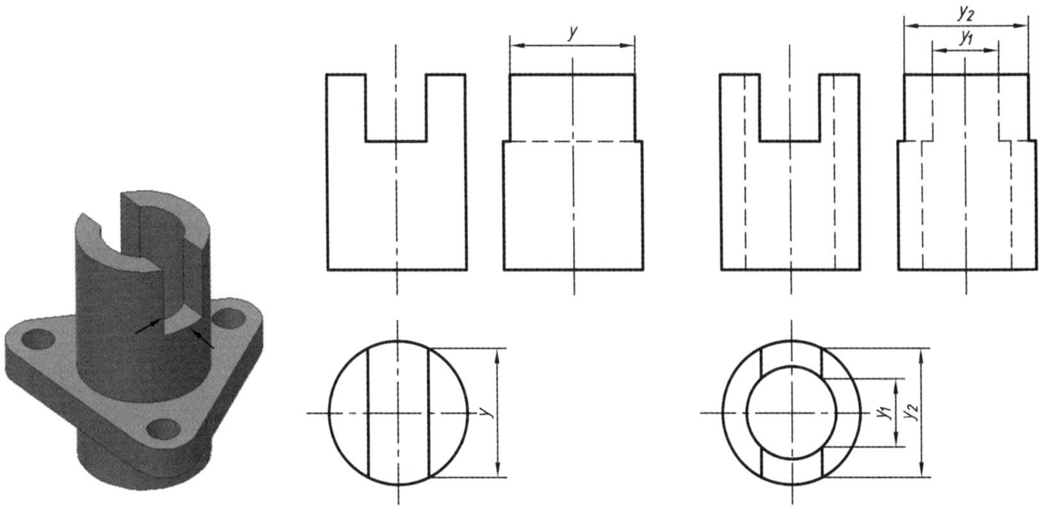

(a)　　(b)　　(c)

图 3-16　套筒切口的投影

2. 圆锥体截交线与切口

［**例 3-5**］　求正垂面与圆锥体的截交线，如图 3-17(a)所示。

解　分析与作图。由表 3-2 可知，正垂面与圆锥体的截交线为椭圆，其中Ⅰ、Ⅱ和Ⅲ、Ⅳ分别为椭圆长、短轴的端点。投影作图如图 3-17(b)所示。作图步骤如下：

(1) 作截交线上的特殊点Ⅰ、Ⅱ、Ⅲ、Ⅳ、Ⅴ、Ⅵ各点投影。其中点Ⅰ、Ⅱ分别在圆锥面最左、最右素线上，Ⅰ点是最左、最下点，Ⅱ点是最右、最上点；由于椭圆长、短轴互相垂直平分，故Ⅲ、Ⅳ点正面投影重影成一点，且平分 $1'2'$，故Ⅲ、Ⅳ点分别是最前、最后点，Ⅲ、Ⅳ点的另外两个投影可用纬圆法或素线法作出，图中采用纬圆法；Ⅴ、Ⅵ点在左右转向素线上，称为左右转向点，可用纬圆法作其投影或先作侧面投影后作水平投影。

(2) 用纬圆法或素线法作截交线上的一般点，如Ⅶ、Ⅷ点。

(3) 用曲线光滑连接各点的同面投影。截交线的水平投影及侧面投影均可见。

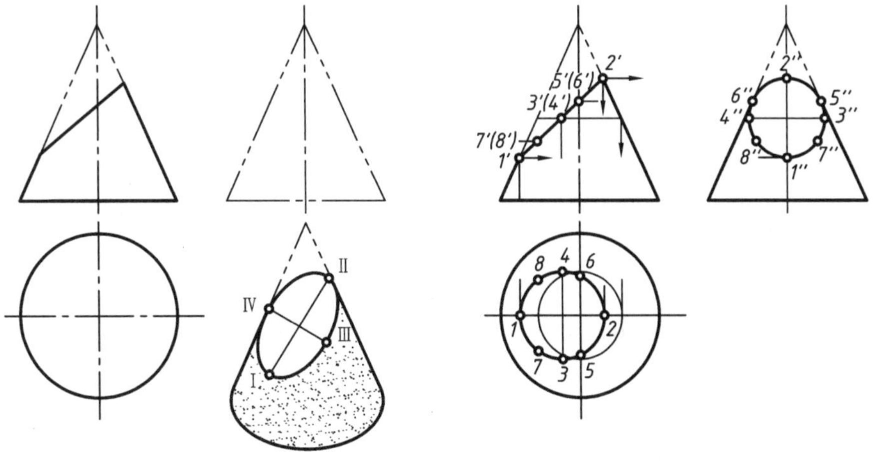

(a)　　(b)

图 3-17　圆锥被平面斜截

[例 3-6] 求图 3-18(*a*)所示圆锥体切口的投影。

解 分析与作图。由图 3-18(*b*)所示的正面投影可知，圆锥体切口由左、右两侧平面及一个水平面截切而成。由表 3-2 可知，侧平面与圆锥面的截交线为双曲线，水平面与圆锥面的截交线为圆。侧平面与圆锥面的截交线投影作图如图 3-18(*c*)所示：截交线的侧面投影反映双曲线实形，水平投影为直线，其中 *A*、*B*、*C* 是截交线上的特殊点，其投影必须作出。*D*、*E* 是截交线上的一般点，可用纬圆法作出它们的投影。

在图 3-18(*b*)中，水平截切平面与圆锥面的截交线的水平投影为前、后两段圆弧，其中Ⅱ、Ⅲ两点为两类截交线的交点，称为截交线的结合点。投影线段 2″3″不可见，它是侧平面与水平面两个截切平面的交线的侧面投影。

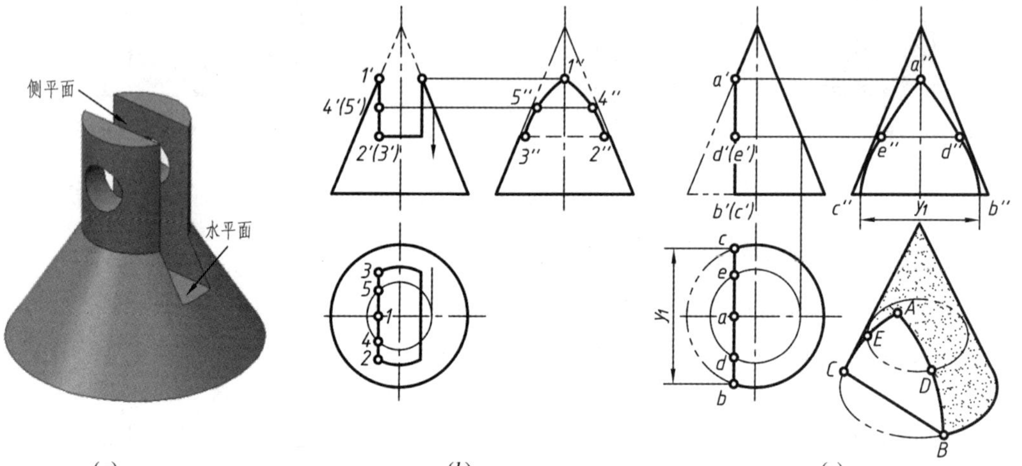

(*a*)　　(*b*)　　(*c*)

图 3-18　圆锥切口的投影

3. 圆球体截交线与切口

[例 3-7] 求作正垂面与圆球体的截交线，如图 3-19 所示。

解 分析与作图。由于截切平面为正垂面，所以截交线(圆)的正面投影积聚成一直线段，水平投影及侧面投影均为椭圆。

作图步骤如下：

(1) 作截交线的特殊点Ⅰ、Ⅱ(在正平大圆上，Ⅰ点是最上、最右点，Ⅱ点是最下、最左点，Ⅰ、Ⅱ点同时也是前后转向点)，Ⅴ、Ⅵ(在侧平大圆上，右右转向点)，Ⅶ、Ⅷ(在水平大圆上，上下转向点)及Ⅲ、Ⅳ的投影。其中Ⅲ、Ⅳ两点为截交线圆的直径端点，该直径为正垂线，其正面投影积聚成点 3′(4′)，且平分 1′2′，其水平投影及侧面投影为椭圆的长轴端点，故Ⅲ、Ⅳ点分别是最前、最后点。

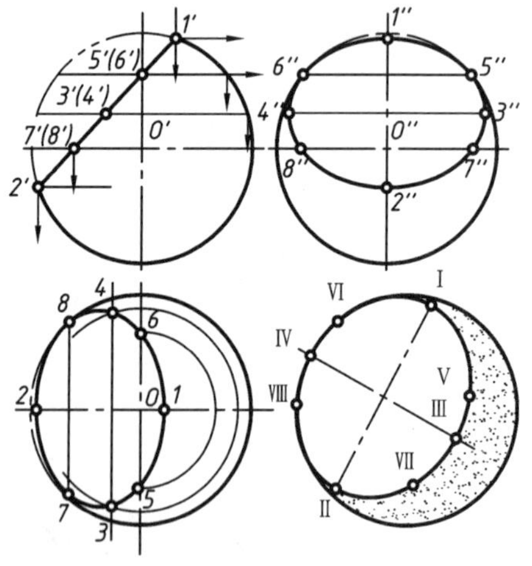

图 3-19　圆球体截交线

(2) 用纬圆法作截交线的一般点(图中未画出)。

(3) 用曲线光滑连接各点的同面投影，水平投影及侧面投影均可见。

[例 3-8]　求圆球体切口的投影，如图 3-20 所示。

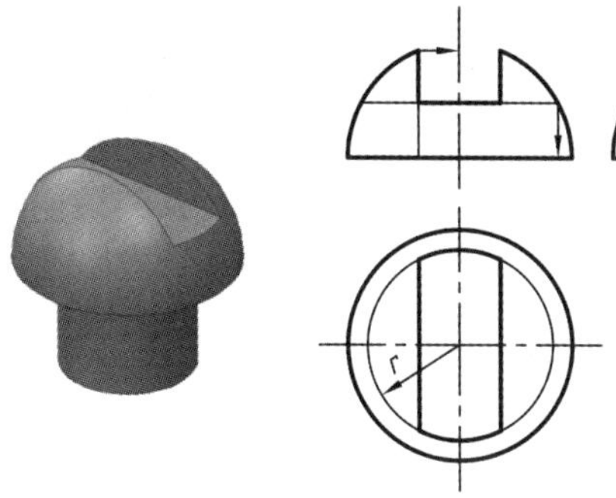

图 3-20　圆球体切口的投影

解　分析与作图。由图 3-20 正面投影可知，切口由两侧平面和一水平面截切而成。侧平面截交线的侧面投影反映实形，水平面截交线的水平投影反映实形。用纬圆法投影作图，如图3-20 所示。

三、组合回转体截交线

图 3-21(*a*)为机床顶尖(由圆锥和圆柱组合而成)被水平面 *P* 和侧平面 *Q* 截切的情况，图 3-21(*b*)示出其截交线的投影及作图过程。水平面 *P* 同时截切圆锥和圆柱，截圆锥的截交线为双曲线，截圆柱的截交线为直线。Ⅱ、Ⅲ点是双曲线和直线两类截交线的结合点，也是圆锥与圆柱面上的点。侧平面截圆柱的截交线为圆(一段圆弧)。

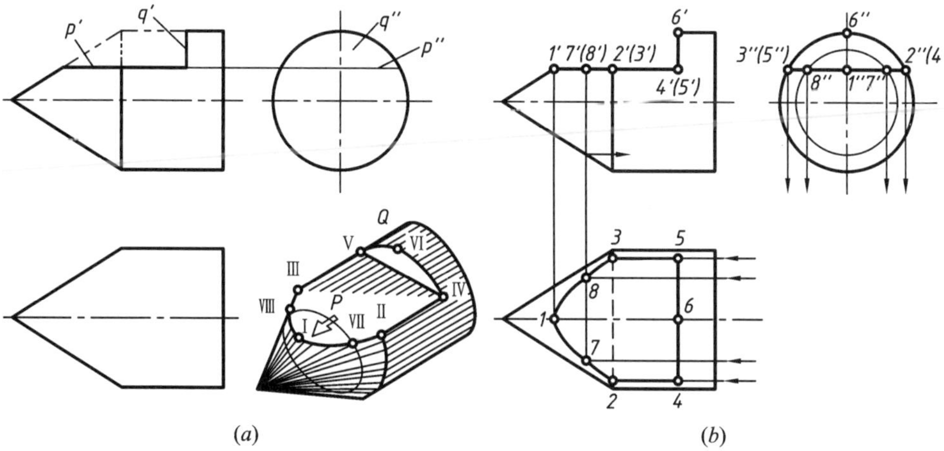

图 3-21　机床顶尖的截交线

(*a*) 分析；(*b*) 截交线的作图

要注意图 3-21(*b*)水平投影(俯视图)中 2 与 3 之间的细虚线，它是未被截切的下半个圆锥面的水平投影(不可见)未与粗实线重合的部分。

04 第4章 相 贯 线

两立体表面的交线称为相贯线。例如，三通管上两圆柱体相交的相贯线如图 4-1 所示。

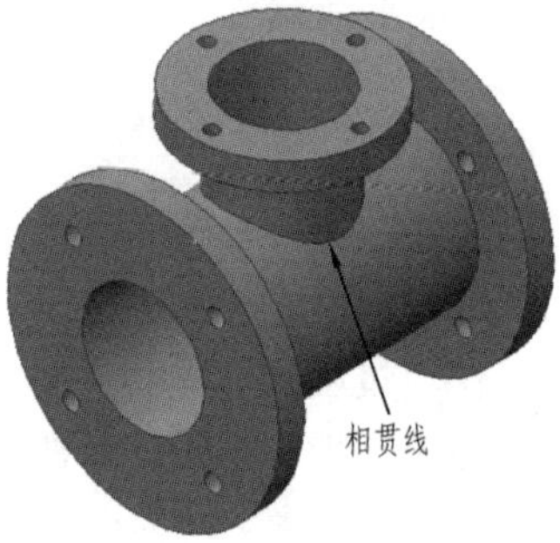

图 4-1 三通管上的相贯线

相贯线一般都具有以下基本性质：

(1) 由于立体占有一定的空间范围，因此两立体的相贯线一般是封闭的空间曲线。

(2) 相贯线上的每一点都是相贯两立体表面的共有点。

立体有平面立体与曲面立体之分，下面我们分别讲述平面立体与曲面立体相交、曲面立体与曲面立体相交。

4.1 平面立体与曲面立体相交

我们在上一章中研究过平面与曲面立体相交的问题，要求平面立体与曲面立体的相贯线，无非是求平面立体的有关平面与曲面立体相交所得的截交线，并把它们连接起来。

下面以一个例子说明相贯线的画法。

[例 4-1] 如图 4-2 所示，正四棱柱与圆柱体相交，求其相贯线的投影。

解 (1) 空间及投影分析：正四棱柱由四个棱面组成，这四个棱面分别与圆柱面相交。其中两个棱面与圆柱轴线平行，截交线为两段平行直线；另两个棱面与圆柱轴线垂直，截交线为两段圆弧。将这些截交线连接起来即为所求相贯线。

相贯线的侧面投影积聚在圆弧 $1''6''5''(2''3''4'')$上，水平投影则积聚在 123456 上，因此只需求出相贯线的正面投影。

(2) 作图：应用点的投影规律，分别求出 1′、2′、3′、4′、5′、6′，然后按顺序连接起来即得到相贯线的正面投影。

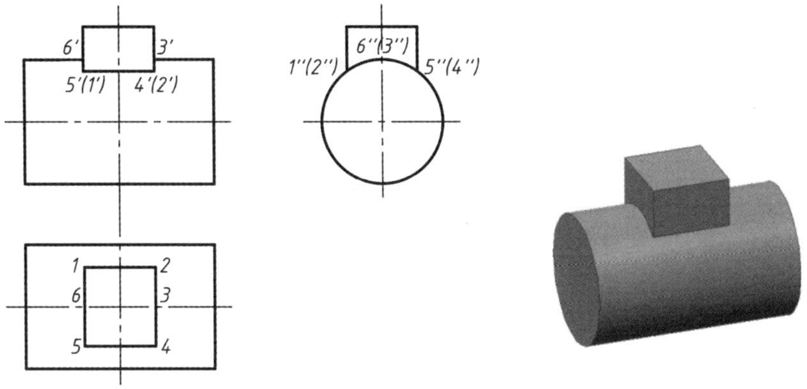

图 4-2　正四棱柱与圆柱体相交

[例 4-2]　如图 4-3 所示，若圆柱体中间穿了一个四棱柱孔，求穿孔后的相贯线投影。

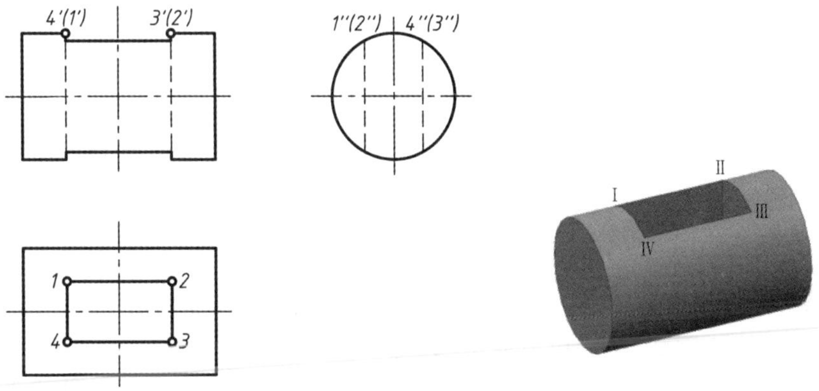

图 4-3　圆柱穿四棱柱孔

解　相贯线的空间形状和投影与图 4-2 基本相同，但应注意在主视图和左视图上各有两条细虚线表示矩形孔的投影。

4.2　曲面立体与曲面立体相交

根据相贯线的基本性质，两曲面立体相贯线的作图可以归结为求两曲面立体表面共有点的问题。

一、利用积聚性求相贯线

当立体表面的投影具有积聚性时，相贯线也与该投影重合。将此作为已知条件，则可求相贯线的未知投影。

[例 4-3]　图 4-4 所示是轴线正交的两圆柱相交，求其相贯线的投影。

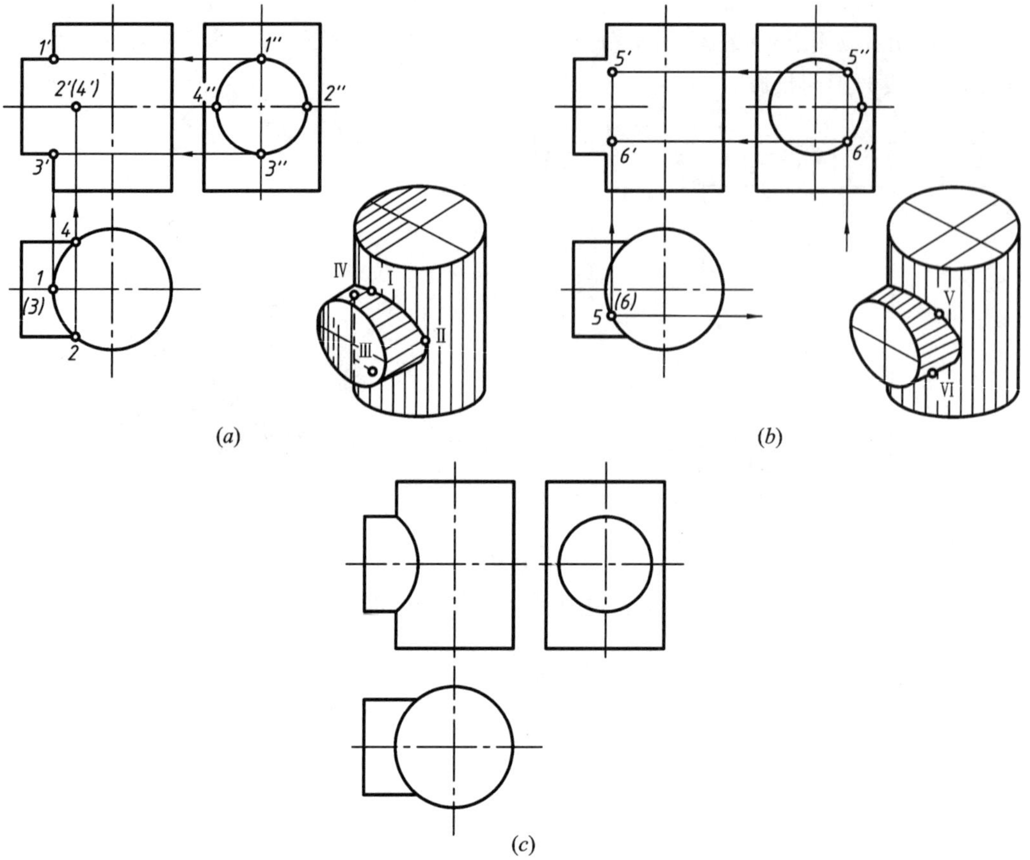

图 4-4　轴线正交的两圆柱相贯

(a) 作特殊点；(b) 作一般点；(c) 光滑连接各点，完成作图

解　(1) 空间及投影分析：由图可知，这是两个直径不同、轴线垂直相交的圆柱相贯，其相贯线是一封闭的空间曲线。大圆柱的轴线垂直于水平面，小圆柱的轴线垂直于侧平面，所以相贯线的水平投影与大圆柱的水平投影重合，为一段圆弧；相贯线的侧面投影与小圆柱的侧面投影重合，为一个圆，要求的是相贯线的正面投影。

(2) 作图：

① 先作特殊点。相贯线上的特殊点主要是轮廓素线上的点和极限位置点。从侧面投影可知，相贯线上最高、最低、最前、最后四点依次为Ⅰ、Ⅲ、Ⅱ、Ⅳ点，其水平投影也是已知的。利用点的投影规律，由已知投影 1、2、3、4 和 1″、2″、3″、4″，求得 1′、2′、3′、4′，如图 4-4(a)所示。

② 作一般点。根据需要作出若干一般点，图 4-4(b)中表示了作一般点Ⅴ、Ⅵ的方法，即先在相贯线的已知投影(如水平投影)中取重影点 5(6)，根据宽相等求出侧面投影 5″、6″，然后作出 5′、6′。

③ 光滑连接。用光滑曲线顺次连接各点的正面投影，由于相贯线前后对称，因而其正面投影实线、虚线重合，如图 4-4(c)所示。

[例 4-4]　在圆柱体上钻一个小圆柱孔，求其相贯线的投影。

解　这时相贯线的形状与求法与上题基本相同，所不同的是要用细虚线画出直立小圆柱孔的轮廓素线，如图 4-5 所示。

图 4-6 所示是在圆筒上钻一圆孔的情况。其中钻孔与外圆柱面的相贯线为 A，钻孔与内圆柱表面的相贯线为 B，其相贯线的性质、形状与求法均与图 4-4 相同。

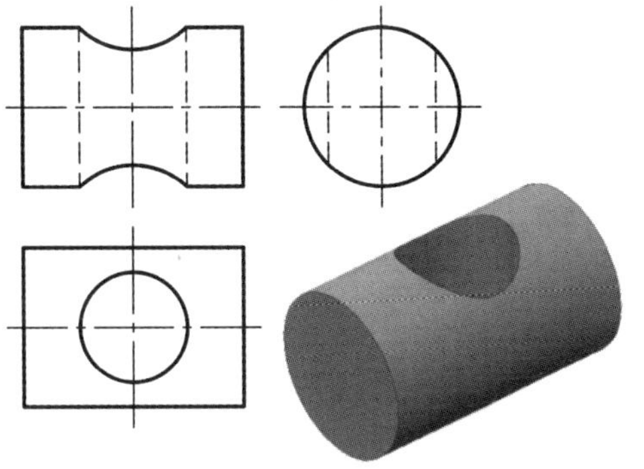

图 4-5　圆柱钻圆孔

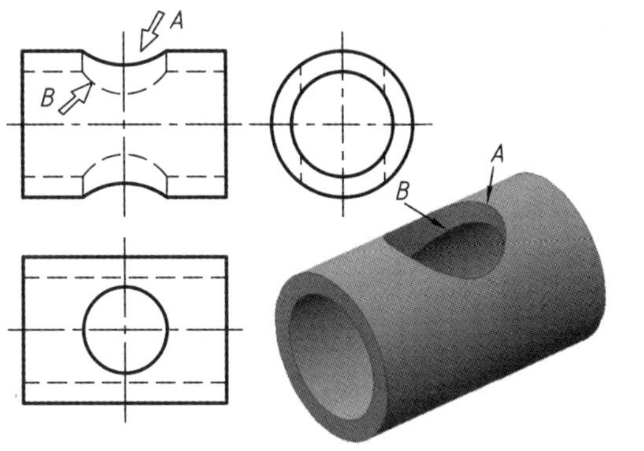

图 4-6　圆筒钻圆孔

由以上几例可知，立体上的相贯线有三种情况，即两立体外表面的相贯线、内表面的相贯线以及外表面与内表面的相贯线。

二、辅助平面法

1. 作图原理

图 4-7 所示为部分球体与圆锥台相交，为了作出其共有点，假想用一个平面 P(称为辅助平面)截切它们。平面 P 与球面的截交线是一个圆 L_A，与锥台的截交线也是一个圆 L_B。L_A 与 L_B 的交点 K_1、K_2 是辅助平面 P、球体表面、锥台表面三个面的共有点，因此也是相贯线上的点。这种用三面共点的原理求相贯线上的点的方法叫做辅助平面法。

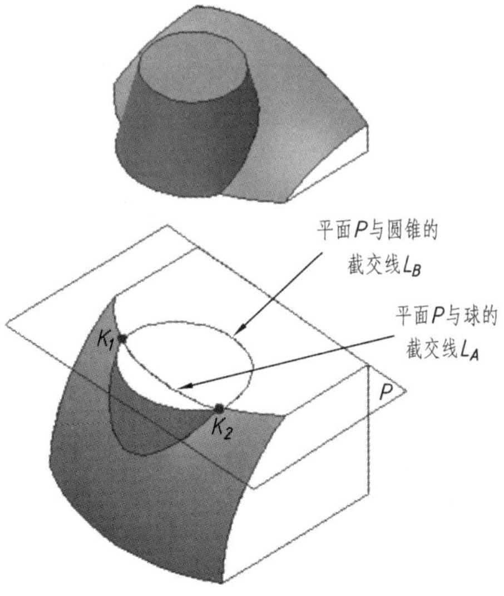

图 4-7　辅助平面法作图原理

2. 作图举例

［**例 4－5**］ 求作图 4－8(*a*)所示部分球体与圆锥台的相贯线。

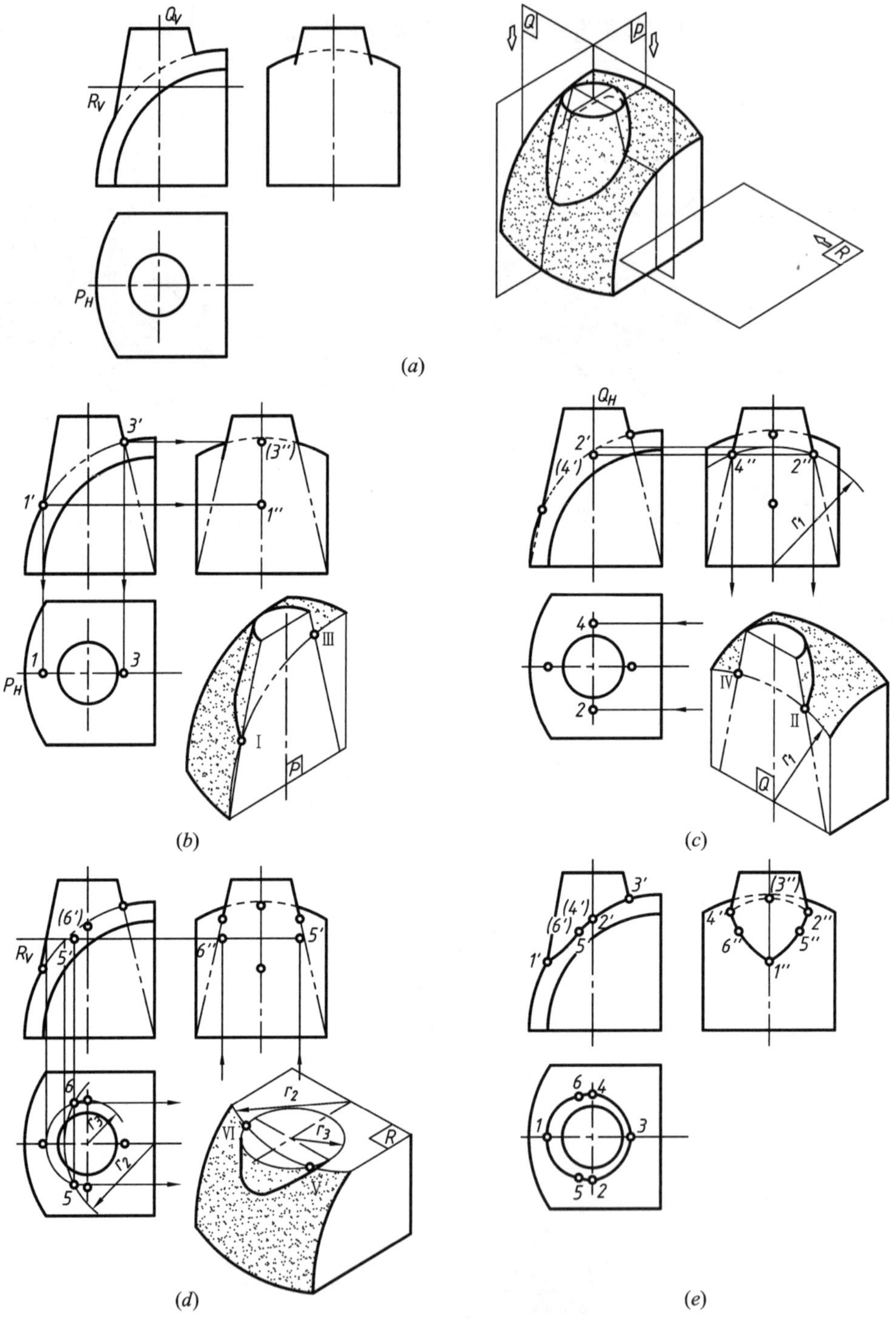

图 4－8 球体与圆锥台的相贯线

(*a*) 选用辅助平面 *P*、*Q*、*R*；(*b*) 用辅助平面 *P* 求Ⅰ、Ⅲ点；

(*c*) 用辅助平面 *Q* 求Ⅱ、Ⅳ点；(*d*) 用辅助平面 *R* 求一般点；(*e*) 光滑连接各点，判别可见性

解 (1) 空间及投影分析：部分球体为1/4球前后对称地切去两块而成，圆锥台的轴线垂直于水平面但不通过球心，其相贯线为前后对称的封闭空间曲线。因为球与锥台的各投影都没有积聚性，故需用辅助平面法求作相贯线。图4-8(*a*)中同时表示出辅助平面的选取：为使球体截交线的投影为圆，辅助平面必须是投影面的平行面；而对圆锥台来说，要使截交线为直线，辅助平面选用通过锥台轴线的铅垂面(或立平面、侧平面)即可，但能同时满足球体截交线投影为圆的要求，却只有通过锥台轴线的正平面和侧平面；而要使锥台截交线的投影为圆，则应选取水平面为辅助平面，水平面同时也满足球体截交线投影为圆的要求。所以，本题应选用的辅助平面有：过锥台轴线的正平面P、侧平面Q以及水平面R。

(2) 作图：

① 作特殊点。很明显，辅助平面P截球体及圆锥台的截交线均为它们的主视轮廓素线(即对V面的轮廓素线)，其交点Ⅰ、Ⅲ就是相贯线上的点。可先求出$1'$、$3'$，然后作出1、3及$1''$、$3''$，如图4-8(*b*)所示。

为了作出圆锥台左视轮廓素线(即对W面的轮廓素线)上相贯线点的投影，可过圆锥台轴线作侧平面Q为辅助平面，平面Q与圆锥台的截交线即圆锥台左视轮廓线，平面Q与球体的截交线是以r_1为半径的圆弧，它们的交点Ⅱ、Ⅳ就是相贯线上的点。可先求得$2''$、$4''$，然后作出$2'$、$(4')$及2、4，如图4-8(*c*)所示。

② 作一般点。在点Ⅰ、Ⅲ的高度范围内，选取水平面R为辅助平面，平面R与球及圆锥台的截交线分别是以r_2、r_3为半径的圆弧，它们的交点Ⅴ、Ⅵ就是相贯线上的点。先求出水平投影5、6，然后找到$5'$、$6'$和$5''$、$6''$，如图4-8(*d*)所示。

③ 依次光滑连接各点的投影，并判别可见性，完成相贯线的投影。最后注意，圆锥台左视轮廓素线画到$2''$、$4''$两点，球体左视轮廓素线上有一段虚线，如图4-8(*e*)所示。

从这个例子中我们应该掌握辅助平面法的两个要点：

① 辅助平面法的实质是求辅助平面分别截两立体所得截交线的交点。

② 辅助平面位置选取的原则是使辅助平面分别截两立体所得截交线投影的形状最简单(直线和圆)，以便用工具作图。

[例4-6] 求轴线正交的水平圆柱与直立圆锥的相贯线，如图4-9(*a*)所示。

解 (1) 空间及投影分析：由于水平圆柱的侧面投影有积聚性，相贯线的侧面投影与其重合，因此只需求相贯线的水平投影和正面投影。该相贯线为前后对称的空间曲线，故其正面投影的可见与不可见部分重合。

又因圆锥轴线垂直于H面，所以只有选取辅助水平面，才能使两截交线的形状简单。

(2) 作图(图4-9(*b*))：

① 求作特殊点。两立体主视轮廓素线相交，它们是相贯线上的点，其中交点Ⅰ(1、$1'$、$1''$)是最高点，交点Ⅱ(2,$2'$, $2''$)是最低点，也是最左点；然后通过圆柱轴线作辅助平面P，平面P与圆锥的截交线为水平圆，与圆柱的截交线为俯视轮廓素线(即对H面的轮廓素线)，此两截交线的交点Ⅲ(3、$3'$、$3''$)为最前点，交点Ⅳ(4、$4'$、$4''$)为最后点；最右点可用向圆锥素线作垂线的方法确定辅助平面R的位置，并求出最右点$5''$、$6''$，然后得到5、6和$5'$

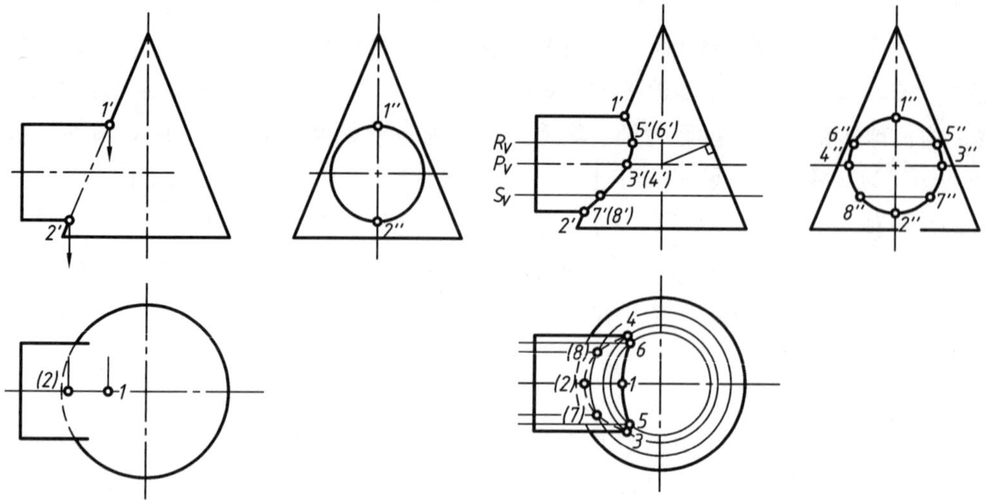

(a) (b)

图 4-9　圆柱与圆锥相交

(6′)点。

② 求一般点。为了有足够的点满足连线的需要，可在适当位置再作辅助水平面 S 等，找出一般点Ⅶ(7、7′、7″)、Ⅷ(8、8′、8″)等。

③ 光滑连接并判别可见性。注意，3、4 两点是相贯线水平投影可见与不可见的分界点，圆柱俯视轮廓素线应一直画到 3、4 点为止。

上述两例告诉我们求解相贯线的方法和步骤：首先要分析相交形体的几何形状，以及它们之间的位置关系；其次是按三步作图，从已知投影出发，先求特殊点(最高、最低、最前、最后、最左、最右以及轮廓素线上的点)，然后用辅助平面法求出若干一般点(有时也用来求某个特殊点)，最后用光滑曲线顺序连接这些点并判断其可见性。

由以上讨论可知：相贯线的形状与两立体的几何形状、尺寸大小及相对位置均有关。以两圆柱轴线正交为例，其相贯线的变化如图 4-10 所示。

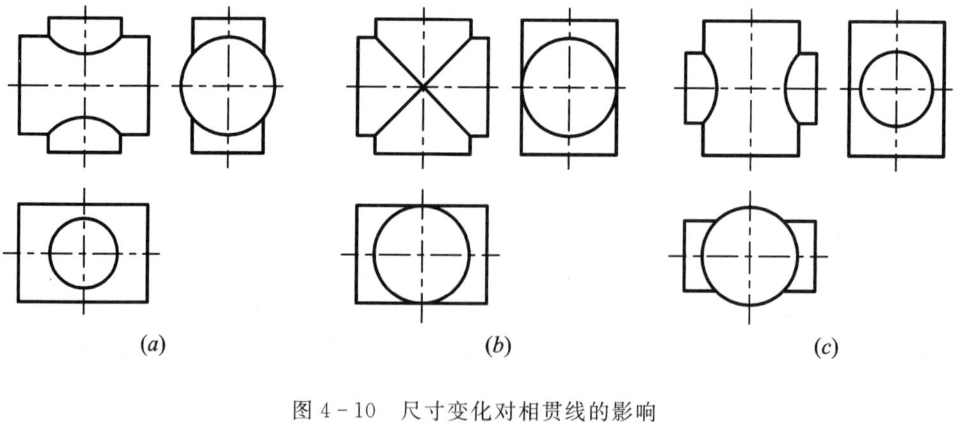

(a) (b) (c)

图 4-10　尺寸变化对相贯线的影响

(a) 水平大，直立小；(b) 直径相等；(c) 水平小，直立大

三、相贯线的特殊情况

在一些特殊情况下，相贯线为平面曲线或直线。

1. 相贯线为平面曲线

（1）相贯线是圆：如图 4－11 所示，当两回转体具有公共轴线时，其相贯线为圆，该圆垂直于公共轴线；当公共轴线平行于某一投影面时，这个圆在该投影面上的投影变成直线段。

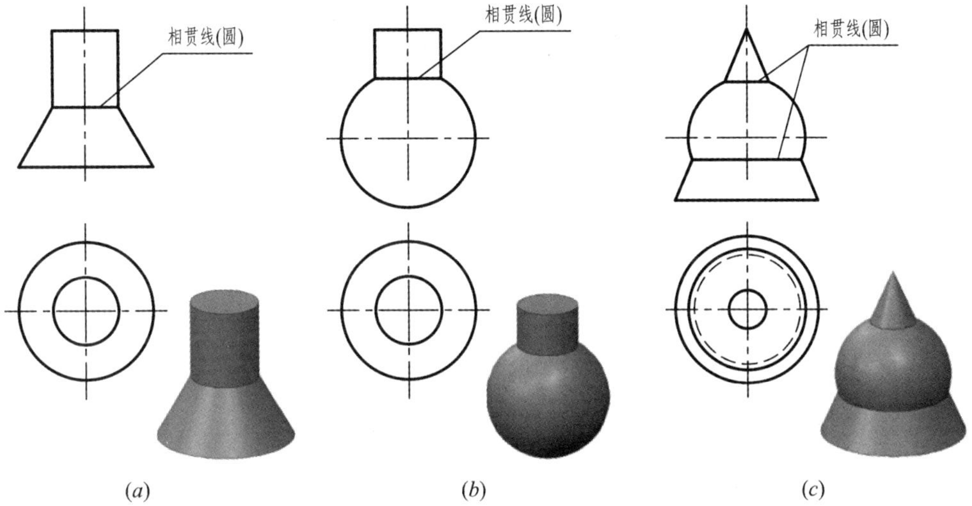

图 4－11　共轴回转体的相贯线

（2）相贯线是椭圆：当两个二次曲面相切于一球面时，相贯线是椭圆。若椭圆所在平面与投影面垂直，则相贯线在该投影面上的投影为一直线段。图 4－12 分别表示两等直径圆柱正交、两等直径圆柱斜交、圆柱与圆锥正交时相贯线的投影。

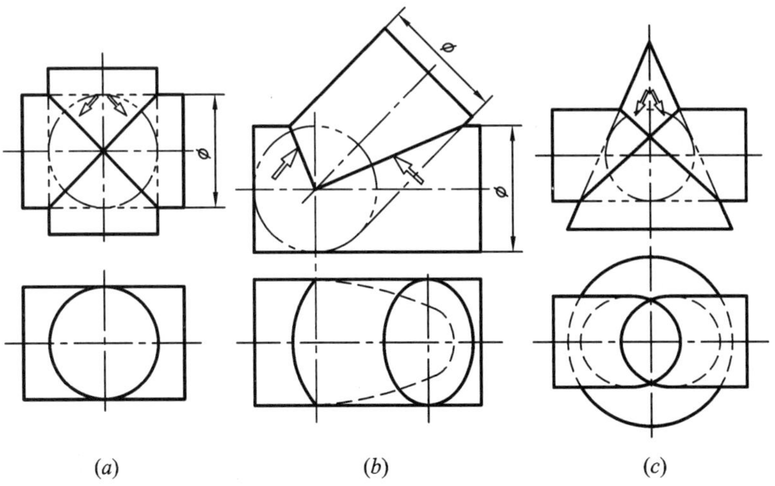

图 4－12　相贯线为椭圆

（*a*）等直径圆柱正交；（*b*）等直径圆柱斜交；（*c*）圆柱与圆锥正交

2. 相贯线为直线

当轴线平行的两圆柱相交时，其相贯线是两条平行于轴线的直线，如图 4-13 所示。

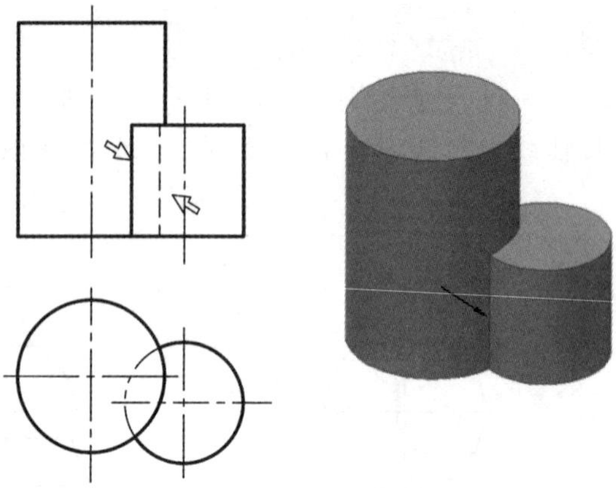

图 4-13　相贯线为直线

4.3　多个立体相交

不少组合体是由多个基本几何体相交构成的，它们的相贯线往往比较复杂，形成综合相交的情况。画图时，必须进行形体分析，弄清它们各自的形状、大小及相对位置关系等。尤其要区分哪几个立体之间有相贯线，分析相贯线的范围和趋势，并找出两条相贯线的交点——结合点。下面举两个例子加以具体分析。

［**例 4-7**］　画出图 4-14(*a*)所示组合体的投影图。

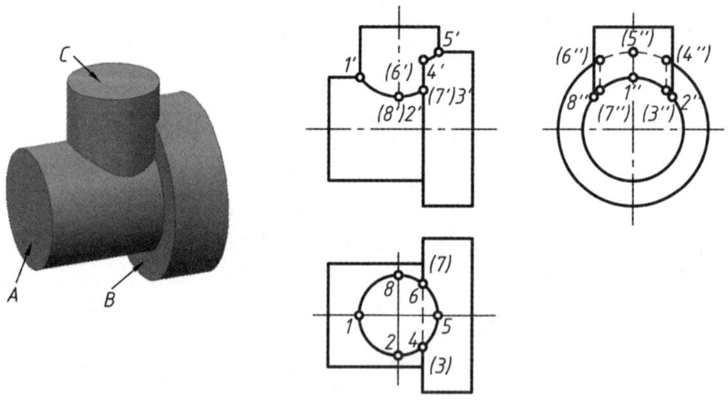

(*a*)　　　　(*b*)

图 4-14　多个立体相交

解　(1) 空间分析：本例有三个圆柱 *A*、*B*、*C* 相交。圆柱 *A*、*B* 同轴且轴线为侧垂线；轴线为铅垂线的圆柱 *C* 与圆柱 *A*、*B* 垂直相交；圆柱 *B* 的底面与圆柱 *C* 相交。*A*、*C* 的相贯线和 *B*、*C* 的相贯线都是空间曲线，而圆柱 *B* 的底面和圆柱 *C* 的截交线是两条直线段。

(2) 作图：先求圆柱 *A*、*C* 和 *B*、*C* 间的相贯线。二相贯线的水平投影重影在圆柱 *C* 的水平投影上，二侧面投影分别重影在圆柱 A、B 的两段弧线上，利用积聚性很容易求出它们的正面投影 $3'2'1'$及 $4'5'$(因前后对称，故只需画前半部可见部分)。

再作圆柱 B 的底面与圆柱 C 的截交线。圆柱 B 的底面是一侧平面，所以该截交线是两条垂直于水平面的直线段，其水平投影重影在 4(3)和 6(7)两点，正面投影为 $3'4'$及 $(6')(7')$，只要画出其侧面投影$(3'')(4'')$、$(6'')(7'')$就可以了，注意它们均不可见。最后的投影图如图4－14(*b*)所示。

［**例 4－8**］ 作图 4－15 所示连杆的投影图。

解 (1) 空间分析：如图 4－15(*a*)所示，连杆左端是半球体，中部大圆柱与其光滑衔接，右端是小圆柱及小圆锥台(倒角)。现用铣刀铣出了前后两个正平面，并在大圆柱上留下了铣刀的圆角。可将交线分成三部分：Ⅰ是平面截半球，截交线是半圆；Ⅱ是平面截圆柱，截交线是两条直线段；Ⅲ相当于圆柱形铣刀与大圆柱相贯，由于铣刀和圆柱轴线垂直但不相交，因此这一段相贯线是空间曲线。右端小圆柱及小圆锥台均未参与相贯。

(2) 作图：为了清晰起见，将连杆左端部分放大作图，见图 4－15(*b*)。

Ⅰ、Ⅱ部分是前后两个正平面截半圆球及圆柱体，其侧面投影与水平投影积聚为两条直线段；Ⅲ的水平投影是部分圆弧，其侧面投影重影为两侧的弓形。需要画的是Ⅰ、Ⅱ、Ⅲ的正面投影，因连杆前后对称，故只需画出前半部可见部分。Ⅰ部分交线的正面投影可由水平投影量取半径画半圆得到；Ⅱ部分两条直线切于该半圆而平行于轴线；Ⅱ、Ⅲ两部分的结合点为 $2'$、$3'$，它们也是右端相贯线的最左点，相贯线的最右点由水平投影 1 得到，并对应求得 $1'$点。至于一般点可由积聚性求出：在水平投影上任取 4(5)，根据点的投影规律求出 $4''$、$5''$，从而得到 $4'$、$5'$；光滑连接 $2'4'1'5'3'$，就是Ⅲ部分相贯线的正面投影。把Ⅰ、Ⅱ、Ⅲ部分综合起来，即为连杆相贯线完整的正面投影。

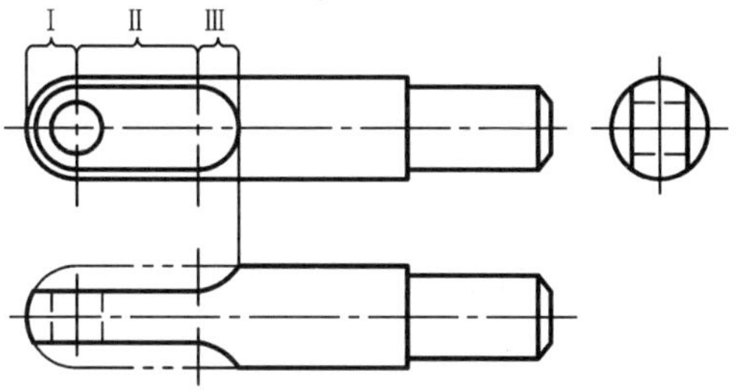

(*a*)

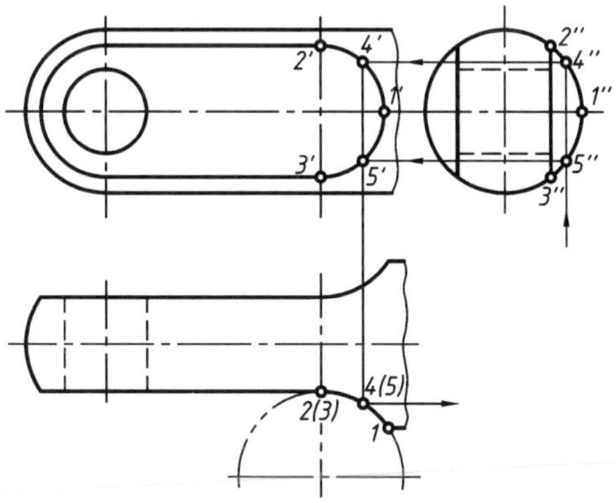

(*b*)

图 4－15 连杆相贯线分析

05

第5章　组　合　体

组合体是机器零件在省略了工艺结构后的抽象几何模型。组合体是本章的重点内容，其对于工程图学整个知识体系的构成具有承上启下的作用。一方面，组合体是对线、面几何元素及基本立体、截交线、相贯线的投影理论的综合应用，另一方面它又是几何形体到实际零件形状的过渡，是正确掌握工程图样绘制和阅读的重要基础。

本章介绍组合体的形成与形体分析法、组合体视图的画法、组合体的尺寸标注和读组合体的视图。其中，形体分析法是画组合体视图、组合体尺寸标注及读组合体视图这三部分内容所依据的方法，应予重视。

5.1　组合体的形成与形体分析法

若干个基本体按照一定的构型方法生成的立体称为组合体。这里的基本体是指广义的基本体，包括前面所介绍的完整基本体以及由其派生的基本体，如基本体的一半、四分之一、八分之一和切顶的基本体(如棱台、圆锥台、球缺)，也包括其他的回转体、二维图形等截面或变截面拉伸而成的拉伸体等。这里的构型方法称为组合体的组合方式。

一、组合体的组合方式

组合体的组合方式一般分为叠加式、切割式、综合式(叠加式和切割式的结合)三种，图 5 - 1 给出了三种形式的实例。

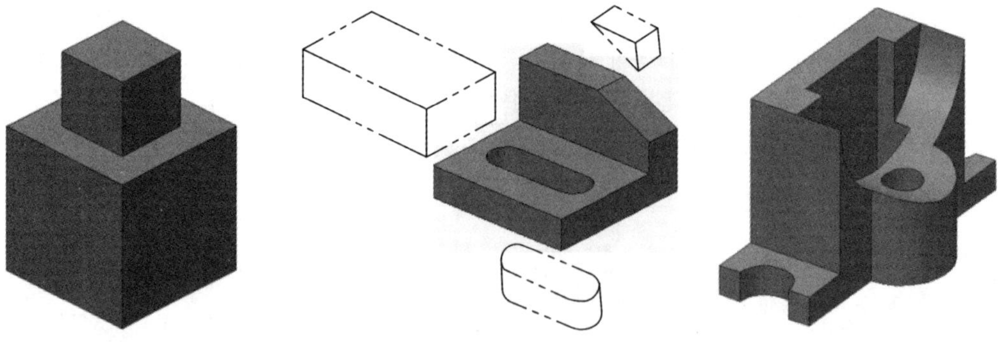

(a)　　(b)　　(c)

图 5 - 1　组合体的三种形式

(a) 叠加式；(b) 切割式；(c) 综合式

二、组合体内基本体之间的表面连接关系

组合体内基本体之间的表面连接关系一般可分为相交、相切、平齐三种情况。画图时应注意它们的特点，以免出错。例如：

（1）相交时需画出交线，包括截交线、相贯线，如图 5-2 所示。

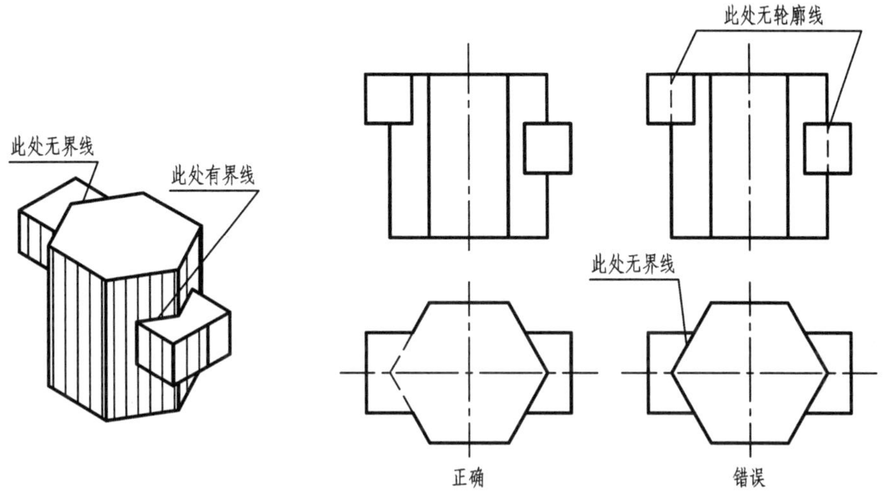

图 5-2 相交、平齐

（2）相切时切线处视为光滑过渡，不应画出切线的投影，如图 5-3 所示。

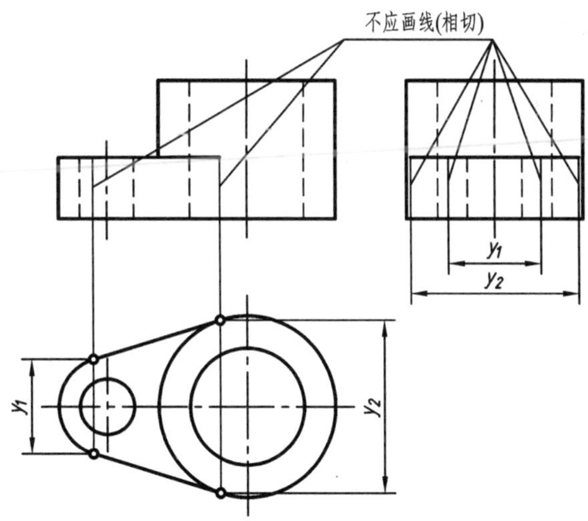

图 5-3 相切

（3）平齐时多个平面连接成一个平面，界线不再存在，不应画出交线，如图 5-2 所示。平齐有叠加平齐和切割平齐两种形式，它们对画组合体视图、组合体尺寸标注和读组合体视图有很大帮助。

三、形体分析法

将组合体进行分解再合成的分析方法，称为形体分析法。形体分析法的分析内容包括：

1. 确定构成组合体的各基本体形状

这些基本体可能是叠加在组合体上的实体，也可能是挖切形成的空心体，这个过程就是组合体的分解。合理的组合体分解应该是得到的基本体形状为广义基本体或与之相近的组成部分。还原是将组合体分解为合理形状基本体的重要途径。所谓还原就是设想基本体不与周围基本体组合时应该有的形状，其遵循的原则是顺着基本体的轮廓走势，取适当尺寸并按认知的形状构造基本体。

组合体如何分解将影响画组合体视图、组合体尺寸标注及读组合体视图的难易程度，也是形体分析法能否有效使用的关键。以图 5-4(*a*)所示的组合体为例，合理的组合体分解结果应为图 5-4(*b*)所示，分解的基本体有圆柱体①、④、⑤、⑦，两个三棱柱③，一个四棱柱②，两个拉伸体⑥。

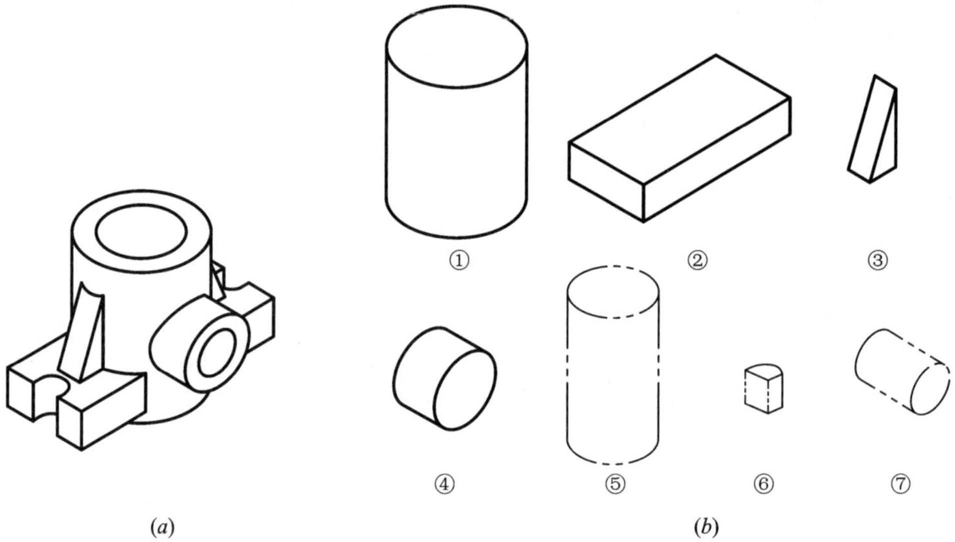

图 5-4　组合体的分解

2. 确定组合体的组合方式

组合方式是叠加式、切割式和综合式三种之一。图 5-4(*a*)所示组合体的组合方式为综合式。

3. 确定组合体内基本体之间的表面连接关系

如前所述，基本体之间的表面连接关系主要有相交、相切和平齐三种形式。相交关系包括第 3 章所讲的截交和第 4 章所讲的相贯；相切关系有平面与圆柱面、圆锥面相切，圆球面或圆环面与圆柱面、圆锥面相切；平齐关系有叠加平齐和切割平齐。图 5-4(*a*)所示组合体的基本体之间的表面连接关系有相交关系和平齐关系。其中，相交关系主要有基本体

①与②相交形成的截交线、基本体①与③相交形成的截交线、基本体①与④相交形成的相贯线、基本体⑤与⑦相交形成的相贯线；平齐关系主要有基本体①与⑤两端面切割形成的切割平齐、基本体④与⑦在前端面切割形成的切割平齐、基本体②与⑥沿上端面、下端面及左端面切割形成的切割平齐。

组合方式和基本体之间的表面连接关系对应组合体的合成过程，其中组合方式决定了组合体的整体形状，而基本体之间的表面连接关系则反映了组合体内基本体之间结合部的细节形状。合成构成了基本体之间的几何约束，从而形成组合体这一整体形状。

形体分析法在画组合体视图、组合体尺寸标注及读组合体视图中的运用如下：

1）形体分析法用于画组合体的视图

对分解得到的各个基本体，按照作图顺序逐个作出每个基本体的三视图，同时边画基本体投影边进行视图合成。其中组合方式决定基本体在合成视图中的线型，如叠加方式的基本体的线型以粗实线为主，切割方式的基本体的线型以细虚线为主，而基本体之间的表面连接关系在视图合成时的作用是消除结合部的基本体的轮廓线或切割平齐时形成切割轮廓，从而使基本体融成一体。

2）形体分析法用于标注组合体尺寸

对分解得到的各个基本体，在选定尺寸基准后，逐个标出每个基本体的定位尺寸和定形尺寸，同时边标基本体尺寸边进行尺寸的取舍和调整。尺寸的取舍和调整对应合成过程，合成的作用是减少基本体的定位尺寸和定形尺寸的个数以及形成总体尺寸。尺寸个数减少的原因有：某个尺寸既是一个基本体的定形尺寸同时又是另一个基本体的定位尺寸；两个基本体的某个定形尺寸相同；几何约束关系隐含有定位尺寸、定形尺寸；对称分布的基本体，其定位尺寸不直接从主要尺寸基准分别进行标注，而是在两个基本体的定位元素之间标注定位尺寸等。5.3节将详细介绍组合体尺寸标注的定位元素理论。

3）形体分析法用于读组合体视图

首先是分解过程以确定每一基本体的形状，方法是在特征视图上划分(包括还原)若干封闭线框得到每一基本体的一个投影，对照投影得到该基本体的另一个或另两个投影(包括还原)，根据这几个投影确定该基本体的形状，这一方法简称为“分线框、对投影、想立体”；其次是合成过程，即确定组合体的组合方式、基本体之间的表面连接关系。通过分解和合成，达到看懂组合体整个形状的目的。

5.2 组合体视图的画法

以图5-5所示的支架为例，介绍画组合体视图的步骤：

1. 形体分析

用形体分析法进行分析。首先是分解，可以从基本体构成方面进行分解，也可以从结构方面进行分解，如从结构方面分解，将该组合体可分解为支承板Ⅰ、支承板Ⅱ(拉伸体)、底板、肋板(三棱柱)4个组成部分，这四部分可看成4个基本体。当然也可以从基本体构成方面将支承板Ⅰ再分解为1个拉伸体和切割的1个圆柱体，将底板再分解为1个拉伸体和切割的2个圆柱体。如何分解，只要自己觉得已经很简单就可以了。肋板是零件上的常见结构，从几何构型上讲它不是必不可少的，但在结构上它能起到加固的作用。分解完成后，还要分析合成，显然该组合体的组合方式为综合式，基本体之间的表面连接关系有肋板与底板、支承板Ⅱ的贴合(相交的特殊形式)，支承板Ⅱ与底板、支承板Ⅰ的叠加平齐。

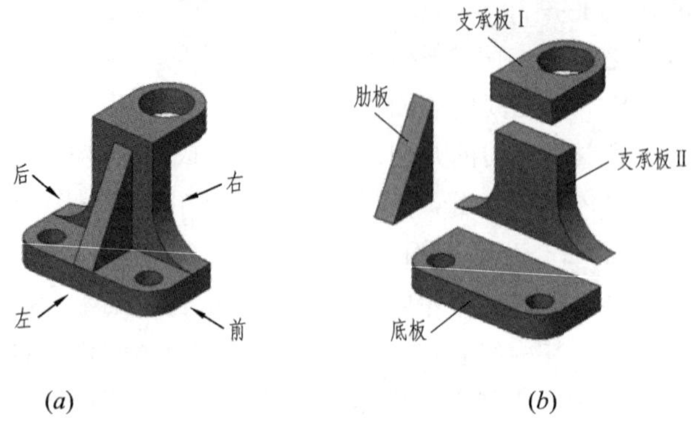

图 5-5　组合体的形体分析

2. 选择主视图的投射方向

在确定主视图的投射方向时，我们应遵循“形体特征”原则，即在主视图上要尽可能多地反映该组合体中各基本体的形状特征和位置特征。

首先让支架处于自然安放位置，然后从四周对物体进行观察，前、后、左、右四个方向投射后所得的视图如图 5-6 所示。比较后可以看出，图 5-6 中(*a*)、(*b*)表达组合体中各基本体的相对位置和组成方式比较清晰，因而均可作主视图。但若以图(*b*)作为主视图，则左视图上的细虚线较多，对画图和读图都带来困难，因而以图(*a*)作主视图更好。主视图确定后，其他视图也随之而定。

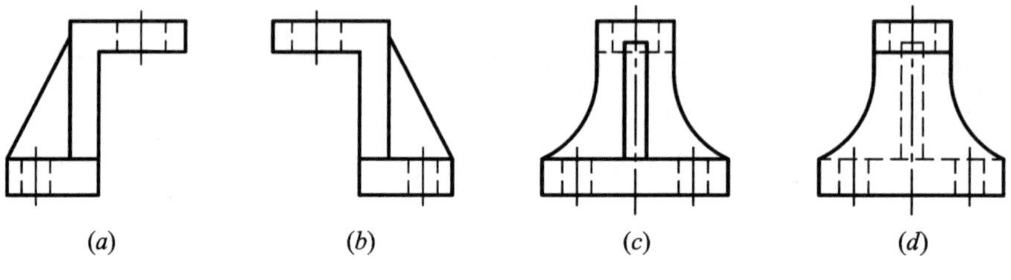

图 5-6　选择主视图的投射方向

3. 确定比例、图幅

视图选定后，即可根据组合体的大小及复杂程度，定出画图比例和所需图纸大小。所选图幅要得当，使视图布置能够匀称，不会挤成一堆或偏向一方，并能在图与图之间留出足够距离，以备标注尺寸等。

4. 画长、宽、高三个方向上的基准线

长、宽、高三个方向上均应画出基准线，尺寸就可以从基准线开始量取。例如，高度方向基准线常取底板底平面。一般说来，对称平面、中心线、轴线或最大形体的轮廓线等常用作基准线。支架的基准线如图 5-7(*a*)所示。

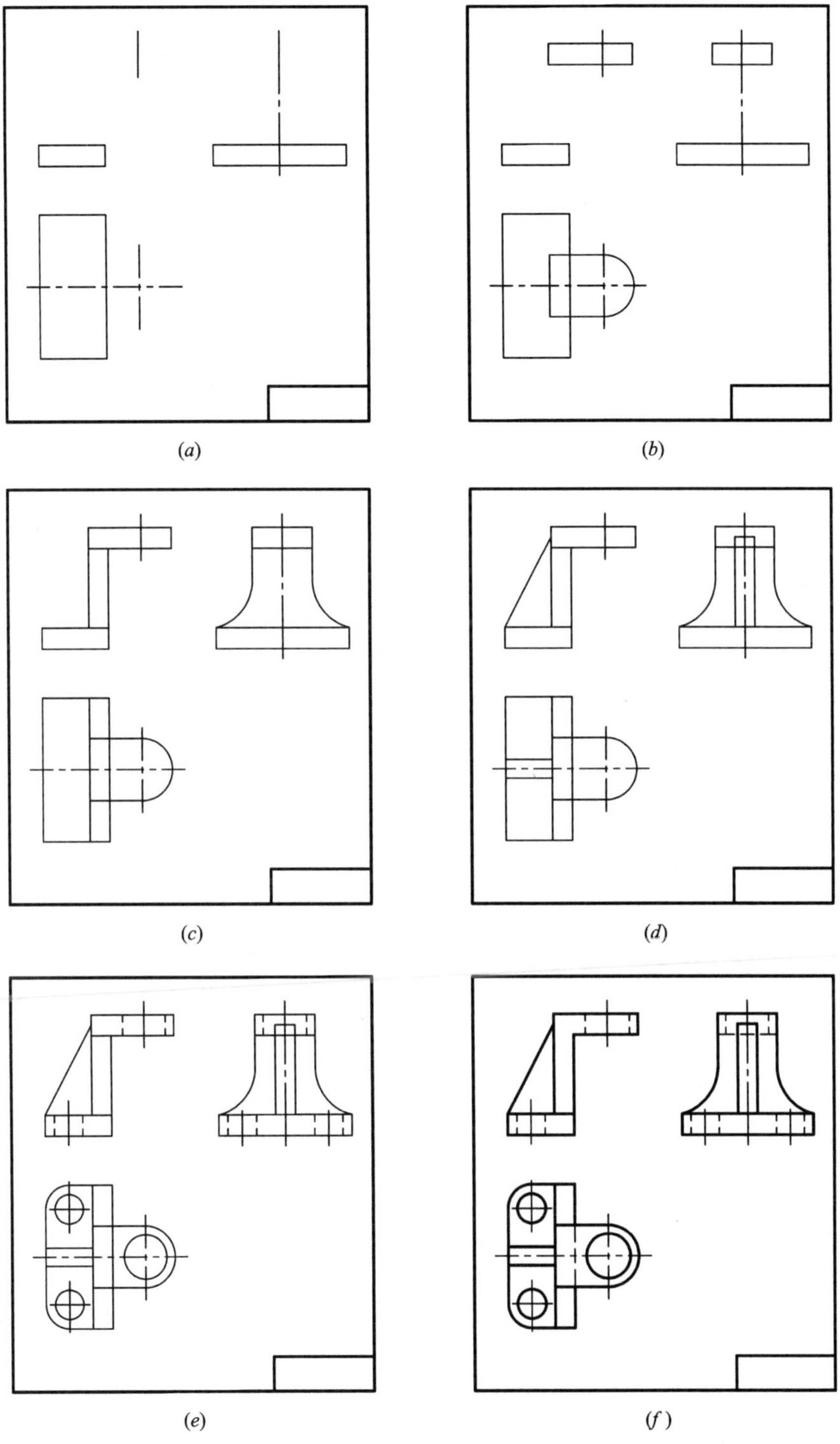

图5-7 支架画图步骤

(a) 画基准线、底板；(b) 画支承板Ⅰ；(c) 画支承板Ⅱ；(d) 画肋板；
(e) 画圆孔、圆角；(f) 检查、擦去多余线条，加深

5. 打底稿

用细实线打底稿。由大形体到小形体，由主要形状到细节形状，逐个画出各基本体的三视图并进行视图合成。三个视图互相联系起来画，详细过程见图 5－7(*b*)、(*c*)、(*d*)、(*e*)。

6. 检查、擦去多余线条，加深底稿

底稿画完后，要仔细检查有无错误，看看有没有漏画或多余的线段，把多余的线段擦去，就可以加深了。加深的时候先加深曲线，再加深直线段，加深直线段时应集中一个方向平行加深，如图 5－7(*f*)所示。

5.3 组合体的尺寸标注

组合体的尺寸标注是个复杂的问题，其核心是尺寸基准和定位尺寸，本节引入定位元素理论加以解决。

一、标注尺寸的基本要求

视图决定立体的形状，尺寸决定立体的大小。为了标注好组合体尺寸，应满足以下基本要求：

(1) 符合“国标”规定，即要正确。如第 1 章所述，所注尺寸必须符合国家标准中有关尺寸注法的规定。

(2) 完整。不要漏注，也不要重复标注，更不要多标注。

(3) 清晰。尺寸应标注在适当位置上，以便于查找阅读。

(4) 合理。详细要求参见 10.4 节，重点是勿标注封闭尺寸。

二、基本体的尺寸标注

基本体的尺寸标注见图 5－8。其中，圆柱、圆锥及圆球的尺寸必须标“ϕ”及“$S\phi$”，因为“ϕ”具有双向尺寸功能，而“$S\phi$”则具有三个方向尺寸的功能。

三、基本体的定位元素

用体对体来描述基本体在长、宽、高方向的位置尺寸则既模糊又不便于测量，只有降维用零维的点、一维的直线、二维的平面来描述基本体位置尺寸才准确和测量方便。用以确定基本体在组合体长、宽、高方向位置尺寸的几何元素(点、直线、平面)称为定位元素。基本体的定位元素通常是其上的点(如球心、锥顶等)、直线(如轴线、棱线等)或平面(如对称平面、底面、端面等)。

一个基本体在组合体上的定位元素是确定的，长、宽、高方向各一个定位元素。但当把基本体单独讨论时，其在一个方向上的定位元素可能不止一个，称之为可能定位元素。可能定位元素所处的长、宽、高方向与基本体在空间的摆放位置(如不同方向的正放、斜放)有关。图 5－8 给出了几种基本体图示放置时长、宽、高方向的可能定位元素，其中长度方向的定位元素在细线上加一个短划表示，宽度方向的定位元素在细线上加两个短划表

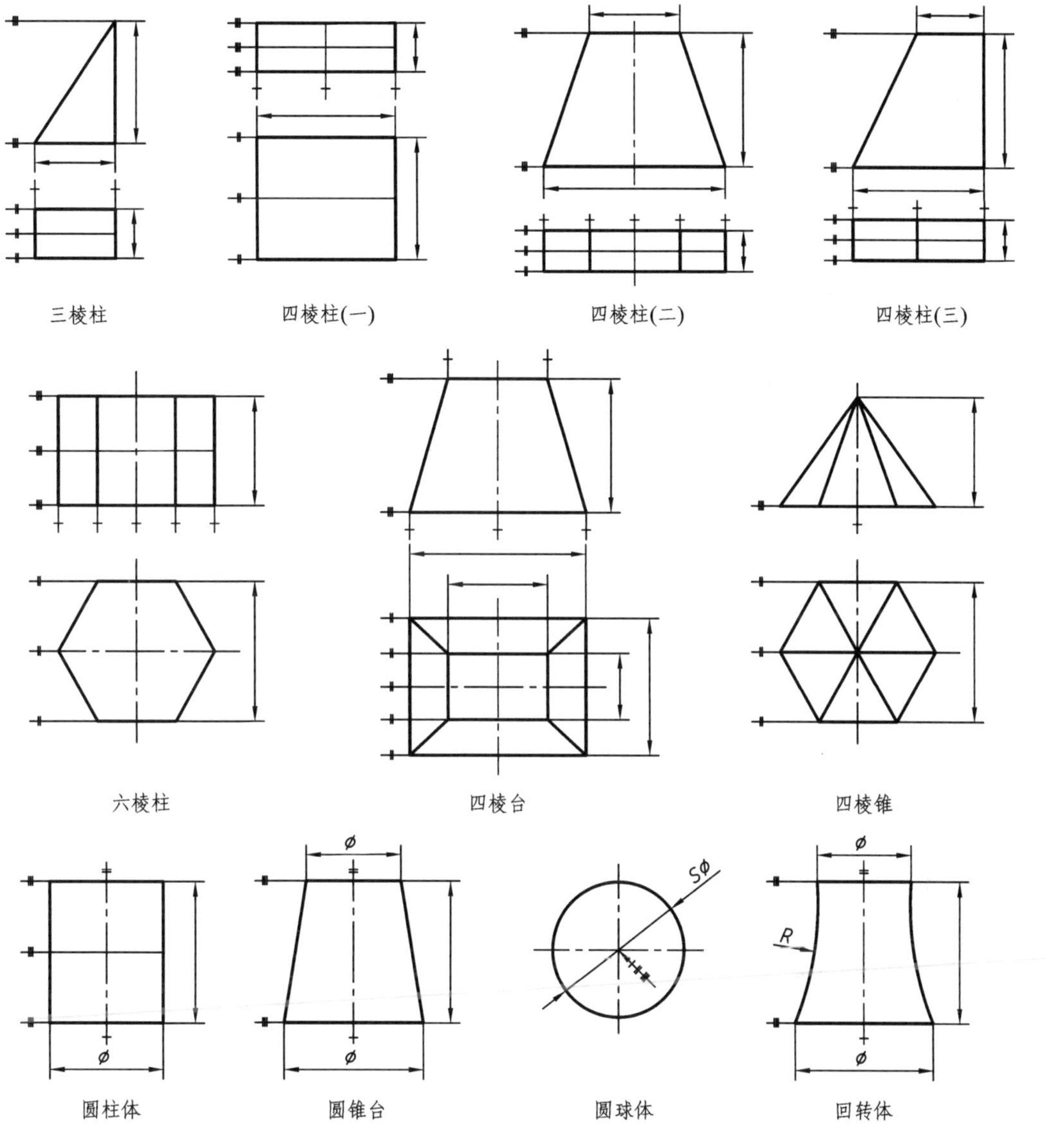

图 5－8　基本体的尺寸标注及可能的定位元素

示，高度方向的定位元素在细线上加三个短划表示。例如四棱柱(一)(长方体)，其在长度方向上的可能定位元素有左端面、左右对称平面、右端面，其在宽度方向上的可能定位元素有前端面、前后对称平面、后端面，其在高度方向上的可能定位元素有底端面、上下对称平面、顶端面；又如三棱柱(楔形体)，为适应叠加和切割两种组合方式，其在长度方向上的可能定位元素有左棱边、右端面，其在宽度方向上的可能定位元素有前端面、前后对称平面、后端面，其在高度方向上的可能定位元素有底端面、顶棱边。

基本体被组合在组合体上以后，其在一个方向上的定位元素就是可能定位元素中的某一个，当基本体在某个方向的可能定位元素只有一个时，它就是基本体在组合体上此方向的定位元素，如图 5－8 所示的圆柱体、圆锥体(台)，其轴线既是长度方向的定位元素，也是宽度方向的定位元素，圆球体的球心同时为长、宽、高三个方向的定位元素。当基本体在某个方向的可能定位元素有多个时，一般情况下，离尺寸基准最近的那个可能定位元素就是基本体在组合体上此方向的定位元素。

四、尺寸基准的概念

尺寸基准是为标注基本体定位尺寸而设立的参考几何元素。尺寸基准的选取要便于加工测量。组合体上的点(如球心、锥顶等)、直线(如轴线、棱线、径向线等)、平面(如对称平面、底面、端面等)等几何元素均可用作尺寸基准。在标注尺寸时，长、宽、高每个方向至少应选一个尺寸基准，有多个基准时，其中一个为主要基准，其他为辅助基准。对于尺寸关系较为复杂的组合体(包括基本体处在斜放位置时的情况)，辅助基准的使用会直接影响尺寸标注的合理性。尺寸基准选取的不同会导致不同的尺寸标注结果。可以说，尺寸基准是组合体尺寸标注的灵魂。

五、定位尺寸的概念

定位尺寸是基本体上的定位元素偏离尺寸基准(包括主要基准和辅助基准)的距离或角度。若基本体上某一方向上的定位元素偏离了该方向的尺寸基准，那么基本体在该方向上就有定位尺寸，否则，基本体在该方向上就没有定位尺寸。考虑到基本体正放、斜放、周向分布和球面分布等情况，定位尺寸的类型有长度型尺寸和反映定位元素方位的角度型尺寸。在定位尺寸中，带有“R”“ϕ”“SR”“$S\phi$”及角度的定位尺寸为双向或三向尺寸，它不是一个方向的定位尺寸。

六、组合体的尺寸标注过程

组合体应标注下列三种尺寸：

(1) 定位尺寸：含义如前所述，即确定基本体相对尺寸基准的位置尺寸，如图 5-9 中底板上两圆孔圆心的定位尺寸和图 5-10 中两圆孔圆心的尺寸。

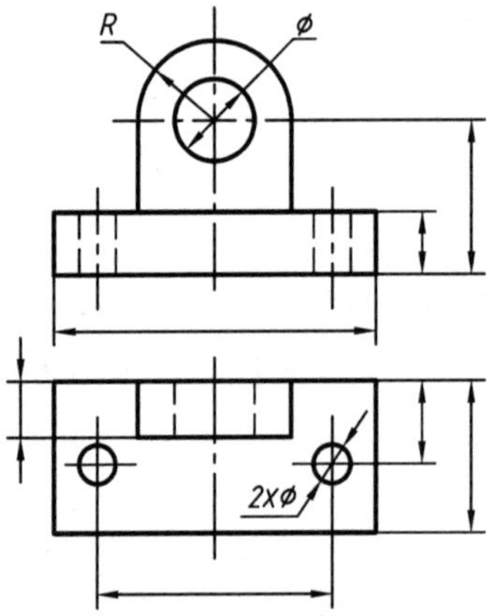

图 5-9　组合体的尺寸

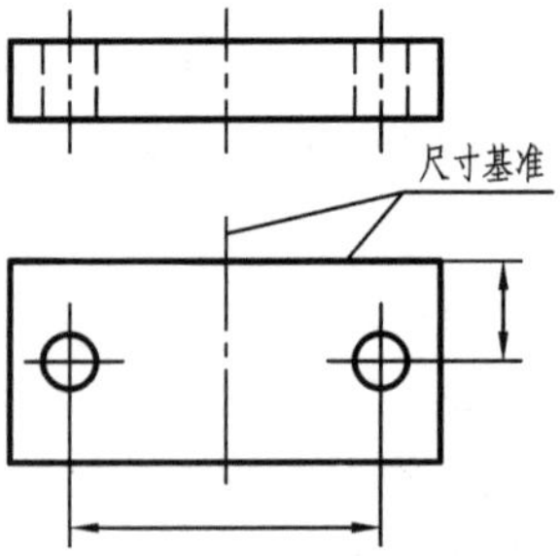

图 5-10　圆孔的定位尺寸

(2) 定形尺寸：确定各基本体形状大小的尺寸，图 5-8 所示的尺寸均为基本体的定形尺寸，图 5-9 中的 R、ϕ、$2\times\phi$ 也是定形尺寸。

(3) 总体尺寸：确定组合体总长、总宽、总高的尺寸。若组合体的端部是回转体，则该处总体尺寸一般不直接注出，如图 5－9 中组合体总高度已可算出，不再另注。

标注组合体尺寸的基本方法是形体分析法，如图 5－11 所示。先将组合体分解成若干基本体，然后选择尺寸基准，逐一注出各基本体的定位尺寸和定形尺寸，最后考虑总体尺寸，并对已注尺寸作必要的调整。图 5－11 给出的支架尺寸是按底板、支承板Ⅰ、支承板Ⅱ、肋板的顺序依次标注的。图 5－11(*c*)中的尺寸(4)为多余尺寸，不标注。

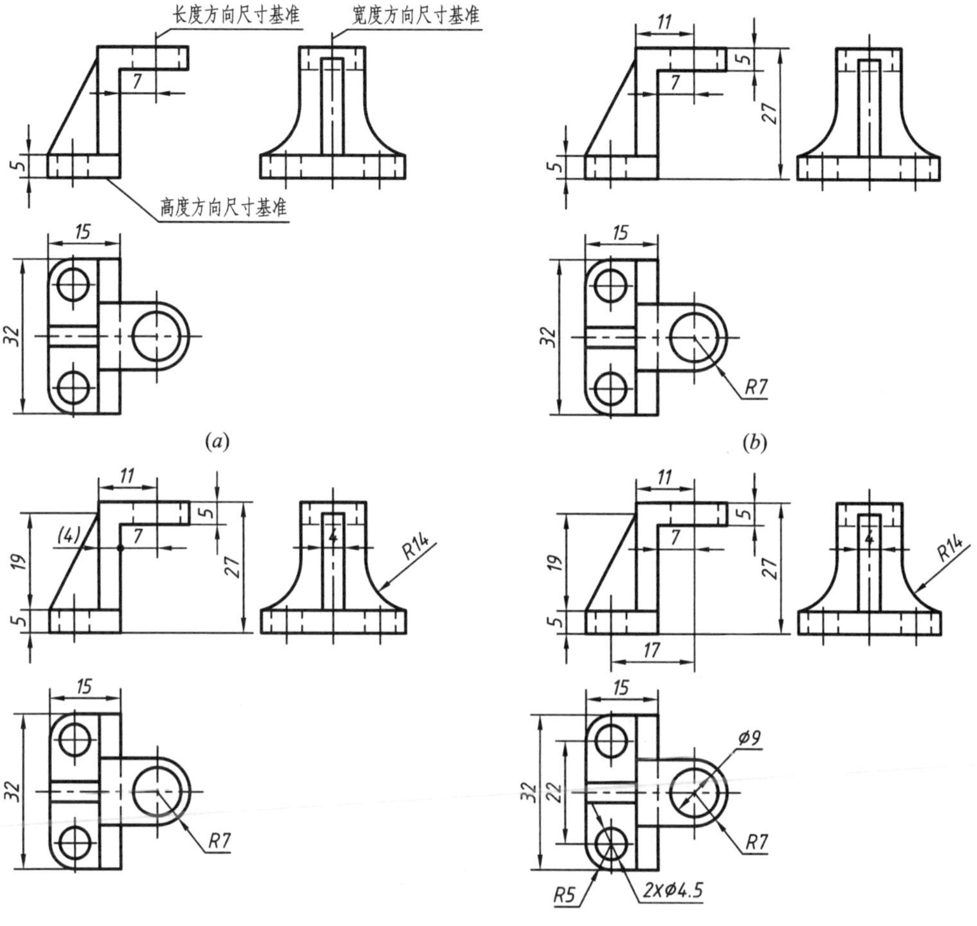

图 5－11　组合体的尺寸标注

(*a*) 注出底板尺寸；(*b*) 注出支承板Ⅰ尺寸；(*c*) 注出支承板Ⅱ、肋板尺寸；(*d*) 注出圆孔定位、定形尺寸

七、典型组合体的尺寸标注举例

下面结合叠加为主型和切割型两个典型组合体来介绍组合体尺寸标注的具体方法和步骤：

(1) 用形体分析法分析组合体，确定各基本体的形状、组合方式及基本体之间的表面连接关系。

图 5－12 轴承座是一个叠加为主型组合体。该组合体分解得到的基本体有：底板上的 1 个带圆角四棱柱(即拉伸体)和切割的 4 个圆柱体，圆筒的两个圆柱体，竖板的 1 个四棱柱(形状为图 5－8 中的四棱柱(二))和肋板的 1 个四棱柱(形状为图 5－8 中的四棱柱(三))。组合方

式为综合式，即底板带圆角四棱柱、竖板四棱柱、圆筒外圆柱体和肋板四棱柱先叠加形成组合体的主体形状，然后再切割底板上 4 个圆柱体和圆筒上的 1 个圆柱体形成最终的组合体形状。基本体之间的表面连接关系有相交关系、相切关系和平齐关系。主要的相交关系为肋板四棱柱与圆筒的外圆柱体相贯和肋板四棱柱与竖板四棱柱相贯，相切关系为竖板四棱柱的平面与圆筒外圆柱体的圆柱面相切，平齐关系为底板带圆角四棱柱、竖板四棱柱和圆筒外圆柱体沿后端面叠加平齐，圆筒外圆柱体与切割圆柱体的切割平齐以及底板带圆角四棱柱与 4 个切割圆柱体的切割平齐。

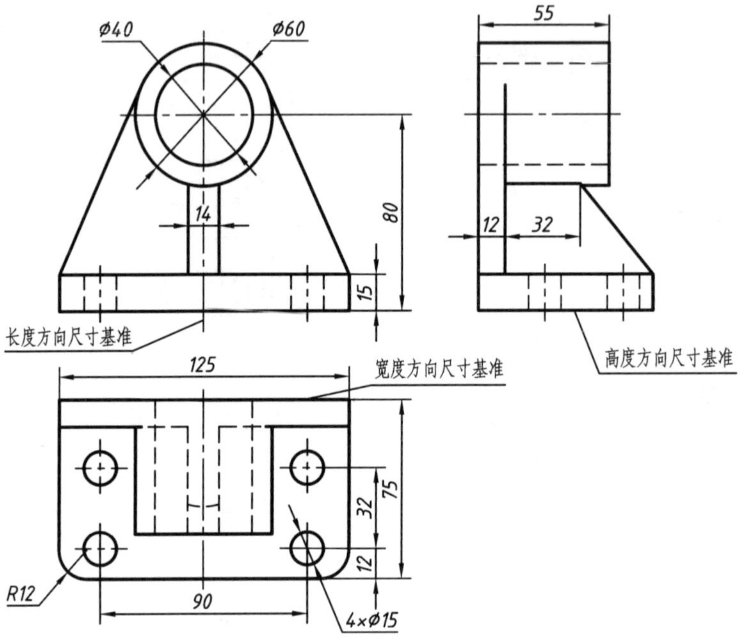

图 5 - 12 轴承座的尺寸标注

图 5 - 13 固定块是一个切割型组合体。该组合体分解得到的基本体有：外轮廓包络的 1 个四棱柱，正垂方向切割的 1 个三棱柱(形状为图 5 - 8 中的三棱柱，下同)，铅垂方向对称切割的两个三棱柱，右端台阶孔处切割的两个半圆柱和两个四棱柱。组合方式为切割式。基本体之间的表面连接关系有相交关系、相切关系和平齐关系。相交关系为正垂方向的三棱柱与铅垂方向的两个三棱柱相交。相切关系为右端台阶孔处的两个半圆柱体的圆柱面分别与两个四棱柱的平面相切。平齐关系为正垂切割的三棱柱与外轮廓包络四棱柱沿上端面、左端面、前端面、后端面分别切割平齐，铅垂切割的两个三棱柱与外轮廓包络四棱柱沿左端面、前端面、后端面、上端面、底端面分别切割平齐，右端台阶孔处的两个半圆柱体分别与外轮廓包络四棱柱沿上端面、底端面切割平齐，右端台阶孔处的两个四棱柱分别与外轮廓包络四棱柱沿右端面、上端面、底端面切割平齐。

(2) 在组合体的长、宽、高方向各选一个主要尺寸基准，必要时设置辅助尺寸基准。

尺寸基准按前述原则选取。图 5 - 12 组合体的左右对称平面、后端面、底端面分别为长度方向、宽度方向、高度方向的主要尺寸基准。图 5 - 13 组合体的右端面、前后对称平面、底端面分别为长度方向、宽度方向、高度方向的主要尺寸基准。

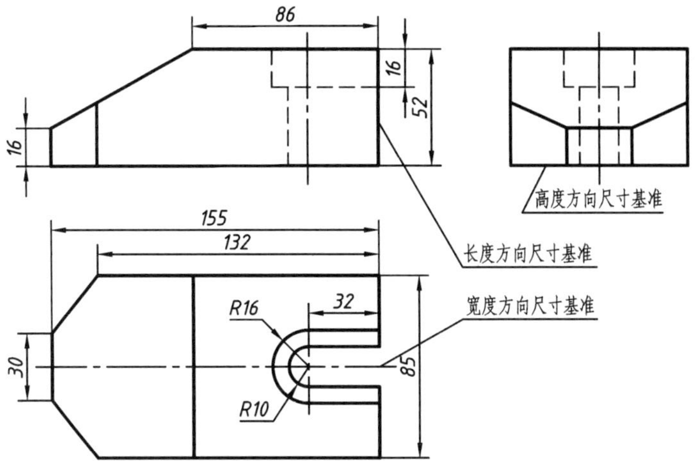

图 5-13　固定块的尺寸标注

(3) 确定各基本体的定位元素，然后逐个标出每个基本体的定位尺寸和定形尺寸，同时边标基本体尺寸边进行尺寸的取舍和调整。

由于基本体在合成时形成的几何约束关系，所标注的基本体定位尺寸和定形尺寸的个数一般会减少，即对一个基本体而言，可能只标定位尺寸，而定形尺寸隐含在约束中不标，也可能只标定形尺寸，而定位尺寸隐含在约束中不标，还有可能只标部分定位尺寸、定形尺寸，而另一部分定位尺寸、定形尺寸隐含在约束中不标。另外，对于对称分布的基本体，为减少标注尺寸的个数使标注简洁，其定位尺寸不直接从主要尺寸基准进行标注，而是在两个基本体的定位元素之间标注定位尺寸，以体现结构的对称性，这样标注其实是将尺寸基准做了隐含，而且这种标注形式若是针对孔，标注孔的中心距尺寸也是符合零件之间装配要求的。还有，对于定位元素端面处在同一平面上的重复几何元素，为简化标注，只在一个几何元素上标注定形尺寸，并在尺寸数值前面加上元素个数和乘号。

图 5-12 组合体中基本体的定位尺寸和定形尺寸标注过程为：如前所述，该组合体有 9 个基本体，其尺寸标注的顺序可与画组合体视图时的顺序一致，这里按底板→圆筒→竖板→肋板顺序标注。底板上带圆角四棱柱在长度、宽度、高度方向的定位元素分别是左右对称平面、后端面、底面，其分别与组合体长、宽、高方向的主要尺寸基准重合，因此该基本体无定位尺寸，要标注的只是定形尺寸 125、75、15 及 $R12$；对于底板上切割的 4 个圆柱体形成的孔，轴线是圆柱体在长度和宽度方向上的定位元素，圆柱体的底面是高度方向上的定位元素，因其高度方向的定位元素与组合体高度方向的主要尺寸基准重合，因此这 4 个圆柱孔高度方向无定位尺寸，但长度和宽度方向上的定位元素不与组合体长、宽方向的主要尺寸基准分别重合，故有如下定位尺寸：4 个圆柱孔关于组合体的左右对称平面对称分布，长度方向的定位尺寸为 90，为便于测量，取底板前端面为宽度方向的辅助尺寸基准，则前排两个圆柱孔在宽度方向的定位尺寸为 12，以前排圆柱孔的轴线为宽度方向第二辅助尺寸基准，则后排两个圆柱孔在宽度方向的定位尺寸为 32，4 个圆柱孔属于端面处在同一平面上的重复几何元素，在一个圆柱孔上标注定形尺寸 $4\times\phi15$。圆筒上两个圆柱体的轴线是长度和高度方向的定位元素，后端面是宽度方向的定位元素，因长度和宽度方向的定位元素分别与组合体长、宽方向的主要尺寸基准重合，故其在这两个方向无定位尺寸，但高度方向定位元素偏离了组合体高

度方向的主要尺寸基准，所以这两个圆柱体高度方向的定位尺寸为 80，定形尺寸为 ϕ40、ϕ60、55。竖板是图 5-8 中的四棱柱(二)，左右对称平面是长度方向的定位元素，后端面是宽度方向的定位元素，下端面是高度方向的定位元素，长度方向的定位元素和宽度方向的定位元素分别与组合体长、宽方向的主要尺寸基准重合，故该四棱柱在这两个方向无定位尺寸，但高度方向的定位元素偏离了组合体高度方向的主要尺寸基准，因此存在高度方向的定位尺寸 15，它和底板上带圆角四棱柱的定形尺寸 15 是同一尺寸，只标注一次，这时尺寸 15 既是定形尺寸，也是定位尺寸，考虑到竖板组合时与底板等长及与圆筒外圆柱相贯相切的几何约束关系，其上端面长度、下端面长度及高度三个定形尺寸被隐含而不标，要标的定形尺寸只有厚(宽)度 12。肋板是图 5-8 中的四棱柱(三)，当其放置在图 5-12 组合体中的方位时，左右对称平面是长度方向的定位元素，后端面是宽度方向的定位元素，下端面是高度方向的定位元素，长度方向的定位元素与组合体长度方向的主要尺寸基准重合，故该四棱柱在长度方向无定位尺寸，而宽度方向和高度方向的定位尺寸分别是已标的竖板的厚度 12 和底板的高度 15，对于定形尺寸，由于其与圆筒外圆柱、竖板四棱柱和底板带圆角四棱柱的相交叠加几何约束关系，高度和下端面宽度两个尺寸被隐含而不标，要标的定形尺寸只有厚度 14 和上端面宽度 32。

图 5-13 组合体中基本体的定位尺寸和定形尺寸标注过程为：如前所述，该组合体有 8 个基本体，其尺寸标注的顺序与画组合体视图时的顺序一致，这里按外轮廓包络四棱柱→正垂方向三棱柱→铅垂方向三棱柱→台阶孔半圆柱→台阶孔四棱柱顺序标注。外轮廓包络四棱柱在长度、宽度、高度方向的定位元素分别是右端面、前后对称平面、底面，其分别与组合体长、宽、高方向的主要尺寸基准重合，因此该基本体无定位尺寸，要标注的只是定形尺寸 155、85 和 52。正垂方向三棱柱在长度、宽度、高度方向的定位元素分别是右棱边、前后对称平面、下棱边，宽度方向的定位元素与组合体宽度方向的主要尺寸基准重合，故该方向无定位尺寸，而长度方向和高度方向的定位元素偏离了主要尺寸基准，这两个方向的定位尺寸分别为 86、16，定形尺寸因与外轮廓包络四棱柱存在切割平齐的几何约束而隐含不标；铅垂方向两个三棱柱对称分布，可按后部的三棱柱进行尺寸标注，该三棱柱在长度、宽度、高度方向的定位元素分别是右棱边、前棱边、底面，高度方向的定位元素与组合体高度方向的主要尺寸基准重合，故该方向无定位尺寸，而长度方向和宽度方向的定位元素偏离了主要尺寸基准，这两个方向的定位尺寸分别为 132、30，定形尺寸因与外轮廓包络四棱柱存在切割平齐的几何约束而隐含不标；台阶孔两个半圆柱的轴线是长度和宽度方向的定位元素，上半圆柱的上端面和下半圆柱的下端面是各自高度方向的定位元素，长度方向的定位元素偏离了组合体长度方向的主要尺寸基准，长度方向的定位尺寸为 32，宽度方向的定位元素与组合体宽度方向的主要尺寸基准重合，该方向无定位尺寸，将固定块上端面作为高度方向的辅助尺寸基准，这样上半圆柱高度方向的定位元素与辅助尺寸基准重合、下半圆柱高度方向的定位元素与主要尺寸基准重合，因此这两个半圆柱高度方向也无定位尺寸，上半圆柱的定形尺寸为 R16、16，下半圆柱的定形尺寸为 R10(圆柱高度尺寸因几何约束而被隐含)；台阶孔两个四棱柱的右端面是长度方向的定位元素，前后对称平面是宽度方向的定位元素，高度方向定位元素与两个半圆柱一样，因这些定位元素与组合体三个方向的主要尺寸基准、辅助尺寸基准分别重合，故两个四棱柱无定位尺寸，由于相切、切割平齐等几何约束的存在，这两个四棱柱的定形尺寸被隐含而不标。

(4) 标注组合体的总体尺寸。

组合体的尺寸标注要体现总长、总宽和总高三个总体尺寸，但这并不意味着要强行标注。若某方向总体尺寸和已标基本体的定形尺寸相等或特殊情况下可由已标尺寸相加得到，这时不需标注总体尺寸，否则需要去掉某个尺寸而注出总体尺寸。例如，当组合体的端部为有同心孔的回转面时，为保证零件装配时的精度，孔的定位尺寸必须标注，而回转面的定形尺寸不可缺少，故该方向的总体尺寸一般不标注，但当组合体的端部为平面时，则必须去掉一个基本体在该方向的定形尺寸而标注组合体该方向的总体尺寸。

图 5-12 中，轴承座的总长尺寸与底板带圆角四棱柱长度方向的定形尺寸 120 相同，不能再标；总宽尺寸与底板带圆角四棱柱宽度方向的定形尺寸 75 相同，也不能再标；总高尺寸由圆筒定位尺寸 80 和圆筒外圆柱直径的一半相加得到，即为 110，但该尺寸不能标注，否则会成为多余尺寸。

图 5-13 中，固定块的总长尺寸与外轮廓包络四棱柱长度方向的定形尺寸 155 相同，不能再标；总宽尺寸与外轮廓包络四棱柱宽度方向的定形尺寸 85 相同，也不能再标；总高尺寸与外轮廓包络四棱柱高度方向的定形尺寸 52 相同，也不能再标。

(5) 检查尺寸标注，必要时进行修改。

主要检查是否有遗漏的尺寸和多标的尺寸，若存在这些问题，就需要调整修改。

八、标注尺寸应注意的问题

(1) 为了便于对照和查找，长度方向尺寸尽量标在主、俯视图之间，高度方向尺寸尽量标在主、左视图之间，宽度方向尺寸尽量标在俯、左视图之间，如图 5-11 中的 15、17、27 等。

(2) 尺寸应尽量标在粗实线上，细虚线上尽量不标；半径 R 尺寸一定要标在反映圆弧的视图上，如图 5-11 中的 $R14$、$R7$、$R5$ 等；直径 ϕ 尺寸最好标在外形轮廓线上(如图5-17 所示)。

(3) 尺寸不要标注成封闭形式，正确标注形式如图 5-14(a)所示。如果如图 5-14(b)标出尺寸 e，则成为封闭形式，这种注法是错误的，因为要同时满足四个尺寸，加工难以达到。

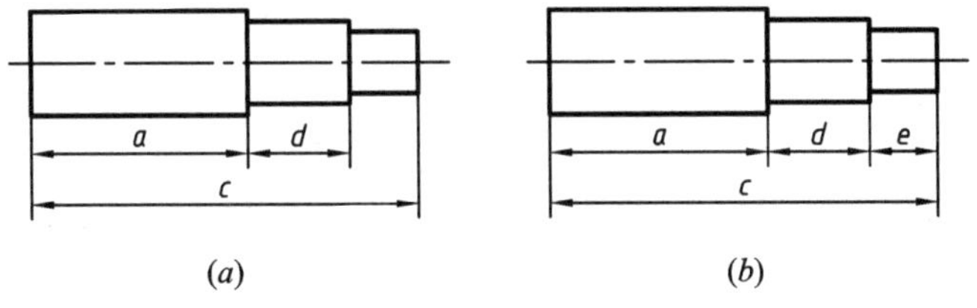

图 5-14　不要注成封闭形式

(a) 正确；(b) 不正确

(4) 截交线、相贯线上不允许标注尺寸。如图 5-15 中，带“×”的尺寸不应注出。

图 5-16 和图 5-17 给出两例组合体的尺寸注法，每例中一个注法较好，另一个注法不好，读者可自己对比分析。

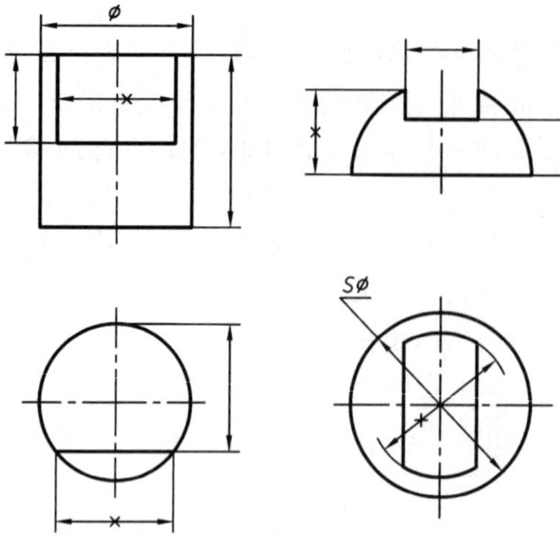

图 5-15　截交线、相贯线上不注尺寸

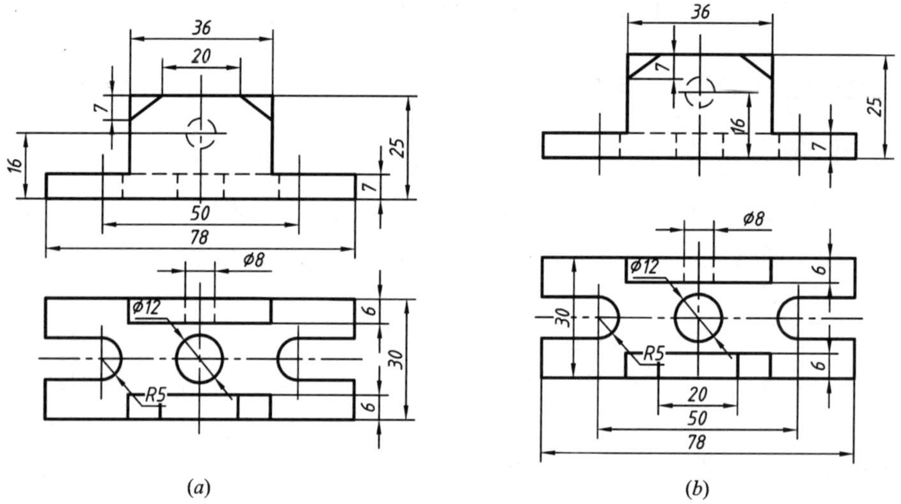

图 5-16　组合体尺寸注法比较(一)
(*a*) 好；(*b*) 不好

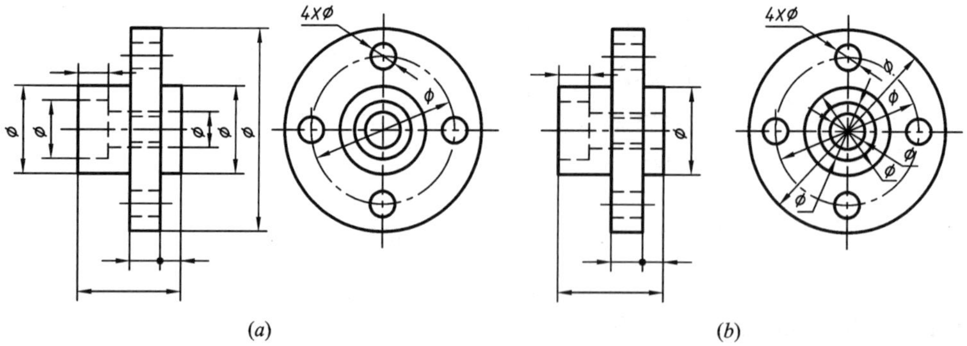

图 5-17　组合体尺寸注法比较(二)
(*a*) 好；(*b*) 不好

5.4 读组合体的视图

根据组合体的视图，想象出它的空间形状，这就是读图。读图时通常以形体分析法为主，只是在遇到组合体某些部分投影关系比较复杂时，才用线面分析法。所谓线面分析法就是利用线、面投影特性，弄清视图中线条、线框所代表的线、面空间形状和位置的一种分析方法。

让我们来观察一下图 5－18 所示的两组视图。图 5－18(*a*)中的主视图相同，结合俯视图来看，它们分别是梯形薄板、四棱锥台和圆锥台；而图 5－18(*b*)中的俯视图完全一样，但结合主视图分析，它们分别表示不同切割方式的物体。由此可见，仅凭一个视图是不能确定空间物体的形状的，必须将多个视图结合起来想象才能正确判定。在读图的时候先抓住反映形体特征的视图，即特征视图(通常主视图就是特征视图，但有时位置特征明显的其他视图也作为特征视图)，从这个视图开始，把其余两个视图联系起来，即按“长对正、高平齐、宽相等”的投影规律找出它们之间的对应关系，再想象出立体形状。

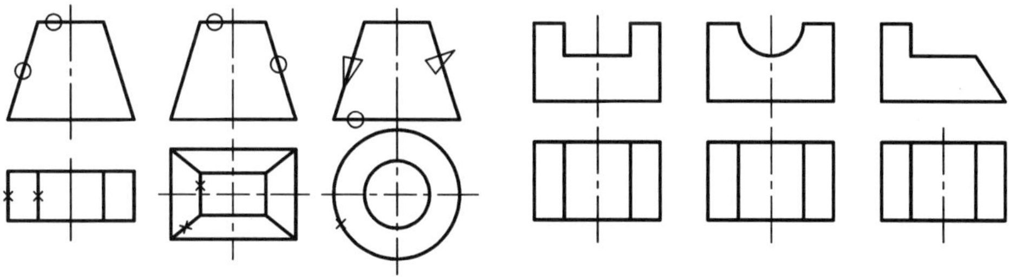

(*a*) (*b*)

图 5－18 一个视图不能确定物体的形状
(*a*) 主视图相同；(*b*) 俯视图相同

一、视图中线条、线框的含义

1. 视图中线条的含义

仔细分析视图中任意一条线(直线段、曲线)，其含义不外乎是：

(1) 两个面的交线(包括截交线、相贯线)的投影，如图 5－18(*a*)中带“×”者。

(2) 具有积聚性的面(平面或曲面)的投影，如图 5－18(*a*)中带“○”者。

(3) 回转体的转向线的投影，如图 5－18(*a*)中带“△”者。

2. 线框的含义

不管一个封闭线框(包括纯直线段构成的封闭线框、纯曲线构成的封闭线框和由直线段和曲线段构成的封闭线段)的图形有多么复杂，它只能表示空间一个表面(平面、曲面、平面与相切曲面的组合表面、曲面与相切曲面的组合表面)的投影。读者可结合图 5－18 中任一封闭线框自行分析。此外，视图中某些封闭线框还表示基本体的投影，这点对用形体分析法读图很重要。

二、形体分析法读图

读图和画图是相辅相成的过程，既然画图时我们用形体分析法画图，读图时自然也可以用形体分析法来读图。用形体分析法读图就是根据各种基本体的投影特点，在视图中用"分线框、对投影、想立体"的方法，确定视图中各线框所表示的基本体形状，最后合成想象出组合体的整体形状。

[**例 5-1**]　读懂支架三视图，如图 5-19 所示。

解　支架分成主体的外部结构和细节的内部结构两部分。

先看主体的外部结构。粗实线表示外部可见轮廓线，由主视图特征视图看到两个明显的封闭线框，对应到俯视图上，可以判断它由前、中、后三部分组成，前部是带圆角的四棱柱，中间对应主视图上的细虚线圆是圆柱。那么，后部是什么形体呢？结合左视图由高平齐得知，后部是一块带圆角的"T"形板，只是它的下部和前方四棱柱的下部完全一样，所以正面投影重影在一起，如图 5-20 所示。

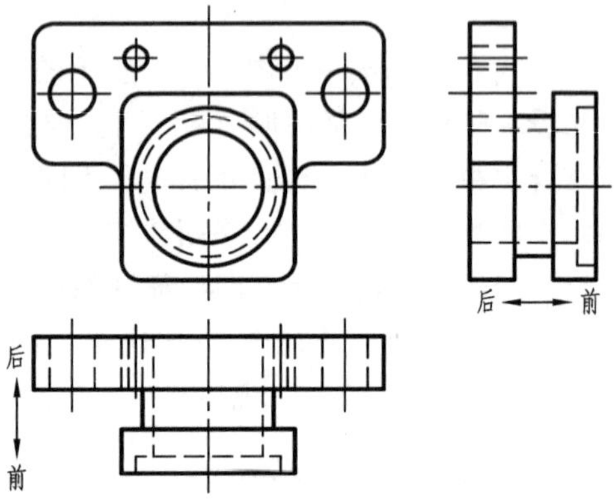

图 5-19　支架三视图

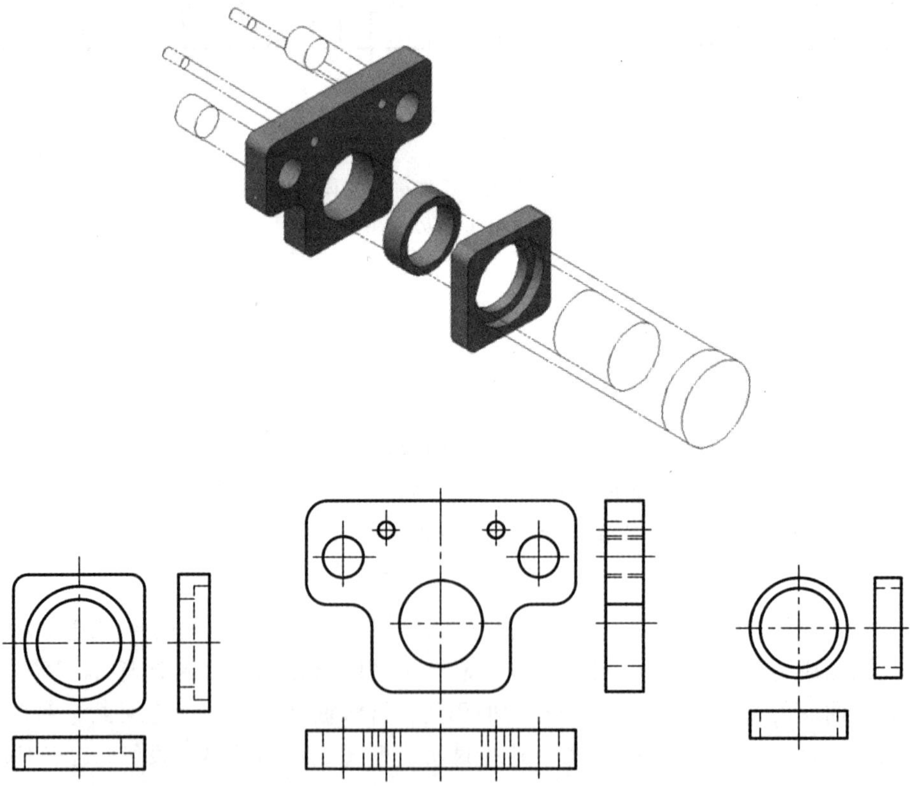

图 5-20　形体分析法读图

再看细节的内部结构。细虚线表示不可见轮廓线，由俯视图最前方的细虚线对应到主视图上两粗实线圆，可以判断四棱柱上有一个台阶孔，大孔深度只有四棱柱板厚的一半左右，而较小的孔在宽度方向上贯穿到最后方。“T”形板上另有两对直径不同的小孔穿通“T”形板。所有这些判断均从左视图的投影中得到了验证。

将以上几部分合成，在脑子里形成了整个组合体的空间形状，必要时可以画出它的正等轴测图，如图 5-21 所示。

图 5-21 支架轴测图

三、线面分析法辅助读图

对于具有切割形成复杂表面的组合体，在形体分析法基础上，再结合线面分析法能使读图变得容易些。

［**例 5-2**］ 读懂定位块三视图，如图 5-22 所示。

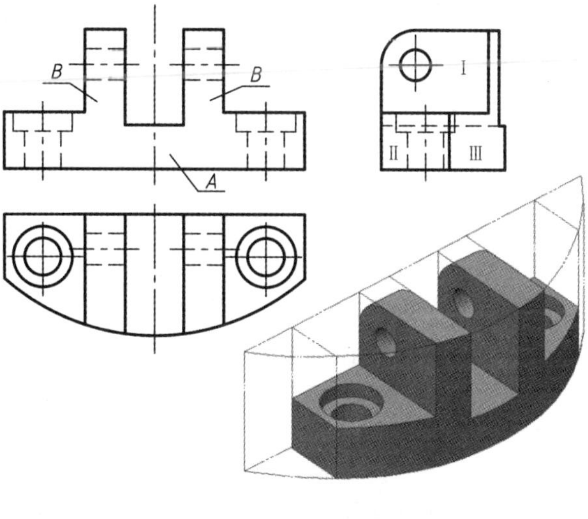

图 5-22 定位块三视图

解 由主视图可以看出，整个图形是一个粗实线线框，且左右对称。在俯视图上找到对应的线段，可知该部分还原后是部分圆柱体(图 5-22 中用细双点画线表示的部分)。在此基础上，中部用两个侧平面和一个水平面开一个通槽(由水平投影得知)，这样在侧面投影上就有轮廓线的退缩现象；左右两端再各用一个侧平面和一个水平面切去一块，这样就形成了由底板 A 和两块支承板 B 组成的组合体的主体形状。整个主视图虽然是一个较复杂的封闭线框，但它仍然只是一个部分圆柱面的正面投影，如图 5-23 所示。

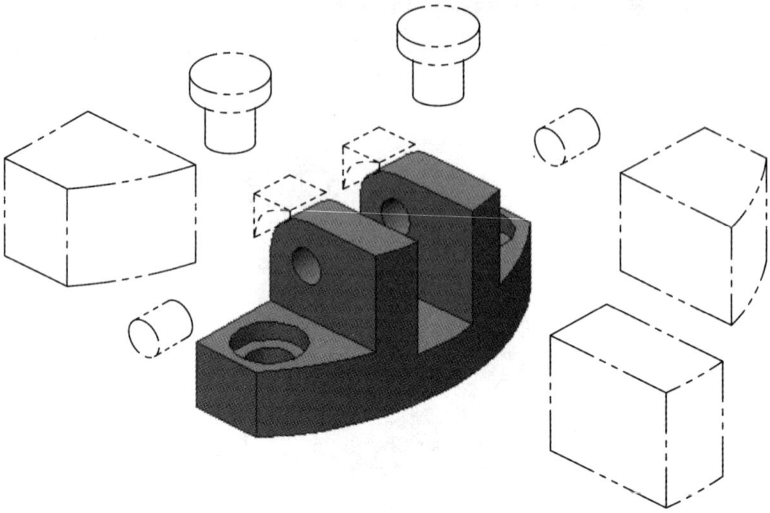

图 5-23　定位块的空间形状

细部结构有左右两平台上的台阶孔和支承板上的圆角及两个小孔，读者可自己分析。

我们再来看看左视图，它有明显的三个封闭线框Ⅰ、Ⅱ、Ⅲ。其中，Ⅰ是支承板 B 最左端面的侧面投影(真形)，Ⅱ是定位块最左端面的侧面投影(真形)，而Ⅲ是左半个圆柱面的侧面投影，它与主视图的对应部分是一个相似形，其中各线段与主视图线均有一一对应关系。

综上所述，可以在脑子里形成该组合体的立体形状，也可画出其正等轴测图，如图 5-23 所示。

四、由已知两视图求作第三视图

由组合体的两视图画出其第三视图是一种读图与画图的综合练习。应该指出，有些组合体完全可以用两个视图来确定其形状，只有在这种情况下，第三视图才会有唯一的答案。由两视图补画第三视图是在读懂组合体视图的基础上进行的。依据给定的两视图，把它的整个形状想清楚，逐个画出其中各基本体的第三投影，并考虑细节部分的投影，最后检查，加深完成。

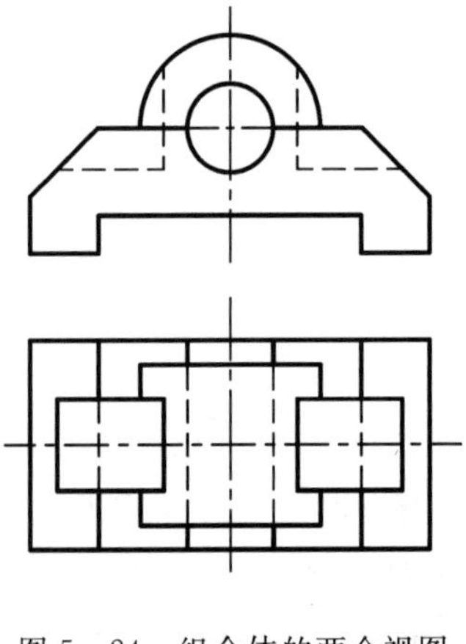

图 5-24　组合体的两个视图

[例 5-3]　读懂图 5-24 所示的两个视图，并补画第三视图。

解　由已知视图可见，该组合体左右对称，前后也对称。将主视图分成两个线框 1′和 2′，找出这两个线框在俯视图上的对应投影 1 和 2，可以看出组合体的下座是一个四棱柱左右各切去一角并在底部开一个通槽(注意，水平投影有一小段细虚线与粗实线重合)，上部是一个半圆柱，在此基础上又在宽度方向上挖一个圆柱通孔，如图 5 - 25(*a*)所示。把这部分形体的侧面投影先画出来。

再观察，俯视图上线框 3 和线段 4 对应主视图上两条细虚线。分析可知，它是用两个正平面、一个水平面、一个侧平面切去一小块，其中水平截切平面的正面投影积聚为 3′，4 和 4′分别是侧平截切平面的水平投影和正面投影，如图 5 - 25(*b*)所示。侧面投影中，水平面及两个正平面均积聚为一条直线，且与侧平面的侧面投影重合，完整的左视图如图5 - 25(*c*)所示。

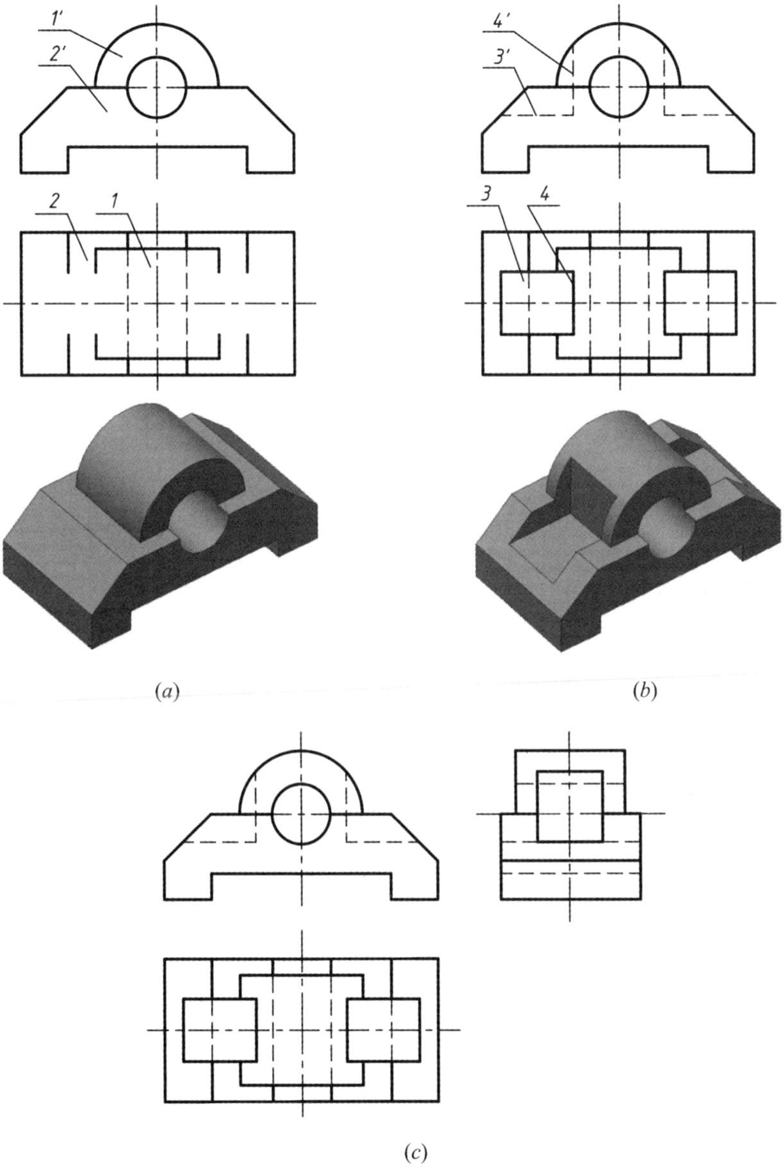

图 5 - 25　补图分析过程

06 第6章 轴 测 图

按照正投影法绘制的多面视图能够正确地表达物体的形状和大小，度量性好，而且作图方便，所以在工程中被广泛采用，但是它的直观性差，不经过专门学习不容易看懂。轴测图能在一个投影面的投影中同时反映物体不同侧面的形状，接近人们的视觉习惯，立体感强。通过比较图 6-1(*a*)与(*b*)，可以清楚地看到轴测图的这种优点，因而轴测图常被用作辅助图样。在新产品设计中画出轴测图可以帮助构思零部件的形状，在产品说明书与科技书刊中常用轴测图作直观图示，在电子工业中也可以用轴测图作为表达机壳、机架等零件的正式图样。

轴测图的缺点是度量性差，作图比较复杂。

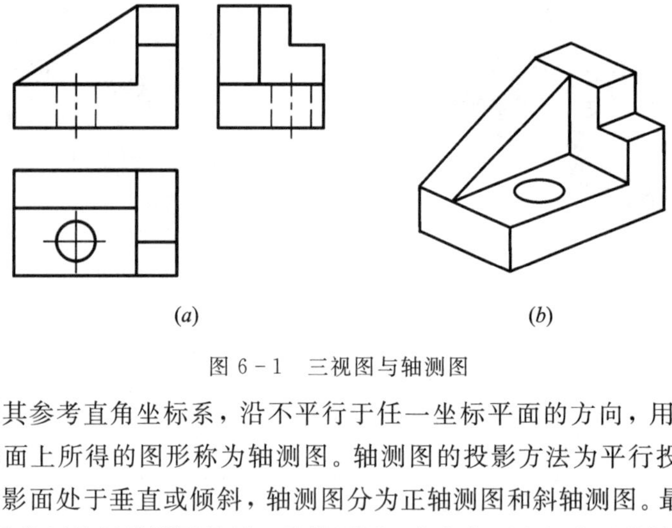

(*a*) (*b*)

图 6-1 三视图与轴测图

将物体连同其参考直角坐标系，沿不平行于任一坐标平面的方向，用平行投影法将其投射在单一投影面上所得的图形称为轴测图。轴测图的投影方法为平行投影法。按轴测投影方向与轴测投影面处于垂直或倾斜，轴测图分为正轴测图和斜轴测图。最常用的正轴测图是正等轴测图，最常用的斜轴测图是斜二等轴测图。本章主要介绍这两种轴测图的画法。

6.1 正等轴测图

一、正等轴测投影法

1. 基本概念

正等轴测图也称正等测图。它与正投影图一样，采用的都是正投影法，即投射线垂直于投影面。但是，正等轴测图只使用一个投影面，这个投影面称为轴测投影面，它与反映物体长、宽、高的空间直角坐标轴 X、Y、Z 的夹角都相等，都是 35°16′。物体连同其直角坐标系按正投影法一起投射到这个轴测投影面上，得到的投影称为正等轴测图，如图 6-2 所示。

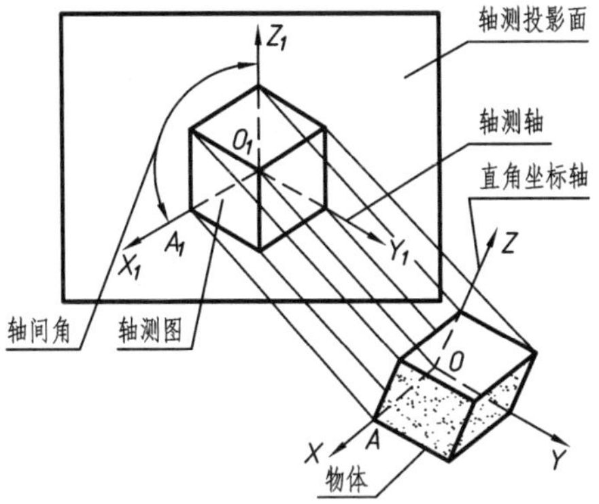

图 6-2　物体向轴测投影面上投影

2. 轴测轴与轴间角

X_1、Y_1、Z_1 是直角坐标轴 X、Y、Z 的投影，称为轴测轴。轴测轴之间的夹角称为轴间角。

正等轴测图中轴测轴 Z_1 取为直立方向。由于 X、Y、Z 轴与轴测投影面的夹角都相等，所以各轴间角都是 120°，如图 6-3 所示。

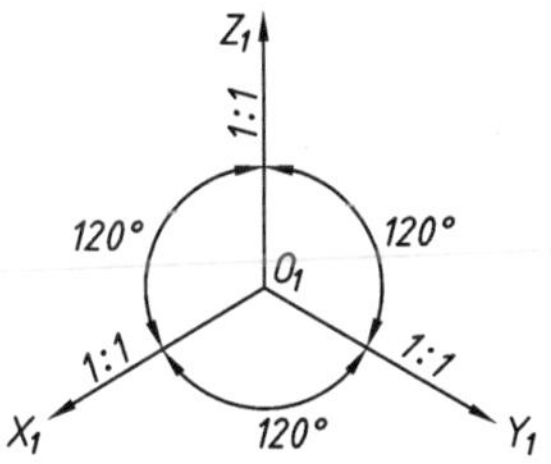

图 6-3　正等轴测图的轴间角

3. 轴向伸缩系数

轴测轴上线段与直角坐标轴上对应线段之比称为轴向伸缩系数。在正等轴测图中，X 轴向伸缩系数 $p = O_1A_1/OA = \cos 35°16' = 0.82$，$Y$ 及 Z 轴向伸缩系数也为 0.82。为了画图方便，沿 X、Y、Z 轴方向上量得的尺寸都以 1∶1 的比例画到 X_1、Y_1、Z_1 轴方向上去，即这三个简化轴向伸缩系数都取为 1。这样画出的正等轴测图，长、宽、高三个方向的尺寸都是真实投影的 1.22 倍。

必须注意，画轴测图一定要沿 X、Y、Z 三个方向测量尺寸，轴测图的"轴测"两字由此而来。同时还要注意，物体上平行于某一坐标轴的直线，它的轴测投影也平行于该轴测轴。

二、平面立体正等轴测图的画法

以正六棱柱为例，画平面立体的正等轴测图步骤如下：

(1) 在正六棱柱体顶面中心建立直角坐标系，如图 6-4(*a*)所示。

(2) 画轴测图中顶面正六边形，如图 6-4(*b*)所示。

① 画轴测轴系 $O_1X_1Y_1Z_1$。

② 在 X_1 轴上取 $O_1A_1=oa$，$O_1D_1=od$。

③ 在 Y_1 轴上取 O_1 Ⅰ $=o1$，O_1 Ⅱ $=o2$。

④ 过Ⅰ、Ⅱ分别作直线 $B_1C_1 \parallel O_1X_1$，$E_1F_1 \parallel O_1X_1$，取Ⅰ$B_1=$Ⅰ$C_1=$Ⅱ$E_1=$Ⅱ$F_1=1b$。

(3) 过 F_1、A_1、B_1、C_1 作正六棱柱的棱线，它们都平行于 Z_1 轴且长度等于 H，连接底面可见边的轮廓线，如图 6-4(*c*)所示。在轴测图中，不可见部分一般省略不画。

(4) 擦去多余图线并加深，如图 6-4(*d*)所示。

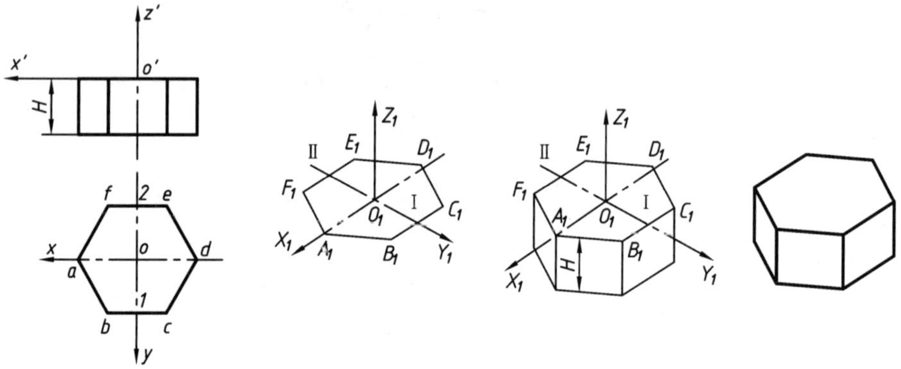

(*a*) (*b*) (*c*) (*d*)

图 6-4 正六棱柱正等轴测图的画法

三、回转体的正等轴测图的画法

1. 圆的正等轴测图的画法

在画圆柱、圆锥等回转体的轴测图时，关键是解决圆的轴测投影画法。图 6-5 表示一个正立方体在正面、顶面和左侧面上分别画有内切圆的正等轴测图。由图可见，每个正方形都变成了菱形，而内切圆变为椭圆并与菱形相切，切点仍在各边的中点。由此可见，平

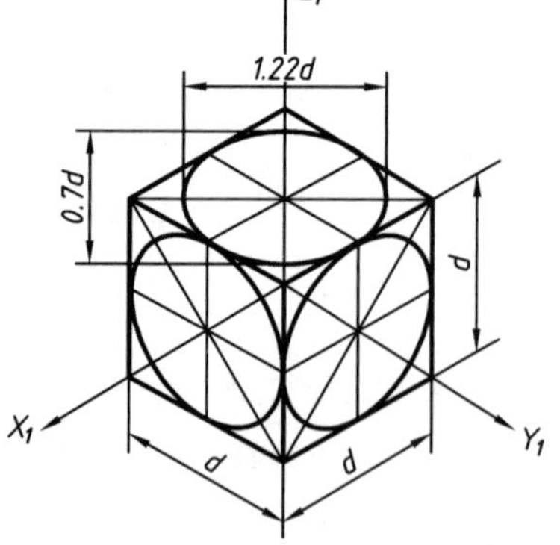

图 6-5 平行于坐标面的圆的正等轴测图

行于坐标面的圆的正等轴测图都是椭圆，椭圆的短轴方向与相应菱形的短对角线重合，即与相应的轴测轴方向一致，该轴测轴就是垂直于圆所在平面的坐标轴的投影，长轴则与短轴相互垂直。如水平圆的投影椭圆的短轴与 Z_1 轴方向一致，而长轴则垂直于短轴。

下面以直径为 d 的水平圆为例，说明投影椭圆的近似画法——菱形法。

(1) 画轴测轴 O_1X_1 与 O_1Y_1，在两轴上分别取 $O_1A_1=O_1B_1=O_1E_1=O_1F_1=d/2$，如图 6-6($a$)所示。

(2) 过 A_1、B_1 各作 Y_1 轴的平行线，过 E_1、F_1 各作 X_1 轴的平行线，得到菱形的四个交点 1、3、C_1 和 D_1，如图 6-6(b)所示。

(3) 连接 $1E_1$ 和 $3F_1$，分别与 C_1D_1 交于 2、4 两点，如图 6-6(c)所示。

(4) 分别以 1、3 为圆心，以 $1E_1$ 为半径画大圆弧 $\overset{\frown}{E_1B_1}$ 和 $\overset{\frown}{A_1F_1}$，再分别以 2、4 为圆心，以 $2A_1$ 为半径画小圆弧 $\overset{\frown}{A_1E_1}$ 和 $\overset{\frown}{B_1F_1}$。四段圆弧光滑组成近似椭圆，如图 6-6(d)所示。

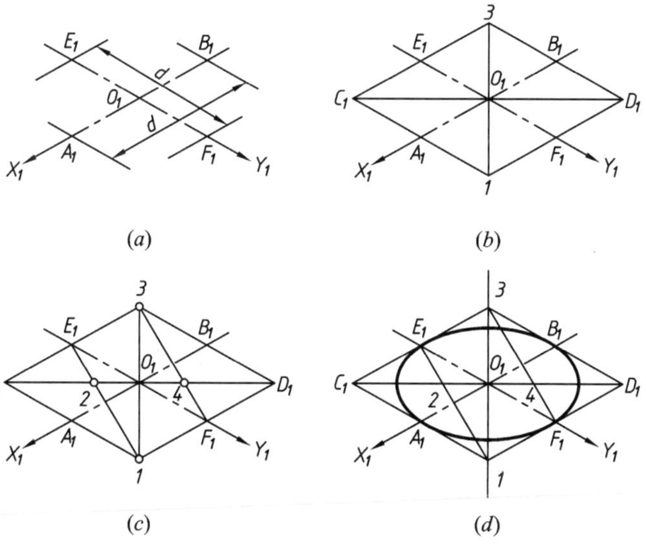

图 6-6　椭圆的近似画法

以上是水平圆的正等轴测图的画法。正平圆及侧平圆的正等轴测图的画法与此类似，如图 6-7(a)、(b)所示。

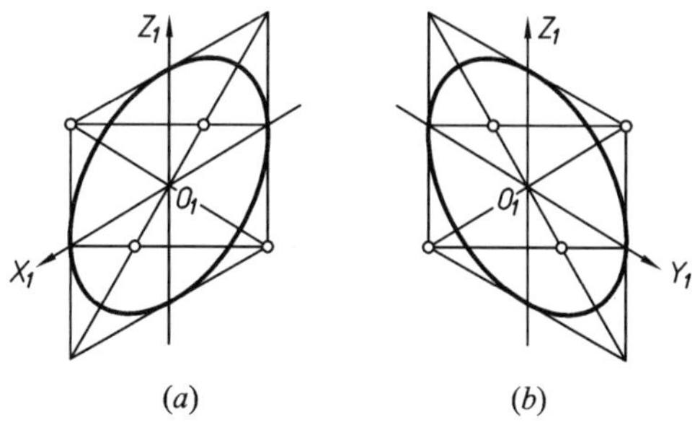

图 6-7　正平圆与侧平圆正等轴测图的画法

2. 圆柱体的正等轴测图的画法

画出图 6-8(*a*)所示圆柱体的正等轴测图，其作图步骤如下：

(1) 用近似画法画出圆柱顶面及底面的正等轴测图，如图 6-8(*b*)所示。

(2) 作两近似椭圆的公切线，如图 6-8(*c*)所示。

(3) 擦去多余线条并加深，如图 6-8(*d*)所示。

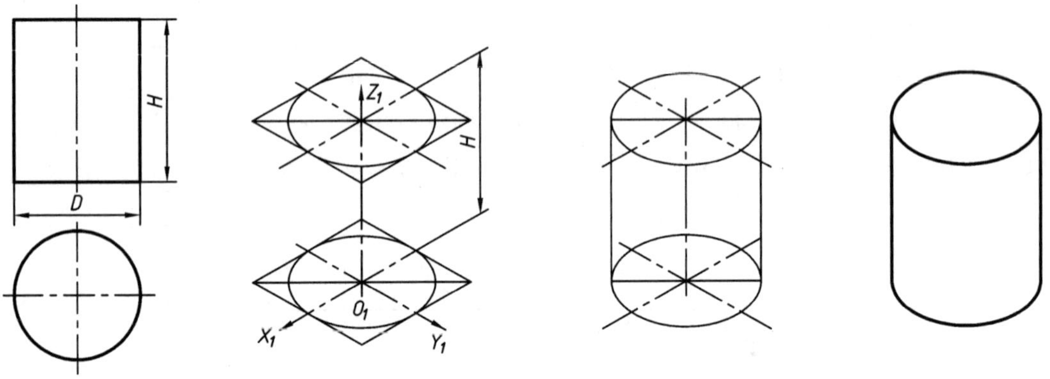

(*a*)　(*b*)　(*c*)　(*d*)

图 6-8　圆柱体正等轴测图的画法

(*a*) 视图；(*b*) 画轴测轴，定上、下底中心，画上、下底椭圆；(*c*) 作出两边轮廓线(注意切点)；(*d*) 完成后的图

3. 圆锥台的正等轴测图的画法

图 6-9 表示了圆锥台正等轴测图的画图方法和步骤。

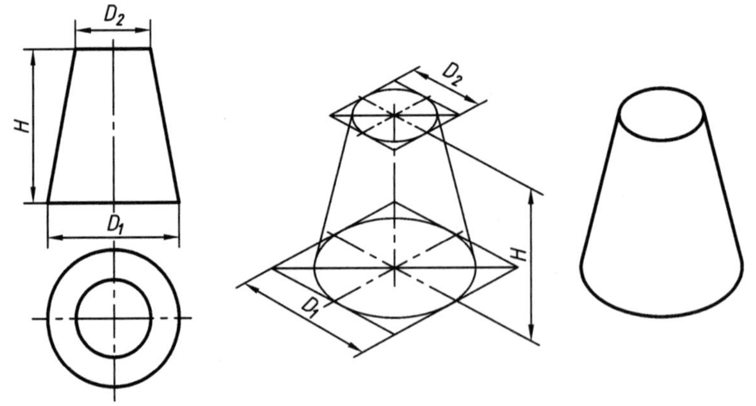

(*a*)　(*b*)　(*c*)

图 6-9　圆锥台正等轴测图的画法

(*a*) 视图；(*b*) 画出椭圆后，画它们的公切线；(*c*) 完成后的图

4. 圆球的正等轴测图的画法

圆球的正等轴测图是圆。当采用简化轴向伸缩系数作图时，这个圆的直径等于球的直径的 1.22 倍。为了使球的正等轴测图立体感较强，可把以球心为原点的三个坐标面与球面的截交线的轴测投影画出来，并假想切去球的 1/8，如图 6－10 所示。

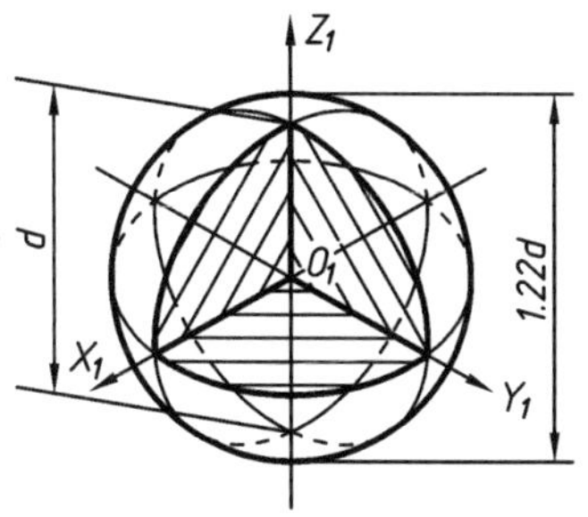

图 6－10　圆球的正等轴测图的画法(d 为球的直径)

5. 圆角的正等轴测图的画法

图 6－11 所示平板，其顶面两圆角正等轴测图的画法(从图 6－6 所示椭圆的画法得到)如下：

(1) 根据正投影图中的圆角半径 R，找到切点 a、b、c、d，如图 6－11(a)所示。

(2) 在轴测图中定出切点 A_1、B_1、C_1 和 D_1，过四个切点分别作棱边的垂线，得到垂线的交点 O_1、O_2。分别以 O_1 及 O_2 为圆心，以 O_1A_1 及 O_2C_1 为半径画圆弧，如图 6－11(b)所示。底面两圆角的画法与顶面的相同。

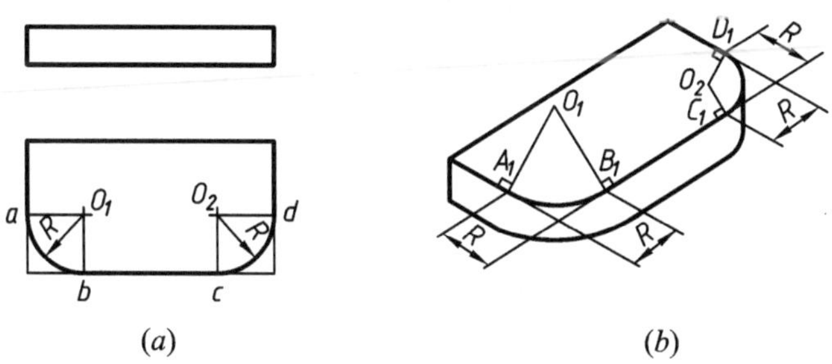

图 6－11　圆角正等轴测图的画法

四、组合体正等轴测图的画法

以支架零件为例，说明组合体正等轴测图的画法。

首先根据支架的三面视图，对该组合体进行形体分析，明确支架是由底板、竖板和肋板组合而成的，然后按组合形体依次画图。圆孔、圆角一般先不考虑，待主要形体完成后，再逐步加画。作图方法及步骤如图 6－12 所示。

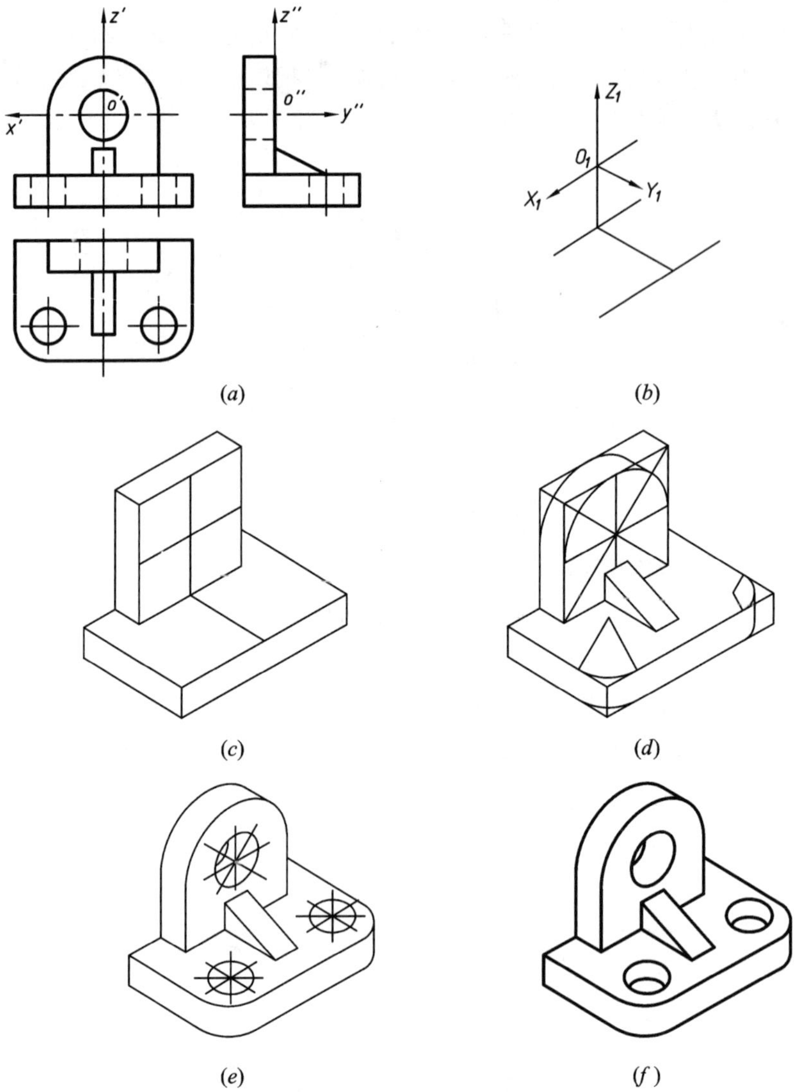

图 6-12 支架的正等轴测图的画法

(a) 在正投影图上选定坐标轴；(b) 画出轴测轴，定出底板、竖板位置；(c) 画竖板、底板主要轮廓；(d) 画肋板和圆角；(e) 画圆孔；(f) 擦去作图线、加深

6.2 斜二等轴测图

一、斜二等轴测投影法

斜二等轴测图是采用斜投影法，在一定投射方向下，把物体连同其空间直角坐标轴投射到与正立坐标面相平行的投影面上而得到的轴测图，如图 6-13 所示。斜二等轴测图也称为斜二测图。

斜二等轴测图的一轴测轴 Z_1 处于直立位置，轴间角 $\angle X_1O_1Z_1=90°$，$\angle X_1O_1Y_1=\angle Y_1O_1Z_1=135°$，$O_1X_1 /\!/ OX$，$O_1Z_1 /\!/ OZ$。由于轴测投影面平行于正立投影面，所以不仅 X 与 Z 轴向伸缩系数都是 1，而且物体上平行于正立坐标面的图形在斜二等轴测图上为实形。Y 轴向伸缩系数为 0.5，即比例为 1∶2，如图 6-14 所示。

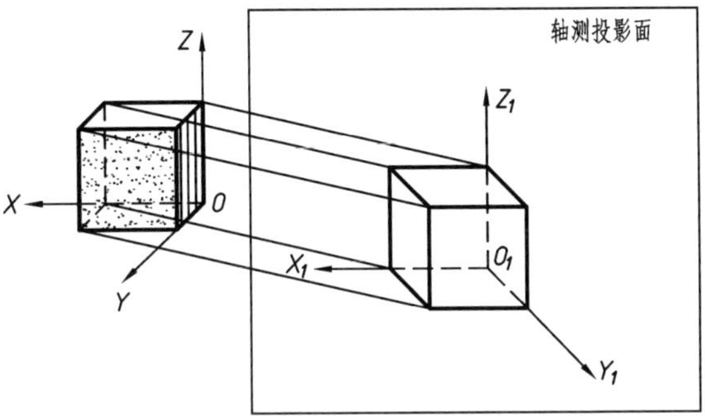

图 6-13 斜二等轴测投影的形成

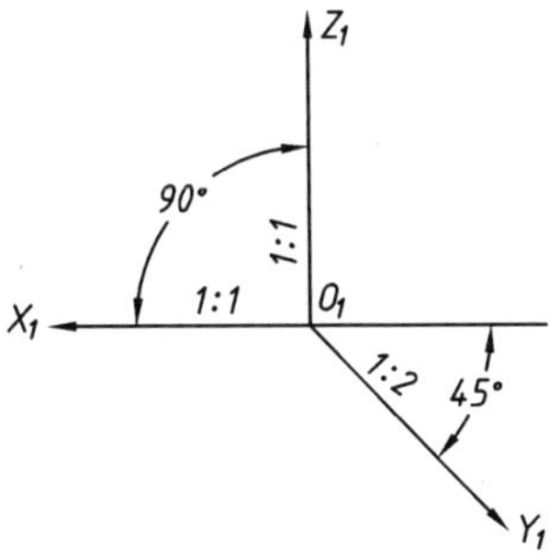

图 6-14 斜二等轴测图的轴间角和轴向伸缩系数

二、组合体斜二等轴测图的画法

斜二等轴测图最适合于表达在一个方向上形状复杂的物体，特别是在一个方向上圆孔较多的物体。下面以压盖零件为例，说明组合体斜二等轴测图的画法。

(1) 进行形体分析，建立坐标轴，如图 6-15(a)所示。

(2) 画出轴测轴，确定各圆心的位置，如图 6-15(b)所示。

(3) 画出各形体的斜二等轴测图，如图 6-15(c)所示。

(4) 擦去多余图线并加深，如图 6-15(d)所示。

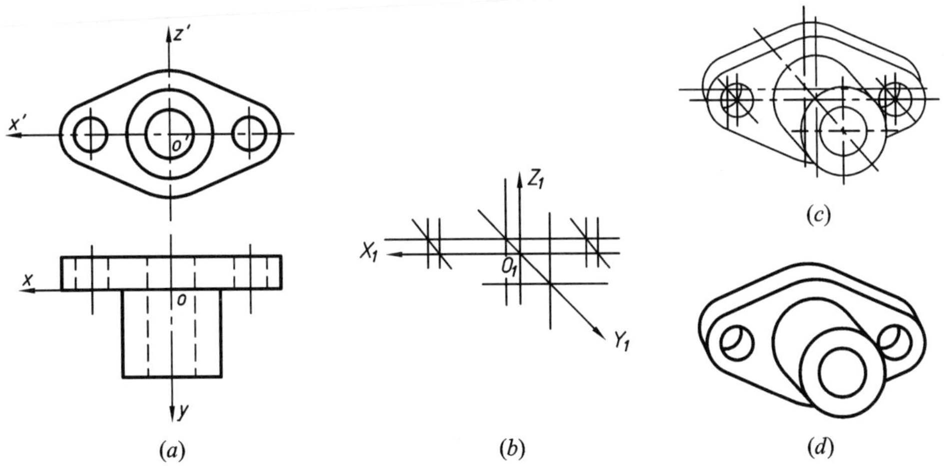

图 6-15 压盖的斜二等轴测图

6.3 轴测图的剖切画法

为了更清楚地在轴测图上表达物体的内部形状，可以假想用剖切平面将物体剖开，画出轴测剖视图。为了尽量减少在表达物体外形方面的损失，使轴测图的直观性更好，一般用两个互相垂直的平面来剖切，剖切平面应平行于坐标面，并且通过被剖切孔、槽的轴线，如图 6-16 及图 6-17 所示。

画轴测剖视图有两种方法(以正等轴测图为例)：

(1) 先画物体外形，再画剖面和内部结构形状，如图 6-16 所示。

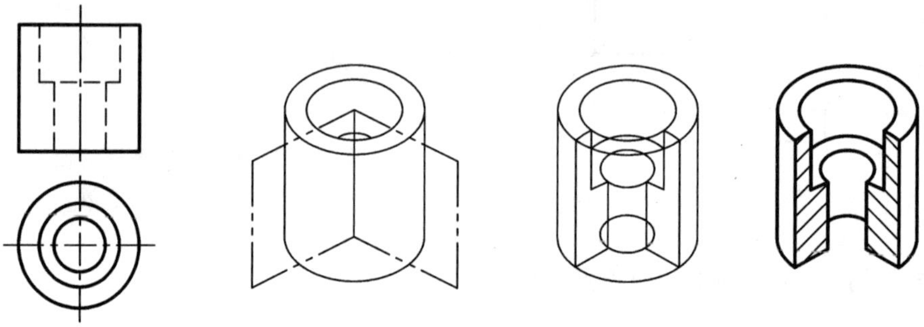

(a) (b) (c) (d)

图 6-16 中空圆柱体正等轴测剖视图画法

(2) 先画剖面，再画物体内外可见轮廓和结构，如图 6-17 所示。

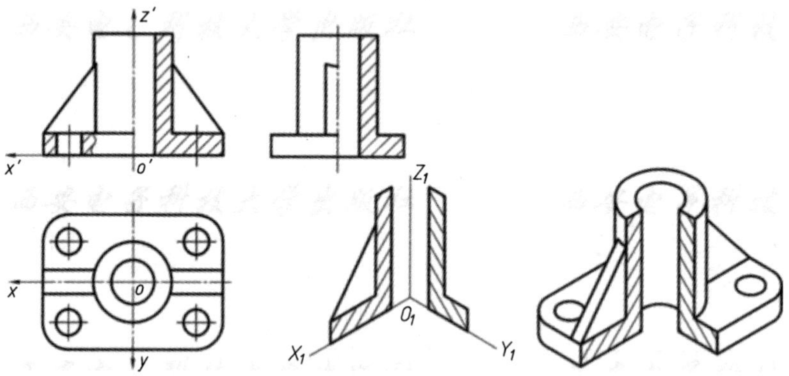

(a) (b) (c)

图 6-17 先剖后画的正等轴测剖视图

后一种方法对初学者来说比较难，但可省画一些要擦去的图线，有利于提高作图速度和保持图面整洁。

对于剖切到的剖面，一般要用细实线画出剖面线，剖面线的方向如图 6-18 所示。但当剖切平面沿肋板和薄壁的纵向平面剖切时，肋板与薄壁不画剖面线，肋板与其他形体之间仍用粗实线分界，如图 6-17 所示。当剖切平面沿肋板和薄壁的横向平面剖切时，仍应画出剖面线。

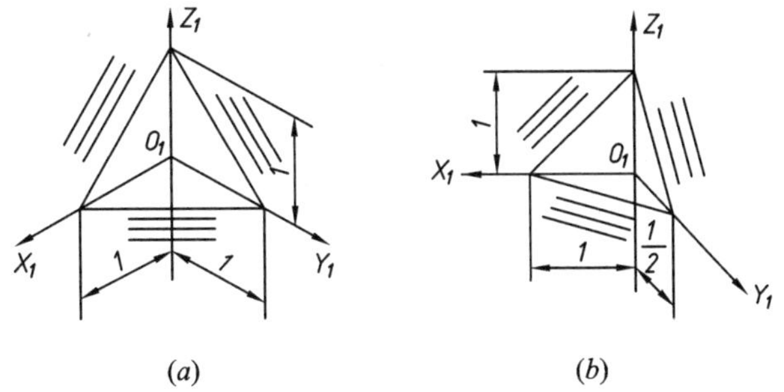

图 6－18　正等轴测图和斜二等轴测图中剖面线的方向

6.4 轴测图上交线的画法

一、截交线的画法

平面与曲面立体表面的截交线，可利用平行弦法作图。图 6－19 表示顶尖切口正等轴测图的画法，步骤如下：

(1) 在俯视图截交线投影上，作若干平行于 Y 轴的弦，如图 6－19(a)所示。

(2) 画出顶尖轮廓后，先画圆柱部分切口交线，如图 6－19(b)所示。

(3) 根据弦与弦的间隔及每根弦的长度画出各条弦，并且画出截交线顶点的轴测投影，依次连接各弦端点及截交线顶点的投影成光滑曲线，如图 6－19(c)所示。

(4) 擦去作图线并加深，如图 6－19(d)所示。

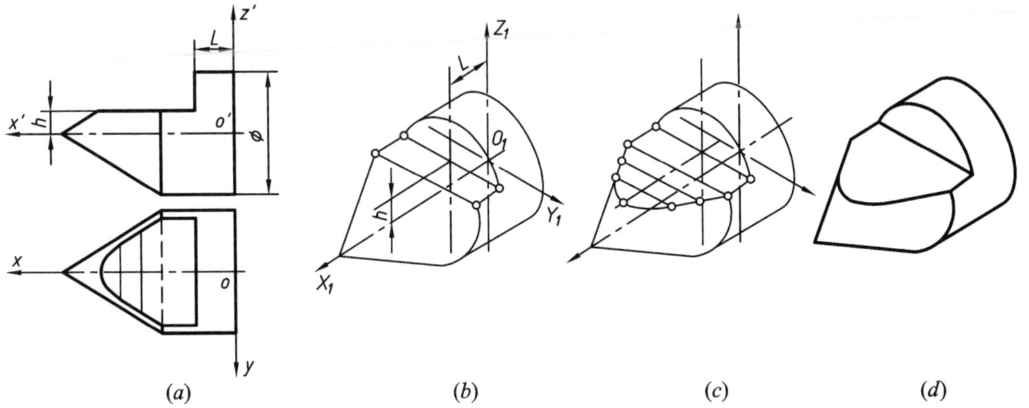

图 6－19　顶尖切口正等轴测图的画法

二、相贯线的画法

图 6－20 表示两正交圆柱体相贯线的正等轴测图的画法，所用的方法是坐标法，即根据视图中表达的相贯线上 K 点的坐标，画出该点的正等轴测投影 K_1。这样，求出相贯线

上若干点的轴测投影，再光滑地连接成曲线，就得到了相贯线的正等轴测图。

必须指出，对于零件表面的交线(包括截交线与相贯线)，通常在轴测图上只需画出其可见部分的投影，不可见的线条省略不画。

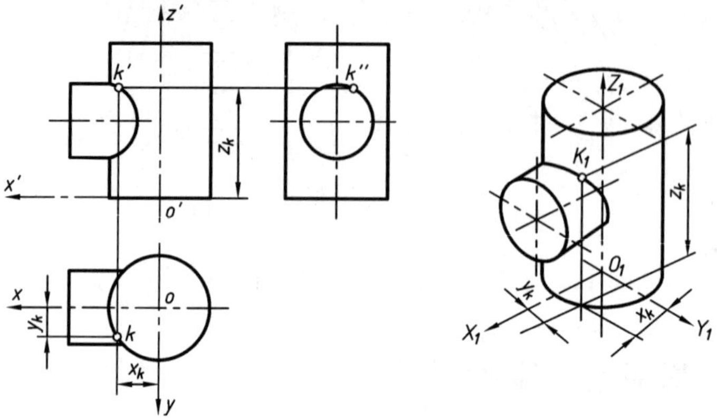

图 6-20　两正交圆柱体相贯线的正等轴测图的画法

07 第 7 章　机件的各种表达方法

前面所讨论的正投影的三面视图是学习工程制图的主要基础知识，但由于机件(机器或部件中的零件，简称机件)结构形状千差万别，因而仅用三面视图表达机件是不够的。为了正确、简练、完整而清晰地表达不同结构形状的机件，国家标准《机械制图》图样画法(GB/T 4458.1—2002、GB/T 4458.6—2002)规定了一系列的表达方法，本章分别介绍其中的主要内容。

7.1　视　图

用正投影法绘制出的物体的图形称为视图。视图主要用来表达机件的外部形状，一般只画出机件的可见部分，必要时才画出其不可见部分。

图样画法规定的视图有：基本视图、向视图、局部视图和斜视图。

一、基本视图

对于形状较为复杂的机件，仅用主、俯、左三个视图是不够的，因此图样画法规定用正六面体的六个面作为基本投影面，把机件放置在六面体内。机件分别向六个基本投影面投射所得的视图称为基本视图。机件的六个基本视图是由前向后、由上向下、由左向右投射所得的主视图、俯视图和左视图，以及由右向左、由下向上、由后向前投射所得的右视图、仰视图和后视图。这时机件处于观察者和投影面之间，这就是第一角画法。各基本投影面的展开方法如图 7-1(a)所示，展开后各视图的配置位置如图 7-1(b)所示。

六个基本视图的配置应注意以下两点：

(1) 视图间的投影规律。六个基本视图仍保持“长对正、高平齐、宽相等”的投影规律，如主视图与俯视图和仰视图长对正，与左、右视图和后视图高平齐，左、右视图与俯、仰视图宽相等。

(2) 视图间的方位关系。六个基本视图的配置反映了机件的上下、左右和前后的位置关系，如图 7-1(b)所示。尤其应注意，左、右视图和俯、仰视图靠近主视图的一侧都反映机件的后面，而远离主视图的一侧都反映机件的前面。

六个基本视图在同一张图纸内按图 7-1(b)配置时，一律不标注视图的名称。

在实际应用时，可根据机件的结构形状选用几个必要的基本视图，而不必将机件的六个基本视图全部画出。例如图 7-2 所示的机件，除主视图外，选用了左、右两视图，使机

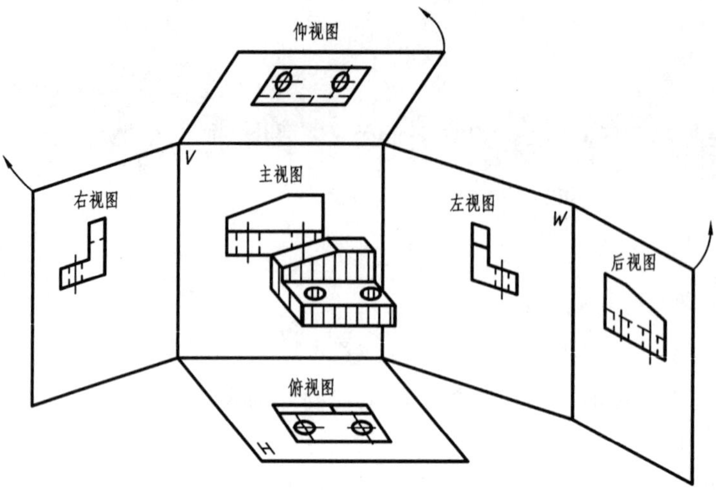

(a)

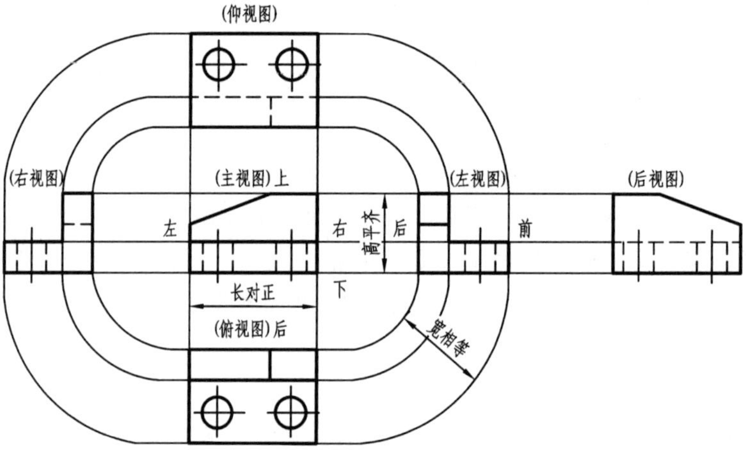

(b)

图 7-1 六个基本视图的展开与配置

件左、右两侧面的形状表示得更为清楚，共选用了三个基本视图。另外，在视图中一般只画机件的可见部分，所以在左、右两视图中省略了一些不必要的细虚线，仅画出必要的细虚线，使图形更加清晰、易读。

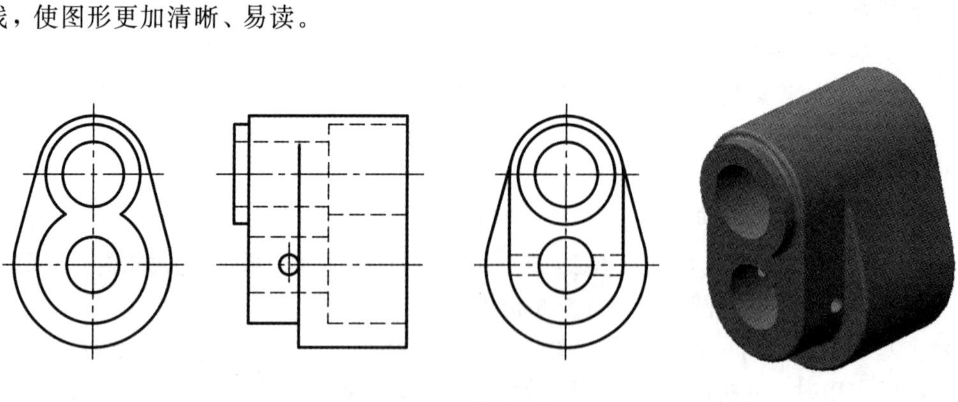

图 7-2 机件的基本视图

二、向视图

当六个基本视图不能按图 7 - 1(*b*)的形式配置时，必须在相应视图的投影部位附近，用箭头指明投射方向并标注字母(大写拉丁字母)，并在对应视图的上方标注相应的字母，这就是向视图。如图 7 - 3 中的 *A* 向视图、*B* 向视图等。

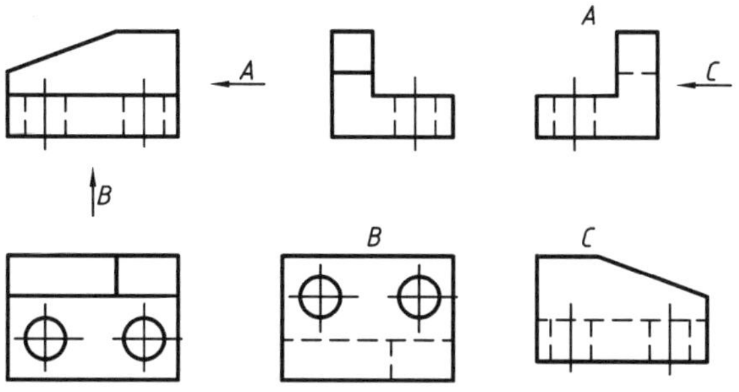

图 7 - 3　向视图配置形式

向视图是可以自由配置的视图。当机件外形复杂时，可采用向视图；有时为了图幅中的视图布置均匀、美观，也采用向视图进行处理，但一般不宜过多采用。

三、局部视图

将机件的某一部分向基本投影面投射所得的视图称为局部视图。在没有必要画出整个基本视图时，可用局部视图来表达机件上的局部形状。例如图 7 - 4 所示机件，采用了一个主视图配合 *A* 向、*B* 向和 *C* 向局部视图，表达机件上两凸缘和一凸台的结构形状，与采用主、俯视图和左、右视图来表达相比，既简洁清晰，又突出重点，便于制图。

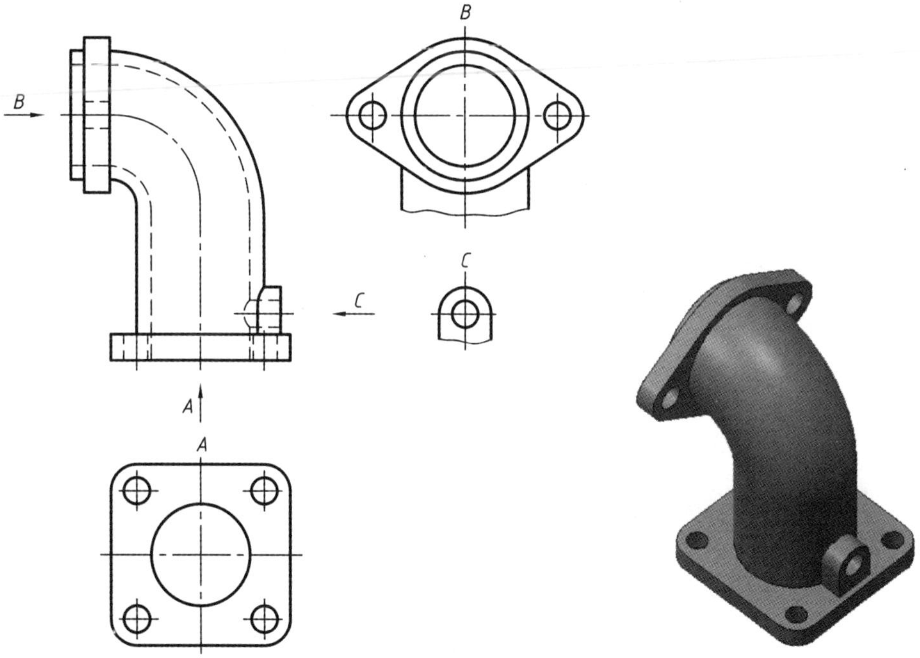

图 7 - 4　局部视图

局部视图的画法和标注方法介绍如下：

(1) 画局部视图时，必须在相应视图的投影部位附近用箭头指明投射方向，并注上字母，再在局部视图上方标出相应的字母，如图 7-4 中的“*A*”、“*B*”局部视图等。但当局部视图按投射关系配置，中间又没有其他图形隔开时，可省略标注，如图 7-4 中的 *B* 向局部视图可省略不标(亦可参见图 7-5 中俯视方向的局部视图)。

(2) 局部视图一般按基本视图形式配置，如图 7-4 中的 *B* 向局部视图；也可以按向视图形式配置在其他适当位置，如图 7-4 中的 *C* 向局部视图等。

(3) 画局部视图时，视图断裂处的边界应以波浪线表示，见图 7-4 中 *B* 向、*C* 向局部视图。当所表示的局部结构是完整的，且外轮廓线又成封闭时，波浪线可省略不画，如图 7-4 中的 *A* 向局部视图。

四、斜视图

将机件向不平行于基本投影面的投影面投射所得的视图称为斜视图，斜视图用来表达机件上倾斜表面的真实形状。例如图 7-5(*a*)所示机件，为了表示该机件倾斜表面的实形，设置一新投影面 P 平行于机件的倾斜表面，且垂直于某一基本投影面(图示情况下为 V 面)，然后以垂直于倾斜表面的方向 A 向 P 面投射，从而得到反映机件倾斜表面实形的斜视图。将各投影面展开后，得到的各个视图配置如图 7-5(*b*)所示。应注意，斜视图与主视图间存在“长对正”关系，而斜视图与俯视图间存在“宽相等”关系。同理，当获得斜视图的投影平面垂直于 H 面时，斜视图与俯视图、主视图间存在“长对正”、“高平齐”的关系，这些关系是画斜视图的依据。

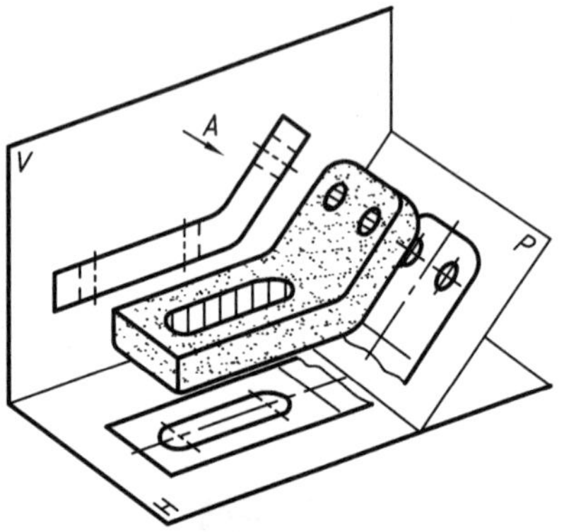

(*a*)

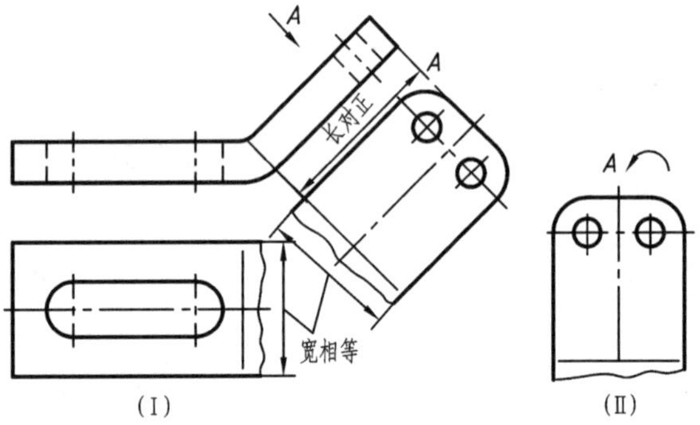

(*b*)

图 7-5　斜视图

斜视图的画法和标注方法如下：

(1) 画斜视图时，必须在相应视图的投射部位附近用箭头指明投射方向，并注上字母，再在斜视图上方标出相应字母，如图 7-5(*b*)中的 *A* 向斜视图(Ⅰ)。

(2) 斜视图一般按向视图形式配置，如图 7-5(*b*)的 *A* 向斜视图(Ⅰ)。必要时允许将斜视图形旋转配置，这时标注形式应为“×”加“旋转符号”或“旋转符号”加“×”，其中“×”为大写拉丁字母，“旋转符号”如图 7-6 所示。旋转符号中，箭头表示旋转方向。在标注时，表示该视图名称的大写拉丁字母应靠近旋转符号的箭头一侧，当需要标注旋转角度时，允许将旋转角度注写在字母后(如 A45°)。一般采用图 7－5(*b*)中斜视图(Ⅱ)的标注形式。

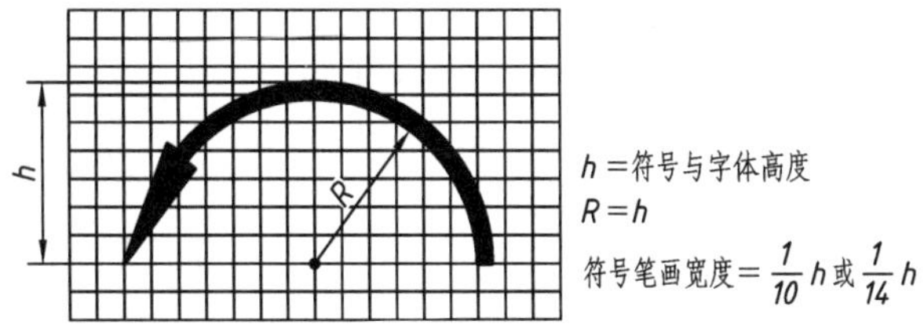

图 7－6　旋转符号

(3) 斜视图一般只要求表达出倾斜表面的形状。斜视图的断裂边界以波浪线表示，如图 7－5(*b*)的 *A* 向斜视图。

7.2　剖　　视

在视图中，机件的内部形状用细虚线表示。当机件内部形状较为复杂时，视图上就出现较多细虚线，影响图形清晰，给画图、读图带来困难，因此制图标准规定采用剖视的画法来表达机件的内部形状。

一、剖视图的基本概念

假想用剖切面(平面或柱面，通常为平面)剖开机件，将处在观察者和剖切面之间的部分移去，而将其余部分向投影面投射，并在机件被剖切到的部分画上剖面符号，这样所得的图形称为剖视图，如图 7－7(*a*)所示。采用剖视后，机件内部不可见轮廓成为可见，用粗实线画出，这样图形清晰，便于绘制和阅读，如图 7－7(*b*)所示。

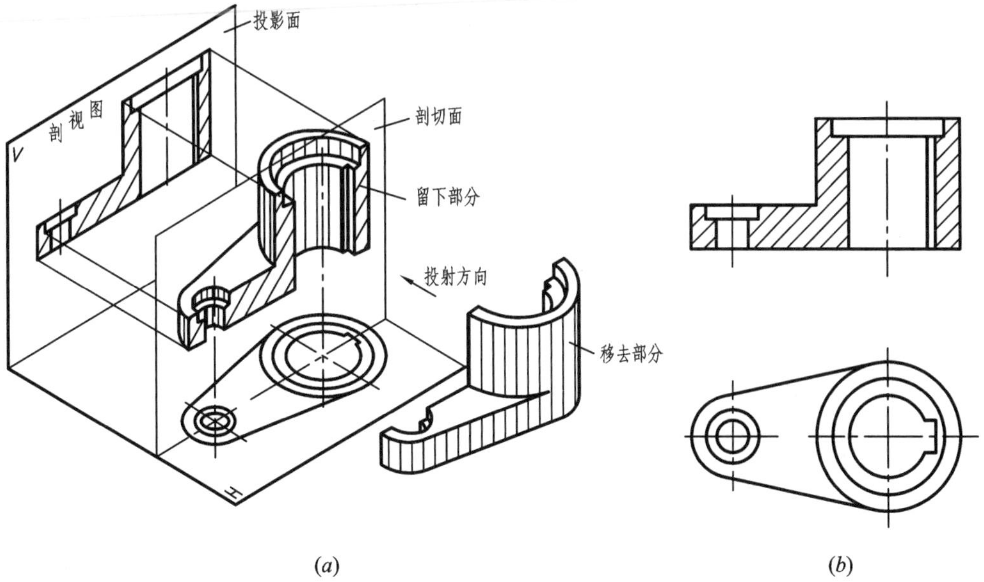

图 7－7　剖视图的基本概念及画法

二、剖视图的画法

按制图标准规定，画剖视图的要点是：

(1) 确定剖切面的位置。为了清晰地表示机件的内部形状，剖切面一般应平行于相应的投影面并通过机件孔、槽的轴线，或与机件的对称平面相重合，如图 7-7(*a*) 所示。

(2) 剖视图画法。用粗实线画出剖切面与机件实体相交的截断面轮廓和剖切面后面机件的可见轮廓。图 7-8 的主视图表示机件剖视图中常见的错误，注意不应漏画剖切面后面机件的可见轮廓。

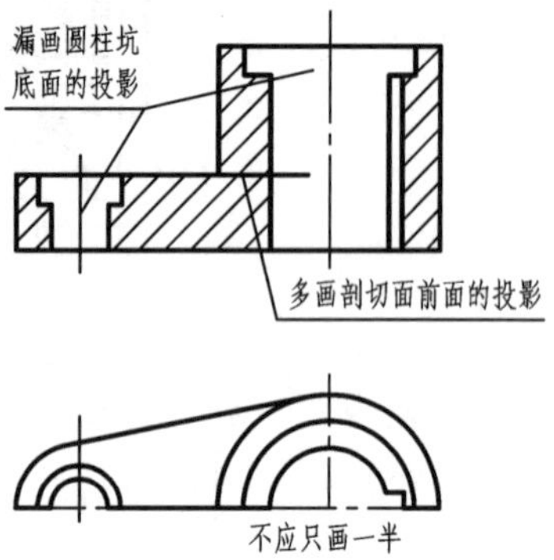

图 7-8 剖视图常见错误

剖视图应省略不必要的细虚线，如图 7-7(*b*)所示。只有对尚未表示清楚的机件结构形状才画出细虚线；或者适当画出细虚线后，对清楚地表示机件的结构形状有帮助，而又不影响图形清晰，这时也可画细虚线。

由于剖视图是假想的，当一个视图取剖视后，其他视图仍按完整机件的表达方法绘制。图 7-8 中俯视图只画一半是错误的。

(3) 剖面符号画法。剖视图中，剖切面与机件实体相交的截断面图形称为剖面。剖面部分规定画出与机件材料相应的剖面符号(见表 7-1)，由金属材料制成的机件的剖面符号应画成与水平线成 45°的平行细实线，称为剖面线。同一机件的各剖视图，其剖面线应间隔相等，方向相同，如图 7-9 所示。当图形的主要轮廓线与水平线成 45°或接近 45°时，该图形的剖面线可画成与水平成 30°或 60°的平行线，其倾斜的方向仍与其他图形的剖面线一致，如图 7-10 所示。

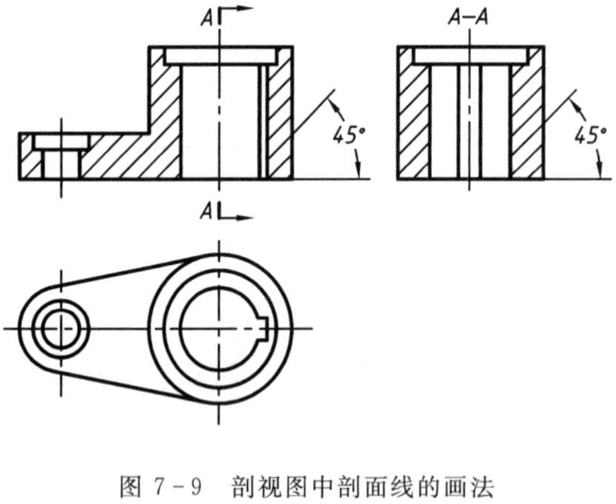

图 7-9 剖视图中剖面线的画法

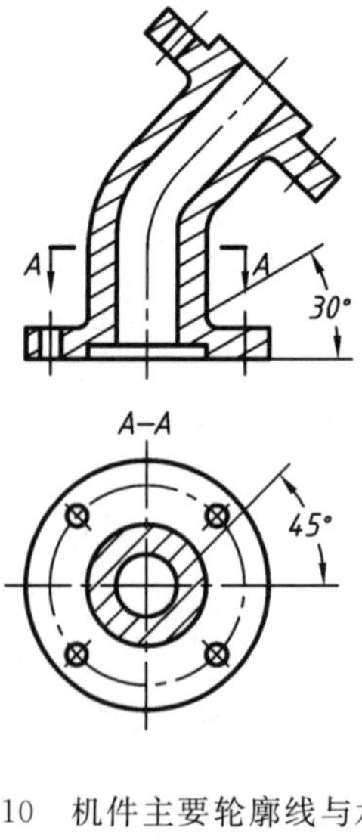

图 7-10 机件主要轮廓线与水平线成 45°时剖面线的画法

表 7-1 剖面区域表示法(GB/T 4457.5—2013)

金属材料(已有规定剖面符号者除外)	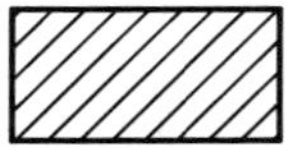	玻璃及供观察用的其他透明材料		型砂、填砂、粉末冶金、砂轮、陶瓷刀片、硬质合金刀片等	
非金属材料(已有规定剖面符号者除外)		液体	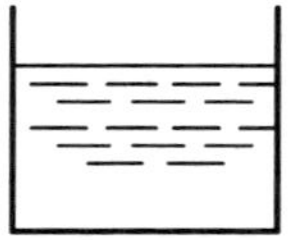	混凝土	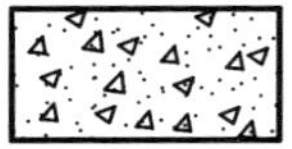
线圈绕组元件	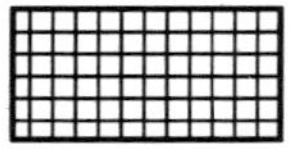	木材 纵断面		钢筋混凝土	
转子、电枢、变压器和电抗器等的叠钢片		木材 横断面		砖	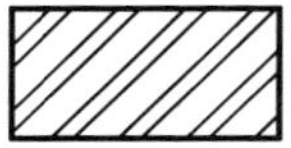
格网(筛网、过滤网等)		木质胶合板(不分层数)		基础周围的泥土	

三、剖视图的标注

(1) 为了看图时便于找出剖视图与其他视图的关系，一般应在相应的视图上用剖切符号表示剖切面的位置，用箭头指明投射方向，并注上字母，再在剖视图正上方注出相应字母"×－×"，即剖视图的名称，如图 7-9、图 7-10 中的 $A—A$ 剖视图。

(2) 剖切符号是指示剖切面起讫和转折位置(用短粗实线表示)及投射方向(用箭头表示)的符号，短粗实线的线长约为5 mm，并应尽可能不与图形的轮廓线相交。

(3) 当剖视图按基本视图形式配置，中间又没有其他图形隔开时，可省略箭头，如图 7-9、图 7-10 中的 $A—A$ 剖视，表示投射方向的箭头均可省略不画。

(4) 当单一剖切面过机件的对称平面，且剖视图按基本视图形式配置，中间又没有其他图形隔开时，可省略标注，如图 7-7(b)中的剖视图。

(5) 剖视图的配置。剖视图可按基本视图的形式配置，如图 7-9 所示。必要时允许配置在其他适当位置，但必须进行标注。

四、剖视图的种类

按照国家标准规定，剖视图分为全剖视图、半剖视图和局部剖视图三类。

1. 全剖视图

用剖切面完全地剖开机件所得到的剖视图称为全剖视图。

全剖视图常用来表达内形复杂的不对称机件，如图 7-9 所示；或者用来表达外形简单的对称机件。对一些空心回转体零件，画成全剖视图既清楚又便于标注尺寸，如图 7-11 所示。

由于机件的结构形状不同，因而剖切面的位置和数量也不一样，剖切时可以有各种不同的剖切方法。

(1) 单一剖：用一个平行于基本投影面的剖切平面或单一柱面剖开机件，称为单一剖。

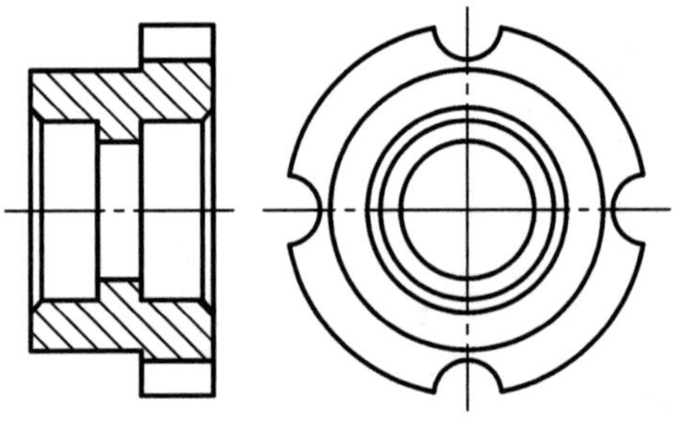

图 7-11 单一剖

图 7-9、图 7-10 和图 7-11 的主视图都是用单一的正平面沿机件的前后对称平面完全剖开后画出的全剖视图。

(2) 旋转剖：用相交的两个剖切平面组合起来剖开机件，其中一个剖切平面与某一基本投影面平行，而另一个剖切平面与其倾斜，这种剖视称为旋转剖。当用这种方法画剖视图时，假想将倾斜的剖切平面切到的那一部分绕两个剖切平面的交线旋转，转到与基本投影面平行后，再进行投射，如图 7-12 所示。对于剖切面后的其他结构，一般仍按原来的位置投射画出。

(3) 阶梯剖：用两个或两个以上相互平行的剖切面组合起来剖开机件，称为阶梯剖，如图 7-13 所示。

画阶梯剖时应注意：在每两个剖切面的转折处不得画交线的投影，剖切面的转折处不应与机件的轮廓线重合。剖视图中一般不应出现不完整的结构要素，只有两个要素在图形上具有公共对称线或轴线时，方可以各画一半，并以对称线或轴线为分界线。

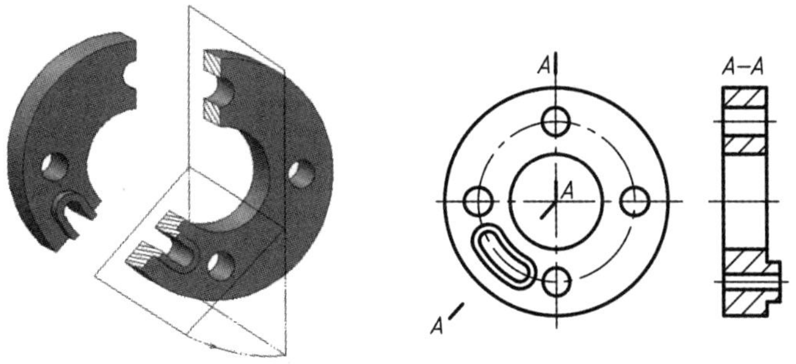

(a)　　(b)

图 7-12　旋转剖

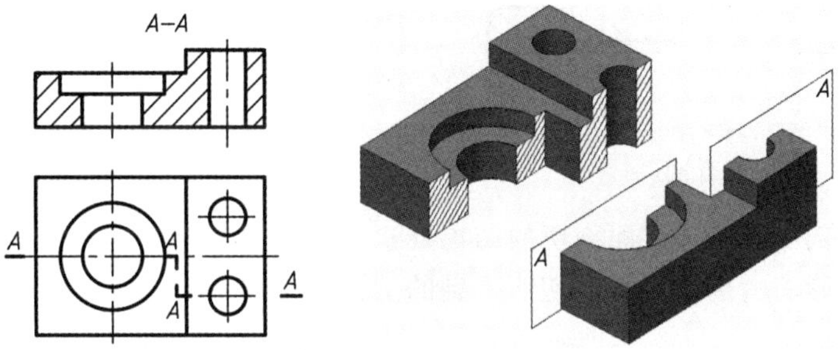

图 7-13　阶梯剖

(4) 斜剖：用倾斜于基本投影面的剖切平面剖开机件，称为斜剖，如图 7-14 中的 $A—A$ 剖视图。

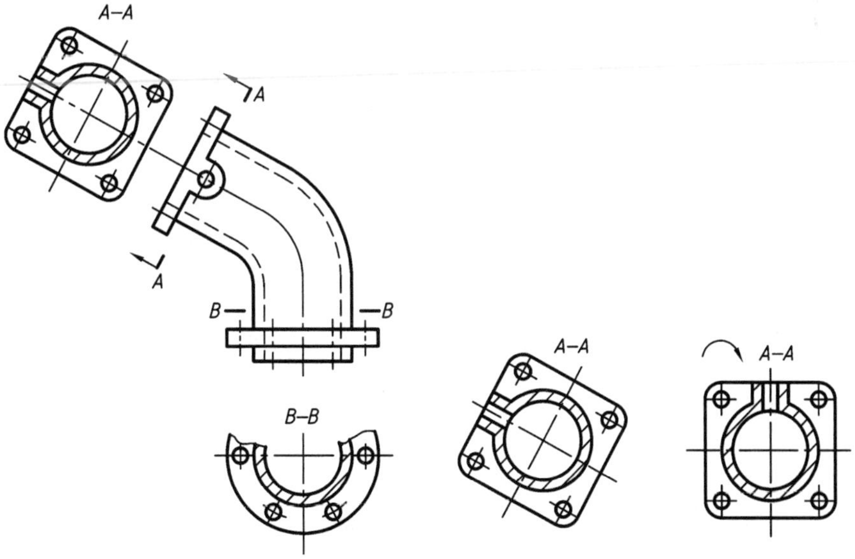

(a)　　(b)　　(c)

图 7-14　斜剖

斜剖主要用来表达机件倾斜部分的内部形状。它的配置最好符合投射关系，如图

7－14(a)左上角图形；也可以平移到适当位置，如图 7－14(b)所示；或者旋转到与主标题栏无倾斜度的位置，如图 7－14(c)所示。

(5) 复合剖：除阶梯剖、旋转剖以外，用组合的剖切面剖开机件的方法称为复合剖，如图 7－15、图 7－16 所示。

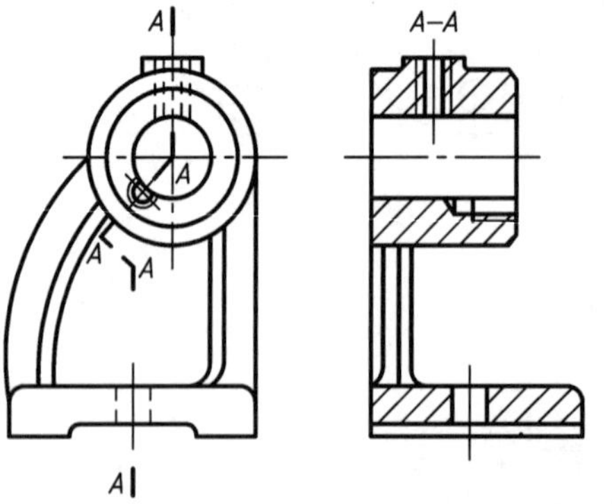

图 7－15　复合剖(一)

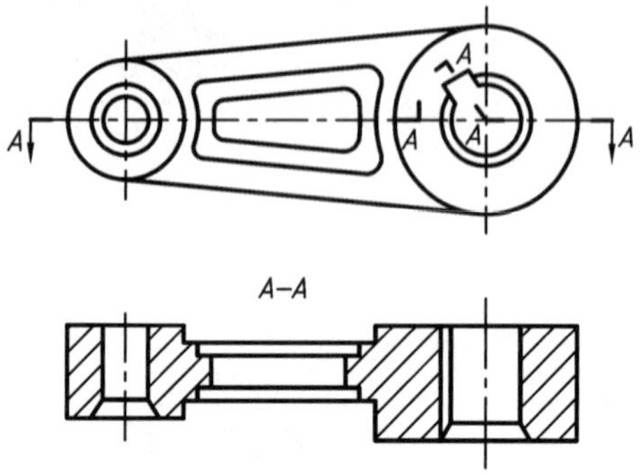

图 7－16　复合剖(二)

这两个复合剖中，被倾斜面剖切的结构要素及其有关部分按旋转剖的画法画出，它和用平行于基本投影面的剖切平面剖切所得到的剖视组合成一个完整的图形。

2. 半剖视图

当机件具有对称平面时，在垂直于对称平面的投影面上的投影可以以对称中心线为界，一半画成剖视表达内部形状，另一半画成视图表达外部形状，这种组合的图形称为半剖视图。

半剖视图的剖切面可以是单一的剖切面、平行的剖切面或相交的剖切面。

图 7－17 所示的机件具有两个对称平面(左右对称平面和前后对称平面)，因而在所画的三个视图上都可以作出半剖视。半剖的优点是：在一个视图上既能保留机件的外部形状，又能表达其内部形状，所以它主要用于表达具有对称平面机件的内部形状和外部形状。

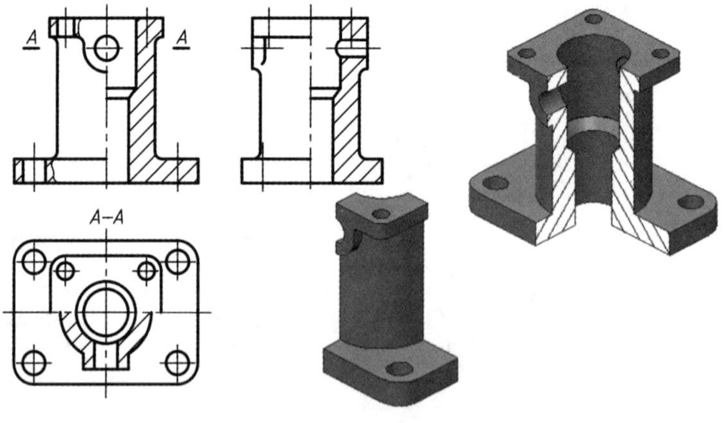

图 7－17　半剖视(一)

若机件的形状接近于对称，且不对称部分已在其他图形上表达清楚，则也可画成半剖视，如图 7－18、图 7－19 所示。

在半剖视图中标注尺寸时，由于对称结构形状未完整画出，故其尺寸线应略超过中心线，并只在一端画出箭头，如图 7－20 所示。

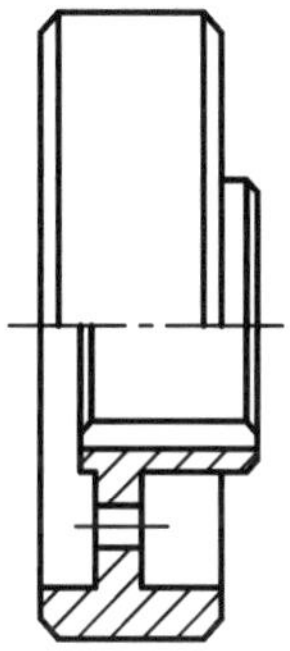

图 7－18　半剖视(二)

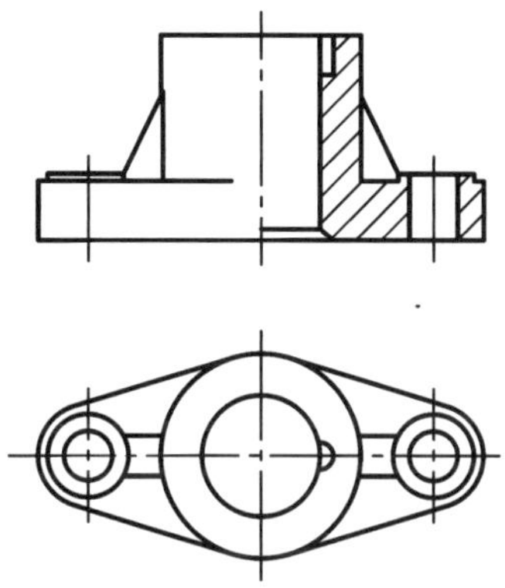

图 7－19　半剖视(三)

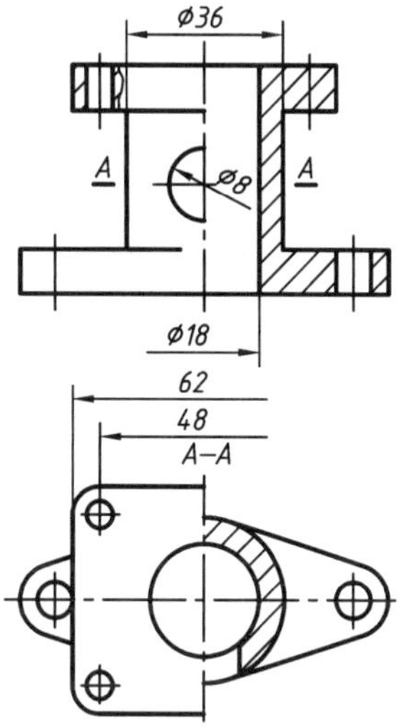

图 7－20　半剖视的尺寸标注

3. 局部剖视图

用剖切面局部地剖开机件所得的剖视图称为局部剖视图，如图 7－21、图 7－22 所示。

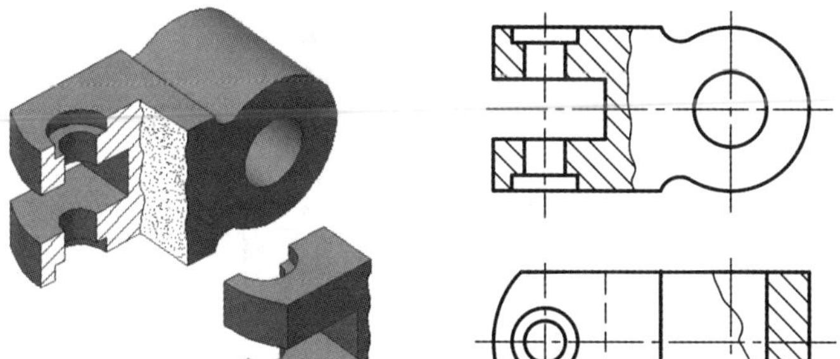

图 7－21　局部剖视(一)

局部剖视图的剖切面可以是单一的剖切面、平行的剖切面或相交的剖切面。

采用局部剖视图时，机件断裂处的边界用波浪线表示，它既是视图与剖视图的分界线，同时也相应地确定了剖切范围的大小。波浪线只画在机件的实体部分，而不可画在机件的空心部位，更不能超出视图的轮廓线，也不能与视图上的其他图线重合。

从以上图例可以看出，局部剖视的剖切位置和范围大小可根据表达需要来确定，既可独立使用，也可与其他剖视图配合使用(图 7－17 中的主视图上采用半剖视和局部剖视)，因而它是一种比较灵活的表达方法。但在一个视图中，局部剖视选用次数不宜过多，以免

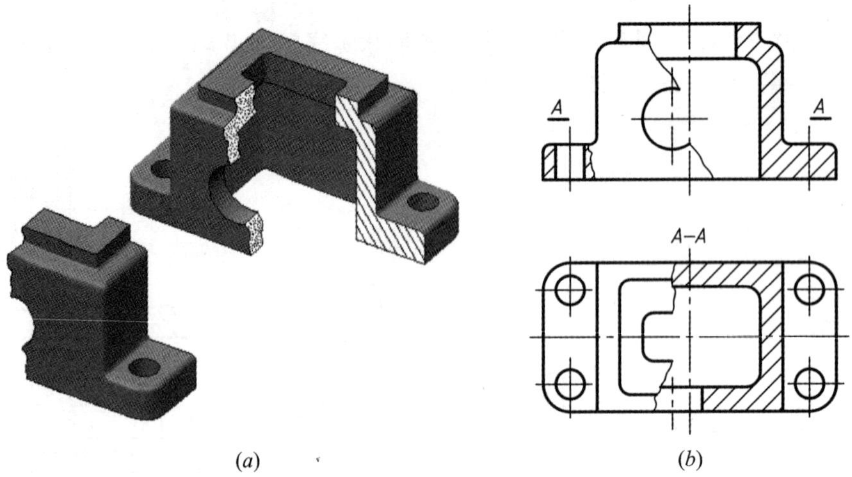

图 7-22　局部剖视(二)

图形显得凌乱，给读图带来困难。

局部剖视图既能表达机件的内部形状，又能表达其外部形状，它适用于表达不对称机件的内、外形状或棱线与对称中心线重合的对称机件的内、外形状。

有些机件经过剖切后，仍有内部结构未表达完全，在不宜采用其他表达方法或是为了减少视图数量，允许在剖视图中再作一次局部剖，习惯称为“剖中剖”。采用这种画法时，两者的剖面线应同方向、同间隔并相互错开，如图 7-23 中的 $B-B$ 剖视。

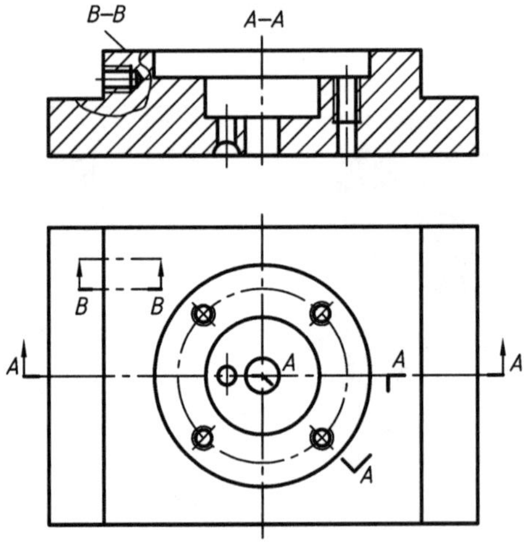

图 7-23　剖视图中再作局部剖

7.3 断　　面

假想用剖切平面将机件的某处切断，仅画出断面的图形，称为断面图。

画断面图时，只画出机件被切到的断面形状；而对于剖视图，除画出断面的形状外，还必须画出剖切面后面的形状。断面图与剖视图的区别如图 7-24(*a*)(剖视)和图7-24(*b*)

（断面）所示。

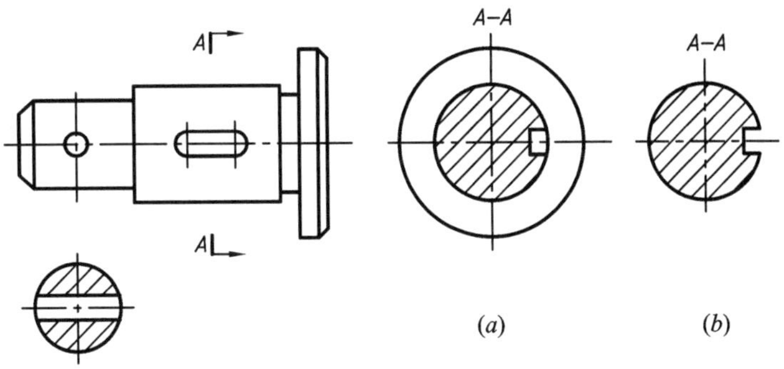

图 7-24 断面与剖视的区别

恰当采用断面，可以使图样简单、清晰。断面分为移出断面和重合断面两种。

一、移出断面

1. 移出断面的画法与配置

（1）画在视图外边的断面称为移出断面。移出断面的轮廓线用粗实线画出，如图 7-25～图 7-28 所示。

（2）移出断面一般应配置在剖切符号或剖切线的延长线上，如图 7-25 所示。剖切线是指示剖切面位置的线，用细点画线表示，如图 7-25(*b*)所示。对于某些机件，也可以把断面画在视图的中断处，如图 7-26 所示。

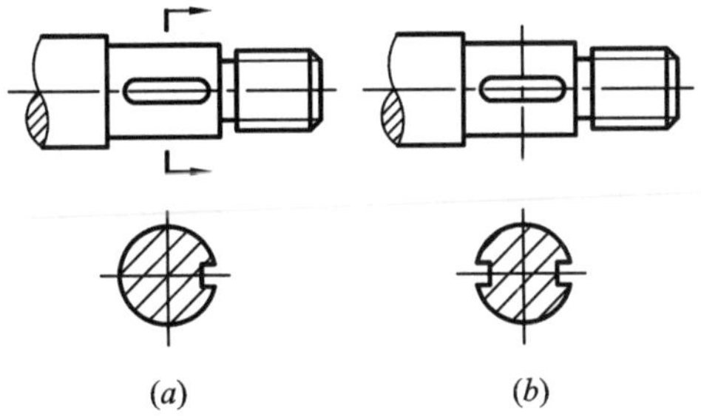

图 7-25 移出断面配置在剖切符号或剖切线的延长线上

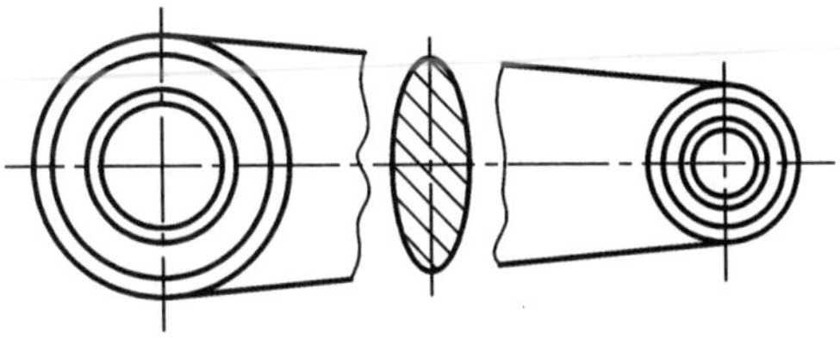

图 7-26 断面图形对称时画在视图的中断处

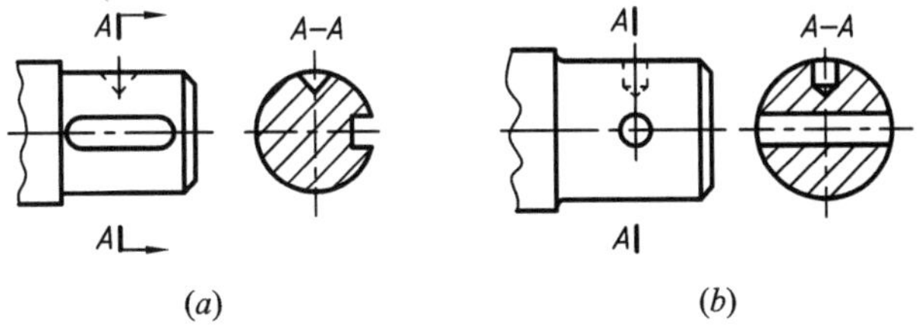

图 7-27 移出断面配置在适当位置

图 7-28 由两个相交剖切平面切出的断面画法

移出断面也可以配置在其他适当位置，如图 7-27 所示。

(3) 当剖切面通过回转面形成的孔或凹坑轴线时，这些结构仍应按剖视画出，如图 7-27 所示。

(4) 由两个或多个相交的剖切面切出的断面，它们相交的部位应断开画，如图 7-28 所示。

(5) 在不致引起误解时，移出断面允许省略剖面符号，这是标准中规定的一种简化画法。

2. 移出断面的标注方法

(1) 配置在剖切符号或剖切线延长线上的断面，如图形对称于剖切线，只用细点画线表示剖切面位置即可，如图 7-25(*b*)、图 7-28 所示；如果图形不对称于剖切线，则要用剖切符号表示剖切平面的位置，并用箭头表示投射方向，如图 7-25(*a*)所示。配置在图形中断处的断面则不加标注，如图 7-26 所示。

(2) 配置在其他位置上的断面，当图形不对称时，要画出剖切符号表示剖切面位置，用注字母的箭头表示投射方向，并在断面图的上方标注相同的字母“×—×”，如图 7-27(*a*)所示；当图形对称时，可省画箭头，如图 7-27(*b*)所示。

二、重合断面

画在视图内部剖切位置上的断面称重合断面。为了图形清晰起见，重合断面的轮廓线用细实线画出，如图 7-29 所示。

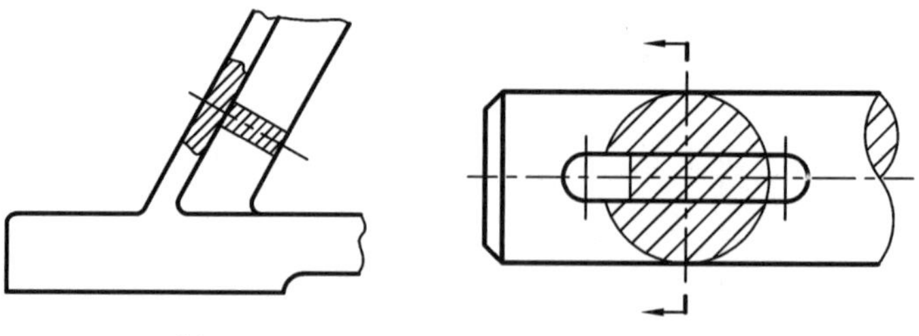

(*a*) (*b*)

图 7-29 重合断面画法

对称的重合断面不必标注，如图 7-29(*a*)所示；不对称的重合断面需用箭头表示投射方向，不必标注字母，如图 7-29(*b*)所示。

7.4 常用简化画法和其他表达方法

对机件的某些结构图形表示方法进行简化，使图形既清晰又简单、易画，称作简化画法。下面介绍制图标准中规定的一些常用简化画法和其他表达方法。

一、常用简化画法

1. 剖视中的简化画法

对于机件上的肋板、轮辐及薄壁等结构，当剖切面沿纵向剖切时，这些结构不画剖面符号，而用粗实线将它与邻接部分分开，如图 7－30 中 $A—A$ 剖视中的肋板的简化画法和图 7－31 中剖视图轮辐的简化画法。当剖切面垂直于肋板剖切时，肋板的剖面必须画出剖面线，如图 7－30 中的 $B—B$ 剖视图。在局部剖视图和断面图中，有时不画波浪线，替而代之的是剖面线边缘画整齐，如图 7－30 中的重合断面、图 8－2 中的局部剖。

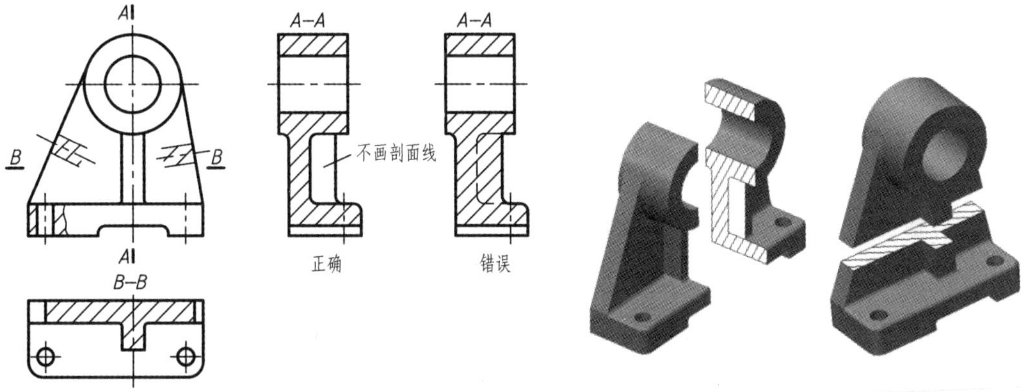

图 7－30 剖视图中肋板的简化画法

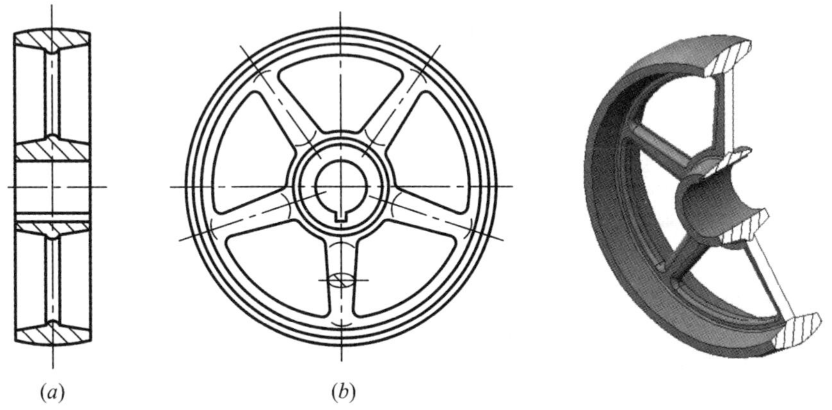

图 7－31 剖视图中轮辐的简化画法

当回转体机件上均匀分布的肋板、轮辐、孔等结构不处于剖切面上时，可将这些结构旋转到剖切面上画出其剖视图，如图 7－31 中的轮辐、图 7－32(*a*)中的肋板和图 7－32(*b*)中的孔。

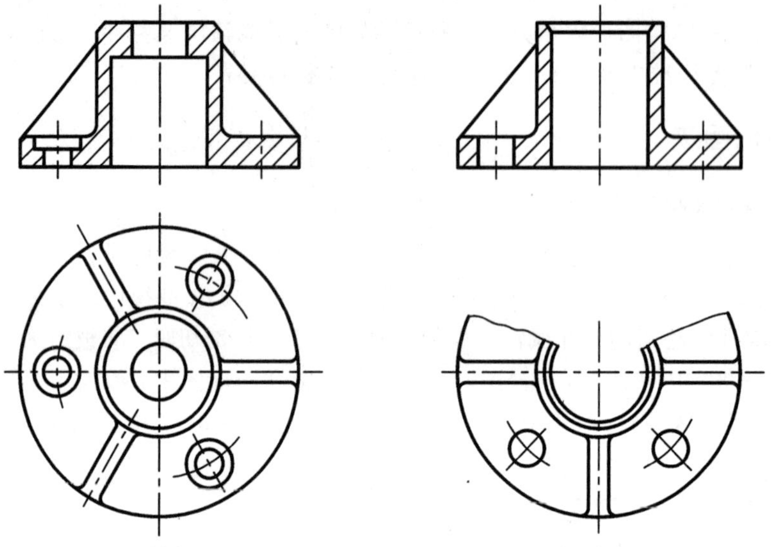

(*a*)　(*b*)

图 7－32　剖视图中肋板、孔的简化画法

2. 凸缘上均匀分布结构的简化画法

机件凸缘上均匀分布在圆周上直径相同的孔可按图 7－33 所示的方法绘制。

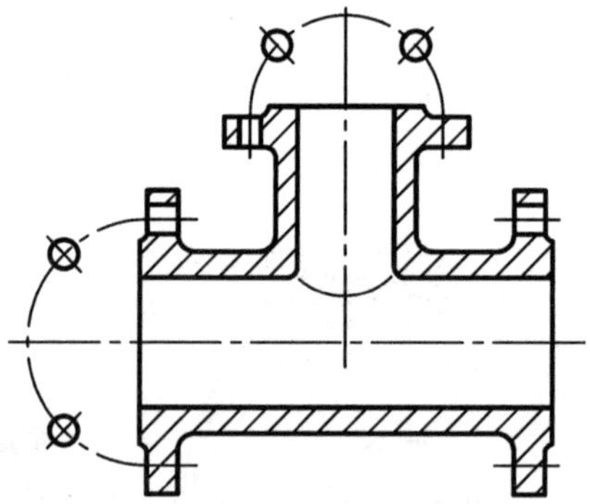

图 7－33　凸缘上均匀分布孔的简化画法

3. 交线投影的简化画法

机件上较小结构所产生的交线，如在一个图形中已表示清楚，则其他图形可简化或省略，如图 7－34 所示局部剖视中的相贯线。

机件上斜度不大的结构，如在一个图形中已表达清楚，则其他图形可按小端画出，如图 7－35 所示。

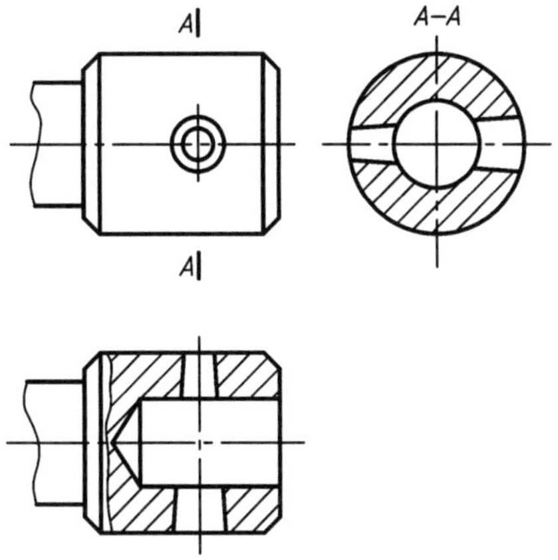

图 7 - 34　交线投影的简化画法(一)

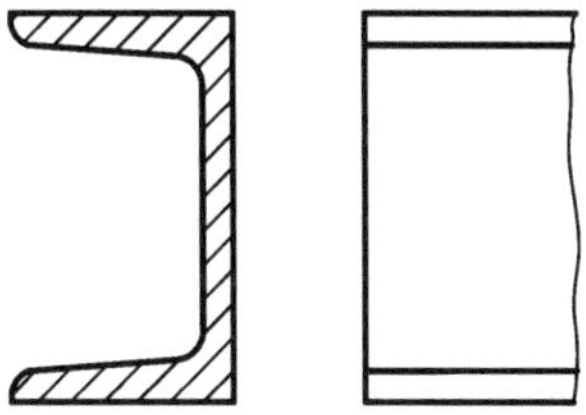

图 7 - 35　交线投影的简化画法(二)

4. 相同结构的简化画法

当机件具有若干相同结构(如齿、槽等)并按一定规律分布时，只需画出几个完整的结构，其余用细实线连接即可，但在零件图中必须注明该结构的总数。图 7 - 36 所示为均匀分布、尺寸相同槽的简化画法。

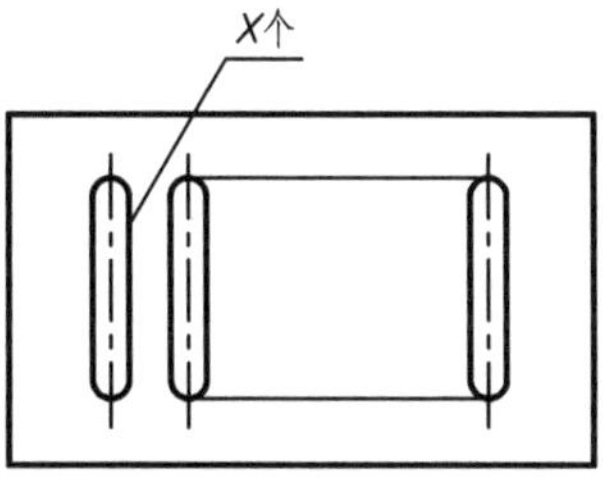

图 7 - 36　尺寸相同槽的简化画法

如图 7 - 37 所示，若干直径相同且按一定规律分布的孔，可以仅画出一个或几个，其余只需用细点画线表示其中心位置即可。

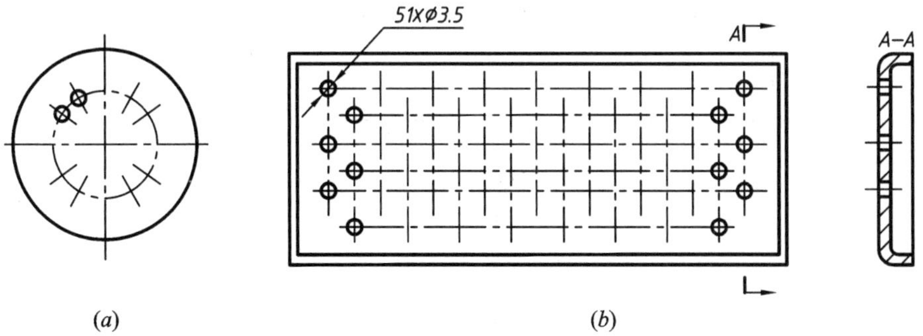

图 7 - 37　直径相同孔的简化画法

5. 完全对称视图的简化画法

为了节省绘图时间和图幅，完全对称的零件(一般为轮盘类零件)，其视图(端面视图)可以只画一半，并在对称中心线的两端画出两条与其垂直的平行细实线，如图 7－38 所示。

6. 与投影面倾斜的圆或圆弧的画法

当圆或圆弧与投影面的倾角小于或等于 30°时，其投影椭圆或椭圆弧可用圆或圆弧代替，如图 7－39 所示。

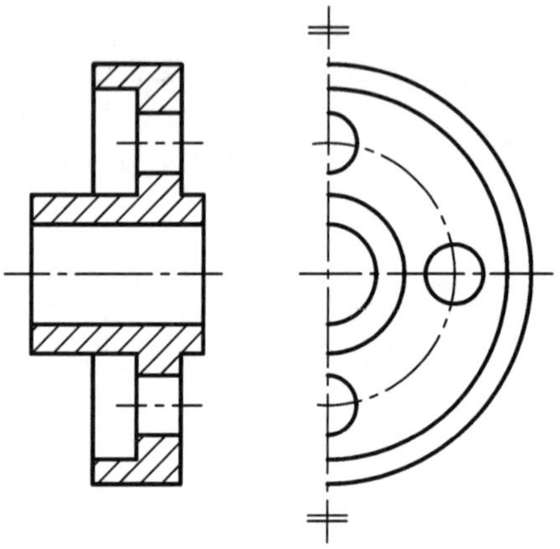

图 7－38 对称机件的简化画法

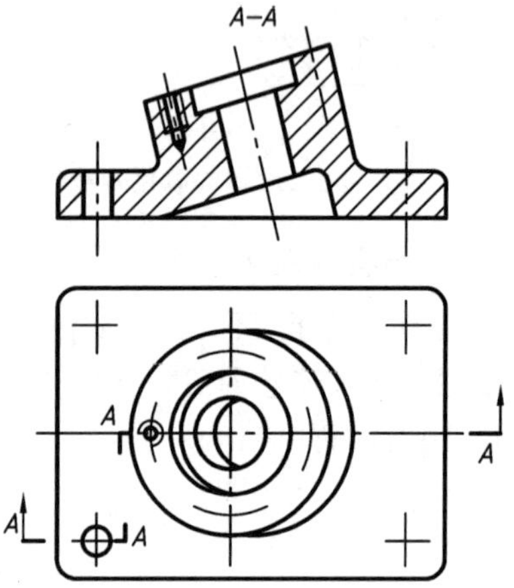

图 7－39 倾斜部分圆或圆弧投影的简化画法

二、其他表达方法

1. 局部放大图画法

将机件的部分结构用大于原图形所采用的比例画出的图形，称为局部放大图。局部放大图用来表达视图中表示不清或不便标注尺寸的机件细小结构，如图 7－40 所示。

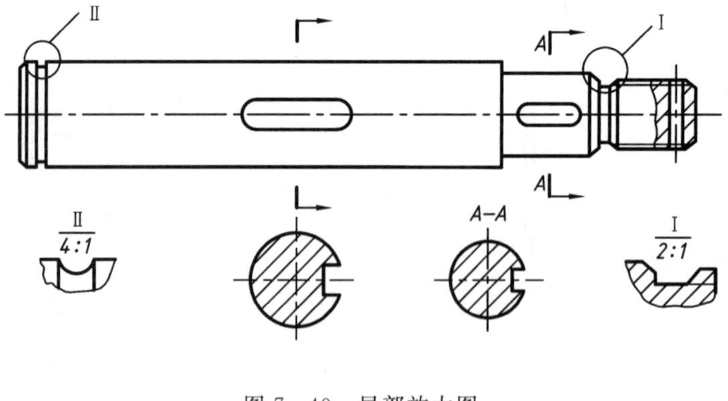

图 7－40 局部放大图

绘制局部放大图时，应用细实线圈出被放大的部位，并尽量配置在被放大部位的附近。当机件上有几个被放大的部位时，必须用罗马数字依次标明被放大的部位，并在局部放大图上方标注出相应的罗马数字和所采用的比例，如图 7－40 中局部放大图Ⅰ、Ⅱ。当机件上被局部放大的部位仅有一处时，在局部放大图的上方只需注明所采用的比例即可。

局部放大图可以画成视图、剖视图或断面图，它与被放大部分的表达方式无关。

2. 折断画法

较长的机件，如轴、连杆等，沿长度方向形状一致或按一定规律变化时，可断开后缩短绘制，其断裂边界可用波浪线绘制，也可用细双点画线或双折线绘制，但断开部分的结构应按实际长度标注尺寸，如图 7－41(*a*)、(*b*)所示。

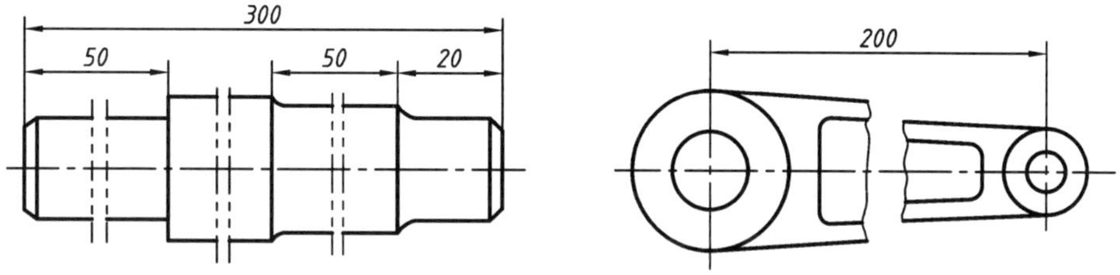

(*a*)　　(*b*)

图 7－41　折断画法

3. 平面的表示法

为了说明机件上某一部分是平面，可在视图上的相应位置画上相交的细实线来表示，如图 7－42 所示。

4. 过渡线和一些表面交线的表示法

机件上两个表面相交处若有圆角存在，形成圆滑过渡，从理论上讲不存在交线，但为了图形直观起见，制图上规定在这些地方画过渡线。过渡线用细实线绘出，其位置和交线基本相同，区别只是过渡线的两端与轮廓线不相交而空一小段距离，如图 7－33 和图7－43 所示。

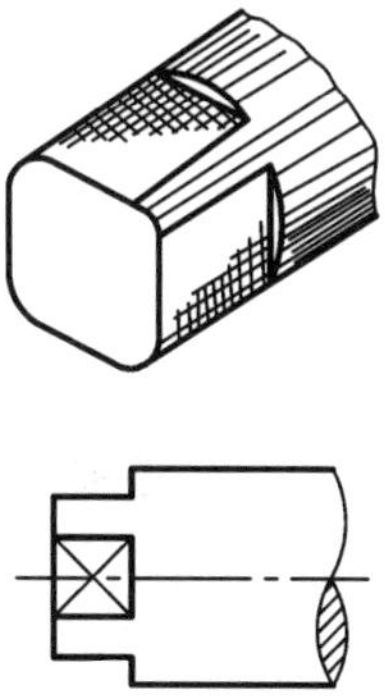

图 7－42　平面的表示

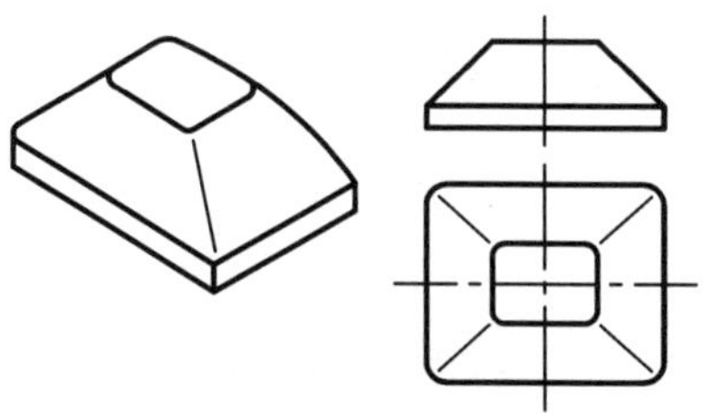

图 7－43　过渡线的画法

08

第 8 章　标准件与连接

在各种机械和仪器上，为了使被连接零件(或部件)的相对位置固定，需要采用各种连接结构和连接件。连接是零件之间常见的装配结构，分为可拆卸连接(如螺纹连接、键联结、销连接等)和不可拆卸连接(如铆接、焊接等)。常用的连接件有螺纹紧固件、键、销等，这些零件的使用量很大，为了降低成本，便于制造、使用及简化制图工作，在国家标准中对它们的结构、尺寸和画法都有统一的规定，这些零件通常称为标准件。

本章主要介绍标准件的基本知识、规定画法、标记及标注方法，以及它们的连接装配图的画法。

8.1　螺　　纹

一、螺纹的基本知识

1. 螺纹的形成

如果有一平面图形(如三角形、梯形等)沿圆柱或圆锥表面作螺旋线运动，则此平面图形运动所形成的轨迹(螺旋体)就是螺纹。

在圆柱(或圆锥)外表面上形成的螺纹称为外螺纹，如图 8-1(*a*)所示；在圆柱(或圆锥)内表面上形成的螺纹称为内螺纹，如图 8-1(*b*)所示。内、外螺纹需要旋合才能使用。

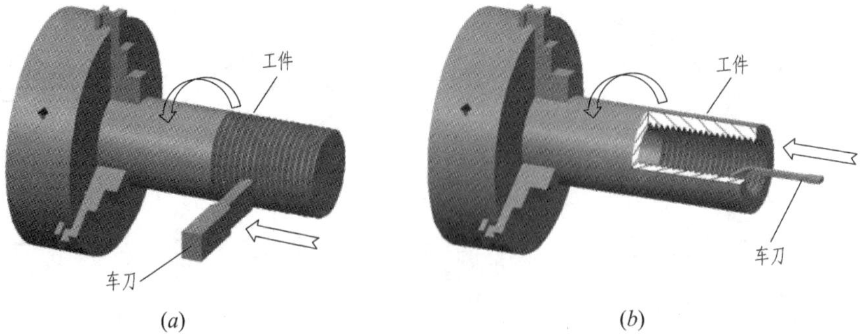

图 8-1　车削螺纹

(*a*) 车外螺纹；(*b*) 车内螺纹

螺纹常用切削或挤压等方法加工。例如在车床上切制螺纹时，车刀沿圆柱形工件轴线作等速移动，同时工件绕自身轴线匀速转动，这时车刀即在圆柱形工件表面上切削出螺纹，如图 8-1 所示。

2. 螺纹的要素

螺纹的型式、尺寸和性能取决于螺纹要素。牙型、公称直径、螺距、线数、旋向是确定螺纹的五个要素，只有这五个要素都相同的一对内、外螺纹才能互相旋合。

(1) 牙型：在通过螺纹轴线的剖面上，螺纹的轮廓形状称为螺纹牙型。螺纹牙型种类用规定的字母表示，称为螺纹种类代号，如 M 代表普通螺纹(牙型为三角形)，Tr 代表梯形螺纹(牙型为梯形)，G 代表非螺纹密封的圆柱管螺纹，B 代表锯齿形螺纹。此外，Rp、R、Rc、ST 分别代表用螺纹密封的圆柱内管螺纹、用螺纹密封的圆锥外管螺纹、用螺纹密封的圆锥内管螺纹、自攻螺钉用螺纹。常见的螺纹牙型如图 8-2 所示。

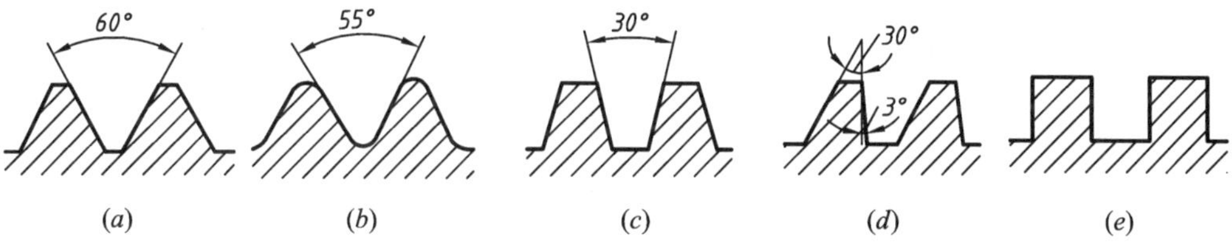

图 8-2　常见的螺纹牙型

(*a*) 普通螺纹；(*b*) 管螺纹；(*c*) 梯形螺纹；(*d*) 锯齿形螺纹；(*e*) 矩形螺纹

(2) 直径：螺纹的直径有大径、小径和中径。对外螺纹而言，牙顶所在圆柱面的直径称为大径，用小写字母 d 表示；牙底所在圆柱面的直径称为小径，用小写字母 d_1 表示，如图 8-3(*a*)所示。对内螺纹而言，牙底所在圆柱面的直径称为大径，用大写字母 D 表示；牙顶所在圆柱面的直径称为小径，用大写字母 D_1 表示，如图 8-3(*b*)所示。中径是一个假想圆柱的直径，该圆柱的母线通过牙型上沟槽与凸起宽度相等的地方，如图 8-4 所示。外螺纹、内螺纹的中径分别用 d_2、D_2 表示，如图 8-3 所示。

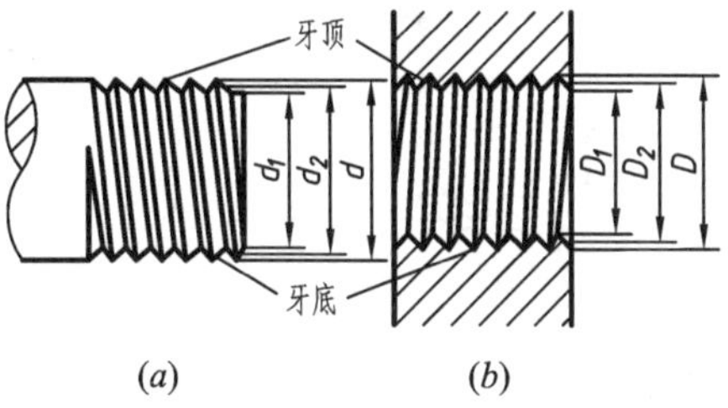

图 8-3　螺纹的直径

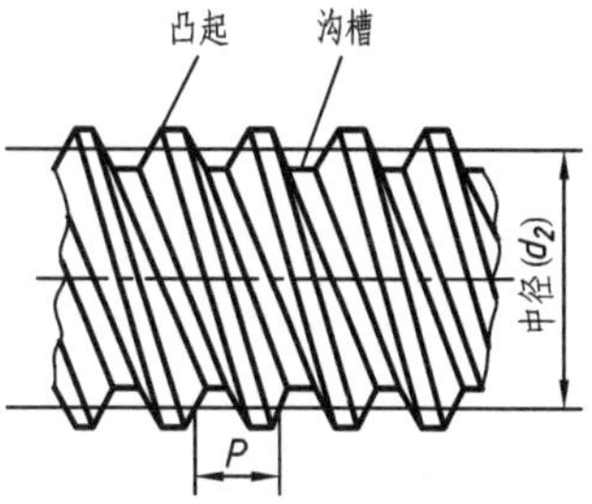

图 8-4　外螺纹的中径

公称直径是螺纹国家标准中使用的一个直径。公称直径指代表螺纹的直径，不同种类的螺纹具有不同的定义。普通螺纹的公称直径指螺纹大径 d 或 D；梯形螺纹的公称直径指外螺纹大径 d；管螺纹的公称直径是刻有外螺纹的管子通孔直径的近似值。

(3) 线数:

① 单线螺纹:沿一条螺旋线形成的螺纹称为单线螺纹,如图 8-5(*a*)所示。起连接作用的螺纹多采用单线螺纹。

② 多线螺纹:沿两条或两条以上在轴向等距离分布的螺旋线形成的螺纹称为多线螺纹,如图 8-5(*b*)所示。多线螺纹旋进速度较快,传动效率较高,因而多用于起传动作用的螺纹或需快速旋合的地方。

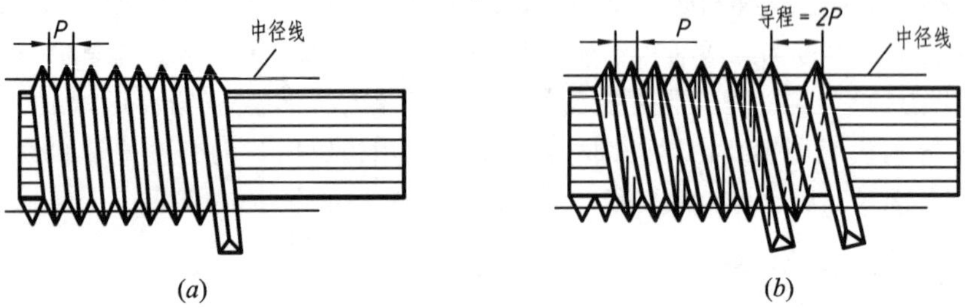

图 8-5 螺纹线数、螺距与导程

(4) 螺距和导程:

① 螺距是相邻两牙在中径线上对应两点间的轴向距离,如图 8-4、图 8-5 所示。螺纹螺距用符号 P 表示。

对于普通螺纹、梯形螺纹等,国家标准规定同一公称直径可以有几个不同的螺距。例如公称直径为 10 mm 的普通螺纹,可采用的螺距 P 有 1.5、1.25、1、0.75 及 0.5。其中具有最大螺距($P=1.5$)的螺纹称为粗牙普通螺纹,并记为 M10(不写出螺距);而其余螺距小于 1.5 的螺纹都称为细牙普通螺纹,并分别记为 M10×1.25、M10×1、M10×0.75 及 M10×0.5,细牙螺纹的螺距均需注出。

② 导程是同一条螺旋线上相邻两牙在中径线上对应两点间的轴向距离,如图 8-5 所示。显然,对双线螺纹来说,导程等于 2 倍螺距,故螺距与导程之间有如下关系:

$$螺距=\frac{导程}{线数}$$

(5) 旋向:

① 右旋螺纹:顺时针旋转时旋入的螺纹称为右旋螺纹,如图 8-6(*a*)所示。在生产实际中,右旋螺纹用得较多。

② 左旋螺纹:逆时针旋转时旋入的螺纹称为左旋螺纹,如图 8-6(*b*)所示。

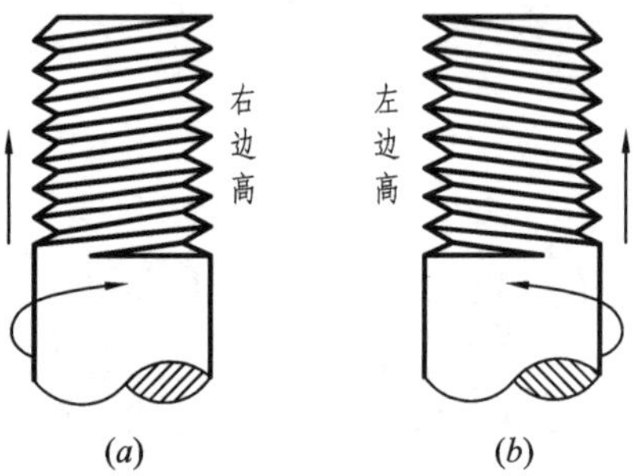

图 8-6 螺纹的旋向

(*a*) 右旋螺纹;(*b*) 左旋螺纹

螺纹旋向可按图 8-6 来判断。

3. 螺纹的基本尺寸

(1) 普通螺纹:普通螺纹的基本尺寸列于表 8-1。每一公称直径对应多个螺距,其中最大的螺距为粗牙普通螺纹的螺距。

表 8-1　普通螺纹的基本尺寸(摘自 GB/T 193—2003、GB/T 196—2003)

单位：mm

公称直径 D 或 d	螺距 P	中径 D_2 或 d_2	小径 D_1 或 d_1
3	0.5	2.675	2.459
	0.35	2.773	2.621
4	0.7	3.545	3.242
	0.5	3.675	3.459
5	0.8	4.480	4.134
	0.5	4.675	4.459
6	1	5.350	4.917
	0.75	5.513	5.188
	(0.5)	5.675	5.459
8	1.25	7.188	6.647
	1	7.350	6.917
	0.75	7.513	7.189
	(0.5)	7.675	7.458
10	1.5	9.026	8.376
	1.25	9.188	8.647
	1	9.350	8.917
	0.75	9.513	9.188
	(0.5)	9.675	9.459
12	1.75	10.863	10.106
	1.5	11.026	10.376
	1.25	11.188	10.647
	1	11.350	10.917
	(0.75)	11.513	11.188
	(0.5)	11.675	11.459
16	2	14.701	13.835
	1.5	15.026	14.376
	1	15.350	14.917
	(0.75)	15.513	15.188
	(0.5)	15.675	15.459
20	2.5	18.376	17.294
	2	18.701	17.835
	1.5	19.026	18.376
	1	19.350	18.917
	(0.75)	19.513	19.188
	(0.5)	19.675	19.459
24	3	22.051	20.752
	2	22.701	21.835
	1.5	23.026	22.376
	1	23.350	22.917
	(0.75)	23.513	23.188
30	3.5	27.727	26.211
	(3)	28.051	26.752
	2	28.701	27.835
	1.5	29.026	28.376
	1	29.350	28.917
	(0.75)	29.513	29.188
36	4	33.402	31.670
	3	34.051	32.752
	2	34.701	33.835
	1.5	35.026	34.376
	(1)	35.350	34.917
以下规格略			

注：① 本标准规定的螺纹公称直径 $d(D)$ 的范围是 1～600 mm，螺距 P 的范围是0.2～6 mm。公称直径又分为优先选用的第一系列、其次选用的第二系列和尽可能不用的第三系列。本表仅选取第一系列中的一部分。

② 括号内的螺距尽可能不用。

(2) 梯形螺纹：梯形螺纹的基本尺寸列于表 8-2。用于传动的梯形螺纹，为了保证传动的灵活性，必须使内、外螺纹旋合后留有一定的径向保证间隙，因此内、外螺纹具有相同的中径($d_2=D_2$)而各具不同的大径和小径，即外螺纹大径为 d，内螺纹大径为 D_4，外螺

纹小径为 d_3，内螺纹小径为 D_1。

表 8-2 梯形螺纹的基本尺寸(摘自 GB/T 5796.2—2022、GB/T 5796.3—2022)

单位：mm

公称直径 d		螺距 P	中径 $d_2=D_2$	大径 D_4	小径	
第一系列	第二系列				d_3	D_1
8		1.5	7.25	8.30	6.20	6.50
	9	1.5 2	8.25 8.00	9.30 9.50	7.20 6.50	7.50 7.00
10		1.5 2	9.25 9.00	10.30 10.50	8.20 7.50	8.50 8.00
	11	2 3	10.00 9.50	11.50 11.50	8.50 7.50	9.00 8.00
12		2 3	11.00 10.50	12.50 12.50	9.50 8.50	10.00 9.00
	14	2 3	13.00 12.50	14.50 14.50	11.50 10.50	12.00 11.00
16		2 4	15.00 14.00	16.50 16.50	13.50 11.50	14.00 12.00
	18	2 4	17.00 16.00	18.50 18.50	15.50 13.50	16.00 14.00
20		2 4	19.00 18.00	20.50 20.50	17.50 15.50	18.00 16.00
	22	3 5 8	20.50 19.50 18.00	22.50 22.50 23.00	18.50 16.50 13.00	19.00 17.00 14.00
24		3 5 8	22.50 21.50 20.00	24.50 24.50 25.00	20.50 18.50 15.00	21.00 19.00 16.00

注：本表仅选其中一部分，使用时优先选用第一系列。

(3) 管螺纹：管螺纹分为圆柱管螺纹和圆锥管螺纹两种，它们的公称直径都是指刻有外螺纹的管子通孔直径的近似值，而不是螺纹的大径 d 和 D，并且公称直径(即管子孔径)用英寸表示而不用毫米表示。如公称直径为 1 的非螺纹密封的管螺纹，其管子通孔直径约等于 1 英寸(25.4 mm)，它的螺纹大径由表 8-3 查得为 33.249 mm，如图 8-7 所示。

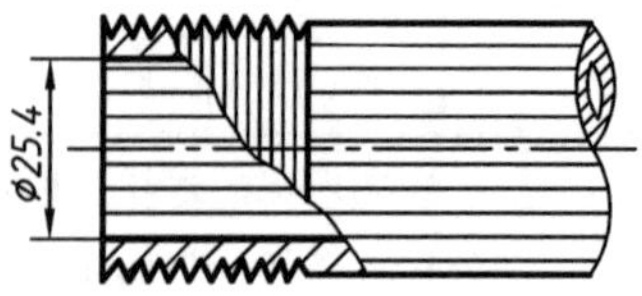

图 8-7 管螺纹

管螺纹常用于水管、油管、煤气管及暖气管等管道连接中，一般要求其连接具有密封性。按其连接后本身是否具有密封性，管螺纹分为非螺纹密封的管螺纹和用螺纹密封的管螺纹。非螺纹密封的管螺纹是通过圆柱内、外管螺纹(G)旋合实现连接的，这种连接本身不具有密封性，一般靠压紧被连接件螺纹外的密封面或在密封面间添加密封物使其连接具有密封性。用螺纹密封的管螺纹通常是通过圆锥外管螺纹(R)与圆锥内管螺纹(Rc)旋合或圆锥外管螺纹与圆柱内管螺纹(Rp)旋合实现连接的，这种连接在旋紧后本身即具有密封性，它不仅适用于管子及管接头，也适用于旋塞、阀门和其他螺纹连接的附件。

非螺纹密封的圆柱管螺纹的基本尺寸列于表 8-3。

表 8-3　非螺纹密封的圆柱管螺纹的基本尺寸(摘自 GB/T 7307—2001)

单位：mm

公称直径(英寸)		1/4	3/8	1/2	3/4	1	$1\frac{1}{4}$	$1\frac{1}{2}$	2	$2\frac{1}{2}$	3
每英寸牙数	n	19		14		11					
螺距	P	1.337		1.814		2.309					
大径	$d=D$	13.157	16.662	20.955	26.441	33.249	41.910	47.803	59.614	75.184	87.884
中径	$d_2=D_2$	12.301	15.806	19.793	25.279	31.770	40.431	46.324	58.135	73.705	86.405
小径	$d_1=D_1$	11.445	14.950	18.631	24.117	30.291	38.952	44.845	56.656	72.226	84.926

注：公称直径的范围为 1/16 英寸到 6 英寸，本表仅选一部分。

4. 螺纹的分类

(1) 根据螺纹牙型可分为普通螺纹、梯形螺纹、管螺纹等。

(2) 根据螺纹的用途可分为连接螺纹与传动螺纹。普通螺纹及圆柱管螺纹、圆锥管螺纹等属于连接螺纹；梯形螺纹、锯齿形螺纹、矩形螺纹(方牙螺纹)等属于传动螺纹。

(3) 根据螺纹的基本要素已标准化的程度可分为标准螺纹和非标准螺纹：凡牙型、公称直径、螺距均符合标准的称为标准螺纹，如普通螺纹、梯形螺纹、锯齿形螺纹、圆柱管螺纹等；若牙型不符合标准，则称为非标准螺纹，最常见的有矩形螺纹。牙型符合标准，螺距不符合标准的，称为特殊螺纹。

二、螺纹的规定画法

若按螺纹的真实形状进行正投影，则画图工作量很大，实际上也不必要。为了简化作图，国家标准规定对螺纹采用规定画法。

1. 单个螺纹的画法

(1) 规定螺纹的牙顶画粗实线、牙底画细实线。在平行于螺纹轴线的视图中，螺杆上的细实线应画入倒角；在垂直于螺纹轴线的视图中，表示牙底的细实线圆只画出约 3/4 圈，其余 1/4 圈开口位置不限，如图 8-8 所示。

① 外螺纹：在视图中大径画粗实线，小径画细实线，如图 8-8(a)、(b)所示。小径可查表画出，也可近似取 0.85 倍的大径数值画出。

② 内螺纹：当螺孔剖开时，大径画细实线，小径画粗实线，如图 8-8(c)所示。当螺孔不剖开时，大径与小径均可不画出，必要时则全部画成细虚线，如图 8-8(d)所示。(螺纹

不通孔剖开时的画法如图 8 - 30 所示。)

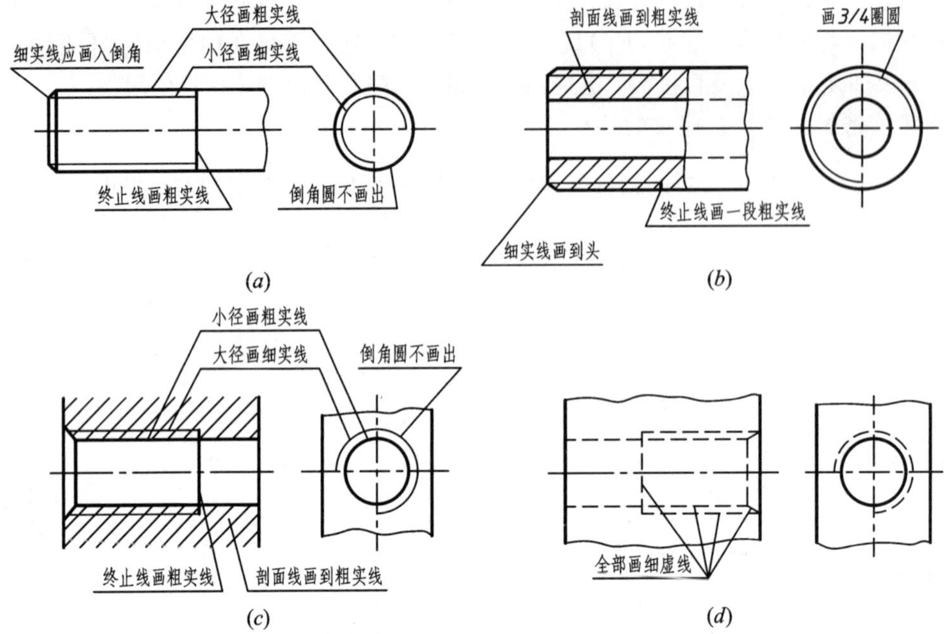

图 8 - 8 单个螺纹的规定画法

(*a*) 外螺纹画法；(*b*) 外螺纹剖开画法；(*c*) 内螺纹剖开画法；(*d*) 内螺纹不剖时画法

(2) 内、外螺纹上表示中径的线不画。

(3) 完整螺纹的终止线(简称螺纹终止线)用粗实线绘制，如图 8 - 8(*a*)、(*c*)所示。当外螺纹剖开时，终止线只画一小段粗实线，如图 8 - 8(*b*)所示。

(4) 牙型不完整的螺纹，即通常称为螺纹收尾的部分，在视图中一般不画出。

(5) 倒角在平行于螺纹轴线的视图中按投影画出，在螺杆上细实线应画入倒角以内；在垂直于螺纹轴线的视图中，为不影响螺纹的表达，规定倒角圆投影不画。

(6) 圆锥形螺纹画法如图 8 - 9 所示。在垂直于螺纹轴线的视图中，只应画出一个 3/4 圈的细实线圆。

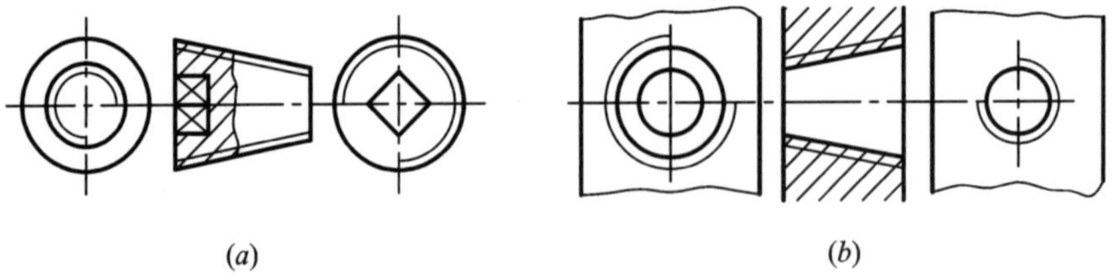

图 8 - 9 圆锥形螺纹的画法

(*a*) 外螺纹画法；(*b*) 内螺纹画法

(7) 螺纹孔相交时，其画法如图 8 - 10 所示。

2. 旋合螺纹的画法

旋合部分按外螺纹绘制，非旋合部分按各自的规定画法绘制，如图 8 - 11(*a*)所示。绘

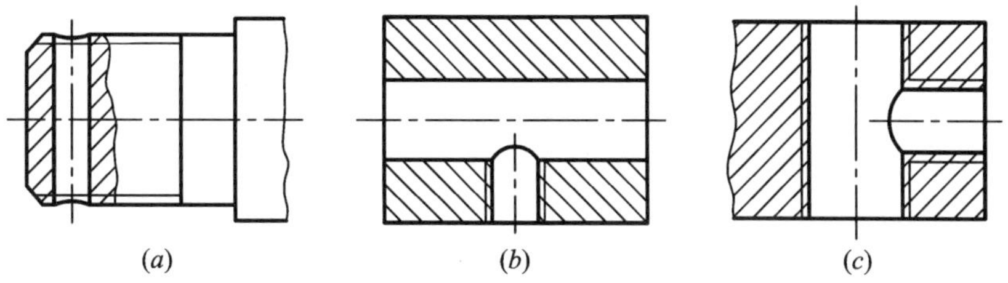

图 8-10　螺纹与孔相交的画法

制时应注意内、外螺纹大径、小径应分别画在同一直线上。

不论是单个螺纹还是旋合螺纹，凡是标准牙型的，一般不画出牙型。如需表示牙型时，可用局部剖视(图 8-11(*b*))或局部放大图(图 8-15)表示。

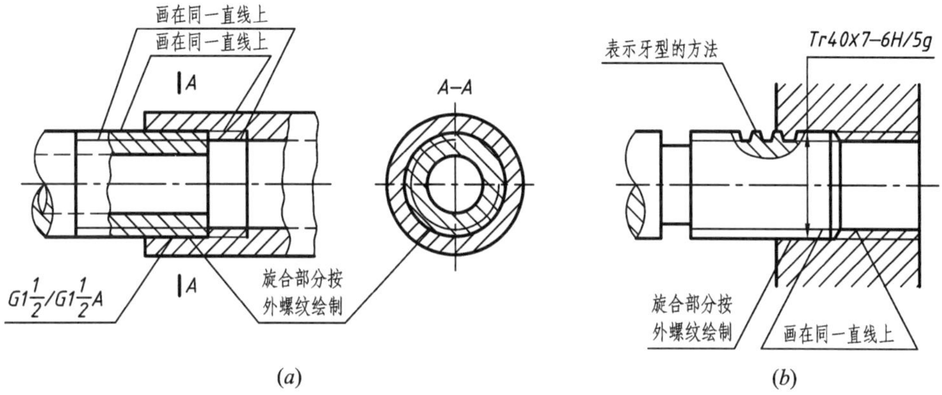

图 8-11　旋合螺纹的画法

三、螺纹的规定标记及其在图样上的注法

按规定画法绘制的螺纹，不能完全表示出螺纹的基本要素及尺寸，故还需在图样上用规定标记对螺纹进行标注。

1. 螺纹的规定标记

(1) 普通螺纹的标记：根据国家标准 GB/T 197—2003 的规定，普通螺纹的完整标记由螺纹代号、螺纹公差带代号、螺纹旋合长度代号和旋向代号组成。螺纹代号由螺纹特征代号、公称直径和螺距组成。普通螺纹的标记顺序如下：

螺纹特征代号、公称直径(×螺距)—螺纹公差带代号—旋合长度代号—旋向

在螺纹标记中，代表螺纹种类的代号(即牙型符号)称为螺纹特征代号，普通螺纹的特征代号为 M，公称直径即大径，粗牙普通螺纹的螺距不标，右旋螺纹的旋向不标，左旋螺纹的旋向标 LH。

螺纹公差带代号包括中径公差带代号与顶径(指外螺纹大径和内螺纹小径)公差带代号。公差带代号由表示公差等级的数字和表示公差带位置的字母组成，例如 6H、8g 等。外螺纹大径 d 的公差等级数字有 4、6、8 共三级，外螺纹中径 d_2 的公差等级数字有 3、4、5、6、7、8、9 共七级；内螺纹小径 D_1 和中径 D_2 公差等级数字均为 4、5、6、7、8 共五级。内螺纹公差带位置有 G、H 两种，外螺纹公差带位置有 c、f、g、h 四种，但使用最多的公差带

代号，内螺纹是 6H，外螺纹是 6g，它们旋合在一起形成略有间隙的配合。当顶径和中径公差带相同时，只标注一个公差带代号。

螺纹旋合长度分为三组，分别称为短旋合长度、中等旋合长度和长旋合长度，相应的代号分别为 S、N、L。其中使用最多的是中等旋合长度(N 组)。对于粗牙螺纹，中等旋合长度的范围是 $0.5d \sim 1.5d$，小于 $0.5d$ 的为 S 组，大于 $1.5d$ 的为 L 组。在一般情况下，不标注螺纹旋合长度，此时旋合长度按中等旋合长度确定(即“N”不标注)。必要时，在螺纹公差带代号之后加注旋合长度代号 S 或 L。有特殊要求时，可注出旋合长度具体数值。

标记举例：

M10—5g6g	表示粗牙普通螺纹(不注螺距)，公称直径 10 mm，右旋(不注“右”字)，5g 是该外螺纹中径公差带代号，6g 是该外螺纹大径公差带代号。
M20×2—7H—L—LH	表示细牙普通螺纹(用“公称直径×螺距”表示)，公称直径20 mm，螺距 2 mm，左旋，该内螺纹中径公差带代号与小径公差带代号都是 7H，需按长旋合长度来考虑制造工艺。
M16—6H/6g	表示内、外螺纹旋合，其公差带代号用斜线分开，左边是内螺纹公差带代号，右边是外螺纹公差带代号。

(2) 其他螺纹的标记：

① 梯形螺纹的标记。梯形螺纹的标记顺序如下：

螺纹特征代号、公称直径×螺距或导程(*P* 螺距)、旋向—中径公差带代号—旋合长度代号

梯形螺纹特征代号为 Tr，公称直径即外螺纹大径，单线螺纹只注螺距，多线螺纹要注导程和螺距，右旋不标，左旋标注 LH。

梯形螺纹中径公差带代号、旋合长度代号意义与普通螺纹类似。不同的是，梯形螺纹旋合长度分为中等旋合长度和长旋合长度两种，分别用 N 和 L 表示。当旋合长度为中等旋合长度时，N 不标。

标记举例：

Tr40×7	表示单线梯形螺纹(内螺纹或外螺纹)，公称直径 40 mm，螺距 7 mm，右旋。
Tr40×14(*P*7)LH—8e—L	表示双线梯形外螺纹，公称直径 40 mm，导程 14 mm，螺距7 mm，左旋，中径公差带代号为 8e，旋合长度为长旋合长度。
Tr40×7—6H/5g	表示内、外螺纹旋合，6H、5g 分别为内螺纹、外螺纹中径公差带代号。

② 管螺纹的标记。

标记举例：

G$1\frac{1}{2}$—LH	表示非螺纹密封的圆柱内管螺纹(G 为非螺纹密封管螺纹的特征代号)，公称直径(即旋合外螺纹的管子通孔直径)$1\frac{1}{2}$ 英寸，左旋(右旋则不标)。
G1A	表示非螺纹密封的圆柱外管螺纹，公称直径 1 英寸，公差为 A 级(外螺纹公差分 A 级和 B 级，标注外管螺纹时必须注出 A 或 B)。

Rp$1\frac{1}{2}$—LH	表示用螺纹密封的圆柱内管螺纹（Rp 为用螺纹密封圆柱内管螺纹的特征代号），公称直径 $1\frac{1}{2}$ 英寸，左旋。
Rc$1\frac{1}{2}$	表示用螺纹密封的圆锥内管螺纹（Rc 为用螺纹密封圆锥内管螺纹的特征代号），公称直径 $1\frac{1}{2}$ 英寸。
R$1\frac{1}{2}$	表示用螺纹密封的圆锥外管螺纹（R 为用螺纹密封圆锥外管螺纹的特征代号），公称直径 $1\frac{1}{2}$ 英寸。
G$1\frac{1}{2}$/G$1\frac{1}{2}$A	表示非螺纹密封的圆柱内、外管螺纹旋合。
Rc$1\frac{1}{2}$/R$1\frac{1}{2}$	表示用螺纹密封的圆锥内、外管螺纹旋合。
Rp$1\frac{1}{2}$/R$1\frac{1}{2}$	表示用螺纹密封的圆柱内管螺纹与圆锥外管螺纹旋合。

2. 规定标记在图样上的注法

（1）普通螺纹、梯形螺纹、锯齿形螺纹等公制螺纹的标记必须注在螺纹大径的尺寸线上，如图 8－12 所示。

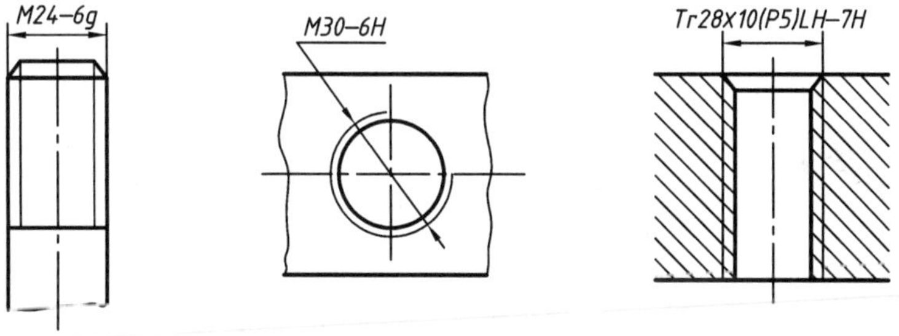

(*a*)　(*b*)　(*c*)

图 8－12　螺纹的标注

（2）圆柱管螺纹、圆锥管螺纹等英制螺纹的标记必须注在从螺纹大径引出的指引线的横线上，如图 8－13 所示。

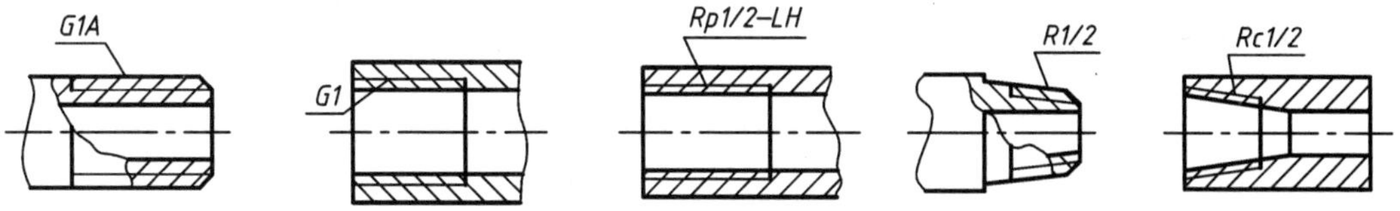

(*a*)　(*b*)

图 8－13　管螺纹的标注

（*a*）非螺纹密封的管螺纹；（*b*）用螺纹密封的管螺纹

（3）特殊螺纹的标注如图 8－14 所示。非标准螺纹必须画出牙型，并注出与结构有关的全部尺寸，如图 8－15 所示。

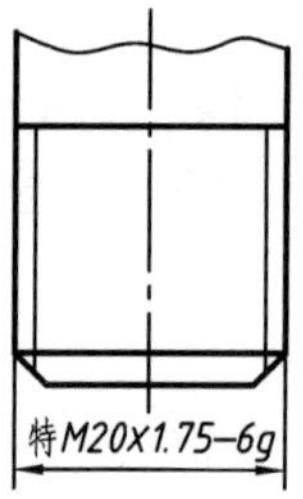

图 8-14　特殊螺纹的标注

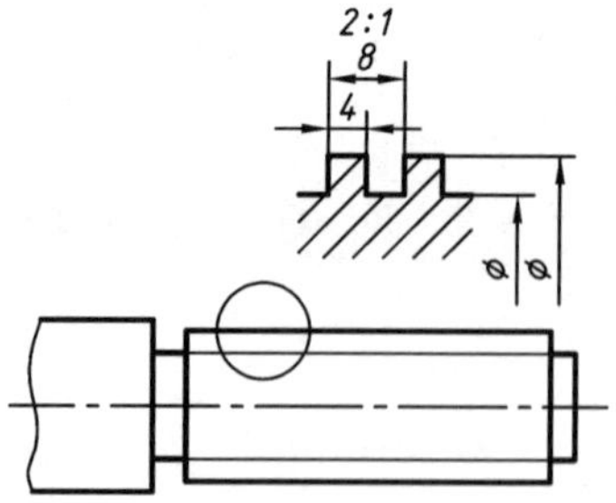

图 8-15　非标准螺纹的标注

(4) 旋合螺纹的标记标注在旋合部分，如图 8-11(*a*)、(*b*)所示。

8.2　螺纹紧固件

通过螺纹起连接作用的零件称为螺纹紧固件，也称螺纹连接件，常用的有螺栓、双头螺柱、螺钉、螺母、垫圈等，如图 8-16 所示。螺纹紧固件是使用较普遍的标准件，国家标准对其结构、型式、尺寸和技术要求等都作了统一的规定。因此，在机械和仪器设计中选用这些标准件时，不必画出它们的零件图，只需写出其标记，以便采购。

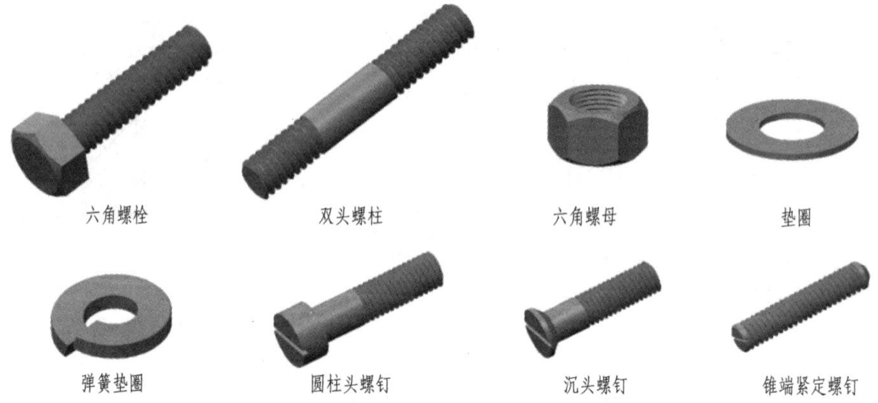

图 8-16　螺纹紧固件

一、螺纹紧固件的规定标记

GB/T 1237—2000 中对紧固件(包括螺纹紧固件、销、铆钉等)的标记方法作了规定。完整标记的内容及排列顺序如下：

名称　标准编号—螺纹规格或公称尺寸(如销的直径及其公差)×其他直径或特性(必要时，如杆径公差)×公称长度(必要时)×螺纹长度或杆长(必要时)—产品型式(必要时)—性能等级或硬度或材料—产品等级(必要时)—扳拧型式(必要时，如十字槽型式)—表面处理(必要时)

在不致引起误解或混乱的前提下，上述标记可简化。其中，标准编号中的年代号及其前面的“—”允许全部或部分省略，省略年代号的标准应以现行标准为准。本书紧固件的规定标记采用简化标记。

二、螺栓、螺母、垫圈、双头螺柱、螺钉的标记及尺寸

1. 螺栓

螺栓由杆部及头部组成。杆部刻有螺纹，以便与螺母旋合；头部按使用条件不同制成不同的形状，最常用的是六棱柱形，称为六角头螺栓。

六角头螺栓的视图及标记如图 8 - 17 所示。按照规定标记可在相应的国家标准中（见表 8 - 4）查得螺栓的有关尺寸。

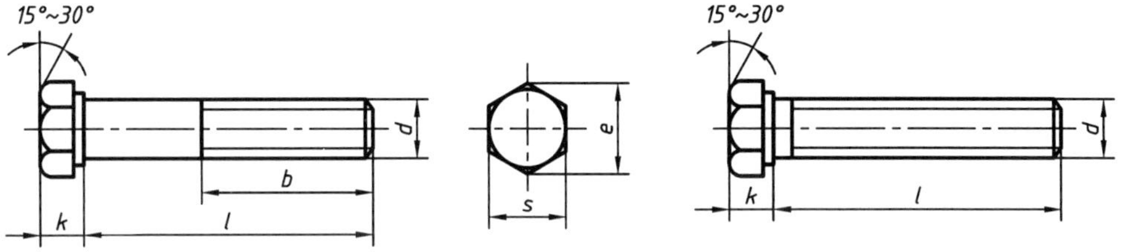

六角头螺栓(GB/T 5782—2016)　　六角头螺栓 全螺纹(GB/T 5783—2016)

图 8 - 17　螺栓

标记示例：

螺纹规格 d=M12、公称长度 l=80 mm、性能等级为 8.8 级、表面氧化、产品等级为 A 级的六角头螺栓，其标记为

螺栓 GB/T 5782 M12×80

表 8 - 4　六角头螺栓（摘自 GB/T 5782—2016、GB/T 5783—2016）

单位：mm

螺纹规格 d			M3	M4	M5	M6	M8	M10	M12	M16	M20	M24	M30	M36
b (GB/T 5782)	l≤125		12	14	16	18	22	26	30	38	46	54	66	—
	125<l≤200		18	20	22	24	28	32	36	44	52	60	72	84
	l>200		31	33	35	37	41	45	49	57	65	73	85	97
e min	产品等级	A	6.01	7.66	8.79	11.05	14.38	17.77	20.03	26.75	33.53	39.98	—	—
		B	5.88	7.5	8.63	10.89	14.20	17.59	19.85	26.17	32.95	39.55	50.85	60.79
k(公称)			2	2.8	3.5	4	5.3	6.4	7.5	10	12.5	15	18.7	22.5
s 公称=max			5.5	7	8	10	13	16	18	24	30	36	46	55
公称长度 l	GB/T 5782		20～30	25～40	25～50	30～60	40～80	45～100	50～120	65～160	80～200	90～240	110～300	140～360
	GB/T 5783		6～30	8～40	10～50	12～60	16～80	20～100	25～120	30～200	40～200	50～200	60～200	70～200
l 系列			6，8，10，12，16，20，25，30，35，40，45，50，(55)，60，(65)，70，80，90，100，110，120，130，140，150，160，180，200，220，240，260，280，300，320，340，360											

注：① 螺纹规格小于 M3 及大于 M36 的未列入，尽可能不采用的规格也未列入。

② 螺杆倒角尺寸可查表 8 - 14。

③ 螺杆上光杆部分直径等于螺纹大径。

2. 螺母

螺母有六角形、方形、六角槽形等多种型式，其孔内刻有螺纹，以便与螺栓或双头螺柱等旋合。螺母的视图及规定标记如图 8－18 所示。按照规定标记可在相应的国家标准中(见表 8－5)查得螺母的有关尺寸。

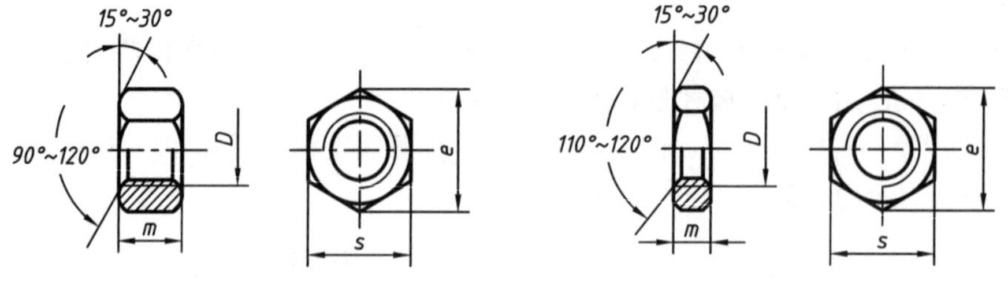

Ⅰ型六角螺母(GB/T 6170–2015)　　六角薄螺母(GB/T 6172.1–2016)

图 8－18　螺母

标记示例：

螺纹规格 D=M12、性能等级为 8 级、不经表面处理、产品等级为 A 级的Ⅰ型六角螺母,其标记为

螺母 GB/T 6170 M12

表 8－5　六角螺母(摘自 GB/T 6170—2015、GB/T 6172.1—2016)

单位：mm

螺纹规格 D		M3	M4	M5	M6	M8	M10	M12	M16	M20	M24	M30	M36
e	min	6.01	7.66	8.79	11.05	14.38	17.77	20.03	26.75	32.95	39.55	50.85	60.79
m max	GB/T 6170	2.4	3.2	4.7	5.2	6.8	8.4	10.8	14.8	18	21.5	25.6	31
	GB/T 6172.1	1.8	2.2	2.7	3.2	4	5	6	8	10	12	15	18
s 公称=max		5.5	7	8	10	13	16	18	24	30	36	46	55

注：螺纹规格小于 M3 及大于 M36 的未列入，尽可能不采用的规格也未列入。

3. 垫圈

垫圈有平垫圈、弹簧垫圈等多种型式。平垫圈可保护被连接件表面，弹簧垫圈则具有防松作用。垫圈的视图及标记如图 8－19、图 8－20 所示。

按照规定标记，可由表 8－6、表 8－7 查得垫圈有关尺寸。垫圈的公称尺寸是指配套使用的螺纹大径，查表所得垫圈孔径 d_1 大于公称尺寸。

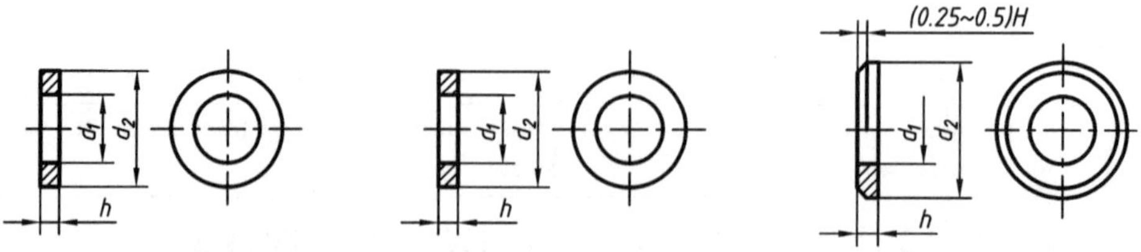

小垫圈—A级(GB/T 848–2002)　　平垫圈—A级(GB/T 97.1–2002)　　平垫圈—倒角型—A级(GB/T 97.2–2002)

图 8－19　平垫圈

标记示例：

公称尺寸 d=8 mm、性能等级为 140HV 级、不经表面处理的平垫圈，其标记为

垫圈　GB/T 97.1 8

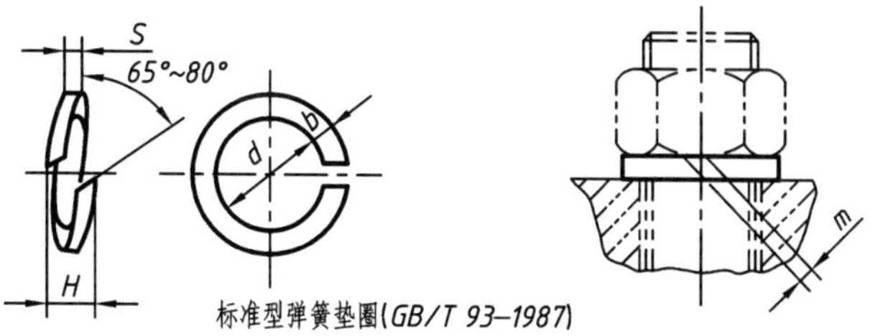

标准型弹簧垫圈(GB/T 93—1987)
轻型弹簧垫圈(GB/T 859—1987)

图 8-20　弹簧垫圈

标记示例：

规格 16 mm、材料为 65Mn、表面氧化的标准型弹簧垫圈，其标记为

垫圈　GB/T 93 16

表 8-6　小垫圈、平垫圈(摘自 GB/T 848—2002、GB/T 97.1—2002、GB/T 97.2—2002)　单位：mm

公称尺寸（螺纹规格 d）		1.6	2	2.5	3	4	5	6	8	10	12	14	16	20	24	30	36
d_1 min	GB/T 848 GB/T 97.1	1.7	2.2	2.7	3.2	4.3	5.3	6.4	8.4	10.5	13	15	17	21	25	31	37
	GB/T 97.2	—	—	—	—	—	5.3	6.4	8.4	10.5	13	15	17	21	25	31	37
d_2 max	GB/T 848	3.5	4.5	5	6	8	9	11	15	18	20	24	28	34	39	50	60
	GB/T 97.1	4	5	6	7	9	10	12	16	20	24	28	30	37	44	56	66
	GB/T 97.2	—	—	—	—	—											
h	GB/T 848	0.3	0.3	0.5	0.5	0.5	1	1.6	1.6	1.6	2	2.5	2.5	3	4	4	5
	GB/T 97.1	0.3	0.3	0.5	0.5	0.8	1	1.6	1.6	2	2.5	2.5	3	3	4	4	5
	GB/T 97.2	—	—	—	—	—											

表 8-7　弹簧垫圈(摘自 GB/T 93—1987、GB/T 859—1987)　单位：mm

规格(螺纹大径)		3	4	5	6	8	10	12	(14)	16	(18)	20	(22)	24	(27)	30
d min		3.1	4.1	5.1	6.1	8.1	10.2	12.2	14.2	16.2	18.2	20.2	22.5	24.5	27.5	30.5
H max	GB/T 93	2	2.75	3.25	4	5.25	6.5	7.75	9	10.25	11.25	12.5	13.75	15	17	18.75
	GB/T 859	1.5	2	2.75	3.25	4	5	6.25	7.5	8	9	10	11.25	12.5	13.75	15
$S(b)$ 公称	GB/T 93	0.8	1.1	1.3	1.6	2.1	2.6	3.1	3.6	4.1	4.5	5	5.5	6	6.8	7.5
S 公称	GB/T 859	0.6	0.8	1.1	1.3	1.6	2	2.5	3	3.2	3.6	4	4.5	5	5.5	6
$m\leqslant$	GB/T 93	0.4	0.55	0.65	0.8	1.05	1.3	1.55	1.8	2.05	2.25	2.5	2.75	3	3.4	3.75
	GB/T 859	0.3	0.4	0.55	0.65	0.8	1	1.25	1.5	1.6	1.8	2	2.25	2.5	2.75	3
b 公称	GB/T 859	1	1.2	1.5	2	2.5	3	3.5	4	4.5	5	5.5	6	7	8	9

注：① 括号内的规格尽可能不采用。② m 应大于零。③ 标准型弹簧垫圈规格小于 3 及大于 30 的未列入。

4. 双头螺柱

双头螺柱是两端均刻有螺纹的紧固件。一端旋入被连接件的螺孔内，称为旋入端(长为 b_m)；另一端与螺母旋合，称为紧固端(长为 b)。双头螺柱常用于被连接件之一较厚的情况。双头螺柱的视图及标记如图 8－21 所示，按照规定标记可由表 8－8 查得它的有关尺寸。

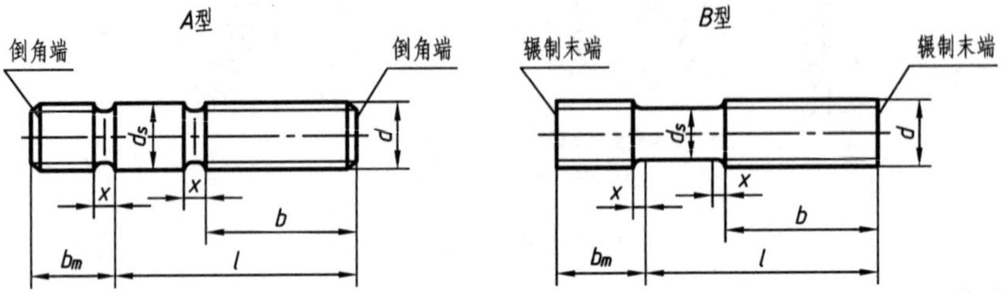

图 8－21 双头螺柱

标记示例：

两端均为粗牙普通螺纹，d＝10 mm、l＝50 mm、性能等级为 4.8 级、B 型、b_m＝1d 的双头螺柱，其标记为

螺柱 GB/T 897 M10×50

表 8－8 双 头 螺 柱 单位：mm

螺纹规格 d		M5	M6	M8	M10	M12	M16	M20	M24	M30	M36	M42
b_m 公称	GB/T 897	5	6	8	10	12	16	20	24	30	36	42
	GB/T 898	6	8	10	12	15	20	25	30	38	45	52
	GB/T 899	8	10	12	15	18	24	30	36	45	54	65
	GB/T 900	10	12	16	20	24	32	40	48	60	72	84
d_s		5	6	8	10	12	16	20	24	30	36	42
x		1.5P	1.5P	1.5P	1.5P	1.5P	1.5P	1.5P	1.5P	1.5P	1.5P	1.5P
$\frac{l}{b}$ (l 为公称长度)		$\frac{16\sim22}{10}$ $\frac{25\sim50}{16}$	$\frac{20\sim22}{10}$ $\frac{25\sim30}{14}$ $\frac{32\sim75}{18}$	$\frac{20\sim22}{12}$ $\frac{25\sim30}{16}$ $\frac{32\sim90}{22}$	$\frac{25\sim28}{14}$ $\frac{30\sim38}{16}$ $\frac{40\sim120}{26}$ $\frac{130}{32}$	$\frac{25\sim30}{16}$ $\frac{32\sim40}{20}$ $\frac{45\sim120}{30}$ $\frac{130\sim180}{36}$	$\frac{30\sim38}{20}$ $\frac{40\sim55}{30}$ $\frac{60\sim120}{38}$ $\frac{130\sim200}{44}$	$\frac{35\sim40}{25}$ $\frac{45\sim65}{35}$ $\frac{70\sim120}{46}$ $\frac{130\sim200}{52}$	$\frac{45\sim50}{30}$ $\frac{55\sim75}{45}$ $\frac{80\sim120}{54}$ $\frac{130\sim200}{60}$	$\frac{60\sim65}{40}$ $\frac{70\sim90}{50}$ $\frac{95\sim120}{60}$ $\frac{130\sim200}{72}$ $\frac{210\sim250}{85}$	$\frac{65\sim75}{45}$ $\frac{80\sim110}{60}$ $\frac{120}{78}$ $\frac{130\sim200}{84}$ $\frac{210\sim300}{91}$	$\frac{70\sim80}{50}$ $\frac{85\sim110}{70}$ $\frac{120}{90}$ $\frac{130\sim200}{96}$ $\frac{210\sim300}{109}$
l 系列		16,(18),20,(22),25,(28),30,(32),35,(38),40,45,50,(55),60,(65),70,(75),80,(85),90,(95),100,110,120,130,140,150,160,170,180,190,200,210,220,230,240,250,260,280,300										

注：① P 是粗牙螺纹的螺距。
② 对 B 型螺柱，d_s≈螺纹中径。
③ 螺杆倒角尺寸可查表 8－14。
④ 螺纹规格为 M14、M18、M22、M27、M33、M39、M48 的螺柱未列入。

双头螺柱旋入端的长度有四种：

$$b_m = 1d(\text{GB/T } 897-1988)$$
$$b_m = 1.25d(\text{GB/T } 898-1988)$$
$$b_m = 1.5d(\text{GB/T } 899-1988)$$
$$b_m = 2d(\text{GB/T } 900-1988)$$

双头螺柱旋入端的长度 b_m 按旋入零件的强度决定。不同材料的零件需使用不同旋入端长度的双头螺柱，而这些 b_m 不同的双头螺柱都有相应的国家标准：

零件材料是钢或青铜时　　$b_m = 1d$(GB/T 897—1988)
零件材料是铸铁时　　$b_m = 1.25d$(GB/T 898—1988)
零件材料强度在铸铁与铝之间时　　$b_m = 1.5d$(GB/T 899—1988)
零件材料是纯铝时　　$b_m = 2d$(GB/T 900—1988)

5. 螺钉

螺钉用在受力不大且不常拆卸的地方。按螺钉的用途可分为起连接作用的连接螺钉和限制两零件相对运动的紧定螺钉。在连接螺钉中，自攻螺钉在印制电路板、电子设备及仪器机芯、电器及仪器设备外壳等安装中使用较多。自攻螺钉用于两种非金属(如塑料、纤维)零件之间的连接，它是通过挤压力拧入被连接零件而实现连接的。

几种常见的螺钉型式及规定标记如图 8-22～图 8-24 所示，其相应尺寸见表 8-9～表 8-13。螺钉的螺杆上有光杆时，光杆直径等于螺纹大径或近似等于中径。

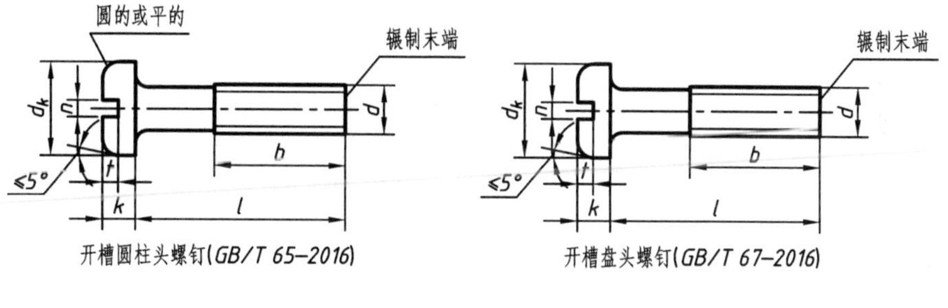

图 8-22　开槽圆柱头螺钉、开槽盘头螺钉

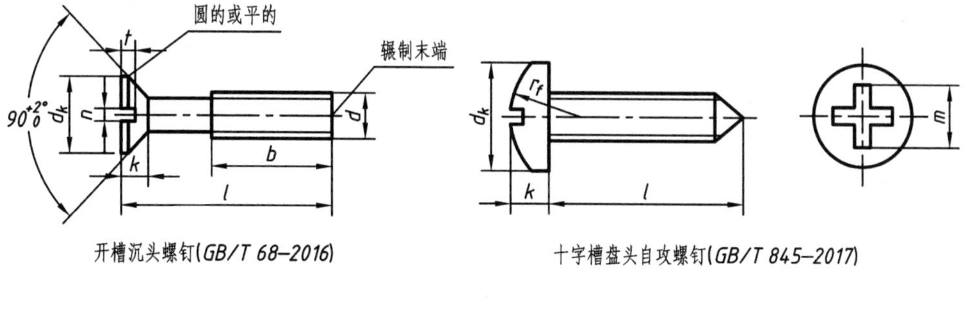

图 8-23　开槽沉头螺钉、十字槽盘头自攻螺钉

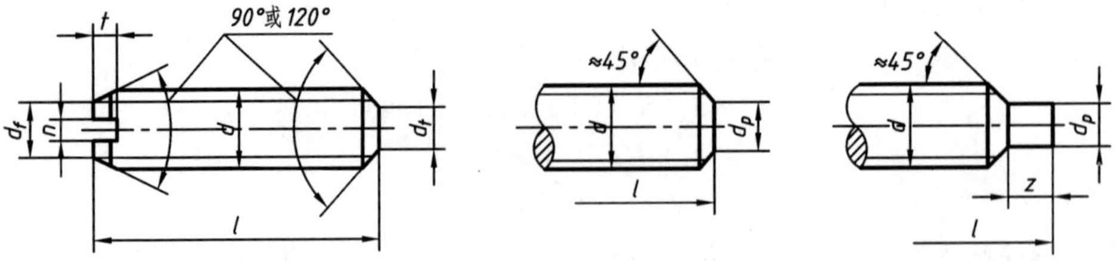

图 8-24 紧定螺钉

标记示例:

螺纹规格 d=M5、公称长度 l=20 mm、性能等级为 4.8 级、不经表面处理的 A 级开槽圆柱头螺钉,其标记为

螺钉 GB/T 65 M5×20

标记示例:

螺纹规格 d=M5、公称长度 l=20 mm、性能等级为 4.8 级、不经表面处理的 A 级开槽沉头螺钉,其标记为

螺钉 GB/T 68 M5×20

螺纹规格 ST3.5、公称长度 l=16 mm、H 型槽、镀锌钝化的 C 型十字槽盘头自攻螺钉,其标记为

自攻螺钉 GB/T 845 ST3.5×16

标记示例:

螺纹规格 d=M5、公称长度 l=12 mm、性能等级为 14H 级、表面氧化的开槽锥端紧定螺钉,其标记为

螺钉 GB/T 71 M5×12

螺纹规格 d=M8、公称长度 l=20 mm、性能等级为 14H 级、表面氧化的开槽长圆柱端紧定螺钉,其标记为

螺钉 GB/T 75 M8×20

表 8-9 开槽圆柱头螺钉(摘自 GB/T 65—2016) 单位:mm

螺纹规格 d	M1.6	M2	M2.5	M3	(M3.5)	M4	M5	M6	M8	M10
b min	25	25	25	25	38	38	38	38	38	38
d_k 公称=max	3.0	3.8	4.5	5.5	6	7	8.5	10	13	16
k 公称=max	1.1	1.4	1.8	2	2.4	2.6	3.3	3.9	5	6
n 公称	0.4	0.5	0.6	0.8	1	1.2	1.2	1.6	2	2.5
t min	0.45	0.6	0.7	0.85	1	1.1	1.3	1.6	2	2.4
公称长度 l	2~16	3~20	3~25	4~30	5~35	5~40	6~50	8~60	10~80	12~80
l 系列	5, 6, 8, 10, 12, (14), 16, 20, 25, 30, 35, 40, 45, 50, (55), 60, (65), 70, (75), 80									

注:① 括号内的规格尽可能不采用。② 螺纹规格 $d \leqslant$ M4 的螺钉,制出全螺纹;螺纹 $d >$ M4 且公称长度 $\leqslant$ 40 mm 以内的螺钉,制出全螺纹。

表 8-10　开槽盘头螺钉(摘自 GB/T 67—2016)　　单位：mm

螺纹规格 d	M1.6	M2	M2.5	M3	(M3.5)	M4	M5	M6	M8	M10
b　min	25	25	25	25	38	38	38	38	38	38
d_k　公称=max	3.2	4	5	5.6	7	8	9.5	12	16	20
k　公称=max	1	1.3	1.5	1.8	2.1	2.4	3	3.6	4.8	6
n　公称	0.4	0.5	0.6	0.8	1	1.2	1.2	1.6	2	2.5
t　min	0.35	0.5	0.6	0.7	0.8	1	1.2	1.4	1.9	2.4
公称长度 l	2～16	2.5～20	3～25	4～30	5～35	5～40	6～50	8～60	10～80	12～80
l 系列	2，2.5，3，4，5，6，8，10，12，(14)，16，20，25，30，35，40，45，50，(55)，60，(65)，70，(75)，80									

注：① 括号内的规格尽可能不采用。

② 螺纹规格 d≤M4 的螺钉，制出全螺纹；螺纹规格 d>M4 且公称长度≤40 mm 以内的螺钉，制出全螺纹。

表 8-11　开槽沉头螺钉(摘自 GB/T 68—2016)　　单位：mm

螺纹规格 d	M1.6	M2	M2.5	M3	(M3.5)	M4	M5	M6	M8	M10
b　min	25	25	25	25	38	38	38	38	38	38
d_k　max	3.6	4.4	5.5	6.3	8.2	9.4	10.4	12.6	17.3	20
k　公称=max	1	1.2	1.5	1.65	2.35	2.7	2.7	3.3	4.66	5
n　公称	0.4	0.5	0.6	0.8	1	1.2	1.2	1.6	2	2.5
t　min	0.32	0.4	0.5	0.6	0.9	1	1.1	1.2	1.8	2
公称长度 l	2.5～16	3～20	4～25	5～30	6～35	6～40	8～50	8～60	10～80	12～80
l 系列	2.5，3，4，5，6，8，10，12，(14)，16，20，25，30，35，40，45，50，(55)，60，(65)，70，(75)，80									

注：① 括号内的规格尽可能不采用。

② 螺纹规格 d≤M4 的螺钉，制出全螺纹；螺纹规格 d>M4 且公称长度≤45 mm 以内的螺钉，制出全螺纹。

表 8-12　十字槽盘头自攻螺钉(摘自 GB/T 845—2017)　　单位：mm

螺纹规格 d	ST2.2	ST2.9	ST3.5	ST4.2	ST4.8	ST5.5	ST6.3	ST8	ST9.5
P(螺距)	0.8	1.1	1.3	1.4	1.6	1.8	1.8	2.1	2.1
d_k　max	4	5.6	7	8	9.5	11	12	16	20
k　max	1.6	2.4	2.6	3.1	3.7	4	4.6	6	7.5
r_f≈	3.2	5	6	6.5	8	9	10	13	16
m	1.9	3	3.9	4.4	4.9	6.4	6.9	9	10.1
公称长度 l	4.5～16	6.5～19	9.5～25	9.5～32	9.5～38	13～38	13～38	16～50	16～50
l 系列	4.5，6.5，9.5，13，16，19，22，25，32，38，45，50								

注：十字槽盘头自攻螺钉螺杆末端分 C 型(尖端)和 F 型(平端)两种；十字槽形状有 H 型和 Z 型(暂不推荐使用)两种。本表尺寸 m 适应于 H 型十字槽。

表 8-13 紧定螺钉(摘自 GB/T 71—2018、GB/T 73—2017、GB/T 75—2018)

单位：mm

螺纹规格 d		M1.6	M2	M2.5	M3	M4	M5	M6	M8	M10	M12
n 公称		0.25	0.25	0.4	0.4	0.6	0.8	1	1.2	1.6	2
t max		0.74	0.84	0.95	1.05	1.42	1.63	2	2.5	3	3.6
d_t		0.16	0.2	0.25	0.3	0.4	0.5	1.5	2	2.5	3
d_p max		0.8	1	1.5	2	2.5	3.5	4	5.5	7	8.5
z max		1.05	1.25	1.25	1.75	2.25	2.75	3.25	4.3	5.3	6.3
公称长度 l	GB/T 71	2～8	3～10	3～12	4～16	6～20	8～25	8～30	10～40	12～50	14～60
	GB/T 73	2～8	2～10	2.5～12	3～16	4～20	5～25	6～30	8～40	10～50	12～60
	GB/T 75	2.5～8	3～10	4～12	5～16	6～20	8～25	8～30	10～40	12～50	14～60
l 系列		2, 2.5, 3, 4, 5, 6, 8, 10, 12, (14), 16, 20, 25, 30, 35, 40, 45, 50, (55), 60									

注：① 括号内的规格尽可能不采用。

② 紧定螺钉头部倒角圆直径 d_f 近似等于螺纹小径。

8.3 螺纹紧固件的连接及连接画法

一、连接件及被连接件的常见结构

1. 螺纹末端及倒角

为了便于内外螺纹旋合时对中及防止损坏端部螺纹，国家标准对螺纹末端及倒角均作了相应的规定。

(1) 螺栓、螺柱及螺钉的末端型式与尺寸(根据 GB/T 2—2016 规定)如图 8-25 所示。

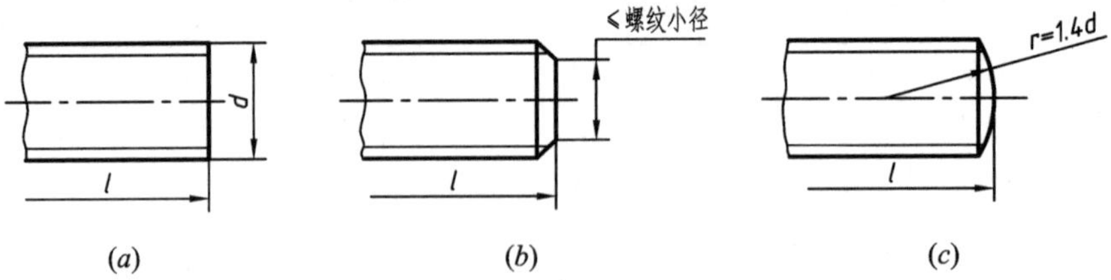

图 8-25 螺栓、螺柱及螺钉的末端型式与尺寸

(*a*) 平端；(*b*) 倒角端；(*c*) 倒圆端

(2) 普通螺纹外螺纹末端倒角规定为$c\times45°$，如图 8-26(*a*)所示；也允许制成 30°或 60°倒角，此时倒角深约等于螺纹深度。c 的数值与螺距 P 有关，可在 GB/T 3—1997(见表 8-14)中查得。同时，GB/T 3—1997 还规定普通螺纹内螺纹倒角为 120°锥角，且大端直径

不大于 1.05D，如图 8－26(b)所示；也允许倒角制成 90°锥角。

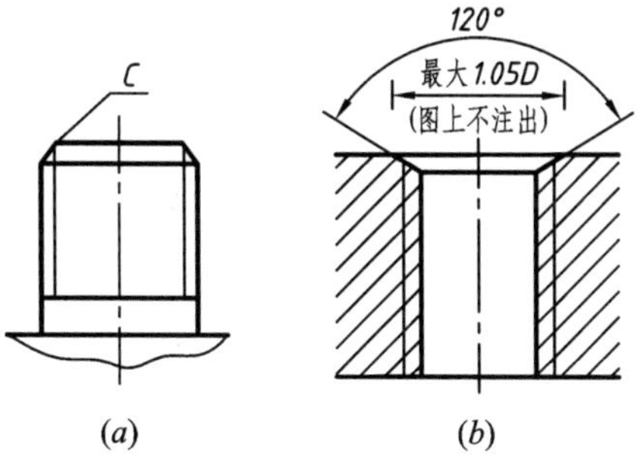

图 8－26　普通螺纹的倒角
(a) 外螺纹；(b) 内螺纹

2. 螺纹收尾、退刀槽和肩距

加工螺纹时，由于工艺上的原因，在结束螺纹加工时不可避免地会形成一段螺纹深度逐渐变浅、牙型不完整的部分，这一段牙型不完整的螺纹称为螺纹收尾。按规定，螺纹收尾在图中可不画出，必要时也可以用细实线画成与轴线成 30°角的斜线，如图8－27 所示。具有完整牙型的螺纹长度称为有效长度，画图时在有效长度终止处画出一条粗实线即螺纹终止线，标注螺纹长度时是指有效长度。

如果不希望有螺纹收尾，则需在坯料上螺纹有效长度之后预先加工出一个深度大于螺纹牙高的环形槽，此槽称为螺纹退刀槽，如图 8－28 所示。用退刀槽消除了不完整牙型部分，即可使其余部分均为完整的牙型。退刀槽的宽度一般大于螺纹收尾长度，其尺寸见表 8－14。

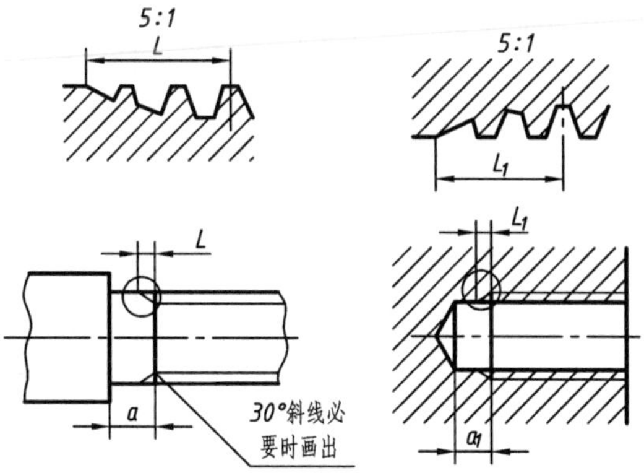

图 8－27　螺纹收尾和肩距

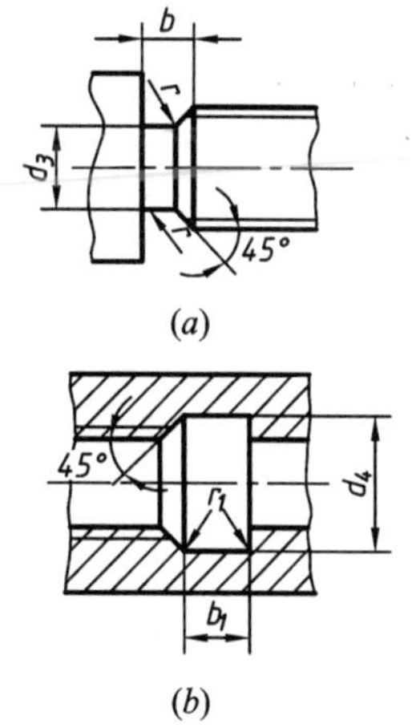

图 8－28　螺纹退刀槽
(a) 外螺纹；(b) 内螺纹

在台阶轴较细部分上加工外螺纹，或在不通的孔内加工内螺纹，同样由于工艺原因不能在轴或孔上全部加工出有效螺纹，需留出一段称为肩距的距离。肩距是螺纹收尾与螺纹空白的总长。外螺纹肩距用字母 a 表示，内螺纹肩距用字母 a_1 表示，如图 8－27 所示，其尺寸见表 8－14。

表 8-14 普通螺纹的螺纹收尾、肩距、退刀槽、倒角(摘自 GB/T 3—1997) 单位：mm

螺距 P	粗牙螺纹大径 $d(D)$	外螺纹										内螺纹							
		螺纹收尾 L（不大于）		肩距 a（不大于）			退刀槽				倒角 c	螺纹收尾 L_1（不大于）		肩距 a_1（不大于）		退刀槽			
							b		$r\approx$	d_3						b_1		$r_1\approx$	d_4
		一般	短的	一般	长的	短的	一般	窄的				一般	长的	一般	长的	一般	窄的		
0.5	3	1.25	0.7	1.5	2	1	1.5	1	0.5P	$d-0.8$	0.5	1	1.5	3	4	2	1.5	0.5P	$d+0.3$
0.6	3.5	1.5	0.75	1.8	2.4	1.2	1.8			$d-1$		1.2	1.8	3.2	4.8				
0.7	4	1.75	0.9	2.1	2.8	1.4	2.1			$d-1.1$	0.6	1.4	2.1	3.5	5.6	3			
0.75	4.5	1.9	1	2.25	3	1.5	2.25			$d-1.2$		1.5	2.3	3.8	6		2		
0.8	5	2		2.4	3.2	1.6	2.4			$d-1.3$	0.8	1.6	2.4	4	6.4				
1	6;7	2.5	1.25	3	4	2	3	1.5		$d-1.6$	1	2	3	5	8	4	2.5		$d+0.5$
1.25	8	3.2	1.6	4	5	2.5	3.75			$d-2$	1.2	2.5	3.8	6	10	5	3		
1.5	10	3.8	1.9	4.5	6	3	4.5	2.5		$d-2.3$	1.5	3	4.5	7	12	6	4		
1.75	12	4.3	2.2	5.3	7	3.5	5.25			$d-2.6$	2	3.5	5.2	9	14	7			
2	14;16	5	2.5	6	8	4	6	3.5		$d-3$		4	6	10	16	8	5		
2.5	18;20;22	6.3	3.2	7.5	10	5	7.5			$d-3.6$	2.5	5	7.5	12	18	10	6		
3	24;27	7.5	3.8	9	12	6	9	4.5		$d-4.4$		6	9	14	22	12	7		
3.5	30;33	9	4.5	10.5	14	7	10.5			$d-5$	3	7	10.5	16	24	14	8		
4	36;39	10	5	12	16	8	12	5.5		$d-5.7$		8	12	18	26	16	9		

注：① 设计时应优先选取一般肩距尺寸、一般退刀槽尺寸，长的或短的肩距尺寸、窄的退刀槽尺寸只在结构需要时采用。

② 细牙螺纹按本表螺距 P 选取。

3. 螺纹不通孔的画法和尺寸注法

螺纹连接中常在较厚的被连接件上加工出不通的螺纹孔，以供装配时旋入螺钉或双头螺柱。通常，加工小直径的螺纹不通孔时，首先用钻头钻出一个接近螺纹小径的盲孔(即不通孔)，再用丝锥攻出内螺纹，如图 8－29 所示。由于钻头端部是 118°锥面，故钻孔底部也有一个 118°的锥孔，简化画成 120°。

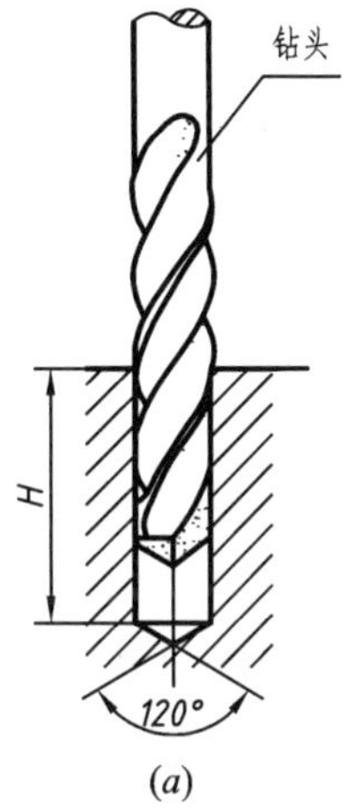

图 8－29　螺纹不通孔的加工

(a) 钻出的孔；(b) 攻出的内螺纹

钻孔深度 H 等于螺纹有效深度 h 加肩距 a_1，即 $H=h+a_1$(图 8－30)，而螺纹有效深度 h 一般按外螺纹旋入螺孔的深度 b_m 再加上适当余量 l_r 来估算，即 $h=b_m+l_r$。b_m 的长度与加工螺纹不通孔的材料有关，材料强度高可取较小值，反之取较大值，可参考 8.2 节中双头螺柱的 b_m 与材料的对应关系。l_r 的长度一般可取三个螺距。

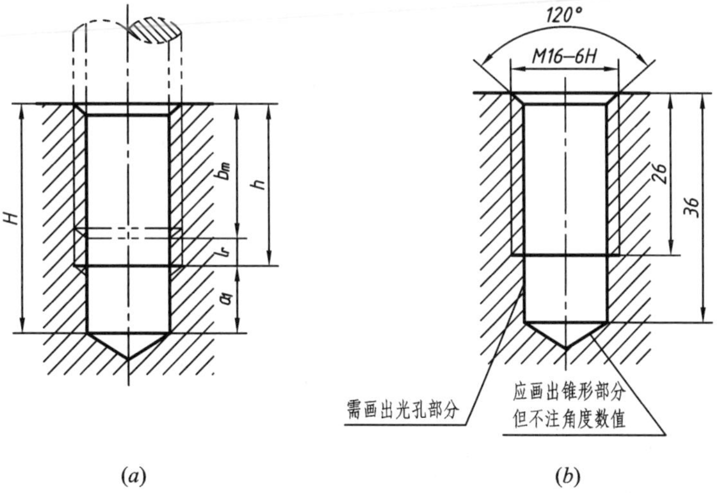

图 8－30　螺纹不通孔的画法

(a) 螺孔深度的确定；(b) 螺纹不通孔的画法和尺寸注法

[例 8-1] 在材料为铸铁的零件上加工 M16 的螺纹不通孔，试确定其深度，并画出视图，然后标注尺寸。

解 零件材料为铸铁时，$b_m=1.25d=20$(b_m 的计算方法按 8.2 节中 b_m 与材料的对应关系进行)。

M16 的粗牙普通螺纹，查表 8-1 可知，螺距 $P=2$，则可取 $l_r\approx 3P=6$。

螺纹有效深度 $h=b_m+l_r=26$，再从表 8-14 中查得肩距 $a_1=10$，则钻孔深度 $H=h+a_1=26+10=36$。

其视图及尺寸标注如图 8-30(b)所示，图中应分别画出螺纹深度 h、钻孔深度 H 以及由钻头加工时形成的 120° 的锥角。尺寸应分别注出螺纹的规定标记(M16)、螺纹深度 h(26)、钻孔深度 H(36)及开口处 120°锥角，而计算过程中所用到的 b_m、l_r、a_1 及光孔底部锥角的数值在图中均不注出。

4. 通孔与沉孔

(1) 锪平：螺纹紧固件装配时，一般应使螺栓或螺钉头部、螺母或平垫圈压在较平整的、与螺纹轴线垂直的平面上。为此，常需在铸造毛坯不加工面上钻出通孔后，再局部加工出一个大于平垫圈直径的圆形小平面，这种加工称为锪平(也称刮平)，如图 8-31 所示。

锪平加工时以见到平面为止，对深度不作要求，故图纸上注尺寸时不注锪平深度，只需注出查表所得锪平直径，见表 8-15。

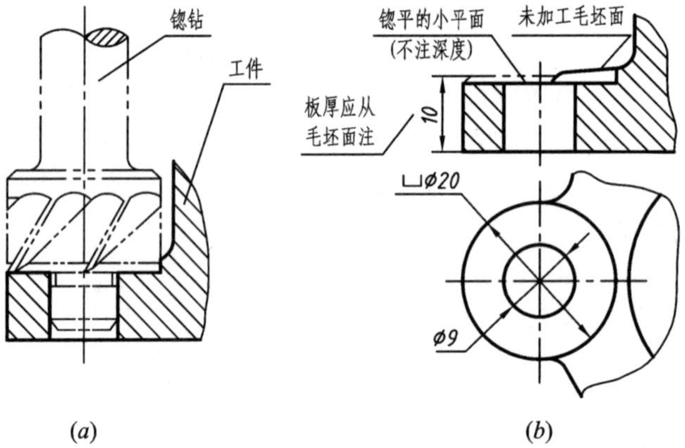

图 8-31　锪平

(a) 锪平加工；(b) 锪平的工件及尺寸注法

(2) 通孔：指被连接件上供螺杆穿过的光孔，如图 8-32 中所示直径为 d_h 的孔。通孔直径一般略大于螺纹大径，其尺寸见表 8-15。设计通孔时 d_h 优先选用中等装配精度，绘图时可按略大于螺纹大径画出。

(3) 沉孔：在螺钉连接中，若要求装配后被连接件表面平整，可在被连接件表面用成形锪钻加工出与螺钉头部相适应的沉孔，以容纳螺钉头部，如图 8-32 所示。其形状及尺寸见表 8-15。

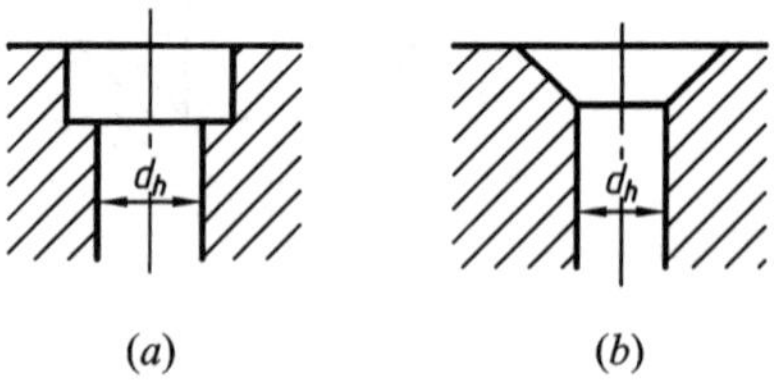

图 8-32　通孔及沉孔

(a) 圆柱形沉孔；(b) 圆锥形沉孔

表 8-15　紧固件通孔及沉孔尺寸(摘自 GB/T 152.2—2014、GB/T 152.3～152.4—1988、GB/T 5277—1985)

单位：mm

螺纹规格	通孔直径(d_h)(GB/T 5277—1985)			用于六角头螺栓和六角螺母(GB/T 152.4—1988)			用于沉头螺钉等(GB/T 152.2—2014)			用于开槽圆柱头螺钉等(GB/T 152.3—1988)			
	精装配	中等装配	粗装配	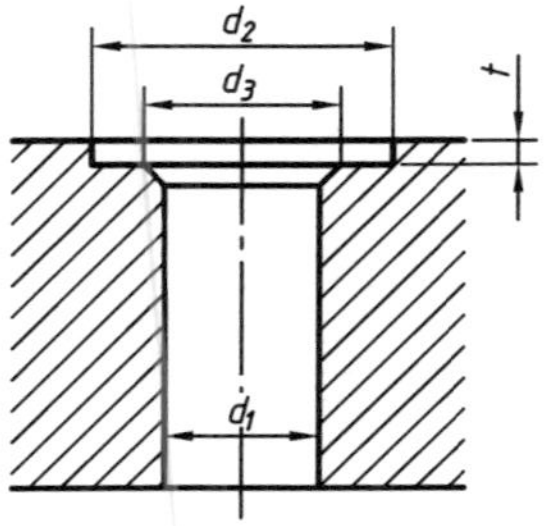			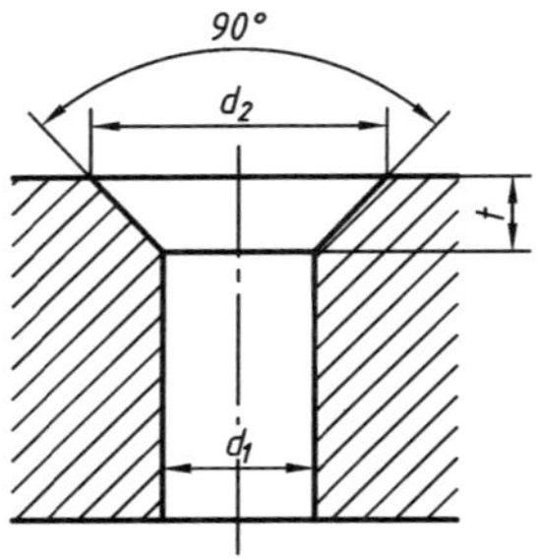			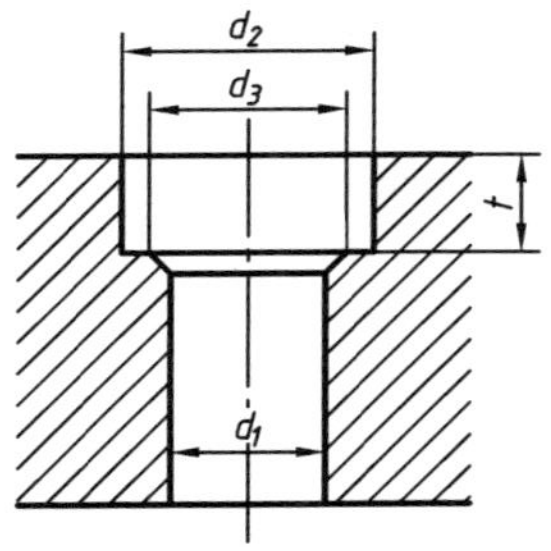			
				d_1	d_2	d_3	d_1	d_2	$t\approx$	d_1	d_2	d_3	t
M3	3.2	3.4	3.6	3.4	9	—	3.4	6.4	1.6	—	—	—	—
M4	4.3	4.5	4.8	4.5	10	—	4.5	9.6	2.7	4.5	8	—	3.2
M5	5.3	5.5	5.8	5.5	11	—	5.5	10.6	2.7	5.5	10	—	4
M6	6.4	6.6	7	6.6	13	—	6.6	12.8	3.3	6.6	11	—	4.7
M8	8.4	9	10	9	18	—	9	17.6	4.6	9	15	—	6
M10	10.5	11	12	11	22	—	11	20.3	5	11	18	—	7
M12	13	13.5	14.5	13.5	26	16	13.5	24.4	6	13.5	20	16	8
M16	17	17.5	18.5	17.5	33	20	17.5	32.4	8	17.5	26	20	10.5
M20	21	22	24	22	40	24	22	40.4	10	22	33	24	12.5
M24	25	26	28	26	48	28	—	—	—	—	—	—	—
M30	31	33	35	33	61	36	—	—	—	—	—	—	—
M36	37	39	42	39	71	42	—	—	—	—	—	—	—

二、螺纹紧固件的连接(装配)画法

螺纹紧固件连接分为螺栓连接、双头螺柱连接和螺钉连接等。螺纹紧固件的连接(装配)画法遵循装配图画法的一般规定(见第 12 章)。这里介绍几条规定画法，如图 8-33 所示。

(1) 在剖视图中，当剖切平面通过螺纹紧固件轴线时，螺栓、螺母、垫圈、双头螺柱、螺钉规定按不剖绘制。

(2) 相邻两零件接触时，接触面只画一条粗实线；不接触时应清楚地画出两条粗实线(两条线很近时可夸大绘出)。

(3) 在剖视图中，为区别两相邻零件，其剖面线应画成不同方向或不同的间距。

(4) 螺纹紧固件的连接画法可采用简化画法，如螺栓、螺母上的双曲线可省略不画，螺纹紧固件上的圆角、倒角等可省略不画，螺纹不通孔可画至有效深度处等。

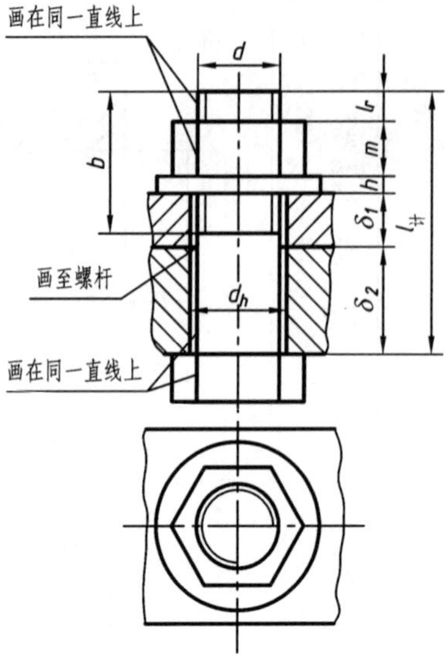

图 8-33 螺栓连接装配图的简化画法及确定螺栓计算长度

1. 螺栓连接

将螺栓穿过被连接件的通孔后再套上垫圈，旋紧螺母，即可用螺母和螺栓头部将被连接件夹紧，实现螺栓连接。螺栓连接用在两个被连接零件厚度不大的情况下。螺栓连接的装配画法可采用图 8-33 所示的简化画法。

绘图时应首先知道螺栓的型式、螺纹规格和被连接件的厚度，然后从相应的国家标准中查出螺栓、螺母、垫圈的有关尺寸，再确定出螺栓公称长度 l 后，即可绘出螺栓连接的装配图。

确定螺栓公称长度 l 的方法是：先按公式

$$l_{计}=\delta_1+\delta_2+h+m+l_r$$

计算出 $l_{计}$(见图 8-33)，再在该螺栓国家标准中 l 的长度系列值里选取与 $l_{计}$ 最接近的值。式中 l_r 是螺栓末端超出螺母的余留长度(包括倒角在内)，一般情况下 $l_r=3P$(P 为螺距)。选取的 l 与 $l_{计}$ 大多数情况下不等，但应保证选取的 l 值使螺栓末端实际余留长度不小于一个螺距。绘制螺栓时应按 l 值画。

[例 8-2] 用 M8 的六角头螺栓把 $\delta_1=11$、$\delta_2=14$ 的两零件连接起来，选用Ⅰ型六角螺母和平垫圈。试确定螺栓的长度；写出螺栓、螺母、垫圈的标记；画出螺栓连接的装配图并标注尺寸。

解 首先计算螺栓的长度。由表 8-5 查得 $m=6.8$，由表 8-6 查得 $h=1.6$，由表 8-1 查得 $P=1.25$，则

$$l_{计}=11+14+1.6+6.8+3\times1.25=37.15$$

查表 8-4 中 l 的取值范围及 l 系列，取与 $l_{计}$ 接近值 $l=40$，此时螺栓末端余留长度为 $40-(11+14+1.6+6.8)=6.6>1P$，故可用。

这样，我们就可以写出螺栓、螺母及垫圈的标记：

螺栓　GB/T 5782 M8×40

螺母　GB/T 6170 M8

垫圈　GB/T 97.1 8

螺栓连接的装配图可按下述步骤绘制：

(1) 确定三视图的位置，画出螺栓大径、被连接件的厚度及各零件的高度，如图 8-34(*a*)所示。其中螺栓大径 $d=8$，δ_1、δ_2、h、m、l 上面已确定，螺栓头部厚度查表 8-4 得 $k=5.3$。

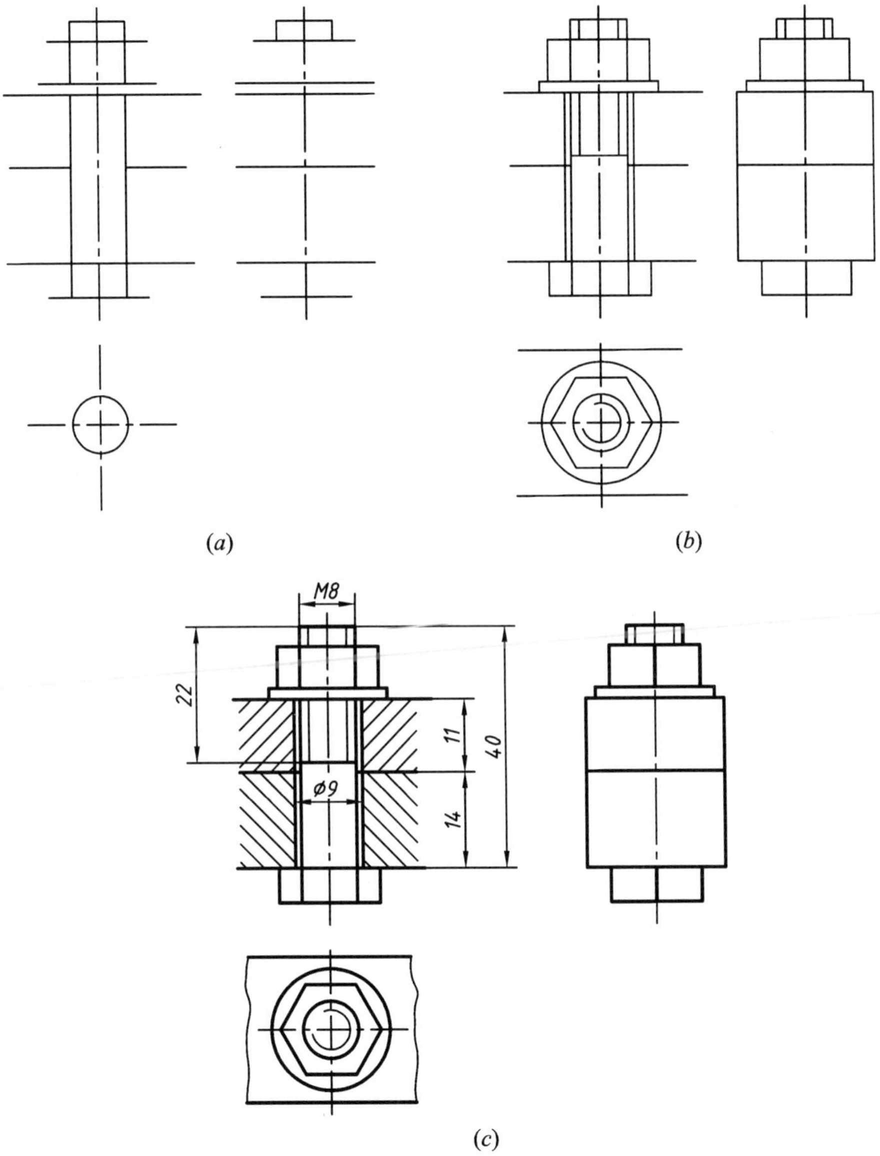

图 8-34　螺栓连接装配图的绘制步骤

(2) 画出螺栓、螺母、垫圈的外形轮廓及被连接件通孔的投影，如图 8-34(*b*)所示。其中螺母外形尺寸查表 8-5 得 $e=14.38$，$s=13$，垫圈外形尺寸查表 8-6 得 $d_2=16$，通孔尺寸查表 8-15 得 $d_h=9$，螺栓头尺寸查表 8-4 得 $e=14.38$，$s=13$，螺纹长度查表 8-4 得 $b=22$。

(3) 画出被连接件的剖面线并加深即可完成装配图的视图，如图 8-34(*c*)所示。

(4) 标注装配图的尺寸。需标注的尺寸有 d、b、l、d_h、δ_1、δ_2，如图 8-34(*c*)所示。

2. 双头螺柱连接

先将双头螺柱的旋入端旋入被连接件的螺孔之内，然后套上钻有通孔的另一被连接件，再加上垫圈并旋上螺母，即可由螺母和被连接件上的螺纹夹紧被连接件，实现双头螺柱连接。双头螺柱用在被连接件之一较厚，使用中受力较大且需经常拆卸的地方。双头螺柱连接的装配画法可采用图 8-35 所示的简化画法。

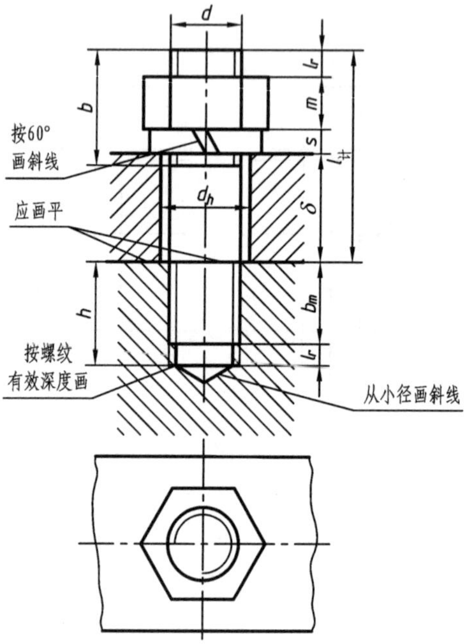

图 8-35 双头螺柱连接装配图的简化画法及确定螺柱计算长度

双头螺柱公称长度 l 的确定方法与螺栓类似：先按公式

$$l_{计}=\delta+s+m+l_r$$

计算出 $l_{计}$(见图 8-35)，再在双头螺柱国家标准中 l 的长度系列值里选取与 $l_{计}$ 最接近的值。

在图 8-35 中，较厚的被连接零件上的螺纹不通孔可采用简化画法(零件图中不得简化，必须按图 8-30 绘制)，即螺纹孔按螺纹有效深度 h($h=b_m+l_r$，b_m 与被连接件材料有关，其计算方法如前所述)绘制，120°的锥角从螺纹小径画出。

绘制双头螺柱连接装配图时应首先知道螺柱的型式(A 型或 B 型)、螺纹规格(无特殊要求时两端均为粗牙普通螺纹)、被连接件的材料及较薄零件的厚度，然后从相应的国家标准中查出螺柱、螺母、垫圈的有关尺寸，再确定出螺柱公称长度 l，进而确定出螺柱、螺母、垫圈的标记，再按下述方法绘出双头螺柱连接的装配图。

双头螺柱连接的装配图可按下列步骤绘制(绘图所需尺寸通过计算或查紧固件表格获得)：

(1) 确定主、俯视图位置，画出双头螺柱大径、各零件的高度及螺孔的螺纹有效深度，如图 8-36(*a*)所示。

(2) 画出双头螺柱、螺母、垫圈的外形，被连接件中通孔和螺纹孔的投影，如图 8-36(*b*)所示。

(3) 画出被连接件的剖面线并加深即可完成装配图的视图，如图 8-36(*c*)所示。

双头螺柱连接的装配图上需标注的尺寸有 d、l、b、δ、b_m、d_h、h。

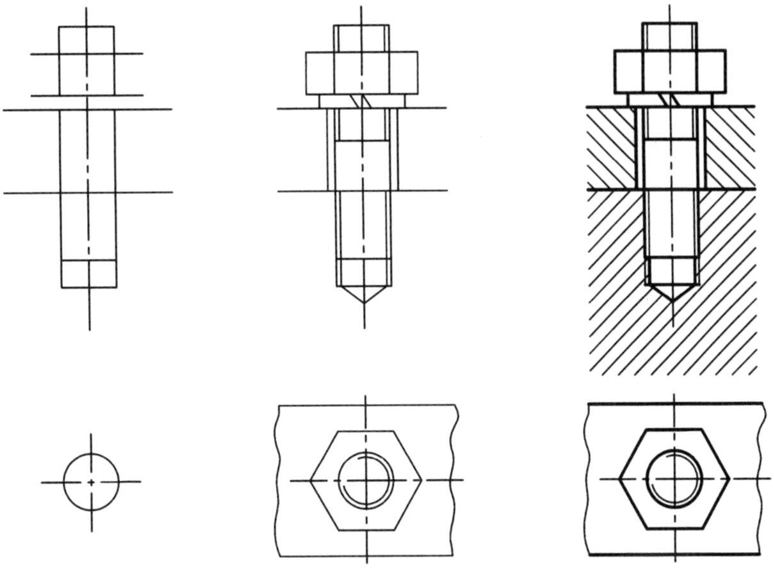

(a)　　(b)　　(c)

图 8-36　双头螺柱连接装配图的绘制步骤

3. 螺钉连接

螺钉连接分起连接作用的螺钉连接和用于两零件定位的螺钉连接，这里只介绍前者。

将螺钉穿过一被连接件的通孔，再旋紧到另一个被连接件的螺孔内(对自攻螺钉则加力拧入另一个被连接件)，靠螺钉头部和被连接件上的螺纹将两零件夹紧，即实现螺钉连接。根据连接的需要，当螺钉露头装配时可加上垫圈。螺钉连接用在被连接件之一较厚，受力不大且又不常拆卸的地方。螺钉连接的装配画法可采用图 8-37 所示的简化画法。

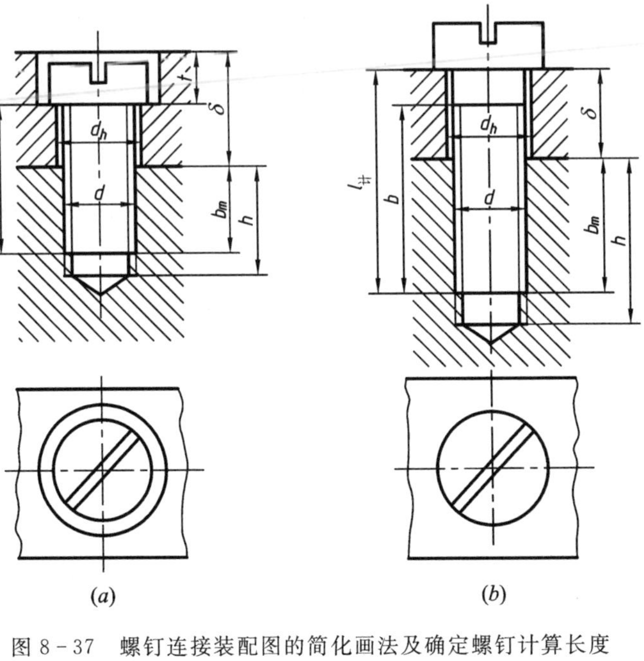

(a)　　(b)

图 8-37　螺钉连接装配图的简化画法及确定螺钉计算长度

在螺钉连接装配图的简化画法中，螺钉头部的一字槽规定在垂直螺钉轴线的视图中应画成向右45°倾斜，而不按实际投影绘制；在平行螺钉轴线的视图中应画成与该投影面垂直的位置。当按尺寸及比例绘出的槽宽不大于2 mm时，规定涂黑。

螺钉公称长度l的确定方法是：先按下面公式计算出$l_{计}$(见图8-37)，再在螺钉国家标准中l的长度系列值里选取与$l_{计}$最接近的值。

当螺钉埋头时(如图8-37(*a*))，

$$l_{计}=b_m+\delta-t$$

当螺钉露头时(如图8-37(*b*))，

$$l_{计}=b_m+\delta$$

上两式中，b_m与较厚零件的材料有关，其计算方法如前所述，t值由表8-15查得。

绘制螺钉连接装配图时应知道螺钉的种类、螺纹规格、被连接件的材料及较薄零件的厚度，然后查表计算并确定公称长度l，进而确定出螺钉、垫圈的标记，再绘制装配图。

螺钉连接的装配图可按下列步骤绘制(绘图所需尺寸通过计算或查紧固件表格获得)：

(1) 确定主、俯视图位置，画出螺钉，如图8-38(*a*)所示。

(2) 画出沉孔、通孔及螺纹孔的投影，如图8-38(*b*)所示。

(3) 画出被连接件的剖面线并加深即可完成装配图的视图，如图8-38(*c*)所示。

螺钉连接的装配图上需标注d、l、d_h、b_m、h、δ，若为埋头装配还应标注t，若为非全螺纹螺钉还需标注b。

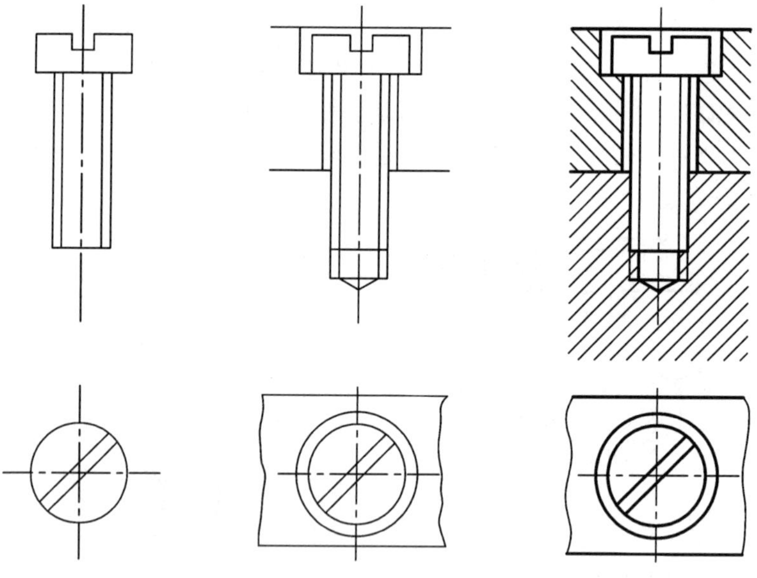

(*a*) (*b*) (*c*)

图8-38 螺钉连接装配图的绘制步骤

8.4 键联结

在机器中，通常用键来联结轴和轴上的零件(如齿轮、皮带轮等)，使它们能一起转动，并传递扭矩，这种联结称为键联结，如图 8－39(*b*)所示。键的种类较多，常用的有普通平键、半圆键、钩头楔键和花键等，如图 8－39(*a*)所示。花键用于传递较大的扭矩。在轴上制出的花键称为外花键，这种轴称为花键轴；在孔内制出的花键称为内花键，这种孔称为花键孔，它们装配到一起就是花键联结。

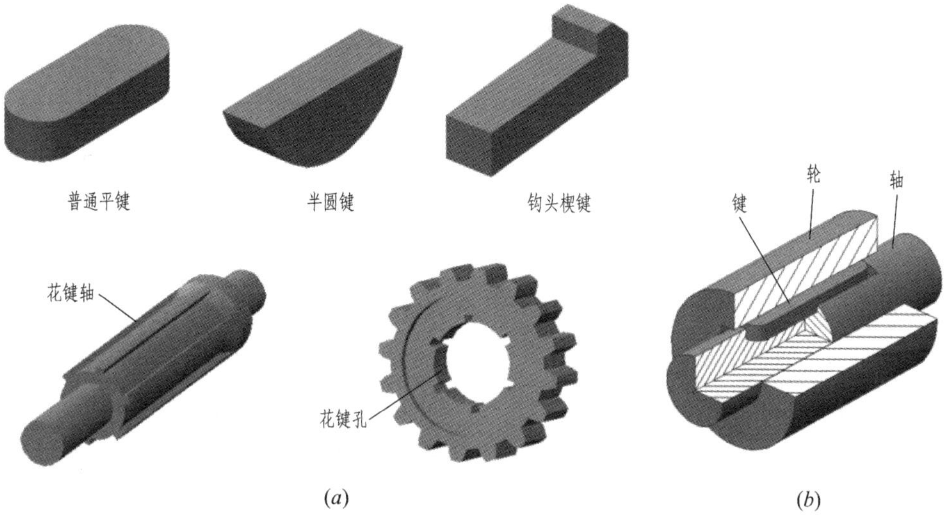

图 8－39　键及键联结

(*a*) 常用键；(*b*) 键联结

普通平键、半圆键、钩头楔键本身是标准件，一般不需画零件图，键联结中的其他零件(轴、轮)均需画出零件图，其上的键槽尺寸可查有关国家标准(花键按规定画法绘制)。这里只介绍普通平键、半圆键的有关标准及键联结装配图的画法。

一、普通平键

普通平键分圆头(A 型)、平头(B 型)和单圆头(C 型)三种型式，如图 8－40 所示，以 A 型应用较多。普通平键的型式与尺寸在 GB/T 1096—2003 中作了规定，见表 8－16。键的宽度 b 和高度 h 按轴径 d 查表选取，而长度 l 可参照轮毂宽度决定，一般选略小于轮毂宽度的一个标准长度。

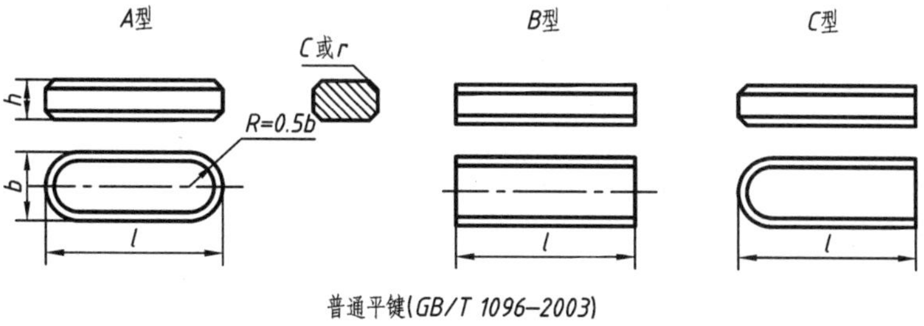

图 8－40　普通平键

标记示例：

圆头普通平键(A 型)，$b=18$ mm，$h=11$ mm，$l=100$ mm，其标记为

键 GB/T 1096 18×11×100

平头普通平键(B型)，b=18 mm，h=11 mm，l=100 mm，其标记为

键 GB/T 1096 B18×11×100

单圆头普通平键(C型)，b=18 mm，h=11 mm，l=100 mm，其标记为

键 GB/T 1096 C18×11×100

表 8-16 普通平键尺寸(摘自 GB/T 1096—2003)键槽尺寸(摘自 GB/T 1095—2003)

单位：mm

<table>
<tr><th>轴</th><th colspan="3">键</th><th colspan="5">键 槽</th></tr>
<tr><th rowspan="2">公称直径 d</th><th rowspan="2">公称尺寸
b×h</th><th rowspan="2">长度(l)
范 围</th><th rowspan="2">c 或 r</th><th rowspan="2">宽度
b</th><th colspan="2">深 度</th><th colspan="2">半径 r</th></tr>
<tr><th>轴 t</th><th>毂 t1</th><th>最小</th><th>最大</th></tr>
<tr><td>自 6～8</td><td>2×2</td><td>6～20</td><td rowspan="3">0.16～0.25</td><td>2</td><td>1.2</td><td>1.0</td><td rowspan="3">0.08</td><td rowspan="3">0.16</td></tr>
<tr><td>>8～10</td><td>3×3</td><td>6～36</td><td>3</td><td>1.8</td><td>1.4</td></tr>
<tr><td>>10～12</td><td>4×4</td><td>8～45</td><td>4</td><td>2.5</td><td>1.8</td></tr>
<tr><td>>12～17</td><td>5×5</td><td>10～56</td><td rowspan="3">0.25～0.40</td><td>5</td><td>3.0</td><td>2.3</td><td rowspan="3">0.16</td><td rowspan="3">0.25</td></tr>
<tr><td>>17～22</td><td>6×6</td><td>14～70</td><td>6</td><td>3.5</td><td>2.8</td></tr>
<tr><td>>22～30</td><td>8×7</td><td>18～90</td><td>8</td><td>4.0</td><td rowspan="3">3.3</td></tr>
<tr><td>>30～38</td><td>10×8</td><td>22～110</td><td rowspan="5">0.40～0.60</td><td>10</td><td rowspan="2">5.0</td><td rowspan="5">0.25</td><td rowspan="5">0.40</td></tr>
<tr><td>>38～44</td><td>12×8</td><td>28～140</td><td>12</td></tr>
<tr><td>>44～50</td><td>14×9</td><td>36～160</td><td>14</td><td>5.5</td><td>3.8</td></tr>
<tr><td>>50～58</td><td>16×10</td><td>45～180</td><td>16</td><td>6.0</td><td>4.3</td></tr>
<tr><td>>58～65</td><td>18×11</td><td>50～200</td><td>18</td><td>7.0</td><td>4.4</td></tr>
<tr><td>>65～75</td><td>20×12</td><td>56～220</td><td rowspan="4">0.60～0.80</td><td>20</td><td>7.5</td><td>4.9</td><td rowspan="4">0.40</td><td rowspan="4">0.60</td></tr>
<tr><td>>75～85</td><td>22×14</td><td>63～250</td><td>22</td><td rowspan="2">9.0</td><td rowspan="2">5.4</td></tr>
<tr><td>>85～95</td><td>25×14</td><td>70～280</td><td>25</td></tr>
<tr><td>>95～110</td><td>28×16</td><td>80～320</td><td>28</td><td>10.0</td><td>6.4</td></tr>
<tr><td>长度(l)系列</td><td colspan="8">6，8，10，12，14，16，18，20，22，25，28，32，36，40，45，50，56，63，70，80，100，110，125，140，160，180，200，220，250，280，320</td></tr>
</table>

轴上的键槽用铣刀铣出，如图 8-41(a)所示；轮毂上的键槽一般用插刀插出，如图 8-41(b)所示。尺寸注法如图 8-41 所示，需注意轴上键槽深应标注 $d-t$ 的尺寸或者标注 t，轮毂上键槽深则用 $d+t_1$ 标注。

普通平键的两侧面是工作面，因此键与键槽沿宽度方向的公称尺寸相同，在装配图中应画成一条线。键的上表面为非工作表面，且轮毂上键槽深($d+t_1$)大于轴上键槽深加键高($d-t+h$)，即键与键槽在此处不接触，故绘图时键上表面与键槽之间应留有空隙，其装配图画法如图 8-42 所示。根据国家标准规定，在装配图中，对于键等实心零件，按纵向剖切且剖切平面通过其对称平面时，键按不剖绘制。如果要表明轴上的键，则可用局部剖视表示。当剖切平面按横向剖切时，被剖切的轴和键都应画出剖面线。

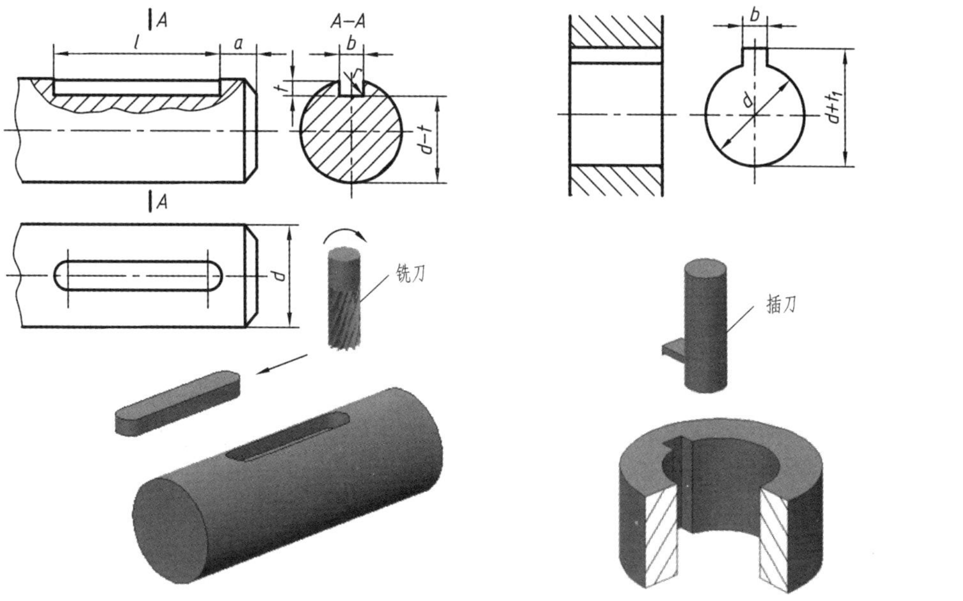

(*a*)　　(*b*)

图 8－41　平键槽的尺寸及加工

(*a*) 轴上的键槽；(*b*) 轮毂上的键槽

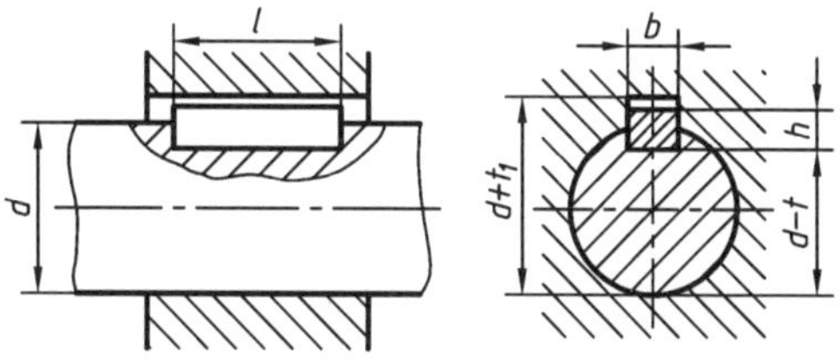

图 8－42　平键装配图画法

二、半圆键

半圆键一般用于较轻的载荷，其视图如图 8－43 所示。半圆键及键槽的尺寸分别在 GB/T 1099.1—2003 和 GB/T 1098—2003 中作了规定，见表 8－17。与普通平键类似，在轴及轮的零件图中，轴槽深用 $d-t$ 或 t 标注(见图 8－44)，轮毂槽深用 $d+t_1$ 标注。

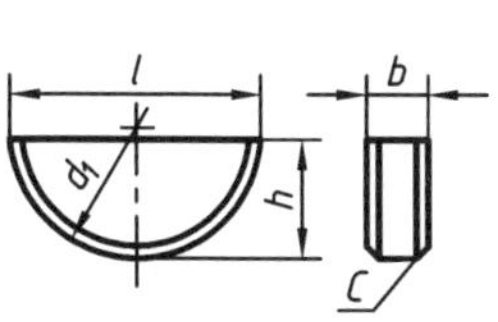

图 8－43　半圆键

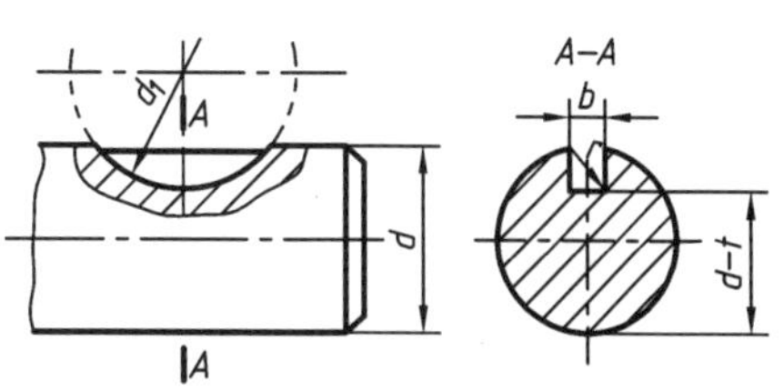

图 8－44　半圆键键槽

标记示例：

键宽 $b=6$ mm、键高 $h=10$ mm、直径 $d_1=25$ mm 的半圆键，其标记为

键　GB/T 1099　6×10×25

表 8-17　半圆键尺寸(摘自 GB/T 1099.1—2003)键槽尺寸(摘自 GB/T 1098—2003)

单位：mm

<table>
<tr><th colspan="2">轴 径 d</th><th colspan="4">键</th><th colspan="5">键　槽</th></tr>
<tr><th rowspan="2">键传递扭矩用</th><th rowspan="2">键　定位　用</th><th rowspan="2">公称尺寸 $b\times h\times d_1$</th><th rowspan="2">$l\approx$</th><th colspan="2">c</th><th rowspan="2">宽度 b</th><th colspan="2">深度</th><th colspan="2">半径 r</th></tr>
<tr><th>最小</th><th>最大</th><th>轴 t</th><th>毂 t_1</th><th>最小</th><th>最大</th></tr>
<tr><td>>5～6</td><td>>6～8</td><td>2×2.6×7</td><td>6.8</td><td rowspan="5">0.16</td><td rowspan="5">0.25</td><td rowspan="2">2</td><td>1.8</td><td rowspan="2">1</td><td rowspan="4">0.08</td><td rowspan="4">0.16</td></tr>
<tr><td>>6～7</td><td>>8～10</td><td>2×3.7×10</td><td rowspan="2">9.7</td><td>2.9</td></tr>
<tr><td>>7～8</td><td>>10～12</td><td>2.5×3.7×10</td><td>2.5</td><td>2.7</td><td>1.2</td></tr>
<tr><td>>8～10</td><td>>12～15</td><td>3×5×13</td><td>12.7</td><td rowspan="2">3</td><td>3.8</td><td rowspan="2">1.4</td></tr>
<tr><td>>10～12</td><td>>15～18</td><td>3×6.5×16</td><td rowspan="2">15.7</td><td>5.3</td><td rowspan="7">0.16</td><td rowspan="7">0.25</td></tr>
<tr><td>>12～14</td><td>>18～20</td><td>4×6.5×16</td><td rowspan="7">0.25</td><td rowspan="7">0.40</td><td rowspan="2">4</td><td>5.0</td><td rowspan="2">1.8</td></tr>
<tr><td>>14～16</td><td>>20～22</td><td>4×7.5×19</td><td>13.6</td><td>6</td></tr>
<tr><td>>16～18</td><td>>22～25</td><td>5×6.5×16</td><td>15.7</td><td rowspan="3">5</td><td>4.5</td><td rowspan="3">2.3</td></tr>
<tr><td>>18～20</td><td>>25～28</td><td>5×7.5×19</td><td>18.6</td><td>5.5</td></tr>
<tr><td>>20～22</td><td>>28～32</td><td>5×9×22</td><td rowspan="2">21.6</td><td>7</td></tr>
<tr><td>>22～25</td><td>>32～36</td><td>6×9×22</td><td rowspan="2">6</td><td>6.5</td><td rowspan="2">2.8</td></tr>
<tr><td>>25～28</td><td>>36～40</td><td>6×10×25</td><td>24.5</td><td>7.5</td><td rowspan="3">0.25</td><td rowspan="3">0.40</td></tr>
<tr><td>>28～32</td><td>40</td><td>8×11×28</td><td>27.4</td><td rowspan="2">0.40</td><td rowspan="2">0.60</td><td>8</td><td>8</td><td rowspan="2">3.3</td></tr>
<tr><td>>32～38</td><td>—</td><td>10×13×32</td><td>31.4</td><td>10</td><td>10</td></tr>
</table>

半圆键的工作面也是两个侧面，其装配图的画法与平键类似，如图 8-45 所示。

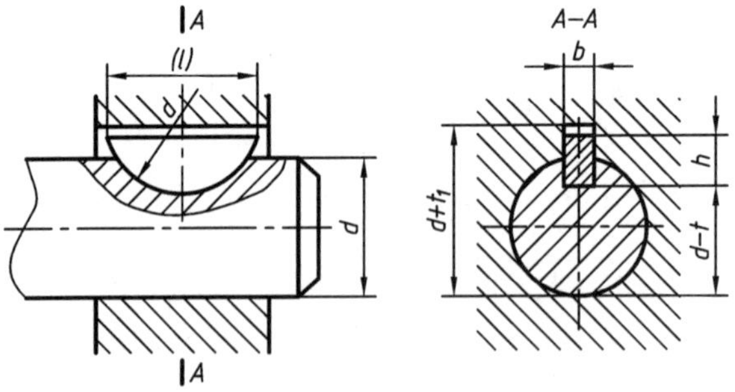

图 8-45　半圆键装配图画法

8.5　销　连　接

常用的销有圆柱销、圆锥销、开口销等，如图 8-46(*a*)所示。圆柱销和圆锥销一般用作零件间的定位或连接，也可用来传递动力；开口销用来防止螺母松开，或者用来防止其他零件从轴上脱出，图 8－46(*b*)是销连接的几种情况。

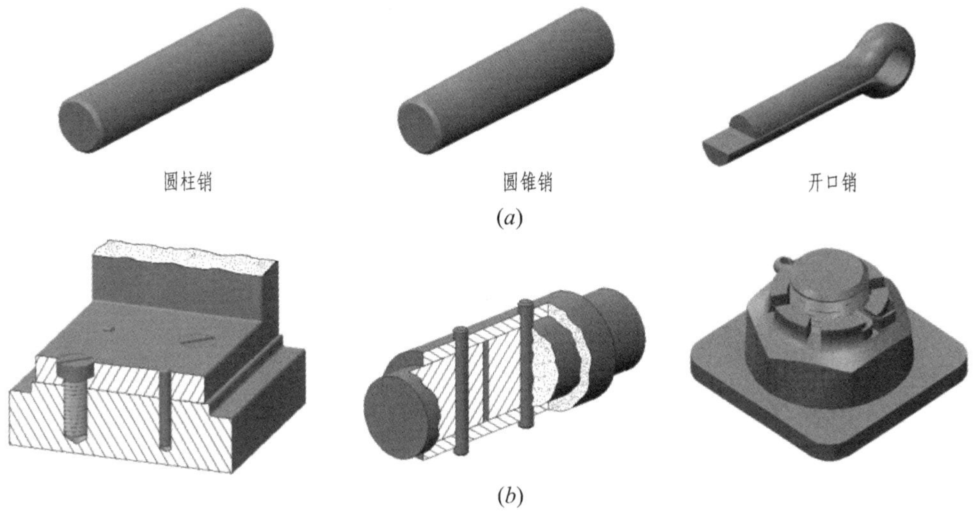

图 8－46　销及销连接

(*a*) 销；(*b*) 销连接

圆柱销如图 8－47 所示，其尺寸见表 8－18。圆锥销的视图如图 8－48 所示，其尺寸见表 8－19。值得注意的是，圆锥销的锥度为 1∶50，并以小端直径为公称直径。

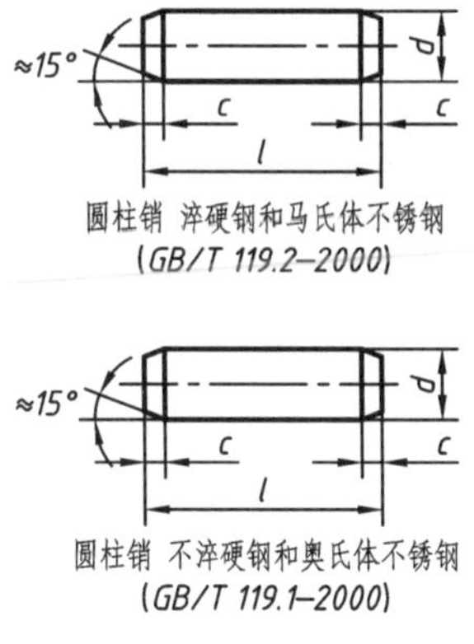

图 8－47　圆柱销

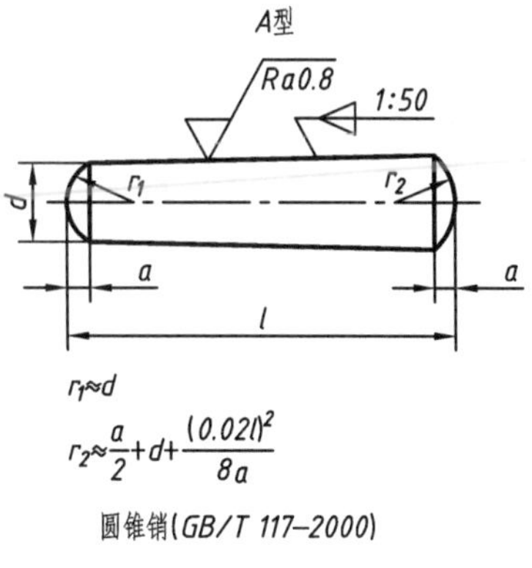

图 8－48　圆锥销

标记示例：

公称直径 d＝6 mm、公差为 m6、公称长度 l＝30 mm、材料为钢、普通淬火、表面氧化处理的圆柱销，其标记为

销 GB/T 119.2　6×30

标记示例：

公称直径 d＝6 mm、公称长度 l＝30 mm、材料为 35 钢、热处理硬度 HRC28～38、表

面氧化处理的 A 型圆锥销，其标记为

销 GB/T 117　6×30

表 8-18　圆柱销(摘自 GB/T 119.1—2000、GB/T 119.2—2000)

单位：mm

公称直径 *d*		1	1.2	1.5	2	2.5	3	4	5	6	8	10	12
c≈	GB/T 119.1	0.2	0.25	0.3	0.35	0.4	0.5	0.63	0.8	1.2	1.6	2	2.5
	GB/T 119.2	0.2	—	0.3	0.35	0.4	0.5	0.63	0.8	1.2	1.6	2	2.5
l 范围	GB/T 119.1	4～10	4～12	4～16	6～20	6～24	8～30	8～40	10～50	12～60	14～80	18～95	22～140
	GB/T 119.2	3～10	—	4～16	5～20	6～24	8～30	10～40	12～50	14～60	18～80	22～100	26～100
l 系列	2, 3, 4, 5, 6, 8, 10, 12, 14, 16, 18, 20, 22, 24, 26, 28, 30, 32, 35, 40, 45, 50, 58, 60, 65, 70, 75, 80, 85, 90, 95, 100, 120, 140												

注：公称直径 *d* 小于 1 及 *d* 大于 12 的圆柱销未列入。

表 8-19　圆锥销(摘自 GB/T 117—2000)　　单位：mm

公称直径 *d*	1	1.2	1.5	2	2.5	3	4	5	6	8	10	12
a≈	0.12	0.16	0.2	0.25	0.3	0.4	0.5	0.63	0.8	1	1.2	1.6
l 范围	6～16	6～20	8～24	10～25	10～35	12～45	14～55	18～60	22～90	22～120	26～160	32～180
l 系列	2, 3, 4, 5, 6, 8, 10, 12, 14, 16, 18, 20, 22, 24, 26, 28, 30, 32, 35, 40, 45, 50, 55, 60, 65, 70, 75, 80, 85, 90, 95, 100, 120, 140, 160, 180											

圆柱销与圆锥销在作定位零件使用时，为了保证定位精度，两零件上的销孔应同时用钻头钻出，然后再同时用铰刀铰孔，如图 8-49 所示。圆柱销主要用于不常拆卸之处，圆锥销则多用于经常拆卸的地方，因为磨损后可用销本身的锥度进行补偿。

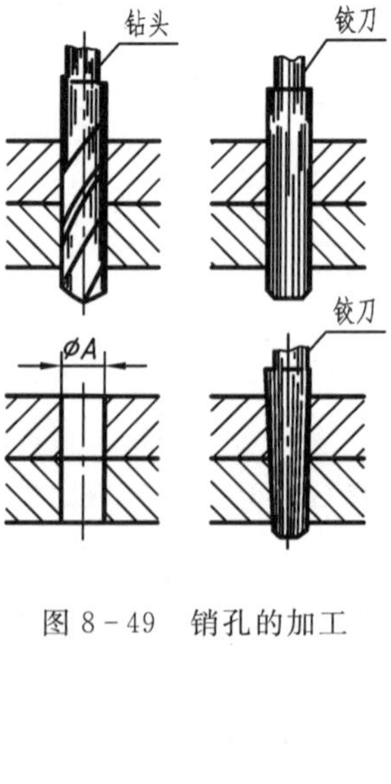

图 8-49　销孔的加工

圆柱销和圆锥销连接装配图画法如图 8－50(*a*)所示。国家标准规定，在装配图中，对于轴、销等实心零件，若按纵向剖切，且剖切平面通过其轴线，则这些零件均按不剖绘制。如需要表明它的结构，则可用局部剖视表示。若按垂直于轴和销的轴线剖切，则被剖切到的轴和销均应画出剖面线。

圆柱销和圆锥销连接，要求被连接零件装配在一起后再加工销孔，并在被连接件的零件图上加"配作"来标注，如图 8－50(*b*)所示。若为圆锥销孔，则按"锥销孔 ϕ6"字样来标注。

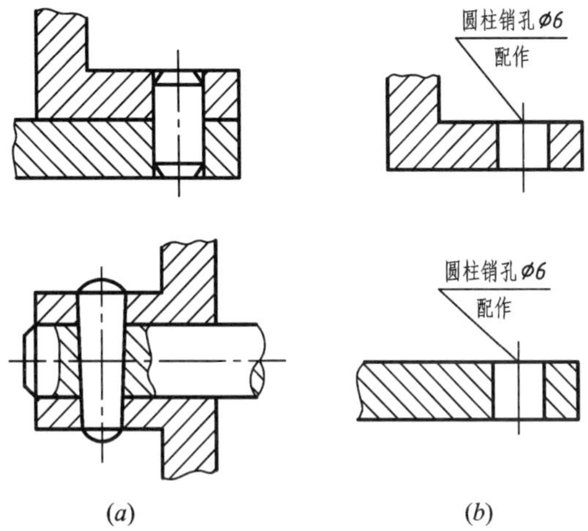

图 8－50　销连接装配图的画法及被连接件上销孔的尺寸标注

8.6　铆接和焊接

一、铆接

铆接是利用铆钉或被连接零件之一上起铆钉作用的铆接颈，把零件连接在一起的一种永久性连接方法，如图 8－51 所示。

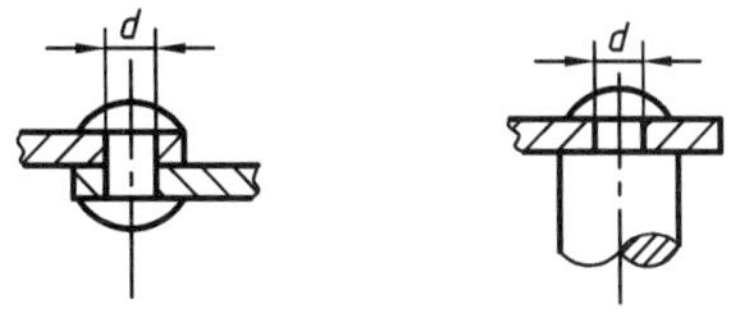

图 8－51　铆钉连接与铆接颈连接

画图时，铆钉连接一般按真实投影绘制，如图样中同一种型式且尺寸也相同的铆钉数量较多时，可按铆钉的真实投影画出 1～2 个，其余用中心线表示，并用文字说明即可。若铆钉较小时可适当夸大画出。

铆钉属标准件，其类型很多，常用的见表 8－20。

表 8-20 常用铆钉 单位：mm

名称	形 状	标 准	d	l	应 用
半圆头铆钉	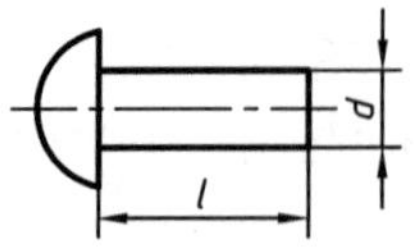	GB/T 867—1986	0.6～16	1～110	用于承受较大横向载荷的连接
沉头铆钉	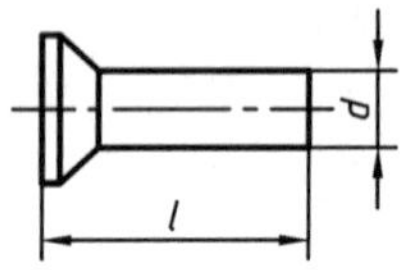	GB/T 869—1986	1～16	2～100	用于表面要求平滑，受载不大的连接
平头铆钉	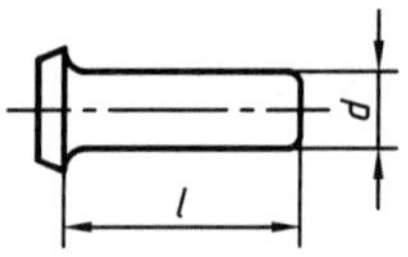	GB/T 109—1986	2～10	4～30	用于皮革、木材等不坚固材料的连接
空心铆钉	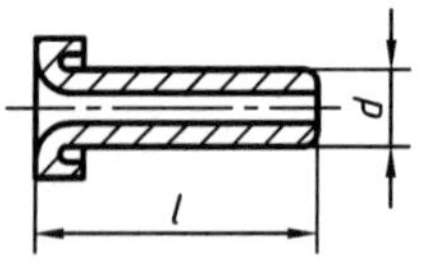	GB/T 876—1986	1.4～6	1.5～15	重量轻，钉头弱，适用于轻载和异性非金属材料的连接

在电子设备中，铆钉的直径一般按经验公式确定。当铆接件的总厚度 δ 在 2～12 mm 之间时，可根据下列关系确定铆钉的直径：

$$d = 1 + 0.5\delta$$

式中，d 为铆钉直径；δ 为铆接件总厚度。

铆钉孔直径略大于铆钉直径，其尺寸可参考有关资料。绘制铆接连接图时铆钉孔可不绘出，铆钉的有关绘图尺寸可查阅铆钉国家标准。

电子设备中所用的铆钉，一般是直径不大的小铆钉，通常在常温下冷铆，所以应选用塑性较好的金属，如低碳钢、紫铜、黄铜、铝和铝合金等材料。

二、焊接

焊接主要是利用局部加热的方法将金属零件熔合在一起而达到连接的目的，它是应用很广的一种不可拆连接。电子设备中应用的焊接主要是接触焊和电弧焊，气焊很少应用。

电弧焊主要用于焊接厚度较大的板状材料，例如大、中型电子设备的机箱、框、架等。

接触焊是利用电流通过焊接接触处的方法，使接触处发生高热而处于半熔化或熔化状态，这时再在接触处加压，零件就被焊在一起。用于电子设备中的接触焊包括点焊、缝焊和对焊三种，其焊接件重量较轻，连接可靠。

焊接图中的焊缝除了可以用制图方法(图示法)表示外，还可以用规定的符号对焊缝的焊接方法、焊缝型式和焊缝尺寸加以说明，以简化图样。GB/T 324—2008 对焊缝代号有详细规定，本文仅对其中部分内容作简单介绍。

1. 焊缝符号

焊缝符号一般由基本符号与指引线组成，必要时还可以加上辅助符号、补充符号和焊缝尺寸符号。基本符号、辅助符号以及补充符号用粗实线绘制，见表 8-21～表 8-23；引出线用细实线绘制，如图 8-52 所示。

表 8-21　部分焊缝基本符号

焊缝名称	示　意　图	符号
I 型焊缝	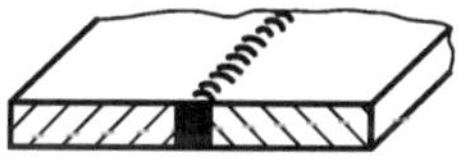	‖
V 型焊缝		V
角焊缝	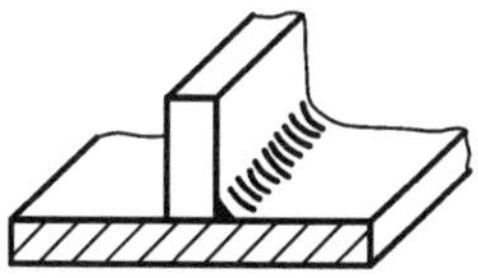	◺
卷边焊缝 (卷边完全熔化)	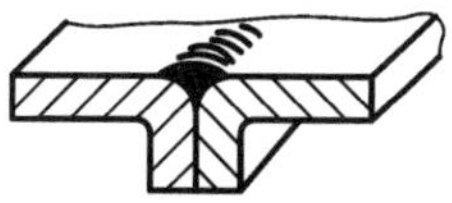	八
点焊缝	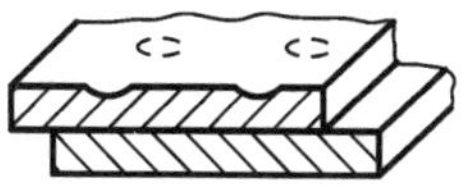	○

表 8-22 焊缝辅助符号

名 称	示 意 图	符 号	说 明
平面符号		—	表示焊缝表面齐平
凸面符号		⌒	表示焊缝表面凸起
凹面符号	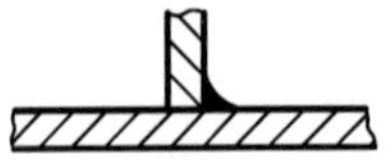	◡	表示焊缝表面凹陷

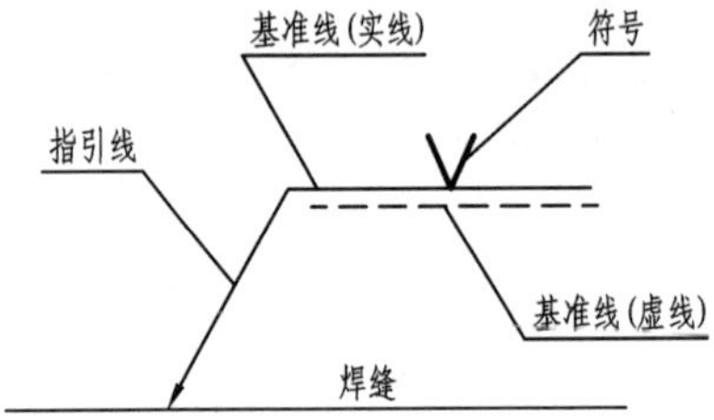

图 8-52 引出线

(1) 基本符号。基本符号是表示焊缝横剖面形状的符号，采用近似于焊缝横剖面形状的符号来表示，共有 13 种。常用的几种基本符号如表 8-21 所示。

(2) 辅助符号。辅助符号是表示焊缝表面形状特征的符号，共有 3 种。辅助符号如表 8-22 所示。

(3) 补充符号。补充符号是为了补充说明焊缝的某些特征而采用的符号，共有 5 种。部分补充符号如表 8-23 所示。

表 8-23 部分补充符号

名 称	示 意 图	符 号	说 明
带垫板符号	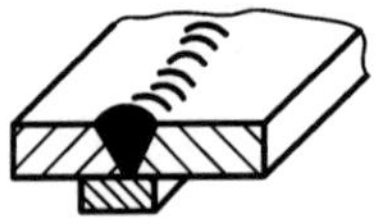	□	表示焊缝底部有垫板
三面焊缝符号	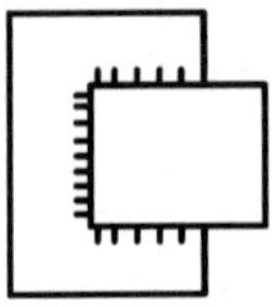	[	表示三面带有焊缝
周围焊缝符号	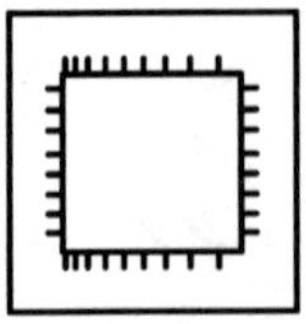	○	表示环绕工件周围焊缝

(4) 引出线。引出线一般由带有箭头的指引线和两条基准线(一条为细实线，另一条为细虚线)两部分组成，如图 8-52 所示。指引线指向焊缝处，基准线一般应与主标题栏平行，符号(基本符号、辅助符号、补充符号)标注在基准线上。

关于基本符号相对基准线的位置，国家标准作了明确的规定：如果焊缝在接头的箭头侧(箭头所指的一侧)，则将基本符号标在基准线的实线侧，如图 8-53(*a*)所示；如果焊缝在接头的非箭头侧，则将基本符号标在基准线的虚线侧，如图 8-53 (*b*)所示；标对称焊缝及双面焊缝时，可不加虚线，如图 8-53(*c*)、(*d*)所示。

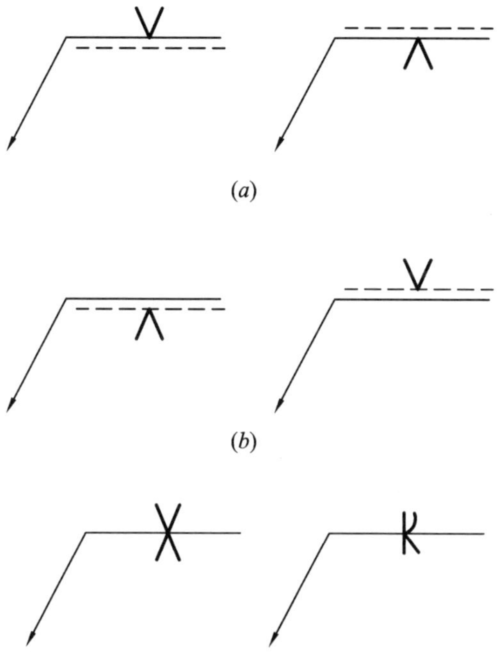

(*a*)

(*b*)

(*c*)　(*d*)

图 8-53　基本符号相对基准线的位置

(*a*) 焊缝在接头的箭头侧；(*b*) 焊缝在接头的非箭头侧；(*c*) 对称焊缝；(*d*) 双面焊缝

(5) 焊缝尺寸符号。GB/T 324—2008 规定了 16 种焊缝尺寸符号(如焊角尺寸 K、熔核(焊点)直径 d、焊缝间距 e、相同焊缝数量 N 等)，并对各种焊缝尺寸符号在图纸上的标注位置作了具体规定(如焊角尺寸 K 应注在基本符号的左边，焊缝长度 l 应注在基本符号的右边，相同焊缝数量符号标在引出线尾部等)。

焊缝尺寸一般不标注。如果设计或生产需要说明焊缝尺寸时，可按 GB/T 324—2008 的规定进行标注。

2. 焊缝标注举例

在标注焊缝时，基本符号可以单独使用，也可以基本符号与基本符号组合使用、基本符号与辅助符号组合使用、基本符号与补充符号组合使用。表 8-24 是焊缝标注法及图示法示例。

表 8-24　焊缝标注举例

符号	示意图	图示法	标注方法
‖	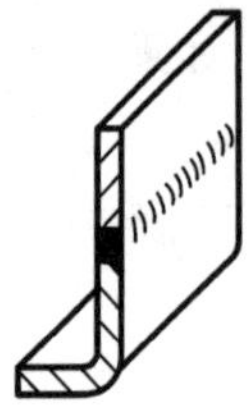	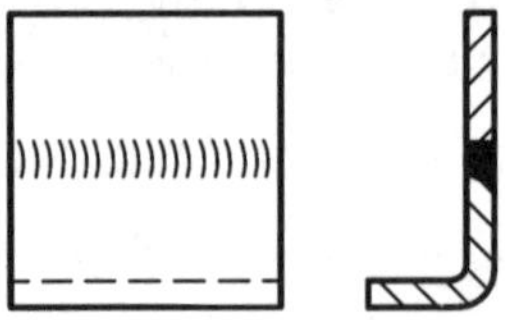	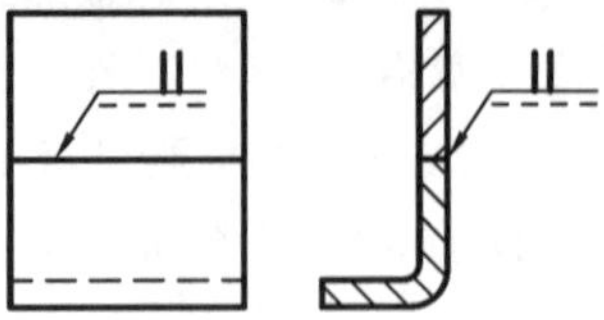
	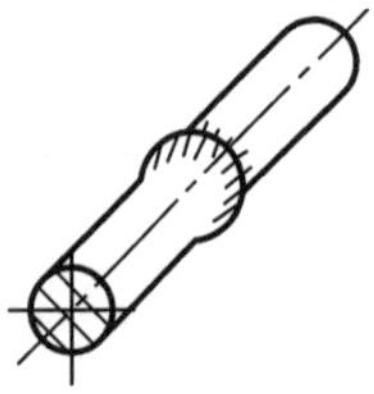	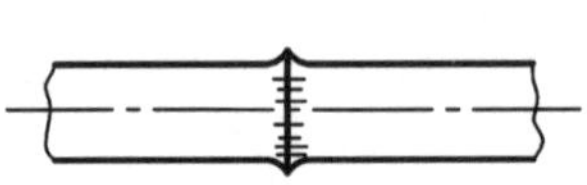	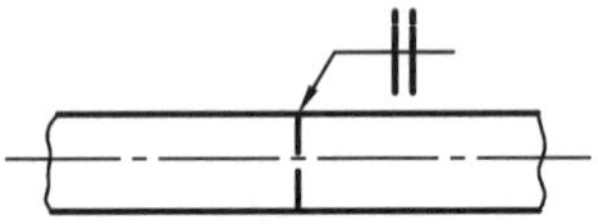
	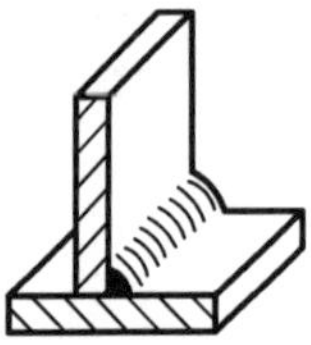	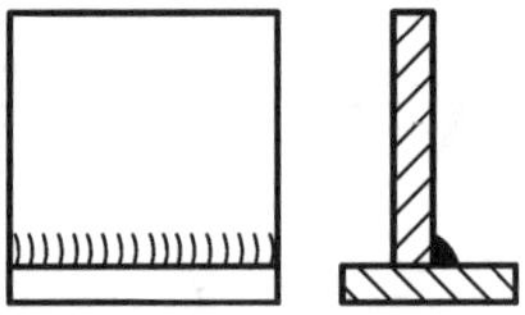	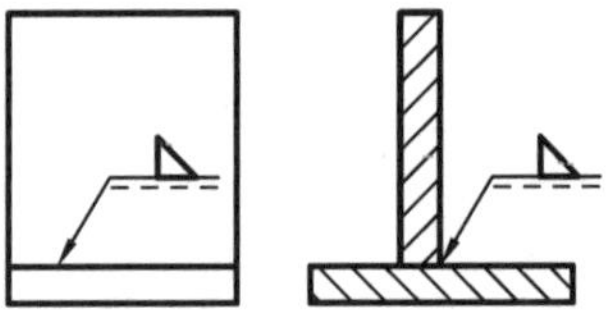
⊿		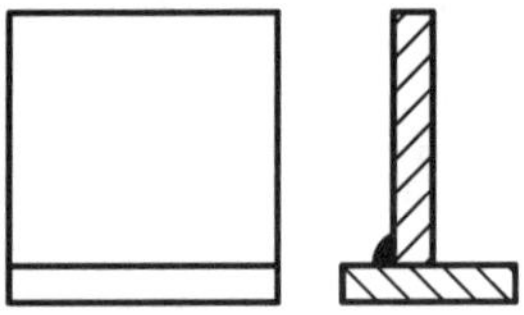	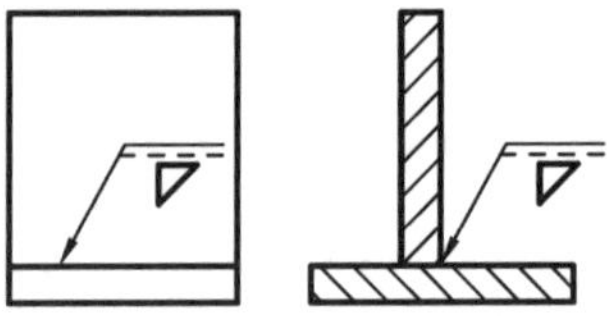
	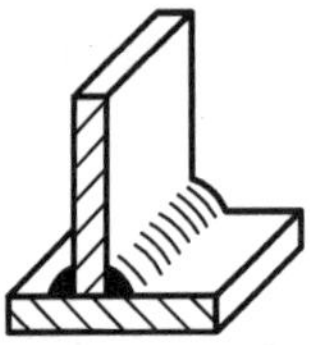	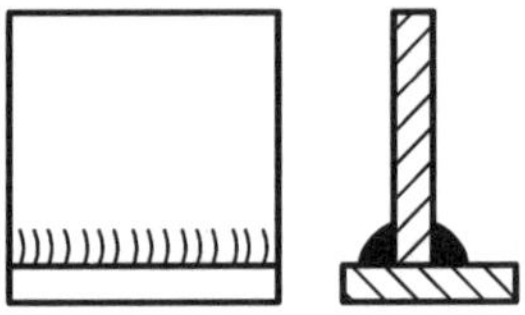	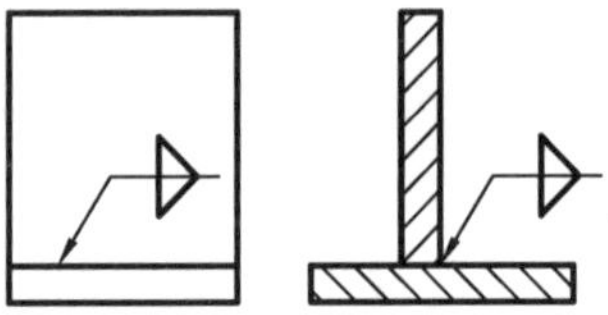
○	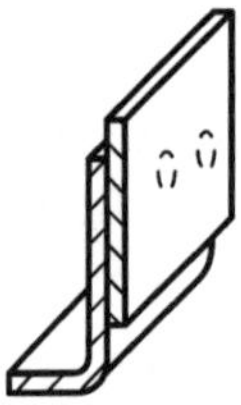	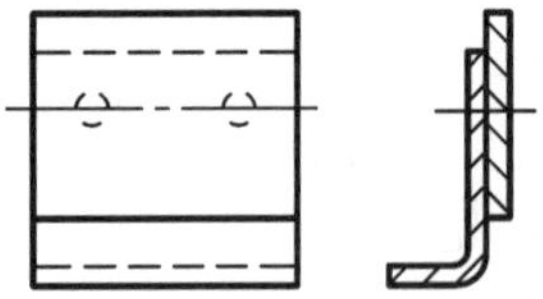	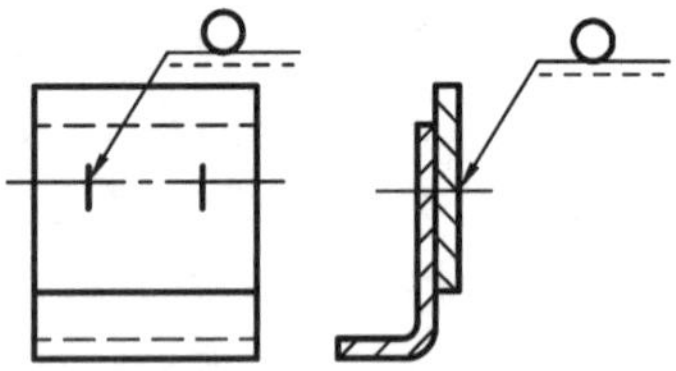
⊿○		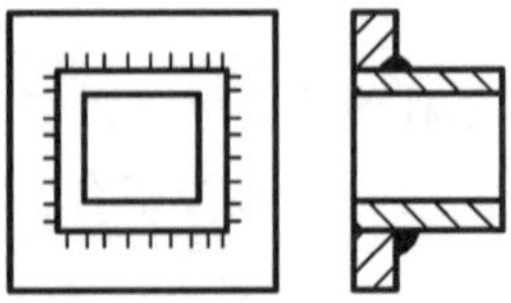	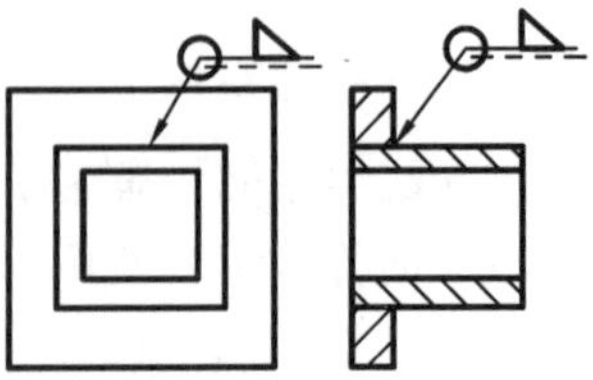

第9章 常用件

齿轮、弹簧和滚动轴承等都是机器和仪器中常用的零(部)件，因此称为常用件。齿轮中的某些结构和尺寸，圆柱螺旋压缩、拉伸、扭转弹簧以及滚动轴承都已标准化和系列化，对这些零(部)件的画法，在《机械制图》国家标准中也都作了统一规定。本章主要介绍上述零(部)件的基本知识和规定画法。

9.1 齿轮

齿轮是用来传递动力，改变转动方向和速度以及改变运动方式的零件，在机械传动中应用非常广泛。齿轮的种类很多，按齿廓曲线可分为渐开线齿轮、摆线齿轮等，最常用的为渐开线齿廓曲线的齿轮；按其传动轴的相对位置可分为圆柱齿轮(用于两平行轴之间的传动)、圆锥齿轮(用于两相交轴之间的传动，最常用的是两轴垂直相交)和蜗轮蜗杆(用于两交叉轴之间的传动)；按齿轮的齿形可分为直齿轮、斜齿轮等。图9-1所示为常用的齿轮传动。本节主要介绍直齿圆柱齿轮以及齿轮、齿条啮合时的画法。圆锥齿轮及蜗轮蜗杆各部分尺寸的计算公式及画法可参阅有关机械设计方面的书籍及《机械制图》国家标准。

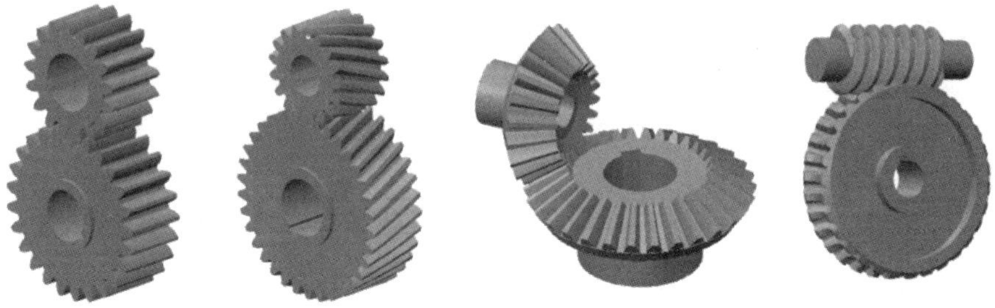

(*a*) (*b*) (*c*) (*d*)

图9-1 齿轮传动

(*a*) 直齿圆柱齿轮；(*b*) 斜齿圆柱齿轮；(*c*) 直齿圆锥齿轮；(*d*) 蜗轮蜗杆

一、圆柱齿轮

圆柱齿轮有直齿、斜齿和人字齿等齿形。图9-2表示直齿圆柱齿轮传动，主动轴上的齿轮称主动轮，从动轴上的齿轮称从动轮，齿廓曲线多为渐开线。

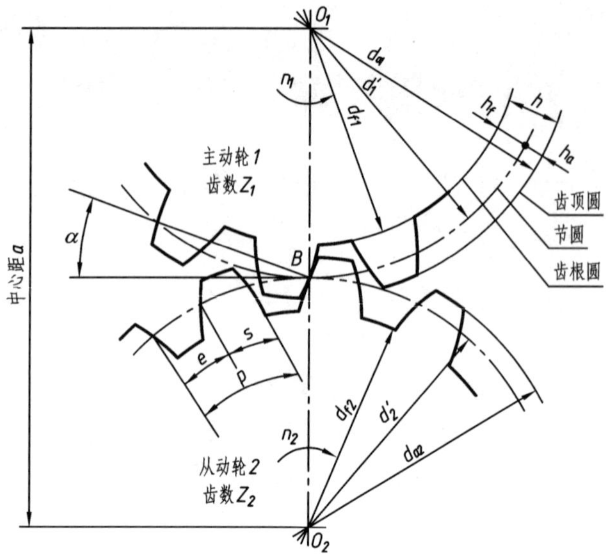

图 9-2 圆柱齿轮传动图

图 9-2 为标准直齿圆柱齿轮的传动示意图，现分别介绍有关名称及参数。

(1) 节圆直径(d')和分度圆直径(d)：O_1、O_2 分别为两啮合齿轮的轴心，B 点是两齿轮在 O_1O_2 线上的啮合接触点，以 O_1、O_2 为圆心分别作过 B 点的公切圆(用细点画线画出)，称为主动齿轮和从动齿轮的节圆，其直径用 d' 表示。当齿轮传动时，这两圆作无滑动的纯滚动。对单个齿轮来说，这个圆是计算相关尺寸和加工时分齿的依据，所以称为分度圆，其直径用 d 表示。因此，在标准齿轮传动中，相啮合两齿轮的分度圆相切，这时节圆和分度圆重合。

(2) 齿距(p)和齿厚(s)：分度圆上相邻两齿对应点之间的弧长称为齿距，两啮合齿轮的齿距应相等。每个轮齿在分度圆上的弧长称齿厚，标准齿轮的齿厚为齿距的 1/2。

(3) 模数(m)：如用 z 表示齿轮的齿数，则 $\pi d = zp$，即 $d = (p/\pi)z$。令 $m = p/\pi$，则 $d = mz$，我们把 m 称为齿轮的模数。m 和 z 都是齿轮的基本参数，相啮合两齿轮的模数必须相等。为了便于设计和加工，国家标准规定了渐开线圆柱齿轮的标准模数，如表 9-1 所示。

表 9-1 渐开线圆柱齿轮模数(摘自 GB/T 1357—2008) 单位：mm

第一系列	1，1.25，1.5，2，2.5，3，4，5，6，8，10，12，16，20，25，32，40，50
第二系列	1.125，1.375，1.75，2.25，2.75，3.5，4.5，5.5，(6.5)，7，9，(11)，14，18，22，28，36，45

注：本标准适用于渐开线圆柱齿轮，对斜齿轮是指法向模数。选取时优先采用第一系列，括号内的模数尽可能不用。

(4) 压力角(α)：在啮合接触点 B 处，轮齿的受力方向与瞬时运动方向的夹角称为压力角，一般采用 20°。

(5) 传动比(i)：主动齿轮的转速 n_1(r/min)与从动齿轮的转速 n_2(r/min)之比称为传动比，即 $i=n_1/n_2$。由于转速与齿数成反比，所以 $i=n_1/n_2=z_2/z_1$。

(6) 中心距(a)：两啮合齿轮轴线之间的距离称为中心距，即 $a=m(z_1+z_2)/2$。

其余如齿顶圆直径、齿根圆直径和齿高等名称和代号就不逐一叙述了，它们的尺寸都与模数成一定比例关系，计算公式见表 9－2。

表 9－2　标准直齿圆柱齿轮计算公式

名　称	代 号	公　　式	名　称	代 号	公　　式
模　　数	m	根据齿轮受力大小决定	齿根圆直径	d_f	$d_f=m(z-2.5)$
分度圆直径	d	$d=mz$	齿　　距	p	$p=\pi m$
齿 顶 高	h_a	$h_a=m$	压 力 角	α	$\alpha=20°$
齿 根 高	h_f	$h_f=1.25m$	中 心 距	a	$a=\frac{1}{2}(d_1+d_2)=\frac{1}{2}m(z_1+z_2)$
全 齿 高	h	$h=h_a+h_f=2.25m$	传 动 比	i	$i=\frac{n_1}{n_2}=\frac{z_2}{z_1}$
齿顶圆直径	d_a	$d_a=d+2h_a=m(z+2)$			

二、单个圆柱齿轮的画法

为了绘图简便，国标对单个圆柱齿轮的画法规定如下(参见图 9－3)：

(1) 齿顶圆和齿顶线用粗实线绘制。

(2) 分度圆和分度线用细点画线绘制。

(3) 齿根圆和齿根线在外形图中用细实线绘制，也可不画；在剖视图中齿根线用粗实线绘制。

(4) 表示斜齿、人字齿方向的齿向线，在外形图上用三条细实线绘制，如图 9－4 所示。

(5) 轮齿在剖视图上不画剖面线。

(6) 其余部分按常规画法绘制。

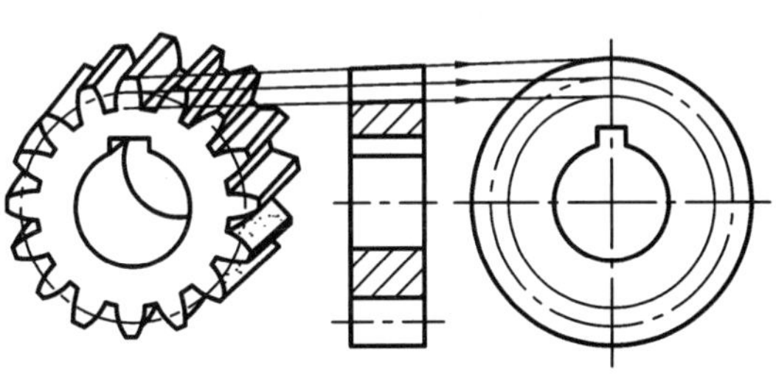

图 9－3　单个圆柱齿轮的画法

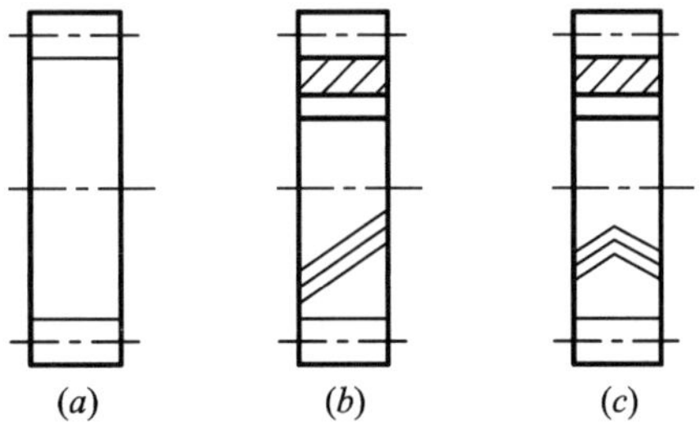

图 9－4　表示轮齿方向的画法
(a) 直齿；(b) 斜齿；(c) 人字齿

三、齿轮啮合的画法

所谓啮合，是指一对模数、压力角相同的齿轮处于正确安装位置。啮合时啮合部分按国标规定绘制，其余部分仍按单个齿轮绘制，如图 9－5 所示。

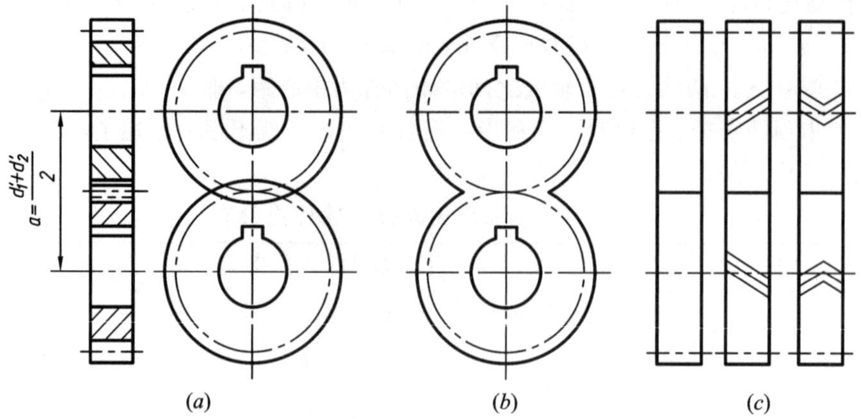

图 9-5 圆柱齿轮啮合时的画法

(a) 啮合齿轮画法；(b) 端面视图的另一种画法；(c) 表示轮齿的画法

(1) 在端面视图(齿轮投影为圆的视图)中，两齿轮节圆用细点画线绘制并画成相切；两个齿轮啮合部分的齿顶圆都用粗实线画出，如图 9-5(a)所示，也可省略不画，如图 9-5(b)所示。

(2) 在剖视图中，轮齿仍按不被剖切绘制；两齿轮节线重合，画细点画线；在啮合区内可设想其中一个齿轮的轮齿被另一个齿轮的轮齿所遮挡，被遮挡的齿顶线用细虚线绘制(亦可省略不画)。啮合区的放大图及其规定画法的投影关系如图 9-6 所示。

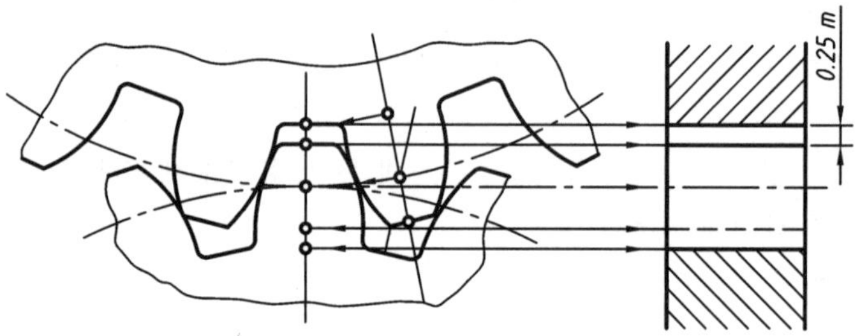

图 9-6 圆柱齿轮啮合区放大图

(3) 在非圆视图的外形图中，啮合区内的齿顶线不画，节线画成粗实线，如图9-5(c)所示。

四、齿轮与齿条啮合时的画法

齿条可以看成是直径无限大的齿轮，如图 9-7(a)所示。这时，齿顶圆、分度圆、齿根圆和齿廓曲线都是直线。齿条的模数 m 等于啮合齿轮的模数，齿距、齿高等的计算和齿轮相同，画图时节圆和节线相切。

齿轮与齿条啮合传动时，齿轮作旋转运动，齿条作直线运动。图 9-7(b)为齿轮与

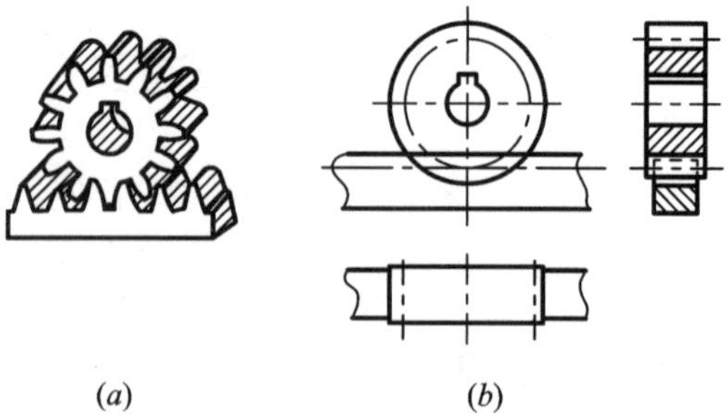

图 9-7 齿轮、齿条啮合的画法

齿条啮合的画法。

五、齿轮零件图示例

圆柱齿轮的零件图如图 9-8 所示。

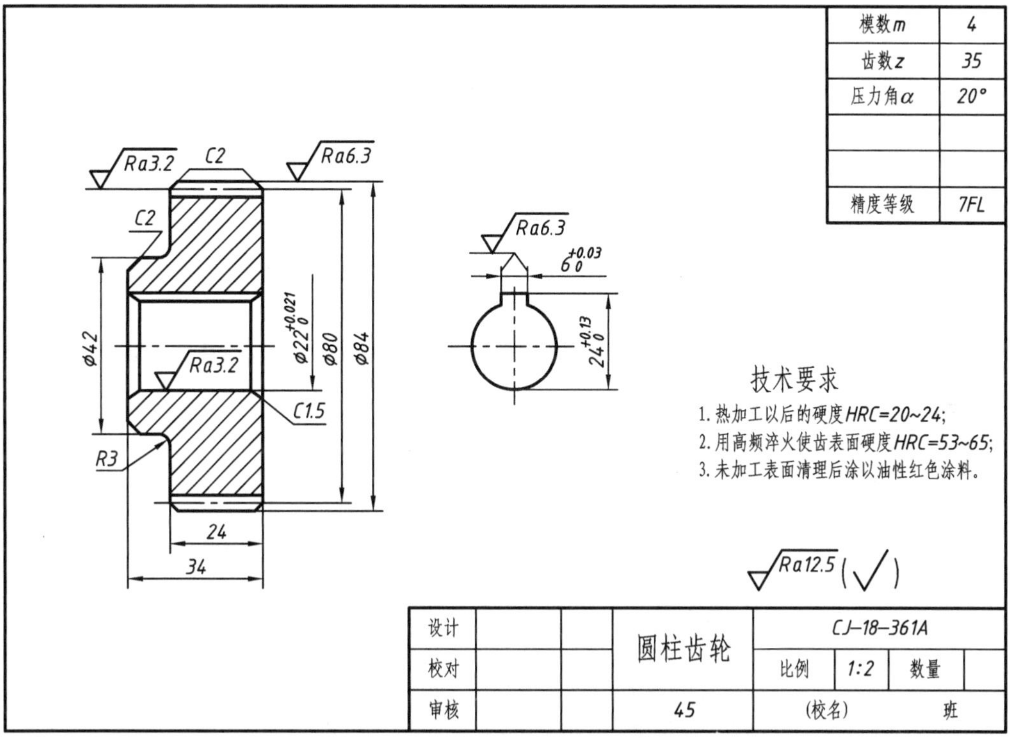

图 9-8　直齿圆柱齿轮的零件图

齿轮的模数、齿数、压力角等是设计、计算和加工制造的基本参数，应填入零件图的参数表中。参数表一般放在图样的右上角，有关项目可按设计和制造的需要制定后填写。其他技术要求可集中注写在图样的右下角。

表达齿轮一般用两个视图，根据具体情况也可用一个视图和一个局部视图。如需要表明齿形，则可用适当比例的局部放大图表示。

9.2　弹　簧

弹簧可用来减震、夹紧、测力、储存能量以及保证其他零件之间的良好接触或脱离接触，在机器、仪表和电子元器件中用途非常广泛。

弹簧种类很多，常见的有螺旋弹簧、蜗卷弹簧、板弹簧和片弹簧等，其中如图 9-9 所示的普通圆柱螺旋弹簧用得最广。根据受力不同，圆柱螺旋弹簧又分为螺旋压缩弹簧、螺旋拉伸弹簧和螺旋扭转弹簧三种。在 GB/T 1239.1—2009、GB/T 1239.2—2009、GB/T 1239.3—2009 中分别对其型式、端部结构及技术要求等都作了规定，在 GB/T 1358—2009 中对其尺寸系列作了规定。

(a)　　(b)　　(c)

图 9-9　圆柱螺旋弹簧

(a) 压缩弹簧；(b) 拉伸弹簧；(c) 扭转弹簧

下面主要介绍普通圆柱螺旋压缩弹簧的规定画法和标记。

一、普通圆柱螺旋压缩弹簧的各部分名称及尺寸关系(摘自 GB/T 1805—2021 和 GB/T 23935—2009)

普通圆柱螺旋压缩弹簧的各部分名称及尺寸关系如图 9-10 所示。

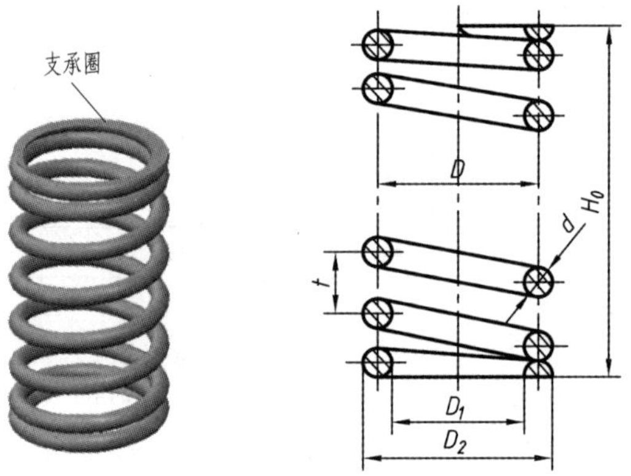

(a)　　(b)

图 9-10　普通圆柱螺旋压缩弹簧

(1) 弹簧材料直径(d)：制造弹簧用的材料直径。

(2) 弹簧的外径(D_2)和内径(D_1)：弹簧的最大和最小直径。弹簧的中径(外径和内径的平均值)$D=D_2-d=D_1+d$。

(3) 有效圈数(n)、支承圈数(n_2)和总圈数(n_1)：为了使压缩弹簧工作时端面受力均匀、工作平稳，在制造时，需将弹簧两端的圈并紧磨平或锻平。这些并紧磨平或锻平的圈起着支承作用，故称为支承圈，一般取 1.5、2 或 2.5 圈。其余的圈称为有效圈，其圈数用 n 表示。总圈数 $n_1=n+n_2$。

(4) 节距(t)：有效圈中相邻两圈上对应点的轴向距离。

(5) 自由高度(H_0)：未受负荷时的弹簧高度，其计算公式为

$$H_0 = nt + (n_2 - 0.5)d$$

（6）展开长度（L）：制造弹簧时，所需弹簧材料的长度，其计算公式为

$$L \approx \frac{\pi D n_1}{\cos\alpha} \quad 或 \quad L \approx n_1\sqrt{(\pi D)^2 + t^2}$$

其中，α 为螺旋升角，一般为 5°～9°。

（7）旋向：与螺纹的旋向相同，分为右旋和左旋两种。

标准普通圆柱螺旋压缩弹簧的 d、D、H_0、n 等尺寸在 GB/T 2089—2009 中都作了规定，使用时可查阅该标准。

二、普通圆柱螺旋压缩弹簧的规定画法及绘图步骤

在国家标准中，对螺旋压缩弹簧的画法规定如下（参见图 9－11 中的（e）、（f））：

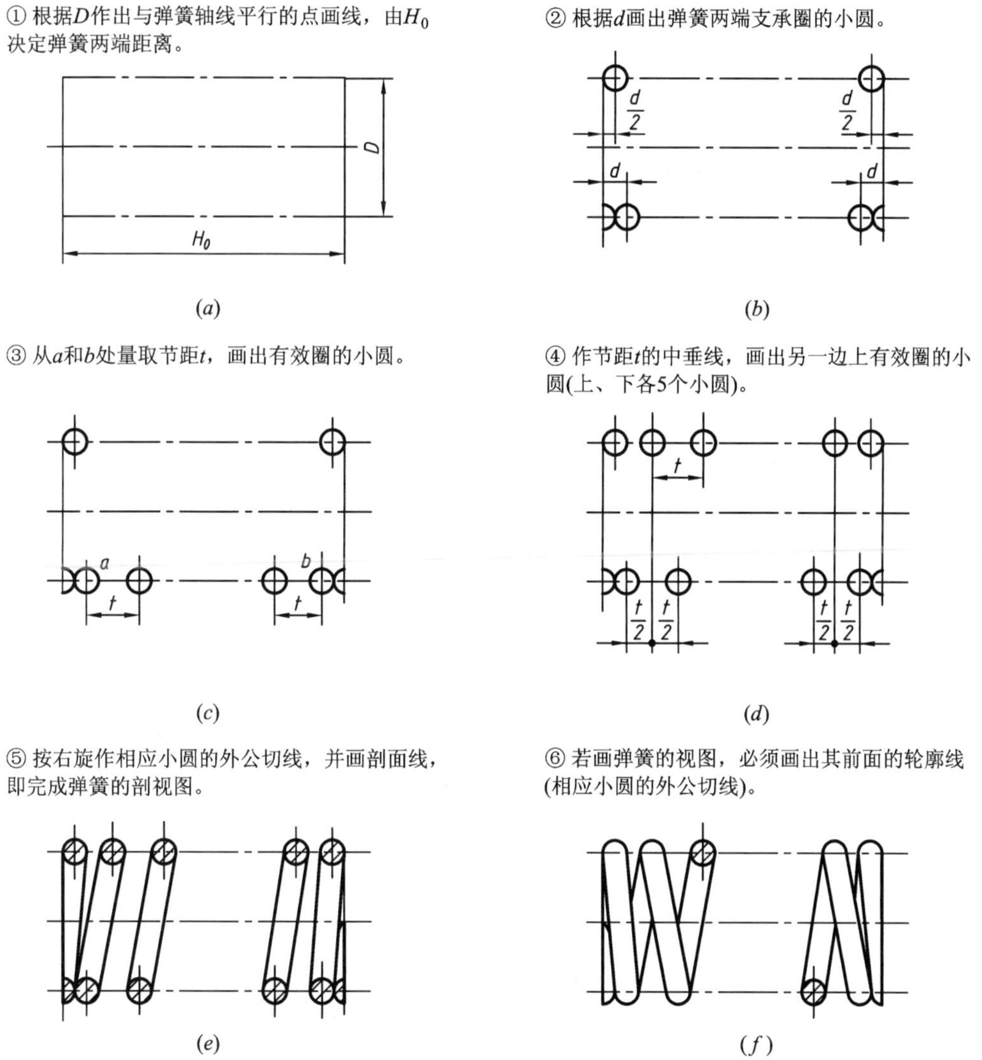

图 9－11　普通圆柱螺旋压缩弹簧的绘图步骤

（1）在平行于螺旋弹簧轴线的投影面的视图中，其各圈的轮廓应画成直线。

(2) 螺旋弹簧均可画成右旋，但对于左旋螺旋弹簧，不论画成左旋或右旋，一律要标明旋向“左”字。

(3) 如要求两端并紧磨平，不论支承圈的圈数多少和末端贴紧情况如何，均按图 9-11 中的(*e*)、(*f*)形式绘制。必要时，也可按支承圈的实际结构绘制。

(4) 有效圈数在 4 圈以上的螺旋弹簧，可以只画出两端的 1～2 圈(支承圈除外)，中间部分省略不画，用通过弹簧钢丝中心的两条点画线表示。圆柱螺旋弹簧中间部分省略后，可适当缩短图形的长度。

(5) 当已知弹簧的材料直径 d、中径 D、自由高度 H_0(画装配图时，弹簧高应采用受压力后的高度)、有效圈数 n、总圈数 n_1 和旋向后，由计算可得节距 t，其作图步骤如图9-11所示。

(6) 在装配图中，当弹簧材料直径或厚度在图样上小于或等于 2 mm 时，允许用示意图绘制(图 9-12(*a*))，其剖面也可用涂黑表示(图 9-12(*b*))。被弹簧挡住的结构一般不画出，可见部分应从弹簧的外轮廓线或从弹簧钢丝剖面的中心线画起，如图 9-13 所示。

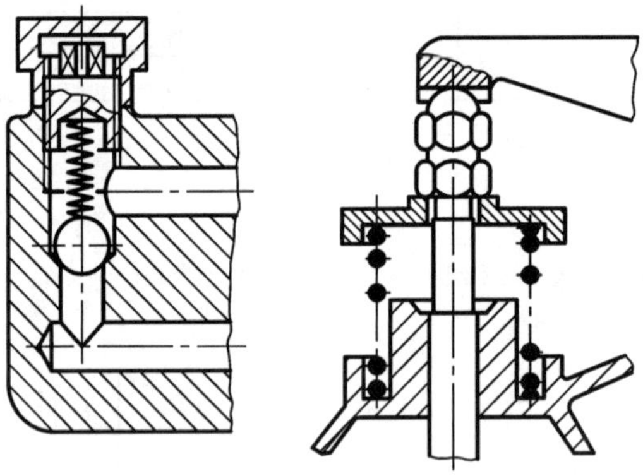

(*a*)　　(*b*)

图 9-12　在装配图中，弹簧材料直径小于或等于 2 mm 时的画法

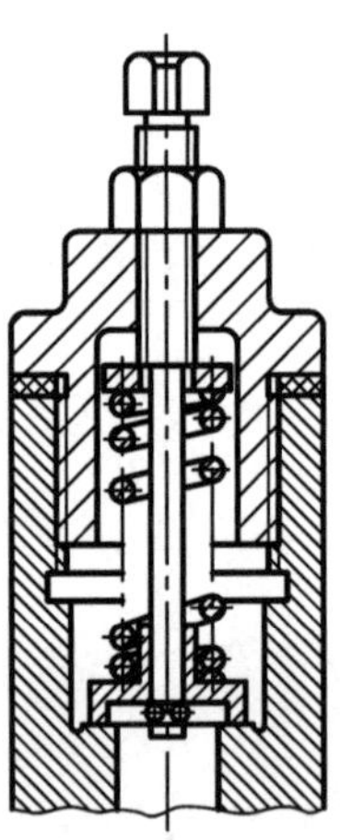

图 9-13　被弹簧挡住的结构的画法

三、普通圆柱螺旋压缩弹簧零件图示例

图 9－14 为普通圆柱螺旋压缩弹簧零件图，主视图上方的三角形表示该弹簧的机械性能，P_1、P_2 表示工作负荷，P_j 表示工作极限负荷；55、47 表示相应工作负荷下的工作高度，39 表示工作极限负荷下的高度。

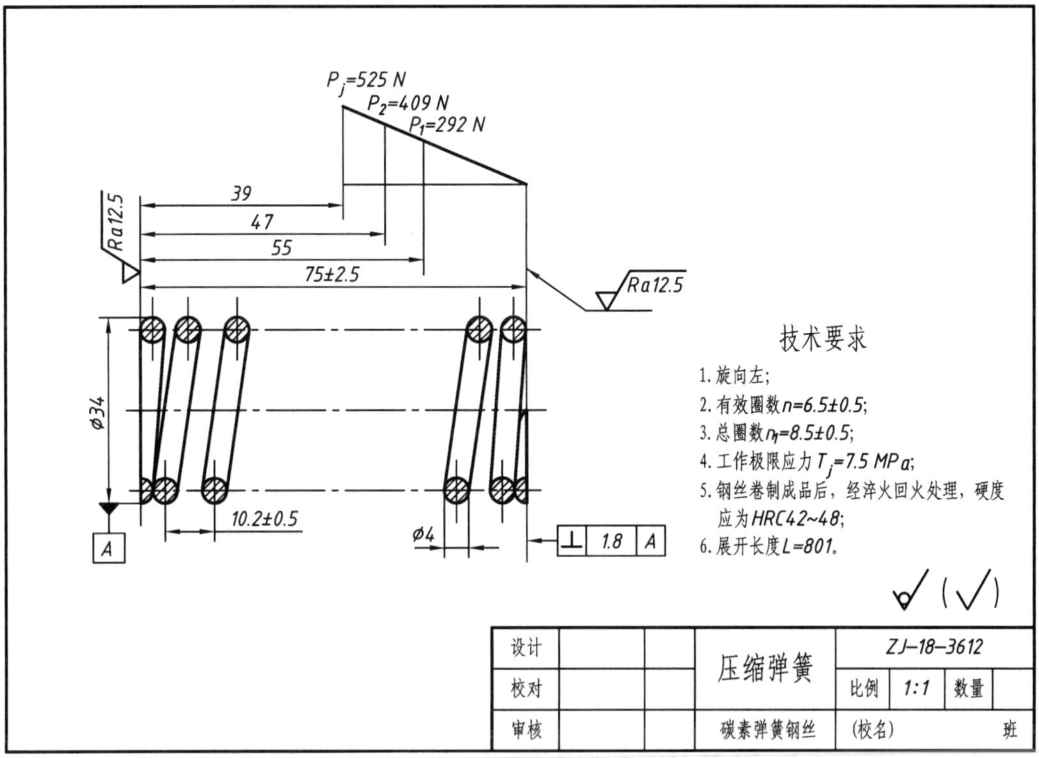

图 9－14　普通圆柱螺旋压缩弹簧的零件图

四、普通圆柱螺旋压缩弹簧的标记

GB/T 2089—2009 规定，圆柱螺旋压缩弹簧的标记由类型代号、规格、精度代号、旋向代号和标准号组成，规定如下：

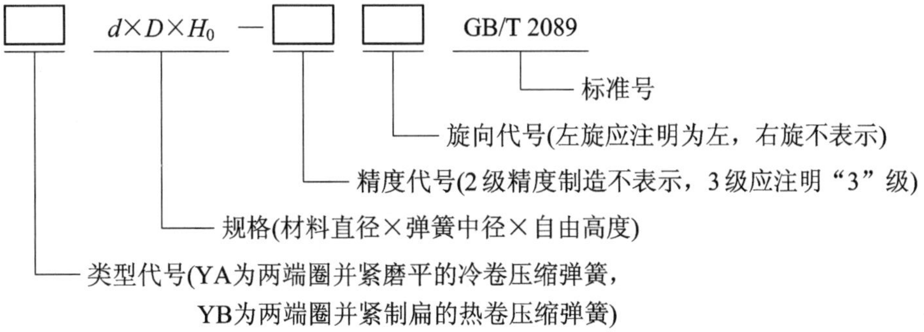

标记示例：

圆柱螺旋压缩弹簧，两端圈并紧磨平型，材料直径为1.2 mm，中径为8 mm，自由高度为40 mm，精度等级为2级，左旋。其标记为

YA 1.2×8×40 左 GB/T 2089

9.3 滚动轴承

滚动轴承是用来支承运动轴的部件，由于其摩擦力小、能承受轴向或径向负荷且互换性好，故在工业生产中得到广泛使用。

滚动轴承的一般常见结构如图9-15所示，它由下列零件组成：

外圈：装在机座或轴承座的孔内，其最大直径为轴承的外径。

内圈：装在轴颈上，其内孔直径为轴承的内径。

滚动体：装在内、外圈之间的滚道中，其形状可为圆球、圆柱、圆锥等。

保持架(隔离圈)：用以将滚动体固定并均匀隔开，有些滚动轴承无保持架。

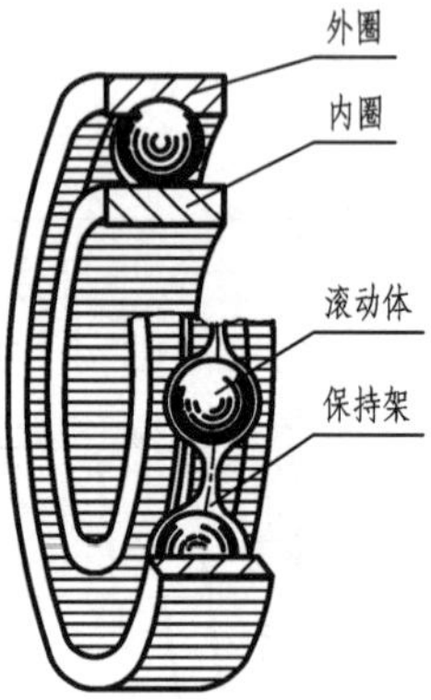

图9-15 滚动轴承结构

滚动轴承按所能承受的载荷方向分为向心轴承、推力轴承和向心推力轴承。向心轴承主要承受径向力，如深沟球轴承；推力轴承只承受轴向力，如推力球轴承；向心推力轴承同时承受径向力和轴向力，如圆锥滚子轴承。

一、滚动轴承的代号(摘自GB/T 272—2017和GB/T 271—2017)

滚动轴承的代号由基本代号、前置代号和后置代号构成，其排列如下：

前置代号 基本代号 后置代号

标注代号时通常用其中的基本代号表示。基本代号表示滚动轴承的类型、结构和尺寸，是轴承代号的基础。其中类型代号用阿拉伯数字(以下简称数字)或大写拉丁字母(以下简称字母)表示。基本代号最多为7位数字或字母。基本代号的排列形式如下：

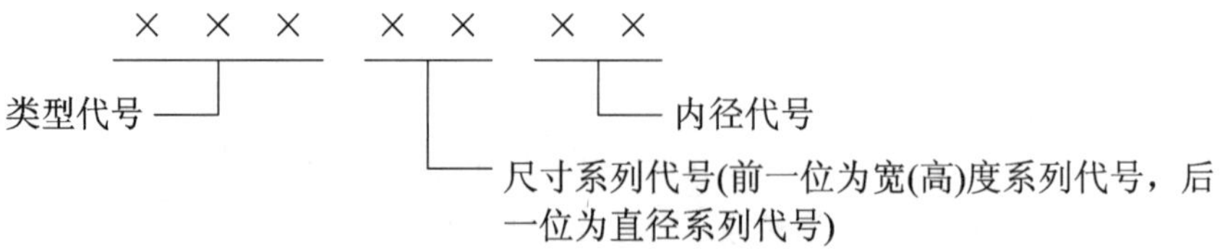

例如：代号6204中的6表示类型代号(深沟球轴承)；2表示尺寸系列(02)代号，宽度系列代号为0(省略)，直径代号为2；04表示内径代号，内径为20 mm。

1. 类型代号

轴承类型代号如表 9－3 所列。

表 9－3 滚动轴承类型代号(摘自 GB/T 272—2017)

代号	轴 承 类 型	代号	轴 承 类 型
0	双列角接触球轴承	6	深沟球轴承
1	调心球轴承	7	角接触球轴承
2	调心滚子轴承和推力调心滚子轴承	8	推力圆柱滚子轴承
3	圆锥滚子轴承	N	圆柱滚子轴承(双列或多列用字母 NN 表示)
4	双列深沟球轴承	U	外球面球轴承
5	推力球轴承	QJ	四点接触球轴承
		C	长弧面滚子轴承(圆环轴承)

注：在表中代号后或前加字母或数字表示该类轴承中的不同结构。

2. 尺寸系列代号

尺寸系列代号由轴承的宽(高)度系列代号和直径系列代号组合而成，如表 9－4 所列。

表 9－4 尺寸系列代号(摘自 GB/T 272—2017)

直径系列代号	向心轴承								推力轴承			
	宽度系列代号								高度系列代号			
	8	0	1	2	3	4	5	6	7	9	1	2
	尺寸系列代号											
7	—	—	17	—	37	—	—	—	—	—	—	—
8	—	08	18	28	38	48	58	68	—	—	—	—
9	—	09	19	29	39	49	59	69	—	—	—	—
0	—	00	10	20	30	40	50	60	70	90	10	—
1	—	01	11	21	31	41	51	61	71	91	11	—
2	82	02	12	22	32	42	52	62	72	92	12	22
3	83	03	13	23	33	—	—	—	73	93	13	23
4	—	04	—	24	—	—	—	—	74	94	14	24
5	—	—	—	—	—	—	—	—	—	95	—	—

3. 内径代号

滚动轴承内径代号中的数字含义如表 9－5 所列。

表 9-5 滚动轴承的内径代号(摘自 GB/T 272—2017)

轴承公称内径 d/mm		内径代号	示 例
0.6～10(非整数)		用公称内径毫米数直接表示，在其与尺寸系列代号之间用"/"分开	深沟球轴承 618/2.5 d=2.5 mm
1～9(整数)		用公称内径毫米数直接表示，对深沟及角接触球轴承 7、8、9 直径系列，内径与尺寸系列代号之间用"/"分开	深沟球轴承 618/5 均为 d=5 mm
10～17	10	00	深沟球轴承 6200 d=10 mm
	12	01	
	15	02	
	17	03	
20～480(22，28，32 除外)		公称内径除以 5 的商数，商数为个位数，须在商数左边加"0"，如 08	调心滚子轴承 22308 d=40 mm
≥500 以及 22，28，32		用公称内径毫米数直接表示，但在尺寸系列之间用"/"分开	调心滚子轴承 230/500 d=500 mm 深沟球轴承 62/22 d=22 mm

滚动轴承代号示例：

滚动轴承 6 1 8 1 0 GB/T 276—2013

- GB/T 276—2013：国家标准序号
- 1 0：内径代号：$d=10\times5=50$ mm
- 1 8：尺寸系列代号：18—宽度系列代号为1，直径系列代号为8
- 6：类型代号：6—深沟球轴承
- 滚动轴承：名称

滚动轴承 N 2 0 8 E GB/T 283—2021

- GB/T 283—2021：国家标准序号
- E：代表加强型
- 0 8：内径代号：$d=08\times5=40$ mm
- 2：尺寸系列代号：2—宽度系列代号0省略，直径系列代号为2
- N：类型代号：N—圆柱滚子轴承
- 滚动轴承：名称

二、滚动轴承的画法(摘自 GB/T 4459.7—2017)

滚动轴承是标准件，一般不画零件图。在装配图中可采用通用画法、特征画法和规定画法。通用画法和特征画法实为简化画法。无论采用哪一种画法，其中的各种符号、矩形线框和轮廓线均用粗实线绘制。滚动轴承的轮廓应与其实际尺寸即外径 D、内径 d、宽度 B（或 T 或 B、C）相一致，并与所属图样采用同一比例。

1. 通用画法

在剖视图中采用简化画法时，各种类型的滚动轴承如不需要确切地表示滚动轴承载荷特性、外形轮廓和结构特征时，均可用矩形线框及位于线框正中的正立的十字形符号表示。十字符号的尺寸大小与轴承的尺寸 D、d、A、B 有关，其尺寸比例如图 9-16 所示。这种画法称为通用画法。

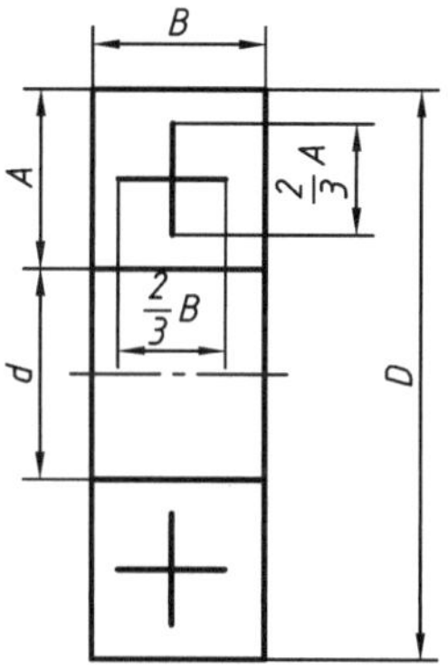

图 9-16　滚动轴承的通用画法

2. 规定画法

当需要确切表示滚动轴承的结构特征、外形轮廓及载荷特性时，可采用如表 9-6 中的规定画法。按规定画法绘制滚动轴承的剖视图时，滚动体不画剖面线，内、外圈可画成方向和间隔相同的剖面线。规定画法一般只绘制在轴的上侧（或左侧），而下侧（或右侧）按通用画法绘制。在装配图中，滚动轴承的倒角、圆角及保持架可省略不画。深沟球轴承、圆锥滚子轴承和单向推力球轴承的规定画法如表 9-6 所示。

表 9-6　常用滚动轴承的规定画法和特征画法

轴承类型和代号	名称和标准号	查表得主要数据	规定画法	特征画法
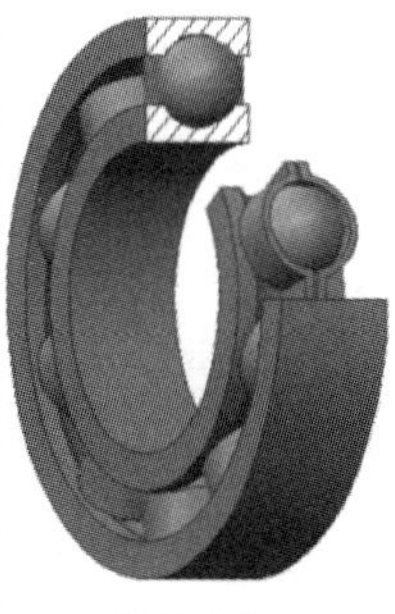 60000 型	深沟球轴承 GB/T 276—2013	D d B	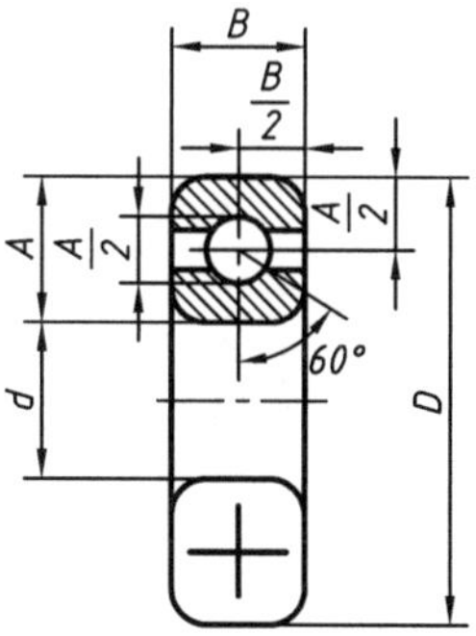	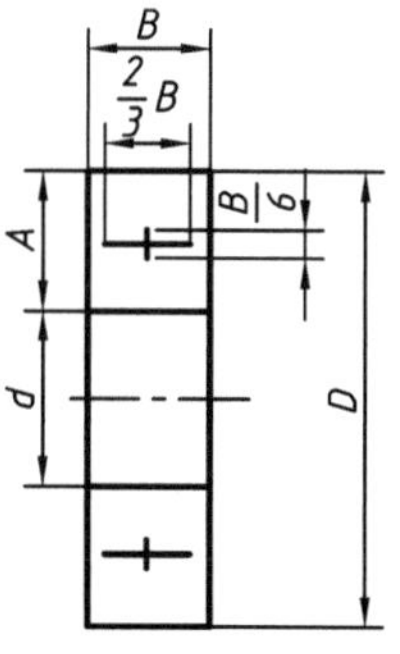

续表

轴承类型和代号	名称和标准号	查表得主要数据	规定画法	特征画法
 30000 型	圆锥滚子轴承 GB/T 297—2015	D d T C B	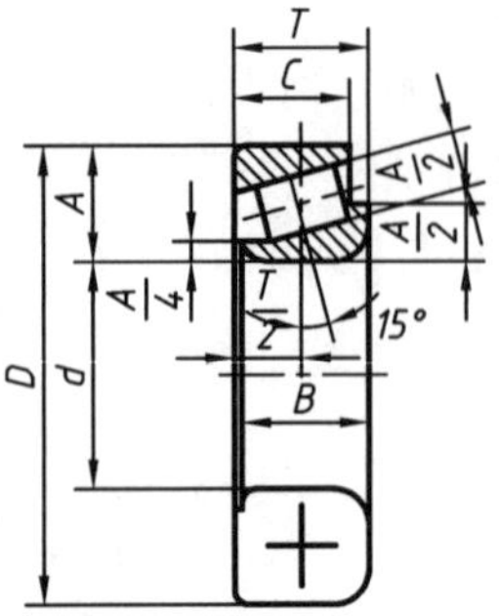	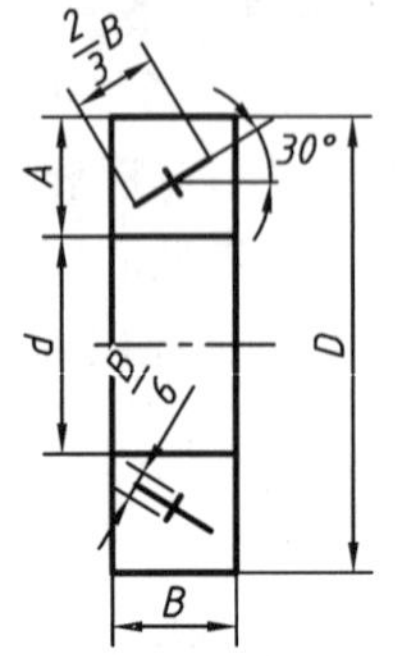
 50000 型	推力球轴承 GB/T 301—2015	D d T	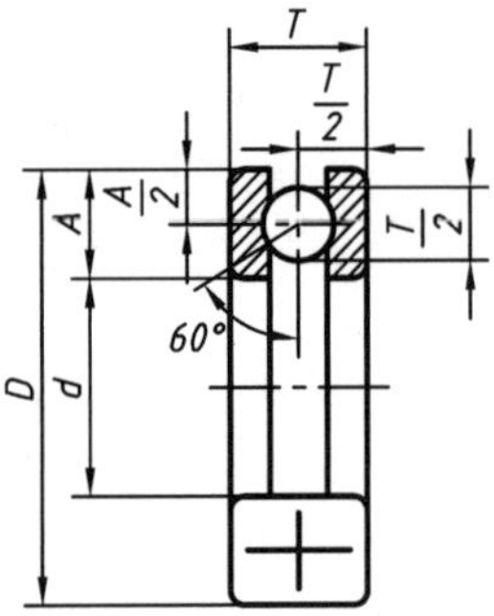	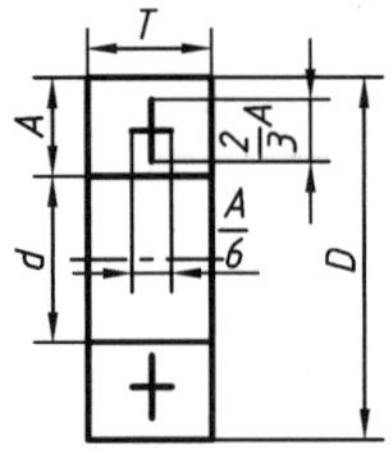

3. 特征画法

当仅需要形象地表示滚动轴承的结构特征时，可采用特征画法，这种画法应在矩形线框内画出表示滚动轴承的结构特征和载荷特性的要素符号。表 9－6 列出了深沟球轴承、圆锥滚子轴承和推力球轴承的特征画法。其他类型滚动轴承的特征画法可查阅有关标准。

4. 端面视图特征画法

垂直于滚动轴承轴线的投影称为轴承的端面视图。在端面视图上，无论滚动体的形状是球、柱，还是针等，其特征画法均可按图 9－17 绘制。在图 9－17 中，内、外圈及滚动体按实际尺寸比例画。

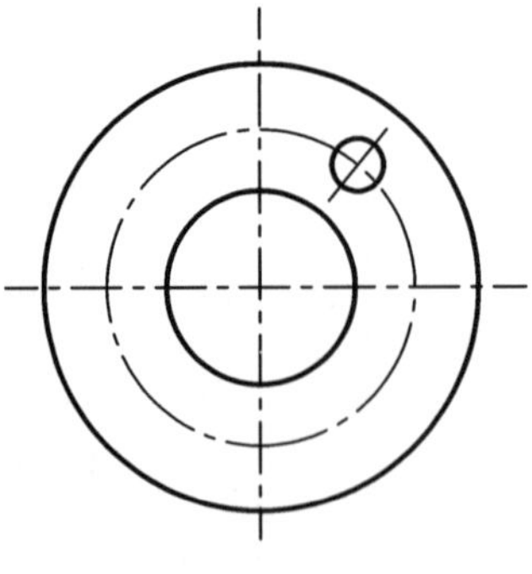

图 9－17　滚动轴承端面视图特征画法

上述四种画法所需尺寸，可根据滚动轴承代号查阅相应标准得到。表 9 - 7 为三种常用滚动轴承的尺寸表。

表 9 - 7　常用滚动轴承尺寸表

单位：mm

深沟球轴承 （摘自 GB/T 276—2013） 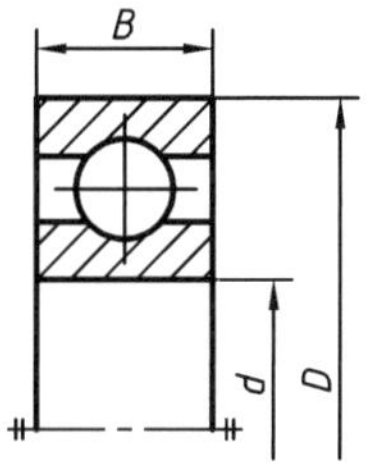				圆锥滚子轴承 （摘自 GB/T 297—2015） 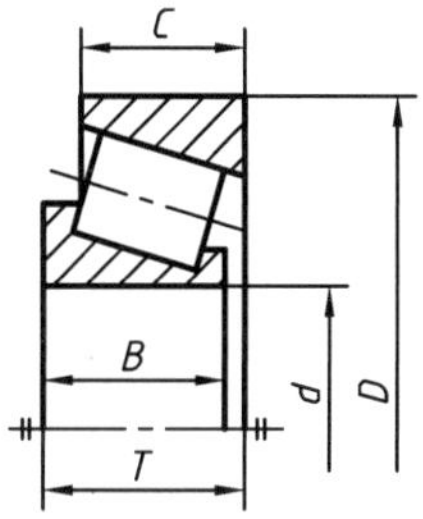						推力球轴承 （摘自 GB/T 301—2015） 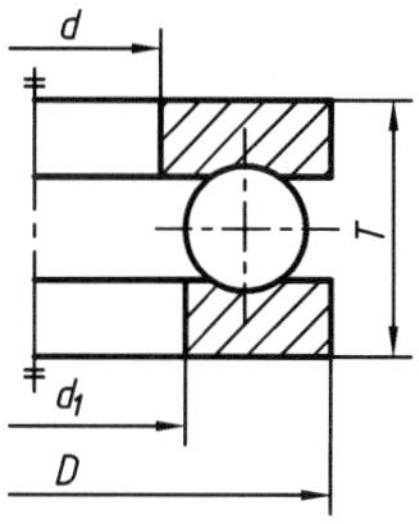				
轴承代号	d	D	B	轴承代号	d	D	B	C	T	轴承代号	d	D	T	d_1
尺寸系列[(0)2]				尺寸系列[02]						尺寸系列[12]				
6202	15	35	11	30203	17	40	12	11	13.25	51202	15	32	12	17
6203	17	40	12	30204	20	47	14	12	15.25	51203	17	35	12	19
6204	20	47	14	30205	25	52	15	13	16.25	51204	20	40	14	22
6205	25	52	15	30206	30	62	16	14	17.25	51205	25	47	15	27
6206	30	62	16	30207	35	72	17	15	18.25	51206	30	52	16	32
6207	35	72	17	30208	40	80	18	16	19.75	51207	35	62	18	37
6208	40	80	18	30209	45	85	19	16	20.75	51208	40	68	19	42
6209	45	85	19	30210	50	90	20	17	21.75	51209	45	73	20	47
6210	50	90	20	30211	55	100	21	18	22.75	51210	50	78	22	52
6211	55	100	21	30212	60	110	22	19	23.75	51211	55	90	25	57
6212	60	110	22	30213	65	120	23	20	24.75	51212	60	95	26	62
尺寸系列[(0)3]				尺寸系列[03]						尺寸系列[13]				
6302	15	42	13	30302	15	42	13	11	14.25	51304	20	47	18	22
6303	17	47	14	30303	17	47	14	12	15.25	51305	25	52	18	27
6304	20	52	15	30304	20	52	15	13	16.25	51306	30	60	21	32
6305	25	62	17	30305	25	62	17	15	18.25	51307	35	68	24	37
6306	30	72	19	30306	30	72	19	16	20.75	51308	40	78	26	42
6307	35	80	21	30307	35	80	21	18	22.75	51309	45	85	28	47
6308	40	90	23	30308	40	90	23	20	25.25	51310	50	95	31	52
6309	45	100	25	30309	45	100	25	22	27.25	51311	55	105	35	57
6310	50	110	27	30310	50	110	27	23	29.50	51312	60	110	35	62
6311	55	120	29	30311	55	120	29	25	31.50	51313	65	115	36	67
6312	60	130	31	30312	60	130	31	26	33.50	51314	70	125	40	72

续表

轴承代号	d	D	B	轴承代号	d	D	B	C	T	轴承代号	d	D	T	d_1
尺寸系列[(0)4]				尺寸系列[13]						尺寸系列[14]				
6403	17	62	17	31305	25	62	17	13	18.25	51405	25	60	24	27
6404	20	72	19	31306	30	72	19	14	20.75	51406	30	70	28	32
6405	25	80	21	31307	35	80	21	15	22.75	51407	35	80	32	37
6406	30	90	23	31308	40	90	23	17	25.25	51408	40	90	36	42
6407	35	100	25	31309	45	100	25	18	27.25	51409	45	100	39	47
6408	40	110	27	31310	50	110	27	19	29.25	51410	50	110	43	52
6409	45	120	29	31311	55	120	29	21	31.50	51411	55	120	48	57
6410	50	130	31	31312	60	130	31	22	33.50	51412	60	130	51	62
6411	55	140	33	31313	65	140	33	23	36.00	51413	65	140	56	68
6412	60	150	35	31314	70	150	35	25	38.00	51414	70	150	60	73
6413	65	160	37	31315	75	160	37	26	40.00	51415	75	160	65	78

注：圆括号中的尺寸系列代号在轴承代号中省略。

第10章 零 件 图

任何机器或部件都是由许多零件按一定的装配关系和技术要求装配起来的。表达单个零件结构、大小及技术要求的图样称为零件图。例如图 10－1 所示为泵体的零件图。

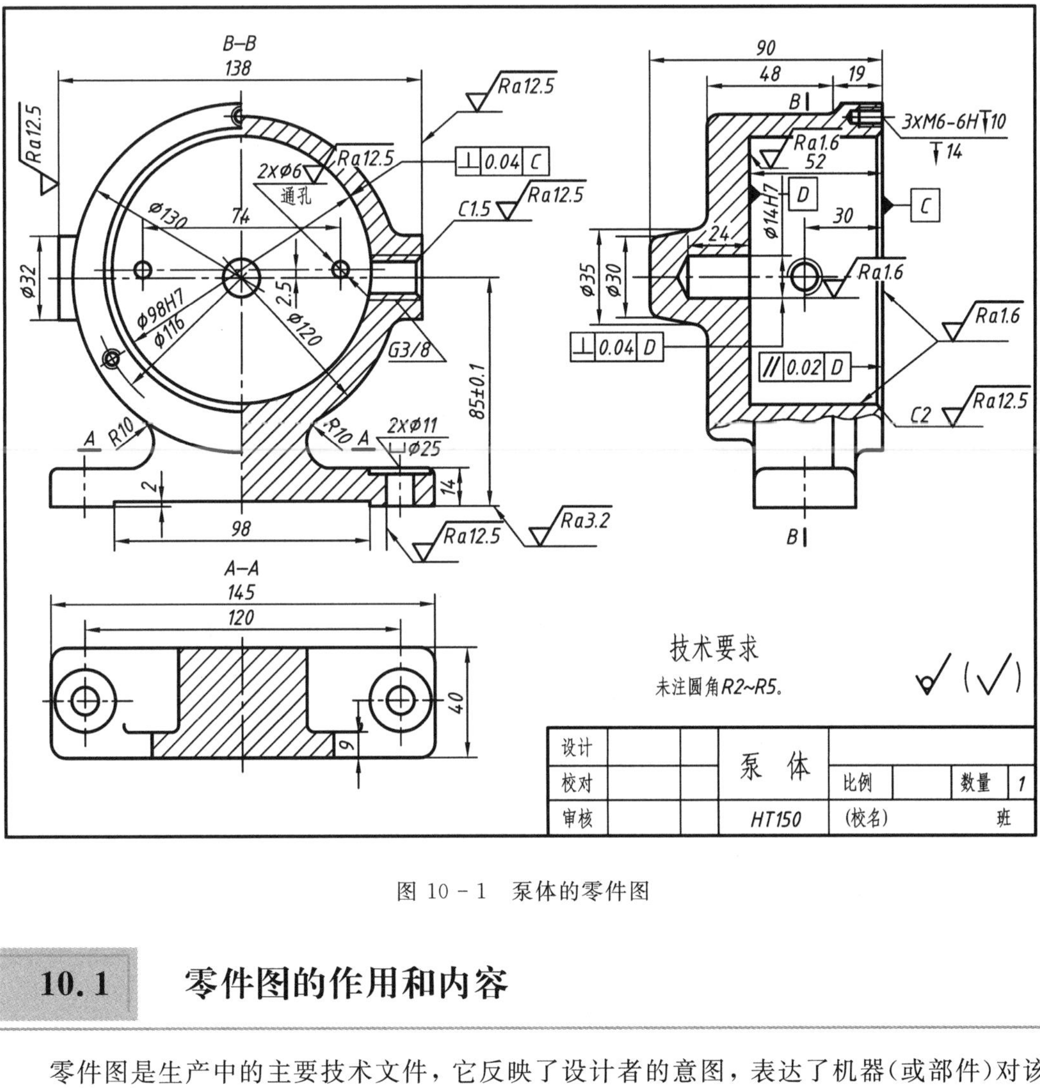

图 10－1　泵体的零件图

10.1 零件图的作用和内容

零件图是生产中的主要技术文件，它反映了设计者的意图，表达了机器(或部件)对该零件的要求，它是制造和检验零件的依据。为了保证设计要求，制造合格的零件，一张完整的零件图应具备以下内容(见图 10-1)：

(1) 一组图形：用视图、剖视、断面及其他表达方法，正确、完整、清晰地表达零件各部分的结构形状。

(2) 足够的尺寸：正确、完整、清晰、合理地注出零件的全部尺寸。

(3) 技术要求：注明或说明零件在制造、检验、装配、调整过程中应达到的一些技术要求，如表面结构要求、尺寸公差、几何公差、表面处理、材料热处理等。

技术要求涉及的范围很广，其注写形式也不尽相同。对于表面结构要求、尺寸公差、几何公差等项内容，应按国家标准规定的代(符)号，直接注写在图形上；而对于工艺结构及尺寸(如铸造圆角半径)、热处理、表面处理、验收、试验等方面的技术要求，一般在图样右下方空白处用简明的文字、符号注写说明。

(4) 标题栏：在标题栏中填写零件的名称、材料、数量、比例等各项内容。

尺寸公差、几何公差参见第 11 章。

10.2 零件图的视图选择

零件图视图选择的基本要求是能完整、清晰地表达出零件的结构形状，并力求制图简便，容易看懂。要达到这个要求，就要根据零件的结构特点，首先选择好主视图，再选用其他视图补充表达。为此，零件图的视图选择需要解决两个问题：一是如何选择主视图；二是如何选择其他视图及采用什么样的表达方法。

一、主视图的选择

主视图是零件图中最主要的视图。主视图的选择直接影响到其他视图的选择、读图的方便和图幅的合理利用。因此，画零件图时，必须首先选好主视图。

选择主视图的一般原则是：

(1) 形体特征原则：主视图应最能反映零件的形状特征，即能较明显地反映出零件各组成部分的形状及其相对位置。

(2) 加工位置原则：选择主视图时，应尽量选择零件在机床上加工时所处的位置，即零件在主要工序中的装夹位置。

(3) 工作位置原则：在选择主视图时，应尽量使其位置与零件在机器中的工作位置(安装位置)一致。

对一个零件的主视图来说，以上三条原则不一定能同时满足，选择时应在满足形体特征的前提下，根据具体情况有选择地满足另两个原则。

二、其他视图的选择

在选定主视图后，多数零件还要适当地选择其他视图与之配合，才能把零件的内、外结构形状表达清楚。其他视图的确定应从以下几个方面考虑：

(1) 根据零件的复杂程度和结构特点，选用适量的视图；剖视、断面、局部放大图等补充表达主视图所没有表达清楚的结构形状和各部分的相对位置。

（2）选用其他视图时，一般应优先考虑选用基本视图和在基本视图上作剖视。若基本视图不能满足要求或不便画图时，再考虑选用其他表达方法。

（3）在保证清晰、易懂、便于读图的前提下，尽量采用较少的视图，以免繁琐、重复，导致主次不分。

三、典型零件的视图选择

零件结构形状相近，则其表达方法具有共同的特点，通常将机器零件大致分为轴套类、轮盘类、箱壳类、叉架类四大类，下面分别介绍其视图的选择。

1. 轴、套类零件的视图选择

轴、套类零件在各种机器上应用很广，其形状特征一般是由共轴线的回转体组成。这类零件的主要加工工序是在车床或磨床上完成的，装夹时把它的轴线放成水平位置，所以这类零件的主视图常把轴线画成水平位置，以便在加工时图物对照，减少加工差错，如图 10－2 所示。

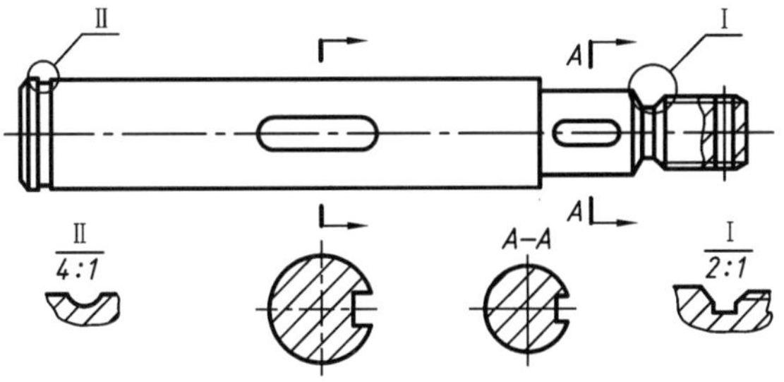

图 10－2　轴类零件的视图选择

轴类零件一般只用一个主视图即可将其各段相对位置表达清楚。

对于传动轴，通常要加工出键槽、销孔、越程槽及退刀槽等结构。这些结构常需采用断面、局部剖视及局部放大图表示，如图 10－2 所示。

套类零件一般采用一个全剖或半剖的视图，并结合能反映直径的尺寸表达即可，如图 10－3(*a*)、(*b*)所示。

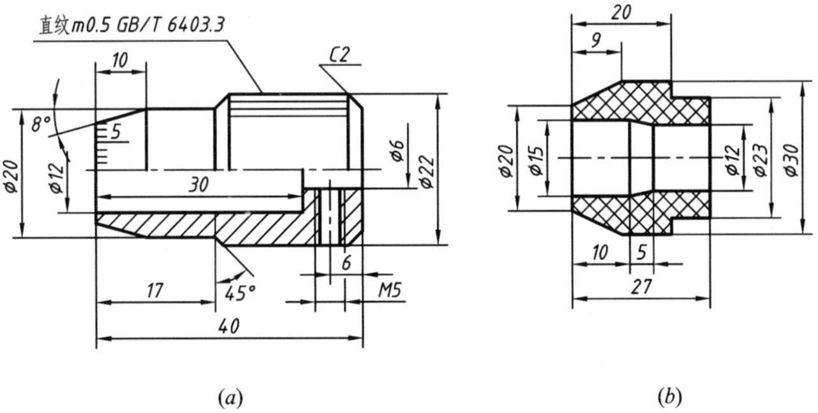

图 10－3　套类零件的视图选择

2. 轮、盘类零件的视图选择

轮、盘类零件的主体是回转体，其长度与直径之比往往较小，并在四周常有一些成辐射状分布的孔、槽、肋、齿、轮辐等结构。这类零件的主要加工工序通常是在车床或磨床上进行的，也有的是通过铸造或冲压而成的。如手轮、刻度盘、齿轮、端盖、皮带轮等都是轮盘类零件。

这类零件一般需两个基本视图表达，其主视图通常按加工位置放置，即将其轴线放成水平，且常采用单一剖和旋转剖的全剖视图，如图 10 - 4 所示。

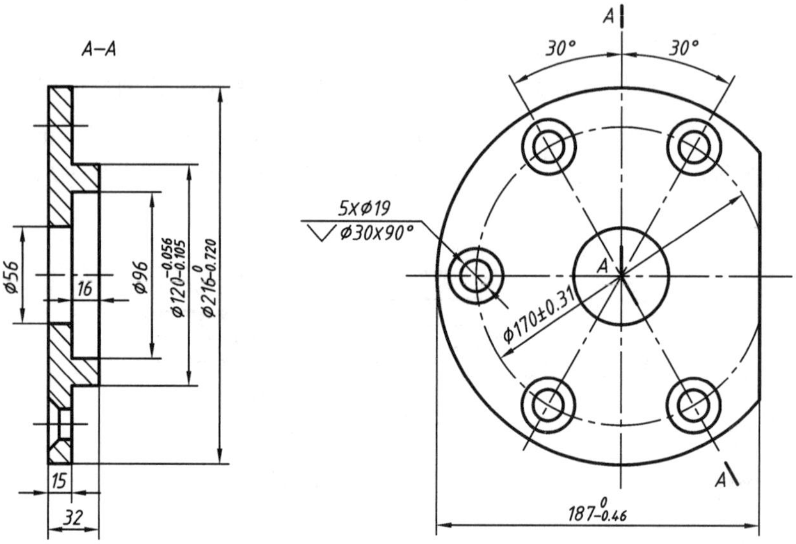

图 10 - 4 轮、盘类零件的视图选择

3. 箱、壳类零件的视图选择

箱、壳类零件包括各种泵体、箱体、机座及壳体等。这类零件一般都是机器或部件中的主体零件，结构复杂且多为中空，起支承、包容其他零件的作用。下面以图 10 - 5 所示的回转泵泵体为例，分析泵体零件的结构特点。

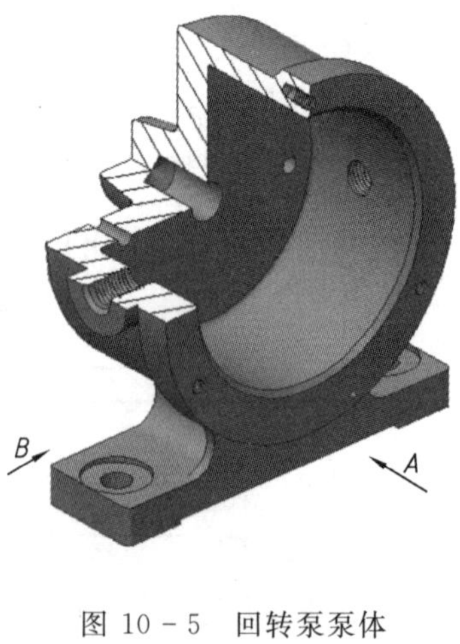

图 10 - 5 回转泵泵体

由图 10 - 5 可看出，泵体的结构可分为三部分：

工作部分：泵体的上部。其腔内包容并支承着轴、鼓轮及衬套等零件，腔内中央小孔为支承轴用，轴孔中心低于内腔中心 2.5 mm(图中未注)，可参见图 10 - 1；左右两侧进出油孔上管螺纹为连接油管用；前端面上的三个螺孔为连接泵盖用；内腔轴孔两侧的小孔是拆卸衬套用的工艺孔。

安装部分：泵体下部是带有两个螺栓孔的安装底座，可用螺栓将泵安装在基座上。为了减小加工面和接触面，安装底座的底面设计成凹槽。

联结部分：泵体中部的肋板将工作部分和安装部分联结起来。

另外还应对泵体进行“形体分析”，以便知道该泵体是由哪些基本形体组成的和各形体之间的相对位置。

箱、壳类零件的内、外形状较为复杂，常需两个以上的基本视图表达，往往还要结合其他视图和剖视图补充表达，表达方式较为灵活。因这类零件加工面多其主视图的确定主要根据“形体特征原则”和“工作位置原则”。

从图 10－5 可以看出，符合主视图的方向有 A 向和 B 向。相比之下，以 A 向作为主视图的投射方向较为合理。该零件的视图表达如图 10－6 所示。

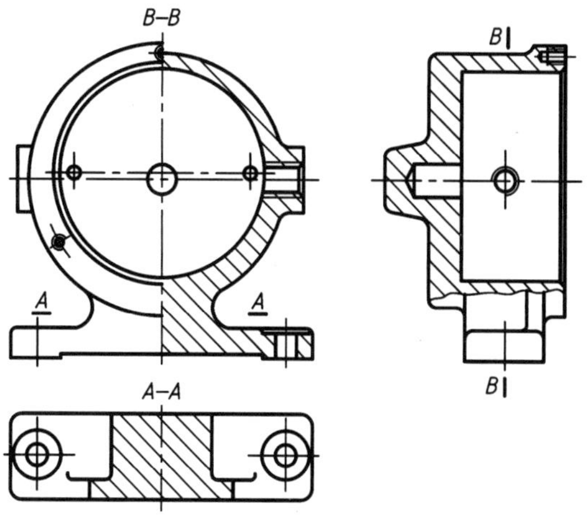

图 10－6　箱、壳类零件的视图选择

主视图采用半剖视，表达了泵体的形体特征和偏心结构，左半部反映了泵体前端面上三个螺钉孔的位置，右半部反映了进出油孔和安装底座上孔的结构。

左视图采用局部剖视，表达了内腔和轴孔的深度以及进出油孔、安装底座的前后位置。

俯视图采用单一的全剖视，清楚地表达了安装底座的形状、螺栓孔的位置及肋板的形状。

4. 叉、架类零件的视图选择

叉、架类零件包括各种用途的拨叉、支架、底座和连杆等。这类零件多用于支撑或装置其他零件，其结构形状比较复杂，同时加工位置又不止一个，所以主视图的投射方向主要根据形体特征和工作位置确定，一般需用两个或两个以上的基本视图，再结合局部视图、斜视图、斜剖视、断面等表达，如图 10－7 所示。

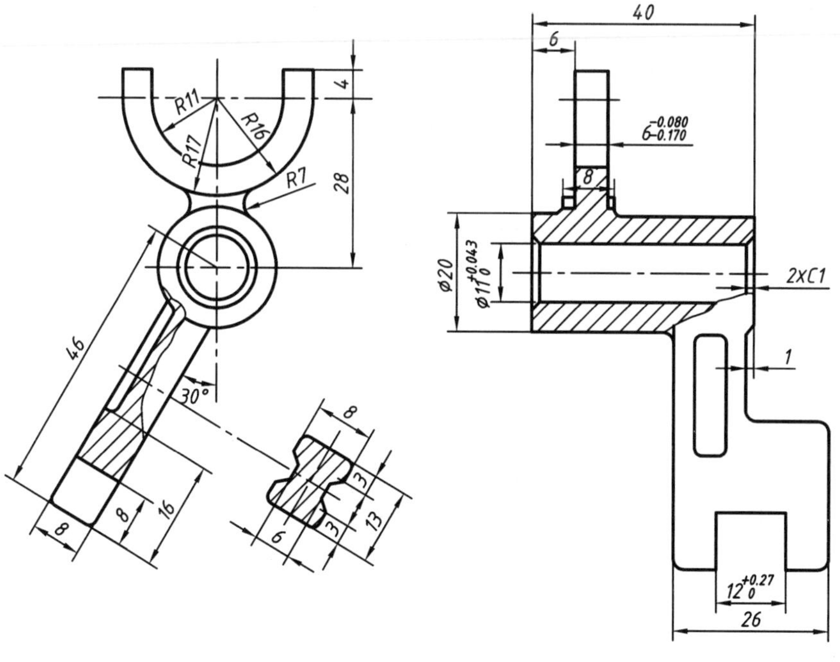

图 10－7　叉、架类零件的视图选择

10.3 零件上常见的工艺结构及其画法

零件上因设计或工艺要求，常有一些特定结构，如倒角、圆角、凸台、凹坑、退刀槽等，统称为零件工艺结构。零件工艺结构往往影响零件的使用性能，是结构设计中必须考虑的问题之一。画零件图时，必须清楚、正确地画出零件上的工艺结构，以便使所绘制的零件图符合要求。零件上常见的工艺结构及其画法列于表 10－1。

表 10－1 常见工艺结构的形式及作用

要求 结构	图 例	说 明
铸造圆角和拔模斜度	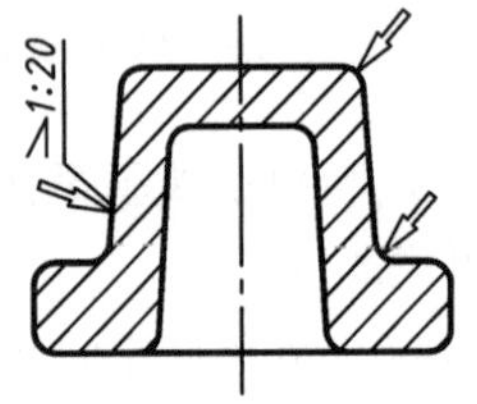 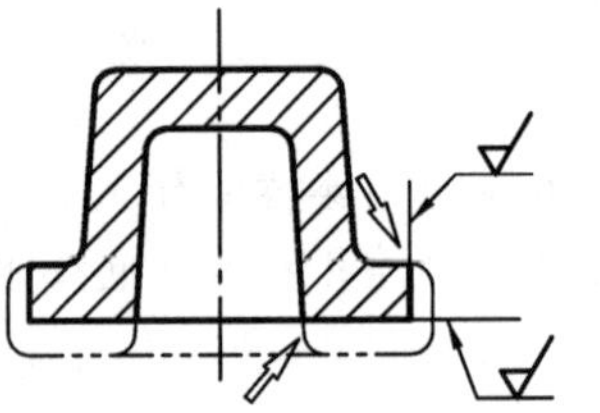	为了满足铸造工艺的需要及使铸件不产生裂纹等缺陷，在铸件毛坯的两表面相交处应做成圆角 造型时为使木模从砂型中易于取出，一般在铸件的内、外壁沿脱模方向设计出拔模斜度
铸件壁厚要均匀	 (a) 正确 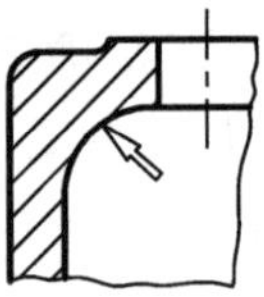 (b) 不正确	铸件壁厚应尽量保持均匀，不同壁厚之间要逐渐过渡，以防止由于壁厚不均匀致使金属冷却速度不同而产生裂纹或缩孔
退刀槽及砂轮越程槽	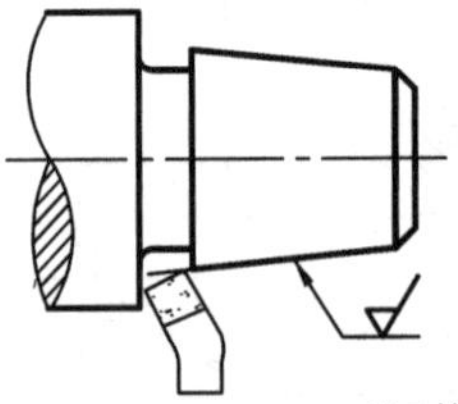 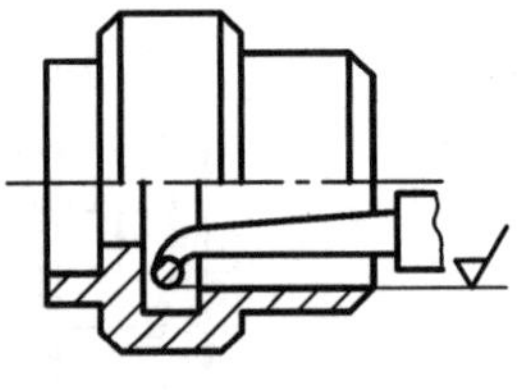 退刀槽 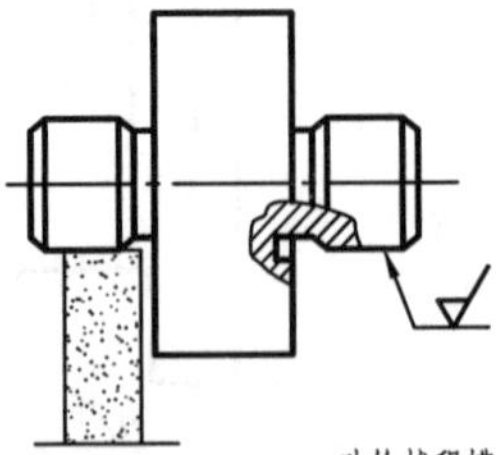 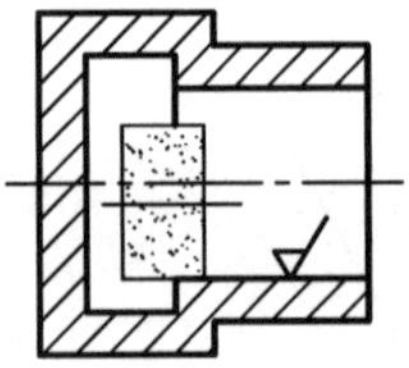 砂轮越程槽	在加工台阶孔、台阶轴或内外螺纹时，为了不碰伤已加工表面、容易退刀、防止损坏刀具以及在装配时与相邻零件保证靠紧，常在被加工表面的末端预先制出退刀槽和砂轮越程槽

续表

要求结构	图　　例	说　　明
倒角	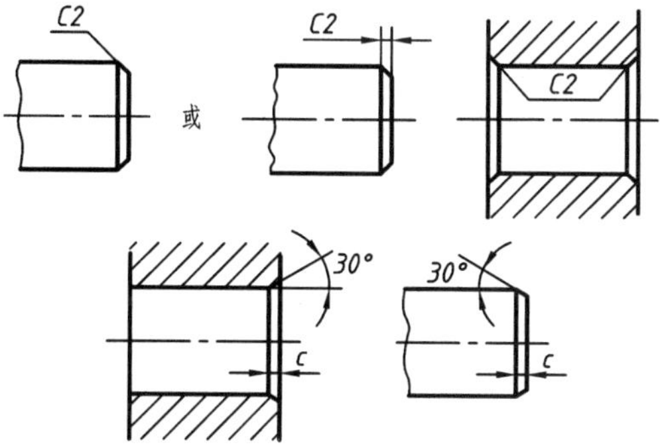	为了便于装配和操作时安全，需在零件上作出倒角
倒圆	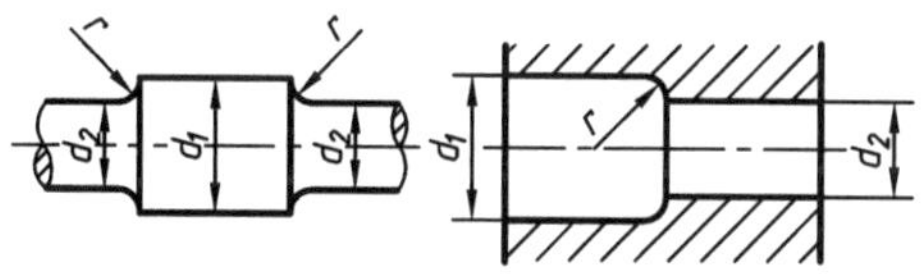	为了防止应力集中，往往在阶梯轴、孔的转向处作出倒圆 r
凸台与凹槽	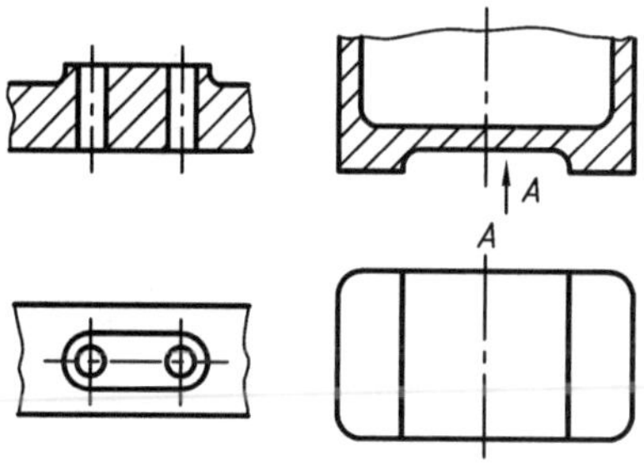(a)　(b)	为了保证零件接触面间的装配或安装质量，并减少加工面，可在铸件上制出凸台(如图(a))或凹槽(如图(b))
钻孔	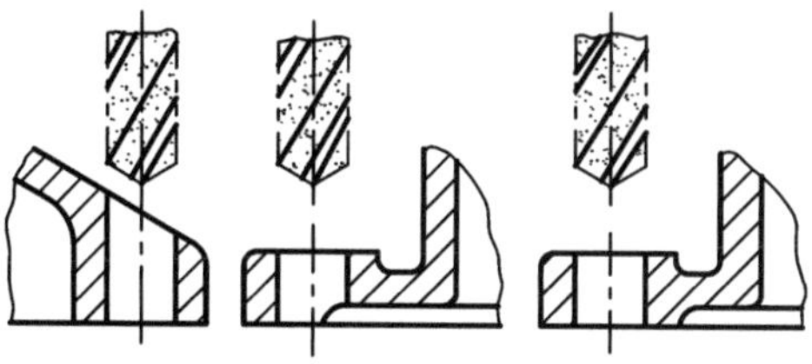(a)　(b)　(c) 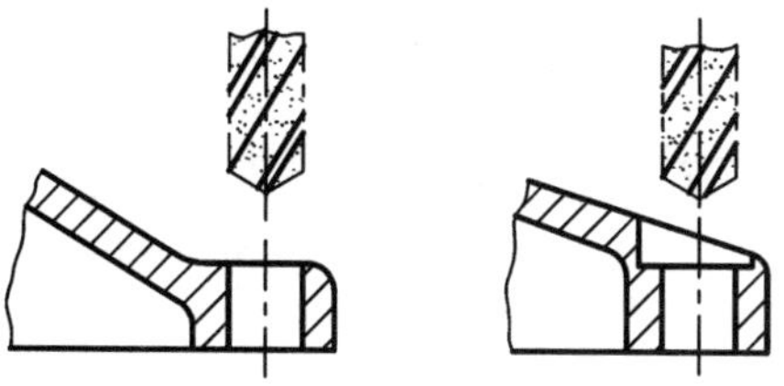(d)　(e)	用钻头钻孔时，应尽量使钻头垂直于被钻孔的表面，尽量避免使钻头沿铸造斜面(图(a))或单边(图(b))进行加工，可改为图(c)、图(d)、图(e)的结构形状，以改善刀具的工作条件，防止钻头折断

10.4 零件图上的尺寸标注

零件图上的尺寸是零件加工、检验的主要依据。因此，在零件图上标注尺寸时，除了应做到5.3节所述的完整、清晰、符合“国标”外，还要考虑尺寸的合理性。所谓尺寸的合理性，是指图上所注尺寸既满足零件的设计要求，又符合加工、测量、检验等工艺要求。本节重点讨论尺寸标注合理性的有关基本知识。

一、尺寸基准的选择

零件在设计、制造和检验时，计量尺寸的起点称为尺寸基准。通常，选取零件的主要加工面、对称平面、安装底面、端面、主要孔的轴线、坐标轴线及其交点等作为尺寸基准。如图10－8(*a*)所示的轴，其轴向尺寸以右端面为基准，径向尺寸以轴线为基准；图10－8(*b*)所示的轴承架，高度方向以底面为基准；图10－8(*c*)所示的凸轮，其轮廓曲线上各点的尺寸以旋转中心为基准。因此，在标注尺寸时，首先要在零件的长、宽、高三个方向至少各选一个基准，然后再合理地标注尺寸。

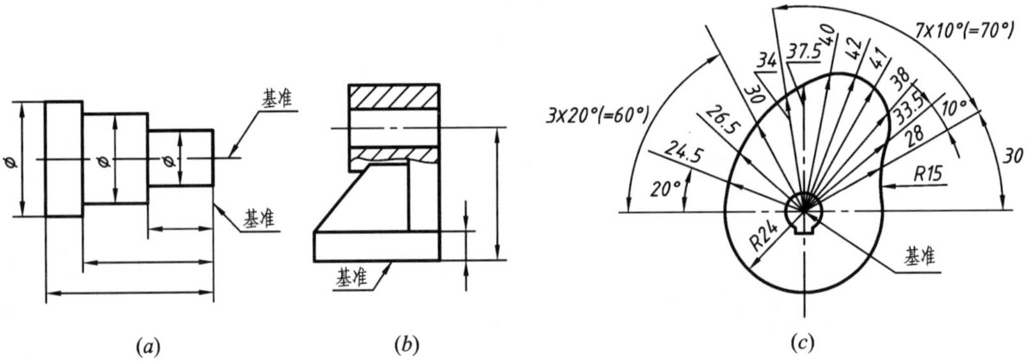

图10－8 尺寸基准

尺寸基准一般可分为设计基准和工艺基准。

设计基准：根据零件的结构特点及设计要求所选定的基准。如图10－9(*a*)中箭头所指的轴线即为该零件的径向设计基准。

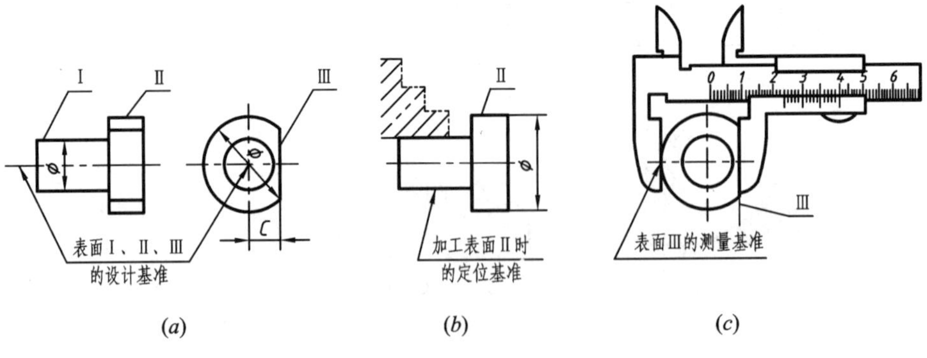

图10－9 基准的分类

工艺基准：根据零件在加工、测量和检验等方面的要求所选定的基准。它又可分为定位基准和测量基准，如图 10 - 9(*b*)、(*c*)所示。

二、合理标注尺寸的原则

零件图中的尺寸按其重要性一般可分为重要尺寸、一般尺寸和不重要尺寸。重要尺寸是指影响零件精度和工作性能的尺寸，如配合尺寸等，它们一般有较严格的公差要求(见11.1节)；一般尺寸是指零件上的一般结构尺寸，这类尺寸的大小主要取决于零件的强度和刚度要求，但对精度要求不高，一般不注公差要求；不重要尺寸一般对零件的精度、工作性能以及强度和刚度影响都不大，因而通常允许有较大的误差，在图样上也不注出公差要求。下面是合理标注尺寸的一些基本原则。

1. 零件上的重要尺寸必须直接注出，以保证设计要求

如图 10 - 10(*a*)所示，零件 1 和零件 2 相互配合，其中尺寸 *D* 是实现设计要求的配合尺寸，精度要求高，所以在图中应直接注出。而且，在确定它的位置时，应采用同一基准，如图 10 - 10(*b*)所示，而图 10 - 10(*c*)的注法是错误的。

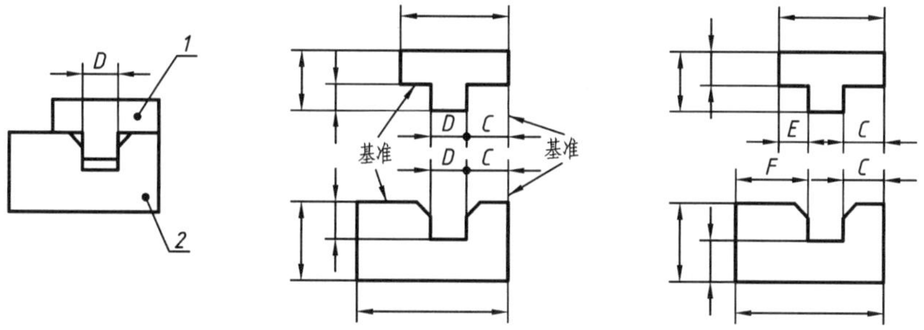

(*a*)　(*b*)　(*c*)

图 10 - 10　零件图上重要尺寸直接注出

2. 零件上一般尺寸的标注要符合加工顺序和便于测量

零件中除必须保证的重要尺寸外，其余凡属切削加工的一般尺寸，标注时都应考虑使它们符合加工顺序和便于测量。如图 10 - 11 所示的小轴尺寸标注，长度方向的尺寸除 51 属于设计中的重要尺寸应单独标注外，其余都按加工顺序标注。图 10 - 12 表示了该零件在车床上的加工顺序，由此可以看出图 10 - 11 的尺寸注法对于在加工过程中看图和测量都是方便的。

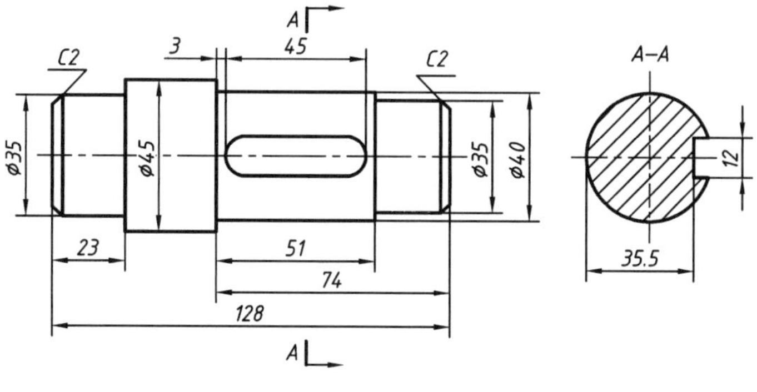

图 10 - 11　小轴尺寸标注

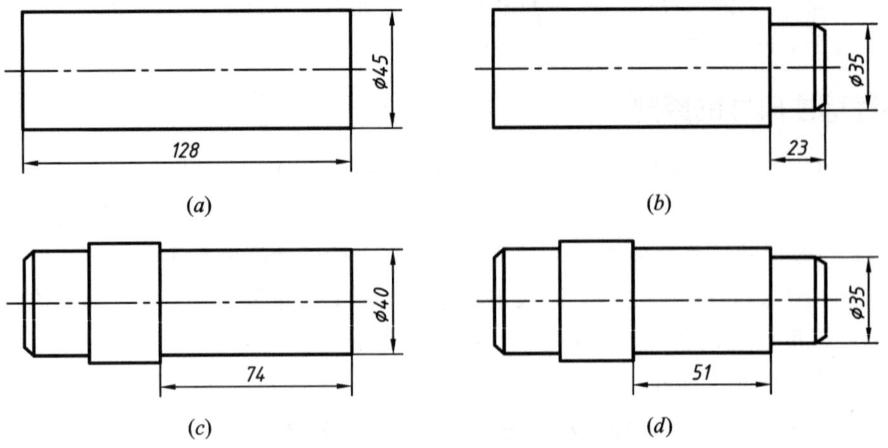

图 10－12 小轴在车床上的加工顺序

(*a*) 车 ϕ45 外圆及两端面；(*b*) 车 ϕ35 轴颈长 23；(*c*) 调头加工 ϕ40 轴颈长 74；(*d*) 车 ϕ35 轴颈

图 10－13(*a*)所示台阶孔的尺寸注法也考虑了它的加工顺序和测量方便，而图 10－13(*b*)中 28 的标注是不合理的，因为这种注法不便测量。

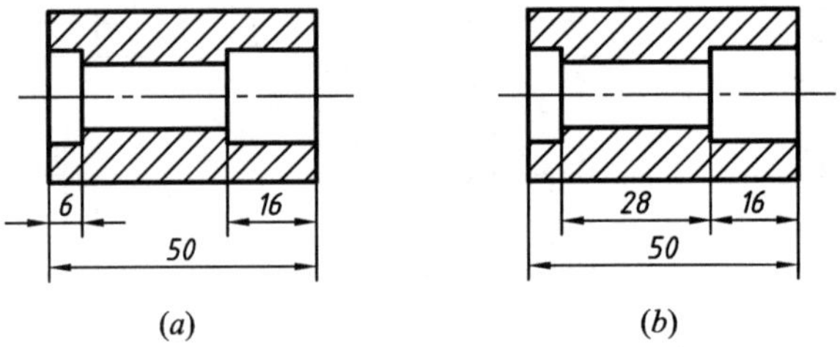

图 10－13 台阶孔的尺寸注法

(*a*) 合理；(*b*) 不合理

3. 零件上的尺寸不要注成封闭的形式

图 10－14(*a*)中，除了注出总长度 *a* 外，还注出了轴的各段长度尺寸 *b*、*c*、*d*，这样就注成了封闭的形式。如果尺寸注成封闭形式，就会使得每段长度尺寸不仅要根据零件的工作要求决定公差的大小，而且还必须使各段公差的总和不超过总长 *a* 的公差范围，这样就必然要提高 *b*、*c*、*d* 各段尺寸的精度等级，从而提高了生产成本。因此，在注尺寸时，应将其中一个精度要求不高的不重要尺寸空着不注，如图 10－14(*b*)所示，这个空着的尺寸其大小和精度都由其他尺寸来决定。

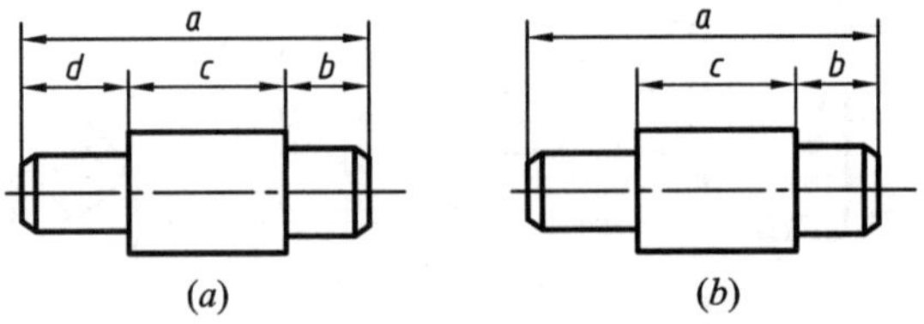

图 10－14 不要注成封闭形式

4. 不加工面(毛坯面)的尺寸标注

不加工面即毛坯面之间的尺寸一般应单独标注，因为这种尺寸是在制造毛坯时保证的，如图 10－15(a)中的尺寸 A。而且，只能使其中一个毛坯面和某一加工面联系起来标注，如图中的尺寸 B 是在加工 M 面时保证的。图 10－15(b)所示的注法不合理，因为当加工 M 面时，难以同时保证尺寸 B 和 C。

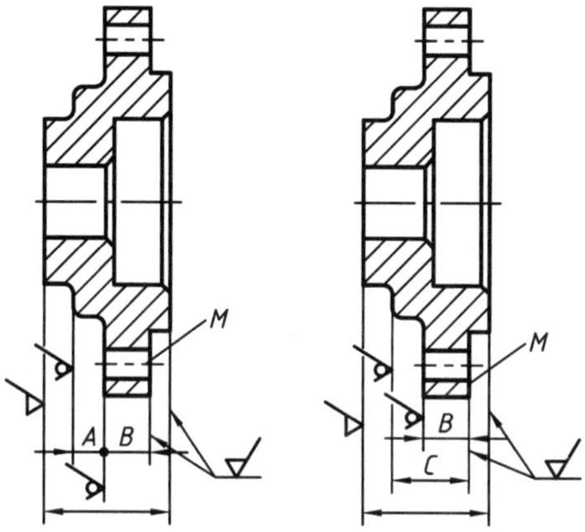

(a) (b)

图 10－15 毛坯面尺寸单独标出

(a) 合理；(b) 不合理

三、零件上常见典型结构的尺寸注法

1. 倒角和退刀槽的尺寸注法(见表 10－2)

表 10－2 倒角和退刀槽的尺寸注法

结构类型		标 注 方 法	说 明
倒角	45°倒角	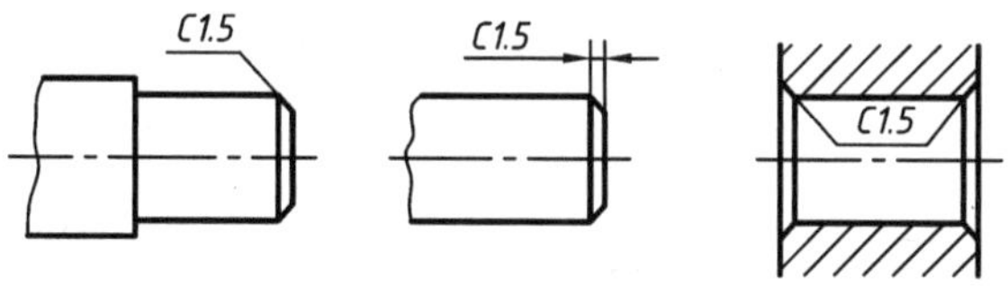	倒角为 45°时，可用 C 和倒角的轴向尺寸(如 1.5)连注；倒角不是 45°时，要分开标注倒角角度和轴向尺寸 c
	30°倒角	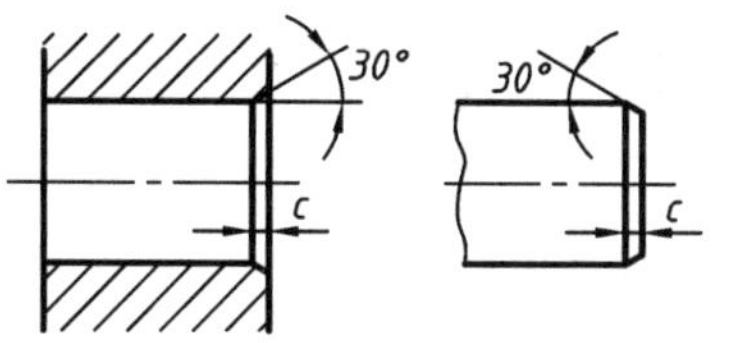	
退刀槽		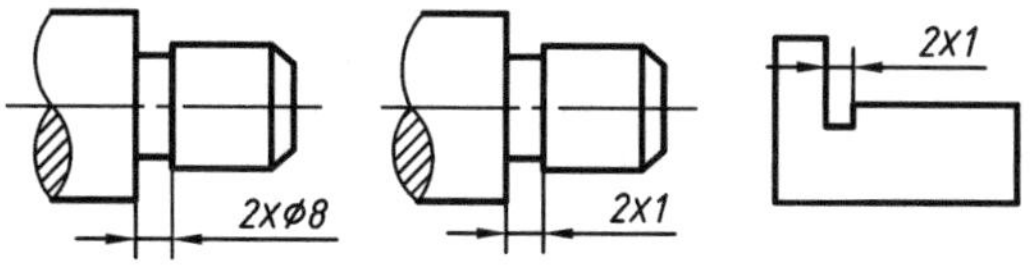	一般的退刀槽可按“槽宽×直径”或“槽宽 × 槽深”的形式标注

2. 常见孔的尺寸注法(见表 10－3)

表 10－3 常见孔的尺寸注法

孔的类型		标注方法		说明
		普通注法	旁注法	
通孔	螺孔	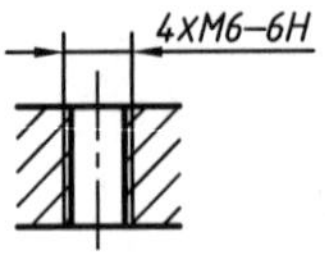	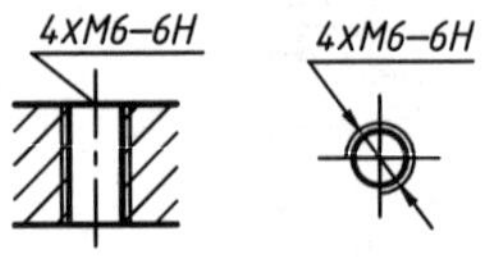	表示大径为 6 的四个螺孔，中径和顶径公差带代号皆为 6H
	锥销孔	无普通注法	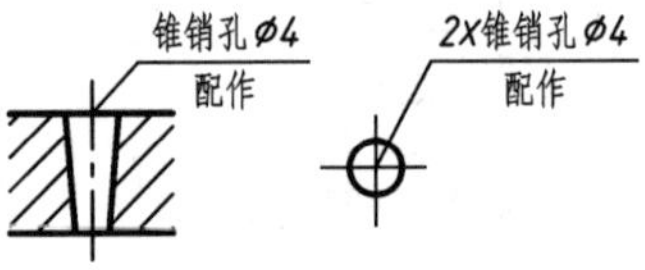	ϕ4 为与锥销孔相配的圆锥销公称直径(小端直径)，“配作”是指该孔与相邻零件的同位锥销孔一起加工
不通孔	光孔	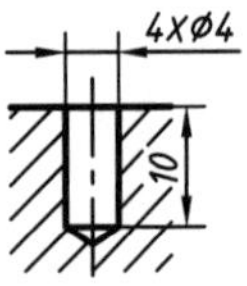	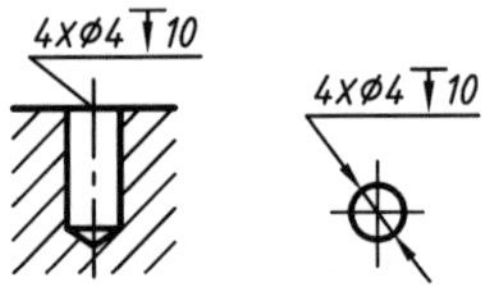	表示直径为 4 的四个光孔，深度为 10
		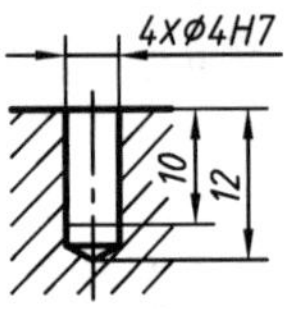	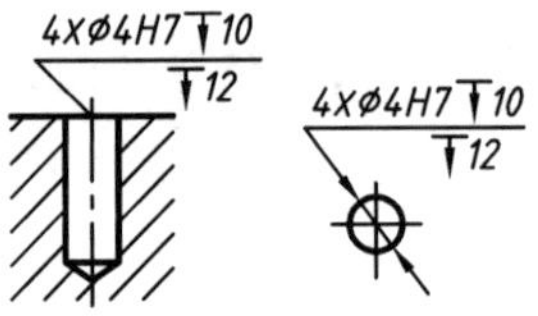	钻孔深为 12，钻孔后需精加工至 ϕ4H7，深度为 10
	螺孔	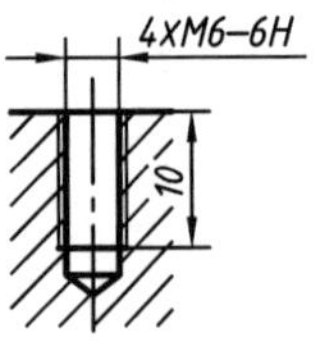	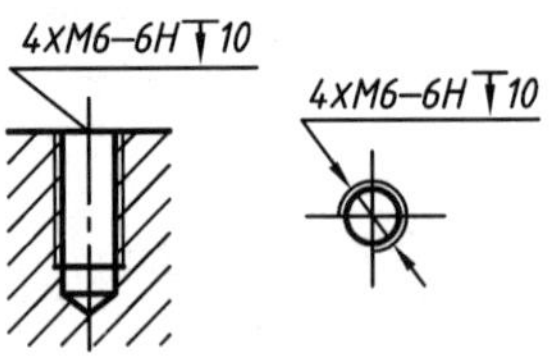	深 10 是指螺纹部分的深度
		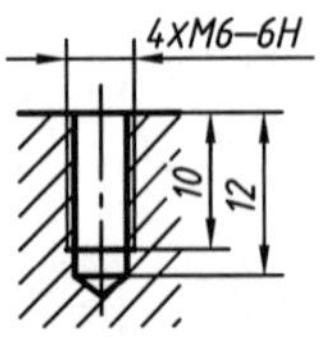	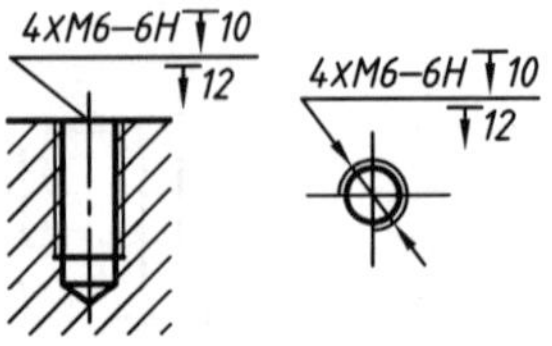	需要注出钻孔深度时，应明确标出孔深尺寸

续表

孔的类型		标注方法：普通注法	标注方法：旁注法	说明
沉孔	锥形	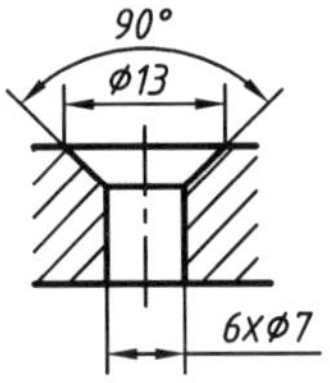	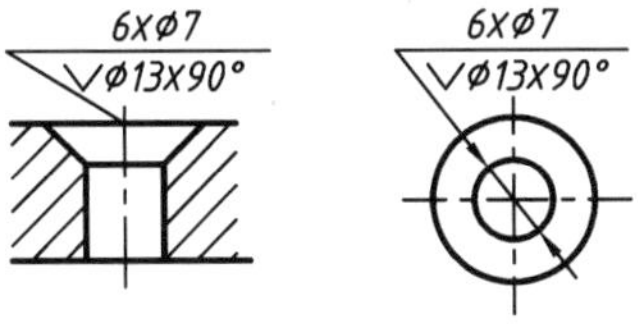	锥形沉孔直径 ϕ13 及锥角 90°均需注出
沉孔	柱形	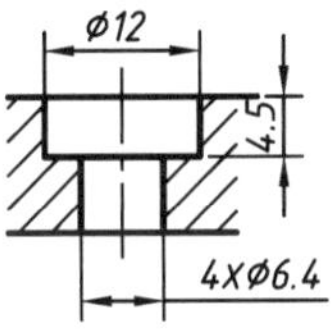	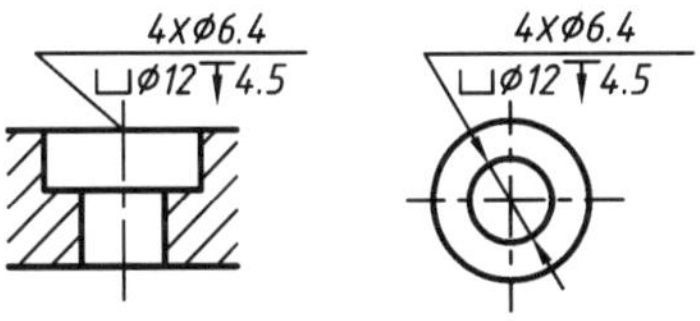	柱形沉孔直径 ϕ12 及深度 4.5 均需注出
沉孔	锪平	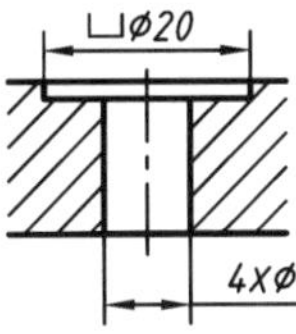	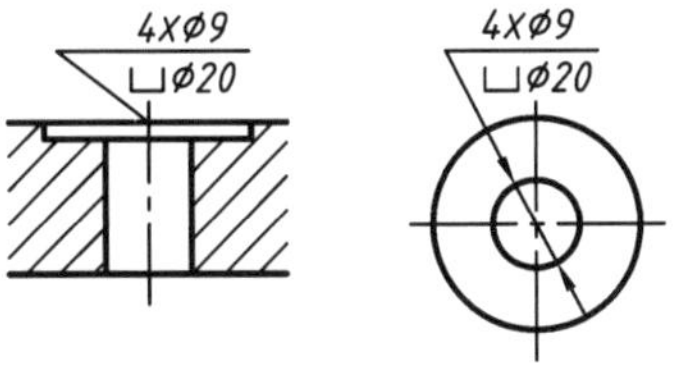	锪平 ϕ20 的深度不需标注，一般锪平到无毛坯面为止

10.5 表面结构表示法

表面结构是指零件表面的粗糙程度。零件表面由于各种原因，诸如切削加工时，机床和刀具的振动、刀具和工件表面的磨擦、材料不均匀等因素的影响，总会呈现凹凸不平的加工痕迹，这种微观的不平程度是衡量零件表面结构质量的标准之一。零件的表面结构质量对机器、仪器零件的使用性能，如抗腐蚀性、抗疲劳能力、耐磨性、密封性都有影响，而表面结构质量又与零件的加工方法和成本紧密相关，因此应根据设计要求，合理地确定零件的表面结构质量。需要说明的是，表面结构质量不包含表面上的缺陷，如孔、划痕等。国家标准(GB/T 131—2006)对表面结构符号、代号及标注做了若干规定。

一、表面结构的图形符号、代号及意义

1. 表面结构的图形符号

表示表面结构要求可用几种不同的图形符号表示，每种符号都有特殊含义。表 10 - 4

为表面结构图形符号及意义。

表 10－4　表面结构图形符号及意义

符　号	意义及说明
	基本图形符号，表示表面可用任何方法获得。当不加注表面结构参数值或有关说明(例如，表面处理、局部热处理状况等)时，仅适用于简化代号标注
	扩展图形符号，表示表面是用去除材料的方法获得的，例如，车、铣、钻、磨、剪切、抛光、腐蚀、电火花加工、气割等。仅指“被加工表面”时可单独使用
	扩展图形符号，表示表面是用不去除材料的方法获得的，例如，铸、锻、冲压变形、热轧、冷轧、粉末冶金等，或者是用于保持原供应状况的表面(包括保持上道工序的状况)
	完整图形符号，用于标注结构参数及补充信息
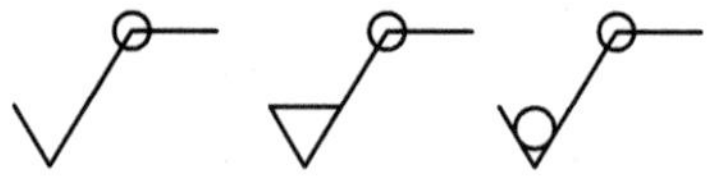	表示图样某分视图上构成封闭轮廓的各表面有相同的表面结构要求

2. 表面结构参数

对表面结构提出要求时，应标注其参数代号及参数数值。评定表面结构参数主要有轮廓参数(包括粗糙度参数、波纹度参数和原始轮廓参数)、图形参数和支承率曲线参数三种。其中粗糙度参数中的轮廓算术平均偏差 Ra、轮廓最大高度 Rz 在表面结构表示中最为普遍。尤其是轮廓算术平均偏差 Ra 能充分反映表面微观几何形状高度方面的特征，并且所用仪器(轮廓仪)的测量方法比较简单，因此广泛采用轮廓算术平均偏差 Ra 作为表面结构参数。

轮廓算术平均偏差 Ra 是指在取样长度 l 内，被测表面轮廓上各点至基准线之间距离绝对值的算术平均值。如图 10－16 所示，其近似值为

$$Ra \approx \frac{1}{n}\sum_{i=1}^{n} |y_i|$$

式中，y_i——峰、谷任一测点到基准线的偏距；

n——测点数。

表 10－5 列出了 Ra 值。Ra 值越小，表面越光滑；Ra 值越大，表面越粗糙。设计时应优先选用第一系列值。

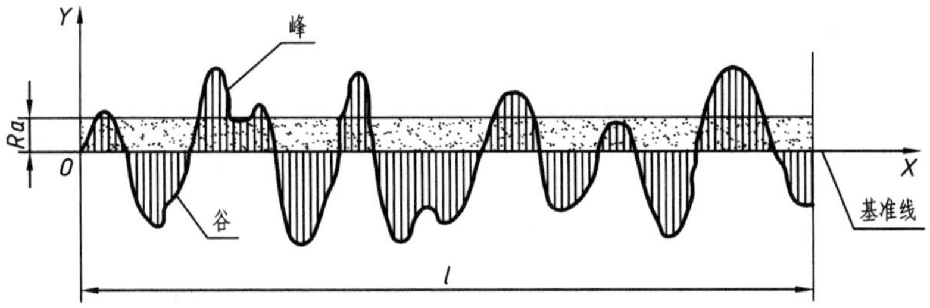

图 10-16 轮廓算术平均偏差

表 10-5 轮廓算术平均偏差 *Ra* 的数值 单位：μm

第一系列	第二系列	第一系列	第二系列	第一系列	第二系列	第一系列	第二系列
	0.008						
	0.010						
0.012			0.125		1.25	12.5	
	0.016		0.160	1.6			16
	0.020	0.2			2.0		20
0.025			0.250		2.5	25	
	0.032		0.320	3.2			32
	0.040	0.4			4.0		40
0.050			0.50		5.0	50	
	0.063		0.63	6.3			63
	0.080	0.80			8.0		80
0.100			1.00		10.0	100	

3. 表面结构图形符号的画法

表面结构图形符号画法如图 10-17 所示。其中符号线宽 d' 为字高(h)的 0.1 倍，H_1 为字高的 1.4 倍，H_2 稍大于 $2H_1$。

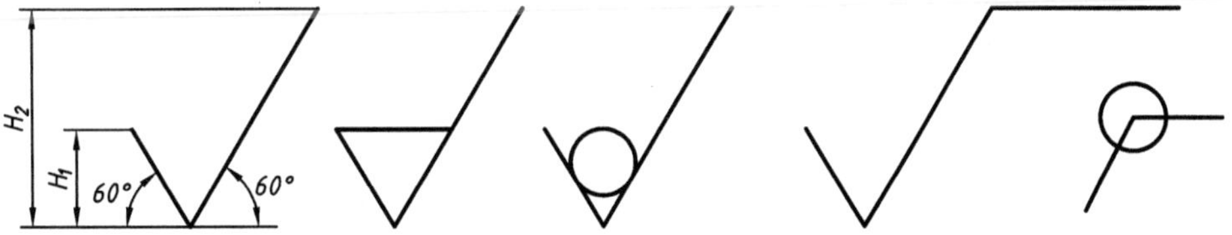

图 10-17 表面结构图形符号的画法

4. 表面结构代号及意义

为了明确表面结构要求，表面结构代号主要包括表面结构图形符号、表面结构参数代号及数值。必要时还应标注补充要求。补充要求包括了传输带、取样长度、加工方法、表面纹理及方向、加工余量等。

在表面结构代号中，当允许在表面结构参数的所有实测值中超过规定值的个数少于总数的 16%时，应在图样上标注表面结构参数的上限值或下限值，即“16%规则”，该规则为默认规则；当要求在表面结构参数的所有实测值中不得超过规定值时，应在图样上标注表面结构参数的最大值或最小值，即“最大规则”。表 10-6 列出了表面结构代号示例及其意义说明。

表 10－6　表面结构代号及意义

代　号	意　义	代　号	意　义
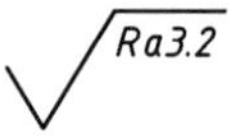	用任何方法获得的表面，Ra 的上限值为3.2 μm(16%规则)	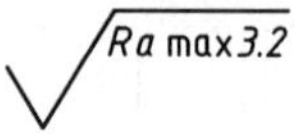	用任何方法获得的表面，Ra 的最大值为 3.2 μm(最大规则)
	用去除材料方法获得的表面，Ra 的上限值为 3.2 μm(16%规则)	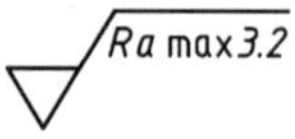	用去除材料方法获得的表面，Ra 的最大值为 3.2 μm(最大规则)
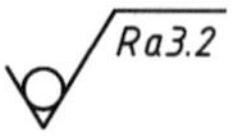	用不去除材料方法获得的表面，Ra 的上限值为 3.2 μm(16%规则)	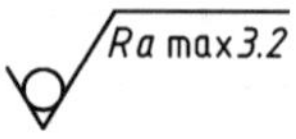	用不去除材料方法获得的表面，Ra 的最大值为 3.2 μm(最大规则)
	用去除材料方法获得的表面，Ra 的上限值为 3.2 μm，Ra 的下限值为 1.6 μm(16%规则)	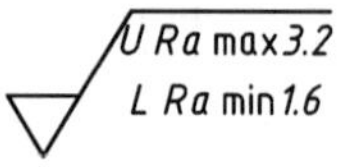	用去除材料方法获得的表面，Ra 的最大值为 3.2 μm，Ra 的最小值为 1.6 μm(最大规则)

二、表面结构代号的标注

每一表面的表面结构要求一般只标注一次，并尽可能注在相应的尺寸及其公差的同一视图上。除另有说明之外，所标注的表面结构要求是对完工零件表面的要求。

1. 表面结构代号的标注位置及方向

根据 GB/T 4458.4 规定，表面结构的注写和读取方向与尺寸的注写和读取方向一致。如图 10－18 所示，表面结构代号一般注在可见轮廓线、尺寸界线、引出线或它们的延长线上，也可注在尺寸线、几何公差的框格上。

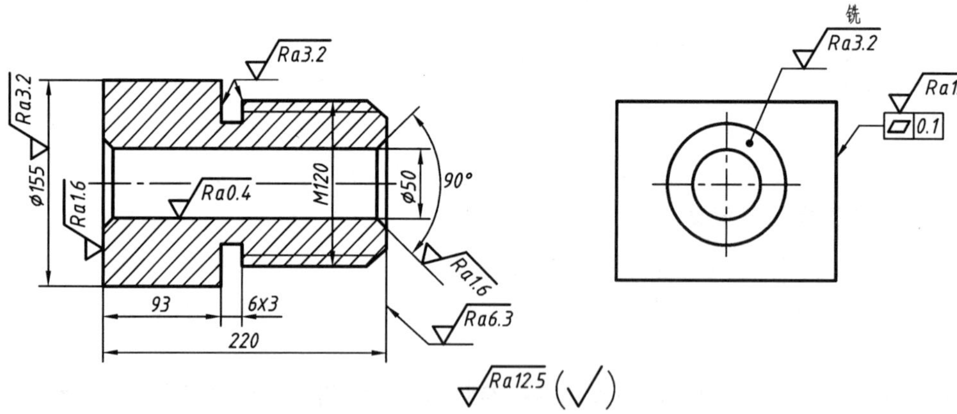

图 10－18　表面结构代号的标注示例

如果表面结构代号标注在轮廓线、尺寸界线或它们的延长线上，符号的尖端必须从材料外指向表面。必要时，表面结构代号也可以用带箭头或黑点的指引线引出标注。

图 10－19 表示出不同位置表面的表面结构符号及代号的标注方法。

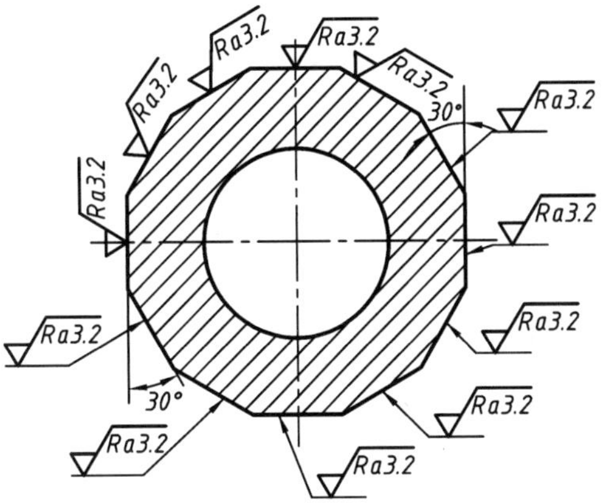

图 10－19 不同位置表面的表面结构代(符)号的注法

2. 表面结构要求的简化注法

(1) 当零件的所有表面或者绝大多数表面有相同的表面结构要求时，则其表面结构要求可统一标注在图样的标题栏附近。图 10－20 为所有表面有相同表面结构要求的简化标注方法。

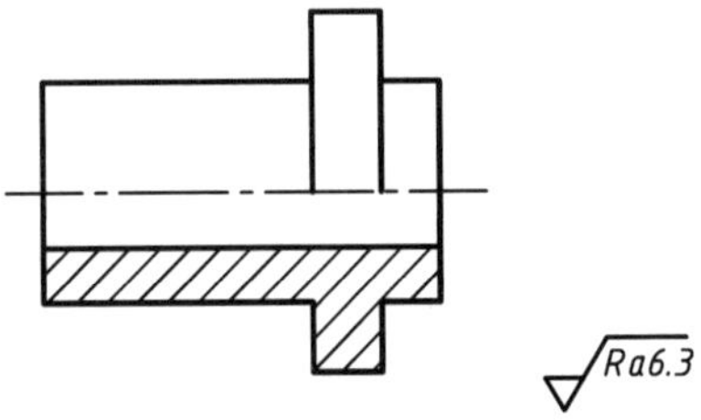

图 10－20 所有表面有相同的表面结构要求的简化注法

(2) 对于非全部表面有相同要求的情况，表面结构要求的符号后面应在圆括号内给出无任何其他标注的基本符号，或在圆括号内给出不同的表面结构要求，如图 10－21 所示。

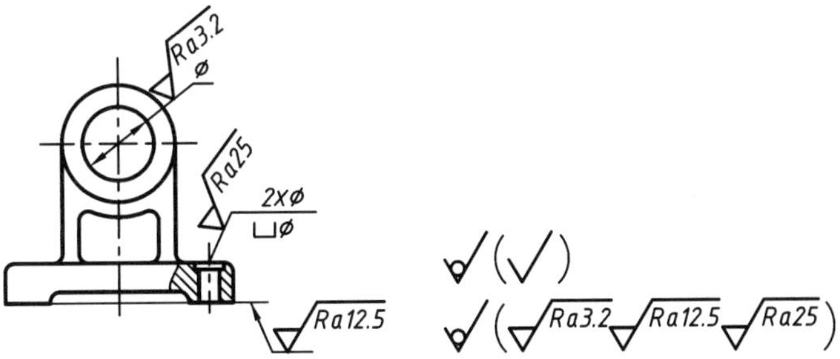

图 10－21 大多数表面有相同表面结构要求的简化注法

(3) 当多个表面具有相同的表面结构要求或图形空间标注位置受到限制时，也可以采用简化注法，图 10－22、图 10－23、图 10－24 列出了两种简化注法。其中图 10－22 是用带字母的符号，图 10－23、图 10－24 是用表面结构图形符号，它们均以等式的形式，在视图或标题栏附近给出对多个表面共同的表面结构要求。

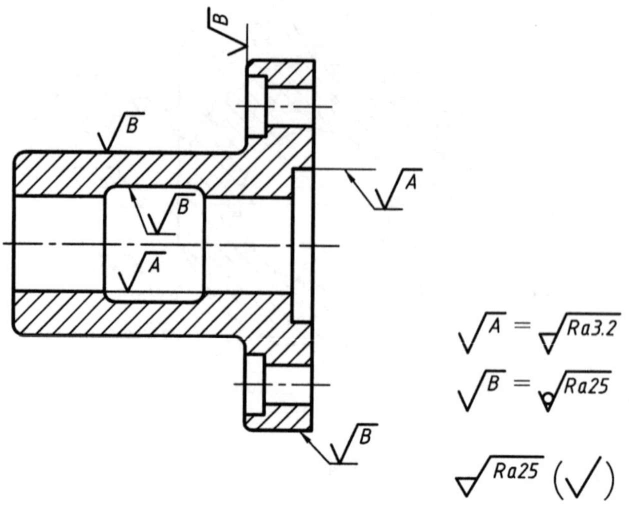

图 10-22 表面结构要求的简化注法(一)

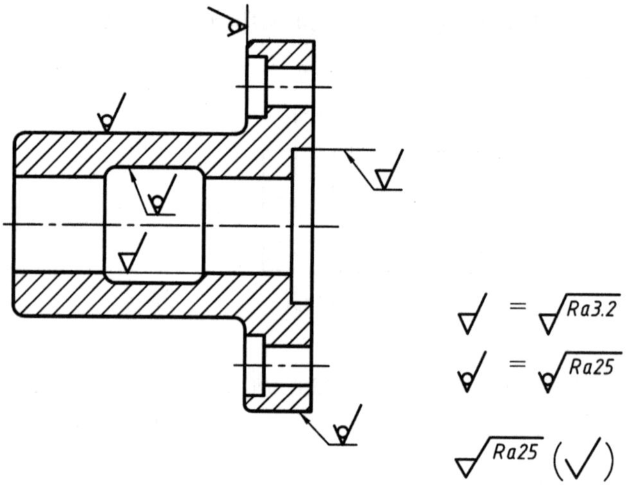

图 10-23 表面结构要求的简化注法(二)

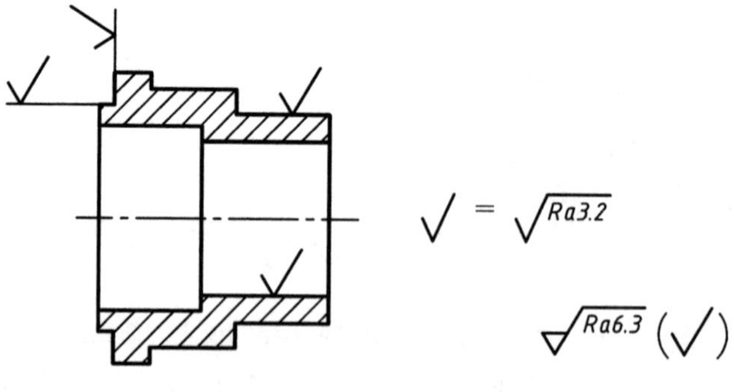

图 10-24 表面结构要求的简化注法(三)

3. 特殊情况的表面结构要求标注

(1) 零件上的连续表面，重复要素(孔、槽、齿等)的表面，标注时用细实线连接不连续的同一表面，其表面结构代号只标注一次，如图 10－25 和图 10－26 所示。

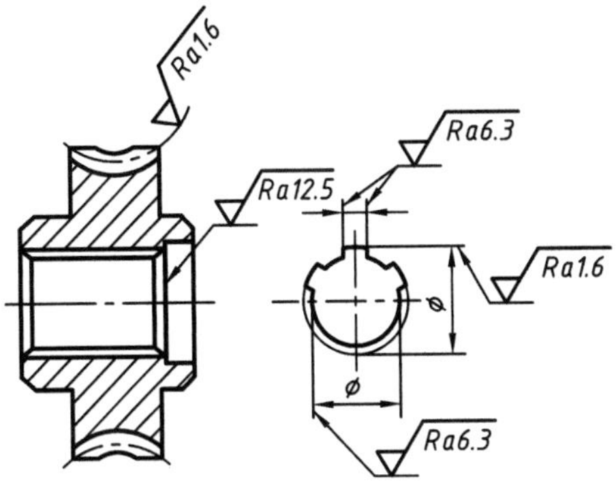

图 10－25 表面结构要求的特殊注法(一)

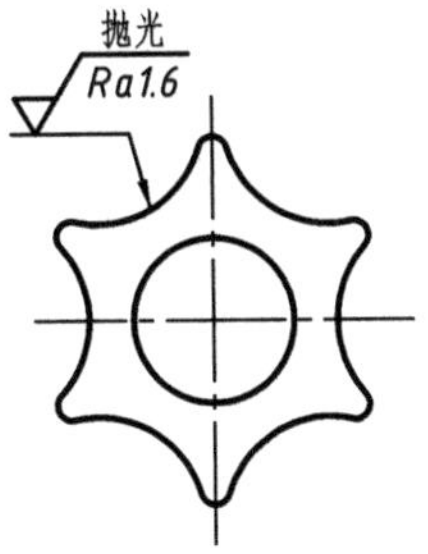

图 10－26 表面结构要求的特殊注法(二)

(2) 同一表面上有不同的表面结构要求时，需用细实线画出其分界线，并注出相应的表面结构代号及尺寸，如图 10－27 所示。

(3) 中心孔的工作表面、键槽工作面、倒角、圆角的表面结构代号可以简化标注，如图 10－28 所示。

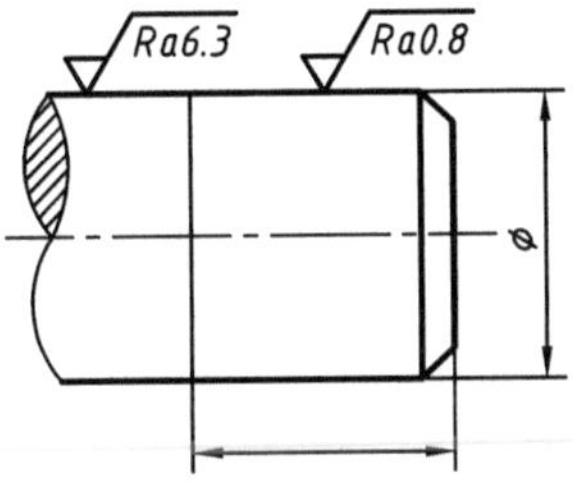

图 10－27 表面结构要求的特殊注法(三)

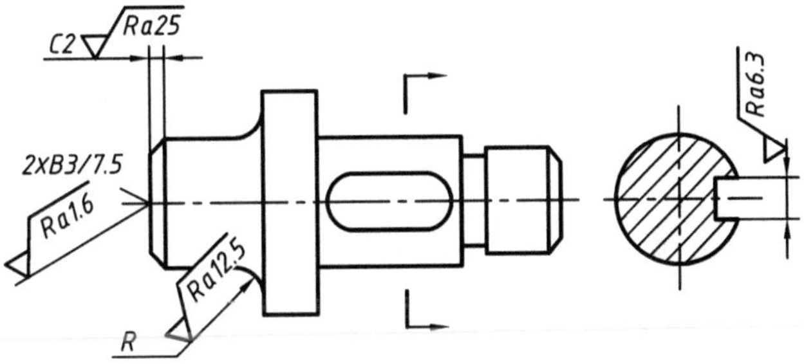

图 10－28 表面结构要求的特殊注法(四)

(4) 齿轮、螺纹等工作表面没有画出齿(牙)形时，其表面结构代号可按图 10－29 方式标注。

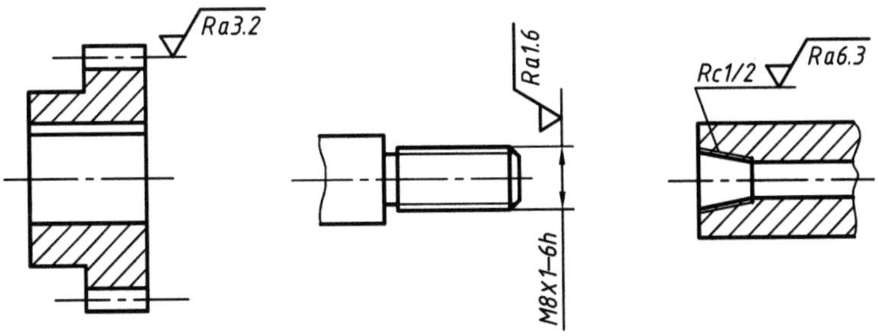

(a) (b) (c)

图 10－29 表面结构要求的特殊注法(五)

三、表面结构的粗糙度等级与加工方法

零件表面结构的粗糙度等级与加工方法直接相关。零件表面结构的粗糙度大致可分为粗面、半光面、光面和精光面 4 个等级，再细分约为 14 个等级。粗糙度等级与加工方法的对应关系见表 10 - 7。

表 10 - 7　表面结构的粗糙度等级与加工方法

表面结构的粗糙度等级		表面特征	主要加工方法	应用举例
粗面	√Ra50 √Ra25	明显可见刀痕 可见刀痕	粗车、粗铣、粗刨、钻、粗锉等	粗糙度最粗的加工面，一般很少应用
	√Ra12.5	微见刀痕	粗车、刨、铣、钻	不接触表面、不重要的接触面，如螺钉孔、倒角等
半光面	√Ra6.3 √Ra3.2 √Ra1.6	可见加工痕迹 微见加工痕迹 看不见加工痕迹	精车、精铣、精刨、镗、铰、粗磨等	没有相对运动的零件接触面，如箱、盖、套筒等要求紧贴的表面及键与键槽的工作表面；相对运动速度低的接触面，如支架孔、衬套等工作表面
光面	√Ra0.8 √Ra0.4 √Ra0.2	可辨加工痕迹方向 微辨加工痕迹方向 不可辨加工痕迹方向	精车、精铰、精拉、精镗、精磨等	要求很好配合的接触面，如滚动轴承配合的表面、锥销孔等；相对运动速度较高的接触面，如滑动轴承的配合表面、齿轮轮齿的工作表面等
精光面	√Ra0.1 √Ra0.05 √Ra0.025 √Ra0.012 √Ra0.01	暗光泽面 亮光泽面 镜状光泽面 雾状镜面 镜　　面	研磨、抛光、超级精细研磨等	精密量具的表面、极重要零件的摩擦面，如汽缸的内表面、精密机床的主轴颈、坐标镗床的主轴颈等

10.6 零件的材料

零件的材料种类很多，分类方法也各种各样。比较科学的分类方法是依据材料结合键性质进行分类，这种具有实质性的划分可以较好地从本质上理解各种材料的性能差别。按照这种分类方法，一般将材料分为金属材料、陶瓷材料、高分子材料和复合材料四大类。

金属材料指金属和以金属为基体的合金。通常按照外观颜色和矿物的颜色，将金属分为黑色金属和有色金属。黑色金属包括铁和以铁为基体的合金，如纯铁、碳钢、合金钢、铸铁、铁合金、铁基粉末合金等，都简称钢铁材料。钢铁材料之间最主要的区别是含碳量不同，根据含碳量多少，钢铁材料可分为三大类：纯铁（$C\leqslant 0.02\%$）、钢（$0.02\%<C\leqslant 2.11\%$）、铸铁（$C>2.11\%$）。有色金属包括除铁以外的金属及其合金，一般根据密度大小分为轻金属（密度低于 4500 kg/m^3）和重金属（密度高于 4500 kg/m^3），比如常用的轻金属有铝、镁及其合金，重金属有铜、铅、锡及其合金。

陶瓷材料种类较多，按照习惯可分为传统陶瓷和特种陶瓷。传统陶瓷是以黏土、长石、石英等天然原料为主，经粉碎、成型、烧结工艺制成制品，它可分为日用陶瓷、建筑卫生陶瓷、电器绝缘陶瓷、化工陶瓷等。特种陶瓷是用化工原料制成的具有许多优异性能的陶瓷，包括氧化物、氮化物、碳化物、硅化物、硼化物、氟化物制成的陶瓷，按性能和应用可分为电容器陶瓷、工具陶瓷、耐热陶瓷、压电陶瓷等。高硬度的陶瓷材料具有摩擦系数小、耐磨、耐化学腐蚀、比重小、热膨胀系数小等特性，既可作机械零件，也可作电机、电子产品零件，应用较广。

高分子材料是指有机合成材料，常称之为聚合物或高聚物，如工程塑料、功能塑料、通用塑料、橡胶等。由于塑料具有质轻、绝缘性好、耐磨、耐腐蚀等特点，故在工程上使用很普遍。

复合材料是用两种或两种以上不同材料复合在一起的，它的主要组成部分为基体材料和增强材料。基体材料为树脂（如聚乙烯、环氧树脂等），增强材料主要是纤维，纤维有金属纤维（如钢等）、有机纤维（如人造丝等）、无机纤维（如玻璃等）。复合材料使不同性能的材料显示各自的优良特性，因此复合材料具备单一材料无法达到的性能，如一些纤维增强复合材料就是目前常用的复合材料。

不同种类的材料，其性能各不相同。选用材料时，应该在保证设计要求的前提下，考虑其经济性。表 10-8、表 10-9 列出了常用金属材料的名称、牌号和用途，供设计时选用。

表 10-8 黑色金属材料

标准	名称	牌号	特性及应用举例	牌号说明
GB/T 700—2006	碳素结构钢	Q195	金属结构构件中受轻载荷的机件，如垫片、垫圈、铆钉、螺钉、水管、气管、外壳等	“Q”是钢材屈服点“屈”字的汉语拼音首字母。数字部分，如235表示钢材厚度≤16 mm时的屈服点值不低于235 MPa。质量等级符号有A、B、C、D四个级别(Q215只有A、B两个级别)
		Q215—A	焊制或渗碳机件，如轴、轮、凸轮，管子和受力不大的螺钉等	
		Q235—A	有较好的强度、硬度和韧性，用途较广，是一般机器制造中的主要材料，用于制造一般的轮轴、轴和齿轮、连杆、销、螺栓、螺母、垫圈、钩、楔等	
		Q275—A	强度要求较高的零件，如重要的螺钉、拉杆、楔、连杆、轮轴、轴和齿轮等	
GB/T 699—2015	优质碳素结构钢 普通含锰量钢	10	屈服点和抗拉强度比值较低，塑性和韧性均高，在冷状态下容易模压成形，一般用于拉杆、卡头、钢管垫片、垫圈、铆钉等；焊接性好，可作焊接零件	牌号中的两位数字表示平均含碳量的万分数，如“15”表示平均含碳量为0.15%； 较高含锰量的优质碳素钢，在牌号尾部加“Mn”
		15	塑性、韧性、焊接性能和冷冲性能均良好，但强度较低，用于受力不大、韧性要求较高的零件、紧固件、冲模锻件及不需热处理的低负荷零件，如螺栓、螺钉、拉条、法兰盘及化工贮器、蒸汽锅炉等	
		20	用于不经受很大应力而要求很大韧性的机械零件，如杠杆、轴套、起重钩等；也用于制造在压力小于6 MPa、温度小于450℃的非腐蚀介质中使用的零件，如管子、导管等	
		25	性能与20钢相似，焊接性与冷应变塑性均高，无回火脆性倾向，用于制造焊接零件以及经锻造、热冲压和机械加工的不承受高应力的零件，如轴、辊子、连接器、螺栓、螺钉、螺母、垫圈等	
		35	有好的塑性和相当的强度，用于制造锻造的高韧性机件，如曲轴、连杆、杠杆以及横梁、圆盘、套筒、钩环、螺钉、螺母等，一般不用作焊接件	
		45	强度较高，韧性中等，通常在调质或正火状态下使用，用于制造齿轮、齿条、离合器、轴、活塞销、丝杆、花键轴、键、汽轮机的叶轮、压缩机及泵的零件	
		55	经热处理后有高的表面强度和硬度，具有良好塑性，一般经正火或淬火、回火后使用，用于制造齿轮、连杆、轮圈、轮缘、扁弹簧及轧辊等	
		60	强度和弹性相当高，用于制造轧辊、弹簧圈、弹簧、离合器、钢绳等	

续表(一)

标准	名称		牌号	特性及应用举例	牌号说明
GB/T 699—2015	优质碳素结构钢	较高含锰量钢	15Mn	高锰低碳渗碳钢，性能与15钢相似，但其淬透性、强度和塑性比15钢都高些，可制造凸轮轴、齿轮、联轴器、铰链、拖杆等；焊接性好	牌号中的两位数字表示平均含碳量的万分数，如“45”表示平均含碳量为0.45%； 较高含锰量的优质碳素钢，在牌号尾部加“Mn”
			40Mn	钢的切削加工性好，冷变形时的塑性中等，焊接性不良，用以制造承受疲劳负荷的零件，如轴、万向接头、曲轴、连杆及在高压应力下工作的螺栓、螺母等	
			45Mn	用于受磨损的零件，如转轴、心轴、叉、啮合杆及载荷较大的零件，如离合器盘、花键轴、万向接头、曲轴、汽车后轴、双头螺柱、地脚螺栓等；焊接性较差	
			60Mn	强度较高、淬透性好，适于制造螺旋弹簧、弹簧环、板簧、发条和冷拔钢丝等	
			65Mn	强度、硬度均高，淬透性大，脱碳倾向小，但有过热敏感性，易产生淬火裂纹，并有回火脆性，适宜做高强度、高耐磨、高弹性零件，如机床主轴、弹簧卡头、弹簧垫圈、大尺寸的各种扁、圆弹簧以及经受摩擦的农机零件，如犁、切刀等	
GB/T 1299—2014	工模具钢		T7	能承受振动和冲击，硬度适中时有较大韧性，用作凿子、钻软岩石的钻头、冲击式打眼机钻头、大锤等	“T”是碳素中“碳”字汉语拼音的第一个字母，数字表示平均含碳量的千分数。这里仅列出了常用工具钢的牌号，模具钢未列入
			T8	有足够的韧性和较高的硬度，用于制造能承受振动并耐磨的工具，如钻中等硬度岩石的钻头、简单模子、冲头、顶尖、夹头等	
			T10	韧性小，用来制造不受突然和剧烈振动的工具，如车刀、刨刀、钻头、丝锥等，以及要求耐磨性高的精密机床的丝杠、顶尖、套筒等	
GB/T 4357—2022	冷拉碳素弹簧钢丝		SL级 SM级 SH级 DM级 DH级	有较好的弹性和较高强度，制造在冷状态下缠绕成形而不经淬火的小型螺旋弹簧、供航空工业用的钢丝。表面刮伤深度有严格要求者在订货合同内注明	“S”为静载荷，“D”为动载荷等；“L”“M”“H”分别代表低、中等、高抗拉强度

续表(二)

标准	类名	名称	牌号	特性及应用举例	牌号说明
GB/T 3077—2015	合金结构钢	锰钢	10Mn2、15Mn2	用于制作钢板、钢管，一般只经正火或调质	钢中加入一定数量的合金元素，能提高钢的机械性能和耐磨性，也提高了钢的淬透性，保证金属在较大截面上获得高机械性能。合金元素用国际化学元素符号表示，元素前面的数字表示平均含碳量的万分数，元素后面的数字表示平均合金元素含量的百分数，平均合金含量小于1.5%时，一般不予标注
			20Mn2	对于截面较小的零件，相当于20Cr钢，可作渗碳小齿轮、小轴、活塞销、柴油机套筒、气门推杆、钢套等	
			45Mn2	用于制造在较高应力与磨损条件下的零件，在直径≤60 mm时，与40Cr相当，可做万向接头、齿轮、蜗杆、曲轴等	
		硅锰钢	35SiMn 42SiMn	除要求低温(−20℃)、冲击韧性很高时，可全面代替40Cr钢作调质零件，亦可部分代替40CrNi钢。此钢耐磨、耐疲劳性均佳，适用于做轴、齿轮及在430℃以下的重要紧固件。42SiMn与35SiMn相同，但前者适于作表面淬火件	
		锰钒硼钢	20MnVB	用于中、高压容器，车辆，桥梁，起重机等	
		铬钢	20Cr	用于要求心部强度较高、承受磨损尺寸较大的渗碳零件，如齿轮、齿轮轴、蜗杆、凸轮、活塞销等，也用于速度较大，受中等冲击的调质零件	
			40Cr	用于承受交变负荷、中等速度、中等负荷、强烈磨损而无大冲击的重要零件，如汽车万向节、连杆、螺栓、进气阀、重要齿轮、轴等	
		铬锰硅钢	25CrMnSi	用于要求表面硬度高、耐磨、心部有较高强度和韧性的零件，如渗碳齿轮、凸轮等。可以焊接	
			30CrMnSi	是航空制造业中常用的一种调质钢，用于制造重要锻件、机械加工件和焊接件，如起落架零件、天窗盖、冷气瓶、涡轮喷气机、压气机转子的叶片盘等	

续表(三)

标准	名 称	牌 号	特性及应用举例	牌 号 说 明
GB/T 9439—2023	灰铸铁	HT100	低强度铸铁，用于盖子、手轮、手把、支架、罩壳、座板等不重要零件	“HT”是“灰口铸铁”汉语拼音的第一个字母，后面的数字代表最低抗拉强度(MPa)的平均值
		HT150	中等强度铸铁，用于一般机械制造的铸件，如机床底座、轴承座、工作台、齿轮箱、皮带轮等	
		HT200 HT250	高强度铸铁，并能保持气密性，用于较重要的铸件，如机床床身、汽缸、齿轮、中等压力的油缸、泵体和阀体	
		HT300 HT350	高强度、高耐磨铸铁，并能保持高气密性，用于重要铸件，如重型机床床身、齿轮、凸轮、曲轴、汽缸体、缸套、高压油缸、液压筒、泵体、阀体等	
GB/T 1348—2019	球墨铸铁	QT400—18 QT450—10 QT500—7 QT600—3	这是一种经过石墨球化处理的具有较高强度和塑性、能承受冲击且耐磨性能较好的铸铁，在许多情况下可代替钢来使用。可用于制造曲轴、凸轮轴、水泵轴、齿轮、轧辊、活塞环、摩擦片、中低压阀门、千斤顶底座、轴承座等	“QT”是“球墨铸铁”汉语拼音的第一个字母，后面的数字分别表示最低抗拉强度(MPa)和最低延伸率(%)
GB/T 9440—2010	可锻铸铁	KTH300—06 KTH300—08 KTZ450—06 KTZ550—04	经过特殊处理可具有较好的塑性和韧性，用于制作承受冲击、振动及扭转负荷下工作、形状较复杂的薄壁零件，如汽车、拖拉机的后桥、轮毂、转向机构壳体、弹簧钢板支座等，各种机床附件如钩形扳手、螺纹绞板、扳手等，各种管接头、低压阀门等	“KT”是“可锻铸铁”汉语拼音的第一个字母；“Z”是珠光体，“H”是黑色可锻铸铁；数字分别表示最低抗拉强度(MPa)和最低延伸率(%)
GB/T 11352—2009	铸钢	ZG230—450	用于负荷不大、韧性较好的零件，如轴承盖、底板、阀体、机座、轧钢机架、箱体等	“ZG”是“铸钢”二字汉语拼音的第一个字母，后面的数字分别表示屈服点(MPa)和最低抗拉强度(MPa)
		ZG310—570	用于重负荷零件，如联轴器、轮、汽缸、齿轮、齿轮圈、轴、辊子及机架等	

表 10－9 有色金属材料

标准	名称	牌号	特性及应用举例	牌号说明
GB/T 5231—2022	普通黄铜	H62	普通黄铜为铜锌合金。H62 用于散热器、垫圈、弹簧、各种网、螺钉及其他零件	H 表示黄铜，数字表示平均含铜量(%)，其余为锌
	铅黄铜	HPb59－1	铅黄铜耐磨、耐蚀、韧性好、强度高，可用作连接件、阀门、阀杆、电子产品零部件	H 表示黄铜，第 1 个数字表示平均含铜量，第 2 个数字表示平均含铅量
GB/T 1176—2013	铸造黄铜	ZCuZn38	力学性能和耐蚀性好，可用于一般结构和耐蚀零件，如法兰、阀座、支架、手柄和螺母等	“Z”是“铸”字汉语拼音的第一个字母，化学元素符号为主要添加元素，并以此分组，其后数字组为该合金的成分数字组
	铸造锰黄铜	ZCuZn38Mn2Pb2	强度高，耐磨性及铸造性好，用于制造轴瓦、轴套和其他耐磨零件	
	铸造锡青铜	ZCuSn5Pb5Zn5	切削加工性能好，适于成型铸造和离心铸造，用于受中等冲击负荷和在液体或半液体润滑及耐腐蚀条件下工作的零件，如轴承、轴瓦、蜗轮、螺母以及 1 MPa 以下的蒸汽和水配件	
		ZCuSn10Pb5	硬度适中，热稳定性好，适于离心浇铸，用于重要的耐磨、耐冲击零件，如齿圈、蜗轮、螺母及主轴轴承等	
	铸造铝青铜	ZCuAl10Fe3	制造要求耐磨、硬度高、强度好的零件和蜗轮、螺母、轴套及防锈零件	
		ZCuAl9Mn2	加工性、耐磨性好，用于制造电器设备零件、简单的铸件和在 250℃以下工作的零件	
		ZCuAl9Fe4Ni4Mn2	强度高，耐磨性、耐蚀性、受压、铸造性均良好，用于在蒸汽和海水条件下工作的零件及受摩擦和腐蚀的零件，如蜗轮、衬套和轧钢机压力螺母等	

续表

标准	名称		牌号	特性及应用举例		牌号说明
GB/T 1173—2013	铸造铝合金	铝硅合金	ZL101 ZL101A	铸造性好，有足够高的机械性能和抗蚀性，用途广泛	用于形状复杂、承受中等负荷的飞机和发动机零件，如附件壳体	“Z”是“铸”字汉语拼音的第一个字母，“L”是“铝”字汉语拼音的第一个字母；后面第一位数字表示类别，第二、三位数字为顺序号
			ZL102		压铸件、仪表壳及低负荷飞机附件、气缸、活塞以及高温工作的复杂形状零件	
			ZL104		电动机壳体、气缸体等	
			ZL105		用于高负荷的大型飞机和发动机零件，如传动机匣、气缸头等零件	
			ZL106		大尺寸、大负荷、较高温工作所使用的气缸头、发动机机匣、油泵壳体	
		铝铜合金	ZL203	热强性好，宜高温用。铸造性差，抗蚀性低。用于在高温下工作并要求较高塑性的零件，中等负荷、形状简单的零件		
		铝镁合金	ZL301	抗蚀性高，机械性能高，铸造性差，热强性低。用于高负荷、高耐腐蚀、高温下工作的零件		
		铝锌合金	ZL401	铸造工艺性好，比重大，抗蚀性差。用于制造形状复杂的大型薄壁零件以及高温下工作的中等负荷零件		
GB/T 3190—2020	硬铝		2A11	焊接性能好，耐蚀性中等，适用于制作中等强度的零件和构件，如冲压的连接部件、空气螺旋桨叶片、铆钉等		
			2A12	焊接性好、强度高，抗蚀性不高，主要用于制作高负荷的零件，如壳体、框架、肋、梁等		

10.7 其他技术要求

零件图上应注明制造和检验零件的全部技术要求，这些技术要求除了尺寸公差、表面结构外，还有一些其他要求。本节就图样上经常出现的其他技术要求作一简略介绍。

1. 硬度

硬度多指金属材料的抗压、抗磨蚀或机械加工的性能，它是金属材料的一项综合性性能指标，通常用材料表面抵抗硬物压入的能力(即在压头的作用下形成压坑的面积和深浅数值)来表示。根据测定方法的不同，硬度可分为布氏硬度(HB)、洛氏硬度(HRC)和维氏硬度(HV)三种。布氏硬度适用于表示低硬度(HB<450)值，如不淬火钢、铸铁和有色金属等的硬度；洛氏硬度常用于表示经淬火、回火及表面渗碳、渗氮等处理的零件的硬度；维氏硬度用于薄层硬化零件的硬度检验。

2. 热处理

所谓热处理，就是运用加热、保温和冷却等手段，改变金属或合金的内部组织，从而获得某种机械性能的一种工艺方法，它一般不改变金属零件的化学成分或形状。表 10 - 10 为常用的热处理名词解释及应用，其标注形式可在技术要求中用文字说明，如图 10 - 30、图 10 - 31 所示。当零件局部需要热处理时，可在图上用粗虚线或粗点画线画出范围，注明相应的尺寸，并将其要求注写在表面结构符号的横线上，如图 10 - 32 所示。

表 10 - 10 常用的热处理和表面处理名词解释

名　称	代号及标注示例	说　明	应　用
退　火	Th	将钢件加热到临界温度以上，保温一段时间，然后缓慢冷却(一般在炉中冷却)	用来消除铸、锻、焊零件的内应力，降低硬度，便于切削加工，细化金属晶粒，改善组织，增加韧性
正　火	Z	将钢件加热到临界温度以上，保温一段时间，然后在空气中冷却	用来处理低碳和中碳结构钢及渗碳零件，使其组织细化，增加强度与韧性，减少内应力，改善切削性能
淬　火	C C48(淬火回火 HRC45～50)	将钢件加热到临界温度以上，保温一段时间，然后在水、盐水或油中(个别材料在空气中)急速冷却，使其得到高硬度	用来提高钢的硬度和强度极限。但淬火会引起内应力使钢变脆，所以淬火后必须回火
回　火	回　火	将淬硬的钢件加热到临界点以下的温度，保温一段时间，然后在空气中或油中冷却	用来消除淬火后的脆性和内应力，提高钢的塑性和冲击韧性

续表

名称		代号及标注示例	说明	应用
调质		T T235(调质至 HB220～250)	淬火后在450℃～650℃进行高温回火	用来使钢获得高的韧性和足够的强度。重要的齿轮、轴及丝杆等零件是调质处理的
表面淬火	火焰淬火	H54(火焰淬火后，回火至HRC52～58)	用火焰或高频电流将零件表面迅速加热至临界温度以上，急速冷却	使零件表面获得高硬度，而心部保持一定的韧性，使零件既耐磨又能承受冲击。表面淬火常用来处理齿轮等
	高频淬火	C52(高频淬火后，回火至HRC50～55)		

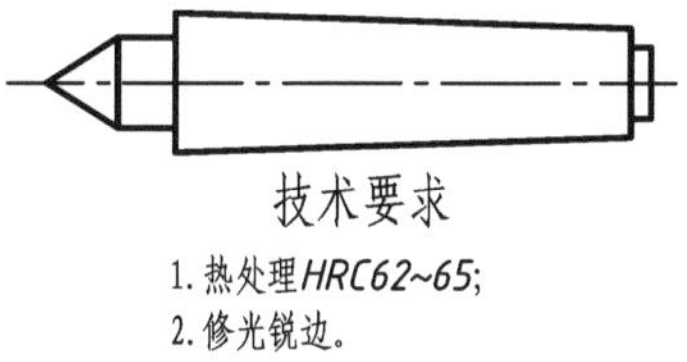

图10-30 技术要求注写(一)

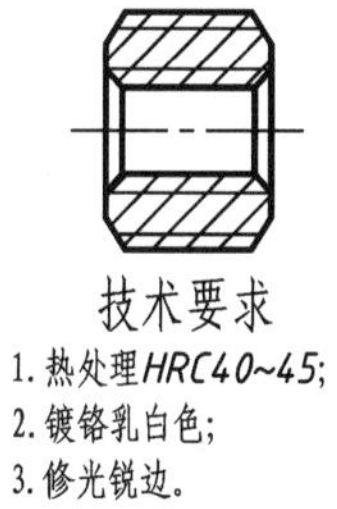

图10-31 技术要求注写(二)

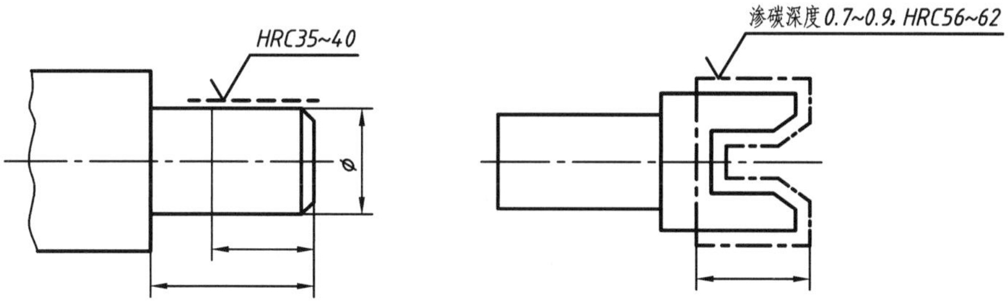

图10-32 技术要求注写(三)

3. 化学热处理

化学热处理是把零件加热到高温状态，再将其他元素渗入零件表层，以改变零件表层的化学成分，从而引起表层组织变化的一种热处理工艺。常用的化学热处理见表10-11。

表 10-11 常用的化学热处理

名称	代号及标注示例	说明	应用
渗碳淬火	S0.5—C59(渗碳层深 0.5，淬火硬度 HRC56～62)	在渗碳剂中将钢件加热到 900℃～950℃，停留一定时间，将碳渗入钢表面，深度约为 0.5～2 mm，再淬火后回火	增加钢件的耐磨性、表面硬度、抗拉强度及疲劳极限。适用于低碳、中碳(C<0.40%)结构钢的中小型零件
氮化	D0.3—900(氮化深度 0.3，硬度大于 HV850)	在 500℃～600℃通入氨的炉子内加热，向钢的表面渗入氮原子。氮化层为 0.025～0.8 mm，氮化时间需 40～50 h	增加钢件的耐磨性、表面硬度、疲劳极限和抗蚀能力。适用于合金钢、碳钢、铸铁件，如机车主轴、丝杆以及在潮湿碱水和燃烧气体介质的环境中工作的零件
氰化	Q59(氰化淬火后，回火至 HRC56～62)	在 820℃～860℃炉内通入碳和氮，保温 1～2 h，使钢件的表面同时渗入碳、氮原子，可得到 0.2～0.5 mm 的氰化层	增加表面硬度、耐磨性、疲劳强度和耐蚀度。用于要求硬度高、耐磨的中、小型及薄片零件和刀具等

4. 金属的表面处理

表面处理是在金属表面增设保护层的工艺方法，它起到防腐蚀、装饰表面和改善表面机械物理性能的作用。如对钢、铜合金零件的镀锌、镀镉、镀铬、发蓝(发黑)等，对铝、镁合金的表面氧化处理等。

有关金属镀层及化学处理的表示方法见表 10-12。表面处理的要求可在图上注出或结合表面结构代号进行说明，如图 10-32、图 10-33 所示。

表 10-12 金属镀层及化学处理表示方法

零件材料	镀覆、化学处理种类	图纸上标记符号	备注
钢	电镀铜≥10 μm，光亮镍≥15 μm	Fe/Ep・Cu10Ni15b	电镀：Ep
钢	电镀锌≥7 μm，彩虹铬酸盐处理 2 级	Fe/Ep・Zn7・c2	电化学处理：Et
铜	电镀光亮镍≥5 μm，普通铬≥0.3 μm	Cu/Ep・Ni5bCr0.3r	化学处理：Ct
铝	电化学处理，阳极氧化	Al/Et・O	钝化：P
铜	化学处理，钝化	Cu/Ct・P	氧化：O
铝	电化学处理，电解着色	Al/Et・Ec	电解着色：Ec

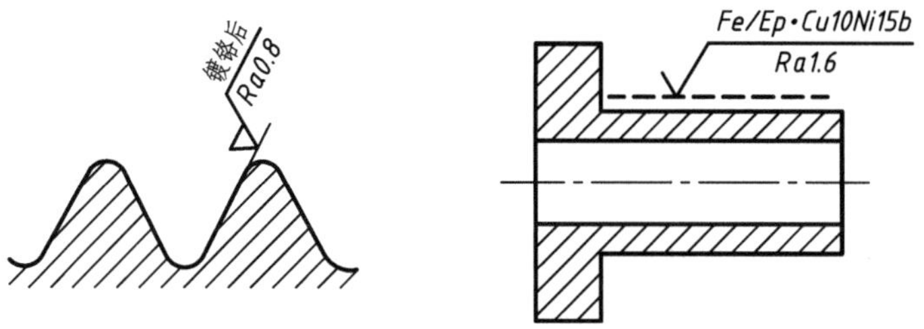

图 10-33 技术要求注写(四)

10.8 零件测绘

在设计部件时，一般先按设计意图画出部件装配示意图，再结合计算画出装配图，最后根据装配图再拆画零件图；在仿制或维修机器或部件时，若无图纸，则首先按一定顺序将机器或部件拆开，并在拆卸过程中画出装配示意图，再进行实物测绘，画出零件草图，然后根据零件草图及装配示意图所示的装配关系画出装配图，同时进行各零件之间尺寸和形状的协调并修改草图，直到最后画出它们的零件图。

一、零件草图

测绘零件时，不用绘图仪器，零件各部分大小凭目测，或用简单方法得出零件各部分的比例关系，徒手在白纸或方格纸上画出零件的图样，称为零件草图。零件草图虽名为草图，但不可以潦草从事，应严肃认真地对待草图的绘制工作。零件草图与零件图一样，包括了视图、尺寸、技术要求等全部内容，它是一种重要的原始资料。草图若画得不好，就会给画零件图带来很多困难，甚至无法进行工作。

二、绘制零件草图的基本方法

初学画草图时，可在专用的方格纸上进行练习，因为在方格纸上易于控制图形大小、投影关系以及直线、曲线的方向。常用的方格纸每小格长、宽均为 5 mm。

画草图时，应尽量使图形的对称中心线、轴线和主要轮廓线与方格线重合，如图 10-34 所示，并保持图线清晰，以提高草图的质量。

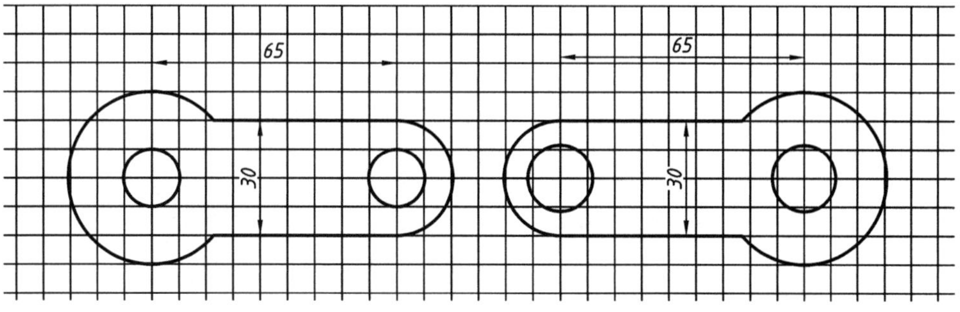

图 10-34 图线布局方法

下面介绍几种图线的画法，以供参考。

1. 直线的画法

要把直线画得平直，握笔的位置要高一些，肘部应略抬起，手指接触纸面。

画水平线要从左向右，如图 10 - 35 所示；画垂直线要从上向下，如图 10 - 36 所示。

若直线的两端点已定，画图时，视线应同时顾及笔尖与终点，分几段轻轻画出底线。

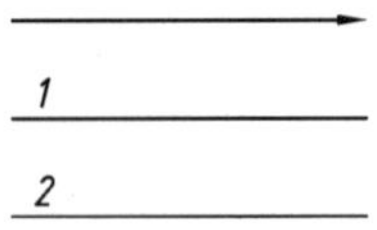

图 10 - 35　水平线画法

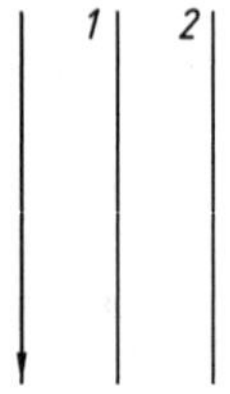

图 10 - 36　垂直线画法

画倾斜线应从左下角画向右上角，如图 10 - 37 所示；或从左上角画向右下角，如图 10 - 38 所示。

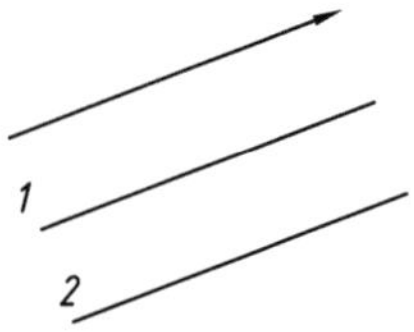

图 10 - 37　倾斜线画法(一)

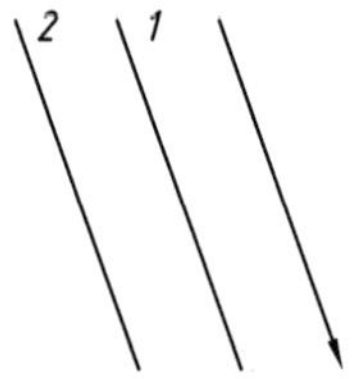

图 10 - 38　倾斜线画法(二)

无论画哪一种直线，草图纸都可在图板上转动(草图纸一般不固定在图板上)，草图纸与水平线的方向约倾斜 45°，这样画直线比较顺手。

2. 圆及圆弧的画法

画圆时，先定出圆心，画出圆的一对互相垂直的中心线，并在中心线上定出四点，然后过圆心作方格的两条对角线，再定出圆上四点，由此八点画圆，如图 10 - 39 所示。

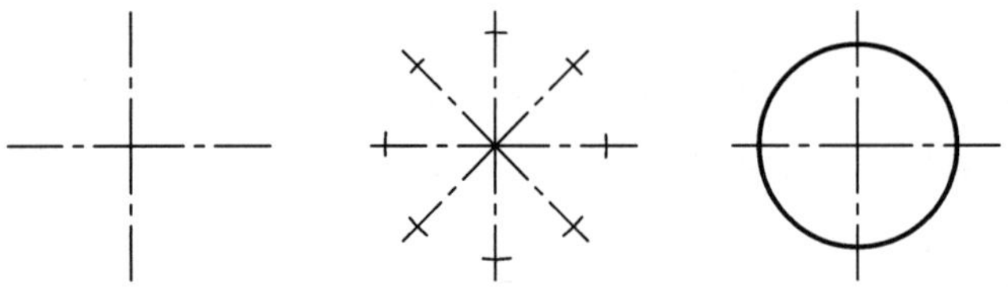

图 10 - 39　圆的画法

圆弧画法如图 10 - 40 所示，先按目测比例作出已知圆弧，然后再徒手作各连接圆弧，与已知圆弧光滑连接。

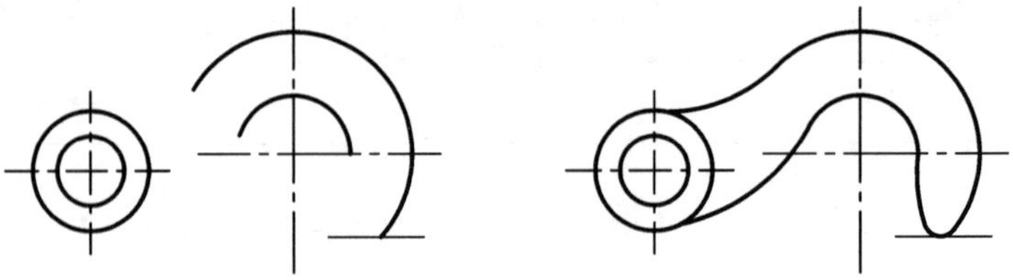

图 10 - 40　圆弧的画法

3. 角度的画法

对 30°、45°、60° 等常用角度，可根据两直角边的比例关系定出两端点，然后连接两点即为所画的角度线。如画 10°、15°等角度线，可先画出 30°角后再等分求得，如图 10 - 41 所示。

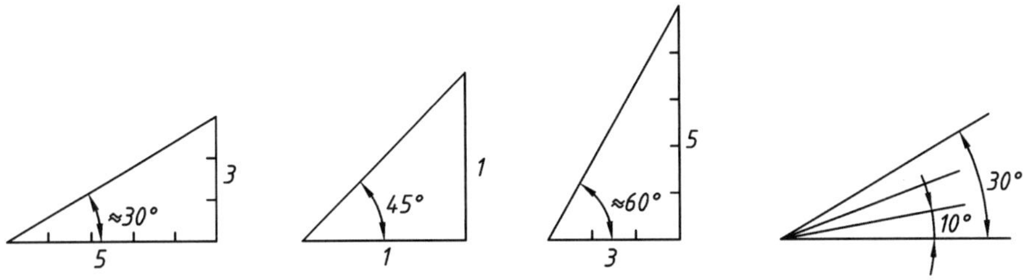

图 10 - 41 角度的画法

三、测绘零件注意事项

(1) 为了能顺利地拆卸机器及进行整理草图工作，在拆卸前应先分析和确定拆卸顺序，作好拆卸记录，记下各零件间的相对位置和装配关系。为了避免损伤零件，在拆卸时要合理地使用工具，在保存时注意防锈。

(2) 零件的缺陷，如铸造产生的缩孔、裂纹等不应画在草图上。

(3) 两零件相互配合的尺寸，只测量其中一个尺寸，如相互配合的轴和孔的直径、相互旋合的内外螺纹的大径等。

(4) 对于重要尺寸，有些要通过计算，如齿轮啮合的中心距等；有些测得的尺寸，应取标准数值。对于不重要的尺寸，如为小数时，可取整数。

(5) 零件上已标准化的结构尺寸，例如倒角、圆角、键槽、螺纹退刀槽等尺寸，可查阅有关标准确定。

四、测量尺寸的工具和方法

1. 测量工具

测量尺寸用的工具有直尺、内卡尺、外卡尺，测量较精密的零件时，要用游标卡尺、千分尺。游标卡尺和千分尺上都有尺寸刻度，测量零件时可直接从刻度上读出零件的尺寸。用内、外卡尺测量时，必须借助直尺才能读出零件的尺寸。

测量螺纹用螺纹规，测量圆角用圆角规。

上述测量工具如图 10 - 42 所示。

2. 常用的测量方法

在测绘零件时，正确测量零件上各部分的尺寸，对确定零件的形状、大小是非常重要的。在实际工作中使用的测量工具、仪器及测量方法很多，这里只介绍几种常用的方法。

(1) 测量直线尺寸。对于直线尺寸，通常用直尺或游标卡尺直接量取，如图 10 - 43 所示。

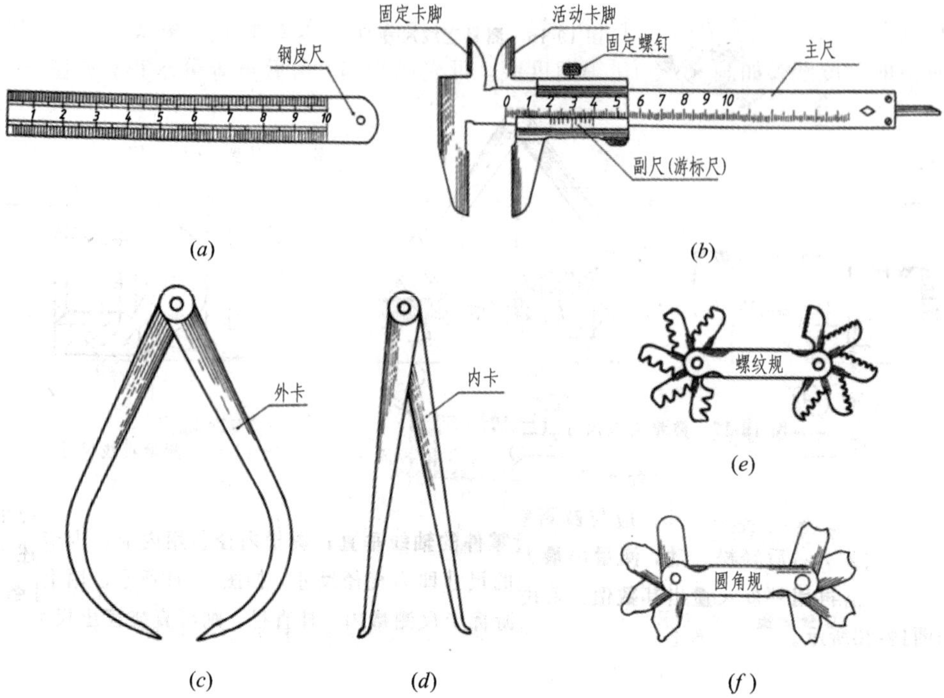

图 10 - 42 测量工具

(*a*) 钢直尺;(*b*) 游标卡尺;(*c*) 外卡尺;(*d*) 内卡尺;(*e*) 螺纹规;(*f*) 圆角规

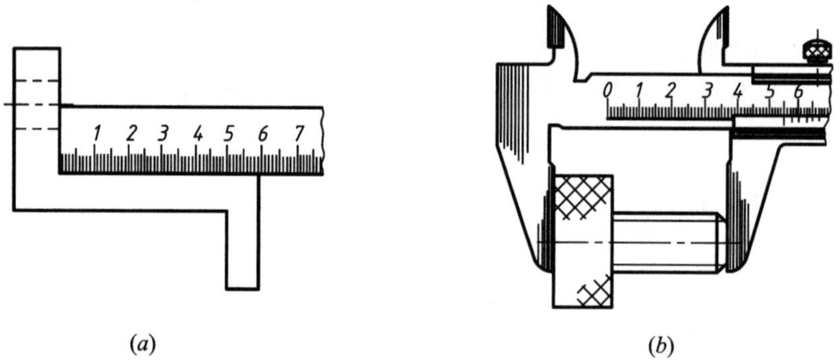

图 10 - 43 测量直线尺寸

(2) 测量回转体的内、外直径。测量回转体的直径可用外卡尺、内卡尺和游标卡尺，如图 10 - 44 所示。用外卡尺、内卡尺测量时，还需再用直尺量出其数值；若用游标卡尺测量，则可直接读出尺寸数值。

(3) 测量壁厚。当被测零件的壁厚能直接量取时，可采用直尺或游标卡尺测量；若不宜直接量取，则可采用直尺和外卡配合测量，如图 10 - 45 所示。也可以用游标卡尺和垫块配合测量壁厚，如图 10 - 46 所示。

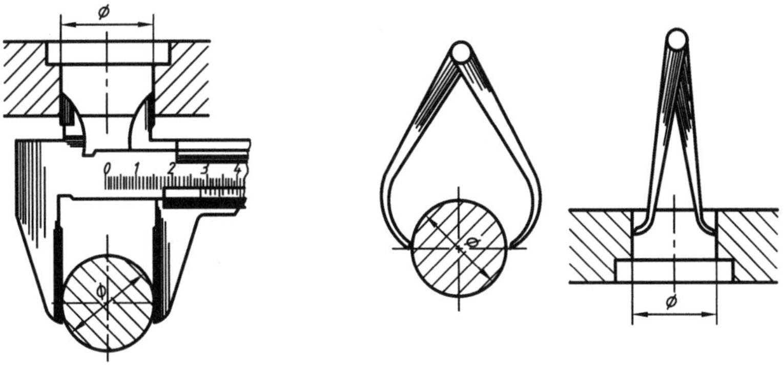

(*a*) (*b*)

图 10-44 测量内、外直径尺寸

(*a*) 用游标卡尺测量内、外直径尺寸；(*b*) 用内、外卡尺测量内、外直径尺寸

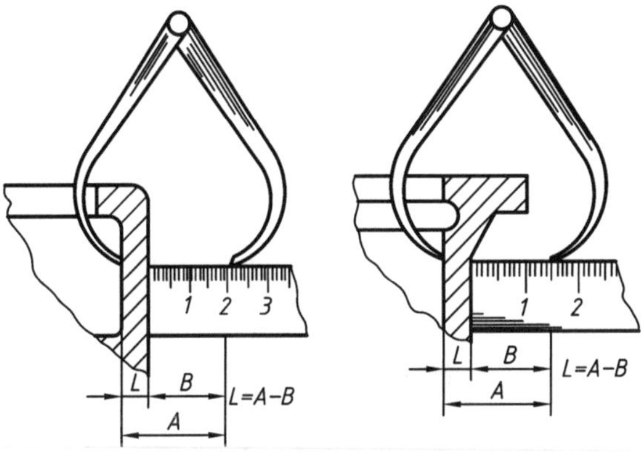

图 10-45 测量壁厚(一)

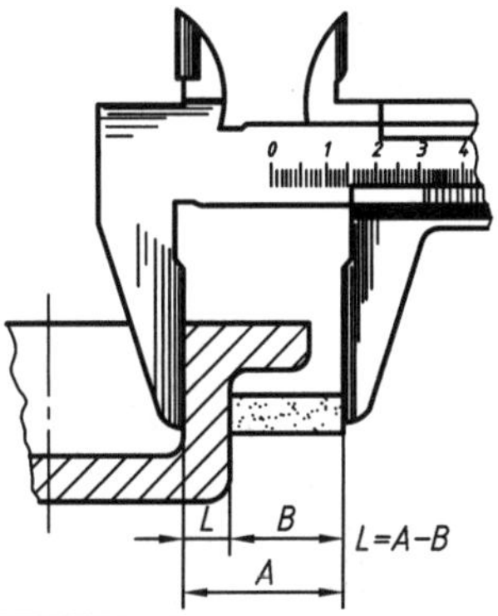

图 10-46 测量壁厚(二)

(4) 测量深度。深度可用直尺直接测量，如图 10-47 所示；也可用游标卡尺的尾伸杆直接测量，如图 10-48 右端所示；还可用游标卡尺和垫块配合间接测量，如图 10-48 左端。

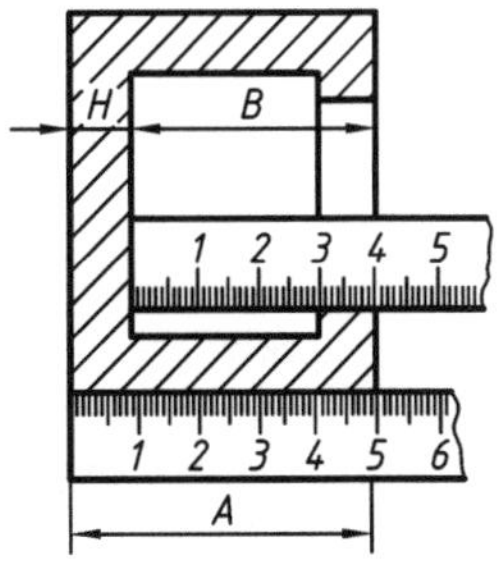

图 10-47 测量深度(一)

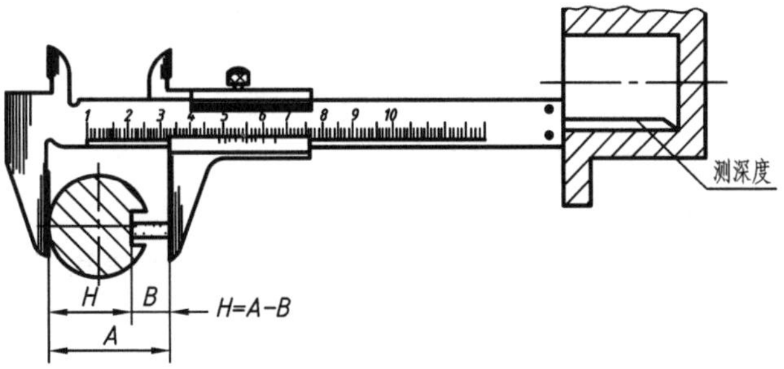

图 10-48 测量深度(二)

(5) 测量孔的中心距。当孔径相等时，可直接用直尺测得，如图 10 - 49 所示；也可用游标卡尺按图 10 - 50 所示的方式测量后计算得出；当孔径不相等时，可按图 10 - 51 测量并计算得出。

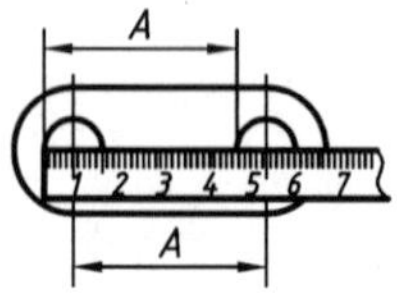

图 10 - 49 测量中心距(一)

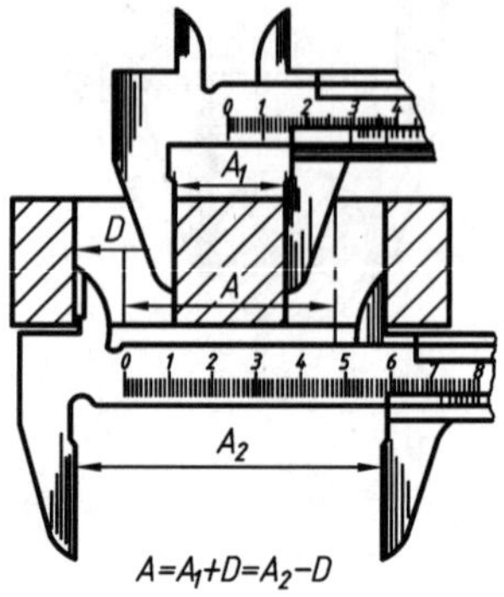

图 10 - 50 测量中心距(二)

(6) 测量孔的轴线到基准面的距离。如图 10 - 52 所示，测量轴线到基准面距离时，先用内卡测出孔径 D，再用直尺测孔到基准面的最小距离 h，则 $H=h+D/2$。

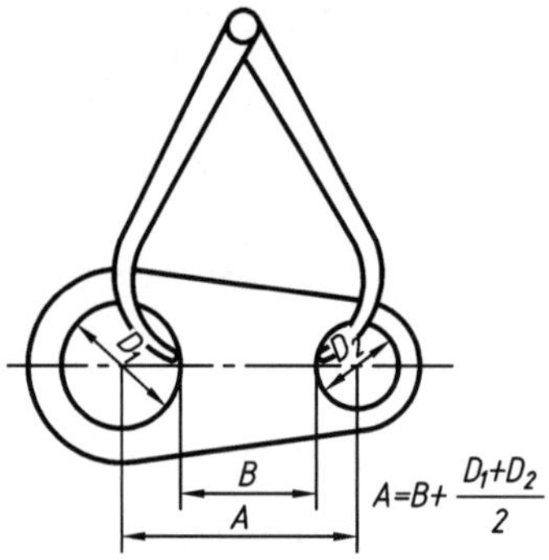

图 10 - 51 测量中心距(三)

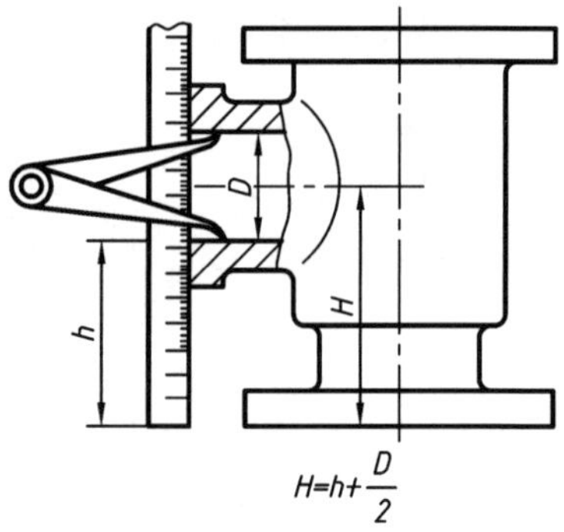

图 10 - 52 测量孔的轴线到基准面的距离

(7) 测量内、外圆角半径及螺纹的螺距。测量圆角半径可用圆角规，测量时找出与被测零件相吻合的样板，从而读出圆角半径的大小。

测量螺纹的螺距时，若用螺纹规测量，应找出与被测螺纹牙型相吻合的样板，从而读出螺距。此外，可将螺纹的牙尖拓印在纸上，然后用直尺测量印痕间的距离即螺距的近似值，还应查表取标准值。

(8) 测量曲线轮廓或曲面半径。可用铅丝法和拓印法两种方法测量。

铅丝法：将铅丝弯成与被测曲线或曲面部分的实形相吻合的形状，然后将铅丝放在纸上画出曲线，最后适当分段并用中垂线法求得各段圆弧的中心，再量得半径，如图 10 - 53 所示。

拓印法：在零件的被测部位覆盖一张纸，用手轻压纸面即可印出曲线轮廓，然后再求出各段圆弧半径，如图 10－54 所示。

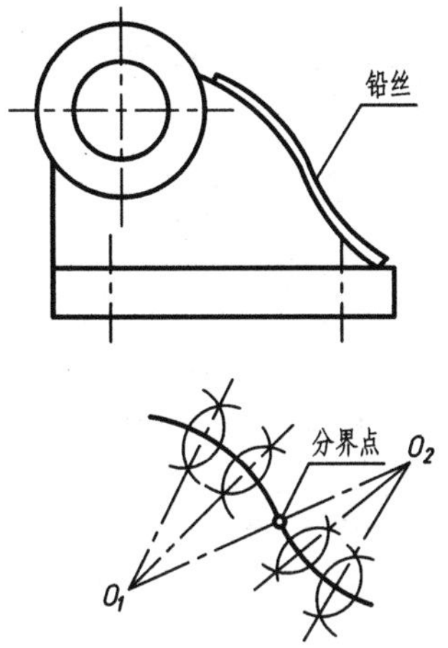

图 10－53 铅丝法

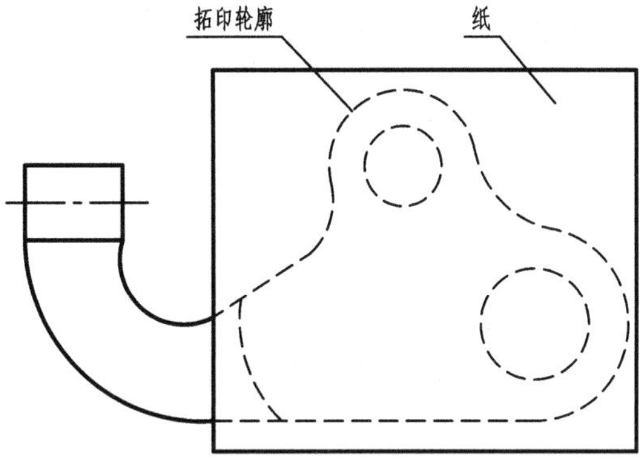

图 10－54 拓印法

10.9 读零件图的方法

在设计和制造零件的过程中，都要遇到读零件图的问题。所谓读零件图，就是根据已给零件图，经过思考、分析，想象出零件图中所示零件的结构形状，弄清零件各部分尺寸大小以及制造、检验零件的技术要求。要想较快地读懂一张零件图，必须遵循正确的读图方法。

一、读零件图的方法和步骤

1. 概括了解

根据标题栏了解零件的名称、材料、图号以及图形的比例、大小等。必要时还需要结合装配图或其他设计资料，弄清楚该零件是用在什么机器或部件上的。

2. 分析视图，读懂零件的结构形状

首先找出主视图，确定各视图间的关系，并找到剖视、断面的剖切位置、投射方向等，然后再研究各视图的表达重点。

3. 分析尺寸，了解技术要求

确定各方向的尺寸基准，了解各部分的定形、定位及总体尺寸；了解尺寸公差、形位公差、表面粗糙度及其他技术要求。

二、读零件图举例(见图 10－55)

1. 概括了解

从标题栏中得知此图是蜗轮减速器箱体，材料为灰口铸铁 HT250，画图比例为 1∶4。

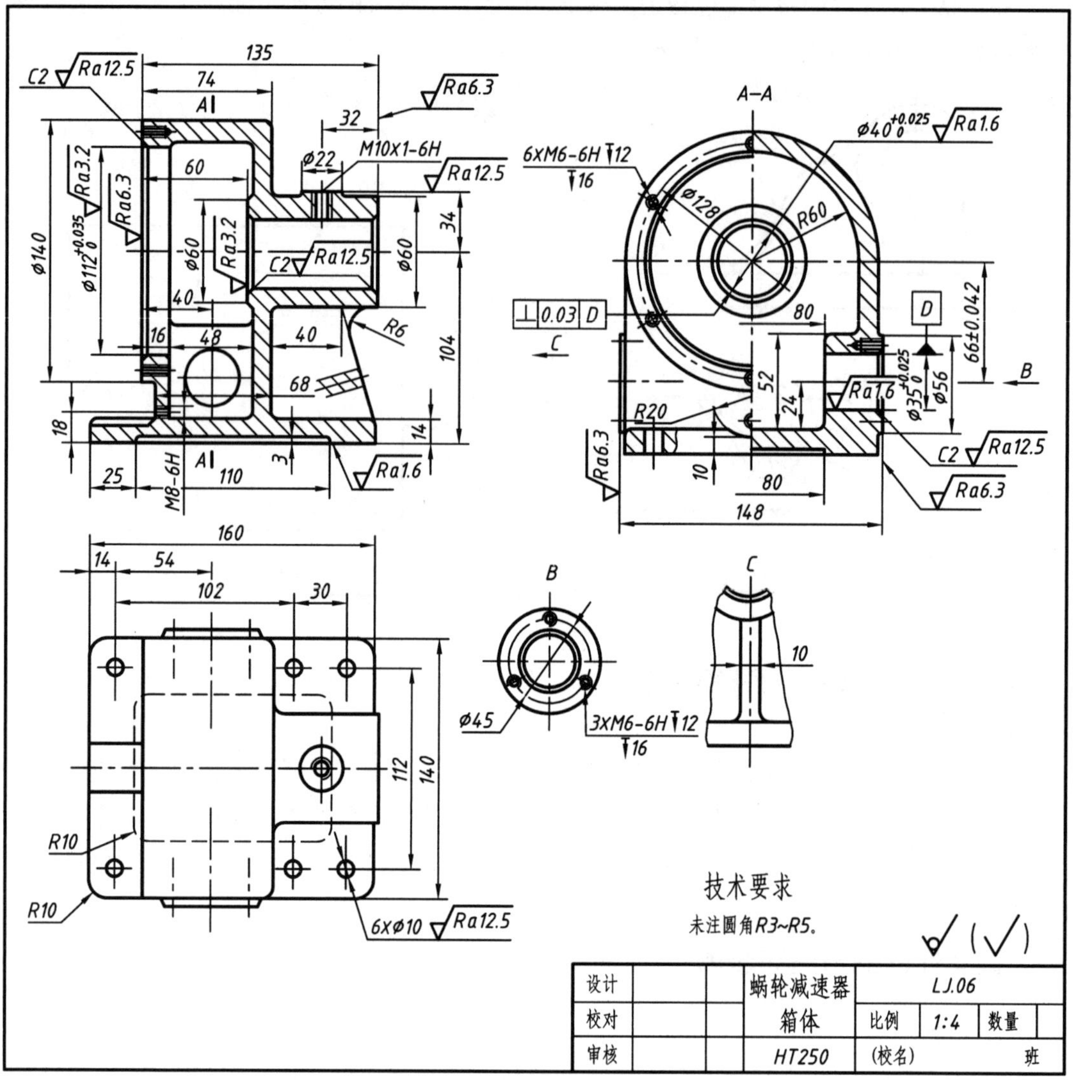

图 10-55 蜗轮减速器箱体零件图

2. 分析视图，读懂零件的结构形状

该箱体采用了三个基本视图(主、俯、左视图)、两个局部视图来表示。主视图采用通过前后对称平面的单一全剖视图来表达内部结构，左视图采用通过蜗杆轴孔的半剖视图，俯视图主要表达外形。从这三个视图可以看出，该箱体由壳体、圆筒、底板和肋板等四部分组成。

从主视图和左视图可看出，壳体左端是有六个螺孔的凸缘；由 B 向局部视图可知壳体下部蜗杆轴孔前后两端是有三个螺孔的圆柱形凸缘；从左视图的剖视部分可看出壳体是上部为半圆柱形、下部为长方形的拱门状形体，其内腔与外形相似，只是蜗杆轴孔处是方形凸台，蜗轮被包容在腔体内。

由主、俯、左视图(结合尺寸 $\phi60$、$\phi40^{+0.025}_{0}$)可知，壳体右侧为一圆筒，其上有一圆柱形凸台，中间螺孔用来安装油杯。该圆筒安装蜗轮轴。

从俯视图可知，底板为一带圆角的长方形板，上面有六个螺栓孔，中部有一长方形凹槽。主、左视图皆反映了底板的厚度及凹槽的深度，左视图中还表示了底板左侧圆弧形凹槽，该底板可使减速器安装在基座上。

由主视图和 C 向局部视图可看出，壳体、圆筒、底板之间的加强肋是一块梯形板，用以增加箱体的强度和刚度。

通过以上分析可想象出该箱体的整体形状，如图 10 - 56 所示。

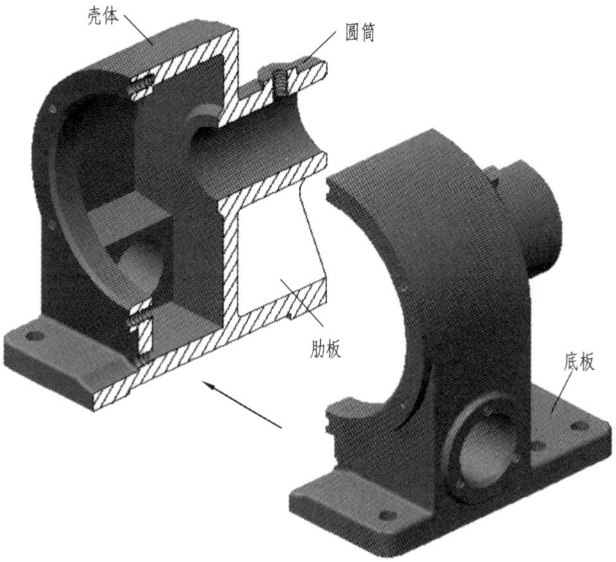

图 10 - 56　箱体轴测图

3. 分析尺寸，了解技术要求

长、宽、高三个方向的主要基准分别为蜗杆轴孔的中心线、前后对称平面和底板的安装面。各主要尺寸皆从这三个基准直接注出，如长度尺寸 40、54，宽度尺寸 80、112、140、148，高度尺寸 104 等。各方向的辅助基准有壳体左端面、圆筒右端面、蜗轮轴孔的轴线等。从图中还可知零件各表面结构要求及尺寸公差、几何公差等要求。

第11章　公差与配合、几何公差简介

基于零件的功能要求、制造工艺和装配要求等因素，为确保零件在装配和使用过程中能够相互匹配、互换，并降低生产成本、提高产品的质量和可靠性，就需要对构成零件的尺寸、形状和位置等要素的允许偏差范围作出规定，这便是公差与配合、几何公差要解决的问题。

11.1　公差与配合

公差与配合是零件图和装配图中一项重要的技术要求，也是检验产品质量的重要技术指标。国家标准《公差、偏差和配合的基础》(GB/T 1800.1—2020)几乎涉及国民经济的各个部门，特别对机械工业更具有重要的意义。

一、互换性

在日常生活中，如灯泡坏了，买个新的装上即可使用，这是因为灯泡和灯头具有互换性。所谓“互换性”，是指在一批规格相同的零件中，任取其中一个，不经挑选或修配就能顺利地装到机器上，并满足机器性能要求的一种性质。

互换性是现代化生产的基本技术经济原则。零(部)件具有互换性，使工业生产可以分工协作，便于进行高效益的专业化生产，从而缩短生产周期，提高劳动生产率，保证质量，降低产品成本，同时也可为产品提供备件，以利维修。

零件的互换性主要是通过规定零件的尺寸公差、几何公差以及表面结构要求等技术要求来实现的。

二、尺寸公差及有关术语

在实际生产过程中，由于机床精度、刀具磨损、测量误差等因素的影响，零件的尺寸不可能也没有必要绝对准确。为了保证互换性，必须将零件尺寸误差限制在一定的范围内，规定出尺寸允许的变动量，这个变动量就称为尺寸公差，简称公差。下面介绍有关名词术语(参见图 11-1)。

首先要明确的是，公差与配合是针对有尺寸几何约束的一对孔和轴的装配提出要求的。这里的孔是指工件(尚在加工的物件，不同于成品的零件)的内表面，包括圆柱形和非圆柱形内表面；轴是指工件的外表面，包括圆柱形和非圆柱形外表面。

(1) 公称尺寸：设计时给定的尺寸，也是确定偏差的起始尺寸。

(2) 实际尺寸：零件制成后，实际测量所得的尺寸。

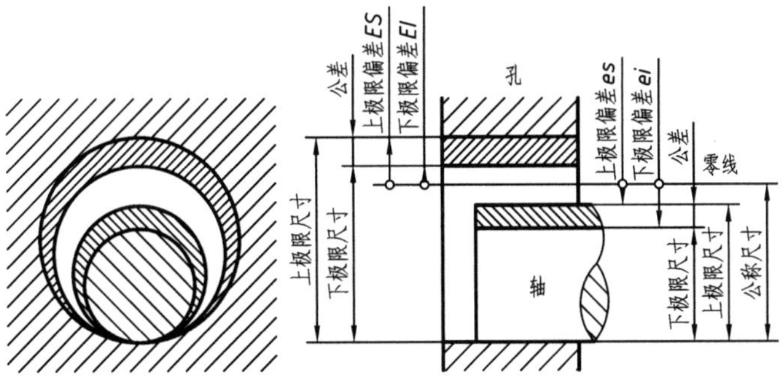

图 11－1　尺寸、尺寸偏差及公差示意图

(3) 极限尺寸：允许零件实际尺寸变化的两个极端值，即上极限尺寸(实际尺寸允许的最大值)与下极限尺寸(实际尺寸允许的最小值)。它是以公称尺寸为基数确定的。极限尺寸可以大于、小于或等于公称尺寸。

(4) 偏差：实际尺寸减其公称尺寸所得的代数差。偏差可以为正、负或零值。偏差的两个极限值——上极限偏差、下极限偏差，统称为极限偏差，其定义为

上极限偏差＝上极限尺寸－公称尺寸

下极限偏差＝下极限尺寸－公称尺寸

国标规定用代号 ES 和 es 分别表示孔和轴的上极限偏差；用代号 EI 和 ei 分别表示孔和轴的下极限偏差。

(5) 公差：允许尺寸的变动量。公差等于上极限尺寸减去下极限尺寸，也等于上极限偏差减去下极限偏差，即 ES－EI(对孔)或 es－ei(对轴)。

(6) 零线：在公差带图中，确定偏差的一条基准直线即零偏差线，零线表示公称尺寸。一般将零线水平放置，则正偏差位于零线上方，负偏差位于零线下方。

(7) 公差带：公差带是表示公差大小和相对于零线位置的一个区域。图 11－1 表示了一对相互结合的孔与轴的尺寸、偏差及公差的相互关系。为简化起见，一般只画出孔和轴的上、下极限偏差的两条直线所围成的方框简图，称为公差带图，如图 11－2 所示。

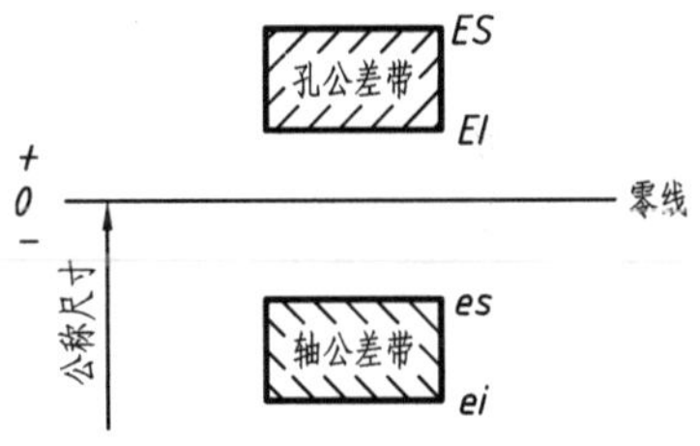

图 11－2　公差带图

三、标准公差与基本偏差

为便于生产，实现零件的互换性及满足不同的使用要求，国家标准《公差、偏差和配合的基础》规定公差带由标准公差和基本偏差两个要素组成。标准公差确定公差带的大小，基本偏差确定公差带的位置，如图 11－3 所示。

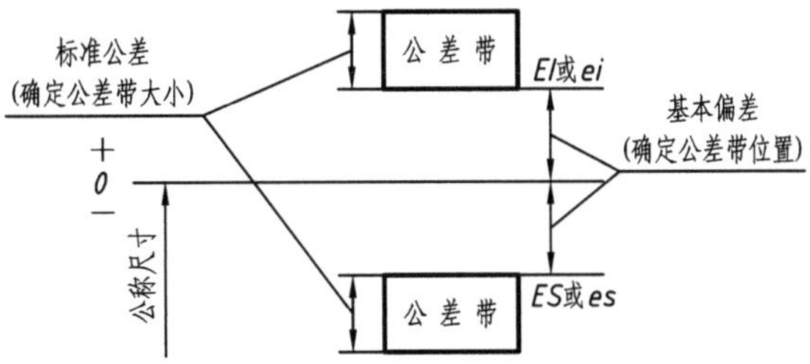

图 11－3　公差带大小及位置

1. 标准公差和公差等级

标准公差是国家标准规定的用以确定公差带大小的标准化数值，它由公差等级和公称尺寸确定，见表 11－1。

表 11－1　标准公差数值(摘自 GB/T 1800.1—2020)

公称尺寸/mm		公差等级																	
		IT1	IT2	IT3	IT4	IT5	IT6	IT7	IT8	IT9	IT10	IT11	IT12	IT13	IT14	IT15	IT16	IT17	IT18
大于	至	μm											mm						
－	3	0.8	1.2	2	3	4	6	10	14	25	40	60	0.10	0.14	0.25	0.40	0.60	1.0	1.4
3	6	1	1.5	2.5	4	5	8	12	18	30	48	75	0.12	0.18	0.30	0.48	0.75	1.2	1.8
6	10	1	1.5	2.5	4	6	9	15	22	36	58	90	0.15	0.22	0.36	0.58	0.90	1.5	2.2
10	18	1.2	2	3	5	8	11	18	27	43	70	110	0.18	0.27	0.43	0.70	1.10	1.8	2.7
18	30	1.5	2.5	4	6	9	13	21	33	52	84	130	0.21	0.33	0.52	0.84	1.30	2.1	3.3
30	50	1.5	2.5	4	7	11	16	25	39	62	100	160	0.25	0.39	0.62	1.00	1.60	2.5	3.9
50	80	2	3	5	8	13	19	30	46	74	120	190	0.30	0.46	0.74	1.20	1.90	3.0	4.6
80	120	2.5	4	6	10	15	22	35	54	87	140	220	0.35	0.54	0.87	1.40	2.20	3.5	5.4
120	180	3.5	5	8	12	18	25	40	63	100	160	250	0.40	0.63	1.00	1.60	2.50	4.0	6.3
180	250	4.5	7	10	14	20	29	46	72	115	185	290	0.46	0.72	1.15	1.85	2.90	4.6	7.2
250	315	6	8	12	16	23	32	52	81	130	210	320	0.52	0.81	1.30	2.10	3.20	5.2	8.1
315	400	7	9	13	18	25	36	57	89	140	230	360	0.57	0.89	1.40	2.30	3.60	5.7	8.9
400	500	8	10	15	20	27	40	63	97	155	250	400	0.63	0.97	1.55	2.50	4.00	6.3	9.7

注：公称尺寸＞500 mm 的标准公差值未列入。

公差与配合在公称尺寸至 500 mm 内规定了 IT01、IT0、IT1、…、IT18 共 20 个标准公差等级；公称尺寸大于 500～3150 mm 内规定了 IT1～IT18 共 18 个标准公差等级。标准公差等级 IT01 和 IT0 在工业中很少用到，所以表 11－1 中未列出这两个公差等级的标准公差数值。“IT”(ISO Tolerance 的缩写)表示标准公差，公差等级的代号用阿拉伯数字表示。从 IT01 到 IT18，公差等级即尺寸精确度依次降低，而公差数值依次增大。

选择公差等级时，在满足使用要求的前提下，应尽量选用较低的公差等级。一般情况下，有配合要求的孔用 IT6～IT12，轴用 IT5～IT12。

2. 基本偏差

基本偏差是指尺寸的上、下极限偏差中靠近零线的那个偏差。根据它的大小和正负，就可决定公差带相对于零线的位置。

根据实际需要，国标分别对孔、轴各规定 28 个基本偏差，其代号用拉丁字母表示，大写为孔，小写为轴，如图 11－4 所示。轴和孔的基本偏差数值见表 11－2 和表 11－3。由图 11－4 可知，轴的基本偏差由 a 到 h 为上极限偏差，由 j 到 zc 为下极限偏差，js 完全对称于公差带零线，基本偏差可为＋IT/2，也可为－IT/2，h 的基本偏差为零。

孔的基本偏差由 A 到 H 为下极限偏差，由 J 到 ZC 为上极限偏差，JS 完全对称于零线，其基本偏差可为＋IT/2，也可为－IT/2，H 的基本偏差为零。

可以看出，孔和轴的同名字母的基本偏差除个别情况外，一般相对于零线是对称分布的。

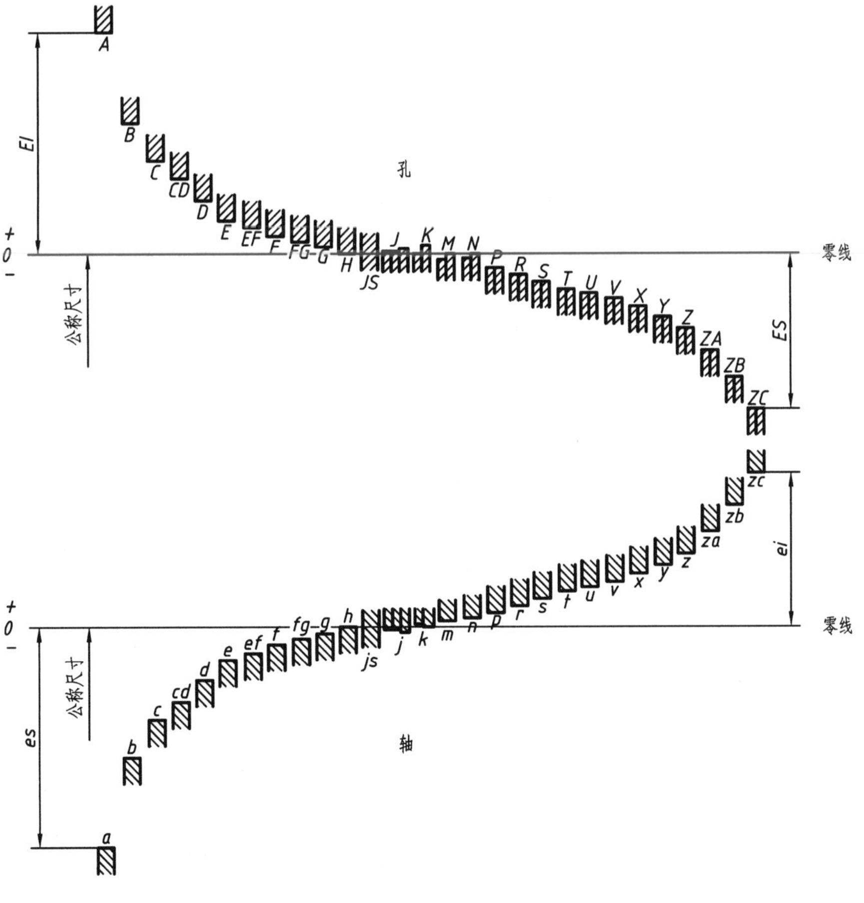

图 11－4　基本偏差系列图

表 11-2 轴的基本

基本偏差		上极限偏差(es)											
		a	b	c	cd	d	e	ef	f	fg	g	h	js
公称尺寸 mm		标准公差											
大于	至	所有等级											
—	3	−270	−140	−60	−34	−20	−14	−10	−6	−4	−2	0	偏差=±(IT/2)
3	6	−270	−140	−70	−46	−30	−20	−14	−10	−6	−4	0	
6	10	−280	−150	−80	−56	−40	−25	−18	−13	−8	−5	0	
10	14	−290	−150	−95	−70	−50	−32	−23	−16	−10	−6	0	
14	18												
18	24	−300	−160	−110	−85	−65	−40	−25	−20	−12	−7	0	
24	30												
30	40	−310	−170	−120	−100	−80	−50	−35	−25	−15	−9	0	
40	50	−320	−180	−130									
50	65	−340	−190	−140	-	−100	−60	-	−30	-	−10	0	
65	80	−360	−200	−150									
80	100	−380	−220	−170	-	−120	−72	-	−36	-	−12	0	
100	120	−410	−240	−180									
120	140	−460	−260	−200	-	−145	−85	-	−43	-	−14	0	
140	160	−520	−280	−210									
160	180	−580	−310	−230									
180	200	−660	−340	−240	-	−170	−100	-	−50	-	−15	0	
200	225	−740	−380	−260									
225	250	−820	−420	−280									
250	280	−920	−480	−300	-	−190	−110	-	−56	-	−17	0	
280	315	−1050	−540	−330									
315	355	−1200	−600	−360	-	−210	−125	-	−62	-	−18	0	
355	400	−1350	−680	−400									
400	450	−1500	−760	−440	-	−230	−135	-	−68	-	−20	0	
450	500	−1650	−840	−480									

注：公称尺寸＞500 mm 的偏差数值未列入；公称尺寸小于或等于 1 mm 时，基本偏差 a 和 b 均不采用。

偏差数值(摘自 GB/T 1800.1—2020)　　单位：μm

下极限偏差(ei)																		
j			k		m	n	p	r	s	t	u	v	x	y	z	za	zb	zc
等级																		
5,6	7	8	4~7	≤3 >7	所有等级													
-2 -2 -2	-4 -4 -5	-6 - -	0 +1 +1	0 0 0	+2 +4 +6	+4 +8 +10	+6 +12 +15	+10 +15 +19	+14 +19 +23	- - -	+18 +23 +28	- - -	+20 +28 +34	- - -	+26 +35 +42	+32 +42 +52	+40 +50 +67	+60 +80 +97
-3	-6	-	+1	0	+7	+12	+18	+23	+28	-	+33	- +39	+40 +45	- -	+50 +60	+64 +77	+90 +108	+130 +150
-4	-8	-	+2	0	+8	+15	+22	+28	+35	- +41	+41 +48	+47 +55	+54 +64	+63 +75	+73 +88	+98 +118	+136 +160	+188 +218
-5	-10	-	+2	0	+9	+17	+26	+34	+43	+48 +54	+60 +70	+68 +81	+80 +97	+94 +114	+112 +136	+148 +180	+200 +242	+247 +325
-7	-12	-	+2	0	+11	+20	+32	+41 +43	+53 +59	+66 +75	+87 +102	+102 +120	+122 +146	+144 +174	+172 +210	+226 +274	+300 +360	+405 +480
-9	-15	-	+3	0	+13	+23	+37	+51 +54	+71 +79	+91 +104	+124 +144	+146 +172	+178 +210	+214 +254	+258 +310	+335 +400	+445 +525	+585 +690
-11	-18	-	+3	0	+15	+27	+43	+63 +65 +68	+92 +100 +108	+122 +134 +146	+170 +190 +210	+202 +228 +252	+248 +280 +310	+300 +340 +380	+365 +415 +465	+470 +535 +600	+620 +700 +780	+800 +900 +1000
-13	-21	-	+4	0	+17	+31	+50	+77 +80 +84	+122 +130 +140	+166 +180 +196	+236 +258 +284	+284 +310 +340	+350 +385 +425	+425 +470 +520	+520 +575 +640	+670 +740 +820	+880 +960 +1050	+1150 +1250 +1350
-16	-26	-	+4	0	+20	+34	+56	+94 +98	+158 +170	+218 +240	+315 +350	+385 +425	+475 +525	+580 +650	+710 +790	+920 +1000	+1200 +1300	+1550 +1700
-18	-28	-	+4	0	+21	+37	+62	+108 +114	+190 +208	+268 +294	+390 +435	+475 +530	+590 +660	+730 +820	+900 +1000	+1150 +1300	+1500 +1650	+1900 +2100
-20	-32	-	+5	0	+23	+40	+68	+126 +132	+232 +252	+330 +360	+490 +540	+595 +660	+740 +820	+920 +1000	+1100 +1250	+1450 +1600	+1850 +2100	+2400 +2600

表 11-3 孔的基本

基本偏差		下极限偏差(EI)												上极限						
		A	B	C	CD	D	E	EF	F	FG	G	H	JS	J			K		M	
公称尺寸 mm		标准公差																		
大于	至	所有等级												6	7	8	≤8	>8	≤8	>8
–	3	+270	+140	+60	+34	+20	+14	+10	+6	+4	+2	0	偏差=±(IT/2)	+2	+4	+6	0	0	−2	−2
3	6	+270	+140	+70	+46	+30	+20	+14	+10	+6	+4	0		+5	+6	+10	−1+Δ	–	−4+Δ	−4
6	10	+280	+150	+80	+56	+40	+25	+18	+13	+8	+5	0		+5	+8	+12	−1+Δ	–	−6+Δ	−6
10	14	+290	+150	+95	+70	+50	+32	+23	+16	+10	+6	0		+6	+10	+15	−1+Δ	–	−7+Δ	−7
14	18																			
18	24	+300	+160	+110	+85	+65	+40	+28	+20	+12	+7	0		+8	+12	+20	−2+Δ	–	−8+Δ	−8
24	30																			
30	40	+310	+170	+120	+100	+80	+50	+35	+25	+15	+9	0		+10	+14	+24	−2+Δ	–	−9+Δ	−9
40	50	+320	+180	+130																
50	65	+340	+190	+140	–	+100	+60	–	+30	–	+10	0		+13	+18	+28	−2+Δ	–	−11+Δ	−11
65	80	+360	+200	+150																
80	100	+380	+220	+170	–	+120	+72	–	+36	–	+12	0		+16	+22	+34	−3+Δ	–	−13+Δ	−13
100	120	+410	+240	+180																
120	140	+460	+260	+200	–	+145	+85	–	+43	–	+14	0		+18	+26	+41	−3+Δ	–	−15+Δ	−15
140	160	+520	+280	+210																
160	180	+580	+310	+230																
180	200	+660	+340	+240	–	+170	+100	–	+50	–	+15	0		+22	+30	+47	−4+Δ	–	−17+Δ	−17
200	225	+740	+380	+260																
225	250	+820	+420	+280																
250	280	+920	+480	+300	–	+190	+110	–	+56	–	+17	0		+25	+36	+55	−4+Δ	–	−20+Δ	−20
280	315	+1050	+540	+330																
315	355	+1200	+600	+360	–	+210	+125	–	+62	–	+18	0		+29	+39	+60	−4+Δ	–	−21+Δ	−21
355	400	+1350	+680	+400																
400	450	+1500	+760	+440	–	+230	+135	–	+68	–	+20	0		+33	+43	+66	−5+Δ	–	−23+Δ	−23
450	500	+1650	+840	+480																

注：公称尺寸>500 mm 的偏差数值未列入；公称尺寸小于或等于 1 mm 时，基本偏差 A 和 B 及大于 IT8 的 N 均不采用；

偏差数值(摘自 GB/T 1800.1—2020)　　单位：μm

偏差 (ES)															Δ					
N		P~ZC	P	R	S	T	U	V	X	Y	Z	ZA	ZB	ZC						
等级																				
≤8	>8	≤7	>7												3	4	5	6	7	8
−4	−4	在>7级的相应数值上增加一个Δ值	−6	−10	−14	-	−18	-	−20	-	−26	−32	−40	−60	0					
−8+Δ	0		−12	−15	−19	-	−23	-	−28	-	−35	−42	−50	−80	1	1.5	1	3	4	6
−10+Δ	0		−15	−19	−23	-	−28	-	−34	-	−42	−52	−67	−97	1	1.5	2	3	6	7
−12+Δ	0		−18	−23	−28	-	−33	-	−40	-	−50	−64	−90	−130	1	2	3	3	7	9
								−39	−45	-	−60	−77	−108	−150						
−15+Δ	0		−22	−28	−35	-	−41	−47	−54	−63	−73	−98	−136	−188	1.5	2	3	4	8	12
						−41	−48	−55	−64	−75	−88	−118	−160	−218						
−17+Δ	0		−26	−34	−43	−48	−60	−68	−80	−94	−112	−148	−200	−274	1.5	3	4	5	9	14
						−54	−70	−81	−97	−114	−136	−180	−242	−325						
−20+Δ	0		−32	−41	−53	−66	−87	−102	−122	−144	−172	−226	−300	−405	2	3	5	6	11	16
				−43	−59	−75	−102	−120	−146	−174	−210	−274	−360	−480						
−23+Δ	0		−37	−51	−71	−91	−124	−146	−178	−214	−258	−335	−445	−580	2	4	5	7	13	19
				−54	−79	−104	−144	−172	−210	−254	−310	−400	−525	−690						
−27+Δ	0		−43	−63	92	122	−170	−202	−248	−300	−365	−470	−620	−800	3	4	6	7	15	23
				−65	−100	−134	−190	−228	−280	−340	−415	−535	−700	−900						
				−68	−108	−146	−210	−252	−310	−380	−465	−600	−780	−1000						
−31+Δ	0		−50	−77	−122	−166	−236	−284	−350	−425	−520	−670	−880	−1150	3	4	6	9	17	26
				−80	−130	−180	−258	−310	−385	−470	−575	−740	−960	−1250						
				−84	−140	−196	−284	−340	−425	−520	−640	−820	−1050	−1350						
−34+Δ	0		−56	−94	−158	−218	−315	−385	−475	−580	−710	−920	−1200	−1550	4	4	7	9	20	29
				−98	−170	−240	−350	−425	−525	−650	−790	−1000	−1300	−1700						
−37+Δ	0		−62	−108	−190	−268	−390	−475	−590	−730	−900	−1150	−1500	−1900	4	5	7	11	21	32
				−114	−208	−294	−435	−530	−660	−820	−1000	−1300	−1650	−2 100						
−40+Δ	0		−68	−126	−232	−330	−490	−595	−740	−920	−1100	−1450	−1850	−2 400	5	5	7	13	23	34
				−132	−252	−360	−540	−660	−820	−1000	−1250	−1600	−2 100	−2 600						

特殊情况：250～315 mm 段的 M6，ES＝−9 μm(代替−11 μm)。

在基本偏差系列图中，只表示出孔和轴的一个极限偏差(除 JS、js 以外)，公差带一端是开口的，另一极限偏差可根据孔和轴的基本偏差和标准公差按下列代数式计算(极限偏差和标准公差的值均以 mm 为单位)：

$$孔\quad ES=EI+IT\quad 或\quad EI=ES-IT$$

$$轴\quad es=ei+IT\quad 或\quad ei=es-IT$$

3. 孔、轴的公差带代号

孔、轴的公差带代号由基本偏差代号与公差等级代号(数字)组成。例如，H8、F8、K7、P7 等为孔的公差带代号；h7、f7、k7、p6 等为轴的公差带代号。

四、配合

公称尺寸相同并相互结合的孔和轴公差带之间的关系称为配合，它是由设计确定的。孔和轴配合时，由于它们的实际尺寸不同，将产生间隙和过盈。当孔的实际尺寸大于轴的实际尺寸时，就产生间隙；反之，当孔的实际尺寸小于轴的实际尺寸时，就产生过盈。

1. 配合种类

根据相互结合的孔、轴公差带相对位置不同或按配合零件的结合面形成间隙和过盈的不同，配合分为三类。

(1) 间隙配合：具有间隙(含最小间隙等于零)的配合。此时，孔的公差带在轴的公差带之上，如图 11－5(*a*)所示。在无零线的公差带图即详细画法中，为区分两个极限偏差，基本偏差所在直线用粗实线画出，而另一极限偏差所在直线用粗虚线画出。但在有零线的公差带图即简化画法中，基本偏差所在直线仍用粗实线画出，而另一极限偏差所在直线可以用粗虚线画出，也可以用粗实线画出。间隙配合主要用于孔、轴间的活动联接。

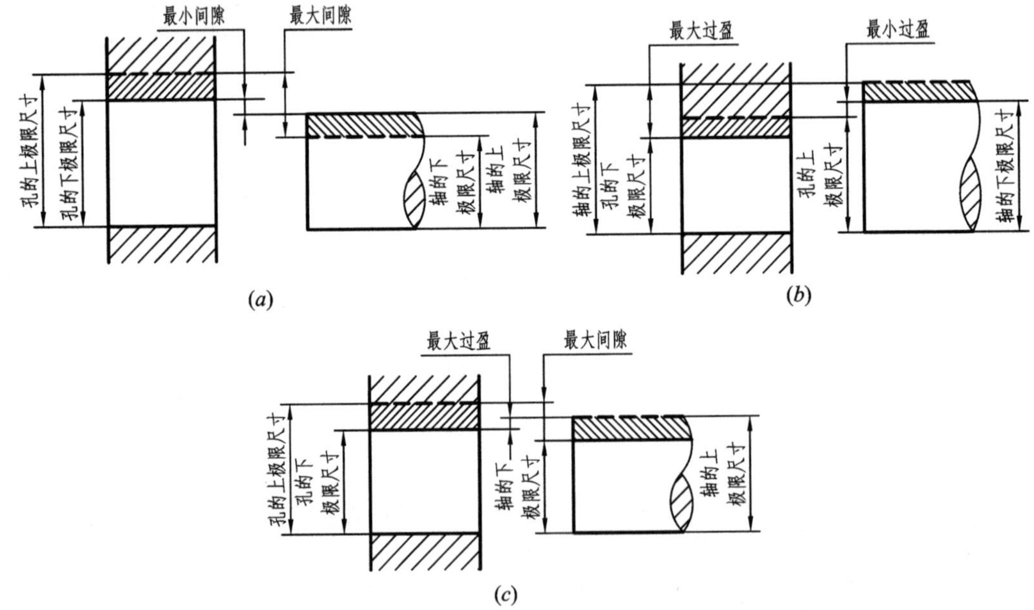

图 11－5　三类配合

(*a*) 间隙配合；(*b*) 过盈配合；(*c*) 过渡配合

(2) 过盈配合：具有过盈(含最小过盈等于零)的配合。此时，孔的公差带在轴的公差带之下，如图 11 - 5(*b*)所示。过盈配合主要用于孔、轴间的紧固联接。

(3) 过渡配合：可能具有间隙也可能具有过盈的配合。此时，孔和轴的公差带互相重叠，如图 11 - 5(*c*)所示。过渡配合主要用于孔、轴间的定位联接。

2. 配合制

按照配合的定义，只要把公称尺寸相同的孔、轴公差带组合起来，就可以组成各种不同的配合，但为了便于设计制造，实现配合标准化，国家标准规定了两种配合制，即基孔制和基轴制。

(1) 基孔制：基本偏差为一定的孔的公差带，与不同基本偏差的轴的公差带组成各种配合的一种制度，如图 11 - 6 所示。

基孔制的孔为基准孔，其基本偏差代号为 H，基准孔的下极限偏差 EI=0。

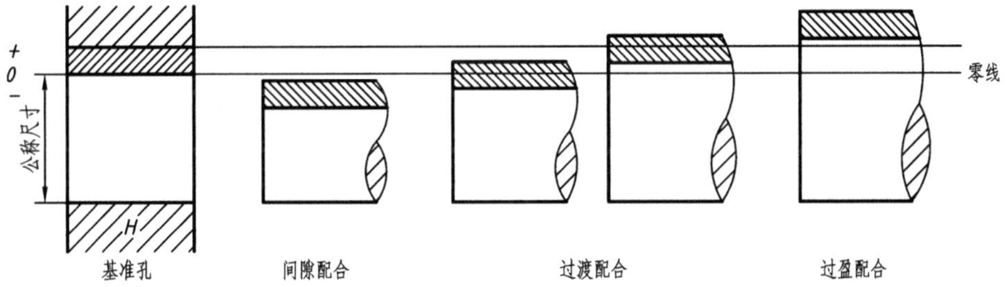

图 11 - 6　基孔制配合示意图

(2) 基轴制：基本偏差为一定的轴的公差带，与不同基本偏差的孔的公差带组成各种配合的一种制度，如图 11 - 7 所示。

基轴制的轴为基准轴，其基本偏差代号为 h，基准轴的上极限偏差 es=0。

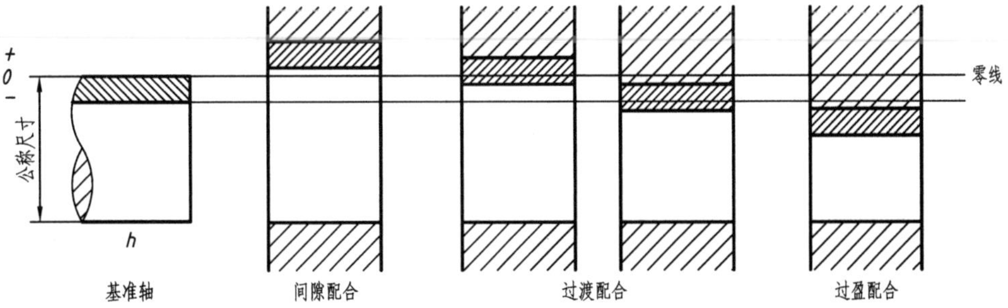

图 11 - 7　基轴制配合示意图

从基本偏差系列图(图 11 - 4)中可以看出：

在基轴制中，A～H 用于间隙配合，J～N 用于过渡配合，P～ZC 用于过盈配合。

在基孔制中，a～h 用于间隙配合，j～n 用于过渡配合，p～zc 用于过盈配合。

五、公差与配合的选用

1. 配合的选择

如前所述，标准公差有 20 个等级，基本偏差有 28 种，因而可以组成大量的配合。根据机械工业产品生产使用的需要，考虑到定值量具、刀具规格的统一，国家标准规定了基孔制常用配合 45 种，优先配合 16 种；基轴制常用配合 38 种，优先配合 18 种。应尽量选用优先配合，如表 11－4 和表 11－5 所示。

表 11－4　基孔制常用、优先配合(标 * 的为优先配合)

基准孔	轴																
	b	c	d	e	f	g	h	js	k	m	n	p	r	s	t	u	x
	间隙配合							过渡配合			过盈配合						
H6						$\frac{H6}{g5}$	$\frac{H6}{h5}$	$\frac{H6}{js5}$	$\frac{H6}{k5}$	$\frac{H6}{m5}$	$\frac{H6}{n5}$	$\frac{H6}{p5}$					
H7					$\frac{H7}{f6}$	* $\frac{H7}{g6}$	* $\frac{H7}{h6}$	* $\frac{H7}{js6}$	* $\frac{H7}{k6}$	$\frac{H7}{m6}$	* $\frac{H7}{n6}$	* $\frac{H7}{p6}$	* $\frac{H7}{r6}$	* $\frac{H7}{s6}$	$\frac{H7}{t6}$	$\frac{H7}{u6}$	$\frac{H7}{x6}$
H8				$\frac{H8}{e7}$	* $\frac{H8}{f7}$		* $\frac{H8}{h8}$	$\frac{H8}{js7}$	$\frac{H8}{k7}$	$\frac{H8}{m7}$				$\frac{H8}{s7}$		$\frac{H8}{u7}$	
			$\frac{H8}{d8}$	* $\frac{H8}{e8}$	$\frac{H8}{f8}$		$\frac{H8}{h8}$										
H9			$\frac{H9}{d8}$	* $\frac{H9}{e8}$	$\frac{H9}{f8}$		$\frac{H9}{h8}$										
H10	$\frac{H10}{b9}$	$\frac{H10}{c9}$	* $\frac{H10}{d9}$	$\frac{H10}{e9}$			* $\frac{H10}{h9}$										
H11	* $\frac{H11}{b11}$	* $\frac{H11}{c11}$	$\frac{H11}{d10}$				$\frac{H11}{h10}$										

注：$\frac{H6}{n5}$、$\frac{H7}{p6}$ 在公称尺寸≤3 mm 时为过渡配合。

表 11－5　基轴制常用、优先配合(标 * 的为优先配合)

基准孔	轴																
	B	C	D	E	F	G	H	JS	K	M	N	P	R	S	T	U	X
	间隙配合							过渡配合			过盈配合						
h5						$\frac{G6}{h5}$	$\frac{H6}{h5}$	$\frac{JS6}{h5}$	$\frac{K6}{h5}$	$\frac{M6}{h5}$	$\frac{N6}{h5}$	$\frac{P6}{h5}$					
h6					$\frac{F7}{h6}$	* $\frac{G7}{h6}$	* $\frac{H7}{h6}$	* $\frac{JS7}{h6}$	* $\frac{K7}{h6}$	$\frac{M7}{h6}$	* $\frac{N7}{h6}$	* $\frac{P7}{h6}$	* $\frac{R7}{h6}$	* $\frac{S7}{h6}$	$\frac{T7}{h6}$	$\frac{U7}{h6}$	$\frac{X7}{h6}$
h7				$\frac{E8}{h7}$	* $\frac{F8}{h7}$		* $\frac{H8}{h7}$										
h8			$\frac{D9}{h8}$	* $\frac{E9}{h8}$	$\frac{F9}{h8}$		* $\frac{H9}{h8}$										
h9				$\frac{E8}{h9}$	* $\frac{F8}{h9}$		* $\frac{H8}{h9}$										
			$\frac{D9}{h9}$	* $\frac{E9}{h9}$	$\frac{F9}{h9}$		* $\frac{H9}{h9}$										
	* $\frac{B11}{h9}$	$\frac{C10}{h9}$	* $\frac{D10}{h9}$				$\frac{H10}{h9}$										

2. 配合制的选择

一般情况下，优先使用基孔制。这是因为加工孔要比加工轴困难些，采用基孔制可以减少刀具、量具的数量。当用冷拉钢作轴时(不再需要切削加工)，或者在同一公称尺寸的轴上要求不同配合时(如图 11－8(*a*)所示)，或者与标准件(如滚动轴承外圈)配合时(如图 11－8(*b*)所示)才用基轴制。

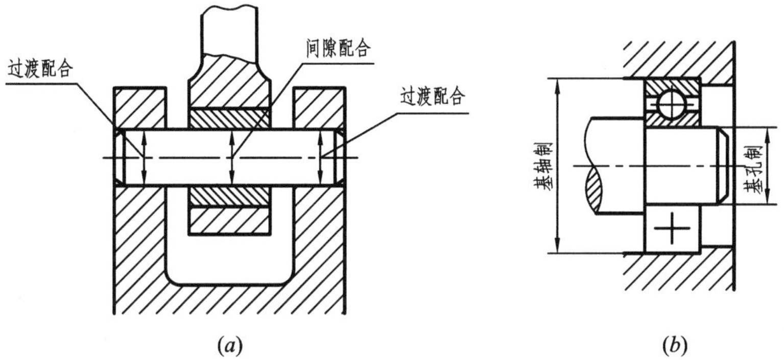

图 11－8　基轴制应用示例

六、公差与配合在图样上的标注

1. 在装配图上的标注方法

在公称尺寸的右边标出配合代号。配合代号由两个相互结合的孔和轴的公差带的代号组成，标注的通式如下：

$$\text{公称尺寸}\frac{\text{孔的公差带代号}}{\text{轴的公差带代号}}$$

或

公称尺寸　孔的公差带代号 / 轴的公差带代号

标注示例如图 11－9 所示。

所谓配合，除了圆柱形的内、外表面的配合外，也包括其他内、外表面中由单一尺寸确定的配合部分，如图 11－10 所示。

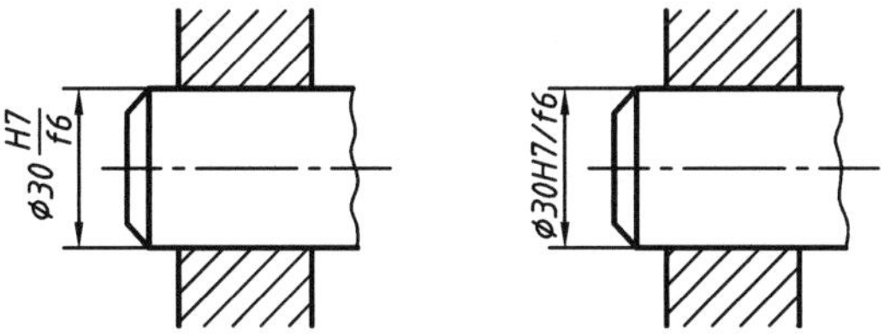

图 11－9　装配图上配合的标注

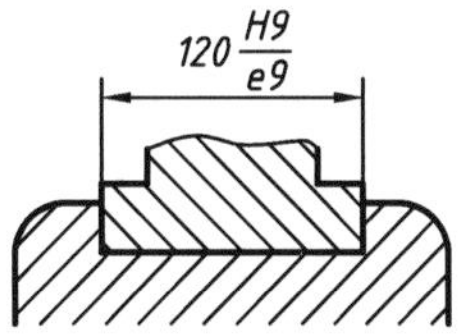

图 11－10　单一尺寸确定的配合

2. 在零件图上的标注方法

在零件图上标注公差有三种形式：

(1) 标注公差带的代号，如图 11－11(*a*)所示。这种注法适用于大批量生产，采用专用量具检验零件。

(2) 标注极限偏差数值，如图 11 - 11(*b*)所示。

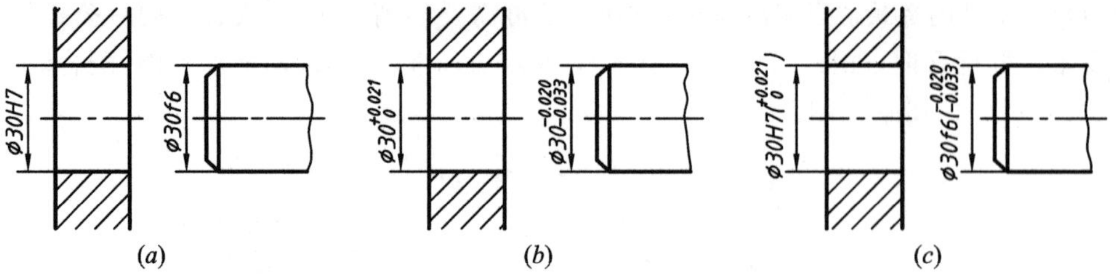

图 11 - 11 零件图上尺寸公差的标注方法

上极限偏差注在公称尺寸的右上方，下极限偏差注在公称尺寸的右下方，且应与公称尺寸注在同一底线上；偏差的数字用比公称尺寸数字小一号的字体书写；上、下极限偏差值不为零时，其正号、负号必须标出，如图 11 - 12(*a*)所示。当上极限偏差或下极限偏差为 0 时，用数字“0”标出，另一偏差仍标注在原来位置，如图 11 - 12(*b*)所示。上、下极限偏差的小数点必须对齐，小数点后的位数也必须相同；偏差值为 0 时，“0”应与另一偏差的个位数对齐。当上极限偏差和下极限偏差的绝对值相同时，应在公称尺寸之后标注“±”符号，再填写一个偏差数值，其数字大小与公称尺寸数字相同，如图 11 - 12(*c*)所示。角度公差的标注如图 11 - 13 所示。这种注法主要用于单件和小批量生产，以便于用通用量具测量检验。

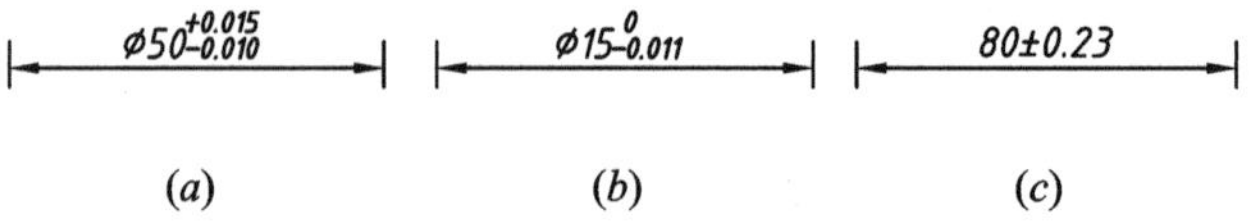

图 11 - 12 偏差数值的注写

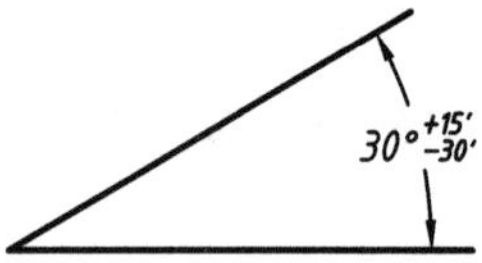

图 11 - 13 角度公差的注写

(3) 公差带代号和偏差数值一起标注，如图 11 - 11(*c*)所示。这时，偏差数值应加上圆括号。

七、查表举例

[例 11 - 1] 说明 $\phi 42\dfrac{H7}{g6}$的含义并查表确定孔和轴的上、下极限偏差值。

解 ① 该配合的公称尺寸为 φ42，基孔制(优先)间隙配合。基准孔的公差带代号为 H7(基本偏差代号为 H，公差等级为 7 级)；轴的公差带代号为 g6(基本偏差代号为 g，公差等级为 6 级)。

② 公称尺寸 42 属于“大于 30 至 50” 尺寸分段，由表 11 - 1 查得标准公差值 IT6＝0.016 mm，IT7＝0.025 mm。

③ 基准孔 H 的下极限偏差规定为零，即 EI＝0，上极限偏差 ES＝＋0.025，写作 $\phi 42^{+0.025}_{0}$。

④ 轴的公差带代号为 g6，由表 11 - 2 查得其上极限偏差 es＝－0.009，故下极限偏差 ei＝es－IT＝－0.009－0.016＝－0.025，写作 $\phi 42^{-0.009}_{-0.025}$。

⑤ $\phi 42\,\dfrac{H7}{g6}$ 的公差带图如图 11－14 所示。

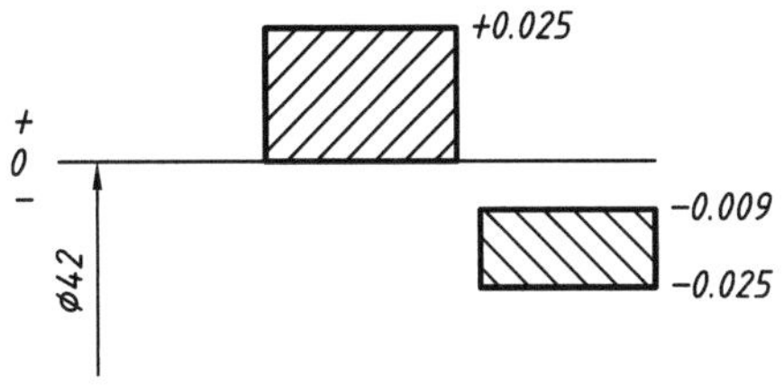

图 11－14　$\phi 42\,\dfrac{H7}{g6}$的公差带图

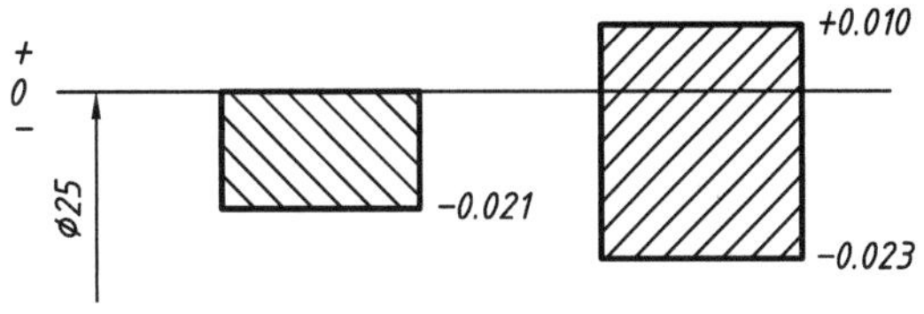

图 11－15　$\phi 25\,\dfrac{K8}{h7}$的公差带图

［例 11－2］　说明 $\phi 25\,\dfrac{K8}{h7}$ 的含义并查表确定孔和轴的上、下极限偏差值。

解　① 该配合公称尺寸为 $\phi 25$，基轴制过渡配合。基准轴的公差带代号为 h7，孔的公差带代号为 K8。

② 公称尺寸 25 属于“大于 18 至 30”尺寸分段，由表 11－1 查得标准公差值 IT7＝0.021 mm，IT8＝0.033 mm。

③ 基准轴 h 的上极限偏差规定为零，即 es＝0，下极限偏差 ei＝－0.021，写作 $\phi 25_{-0.021}^{\ \ 0}$。

④ 孔的公差带代号为 K8，由表 11－3 查得其上极限偏差 ES＝－2 μm＋Δ，然后在该表最右边的“Δ”栏中查得 IT8 的 Δ 为 12 μm，所以，ES＝－2 μm＋12 μm＝＋10 μm，即 ES＝＋0.010 mm；下极限偏差 EI＝ES－IT＝0.010－0.033＝－0.023 mm。写作 $\phi 25_{-0.023}^{+0.010}$，其公差带图如图 11－15 所示。

11.2　几何公差简介

一、几何公差的基本概念

零件在加工过程中，除了出现前面所述的尺寸误差外，还会出现形状和位置等几何误差，这些误差仍然影响产品的精度和互换性。

所谓形状误差，是指加工后表面的实际形状相对于理想形状的误差。如图 11－16(*a*)所示为一与基准孔(图 11－16(*b*)所示)配合的轴，该轴虽然加工后符合尺寸公差要求，但由于出现了形状误差(直线度误差)，如图中双点画线所示，以致加工的轴与孔装配时发生困难，而且配合性质也随之改变。

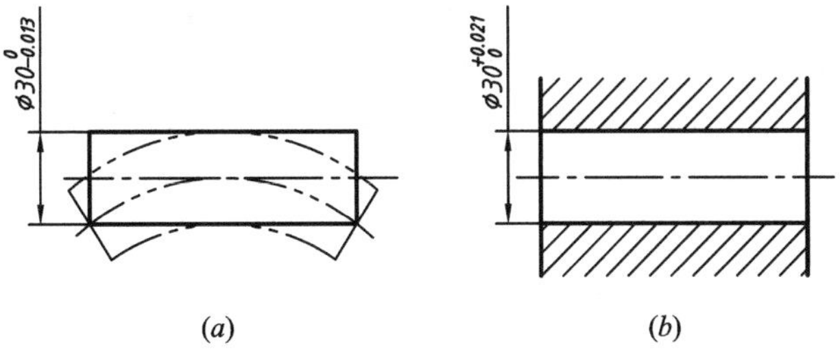

图 11－16　形状误差

所谓位置误差，是指零件各表面之间、各轴线之间或表面与轴线之间实际相对位置相对于理想相对位置的误差。如图 11－17(b)所示的轴套，由于其端面 B 与轴线之间出现了误差(垂直度误差)，以致图 11－17(a)所示的轴与该轴套装配时，出现 A、B 端面不能按要求紧密配合的情况。

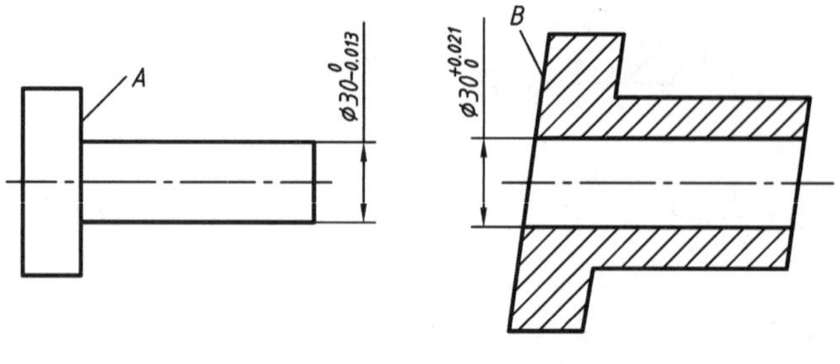

(a) (b)

图 11－17 位置误差

由此可见，仅仅保证零件的尺寸公差，往往还不能满足产品的精度和互换性要求，因此必须根据实际情况，对零件的重要表面、轴线规定出几何误差的最大允许值，即几何公差。

关于几何公差的术语、定义、代号及其注法等，详见国家标准 GB/T 1182－2018，本书只简要介绍其代号及标注。

二、几何公差的代号

几何公差代号包括几何公差有关项目符号、几何公差框格、指引线、几何公差数值以及其他有关符号。

表 11－6 列出了几何公差各项目及其符号。

表 11－6 几何公差各项目的符号

公差类型	几何特征	符　　号	有无基准	公差类型	几何特征	符　　号	有无基准
形状公差	直线度	—	无	位置公差	位置度	⌖	有或无
	平面度	⏥	无		同心度(用于中心点)	◎	有
	圆度	○	无		同轴度(用于轴线)	◎	有
	圆柱度	⌭	无		对称度	⌯	有
	线轮廓度	⌒	无		线轮廓度	⌒	有
	面轮廓度	⌓	无		面轮廓度	⌓	有
方向公差	平行度	//	有	跳动公差	圆跳动	↗	有
	垂直度	⊥	有		全跳动	⌰	有
	倾斜度	∠	有				
	线轮廓度	⌒	有				
	面轮廓度	⌓	有				

几何公差框格(见图 11－18)和指引线均用细实线画出，框格应水平绘制。框格内从左到右填写以下内容：第一格为几何公差项目符号，第二格为几何公差数值，第三格和以后各格填写基准代号的字母(基准代号的字母须大写)和有关符号。框格内数字和字母应与图样中尺寸数字的高度相同。框格的高度为字体高度的两倍，长度可根据需要加长。

图 11－19 为基准代号，它由基准三角形(通常为涂黑的等腰三角形)、方格、连线和字母(字母须大写，字母 E、I、J、M、O、P、L、R、F 不能采用)组成。其中方格和连线均为细实线，方格与公差框格等高，方格内的字母应水平书写。

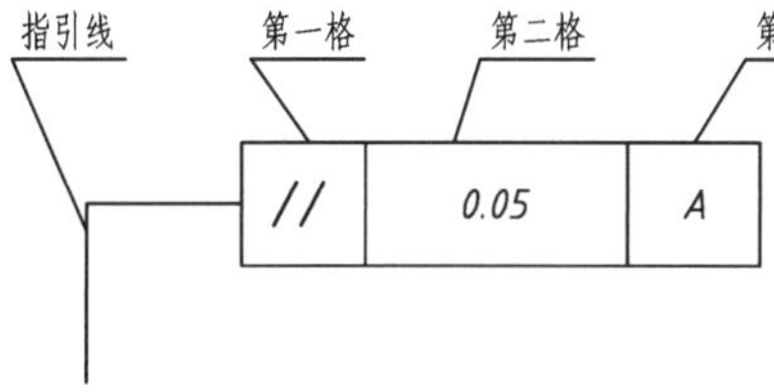

图 11－18　几何公差框格

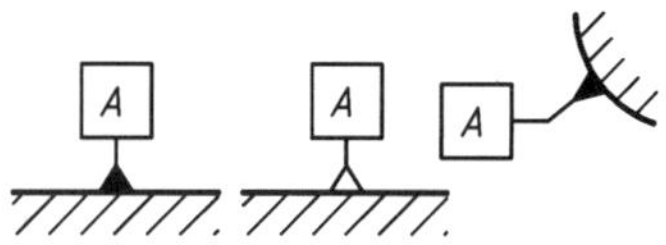

图 11－19　基准代号

三、几何公差的标注

在技术图样中，几何公差应采用其代号标注。当无法用代号标注时，允许在技术要求中用文字说明。几何公差的代号标注方法如下：用带箭头的指引线将被测要素与几何公差框格的一端相连，指引线的箭头应指向被测要素公差带的宽度方向或直径方向(如图 11－20 所示)。对于有基准的几何公差，还应标注基准。

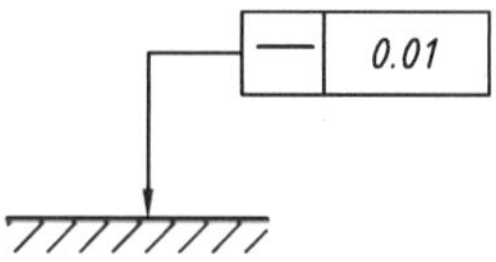

图 11－20　几何公差的标注

1. 被测要素、基准要素的标注

(1) 当被测要素或基准要素为线或面时，指引线的箭头应指在被测要素的轮廓线或其延长线上(应与尺寸线明显错开)，如图 11－21 所示；基准三角形放置在基准要素的轮廓或其延长线上(与尺寸线明显错开)，如图 11－22 所示。

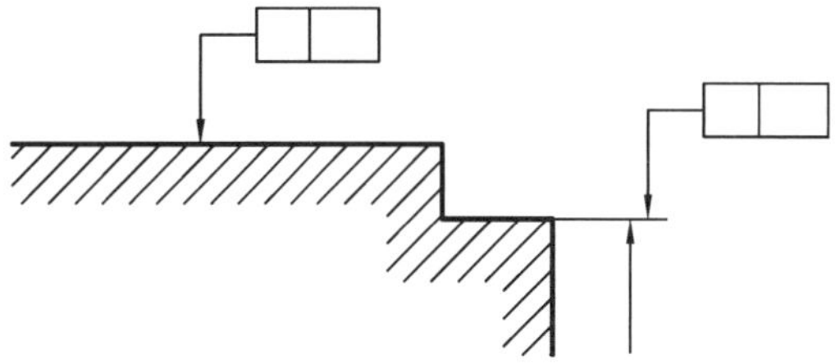

图 11－21　被测要素为线或面

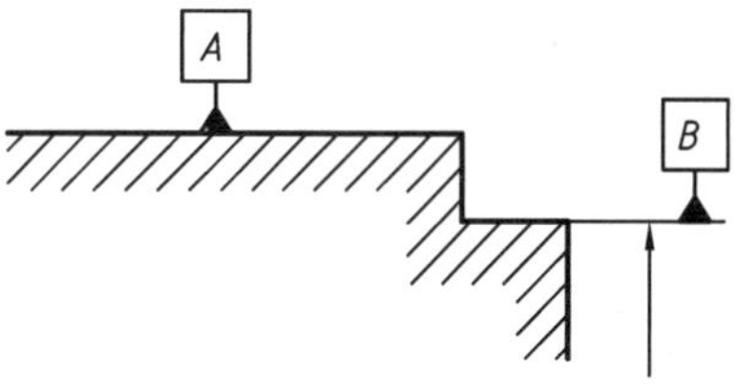

图 11－22　基准要素为线或面

(2) 当被测要素或基准要素为轴线、中心平面或中心点时，指引线的箭头或基准三角形应放置在该要素尺寸线的延长线上，如图 11－23 所示。

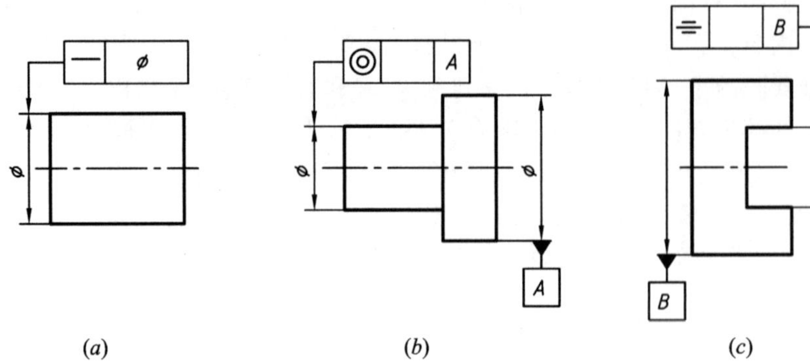

图 11-23 被测要素或基准要素为轴线、中心平面等

2. 几何公差数值和有关符号的标注

几何公差数值的大小由零件的主参数(尺寸大小)和公差等级确定，详见 GB/T 1184—1996。公差值为公差带的宽度或直径。若公差带为圆形或圆柱形，则公差值前加注“ϕ”；若公差带为球形，则公差值前加注“$S\phi$”。

如果图样中所标注的几何公差无附加说明，则被测范围为箭头所指的整个轮廓要素或中心要素。如果被测范围仅为被测要素的某一部分，则应用细实线画出该范围，并注出尺寸。

3. 几何公差标注示例

参见图 11-24，标注出以下三个几何公差：

圆跳动公差：表示 ϕ100 圆柱面绕基准轴 B 作无轴向移动回转时，在任一测量平面内的径向跳动量均不得大于公差值 0.015。

圆度公差：表示在垂直于轴线的任一正截面上，ϕ100 圆必须位于半径差为公差值 0.004 的两同心圆之内。

平行度公差：表示零件右端面必须位于距离为公差值 0.01，且平行于基准平面 A 的两平面之间。

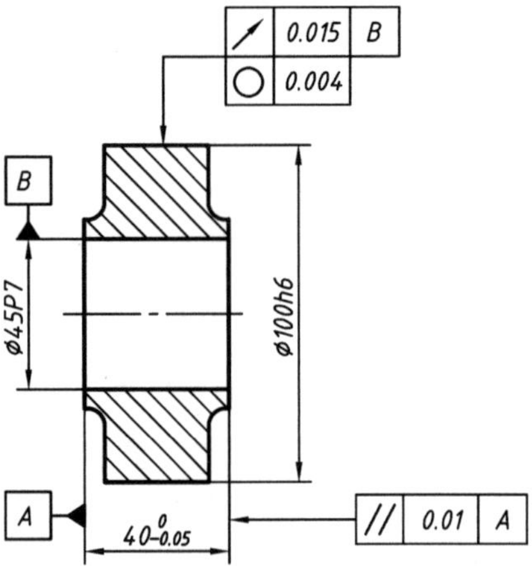

图 11-24 几何公差标注示例

需要说明的是，当同一被测要素有多项公差要求时，可以将公差框格绘制在一起，使用一根指引线，如图 11-24 所示。

12

第 12 章　装　配　图

装配图是反映机器或部件的各组成部分装配关系、工作原理、结构以及技术要求的图样。机器或部件的装配关系是由零件之间的基本装配关系组成的。零件之间的基本装配关系包括表面接触、端面平齐、中心重合、轴孔配合、内外螺纹旋合、螺栓连接、螺钉连接、螺柱连接、键联结、销连接、齿轮啮合、焊接、铆接、胶接、弹簧装配等，其大部分在前面章节已介绍。零件之间的基本装配关系及其作图是绘制和读装配图的基础。

本章主要介绍装配图的作用和内容、装配图的表达方法、装配图的尺寸标注、绘制装配图、读装配图及拆画零件图等内容。

12.1　装配图的作用和内容

一、装配图的作用

完成一定功能的若干零件的组合称为一个部件，一台机器由若干个零件和部件装配而成。机器或部件的装配图的作用有：

(1) 在新产品设计中，一般先画出机器或部件的装配图，然后根据装配图提供的总体结构和尺寸，设计并拆画零件图。

(2) 在产品制造中，装配图是制定装配工艺规程，进行装配和检验的技术依据。

(3) 在使用和维修产品时，装配图是了解产品结构，正确使用、调试、维修产品的重要依据。

二、装配图的内容

一张完整的装配图应具有下列内容(参见图 12 - 12)：

(1) 一组图形。一组表达机器或部件装配关系、工作原理以及主要零件结构形状的图形。它包括视图、剖视图、断面图等。

(2) 必要的尺寸。装配图中的尺寸一般只标注机器或部件的规格(性能)、装配、安装、外形、极限位置等方面的尺寸。

(3) 技术要求。用文字或符号说明机器或部件在装配、调试、检验、包装和使用等方面应达到的要求。

(4) 标题栏和零件的序号、明细表。标题栏主要填写机器或部件的名称、图号、绘图比例及有关人员的签名等。序号将装配图中各组成件按一定顺序编号。在标题栏上方画出明细表，用来填写零件的序号、代号、名称、数量、材料、附注等。

12.2 装配图的表达方法

装配图和零件图的表达方法基本相同，所以前面所介绍的零件图的各种表达方法，如视图、剖视、断面、简化画法等，都适用于装配图的表达。但装配图的表达对象、要求和作用均不同于零件图，装配图表达的对象是机器或部件整体，要求表达清楚各组成件间的装配关系和工作原理，其作用是指导装配、调试、维修、保养等；而零件图表达的对象是单个零件，要求表达清楚结构形状及大小，其作用是指导零件的生产，所以装配图在表达方法上又有其特殊之处。学习时应注意如何根据整个机器或部件的特点来考虑最适当的表达方法，特别重要的是选择好装配图的主视图，因为主视图既影响装配关系和工作原理表达，又影响到整个装配图的布局，它的选择恰当与否对读图将产生非常重要的影响。

一、主视图的选择

1. 投射方向的选择

主视图应是表达装配关系和工作原理最清楚的视图，根据这个原则就可以确定主视图的投射方向。

图 12-1 所表示的是能够吸进或排出液体的一种手动阀门——手压阀。手压阀的装配关系主要有手柄与阀体的销连接，锁紧螺母、调节螺母与阀体的内外螺纹旋合，阀杆与锁紧螺母的中心重合，弹簧装配等。手压阀的工作原理是阀杆上的锥面与阀体上的锥面脱离与接触，可实现阀体上出入口的通与不通。手柄压下时，出入口(左、右两边)相通；手柄抬起时，出入口不通。手压阀的结构特点是采用手压阀杆的弹簧装置实现其功能。观察结果，以 *A* 向作为主视图投射方向，装配关系和工作原理表达得最清楚。若选择 *B* 向，则进出口位置反映不清楚，工作原理表达不明确。因此，*B* 向不宜作为主视图投射方向，而 *A* 向可作为主视图的投射方向。

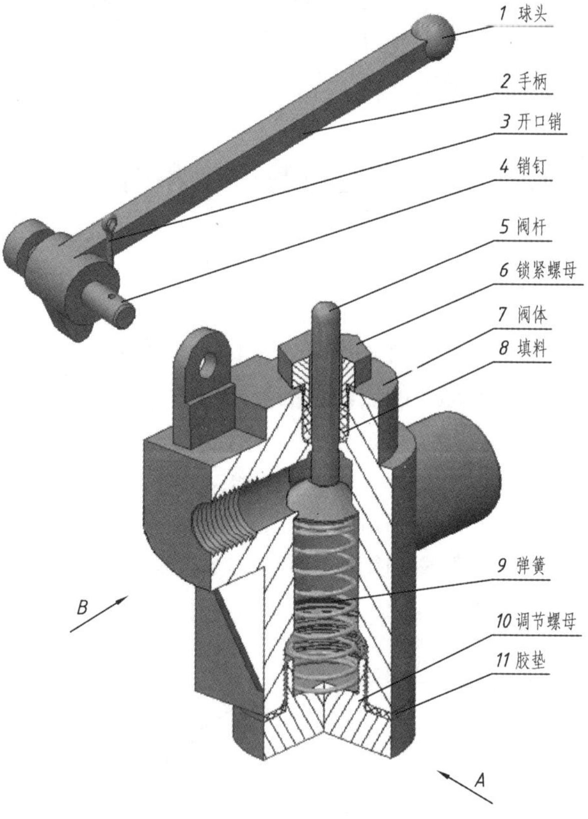

图 12-1 手压阀

图 12-2(*a*)为正滑动轴承，它是为满足轴承工作性能和装配时定位所采用的一个部件。其结构特点为多处圆柱面和平面相结合；在轴承盖 5 与轴承座 1 之间有 2 mm 的间隙，

以便压紧轴瓦 2 和 4；为了使结构和工艺合理，在轴承盖 5 和轴承座 1 上设有多处凸台和凹槽，以减少加工面；油杯 8 和上轴瓦 4 圆孔表面的润滑槽是供轴承在工作时润滑用的。正滑动轴承的装配关系主要有上、下轴瓦的表面接触和端面平齐，轴承盖与轴承座的螺栓连接，油杯与轴承盖的内、外螺纹旋合。正滑动轴承的工作原理是上、下轴瓦构成内圆柱面以安装和支撑轴，并形成润滑系统。正滑动轴承的结构特点决定了只有 A 向才能作为主视图的投射方向，这样才能最清楚地表达出它的装配关系和工作原理等。B 向对轴承盖和轴承座之间、轴瓦与轴承盖和轴承座之间的位置和装配关系的表达均不如 A 向清楚，并且两组螺栓连接又重合在一起，故不能作为主视图的投射方向。

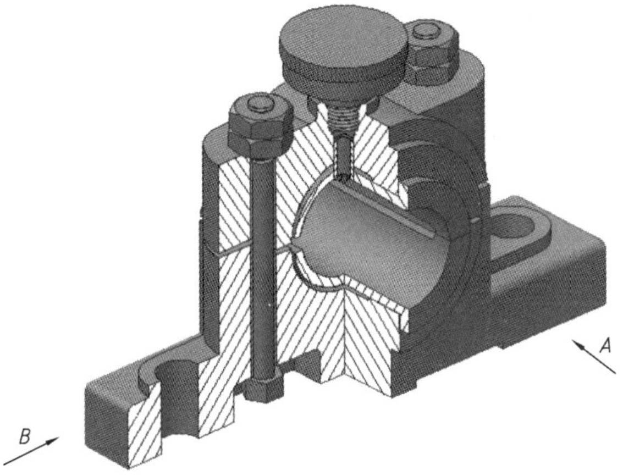

(a)

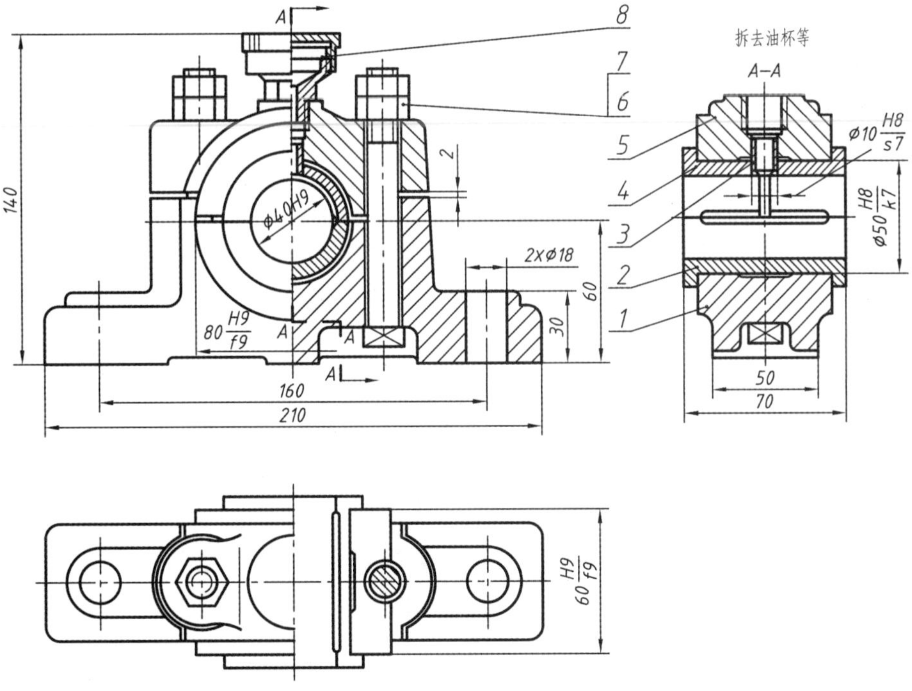

(b)

图 12 - 2　正滑动轴承

2. 安放位置的选择

主视图的投射方向确定之后，还要确定它在图纸上的安放位置。一般情况下，以机器或部件的工作位置作为它在图纸上的安放位置，如图 12－2(*b*)所示，但安放位置的选择也应考虑到便于绘制其他视图。特别是当工作位置处于倾斜状态时，应灵活掌握上述原则，可采用水平安放位置。

二、视图数目及剖视的选择

1. 视图数目的确定

主视图确定之后，还要辅以其他视图来补充表达机器或部件的装配关系和工作原理。究竟要采用多少个视图才恰当，要根据机器或部件的复杂程度而定。图 12－2(*b*)用三个视图来表达该部件，左视图补充表达部件的装配关系和工作原理，俯视图用来表达部件中主要零件的结构情况。要说明的是，装配图并不需要把每个零件的结构形状都表达清楚，要弄清每个零件的结构形状，可以看它们的零件图。

2. 剖视的选择

由于装配图主要用于表达组成件间的装配关系，因而剖视是最常用的表达方法。

图 12－2(*b*)中，主视图采用半剖视以表达部件的装配关系和内、外结构形状(部件左右、前后接近对称)。左视图如果考虑螺母形状，则对称中心线上有螺母的轮廓线，故只能作局部剖视；如果不考虑螺母形状或拆去螺母、油杯，则可采用半剖或阶梯剖(图中为阶梯剖)。

图 12－1 手压阀因前后接近对称，所以可采用前后对称面作为剖切平面将主视图剖开，画出全剖的主视图；左视图上部采用局部剖视以表达出销钉、开口销和手柄与阀体的销连接装配关系；俯视图则主要表达部件外形。

三、规定画法

1. 零件接触面和配合面的画法

在装配图中，相邻零件的接触面只画一条线；同一基本尺寸互相配合的两零件，其配合面也画成一条线，如图 12－3 所示。而非接触面和非配合面，即使间隙很小，也要画出两条线，以表示间隙。

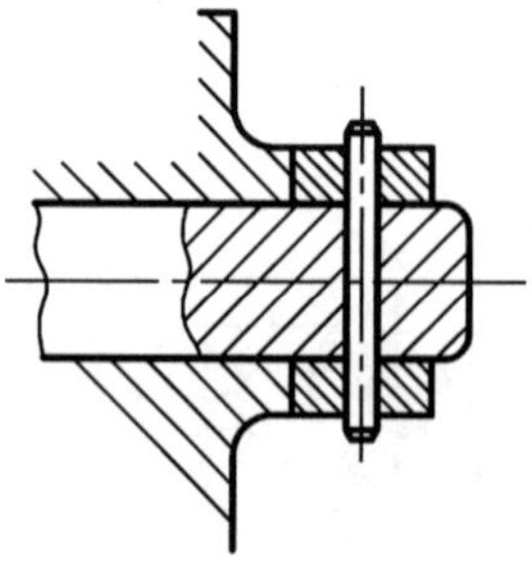

图 12－3 两零件接触面画一条线

2. 剖面线的画法

在装配图中，相邻零件的剖面线，其倾斜方向应相反，或方向一致而间隔不等，如图 12－3 所示。

同一个零件在各视图中的剖面线均应方向相同，间隔相等。

在剖视或断面图中，当被剖切的图形面积较大时，允许只沿周边轮廓画出剖面线，如图 12－3 所示。

在剖视或断面图中，宽度在 2 mm 以下的剖面，允许以涂黑代替剖面符号，如图 12－4 所示。

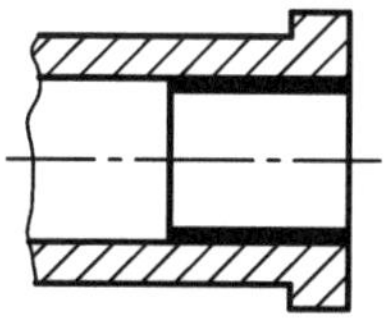

图 12－4 宽度在 2 mm 以下的剖面，允许以涂黑代替剖面符号

当两邻接剖面均需涂黑时，两剖面之间应留出空隙，如图 12－5 所示。

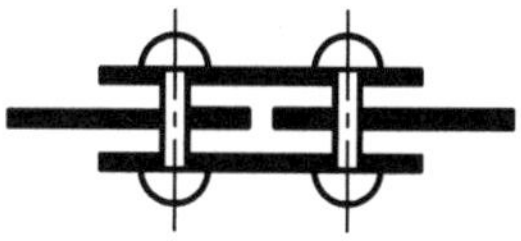

图 12－5 均需涂黑的两邻接剖面之间应留出空隙

在剖视图中，若剖切平面通过实心杆件和紧固件的轴线，则这些零件均按不剖绘制，如图 12－3 和图 12－6 所示。

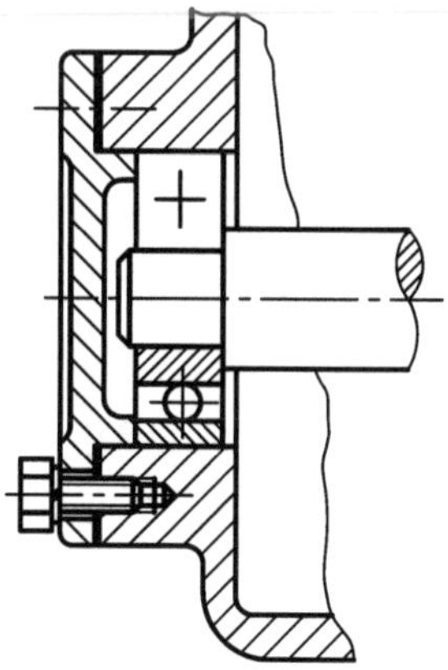

图 12－6 简化画法

四、特殊表达方法

1. 拆卸画法和沿结合面剖切的画法

在装配图的视图上常有一个(或几个)零件遮住部件的内部构造及其他零件的情况，若

需要表达这些被遮挡的部分，则可以假想将遮挡零件拆卸后绘制视图，这种表达方法称为拆卸画法。拆卸画法一般不加标注，如需说明，可以标注“拆去××等”，如图 12 - 2(*b*)中的左视图。

在装配图上，为了表达机器或部件内腔中零件间的相对位置和结构形状，可以假想沿某些零件的结合面进行剖切，如图 12 - 2(*b*)中的俯视图就是沿轴承盖与轴承座的结合面剖切后画出来的。

2. 简化画法

(1) 装配图中的螺栓、螺钉、螺母等零件允许简化表示，如图 12 - 2(*b*)中的螺栓头部及螺母。

(2) 若干相同的零件组，如螺纹连接件等，可以详细地画出一组或几组，其余只用细点画线表示其位置即可，如图 12 - 6 中的螺钉连接。

(3) 在装配图中，对滚动轴承，允许用规定画法画出一半，而另一半可只画轮廓，内部用粗十字线表示，如图 12 - 6 所示。

(4) 在装配图中，零件的倒角、圆角等工艺结构可省略不画。

3. 运动件的画法

在装配图中如需要表示运动件的极限位置，可将零件画在它的一个极限位置，而另一极限位置用细双点画线表示。

4. 夸大画法

在装配图上，绘制直径或厚度小于 2 mm 的孔或薄片以及很小的间隙或锥度等，可不按其实际尺寸而夸大画出。

12.3 装配图的尺寸标注及技术要求

一、装配图的尺寸标注

由于装配图的作用和零件图不同，因而标注的尺寸和零件图也不相同，它不需要标注每个零件的全部尺寸，只需标出下列几种必要的尺寸。

1. 规格尺寸

规格(性能)尺寸是表示产品或部件的性能或规格的尺寸，它是设计和选用机器或部件的主要依据，如轴承部件的轴孔直径或泵的通道直径等。如图 12 - 1 中的液体进出口尺寸和图 12 - 2(*b*)中的 $\phi40H9$。

2. 装配尺寸

装配尺寸是表示组成件之间装配关系的尺寸，这类尺寸又可分为以下三种。

(1) 配合尺寸：用以说明零件之间配合性质的尺寸，如图 12 - 2(*b*)中的 $\phi50\,\frac{H8}{k7}$、$\phi10\,\frac{H8}{s7}$、$60\,\frac{H9}{f9}$、$80\,\frac{H9}{f9}$ 等。

(2) 装配位置尺寸：用以表示组成件间重要的相对位置的尺寸，如图 12 - 2(*b*)中的

"2"表示装配时在轴承盖与轴承座间应留有 2 mm 的间隙，以便压紧轴瓦。

(3) 装配连接尺寸：用以表示各组成件之间的主要连接的尺寸。

3. 安装尺寸

安装尺寸是说明机器或部件安装在其他结构上所必需的尺寸，如图 12－2(*b*)中的 160 和 2×ϕ18 表示安装正滑动轴承的孔的位置和大小。

4. 外形尺寸

外形尺寸是机器或部件的总长、总宽和总高尺寸，它反映了机器或部件所占空间的大小，为其安装、包装、运输等提供数据，如图 12－2(*b*)中的 210、140、70 等。

5. 极限位置尺寸

极限位置尺寸是表示运动零件活动范围的尺寸(如图 12－13 中的 165～195)。

上述 5 类尺寸，不一定在每一张装配图上都必须具备，有时一个尺寸会兼有多种意义。在装配图上标注尺寸时，必须根据机器或部件的特点来确定。

二、装配图的技术要求

在装配图中，有些技术上的要求和说明必须用文字来表达，这些技术要求一般有如下内容：

(1) 机器或部件的性能、安装、使用和维护的要求。

(2) 机器或部件的制造、检验的方法及要求。

(3) 机器或部件表面处理、标记等的要求。

(4) 机器或部件对润滑和密封等的特殊要求。

技术要求一般在明细表的上方或左侧用文字加以说明。

12.4　装配图中的序号、代号及其明细表

为了便于读图和图样管理，在装配图中必须对每个不同的零件或部件进行编号，并应在标题栏上方绘制和填写包括零件或部件的编号、名称、数量、材料等内容的明细表。

一、零件或部件的序号

为了便于在明细表中找到装配图上的各组成件，对装配图上的零件或部件应按顺序进行编号。

1. 一般规定

(1) 装配图中所有的零件或部件都必须编写序号。

(2) 装配图中每一种零件或部件只编写一个序号。

(3) 装配图中零件或部件的序号，应与明细表中的序号一致。

2. 序号的编排

(1) 在指引线的水平线(细实线)上或圆(细实线)内注写序号，序号字高比该装配图中所注尺寸数字高度大一号或大两号。

(2) 同一装配图中编注序号的形式应一致。

(3) 指引线应自所指部分的可见轮廓内引出，并在末端画一小圆点，如图 12 - 7(a)、(b)、(c) 所示。若所指部分(很薄的零件或涂黑的剖面)内不便画圆点，则可在指引线的末端画出箭头，并指向该部分轮廓，如图 12 - 7(d)所示。

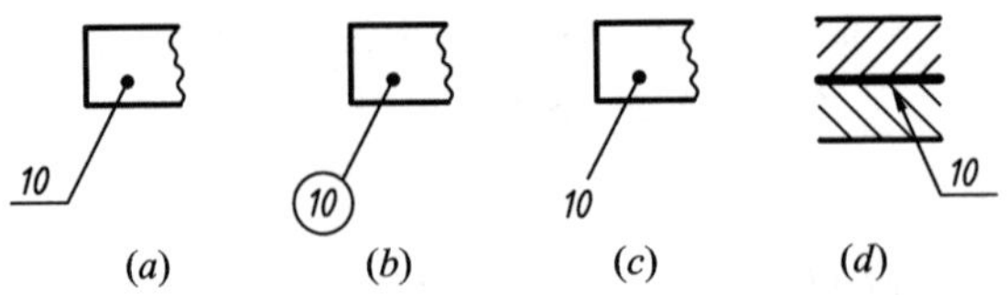

图 12 - 7　序号的标注法(一)

(4) 指引线(细实线)彼此不能相交，当它通过有剖面线的区域时，不应与剖面线平行。指引线可以画成折线，但只可曲折一次。

(5) 一组紧固件以及装配关系清楚的零件组，可以采用公共指引线，如图 12 - 8 所示。

(6) 在装配图上，序号可以按顺时针或逆时针的方向连续顺序排列。在整个图上无法连续时，可只在每个水平或垂直方向顺序排列。

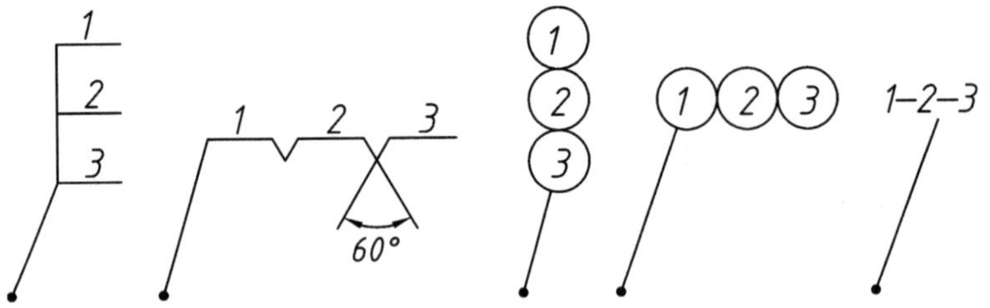

图 12 - 8　序号的标注法(二)

二、零件或部件的代号

为了便于图样的管理和查阅，应对零件或部件进行隶属编号，代号就是表明零件或部件对机器(或部件)的从属关系的编号。

(1) 在明细表的“代号”一格中，应填写零件或部件的代号。

(2) 对于标准件，在“代号”一格中应填写其标准编号(可省略年代号)。

三、明细表

由于装配图是表示机器或部件的图样，因此图上出现多个组成件时，除应有说明机器或部件的标题栏外，还应有说明各个零件或部件的明细表。明细表应包括序号、代号、名称、数量、材料、附注等项目。明细表位于标题栏上方，在“序号”一格中应自下而上顺序填写序号。

12.5 装配结构简介

在绘制装配图时，需要对装配结构有所了解，以便使零件结构尽量合理，既有利于加工、装配，又能保证产品质量。

一、减少接触面的结构

为了使两零件接触可靠，接触面积应合理地减小，因为接触面积愈大，加工面积也愈大，接触面不平直的可能性也愈大。如果合理地减小一些接触面积，例如使两零件接触面中间凹下一部分，则不但可以减少加工工时，而且可使接触可靠，如图 12 - 9 所示。

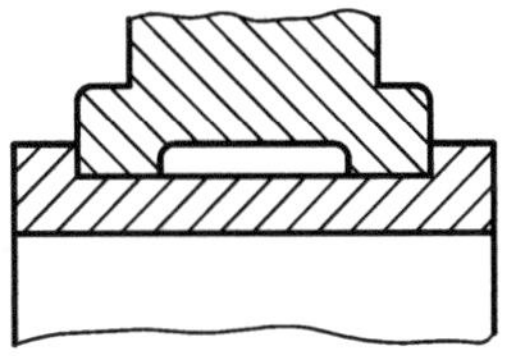

图 12 - 9　减少接触面的结构

二、接触面的数量

两零件之间，在同一方向上接触面的数量一般不得多于一对。这是因为，要使同一方向上的两对表面同时接触是很困难的，这样做不仅要严格保证各表面的加工精度，而且会给装配工作带来不便，如图 12 - 10 所示。

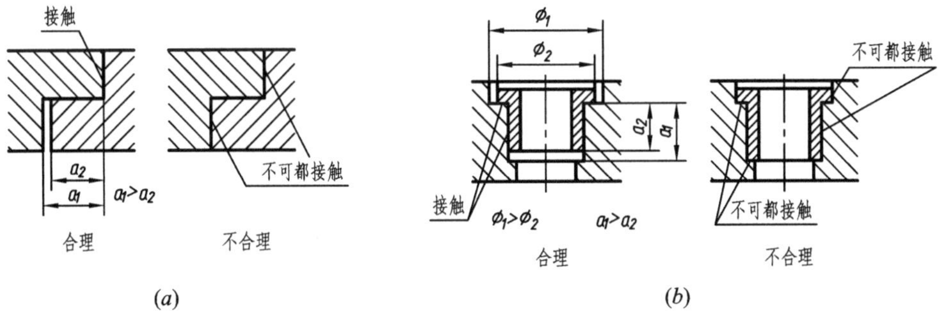

图 12 - 10　接触面的数量

三、接触面转角处的结构

两配合零件在转角处不应设计成形状和尺寸相同的倒角、圆角和尖角，否则既影响接触面之间的良好接触，又不易加工。绘图时，应参照图 12 - 11 所示的几种结构形式，使转角处留有一定的空隙，以保证两平面接触平稳、可靠。

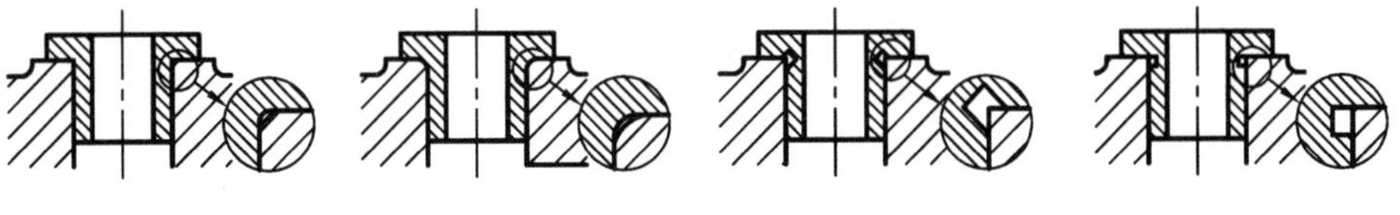

图 12 - 11　接触面转角处的结构

应该注意，在装配图中倒角、圆角及退刀槽等结构可不画出，但是由装配图拆画零件图时，上述结构必须画出。

12.6　绘制装配图

在 12.1 和 12.2 节中，对装配图的作用、内容及表达方法等已作了介绍，本节主要介绍根据部件(实物)绘制装配图的方法，即由零件图拼画装配图的方法。在画装配图之前，应测绘出部件中除标准件外的全部零件的草图，然后根据零件草图绘制零件图和装配图。下面介绍绘制装配图的具体方法，以波长计为例给出装配图的绘制步骤。

一、绘制装配图的方法

装配图的首要目的是表达机器或部件(以下称为装配体)的装配关系。装配体的装配关系是由若干个(至少两个)零件之间的基本装配关系组成的。绘制装配图前，要了解该装配体的装配线，一个装配体有一条或多条装配线。所谓装配线，简单讲就是多个零件利用基本装配关系按顺序串接而成的零件组。

零件之间的基本装配关系如本章开始所讲，其装配作图方法归纳如下：

(1) 两零件表面接触时，接触面只画一条轮廓线。

(2) 两零件端面平齐时，在其有积聚性的投影上，两零件端面的投影画在一条直线上。

(3) 两零件中心重合时，按两个零件的中心点画线重合画两零件视图。

(4) 轴孔配合时，按两零件的内外表面接触画图。

(5) 内外螺纹旋合时，遵循国标规定画法。

(6) 螺栓连接、螺钉连接、螺柱连接的装配作图，综合运用中心重合、表面接触、内外螺纹旋合等画法并结合简化画法画图。

(7) 键联结的装配作图，按轴孔配合、键与键槽的侧面及底面接触以及实心件的剖切等画法画图。

(8) 销连接的装配作图，采用剖视画法，并且销与被连接零件按轴孔配合画法画图。

(9) 齿轮啮合的装配作图，有沿轴线的剖视画法和端面视图画法，按制图标准的规定画图。

(10) 焊接的装配作图，按零件表面接触画图并在焊缝处标注焊缝符号。

(11) 铆接、胶接、弹簧装配等，其装配作图按规定进行。

装配图的画法是以基本装配关系及其作图驱动的绘图方法。绘制装配图时，首先要绘制主视图，然后按照投影关系绘制俯视图、左视图等基本视图。基本视图绘制完后，再绘制其他辅助的视图(如单个零件视图、装配断面、局部放大图等)。绘制装配图视图时，先画定位零件，所谓定位零件就是决定其他零件绘制位置的零件，与周围零件有较多装配关系的零件可作为定位零件，如壳体、支座、波长计中的波导和活塞轴等；然后依据零件间的基本装配关系及其作图按安装顺序一个一个地绘出装配线上的零件。可以画完一个零件的几个视图后，再画下一个零件，也可以集中画完装配体的一个视图，再画装配体的另一视图。在画零件视图时，要判断零件间的遮挡关系，零件被挡住部分的轮廓线不画。

二、绘制装配图的步骤

下面以波长计(图 12 - 12、图 12 - 13)为例，介绍由零件图(图 12 - 14～图 12 - 23)拼画装配图的绘制步骤。其中，绘制装配图时用到的零件视图和尺寸，取自于各零件的零件图和标准件的国标规定。

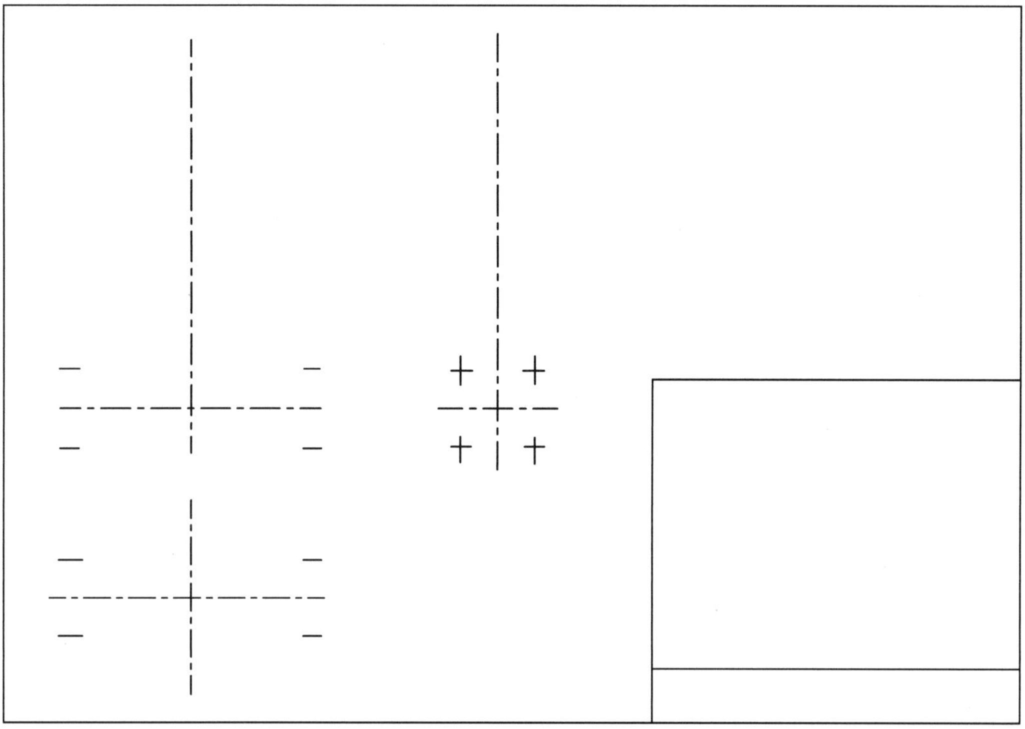

(*a*)

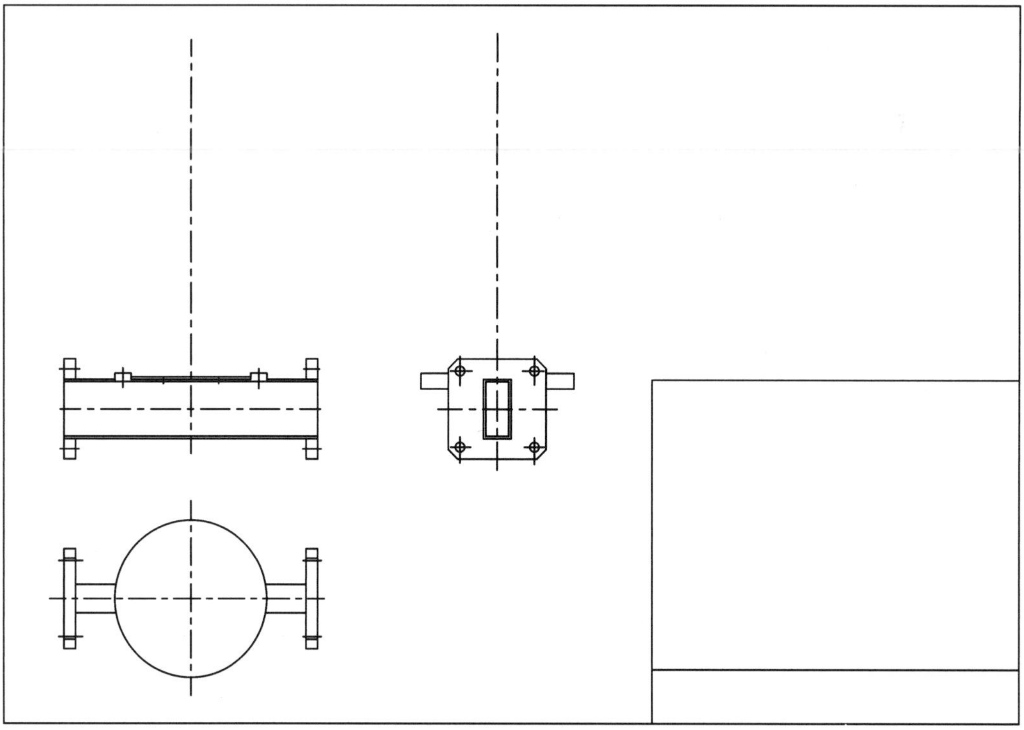

(*b*)

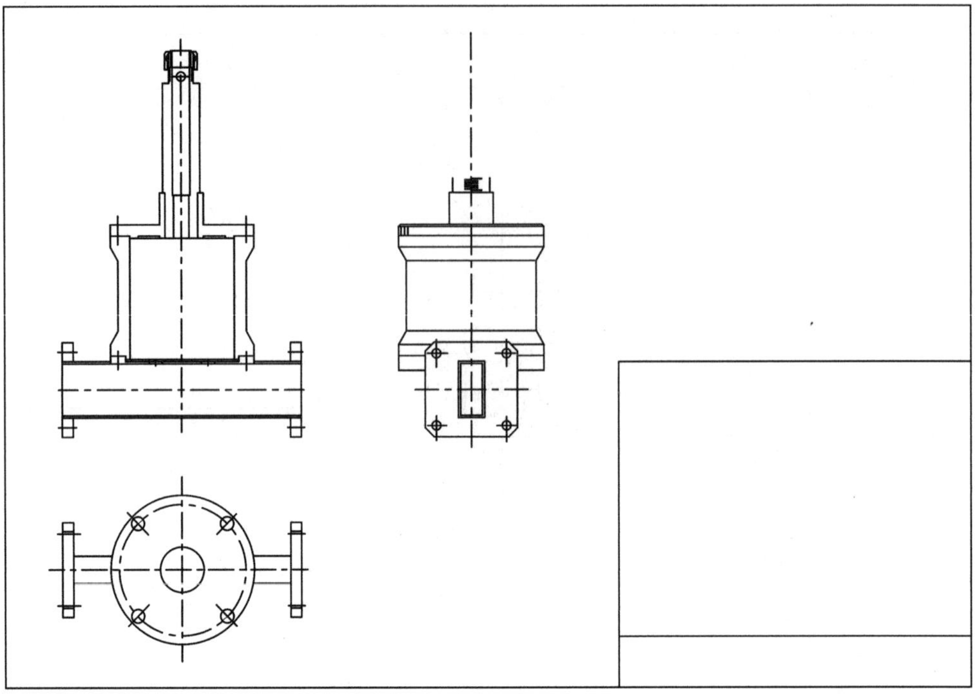

(*c*)

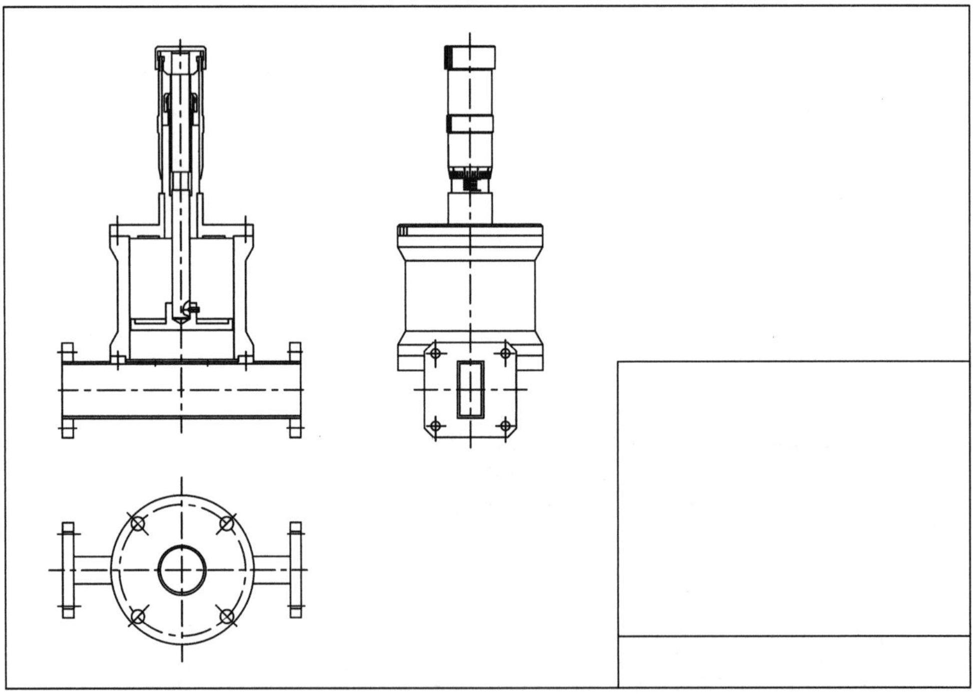

(*d*)

图 12－12 波长计装配图的主要绘制过程

(*a*) 画出各视图的主要轴线、对称中心线；(*b*) 绘制波导组合的三个视图(俯视图中被腔盖遮挡的部分不画)；(*c*) 绘制外装配线(俯视图及左视图中被螺盖、刻度套遮挡的部分不画)；(*d*) 绘制内装配线

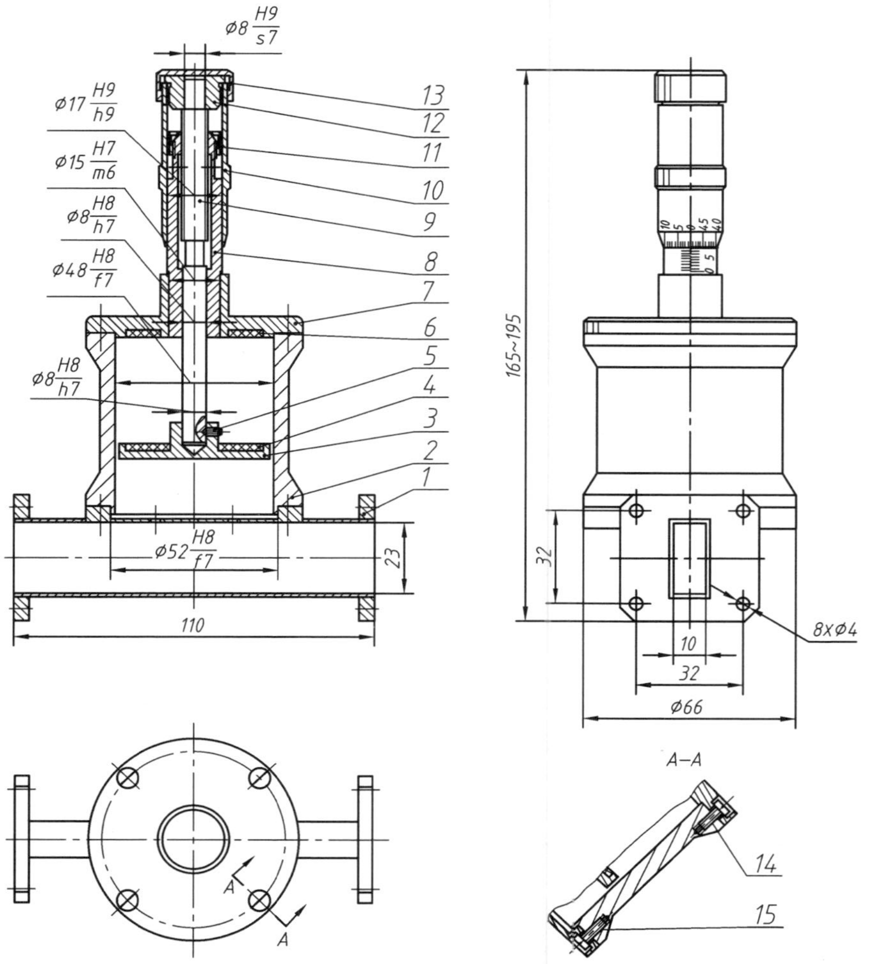

技术要求

1. 两法兰盘端面的平行度不大于0.015;
2. 两法兰盘端面与波导内壁的垂直度不大于0.02;
3. 腔体内壁、波导内壁及活塞镀银，装配后腔体外表及波导组合外表(除法兰盘端面外)涂灰漆;
4. 波导组合采用银钎焊;
5. 两法兰盘端面的平行度不大于0.012(-)。

15	GB/T 67	螺钉M3X10	4	Q235—A	
14	GB/T 67	螺钉M3X8	4	Q235—A	
13	JX00—12	螺 盖	1	Q235—A	
12	JX00—11	轴 套	1	Q235—A	
11	JX00—10	锁紧螺母	1	Q235—A	
10	JX00—9	刻度套	1	HPb59—1	
9	JX00—8	活塞轴	1	45	
8	JX00—7	刻度轴	1	QBe2	
7	JX00—6	腔 盖	1	2A12	
6	JX00—5	吸收片	1	石 墨	
5	GB/T 71	螺钉M6X12	1	Q235—A	
4	JX00—4	吸收片	1	石 墨	
3	JX00—3	活 塞	1	2A12	
2	JX00—2	腔 体	1	2A12	
1	JX00—1	波导组合	1	H62	
序号	代 号	名 称	数量	材料	附注
设计		波长计		JX00	
校对				比例	数量
审核				(校名)	班

图12-13 波长计装配图

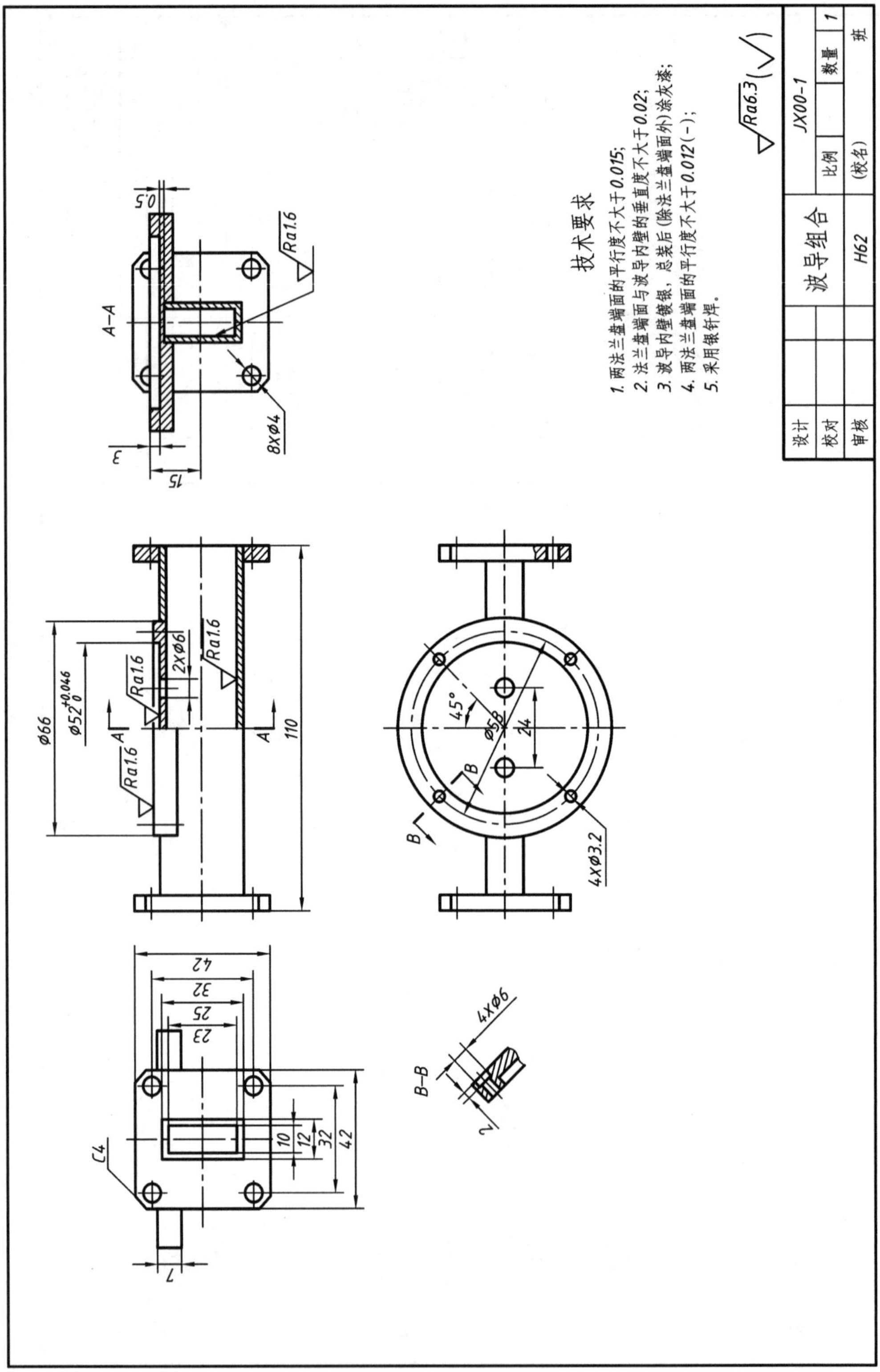
技术要求
1. 两法兰盘端面的平行度不大于0.015;
2. 法兰盘端面与波导内壁的垂直度不大于0.02;
3. 波导内壁镀银，总装后(除法兰盘端面外)涂灰漆;
4. 两法兰盘端面的平行度不大于0.012(-);
5. 采用银钎焊。
Ra6.3
A-A
B-B
Ra1.6
8XΦ4
4XΦ3.2
4XΦ6
2XΦ6
Φ66
Φ52 +0.046 0
Φ58
110
45°
24
C4
42
32
25
23
10
12
7
15
3
0.5
波导组合
JX00-1
比例
数量
1
H62
(校名)
班
设计
校对
审核

图12-14 波导组合图

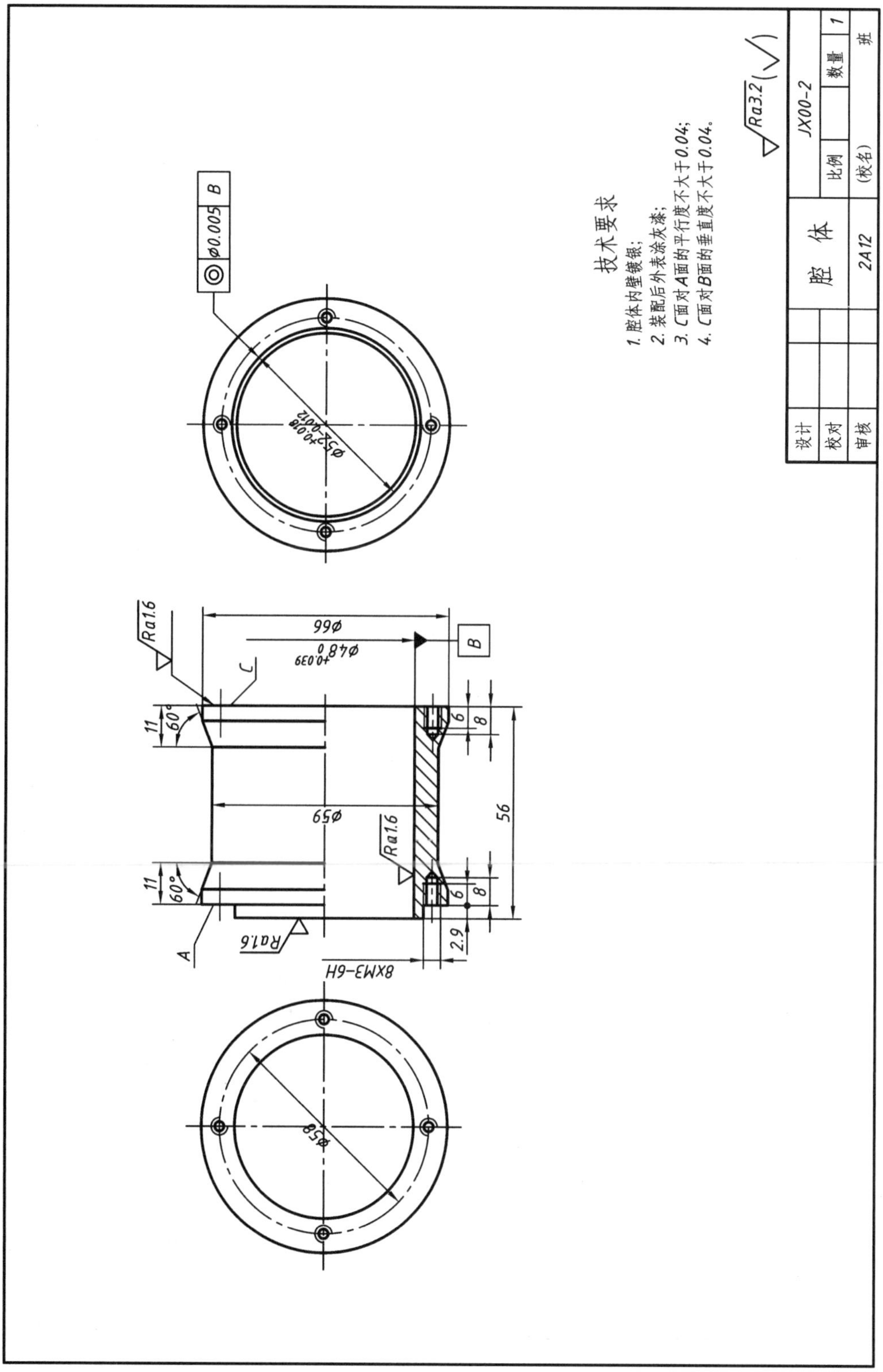
技术要求
1. 腔体内壁镀银；
2. 装配后外表涂灰漆；
3. C面对A面的平行度不大于0.04；
4. C面对B面的垂直度不大于0.04。
Ra3.2
Ra1.6
Ø66
Ø59
Ø58
56
8XM3-6H
60°
11
2.9
Ø0.005
A
B
C
腔 体
JX00-2
比例
数量
1
2A12
(校名)
班
设计
校对
审核

图12-15 腔体零件图

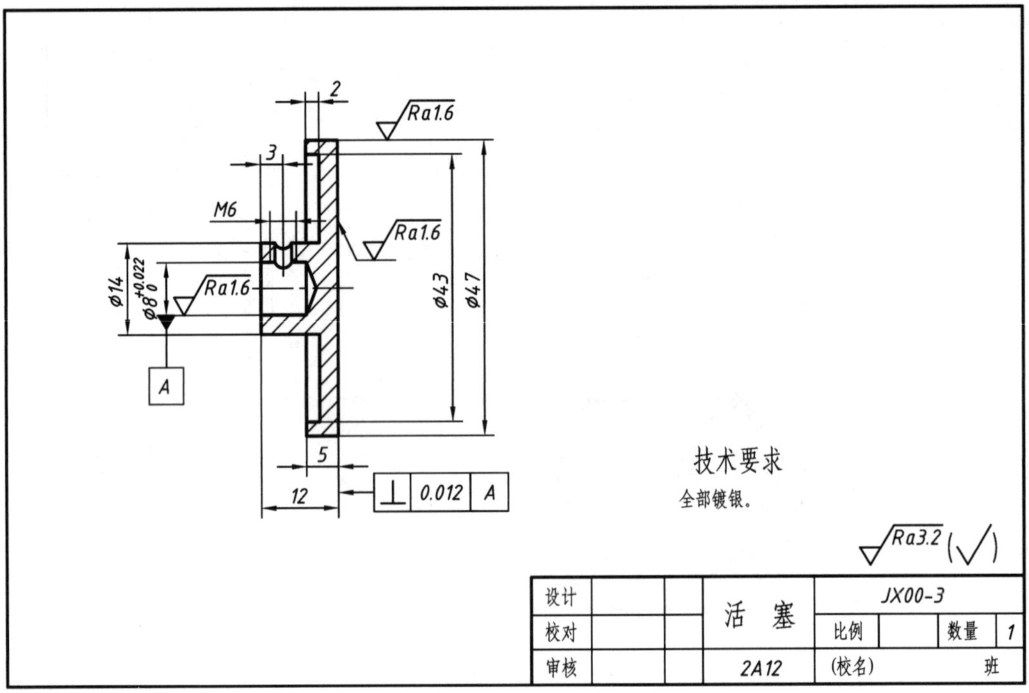

图 12－16　活塞零件图

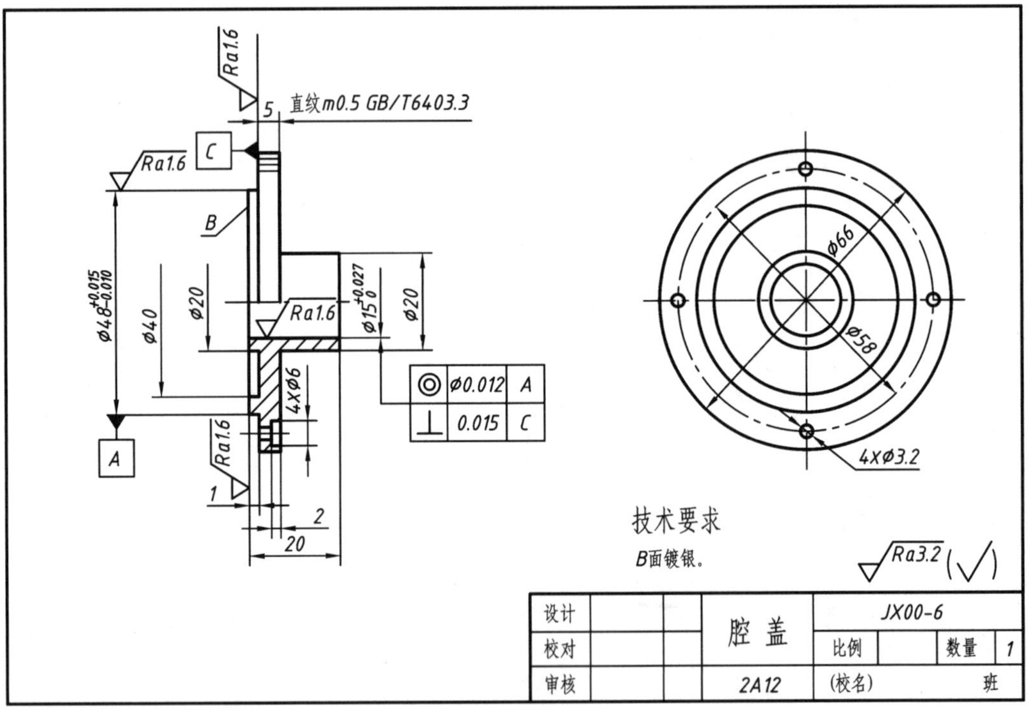

图 12－17　腔盖零件图

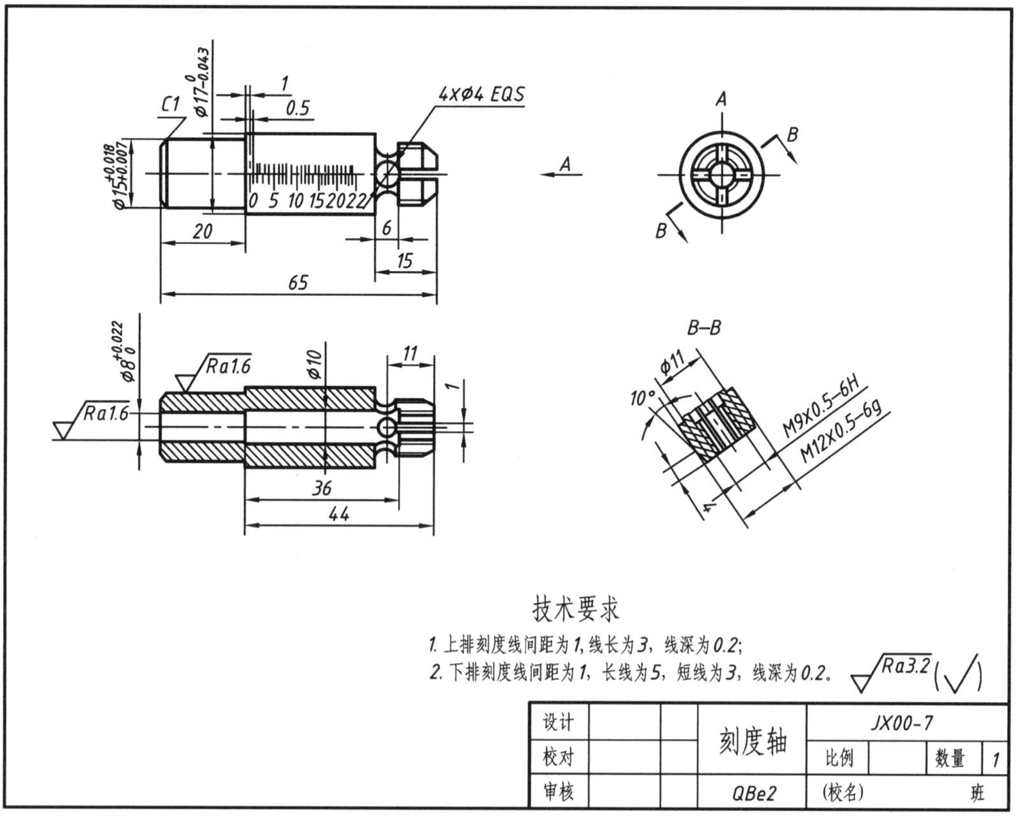

图 12 - 18 刻度轴零件图

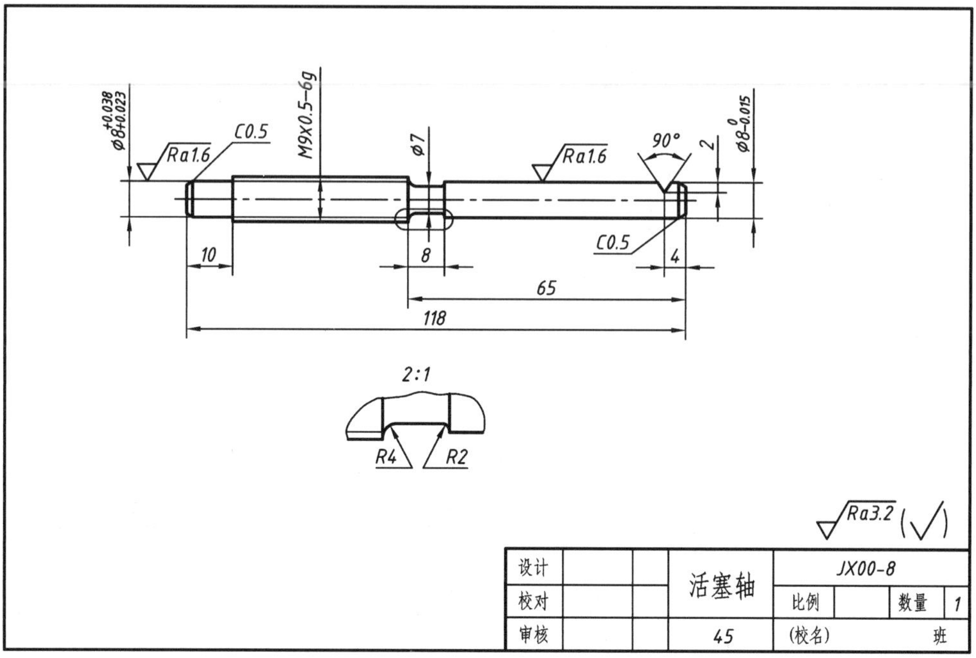

图 12 - 19 活塞轴零件图

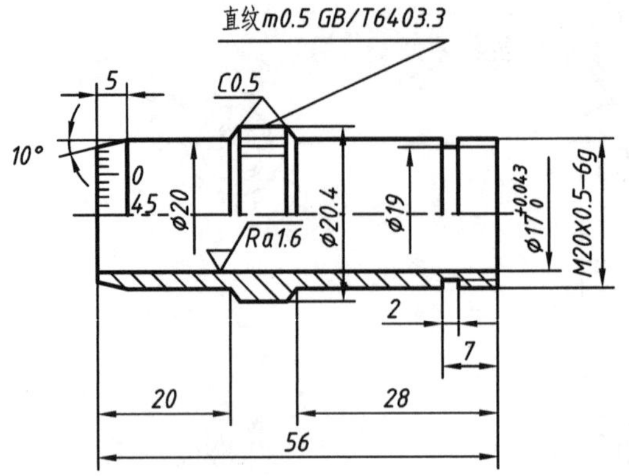

技术要求

1. Ø20.4为滚花前尺寸;
2. 刻度长线为5，短线为3，深0.2;
3. 千分尺刻度等分圆周50等分。

Ra3.2 (√)

设计			刻度套	JX00-9		
校对				比例	数量	1
审核			HPb59-1	(校名)		班

图 12-20 刻度套零件图

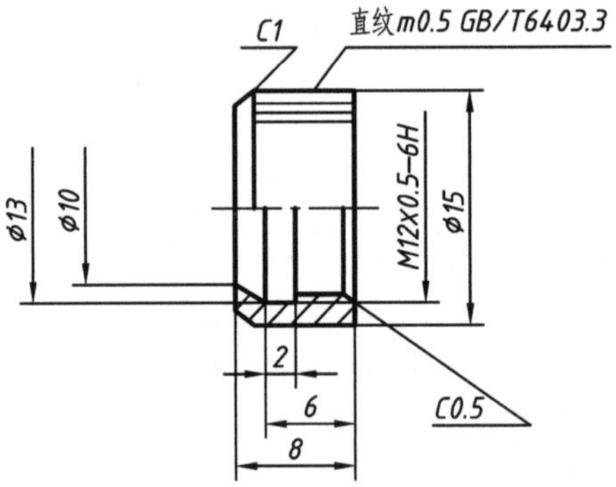

Ra6.3 (√)

设计			锁紧螺母	JX00-10		
校对				比例	数量	1
审核			Q235-A	(校名)		班

图 12-21 锁紧螺母零件图

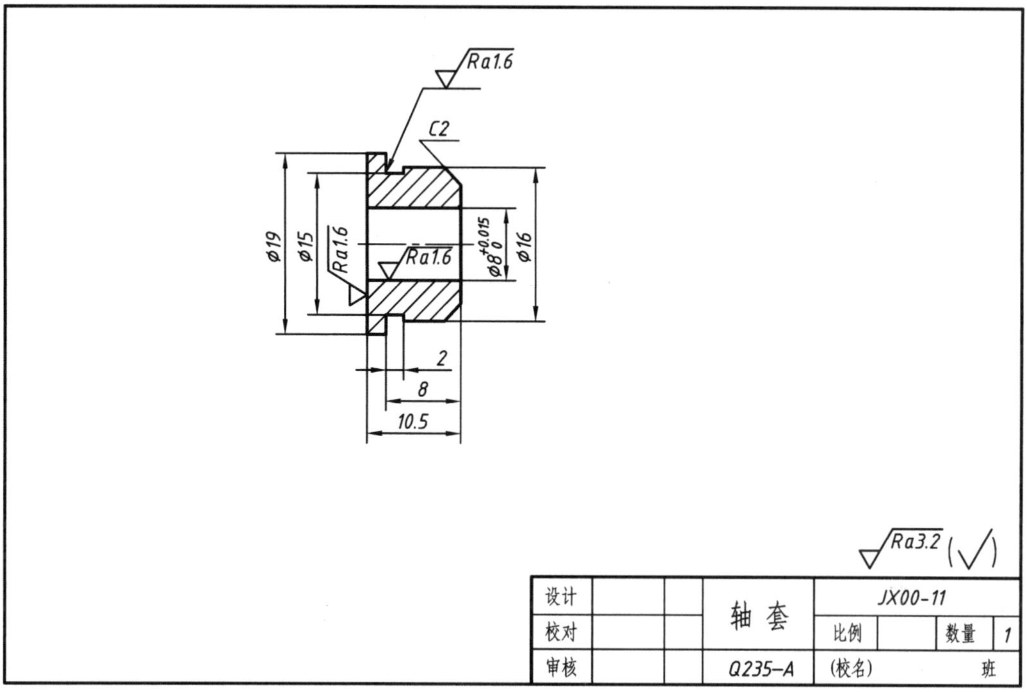

图 12－22　轴套零件图

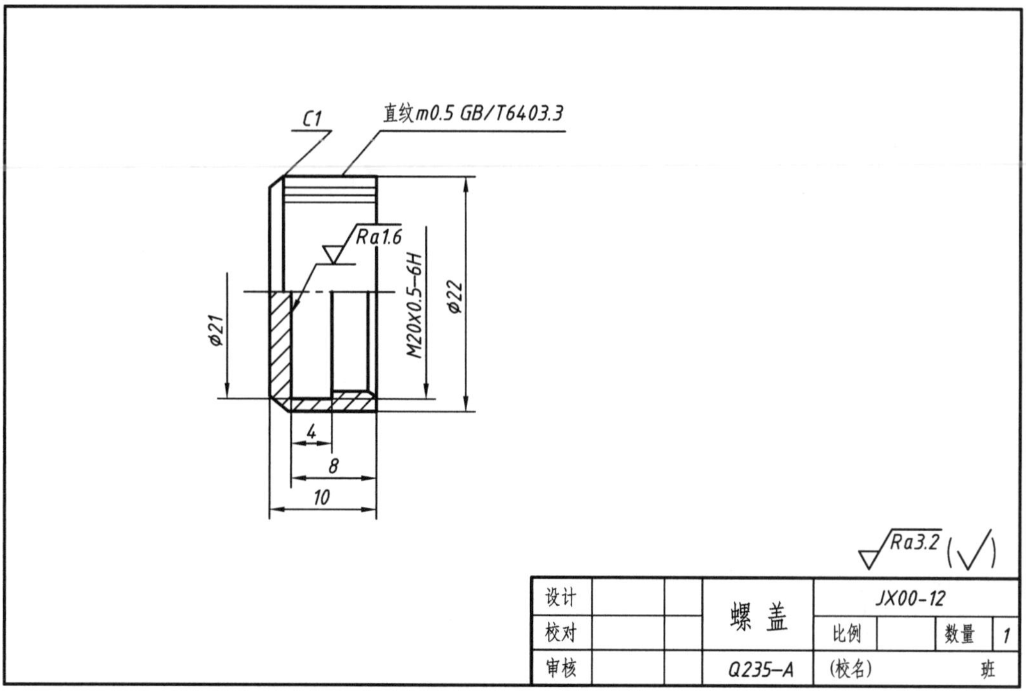

图 12－23　螺盖零件图

1. 概括了解

在绘制装配图之前，应先了解该部件的工作原理、装配关系及结构特点等。例如，波长计(图 12－13)是安装在传输线上用来测量微波信号源工作波长的一种微波器件。转动刻度套，即可改变活塞在谐振腔内的位置。当微波信号源工作波长与波长计主腔谐振时，波长计主腔吸收能量大增，使测量线内传输的能量骤减，因而可以根据测量线传输能量最小来确定波长计主腔对微波信号源工作波长的谐振，而从波长计主腔的谐振波长读出微波信号源的工作波长。

通过分析，波长计的装配线有 4 条，如表 12－1 所示。外装配线：从定位零件波导组合开始，然后向上依次是腔体→螺钉→腔盖(包括吸收片)→螺钉→刻度轴→锁紧螺母。内装配线：从定位零件活塞轴开始，向上依次是轴套→螺盖→刻度套，向下是活塞(包括吸收片)→紧定螺钉。内、外装配线的关联装配线：刻度轴→活塞轴，刻度轴→刻度套。组件即波导组合，从更细化的角度看，包括波导、法兰盘和圆盘三个零件。具体的两个零件之间基本装配关系如表 12－1 所示，这是装配图绘制的重要基础。

表 12－1　波长计的装配线及零部件之间基本装配关系分析

装配线	装配线顺序	定位零件	两个零件之间的基本装配关系	
			零件	装配关系
外装配线	波导组合→腔体→螺钉→腔盖(包括吸收片)→螺钉→刻度轴→锁紧螺母	波导组合	波导组合与腔体	轴孔配合(间隙配合)、表面接触、螺钉连接
			腔体与腔盖	轴孔配合(间隙配合)、表面接触、螺钉连接
			腔盖与吸收片(吸收片压制而成)	表面接触、端面平齐
			腔盖与刻度轴	轴孔配合(过渡配合)、端面平齐
			刻度轴与锁紧螺母	内外螺纹旋合
内装配线	向上：活塞轴→轴套→螺盖→刻度套 向下：活塞轴→活塞(包括吸收片)→紧定螺钉	活塞轴	活塞轴与轴套	轴孔配合(过渡配合)、表面接触
			轴套与螺盖	表面接触、中心重合
			螺盖与刻度套	内外螺纹旋合
			刻度套与轴套	表面接触
			活塞轴与活塞	轴孔配合(间隙配合)、螺钉连接
			活塞与吸收片(吸收片压制而成)	表面接触、端面平齐
内、外装配线的关联装配线	刻度轴→活塞轴，刻度轴→刻度套	刻度轴	刻度轴与活塞轴	内外螺纹旋合、轴孔配合(间隙配合)
			刻度轴与刻度套	轴孔配合(间隙配合)
组件(波导组合)	波导→法兰盘，波导→圆盘	波导	波导与法兰盘	表面接触、端面平齐、焊接
			波导与圆盘	表面接触、焊接

波长计运动状况比较简单，其结构应满足电性能的要求。例如，谐振腔及波导内壁镀银是为了减少腔壁损耗；活塞上的吸收片是为了吸收后腔能量，以免后腔谐振干扰主腔工作，即所谓后腔效应。再如，耦合孔的位置应有利于在谐振腔内激励起所指定的电磁场形式，而抑制掉不希望出现的其他电磁场形式，使腔体只能在一种电磁场形式下谐振，以便波长计刻度与波长关系单一化；耦合孔的大小应有利于主腔谐振时所需电磁波的分配比例，只有分配到腔体内的电磁波的比例恰当，才能使谐振容易；波导管及法兰盘都是原电子工业部部颁标准件，而波导截面几何尺寸与波长有关。

2. 选择视图

首先应该选择好主视图。如 12.2 节所述，主视图应该是装配关系和工作原理表达得最清楚的那个视图。在图 12－13 中，波长计的大部分零件都是沿轴线装拆的回转体零件，所以选择轴线铅垂、波导组合长边侧垂方向作为主视图，并取全剖视。

其他视图用来补充表达装配关系、工作原理和结构特点，视图数目及剖视的选择完全服从于主视图的需要。因此，波长计除全剖视的主视图外，还要用两个基本视图：俯视图表达波长计的外形、腔体和腔盖的连接方式及螺钉连接的分布情况；左视图除表达波长计的外形之外，还表达部分零件(波导组合件)的外部结构特征，以及波导截面形状。*A*－*A* 剖视表达波导组合与腔体的连接情况，同时表明上下连接螺钉处于相对应的位置。

3. 确定比例、图幅

根据选好的视图数目确定图形的比例。在保证图形足够清晰的前提下，应尽可能采用 1∶1 的比例，或者根据需要采用放大或缩小的比例。

图形比例确定之后，即可根据各视图的外形尺寸，视图与视图、视图与图框线间的必要间隔，明细表和标题栏的位置等来确定图幅大小。

4. 视图布置和绘制

前面所述均是画图前的准备工作，具体绘制装配图的过程介绍如下。

1）画图框线，留出标题栏和明细表位置，布置视图

图框线、标题栏和明细表要遵循国家标准及有关规定。先画出各视图的主要轴线、对称中心线，合理地布置视图。如图 12－12(*a*)所示，对波长计而言，先画出主视图上波导的长边方向水平对称中心线(侧垂线)，使主视图定位；再画出左视图上波长计的回转轴线，使左视图定位；最后画俯视图前后对称中心线，使俯视图定位。这一步将直接影响视图的总体布局，但要注意为标注尺寸、序号和注写技术要求留有足够的地方。

2）画底稿

画装配图比画零件图复杂，底稿画法很重要，对画图速度和质量有很大影响。

一般先从主视图画起，然后按投影关系画其他视图，但也可按具体情况先画其他视图，如图 12－13 所示的波长计就是从俯视图开始画的。

其次，在画零件的先后顺序上，为了使图中每个零件表示在正确的位置，并尽可能少画一些不必要的线条，可围绕部件的装配线进行绘制。围绕波长计的装配线画图为：

① 画组件波导组合的底图。先画俯视图的外轮廓(从大圆入手)，再画左视图的主要部分，最后画主视图，如图 12-12(*b*)所示。

② 在波导组合的基础上绘制外装配线和内装配线上零件的主视图、左视图和俯视图。

首先绘制波长计的外装配线，以波导组合为定位零件，按表 12-1 分析的基本装配关系对应的装配作图方法，依次绘制腔体、腔盖(吸收片)、刻度轴以及锁紧螺母的视图，如图 12-12(*c*)所示；其次绘制内装配线，先确定定位零件活塞轴的旋合位置(如可取在活塞轴的外螺纹长度的三分之一到一半的位置)，然后按表 12-1 分析的基本装配关系对应的装配作图方法，依次绘制活塞轴、轴套、螺盖、刻度套以及活塞、吸收片和紧定螺钉的视图，如图 12-12(*d*)所示。在绘制内装配线时，要注意其与外装配线关联部分的装配作图，如活塞轴与刻度轴装配时采用内外螺纹旋合、轴孔配合，刻度套与刻度轴采用轴孔配合。

在表达外形的视图中，应从大的或主要的零件着手画视图。如有运动零件，还应考虑它的极限位置。

③ 绘制 $A-A$ 斜剖视图(见图 12-13)，用以补充表达外装配线上腔体与腔盖、腔体与波导组合的圆盘采用螺钉连接的装配情况。

④ 检查错误，包括结构形状和尺寸、装配关系、装配画法以及投影关系。

⑤ 以零件为单位逐个画出剖视零件的剖面符号(实心杆件和紧固件除外)，标出装配图必要的尺寸，如图 12-13 所示。

3) 检查、加深图线，填写标题栏和明细表，书写技术要求，完成装配图

首先全面检查底稿，从视图到尺寸标注全面检查，自查后请校对者帮助进一步检查并改正错误，以保证加深图线的正确。加深图线时先加深圆和圆弧，然后按方向加深直线段。最后填写明细表和标题栏中各项内容，书写技术要求并签名。一张完整的装配图如图 12-13 所示。

12.7 读装配图及拆画零件图

在设计和生产中，需要经常读装配图，以便进行产品设计或装配、拆卸机器或部件。技术交流时，也常常要从装配图中了解机器或部件的用途、工作原理、结构等。因此，工程技术人员应具备熟练阅读装配图的能力。

一、读装配图的要求

读装配图就是把机器或部件的图样读懂，熟悉机器或部件结构、性能和工作原理，为设计制造新产品以及改进旧产品打下基础。读图要求如下：

(1) 了解机器及部件的用途、性能和工作原理。

(2) 了解各零件之间的装配关系。

(3) 了解每个零件的用途及其结构形状等。

二、读装配图的方法和步骤

1. 概括了解，分析视图

（1）阅读标题栏中的名称和比例，并结合图中所注写的几个主要尺寸，了解机器及部件的用途和总体的大小；阅读明细表中的零件名称、数量，并结合图中表示的主要零件的形状，大致可以看出机器或部件的繁简程度；通过技术说明书等有关资料，有条件时还可拆装类似机器或部件及询问设计者等了解机器或部件的工作原理、性能和精密程度。

（2）分析机器或部件所采用的各种表达方法，明确各视图的作用。因为主视图通常是表达装配关系和工作原理最清楚的视图，所以应该首先找出，从而较快地确定其他视图、剖视的关系，分析出机器或部件所采用的表达方法和各视图的作用。

2. 深入分析，详细了解机器或部件的装配关系、工作原理和主要零件的结构形状

（1）分析工作原理时，可以从动力源入手，按作用系统一步步地分析。

（2）详细了解主要支承件间的装配关系，弄清它们的主要结构。

（3）分析零件形状往往涉及与其有关的相邻零件之间的关系，因此读装配图时不能只孤立地看一个零件。

深入分析视图和各零件的作用时，对有些标准件和形状简单的零件以及与其他零件的装配关系读懂以后，可以在明细表上作出标记，很快转向其余零件的阅读。

分析零件通常从主要支承件(如阀体、机座等)开始，接着分析运动件(如阀杆、轴、轮等)，然后分析其他零件。

分析零件的形状时(尤其对较复杂的铸件)，仍应运用“几个视图联系起来读图”的方法，以剖面线方向和间隔的不同来区分零件轮廓。

当零件上有些结构没有在图上全部表达清楚时，可根据零件的作用及加工方法进行判断。例如，零件上的加工面多为圆柱面和平面，铸件的未加工外表面多具有与内表面相似以及壁厚均匀的特点等。对于装配图上省略或简化的一些结构要素(如倒角、倒圆、圆角及退刀槽等)，虽然图中未表达清楚，但亦可以根据对零件的分析来决定。

3. 归纳总结，全面读懂装配图

详细阅读装配图之后，可通过归纳总结以下几个问题，全面读懂装配图：

（1）机器或部件的工作原理。

（2）装配图中各视图的作用。

（3）零件间的基本装配关系及零件的拆装顺序。

（4）装配图上每个尺寸所属的种类。

（5）各主要零件的形状。

三、拆画零件图的方法和步骤

在读懂装配图的基础上，可根据装配图拆画零件图。拆画零件图时，要按照零件图的要求，完成视图、尺寸标注等全部内容。拆画零件图是检验是否读懂装配图的重要

依据。

拆画零件图的步骤如下：

(1) 读装配图，分离出所要绘制的零件。

(2) 确定视图表达方案，画出零件视图。

(3) 补全零件的结构。

(4) 标注尺寸及公差。

(5) 确定表面结构的粗糙度等级，并标注表面结构代号。

(6) 填写技术要求等。

(7) 校核后加深图线。

拆画零件图时应注意以下几个问题：

(1) 结构形状处理：拆图应从设计、制造来考虑问题，使拆画出的零件图达到设计和工艺的要求。装配图上未表达清楚的零件的内部结构、工艺结构(如倒角，退刀槽、圆角)等均应补画。

(2) 视图选择：视图表达方法应根据零件的结构形状、加工位置或工作位置统一考虑，不一定与装配图 ·致。

(3) 尺寸标注：凡是在装配图上已标注出的与该零件有关的尺寸，直接标注在零件图上。在明细表中给定了的尺寸，如弹簧尺寸、垫片厚度等，要按给定尺寸注写。对于配合尺寸，应根据配合代号将相应的公差带代号分配到对应的零件尺寸上。零件上的标准结构如螺纹、键槽、退刀槽和沉孔等，其尺寸应在查标准的表格后，选用标准值标注。零件图上有的尺寸需通过计算方可标注，如齿轮的分度圆和齿顶圆的直径尺寸。其他尺寸均按在装配图上按绘图比例量取的数值经过圆整和取标准化数值后标注。

(4) 技术要求：零件上各表面的粗糙度数值是根据其作用和要求确定的。一般接触面与配合面的粗糙度数值 Ra 应较小，自由表面的粗糙度数值 Ra 一般较大，但是有密封、耐蚀、美观等要求的表面，应光滑，其粗糙度数值 Ra 要小。零件图上技术要求是加工零件的依据，将直接影响零件的加工质量和使用要求，一般可通过查阅有关手册或参考其他同类产品的图样来加以确定。

四、读装配图举例(见图 12 - 24)

(1) 从标题栏中看出该装配图所表示的部件是截止阀，它是控制流体导通或切断的装置。由比例可知，实物大小与图大小相同；由明细表中可知，截止阀由 15 种零件组成，主要零件是阀体 1、阀杆 11、上阀门 3、下阀门 6 及下阀座 7 等。为保证切断或导通可靠，采用了密封装置和螺纹连接，整个部件结构比较简单。主视图(全剖视)主要用来表达部件的装配关系和工作原理；俯视图采用 $A-A$ 半剖视表达部件及主要零件阀体 1 的内外结构形状；B 向局部视图表达了阀体 1 的 B 向外形。

(2) 由截止阀的有关说明可知，当阀杆 11 顺时针旋转时，上阀门 3 开启，即阀杆、上阀门向上移动，可见阀杆与阀体的螺纹连接属左旋螺纹，此时流体通过；当阀杆 11 逆时针旋转时，阀杆和上阀门 3 向下移动，阀门关闭，流体停止流动。上阀门 3 上铆有橡胶板，起密封作用。整个部件的上部和下部均采用了可靠的橡胶密封，下部下阀座 7 与阀体 1 间采用螺柱紧固连接，以保证压紧下阀门 6。

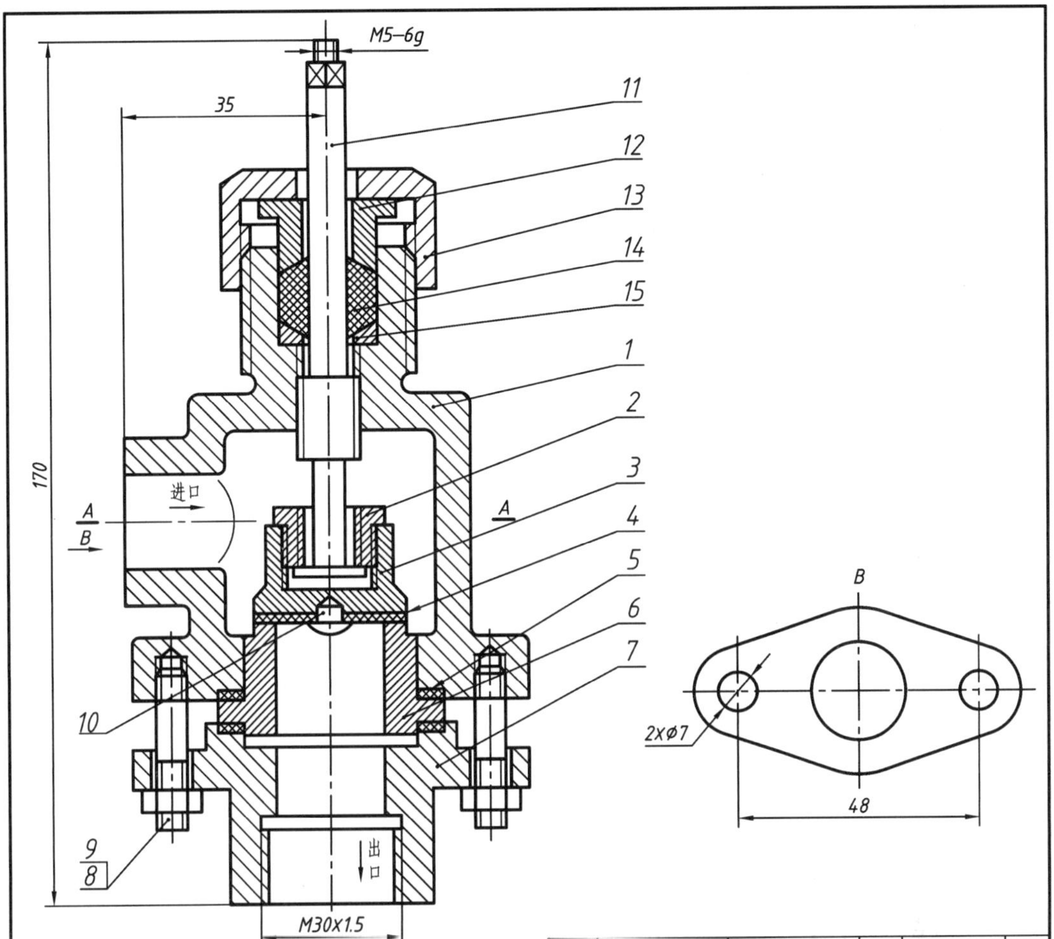

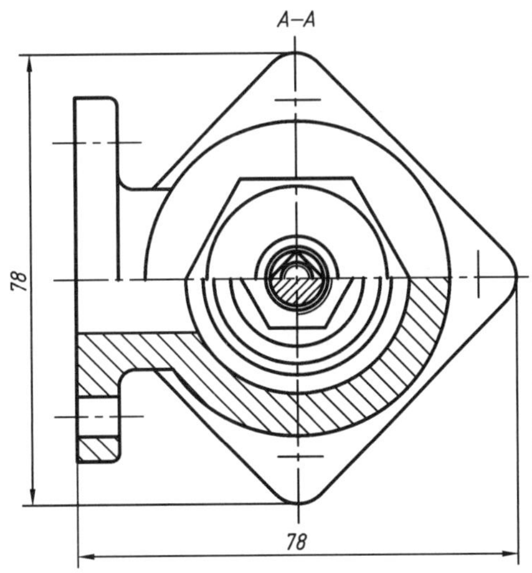

序号	代 号	名 称	数量	材料	附注
15	DC–02–12	垫 圈	1	20	
14	DC–02–11	填 料	1	石 棉	
13	DC–02–10	螺 母	1	45	
12	DC–02–09	填料压盖	1	20	
11	DC–02–08	阀 杆	1	45	
10	GB/T 867	铆 钉	1	2A11	
9	GB/T 6178	螺母M5	4	Q235–A	
8	GB/T 898	螺柱M5X25	4	Q235–A	
7	DC–02–07	下阀座	1	HT150	
6	DC–02–06	下阀门	1	ZCuZn38	
5	DC–02–05	密封垫	1	SEL–4–13	
4	DC–02–04	密封垫	1	SEL–4–13	
3	DC–02–03	上阀门	1	45	
2	DC–02–02	螺 母	1	ZCuZn38	
1	DC–02–01	阀 体	1	HT150	

设计			截止阀	DC–02			
校对				比例	1:1	数量	1
审核							

图 12 – 24 截止阀装配图

(3) 由截止阀的工作原理可得出各零件的作用，结合视图、剖视等可确定出各零件的形状，并按照拆画零件图的方法和步骤完成零件图。例如，阀体 1 是截止阀的关键零件，通过对其结构、尺寸、技术要求等分析后，拆画的零件图如图 12 - 25 所示。

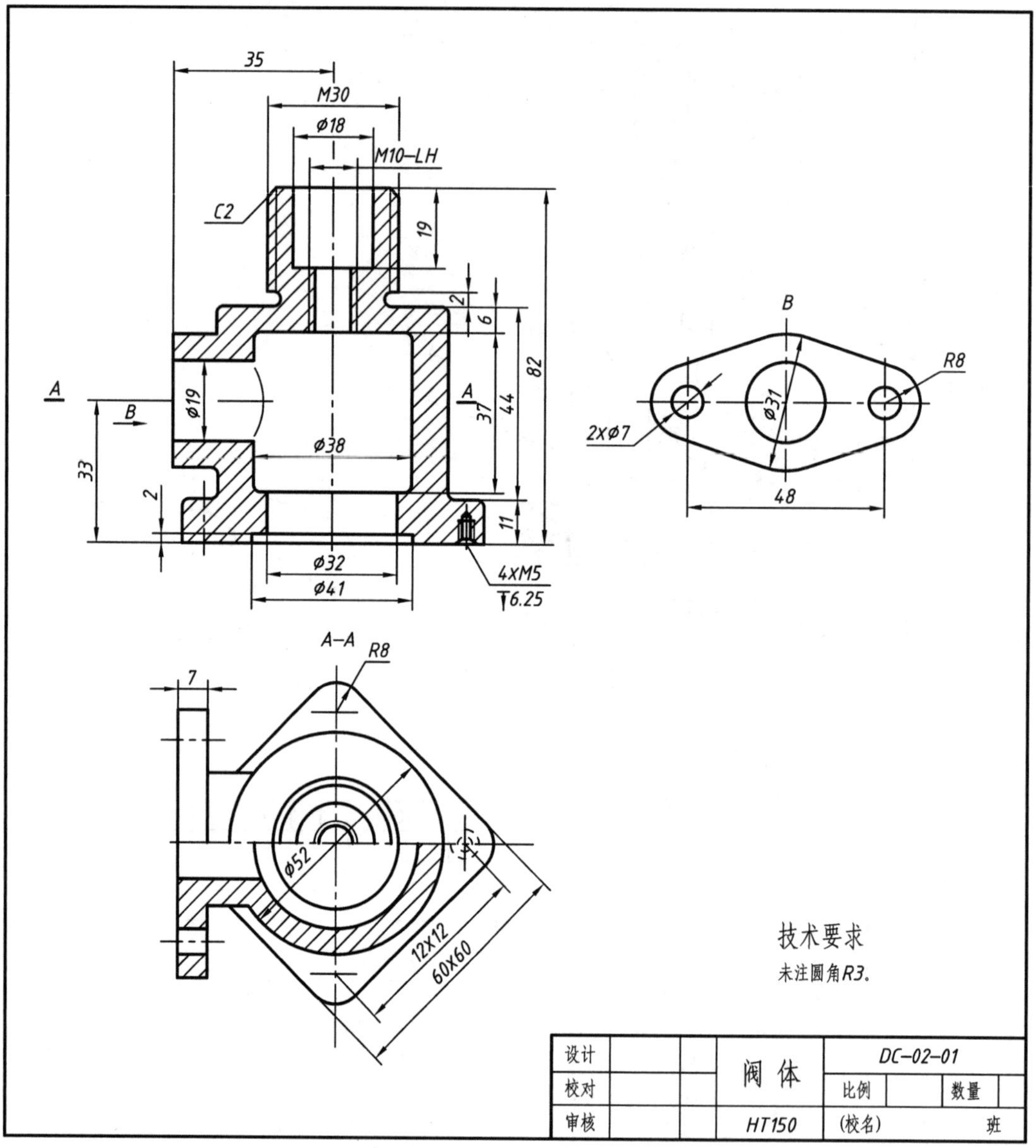

图 12 - 25　阀体零件图

(4) 归纳总结，全面读懂装配图。

13

第13章　电子设备图

随着电子工业的飞速发展，电子设备广泛应用于各个领域。虽然电子产品种类很多，结构差别也很大，但设计和生产电子设备所使用的图样，在表达方法上与机械图样基本相同，当然，也有其自身的特点。

一般电子设备的主体是焊装了许多电子元、器件的印制电路板，印制电路板又被一些连接件固定在底板上，安装在机箱内。若如实按投影绘制电子设备图，必然会使视图上线条大量重叠、互相遮挡，表示不清，而且也无必要，为此在电子设备图中大量采用符号表达法和简化画法。我们常见的电原理图、接线图、印制电路板图、部件装配图、总装图等几乎都是这样绘制的。在绘图时，不仅要遵守国标《技术制图》有关规定，还应贯彻GB/T 6988.1—2008、GB/T 21654—2008中电气制图的内容，作为绘图的依据。

由于电子设备图涉及到的专业知识较多，而作图又不甚复杂，因此本章只在绘图方面作些介绍，并摘编一些常用资料供参考。

下面以电缆故障检测仪中的定点仪为例，介绍有关图样的特点和画法。

13.1　电原理图

电原理图主要是由代表各种元、器件的图形符号和连接导线组成的。这种图只说明电路的工作原理，并不表示设备的具体结构，它是产品设计、电路分析、维护修理所必需的技术资料。图13-1是定点仪的电原理图。

绘制电原理图总的要求是：布置均匀、条理清楚。绘制时通常应注意下列问题：

(1) 电路的布置应使输入端在左，输出端在右。

(2) 表示元、器件的图形符号，应按GB/T 4728.1～13中电气简图用图形符号的有关规定绘制。在图形符号的上方或左方，应标出代表元、器件的文字符号或位号。对于简单的电原理图可直接注明元件数据，一般需另行编制元件目录表。元件目录表应按图上该元件的位号分类逐项填写。GB/T 4728.1～13广泛适用于电子、电工和电信行业中电气图纸的绘制和技术文件的编制。表13-1和表13-2是从中摘录的一些常用图形符号，以供参考。

(3) 元、器件图形符号间的电路用细实线绘制，尽量画成水平或垂直，避免倾斜和弯曲，折弯处应为直角。线路相交处应画成黑圆点。导线之间应保持一定距离，不要画得太密。

(4) 当几个元件接到一根公共零位线上时，各元件的中心应平齐。

(5) 在实际工作中，为了提高绘图速度，常使用如图13-2所示的电气图绘图模板绘制电原理图。

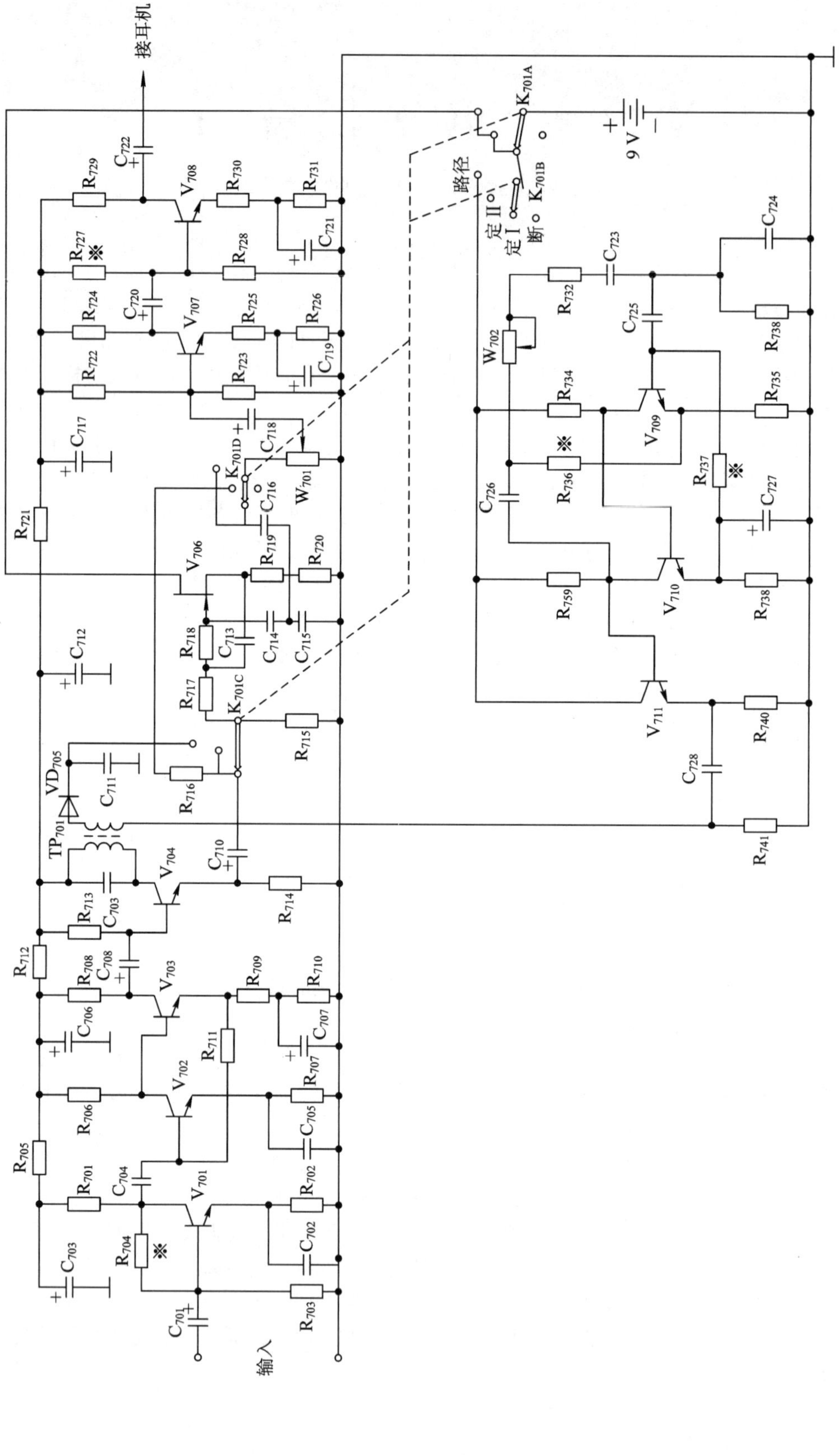

图 13－1 定点仪的电原理图

表 13-1　常用电子元、器件图形符号

名　称	外　形	文字符号	符号及画法
电　阻		R	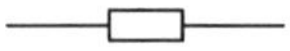
可变电阻(电位器)		R_P	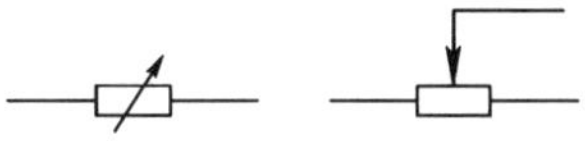
电　容	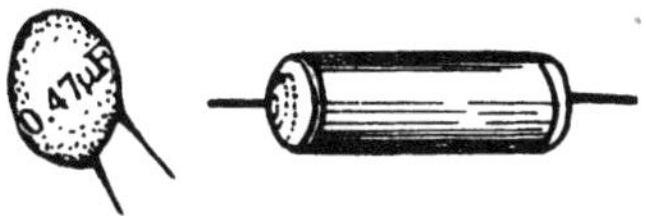	C	
电解电容		C	
可调电容	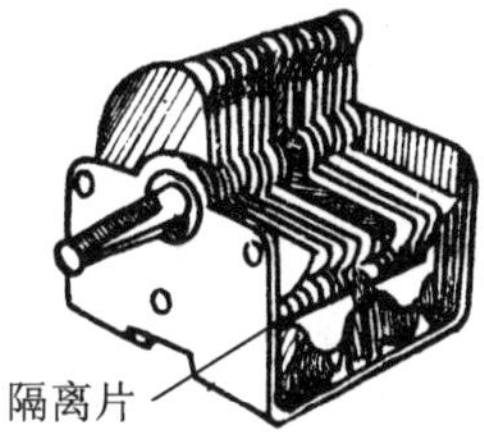	C	 单调 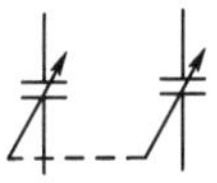 双调
晶体二极管		V	
晶体三极管(P—N—P)		V	
晶体三极管(N—P—N)		V	
电子管	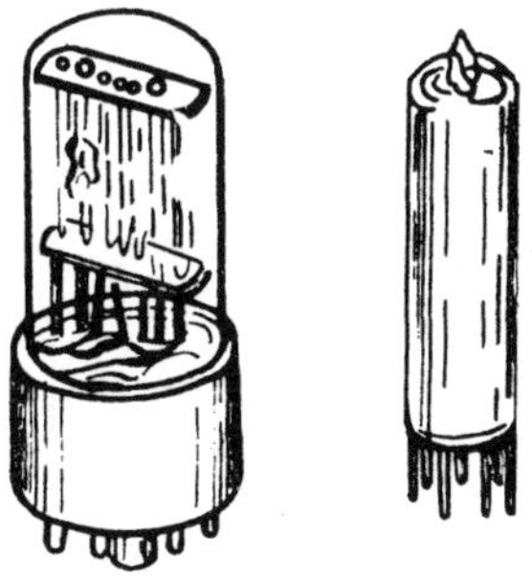	V_E	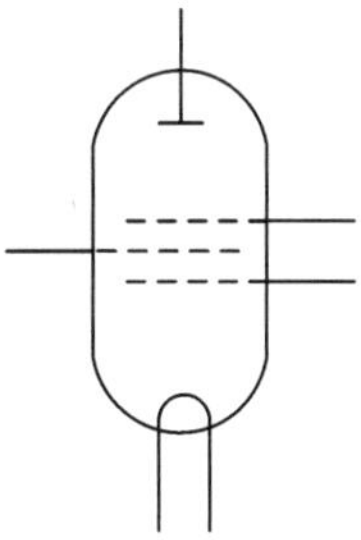

表 13－2　其他部分元、器件图形符号

 交流电	 导线的连接	 插头和插座	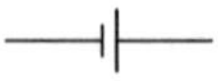 电池
 天线	 接地	 接机壳	 熔断器
 信号灯	 扬声器	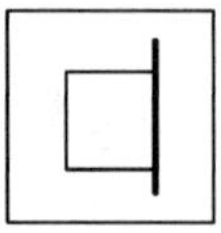 监听器	 避雷器
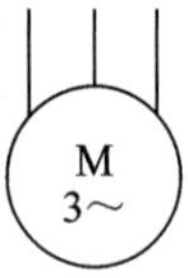 三相鼠笼式异步电动机	 或  电感器、电抗器	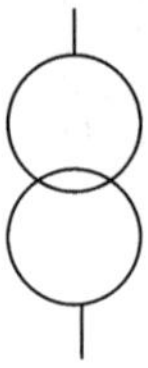 或 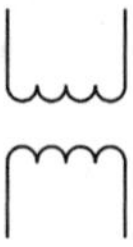 双绕组变压器	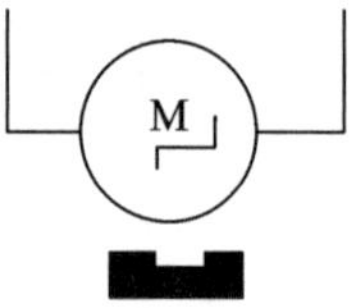 永磁步进电动机
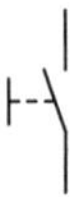 手动开关	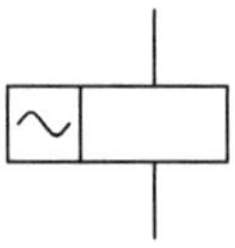 交流继电器线圈	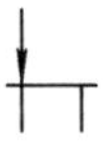 N型场效应管	 P型场效应管
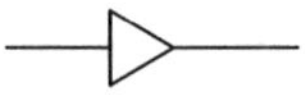 放大器	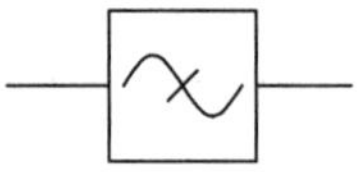 滤波器	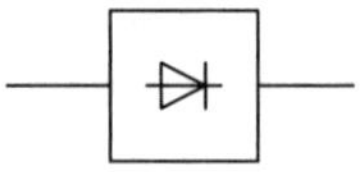 检波器	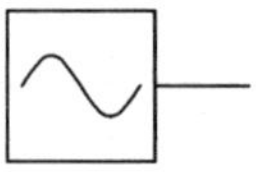 振荡器
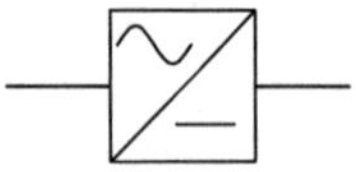 整流器	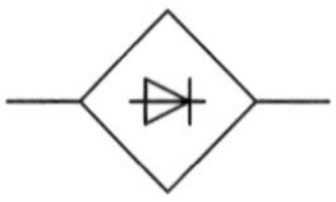 桥式全波整流器	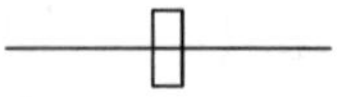 矩形波导	 光纤、光缆

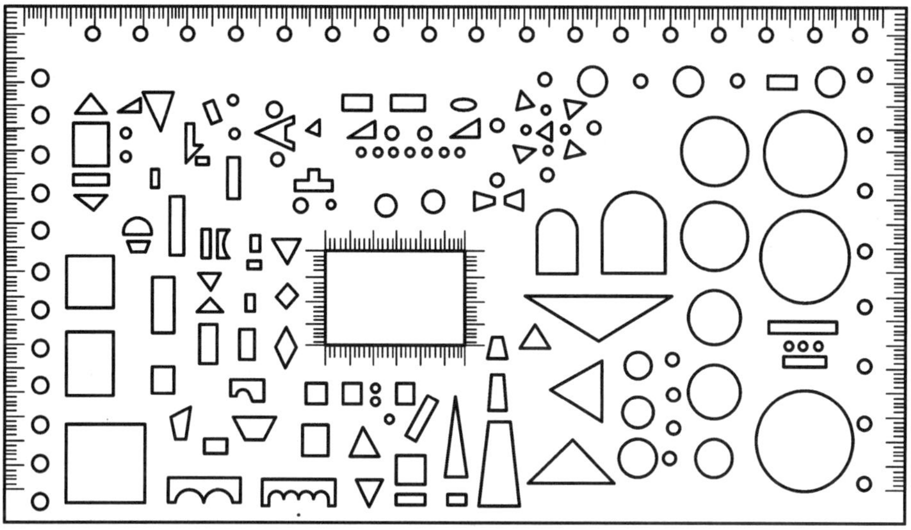

图 13 - 2　电气图绘图模板

13.2 接　线　图

接线图是表示产品内部各元、器件相对位置关系和导线实际连接情况的略图，是产品生产检验、维修时使用的图样。图 13 - 3 是定点仪面板接线图。

对简单的整件可以不必单独画出接线图，而把接线关系直接画在装配图上。

绘制接线图的方法和要求是：

(1) 元、器件的位置和外形尺寸应按比例绘制，元、器件的图形可以简化或用图形符号代替，与接线无关的固定件或元件可省略不画。

(2) 导线一般用细实线绘制，由若干根导线组成的线扎部分(干线)用粗实线表示。在导线与干线的交接处应画成小圆弧或 45°斜线，以表示导线走向(可参阅线扎图)。

(3) 导线和各接线端子均应编号，通常在接线图中附一接线表，表内填写各导线编号、颜色、规格、长度及两端应连接处等内容。在图 13 - 3 中采用了直接注写式，略去了接线表。

与接线图和接线表有关的国标是 GB/T 4884—1985《绝缘导线的标记》和 GB/T 4026—2019《人机界面标志标识的基本方法和安全规则　设备端子、导体终端和导体的标识》。

13.3 线　扎　图

线扎图是表示多根导线用绑扎或黏合等方法相联结的图样，如图 13 - 4 所示。

线扎图的绘制有结构方式和图例方式两种，图 13 - 4 是按结构方式绘制的。线扎的主干和分支均用双线轮廓绘制，始端和末端的单根导线用粗实线绘制，电缆线按实物外形绘制，绑扎处用细实线绘制。图例方式要简单些，主干、分支、单线均用粗实线表示。

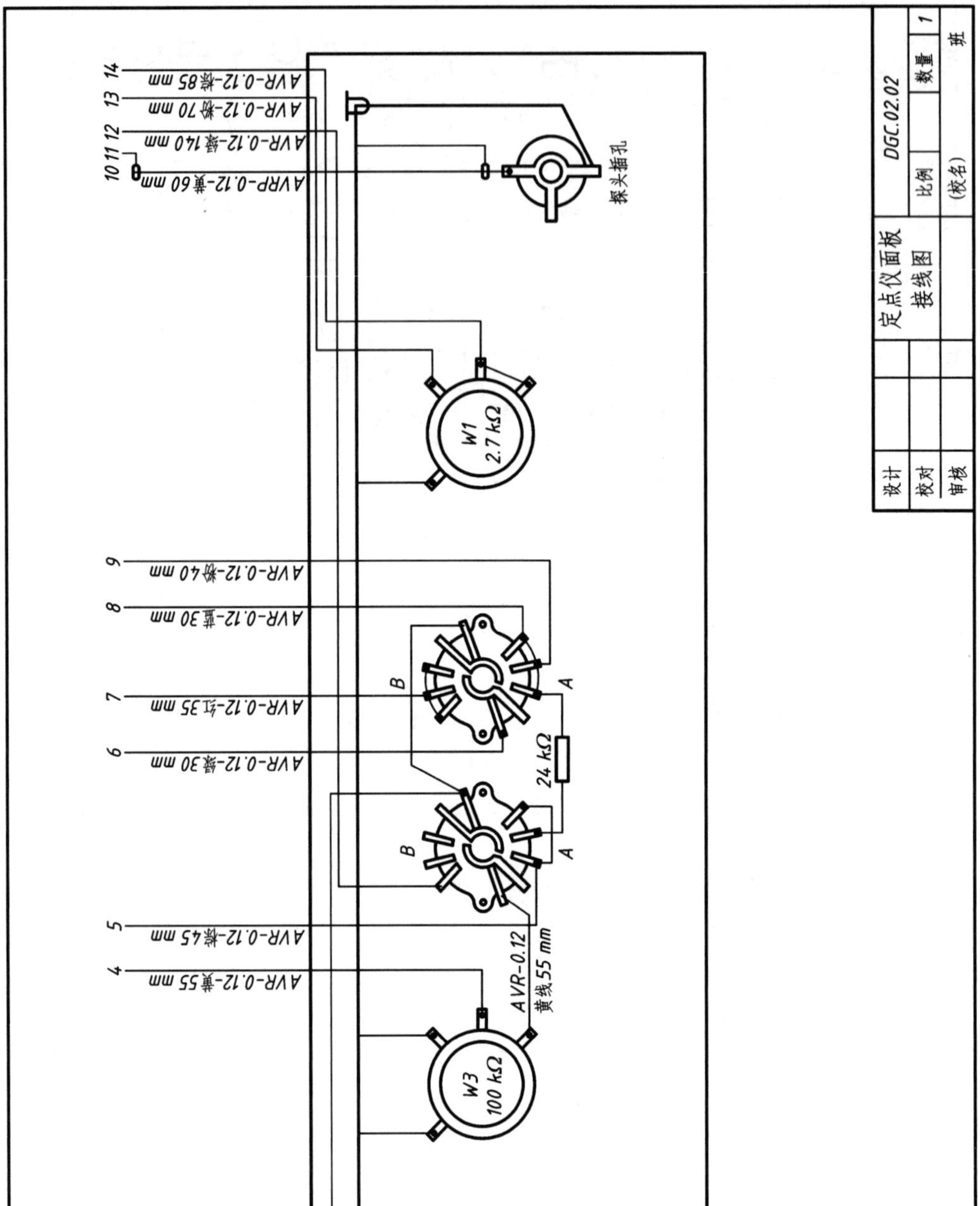
1 2 3 4 5 6 7 8 9 10 11 12 13 14
AVR-0.12-棕85 mm
AVR-0.12-粉70 mm
AVR-0.12-绿140 mm
AVRP-0.12-黄60 mm
探头插孔
W1 2.7 kΩ
AVR-0.12-粉40 mm
AVR-0.12-蓝30 mm
AVR-0.12-红35 mm
AVR-0.12-绿30 mm
24 kΩ
A
B
AVR-0.12-棕45 mm
AVR-0.12-黄55 mm
AVR-0.12 黄线55 mm
W3 100 kΩ
AVR-0.12-红145 mm
AVRP-0.12-黄50 mm
耳机插孔
定点仪面板 接线图
DGC.02.02
比例
数量 1
设计
校对
审核
(校名)
班

图 13-3 接线图

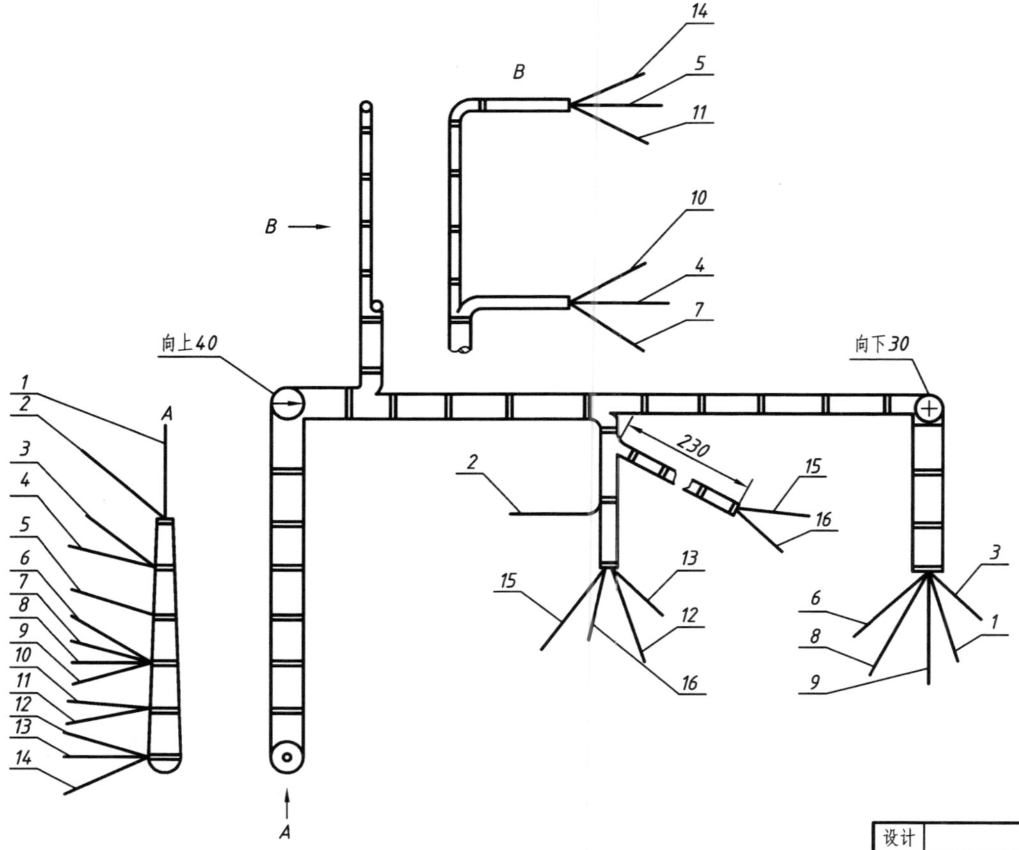

两端剥头全部为5 mm

		绵纶丝Ø0.5	5m	
16	Q/XD73-72	安装线 ASTVR1X0.14蓝	345	
15		ASTVR1X0.14蓝	355	
14		ASTVR1X0.14红	455	
13		ASTVR1X0.14红	455	
12		ASTVR1X0.14红	465	
11		ASTVR1X0.14黑	475	
10		ASTVR1X0.14白	405	
9		ASTVR1X0.14黄	665	
8		ASTVR1X0.14白	665	
7		ASTVR1X0.14白	425	
6		ASTVR1X0.14黄	670	
5		ASTVR1X0.14绿	530	
4		ASTVR1X0.14黑	490	
3		ASTVR1X0.14白	705	
2		ASTVR1X0.14棕	406	
1	Q/XD73-72	安装线 ASTVR1X0.14棕	750	

设计		总称		总号	6.640.000
制图				图样标记	比例
描图		部件	线扎		1:1
校对				第1张	共3张
工艺		审核		(校名)	班

图 13-4 线扎图

线扎图一般采用在同一平面上线扎的视图表示，符号⊙表示导线向上折弯，符号⊕表示导线向下折弯。通常按 1∶1 的比例绘图，省略尺寸标注。线端的剥头长度可用局部视图或文字说明。

必须在每根导线的始端和末端进行编号。编号可用引出线标注，也可直接注写在该导线旁。导线的数据(规格、数量、长度、颜色等)可用明细表说明。

13.4 印制电路板图

现代电子设备，一般要求体积小、重量轻、抗震、耐冲击、性能稳定、可靠性高，且便于自动化生产。印制电路板是满足上述各项要求的一项新技术，所以得到了广泛应用。

印制电路板是在覆箔基板或绝缘基板上根据电原理图印制金属导线，再把电路中的元、器件固装在上面，组成具有一定功能的部件。生产中使用的印制电路板图样采用正投影法和符号法绘制。通常有印制板零件图和印制板装配图两种，下面概要介绍这两种图的特点和画法。

一、印制电路板装配图

印制电路板装配图是表示各种元、器件和结构件等与印制板连接关系的图样，图 13 - 5 是定点仪的印制电路板装配图。

绘制印制电路板装配图的原则是：

(1) 应首先考虑看图方便，根据所装元、器件和结构特点，选用恰当的表达方法。在完整、清晰地表达元、器件和结构件等与印制电路板的连接关系的前提下，力求制图简便。

(2) 以装元、器件的一面为主视图。仅一面装元件时可只画一个视图；两面都装有元件时，一般应画两个视图，以元件多的一面为主视图，另一面为后视图。也可以只画一个视图，反面元件用细虚线表示。

(3) 不必画出印制导线。需要表示元、器件的位置与印制导线的连接关系时，也可以将反面的印制导线用细虚线或色线画出。

(4) 焊装的元、器件一般用图形符号表示。需要进行其他装配的元、器件或体形较大的元、器件，可以画出其简要的外形轮廓，表明装配关系。

(5) 图样中应有印制板的外形尺寸、安装尺寸以及与其他构件的连接位置尺寸，还应提出必要的技术要求和说明，类似于一般的装配图。

(6) 按元、器件在电原理图中的位号，在其图形符号或外形简图的上方或左方进行标注，也可直接注出其参数值。

二、印制电路板零件图

印制电路板零件图是表示印制导线、结构要素、标记符号、技术要求和有关说明的图样，它是绘制印制板照相图的依据，又是对印制板进行机械加工的工作图。图 13 - 6 是定点仪的印制电路板零件图。

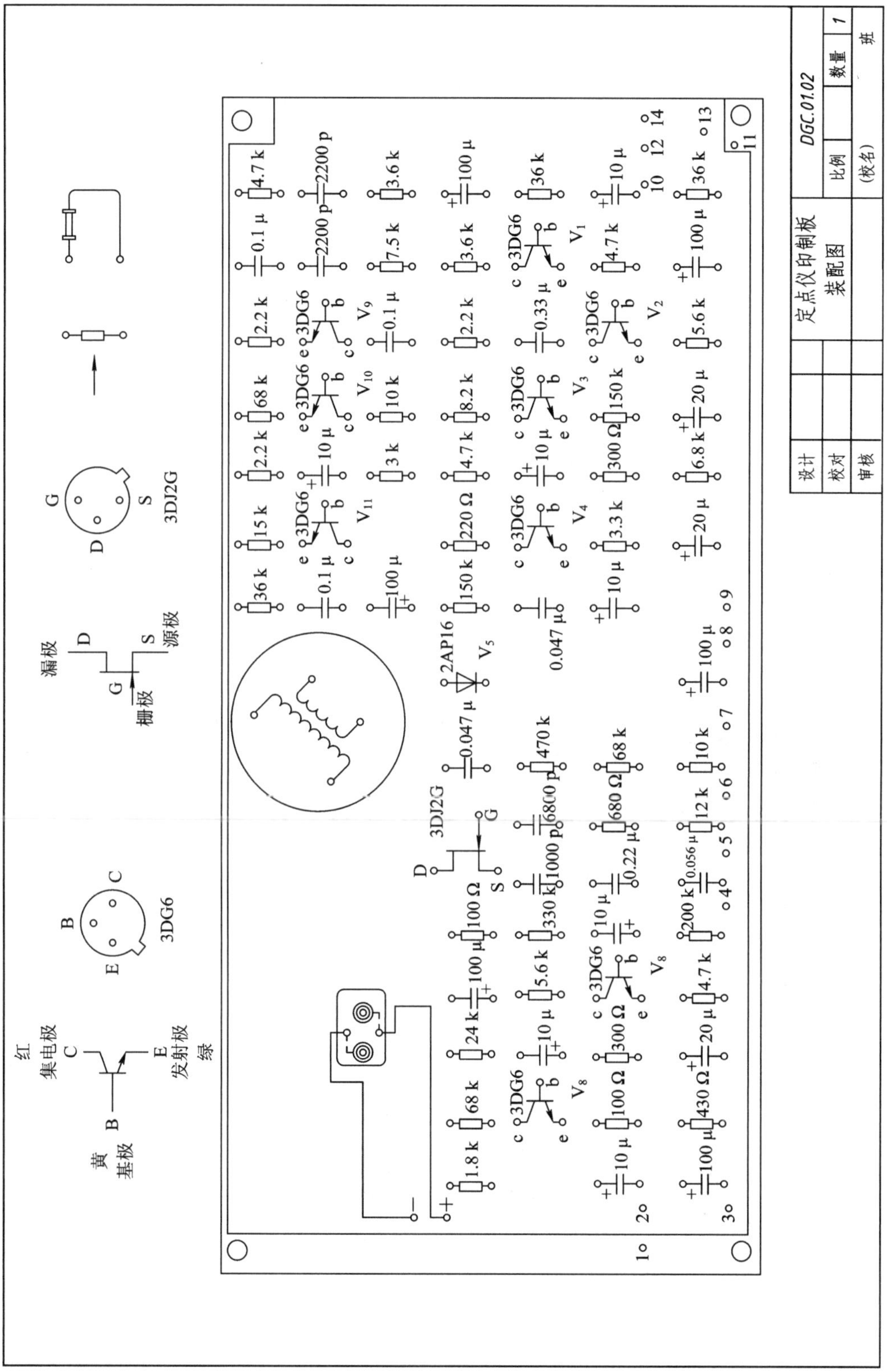

图 13-5　定点仪印制电路板装配图

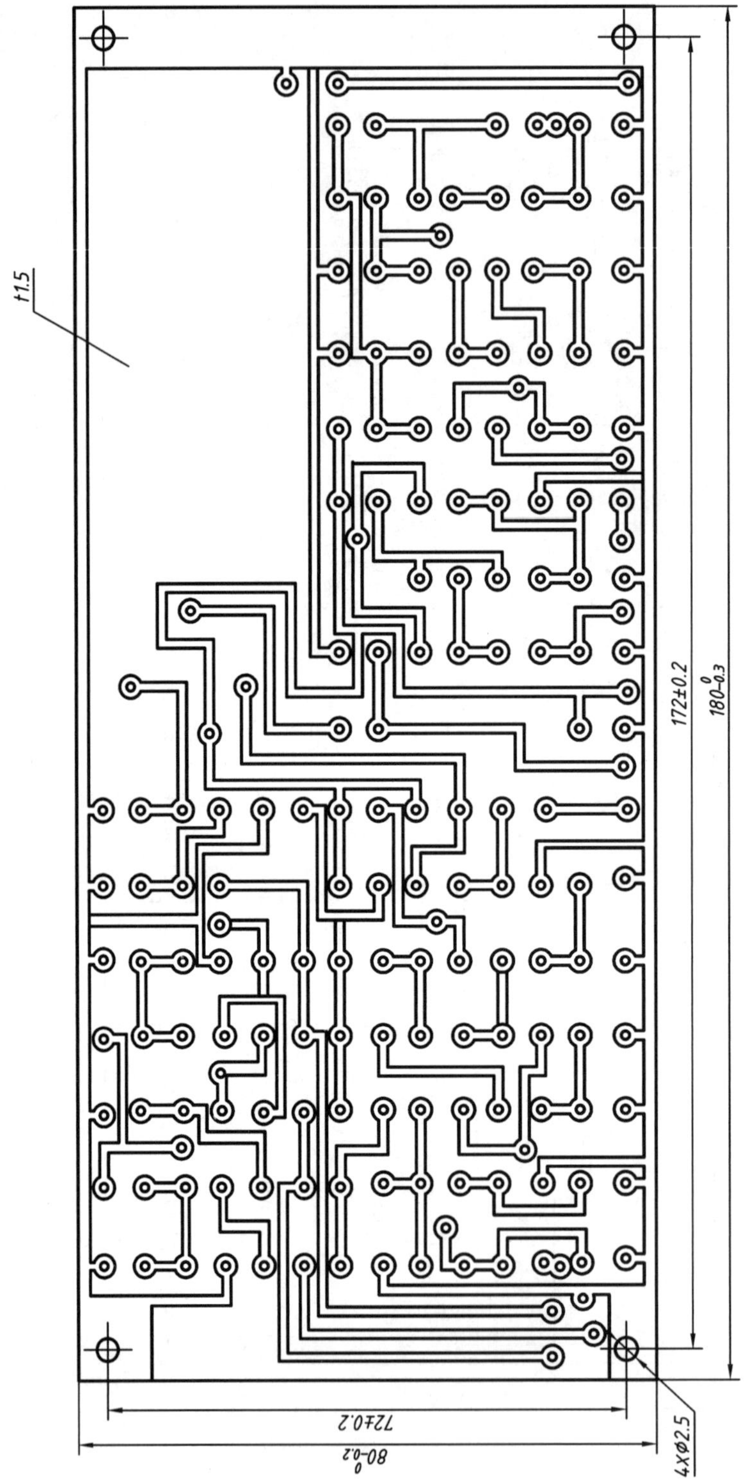

图 13－6 定点仪印制电路板零件图

绘制印制电路板零件图应贯彻国标 GB/T 5489—2018《印制板制图》的规定，并遵循以下原则：

(1) 单面印制电路板一般用一个视图表达；双面印制电路板一般用两个视图分别表示两面的印制电路和结构。应优先考虑选用单面印制电路板。对形状复杂的印制电路板，可用印制图形和结构要素两张图画出。

(2) 印制导线的布置，应按实际情况画在坐标网格线上。印制导线用空白的双线轮廓绘制，也可在双线轮廓内涂色或画剖面线。印制导线的宽度以能满足电气性能要求，又便于生产为宜，其最小值以承受的电流大小而定，建议优先采用 1.5 mm、1.0 mm 和 0.5 mm。相邻导线间的距离必须满足电气安全要求，为了便于操作和生产，相邻导线间的距离应尽量大些，一般不小于 1 mm。

(3) 在保证满足电气性能的前提下，元、器件要排列整齐，便于安装、测试。图形应简洁美观，导线宽度尽量均匀一致，布线尽可能短，特别是高频电路更应如此。作为电路输出、输入端用的印制导线尽量不要相邻平行，以免回授。印制导线拐弯处应成圆角，应避免分支结构，避免大面积铜箔，见表 13-3。

表 13-3　印制导线设计注意事项

说　明	避　免	建　议
应避免邻近连接盘恰好构成锐角，以免波峰焊困难，有桥接的危险	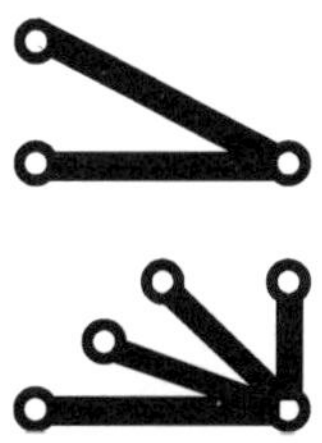	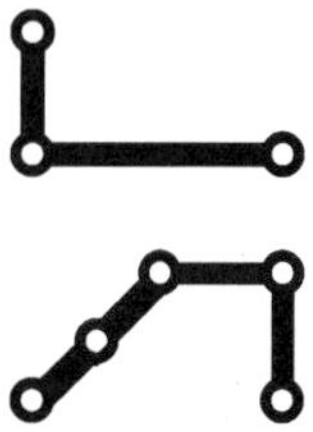
为了易于焊接，应避免大面积铜箔	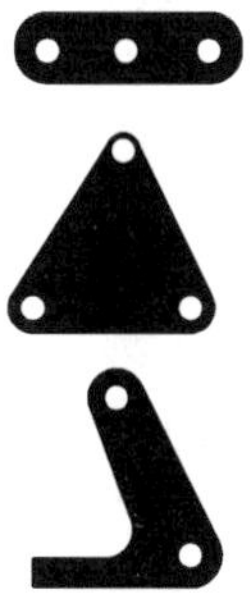	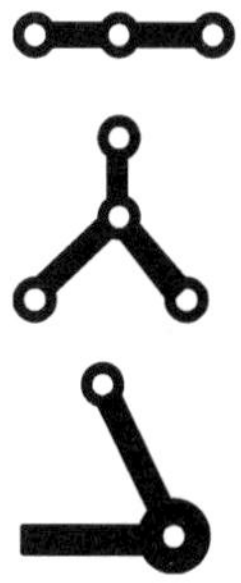
印制导线拐弯应成圆角		

(4) 印制板上的孔径(元件孔和机械安装孔)应优先采用下列尺寸(mm):0.4，0.5，0.6，0.8，1.0，1.2，1.6，2.0，2.4，2.9，3.4，4.5，5.5，6.6。

元件孔径尺寸一般应较元、器件引线直径大 0.3～0.4 mm。孔的中心必须在坐标网格线的交点上。作圆形排列的孔组的公共中心点必须在坐标网格线的交点上，并且其他孔至少有一个孔的中心位于上述交点的同一坐标网格线上，如图 13 - 7(*a*)所示。作非圆形排列的孔组中的孔，至少有一个孔的中心必须在坐标网格线的交点上，其他孔至少有一个孔的中心位于上述交点的同一坐标网格线上，如图 13 - 7(*b*)所示。

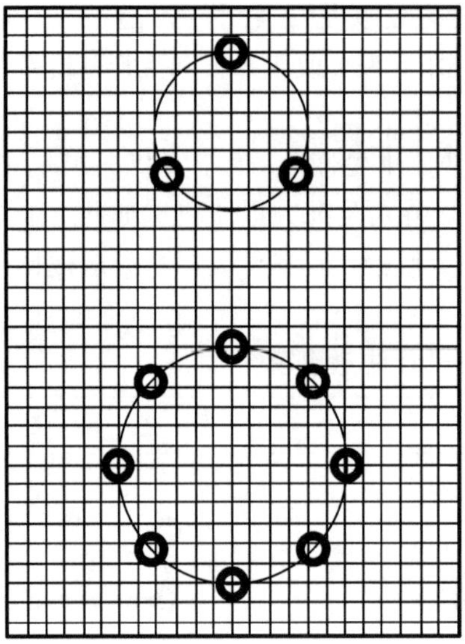

(*a*)

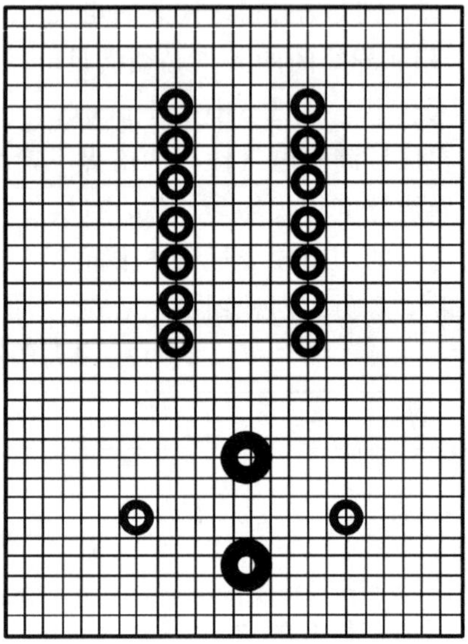

(*b*)

图 13 - 7 印制电路板上孔组的画法

(5) 为便于焊接元件引线，在元件孔周围设置金属圆环，称之为连接盘(又叫焊盘)，其尺寸与元件孔径尺寸如表 13 - 4 所示。

表 13 - 4 元件孔直径和连接盘直径 单位：mm

元件孔直径	0.4	0.5	0.6	0.8	1.0	1.2	1.6	2.0
连接盘直径	1.5		1.5	2	2.5	3.0	3.5	4.0

(6) 在印制电路板零件图上应注出板的外形尺寸、安装尺寸、元件孔尺寸、机械连接孔尺寸等。尺寸标注除了采用机械制图中的尺寸注法外，还常采用直角坐标网格法。对于有公差要求的尺寸，必须在图上注明。对公差要求不高的尺寸，可省略不注，由坐标网格确定。各类孔的直径、数量可用表格形式注在图旁。

(7) 印制电路板可以用螺纹连接件直接与机架固接，例如定点仪印制电路板的固定就是如此。需要经常取出测试或检修的印制电路板，多采用插头插座连接方式。

印制电路板插头应根据与其配合之插座的有关技术数据、配合尺寸、公差及装配要求进行精确设计，以保证接触可靠。印制电路板插头尺寸应符合规定，印制接触片间距和定位槽的位置必须绘制准确，以插头的定位槽中心线为基准，确定每个印制接触片的中心位置，如图 13 - 8 所示。

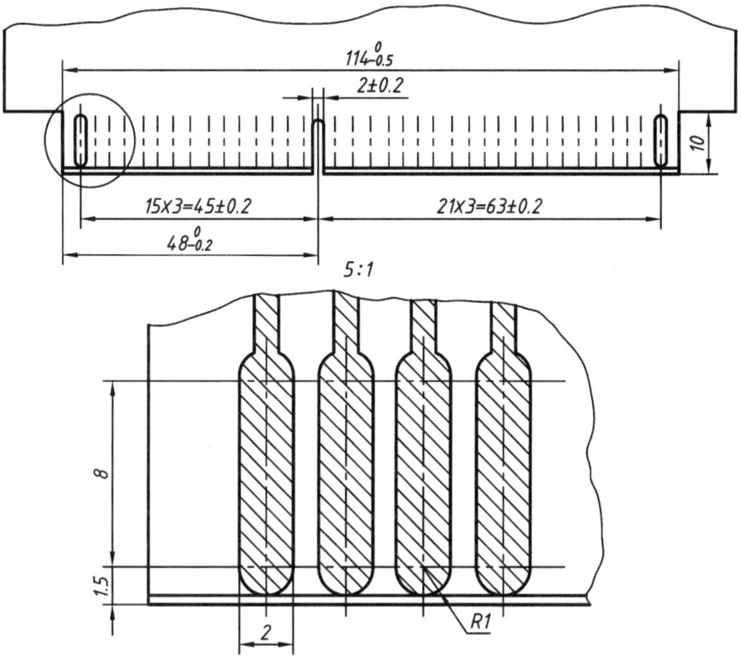

图 13-8 印制板插头

随着现代科技的发展，更多的电子设备采用了多层印制板技术。多层印制板由若干层介质与导电图形组成，用金属化孔作为层间的互连导体，金属化孔同时又可作为元、器件的榫接孔。多层印制板的每一层结构要素、印制导线、标记符号等都应分别绘制。

13.5 电子设备结构图

电子设备结构图主要有零件图、部件装配图、设备装配总图等。这些图样与机械图样相比差别不大，只是更多地采用了省略画法，以简化制图。图 13-9 是定点仪的装配图。

电子设备的装配图主要表现产品的概貌和各个组成部分的相互位置关系，因此无须把各机械零、部件和电子元、器件的详细构造表示出来，只要表明它们的外形轮廓和相互间的装配连接关系就可以了。

例如，在图 13-9 中，外壳和支架分别由一些零件焊接而成，详细结构另有图样表达清楚。图中重点表达外壳、支架、印制板组件、面板等零、部件的装配连接关系。装配用的连接零件的规格、数量要在明细表中注写清楚。

装配图中，各元、器件大多为标准件或外购件，其图形可以简化绘制(必要时可参阅有关设计手册或产品样本中的附图)。图 13-9 中装在支架和面板上的电位器、耳机插座、波段开关、旋钮等都是外购件，所以在图中只是按尺寸比例画出其外形轮廓。

印制电路板上焊装的元件仍采用图形符号表示。

尺寸标注一般与机械装配图相同，应注出产品外形尺寸、安装尺寸等必要的尺寸。

与外购件相反，需要本单位自己生产制造的零、部件，则要画出详细的部件装配图和零件图。例如支架、外壳需要画出零件图和焊接图。

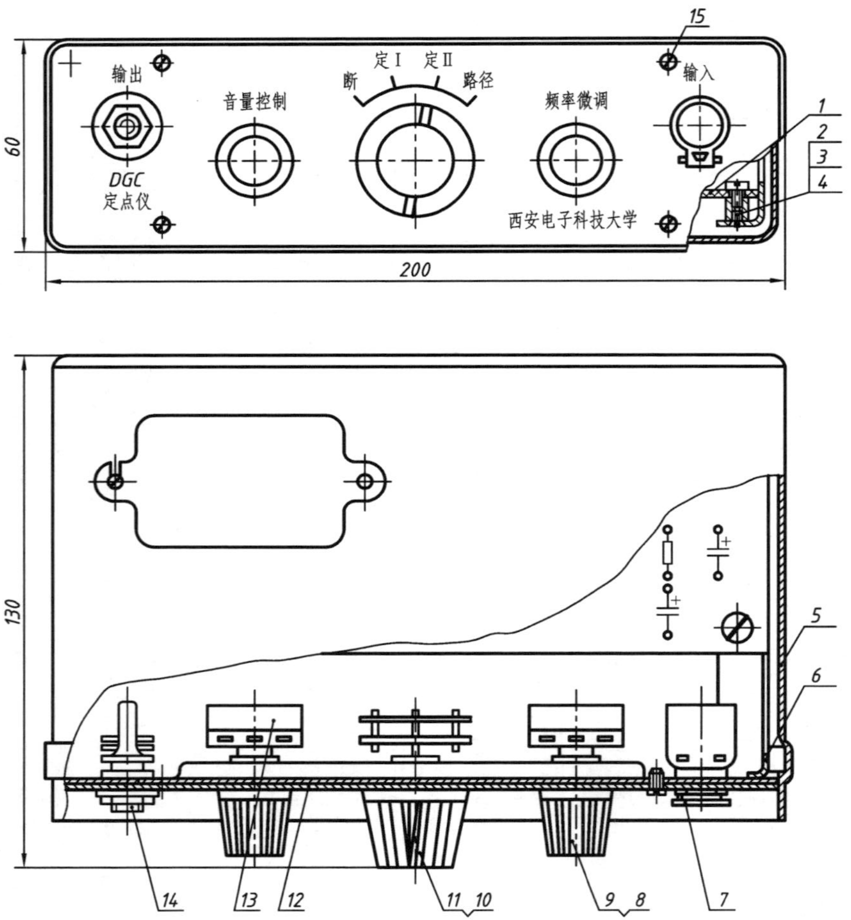

序号	代号	名称	数量	材料	涂覆	附注
15	GB/T 65	螺钉M2X4	4	Q235-A		
14		输出插座	1			
13		电位器	1			WT100kΩ 1W
12	DGC02	面板	1	Q235-A		
11		旋钮	1			K18-2
10		波段开关	1			
9		旋钮	2			K16-1
8		电位器	1			WT2.7kΩ 1W
7		输入插座	1			
6	DGC00-03	支架	1	Q235-A		
5	DGC00-02	外壳	1	Q235-A		
4	DGC00-01	螺套	4	Q235-A		
3	GB/T 68	螺钉M2X3	4	Q235-A		
2	GB/T 65	螺钉M2X4	4	Q235-A		
1	DGC01	印制板组件	1			

设计		总称	定点仪	总号	6.640.000
制图				图样标记	比例
描图		部件			1:1
校对				第1张	共3张
工艺		审核		(校名)	班

图 13-9 定点仪装配图

电子设备的机箱、机柜，不仅要求美观大方，而且要保证电气性能，还要求工艺成本低。以往多采用板料机箱或铝型材围框结构，现在注塑机箱则越来越多地被采用。例如常见的收音机、电视机外壳，它们的零件图与机械零件图完全一样。

13.6　系统图和框图

在电气系统或设备的设计、安装、使用和维护过程中，人们需要对电气系统或设备的总体有一个概略性的了解，绘制一种概略性的文件，这就是系统图和框图。所谓系统图或框图，就是采用符号和带注释的框，概略表示电气系统、分系统、成套设备或装置等的基本组成的主要特征以及各部分的功能关系的一种电气用图。它主要用来为进一步编绘详细的技术文件和图纸提供依据，同时也供操作和维修时参考。通常系统图用于系统或成套设备，框图则用于分系统和设备。图 13 - 10(*a*)所示为一无线电接收机的框图，图 13 - 10(*b*)为一简单收音机的框图。

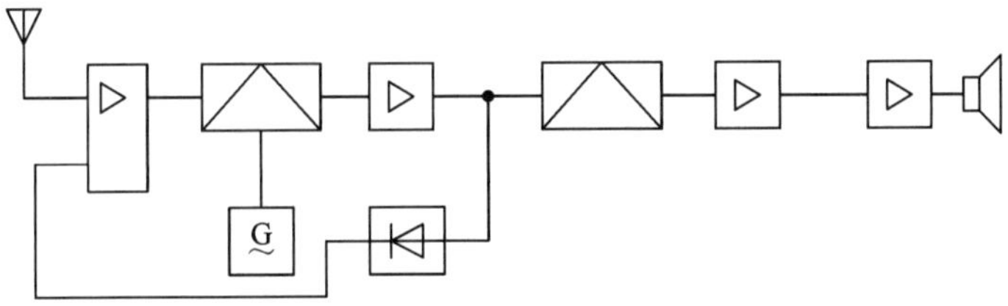

(*a*)

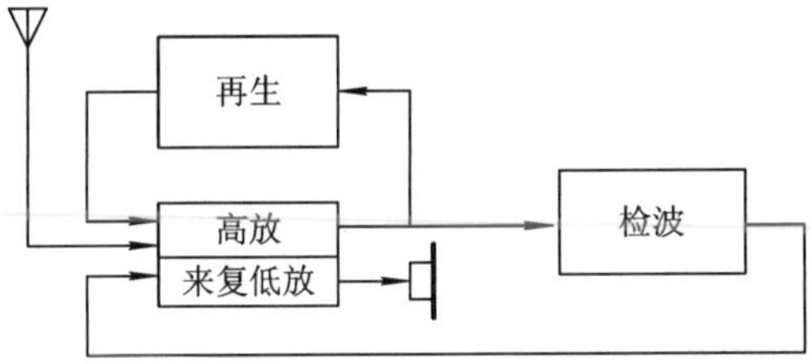

(*b*)

图 13 - 10　框图

绘制系统图和框图可采用符号(以方框符号为主)或者采用带有注释的框。框内的注释可以采用符号、文字或同时采用符号与文字。框图的布局根据所反映的各组成部分的作用、功能及相互连接的次序，可从左到右按行排列或自上而下按列排列。总之，布局应清晰并利于识别过程和信息的流向。

GB/T 4728.1～13 中电气简图用图形符号和 GB/T 5465.2—2008 中电气设备用图形符号原则上在系统图和框图中都可以使用，如图 13 - 10 所示。

第 14 章　计算机二维绘图

计算机绘图(Computer Graphics，简称 CG)是当前工程设计与工业生产技术革命的一项重要内容。它是伴随着计算机及其外围设备而产生和发展起来的，涉及传统的图学、几何学、应用数学、电子技术以及计算机等学科，是一门边缘性学科。

计算机绘图是应用计算机将数据转换为图形，并在绘图设备上进行图形显示或绘制的一门学科。它包括图形输入、图形处理(即数据转换)、图形输出三个过程。按照计算机绘图过程中人工参与的程度，计算机绘图分为被动式绘图和交互式绘图两种。被动式绘图在绘图过程中不能实时修改，如果要改图，需要从修改源程序做起，因而效率较低，仅适合于某些简单应用场合。交互式绘图借助绘图软件则可以实时修改，设计人员通过鼠标器、触摸屏或键盘等输入设备，以人机对话方式修改屏幕上显示的图形，因而技术先进，使用方便，是计算机绘图的主要形式。

计算机绘图具有绘图准确、绘图速度快，降低设计人员劳动强度，缩短产品设计及制造周期，可进行屏幕模拟与动画等优点，因而应用较广。其主要应用有：计算机绘制工程图样、计算机辅助设计(CAD)、计算机辅助制造(CAM)、计算机辅助工程(CAE)、计算机辅助教学(CAI)、计算机模拟与动画制作、过程监控、绘制各种图形和图表等。掌握计算机绘图这一现代设计与绘图工具，对于我们以后的学习和工作将有很大的帮助。

目前的商用 CAD 软件都具有计算机二维绘图或计算机三维建模及绘图功能，其中 AutoCAD 软件侧重于绘图，本书予以重点介绍。本章主要介绍 AutoCAD 绘图软件的基本使用方法和二维绘图。

14.1　AutoCAD 绘图软件操作基础

AutoCAD 软件由美国 Autodesk 公司在 1982 年推出。AutoCAD 绘图软件具有功能强(集二维绘图、三维设计与绘图、渲染、通用数据库管理和互联网通信功能于一体，并有基于约束的参数化图形功能)、开放性好(用户可以对其进行二次开发，以满足专业设计需要)、应用领域广(该软件为通用软件，已广泛用于机械、电子、建筑、土木、家具、室内装潢、园林景观、化工、测绘等领域)、软硬件适应性强(具有多种操作系统下的版本，可在多种计算机及图形设备上运行)、易学易用(系统命令执行采用人机对话方式，并提供菜单、对话框等人机交互手段)等优点，已成为世界上比较流行和影响较大的绘图软件。

AutoCAD 软件几乎每年都会进行版本升级、更新，本书中未作声明时均指 AutoCAD 2023 中文版。

一、AutoCAD 的工作空间与绘图工作界面

AutoCAD 2023 提供了“草图与注释”“三维基础”和“三维建模”三种工作空间模式，用户可借助图 14－1 所示界面中状态栏里的图标 切换工作空间。本章采用了“草图与注释”工作空间。

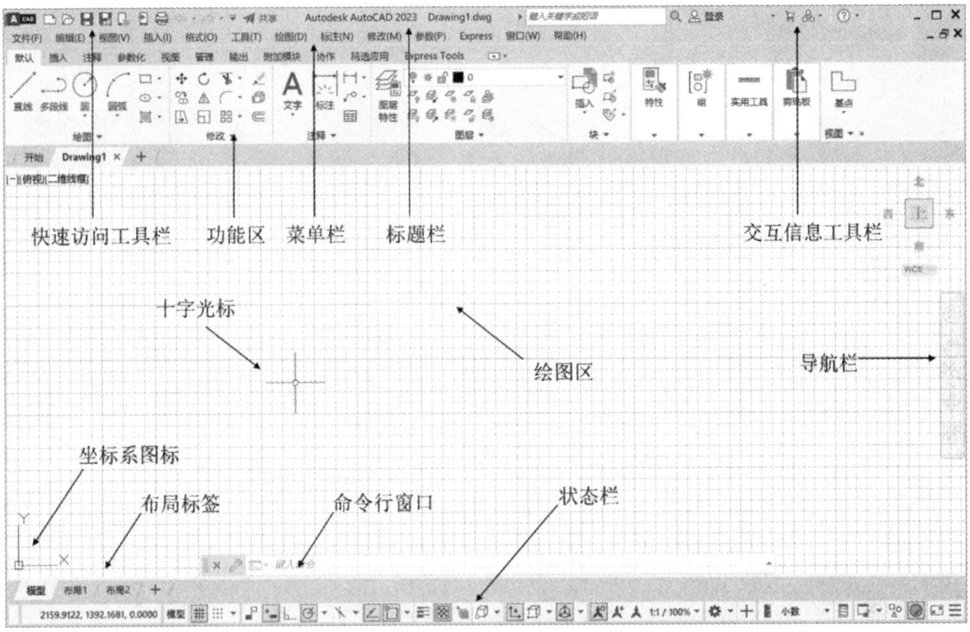

图 14－1　AutoCAD 2023 的绘图工作界面

图 14－1 为“草图与注释”工作空间中的绘图工作界面，主要由绘图区、命令行窗口、菜单栏、各种工具栏和状态栏等组成。

1. 标题栏

在 AutoCAD 2023 绘图工作界面的最上端是标题栏。标题栏中显示了应用程序名称（Autodesk AutoCAD2023）和已经打开的图形文件名称。第一次启动 AutoCAD 2023 时，在绘图窗口的标题栏中显示 AutoCAD 2023 启动时创建并打开的图形文件的名称 Drawing1.dwg，如图 14－1 所示。

2. 菜单栏

菜单栏可在 AutoCAD 的快速访问工具栏处调出，如图 14－2 所示。调出后的菜单栏界面如图 14－3 所示。同其他 Windows 程序一样，AutoCAD 的菜单也是下拉形式，并在菜单中包含子菜单。AutoCAD 的菜单栏中包含“文件(F)”“编辑(E)”“视图(V)”“插入(I)”“格式(O)”“工具(T)”“绘图(D)”“标注(N)”“修改(M)”“参数(P)”“窗口(W)”“帮助(H)”“Express”13 个菜单，这些菜单几乎包含 AutoCAD 的所有绘图命令，后续绘图过程中用户既可以用命令行的方式进行绘图，也可以通过菜单交互的方式进行绘图。

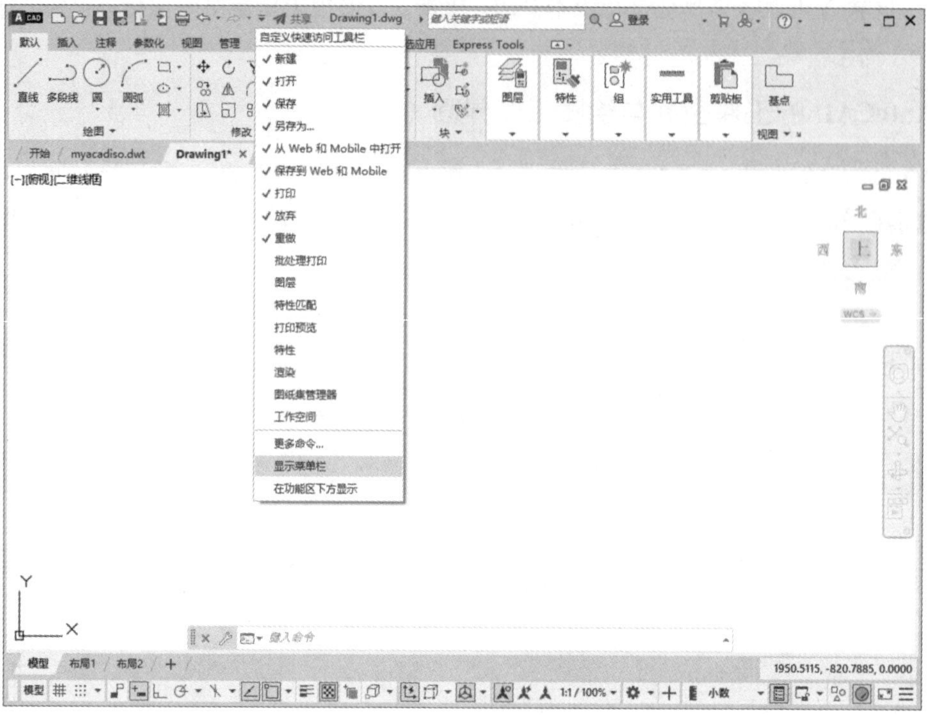

图 14-2　调出菜单栏

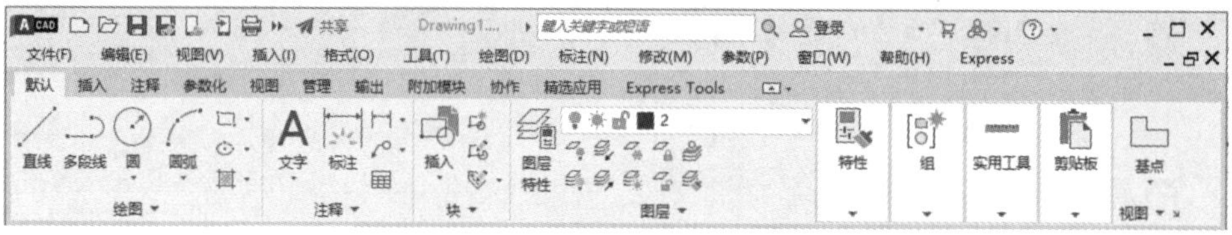

图 14-3　菜单栏显示界面

下拉式菜单中，菜单项右边如有符号“＞”，说明它含有子菜单(弹出式菜单)，若把鼠标器的游标移到该箭头上，子菜单就会出现；菜单项右边带有“…”者，表示它将显示对话框。下拉式菜单显示 AutoCAD 的大多数命令。菜单栏中的菜单都定义有快捷键，快捷键用下划线标出，使用“Alt＋”快捷键可点取该菜单。

3．功能区

在默认情况下，功能区包括“默认”“插入”“注释”“参数化”“视图”“管理”“输出”“附加模块”“协作”“Express Tools”“精选应用”选项卡，图 14-4 所示为“默认”选项卡下的面板。每个选项卡集成了相关的操作工具，方便用户的使用。用户可以单击功能区选项后面的 ，以控制功能的展开与收缩。

图 14-4　“默认”选项卡下的面板

(1) 设置选项卡。将游标放在面板的任意位置处，然后右击，打开如图 14-5 所示的快捷菜单。如果单击某一个未在功能区显示的选项卡名，那么系统会自动在功能区打开该选项卡；反之，如果单击某一个已在功能区显示的选项卡名，那么系统会自动关闭该选项卡(调出面板的方法与调出选项卡的方法类似，在此不再赘述)。

图 14-5　用于选项卡及面板设置的快捷菜单

(2) 选项卡面板的固定与浮动。将游标移至要浮动的面板处后点击鼠标左键，即可将该面板拖拽至绘图区浮动，如图 14-6 所示。将游标放到浮动面板的右上角位置处，显示“将面板返回到功能区”注释，如图 14-7 所示。单击此处，即可将该面板返回到功能区，使它变为固定面板。

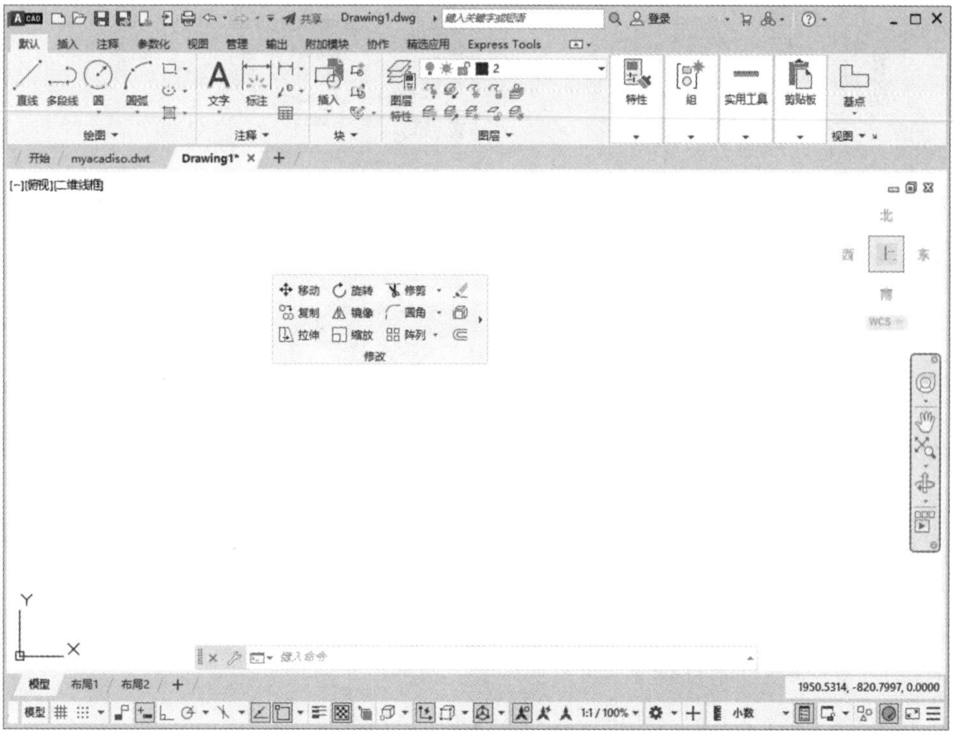

图 14-6　使面板浮动

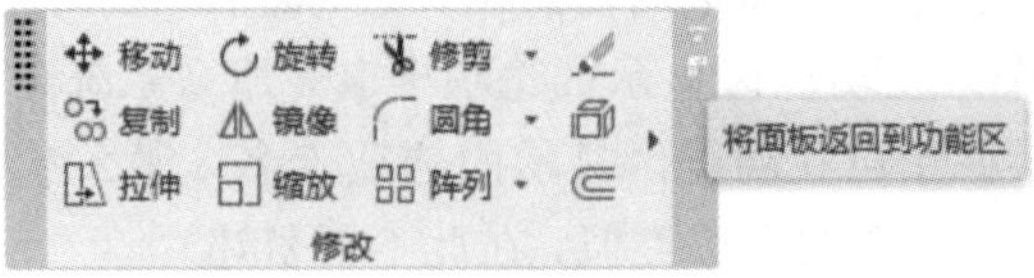

图 14-7 使面板固定

4. 绘图区

绘图区是指在标题栏下方的大片用于绘制图形的区域。在 AutoCAD 绘图区中的光标成十字线状，其交点反映光标在当前坐标系中的位置。十字线的方向与当前用户坐标系的 X 轴、Y 轴方向平行，系统预设十字线的长度为屏幕大小的 5%，如图 14-1 所示。

(1) 调整绘图区中的光标大小。用户可以根据实际需要更改光标的大小，具体方法如下：

方法 1：在绘图窗口中选择菜单栏中的“工具”→“选项”命令(或者在绘图区单击鼠标右键，点击“选项”)，打开“选项”对话框，选择“显示”选项卡，在“十字光标大小”选项的文本编辑框中直接输入数值，或者拖拽文本编辑框后面的滑块，即可对十字光标的大小进行调整，如图 14-8 所示。

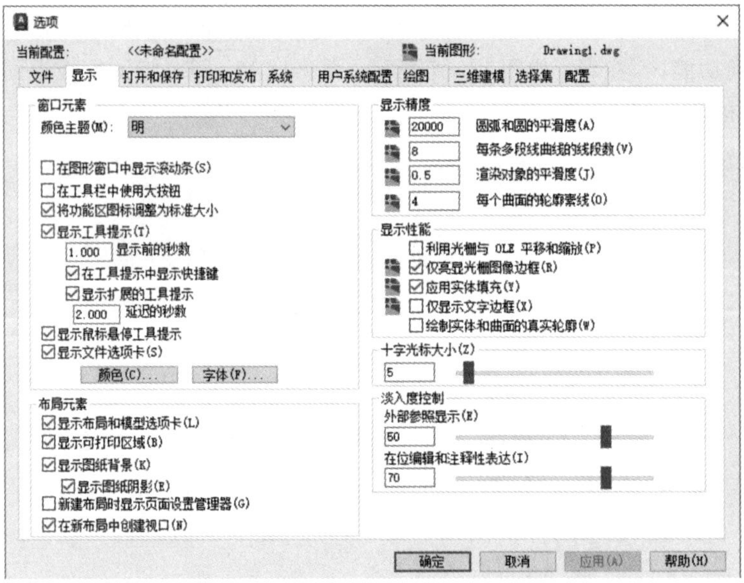

图 14-8 选项对话框

方法 2：通过设置系统变量 CURSORSIZE 的值，实现对十字光标大小的更改，方法是在命令行中输入新值，命令行提示与操作如下：

命令：CURSORSIZE↙

输入 CURSORSIZE 的新值 <5>：新值↙或↙

在上述命令行提示下输入新值即可，默认值为 5%。

特别说明： 为了区分命令提示和键盘输入，本书采用下划线作为键盘输入的标识。

(2) 修改绘图窗口的颜色。在默认情况下，AutoCAD的绘图窗口是黑色背景、白色线条，用户可根据自己的习惯进行修改，修改绘图窗口颜色的步骤如下：

① 选择“工具”→“选项”命令(或者在绘图区单击鼠标右键，点击“选项”)，打开“选项”对话框，选择“显示”选项卡，单击“窗口元素”选项组中的“颜色”按钮，系统显示图14-9所示的“图形窗口颜色”对话框。

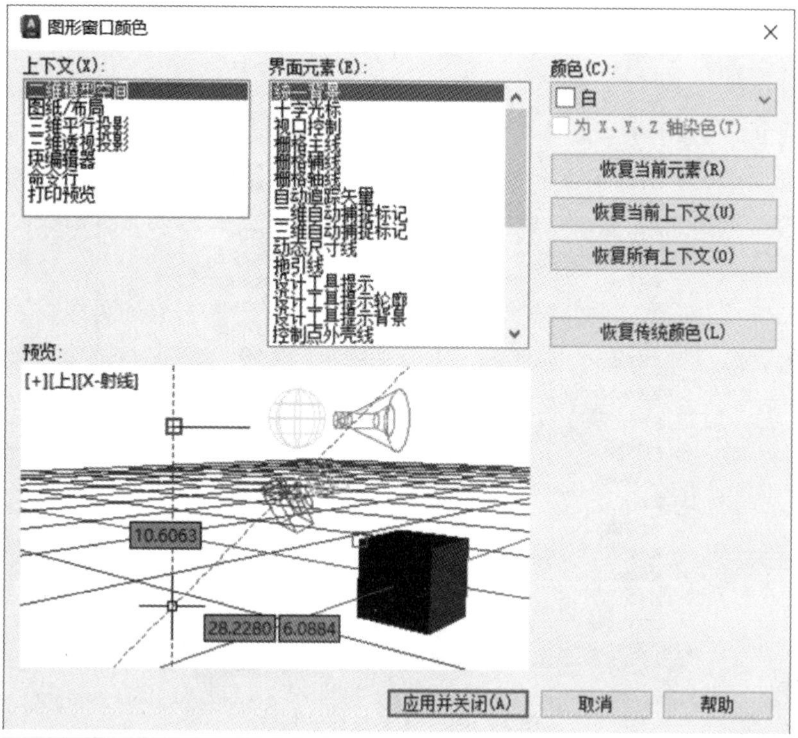

图14-9 “图形窗口颜色”对话框

② 在“界面元素”中选择要更换颜色的元素，这里选择“统一背景”元素。在“颜色”下拉列表框中选择需要的窗口颜色，然后单击“应用并关闭”按钮，此时AutoCAD的绘图窗口颜色就变成了所选择的颜色，按照通常视觉习惯，一般选择白色作为窗口颜色。

5. 工具栏

工具栏是一组图标型工具的集合。AutoCAD 2023的标准菜单提供有几十种工具栏，选择菜单栏中的“工具”→“工具栏”→AutoCAD，系统会自动打开图14-10所示的工具栏标签列表。单击某一个未在界面显示的工具栏标签名，则系统自动在工作界面打开该工具栏；反之，单击某一个已在界面显示的工具栏标签名，则系统自动关闭工具栏。调出所需要的工具栏后，把游标移动到某个图标上，单击图标可以启动相应命令。

工具栏可以在绘图区浮动，如图14-11所示，可以关闭该工具栏，也可以用鼠标拖拽浮动工具栏到图形区边界，使它变为固定工具栏，还可以把固定工具栏拖出，使它成为浮动工具栏。

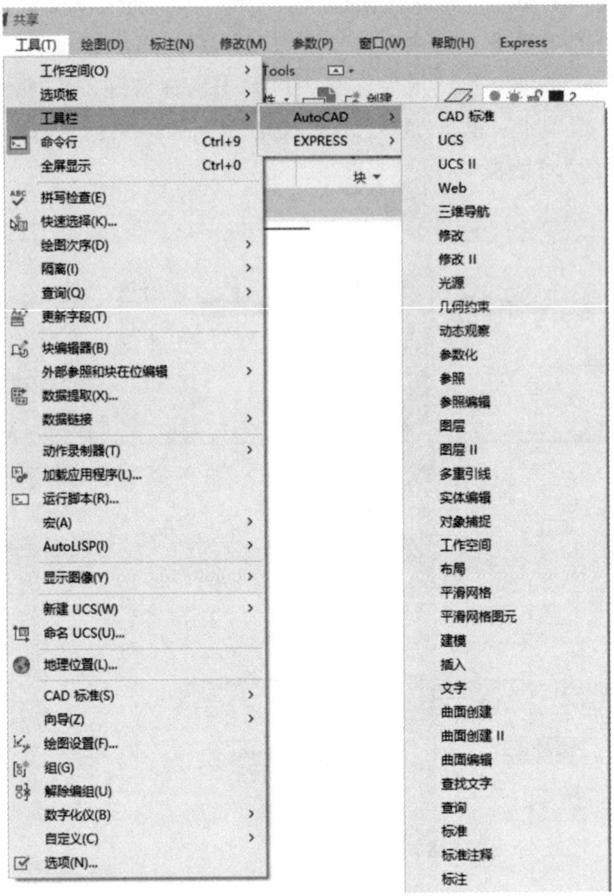

图 14－10 工具栏标签列表

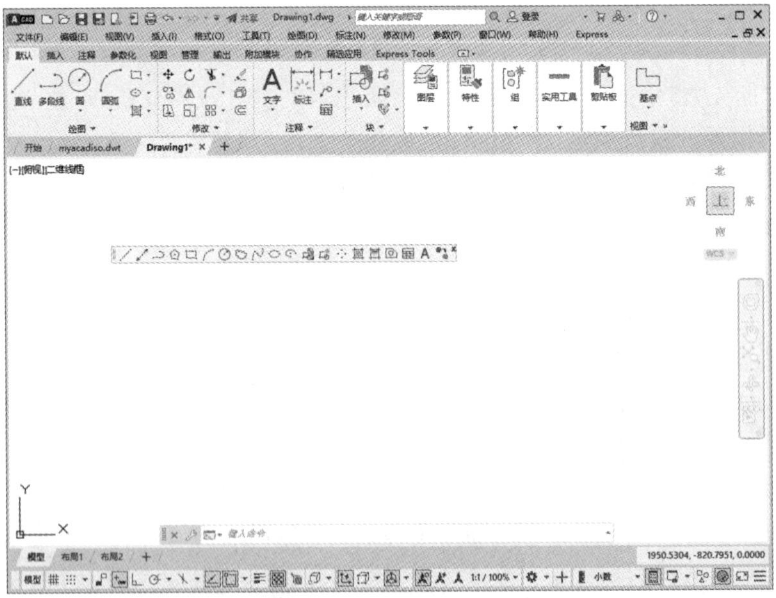

图 14－11 浮动工具栏

6. 坐标系图标

如图 14－12 所示，绘图区的左下角有一个直线指向图标，称为坐标系图标。根据工作需要，用户可以将其关闭，方法是选择菜单栏中的“视图”→“显示”→“UCS 图标”→“开”命令。

图 14－12　“视图”菜单与 UCS 图标关闭

7. 命令行窗口

命令行窗口是输入命令名和显示命令提示的区域，默认情况下命令行窗口布置在绘图区下方，是由若干文本行构成的。它是一个可移动拆分条，可以利用鼠标拖拽扩大与缩小命令行窗口，也可以将其拖拽到屏幕上的其他位置。

AutoCAD 通过命令行窗口反馈各种信息，包括出错信息。因此用户要时刻关注命令行窗口出现的信息。

8. 布局标签

AutoCAD 系统默认设定一个“模型”空间布局标签和“布局 1”“布局 2”两个图纸空间布局标签。

AutoCAD 的空间分为模型空间和图纸空间。模型空间是通常绘图的环境，而在图纸空间中，用户可以创建叫作“浮动视口”的区域，以不同视图显示所绘图形。用户可以在图纸空间中调整浮动视口并决定所包含视图的缩放比例。如果选择图纸空间，用户可以打印任意布局的视图，也可以打印多个视图。

布局是系统为绘图设置的一种环境，包括图样大小、尺寸单位、角度设定、数值精确度等，在系统预设的 3 个标签中，这些环境变量都按默认设置。用户可根据实际需要改变这些变量的值，也可以根据需要设置符合自己要求的新标签。

9. 状态栏

状态栏可以提供重要信息，而无须中断工作流。状态栏在屏幕的底部，依次有“图形坐标”“模型或图纸空间”“显示图形栅格”“捕捉模式”“推断约束”“动态输入”“正交模式”“极轴追踪”“等轴测草图”“对象捕捉追踪”“二维对象捕捉”“线宽”“透明度”“选择循环”“三维对象捕捉”“动态 UCS”“选择过滤”“小控件”“注释可见性”“自动缩放”“注释比例”“切换工作空间”“注释监视器”“单位”“快捷特性”“锁定用户界面”“隔离对象”“图形性能”“全屏显示”“自定义”等 30 个功能按钮，如图 14-13 所示。单击部分开关按钮，可以实现这些功能的开关。此外，通过部分按钮也可以控制图形或绘图区的状态。

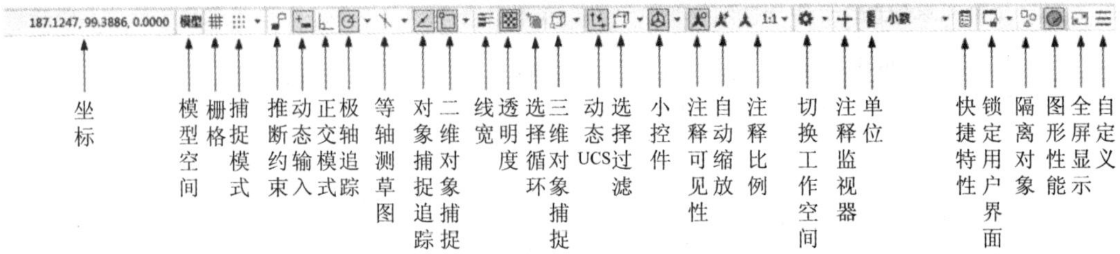

图 14-13 状态栏

下面对状态栏上的按钮做简单介绍。

坐标:显示工作区光标所处位置的坐标。

模型空间:在模型空间与图纸空间之间进行切换。

栅格:栅格是覆盖整个坐标系(UCS)XY 平面的直线或点组成的矩形图案。使用栅格类似于在图形下放置一张坐标纸。此外，还可利用栅格对齐对象并直观显示对象之间的距离。

捕捉模式:即栅格捕捉模式，作用是约束光标落在栅格点上以作为点输入。

推断约束:自动在正在创建或编辑的对象与对象捕捉的关联对象或点之间应用约束。

动态输入:在光标附近显示一个提示框，显示对应命令提示和光标的当前坐标值。

正交模式:将光标限制在水平或垂直方向上移动，以便于精确地创建和修改对象。当创建或移动对象时，可以使用正交模式将光标限制在相对于用户坐标系(UCS)的水平或垂直方向上。

极轴追踪:使用极轴追踪，光标将按指定角度进行移动。创建或修改对象时，可以使用极轴追踪来显示由指定的极轴角度定义的临时对齐路径。

等轴测草图:通过设定“等轴测捕捉|栅格”，可以很容易地沿 3 个等轴测平面之一对齐对象。尽管等轴测图形看似三维图形，但它实际上是由二维图形表示的。因此不能期望提取三维距离和面积，也不能从不同视点显示对象或自动消除隐藏线。

对象捕捉追踪:使用对象捕捉追踪，可以沿着基于对象捕捉点的对齐路径进行追踪。已获取的点将显示一个小加号(+)，一次最多可以获取 7 个追踪点。获取点之后，在绘图路径上移动光标，将显示相对于获取点的水平、垂直或极轴对齐路径。例如，可以基于对象的端点、中点或者交点，沿着某个路径选择一点。

二维对象捕捉：使用执行对象捕捉设置(也被称为对象捕捉)，可以在对象的精确位置处指定捕捉点。选择多个选项后，将应用选定的捕捉模式，以返回距离光标靶框中心最近的点。按“Tab”键可以在这些选项之间循环。

线宽：分别显示对象所在图层中设置的不同宽度。

透明度：调整绘图对象显示的明暗程度。

选择循环：当一个对象与其他对象彼此接近或重叠时，准确地选择某一个对象是很困难的。这时可使用选择循环命令，单击“选择循环”按钮后，会弹出“选择集”列表框，其中列出了当单击时周围的所有对象，然后在列表中选择所需的对象即可。

三维对象捕捉：三维中的对象捕捉与在二维中工作的方式类似，不同之处在于，在三维中是对投影对象捕捉。

动态 UCS：在创建对象时，使 UCS 的 XY 平面自动与实体模型上的平面临时对齐。

选择过滤：根据对象特性或对象类型对选择集进行过滤。当单击“选择过滤”按钮后，系统只选择满足指定条件的对象，其他对象将被排除在选择集之外。

小控件：帮助用户沿三维轴或平面移动、旋转或缩放一组对象。

注释可见性：当图标亮显时，表示显示所有比例的注释性对象；当图标变暗时，表示仅显示当前比例的注释性对象。所谓注释是指用于向图形中添加信息，包括说明和标签、标注、公差、表格、图案填充、块等，用户可以用相应的命令创建这些注释，如说明和标签可以用文字命令 TEXT、MTEXT 来创建。把由命令创建的注释称为注释对象，能够随图形一起自动完成缩放的注释特性称为注释性。如果注释对象的注释性处于启用状态(设置为“是”)，则称其为注释性对象。

自动缩放：当注释比例被更改时，自动将比例添加到注释对象上。

注释比例：单击注释比例右下角的小三角符号，将弹出注释比例列表，可以根据需要选择适当的注释比例来注释当前视图。

切换工作空间：进行工作空间转换。

注释监视器：打开仅用于所有事件或模型文档事件的注释监视器。

单位：指定线性和角度单位的格式和小数位数。

快捷特性：控制快捷特性面板的使用与禁用。

锁定用户界面：单击该按钮，可锁定工具栏、面板和可固定窗口的位置和大小。

隔离对象：当选择隔离对象时，在当前视图中显示选定对象，所有其他对象都暂时隐藏；当选择隐藏对象时，在当前视图中暂时隐藏选定对象，所有其他对象都可见。

图形性能：设定图形卡的驱动程序以及设置硬件加速的选项。

全屏显示：单击该按钮可以清除窗口中的标题栏、功能区和选项板等界面元素，使 AutoCAD 的绘图窗口全屏显示。

自定义：用户可以自定义状态栏。用 MODEMACRO 系统变量可将应用程序能识别的大多数数据显示在状态栏中。利用该系统变量的计算、判断和编辑功能可以完全按照用户的要求构造状态栏。

10. 快速访问工具栏和交互信息工具栏

快速访问工具栏中包括“新建”“打开”“保存”“另存为”“从 Web 和 Mobile 中打开”“保

存到 Web 和 Mobile”“打印”“放弃”“重做”等几个常用的工具。另外，用户也可以单击此工具栏后面的按钮展开下拉列表，然后选择所需的工具。

交互信息工具栏中包括“搜索”“Autodesk Account”“Autodesk AppStore”“保持连接”“单击此处访问帮助”等几个常用的数据交互访问工具按钮。

11. 导航栏

导航栏是一种用户界面元素，分为通用导航工具和特定产品导航工具。前者是指那些可在多种 Autodesk 产品中都用的工具，后者是指特定产品所用的工具。

导航栏在当前绘图区域的一个边上方沿该边浮动。单击导航栏上的按钮之一或选择单击按钮后出现的列表中的某一工具，便可启动导航工具。

二、基本概念

(1) 坐标系统及坐标：一般采用直角坐标系统，平面坐标是 $X—Y$ 系统，三维坐标是 $X—Y—Z$ 系统，原点常设在屏幕的左下角。通常，水平方向为 X 坐标(水平向右为 X 轴正向)，垂直方向为 Y 坐标(垂直向上为 Y 轴正向)，对于 $X—Y—Z$ 系统，Z 轴正向为垂直于显示屏幕朝外。

坐标有绝对坐标、相对坐标之分。从坐标原点进行度量的坐标称为绝对坐标，相对于当前点进行度量的坐标称为相对坐标。相对坐标可用坐标增量形式或极坐标形式表示。

(2) 绘图边界：用 AutoCAD 在屏幕上作图时，限制在矩形区域内进行，这个矩形就称为绘图边界。绘图边界由矩形左下角、右上角两个角点来定义，需要用 LIMITS(绘图边界)命令或 SETVAR(系统变量管理) 命令设置后才有效。系统规定有初始值，一般我们应按制图国家标准规定的图幅进行设置，如 A3 图幅(420×297)把绘图边界左下角设为(0，0)，右上角设为(420，297)。

(3) 绘图单位(屏幕单位)：AutoCAD 在屏幕上所作图形的尺寸采用绘图单位，无量纲。如两点间距是 4，则表示 4 个绘图单位，它可以代表实际图形的 4 mm、4 cm、4 m、4 英寸等，具体尺寸在绘图机或打印机输出图形时决定。

(4) 图形实体(图元)：图形元素称为图形实体，任何复杂的图形都是由图形实体组成的。图形实体是用单个命令绘出的。简单的图形实体有点(POINT)、直线(LINE)、圆(CIRCLE)、圆弧(ARC)、文字(TEXT)等；复杂的图形实体有尺寸(如 DIMLINEAR)、块(BLOCK)、形(SHAPE)等。

(5) 图层、线型、线宽与颜色：AutoCAD 把一张图分为若干层，把不同性质的图分别画在不同的层上，每一层使用一种线型、一种线宽和一种颜色。如工程图样上的线型有实线、虚线、点画线、双点画线等，线宽有粗线、细线等。在绘制工程图样时，可把粗实线画在一个图层上，颜色选白色；细点画线画在另一个图层上，颜色选红色；细虚线画在第三个图层上，颜色选绿色等等。

AutoCAD 系统自动定义的图层为“0”层，该层默认设置为细实线、白色，其他的图层及层上的线型、线宽和颜色要由用户定义。引入图层有两个明显的优点：一是节省存储空间，存储图形实体时只需要存其几何数据和它所在的图层名即可，线型、线宽和颜色等属性数据不需要随实体的几何数据一起存入；二是便于图形修改，引入图层后，若要修改线型、线宽或颜色，只需将实体所在图层的线型、线宽或颜色予以修改，实体的线型、线宽或颜色就随之改变。

(6) 图形文件：AutoCAD 生成的图形信息(如直线的端点坐标，圆的圆心、半径等)均以矢量形式存储在图形文件中，图形文件是描述图形映像的信息文件，文件的类型主要是“.DWG”。

(7) 系统变量：用来记录 AutoCAD 系统当前工作环境的变量称为系统变量。AutoCAD 有 700 多个系统变量，每个变量都有名字。系统变量都有初值，存放在标准图形样板(如可用于工程制图的 ACADISO.DWT)中。绝大多数系统变量亦即可读写的系统变量都可用相应的命令或 SETVAR 命令来改变(系统变量也是命令，其值可通过执行命令来修改)。如系统变量 LIMMIN(记录绘图边界左下角)初值为(0，0)，LIMMAX(记录绘图边界右上角)初值为(420，297)，用户可用 LIMITS 命令或 SETVAR 命令来改变这些初值。

(8) 图形样板：记录绘图环境的样板文件(.DWT)称为图形样板，图形样板分为标准图形样板和用户图形样板。标准图形样板依据制图方面的国际标准或一些行业标准制定而成，由系统提供，如依据制图国际标准制作的图形样板 ACADISO.DWT(单位为公制)；标准图形样板记录了初始的绘图环境，该环境由系统变量初值决定。用户图形样板是在标准图形样板基础上根据用户需要修改系统变量值、定义图层、定义图块等，之后存图而生成的。考虑到标准图形样板中的绘图环境与我国制图标准规定的差异，同时为使用方便，可以制作一个符合制图国家标准规定的用户图形样板，可命名为 ACADISO.DWT。ACADISO.DWT 中的绘图环境可配置如下：

① 绘图边界。绘图边界按国家标准 A3 图幅设置，即左下角为(0，0)，右上角为(420，297)。

② 图层、线型、线宽及颜色。设置了七层，各层线型、线宽和颜色如下：

层名	线型	线宽	颜色	说明
1	实线	0.5	白色	粗实线层
2	点画线	0.25	红色	细点画线层
3	虚线	0.25	绿色	细虚线层
4	实线	0.25	青色	细实线层
5	双点画线	0.25	黄色	细双点画线层
6	虚线	0.5	蓝色	粗虚线层
7	点画线	0.5	品红色	粗点画线层

其中，“1”层为当前层(处于激活状态的图层)，若绘制图形，则该图形以粗实线绘出，以白色显示。上述线型设置中，虚线、点画线和双点画线分别使用了标准线型库文件 ACADISO.LIN 中的 JIS_02_4.0(虚线)、JIS_08_25(点画线)、JIS_09_29(双点画线)，并将系统变量 LTSCALE(线型比例)的值设为 0.8。

③ 字样。西文字符中的数字和字母采用斜体，即字头向右倾斜 15°，字体采用了字体文件 GBENOR.SHX，字样名为“GBX”；汉字字体采用了仿宋体，字体的宽度因子值设为 0.7，字样名为“HZF”。

④ 尺寸标注。对几个尺寸变量(系统变量的一部分)的值进行了修改,如将DIMTXSTY(尺寸数字的字样)的值设为"GBX",DIMDSEP(小数分割符)的值设为".",DIMEXO(尺寸界线起点偏移量)的值设为0,DIMTXT(尺寸数字字高)的值设为3.5等。

利用用户图形样板作图时不再需要设置图层、线型、字体等,启动AutoCAD或执行NEW命令均可进入上述绘图环境,使用很方便。本书后面内容中绘图环境未作声明时均指修改后的ACADISO.DWT。

三、命令的输入

在绘图或图形编辑状态下,当屏幕底部出现提示符"命令:"时,为输入AutoCAD命令状态,输入命令的方法有以下几种:

(1) 从键盘输入。在键盘上敲入命令名(必须为英文名),回车或按空格键后执行命令;按ESC键终止当前命令。

(2) 从菜单栏及下拉式菜单输入。

(3) 从工具栏输入。

(4) 从选项卡及面板菜单输入。

无论采用哪种输入命令的方法,都可以在下一个"命令:"提示后,用空格键或回车键响应重复前一次命令。

为了使用方便,图14-14列出了常用命令(如实体绘图命令、图形编辑命令、实用命令等)的键盘输入命令名和工具栏图标的对照图。

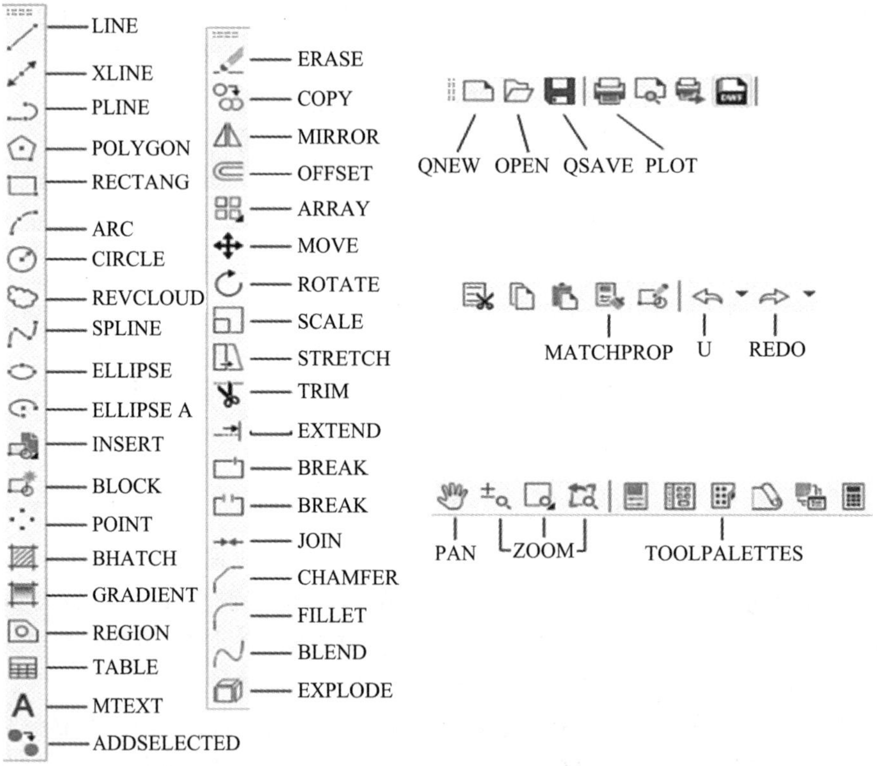

图14-14 常用命令的命令名和工具栏图标的对照图

四、数据的输入

命令输入后，命令提示区出现提示，要求用户输入有关信息，如坐标值、角度等。输入数据与要求的数据类型不一致时会出现输入类型错误的提示，多数命令会重新提示用户，直至输入正确为止。输入数据的种类由提示符决定。

1. 坐标点的输入

提示符：点(或角点、位置、起点等)。

(1) 用绝对坐标输入：输入点的 x，y 坐标，中间用逗号隔开。如“12.5，6.7”表示某点的 x 坐标为 12.5，y 坐标为 6.7。

(2) 用相对坐标的坐标增量形式输入：输入格式为“@△x，△y”，表示相对于当前点的坐标增量。如当前点为(10，8)，输入的相对坐标为“@4，－2”，等效于绝对坐标为(14，6)的点。

(3) 用相对坐标的极坐标形式输入：输入格式为“@距离＜角度”，表示相对于当前点的距离和角度(单位为度)。例如输入“@4.12＜30”说明该点相对于当前点的距离为 4.12，由当前点到该点构成的向量与 X 轴正向之间的夹角为 30°。

(4) 用鼠标器、数字板等设备拖动光标输入点。

(5) 用 AutoCAD 的对象捕捉(对象捕捉见本章后面介绍)、过滤符输入点。

2. 数值的输入

常用的提示符有：高度、宽度、长度、半径、行数、列数等。

按提示符类型输入具体数值。

3. 角度输入

提示符：角度。

输入角度数值。角度值通常用十进制数度量，单位为度。如输入 35.26，则表示 35°15′36″。X 轴正向为角度度量的起始，且逆时针方向度量时角度为正值，顺时针方向度量时角度为负值。角度也可用两点来输入，系统会自动计算出第一点到第二点的向量与 X 轴正向的半角，将此角作为要输入的角度。

五、AutoCAD 定义的功能键

AutoCAD 在键盘上定义了一些功能键，在操作时使用非常方便，也很有用。这些功能键有：

F1——帮助键。

F2——文本显示与图形显示转换键(用于单显示器配置时)。

F3——对象捕捉方式开关。

F7——栅格点显示开关。

F8——正交方式开关。

F9——捕捉栅格开关。

F10——极轴方式开关。

F11——对象捕捉追踪开关。

六、实用命令

1. LIMITS(绘图边界)命令

绘图前先把自己所需的实际作图幅面大小设置到屏幕绘图区中，以便在屏幕上按实际图形大小绘图。设置绘图边界的操作为

命令：LIMITS↙

指定左下角点或［开(ON)/关(OFF)］<当前值>：左下角坐标↙

指定右上角点 <当前值>：右上角坐标↙

例如，要在 A2 幅面上作图，需将左下角坐标定为(0，0)，右上角坐标定为(594，420)，具体操作为

命令：LIMITS↙ 0，0↙ 594，420↙

上面省略了提示内容。为书写简洁起见，以后我们举例时也采用这种方法叙述命令的执行过程。

“ON”和“OFF”为打开和关闭边界限制功能，在“ON”状态时，超界的图形不能绘出；在“OFF”状态(系统默认状态)时，图形超界也可以绘制。

2. NEW、QNEW(新建)命令

NEW、QNEW 命令均用于创建一个新的图形文件。菜单栏对应 NEW 命令，而工具栏对应 QNEW 命令。命令操作为

命令：NEW↙或QNEW↙

命令执行后，屏幕上显示图 14－15 对话框。在该对话框中，可以不使用图形样板而采用系统内部设置创建一个新的图形文件，但通常指定图形样板来创建新的图形文件，如采用前述的用户图形样板 ACADISO. DWT 创建新的图形文件。

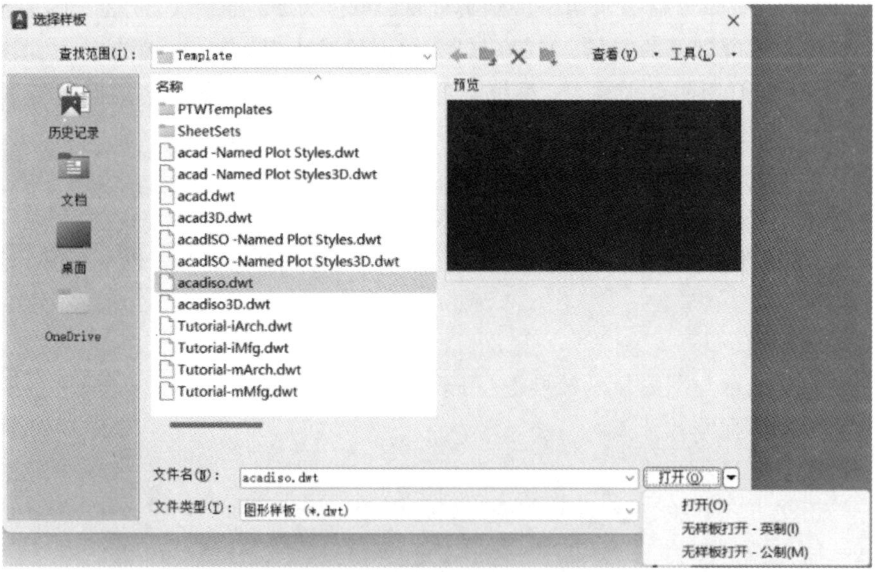

图 14－15　创建新图形对话框

菜单操作：文件→新建

3. SAVEAS、QSAVE(存图)命令

在绘图过程中应及时将图形文件保存，以免因意外断电或操作失误造成损失。存储的文件名可以是当前名，也可以重新命名。这些命令执行后，将当前文件保存为后缀为“.DWG”的图形文件，不退出图形编辑状态。菜单栏对应 SAVEAS(另存为)、QSAVE(保存)命令，而工具栏对应 QSAVE 命令。保存图形的命令操作为

命令：SAVEAS↙

命令执行后，弹出图 14-16 所示的对话框，用户可以直接从“文件名”编辑框中输入图形文件名，也可以从下拉列表中选择存储文件的盘符和路径后再选择列表框中已存文件名，单击“保存”按钮，然后关闭对话框。QSAVE 命令第一次执行时要输入文件名，以后执行时不提问文件名，直接用当前文件名存图。

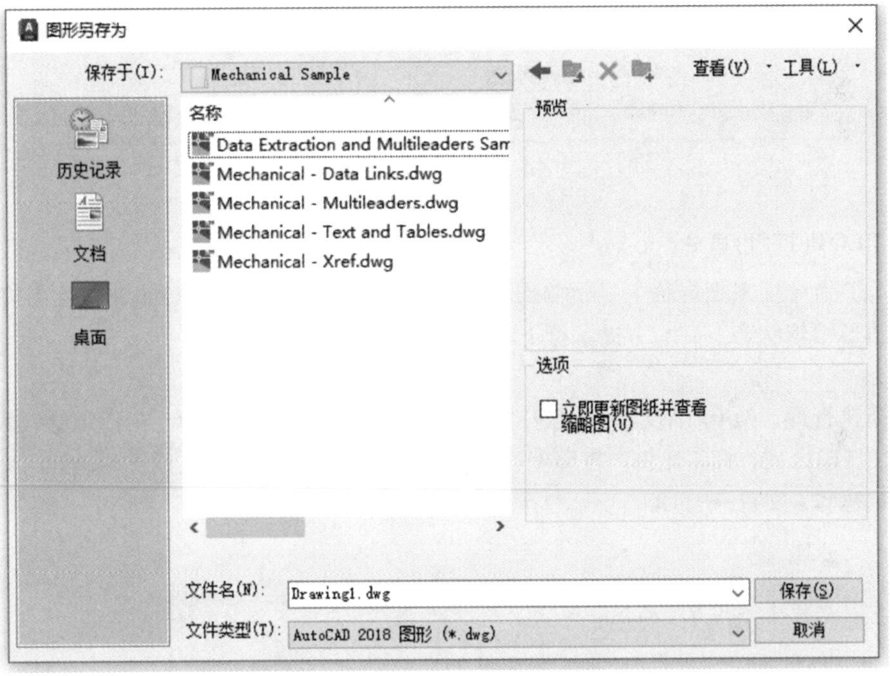

图 14-16　文件保存对话框

菜单操作：文件→另存为 或 文件→保存

4. OPEN(打开)命令

打开已经存在的图形文件可使用 OPEN 命令，命令操作为

命令：OPEN↙

激活 OPEN 命令后，AutoCAD 显示“选择文件”对话框，如图 14-17 所示，选择或键入一个图形文件后，单击“打开”按钮即可打开此图形文件并在屏幕上显示其图形。如果单击“打开”按钮右侧的箭头，则可按只读方式或者局部打开方式打开图形文件。

菜单操作：文件→打开

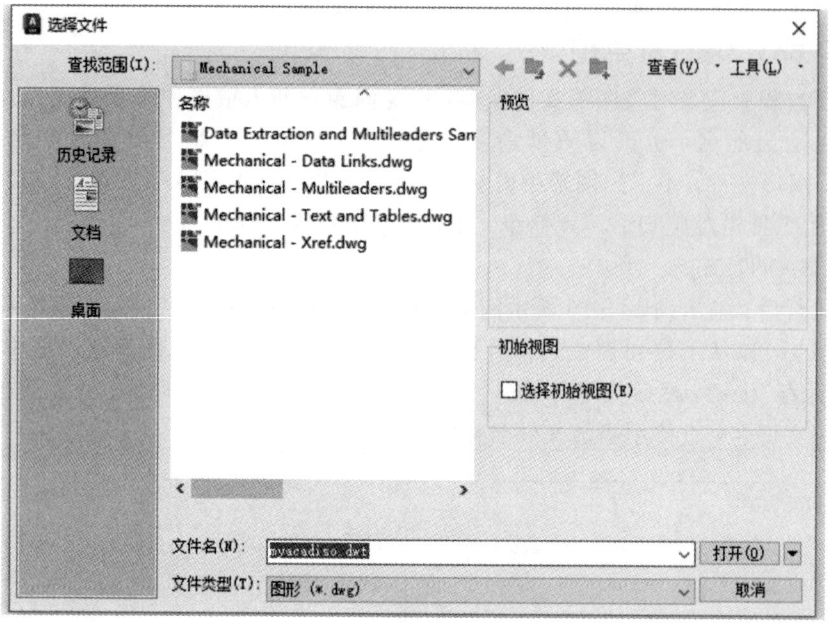

图 14-17　OPEN 命令对话框

5. PLOT(打印)命令

PLOT 命令用来把屏幕上显示的图形通过绘图机(或图形打印机)输出。绘图完成后仍返回到图形编辑状态"命令："提示符下。PLOT 命令操作为

命令：PLOT↙

命令执行后，AutoCAD 将弹出"打印"对话框，如图 14-18 所示。在指定绘图设备、图纸尺寸、打印区域、打印比例、打印偏移后，单击"确定"按钮就可完成图形输出。

菜单操作：文件→打印

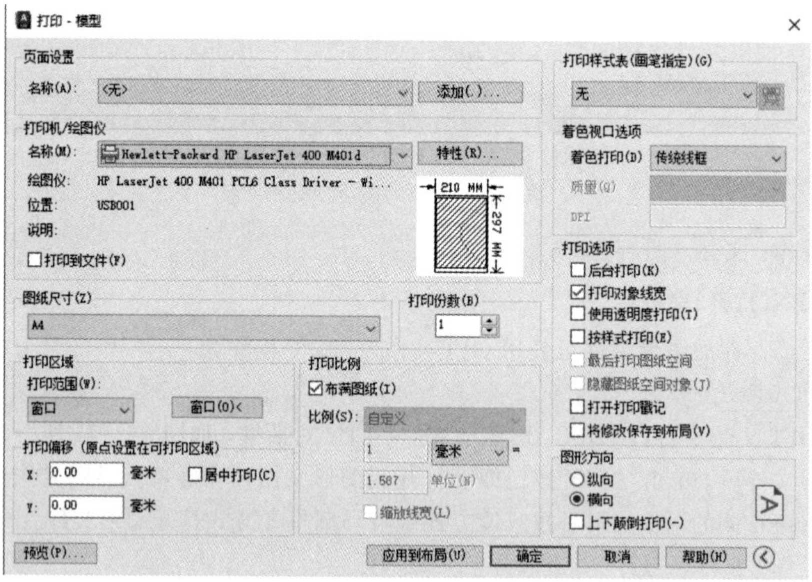

图 14-18　PLOT 命令对话框

6. CLOSE(关闭)命令

关闭当前的图形文件可使用 CLOSE 命令，命令操作为

命令：CLOSE↙

如果未存储已做修改的当前图形，则 AutoCAD 会显示“是否将改动保存到 * * *. dwg?”的对话框。选择“是”、“否”、“取消”分别完成存储并关闭、不存储关闭和取消关闭命令操作。用户也可以单击当前图形窗口右上角的“关闭”按钮进行关闭。

菜单操作：文件→关闭

7. QUIT(退出)命令

退出 AutoCAD 系统。

命令：QUIT↙

如果未存储修改过的图形，则 AutoCAD 会显示“是否将改动保存到 * * *. dwg?”的对话框。选择“是”、“否”、“取消”分别完成存储退出、不存储退出和取消退出命令操作。用户也可以单击屏幕右上角的“关闭”按钮退出系统。

菜单操作：文件→退出

14.2　AutoCAD 的二维绘图

一、实体绘图命令

AutoCAD 提供了丰富的绘图命令，其中有一类命令执行后生成 AutoCAD 的图形实体，我们称之为实体绘图命令。这里要指出的是，线的粗细取决于实体绘制时所在的图层，按下状态栏的线宽显示按钮，就可以看到线的粗细(用户可以使用线宽设置命令 LWEIGHT 调整线宽显示的比例，以使图形显示协调)。下面介绍一些常用的实体绘图命令。

1. LINE(直线)命令

该命令用于绘制直线段或折线。折线的每一段就是一个图形实体。LINE 命令操作为

命令：LINE↙

指定第一点：第一点坐标↙

指定下一点或［放弃(U)］：第二点坐标↙

指定下一点或［放弃(U)］：第三点坐标↙

指定下一点或［闭合(C)/放弃(U)］：第四点坐标↙

⋮

指定下一点或［闭合(C)/放弃(U)］：↙(结束命令)

屏幕上绘出由这些点连成的折线。

说明：

(1) 提示项中不带方括号的选项通常为默认方式；

(2) 方括号中为可选择项，斜杠为各选择项的分隔符；

(3) 各选择项中的大写字母为选择该项的输入内容；

(4) 提示项中带尖括号的项为默认方式或默认值，直接回车表示采用该方式或该值。

上述LINE命令提示项中，用“U”响应，即删除刚画的线段；用“C”响应，则画出由最后一点与第一点连起来的封闭图形并结束LINE命令。

菜单操作：绘图→直线

[例14-1] 绘制图14-19中的封闭多边形ABCD。

解 绘制该多边形的操作为

命令：LINE↙ 50，50↙ 130，50↙ 130，100↙ 50，100↙ C↙(结束命令)

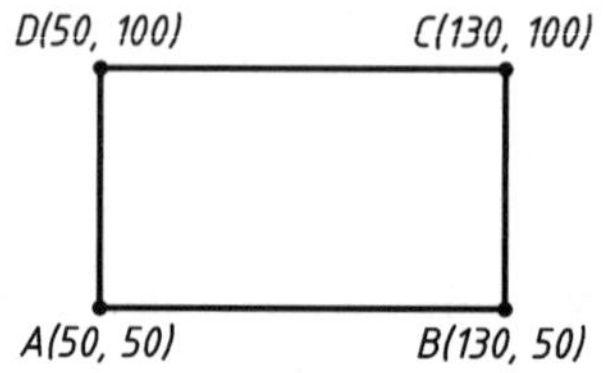

图14-19 封闭多边形

2. CIRCLE(圆)命令

该命令画圆。圆的画法有六种，可通过在下拉式菜单中选择不同的菜单项来选择不同的画圆方式。

(1) 圆心、半径方式(**菜单操作：**绘图→圆→圆心、半径)。

命令：CIRCLE↙

指定圆的圆心或[三点(3P)/两点(2P)/切点、切点、半径(T)]：圆心坐标↙(采用默认方式)

指定圆的半径或[直径(D)]<缺省值>：半径值↙

(2) 圆心、直径方式(**菜单操作：**绘图→圆→圆心、直径)。

命令：CIRCLE↙

指定圆的圆心或[三点(3P)/两点(2P)/切点、切点、半径(T)]：圆心坐标↙

指定圆的半径或[直径(D)]<缺省值>：D↙(选直径方式)

指定圆的直径<当前值>：直径值↙

(3) 圆周上三点方式(**菜单操作：**绘图→圆→三点)。

命令：CIRCLE↙ 3P↙(选三点方式)第一点↙第二点↙第三点↙

选用三点方式可以作三角形外接圆。

(4) 两点方式(**菜单操作：**绘图→圆→两点)。

命令：CIRCLE↙ 2P↙(选两点方式)第一端点↙第二端点↙

选用两点方式，即用直径的两个端点画圆。

(5) 两切点一半径公切圆方式(**菜单操作：**绘图→圆→相切、相切、半径，利用两个切点和半径作两个对象实体的公切圆，这里的对象实体是指直线或圆)。

(6) 三切点公切圆方式(**菜单操作：**绘图→圆→相切、相切、相切，利用三个切点作三个对象实体的公切圆)。

[例14-2] 作已知直线和圆的公切圆(见图14-20)。

解 作已知直线和圆的公切圆的操作为

命令：CIRCLE↙

指定圆的圆心或［三点(3P)/两点(2P)/切点、切点、半径(T)］：T↙

指定对象与圆的第一个切点：指对象 P_1↙

指定对象与圆的第二个切点：指对象 P_2↙

指定圆的半径<当前值>：半径值↙

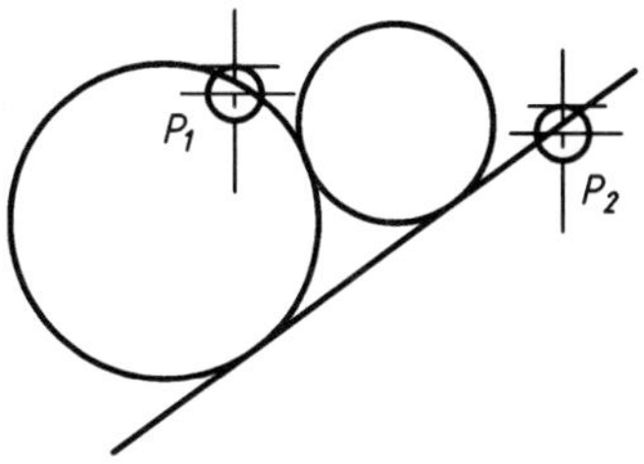

图 14－20　作已知直线和圆的公切圆

指定对象的方法是移动屏幕上带靶框的十字光标对准对象实体，且靠近要作公切圆的部位，如图 14－20 中的 P_1、P_2 就是指定对象点。对象点 P_1、P_2 在实体上位置不同，公切圆的位置会发生变化。

3. ARC(圆弧)命令

该命令画圆弧，画圆弧的方式有多种。在下拉菜单中点取不同的菜单项来选择不同的画圆弧方式。这里介绍三种常用的画圆弧方式。

(1) 起点、圆心、终点方式(**菜单操作**：绘图→圆弧→起点、圆心、端点)。

命令：ARC↙

指定圆弧的起点或［圆心(C)］：30，15↙　(起点)

指定圆弧的第二个点或［圆心(C)/端点(E)］：C↙　(选圆心项)

指定圆弧的圆心：15，15↙　(圆心)

指定圆弧的端点(按住 Ctrl 键以切换方向)或［角度(A)/弦长(L)］：15，35↙　(终点不一定在弧上，仅用来确定圆心角)

仅输入端点时，该方式从起点到终点按逆时针方向画弧，如图 14－21 所示。

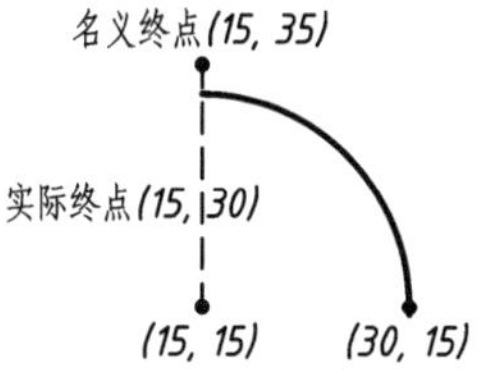

图 14－21　“起点、圆心、终点”方式画圆弧

(2) 起点、圆心、圆心角方式(**菜单操作**：绘图→圆弧→起点、圆心、角度。)

命令：ARC↙

指定圆弧的起点或［圆心(C)］：20，10↙

指定圆弧的第二个点或［圆心(C)/端点(E)］：C↙

指定圆弧的圆心：10，10↙

指定圆弧的端点(按住 Ctrl 键以切换方向)或[角度(A)/弦长(L)]：A↙ (选圆心角方式)

指定夹角(按住 Ctrl 键以切换方向)：90 或 -90↙ (圆心角)

圆心角为正值按逆时针方向画弧，为负值或输入正值但按住 Ctrl 键时按顺时针方向画弧。

(3) 起点、终点、半径方式(**菜单操作**：绘图→圆弧→起点、端点、半径)。

命令：ARC↙

指定圆弧的起点或[圆心(C)]：30，15↙ (起点)

指定圆弧的第二个点或[圆心(C)/端点(E)]：E↙ (选终点方式)

指定圆弧的端点：15，30↙ (终点)

指定圆弧的中心点(按住 Ctrl 键以切换方向)或[角度(A)/方向(D)/半径(R)]：R↙ (半径方式)

指定圆弧的半径(按住 Ctrl 键以切换方向)：-15↙ (半径值)

半径为负值，按逆时针方向画大于 180°的优弧；半径为正值时，按逆时针方向画劣弧，如图 14-22 所示。当按住 Ctrl 键时，按顺时针方向画此两圆弧的补弧。

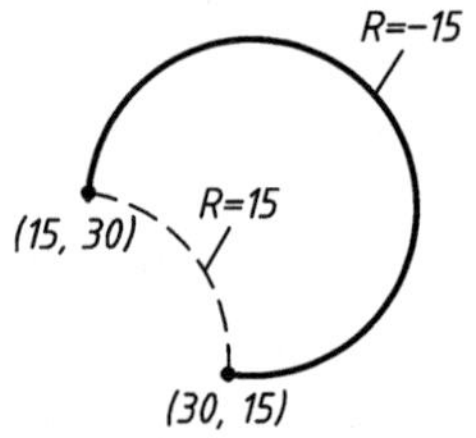

图 14-22 “起点、终点、半径”方式画圆弧

4. PLINE(多段线)命令

该命令用来绘制直线段、折线、圆弧及线段与圆弧组成的图线。图线的宽度可以调整，同一条线在起点处和终点处的宽度可以相等(如粗细均匀的线)，也可以不等(如锥形线)。这里要特别强调的是，若要用 PLINE 命令绘制图样中的均匀粗线，为了不和图层线宽发生冲突，要求将 PLINE 命令的线宽设为 0，这样 PLINE 命令绘制的图线宽度由图层线宽控制。执行一次 PLINE 命令绘制的图线是一个图形实体，可以用其他命令方便地对它进行编辑(如修改、曲线拟合等)、倒圆角等操作。

PLINE 命令操作为

命令：PLINE↙

指定起点：线或弧起点坐标↙

当前线宽为 0.0000

指定下一个点或[圆弧(A)/半宽(H)/长度(L)/放弃(U)/宽度(W)]：

(1) 指定线宽，选择 W 项。

用“W”响应，接着提问：

指定起点宽度<当前值>：始端线宽值↙

指定端点宽度<当前值>：终端线宽值↙

除了使用“W”设置线宽外，还可在执行 PLINE 命令之前修改系统变量 PLINEWID 值来设置多段线的线宽。若不修改线宽，则按当前线宽绘图。

(2) 直线方式。

指定线宽后继续输入线段的第二点、第三点……，可连续画出折线。这是 PLINE 命令的默认绘图方式。

输入“C”，把最后一点与第一点连起来构成封闭图线，并结束 PLINE 命令。

输入“U”，删除刚画的线。

画完最后一段线后，按回车结束 PLINE 命令。

(3) 圆弧方式。

在有“圆弧(A)”的提示后输入“A”，转入圆弧方式，通常出现提示：

指定圆弧的端点(按住 Ctrl 键以切换方向)或

[角度(A)/圆心(CE)/闭合(CL)/方向(D)/半宽(H)/直线(L)/半径(R)/第二个点(S)/放弃(U)/宽度(W)]：

下面介绍其中四种响应方式：

① 用一点回答，采用默认方式。该点被确认为弧的终点，将要画的弧总是把最后所画直线或弧的终点作为始点，并与直线或弧保持相切关系同时达到光滑连接，画弧的方向系统自动确定。

② 输入“CE”，选圆心方式画弧(所画的弧不一定与前面线相切)，接着提示：

指定圆弧的圆心：圆心坐标↙

指定圆弧的端点(按住 Ctrl 键以切换方向)或[角度(A)/长度(L)]：

仅输入点，该点为所画圆弧的终点，按“起点、圆心、终点”方式逆时针画弧。

输入“A”，提示

指定夹角(按住 Ctrl 键以切换方向)：圆心角度值↙　(角度值为正值时，逆时针画弧；角度值为负值或输入正值但按住 Ctrl 键时，顺时针画弧)

③ 输入“CL”，在当前点和起点之间用圆弧封闭图线，并结束命令。

④ 输入“L”，回到画直线方式。

菜单操作：绘图→多段线

[例 14-3]　用 PLINE 命令绘制图 14-23 所示的图形，线宽为 10。

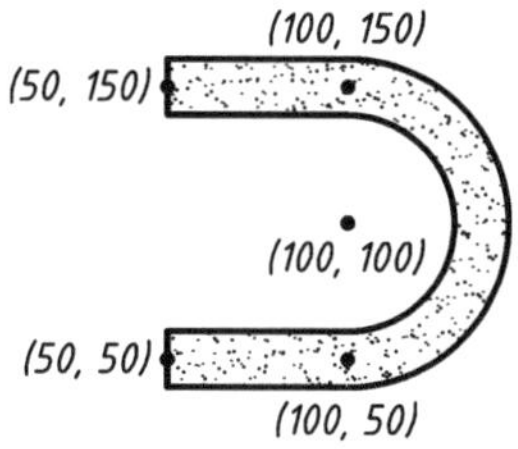

图 14-23　用 PLINE 命令绘制多段线

解　命令操作如下：

命令：PLINE↙50，50↙W↙10↙10↙100，50↙(第一线段的终点)A↙(转圆弧方式)100，150↙(圆弧终点)L↙(转直线方式)50，150↙(第二段直线终点)↙(结束命令)

[例 14-4]　用 PLINE 命令绘制图 14-24 所示的图形，线宽为 0.5。

解　前述用户图形样板的“1”层为粗实线，先将图层换到“1”层(后面介绍换层的方

法),然后执行 PLINE 命令。命令操作如下:

命令:PLINE↙100,100↙(起点)W↙0↙0↙(设置线宽)115,100↙A↙(转圆弧方式)CE↙100,100↙(圆心)102,114.86↙(弧终点)L↙(转直线方式)102,109↙98,109↙98,114.86↙A↙(转圆弧方式)CE↙100,100↙85,100↙L↙(转直线方式)C↙(闭合图线结束命令)

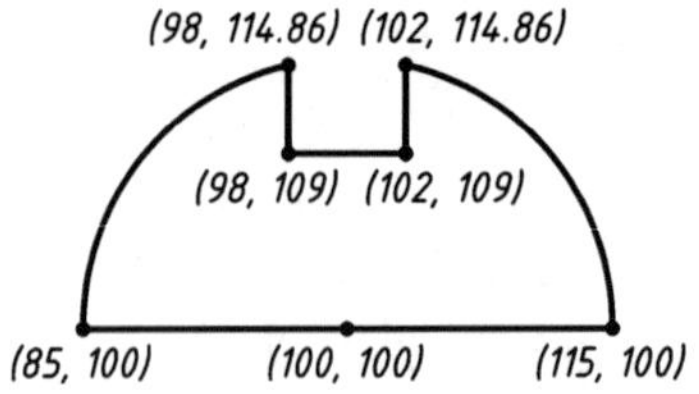

图 14-24　用 PLINE 命令综合作图

[例 14-5] 用 PLINE 命令绘制图 14-25 所示的变线宽的图形(箭头图形)。

解　命令操作如下:

命令:PLINE↙60,30↙W↙0↙2↙(始端为 0,终端为 2)@10,0↙W↙0↙0↙@12,0↙↙(结束命令)

图 14-25　PLINE 命令绘制箭头图形

5. RECTANG(矩形)命令

该命令可绘制矩形、带圆角矩形、带切角矩形(多段线类型)等图形。RECTANG 命令操作为

命令:<u>RECTANG</u>↙

指定第一个角点或[倒角(C)/标高(E)/圆角(F)/厚度(T)/宽度(W)]:<u>20,20</u>↙(矩形一个角点)

指定另一个角点或[面积(A)/尺寸(D)/旋转(R)]:<u>120,80</u>↙(矩形另一个角点)

输入"F",绘制带圆角矩形,接着要求输入圆角半径。

输入"C",绘制带切角矩形,接着要求输入切角距离。

菜单操作:绘图→矩形

6. POLYGON(正多边形)命令

该命令可绘制 3~1024 条边的正多边形,每个多边形是一个图形实体(多段线类型)。

POLYGON 命令操作为

命令:<u>POLYGON</u>↙

输入边的数目<当前值>:<u>边数</u>↙

指定正多边形的中心点或[边(E)]:

对此提示,有两种回答方式:

(1) 输入"E",即选择边长方式。接着提示:

指定边的第一个端点:<u>第一端点 P_1</u>↙

指定边的第二个端点:<u>第二端点 P_2</u>↙

点 P_1 与点 P_2 间的距离决定了正多边形的大小。但点 P_1 和点 P_2 的空间位置将影响多边形的绘制位置，因为多边形将按从点 P_1 至点 P_2 的顺序逆时针构成，如图 14－26 所示。

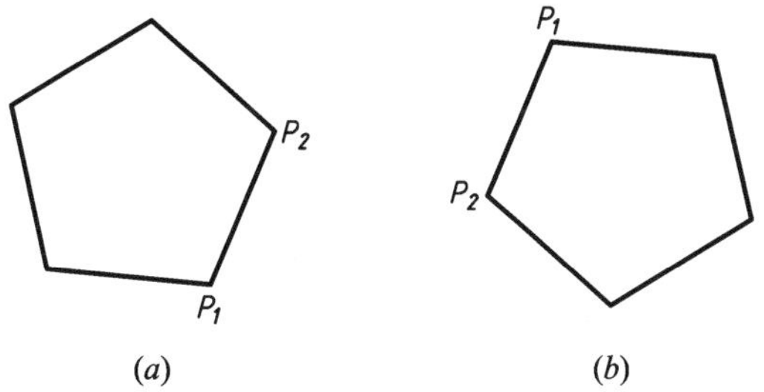

图 14－26　“边”方式绘制多边形

（2）输入一点，采用默认方式，则该点为多边形的中心，如图 14－27 和图 14－28 中的点 P_1。接着提示：

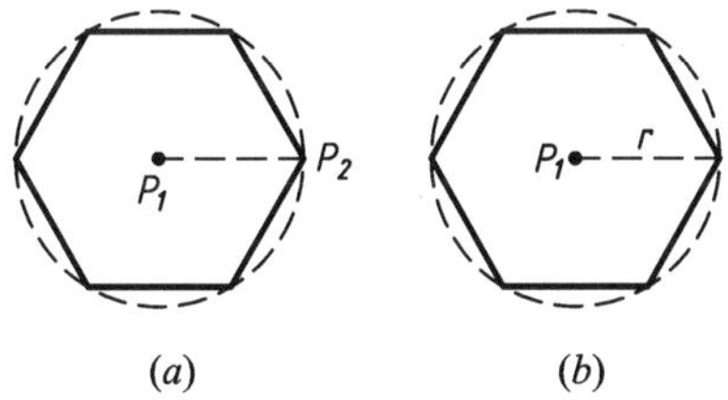

图 14－27　用“I”方式绘制多边形

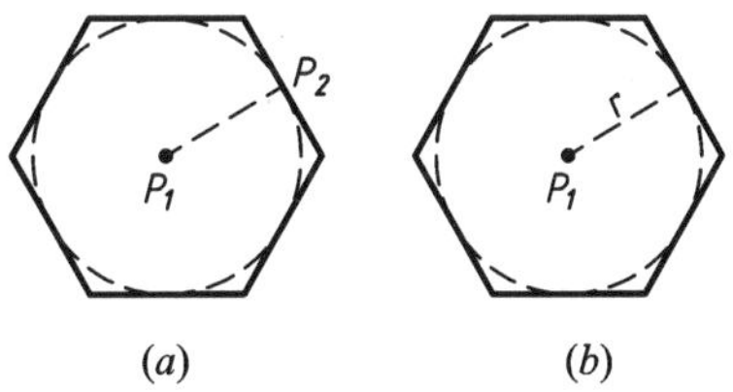

图 14－28　用“C”方式绘制多边形

输入选项［内接于圆(I)/外切于圆(C)］<I>：I 或 C↙(I 表示多边形将内接于圆，C 表示多边形外切于圆)

指定圆的半径：点 P_2 或半径值↙

在输入半径的提示下，有两种回答方式：

① 若输入一点 P_2，绘制多边形的方式是：对于内接于圆的多边形，则将该点作为多边形的一个顶点(见图 14－27(*a*))；对于外切于圆的多边形，则将该点作为多边形一条边的中点(见图 14－28(*a*))。

② 若输入数值，则将其作为半径值，按多边形的底边为水平线绘出多边形(如图 14－27(*b*)和图 14－28(*b*)所示)。

图中的虚线图在屏幕上并不显示。

菜单操作：绘图→正多边形

7. SPLINE(样条曲线)命令

SPLINE 命令用于绘制非均匀有理 B 样条曲线。该命令绘制曲线需要的条件为：特征点、起点和终点的切线方向(由起点、终点和另指的一点形成切线方向，不指定点时采用系统默认的切线方向)、拟合公差。拟合公差为 0(默认情况)时绘制插值曲线，为正值时绘制逼近曲线。此命令可用来绘制图 14－29 所示的波浪线。

图 14－29　用 SPLINE 命令画波浪线

SPLINE 命令操作为

命令：SPLINE↙

当前设置：方式＝拟合　节点＝弦

指定第一个点或[方式(M)/节点(K)/对象(O)]：第一点↙

输入下一点或[起点切向(T)/公差(L)]：第二点↙

输入下一点或[端点相切(T)/公差(L)/放弃(U)]：第三点↙

输入下一点或[端点相切(T)/公差(L)/放弃(U)/闭合(C)]：第四点↙

…

输入下一点或[端点相切(T)/公差(L)/放弃(U)/闭合(C)]：最后一点↙

输入下一点或[端点相切(T)/公差(L)/放弃(U)/闭合(C)]：↙（回车）

8. STYLE(字样)命令

该命令用来修改和建立字样定义，即用户可以使用 STYLE 命令对 AutoCAD 系统提供的多种字体(这些字体都是以形文件(后缀为“. shx”)的形式存储在磁盘上，如 GBENOR. SHX(制图字体)等，每种字体对应一个字体文件)进行按比例缩放、倾斜、反写、倒写等处理，从而形成新字样，以供 TEXT 以及尺寸标注命令使用。STYLE 命令操作为

命令：STYLE↙

屏幕上弹出如图 14－30 所示的对话框。用户可以在此对话框中进行文字样式的创建和修改。

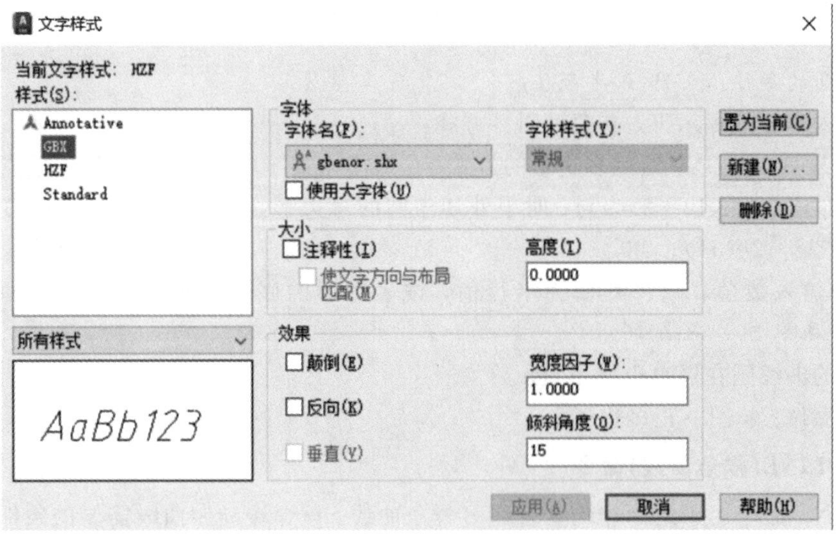

图 14－30　STYLE 命令对话框

创建一个字样的基本步骤如下：

(1) 单击“新建”按钮，在弹出的窗口中输入要创建的字样名；

(2) 在“字体名”列表中选择字体(可以为 AutoCAD 字体，也可以为 Windows 字体)；

(3) 输入字的高度。字高若输入 0，则每次用该样式绘制文字时，AutoCAD 都将提示

输入文字高度；输入大于 0 的高度值(高度固定)，则表示该样式的文字高度；

(4) 输入宽度因子、倾斜角度等反映写字效果的参数；

(5) 根据需要从左上方列表中选一种字样，单击“置为当前”按钮；

(6) 单击“关闭”按钮，关闭对话框。

创建字样时，用户还可以定义文字的注释性。文字分为注释性文字和非注释性文字。选择了图 14－30 所示对话框中的“注释性”复选框，则以此字样用 TEXT、MTEXT 命令绘制的文字将为注释性文字。定义字样时通常不选择“注释性”复选框，则以此字样绘制的文字将为非注释性文字。

在图 14－30 所示的对话框中，从左上方列表中选一种字样，单击“删除”按钮，则删除该字样；修改字体后，单击“应用”按钮，则当前图中使用该字样的文字立即按修改后的字样绘制，同时实现字样的修改。

图 14－31 为字样参数不同引起的字样的变化。

菜单操作：格式→文字样式

在 AutoCAD 提供的几十种字体中，希腊字体(GREEKS. SHX)在工程图中使用较多。使用时先用 STYLE 命令定义字样，再用 TEXT 命令、MTEXT 命令注写。希腊字体与键盘字符对照表见表 14－1。

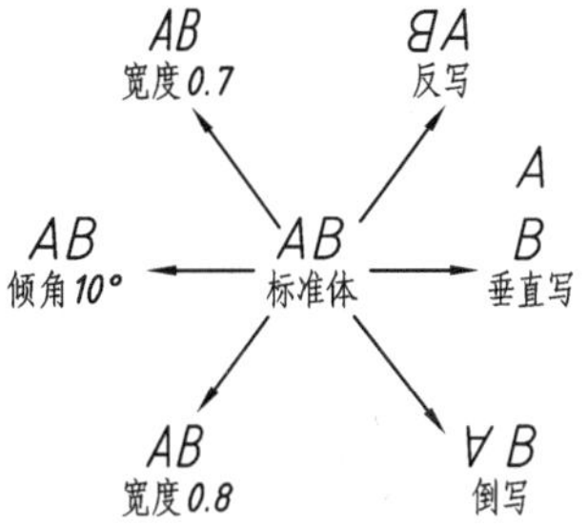

图 14－31　字样参数的变化

表 14－1　希腊字体与键盘字符对照表

键盘字符	A	B	C	D	E	F	G	H	I	J	K	L	M
希腊字符	A	B	X	Δ	E	Φ	Γ	H	I	ϑ	K	Λ	M
键盘字符	N	O	P	Q	R	S	T	U	V	W	X	Y	Z
希腊字符	N	O	Π	Θ	P	Σ	T	ϒ	▽	Ω	Ξ	ψ	Z
键盘字符	a	b	c	d	e	f	g	h	i	j	k	l	m
希腊字符	α	β	χ	δ	ε	φ	γ	η	ι	∂	κ	λ	μ
键盘字符	n	o	p	q	r	s	t	u	v	w	x	y	z
希腊字符	ν	o	π	ϑ	ρ	σ	τ	υ	∈	ω	ξ	ψ	ζ

注：ϑ、▽、∈、∂为非希腊字体。

9. TEXT (文字)命令

这个命令用来在图中注写 ASCII 码(32～126)字符或特殊字符(如制图、数学、音乐等符号)。字符的字体、字样及书写位置按需要设定。

该命令执行一次可书写多行文字，但每行都是独立的，分别是一个图形实体。TEXT 命令操作为

命令：TEXT↙

当前文字样式：“GBX” 文字高度：3.5 注释性：否　对正：左

指定文字的起点或[对正(J)/样式(S)]：

(1) 输入一点，则将该点作为写文字的起点，然后提示

指定高度<当前值>：文字高度值↙

指定文字的旋转角度<0>：文字转角值↙ (通常采用转角值0，即从左往右水平写)

然后在绘图区指定位置输入文字，最后回车结束命令

输入文字时，若要另起一行，则键入回车，系统将新行放在前一行的下面；也可移光标另给写文字的起点。文字书写采用左对齐方式(系统缺省方式)，字体为当前字样。

(2) 输入"J"，出现下面提示，用于选择对齐方式：

输入选项

左(L)/居中(C)/右(R)/对齐(A)/中间(M)/布满(F)/左上(TL)/中上(TC)/右上(TR)/左中(ML)/正中(MC)/右中(MR)/左下(BL)/中下(BC)/右下(BR)]：

输入"C"，中对齐。文字行向中下方基点对齐。

输入"R"，右对齐。文字行向右下侧基点对齐。

输入"A"，指定范围。文字均布在指定的文字行基线两端点之间，高宽比例不变。

输入"M"，中央对齐。文字行向几何中心点对齐。

输入"F"，指定范围。文字位置同"A"，字高不变，但字宽比例随指定范围变化。

输入"TL/TC/TR"之一，以顶部为基准，分别按左、中、右对齐。

输入"ML/MC/MR"之一，以中部为基准，分别按左、中、右对齐。

输入"BL/BC/BR"之一，以底部为基准，分别按左、中、右对齐。

对齐方式指定后，接着提示文字高度、文字行与水平线倾角及注写的文字内容。

(3) 输入"S"，即选择字样，将该字样设为当前字样，然后又回到指定文字的起点的提示处。

[例14-6] 以左对齐方式在基点(60，50)处写字符"ABCD－123"，字高为5，倾角为10°(见图14-32)。

解 命令操作为

命令：TEXT↙

当前文字样式： "GBX" 文字高度： 3.5 注释性：否 对正：左

指定文字的起点或[对正(J)/样式(S)]：60，50↙

指定高度<3.5000>：5↙

指定文字的旋转角度<0>：10↙

ABCD－123↙↙

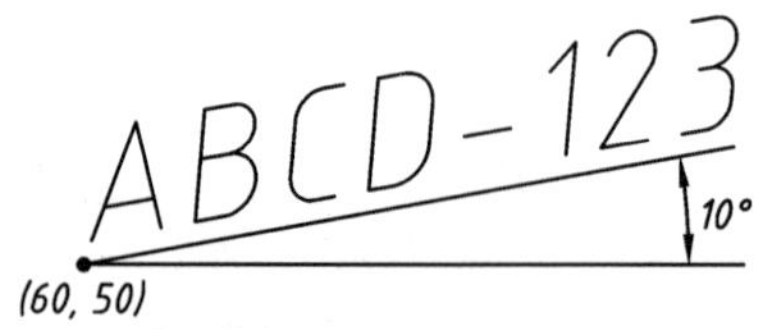

图14-32 TEXT命令注写的文字

用TEXT命令书写键盘上没有的非标准符号时，需采用控制码方法，下面介绍常用的控制码及其含义。

%%d——°(度)；

%%p——±(正负公差符号)；

%%c——ϕ(直径符号)；

%%%——%(百分号)；

%%nnn——书写代码为 nnn(十进制数)的 ASCII 码对应的字符，如“%%139”对应的字符是“￥”。对于代码为 126 以后的 ASCII 码字符，需要用户扩充字体文件。

按照控制码的含义，输入“%%c110%%p0.14”将写出“ϕ110±0.14”字符串。在控制码中，d、p、c 字母大小写等效。

10. MTEXT(文字段落)命令

该命令可以在指定的矩形框内书写多段文字，这些文字作为一个整体段落(一个实体)存在，并可以带有一定的格式，编辑起来也灵活方便，适于书写较长的说明性文字，如工程制图中的技术要求等。MTEXT 命令操作为

命令：MTEXT↙

当前文字样式：“GBX”　文字高度：3.5　注释性：否　对正：左

指定第一角点：第一角点↙

指定对角点或[高度(H)/对正(J)/行距(L)/旋转(R)/样式(S)/宽度(W)/栏(C)]：

输入另一个角点，则弹出如图 14-33 所示的文字输入编辑器。

输入“H”，确定文字字高。

输入“J”，确定段落文字的对齐方式，缺省为左上角。

输入“L”，确定文字行距。

输入“R”，指定文字边框的旋转角度。

输入“S”，指定多行文字所使用的字体样式。

输入“W”，指定多行文字的外框宽度。

输入“C”，设置多行文字的分栏。

在指定了文字框的第二角点或指定了宽度后，均弹出图 14-33 所示的文字输入编辑器，其用法与 Word 类似。用户可以进行字样选择、字体选择、字高设置及其他格式的设定，并在下方文本编辑区中输入和编辑段落性文字。最后单击“确定”按钮，AutoCAD 将把输入的文字写在指定的范围内。

菜单操作：绘图→文字→多行文字

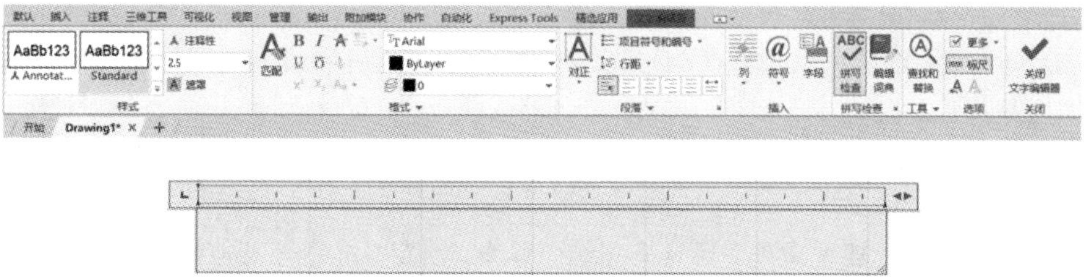

图 14-33　MTEXT 命令的文字输入编辑器

注写汉字是绘制工程图必须解决的问题，其方法是：先用 STYLE 命令设置汉字字样，

其所用字体文件可以是 Windows 系统的点阵汉字字体(如仿宋体),也可以是汉字大字体文件(如果用户有的话);然后用 TEXT 或 MTEXT 命令将字样变为汉字字样输入汉字即可。图 14－34 是利用 Windows 系统的仿宋字体通过 STYLE 命令设置字样,然后用 TEXT 命令注写的。

技术要求

图 14－34 汉字注写示例

二、图层、线型和颜色

AutoCAD 具有图层功能。图层可以想象为没有厚度的透明薄片或透明纸。利用图层我们可以把一幅图上不同种类的实体分别画在不同图层上(图层可打开或关闭以控制图形在屏幕上的显示)。如一张建筑图,有房屋、道路、供水、排水管道等;一张交通图,有公路、铁路等,我们便可按照图形性质将它们分层绘制。

1. 图层的性质

(1) 层名:层名即层的名称,由用户定义。层名可以使用长达 31 个字符,这些字符包括字母、数字、连字符(—)、下划线(_),但不能有空格(在中文 AutoCAD 系统中,层名可为汉字)。一般情况下,图层名应简单易记,使其与图中对象的实际意义有关。AutoCAD 为每个图形文件均定义了一个层,层名是“0”。

(2) 颜色:一个图层只能具有一种颜色。图层的颜色用颜色号表示,颜色号是 1～255 的整数,不同图层可以是不同颜色或相同颜色。前七个颜色号(即标准颜色)所代表的颜色分别为:1—红、2—黄、3—绿、4—青、5—蓝、6—品红、7—白(图层缺省的颜色)。

(3) 线型:一个图层只能具有一种线型。不同的图层可以是不同线型或相同线型。每种线型都有自己的名字。其中,Continuous(实线)线型是图层缺省的线型。系统定义的线型放在 ACADISO. LIN 文件中。用户可以定义自己的线型,也可放在 ACADISO. LIN 文件中。需要注意的是,线型对文字(TEXT)、形(SHAPE)这两个实体不起作用,它们始终以实线绘制。

(4) 线宽:新建图层的线宽为默认值,其初始值为 0.25 mm(可以用 LWEIGHT 命令修改默认值),用户可以从线宽列表中为图层指定线宽。线宽值为 0 时,对打印设备而言是指用最细线打印,而对屏幕显示是指以一个像素的宽度显示。

(5) 可见性:图层可以打开(ON)或关闭(OFF)。关闭后该层上的图形实体不显示。打开的图层是可见的。

(6) 对齐性:各图层是精确对齐的。它们的坐标系、绘图边界、显示时的缩放倍数都相同。

每个图层除了上述性质外,还具有冻结、解冻、锁定、解锁等其他性质。

2. LAYER(图层)命令

该命令执行后,弹出如图 14－35 所示的“图层特性管理器”对话框,在该对话框中,可以创建新的图层,也可以设置图层的属性和状态。LAYER 命令操作为

命令：LAYER↙（或在其它命令执行过程中输入'LAYER 用于透明命令）

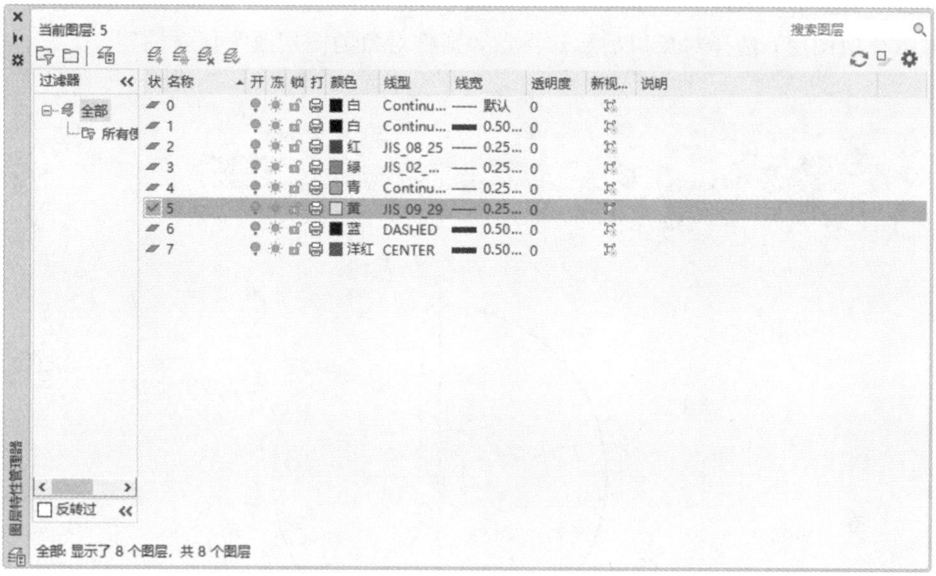

图 14 - 35　“图层特性管理器”对话框

下面简要介绍该对话框中主要选项及其操作。

（1）按钮：新建图层。单击该按钮，系统会在下方列表中显示一个层名为“图层 1”的图层，该层颜色为默认的“白”色、线型为默认的“Continuous”、线宽为“默认”、可见性为“打开”等，用户可以鼠标左键点击这些项目进行修改。

（2）按钮：删除图层。在图层列表框中选定一个图层后单击该按钮可以将其删除（不能删除包含有对象的图层，也不能删除“0”层）。

（3）按钮：设置当前图层（接纳用户当前输入实体的图层）。在图层列表框中选定一个图层后，单击该按钮可以将其设置为当前图层。

（4）图层列表框：以表格的形式，从左到右分别显示了图层状态、图层名、打开/关闭状态、冻结/解冻状态、锁定/解锁状态、颜色、线型、线宽等。对于像“打开/关闭”等只有两种状态的属性，只需单击其属性图标就可以改变其状态；对于像“颜色”等属性，单击属性图标，将打开相应对话框，然后利用对话框来设置属性。

菜单操作：格式→图层

3. 图形对象的属性设置与修改

图形对象的属性指的是图层、颜色、线型、线宽等。这些属性的设置均可在命令行中输入相应命令实现，但更方便、直观的是在图层特性面板（在功能区显示）中完成，在此面板上还可以查看和修改相应的各种属性。下面主要介绍此面板的使用方法，如图 14 - 36 所示。

（1）按钮：用于图层特性管理。单击该按钮，相当于执行 LAYER 命令。

（2）下拉式列表框：用于图层控制。没有选择对象时，该列表框顶部显示了当前图层以及图层状态。当选择了一个对象以后，则显示该对象所在的层；当选择了多个对象以后，如果这些对象都在同一图层上，则显示这个共同的图层，否则不显示任何图层；选择对象以后再选图层，则将对象的图层改为所选图层。

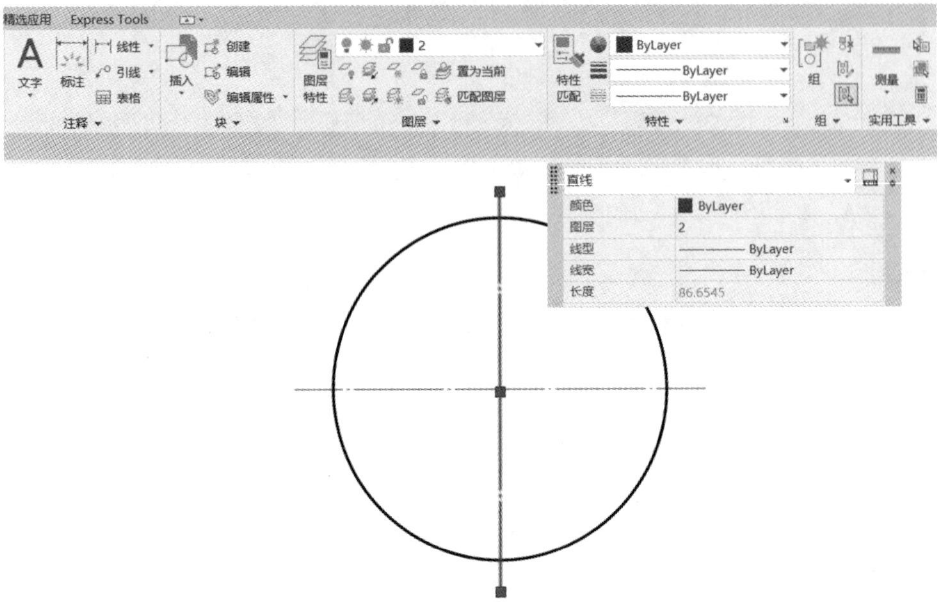

图 14－36　图层面板和对象特性面板

用该控件可以设置当前层，其操作很简单，只需在未选择任何对象的条件下下拉出各列表项，选择所要的图层即可。

该控件还可以修改图层的某些属性，如要设置“0”层的锁定状态，只需下拉列出“0”层，然后在锁定图标上单击鼠标即可。用这种方式设置属性仅限于有两种状态的属性，即打开/关闭、冻结/解冻、锁定/解锁，AutoCAD 用不同的图标显示两种状态。对于其他属性，只能用 LAYER 命令在“图层特性管理器”中设置。

(3) 

按钮：将选定对象的图层设为当前层。单击该按钮，AutoCAD 将提示用户选择一个图形对象，然后把该对象所在的图层设为当前图层。

(4) 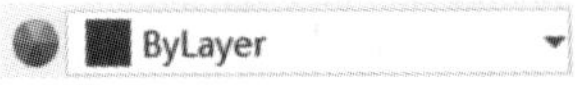

下拉式列表框：用于颜色控制。绘制图形实体的默认颜色是“Bylayer”，即采用图层的颜色作图，这是本书推荐的颜色方式。在没有选择对象时，该列表框显示当前颜色。在选择了一个对象后，则显示所选对象的颜色。若选择了多个对象，如果这些对象颜色相同，则显示他们的共同颜色，否则不显示颜色。

用该控件可以设置当前颜色，也可以修改已存在的图形对象颜色。设置当前颜色可以从下拉列表中选择：ByLayer(随层)，ByBlock(随块)，或选择任一需要的颜色，也可从其底部“选择颜色”选项中选择，AutoCAD 将弹出“选择颜色”对话框，用户在此指定颜色。

如果在使用该控件之前已经选择了一个对象，则可以用该方法修改所选对象的颜色属性。

(5) 

下拉式列表框：用于线型控制。绘制图形实体的默认线型是“Bylayer”，即采用图层的线型作图，这是本书推荐的线型方式。该控件的操作方法和意义与“颜色控制”类同。

(6)  下拉式列表框：用于线宽控制。该控件可以设置当前线宽，也可以修改已存在对象的线宽，操作方法及意义与前面类同。

4. LAYER 命令的命令行执行方式

AutoCAD 中有一些以对话框方式执行的命令，可以采用命令行执行方式，即命令的执行转入命令提示区进行。用户编程开发 AutoCAD 时，必须了解命令的命令行执行方式。而且，有时候命令行执行方式比对话框更为简洁。启动命令的命令行执行方式很简单，只需在命令名前加“—”字符即可。下面是 LAYER 命令的命令行执行方式。

命令：-LAYER↙

输入选项

[? /生成(M)/设置(S)/新建(N)/重命名(R)/开(ON)/关(OFF)/颜色(C)/线型(L)/线宽(LW)/透明度(TR)/材质(MAT)/打印(P)/冻结(F)/解冻(T)/锁定(LO)/解锁(U)/状态(A)/说明(D)/协调(E)/外部参照(X)]：

主要选项介绍如下：

输入“N”，定义由用户命名的新图层，一次可以定义一个或几个图层，输入层名时层名用“，”隔开。图层一旦定义(包括“0”层)便具有缺省的状态(打开)、缺省的线型(Continuous)、缺省的颜色(白色)、缺省的线宽(默认)等。

输入“S”，设置当前层，也就是换层。以后所画的图线均在该层上，实体的颜色、线型、线宽按该层的设置绘制，直至再换层为止。

输入“M”，从无到有地生成一个图层并作为当前层。

输入“ON”或“OFF”，打开或关闭图层。打开图层，则该层上图形实体显示在屏幕上；关闭的图层不显示该层上的图形实体，但能接收新输入的实体(尽管新实体不可见)。“ON”是所有图层的缺省状态。

输入“F”或“T”，冻结或解冻图层。图层冻结后就好像无该层一样，不显示，也不能编辑和输出图形；解冻即解除“F”的作用。

输入“LO”或“U”，锁定或解锁图层。锁定层上的实体不能被修改。但若该图层是打开且解冻的，这些实体仍然可见。任何编辑命令均不能改变锁定图层上的实体，这在处理图形细部时很方便，可以避免无意中修改周围的实体。解锁即解除“LO”的作用。

输入“L”，用以改变图层的线型。

输入“C”，用以改变图层的颜色。

输入“LW”，用以改变图层的线宽。

输入“?”，列出各图层的清单(层名、打开与关闭状态、颜色、线型、线宽等)。

用回车响应，结束 LAYER 命令。

[例 14-7] 绘制图 14-37 所示的中心孔，设圆心坐标为(100，100)，圆的直径为 10。

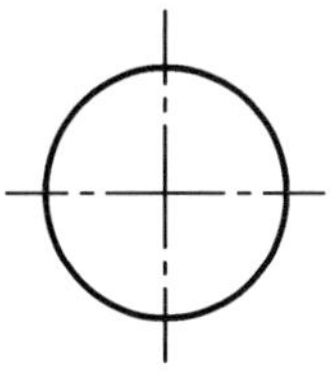

图 14-37　中心孔

解　命令操作如下(假定绘图环境为前述用户图形样板 ACADISO.DWT 中的环境)：

命令：-LAYER↙ S↙ 2↙↙

命令：LINE↙ 93，100↙@14，0↙↙↙ 100，93↙@0，14↙↙

命令：－LAYER↙ S↙ 1↙↙

命令：CIRCLE↙ 100，100↙ D↙ 10↙

三、图形编辑命令

图形编辑是对现有图形进行修改、复制、删除等操作。将实体绘图命令和图形编辑命令结合起来，能提高作图效率。AutoCAD编辑图形有两种工作模式：先选择图形(即形成夹点)，后执行编辑命令和先执行编辑命令，再选择图形。本书采用后一种模式。在执行编辑命令时，经常出现类似于"选择对象："的提示，即要求用户选择被编辑的对象(可见图形实体)。选定之后系统会对选中的对象进行相应的编辑操作。

1. 对象选择方式

AutoCAD提供了诸如直接点取、窗口选择、栅栏选择、过滤选择(对应FILTER命令)、编组选择(对应GROUP命令)等多种选择对象方式，这里介绍常用的几种。

(1) 直接点取：用光标(形状为小方框)对准对象实体后单击，或直接输入对象上的坐标点后按回车键，则被选中的对象实体变虚，即表示对象被选中。这种方式每次只能选中一个图形实体。

(2) L方式：输入"L"，前面作图中最后画的实体被选中。

(3) ALL方式：输入"ALL"，当前图中所有可见的实体被选中。

(4) W窗口方式：输入"W"，用矩形窗口框住对象，完全位于窗口内的实体被选中。这种方式适合一次选多个实体，其操作为

选择对象：W↙

指定第一个角点：第一角点↙ (矩形窗口的一个角点)

指定对角点：第二角点↙ (矩形窗口对角线的另一角点)

(5) C交叉窗口方式："C"的操作同"W"方式。不同的是，窗内实体及与窗口边界相交的超出窗口的实体均被选中。

(6) U方式：输入"U"，则最后一次选择操作被撤销，也就是使最后一次选择的对象复原。

每次选择后，系统仍处于选对象的状态，要结束对象选择方式，在"选择对象："提示后直接按回车键。

2. ERASE(删除)命令

该命令用来删除选中的图形实体。命令操作为

命令：ERASE↙

选择对象：选择对象↙↙ (按对象选择方式选对象，最后一个回车用来结束对象选择)

被选中的对象变虚，如果有误可用选对象方式中的"U"方式对所选对象进行调整，确认无误后按回车键删除该对象。

菜单操作：修改→删除

3. MOVE(移动)命令

该命令可将选中的图形实体平移到指定位置，平移后原图消失。如图14－38所示，把

图形从点 A 平移到点 B，命令操作为

命令：MOVE↙

选择对象：选择对象↙↙　（选原图）

指定基点或[位移(D)]<位移>：点 A↙　（基点 A）

指定第二个点或<使用第一个点作为位移>：点 B↙（第二点 B）

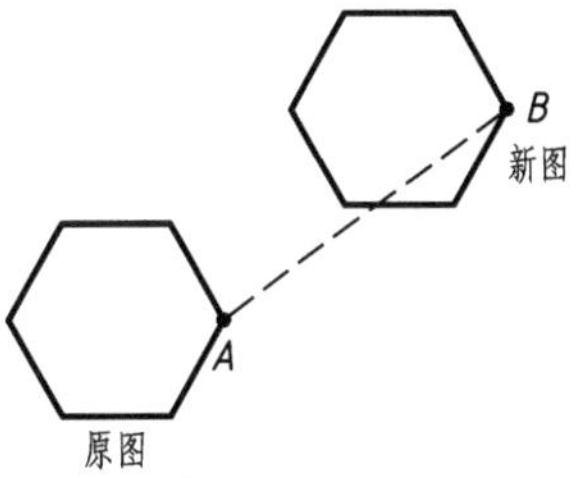

图 14-38　MOVE 命令

这时原图沿矢量 $\overrightarrow{AB}$ 移动到点 B 的位置，原图消失。如果提示第二点时输入回车，则第一次输入的点坐标将作为图形的位移量 Δx、Δy，平移矢量从图形坐标原点 O 到点 A，即 $\overrightarrow{OA}$。

如果在“指定基点或[位移(D)]<位移>：”处键入“D”，接着提示：

指定位移 <当前值>：位移↙　（位移按坐标格式输入）

图形平移效果同上述默认方式“位移”。

菜单操作： 修改→移动

4. ROTATE(旋转)命令

该命令将画好的图形绕给定的旋转中心旋转一定角度（角度单位为度），默认情况下旋转后原图消失，如图 14-39 所示。ROTATE 命令操作为

命令：ROTATE↙

选择对象：选择对象↙↙　（选原图）

指定基点：旋转中心↙　（中心 B）

指定旋转角度或[复制(C)/参照(R)]<当前值>：角度 A↙　（A 为正值时，逆时针旋转；A 为负值时，顺时针旋转）

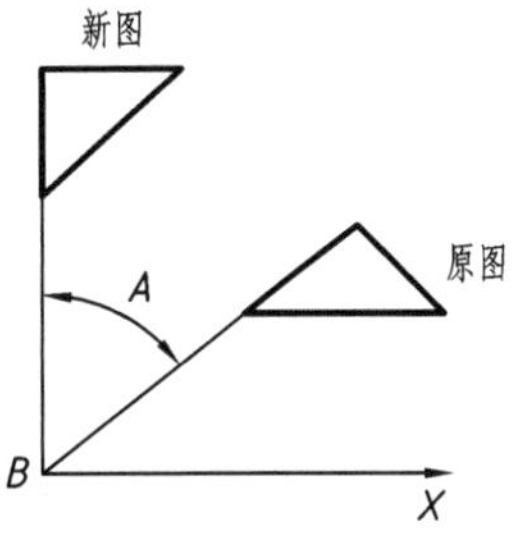

图 14-39　ROTATE 命令

选项“C”用于将选择的对象作复制旋转，原图保留。

菜单操作： 修改→旋转

5. SCALE(缩放)命令

该命令按给定基点和比例因子把指定的图形以基点为中心按比例放大或缩小，从而改变图形的实际尺寸，默认情况下缩放后原图消失。SCALE 命令操作为

命令：SCALE↙

选择对象：选择对象↙↙

指定基点：基点↙

指定比例因子或[复制(C)/参照(R)]<当前值>：

输入比例因子 n，采用默认方式，则原图以基点为中心放大 n 倍。选用的基点不同，结果也不相同，图 14-40 是对正方形放大的情况，两者基点不同。

选项“C”用于将选择的对象作复制缩放，原图保留。

菜单操作： 修改→缩放

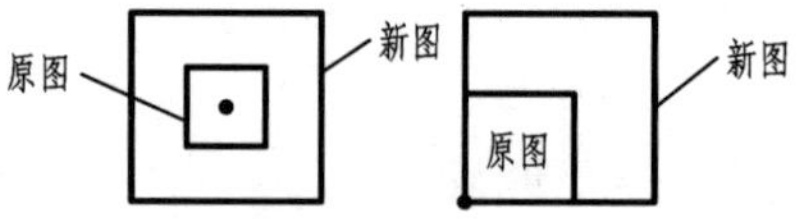

图 14-40 SCALE 命令

6. MIRROR(镜像)命令

此命令适合于画对称图形。画图时先画一半，另一半图形用该命令对称复制(如图 14-41 所示)，其命令操作为

命令：MIRROR↙

选择对象：选择对象↙↙ (选原图)

指定镜像线的第一点：点 P_1 ↙ (对称轴上一点)

指定镜像线的第二点：点 P_2 ↙ (对称轴上另一点)

要删除源对象吗？[是(Y)/否(N)]<N>：↙ (原图保留)

用“Y”回答，则原图消失。

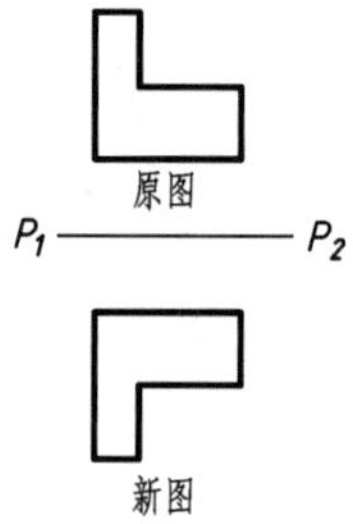

图 14-41 MIRROR 命令

注意：对称轴由 P_1、P_2 两点确定，方向是任意的。另外，该命令有一相关的系统变量 MIRRTEXT，其值为 1(缺省值)时，文字作完全镜像；其值为 0 时，文字仅在镜像的几何位置处复制。

菜单操作：修改→镜像

7. COPY(复制)命令

该命令可把选定的图形在指定的位置复制，并保留原图。用该命令可把图形复制一次或多次。COPY 操作与 MOVE 命令类似，命令操作为

命令：COPY↙

选择对象：选对象↙↙

当前设置：复制模式 = 多个

指定基点或[位移(D)/模式(O)] <位移>：

(1) 在“单个复制”模式下，可复制一次图形；在“多个复制”模式下，可多次复制图形。操作类似于 MOVE 命令。

(2) 输入“O”，指定单个复制模式(S 选项)还是多个复制模式(M 选项)。

菜单操作：修改→复制

8. ARRAY(阵列)命令

该命令用来把图形复制成矩形、路径或环形排列的图案。如图 14－42(*a*)所示，绘制时先画左下方的一个圆孔及其中心线作为原图，然后使用 ARRAY 命令。命令操作为

命令：ARRAY↙

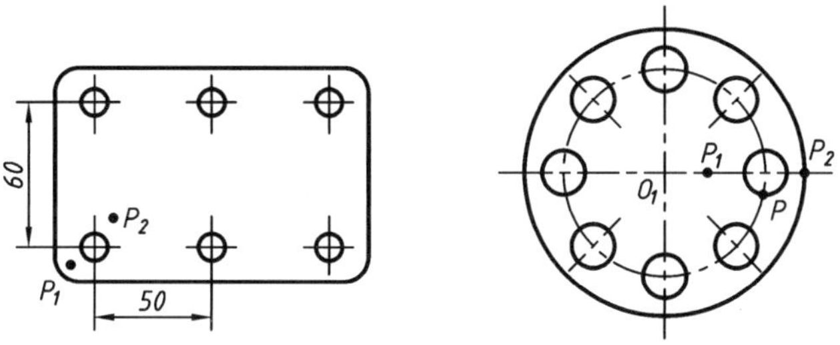

(*a*)　　(*b*)

图 14－42　阵列图例

(*a*) 矩形阵列；(*b*) 环形阵列

选择对象：选择要阵列的对象↙↙（用 P_1、P_2 构成的窗口方式选）

输入阵列类型[矩形(R)路径(PA)极轴(PO)]<矩形>：R↙

类型＝矩形　关联＝是

此时可以用下列命令行的方式继续输入，也可在功能区弹出的如图 14－43(*a*)所示的面板菜单中填入相关参数完成矩形阵列绘制。命令行输入的参数会联动、同步到面板菜单中。

选择夹点以编辑阵列或[关联(AS)/基点(B)/计数(COU)/间距(S)/列数(COL)/行数(R)/层数(L)/退出(X)]<退出>：COU↙

输入列数数或[表达式(E)]<4>：3↙

输入行数数或[表达式(E)]<3>：2↙

选择夹点以编辑阵列或[关联(AS)/基点(B)/计数(COU)/间距(S)/列数(COL)/行数(R)/层数(L)/退出(X)]<退出>：S↙

指定列之间的距离或[单位单元(U)]<默认值>：50↙

指定行之间的距离<默认值>：60↙

选择夹点以编辑阵列或[关联(AS)/基点(B)/计数(COU)/间距(S)/列数(COL)/行数(R)/层数(L)/退出(X)]<退出>：↙

若要绘制如图 14－42(*b*)所示的环形阵列，绘制时先画右边的一个圆孔及一条水平中心线 P_1P_2 作为原图，然后使用 ARRAY 命令。命令操作为

命令：ARRAY↙

选择对象：选择要阵列的对象↙↙

输入阵列类型[矩形(R)/路径(PA)/极轴(PO)]<矩形>：PO↙

类型＝极轴　关联＝是

指定阵列的中心点或[基点(B)/旋转轴(A)]：指定阵列的中心点↙（此处为圆心 O_1）

此时可以用下列命令行的方式继续输入，也可在功能区弹出的如图 14－43(*b*)所示的

面板菜单中填入相关参数完成环形阵列绘制。命令行输入的参数会联动、同步到面板菜单中。

选择夹点以编辑阵列或[关联(AS)/基点(B)/项目(I)/项目间角度(A)/填充角度(F)/行(ROW)/层(L)/旋转项目(ROT)/退出(X)]<退出>：I↙

输入阵列中的项目数或[表达式(E)]<默认值>：8↙(总个数)

选择夹点以编辑阵列或[关联(AS)/基点(B)/项目(I)/项目间角度(A)/填充角度(F)/行(ROW)/层(L)/旋转项目(ROT)/退出(X)]<退出>：F↙

指定填充角度(+=逆时针、-=顺时针)或[表达式(EX)]<360>：↙(总的填充角度，即分布圆弧的圆心角)

选择夹点以编辑阵列或[关联(AS)/基点(B)/项目(I)/项目间角度(A)/填充角度(F)/行(ROW)/层(L)/旋转项目(ROT)/退出(X)]<退出>：ROT↙

是否旋转阵列项目？[是(Y)/否(N)]<是>：↙(一般采用阵列时原图作相应的旋转)

选择夹点以编辑阵列或[关联(AS)/基点(B)/项目(I)/项目间角度(A)/填充角度(F)/行(ROW)/层(L)/旋转项目(ROT)/退出(X)]<退出>：↙

对于沿整个圆周均布且阵列对象作相应旋转的常见情况，系统将此作为环形阵列的默认设置，故在输入阵列中的项目数(如本例中的8)后直接回车即可。

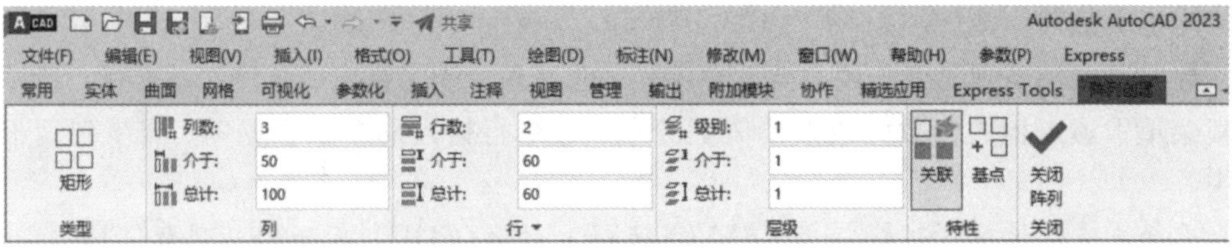

(*a*)

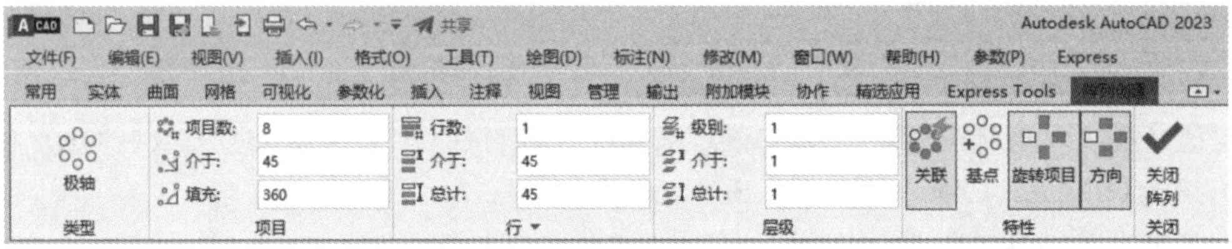

(*b*)

图 14-43　阵列操作

(*a*) 矩形阵列；(*b*) 环形阵列

菜单操作：修改→阵列

9. FILLET(圆角)命令

该命令用来对图形进行圆角化处理，即在图线转角处用圆弧代替尖角，把图线光滑地连接起来。处理的对象是两个用LINE、ARC、CIRCLE画的图形实体或用PLINE命令绘制的整条线。命令操作为

命令：FILLET↙

当前设置：模式 = 修剪，半径 = 0.0000

选择第一个对象或[放弃(U)/多段线(P)/半径(R)/修剪(T)/多个(M)]：

命令执行后，第一行显示了剪切模式和倒圆角的半径当前值，第二行要求用户输入倒圆角选项。如选择第一个对象，则 AutoCAD 会要求用户选择第二个对象，然后用当前剪切模式和当前半径倒圆角。若选择“P”，则 AutoCAD 提示“选择二维多段线:”，要求用户选择用 PLINE 命令所绘制的整条线，然后在线段的所有顶点处用倒角圆弧连接各段。若选择“R”，则 AutoCAD 提示用户输入半径值。“T”选项用于确定是否对选定的线段超过圆弧的部分进行剪切(默认方式为剪切)。“M”选项用于对多个对象两两进行倒圆角处理。

图 14－44 为对整条 PLINE 线倒圆角，其命令操作为

命令：FILLET↙ R↙ 5↙ P↙(A 点)↙(选择 PLINE 线)

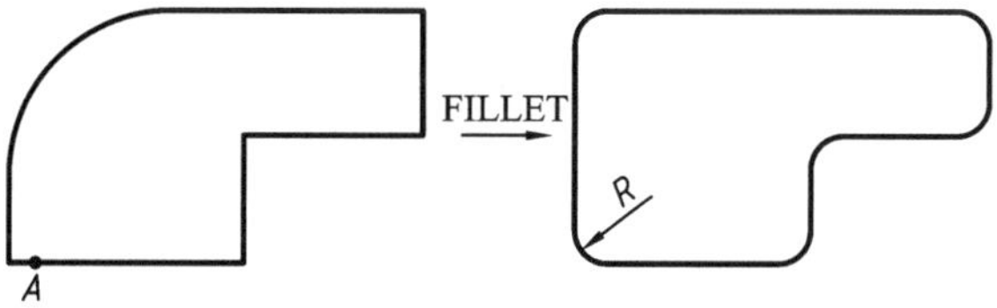

图 14－44　用 FILLET 命令对整条 PLINE 线倒圆角

菜单操作：修改→圆角

10. PEDIT(多段线编辑)命令

该命令可对图线进行编辑，如把几个实体的图线连成一个图形实体；把非 PLINE 线转化为 PLINE 线；对图线或网格线进行曲线拟合或曲面拟合；对图线进行局部修改等等。曲线、曲面拟合功能很有用，可用来将实验、测量、计算的数据绘制成光滑的曲线或曲面；曲线拟合还可用于绘制波浪线等。该命令可以同时编辑多个多段线。

PEDIT 命令操作为

命令：PEDIT↙

选择多段线或[多条(M)]：

(1) 选择单个多段线(缺省项)。在该提示下，如果选择的是非 PLINE 命令绘制的图线，AutoCAD 会提示“是否将其转换为多段线？<Y>”，键入“Y”将其转换成多段线。对于选择或经转化的多段线，接下来提示

输入选项[闭合(C)/合并(J)/宽度(W)/编辑顶点(E)/拟合(F)/样条曲线(S)/非曲线化(D)/线型生成(L)/反转(R)/放弃(U)]：

选项较多，这里介绍几个常用选项。

① 输入“J”，可把多个首尾相连的实体连成一个 PLINE 线。

② 输入“S”或“F”，即为曲线拟合。输入“F”，对 PLINE 图线用双圆弧插值曲线拟合成光滑曲线(仍为一个图形实体)。曲线在 PLINE 线相邻两顶点间用一对相切圆弧连接，拟合曲线通过原图线的各顶点。当顶点较少时，拟合效果不理想，因此，顶点数越多，拟合曲线与原图线的逼近程度越好(如图 14－45(*b*)所示)。

输入“S”，对 PLINE 图线用 2 次或 3 次 B 样条曲线拟合成光滑曲线。样条曲线的次数由系统变量 SPLINETYPE 控制，其缺省值为 6(3 次 B 样条)，其值为 5 时代表 2 次 B 样条。用 B 样条曲线拟合的曲线，即使原图线顶点数较少，结果也比较满意(如图 14－45(*c*)所示)。拟合后的样条曲线通过多段线的起点和终点。

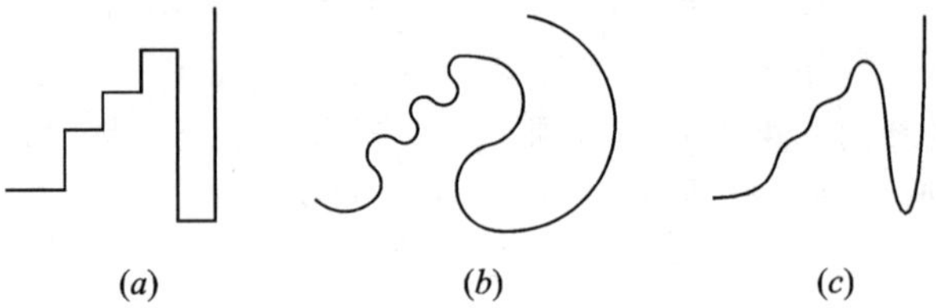

图 14-45 用 PEDIT 命令作曲线拟合
(a) PLINE 折线；(b) F 拟合；(c) S 拟合

③ 直接回车，则结束 PEDIT 命令。

(2) 输入“M”(选择多个多段线)，系统将提示用户选择多个对象，当回车结束选择后，如果所选对象中有直线、圆弧或样条曲线，AutoCAD 会提示“是否将直线、圆弧和样条曲线转换为多段线？[是(Y)/否(N)]？<Y>”，键入“Y”将其转换成多段线。对于选择或经转化的多个多段线，接下来提示

输入选项 [闭合(C)/打开(O)/合并(J)/宽度(W)/拟合(F)/样条曲线(S)/非曲线化(D)/线型生成(L)/反转(R)/放弃(U)]：

主要选项操作同选择单个多段线时的选项操作。

菜单操作： 修改→对象→多段线

11. BREAK(断开)命令

此命令可将一个实体(用 LINE、ARC、CIRCLE、TRACE、PLINE 命令绘制的)擦去一部分或切开成两个实体，参见图 14-46(a)，其命令操作为

命令：BREAK↙

选择对象：点 A↙

指定第二个打断点或[第一点(F)]：

(1) 直接输入图上第二断点 P_2，则擦除对象点 A 到第二断点 P_2 之间的连线 AP_2(此时 A 为第一断点)。

(2) 输入“F”，则出现提示：

指定第一个打断点：点 P_1↙(第一断点)

指定第二个打断点：点 P_2↙(第二断点)

命令结束，则擦除了 P_1P_2 线段。

如果对象实体是一个圆，则从第一断点按逆时针方向擦到第二断点(见图 14-46(b))。对于要求输入第二断点的提示，如果用“@”响应，则在第一断点处切开实体。

菜单操作： 修改→打断

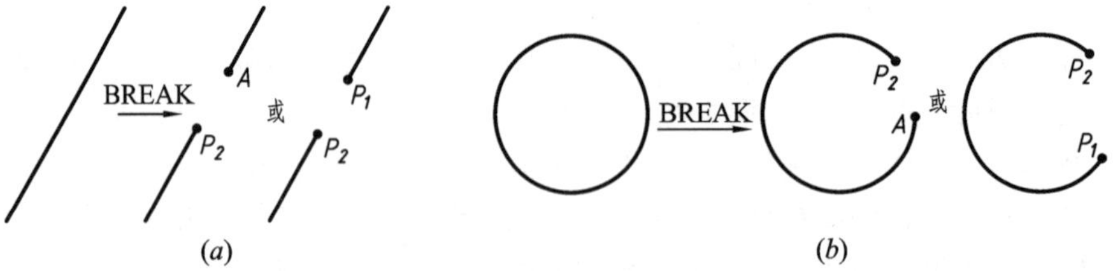

图 14-46 断开操作

12. TRIM(修剪)命令

此命令用剪切边修剪某些对象，是一个针对多个对象实现部分擦除的命令。参见图 14－47，图(*a*)是原图，图(*b*)、(*c*)表示修剪过程，图(*d*)是修剪后的结果。

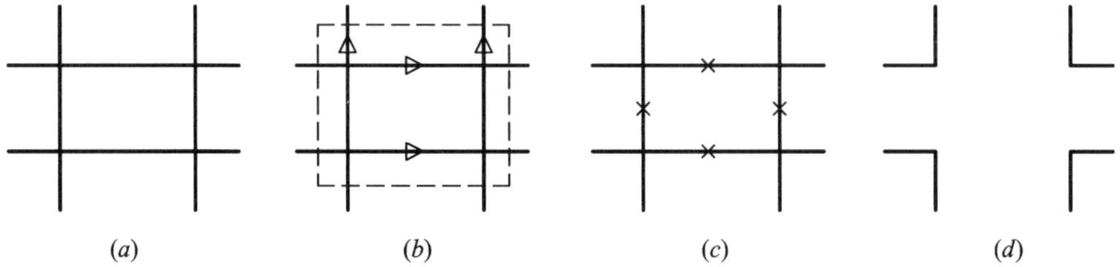

图 14－47　修剪操作

(*a*) 原图；(*b*) 选剪切边；(*c*) 选被剪对象；(*d*) 修剪结果

TRIM 命令操作为

命令：TRIM↙

当前设置：投影＝UCS，边＝无，模式＝快速

选择要修剪的对象，或按住 Shift 键选择要延伸的对象或

[剪切边(T)/窗交(C)/模式(O)/投影(P)/删除(R)]：T↙

(1) 输入“T”，选择剪切边，则系统提示：

当前设置：投影＝UCS，边＝无，模式＝快速

选择剪切边...

选择对象或＜全部选择＞：选剪切边↙↙(见图 14－47(*b*)，可用任何方式选择剪切边，选择后按回车键结束对象选择)

接着系统出现以下提示：

选择要修剪的对象，或按住“Shift”键选择要延伸的对象或

[剪切边(T)/窗交(C)/模式(O)/投影(P)/删除(R)]：选被剪对象)↙(见图 14－47 (*c*)，选择方式为点取方式)

该行提示反复出现，按空格键或回车键结束命令。拾取被剪对象的位置决定了对象的哪一部分被剪掉。

当然，也可以不指定剪切边，直接用点取方式选择被剪对象，系统会根据相交关系自动搜索到剪切边并按照修剪规则进行修剪。

(2) 选择被剪对象时同时按下“Shift”键，则延伸该对象直至剪切边，这项功能类同后面介绍的 EXTEND 命令。

(3) 输入“P”，则设置投影模式，缺省模式为 UCS(当前坐标系)，另一模式为视图模式。

(4) 输入“R”，可选择删除一些不要的图线。

将 TRIM 命令与某些命令配合使用，更便于作图，对提高作图效率很有帮助。图 14－48(*a*)、(*b*)是 TRIM 命令灵活运用的两个例子(图中“Δ”所指为剪切边，“×”所指为被剪对象)。

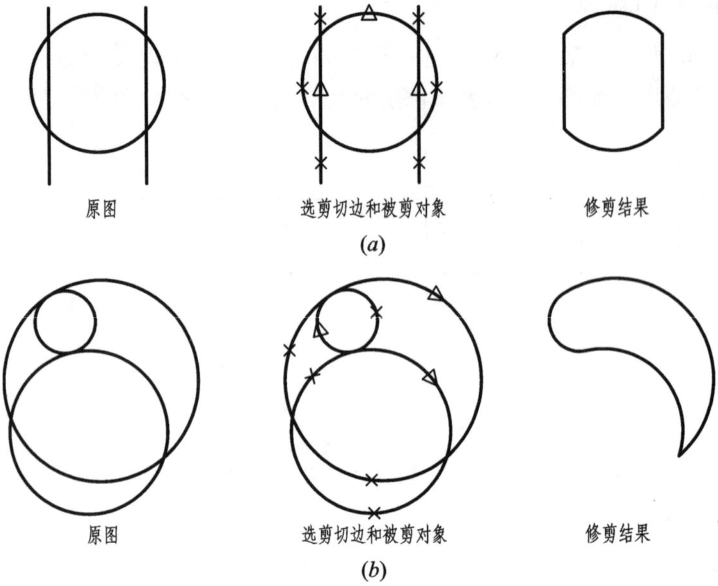

图 14－48　TRIM 命令应用举例

使用修剪命令应注意：

(1) 只有 LINE、ARC、CIRCLE 与 PLINE 命令绘出的实体方可作为剪切边，其他实体无效。用宽 PLINE 线作剪切边时，沿其中心线剪切，切口边界与中心线垂直。剪切边也可作为被剪对象。

(2) 在选择被剪对象后，TRIM 命令根据拾取被剪对象的位置，检查被剪对象，确定被擦除的线段。若拾取位置在被剪切边端点和剪切交点(图线交点称为剪切交点)之间，则被剪对象沿剪切交点被修剪；若拾取位置在两个剪切交点之间，则交点间线段被修剪。

菜单操作：修改→修剪

13. EXTEND(延伸)命令

该命令用以延伸被选定的延伸边，使它延伸到所选定的边界上，参见图 14－49。图中“×”所指为延伸边，“△”所指为边界边。EXTEND 命令操作为

命令：EXTEND↙

当前设置：投影＝UCS，边＝无，模式＝快速

选择要延伸的对象，或按住“Shift”键选择要修剪的对象或

[边界边(B)/窗交(C)/模式(O)/投影(P)]：B↙

输入“B”，选择边界边，则系统提示：

当前设置：投影＝UCS，边＝无，模式＝快速

选择边界边...

选择对象或＜全部选择＞：选边界边↙↙（可选择多个边界边，回车结束选择）

接着系统出现以下提示：

选择要延伸的对象，或按住“Shift”键选择要修剪的对象或

[边界边(B)/窗交(C)/模式(O)/投影(P)]：选延伸边↙

该行反复提示，选取一边，则延伸一边，按空格键或回车键结束命令。与 TRIM 命令类似，用户也可以不指定边界边，直接用点取方式选择延伸边，系统会根据相交关系自动搜索到边界边并按照延伸规则进行延伸。若选择延伸边的同时按下“Shift”键，则修剪该边，类同 TRIM 命令。

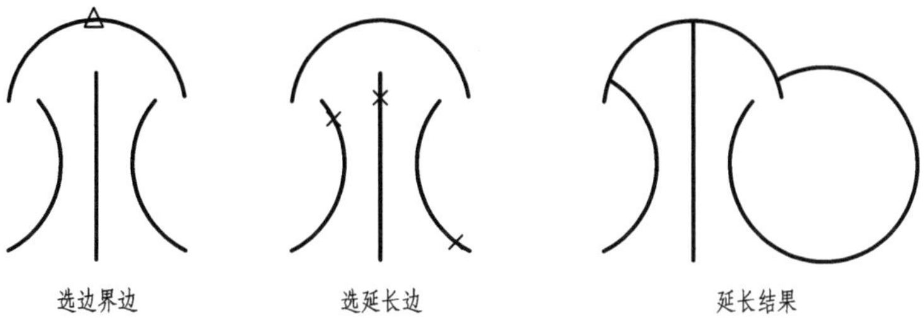

图 14-49　延伸操作

使用延伸命令应注意：

(1) 边界边只能是 LINE、ARC、CIRCLE、PLINE 所绘制的实体，其他实体无效。用宽 PLINE 线作边界边时，以其中心线为界。

(2) 选取一次延伸边后，EXTEND 命令检查该延伸边，根据拾取位置在延伸边上的位置，选取与拾取位置邻近的一端延伸该边(圆弧沿圆周方向延伸)，直到与一条边界边相交为止。上一次延伸后的边仍可以继续拾取作为延伸边，继续延伸。

菜单操作： 修改→延伸

14. OFFSET(偏移)命令

该命令用来绘制指定直线、圆弧、圆或 PLINE 线的等距线，或称为偏移线。对于直线和圆弧其等距线由线段端点的法线控制；对于 PLINE 线，其等距线是由组成 PLINE 线的直线段、圆弧线的等距线或其延长线修剪而成的。该命令提供了两种画等距线的方式：距离方式和通过方式。用该命令可以快速绘制某些复杂对象的平行线。

OFFSET 命令操作为

命令：<u>OFFSET</u>↙

当前设置：删除源＝否 图层＝源 OFFSETGAPTYPE＝0

指定偏移距离或[通过(T)/删除(E)/图层(L)]<当前方式>：

(1) 直接指定偏移距离，系统提示：

选择要偏移的对象，或[退出(E)/放弃(U)]<退出>：<u>选择要偏移的对象</u>↙

指定要偏移的那一侧上的点，或[退出(E)/多个(M)/放弃(U)]<退出>：<u>指定一点</u>↙(对象向哪一侧偏移，若用“M”选项，则可绘制多条等距线)

选择要偏移的对象，或[退出(E)/放弃(U)] <退出>：

系统反复提示选择对象和偏移方向，以便对多个对象进行偏移，直到用户按回车键结束 OFFSET 命令。

(2) 输入“T”，选择通过方式，则系统提示：

选择要偏移的对象，或[退出(E)/放弃(U)]<退出>：<u>选择要偏移对象</u>↙

指定通过点或[退出(E)/多个(M)/放弃(U)]<退出>：<u>指定一点</u>↙ (该点将是偏移后

对象通过的点，若用“M”选项，则可绘制多条等距线)

选择要偏移的对象，或[退出(E)/放弃(U)]<退出>：

系统仍会重复提示，直到用户按回车键结束 OFFSET 命令。

(3) 输入“E”，设置偏移后是否删除源对象，缺省方式是偏移后不删除源对象。

(4) 输入“L”，设置偏移得到的对象所在的图层，缺省方式是偏移得到的对象与源对象图层相同。

图 14－50 是直线、圆弧和圆的等距线。对于若干个线段相连的图线(包括封闭图线)，则此图线必须为一条 PLINE 线(一个图形实体)。如图 14－51 所示，就是在原 PLINE 线(用虚线表示)的两侧各画了一条等距线。

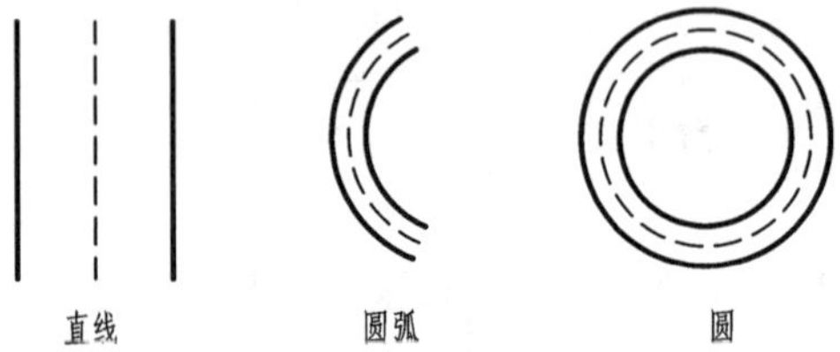

图 14－50　直线、圆弧、圆的等距线

图 14－51　PLINE 线的等距线

菜单操作：修改→偏移

15. CHANGE(修改)命令

该命令可对已有的图形修改点和修改特性，其命令操作为

命令：CHANGE↙

选择对象：选择要修改的对象↙

指定修改点或[特性(P)]：输入一点或 P↙

缺省的响应是指定一个修改点，该点可以是直线的一个端点、圆周上一点(修改圆的半径大小，圆心不变)、图块和字符的基点等。

如果用“P”响应，即修改特性，则出现的后续提示为

输入要更改的特性[颜色(C)/标高(E)/图层(LA)/线型(LT)/线型比例(S)/线宽(LW)/厚度(T)/透明度(TR)/材质(M)/注释性(A)]：输入 C、E、LA、LT、S、LW、T、TR、M、A 之一↙

这些选项用于修改选定对象的相应属性，如颜色、基面高度(即标高)、图层、线型、线型比例、线宽等 。

16. DDEDIT(文字内容编辑)命令

DDEDIT 命令用于对包括尺寸数字、汉字在内的文字内容进行编辑，其命令操作为

命令：DDEDIT↙

选择注释对象或[放弃(U)/模式(M)]：选择文字↙

选择待编辑文字后，系统弹出一个与文字注写方法有关的文字编辑框或编辑器，用户在编辑框或编辑器中修改文字即可。

菜单操作：修改→对象→文字→编辑

当要修改文字的大小及某些对齐方式时，可使用 SCALETEXT 命令。当要修改文字

的对齐方式时，可使用 JUSTIFYTEXT 命令。

17. EXPLODE(分解)命令

分解命令可以将图块分解为组成该块的各实体；把 PLINE 分解成一系列直线、圆弧；把一个尺寸实体分解为线段、箭头和文本等。

当一个块或尺寸分解后，它的各组成部分的线型和颜色可能发生变化，但形状不会改变。

当一条按非零宽度绘制的 PLINE 线分解后，其宽度、切线方向等信息将丢失，所有的直线段和圆弧段按 PLINE 的中心线放置；而按零宽度绘制的 PLINE 线分解后，各段线的宽度为 PLINE 线绘制时所在图层的线宽。

使用该命令，可以对一个图形实体方便地进行局部修改。

EXPLODE 命令操作为

命令：EXPLODE↙

选择对象：选择要分解的对象↙↙

菜单操作：修改→分解

18. U、UNDO(取消)命令和 REDO(重作)命令

U 命令用于取消最后一次操作命令，如最后一次操作画了一个圆，用 U 命令可使圆从屏幕上消失，如同“ERASE L”的效果。连续使用 U 命令可以一步步地取消前面的命令。

UNDO 命令用于取消前面若干个命令，其命令操作为

命令：UNDO↙

输入要放弃的操作数目或[自动(A)/控制(C)/开始(BE)/结束(E)/标记(M)/后退(B)]<1>：

用一个数 n 来回答，则取消前 n 个命令，效果与重复输入 n 次 U 命令一样，但所用的时间要短。

在刚执行完 U 或 UNDO 命令后，用 REDO 命令可以使 U 或 UNDO 命令作废，重新执行被 U 或 UNDO 取消掉的命令，其命令操作为

命令：REDO↙

四、BHATCH(图案填充)命令

AutoCAD 系统为用户提供了多种剖面符号或图案，每种图案对应一个名字。调用时系统把图案作为一个图块类型实体，存放在用户的图形文件中。其中金属材料剖面线的图案名称为“ANSI31”，其他图案及其名称可参看 BHATCH 命令的图案图标菜单。

图案填充的前提是先绘制好几何上封闭的填充区域，然后用 BHATCH 命令进行填充。用 BHATCH 命令填充图案时，只需分别在填充区域内输入一点便可在单个区域、并列的几个区域或嵌套的区域内填上正确的图案。下面结合例 14-8 介绍 BHATCH 命令。

[例 14-8]　绘制图 14-52 所示套筒的视图，设 B 点坐标为(202，100)。

解　作图过程如下：

命令：-LAYER↙ S↙ 2↙↙ LINE↙ 200，100↙ 284，100↙↙ (绘轴线)

命令：-LAYER↙ S↙ 1↙↙ LINE↙ 202，80↙@0，40↙@80，0↙@0，-40↙

C↙（绘外框矩形）

命令：LINE↙ 202，110↙@80，0↙↙↙ 202，90↙@80，0↙↙（绘内表面两条轮廓线）

命令：－LAYER↙ S↙ 4↙↙（转入绘制细实线图层）

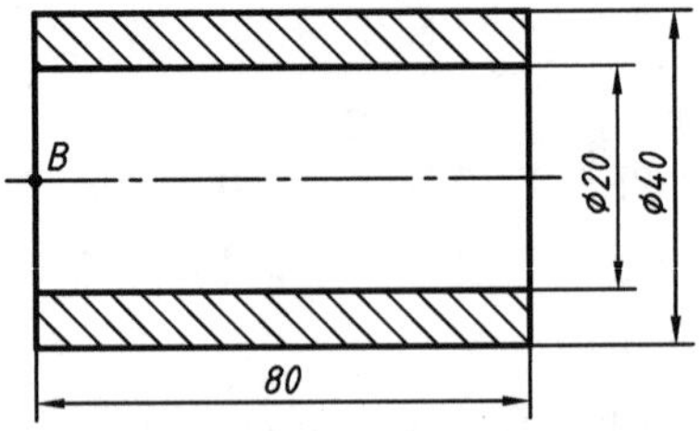

图 14－52 剖视图绘制图例

最后执行 BHATCH 命令填剖面线，其操作如下：

命令：BHATCH↙

功能区出现图 14－53 所示的面板菜单。首先在图案选择区域选取要填充的图案，此处所选图案为“ANSI31”。接着输入图案角度为 90(指图案相对于定义位置的转角，定义位置与 X 轴正向夹角为 45°)、图案比例为 0.8(指图案间距比例，图案定义时的间距为 3.175)，然后按下拾取点按钮，命令提示区出现如下提示：

拾取内部点或［选择对象(S)/放弃(U)/设置(T)］：点 1↙ （上面小矩形内一点）

拾取内部点或［选择对象(S)/放弃(U)/设置(T)］：点 2↙ （下面小矩形内一点）

拾取内部点或［选择对象(S)/放弃(U)/设置(T)］：↙

BHATCH 命令执行完毕，得到图 14－52 所示的剖视图。

菜单操作： 绘图→图案填充

图 14－53 图案填充面板

若要修改填充的图案，可使用 HATCHEDIT 命令修改图案名、比例、转角等参数。该命令的菜单操作为

菜单操作： 修改→对象→图案填充

五、显示控制命令

计算机的显示屏幕是人们观察图形的窗口，通过这个窗口可以观察全部或部分图形。AutoCAD 软件能够按用户的愿望控制图形在屏幕上的显示范围，或把图形放大、缩小显示，以观察图形的效果，但图形的实际尺寸不变。图形的实际尺寸是由实体绘制命令、图形编辑命令等决定的。下面介绍常用的显示控制命令。

1. ZOOM(屏幕缩放)命令

该命令用来放大或缩小图形的视觉尺寸。它就像变焦距的照相机镜头，“镜头”相对图纸可进行推近(图形显示变大，可见范围变小)、拉远(图形显示变小，可见范围变大)操作，以满足用户观察图形的要求。

用菜单栏“视图”下“缩放”各菜单项或用工具栏、状态栏下的图标可直接执行 ZOOM 命令的相应选项。ZOOM 命令操作为

命令：ZOOM↙

指定窗口的角点，输入比例因子(nX 或 nXP)，或者

[全部(A)/中心(C)/动态(D)/范围(E)/上一个(P)/比例(S)/窗口(W)/对象(O)]<实时>：

各常用选项的功能如下：

输入“A”，把绘制的整个图形全部显示在绘图区内。

输入“C”，指定图形的显示中心及缩放倍数，以显示中心为基准，将图形缩放。

输入“E”，尽可能大地显示图形，使图形范围充满屏幕绘图区。

输入“P”，恢复前一次所显示的图形。

输入“W”(默认方式)，指定窗口大小，把窗口内的图形放大到整个屏幕绘图区显示，窗口的中心就是新的屏幕显示中心。

输入“S”(默认方式)，系统要求指定比例因子。直接输入数字，则把全图缩放若干倍；输入数字后加 X，则把当前显示的图形放大若干倍；输入数字后加 XP，则在图纸空间中缩放。

输入“D”，转为动态缩放方式，屏幕上出现动态缩放模式。

用户在屏幕上绘制较大幅面的图形时，由于显示的尺寸小看不清楚，常采用 ZOOM 命令改变显示效果，以便审图或编辑。

2. PAN(实时平移)命令

使用该命令可观察一幅图的各个部位。改变观察部位的方法可以理解为把整幅图相对屏幕上下左右移动。规定 X、Y 方向位移量为正时，图形相对于屏幕向右、向上移动；X、Y 方向位移量为负时，图形相对于屏幕向左、向下移动。

用菜单栏“视图”下“平移”各菜单项或用工具栏、状态栏下的图标可直接执行 PAN 命令。PAN 命令操作为

命令：PAN↙

命令激活后，光标会变成手的形状，用户按住鼠标拖动时，视图范围和图形对象会实时移动。按 Esc 或 Enter 键可退出 PAN 命令。

3. REDRAW(重画)命令

该命令把屏幕上的图重画一遍，消除绘图时留下的十字标记，并恢复图形编辑期间遗失的图线，使图形更清晰。REDRAW 命令操作为

命令：REDRAW↙

菜单操作：视图→重画

4. REGEN(重生成)命令

AutoCAD 为了加快图形的显示速度，用直线来逼近圆弧，这时显示出来的圆弧看上去类似多边形，为了能在屏幕上反映出图形的真实形状，可以使用 REGEN 命令。该命令

将使AutoCAD系统重新计算数据库的信息，并在屏幕上真实地反映这些信息，因此可以生成较光滑的圆弧。正是基于这样原因，REGEN命令比REDRAW命令速度要慢，尤其对于较复杂图形。REGEN命令操作为

命令：REGEN↙

菜单操作： 视图→重生成

5. VIEWRES(视图分辨率)命令

该命令控制屏幕缩放图形的显示速度以及线型、圆、弧等的显示分辨率。其值大时，圆和弧显示就光滑；否则就会出现明显的折线。若要屏幕硬拷贝图形，使用VIEWRES命令将屏幕图形光滑显示可得到效果较好的拷贝图形。

命令：VIEWRES↙

是否需要快速缩放？[是(Y)/否(N)]<Y>：↙

输入圆的缩放百分比(1－20000)<1000>：20000↙

六、对象捕捉

对象捕捉就是用光标准确地抓取可见实体上的特殊点(如圆心、端点、中点等)。当命令要求输入一个点而该点又是未知点时，便可利用对象捕捉得到它。捕捉有效时，系统会以各种比较形象的图形符号显示捕捉到的点，如端点图形符号为小方框、中心图形符号为小圆等，移动靶区对准对象拾取，就能获取所需点。常用的捕捉类型有：

ENDpoint—寻找直线段、圆弧或曲线的端点。

MIDpoint—寻找直线段、圆弧或曲线的中点。

CENter—寻找圆、椭圆、圆弧或椭圆弧的中心。

NEArest—在图线(包括直线段、圆、圆弧、椭圆、椭圆弧及曲线等)上寻找离靶区中心最近点。

INTersec—寻找图线的交点。

PERpend—寻找将要画的直线与对象直线或圆弧、椭圆弧或曲线的正交点(垂足)。

TANgent—寻找将要画的直线与对象圆弧、椭圆弧或曲线的切点。

QUAdrant—捕捉圆弧、椭圆弧的象限分界点。

PARallel—捕捉指定直线的平行线上的点。

以上捕捉类型需要配合其他命令使用。实现对象捕捉的方法是：在其他命令执行过程中要求输入一个点时，键入捕捉类型(使用时输入前三个字母即可)，然后移光标到图形实体上，系统按距离光标中心最近的原则将捕捉到的点作为要输入的点。捕捉结束后，系统便退出捕捉状态。这种随用随设置的用法称为单点优先方式，其特点是使用起来灵活、方便。

如图14－54所示，从已知圆的圆心向已知直线作垂线，并折向该圆画切线，其操作如下：

命令：LINE↙

指定第一点：CEN↙ (CENter方式)

于 靶A↙ (靶A放在圆周上，捕捉到圆心C作为LINE命令的起点)

指定下一点或[放弃(U)]：PER↙ (PERpend方式)

到 靶B↙ (靶B放在已知直线上捕捉到垂足P作为LINE命令的第二点)

指定下一点或[放弃(U)]：TAN↙　(TANgent 方式)

到　靶 D↙　(捕捉到切点 T 作为 LINE 命令的第三点)

指定下一点或[闭合(C)/放弃(U)]：↙　(结束 LINE 命令，画出线段 CPT)

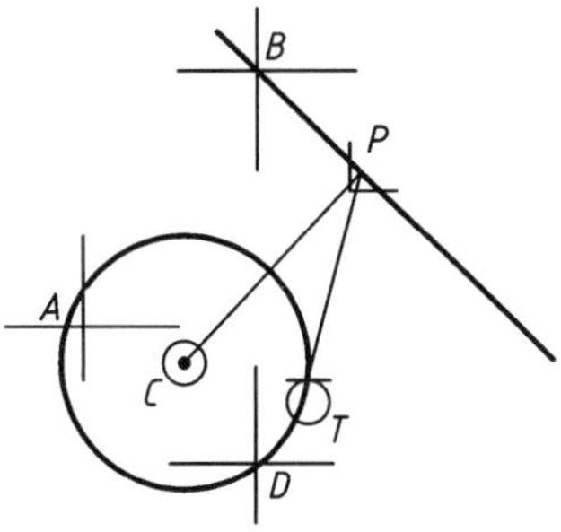

图 14－54　单点优先方式捕捉点

另外，也可以在要求输入一点时按住 Shift 键，然后在图形区单击鼠标右键，则弹出"对象捕捉"快捷菜单，用户可以在该菜单中选择相应的捕捉类型。还可以在要求输入一点时选择对象捕捉工具栏(可预先打开，按照图 14－10 所示选"对象捕捉"工具栏打开)上相应的捕捉按钮。

七、几何交切作图

在工程图样中，有一类图样是由直线和圆弧通过相交、相切关系组成的，如手柄、虎头钩等外形图，下面介绍如何综合运用 AutoCAD 命令绘制这类图形。

1. 直线、圆弧的基本相切作图

直线、圆弧的基本相切关系有下面几种情况：

(1) 已知圆及圆外一点作圆的切线。这里的已知圆可以是 CIRCLE、PLINE 等命令绘出的圆(以下相同)，切线可用 LINE 或 PLINE 命令作出(以下相同)。参照图 14－55，命令操作如下：

命令：LINE↙(点 P)↙ TAN↙(移光标至圆的上半部)↙↙

这样，便作出该圆上部的一条切线。从点 P 向圆可引两条切线，当光标指在圆的下半部时，则可得到下面的另一条切线。

(2) 已知圆及圆的切线与某一中心线的夹角，求作圆的切线。设圆的切线与水平线夹角为 α，如图 14－56 所示，命令操作如下：

命令：LINE↙ TAN↙(移光标至 A 处)↙(@AP<360－α)↙↙

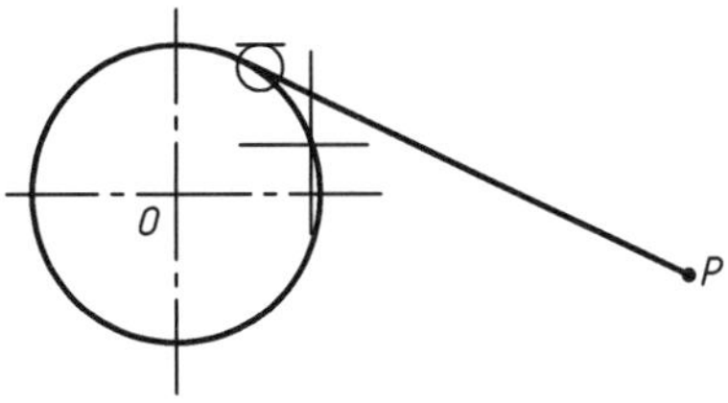

图 14－55　从圆外一点作切线

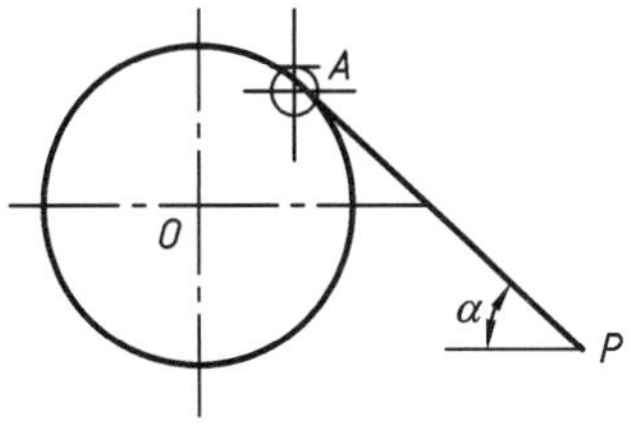

图 14－56　根据切线倾角作切线

(3) 作两已知圆的公切线。两圆的公切线最多达四条(内、外公切线各两条),所作公切线的位置取决于指定圆时光标在两圆的部位。当光标在两圆上部或下部时作出外公切线,当光标分别处在两圆的Ⅰ、Ⅲ或Ⅱ、Ⅳ象限时,作出内公切线。

参照图 14-57,作两已知圆公切线的命令操作如下:

命令:LINE↙ TAN↙(移光标至圆 O_1 的上部)↙ TAN↙(移光标至圆 O_2 的上部)↙↙

(4) 作半径已知的圆与两条已知直线相切。如图 14-58 所示,命令操作如下:

命令:CIRCLE↙ T↙(移光标在直线 a 上)↙(移光标在直线 b 上)↙(半径值)↙

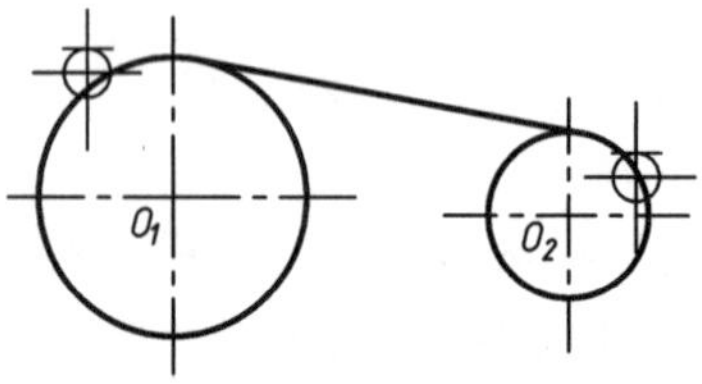

图 14-57 作两圆公切线

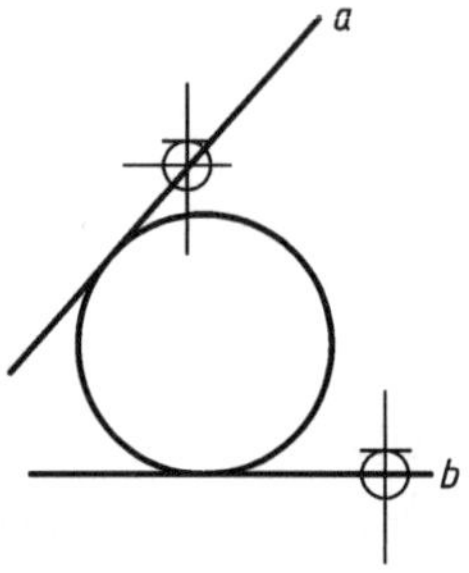

图 14-58 作与两直线相切的圆

(5) 作半径已知的圆与一已知直线和圆相切。所作圆的位置取决于已知直线和圆的相对位置(分离还是相交)、所画圆半径的大小以及指定已知圆时光标的位置。图 14-59 是已知直线和圆分离的情况,其命令操作如下:

命令:CIRCLE↙ T(移光标在直线 L 上)↙(移光标在圆 O 上)↙(半径值)↙

(6) 作半径已知的圆与两已知圆相外切。所作圆的位置取决于两已知圆的相对位置(分离还是相交)以及指定已知圆时光标的位置。图 14-60 是两已知圆相分离且光标同在两圆的下部内侧时的作图情况,其命令操作如下:

命令:CIRCLE↙ T↙(移光标至圆 O_1 的下部)↙(移光标至圆 O_2 的下部)↙(半径值)↙

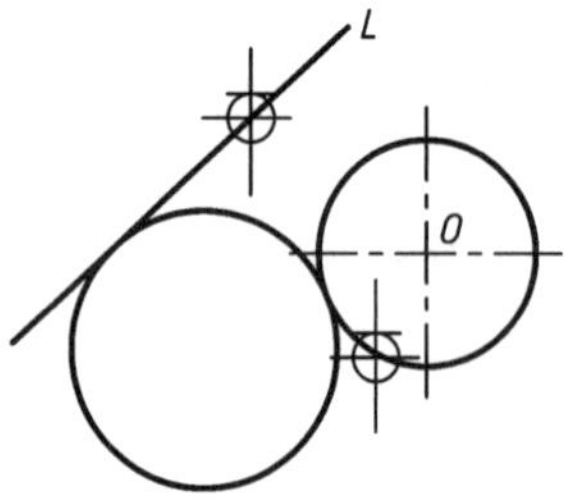

图 14-59 作与已知直线和圆相切的圆

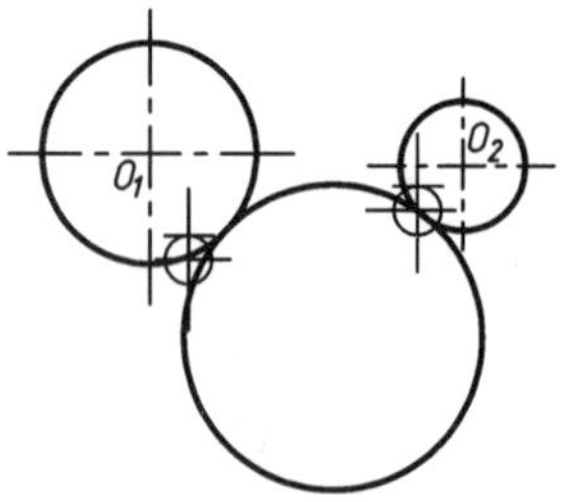

图 14-60 作与两已知圆相外切的圆

(7) 作半径已知的圆与两已知圆相内切。当两已知圆相交(或相切)时,若半径合适的话可作出此圆。当两已知圆分离时,所作圆一般有两个。图 14-61 是光标同在两圆上部外侧时的作图情况,其命令操作如下:

命令:CIRCLE↙ T↙(移光标至圆 O_1 的上部)↙(移光标至圆 O_2 的上部)↙(半径值)↙

(8) 作半径已知的圆与一个圆相外切，与另一个圆相内切(混合相切)。这种情况比较复杂，所作圆的位置取决于两个圆的相对位置(分离、相交还是内含)、所作圆半径的大小以及指定已知圆时光标的位置。图 14-62 所示是两圆分离的情况，可作出四个圆(与圆 O_1 相外切，与圆 O_2 相内切共有两个圆；与圆 O_1 相内切，与圆 O_2 相外切共有两个圆)。当光标在圆 O_1 的第Ⅰ象限、在圆 O_2 的第Ⅳ象限时便给出图 14-62 所示的圆，命令操作如下：

命令：CIRCLE↙ T↙(移光标至圆 O_1 的第Ⅰ象限)↙(移光标至圆 O_2 的第Ⅳ象限)↙(半径值)↙

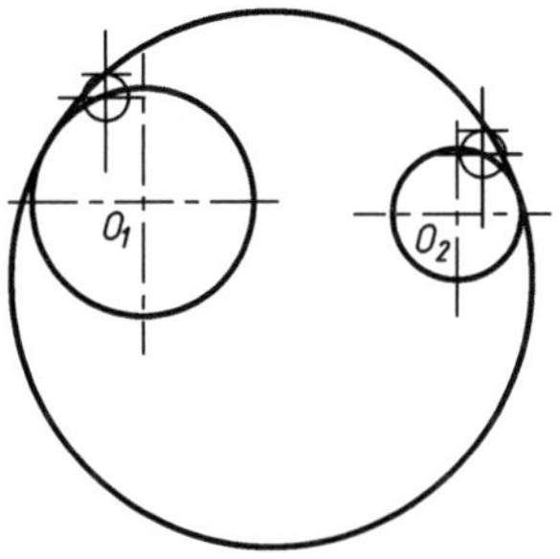

图 14-61　作与两已知圆相内切的圆

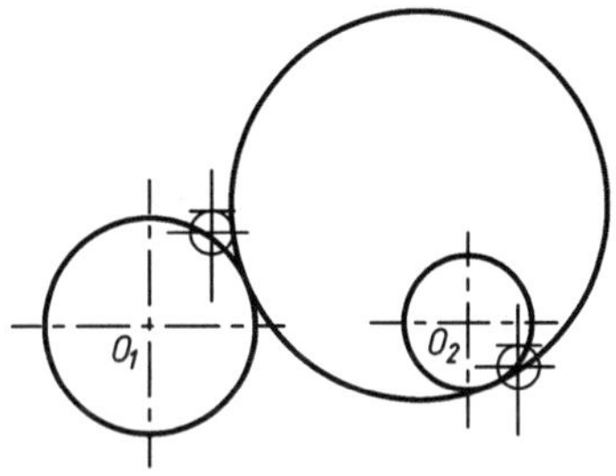

图 14-62　作混合相切的圆

2. 基本相切作图的综合运用

对于由直线、圆弧通过相交、相切关系组成的平面视图，如图 14-63 所示，其绘制步骤为：先对尺寸进行分析，确定哪些是已知线段，哪些是中间线段，哪些是连接线段；然后按照先画已知线段，再画中间线段，最后画连接线段的顺序画出每个线段。在画线段时可利用上面介绍的基本相切关系作图法并用 BREAK 或 TRIM 命令将多余的线段擦除。

[例 14-9]　绘制图 14-63 所示手柄的视图，设 B 点坐标为(100，100)。

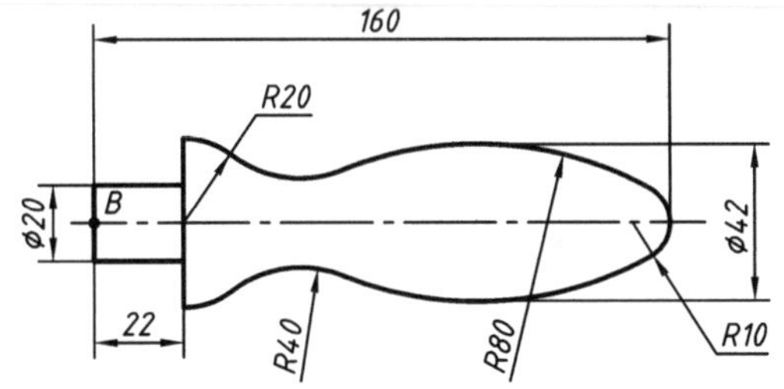

图 14-63　手柄

解　根据图中所标注的尺寸可知，已知线段有左边四个直线段、R20 圆弧以及 R10 圆弧，中间线段有 R80 圆弧，连接线段有 R40 圆弧。绘图操作如下：

命令：-LAYER↙ S↙ 2↙↙ LINE↙ 98，100↙ 262，100↙↙-LAYER↙ S↙ 1↙↙(绘制轴线)

命令：LINE↙ 122，90↙@-22，0↙@0，20↙@22，0↙↙↙ 122，80↙@0，40↙↙(绘制已知直线段)

命令：ARC↙ 122，80↙ C↙ 122，100↙ 122，120↙(绘制 R20 已知圆弧)

命令：CIRCLE↙ 250，100↙ 10↙(绘制 R10 已知圆)

绘制中间线段时需要根据情况作辅助直线或圆，此处需作辅助直线 L，如图 14－64(*a*)所示，命令操作如下：

命令：LINE↙ 130，121↙ 260，121↙↙(作辅助直线 L)

命令：CIRCLE↙ T↙(移光标在直线 L 上)↙(移光标在 R10 圆 C 处)↙ 80↙ (R80 圆弧与 L 和 R10 圆弧相切)

命令：CIRCLE↙ T↙(移光标至 R80 圆 D 处)↙(移光标至 R20 圆弧 E 处)↙ 40↙(绘制 R40 连接圆)

以上绘图结果如图 14－64(*a*)所示。下面删除辅助直线 L 并擦去 R80、R40 圆上多余的线段，参见图 14－64(*b*)。

命令：ERASE↙(选辅助直线 L)↙↙

命令：BREAK↙(选 R40 圆)↙ F↙ INT↙(移光标至 F 处)↙ INT↙(移光标至 G 处)↙ (擦除 R40 圆上多余线段)

命令：BREAK↙(选 R80 圆)↙ F↙ END↙(移光标至 F 处)↙ INT↙(移光标至 H 处)↙ (擦除 R80 圆上多余线段)

经过上面操作后，绘图结果如图 14－64(*c*)所示。

将 R40 和 R80 圆弧关于轴线镜像，再作擦除操作就得到手柄的视图，参见图 14－64(*d*)。

命令：MIRROR↙(选 R40 圆弧)↙(选 R80 圆弧)↙↙ 100，100↙ 200，100↙↙

命令：BREAK↙(选 R20 圆弧)↙ F↙ END↙(移光标至 J 处)↙ END↙(移光标至 K 处)↙ (擦除 R20 圆弧上多余线段)

命令：BREAK↙(选 R10 圆)↙ F↙ END↙(移光标至 M 处)↙ END↙(移光标至 N 处)↙ (擦除 R10 圆上多余线段)

命令：REDRAW↙

上面作图中可用 TRIM 命令代替 BREAK 命令，使操作更简便一些。

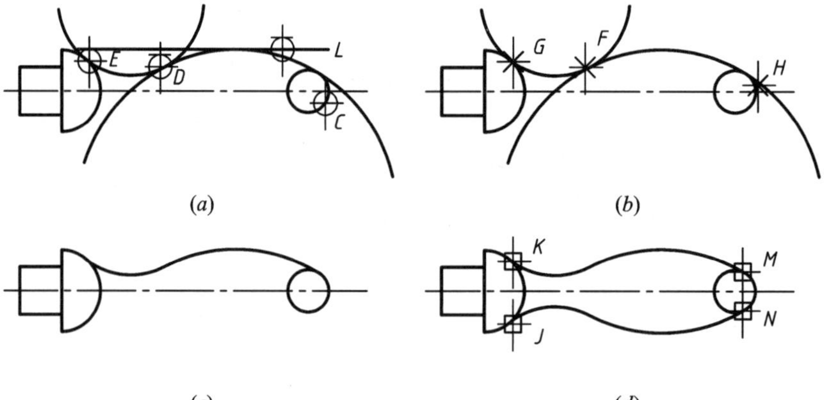

(*a*)　(*b*)　(*c*)　(*d*)

图 14－64　手柄绘图过程

八、尺寸标注

AutoCAD 能够标注的尺寸类型较多，这里仅介绍工程图样中几种常用类型的尺寸标注，如图 14－65 所示。

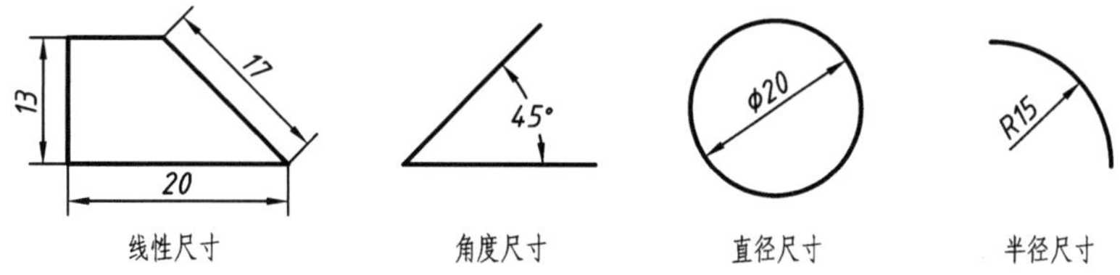

图 14－65　尺寸类型

1. 尺寸变量

尺寸变量是用来控制尺寸要素(尺寸界线、尺寸线、尺寸数字及箭头，AutoCAD 把尺寸界线称为延伸线)的样式、大小等以及诸如换算单位、公差值的格式和精度的系统变量，它决定了尺寸标注的形式。AutoCAD 对这些变量均有初始值，为了满足各种制图标准的要求，用户一般需要对某些尺寸变量进行修正，以便创建符合要求的尺寸标注样式环境。

例如，为使标注的尺寸符合国家标准，应对原图形样板 ACADISO. DWT 中下面几个尺寸变量进行修改：DIMEXO(延伸线起点(AutoCAD 称为原点)偏移量)原值为 0.625，改为 0；DIMEXE(延伸线超出尺寸线的长度)原值为 1.25，改为 2；DIMDLI(坐标式标注(AutoCAD 称为基线标注)时尺寸线之间的距离)原值为 3.75，改为 10；DIMBLK(箭头块)改为 ARR(块名，按图块定义箭头样式和大小)；DIMASZ(箭头块绘制的比例因子)原值为 2.5，改为 1；DIMTXSTY(尺寸数字字样)原值为“Standard”，改为“GBX”；DIMDSEP(小数分割符)原值为“，”，改为“.”；DIMTXT(尺寸数字字高)原值为 2.5，改为 3.5；DIMATFIT(调整箭头和尺寸数字相对于延伸线的位置)原值为 3，改为 2 等。

修改尺寸变量，创建用户的尺寸标注样式可使用 DIMSTYLE 命令，命令操作为

命令：DIMSTYLE↙

命令执行后，系统将弹出图 14－66 所示的“标注样式管理器”对话框。

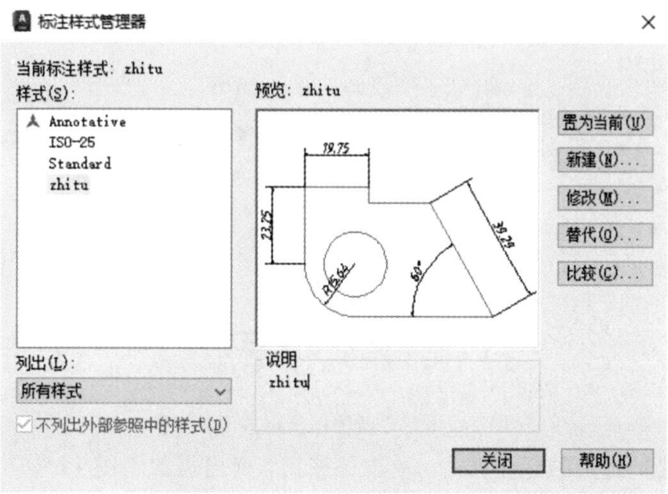

图 14－66　“标注样式管理器”对话框

通过该管理器可以对尺寸标注样式进行创建和编辑。下面简单介绍该对话框中各主要控件的操作和功能。

(1) 样式：该列表框与其下方的“列出”下拉列表框配合使用。当“列出”框中为“所有样式”时，此列表框显示图形中存在的所有标注样式，高亮显示的为当前尺寸标注样式。在某个尺寸标注样式上单击鼠标右键后，将弹出快捷菜单，利用该菜单可以将该样式置为当前、重命名或删除。

(2) 列出：该下拉列表框用于控制“样式”列表框显示的模式。

(3) 预览：该预览框显示选定标注样式的预览图形，以便用户直观地观察到标注效果。

(4) 置为当前：单击该按钮，则将选定的标注样式设置为当前样式，以后绘制的尺寸标注均使用该样式。

(5) 新建：用于创建新的尺寸标注样式。单击该按钮，将弹出新对话框，要求用户输入新尺寸标注样式名称(如样式名称为“zhitu”)、基础样式(即模板，这里取“ISO－25”)和选择新建样式的作用范围(即针对所有标注还是针对某一类型尺寸，这里取“所有标注”)。再单击“继续”按钮，将打开“新建标注样式”对话框，在此对话框中用户可详细设置尺寸标注的各选项。该对话框如图 14-67 所示。这里顺便要指出的是，虽然系统提供了标注上极限偏差(即上偏差)、下极限偏差(即下偏差)形式的公差功能(利用“公差”选项卡)，但是标注尺寸时公称尺寸数值若修正，则偏差不予标注。因此，这种公差标注适用于公称尺寸不需修正的情况。

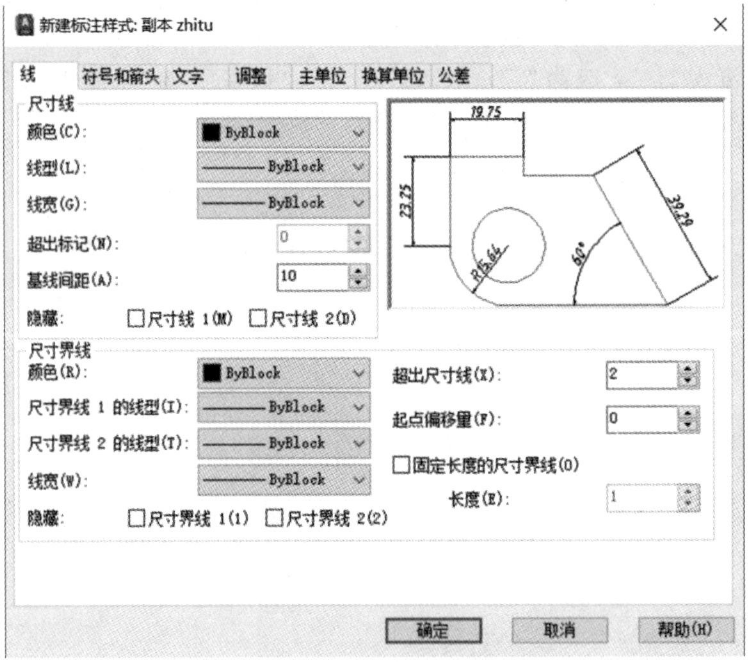

图 14-67 “新建标注样式”对话框

(6) 修改：编辑选定的标注样式。单击该按钮，弹出类似于图 14-67 所示的对话框。

(7) 替代：单击该按钮，也弹出类似于图 14-67 所示的对话框，在此可以设置标注样式的临时替代值。

(8) 比较：单击该按钮，弹出“比较标注样式”对话框。用户通过此对话框可比较已建立的任意两个尺寸标注样式尺寸变量的修改情况。

在标注样式管理器中选择“新建”、“修改”、“替代”按钮后，将显示图 14－67 所示格式的对话框。虽然这三个对话框标题不同，但其内容和选项完全一样。在该对话框中，用户可以依次对“线”(包括尺寸线和延伸线，可以设置尺寸线和延伸线的隐藏)、“符号和箭头”(符号包括圆心标记、弧长符号等)、“文字”、“调整”(解决文字和箭头在标注空间不足时的适应性)、“主单位”(可控制尺寸数字的小数点位数)、“换算单位”、“公差”7 个选项卡进行详细的设置。设置后的效果会在右上角的预览框中实时显示。修改后的各项值均保存在相应尺寸变量中(不同的项对应不同的尺寸变量名)。设置结束，单击“确定”按钮，再单击标注样式管理器对话框中的“关闭”按钮，关闭对话框，返回到图形界面，用户就可以用设定的标注样式标注尺寸了。

另外，用户还可以在命令行中输入尺寸变量名，直接修改其值。用命令修改时，“OFF”和“ON”可用“0”和“1”代替。

菜单操作：格式→标注样式 或 标注→标注样式

本书创建的尺寸标注样式命名为“zhitu”，并作为当前尺寸标注样式保存在用户图形样板 ACADISO. DWT 中。

2. 尺寸标注命令

关于尺寸标注命令，AutoCAD 专门开辟了菜单和工具栏，参见图 14－68(工具栏可按前述方法打开)。用户也可以在“命令：”状态下输入尺寸标注命令进行尺寸标注。每一个标注的尺寸(由尺寸四要素组成)是一个图形实体。

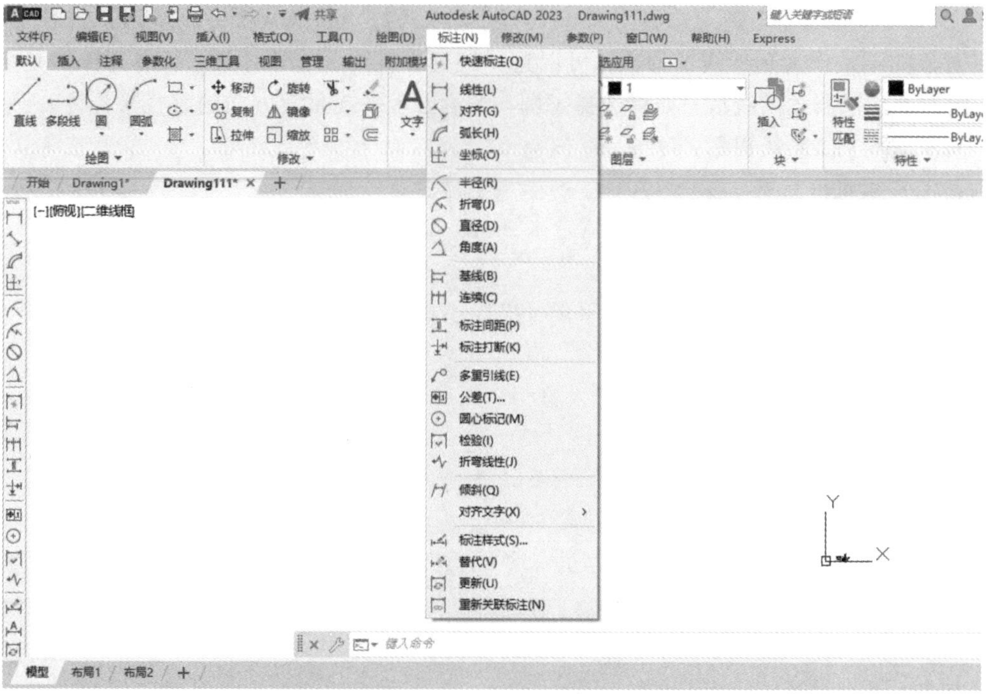

图 14－68 标注菜单

下面仅介绍常用的尺寸标注命令。

(1) DIMLINEAR(线性尺寸标注)命令。可用于标注水平尺寸、垂直尺寸或指定尺寸线倾角的尺寸，其操作为

命令：DIMLINEAR↙

指定第一条延伸线原点或＜选择对象＞：

这里允许用户选择两种方式：

① 指定第一条延伸线的原点，AutoCAD会继续提示第二条延伸线的原点。两者都确定后，随着光标的移动，会在两点之间拖动一条水平或垂直方向的尺寸线，并在命令行提示：

指定尺寸线位置或

[多行文字(M)/文字(T)/角度(A)/水平(H)/垂直(V)/旋转(R)]：

指定一点(为默认选项)，则将其作为尺寸线的位置点，并生成一个尺寸标注。

输入"M"，AutoCAD将显示一个类似于MTEXT命令所用的文字编辑器，让用户输入标注文字。缺省的标注文字为实际测量值，在对话框中测量值用尖括号(＜ ＞)表示。

输入"T"，提示用户在命令行输入标注文字。

输入"A"，用于确定标注文字的书写角度。

输入"H"，在指定的两点之间进行水平尺寸标注。

输入"V"，在指定的两点之间进行垂直尺寸标注。

输入"R"，在前面指定的两点之间进行倾斜尺寸标注(尺寸线方向由指定的角度确定。特殊地，当角度由两延伸线原点给定时，则尺寸线方向与两延伸线原点连线方向一致)。

② 直接按回车键，进入选择对象方式(默认方式)。AutoCAD将提示用户选择对象，并以对象的端点作为延伸线的原点。可以选择圆弧、直线、圆等对象。如果选择的是多段线，则只能标注所选的线段；如果选择了圆，则沿着水平或垂直方向的直径来标注。

对象选定后，系统提示：

指定尺寸线位置或

[多行文字(M)/文字(T)/角度(A)/水平(H)/垂直(V)/旋转(R)]：

用户可进行相应标注。

例如，标注图14-69(*a*)中的水平尺寸26，其命令操作为

命令：DIMLINEAR↙

指定第一条延伸线原点或＜选择对象＞：点A↙　(第一条延伸线原点，可对象捕捉点，下同)

指定第二条延伸线原点：点B↙　(第二条延伸线原点)

指定尺寸线位置或

[多行文字(M)/文字(T)/角度(A)/水平(H)/垂直(V)/旋转(R)]：T↙　(指定输入文字)

输入标注文字＜当前值＞：26↙　(尺寸数字)

指定尺寸线位置或

[多行文字(M)/文字(T)/角度(A)/水平(H)/垂直(V)/旋转(R)]：点C↙　(尺寸线位置)

又如，标注图14-69(*b*)中水平尺寸26时，采用选定对象方式，其命令操作为

命令：DIMLINEAR↙

指定第一条延伸线原点或＜选择对象＞：↙　（指定选择对象方式）

选择标注对象：点 1↙　（选择要标注尺寸的对象）

指定尺寸线位置或

［多行文字(M)/文字(T)/角度(A)/水平(H)/垂直(V)/旋转(R)］：T↙（指定输入文字）

输入标注文字＜当前值＞：26↙（尺寸数字）

指定尺寸线位置或

［多行文字(M)/文字(T)/角度(A)/水平(H)/垂直(V)/旋转(R)］：点 2↙（尺寸线的位置）

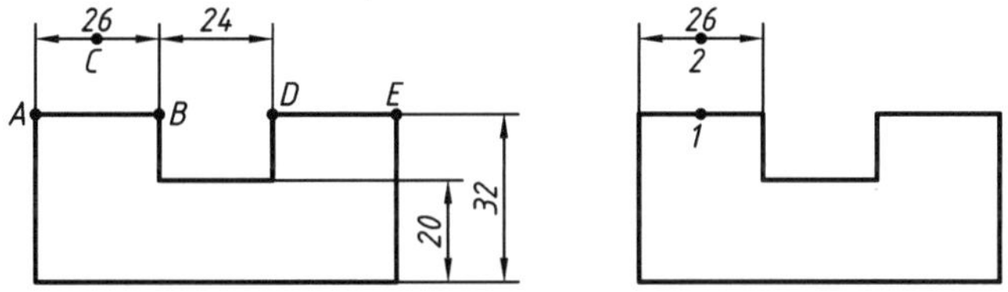

(*a*)　　(*b*)

图 14－69　用 DIMLINEAR、DIMBASELINE、DIMCONTINUE 命令标注尺寸示例

在尺寸数字提示后若用回车键响应，系统会将当前测量值注在尺寸线上(若测量值带有多位小数时，一般不宜采用)；若按空格键后再按回车键，则不注尺寸数字。在使用“T”选项输入尺寸数字时，可加前缀字符如 ϕ、M、4×ϕ 等，还可加后缀字符如 H7(公差带代号)，H7/g6(配合代号)、°(度)等。这种尺寸数字处理方法对下面大部分命令也是适用的。

(2) DIMBASELINE(基线尺寸标注，或称为坐标式尺寸标注)命令。从同一条延伸线出发，尺寸线相互平行且偏移一定间距的尺寸标注形式称为基线尺寸标注。因此，在进行该标注之前，必须已经存在标注。基线尺寸标注可应用于线性尺寸标注、角度尺寸标注，DIMBASELINE 所标注的尺寸与前面尺寸共用第一条延伸线。当然也允许用户重新选择第一条延伸线，而第二条延伸线必须由用户指定。尺寸线的位置自动“外移”一个距离(此距离由尺寸变量 DIMDLI 控制，可在前面介绍的尺寸标注样式中修改)。

例如图 14－69(*a*)，在用 DIMLINEAR 命令标注尺寸 20 之后，可使用 DIMBASELINE 命令标注尺寸 32，命令操作为

命令：DIMBASELINE↙

指定第二条延伸线原点或［放弃(U)/选择(S)］＜选择＞：点 E↙

标注文字＝32

指定第二条延伸线原点或［放弃(U)/选择(S)］＜选择＞：↙↙　（结束命令）

该命令可以循环进行多次标注，但尺寸数字为系统测量值。若在提示项后直接按回车键，则出现提示“选择基准标注：”，要求用户重新指定第一条延伸线，用户用点取方式点到共用的延伸线上即可，再按提示依次输入第二条延伸线原点(注意：第二条延伸线的原点应该在前一尺寸的尺寸线的前方，这样可标注出小尺寸在内、大尺寸在外的形式)。这种直接按回车键进行标注的优点是可随时标注坐标式尺寸，这对下面的 DIMCONTINUE 命令也是适用的。

(3) DIMCONTINUE(连续尺寸标注，或称为链式尺寸标注)命令。尺寸首尾相连并且尺寸线在同一直线上的尺寸标注形式称为连续尺寸标注，其操作方法与上述DIMBASELINE命令类同。

例如图14-69(a)，在标注完尺寸26后，可使用该命令标注尺寸24，命令操作为

命令：DIMCONTINUE↙

指定第二条延伸线原点或[放弃(U)/选择(S)]<选择>：点D↙ （第二条延伸线）

标注文字=24

指定第二条延伸线原点或[放弃(U)/选择(S)]<选择>：↙↙（结束命令）

对于图中有较多坐标式或链式尺寸的情况，使用这两个命令标注相对比较快捷、方便，且标注整齐。

(4) DIMALIGNED(对齐尺寸标注)命令。该命令用于标注两点的距离或直线段的长度，尺寸线方向与两条延伸线原点连线方向一致。此命令除了用于标注图14-70中的尺寸50(尺寸线与指定的点A、B连线平行)外，也可以标注水平、垂直尺寸，其操作方法与DIMLINEAR类同。

(5) DIMANGULAR(角度尺寸标注)命令。该命令可以标注圆或弧的圆心角、两条线的夹角，也可以标注由三个点确定的角。

如图14-71所示，若在两条不平行直线间标注角度尺寸，其命令操作为

命令：DIMANGULAR↙

选择圆弧、圆、直线或<指定顶点>：点A↙（选第一条直线）

选择第二条直线：点B↙（选第二条直线）

指定标注弧线位置或[多行文字(M)/文字(T)/角度(A)/象限点(Q)]：T↙

输入标注文字<测量值>：53%%d↙

指定标注弧线位置或[多行文字(M)/文字(T)/角度(A)/象限点(Q)]：点C↙ （尺寸线位置）

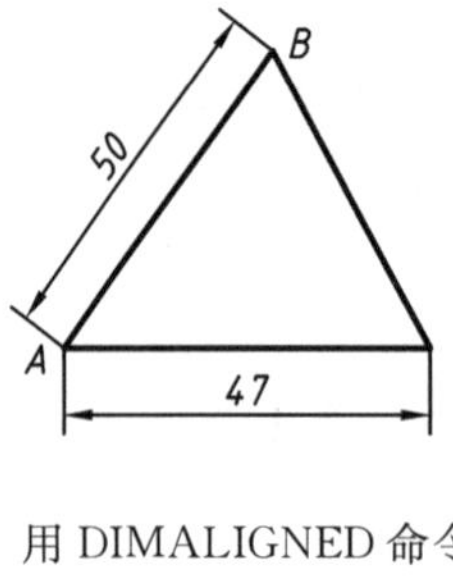

图14-70 用DIMALIGNED命令标注尺寸

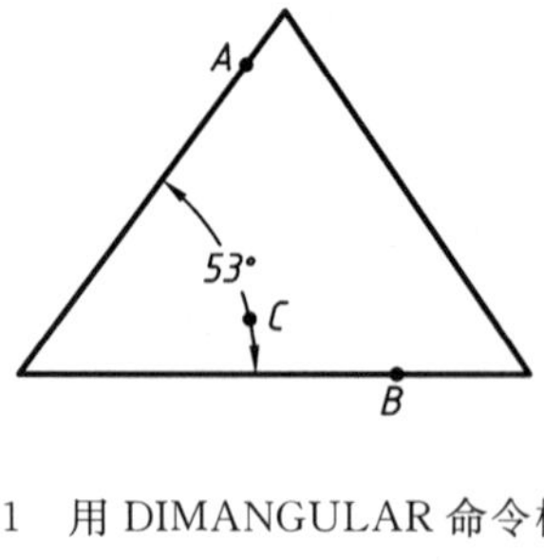

图14-71 用DIMANGULAR命令标注尺寸

AutoCAD在缺省情况下，角度数字倾斜放置；若要水平放置，则标注前要将尺寸变量DIMTIH的值改为“ON”。

AutoCAD的尺寸标注命令中，出现类似“指定标注弧线位置或[多行文字(M)/文字(T)/角度(A)/象限点(Q)]：”提示时，若指定一点，系统会用测量值直接形成标注；若用户需要修正尺寸数字或角度，应选择方括号中的各选项后再进行修正。

(6) QLEADER、LEADER(引线尺寸标注)命令。该命令可以从被注实体开始，绕过

一些实体，在起始端画上箭头，在终止端写上尺寸数字或说明性的文字。QLEADER 较 LEADER 更为方便、灵活，下面主要介绍 QLEADER 的操作。

命令：QLEADER↙

指定第一个引线点或[设置(S)]＜设置＞：

① 直接回车，即进入设置选项，该选项用于设置引线的相关参数。进入该选项，系统弹出“引线设置”对话框，在该对话框中可以对注释、引线和箭头及多行文字附着等进行设置。不同的设置将执行不同的操作过程(如设置多行文字、几何公差等注释类型，设置引线折点个数、引线是直线还是样条曲线等)。

② 指定引线的起点，系统会提示下一点，再下一点等等（提示的次数与设置有关，默认为 3 个点）。在指定了所有点后，再指定字宽、注释类型和注释内容。

例如，标注图 14－72 的命令操作为

命令：QLEADER↙

指定第一个引线点或[设置(S)]＜设置＞：点 1↙

指定下一点：点 2↙

指定下一点：点 3↙

指定文字宽度＜默认值＞：字宽↙

输入注释文字的第一行 ＜多行文字(M)＞：%%c5↙

输入注释文字的下一行：↙ （结束输入）

(7) DIMDIAMETER(直径尺寸标注)命令。该命令用于标注圆和弧的直径尺寸，参见图 14－73，命令操作为

命令：DIMDIAMETER↙

选择圆弧或圆：点 A↙ （选择圆或圆弧，点 A 指在圆上）

标注文字＝50

指定尺寸线位置或[多行文字(M)/文字(T)/角度(A)]：T↙

输入标注文字＜测量值＞：%%C50↙（修正的尺寸数字）

指定尺寸线位置或[多行文字(M)/文字(T)/角度(A)]：点 B↙ （点 B 决定尺寸线的方向和位置）

其中，“[多行文字(M)/文字(T)/角度(A)]”允许用户重新输入文字及文字的书写角度。

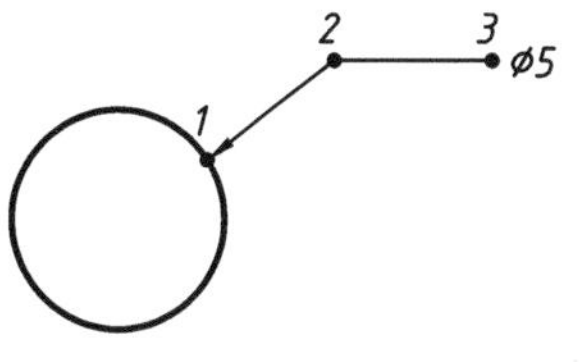

图 14－72　用 QLEADER 命令标注尺寸

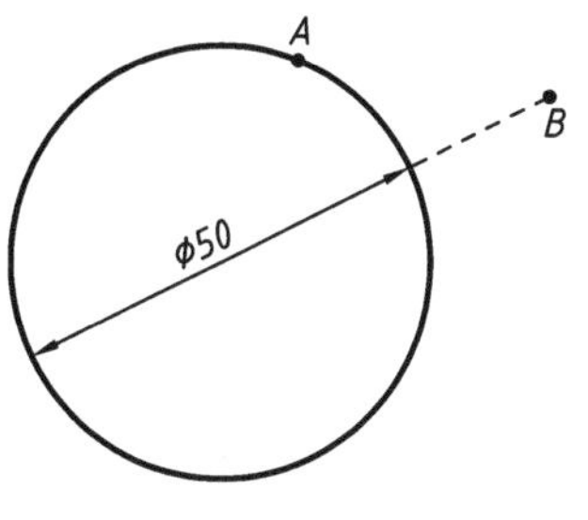

图 14－73　用 DIMDIAMETER 命令标注尺寸

(8) DIMRADIUS(半径尺寸标注)命令。该命令用于标注圆或弧的半径，它能标注的尺寸形式如图 14－74 所示。

该命令的操作方法与DIMDIAMETER相同，不再赘述。

需要注意的是，在标注尺寸过程中，使用对象捕捉方式能准确地抓取所需的点，比如延伸线的原点等，这样不至于造成尺寸错位标注。例如，标注图14－75中的水平尺寸100可这样操作：

命令：DIMLINEAR↙ END↙(光标至A处)↙ END↙(光标至B处)↙ T↙ 100↙(点C)↙

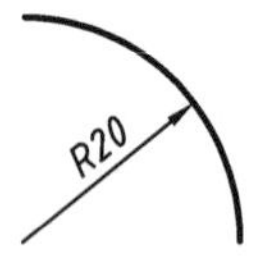

图14－74　用DIMRADIUS命令标注尺寸

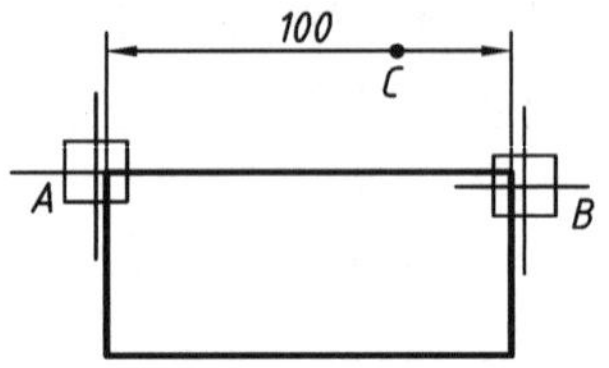

图14－75　用对象捕捉方式标注尺寸

(9) DIMTEDIT(编辑标注文字位置)命令。该命令用于调整标注的尺寸数字或文字的位置。尺寸标注和其他对象一样，可以使用COPY、MOVE等命令进行复制、移动，也可以用EXPLODE命令分解。此外，AutoCAD还专门提供了DIMTEDIT、DIMEDIT命令对尺寸标注进行编辑。DIMTEDIT命令操作为

命令：DIMTEDIT↙

选择标注：选择一个尺寸对象↙

为标注文字指定新位置或[左对齐(L)/右对齐(R)/居中(C)/默认(H)/角度(A)]：

指定一点，将作为标注文字的新位置，系统会将文字、尺寸线、延伸线等组成部分按指定的位置作相应变动。

输入“L”，将标注文字靠近左侧延伸线。

输入“R”，将标注文字靠近右侧延伸线。

输入“C”，将标注文字放在尺寸线中间。

输入“H”，将标注文字的位置恢复到原来的缺省位置。

输入“A”，设置标注文字的旋转角度。

图14－76是用DIMTEDIT命令对标注的直径尺寸、半径尺寸作文字位置编辑后的结果，可满足引出标注的需要。

图14－77所示为DIMDIAMETER命令、DIMRADIUS命令和DIMTEDIT命令标注小尺寸的情况，当尺寸数字和箭头在圆内或弧内注写不下时，系统会引出注写在圆或弧之外。

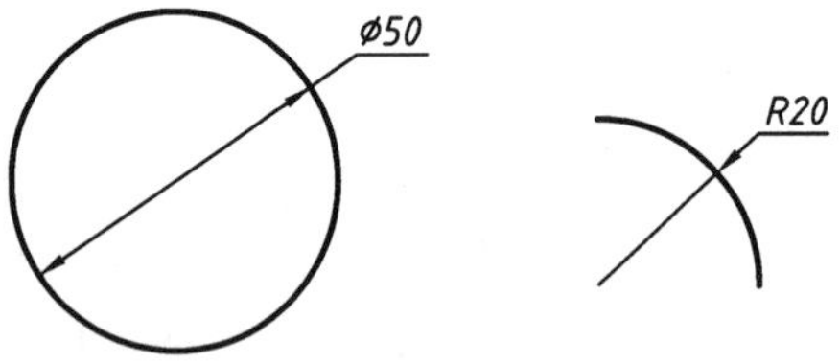

图14－76　DIMTEDIT命令的应用示例

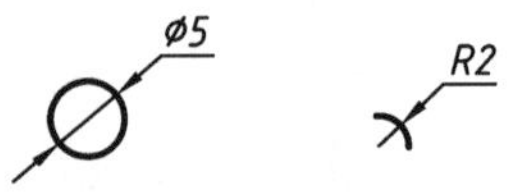

图14－77　直径和半径小尺寸的标注示例

(10) DIMEDIT(编辑尺寸标注)命令。该命令可以修改标注文字内容、位置、旋转角

度等特征，也可以设置延伸线的倾斜角度，其操作为

命令：DIMEDIT ↙

输入标注编辑类型[默认(H)/新建(N)/旋转(R)/倾斜(O)]<默认>：

输入“H”或直接回车，将标注文字的位置恢复到原来的缺省位置。

输入“N”，则设置新的标注文字。选择该项后，系统提示输入新的标注文字，然后提示用户选择编辑的对象，更新其标注文字。

输入“R”，旋转标注的文字。选择该项后，系统将提示输入旋转角度，然后提示选择尺寸标注对象，旋转标注文字。

输入“O”，将延伸线倾斜一个角度。选择该项后，系统提示选择尺寸标注对象，提示输入一个角度，之后将延伸线倾斜。倾斜延伸线只能用于线性尺寸标注，它在轴测图的尺寸标注或将某一尺寸与其他尺寸、轮廓线区别开来时使用。

第 15 章　计算机三维建模及绘图

在现代产品设计中，常常利用计算机直接构建出零件或整个产品的三维模型，为实现计算机集成制造奠定基础。目前，计算机三维建模系统的应用已经非常普及，利用计算机系统构建零件或产品的三维模型不仅可以直观地表达产品的设计，而且参数化的三维建模使设计修改更加方便，在三维模型基础上的工程仿真分析、虚拟装配、设计评价等辅助手段大大提高了设计与制造的效率。

常用的计算机三维建模软件有 AutoCAD、SolidWorks、Creo（Pro/Engineer）、CATIA、UG、CAXA CAD 、Inventor 等。本章以 AutoCAD 2023 和 SolidWorks 2023 为例，简要介绍计算机三维建模与绘图的方法和过程。其中，AutoCAD 适合简单三维模型的构建，而 SolidWorks 更适合复杂或专业的三维建模。

15.1　AutoCAD 三维绘图基础

AutoCAD 2023 有两个三维图形工作空间，即“三维基础”和“三维建模”。这两个工作空间都可以进行三维作图，区别是：“三维基础”工作空间提供了基本的三维绘图和建模工具，适合于初学者；“三维建模”工作空间提供了丰富的三维建模工具，适合于熟练用户。本章介绍“三维基础”工作空间下的三维作图。

用 AutoCAD 绘制三维图形包括几何建模和模型处理两个阶段，即先在系统内建立物体的几何模型，然后再对模型进行处理。AutoCAD 建立几何模型的方法有线架模式、表面模式和实体模式。线架模式把物体看成是由轮廓边组成的，如用 LINE（三维直线）、SPLINE（三维样条曲线）等可绘制出线架模式表示的物体。表面模式把物体看成是由许多平面或曲面围成的空心体，如用 3DFACE（三维面）、EDGESURF（边界曲面）等可绘制出表面模式表示的物体。实体模式在表面模式的基础上对于物体实体（实心部分）存在的一侧给予明确的定义，AutoCAD 实体建模中的物体均采用实体模式。AutoCAD 的模型处理包括对模型进行几何变换（如移动、旋转、缩放、镜像等）、投影变换、多视区显示、消隐处理、明暗及渲染处理等。

AutoCAD 三维绘图的一般流程为：几何建模→模型观察→生成视图。下面介绍一些相关概念、命令及工具。

一、三维坐标系与三维点的输入

AutoCAD 采用的坐标系有直角坐标系、柱面坐标系和球面坐标系。三维点的输入方式有绝对坐标和相对坐标两种，其绝对坐标和相对坐标的含义与第 14 章的二维坐标相同。三维坐标点的输入方法有以下几种。

1. 用绝对坐标输入

(1) 直角坐标形式：直角坐标用点的 x、y、z 坐标表示，中间用逗号分开。输入格式为“x，y，z”。

(2) 柱面坐标形式：柱面坐标用三个参数表示，即空间点与原点的连线在 XY 面的投影长度 a、空间点与原点的连线在 XY 面内的投影与 X 轴正方向的夹角 θ、空间点的 z 坐标值。其输入格式为“a<θ，z”。

(3) 球面坐标形式：球面坐标也用三个参数表示，即空间点距坐标原点的距离 S、空间点与原点的连线在 XY 面内的投影与 X 轴正方向的夹角 θ、空间点与原点连线与 XY 面的夹角 β。其输入格式为“S<θ<β”。

2. 用相对坐标输入

上面介绍的直角坐标、柱面坐标和球面坐标都有相对坐标形式，其输入格式是在相应绝对坐标输入格式前加符号“@”。

3. 用点过滤符输入

点过滤符输入方法是将三维点的 x、y、z 坐标分两次输入，如先输入点的 x、y 坐标，然后再输入 z 坐标，若 z≠0，就构造一个三维点，用这种方法建立完整三维点的过程称为“X/Y/Z 点过滤”。点的过滤输入法在系统要求输入三维点的任何地方均可使用。

过滤符的形式为“. 坐标符”，即“. x”、“. y”、“. z”、“. xy”、“. xz”、“. yz”，其分别表示要输入相应的一个或两个坐标。例如，在系统要求输入三维点时先输入“. xy”，系统给出“于”提示，等待用户输入 x 及 y 坐标，输入后系统提示“(需要 z)”，再输入 z 坐标。过滤符通常与对象捕捉配合使用，系统会从捕捉到的点中过滤出一个坐标或两个坐标。

二、用户坐标系 UCS

通常在 AutoCAD 中绘制的二维图形都是建立在世界坐标系(World Coordinate System，简称 WCS)之上，该坐标系恒定不变。使用世界坐标系，图形的生成和修改都是在单一、固定的坐标系统中进行，对于二维绘图已经足够。但在固定不变的世界坐标系中绘制三维图形时，会给用户带来很大的不便。为方便绘制三维图形，AutoCAD 允许用户创建自己的坐标系，即用户坐标系(User Coordinate System，简称 UCS)。利用 UCS，用户可以方便地绘制各种三维对象。

使用 UCS 命令可以建立数量不限的用户坐标系。从一个用户坐标系变换到另一个用户坐标系时，在每一个视区，AutoCAD 都设计一个坐标系图标用以观察用户坐标系轴的方位、当前用户坐标系的原点在何位置等信息。控制坐标系图标的可见性及显示位置的命令为 UCSICON(用户坐标系图标)命令，用其“OR”(原点)和“ON”(显示)选项可使 UCS 图标显示在当前坐标系的原点，以便作图。

UCS命令用来建立用户坐标系，命令操作为

命令：UCS↙

当前UCS名称：×××

指定UCS的原点或[面(F)/命名(NA)/对象(OB)/上一个(P)/视图(V)/世界(W)/X/Y/Z/Z轴(ZA)]<世界>：

下面介绍几个常用选项的用法。

(1) 输入点，则该点为新建UCS的原点，新建UCS的X、Y和Z轴的方向与当前UCS的坐标轴方向相同。这是一点方式建立UCS。系统提示：

指定X轴上的点或<接受>：

① 按回车键，表示接受一点方式建立的UCS。

② 输入点，新建的UCS的X轴正方向通过该点，Y轴和当前UCS的XY平面平行，Z轴正方向由X轴正方向和Y轴正方向按右手法则确定。这是两点方式建立UCS。系统接着提示：

指定XY面上的点或<接受>：

① 按回车键，表示接受两点方式建立的UCS。

② 输入点，表示使用三点方式建立UCS，第一点为新建UCS的原点，第二点为其X轴正方向上的点，第三点为其XY平面上的点，此三点决定了XY平面，该XY平面的外法矢量方向即为Z轴正方向，Y轴正方向由Z轴正方向和X轴正方向按右手法则确定。

(2) 输入“F”，将新建的UCS的XY平面与三维物体上的面对齐。系统提示：

选择实体对象的面：(通过鼠标左键单击面的边界内部或面的边来选择面)

选取物体面以后，系统建立一个UCS，该UCS的坐标原点为所选物体面上离拾取点最近的顶点，X轴正方向与选定面上离拾取点最靠近的边对齐，Z轴正方向为所选物体面的外法矢量方向，Y轴正方向由Z轴正方向和X轴正方向按右手法则确定。系统接着提示：

输入选项[下一个(N)/X轴反向(X)/Y轴反向(Y)]<接受>：

① 按回车键，表示接受建立的UCS。

② 输入“N”，将UCS定位于选取时所邻接的面。

③ 输入“X”，将UCS绕X轴旋转180°。

④ 输入“Y”，将UCS绕Y轴旋转180°。

(3) 输入“X”，或“Y”，或“Z”，将原UCS绕X(或Y，或Z)轴旋转指定的角度，得到新的UCS。

(4) 输入“ZA”，通过确定新坐标系原点和Z轴正方向上的一点创建新的UCS，其原理同上述的两点方式建立UCS，只不过新UCS的X轴和当前UCS的XY平面平行。

(5) 输入“NA”，按名称保存或恢复UCS。系统提示：

输入选项[恢复(R)/保存(S)/删除(D)/?]：

① 输入“S”，把当前UCS按指定名称保存。

② 输入“R”，恢复已保存的UCS，使它成为当前UCS。

③ 输入“D”，从已保存的UCS列表中删除指定的UCS。

④ 输入“?”，列出每个UCS的名称，原点(相对于世界坐标系WCS)及X轴、Y轴和Z

轴方向的单位矢量。

(6) 输入“P”，恢复上一个 UCS。

(7) 输入“W”或按回车键，将当前 UCS 设置为世界坐标系 WCS。

［例 15-1］ 用三点方式定义一个 UCS(见图 15-1)。

解 命令操作如下：

命令：UCS↙

指定 UCS 的原点或［面(F)/…/X/Y/Z/Z 轴(ZA)］<世界>：END↙

于（光标移至 A 处）↙

指定 X 轴上的点或<接受>：END↙

于（光标移至 B 处）↙

指定 XY 面上的点或<接受>：END↙

于（光标移至 C 处）↙

命名并存储新建的 UCS，操作为

命令：UCS↙ NA↙ S↙ UP↙ （UCS 的名字取为 UP）

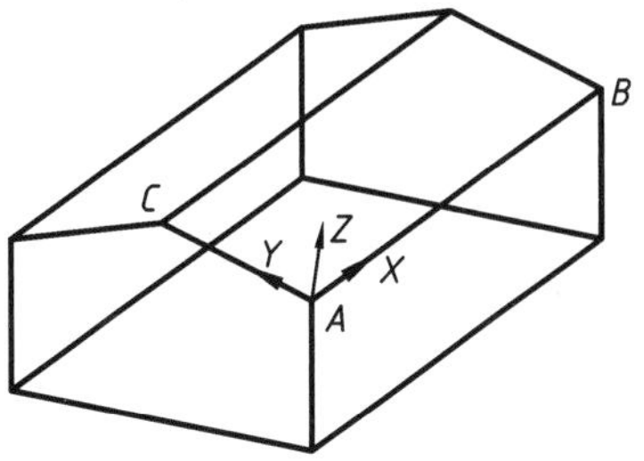

图 15-1　三点方式定义的 UCS

三、模型观察与生成视图

模型观察的目的一是检查建模的正确性，二是让模型处在较好的观察位置以便于建模，三是便于生成视图(如带消隐的线框图、明暗效果图、渲染图等)。模型观察是在平行投影或透视投影模式下进行的，模型观察和生成视图是密不可分的。

模型观察和生成视图的命令有：VPOINT 命令(视点命令，产生平行投影视图)、DVIEW 命令(动态视图命令，使用相机点和目标点产生平行投影视图或透视图)、3DORBIT 命令(三维动态观察器命令，通过翻转方式可全方位实时观察模型，有平行投影模式和透视投影模式)、NAVSWHEEL 命令(视图控制盘命令，控制盘(SteeringWheels)是用于追踪悬停在绘图区上光标的一种盘状分布菜单，鼠标左键单击控制盘上的菜单按钮不放，可实现动态观察、实时缩放与平移、环视、漫游、回放等功能)、视图立方(ViewCube)导航工具、HIDE 命令(生成不显示隐藏线即不可见轮廓线的三维线框模型)等。

这里介绍控制模型视图显示的几个系统变量，方便且功能较强的视图立方导航工具和与其相关的 VSCURRENT 命令。

1. 与模型视图显示有关的系统变量

(1) ISOLINES 变量。此系统变量用于确定实体模型的轮廓线数量，有效范围是 0～2047，默认值是 4，即 ISOLINES=4。ISOLINES 的值越大显示的效果就越好，但运行时间越长。如果要更改系统变量 ISOLINES 的值，则在更改后需要用 REGEN 命令重新生成图形后，才能看到相应的显示效果。点击菜单栏“工具”→“选项”，出现“选项”对话框，其“显示”选项卡下的“每个曲面的轮廓素线”编辑框的值对应着 ISOLINES 变量值的修改。

(2) FACETRES 变量。当实体模型以消隐、明暗或渲染模式显示时，用系统变量 FACETRES 可控制模型表面的光滑程度(包括用轮廓线显示模型时轮廓线的光滑程度)，其有效值范围为 0.01～10，默认值为 0.5，即 FACETRES=0.5。其值越大，则模型消隐、明暗或渲染后的表面越光滑，但系统运行时间越长。点击菜单栏“工具”→“选项”，出现“选项”对话框，其“显示”选项卡下的“渲染对象的平滑度”编辑框的值对应着 FACETRES 变量值的修改。

(3) DISPSILH 变量。系统变量 DISPSILH 用于确定是否显示实体模型的轮廓线，有效值为 0 和 1，其默认值是 0。当 DISPSILH=1 时，为显示模型轮廓线，否则不显示。如果要更改 DISPSILH 的值，则在更改后需要用 REGEN 命令重新生成图形，才能看到相应的显示效果。点击菜单栏“工具”→“选项”，出现“选项”对话框，其“显示”选项卡下的“绘制实体和曲面的真实轮廓”复选按钮对应着 DISPSILH 变量值的修改。

2. 视图立方导航工具

视图立方导航工具提供了模型在当前观察方向下的视图，是对模型观察的直观反馈。视图立方工具生成视图时是在当前坐标系下进行的。视图立方工具的观察方向(即投影时的投射线方向)是当前视点和坐标原点的连线方向。视图立方工具能够帮助用户动态调整观察模型时的视点，从而得到实时的视图。

视图立方导航工具可随视觉样式命令 VSCURRENT 的“线框”“真实”“概念”等选项的使用而启动显示在绘图区的右上角(菜单操作为：视图→视觉样式→线框或真实或概念)，一开始它处于不活动状态，当光标移至视图立方导航工具区域时即变为活动状态。图 15-2 是处于活动状态时视图立方导航工具的组成部分。下面介绍各部分的功能及用法。

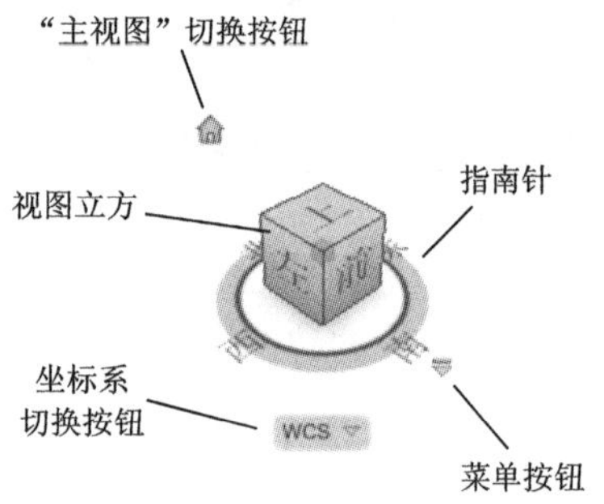

图 15-2　视图立方导航工具的组成

(1) 坐标系切换按钮：单击此按钮，用户可在 WCS 和已定义的 UCS 之间切换，以产生相对于当前坐标系的观察视图。

(2) 菜单按钮：单击此按钮，弹出一个包含“平行模式”、“透视模式”、“将当前视图设定为主视图”、“ViewCube 设置”等菜单项的菜单，用户可以选择视图的投影方式(默认为平行投影方式)、设定一个“主视图”(这儿是指主要的视图)以及设置视图立方导航工具等。

(3) 视图立方：视图立方表面标注的“上”、“下”、“左”、“右”、“前”、“后”六个观察方向代表了视点的方位，它们分别与坐标系的+Z 轴、-Z 轴、-X 轴、+X 轴、-Y 轴、+Y 轴相对应。系统预设了 26 个视点，其所在视图立方的区域分别与立方体的 8 个角、12 条边和 6 个面对应，如图 15-3(*a*)、(*b*)、(*c*)所示。其中，在平行投影模式下，视图立方的“前”、“上”、“左”、“右”、“下”、“后”6 个面区域分别代表模型的主视图、俯视图、左视图、右视图、仰视图、后视图，单击视图立方上相应的面可产生该视图；视图立方的 8 个角区域代表模型的等轴测图，单击视图立方上的一个角可产生该视图，特别是“前”、“上”、“左”3 个面的公共顶点代表着第 6 章所述的正等轴测图；视图立方的 12 条边区域代表模型的两面轴测图(即投射线仅与两个坐标平面相交)，单击视图立方上的一条边可产生该视图。用鼠标点击视图立方不放并拖转，表示与立方表面对应的视点在动态变化，模型视图也发生相应变化。当视图立方转动到预设视点位置时，视图立方的轮廓将显示为连续的实线，如图 15-3(*a*)、(*b*)、(*c*)所示；当视图立方转动到非预设视点位置时，视图立方的轮廓将显示为虚线，如图 15－3(*d*)所示。

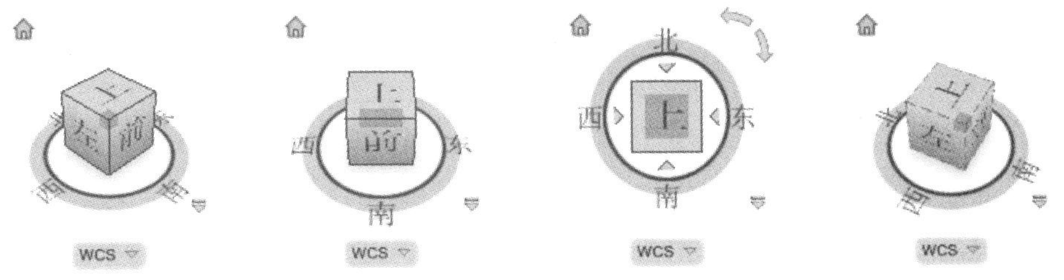

(*a*)　(*b*)　(*c*)　(*d*)

图 15－3　视图立方导航工具的几种使用状态

当单击视图立方的一个面查看模型时，视图立方工具将显示两个弯箭头按钮和四个直角三角形按钮，如图 15－3(*c*)所示。使用弯箭头按钮可以绕视图中心将当前视图顺时针或逆时针旋转 90°，使用三角形按钮则可切换到其中一个相邻面视图。

(4) 指南针：指南针上标注的“东”、“南”、“西”、“北”四个观察方向代表了视点的方位，它们分别与坐标系的＋X 轴、－Y 轴、－X 轴、＋Y 轴相对应。单击“东”、“南”、“西”、“北”四个字，将分别产生右视图、主视图、左视图和后视图。单击并拖动这四个字之一或指南针圆环可绕视图中心动态旋转模型。

(5) “主视图”切换按钮：单击此按钮，屏幕显示已定义的“主视图”。若之前未定义“主视图”，单击此按钮则显示模型的透视图。

NAVVCUBE 命令可以控制视图立方导航工具的显示(默认方式)、关闭和设置。

3. VSCURRENT(视觉样式)命令

设置当前视口的视觉(视图)样式。AutoCAD 的视觉样式有二维线框、线框、隐藏、真实、概念等几种形式，这里先介绍前三种视觉形式，后两种在 15.3 节中介绍。VSCURRENT 命令操作为

命令：<u>VSCURRENT</u>↙

输入选项[二维线框(2)/线框(W)/隐藏(H)/真实(R)/概念(C)/着色(S)/带着边缘着色(E)/灰度(G)/勾画(SK)/X 射线(X)/其他(O)]＜当前样式＞：

(1) 输入“2”，采用二维线框样式。二维线框样式采用直线和曲线表示模型边界，光栅图像、OLE 对象、线型和线宽都是可见的，坐标系图标显示为通常的单色图标。二维线框样式是 AutoCAD 显示三维模型的默认方式，在此模式下执行一些命令(如消隐命令 HIDE)往往能得到较好的结果。

(2) 输入“W”，采用线框样式。线框样式也采用直线和曲线表示模型边界，但光栅图像、OLE 对象、线型和线宽是不可见的，坐标系图标显示为着色的三色图标。

(3) 输入“H”，采用隐藏样式。系统显示用三维线框表示并隐藏了不可见轮廓线的模型视图。

菜单操作：视图→视觉样式→二维线框或线框或消隐

图 15－4 是用视图立方导航工具生成的支架模型的几种线框样式视图(采用隐藏样式)，其中图 15－4(*a*)为主视图，图 15－4(*b*)为左视图，图 15－4(*c*)为俯视图，图

15－4(*d*)为正等轴测图。

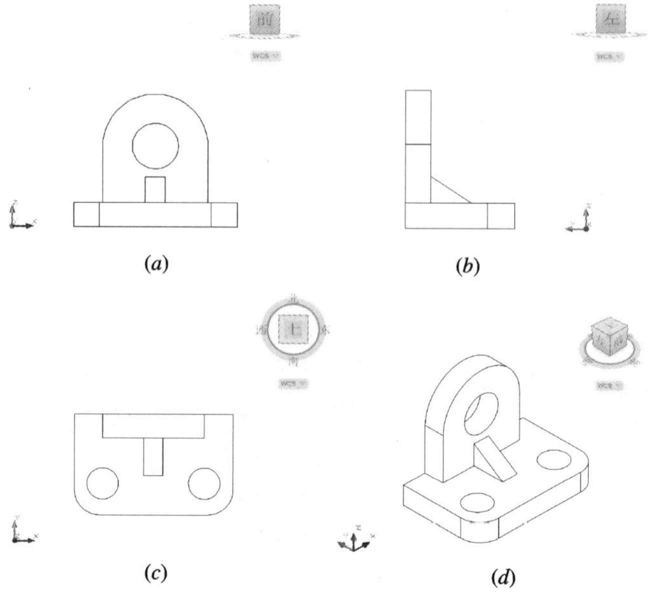

图 15－4 用视图立方导航工具生成的几种线框样式视图

若要在图形中保存视觉样式，则可使用 VSSAVE 命令。用 VSCURRENT 命令的“O”选项可调出保存的视觉样式。

15.2 AutoCAD 的实体建模技术

AutoCAD 实体建模的基本步骤为绘制体素→布尔运算(即并、交、差运算)→模型编辑(如倒圆角、截切等)。下面介绍这些建模的方法和技术。

一、绘制体素

体素就是基本几何体，分为基本体素和拓展体素。基本体素包括长方体、楔形体、圆柱体(含椭圆柱体)、圆锥体(含圆台、椭圆锥体及椭圆台)、圆球体、圆环体和棱锥体(含棱台)，拓展体素包括多段体、拉伸体、旋转体、扫掠体和放样体(在若干横截面之间的空间中创建的三维实体称为放样体)。图 15－5 是 AutoCAD 的体素示例(图中将影响曲面光滑度的系统变量 FACETRES 的值设为 2；影响实体轮廓线数量的系统变量 ISOLINES 的值设为 4；未按实体轮廓绘制即系统变量 DISPSILH 的值设为 0；同时作了消隐处理)。

这里介绍几个常用体素的绘制方法。特别要说明一点，凡是命令执行要求输入长度尺寸(如长度、宽度、高度、边长、半径、直径等)时，可以直接输入数值，也可以输入两点(系统会把两点之距作为长度尺寸)。另外，命令执行时提示中的“当前值”默认项在第一次使用体素绘制命令时是没有的，一旦使用体素绘制命令后，命令提示会出现“当前值”默认项。

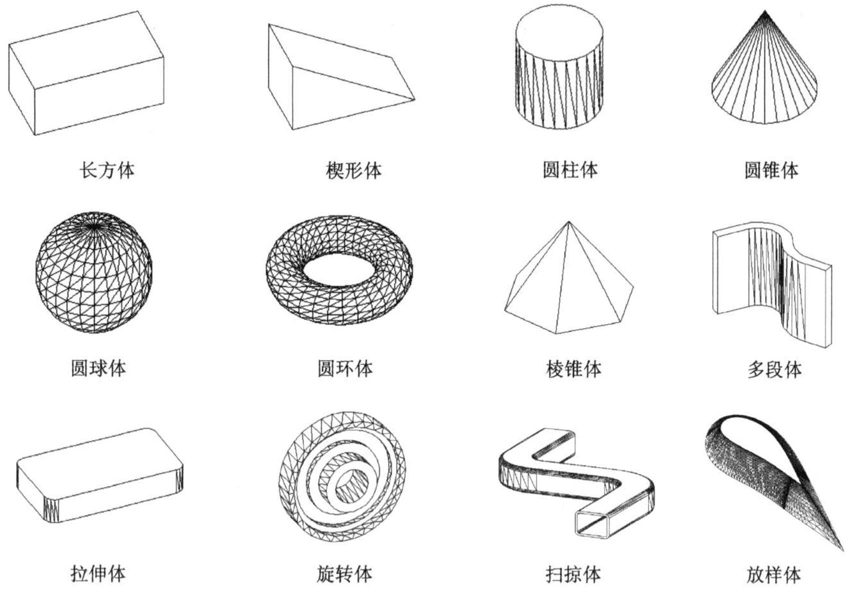

图 15－5　AutoCAD 的体素示例

1. 绘制长方体

绘制长方体的命令为 BOX。长方体的底面默认定义为平行于当前 UCS 的 XY 平面，长方体的各边平行于当前 UCS 的各坐标轴。BOX 命令操作为

命令：BOX↙

指定第一个角点或[中心(C)]：

(1) 输入一点，此项为默认选项，要求指定长方体一个角点位置 P_1，执行此项后，AutoCAD 接着提示：

指定其他角点或[立方体(C)/长度(L)]：

① 输入一点，此项为默认项，要求指定长方体的另一角点 P_2，如果指定的角点 P_2 与第一个角点 P_1 的位置不在同一平面上，AutoCAD 将这两个角点 P_1、P_2 作为长方体对角顶点，生成一个长方体，如图 15－6 所示；如果指定的第二个角点 P_2 与第一个角点 P_1 在一个平面上，AutoCAD 将提示如下：

指定高度或[两点(2P)]<当前值>：高度或 2P↙

可以直接输入高度值，也可以输入"2P"后再输入两个点完成高度值的输入。输入高度值后，AutoCAD 生成的长方体如图 15－7 所示。

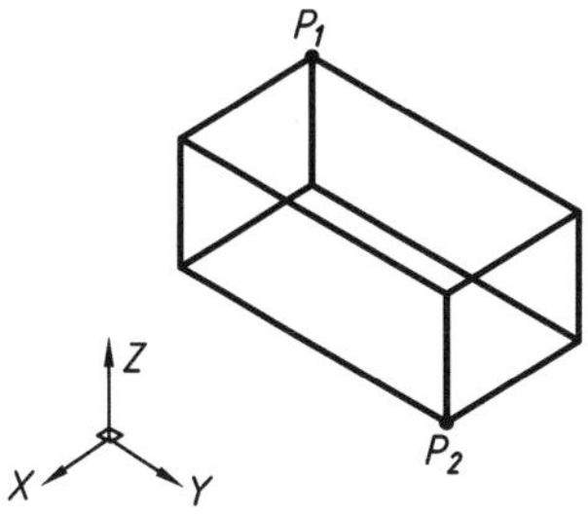

图 15－6　不在同一高度两角点生成的长方体

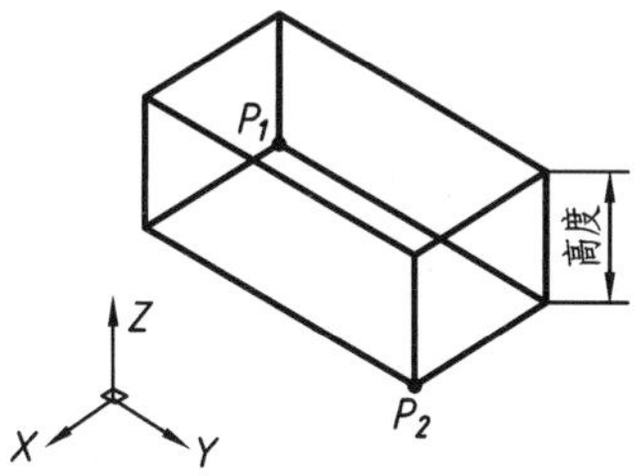

图 15－7　位于同一平面两角点及高度生成的长方体

② 输入“C”，将生成正方体。执行此项后，AutoCAD 提示如下：

指定长度<当前值>：正方体的边长↙

输入正方体的边长后，AutoCAD 根据第一步输入的一个角点和边长生成正方体。

③ 输入“L”，AutoCAD 将根据长、宽、高生成长方体(如图 15－8 所示)。执行此项后，AutoCAD 提示如下：

指定长度<当前值>：长度↙

指定宽度<当前值>：宽度↙

指定高度或[两点(2P)]<当前值>：高度↙

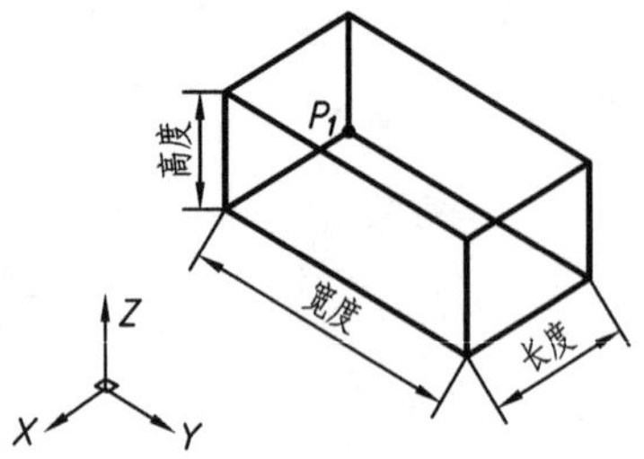

图 15－8 根据长方体长、宽、高生成长方体

(2) 输入“C”，则以该点为长方体的中心绘制长方体。执行此项后，AutoCAD 提示：

指定中心：中心位置↙

指定角点或[立方体(C)/长度(L)]：

① 输入一点，此项为默认项，要求确定长方体的另一个角点位置。执行此项后，如果该角点与中心点的 z 坐标不相同，AutoCAD 将根据中心点和该点生成一长方体。如果角点与中心点位置同一高度，即 z 坐标相同，AutoCAD 提示如下：

指定高度或[两点(2P)]<当前值>：高度↙

② 输入“C”，将生成正方体。执行此项后，AutoCAD 提示如下：

指定长度<当前值>：正方体的边长↙

③ 输入“L”，将根据长、宽、高生成长方体。执行此项后，AutoCAD 提示如下：

指定长度<当前值>：长度↙

指定宽度<当前值>：宽度↙

指定高度或[两点(2P)]<当前值>：高度↙

菜单操作：绘图→建模→长方体

除下拉菜单操作外，用户也可以通过面板菜单进行操作，如绘制立方体，可在面板菜单“创建”区点击“长方体”图标执行 BOX 命令。后面的命令也可类似操作，不再赘述。

2. 绘制楔形体

绘制楔形体的命令为 WEDGE。楔形体是长方体沿 X 轴方向的对角平面切下的一半，系统绘制包含第一角点且过第一角点的高的那一半。WEDGE 命令的提示及输入参数与长方体一样，这里略去。如绘制图 15－9 所示的楔形体，WEDGE 命令操作为

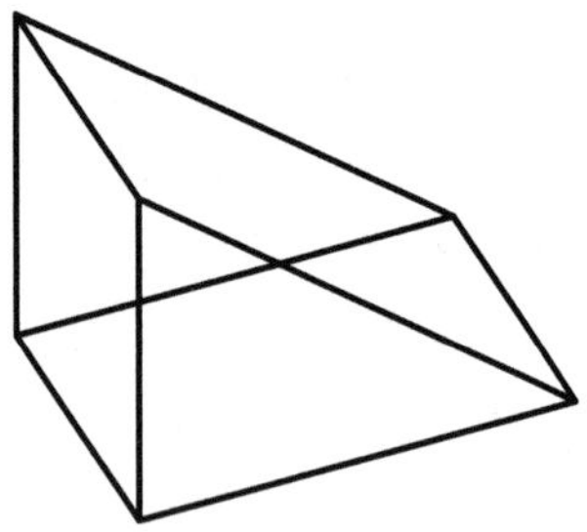
图 15－9 用 WEDGE 命令生成的楔形体

命令：WEDGE↙

指定第一个角点或[中心(C)]：100，50，0

指定其他角点或[立方体(C)/长度(L)]：L↙

指定长度：60↙

指定宽度：40↙

指定高度或[两点(2P)]：50↙

菜单操作：绘图→建模→楔形体

3. 绘制圆柱体

绘制圆柱体的命令为 CYLINDER。该命令也可绘制椭圆柱体。CYLINDER 命令操作为

命令：CYLINDER↙

指定底面的中心点或[三点(3P)/两点(2P)/切点、切点、半径(T)/椭圆(E)]：

(1) 输入一点，则该点为圆柱体底面中心。执行此项后，AutoCAD 提示如下：

指定底面半径或[直径(D)]：半径或键入 D 后指定直径↙

指定高度或[两点(2P)/轴端点(A)]：

① 输入高度值，此项为默认项。执行该项后，即可绘制圆柱体，该圆柱体的两底面与当前 UCS 的 XY 面平行，如图 15－10 所示(图中未显示轮廓线，将系统变量 DISPSILH 的值改为 1 并执行 HIDE 命令就可显示出轮廓线，这样处理对圆锥体、圆球体等曲面立体均适应)。

② 输入“2P”，两点方式确定高度。

③ 输入“A”，指定轴端点亦即圆柱体另一底面的中心位置来绘制圆柱体。执行此项后，AutoCAD 提示如下：

指定轴端点：

输入端点后，AutoCAD 绘制圆柱体如图 15－11 所示。用此方法可以绘制轴线任意放置的圆柱体。

(2) 输入“3P”或“2P”或“T”，分别表示用三点、两点、公切圆方式画圆，绘制完底面圆后再输入高度或轴端点便可绘制出圆柱体。

(3) 输入“E”，绘制椭圆柱体。按画椭圆的方式绘制椭圆后再输入高度或轴端点便可绘制出椭圆柱体，这里略。

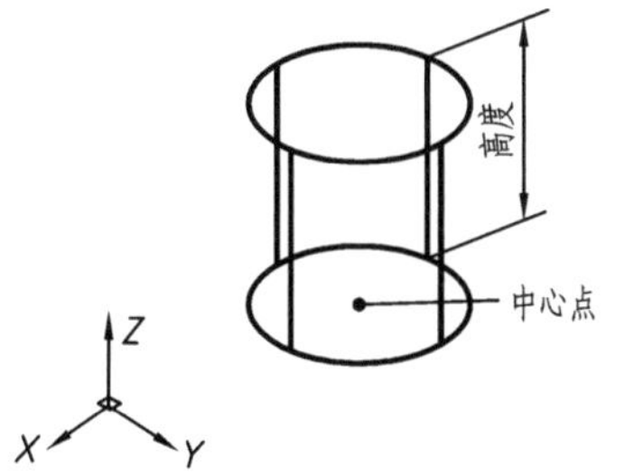

图 15－10　根据底面中心位置和高绘制圆柱体

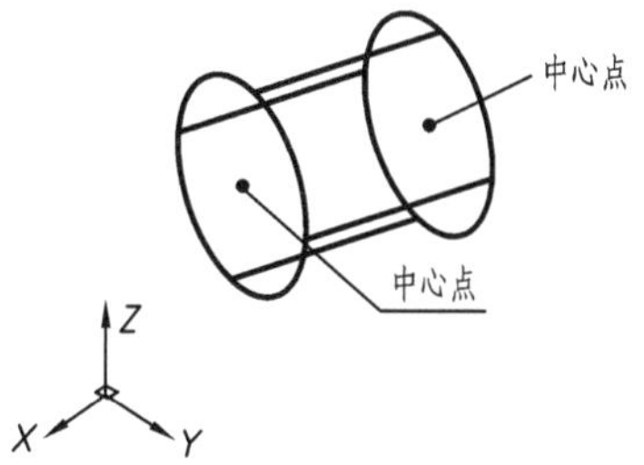

图 15－11　根据两底面的中心位置绘制圆柱体

菜单操作：绘图→建模→圆柱体

4. 绘制圆锥体

绘制圆锥体的命令为 CONE。该命令也可绘制圆台和椭圆锥体。CONE 命令操作为

命令：CONE↙

指定底面的中心点或[三点(3P)/两点(2P)/切点、切点、半径(T)/椭圆(E)]：

(1) 输入一点，则该点为圆锥底面中心。执行此项后，AutoCAD 提示如下：

指定底面半径或[直径(D)]：半径或键入D后指定直径↙

指定高度或[两点(2P)/轴端点(A)/顶面半径(T)]：

① 输入高度值，此项为默认项。执行该项后，即可绘制圆锥体，该圆锥体的轴线与当前UCS的Z轴平行，如图15-12所示。

② 输入"2P"，两点方式确定高度。

③ 输入"A"，指定轴端点亦即锥顶来绘制圆锥体。执行此项后，AutoCAD提示如下：

指定轴端点：

输入端点后，圆锥体底面中心点与圆锥体顶点的连线为该圆锥体的轴线，AutoCAD绘制的圆锥体如图15-13所示。用此方法可以绘制轴线任意放置的圆锥体。

④ 输入"T"，指定顶面半径来绘制圆台。执行此项后，AutoCAD提示如下：

指定顶面半径<当前值>：半径↙

指定高度或[两点(2P)/轴端点(A)]：

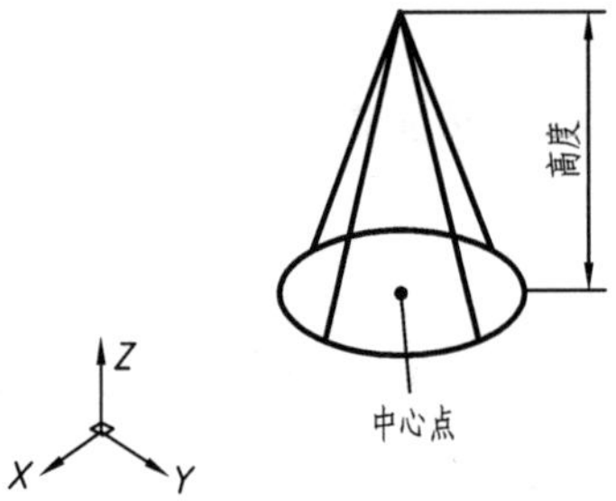

图15-12 根据底面中心和高度绘制圆锥体

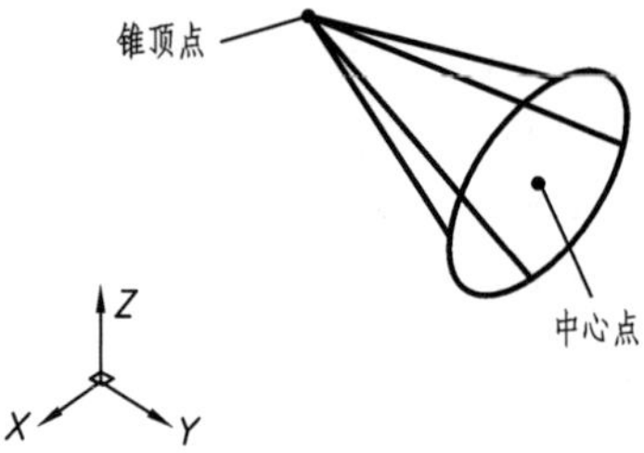

图15-13 根据底面中心和锥顶绘制圆锥体

输入高度值，或采用"2P"方式，或采用"A"方式完成圆台的绘制。

(2) 输入"3P"或"2P"或"T"，分别表示用三点、两点、公切圆方式画圆，绘制完底面圆后再输入高度或轴端点或"T"便可绘制出圆锥体或圆台。

(3) 输入"E"，绘制椭圆锥体或椭圆台，这里略。

菜单操作： 绘图→建模→圆锥体

5. 绘制圆球体

绘制圆球体的命令为SPHERE。其命令操作为

命令：SPHERE↙

指定中心点或[三点(3P)/两点(2P)/切点、切点、半径(T)]：

绘制圆球体的关键是要确定出一个空间大圆(包括圆心和半径)，大圆确定后，球心和球半径随之确定，圆球体就得以绘制。上述提示给出了四种绘制空间大圆的方式：圆心方式、三点方式、直径两端点方式和公切圆方式。以圆心方式为例，输入圆球中心点即球心后，AutoCAD接着提示：

指定半径或[直径(D)]：半径或键入D后指定直径↙

绘制的圆球体如图15-14所示。

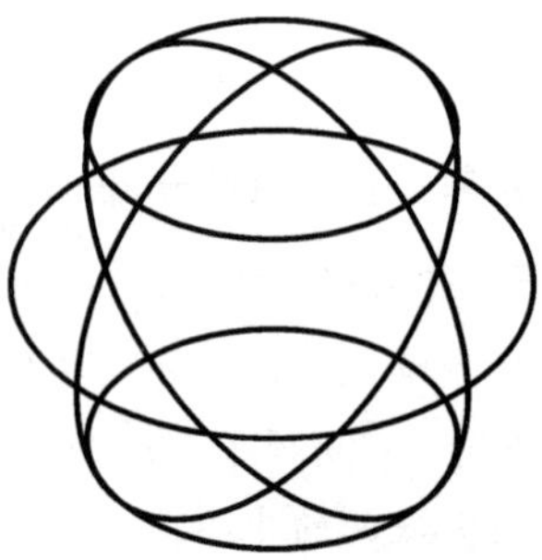

图15-14 圆球体实体模型

菜单操作： 绘图→建模→球体

6. 绘制拉伸体

使用 EXTRUDE 命令可将一些二维对象拉伸成三维实心体。在拉伸过程中不但可以指定实心体高度，而且还可以使对象截面沿着拉伸方向变化(拉伸的角度不断减小)。此外，还可以沿着指定的路径拉伸二维对象，路径可以是封闭的，也可以是不封闭的。在 AutoCAD 中，可以拉伸的二维对象包括圆、封闭的多段线、多边形、椭圆、封闭的样条曲线、面域(REGION)和圆环等。由于多段线可以是各种各样的形状，因此 EXTRUDE 命令可以拉伸出各种不同形状的物体。EXTRUDE 命令操作为

命令：EXTRUDE↙

选择要拉伸的对象或[模式(MO)]：MO↙

(1) 输入“MO”，控制拉伸后的对象是实体还是曲面。执行此项后，系统提示如下：

闭合轮廓创建模式[实体(SO)/曲面(SU)]<实体>：

若从封闭区域的对象创建三维实体则选择“SO”，若从具有开口的对象创建三维曲面则选择“SU”，默认从闭合轮廓创建实体。

(2) 选择要拉伸的二维对象，之后系统提示：

指定拉伸的高度或[方向(D)/路径(P)/倾斜角(T)/表达式(E)]：

① 输入高度，此项为默认项，系统按照指定高度等截面拉伸对象成为拉伸体。

② 输入“D”，沿指定方向(方向由两点决定)拉伸对象成为拉伸体。执行此项后，系统提示如下：

指定方向的起点：起点↙

指定方向的端点：终点↙

③ 输入“P”，沿指定路径(作为路径的对象包括直线、圆、圆弧、椭圆、椭圆弧、多段线或样条曲线等)拉伸对象成为拉伸体。执行此项后，系统提示如下：

选择拉伸路径或[倾斜角(T)]：

直接选择拉伸路径，则系统按等截面进行拉伸；输入“T”，指定倾斜角度，则系统按截面线性变小进行拉伸。

④ 输入“T”，指定倾斜角度，系统按截面线性变小进行拉伸。如将圆拉伸成圆台、将矩形拉伸成四棱台等。角度值的允许范围在$-90°\sim90°$之间。用负角度值响应，拉伸的实心体截面沿拉伸方向由小变大(即沿 UCS 的 Z 轴负方向拉伸)；用正角度值响应，实心体截面则由大变小(即沿 UCS 的 Z 轴正方向拉伸)。执行此项后，系统提示如下：

指定拉伸的倾斜角度或[表达式(E)]：角度值↙

或用“E”响应，然后输入一个 AutoLISP 表达式约束拉伸的倾斜角度(适用于角度需要计算时，其它表达式的用法也是需要计算时用)。之后，系统提示：

指定拉伸的高度或[方向(D)/路径(P)/倾斜角(T)/表达式(E)]：

输入高度值后，系统绘出拉伸体。

⑤ 输入“E”，用一个 AutoLISP 表达式约束拉伸的高度。

菜单操作：绘图→建模→拉伸

图 15-15 所示为两个二维圆，求差运算(AutoCAD 的布尔运算对二维对象和三维实体都适用，只不过二维对象布尔运算前先要用面域命令 REGION 进行面域转换)后沿着多段线拉伸成空心管的情形。图 15-16 所示的弹簧是拉伸建模的一个应用。

图 15-15 沿多段线路径拉伸的实心体

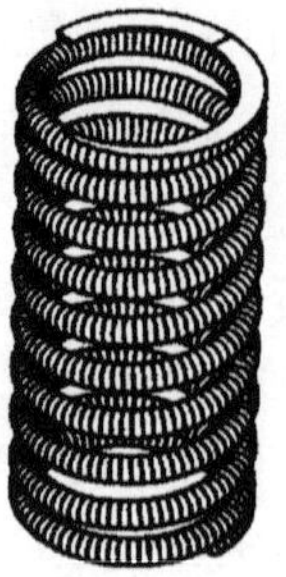

图 15-16 EXTRUDE 命令建模的应用

7. 绘制旋转体

使用 REVOLVE 命令可以将一些二维对象绕指定的轴旋转，从而绘制回转体。用于旋转的二维对象包括圆、圆弧、多边形、封闭的多段线、圆环、面域以及封闭样条曲线等，即旋转对象是封闭的。但自相交的对象不能进行旋转。REVOLVE 命令操作为

命令：REVOLVE↙

选择要旋转的对象或[模式(MO)]：MO↙

(1) 输入“MO”，控制旋转动作是创建实体还是曲面。执行此项后，系统提示如下：

闭合轮廓创建模式[实体(SO)/曲面(SU)]<实体>：

若从封闭区域的对象创建三维实体则选择“SO”，若从具有开口的对象创建三维曲面则选择“SU”，默认从闭合轮廓创建实体。

(2) 选择要旋转的二维对象，之后系统提示：

指定轴起点或根据以下选项之一定义轴[对象(O)/X/Y/Z]<对象>：

① 输入一点，此项为默认项，通过指定起点和终点定义旋转轴(起点指向终点的方向为转轴的正方向)。旋转方向符合右手法则。给定起点后，系统提示如下：

指定轴端点：旋转轴的另一端点↙

指定旋转角度或[起点角度(ST)/反转(R)/表达式(EX)]<360>：

• 输入角度或按回车键(采用默认值)完成旋转角的指定，系统将二维对象从绘制位置按指定的角度旋转成旋转体。

• 输入“ST”，指定旋转的起点角度(即离开二维对象绘制位置的角度)和旋转角生成旋转体。

• 输入“R”，更改旋转方向。

• 输入“EX”，用一个 AutoLISP 表达式指定旋转角度。

② 输入“O”，指定一个对象作为旋转轴线，该旋转轴线只能是 LINE 和 PLINE 命令绘制的直线段，多段线也必须是直线段。再输入旋转角度便可生成旋转体。

③ 输入“X”，将当前 UCS 的 X 轴作为旋转轴，X 轴的正向就是旋转轴的正向。再输入旋转角度便可生成旋转体。

④ 输入“Y”，将当前 UCS 的 Y 轴作为旋转轴，Y 轴的正向就是旋转轴的正向。再输入旋转角度便可生成旋转体。

⑤ 输入“Z”，将当前 UCS 的 Z 轴作为旋转轴，Z 轴的正向就是旋转轴的正向。再输入旋转角度便可生成旋转体。

菜单操作：绘图→建模→旋转

[例 15-2]　通过旋转绘制如图 15-17(*b*)所示的实心体模型。

解　参见图 15-17(*a*)，建模步骤如下：

(1) 绘制多段线。

命令：PLINE↙(点 1)↙(点 2)↙(点 3)↙(点 4)↙(点 5)↙(点 6)↙(点 7)↙(点 8)↙C↙

(2) 绘制旋转轴。

命令：LINE↙(转轴上第一点 A)↙(转轴上另一点 B)↙↙

(3) 将多段线旋转形成实心体。

命令：REVOLVE↙(选择已绘制多段线)↙↙(捕捉转轴 A 点)↙(捕捉转轴 B 点)↙-180↙

对旋转后生成的实心体使用视图立方导航工具观察，进行消隐后的效果图如图 15-17 (*b*)所示。

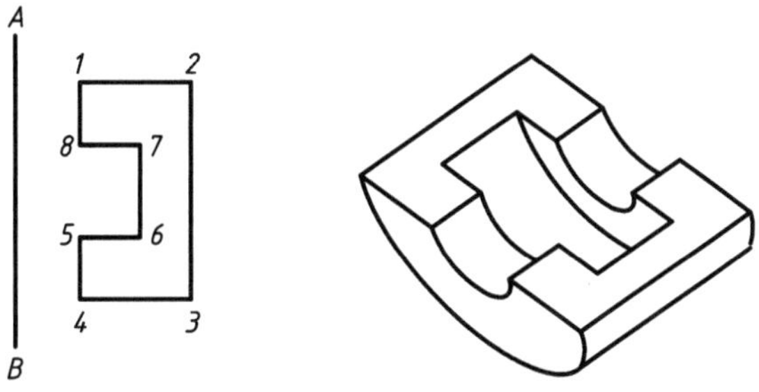

(*a*)　　(*b*)

图 15-17　旋转生成实心体

二、布尔运算

复杂形状的立体模型需要通过对体素进行布尔运算得到。AutoCAD 有三种基本的布尔运算操作：并运算、交运算、差运算，对应的命令分别为 UNION、INTERSECT、SUBTRACT。AutoCAD 允许在一个布尔运算中选择多个实心体。

1. 并运算

并运算的命令为 UNION。其命令操作为

命令：<u>UNION</u>↙

选择对象：<u>选择进行求并的实心体</u>↙

选择对象：↙

在选择过程中，可以选择两个或多个实心体进行求并，各实心体可以相互重叠、邻接或不相邻。

菜单操作：修改→实体编辑→并集

2. 交运算

交运算的命令为 INTERSECT。其命令操作为

命令：INTERSECT↙

选择对象：选择进行求交的实心体↙

选择对象：↙

菜单操作：修改→实体编辑→交集

3. 差运算

差运算的命令为 SUBTRACT。其命令操作为

命令：SUBTRACT↙

选择要从中减去的实体、曲面和面域...

选择对象：选择被减的一组实心体↙

选择对象：↙

以上提示下可以选择一个或多个实心体作为被减对象，如果选择了不止一个实心体，系统将自动对它们进行合并。

选择要减去的实体、曲面和面域...

选择对象：选择一组要减去的实心体↙

选择对象：↙

上述提示下可以选择一个或多个从被减对象中要减去的实心体。如果选择的实心体不止一个，则在从被减对象中减去之前，这些选中的实心体将自动合并。

菜单操作：修改→实体编辑→差集

三、模型编辑

AutoCAD 提供了对实体模型修改的功能，包括倒角、倒圆角、抽壳、面拉伸、面旋转、面复制、实体模型截切、取断(剖)面等。这里介绍几个基本的模型修改功能。

1. 倒角

CHAMFER 命令可用来对已有的实心体进行倒角处理。其命令操作为

命令：CHAMFER↙

(“修剪”模式) 当前倒角距离 1 ＝0.0000，距离 2 ＝0.0000

选择第一条直线或[放弃(U)/多段线(P)/距离(D)/角度(A)/修剪(T)/方式(E)/多个(M)]：选择一条边↙

如果选择了两个面所共有的边，系统将变虚显示其中一个面，接着提示如下：

基面选择...

输入曲面选择选项[下一个(N)/当前(OK)]＜当前(OK)＞：选择基面↙

要求选择用于倒角的基面。所谓基面是指构成所选边的两个面中的其中一个面。如果要选择当前已变虚显示的面作为基面，则直接按回车键。否则，输入“N”，这时系统将变虚显示与边相连的另一个面，按回车键结束选择。之后，系统提示如下：

指定基面的倒角距离或〔表达式(E)〕：距离值↙

指定其他曲面的倒角距离或〔表达式(E)〕＜默认值＞：另一距离值↙或↙(采用默认

值，即与基面的倒角距离相等）

选择边或[环(L)]：

此提示的两选项含义如下：

① 鼠标拾取边，此项为默认项。指定边后，即可对基面上的指定边实现倒角。

② 输入“L”，该项对基面上的各边进行倒角。执行此项后，AutoCAD 提示：

选择边环或[边(E)]：

在该提示下选择基面上一条边，即实现对该面上的各边倒角。也可以通过“E”选项切换到对基面上的指定边倒角。

菜单操作： 修改→倒角

图 15－18 所示轴两端的倒角就是用 CHAMFER 命令做出的。

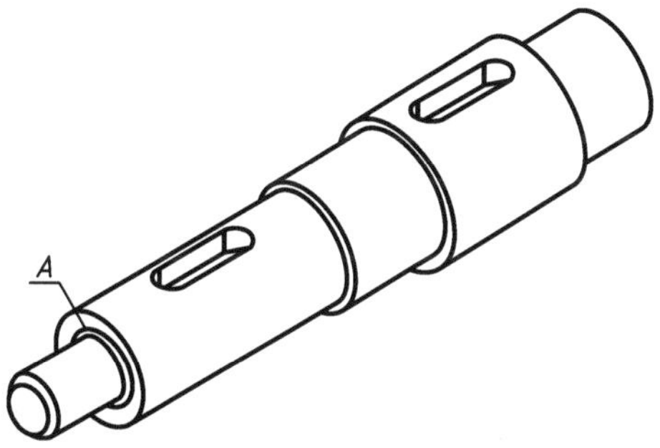

图 15－18　轴的实体模型

2. 倒圆角

FILLET 命令可用来对实心体进行倒圆角处理。其命令操作为

命令：FILLET↙

当前设置：模式 ＝ 修剪，半径 ＝ 0.0000

选择第一个对象或[放弃(U)/多段线(P)/半径(R)/修剪(T)/多个(M)]：选择将要倒角的边来指定实体模型↙

输入圆角半径：倒角圆半径↙

选择边或[链(C)/环(L)/半径(R)]：

此提示的各选项含义如下：

(1) 鼠标拾取边，此项为默认项，选择角边倒圆角。在此重复提示下可选择多个边后回车，系统将对它们分别倒出圆角。

(2) 输入“C”，选择多个边进行倒圆角。执行此项后，系统提示：

选择边链或[边(E)/半径(R)]：

如果将要倒圆角的多条边彼此首尾相接，这时依次选择要相连的各边。确定边后，AutoCAD 将对它们进行倒圆角。此外，在该提示下也可依次选择多条边倒圆角。

(3) 输入“L”，在三维实体或曲面的面上指定边循环。执行此项后，AutoCAD 提示：

选择环边或[边(E)/链(C)/半径(R)]：选择边↙

输入选项[接受(A)/下一个(N)]<接受>：A↙或N↙

输入“A”表示选择当前循环的边，输入“N”表示选择相邻循环的边。

(4) 输入“R”，重设圆角半径。执行此项后，系统提示：

输入圆角半径<当前值>：新的圆角半径↙

选择边或[链(C)/环(L)/半径(R)]：

操作与前相同。

菜单操作：修改→圆角

图 15-18 所示轴的 A 处圆角就是用 FILLET 命令做出的。

3. 截切实心体

在 AutoCAD 中，所谓截切实心体是指用一个指定的平面将一个实心体切为两半，从而生成一个新的实心体。切开后的两个部分可以只保留一半，也可以两部分都保留。被切开的实心体保持原实心体的图层和颜色。

截切实心体的命令是 SLICE。其命令操作为

命令：SLICE↙

选择要剖切的对象：选择将要切开的实心体↙↙

指定切面的起点或[平面对象(O)/曲面(S)/Z 轴(Z)/视图(V)/XY(XY)/YZ(YZ)/ZX(ZX)/三点(3)]<三点>：

此提示中的各选项用于确定截切平面的位置，主要选项说明如下：

(1) 输入一点，此项为默认项，表示用与当前 UCS 的 XY 平面垂直的平面(用垂面的投影直线表示垂面位置)截切实心体。执行此项后，AutoCAD 提示：

指定平面上的第二个点：第二点↙ (此两点决定了截切平面位置)

在所需的侧面上指定点或[保留两个侧面(B)]<保留两个侧面>：

若输入一点，则保留截切后位于该点这一侧的截切体；若输入“B”，则保留两侧的截切体。以下各选项都出现此提示，响应方法相同。

(2) 输入“3”或直接按回车键，提示用户输入三个点，用此三个点确定截切平面。执行此项后，AutoCAD 提示如下：

指定平面上的第一个点：第一点↙

指定平面上的第二个点：第二点↙

指定平面上的第三个点：第三点↙

在所需的侧面上指定点或[保留两个侧面(B)]<保留两个侧面>：

(3) 输入“O”，将一个二维对象所在的平面作为截切平面。这些二维对象包括圆、椭圆、圆弧、二维样条曲线和二维多段线。执行此项后，系统提示如下：

选择用于定义剖切平面的圆、椭圆、圆弧、二维样条线或二维多段线：选择二维对象↙

在所需的侧面上指定点或 [保留两个侧面(B)] <保留两个侧面>：

(4) 输入“XY”或“YZ”或“ZX”，分别表示用与当前 UCS 的 XY、YZ、ZX 面平行的平面作为截切平面。选择某一选项如“XY”选项后，系统提示如下：

指定 XY 平面上的点<0，0，0>：XY 面上的点↙

在所需的侧面上指定点或[保留两个侧面(B)]<保留两个侧面>：

菜单操作：修改→三维操作→剖切

图 15-19 是用 SLICE 命令对圆锥体截切的 5 种情况。

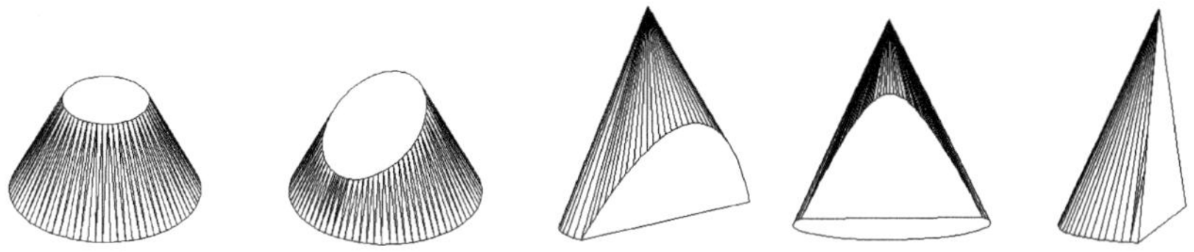

图 15 - 19　圆锥体的截切

4. 生成断(剖)面

在 AutoCAD 中，可以用指定的剖切平面(可以是单个平面或组合平面)对实心体进行剖切，生成断面(只含截面形状)或剖面(含截面形状和剖切平面后面的形状)。SECTION 命令生成断面，而通过 SECTIONPLANE 命令创建截面(即剖切平面)对象并配合快捷菜单可移动、旋转剖切平面实时生成剖面。这里介绍生成断面的 SECTION 命令。

SECTION 命令用指定的剖切平面对实心体进行剖切，所得到的断面为若干个面域。这些面域建立在当前层上，并且可插入到断面所在实心体的位置。若有必要，还可以使用 MOVE 命令对断面进行移动，也可以在断面上建立 UCS 并用填充命令填充图案。SECTION 命令操作为

命令：SECTION↙

选择对象：选择将生成断面的实心体↙↙

指定截面上的第一个点，依照[对象(O)/Z 轴(Z)/视图(V)/XY(XY)/YZ(YZ)/ZX(ZX)/三点(3)]<三点>：

以上各选项用法同 SLICE 命令，不再赘述。

用上述方法确定剖切平面后，便可得到用该剖切平面剖切实心体后的断面。

四、建模举例

图 15 - 20 为一个零件的两个视图，根据这两个视图建立该零件的实体模型。

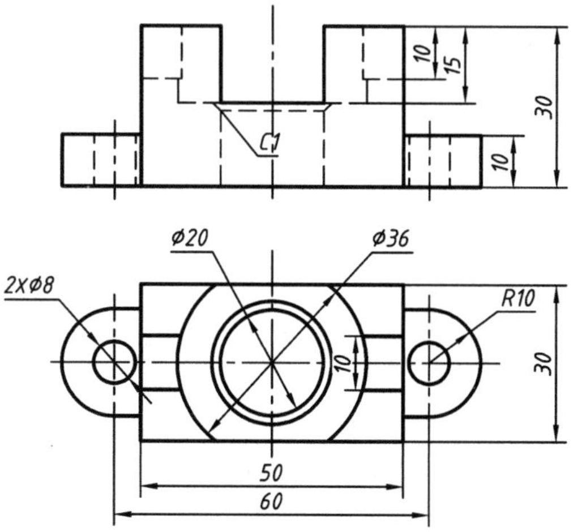

图 15 - 20　零件的两个视图

我们可以根据俯视图先作出 8 个封闭的二维图形实体(4 个圆(CIRCLE)和 4 个多段线(PLINE)),如图 15－21 所示;然后通过拉伸、求并、求差等操作完成该零件的建模。下面是利用 AutoCAD 实体建模命令建立该零件实体模型的操作过程(假定图 15－21 中 8 个二维图形实体已绘制好)。

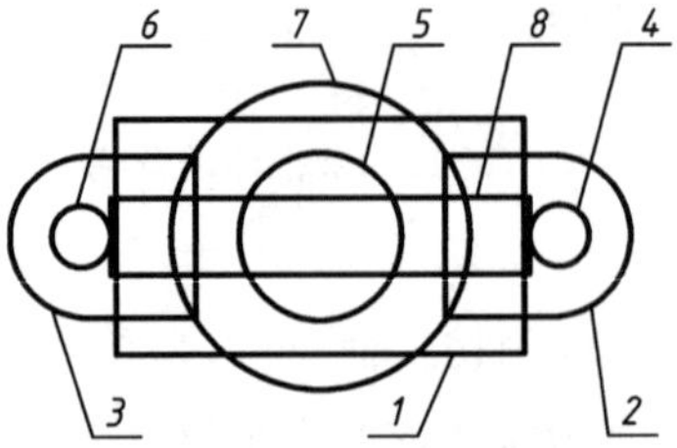

图 15－21　根据俯视图形成的二维图形

1. 拉伸及求并生成一个组合实心体

(1) 拉伸。

命令:EXTRUDE↙(选择对象 1)↙↙ 30↙

命令:EXTRUDE↙(选对象 2、3)↙↙ 10↙

(2) 求并。

命令:UNION↙(选对象 1、2、3 之实心体)↙↙

2. 拉伸及求差形成三个通孔

(1) 拉伸。

命令:EXTRUDE↙(选对象 4、6)↙↙ 10↙

命令:↙(选对象 5)↙↙ 30↙

(2) 求差。

命令:SUBTRACT↙(选 1、2、3 之组合实心体)↙↙(选对象 4、5、6 之实心体)↙↙

3. 移动、拉伸、求差形成切割后的组合体

因为图 15－21 画在 xy 坐标平面上,其 z 坐标为零。而实际上对象 7 的 z 坐标为 15,对象 8 的 z 坐标为 20。所以用 MOVE 命令将对象 7 和 8 分别沿 z 轴上移 15、20。通过拉伸最后用两次求差命令形成切割。操作过程如下:

(1) 移动。

命令:MOVE↙(选对象 7)↙↙ 0,0,15↙↙

命令:↙(选对象 8)↙↙ 0,0,20↙↙

(2) 拉伸。

命令:EXTRUDE↙(选对象 7)↙↙ 15↙

命令:↙(选对象 8)↙↙ 10↙

(3) 求差。

命令:SUBTRACT↙(选 1、2、3、4、5、6 之组合实心体)↙↙(选对象 7、8 之实心体)↙↙

(4) 用视点命令显示立体的轴测图。

命令:－VPOINT↙－1,－1,1↙

(5) 用倒角命令对 ϕ20 孔进行倒角处理。

命令：CHAMFER↙(选 ϕ20 圆柱孔)↙↙ 1↙ 1↙(选 ϕ20 圆)↙↙

上述建模结果用命令 HIDE 消隐后如图 15-22 所示。

图 15-23 是我们综合运用 AutoCAD 的实体建模功能构造的减速器箱体的几何模型(采用轮廓线显示，并作了消隐处理)。实践表明，AutoCAD 的建模能力是很强的。

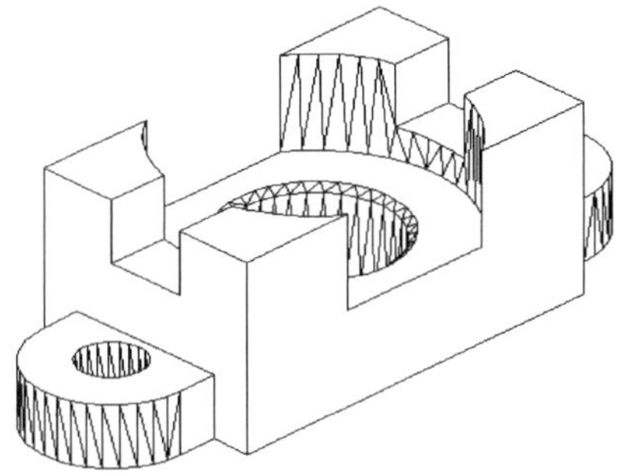

图 15-22 零件的三维模型

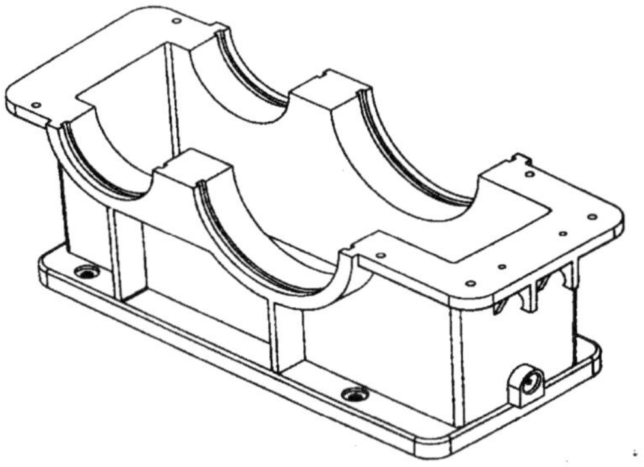

图 15-23 减速器箱体的几何模型

15.3 AutoCAD 的明暗与渲染处理技术

物体能被人看到，是物体反射的光线进入人的视线的结果。在计算机图学中，为了描述物体表面朝某方向辐射光能的颜色，常使用一个既能表示光能大小又能表示其色彩组成的物理量，这就是光亮度。采用光亮度可以正确描述光在物体表面的反射、透射(折射)和吸收现象，因而可以正确计算出物体表面在空间给定方向上的光能颜色。影响物体表面光亮度的因素有：物体方面——透明度、表面光滑度、颜色、表面纹理、物体的阴影、表面的方位；光源方面——光源的种类(如点光源、平行光源等)、光源的光强度、光源的个数、光源的位置、光源的颜色、环境光；观察者方面——视点的位置等。

光照明模型就是依据光学的有关定律，能计算出物体表面各点投射到观察者眼中的光线的光亮度的计算公式。考虑物体不透明且光只有漫反射和镜面反射，由此得到的光照明模型称为局部光照明模型或基本光照明模型。考虑物体之间的相互影响、光在物体之间的多重吸收且光具有反射和透射，此时得到的光照明模型称为整体光照明模型或光线跟踪模型。AutoCAD 利用光照明模型能使以表面模式或实体模式表示的物体以明暗或者渲染的方式显示。在进行明暗或渲染处理时，可以对模型定义材质(包括贴图)和加光照条件。明暗处理使用局部光照明模型，计算量小，图像生成速度快，适合于动态观察模型使用。渲染处理使用整体光照明模型，计算量大，图像生成速度较慢，适合于静态观察模型使用。

用 AutoCAD 制作明暗或渲染图的步骤为：几何建模→设置模型颜色或定义模型材质→设置光源→形成模型观察视图→明暗或渲染处理→存图。下面介绍与明暗和渲染处理有关的概念、命令及操作。

一、光源、反射与材质

1. 光源

AutoCAD中用于明暗和渲染处理的光源分为默认光源和用户设置光源两种形式。用户可设置的光源类型有：阳光与天光、点光源、平行光、聚光灯。

(1) 默认光源：默认光源是系统自动设定的，该光源是跟随视点变化的两个平行光源，在观察模型时，它能照亮模型中的所有面，以便从视觉上辨别这些面。在明暗或渲染处理中，可以使用默认光源，也可以使用用户设置的光源，但两者不能同时使用。缺省情况下，系统使用默认光源。

(2) 阳光与天光：阳光与天光是 AutoCAD 中自然照明的主要来源。阳光的光线相互平行，并且在任何距离处都具有相同强度。天光(即自然光)是大气投射的光线，来自所有方向。用户可以使用 SUNPROPERTIES 命令(菜单操作：视图→渲染→光源→阳光特性)设置阳光与天光特性，如设置状态(打开或关闭)、强度、颜色、是否计算阴影、太阳角度、地理位置等。其中，用户为模型指定的地理位置、日期和当日时间控制着阳光的角度。

(3) 点光源：点光源(可模拟白炽灯)从其所在位置向四周发射光线，且光线传播会随距离增加而衰减。使用点光源可获得基本照明效果。点光源的特性主要有：位置、光强度、颜色(默认颜色为白色)、衰减方式等。用户可以用 POINTLIGHT 命令(菜单操作：视图→渲染→光源→新建点光源)建立点光源，建立成功后，系统会在光源位置处显示一个点光源图标 。POINTLIGHT 命令操作为

命令：POINTLIGHT↙

指定源位置<0，0，0>：光源位置坐标↙

输入要更改的选项[名称(N)/强度因子(I)/状态(S)/光度(P)/阴影(W)/衰减(A)/过滤颜色(C)/退出(X)]<退出>：

主要选项介绍如下：

① 输入“N”，指定光源名。执行此项后，系统提示如下：

输入光源名称：P1↙　(名称可自由命名)

② 输入“I”，设置光源的强度，取值范围为 0 到系统支持的最大值。执行此项后，系统提示如下：

输入强度(0.00—最大浮点数)<1>：2↙

③ 输入“S”，打开或关闭点光源。若打开点光源，则系统自动关闭默认光源；若关闭点光源，则系统自动启用默认光源。执行此项后，AutoCAD 提示如下：

输入状态[开(N)/关(F)]<开>：N↙或F↙

④ 输入“W”，关闭阴影计算或者打开并设置阴影计算和显示方式。使用阴影可获得真实的光照模拟效果。关闭阴影则可以提高图形生成速度。

⑤ 输入“A”，光线衰减设置。根据需要可将衰减类型设置为“无”(缺省情况)、“线性反比”或“平方反比”。

若要修改光源设置，可执行 LIGHTLIST 命令(菜单操作：视图→渲染→光源→光源列表)，系统弹出图 15-24 所示的对话框，该对话框列出了当前图中用户已设置的所有光

源(可以是多个同种光源，也可以是不同种光源)。鼠标右键单击光源名称可删除光源；鼠标左键双击要修改的光源名称，则系统弹出图 15－25 所示的光源特性对话框，单击每项特性值，便可编辑修改。若在明暗处理模式下，光源特性值的修改会实时反映在明暗效果图上。可通过不断调整光源特性值来获得满意的明暗效果图或渲染效果图。

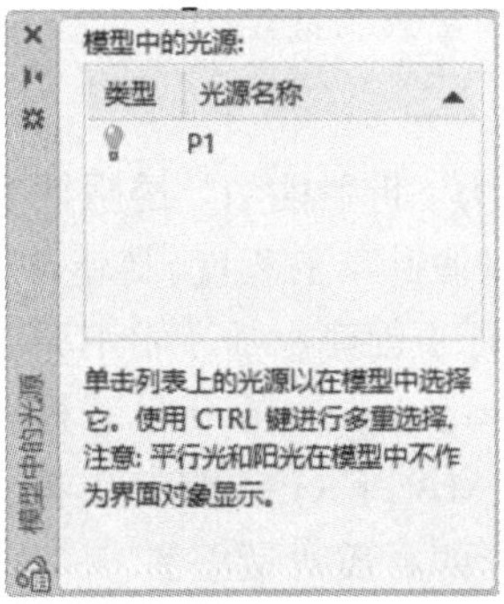

图 15－24　光源列表对话框

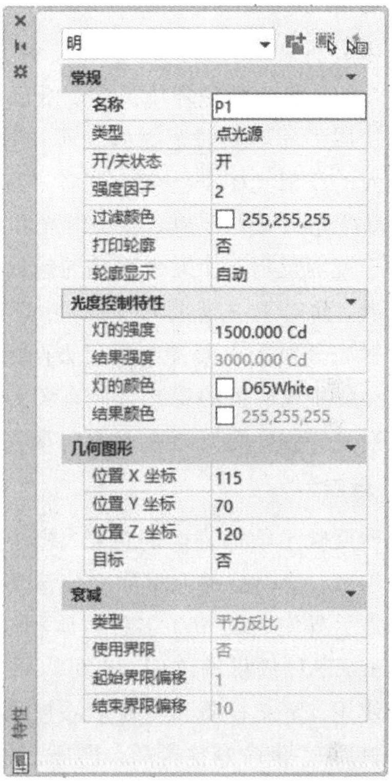

图 15－25　光源特性对话框

(4) 平行光：平行光仅向一个方向发射统一的平行光光线。平行光的强度并不随距离的增加而衰减，对于每个照射的面，平行光的亮度都与其在光源处相同。统一照亮模型或照亮背景时，平行光十分有用。平行光光源的特性主要有：方向、光强度、颜色(默认颜色为白色)等。其中光源方向有两种输入方式：指定光源位置点和投向点的两点方式、光源方向矢量的坐标分量方式。用户可以用 DISTANTLIGHT 命令(菜单操作：视图→渲染→光源→新建平行光)建立平行光光源。DISTANTLIGHT 命令有同 POINTLIGHT 命令类似的“名称(N)”“强度(I)”“状态(S)”“阴影(W)”等选项。

修改平行光光源设置的方法同点光源。

(5) 聚光灯：聚光灯(例如闪光灯、剧场中的跟踪聚光灯或前灯)发射定向圆锥形光，其方向和圆锥体的尺寸可以控制。聚光灯的光强度随距离、聚光角角度和照射角角度而衰减。聚光灯可用于亮显模型中的特定特征和区域。聚光灯光源的特性主要有：位置(对应锥顶)和方向(对应轴线，由锥顶和目标点确定)、光强度、聚光角(对应最亮光锥的锥顶角亦即光束角，0°～160°)、照射角(对应完整光锥的锥顶角，其值大于聚光角，0°～160°)、颜色(默认颜色为白色)、衰减方式(同点光源)等。用户可以用 SPOTLIGHT 命令(菜单操作：

视图→渲染→光源→新建聚光灯)建立聚光灯光源，建立成功后，系统会在光源位置处显示一个聚光灯光源图标 。SPOTLIGHT 命令有同 POINTLIGHT 命令类似的“名称(N)”“强度(I)”“状态(S)”“阴影(W)”“衰减(A)”等选项。

修改聚光灯光源设置的方法同点光源。

2. 反射

物体表面呈现的颜色仅由其反射光决定。通常，人们把反射光考虑成三个分量的组合。这三个分量分别是环境反射、漫反射和镜面反射(即高光)。环境反射分量假定入射光均匀地从周围环境入射至物体表面并等量地向各个方向反射，漫反射分量表示特定光源在物体表面的反射光中那些向空间各方向均匀反射出去的光，镜面反射光为一定方向的反射光，它遵循光的反射定律，即反射光和入射光对称地位于物体表面法向的两侧。

对于镜面反射，如果表面是纯镜面，入射到表面面元上的光严格地遵循光的反射定律单向反射；而对于一般光滑表面，由于表面实际上是由许多朝向不同的微小平面组成，其镜面反射光分布于表面镜面反射方向的周围，表明投向观察者的镜面反射光不仅决定于入射光，而且和观察者的观察方向有关。当视点取在镜面反射方向附近时，观察者接收到的镜面反射光较强，而偏离这一方向观察时，镜面反射光就会减弱甚至消失。

3. 材质

材质反映了物体表面的色彩/图案、粗糙度、反射能力、折射能力、透明性等视觉性质和形状细节。给模型加上材质会使造型更加真实，达到以假乱真的程度。AutoCAD 提供了附带的需另外安装的 400 多种材质和纹理库。纹理贴图对于创建材质十分有用。用户可以使用 AutoCAD 提供的纹理，也可以将具有 bmp、jpg、gif、pcx、tga、tiff 等格式的图像作为纹理使用。定义材质和将材质添加到模型上的命令是 MATERIALS(菜单操作：视图→渲染→材质)。该命令执行后，屏幕上出现图 15－26 所示的材质对话框。

(a)　　(b)　　(c)

图 15－26　材质对话框

将材质添加到模型上的步骤为：

(1) 打开材质浏览器，命令是 MATBROWSEROPEN(菜单操作:视图→渲染→材质浏览器)。该命令执行后，屏幕上出现图 15-26(*a*)所示的材质浏览器对话框。

(2) 材质编辑。执行命令 MATEDITOROPEN(菜单操作:视图→渲染→材质编辑器)，屏幕出现材质编辑器对话框，如图 15-26(*b*)所示。在材质浏览器的材质库中，选则需要添加的材质，点击材质右侧按钮，将材质添加到材质浏览器的文档中，并在材质编辑器中显示材质。此时材质编辑器中的各项反映了材质的光学特性，如透明度、反射率、自发光等，可根据具体情况设置。

(3) 在材质浏览器中选择需要添加的材质并拖动到模型上，这样材质就添加成功了。

(4) 材质铺设调整。双击材质编辑器“图像”选项卡，弹出对话框如图 15-26(*c*)所示，使用“比例”和“位置”等选项卡可对材质铺设的效果进行调整，以达到满意的结果。

(5) 采用贴图，命令是 MATERIALMAP(菜单操作:视图→渲染→贴图)。可根据需要调整纹理贴图。

图 15-27 是模型添加材质后的效果图。

图 15-27　添加材质的效果图

二、三维模型的明暗处理

在 AutoCAD 中，使用 VSCURRENT 命令或-SHADEMODE 命令可对模型进行明暗处理。缺省情况下，这两个命令使用默认光源。明暗处理不进行阴影计算。

1. VSCURRENT 命令的明暗处理

VSCURRENT 命令的“真实”和“概念”选项具有明暗处理功能。其命令操作为

命令：<u>VSCURRENT</u>↙

输入选项[二维线框(2)/线框(W)/隐藏(H)/真实(R)/概念(C)/着色(S)/带边缘着色(E)/灰度(G)/勾画(SK)/X 射线(X)/其他(O)]<当前样式>：

(1) 输入“R”，采用真实样式。该样式既可以使用默认光源，也可以使用用户定义的光源，并能显示已附着到模型上的材质。图 15-28 所示为该样式使用默认光源明暗处理的效果(此支架模型采用了 4 种颜色，分别代表不同的组成部分)。

(2) 输入“C”，采用概念样式。该样式仅使用默认光源，不显示材质，明暗处理使用冷色和暖色之间的过渡，效果缺乏真实感，但可以方便地查看模型的细节。图 15-29 所示为

该样式明暗处理的效果。

(3) 输入“S”或“E”，产生平滑的着色模型，或平滑、带有可见边的着色模型。输入“G”，使用单色面颜色模式可以产生灰色效果。输入“SK”，使用外伸和抖动产生手绘效果。输入“X”，更改面的不透明度使整个场景变成部分透明。

菜单操作： 视图→视觉样式→真实或概念

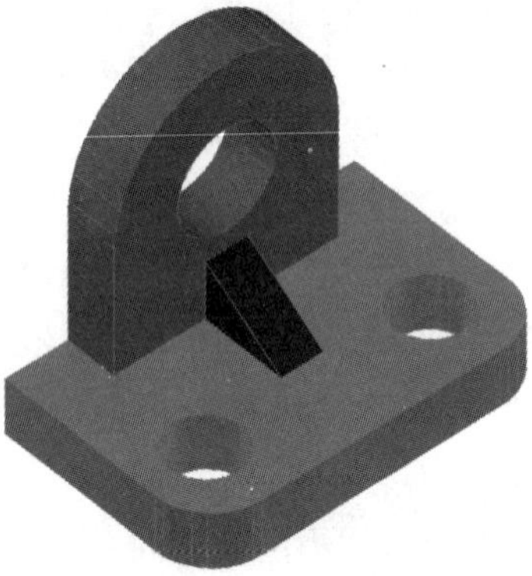

图 15-28 “真实”样式明暗处理的效果

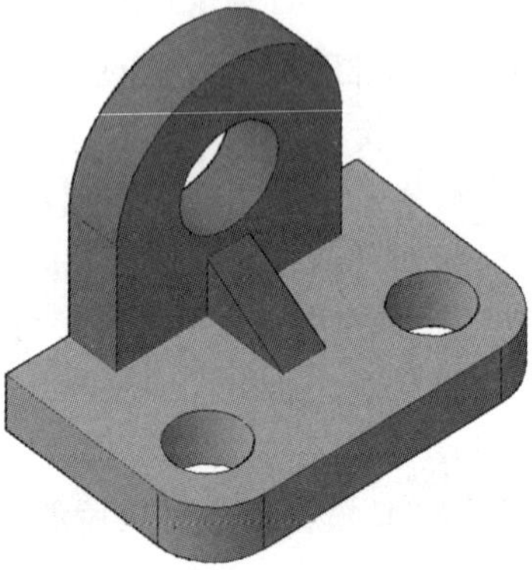

图 15-29 “概念”样式明暗处理的效果

2. -SHADEMODE 命令的明暗处理

-SHADEMODE 命令既能以明暗的形式表示当前视区中的模型，还能以与 VSCURRENT 命令中相同的线框形式表示模型。这里仅介绍其“体着色”选项的明暗处理功能。-SHADEMODE 命令操作为

命令：-SHADEMODE↙

输入选项[二维线框(2D)/三维线框(3D)/隐藏(H)/平面着色(F)/体着色(G)/带边框平面着色(L)/带边框体着色(O)]：G↙

“体着色”(Gouraud)选项的功能类似于 VSCURRENT 命令的“真实”样式，即可以使用默认光源或用户设置的光源，且能显示已附着到模型上的材质，但不同的是，“体着色”选项明暗处理的效果图不含线框，效果更好。图 15-30 所示为该命令“体着色”选项使用默认光源明暗处理的效果，图 15-31 所示为该命令“体着色”选项使用上述点光源 P1 明暗处理的效果。

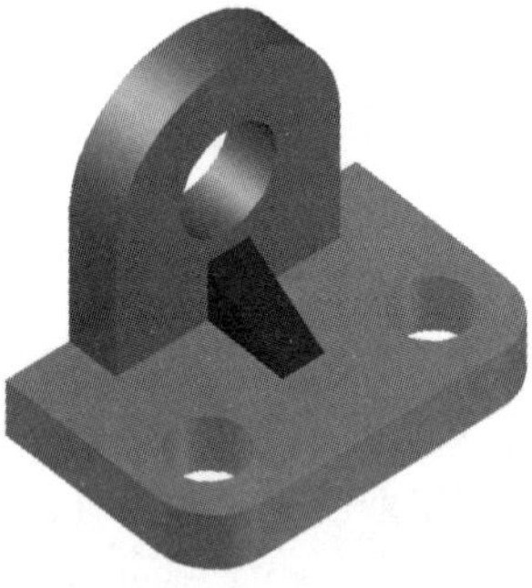

图 15-30 “体着色”选项使用默认光源明暗处理的效果

图 15-31 “体着色”选项使用点光源明暗处理的效果

若要以位图格式(bmp)保存明暗图像，则执行 EXPORT 命令或点击下拉菜单“文件”→“输出”，选择位图格式保存即可。

三、三维模型的渲染处理

在对模型设置颜色(或材质)、光源及形成观察视图后，使用 RENDER 命令或 RPREF 命令(菜单操作：视图→渲染→高级渲染设置)便可进行渲染处理。RPREF 命令执行时弹出图 15－32 所示的对话框，点击右上角的“渲染”按钮 ，系统执行渲染处理，渲染结果显示在图 15－33 所示的窗口中。

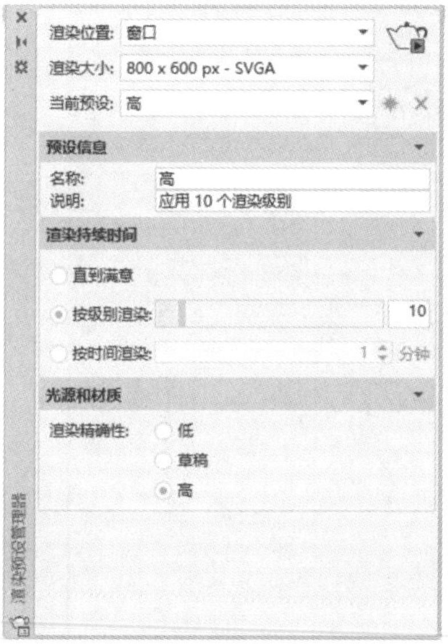

图 15－32　渲染设置对话框

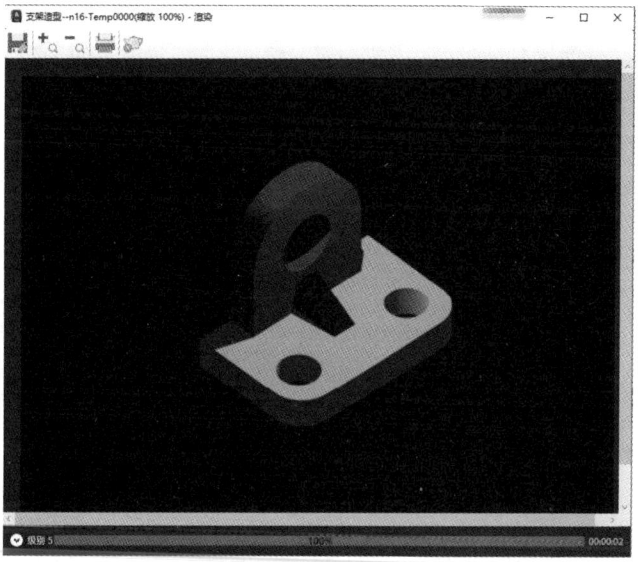

图 15－33　渲染结果显示窗口

图 15－33 中的渲染图是支架模型在上述点光源 P1 作用下并打开阴影计算时的光照模拟效果，它比明暗图更为逼真。若要保存渲染图，在此窗口下，点击“文件”→“保存”，在弹出的对话框中，用户可选择 6 种图像格式(bmp、jpg、tga 等)之一予以保存。

15.4　SolidWorks 三维建模及绘图

SolidWorks 是一款侧重机械设计制造且自动化程度较高的软件，其使用三维设计方法，设计师能够快速、准确地按照设计思想绘制草图，运用各种特征与不同尺寸，生成零件的三维模型并制作详细的零件图，还可以生成由零件装配的三维装配体并产生其二维装配图。

一、SolidWorks 使用基础

可通过双击桌面快捷方式图标 或选择开始→所有程序→SolidWorks 2023 菜单启

动 SolidWorks 2023。

1. SolidWorks 工作界面

启动 SolidWorks 2023 后，工作界面如图 15－34 所示。SolidWorks 2023 的工作界面包括菜单栏、工具栏、状态栏、前导视图工具栏、文档窗口等。菜单栏包含了 SolidWorks 的所有命令，工具栏可根据文件类型(零件、装配体、工程图)来调整并设定文件的显示状态，而底部的状态栏则可以提供设计人员正在执行的有关功能的信息。前导视图工具栏提供操纵视图所需的普通工具，如视图的缩放、视图定向、显示方式等。

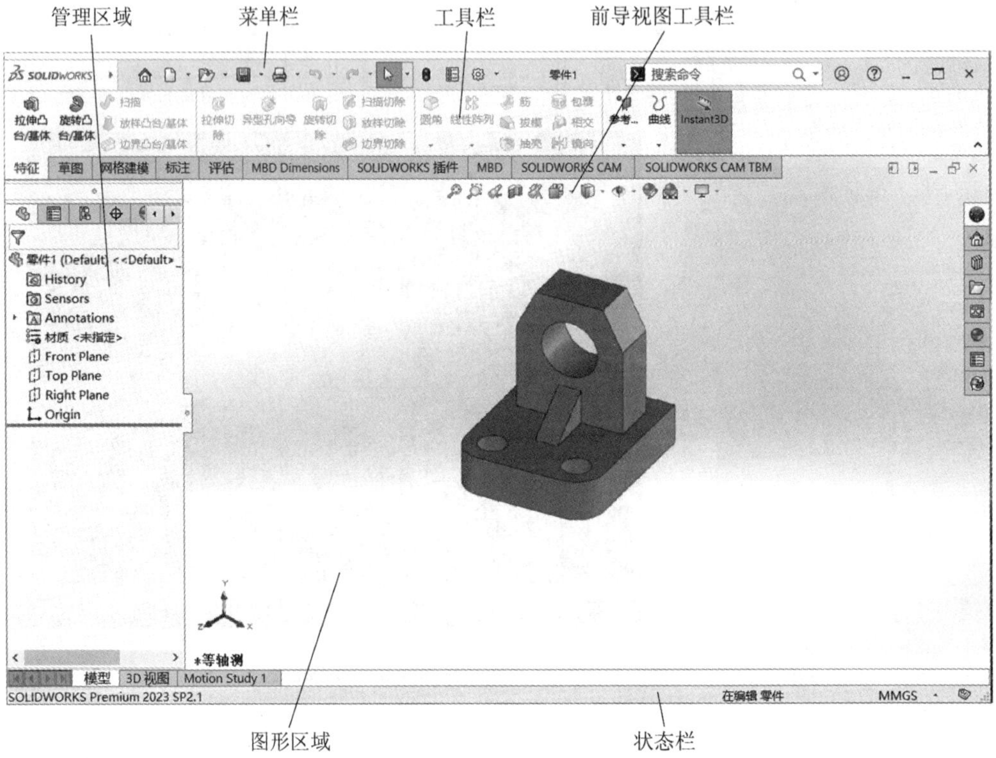

图 15－34　SolidWorks 工作界面

SolidWorks 文档窗口分为左、右两个区域。左侧区域为 SolidWorks 文件的管理区域，管理区域包括：① 特征管理器(Feature Manager 设计树)：显示零件、装配体或工程图的结构。例如，从 Feature Manager 设计树中选择一个项目，可以进行编辑基础草图、编辑特征、压缩和解除压缩特征或零部件等操作。② 属性管理器(Property Manager)：为草图、圆角特征、装配体装配等诸多功能提供设置。③ 配置管理器(Configuration Manager)：在文档中生成、选择和查看零件、装配体的多种配置。配置是单个文档内的零件或装配体的变体，例如，可以使用螺栓的配置指定不同的长度和直径。右侧区域为图形区域，用于生成和处理零件、装配体或工程图。

2. SolidWorks 设计和表达流程

在 SolidWorks 中新建项目时，可以选择新手模式和高级模式。新手模式分别有三个模式，分别是零件、装配体和工程图。而高级模式可以比新手模式提供更多可以选择的模板。本书主要涉及 SolidWorks 软件的零件建模、装配建模及工程图部分，其主要的设计和表达流程如图 15－35 所示。

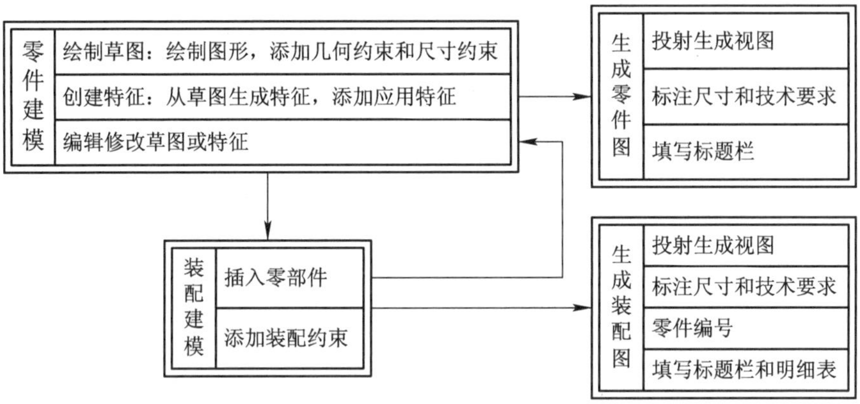

图 15－35　SolidWorks 设计和表达流程

在零件建模部分，首先绘制草图图形，并对图形添加几何约束和尺寸约束，然后通过拉伸、旋转等操作将草图形成三维特征，还可以添加其他特征(如圆角、倒角等)。在零件建模的过程中，可以随时对草图或特征进行编辑修改。

完成零件建模后，可以利用这些零件进行装配建模，也就是选择所需要的多个零件组装起来以生成装配体。根据需要对零件施加装配约束，以限制零件相关的自由度，例如轴和孔的同心、相邻零件表面的贴合等。在装配过程中，如果发现零件结构设计不合理，也可以返回到零件建模中对零件进行修改，修改结果将自动反馈到装配建模中。

完成零件建模或装配建模后，还可以生成相应的工程图，即零件图和装配图。根据需要，选择不同的视图，并可对视图进行剖切形成剖视图或断面图。完成尺寸、技术要求等标注，填写标题栏、明细表等内容，最终形成符合国家制图标准的规范工程图。

二、零件建模

零件是 SolidWorks 模型的基本组件，装配体和工程图均由零件制作而成。因此，零件建模是 SolidWorks 的基础。为了进行零件建模，新建文件时应在“新建 SOLIDWORKS 文件”窗口中选择“零件”(如图 15－36 所示)，进入 SolidWorks 的零件工作空间。文件保存时以.sldprt 为文件扩展名。

在 SolidWorks 中进行零件建模时，不能像 AutoCAD 实体建模那样通过布尔运算直接完成三维模型的创建，其三维建模过程可以看成一个二维截面以不同的方式在三维空间的变化。SolidWorks 零件是基于各种特征的，而特征的创建是先要绘制特征的草图的。

下面以图 15－37 所示的零件为例，介绍零件建模中常用的功能，以使读者对零件建模的过程有比较直观的了解。在进行零件建模前，先要分析需要创建的三维模型的特点，确定建模的方法和步骤。图 15－37 所示零件的三维模型包括四部分：底座、阶梯空心立柱、左侧圆柱凸台及下方肋板和右侧有倒圆且内部中空的部分。

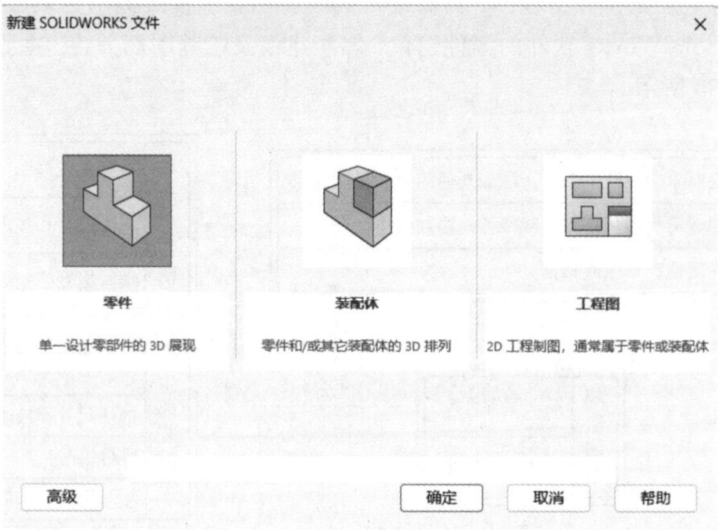

图 15－36　新建“SOLIDWORKS 文件”对话框

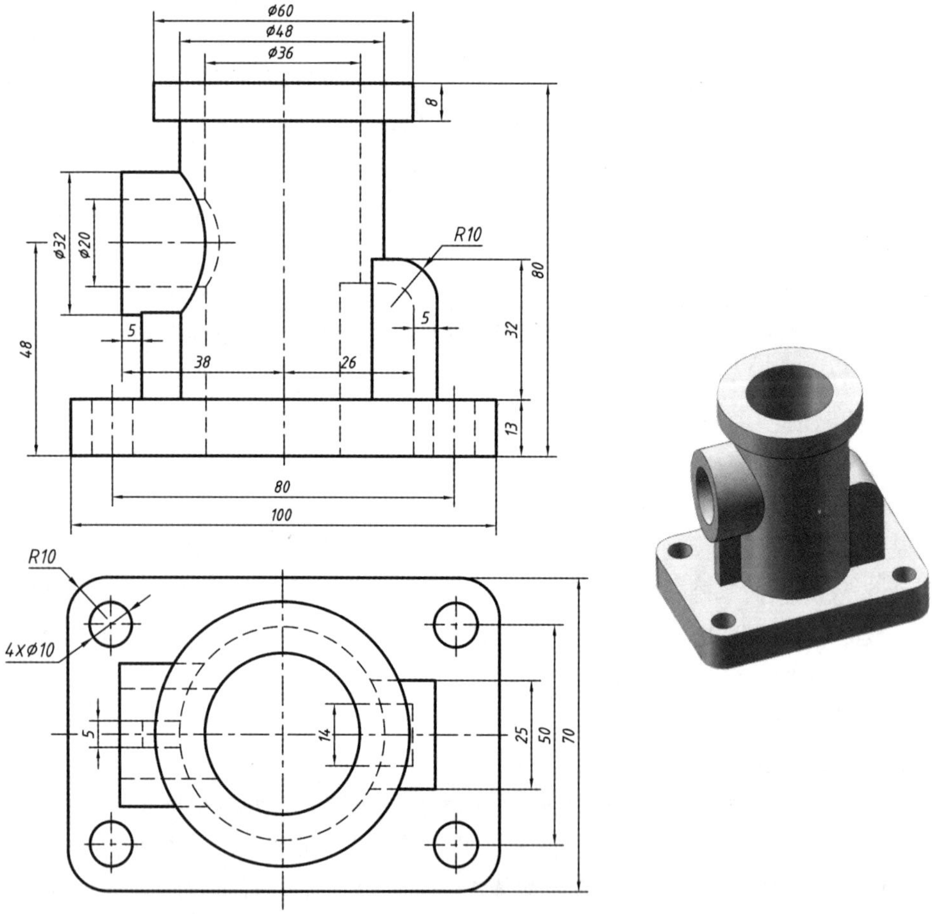

图 15－37　典型零件

1. 绘制草图

打开图 15 - 34 左上方的“草图”选项卡，该选项卡中列出了绘制草图时常用的各种命令，如图 15 - 38 所示。与 AutoCAD 绘制二维图不同的是，SolidWorks 三维建模更加符合零件设计时的思维规律，即先进行初步设计并绘制出草图的大致样式，然后再添加详细的几何约束和尺寸约束，并可在后期随时对草图进行修改。

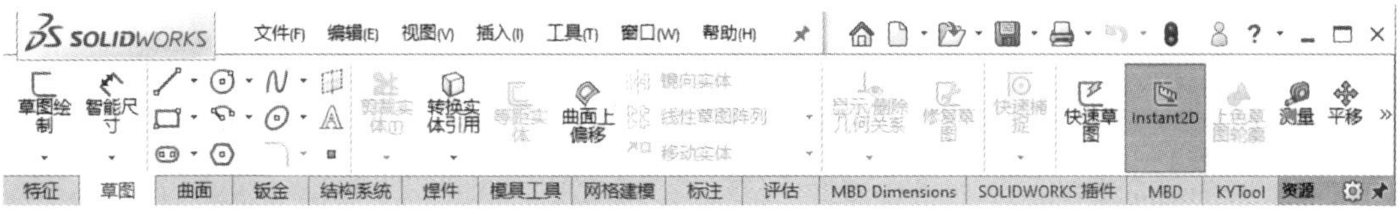

图 15 - 38　“草图”选项卡

单击“草图绘制”按钮，此时需要指定绘制草图的平面。SolidWorks 系统根据当前坐标系给定了 3 个坐标平面：前视基准面、上视基准面和右视基准面(对应投影面体系的第三角)。如果是新建零件模型的第一个草图，一般选择其中的一个基准面作为草图平面，如本例选择上视基准面。如果零件模型中已经建立了一个或几个特征，也可以根据构形需要，选择已有特征的表面或者其他平面作为草绘平面。

1) 绘制图形并添加几何约束

SolidWorks 在“草图”选项卡中提供了与 AutoCAD 绘制二维图类似的各种绘图工具，如绘制直线、矩形、圆、样条曲线等。将鼠标停留在相应的绘图工具图标上，将显示该工具的名称和功能。单击该工具图标右侧的小三角形，将弹出绘制该图形的多种方式。

在绘制草图过程中，各个图形对象间的几何约束是非常重要的。几何约束指的是各个图形对象之间的相对关系，例如，可以定义两条直线之间的平行、垂直、共线、对称或者长度相等，两个圆或圆弧同心或者直径相等。在施加了几何约束之后，对图形对象的其他操作都将在保持这些关系的条件下进行。可通过点击工具栏中的“显示/删除几何关系”图标，使其弹出一个下拉菜单，如图 15 - 39 所示。点击下拉菜单中的“添加几何关系”图标，即可出现“添加几何关系”对话框(如图 15 - 40 所示)，选择图形对象并添加需要的几何约束。

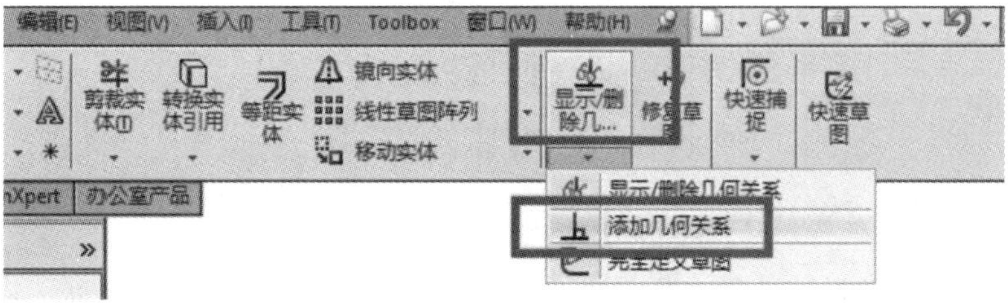

图 15 - 39　添加几何约束

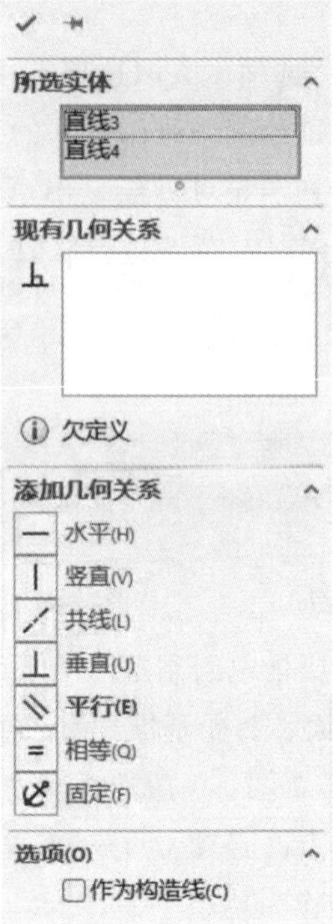

图 15－40 “添加几何关系”对话框

2）添加尺寸约束

在零件的草图绘制过程中，最初可能并没有非常精确的尺寸，只是根据零件的功能要求先画出大致的结构，然后再逐步添加尺寸约束。在“草图”选项卡中，可以选择“智能尺寸”“水平尺寸”“垂直尺寸”“尺寸链”等多种尺寸标注方法，其中“智能尺寸”是最为常用的。

选中“智能尺寸”工具，SolidWorks 能根据随后所选择的图形类型和鼠标放置位置，自动地确定所标注尺寸的类型。标注尺寸时，SolidWorks 自动测量尺寸的数值，并显示在图 15－41 所示的对话框中，如果该尺寸不合适，可直接修改数值，然后单击✔按钮确认。此时图形将根据新的尺寸数值自动修改，但保持原来的几何约束不变。

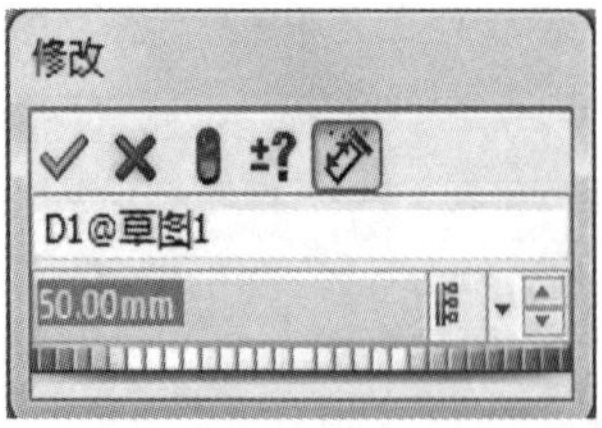

图 15－41 显示及修改尺寸数值

选择“草图”工具栏中的绘制矩形命令和绘制圆命令绘制底座草图，并通过单击“智能尺寸”按图 15－37 所示尺寸和约束确定底座的尺寸和位置。将圆进行 X 轴、Y 轴方向阵列，完成底座草图，如图 15－42 所示。

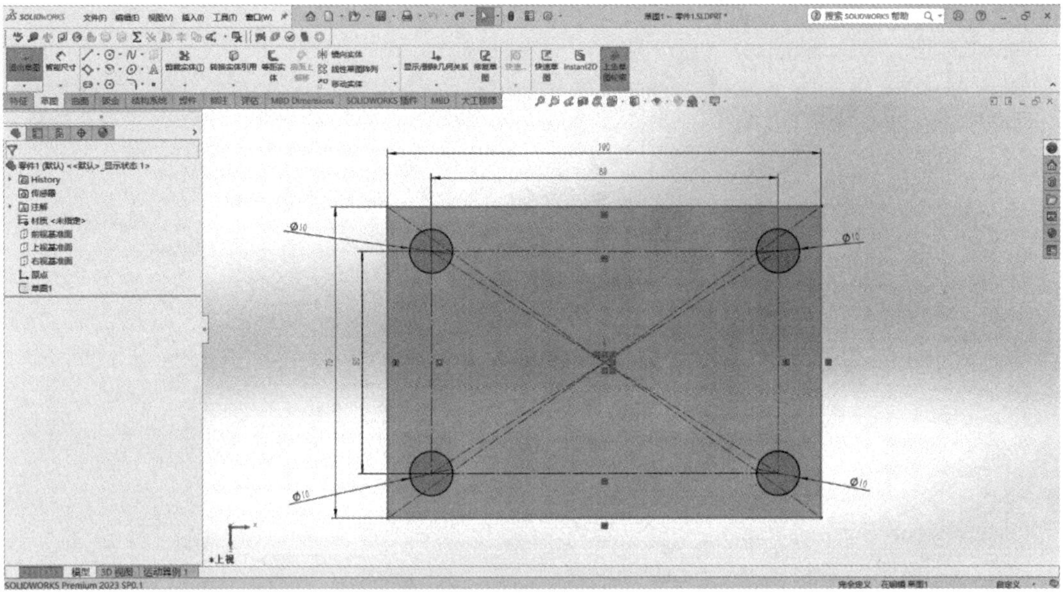

图 15－42　底座草图

2. 从草图创建特征

每个零件模型都至少有一个特征，大多数零件都是由许多个特征组合而成的。对绘制的草图进行特征操作，可以创建特征。利用草图创建的特征，常用的有拉伸、旋转、扫描、放样等，如图 15－43 所示。这些特征既可以创建增加实体的凸台特征，也可以创建消减实体的切除特征。

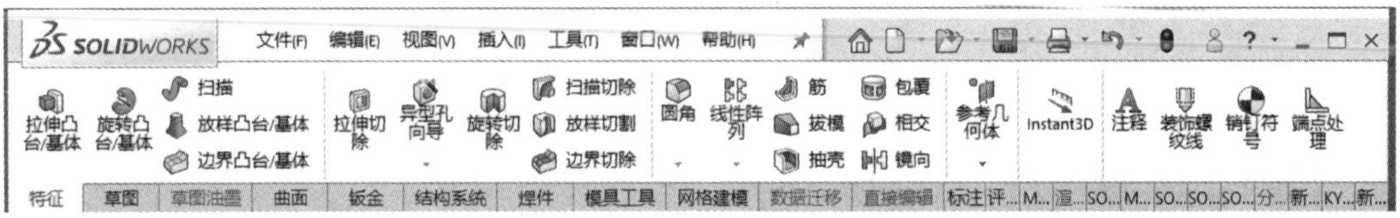

图 15－43　“特征”选项卡

打开“特征”选项卡，选中其中的“拉伸凸台/基体”工具，对画好的底座草图进行拉伸，如图 15－44 所示，可通过控标箭头改变拉伸的深度或者拉伸方向。完成拉伸后，Feature Manager 设计树中新增“凸台－拉伸 1”一项，单击左侧的三角按钮，可以发现刚才绘制的草图被作为父特征列在“凸台－拉伸 1”下面。

对图 15－37 所示零件的阶梯空心立柱部分可采用旋转草图的特征操作。选择前视基准面作为草图基准面绘制草图，用草图绘制命令画出阶梯立柱的截面，点击“智能尺寸”确定各部分的尺寸和位置，绘制好的草图如图 15－45 所示；通过“特征”选项卡中的“旋转凸台/基体”命令得到阶梯立柱；最后选择阶梯立柱顶面作为基准面绘制草图，草图绘制圆，点击“特征”选项卡中“拉伸切除”命令，选择“完全贯穿”，确定后完成此特征的建模，如图 15－46 所示。

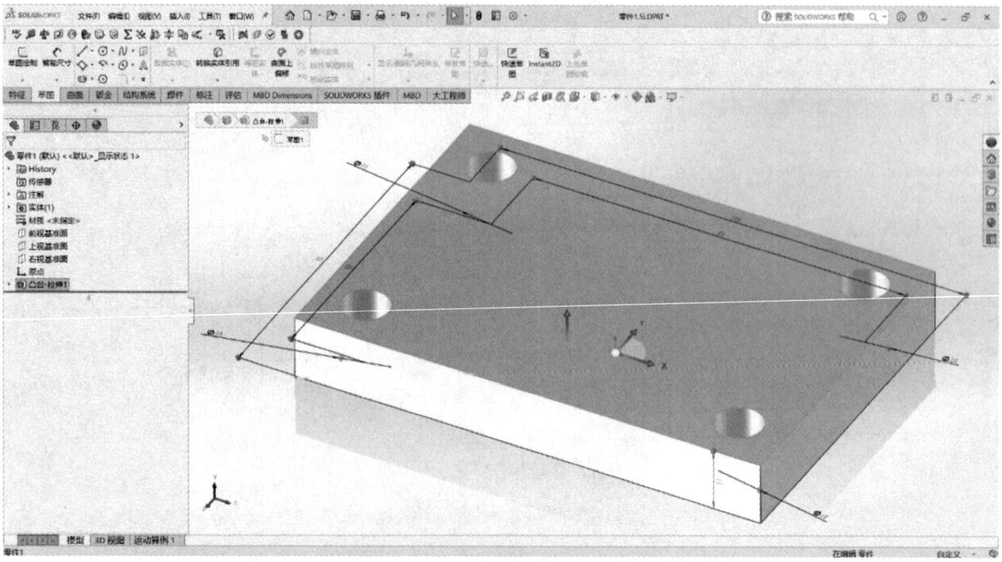

图 15-44 从草图拉伸为特征

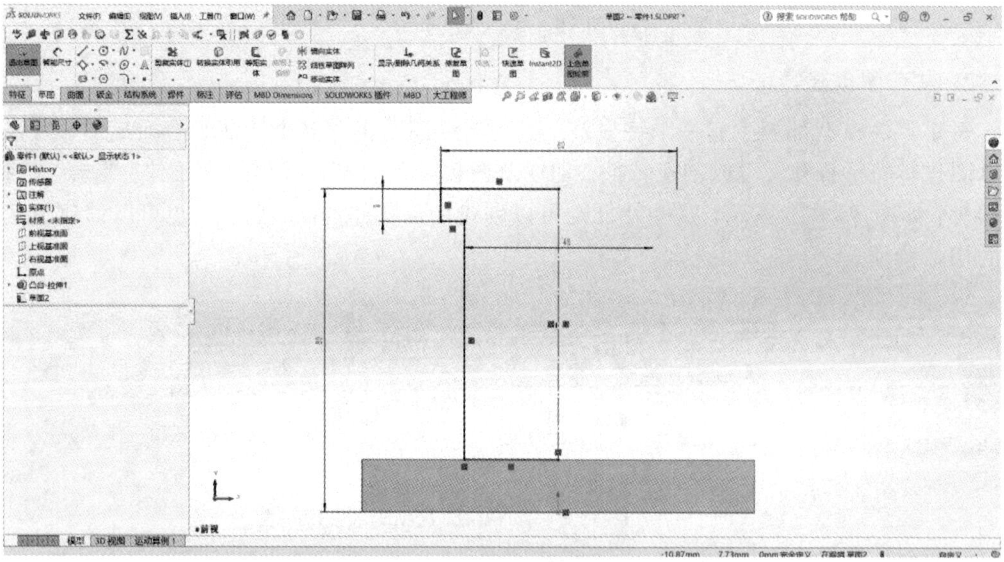

图 15-45 旋转草图

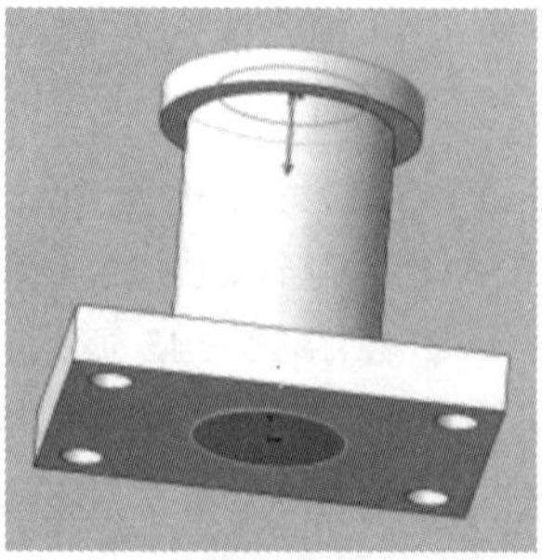

图 15-46 由草图旋转为特征

对图 15－37 所示零件的左侧圆柱凸台及下方肋板部分，采用拉伸特征。首先单击“特征”选项卡中的“参考几何体”，选择新建“基准面”，以“右视基准面”为第一参考平面，和右视基准面平行，距离为 38 mm；然后，草图绘制同心圆，在“拉伸凸台/基体”工具中选择“成形到下一平面”以完成左侧圆柱凸台的建模；最后，选择“前视基准面”，草绘肋板轮廓并拉伸完成特征的建模，如图 15－47 所示。

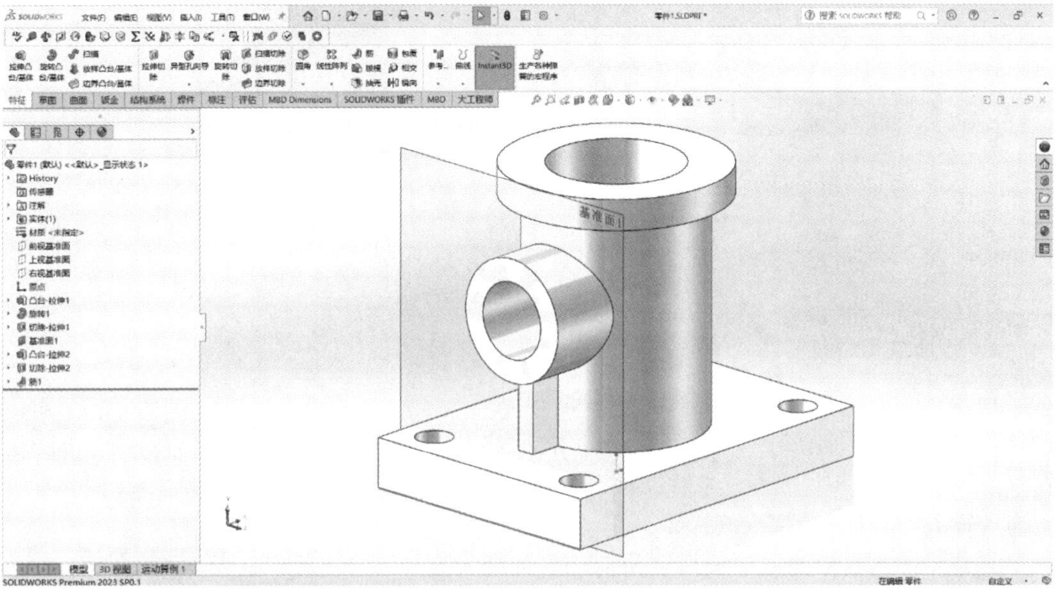

图 15－47　新建基准面创建特征

扫描是通过沿着一条路径来移动轮廓(截面)，从而生成实体特征。例如在图 15－48(*a*)中，分别在前视基准面和上视基准面上各绘制了一个草图(圆和样条曲线)。在“特征”选项卡中，选中“扫描”工具后，选择圆作为扫描时的轮廓，选择样条曲线作为扫描时的路径，即可生成如图 15－48(*b*)所示的扫描特征。扫描特征特别适合于创建管路类型的、由一个特征截面沿指定路径形成的实体特征。

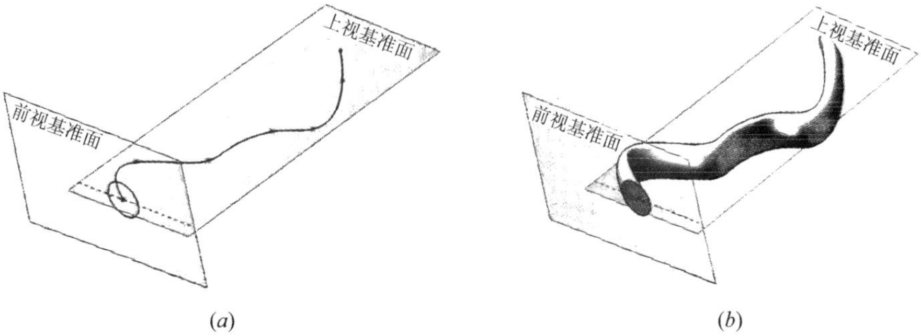

图 15－48　创建扫描特征

放样是通过在不同的草图轮廓之间进行过渡生成特征。例如在图 15－49(*a*)中，在三个草图平面上分别绘制了圆、椭圆和矩形三个草图轮廓。在“特征”选项卡中，选中“放样凸台/基体”工具后，依次选择这三个草图，即可生成如图 15-49(*b*)所示的放样特征。放样特征特别适合于创建由几个特征截面控制的光滑过渡的曲面。

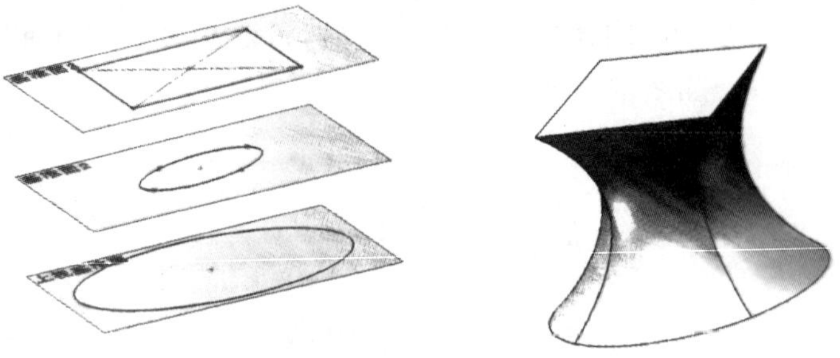

(*a*) (*b*)

图 15-49 创建放样特征

3. 添加应用特征

还有一类特征是不需要草图的，称为应用特征，如圆角、倒角、抽壳等。之所以称它们为应用特征，是因为要使用尺寸和其他特性将它们应用于已有的视图特征上才能生成该特征。

圆角特征是在零件上生成内圆角面或者外圆角面的一种特征，可以在一个面的所有边上、所选的多组面上、所选的边线或者边线环上生成圆角。例如，对图 15-37 所示零件的右侧有倒圆且内部中空的部分，先绘制矩形草图进行拉伸，然后单击“特征”选项卡中的“圆角”工具，设置圆角半径(如图 15-50 所示)，再选择需要进行倒圆角的边线分别将底座四角和右侧凸台倒圆角，最后采用“拉伸切除”创建内部中空结构，所得三维模型如图15-51 所示。

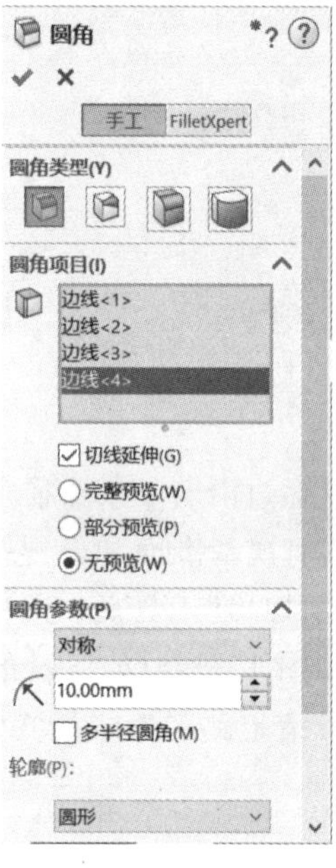

图 15-50 “圆角”命令对话框

倒角特征是在所选边线、面或者顶点上生成倒角的特征。例如，针对图 15-52(*a*)所示的轴，选择“特征”选项卡中的“倒角”工具，设置倒角距离和角度(如 45°)，再选择需要进行倒角的左右两端的圆边线，即可生成如图 15-52(*b*)所示的轴两端的倒角。

抽壳特征可以掏空零件，使所选择的面敞开，在其他面上生成薄壁特征。如果没有选择模型上的任何面，则掏空实体零件，生成闭合的抽壳特征。另外，也可以使用多个厚度生成抽壳模型。例如，针对图 15-53(*a*)所示实体，选中“特征”选项卡中的“抽壳”工具，设置抽壳厚度，并选择顶面作为需要移除的表面，即可对该实体进行抽壳操作，移除材料以生成如图 15-53(*b*)所示的薄壁特征。

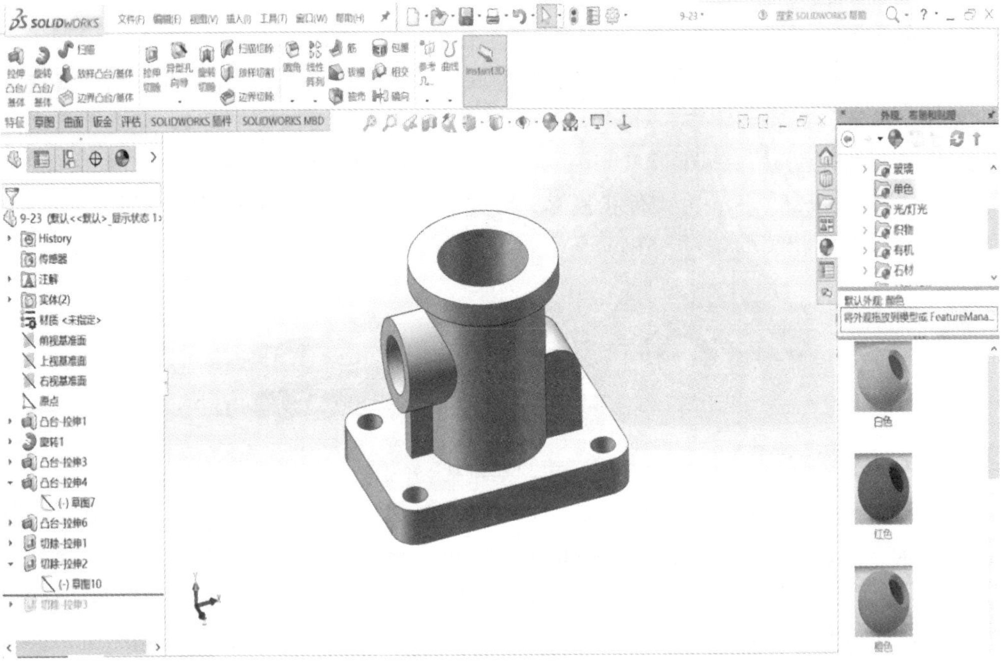

图 15 - 51　添加圆角特征

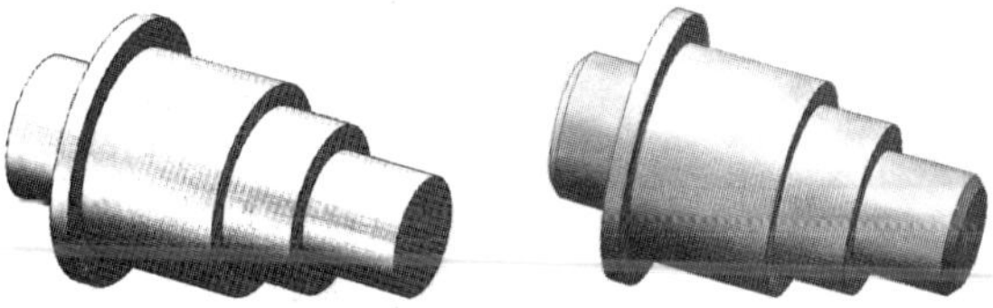

(*a*)　(*b*)

图 15 - 52　添加倒角特征

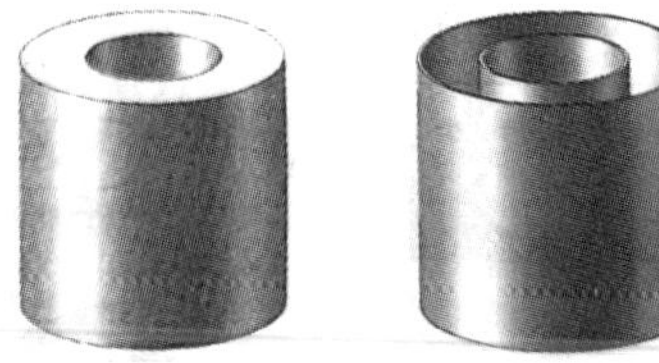

(*a*)　(*b*)

图 15 - 53　进行抽壳操作

4. 修改特征

创建了特征之后，可以非常方便地对特征或者特征所使用的草图进行修改，这大大方便了零件的设计。无论从 Feature Manager 设计树中选择需要修改的特征，还是从图形区域直接选中特征，都将弹出特征关联工具栏，单击其中的“编辑特征”图标，返回到之前的创建特征环境，对创建特征过程中的设置进行修改，如拉伸草图的深度、方向等。单击其中的“编辑草图”图标，则返回到绘制草图环境，对草图进行修改。完成修改后，特征模型将按照新的设置自动更新。

三、装配建模

多数产品是由多个零件装配在一起构成的，这些零件中的一部分可能先装配在一起，形成有一定独立功能的子装配体(或称部件)，再由子装配体和其他零件一起装配形成完整的装配。

在 SolidWorks 的装配过程中，零件或者部件的大多数操作方式是相同的。添加零部件到装配体中，并在装配体和零部件之间形成关联。当 SolidWorks 打开装配体时，将查找零部件文件，并显示在装配体中。对零部件所做的修改将自动反映在装配体中。

新建装配体模型时，在图 15－36 所示的“新建 SolidWorks 文件”对话框中选择“装配体”，文件保存时以. sldasm 为文件扩展名。新建或打开一个装配体文件之后，SolidWorks 界面将显示与装配相关的选项卡和工具栏，如图 15－54 所示。

图 15－54 “装配体”选项卡

首先要选择第一个参与装配的零部件，可在左侧区域中的“打开文件”列表中选择目前打开的零部件，也可以单击“浏览”按钮在文件夹中选择。例如选中图 15－52(*b*)所示的轴。由于轴是第一个零件，所以不可移动。接着继续为装配体选择要插入的零件。在“装配体”选项卡中选择“插入零部件”，例如选中图 15－55 中的轴套，并将其放置在轴的旁边。

进行装配建模最重要的操作是选择参与装配的零部件之后，根据装配体的功能要求，为这些零部件之间添加位置约束。可以通过“装配体”选项卡中的“配合”工具实现约束的添加。在随后出现在左侧区域的“配合”中列出了“标准配合”中各种常用的几何约束类型，如图 15－56 所示。“平行”“垂直”“相切”约束容易理解，“重合”使两个平面变成共面，“同轴心”将所选回转体放置于同一中心线，“距离”将保持两个零部件以彼此间指定的距离放置，“角度”将保持两个零部件以彼此间指定的角度放置，“锁定”保持两个零部件之间的相对位置和方向。

图 15－55 插入新零件

图 15－56 配合约束选项

在本例中，为添加任何位置约束时，用鼠标拖动轴套，轴套可以任意移动或转动。现在要将轴套装在轴上，并使其端面紧靠在轴大端的右端面上。先选中轴套的内孔表面和轴的外圆柱面，软件自动识别表面的轴、孔特性，并优先预选“同轴心”约束。该约束符合设计要求，单击 ✓ 按钮确定，如图 15 - 57 所示，轴套被移动到与轴同轴线的位置上。鼠标拖动轴套，此时轴套的移动被限制在沿轴线方向。

图 15 - 57　添加“同轴心”约束

选中轴的大端的右端面和轴套零件的左端面，系统优先预选“重合”约束。接受该约束，从而将轴套沿轴向贴在轴大端的右端面上，完成轴向约束，如图 15 - 58 所示。

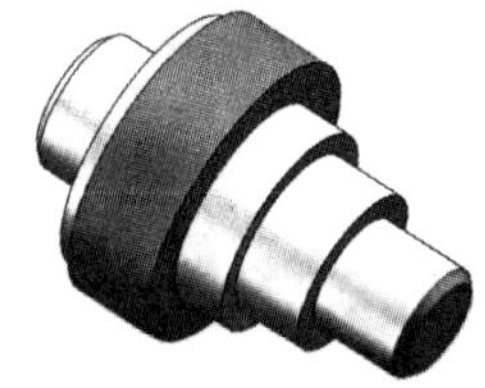

图 15 - 58　添加“重合”约束

在装配过程中，可以根据实际需要，随时对前期构造的零件进行修改，选中需要修改的零件，在弹出的关联工具栏(如图 15 - 59 所示)中，单击“打开零件”按钮，即可返回该零件的零件建模环境，对零件进行修改。所做修改将自动在装配体中得到更新。

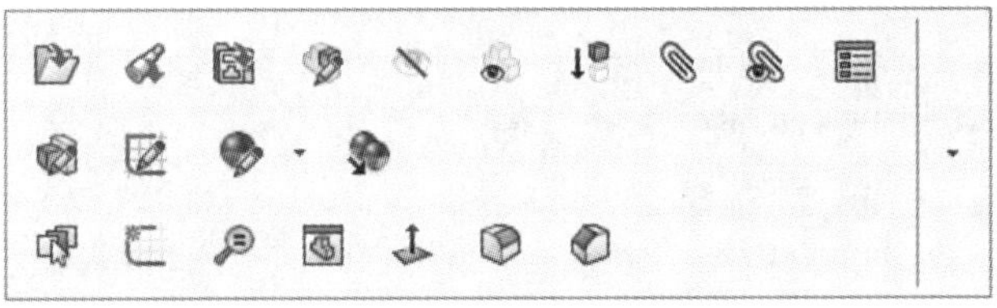

图 15 - 59　零件关联工具栏

四、生成工程图

在构建了三维零件模型或者装配体模型后，可以生成二维的工程图，即符合国家制图标准的零件图和装配图。零件、装配体和工程图是相互关联的文件，对零件或装配体所做的任何修改都会导致工程图文件的相应改变。

新建工程图时，在图 15 - 36 所示的“新建 SolidWorks 文件”对话框中选择“工程图”，文件保存时以. slddrw 为文件扩展名。新建或打开一个工程图文件之后，SolidWorks 界面将显示与工程图相关的选项卡和工具栏，如图 15-60 所示。“视图布局”选项卡中集中了各种生成视图的工具。“标准三视图”是以第三角投影法为基础的前视图、上视图和右视图，与我国制图国家标准中的三视图不完全吻合。“模型视图”是根据 SolidWorks 系统预先定义的投射方向生成的标准视图，它们也是基于第三角投影法的。“投影视图”是相对于某个已经生成的视图，从任何正交方向投射生成的视图，可用于生成向视图。“辅助视图”与“投影视图”类似，但它是垂直于已有视图中参考边线生成的视图，可用于生成斜视图。“剖面视图”是通过一条剖切线来分割父视图生成一个剖面视图。剖面视图可以是剖切面或是用阶梯剖切线定义的等距剖面视图，并可以生成半剖视图。局部视图通过生成一个局部视图用来显示已有视图的某一局部形状，通常采用放大比例显示。“断开的剖视图”为现有视图的一部分，可在现有视图中选择一部分结构进行剖切，可用于生成局部剖视图。“断裂视图”可用于绘制 7.4 节所述的折断画法。“裁剪视图”是对已有视图进行裁剪生成一个局部的视图。

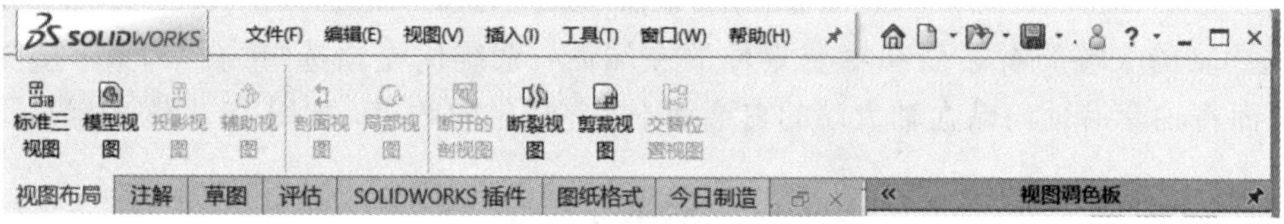

图 15-60　“视图布局”选项卡

“注解”选项卡中集中了与工程图标注相关的各种命令，如尺寸标注、文字的注写、表面结构标注、零件编号等。“草图”选项卡可用于对视图、尺寸等进行修改。

1. 生成视图

点击 Solidworks 主界面菜单栏“文件”下的“从零件/装配体制作工程图”，在弹出的“新建 SolidWorks 文件”对话框中选择“工程图”，点击“高级”后选择合适的工程图模板，如图 15-61 所示，然后点击“确定”，进入工程图界面。

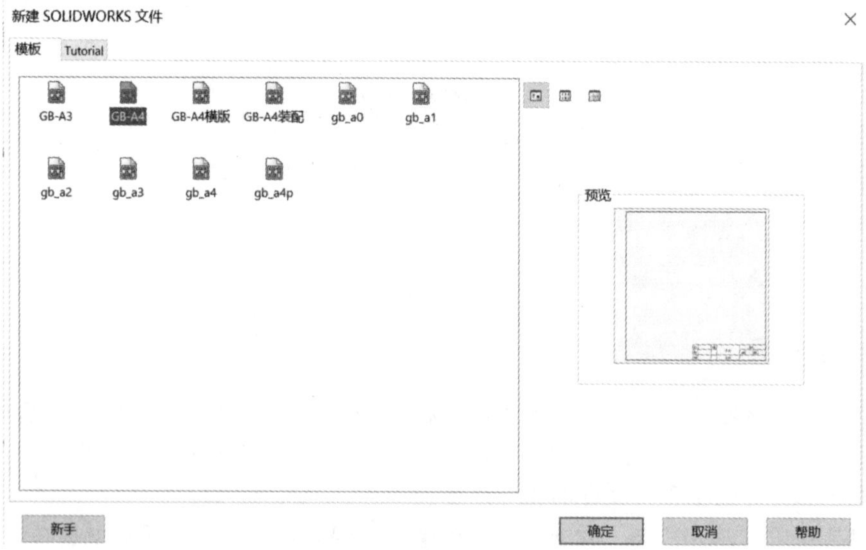

图 15-61　选择工程图模版

在“视图布局”选项卡中选中“模型视图”，在左侧区域的“模型视图”Property Manager 中从“打开文件”列表中选择，或者浏览到一个零件或装配体模型文件，如图 15－62 所示轴零件模型，并单击“下一步”按钮。在随后弹出的“工程图视图 1” Property Manager 的“标准视图”下单击“前视”(相当于我国制图标准中的主视图)按钮，移动鼠标将视图放置在图纸适当的位置，即可生成如图 15－63 所示的主视图。此时，左侧区域 Property Manager 变化为“投影视图”，根据需要，可围绕刚刚生成的主视图，在其周围生成相应的其他标准视图。

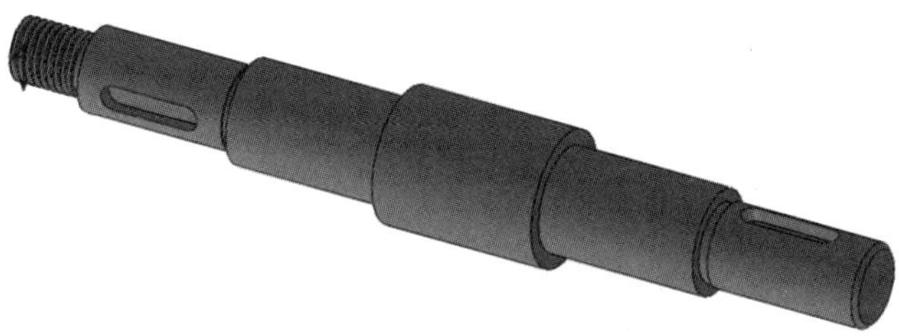

图 15－62　轴零件模型

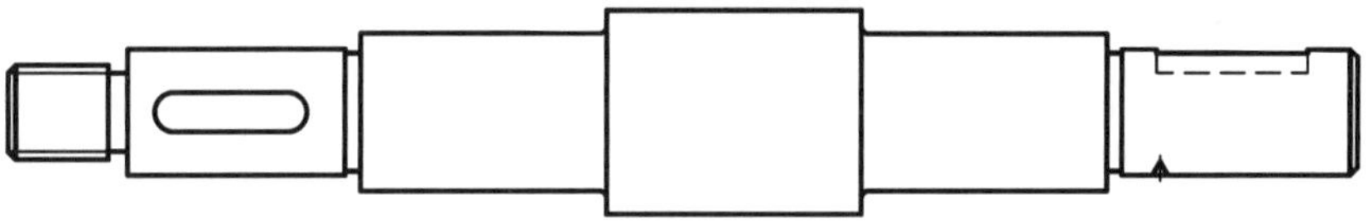

图 15－63　轴零件的主视图

2. 生成剖视图

在“视图布局”选项卡中选中“剖面视图”，在刚刚生成的主视图的两个键槽处生成剖面视图，在弹出的属性管理器中，勾选“横截剖面”可以消除剖视图外轮廓线并生成相应的断面图。在“视图布局”选项卡中选中“断开的剖视图”，在主视图最右端轴段处生成两个局部剖视图。

利用“注释”选项卡中的“中心线”命令，或者利用“草图”选项卡中的“中心线”命令，补全视图中所缺少的中心线，结果如图 15－64 所示。

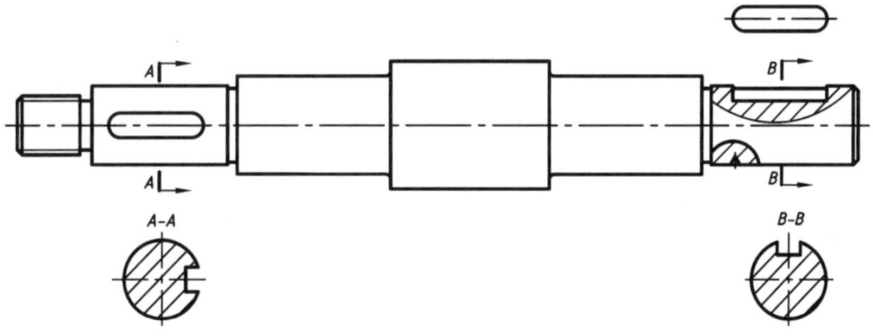

图 15－64　轴零件的视图

3. 标注尺寸

在工程图中的尺寸有以下几种常用的不同来源：

(1) 模型尺寸：在生成每个零件特征时即生成的尺寸，可以将这些尺寸插入到各个工程图视图中。这些尺寸是与模型相关联的，若在模型中改变这些模型尺寸，则工程图中随之更新；反之，若在工程图中改变它们，三维模型也将相应改变。

(2) 为工程图标注：可以指定为工程图所标注的尺寸，自动插入到新的工程图视图中。

(3) 参考尺寸：在工程图文件中添加的尺寸。但是这些尺寸是参考尺寸，并且是从动尺寸。不能通过编辑参考尺寸的数值来改变模型。然而，当模型的标注尺寸改变时，参考尺寸值也会改变。

标注尺寸之前，一般需要先对尺寸的标注样式进行设置。点击 Solidworks 主界面菜单栏“工具”下的“选项”，打开“系统选项”对话框，在“文档属性”选项卡下选中“尺寸”，在对话框中对尺寸标注样式进行设置，如尺寸文本样式(字体和大小)、箭头的样式和大小、角度、弧长、半径等。

设置好尺寸标注样式后，接下来可以使用“注解”选项卡中的“模型项目”命令，将现有的模型尺寸插入到工程图中。在本例中，在左侧区域的“模型项目”中选择“来源”为“整个模型”，并选中“将项目输入到所有视图”复选框，则系统将模型构造过程中的尺寸自动标注在工程图的相关视图上。

为了保证尺寸标注“正确、完整、清晰、合理”的要求，常常需要对这些自动标注的尺寸进行手动调整。可以将尺寸拖动到合适的位置，甚至将尺寸拖动到其他视图中，也可以隐藏尺寸或编辑其属性。

4. 标注几何公差、表面结构代号

分别选择“注解”选项卡中的“基准特征”“形位公差”“表面粗糙度符号”，即可在工程图中分别标注几何公差基准、几何公差和表面结构代号。

5. 绘制图框、标题栏，加注注释文字

图纸的大小、工程图的图框和标题栏可以在生成视图之前选择工程图模版设置，也可以在后续设置。完成视图绘制并标注好尺寸、几何公差和表面结构代号后，在左侧区域的 Feature Manager 设计树中右击“图纸 1”，在弹出的菜单中选择“属性”进而设置图纸的大小。利用“草图”选项卡下的绘图工具，可以绘制工程图的边框和标题栏。利用“注解”选项卡中的“注释”工具，可以填写标题栏中的内容，还可以在工程图右下角的适当区域放置文本框手动输入技术要求的文字内容。

在填写文字之前，应先对文字样式进行设置。点击 Solidworks 主界面菜单栏“工具”下的“选项”，打开“系统选项”对话框，在“文档属性”选项卡下选中“注释”，进而对文字的字体、大小等进行设置。最终完成的轴的零件图如图 15－65 所示。

装配图的生成思路与零件图类似，但在新建工程图时应选择装配体模型，并在视图及尺寸标注完成之后，通过“注解”选项卡中的“零件序号”工具，完成装配图中的零件编号，然后填写标题栏和明细表。

对 SolidWorks 输出的工程图，可将其导出为扩展名为 .drw 的二维工程图文件。也可将导出的文件另存为扩展名为 .DWG 或者 .DXF 的文件，然后使用 AutoCAD 软件按照制图国家标准要求进行尺寸、几何公差、表面结构代号等方面的修改和标注。

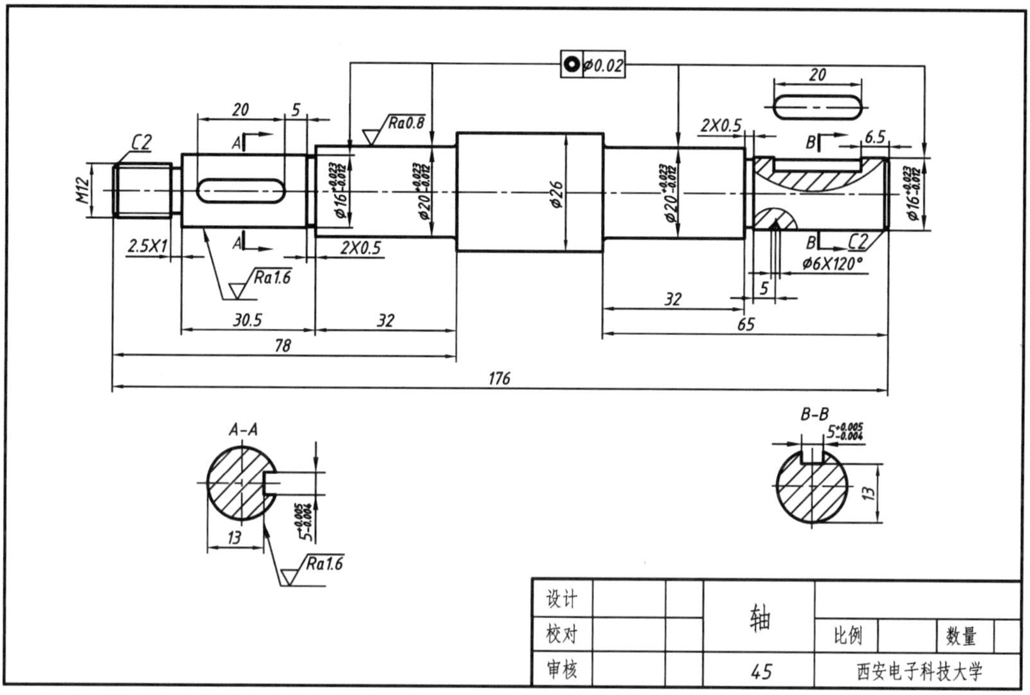

图 15 - 65　轴的零件图

附录　AutoCAD 上机指导

附录 1　第一次上机指导——实体绘图练习

一、上机要求

(1) 首先建立第 14 章的用户样板图 ACADISO. DWT，以便用样板图中的图层作图。本次上机练习及以后的上机练习均设定在用户样板图 ACADISO. DWT 的环境中绘图。

(2) 掌握实用命令中的设置图形边界命令 LIMITS、创建新图命令 NEW、保存图形命令 SAVE、打开图形文件命令 OPEN、打印命令 PLOT、退出命令 QUIT。

(3) 掌握实体绘图命令中的直线命令 LINE、圆命令 CIRCLE、圆弧命令 ARC、多段线命令 PLINE、矩形命令 RECTANG、书写字符命令 TEXT/MTEXT。

(4) 掌握图层命令 LAYER 和－LAYER。

(5) 掌握对象捕捉方式和图形编辑命令中的删除命令 ERASE。

(6) 掌握显示控制命令中的屏幕缩放命令 ZOOM、重画命令 REDRAW。

二、操作示例

[例 1]　绘制图 1(不标注尺寸)。

第一步：将 2 层置为当前层，绘制轴线、对称中心线等细点画线。

命令：－LAYER↙S↙2↙↙

命令：LINE↙

指定第一点：80，155↙

指定下一点或[放弃(U)]：80，265↙

指定下一点或[放弃(U)]：↙(结束命令)

命令：↙80，125↙80，35↙↙(“命令:”后面的“↙”表示重复上一个 LINE 命令)

命令：↙35，80↙165，80↙↙

第二步：将 1 层置为当前层，绘制可见轮廓线的粗实线。

命令：－LAYER↙S↙1↙↙

以下操作绘制主视图：

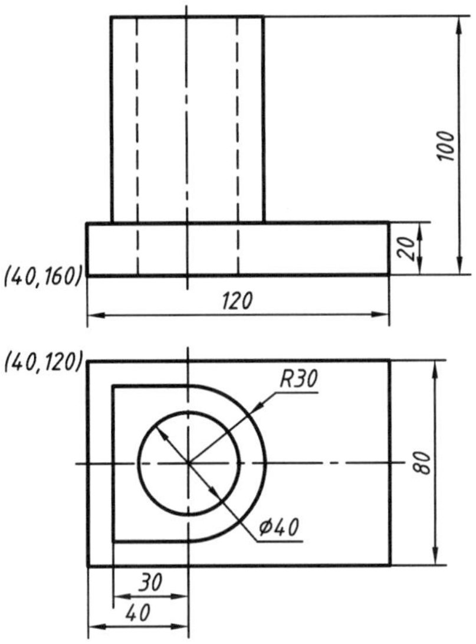

图 1　实体绘图示例

命令：PLINE↙

指定起点：40，160↙

当前线宽为 0.000000

指定下一个点或[圆弧(A)/半宽(H)/长度(L)/放弃(U)/宽度(W)]：W↙

指定下一个点或[圆弧(A)/半宽(H)/长度(L)/放弃(U)/宽度(W)]：160，160↙

指定下一点或[圆弧(A)/闭合(C)/半宽(H)/长度(L)/放弃(U)/宽度(W)]：160，180↙

指定下一点或[圆弧(A)/闭合(C)/半宽(H)/长度(L)/放弃(U)/宽度(W)]：40，180↙

指定下一点或[圆弧(A)/闭合(C)/半宽(H)/长度(L)/放弃(U)/宽度(W)]：C↙

命令：PLINE↙50，180↙@0，80↙@60，0↙@0，－80↙↙

以下操作绘制俯视图：

命令：PLINE↙40，120↙@120<0↙@80<－90↙@120<180↙C↙

命令：PLINE↙50，110↙80，110↙

指定下一点或[圆弧(A)/闭合(C)/半宽(H)/长度(L)/放弃(U)/宽度(W)]：A↙

指定圆弧的端点(按住 Ctrl 键以切换方向)或 PLINE[角度(A)/圆心(CE)/闭合(CL)/方向(D)/半宽(H)/直线(L)/半径(R)/第二个点(S)/放弃(U)/宽度(W)]：80，50↙

指定圆弧的端点(按住 Ctrl 键以切换方向)或 PLINE[角度(A)/圆心(CE)/闭合(CL)/方向(D)/半宽(H)/直线(L)/半径(R)/第二个点(S)/放弃(U)/宽度(W)]：L↙

指定下一点或[圆弧(A)/闭合(C)/半宽(H)/长度(L)/放弃(U)/宽度(W)]：50，50↙

指定下一点或[圆弧(A)/闭合(C)/半宽(H)/长度(L)/放弃(U)/宽度(W)]：C↙

命令：PLINE↙

指定起点：80，100↙

当前线宽为 0.000000

指定下一个点或[圆弧(A)/半宽(H)/长度(L)/放弃(U)/宽度(W)]：A↙

指定圆弧的端点(按住 Ctrl 键以切换方向)或 PLINE[角度(A)/圆心(CE)/方向(D)/

半宽(H)/直线(L)/半径(R)/第二个点(S)/放弃(U)/宽度(W)]：CE↙

指定圆弧的圆心：80，80↙

指定圆弧的端点(按住 Ctrl 键以切换方向)或 PLINE [角度(A)/长度(L)]：80，60↙

指定圆弧的端点或[角度(A)/圆心(CE)/闭合(CL)/方向(D)/半宽(H)/直线(L)/半径(R)/第二个点(S)/放弃(U)/宽度(W)]：CL↙

第三步:将 3 层置为当前层，绘制不可见轮廓线的细虚线。

命令：－LAYER↙S↙3↙↙

命令：LINE↙60，160↙60，260↙↙

命令：↙100，160↙100，260↙↙

三、上机作业

(1) 熟悉 NEW、OPEN、SAVE、QUIT 等命令。

(2) 用 AutoCAD 绘制图 2、图 3、图 4 及图 5，尺寸标注不作要求。

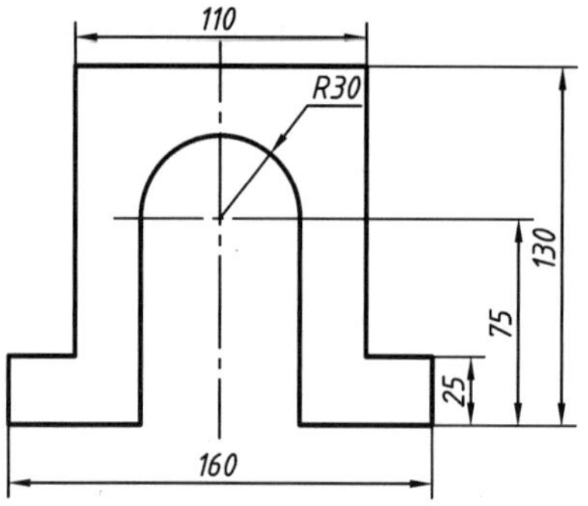

图 2 实体绘图 1

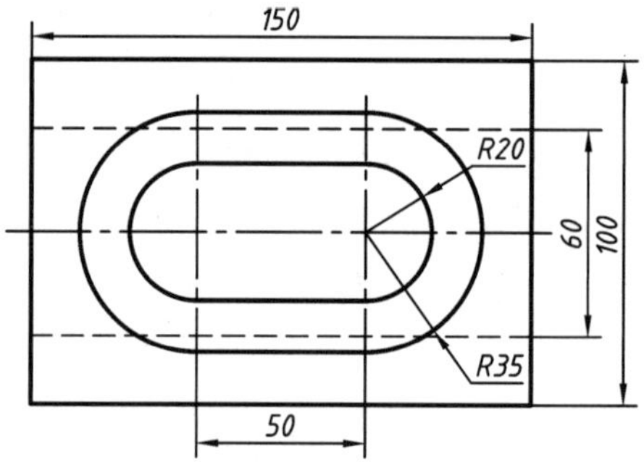

图 3 实体绘图 2

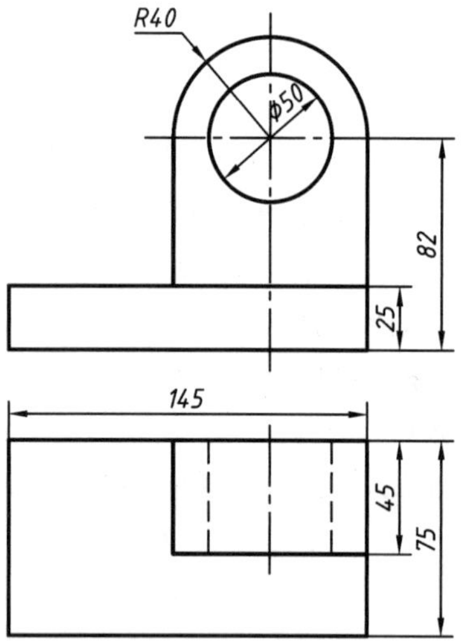

图 4 实体绘图 3

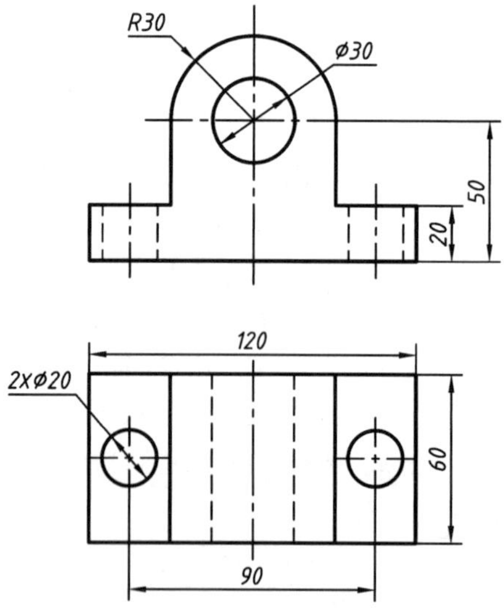

图 5 实体绘图 4

四、注意事项

（1）AutoCAD 中命令名的输入不区分大小写，但不识别中文字符。

（2）上机作业可在一个文件内一次完成，也可通过 NEW 命令分开若干文件完成。

（3）作图时使用命令的常见顺序如下：

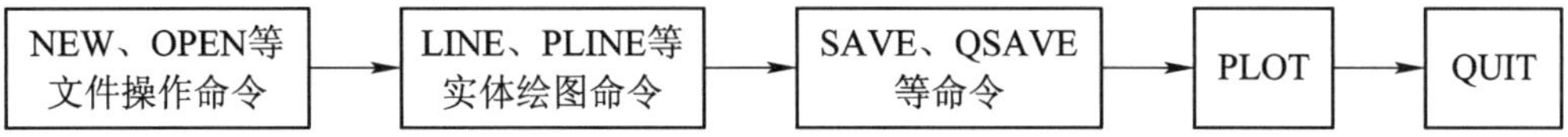

附录 2　第二次上机指导——图形编辑与图案填充练习

一、上机要求

（1）掌握对象捕捉方式(单点优先方式)。

（2）掌握图形编辑命令中的删除命令 ERASE、平移命令 MOVE、旋转命令 ROTATE、镜像命令 MIRROR、实体缩放命令 SCALE、倒圆角命令 FILLET、阵列命令 ARRAY、多段线编辑命令 PEDIT、断开命令 BREAK、修剪命令 TRIM、取消命令 U 等。

（3）掌握图案填充命令 BHATCH 的用法。

（4）本次上机重点掌握的命令有：BHATCH、MIRROR、FILLET、ARRAY、PEDIT、TRIM。

二、操作示例

［**例 2**］　绘制图 6(*a*)(不标注尺寸)。

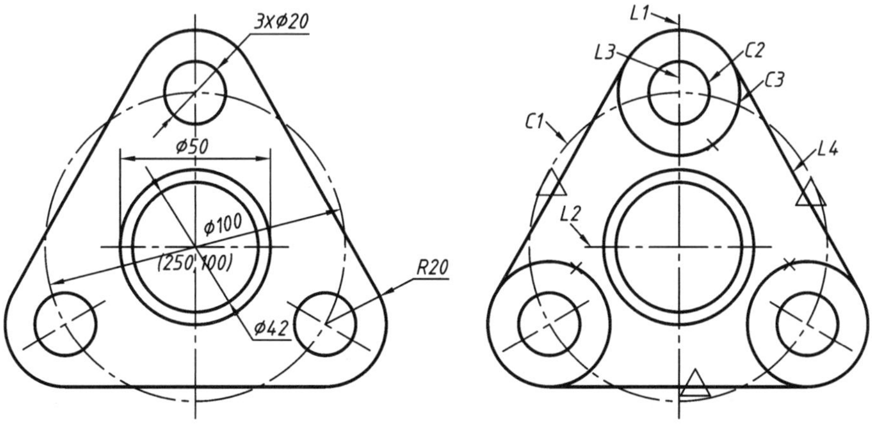

(*a*)　　(*b*)

图 6　阵列绘图示例

以下操作结合图 6(*b*)进行。

第一步:将2层置为当前层，绘制对称中心线、孔系分布中心线等细点画线。

命令：－LAYER↙S↙2↙↙

命令：LINE↙250，175↙250，40↙↙ (绘制竖直细点画线L1)

命令：LINE↙220，100↙280，100↙↙(绘制水平细点画线L2)

命令：CIRCLE↙(绘制小孔分布圆C1)

指定圆的圆心或[三点(3P)/两点(2P)/相切、相切、半径(T)]：INT↙

于光标放在直线L1和L2的交点附近(不要输入汉字，只需用光标在屏幕上点击交点的附近区域，系统自动获得交点，以下类同)

指定圆的半径或[直径(D)]：50↙

命令：LINE↙250，135↙250，165↙↙(绘制上方直径为ϕ20的小孔圆的对称中心线L3)

第二步:将1层置为当前层，绘制可见轮廓线的粗实线。

命令：－LAYER↙S↙1↙↙

命令：CIRCLE↙用INT方式捕捉直线L1和L2的交点↙21↙(绘制中央直径为ϕ42圆孔)

命令：CIRCLE↙用INT方式捕捉直线L1和L2的交点↙25↙(绘制中央直径为ϕ50圆孔)

命令：CIRCLE↙用INT方式捕捉直线L1和圆C1的交点↙10↙(绘制竖直对称线上直径为ϕ20的小孔圆C2)

命令：CIRCLE↙用INT方式捕捉直线L1和圆C1的交点↙20↙(绘制竖直对称线上半径为R20的圆角圆C3)

命令：ARRAY↙(对对称中心线L3、圆C2和C3进行阵列)

选择对象：以窗口方式选择直线L3和圆C2、C3↙↙

输入阵列类型[矩形(R)/路径(PA)/极轴(PO)]<矩形>：PO↙

指定阵列的中心点或[基点(B)/旋转轴(A)]：用INT方式捕捉直线L1和L2的交点↙

选择夹点以编辑阵列或[关联(AS)/基点(B)/项目(I)/项目间角度(A)/填充角度(F)/行(ROW)/层(L)/旋转项目(ROT)/退出(X)]<退出>：I↙

输入阵列中的项目数或[表达式(E)]<默认值>：3↙

选择夹点以编辑阵列或[关联(AS)/基点(B)/项目(I)/项目间角度(A)/填充角度(F)/行(ROW)/层(L)/旋转项目(ROT)/退出(X)]<退出>：F↙

指定填充角度(＋＝逆时针、－＝顺时针)或[表达式(EX)]<360>：↙

选择夹点以编辑阵列或[关联(AS)/基点(B)/项目(I)/项目间角度(A)/填充角度(F)/行(ROW)/层(L)/旋转项目(ROT)/退出(X)]<退出>：ROT↙

是否旋转阵列项目？[是(Y)/否(N)]<是>：↙

选择夹点以编辑阵列或[关联(AS)/基点(B)/项目(I)/项目间角度(A)/填充角度(F)/行(ROW)/层(L)/旋转项目(ROT)/退出(X)]<退出>：↙

命令：LINE↙TAN↙用光标点击上方圆角圆的右半部(光标指在上方圆角圆的右半部，点击鼠标左键则可对象捕捉切点)TAN↙用光标点击右下方圆角圆的右半部(光标指在右下方圆角圆的右半部，点击鼠标左键则可对象捕捉切点)↙（绘制两个圆角圆的公切线 L4）

命令：ARRAY↙用光标点击直线 L4↙(选择公切线 L4)↙PO↙用 INT 方式捕捉直线 L1 和 L2 的交点↙I↙3↙F↙↙ROT↙↙↙　（用环形阵列方式得到圆角三角形的另外两边）

第三步：修剪图形。

命令：TRIM↙

当前设置：投影＝UCS，边＝无，模式＝快速

选择要修剪的对象，或按住 Shift 键选择要延伸的对象或

[剪切边(T)/窗交(C)/模式(O)/投影(P)/删除(R)]：T↙

选择剪切边...

选择对象或＜全部选择＞：依次点选三条切线↙（点选图 6(b)中有“Δ”标记的直线）

选择对象或＜全部选择＞：↙

选择要修剪的对象，或按住 Shift 键选择要延伸的对象或

[剪切边(T)/窗交(C)/模式(O)/投影(P)/删除(R)]：依次点选三个圆角圆↙（点选图 6(b)中有“×”标记的圆，注意光标一定要放在“×”所指的部位）

选择要修剪的对象，或按住 Shift 键选择要延伸的对象或

[剪切边(T)/窗交(C)/模式(O)/投影(P)/删除(R)]：↙

[例 3]　绘制图 7。

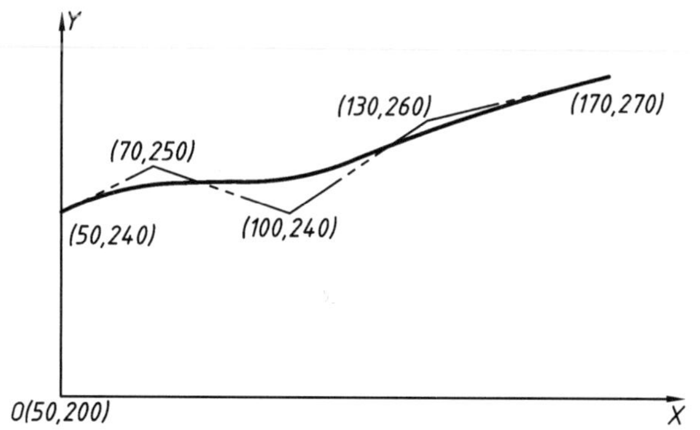

图 7　曲线拟合绘图示例

第一步：将 4 层置为当前层，绘制坐标轴的细实线。

命令：－LAYER↙S↙4↙↙

命令：PLINE↙50，200↙180，200↙ W↙ 0.5↙ 0↙185，200↙ ↙　（绘制 X 坐标轴）

命令：PLINE↙50，200↙50，280↙W↙0.5↙0↙50，285↙↙　（绘制 Y 坐标轴）

第二步：将 5 层置为当前层，绘制折线的细双点画线。

命令：－LAYER↙S↙5↙↙

命令：LINE↙50，240↙70，250↙100，240↙130，260↙170，270↙↙

第三步：将 1 层置为当前层，绘制曲线的粗实线。

命令：－LAYER↙S↙1↙↙

命令：PLINE↙依次捕捉第二步所绘折线的端点↙↙

命令：PEDIT↙(作曲线拟合)

选择多段线或[多条(M)]：L↙

输入选项[闭合(C)/合并(J)/宽度(W)/编辑顶点(E)/拟合(F)/样条曲线(S)/非曲线化(D)/线型生成(L)/反转(R)/放弃(U)]：S↙

输入选项[闭合(C)/合并(J)/宽度(W)/编辑顶点(E)/拟合(F)/样条曲线(S)/非曲线化(D)/线型生成(L)/反转(R)/放弃(U)]：↙

第四步：将 4 层置为当前层，注写文字。

命令：TEXT↙ (注写"O(50，200)")

当前文字样式：Standard 当前文字高度：2.5000 注释性：否 对正：左

指定文字的起点或[对正(J)/样式(S)]：S↙

输入样式名或[?]<Standard>：GBX↙

指定文字的起点或[对正(J)/样式(S)]：用光标在图 7 原点位置附近输入一点↙

指定高度<3.0000>：3.5↙

指定文字的旋转角度<0>：↙

输入文字：O(50，200)↙

用光标在图 7 折线端点位置附近输入一点↙(50，240)↙ (注写"(50，240)")

用光标在图 7 折线端点位置附近输入一点↙(70，250)↙ (注写"(70，250)")

用光标在图 7 折线端点位置附近输入一点↙(100，240)↙(注写"(100，240)")

用光标在图 7 折线端点位置附近输入一点↙(130，360)↙(注写"(130，360)")

用光标在图 7 折线端点位置附近输入一点↙(170，200)↙(注写"(170，200)")

用光标在图 7 的 X 轴箭头位置附近输入一点↙X↙ (注写"X")

用光标在图 7 的 Y 轴箭头位置附近输入一点↙Y↙↙ (注写"Y")

[例 4] 绘制图 8(不标注尺寸)。

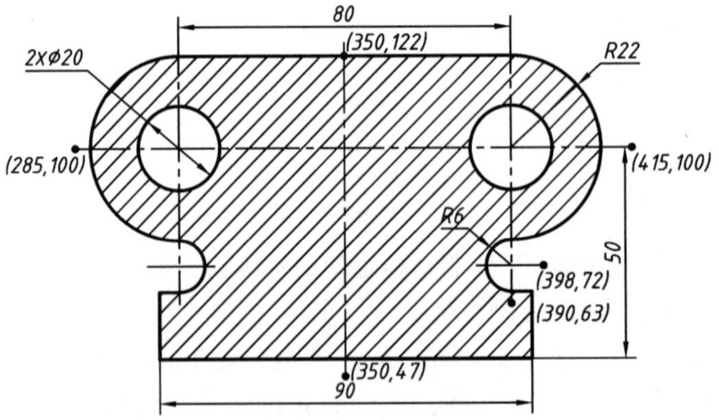

图 8 图案填充绘图示例

第一步：将 2 层置为当前层，绘制对称中心线的细点画线。

命令：－LAYER↙S↙2↙↙

命令：LINE↙285，100↙415，100↙↙（绘制水平中心线）

命令：LINE↙350，125↙350，47↙↙　（绘制中央竖直中心线）

命令：LINE↙390，125↙390，63↙↙　（绘制右侧竖直中心线）

命令：LINE↙381，72↙398，72↙↙　（绘制右下侧水平中心线）

第二步：将 1 层置为当前层，绘制可见轮廓线的粗实线。

命令：－LAYER↙S↙1↙↙

命令：PLINE↙350，122↙390，122↙A↙CE↙用 INT 方式捕捉 R22 圆弧的圆心↙A↙－180↙CE↙用 INT 方式捕捉 R6 圆弧的圆心↙A↙180↙L↙@5，0↙395，50↙@－45，0↙↙　（绘制图形右侧的外部轮廓线）

命令：PLINE↙390，110↙A↙CE↙用 INT 方式捕捉 ϕ20 圆的圆心↙A↙180↙CL↙（绘制图形右侧的圆孔）

命令：MIRROR↙（将右侧图形镜像到左侧）

选择对象：以点选方式选择右侧图形（注意所选图形包括水平和竖直两条细点画线）

选择对象：↙

指定镜像线的第一点：用 END 方式捕捉中央竖直中心线上部端点↙

指定镜像线的第二点：用 END 方式捕捉中央竖直中心线下部端点↙

要删除源对象吗？［是(Y)/否(N)］<N>：↙

第三步：将 4 层置为当前层，绘制剖面线。

命令：BHATCH↙

在弹出的功能区面板上，选图案为“ANSI31”，输入图案角度为 0、图案比例为 0.8，然后按下拾取点按钮，出现如下提示：

拾取内部点或［选择对象(S)/放弃(U)/设置(T)］：在图中由图线围成的 8 个封闭区域中分别用光标输入一点↙

拾取内部点或［选择对象(S)/放弃(U)/设置(T)］：↙

三、上机作业

完成图 9、图 10 和图 11 的绘制，尺寸标注不作要求。

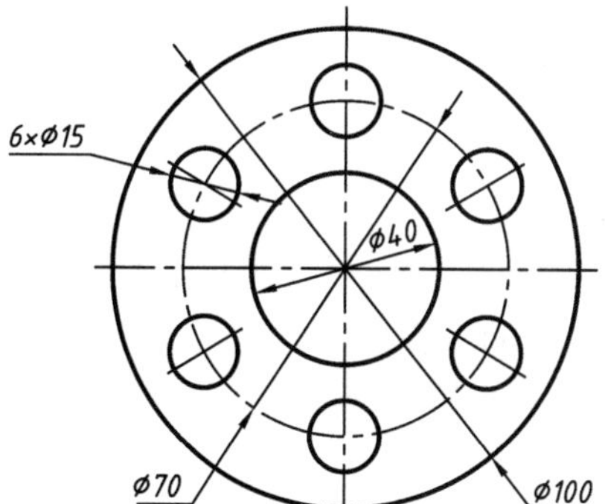

图 9　阵列绘图练习

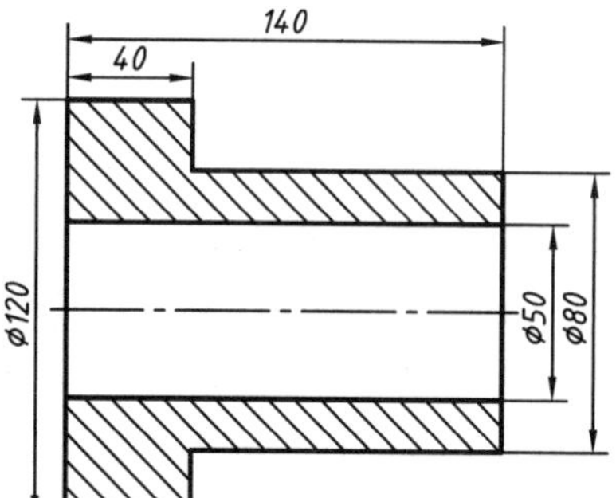

图 10　图案填充练习

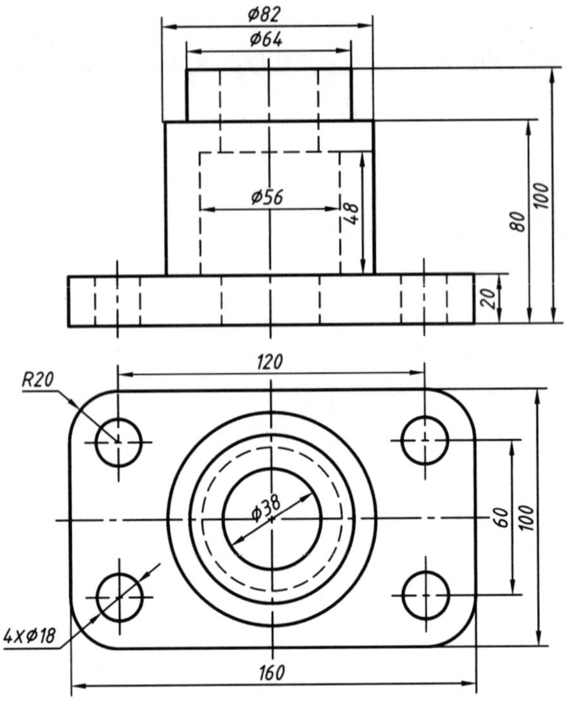

图 11 视图绘制综合练习

附录 3 第三次上机指导——几何交切作图练习

一、上机要求

(1) 学习教材 1.4 节“平面图形的线段分析与画法”，掌握平面图形的绘制方法，特别是要弄清楚已知线段、中间线段和连接线段的概念，为本次上机打下基础。

(2) 通过图 12 所示的吊钩视图(平面图形)和图 13、图 14 所示零件视图(平面图形)的绘制，进一步熟悉图层命令 LAYER、直线命令 LINE、多段线命令 PLINE、圆命令 CIRCLE、圆弧命令 ARC 以及图形编辑命令中的断开命令 BREAK、修剪命令 TRIM、倒圆角命令 FILLET、多段线编辑命令 PEDIT 等的使用方法。

二、操作示例

[例 5] 自行实践课本几何交切基本作图方法和图 14－63 手柄的绘制过程。

[例 6] 参考下面的图 12 所示吊钩作图过程进行练习。

绘图前先要确定一个绘图基点(基点决定了图形在图纸幅面上的位置)，图形上有关点的坐标都要以此基点来计算确定。基点选取要便于图形上点的坐标计算，本例以两条细点画线的交点作为绘图基点。

第一步：将 2 层设置为当前层，绘制中心线的细点画线。

用 LINE 命令绘出图 12 中的两条细点画线。

第二步：将 1 层设置为当前层，绘制已知直线段。

将 1 层设为当前层，用 LINE 命令绘制出 6 条已知直线段。其中，相距 30 的两条直线段的长度可以取 50，多余部分最后可修剪掉。

第三步：绘制已知圆和中间圆。

① 以 O_1 为圆心，用 CIRCLE 命令以 20 为半径绘制 R20 已知圆；

② 以 O_2 为圆心，用 CIRCLE 命令以 48 为半径绘制 R48 已知圆；

③ 根据定位尺寸 16 作一条水平辅助直线，再以 O_1 为圆心，以 60(40＋20)为半径作辅助圆，辅助直线与辅助圆的交点就是圆心 O_3，然后用 CIRCLE 命令以 INT 方式捕捉圆心 O_3，以 40 为半径绘制 R40 中间圆；

④ 用 CIRCLE 命令以 O_2 为圆心，以 71(48＋23)为半径作辅助圆，该辅助圆与水平中心线的交点就是圆心 O_4，然后用 CIRCLE 命令以 INT 方式捕捉圆心 O_4，以 23 为半径绘制 R23 中间圆。

第四步：绘制连接弧 R4、R60 和 R40。

① 因 R4 圆弧与 R23 圆外切、与 R40 圆内切，利用 CIRCLE 命令的公切圆方式，先输入“T”，然后在 R23 圆弧上点取合适的切点位置，再在 R40 圆上点取合适的切点位置，最后给出半径值 4，即可绘制出 R4 的连接圆；

② 用同样的公切圆方式绘制出 R60 和 R40 的连接圆。其中，R60 的连接圆是与宽 30 的竖直线以及 R20 的圆相切，R40 的连接圆是与宽 30 的竖直线以及 R48 的圆相切。

第五步：删除与修剪。

用 ERASE 命令删除辅助的作图线，并用 TRIM 或 BREAK 命令修剪掉多余的图线。

三、上机作业

完成图 12、图 13 和图 14 所示零件视图的绘制，尺寸标注不作要求。

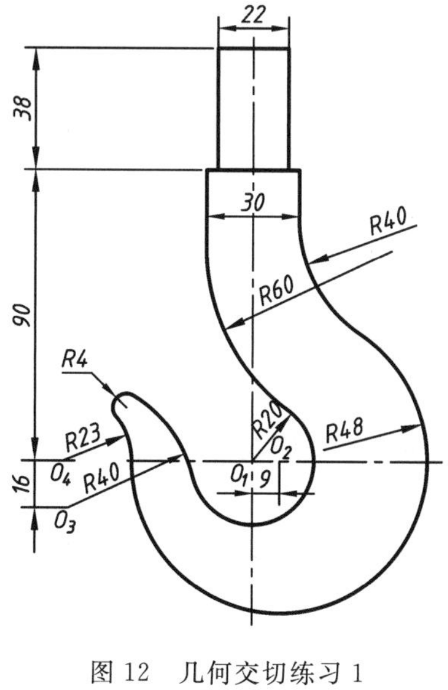

图 12　几何交切练习 1

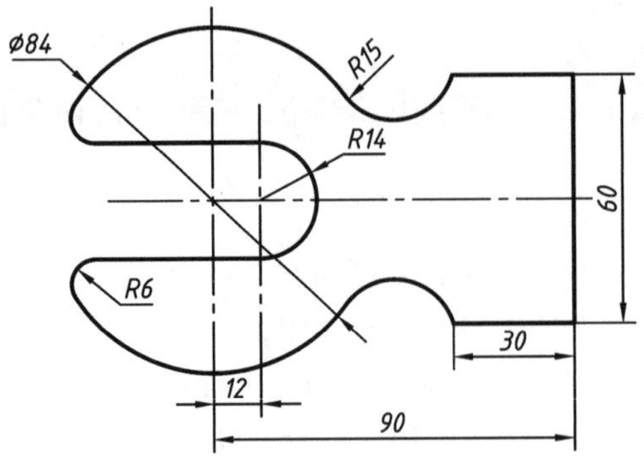

图 13　几何交切练习 2

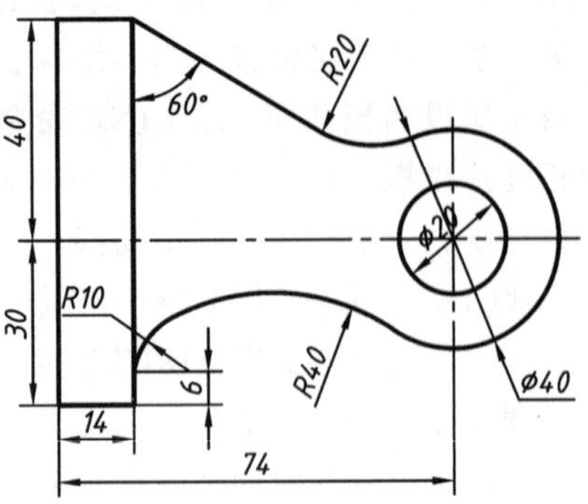

图 14　几何交切练习 3

四、绘图技巧和注意事项

(1) 绘制辅助作图线时，可在 4 层用不同于轮廓线和中心线的颜色和线型，以便于识别和删除。

(2) 平面图形涉及较多的相切圆弧，绘制相切圆弧的方法有：① 直接绘制圆弧；② 按相切关系绘圆，然后用 BREAK 或 TRIM 命令修剪；③ 利用绘圆角的方法即 FILLET 命令得到相切圆弧，三种方法应根据具体情况选择。

(3) 绘制相切圆或作修剪、删除等操作时，可用 ZOOM 命令开窗口局部放大相应图形便于操作。

附录 4　第四次上机指导——尺寸标注与综合练习

一、上机要求

(1) 用第 14 章所述的用户样板图 ACADISO. DWT 中的环境(特别是尺寸标注的设置)进行尺寸标注。

(2) 掌握基本的尺寸标注命令：线性尺寸标注命令 DIMLINEAR、链式尺寸标注命令 DIMCONTINUE、坐标式尺寸标注命令 DIMBASELINE、角度尺寸标注命令 DIMANGULAR、直径尺寸标注命令 DIMDIAMETER、半径尺寸标注命令 DIMRADIUS。

(3) 掌握图块的生成(BLOCK、WBLOCK)和图块的插入(INSERT)操作。

二、操作示例

[例 7]　标注图 15 所示图形上的所有尺寸(图中圆角尺寸 R2 不标)。

由于尺寸的线型为细实线，故将 4 层设置为当前层进行尺寸标注。

第一步：标注线性垂直尺寸 5、12 和 22。

命令：DIMLINEAR↙

指定第一条延伸线原点或<选择对象>：点 A↙　(第一条尺寸界线起点，可对象捕捉点，下同)

指定第二条延伸线原点：点 B↙　　（第二条尺寸界线起点）

指定尺寸线位置或

[多行文字(M)/文字(T)/角度(A)/水平(H)/垂直(V)/旋转(R)]：T↙　（选择尺寸数字选项）

输入标注文字 <5.0000>：5↙

指定尺寸线位置或

[多行文字(M)/文字(T)/角度(A)/水平(H)/垂直(V)/旋转(R)]：点 C↙

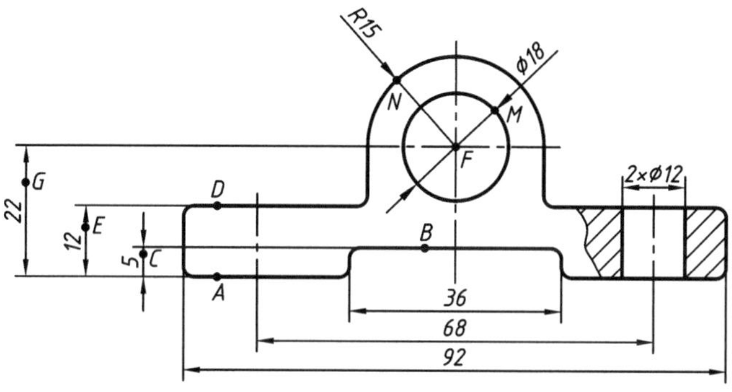

图 15　尺寸标注示例 1

命令：DIMLINEAR↙点 A↙点 D↙T↙12↙点 E↙（标注垂直尺寸 12）

命令：DIMLINEAR↙点 A↙点 F↙T↙22↙点 G↙（标注垂直尺寸 22）

另外，图中垂直尺寸 5、12、22 形成了一个坐标式尺寸标注形式，因此可以结合 DIMLINEAR 与 DIMBASELINE 命令标注。但是 DIMBASELINE 命令标注的尺寸数字小数点后带四位数字，且尺寸数字本身也不能修正，故需要用 DIMEDIT 来修正标注后的尺寸数字。下面是这 3 个垂直尺寸按坐标式尺寸进行标注的方法。

命令：DIMLINEAR↙点 A↙点 B↙T↙5↙点 C↙

命令：DIMBASELINE↙

指定第二条延伸线原点或[放弃(U)/选择(S)]<选择>：点 D↙（系统将尺寸 5 的第一条尺寸界线默认为尺寸 12、22 的第一条尺寸界线，点 D 作为尺寸 12 的第二条尺寸界线起点）

标注文字＝12.0000

指定第二条延伸线原点或[放弃(U)/选择(S)]<选择>：点 F↙（尺寸 22 的第二条尺寸界线起点）

标注文字＝22.0000

指定第二条延伸线原点或[放弃(U)/选择(S)]<选择>：↙（结束共用一条尺寸界线的尺寸标注）

选择基准标注：（点选基准进行新的坐标式尺寸标注，若不选，则直接回车结束命令）

命令：DIMEDIT↙

输入标注编辑类型[默认(H)/新建(N)/旋转(R)/倾斜(O)]<默认>：N↙

屏幕上出现如图 16 所示的方框，方框中填写要设置的新标注文字 12。

选择对象：选中尺寸 12↙

选择对象：↙（结束标注文字修改）

尺寸 22 的标注文字修改类同。

第二步:标注线性水平尺寸 36、68 和 92。

图 16 修改标注的文字

命令:DIMLINEAR↙END↙移动靶子到尺寸 36 的左轮廓线上↙END↙移动靶子到尺寸 36 的右轮廓线上↙T↙36↙用光标指定适当的尺寸线位置↙

命令:DIMLINEAR↙END↙移动靶子到尺寸 68 的左中心线上↙END↙移动靶子到尺寸 68 的右中心线上↙T↙68↙用光标指定适当的尺寸线位置↙

命令:DIMLINEAR↙END↙移动靶子到尺寸 92 的左轮廓线上↙END↙移动靶子到尺寸 92 的右轮廓线上↙T↙92↙用光标指定适当的尺寸线位置↙

第三步:在投影为圆或圆弧的视图上标注直径尺寸 ϕ18 和半径尺寸 R15。

命令:DIMDIAMETER↙(直径型尺寸标注)

选择圆弧或圆:NEA↙

到移动靶子到点 M 处↙ (指定圆上一点选择圆或圆弧)

标注文字 = 18.0000

指定尺寸线位置或[多行文字(M)/文字(T)/角度(A)]:T↙

输入标注文字<18.0000>:%%C18↙ (输入修正的尺寸数字)

指定尺寸线位置或[多行文字(M)/文字(T)/角度(A)]:用光标指定一点↙(指定的点决定尺寸线的方向和位置,点在圆内,尺寸数字也在圆内;点在圆外,尺寸数字也在圆外)

命令:DIMRADIUS↙ (半径型尺寸标注)

NEA↙移动靶子到点 N↙T↙R15↙用光标指定尺寸线位置↙

第四步:在投影为非圆的视图上标注小孔尺寸。

命令:DIMLINEAR↙END↙移动靶子到 ϕ12 孔的左轮廓线上↙END↙移动靶子到 ϕ12 的右轮廓线上↙T↙2X%%C12↙用光标指定尺寸线位置↙

[例 8] 标注图 17 所示图形上的所有尺寸。

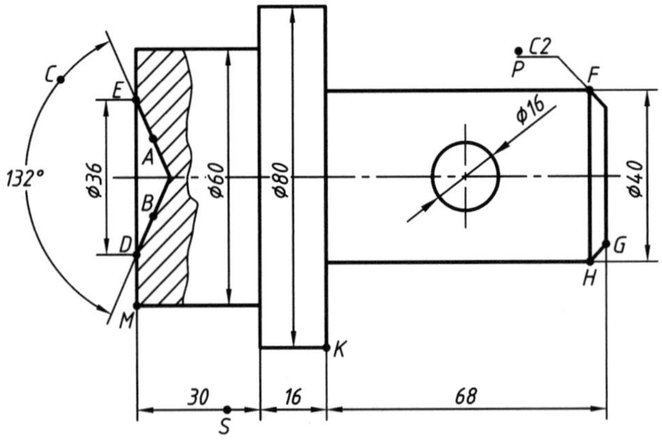

图 17 尺寸标注示例 2

由于尺寸的线型为细实线,故将 4 层设置为当前层进行尺寸标注。

第一步:标注线性垂直尺寸 ϕ36、ϕ60、ϕ80 和 ϕ40。

命令:DIMLINEAR↙END↙移动靶子到点 E 处↙END↙移动靶子到点 D 处↙T

↙%%C36↙用光标指定尺寸线位置↙

命令：DIMLINEAR↙END↙移动靶子到尺寸 φ60 的上轮廓线上↙END↙移动靶子到尺寸 φ60 的下轮廓线上↙T↙%%C60↙用光标指定尺寸线位置↙

命令：DIMLINEAR↙END↙移动靶子到尺寸 φ80 的上轮廓线上↙END↙移动靶子到尺寸 φ80 的下轮廓线上↙T↙%%C80↙用光标指定尺寸线位置↙

命令：DIMLINEAR↙END↙移动靶子到点 F 处↙END↙移动靶子到点 H 处↙T↙%%C40↙用光标指定尺寸线位置↙

第二步：标注角度尺寸 132°。

命令：DIMTIH↙ON↙

DIMTIH 是表示尺寸标注数字写法的尺寸（系统）变量。"ON"表示所有尺寸数字都水平书写，"OFF"表示尺寸数字书写方向与尺寸线方向一致。

命令：DIMANGULAR↙

选择圆弧、圆、直线或＜指定顶点＞：NEA↙

到移动靶子到点 A↙　　　　（选角的第一条边）

选择第二条直线：NEA↙

到移动靶子到点 B↙　　　　（选角的第二条边）

指定标注弧线位置或[多行文字(M)/文字(T)/角度(A)/象限点(Q)]：T↙

输入标注文字＜132.0000＞：132%%D↙

指定标注弧线位置或[多行文字(M)/文字(T)/角度(A)/象限点(Q)]：点 C↙

命令：DIMTIH↙OFF↙　　　　（恢复尺寸变量的默认值）

第三步：标注线性水平尺寸 30、16 和 68。

图 17 中水平尺寸 30、16、68 形成了一个链式尺寸标注形式。可以用 DIMLINEAR 命令标注三次，也可以采用 DIMLINEAR 与 DIMCONTINUE 命令来标注。但是 DIMCONTINUE 与 DIMBASELINE 一样，标注的尺寸数字需要用 DIMEDIT 来修正（方法同例 7，不再重复）。这里采用链式尺寸标注命令进行尺寸标注。

命令：DIMLINEAR↙用 END 方式捕捉点 M↙用 END 方式捕捉尺寸 30 右轮廓线的端点↙T↙30↙点 S↙

命令：DIMCONTINUE↙

指定第二条延伸线原点或[放弃(U)/选择(S)]＜选择＞：点 K↙（系统默认尺寸 30 的第二条尺寸界线为尺寸 16 的第一条尺寸界线，点 K 为尺寸 16 的第二条尺寸界线起点，往后标注的链式尺寸依此类推。）

标注文字 ＝ 16.0000

指定第二条延伸线原点或[放弃(U)/选择(S)]＜选择＞：点 G↙

标注文字 ＝ 68.0000

指定第二条延伸线原点或[放弃(U)/选择(S)]＜选择＞：↙（回车结束命令）

第四步：标注小圆尺寸 φ16 及倒角尺寸 C2。

命令：DIMDIAMETER↙NEA↙移动靶子到小圆右上部点击 T↙%%C16↙用光标指定尺寸线的位置↙

倒角尺寸用命令 LINE 和 TEXT（或 MTEXT）组合实现。

命令：LINE↙对象捕捉点 F↙@－8，8↙@－10，0↙↙（绘出引出折线）

命令：TEXT↙光标点击点 P 的位置↙↙C2 ↙↙ （标注文字 C2）

[例 9] 练习图块“箭头”的生成与插入。

图块的生成有 BLOCK、WBLOCK 两个命令。其区别是，BLOCK 从无到有生成图块并将图块保存在当前文件中，而 WBLOCK 可以将已有的块换名成新的图块，可以将已有的图形文件保存成图块，也可以重新定义图块，均以“＊.dwg”文件形式存储图块。

图块使用的基本顺序为：绘制图形→图块生成(BLOCK 命令或者 WBLOCK 命令)→插入图块(INSERT 命令)。

第一步：用 PLINE 绘制图 18 所示的箭头。

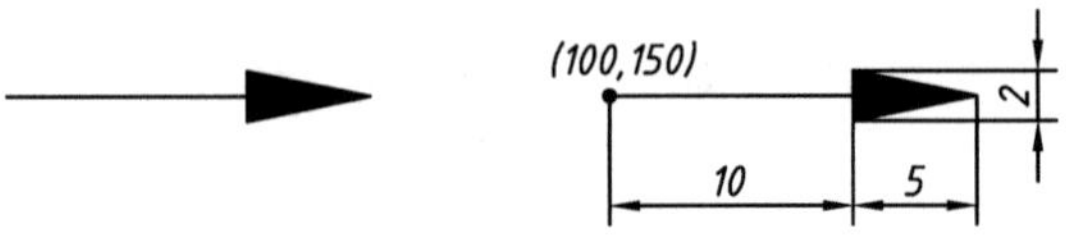

图 18 箭头绘制

第二步：采用 BLOCK 或者 WBLOCK 定义图块。

命令：BLOCK↙

出现如图 19 所示的对话框，依次填写图块名称“ARR”和基准点(100，150)，并选择图 18 中的箭头图形，最后点击“确定”按钮，生成一个“ARR”图块。

命令：WBLOCK↙

出现如图 20 所示的对话框，基准点为(100，150)、图块文件为“D：\ARR.dwg”，选择图 18 中的箭头图形，最后点击“确定”按钮，生成一个 ARR.dwg 图块文件。

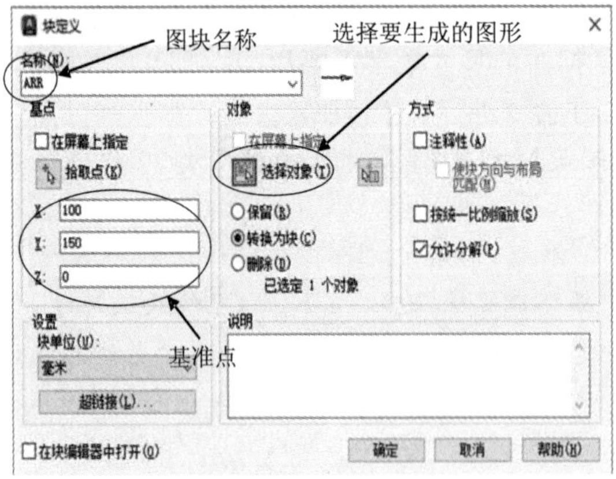

图 19 BLOCK 对话框

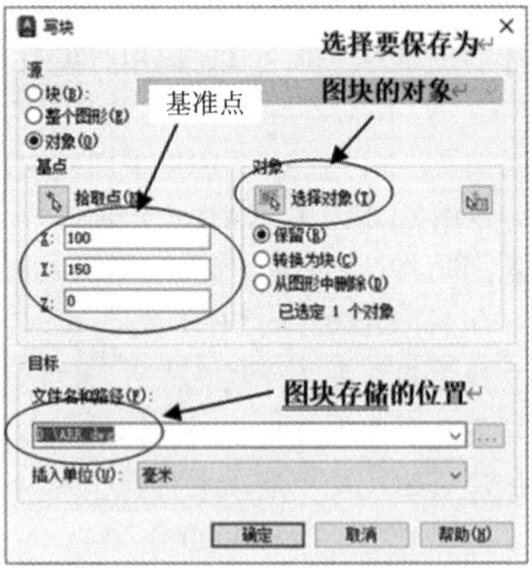

图 20 WBLOCK 对话框

第三步：插入图块。

命令：INSERT↙

出现如图 21 所示的对话框，浏览图块文件 D：\ARR.dwg，设定比例为 1(XYZ 三个方向可以是不同比例)和旋转角度，并设定插入点(对话框输入或者光标、命令行输入)。

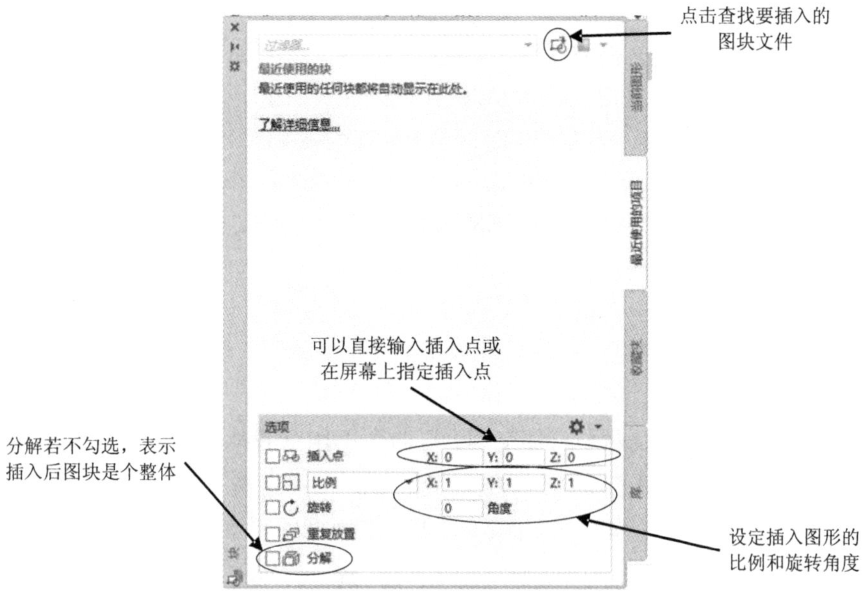

图 21　INSERT 对话框

三、上机作业

(1) 完整地画出一个 A3 图纸的图框、标题栏，尺寸和线型，要求参见教材中表 1-1 和图 1-2、图 1-6。

(2) 绘制图 22，并将其定义成图块，插入到 A3 的图框内，形成一幅完整的图。

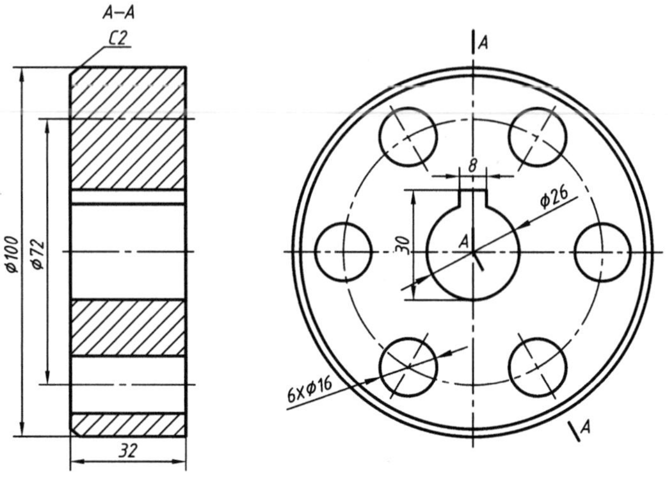

图 22　尺寸标注与综合练习

附录 5　第五次上机指导——三维建模练习

一、上机要求

(1) 掌握三维建模时采用的坐标系(世界坐标系和用户坐标系)以及三维点的输入

方法。

(2) 掌握模型观察及处理命令 VSCURRENT、-SHADEMODE、HIDE 以及 VPOINT、DVIEW、3DORBIT、NAVSWHEEL、RENDER。

(3) 掌握体素绘制命令 BOX、WEDGE、CYLINDER、CONE、SPHERE、EXTRUDE、REVOLVE 等;掌握布尔运算操作命令 UNION、INTERSECT、SUBTRACT 及模型编辑命令 CHAMFER、FILLET、SLICE、SECTION。

二、操作实例

[例 10] 熟悉 AutoCAD 三维建模环境及其功能特点。

AutoCAD 2023 有两个三维图形工作空间,即“三维基础”和“三维建模”。用状态栏里的图标 ,可切换进入这两个工作空间。这两个工作空间都可以进行三维作图,前者提供了基本的三维绘图和建模工具,后者提供了丰富的三维建模工具。重点掌握“三维基础”工作空间下的三维作图。图 23 是“三维基础”工作空间下的部分工作界面。

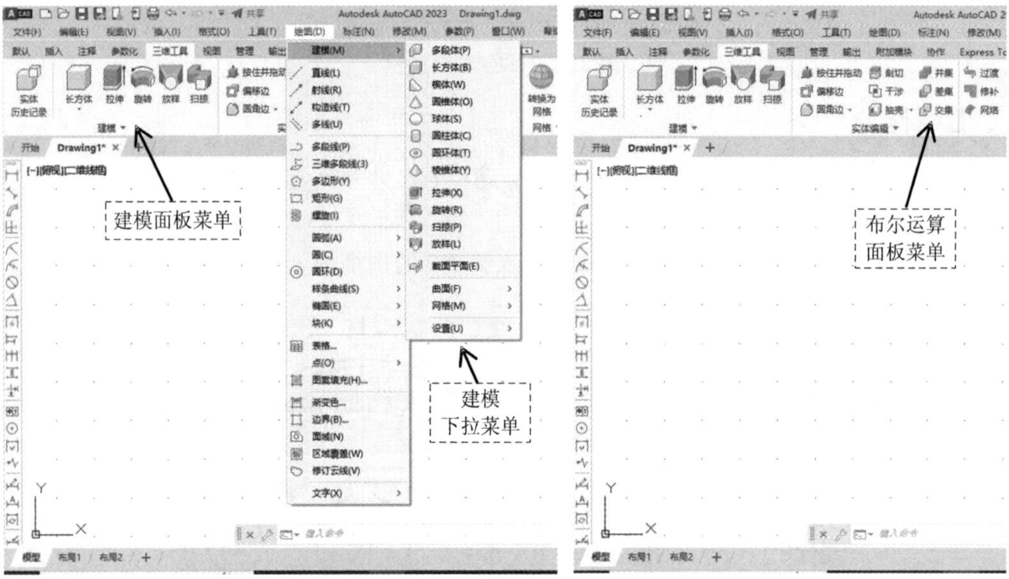

图 23 AutoCAD“三维基础”工作空间下的部分工作界面

[例 11] 结合教材,自行练习以下命令:

(1) 体素:BOX、WEDGE、CYLINDER、CONE、SPHERE、EXTRUDE、REVOLVE。

(2) 模型编辑:CHAMFER、FILLET、SLICE、SECTION。

(3) 布尔操作:UNION、INTERSECT、SUBTRACT。

(4) 用户坐标系 UCS 的建立及使用。

[例 12] 绘制图 24 所示组合体的三维模型。

第一步:绘制长 160、宽 100、高 20 的底座。

首先按照图 24 所示尺寸,利用二维命令 PLINE、FILLET、CIRCLE、ARRAY 绘制图 25 所示的二维图形;然后执行面域命令 REGION 将带圆角矩形和四个小圆转换为面域

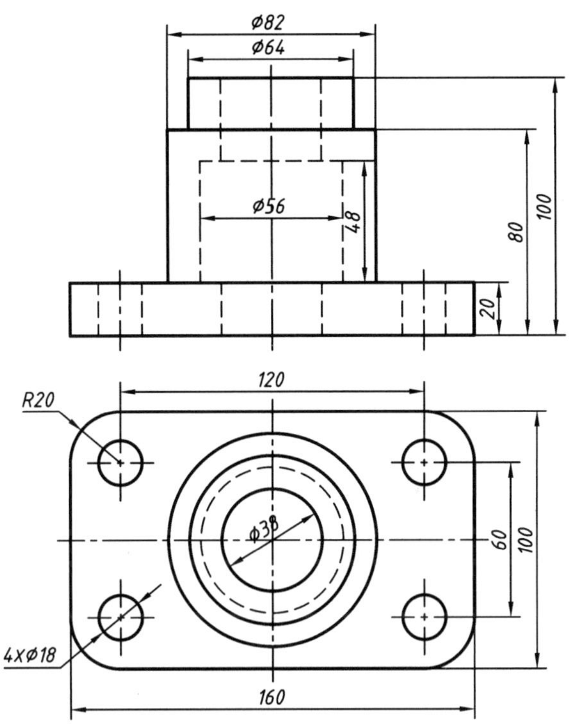

图 24　三维建模示例

（对应二维图形布尔运算的面素），命令操作为：

命令：REGION↙选带圆角矩形和四个小圆↙↙

再对带圆角矩形面域和四个圆面域执行一次差运算，生成底板面域。命令操作为：

命令：SUBTRACT↙选带圆角矩形面域↙↙选四个圆面域↙↙

最后将底板面域拉伸成一个拉伸体，便得到图 26 所示的底座三维物体。命令操作为：

命令：EXTRUDE↙选底板面域↙20↙（拉伸高度）

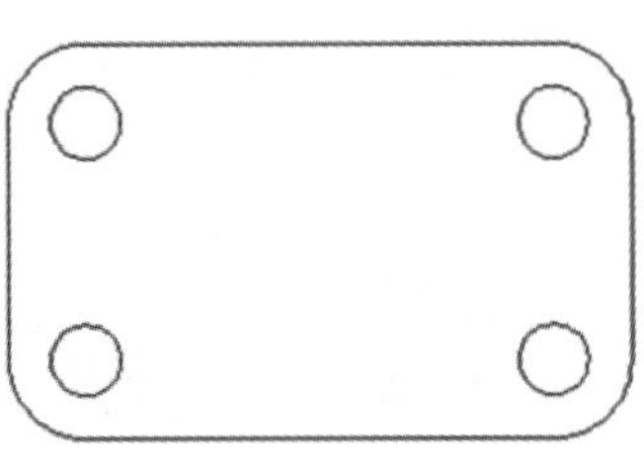

图 25　底座的二维图形

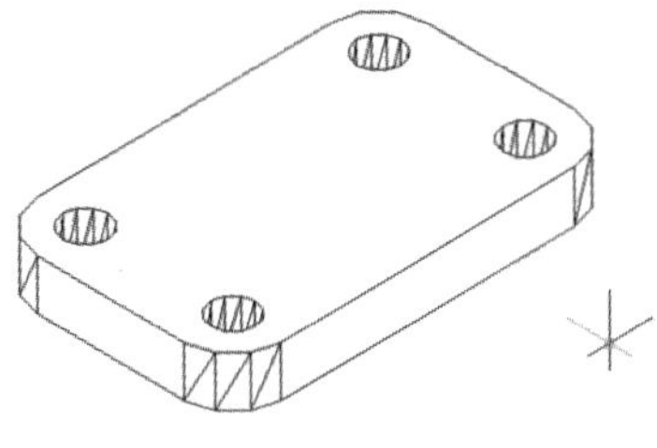

图 26　底座三维物体

第二步：绘制直径 82、高 60 的圆柱体，绘制直径 64、高 20 的圆柱体。

命令：CYLINDER↙指定直径 82 圆柱的下底面圆心↙（可通过画辅助线捕捉圆心位置）↙41↙60↙

命令：CYLINDER↙指定直径 64 圆柱的下底面圆心↙（可捕捉直径 82 圆柱的上底面圆的圆心）↙32↙20↙

绘制结果如图 27 所示。

第三步：组合底座和两个圆柱体，形成中间体。

命令：UNION↙选底座、大圆柱、小圆柱↙↙

第四步：从上至下依次去除直径 38(高 100)、直径 56(高 48)的圆柱，形成台阶孔。

先绘制直径 38、高 100 的圆柱。

命令：CYLINDER↙捕捉直径 64 圆柱的上底面圆的圆心↙19↙－100↙

接着绘制直径 56、高 48 的圆柱。

命令：CYLINDER↙捕捉直径 82 圆柱的下底面圆的圆心↙28↙48↙

然后差运算形成台阶孔，如图 28 所示。

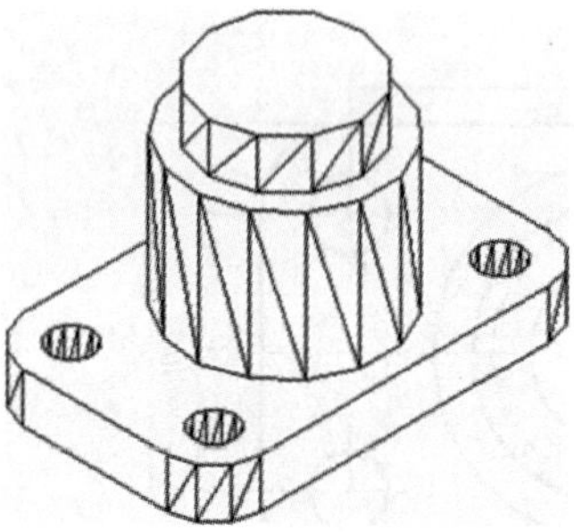

图 27　叠加两圆柱的绘制

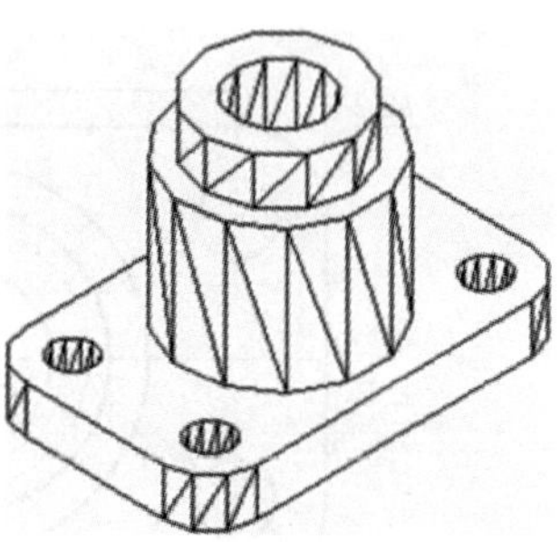

图 28　台阶孔的绘制

命令：SUBTRACT↙选中间体↙↙选直径 38 和直径 56 的两圆柱↙↙

最终建立的三维模型如图 29 所示。

第五步：消隐。

命令：HIDE↙

图 30 所示为消隐后的三维模型图。

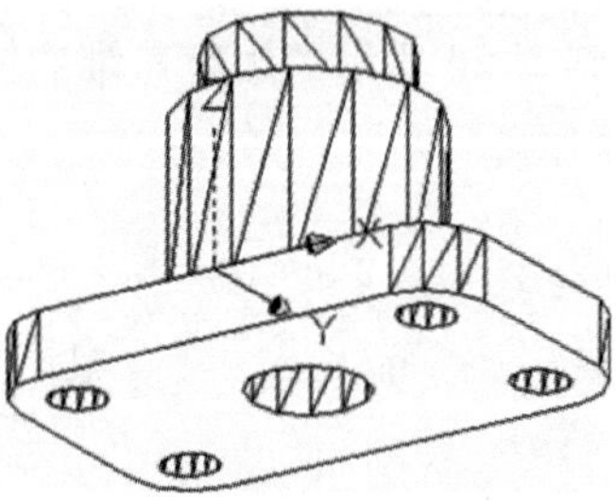

图 29　三维模型图

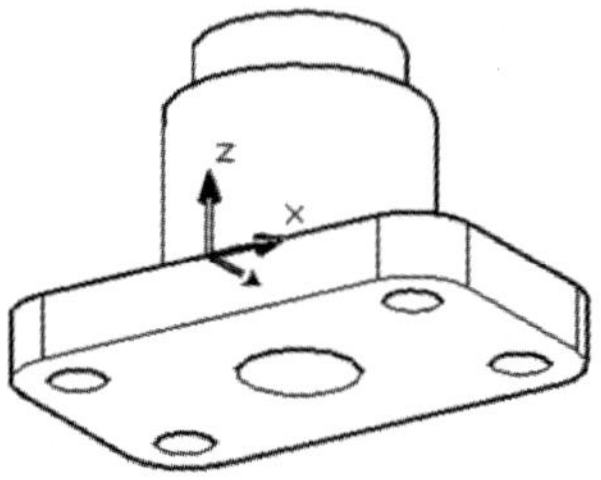

图 30　消隐后的模型图

三、建模技巧

(1) 三维建模的方法很多，灵活多变，需要在操作中不断总结体会。比如，例 12 中的若干体素可以通过软件自带的基本体素建模，或通过旋转、拉伸等方法建模；模型内部的阶梯孔，也可以采用旋转命令一次生成；内部挖孔操作可以将生成的多个圆柱通过“布尔并”形成内部整体，再通过差运算一次得到。

(2) 操作中多采用“视图”菜单中的主视图、俯视图、西南轴测图等多方位观察模型，也可以采用 VSCURRENT、VPOINT、DVIEW、3DORBIT、NAVSWHEEL 等改变视角，以方便建模操作。

(3) 灵活使用用户坐标系和世界坐标系。

四、上机作业

(1) 建立附录1中图1、图4、图5所示组合体的三维模型。

(2) 建立附录4中图17、图22所示零件的三维模型。

附录6　上机操作常见问题处理办法

(1) 启动后特性工具栏没有显示在工作界面上怎么办?

答：鼠标右键点击工具栏图标或点击下拉式菜单"工具→工具栏→AutoCAD"，在弹出的列表中，选中"特性"即可。

(2) 通过特性工具栏和图层命令都找不到设置好的图层怎么办?

答：启动新建命令NEW，在出现的对话框中选中用户样板图ACADISO. DWT即可。

(3) 怎样消除屏幕上遗留的十字作图痕迹?

答：使用重画命令REDRAW即可。

(4) 画出的圆显示出来像多边形，不光滑，怎么办?

答：使用视图分辨率命令VIEWRES，将圆的平滑度值设为最大值20000即可，也可通过下拉菜单"工具→选项"进行设置。

(5) 图线太密，不便选择编辑怎么办?

答：使用显示控制命令ZOOM，通过选择项"W"或"E"等将图形放大显示即可方便操作。

(6) 通过图形编辑后，所绘的图形没有全部显示在屏幕上怎么办?

答：使用显示控制命令ZOOM中的"A"选择项即可。

(7) 怎样清屏?

答：启动删除命令ERASE，在"选择对象"提示符后输入"all"，再按回车键即可。

(8) 填充剖面线命令BHATCH在选填充区域时，总是选不中，为什么?

答：这是因为围成这个区域的线框不封闭，使用显示控制命令ZOOM，将要选中区域放大查看，重新画线或将不封闭的线连起来后，再使用填充命令。

(9) 使用图层绘制了粗实线，但屏幕上看见的是细线，什么原因?

答：在状态栏处，按下线宽按钮即可。

(10) 用图层绘制的粗实线，屏幕显示线很粗，如何将其调细?

答：使用LWEIGHT命令，将显示比例的刻度尺的指针调在第2格或第3格。

(11) 在设定的图层上绘制了图线，为什么显示的线型、颜色、线宽等与图层不一致?

答：检查对象特性工具栏的线型、颜色、线宽等的设置，只有其值为"bylayer"时，图线的线型、颜色、线宽等才按图层设置绘制。

(12) 如果屏幕显示不出各种线型的区别，可输入LTSCALE命令，改变线型比例，比如将值设为1.2或者0.8，即放大或者缩小线型比例。

参考文献

[1] 西安电子科技大学工程图学与计算机绘图教研室. 工程制图与计算机绘图. 3版. 西安：西安电子科技大学出版社，2012.

[2] 唐克中，郑镁. 画法几何及工程制图. 5版. 北京：高等教育出版社，2020.

[3] 丁一，梁宁. 机械制图. 2版. 重庆：重庆大学出版社，2017.

[4] 许社教. 组合体读图教学法研究. 西安电子科技大学学报(社会科学版)，2005，15(1)：133-136.

[5] 许社教. 尺寸标注教学法研究. 中国电子教育，2018，(2)：36-41.

[6] 闻邦椿. 机械设计手册. 北京：机械工业出版社，2010.

[7] 国家标准 GB/T 1800.1—2020 产品几何技术规范(GPS) 线性尺寸公差 ISO 代号体系 第1部分：公差、偏差和配合的基础.

[8] 国家标准 GB/T 1182—2018 产品几何技术规范(GPS) 几何公差 形状、方向、位置和跳动公差标注.

[9] 国家标准 GB/T 131—2006 产品几何技术规范(GPS) 技术产品文件中表面结构的表示法.

[10] 许社教. 装配图画法教学研究. 西安电子科技大学学报(社会科学版)，2006，16(2)：17-19.

[11] CAD/CAM/CAE 技术联盟. AutoCAD 2022 中文版从入门到精通. 北京：清华大学出版社，2022.

[12] 詹建新，魏向京，成晓军. SolidWorks 2021 产品设计标准教程. 北京：清华大学出版社，2022.

说　　明

本习题集与西安电子科技大学工程图学教研组编写的《工程制图与计算机绘图(第四版)》教材配套使用。本习题集由编写教材相应章节的编者编写，由许社教主编。

编　者

2024 年 3 月

对习题集作业的具体要求

1. 做本习题集的作业时，应用直尺、三角板、绘图仪器、绘图铅笔(H 或 HB 画细线，HB 或 B 画粗线)等工具作图或书写文字。不允许使用钢笔、圆珠笔等在图形上书写文字、符号或画图线。

2. 作业中的中文字写成长仿宋体，字母及数字写成工程字体(参考教材第 1 章)。

3. 作业中的图线规定为

(1) 已知和所求的点的投影用空心圆点表示。

(2) 已知和所求的直线、可见轮廓线的投影用粗实线(图线宽度 $d = 0.5$ mm 或 0.7 mm)表示，不可见线用细虚线(图线宽度 $d/2$)表示。

(3) 点的对应投影的连线、投影轴、辅助作图线、尺寸线、尺寸界线等用细实线(图线宽度 $d/2$)表示。

(4) 轴线、中心线用细点画线(图线宽度 $d/2$)表示。

4. 作图时应力求准确，平行线应保持平行，垂直线应保持垂直。若为多解，则可只作出一解，并在图形的右下角写出“本题共________解”。

5. 习题集作业中的尺寸单位为毫米(mm)，由图形中量取的尺寸数值可取成整数值。

6. 对于每一道作业题，要熟悉已知和所求条件，详细分析，周密设计。完成作业后要反复检查、校核，力求做到方法简练，配置均匀，图画清晰、美观，结果准确。

7. 本习题集可从装订处拆开成单页，以便于作图及教师批改。

8. 所做习题应按教师指定时间上交，对批改为错误的题目应予以认真订正。

1-1 按国家标准GB/T 14691-1993的规定做字体书写练习。

01234567890123456789

设	计	校	核	审	图	机	械	制	图	基	准	长	宽	高	比	例

班级 ______ 学号 ______ 姓名 ______

班级＿＿＿＿ 学号＿＿＿＿ 姓名＿＿＿＿

ABCDEFGHIJKLMNOPQRSTUVWXYZφ

字 体 工 整 笔 画 清 楚 间 隔 均 匀 排 列 整 齐 铸

1-2 线型练习(另画在一张A4图纸上)。

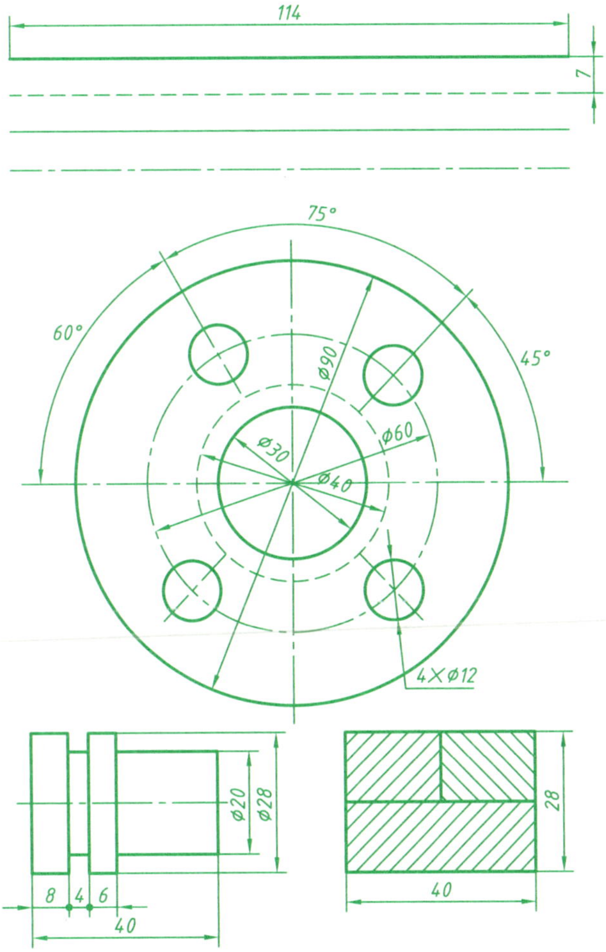

设计	(签名)	(日期)	线型练习	1-2			
校对				比例	1:1	数量	
审核				(校名)			班

1-3 几何作图练习(另画在一张A4图纸上)。

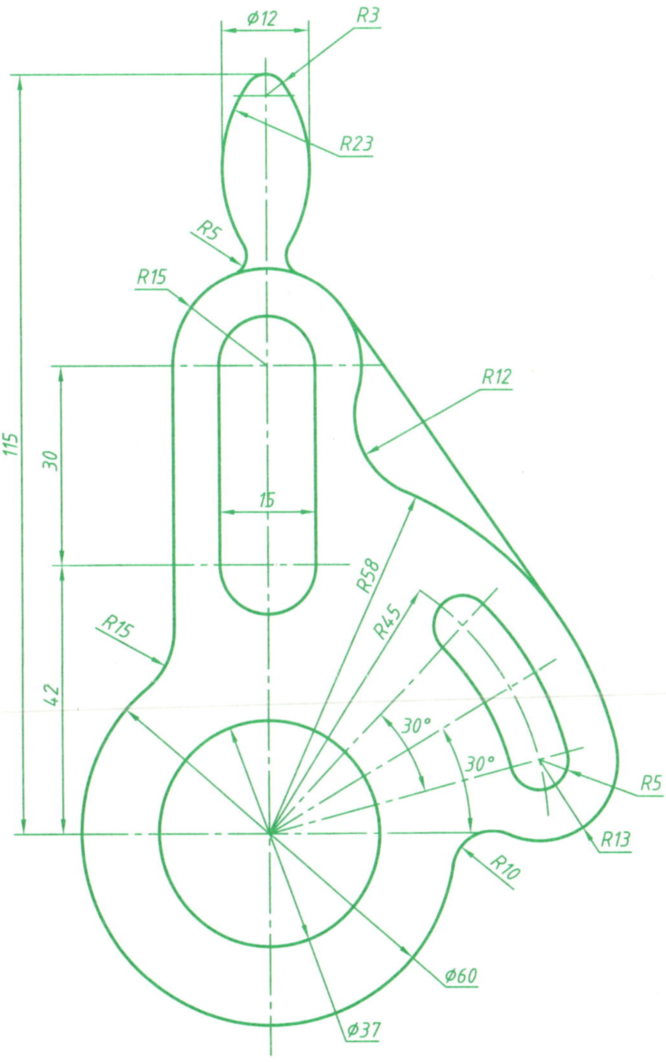

设计	(签名)	(日期)	挂轮架	1-3			
校对				比例	1:1	数量	
审核				(校名)			班

班级______ 学号______ 姓名______

1-4 几何作图练习(另画在一张A4图纸上)。

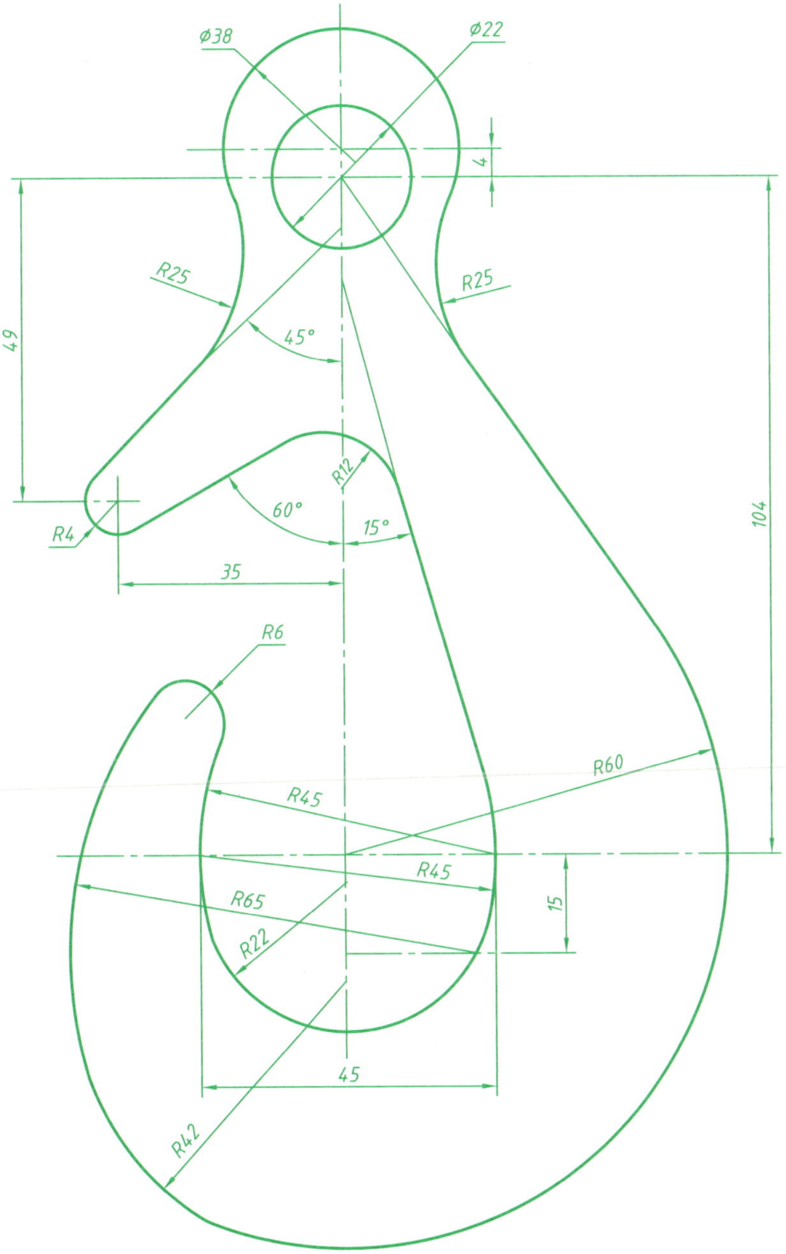

设计	(签名)	(日期)	虎头钩	1-4			
校对				比例	1:1	数量	
审核				(校名)			班

班级 ____ 学号 ____ 姓名 ____

2-1 已知A、B、C和D点的轴测图，画出它们的投影图(坐标值沿轴按1∶1量，取整数，单位毫米，不注出)。

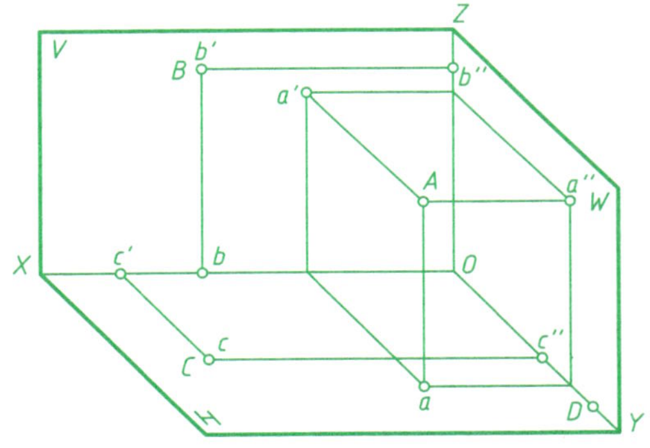

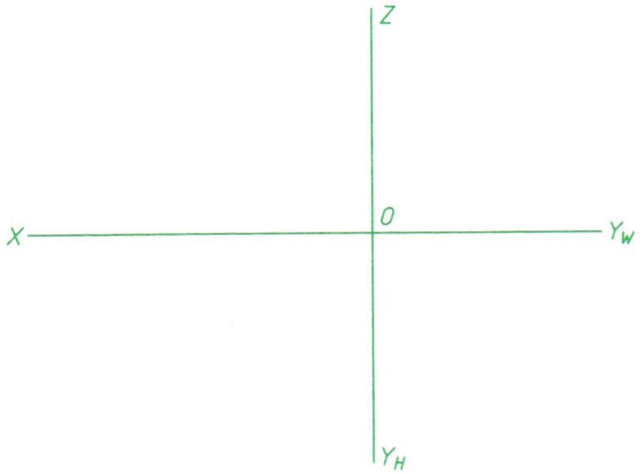

2-2 已知各点的投影图，画出它们的轴测图，并按要求填表。

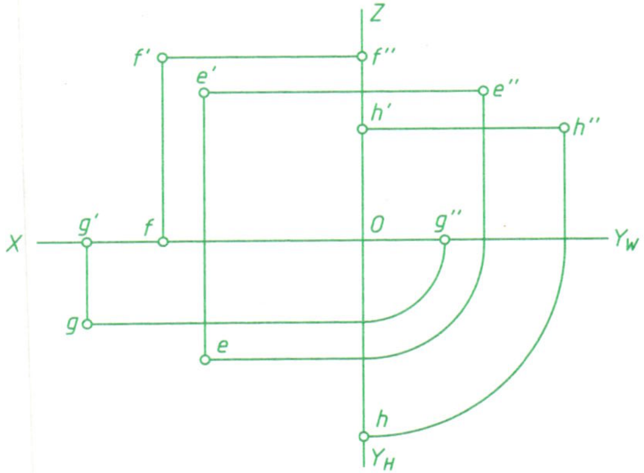

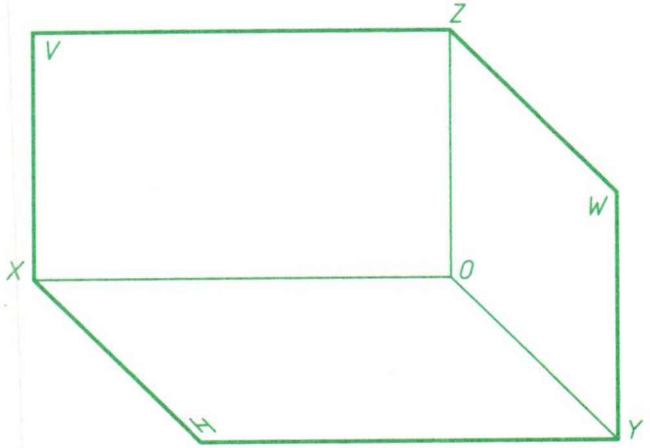

	E	F	G	H
距W面				
距V面				
距H面				

班级 ________ 学号 ________ 姓名 ________

2-3 已知点的两个投影，画出它们的第三投影。

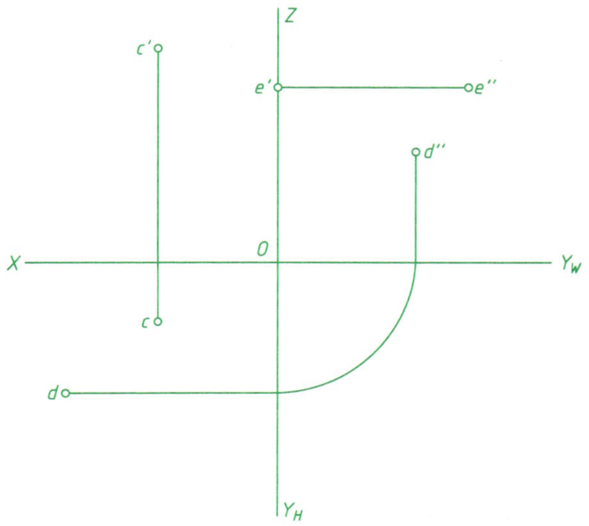

2-4 根据指定的条件，作*B*、*C*两点投影。

*B*点位于*A*点左、下、前各10 mm；
*C*点位于*A*点正下方10 mm。

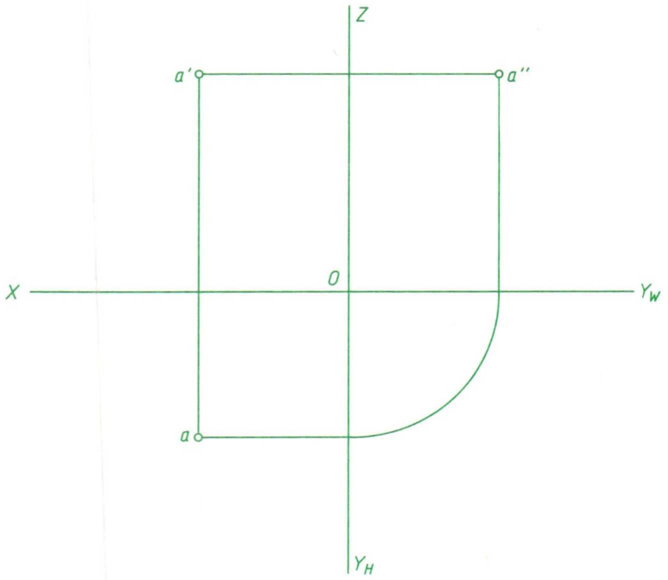

班级 ________ 学号 ________ 姓名 ________

2-5 标明各图中线段为何种位置线段，并画出它们的第三投影。

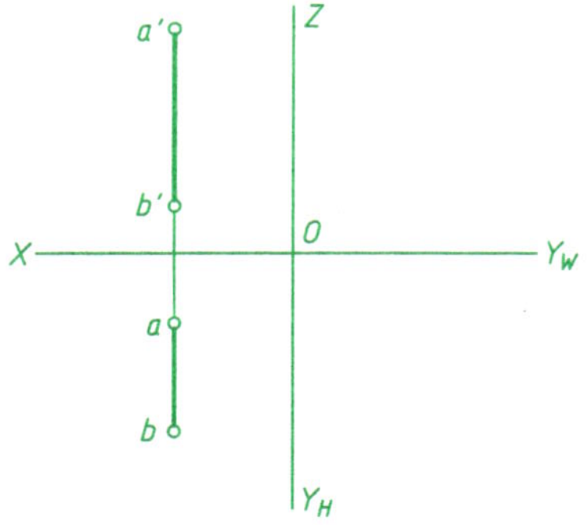

(a) ________

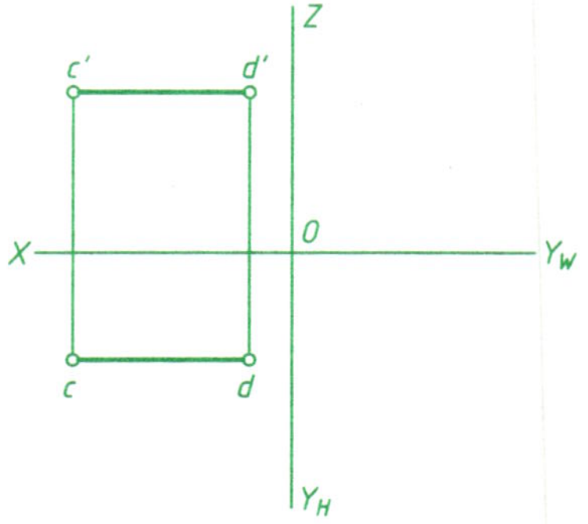

(b) ________

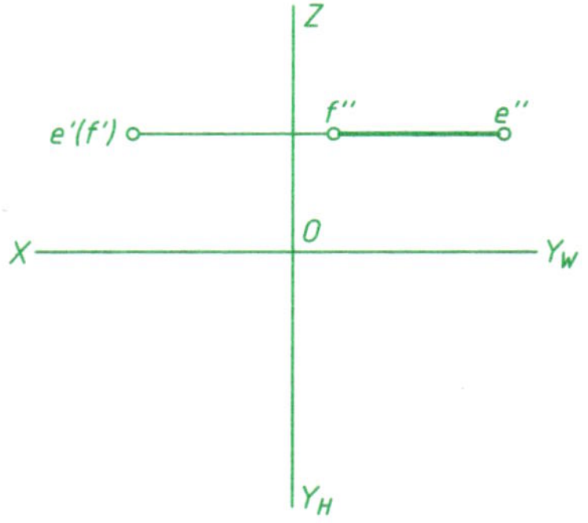

(c) ________

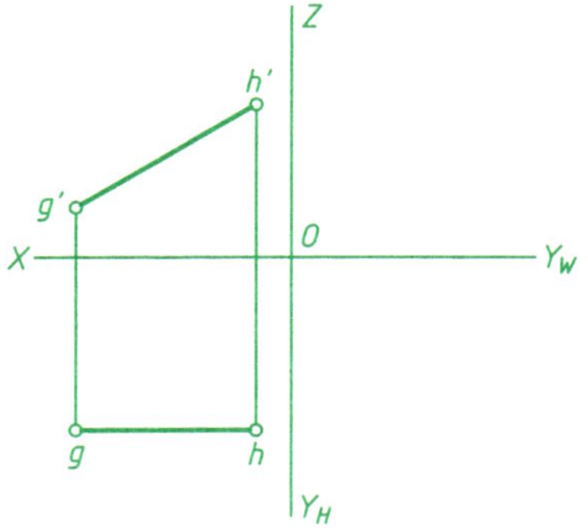

(d) ________

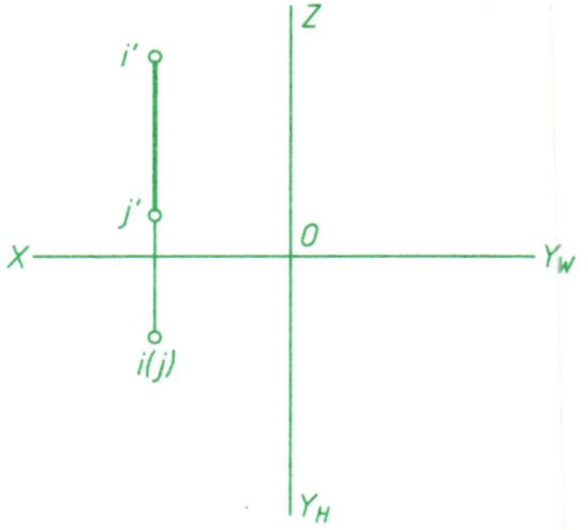

(e) ________

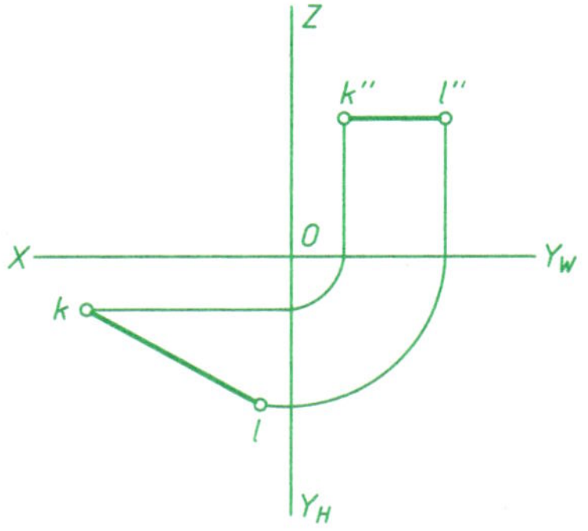

(f) ________

班级 ________ 学号 ________ 姓名 ________

2-6 按已知条件画出线段的两个投影(只作一解)：

(*a*) 过点*A*的水平线，$AB=20$，$\beta=30°$；(*b*) 过点*C*的正平线，$CD=25$，$\alpha=60°$；(*c*) 过点*E*的侧垂线，$EF=20$。

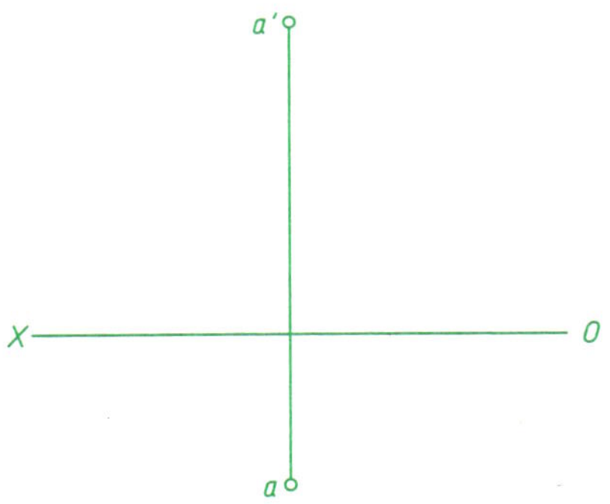

(*a*)

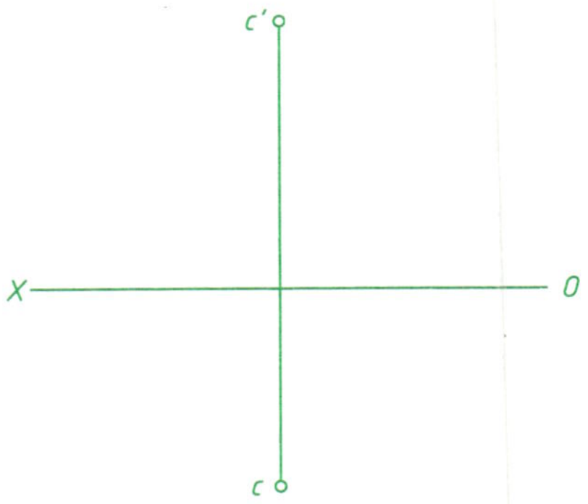

(*b*)

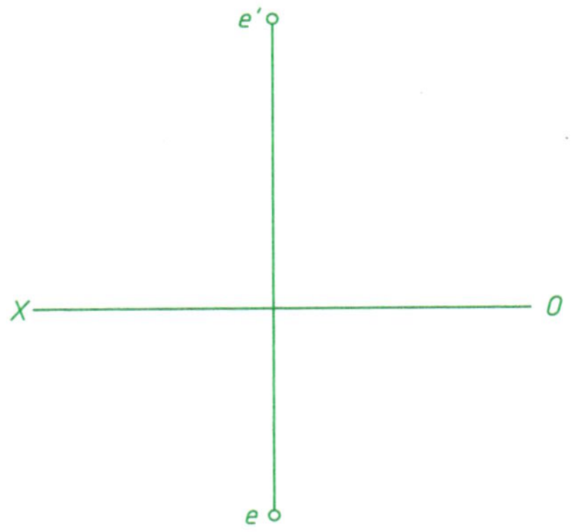

(*c*)

班级 ________ 学号 ________ 姓名 ________

2-7 已知直线*AB*的一个端点*A*的投影，过*A*点按给定条件作出直线*AB*的三个投影(方向和长度自定)。

(1) 作侧平线

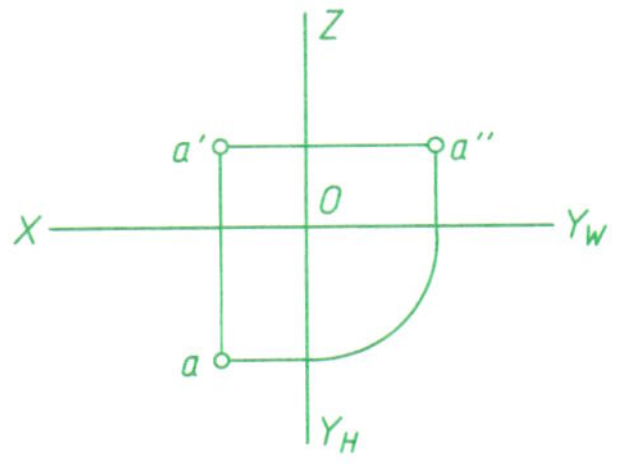

(2) 作水平线

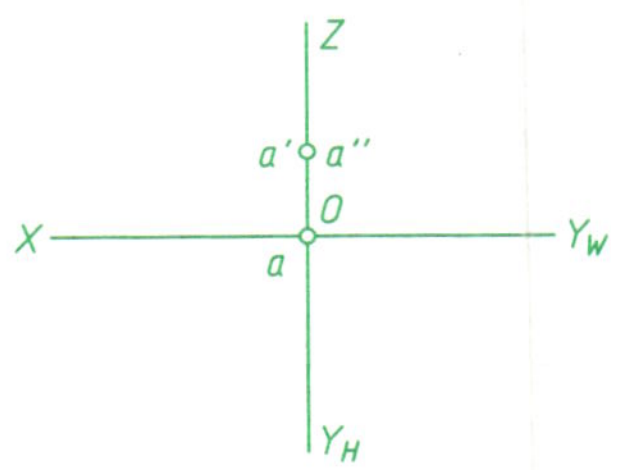

(3) 作正平线

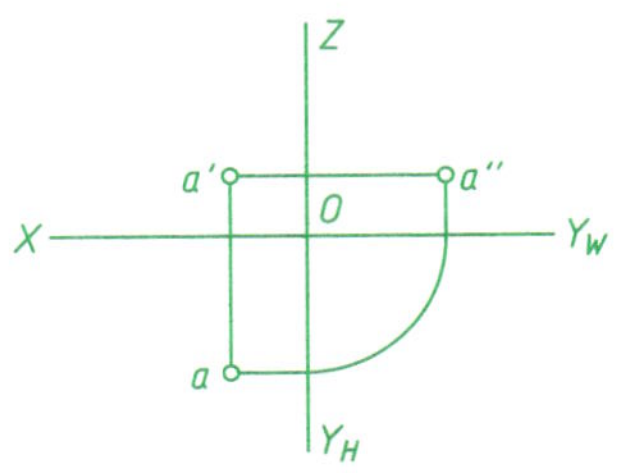

(4) 作侧垂线

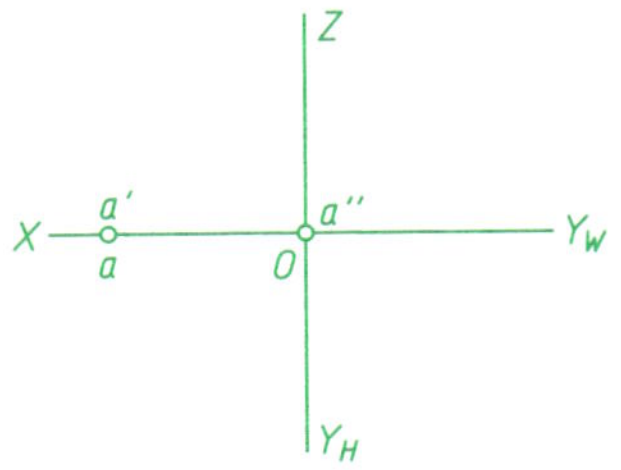

(5) 作正垂线

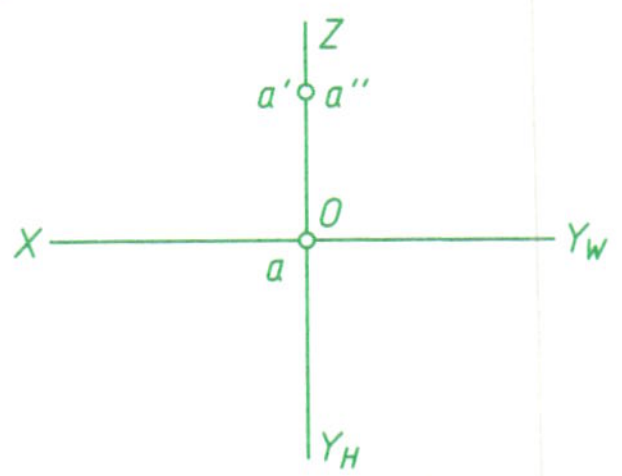

(6) 作铅垂线

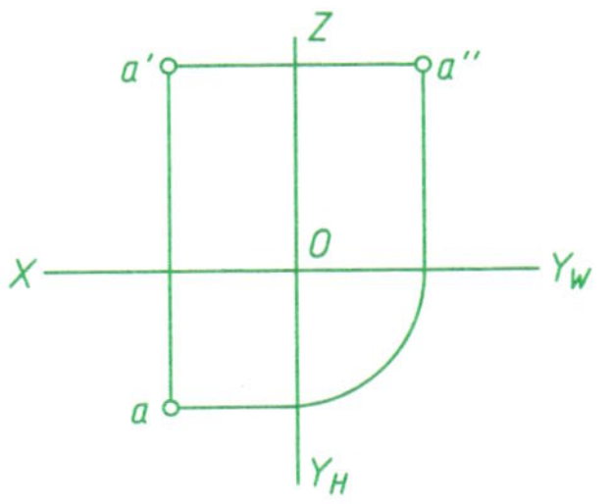

(7) 作一般位置直线

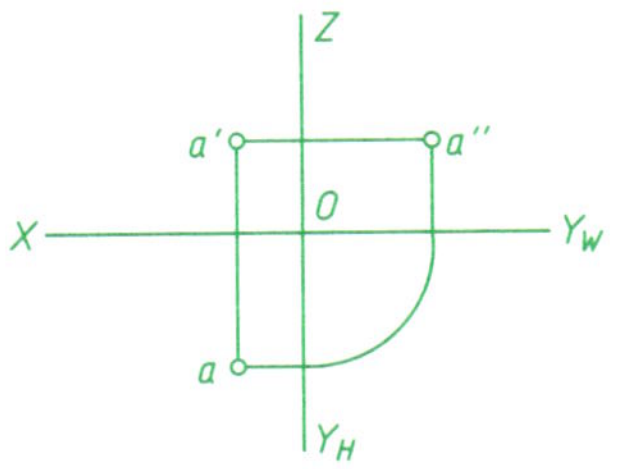

(8) 作一般位置直线

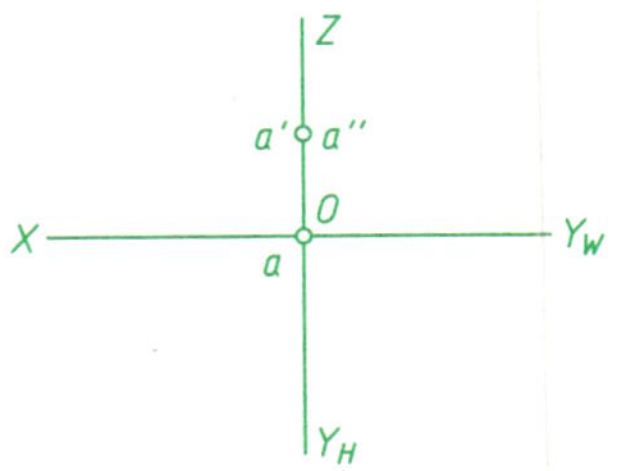

(9) 作侧平线，与H面成45° 角

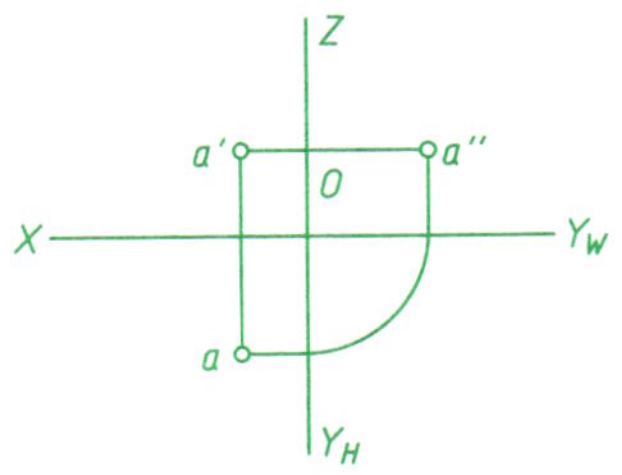

班级 ________ 学号 ________ 姓名 ________

2-8 判别AB、CD两直线的相对位置(平行、相交、交叉)，并在括号内作标注。

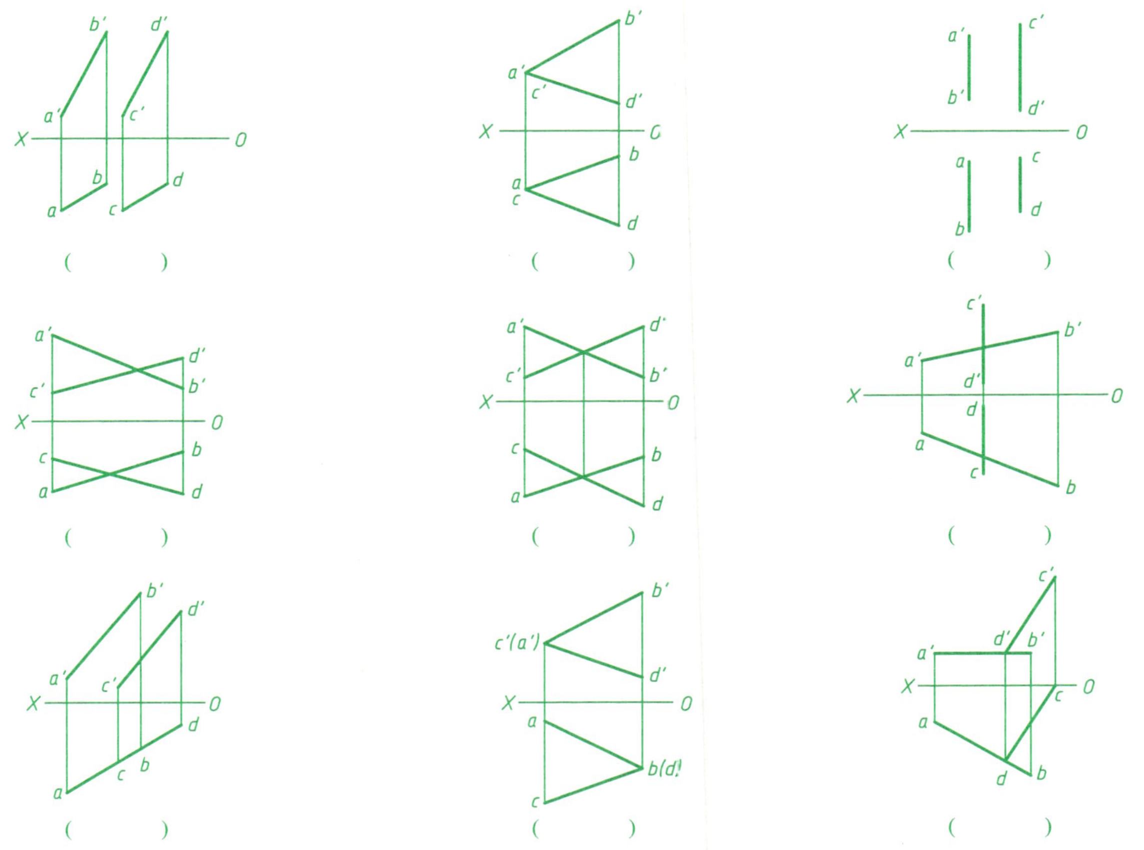

班级 ________ 学号 ________ 姓名 ________

2-9 作各平面的另外一个投影，并在相应横线上标明该平面是什么位置平面。

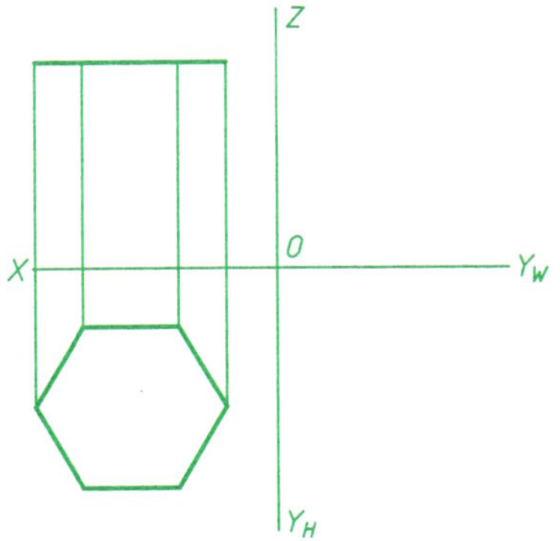

(a) ________

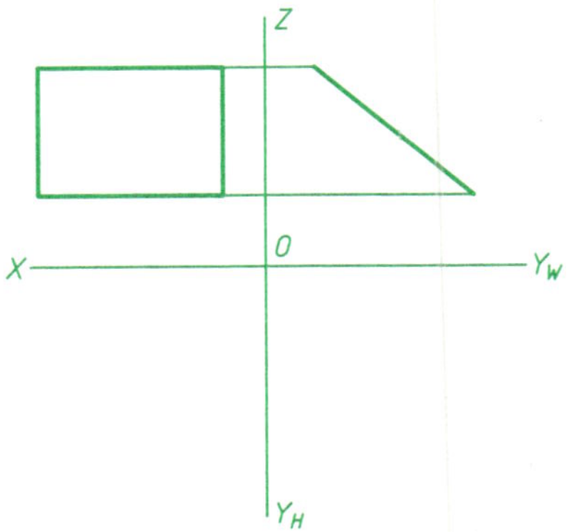

(b) ________

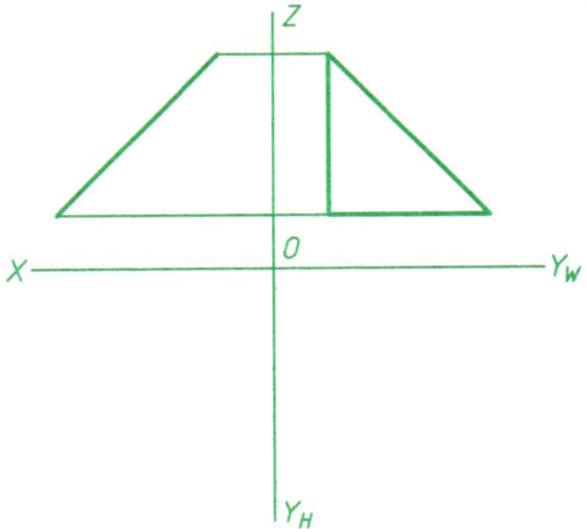

(c) ________

班级 ________ 学号 ________ 姓名 ________

2-10 判断各图中平面的空间位置，写出它们的名称，并填写平面(或其元素)所在的位置。

(1)

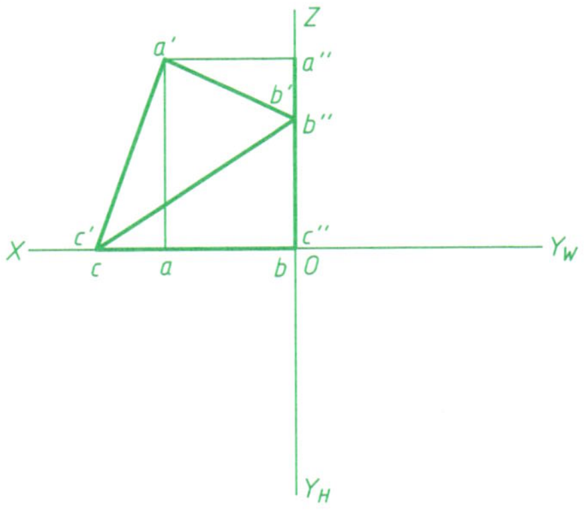

平面*ABC*是_____，在_____内。

(2)

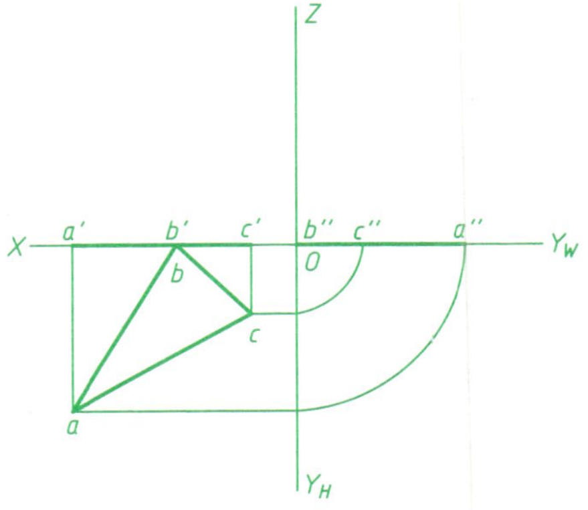

平面*ABC*是_____，在_____内。

(3)

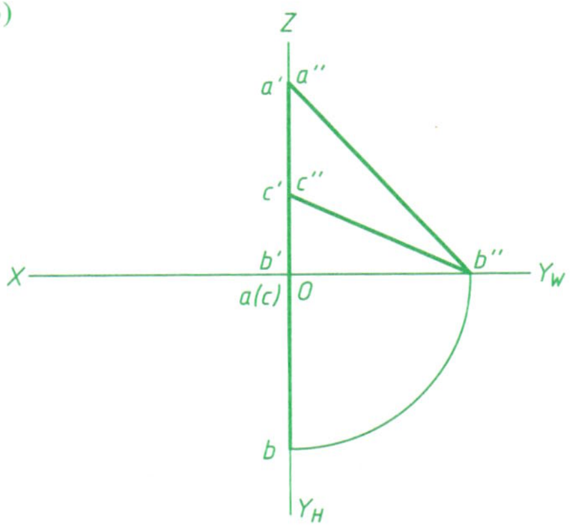

平面*ABC*是_____，在_____内。

(4)

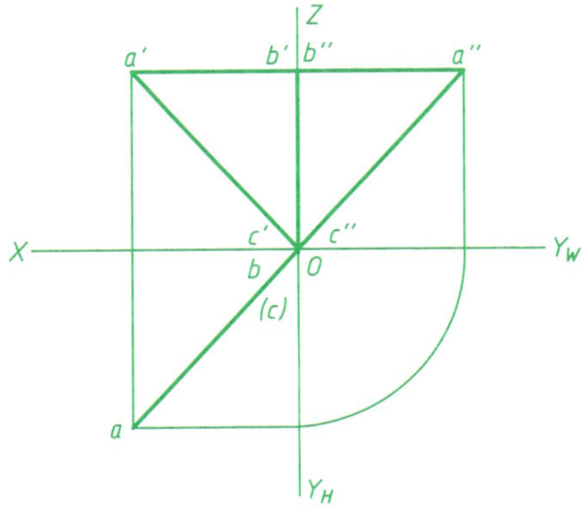

平面*ABC*是_____，*BC*边在_____上。

(5)

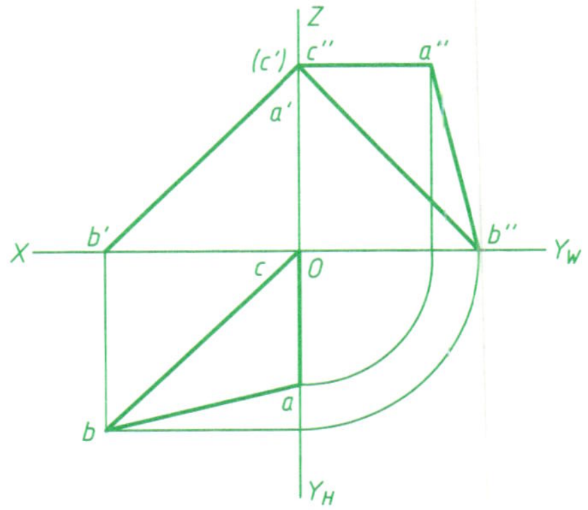

平面*ABC*是_____，*AC*边在_____内。

(6)

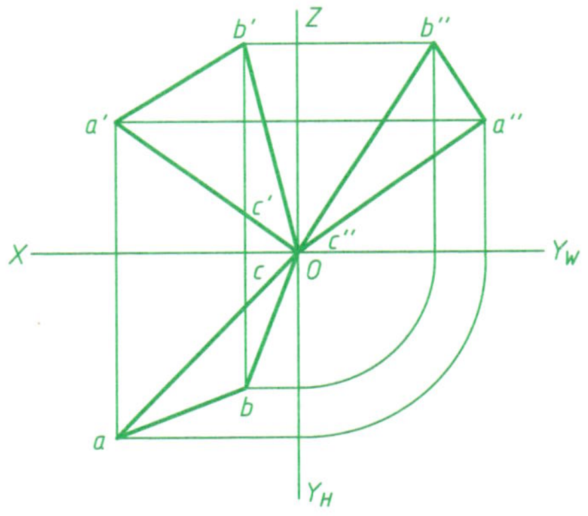

平面*ABC*是_____，顶点*C*在_____。

班级__________ 学号__________ 姓名__________

2-11 判断各图中平面的位置，并写在横线上。

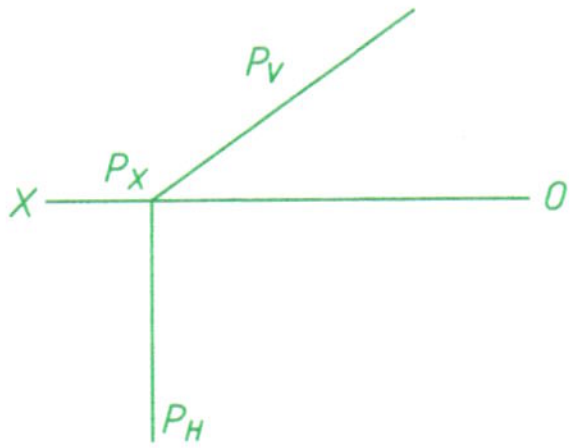

________面

(a)

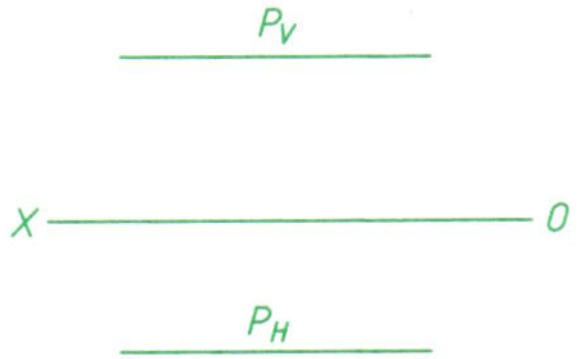

________面

(b)

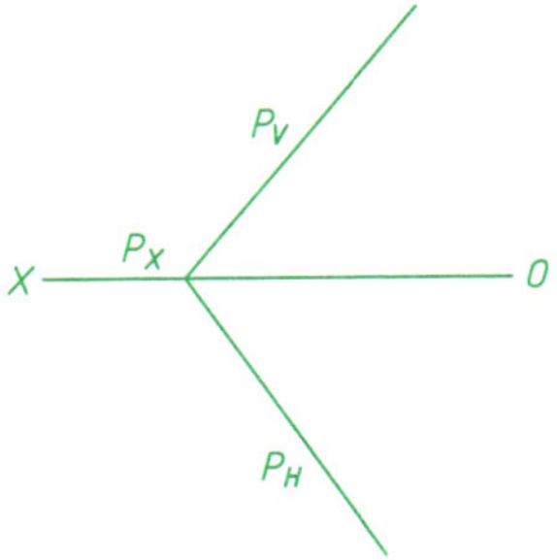

________面

(c)

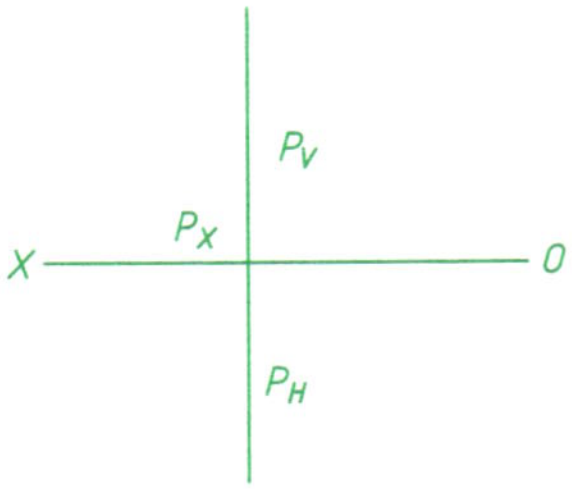

________面

(d)

2-12 按下列已知条件完成平面的三个投影(只作一解)：

(a) 侧垂面，$\beta=60°$；(b) 正垂面，$\alpha=30°$；

(c)、(d) 水平面。

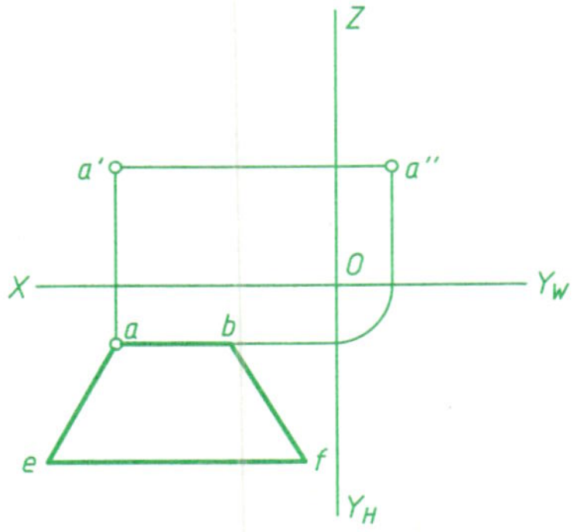

(a)

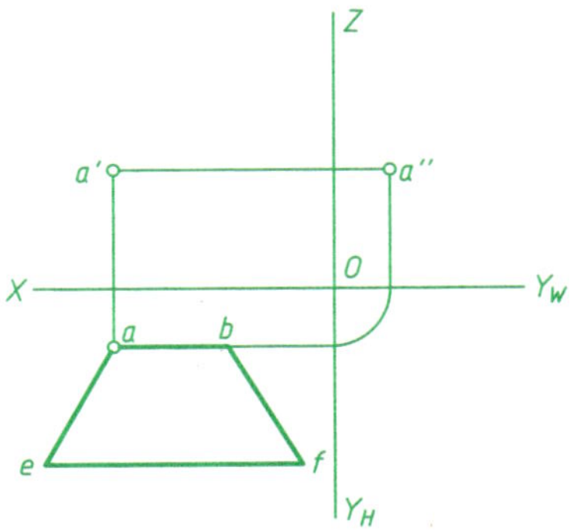

(b)

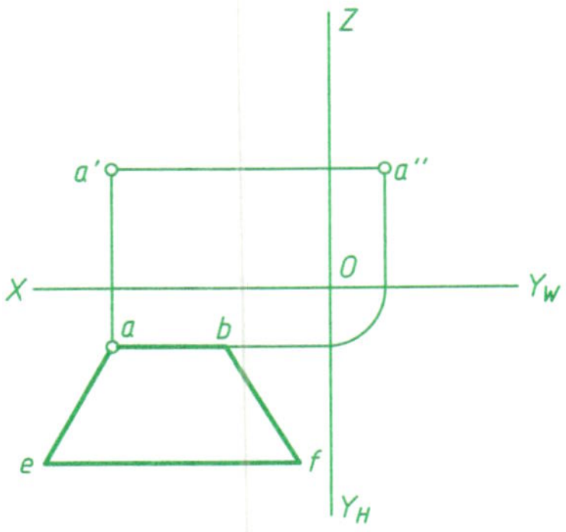

(c)

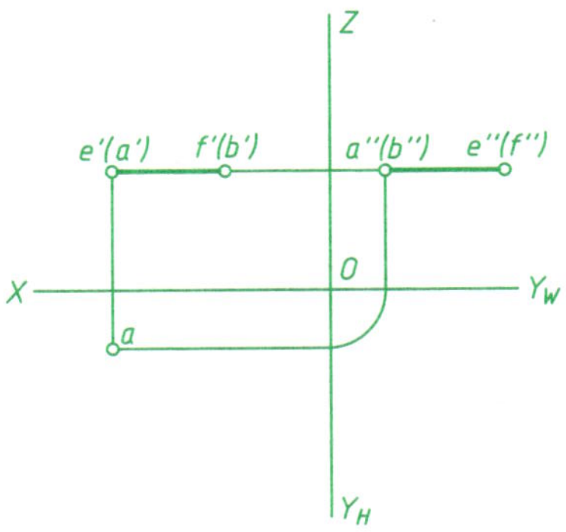

(d)

班级 ________ 学号 ________ 姓名 ________

2-13 已知平面上的点、直线或平面图形的一个投影，试画出另一个投影。

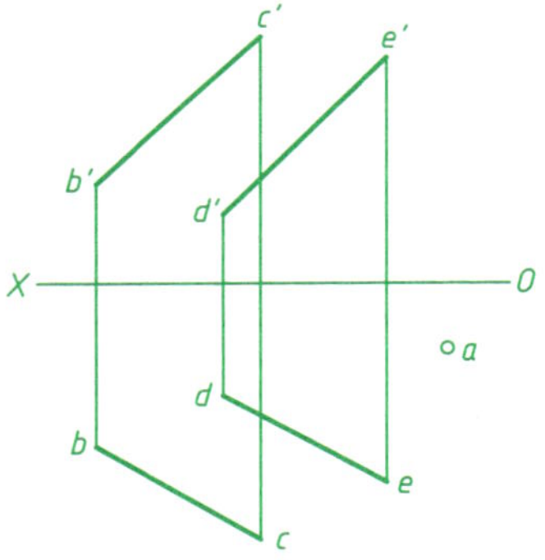

(a)

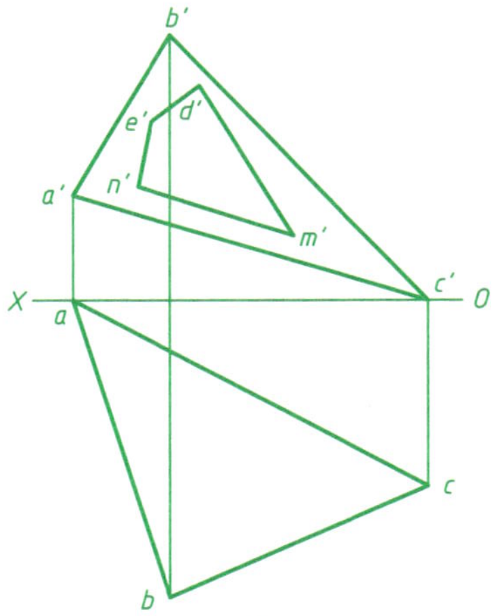

(b)

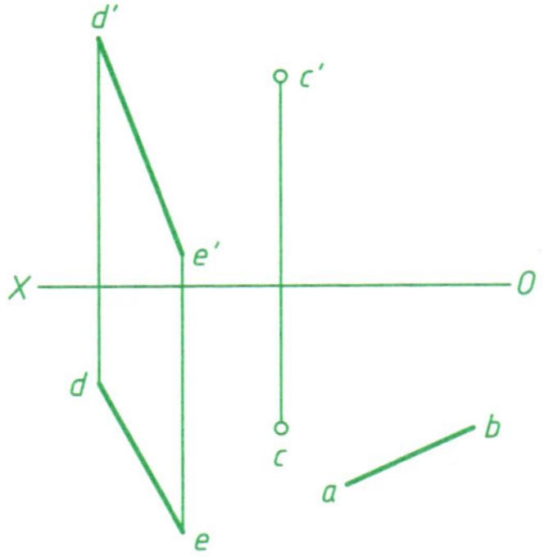

(c)

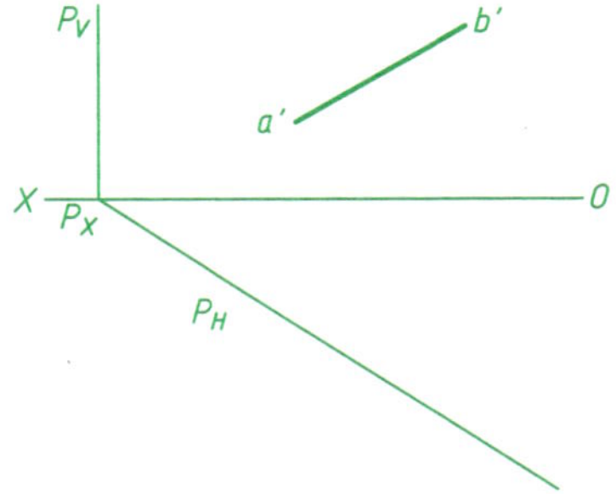

(d)

2-14 判断点*A*或直线*AB*是否属于给定的平面。

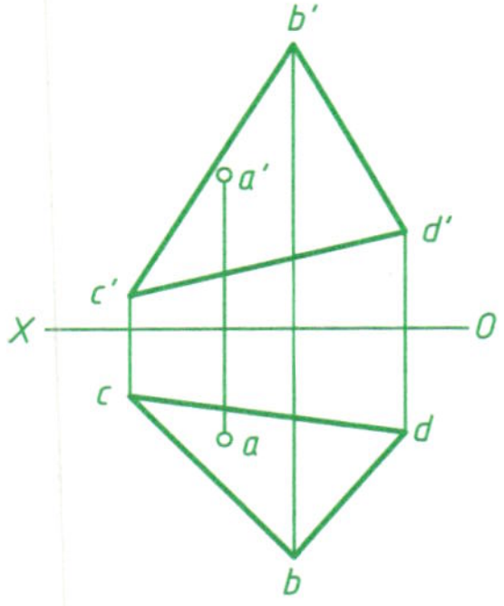

(a) ________

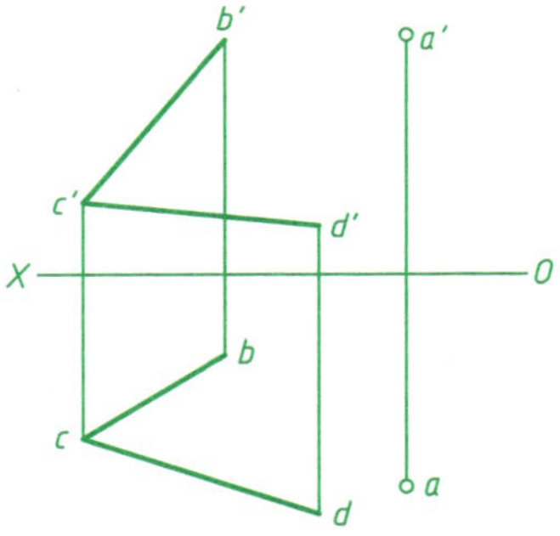

(b) ________

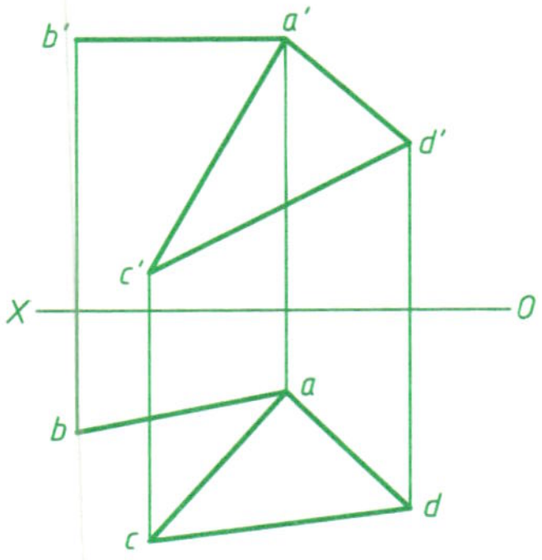

(c) ________

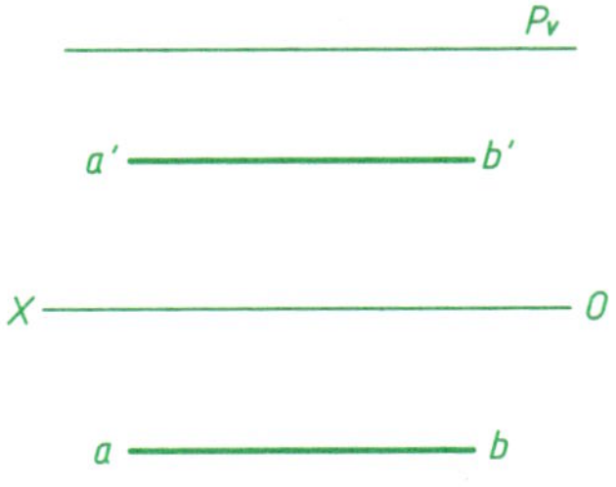

(d) ________

班级 ________ 学号 ________ 姓名 ________

2-15 求直线与平面的交点，并判别可见性。

(1)

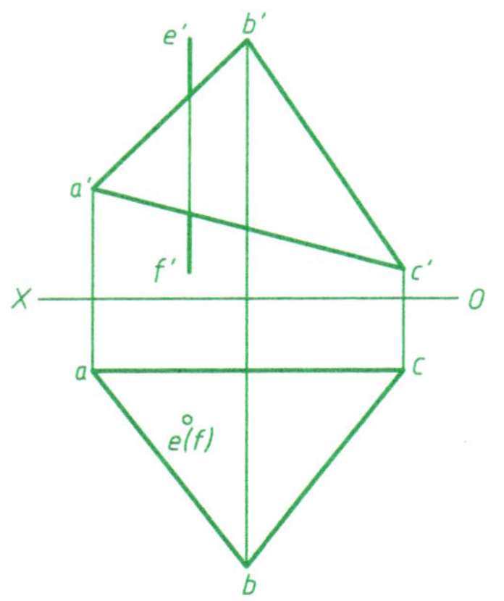

(2)

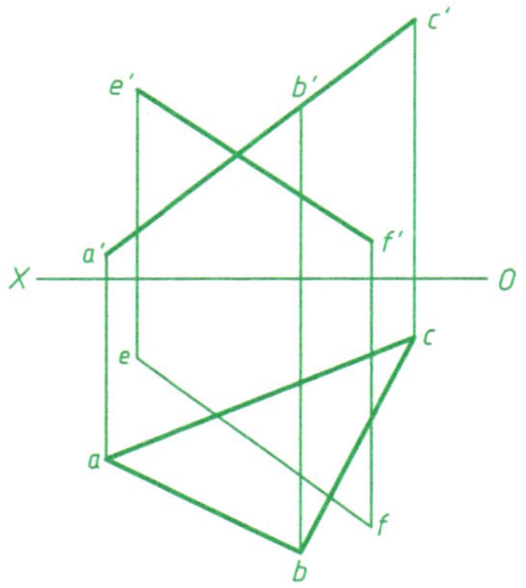

(3)

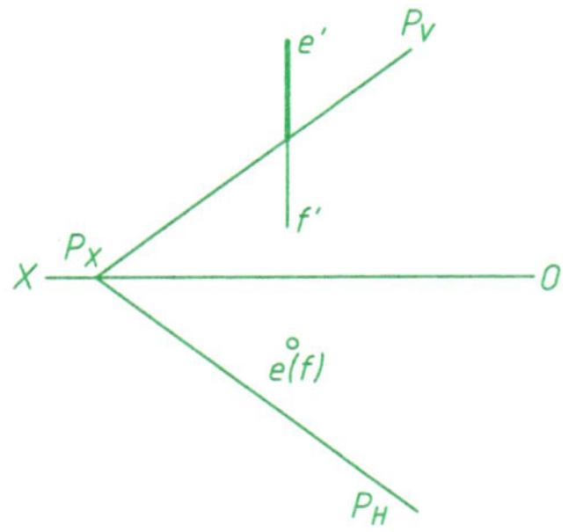

(4)

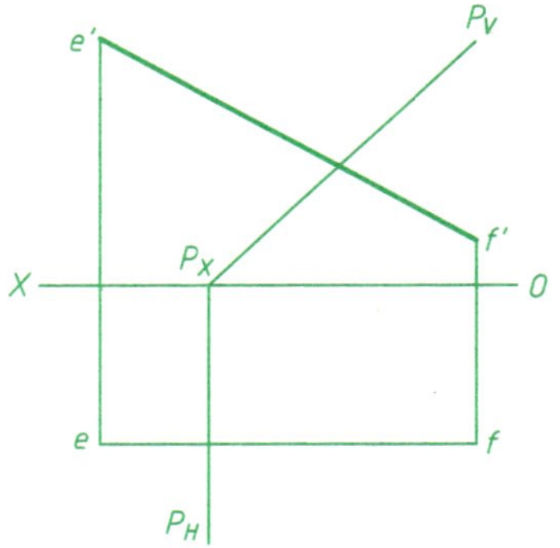

2-16 求两平面的交线，并判别可见性。

(1)

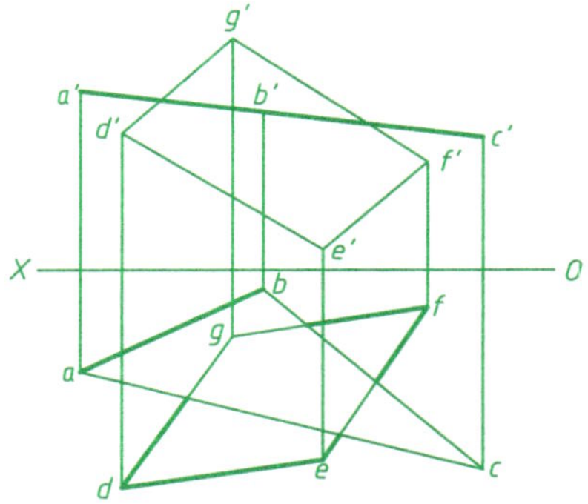

(2)

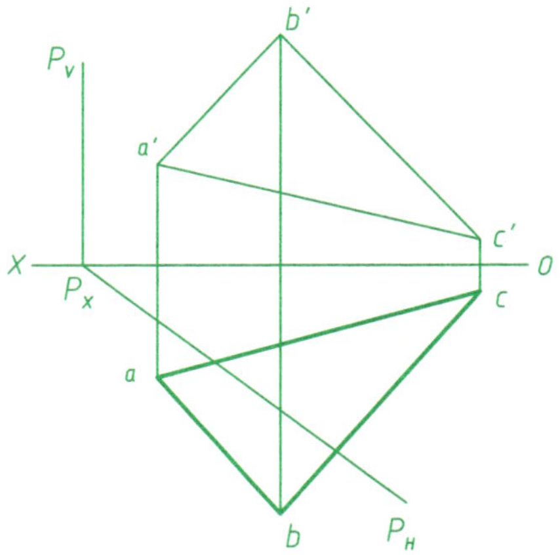

班级 ________ 学号 ________ 姓名 ________

2-17 分析四棱台的表面和棱线的位置，并填入表中。

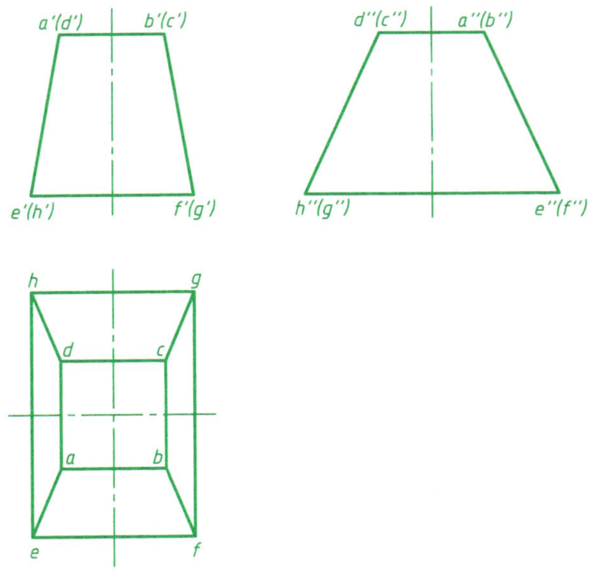

AB	
AE	
AD	
DH	

ABCD	
ABFE	
ADHE	
EFGH	

2-18 三棱锥各顶点坐标已知，画出它们的投影图，分析各棱线和表面的位置，并填写在表内。

	S	A	B	C
X	20	40	15	19
Y	15	5	30	5
Z	40	5	5	5

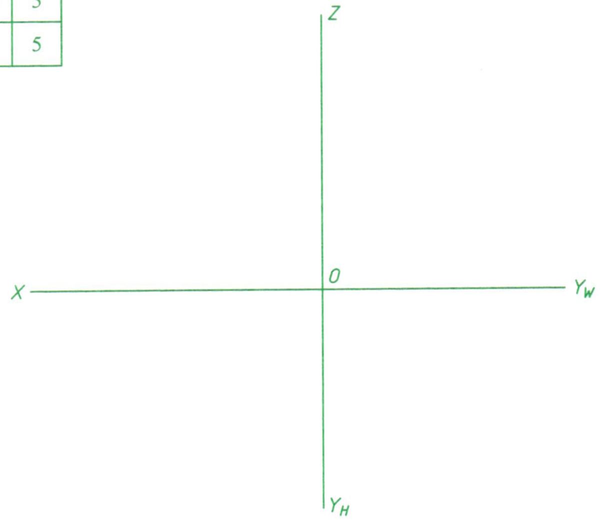

BC	水平线
SA	
AB	
AC	

SAB	一般位置面
SAC	
SBC	
ABC	

班级 ________ 学号 ________ 姓名 ________

3-1 已知棱柱表面上点C、D及直线AB、EF的一个投影，求作其余两投影。

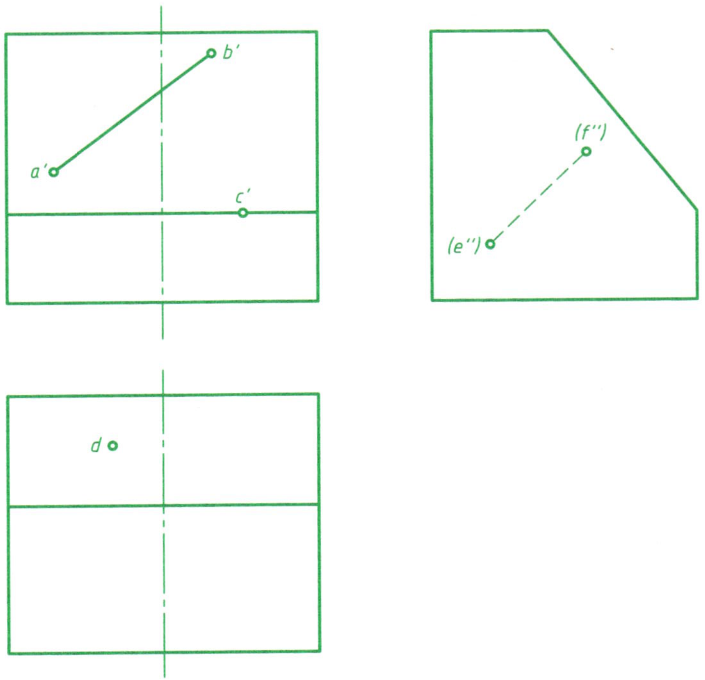

3-2 画出圆柱表面上点D和曲线$\overset{\frown}{ABC}$的另两个投影。

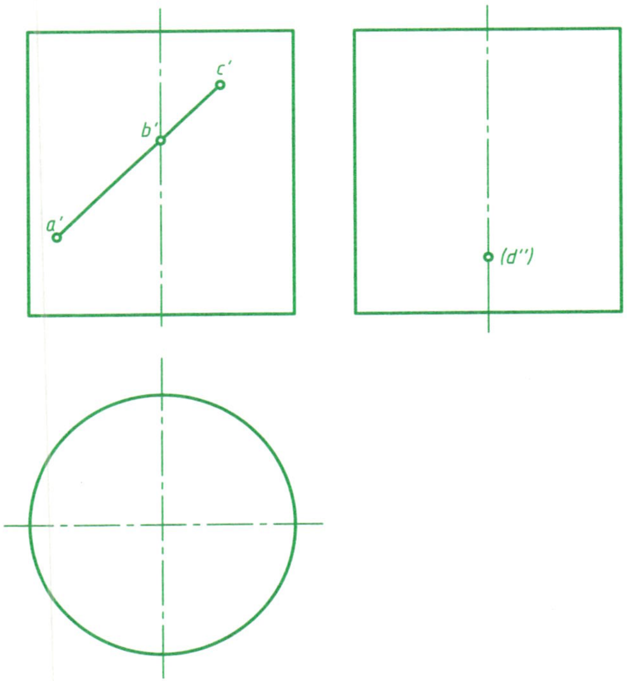

班级 ________ 学号 ________ 姓名 ________

3-3 作圆锥体表面各线段及D、M点的另外两投影。

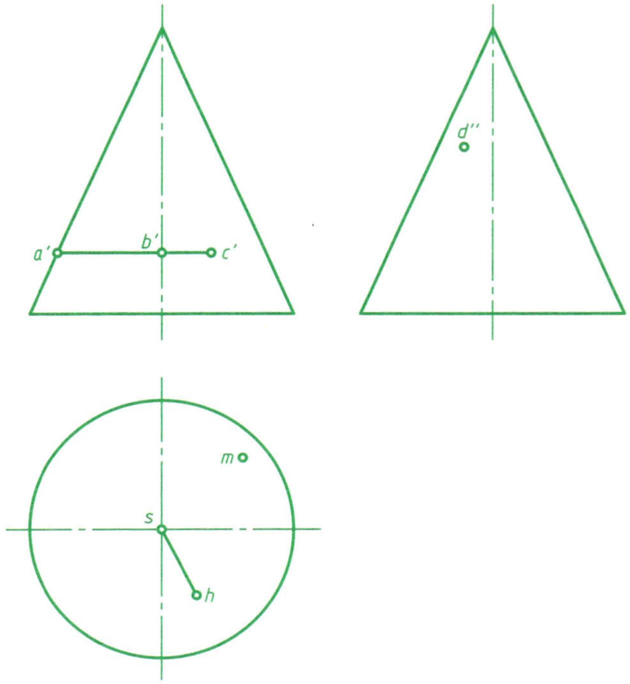

3-4 画出圆球表面上曲线$\overset{\frown}{ABC}$、$\overset{\frown}{DEF}$及点M、N的另外两投影。

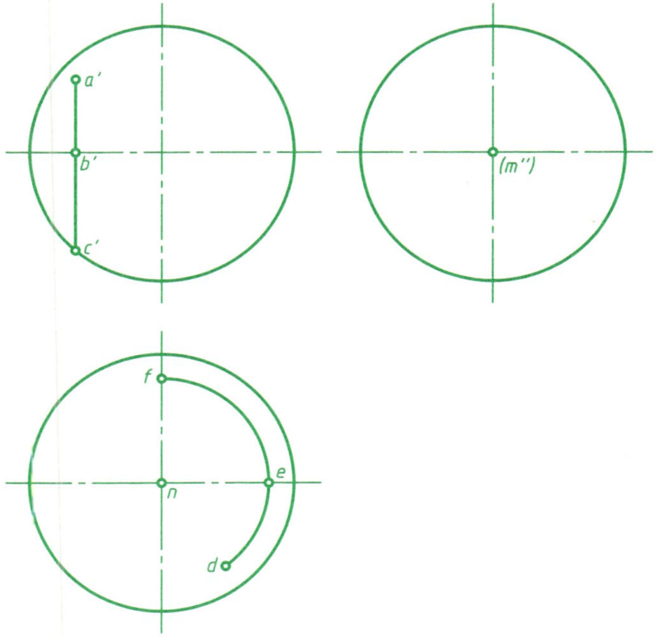

班级 ________ 学号 ________ 姓名 ________

3-5 根据所给轴测图，补画另外一个投影。

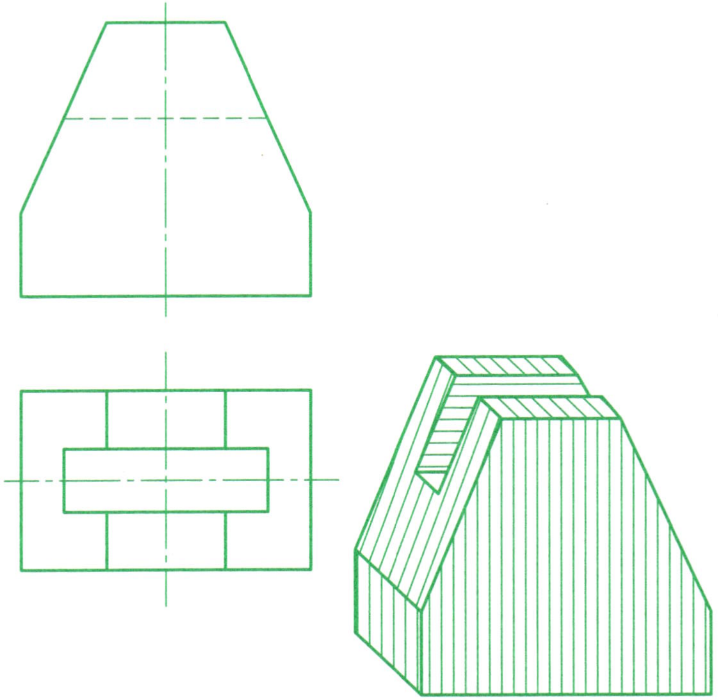

(a)

(b)

班级 __________ 学号 __________ 姓名 __________

3-6 分析比较各平面立体的特征，补画出另外一个投影。

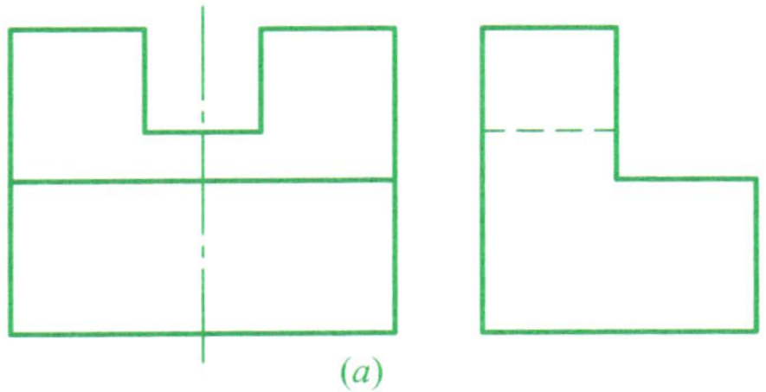

(a)

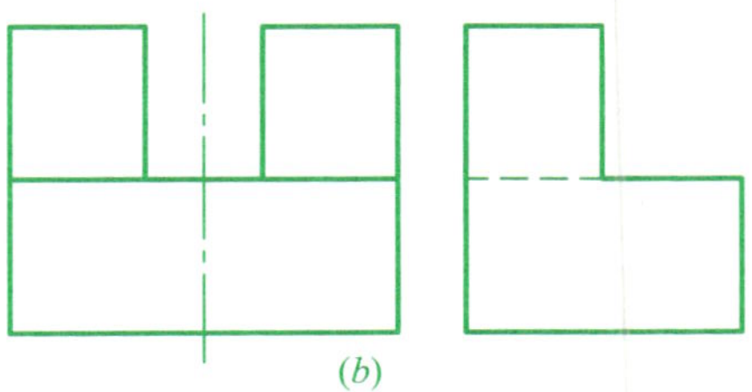

(b)

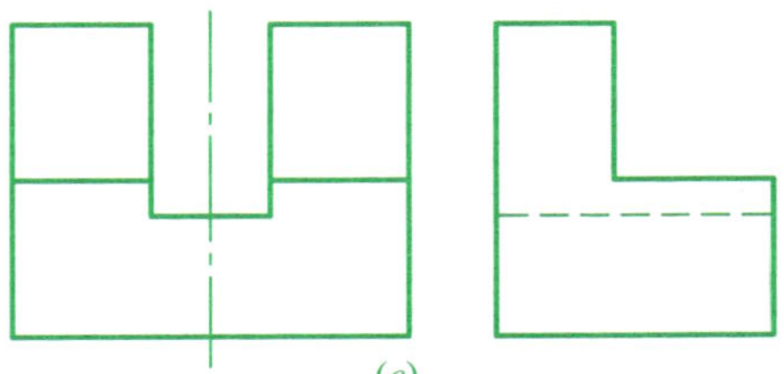

(c)

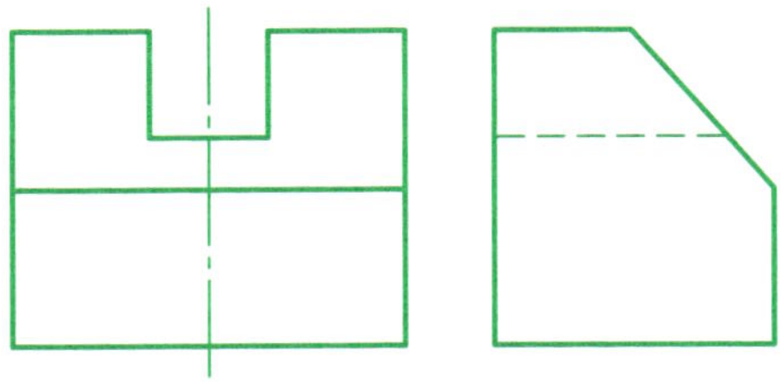

(d)

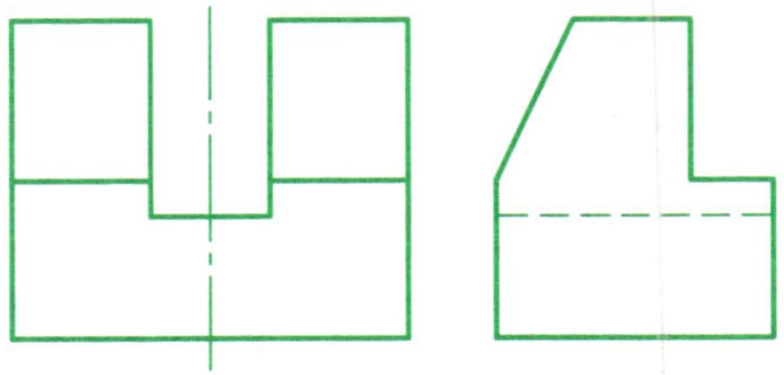

(e)

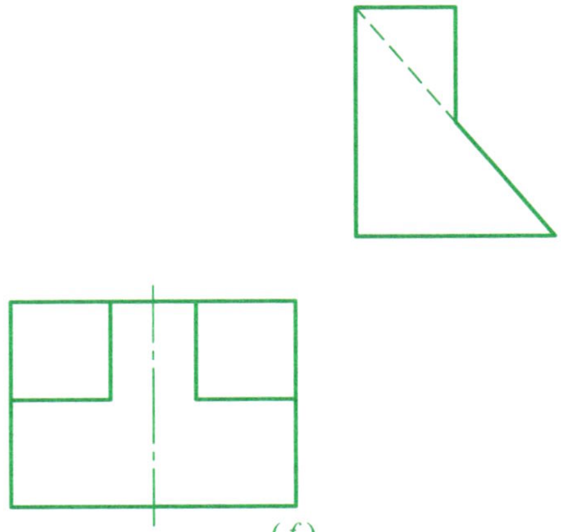

(f)

班级 ________ 学号 ________ 姓名 ________

3-7 在指定的投影中，补画所缺的线条。

(1) 在正面投影中。

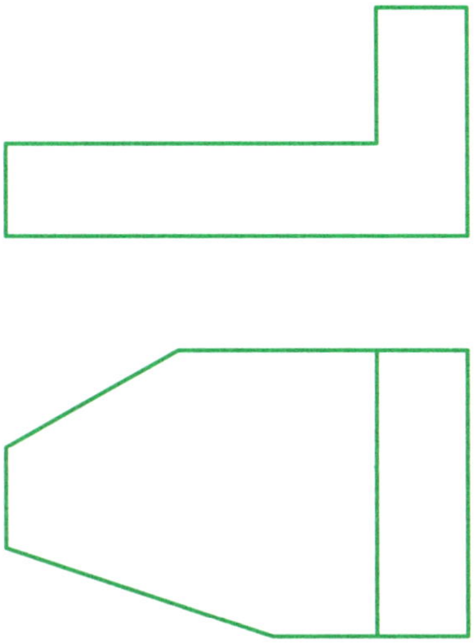

(2) 在水平投影中。

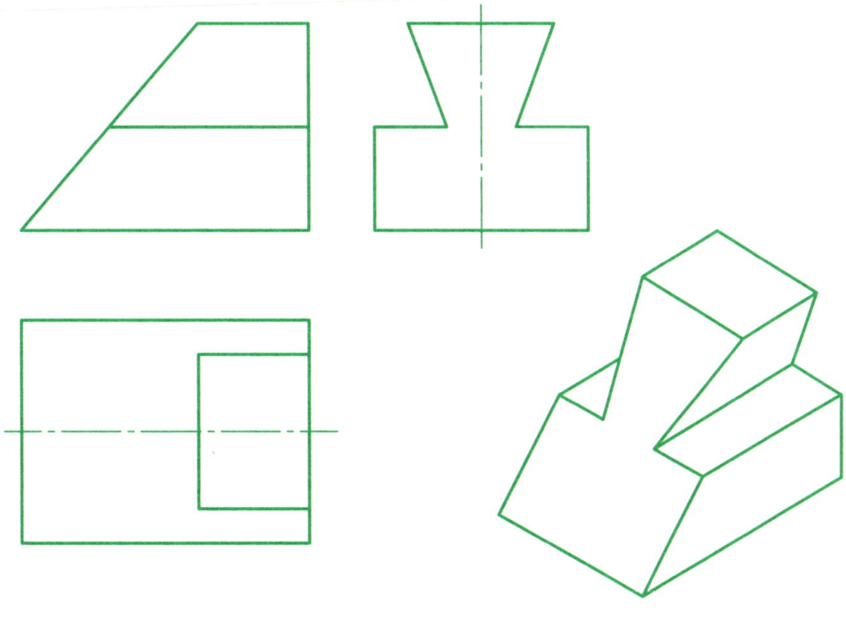

班级＿＿＿＿　学号＿＿＿＿　姓名＿＿＿＿

3-8 在指定的投影中，补画所缺的线条。

(1) 在侧面投影中。

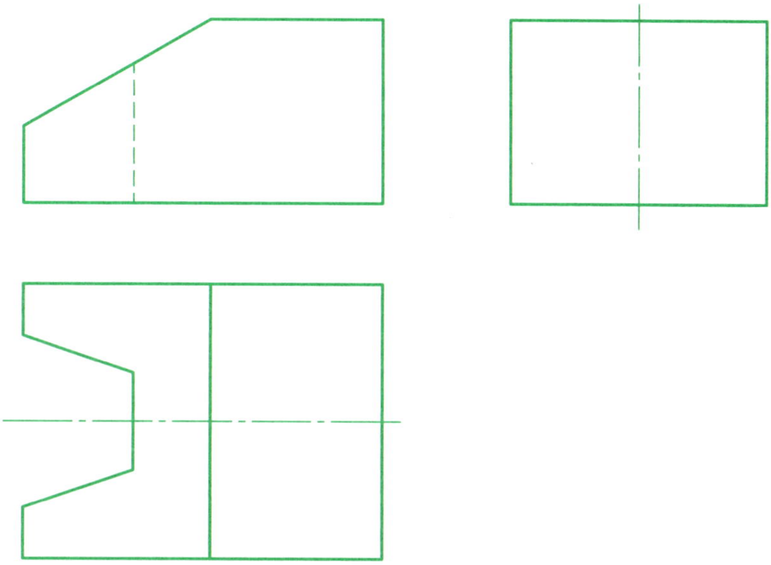

(2) 在侧面投影中。

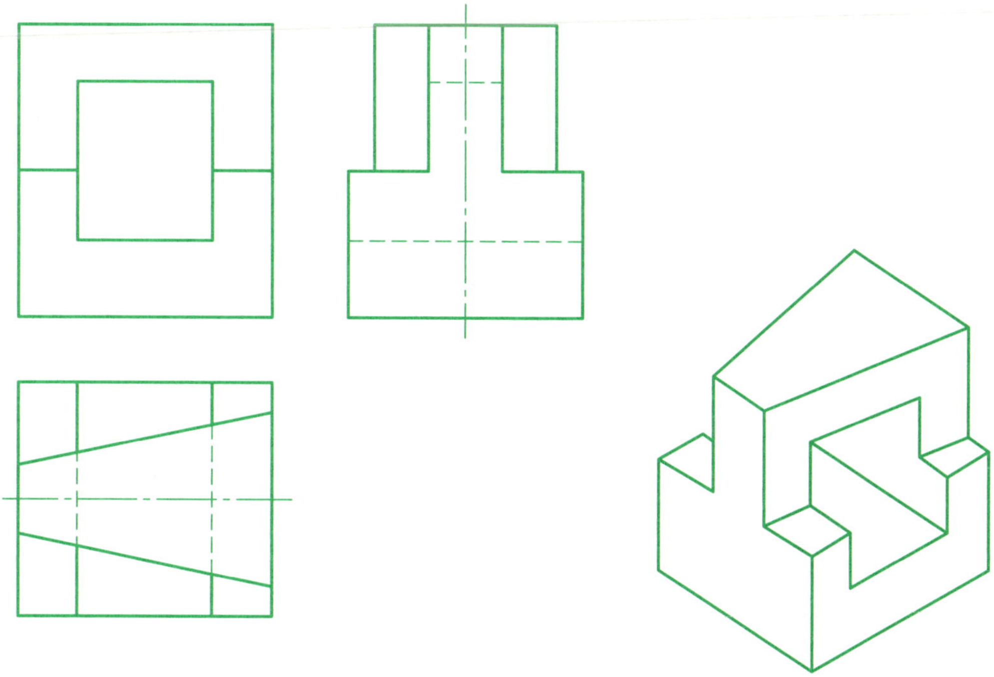

班级________ 学号________ 姓名________

3-9 完成带切口四棱台的水平投影和侧面投影。

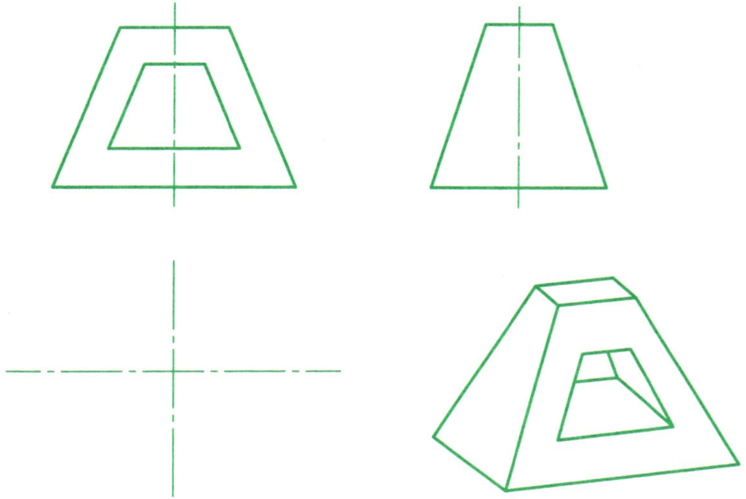

3-10 完成水平投影，补画侧面投影。

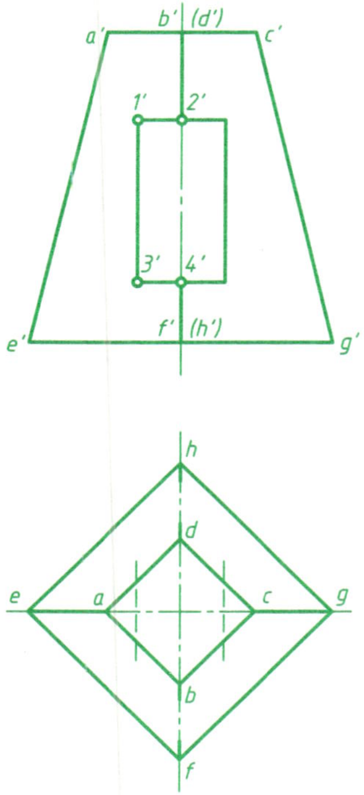

班级 ____________ 学号 ____________ 姓名 ____________

3-11 读懂立体，分析截切平面位置，画出侧面投影。

(1)

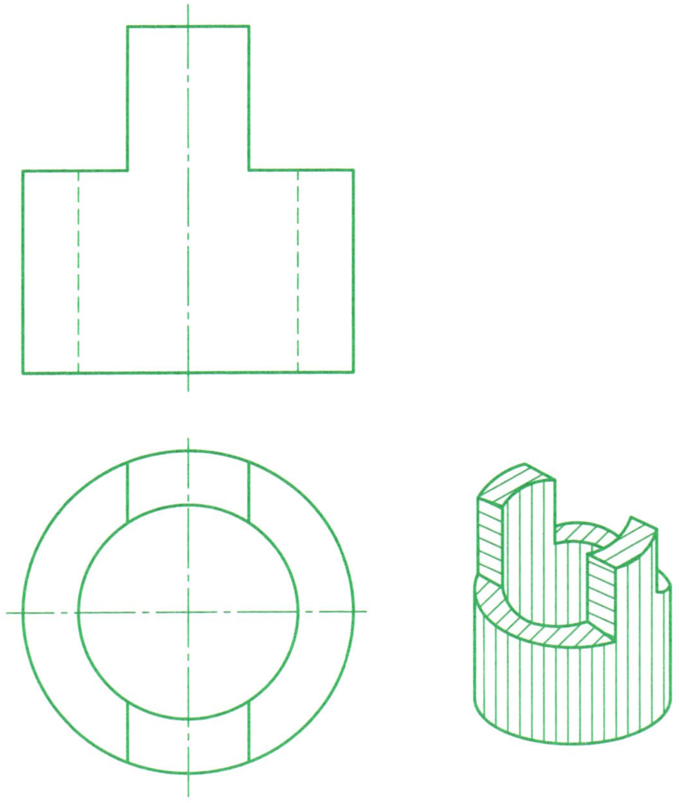

(2)

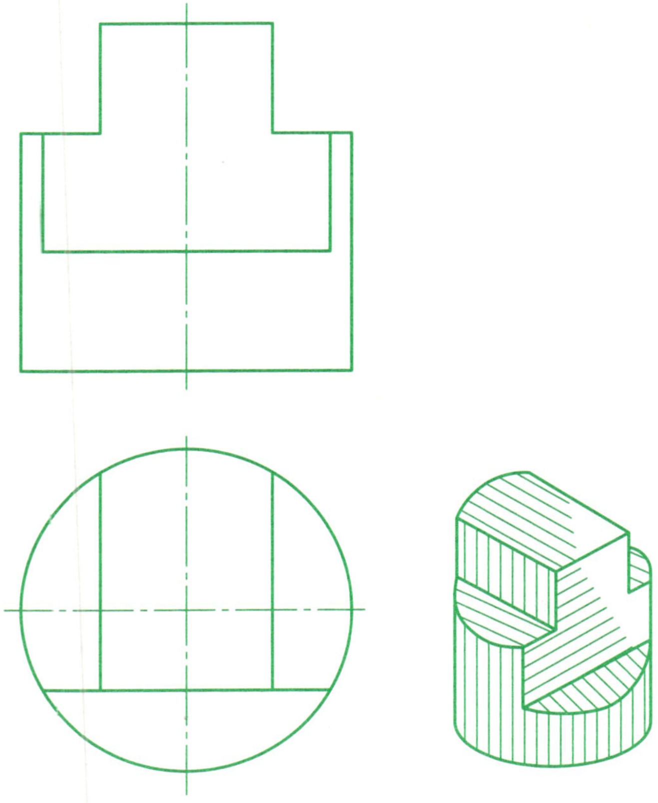

班级 ________ 学号 ________ 姓名 ________

3-12 读懂立体，分析截切平面位置，补画其水平投影。

(1)

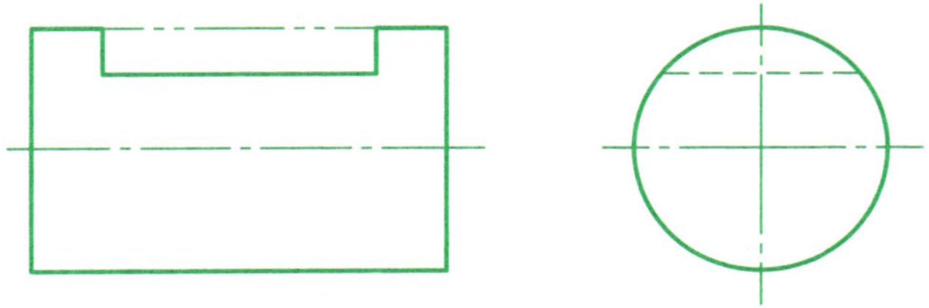

(2)

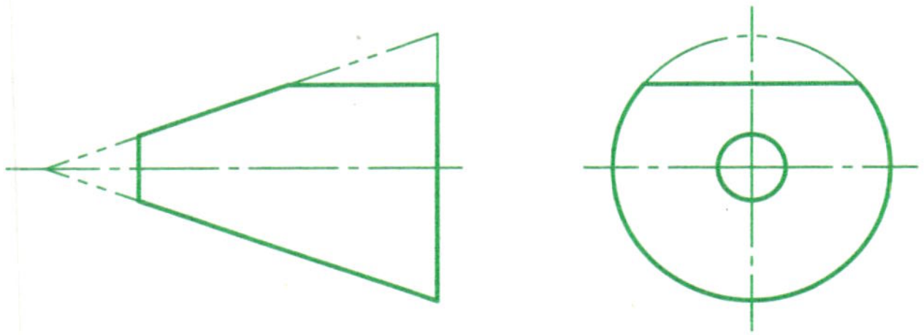

(3)

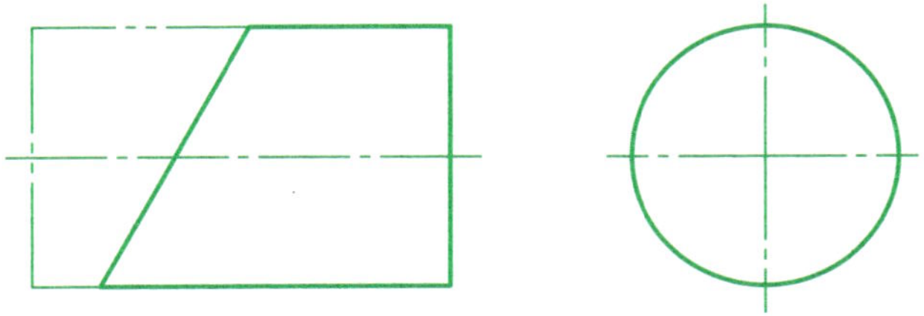

(4)

班级 ________ 学号 ________ 姓名 ________

3-13 分析截交线性质，补画水平投影，并完成截交线的投影。

(1)

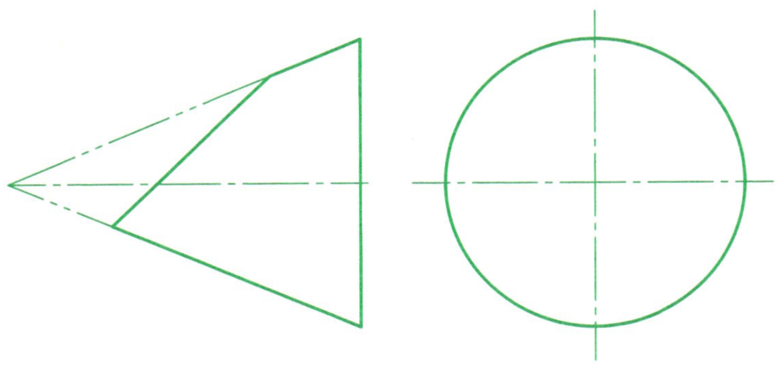

(2)

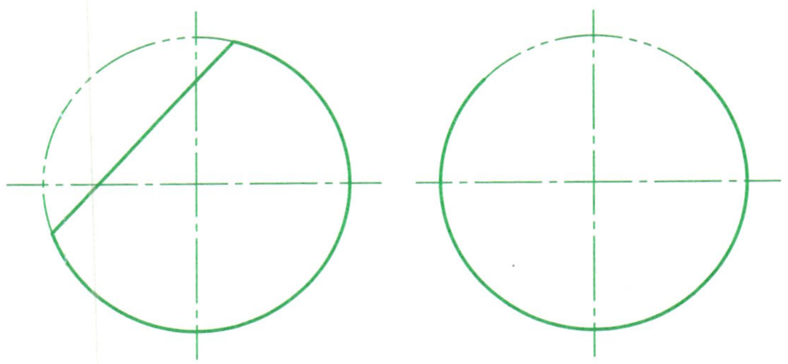

班级 ________ 学号 ________ 姓名 ________

3-14 分析立体上的截交线，补画正面投影中缺少的线条。

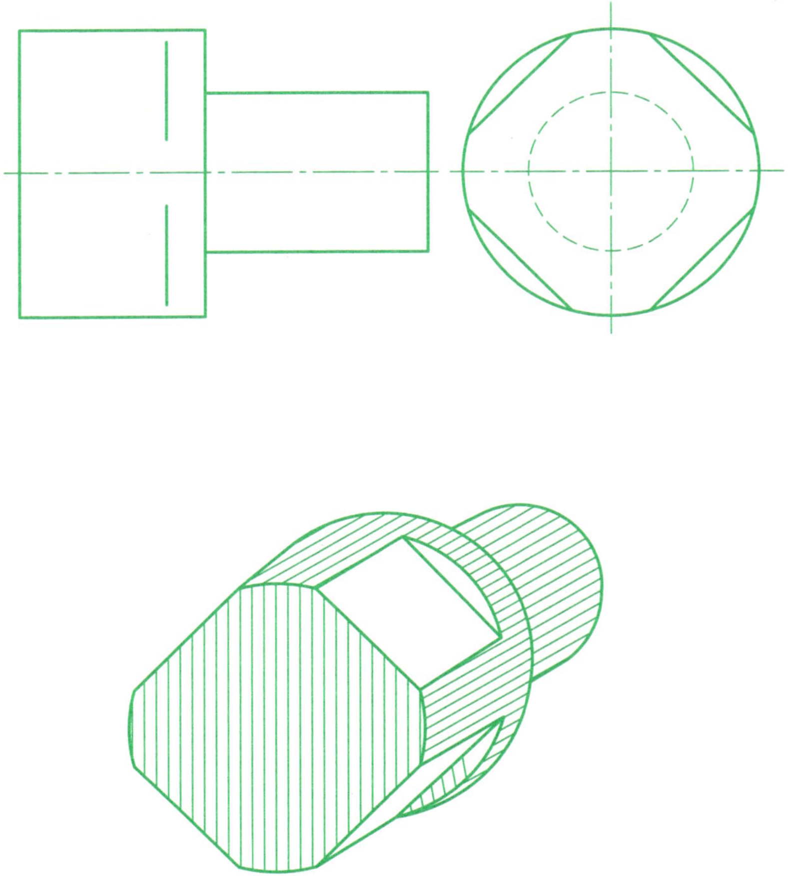

3-15 分析图中切口的投影，画出侧面投影，并完成切口的水平投影。

班级 ________ 学号 ________ 姓名 ________

3-16 画出各立体的另外一个投影。

(1)

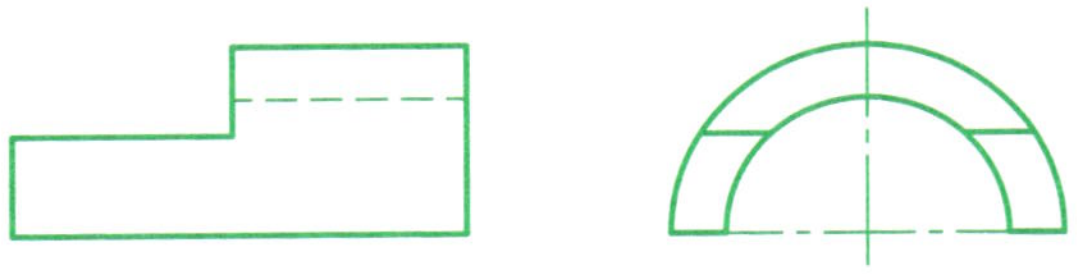

(2)

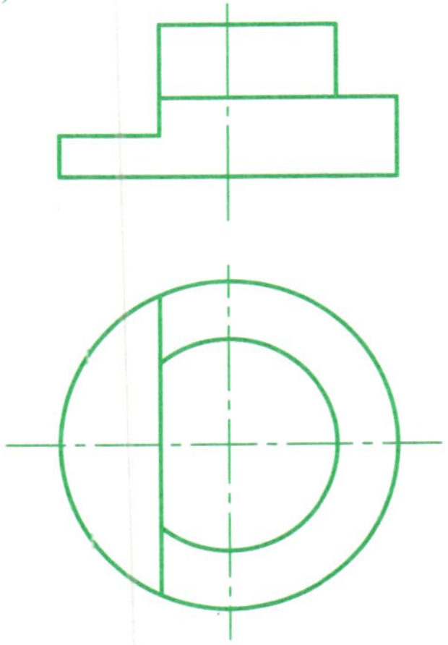

(3)

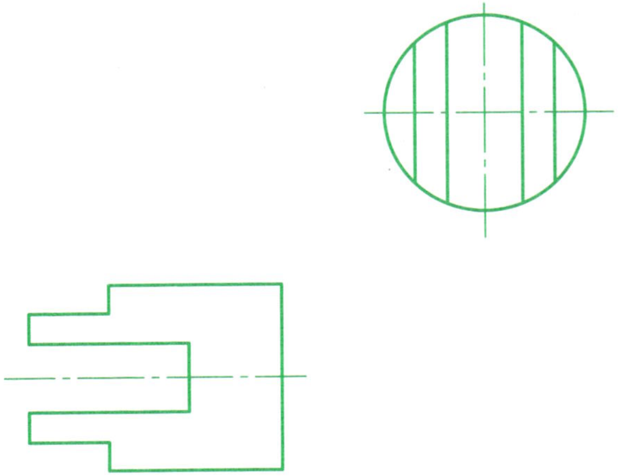

(4)

班级 ________ 学号 ________ 姓名 ________

3-17 分析立体上截交线的性质，并完成其投影。

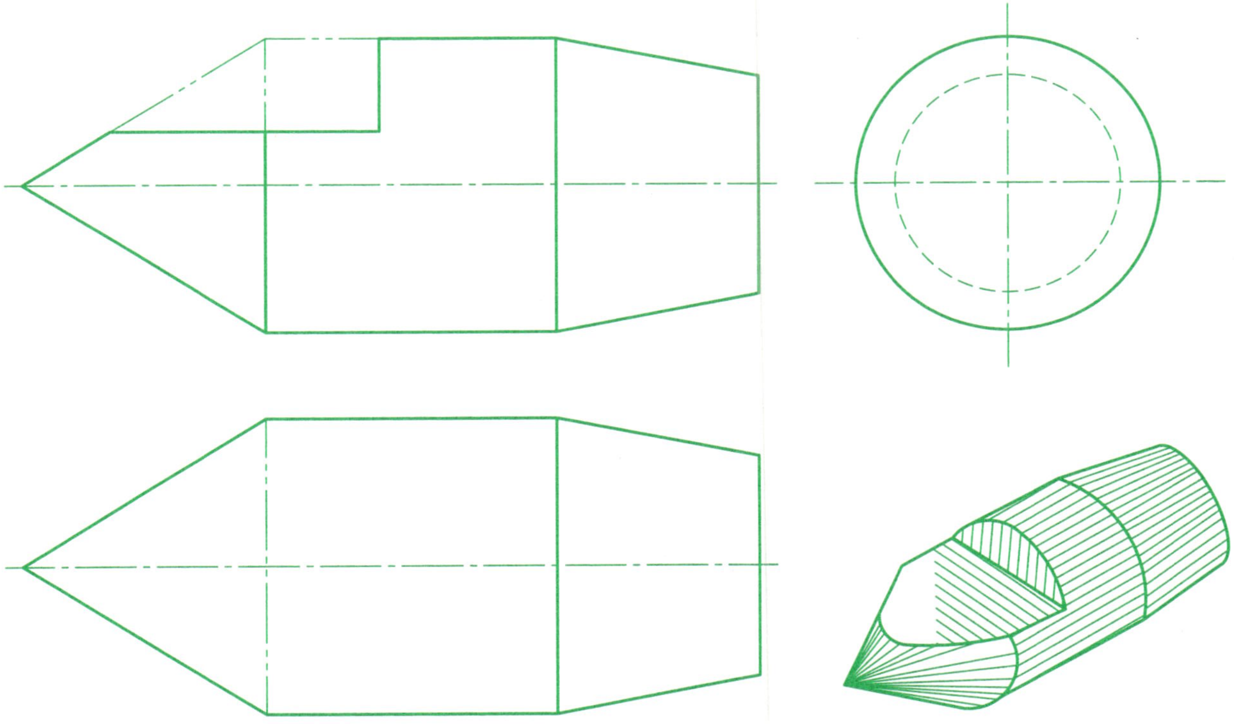

班级 ________ 学号 ________ 姓名 ________

3-18 分析截交线的性质，补画水平投影。

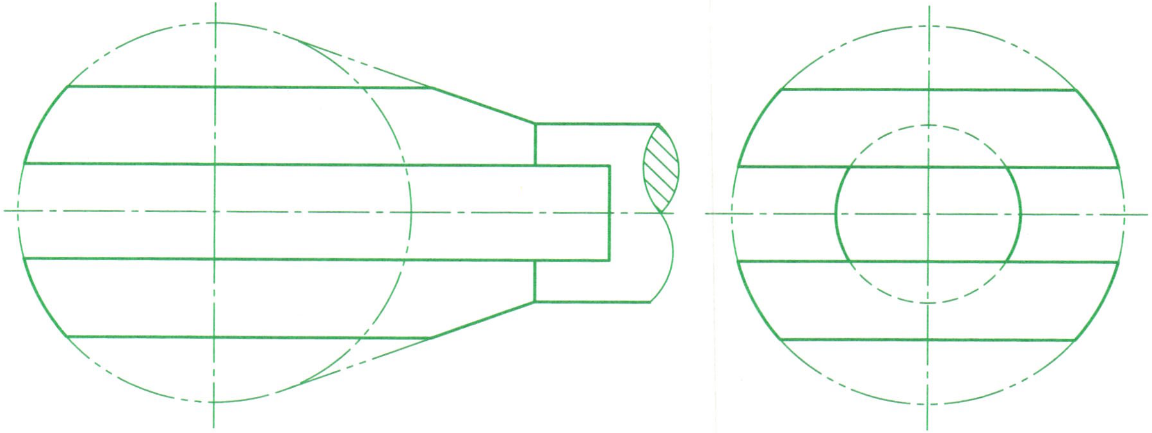

班级 ________ 学号 ________ 姓名 ________

4-1 求圆柱穿孔后的侧面投影。

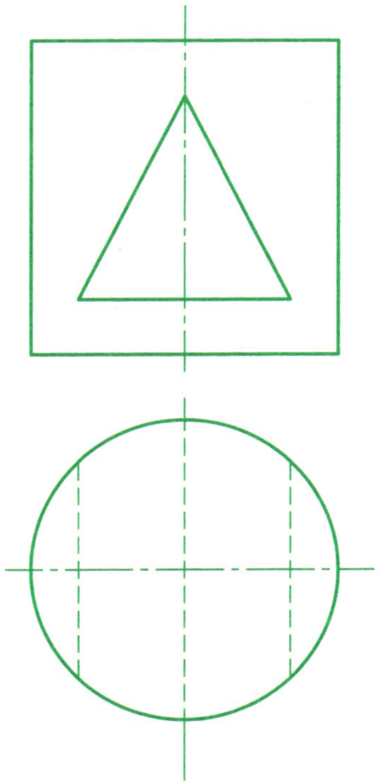

4-2 补画相贯线的正面投影和侧面投影。

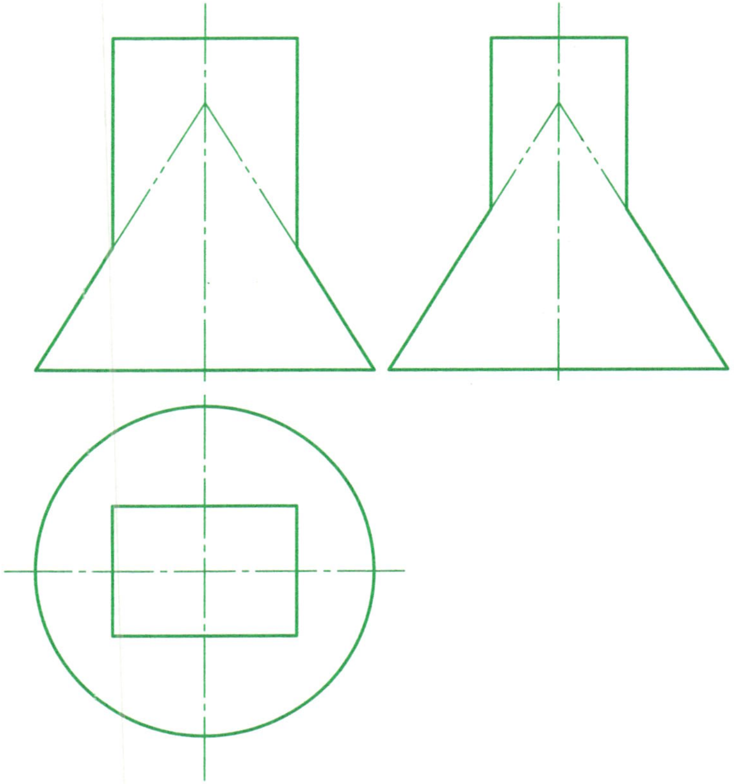

班级 ________ 学号 ________ 姓名 ________

4-3 求相贯线的正面投影。

(1)

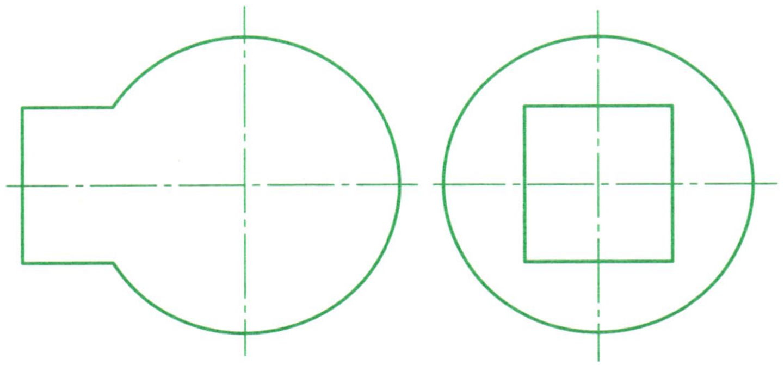

(2)

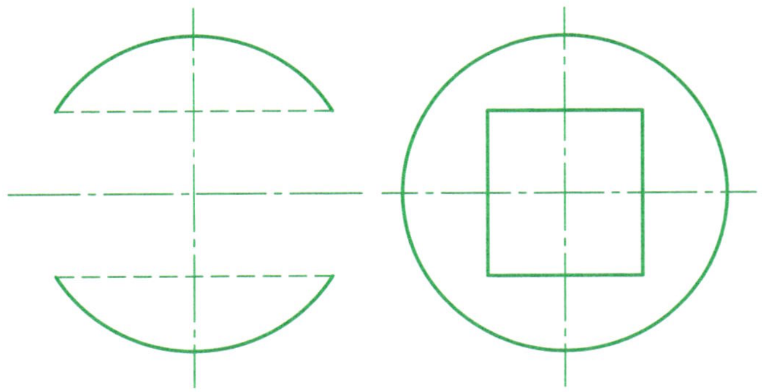

4-4 半球与三棱柱相贯，求相贯线的正面投影。

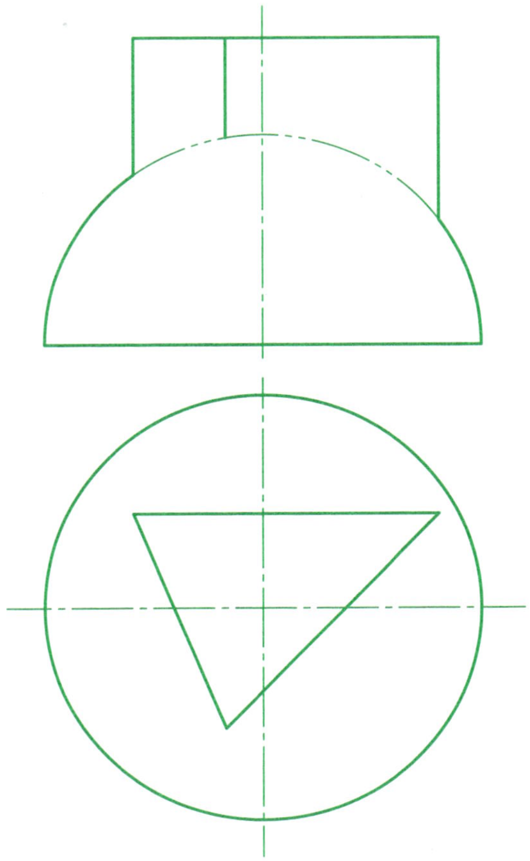

班级 ________ 学号 ________ 姓名 ________

4-5 补画侧面投影。

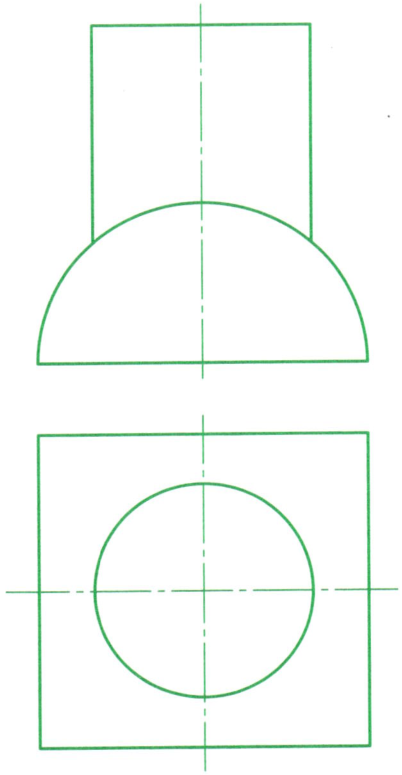

4-6 补画侧面投影所漏的图线。

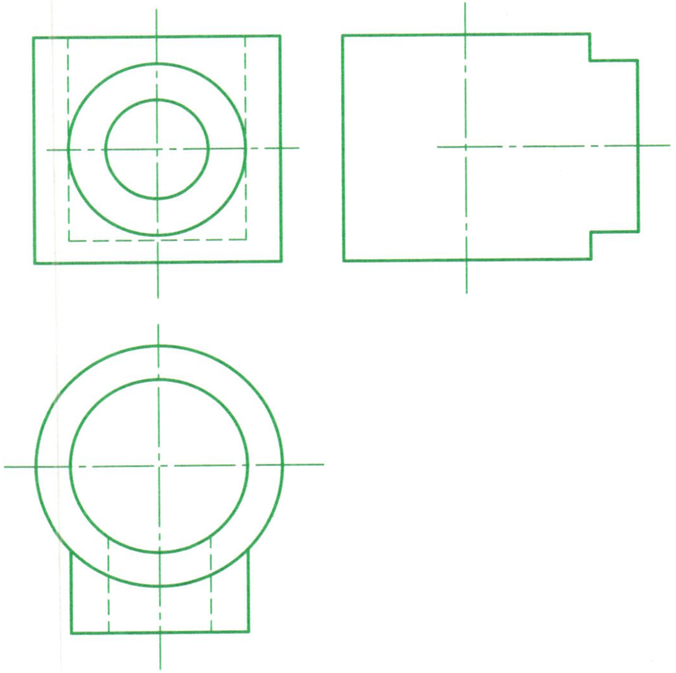

班级 ________ 学号 ________ 姓名 ________

4-7 求圆锥穿孔后的正面投影和侧面投影。

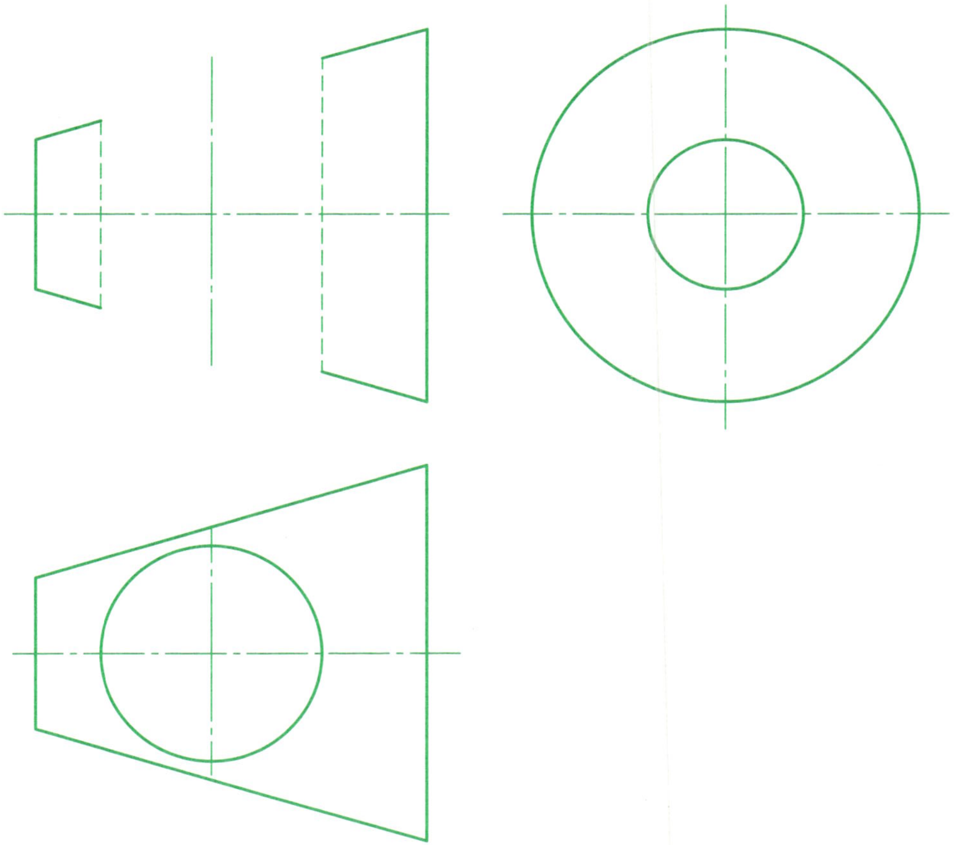

班级 __________ 学号 __________ 姓名 __________

4-8 画出相贯线的水平投影和侧面投影。

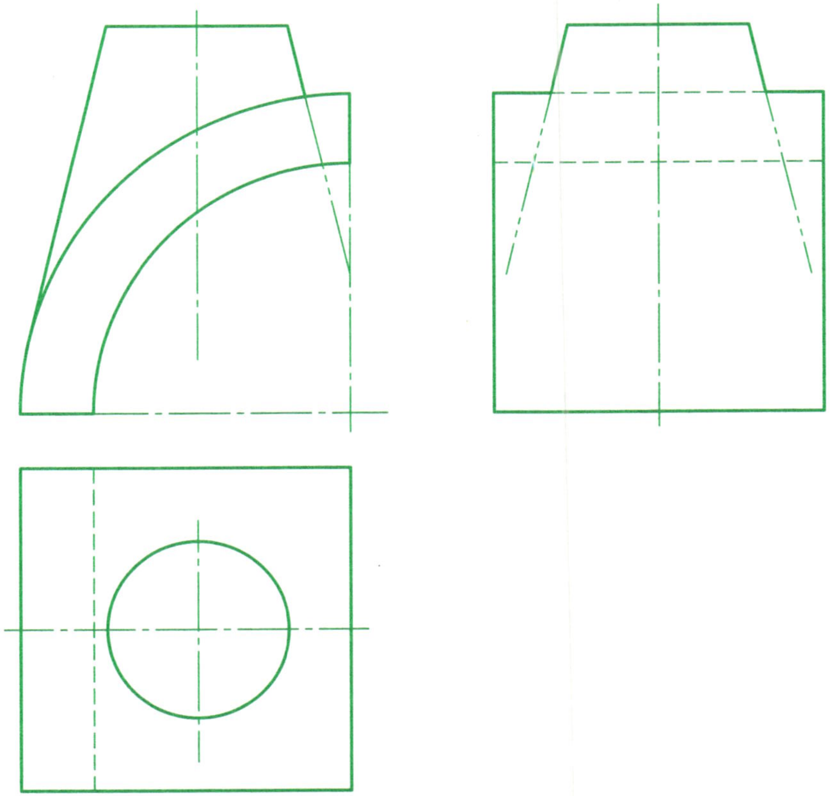

班级 ________ 学号 ________ 姓名 ________

4-9 画出左视图。

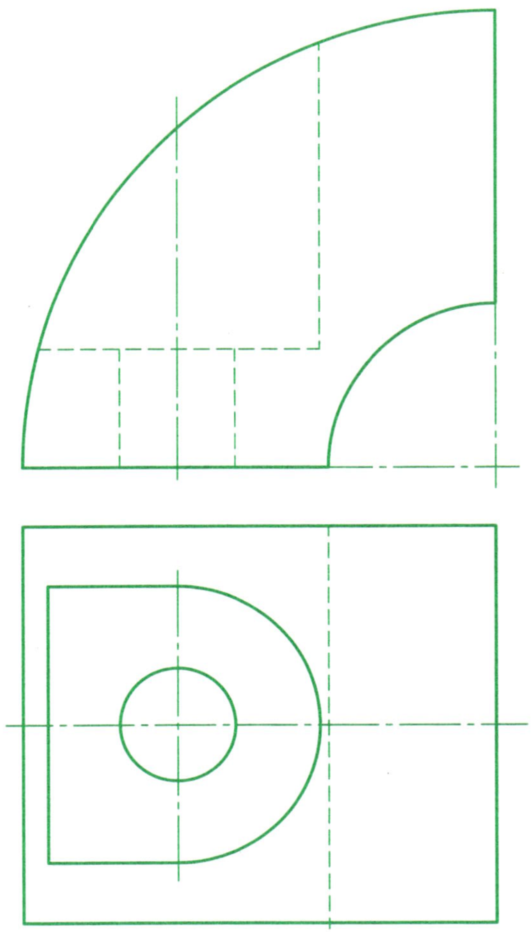

班级 ________ 学号 ________ 姓名 ________

4-10 补全主视图，并画出左视图。

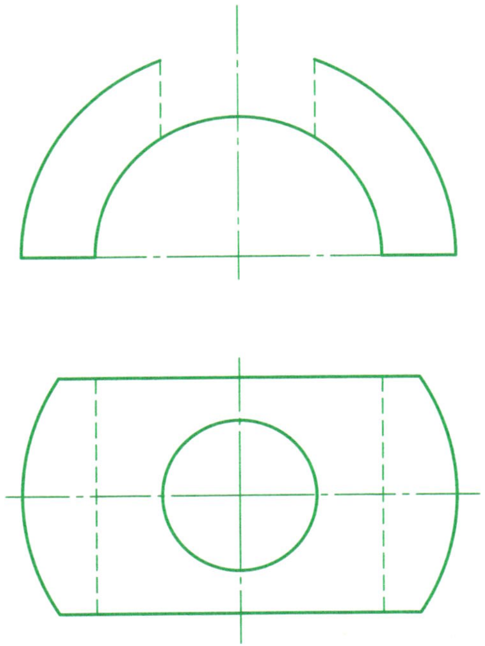

4-11 补画左视图。

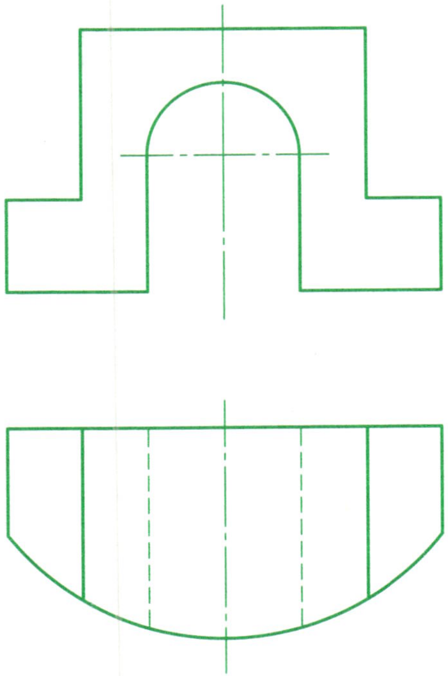

班级 ____________ 学号 ____________ 姓名 ____________

4-12 画全(1)的主视图和(2)的左视图。

(1)

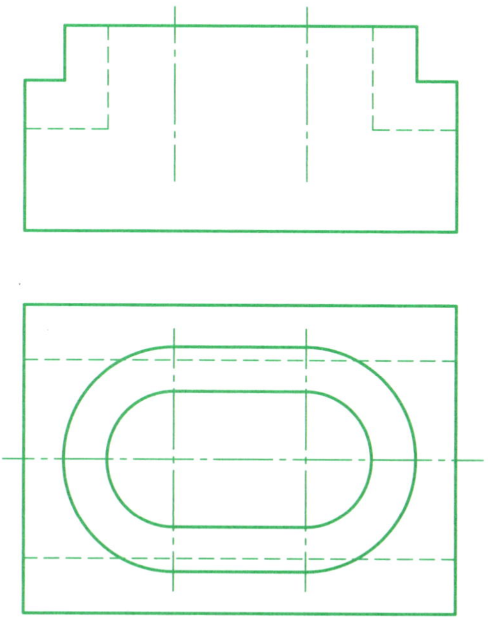

(2)

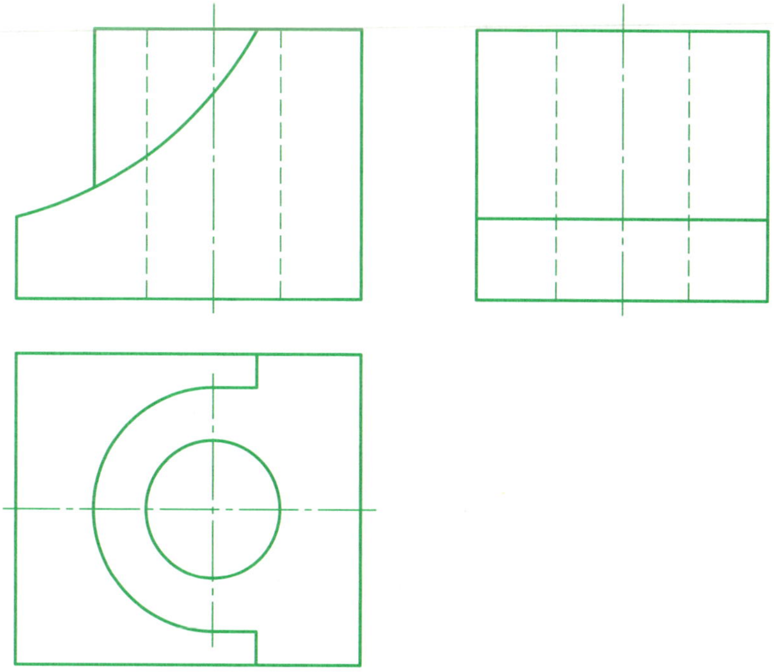

班级______ 学号______ 姓名______

4-13 分析相贯线是由什么形体相交而成的，画出左视图，并完成俯视图。

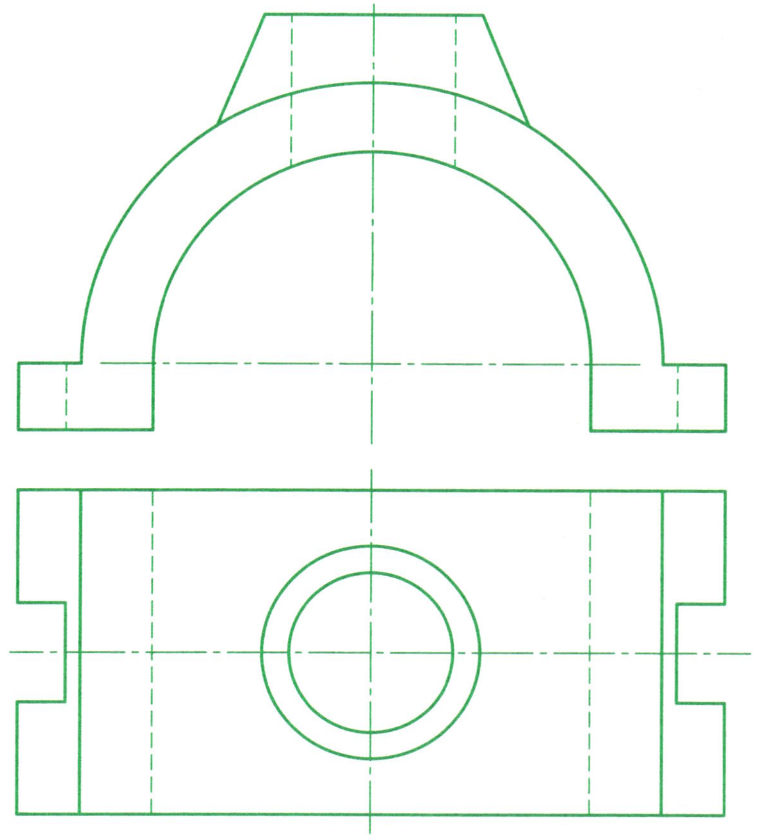

班级 ________ 学号 ________ 姓名 ________

4-14 根据已给两视图，补画第三视图。

(1)

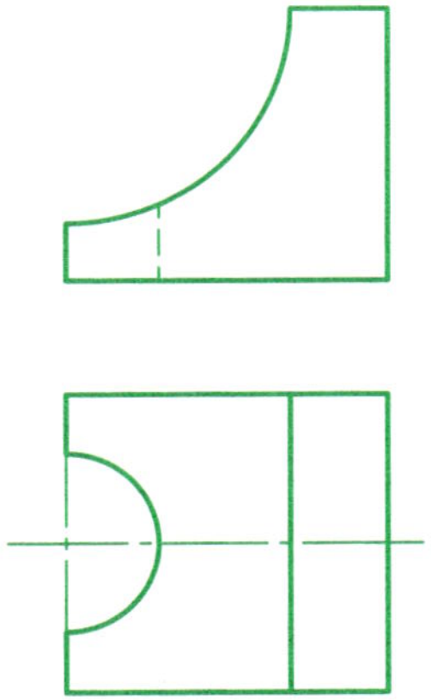

(2)

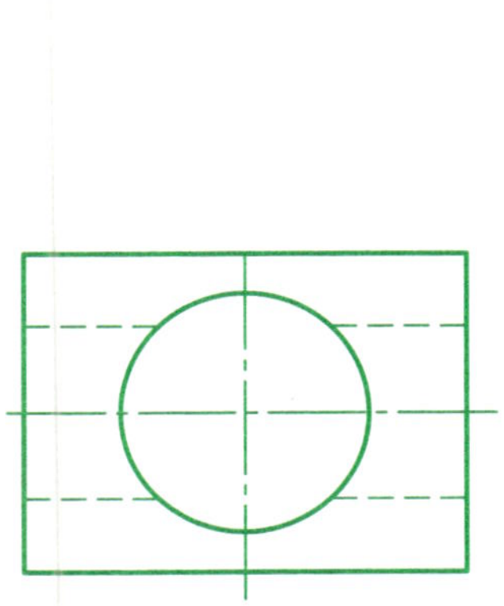

(3)

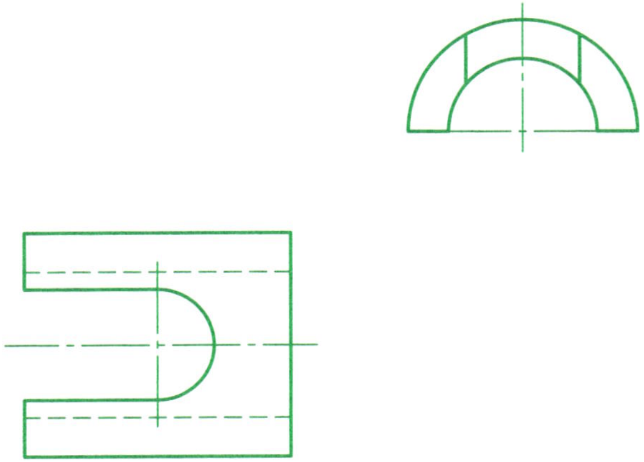

(4)

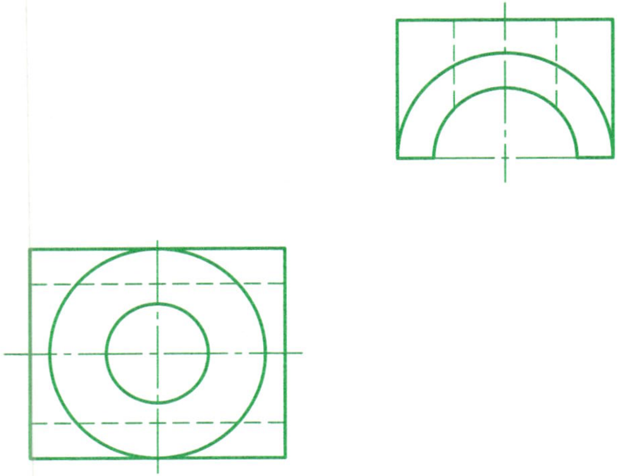

班级 ____________ 学号 ____________ 姓名 ____________

4-15 两圆柱正交，补全主视图，并画出左视图。

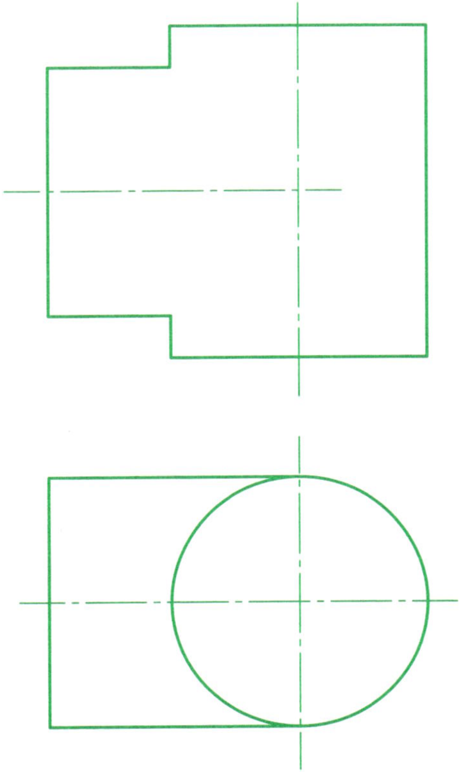

4-16 补全主视图。

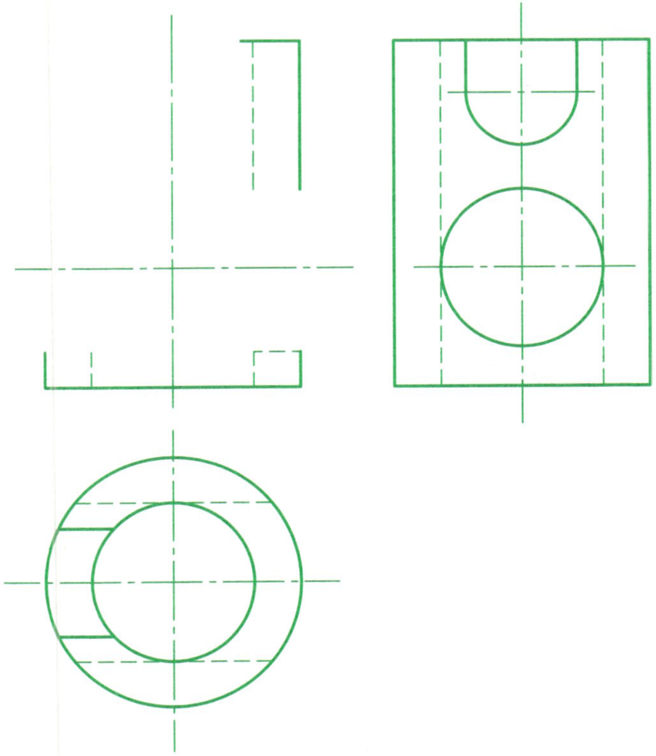

班级 ________ 学号 ________ 姓名 ________

4-17 分析图中各相贯线的形成，并完成主视图和俯视图。

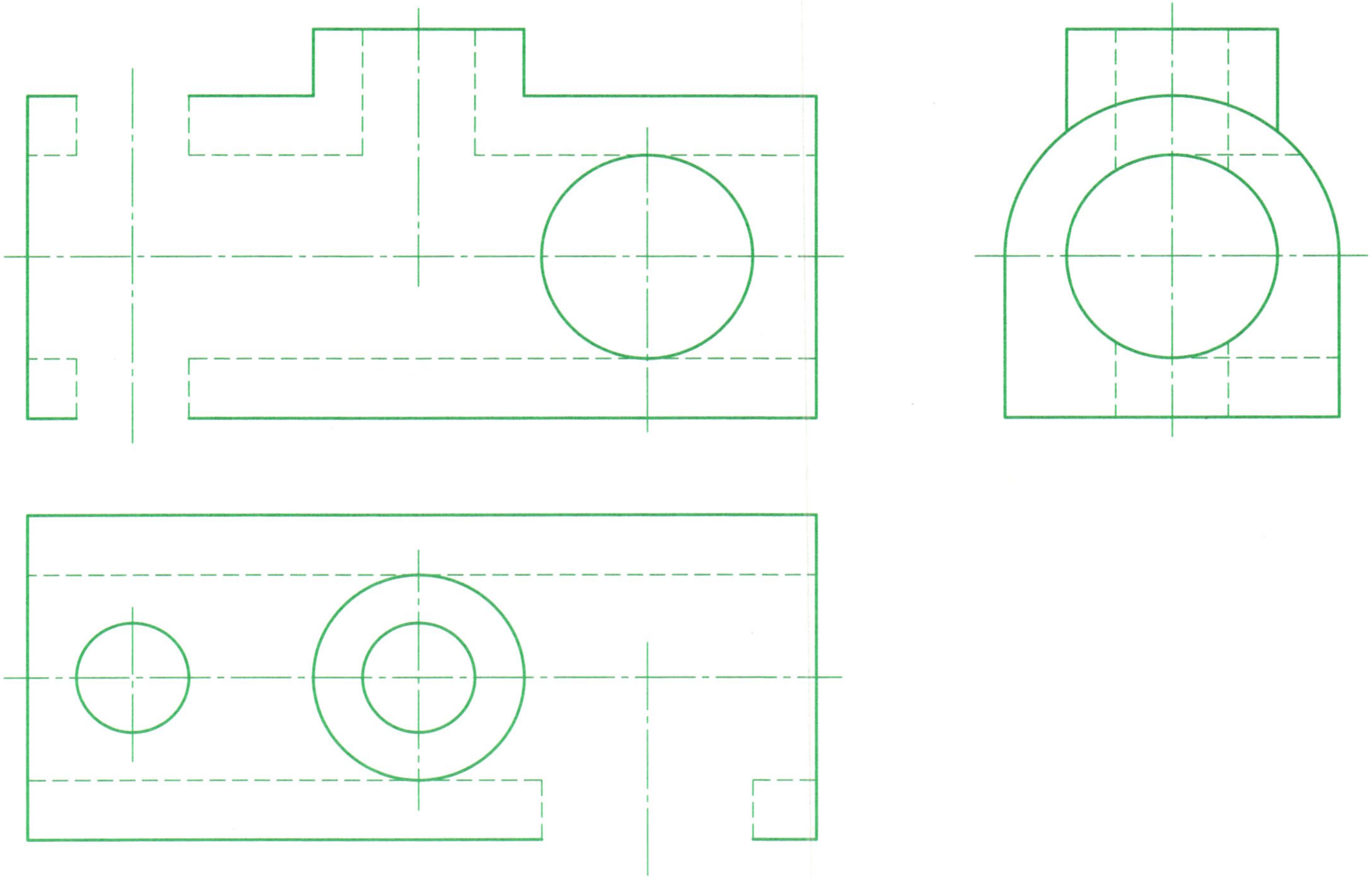

班级 ________ 学号 ________ 姓名 ________

4-18 完成相贯线的正面投影。

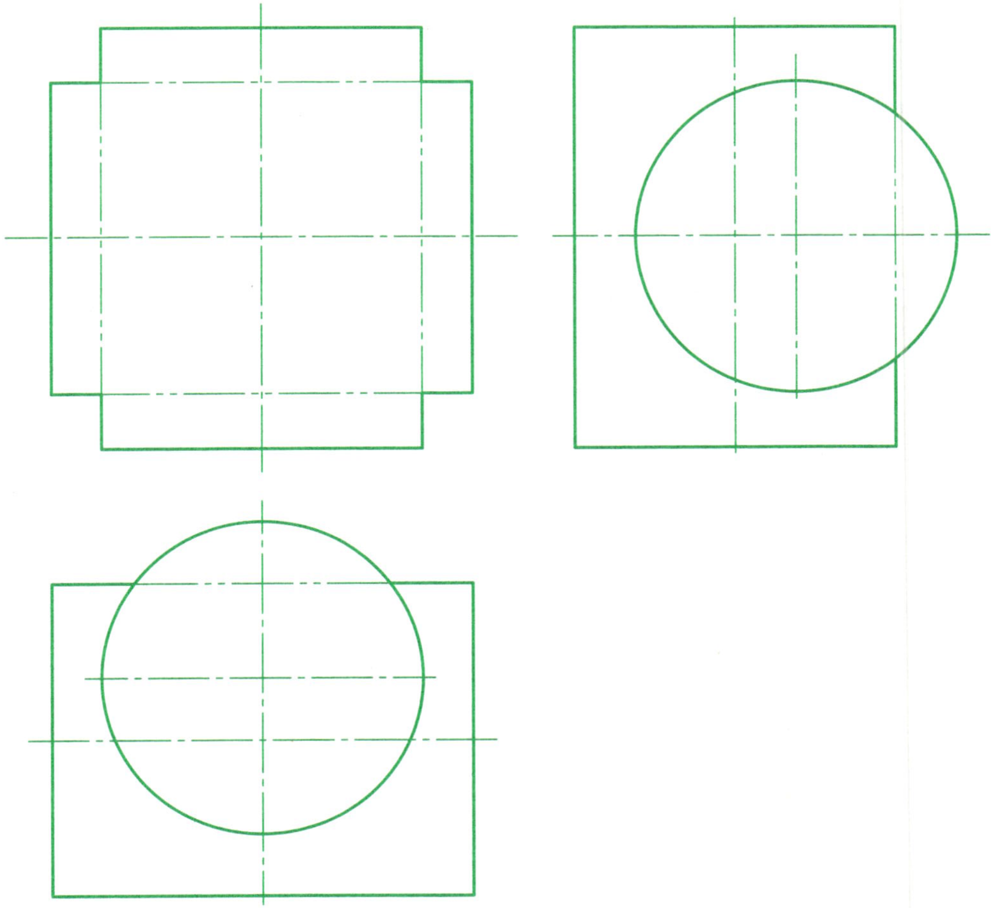

班级 __________ 学号 __________ 姓名 __________

4-19 分析组合体，并补画出所缺的相贯线。

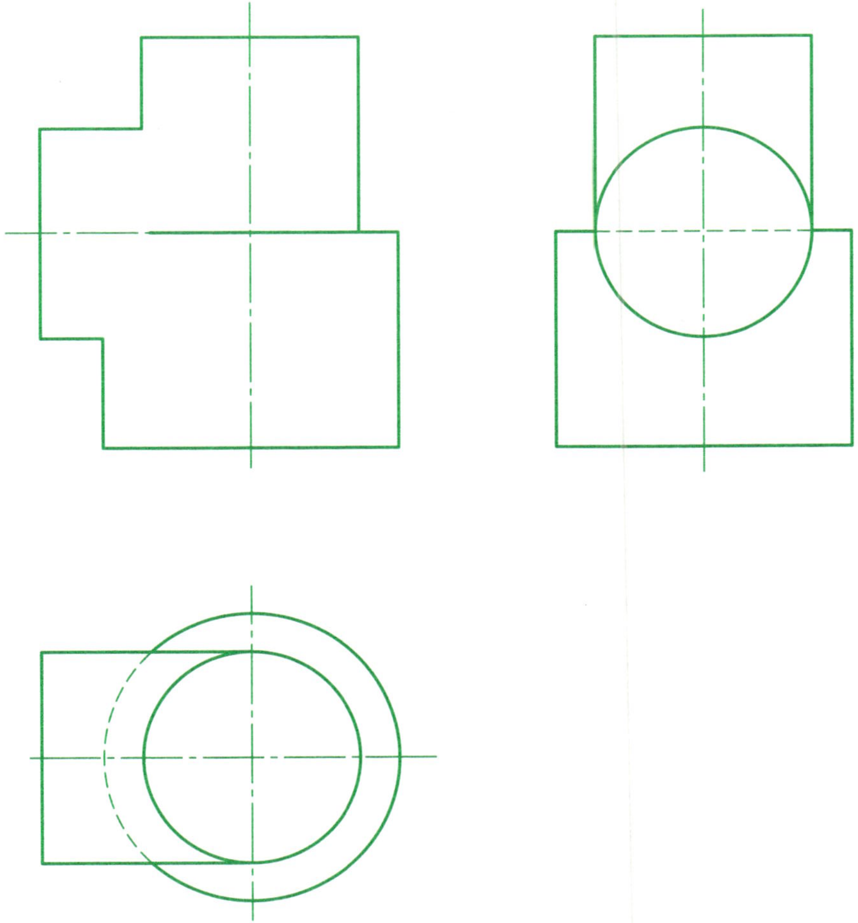

班级 ____________ 学号 ____________ 姓名 ____________

4-20 分析组合体，并补画出所缺的相贯线。

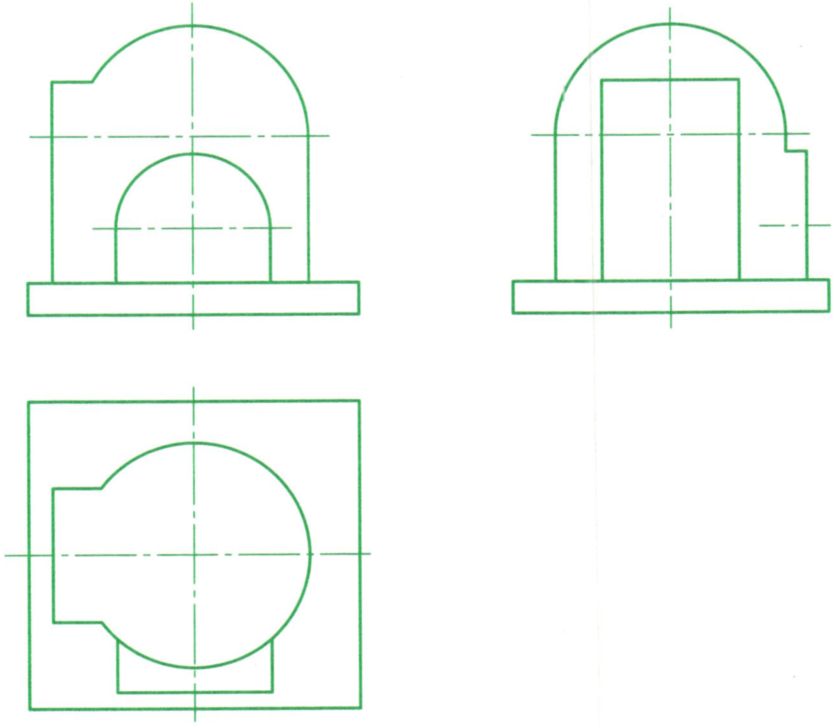

班级 ________ 学号 ________ 姓名 ________

5-1 根据模型或轴测图上所注的尺寸画出三视图，并在视图上标注尺寸(选取适当比例画在A4图纸上)。

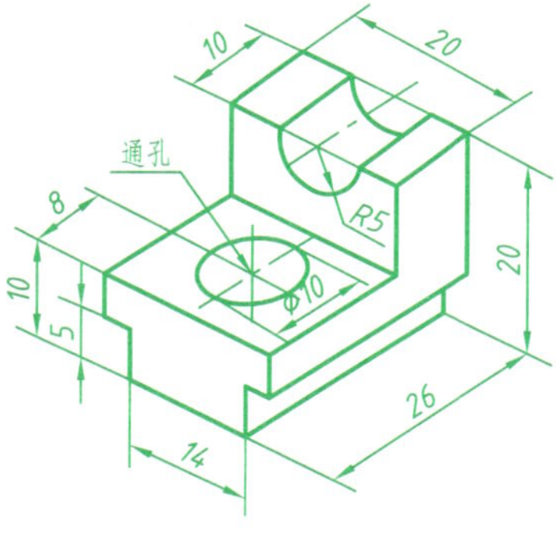

(a)

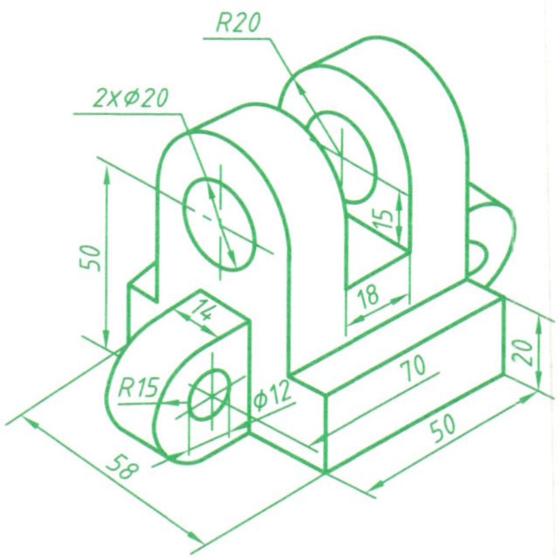

(b)

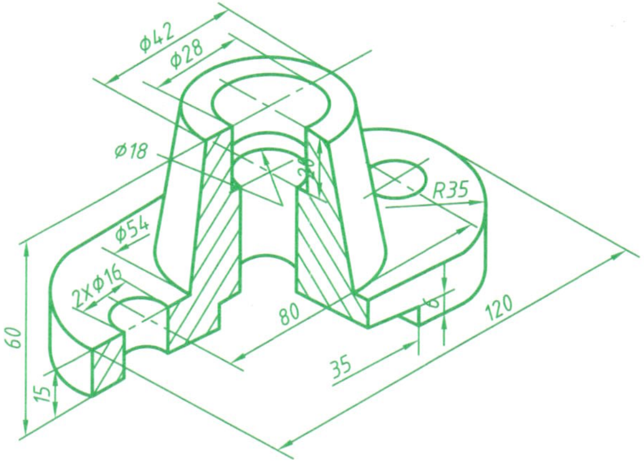

(c)

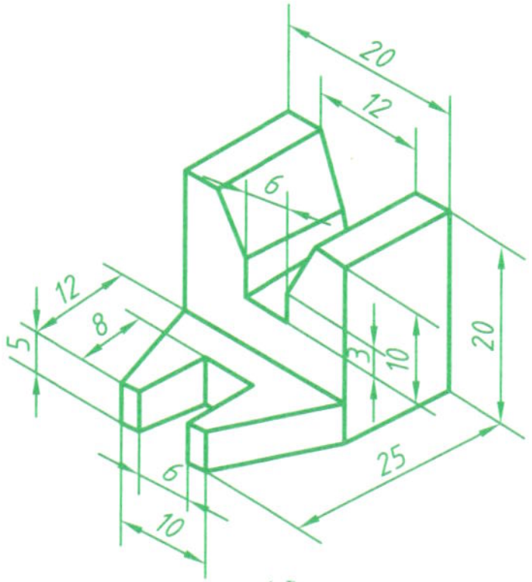

(d)

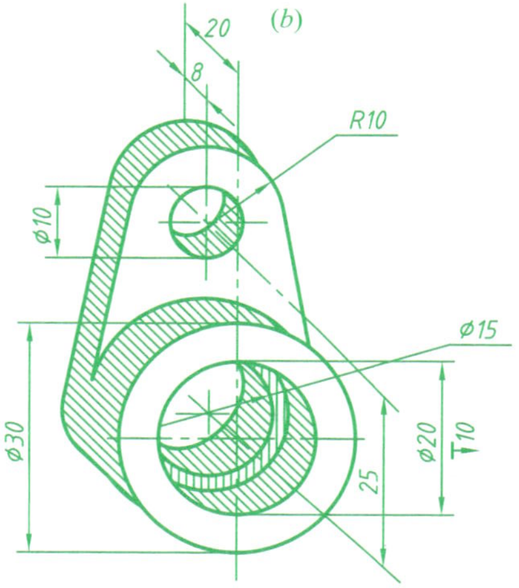

(e)

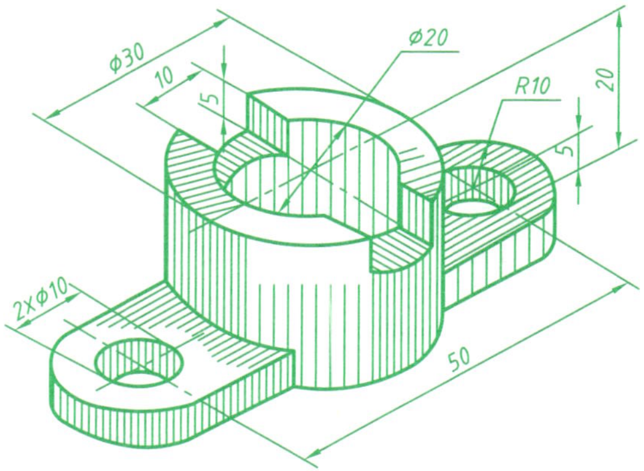

(f)

班级 ________ 学号 ________ 姓名 ________

5-2 根据物体的轴测图画出其三视图(比例1：1)并标注尺寸。

(1) 在A3图纸上画。

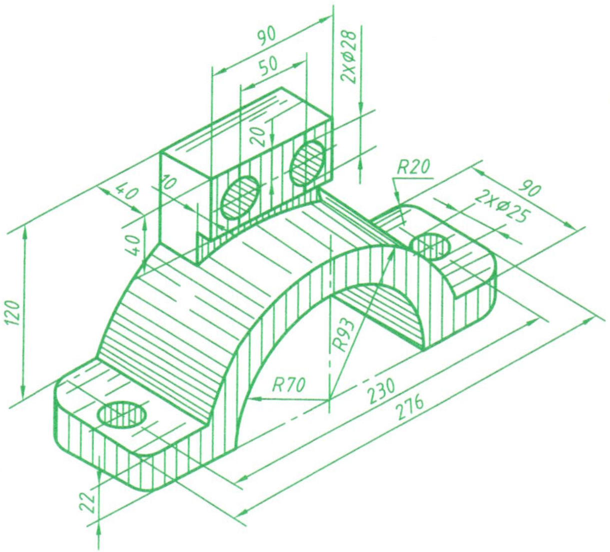

(2) 在A4图纸上画。

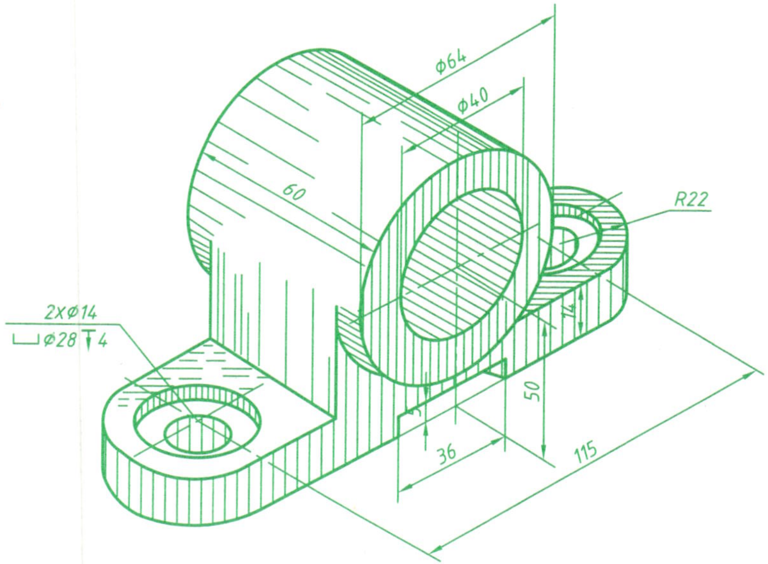

班级 ________ 学号 ________ 姓名 ________

5-3 画三视图并标注尺寸(画在A4图纸上)。

(1)

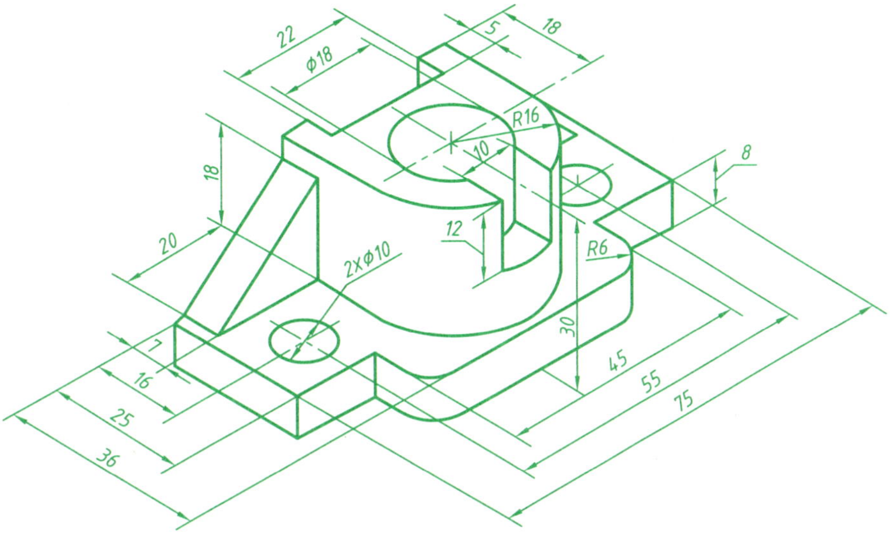

(2)

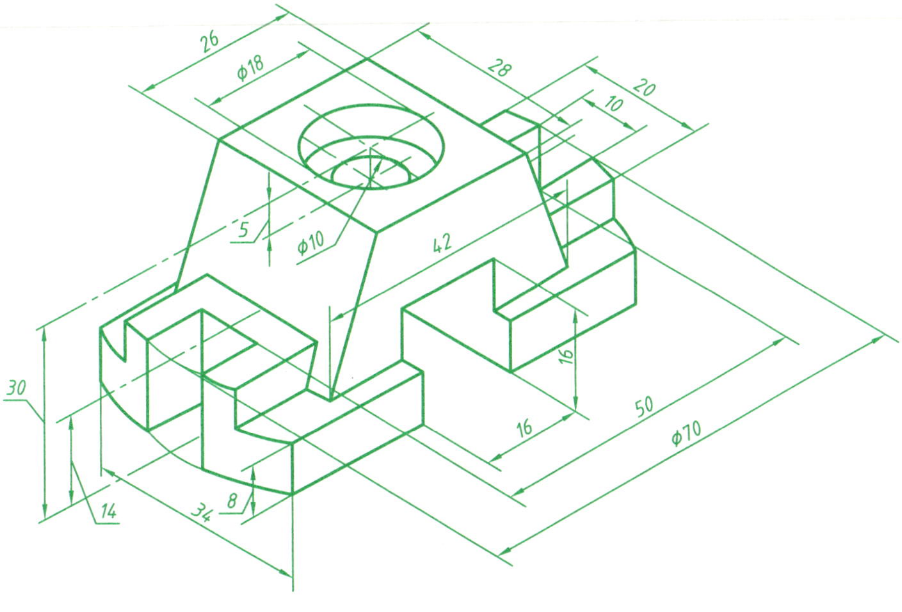

班级______ 学号______ 姓名______

5-4 标注各图的尺寸(按1：1直接从图中量取)。

(1)

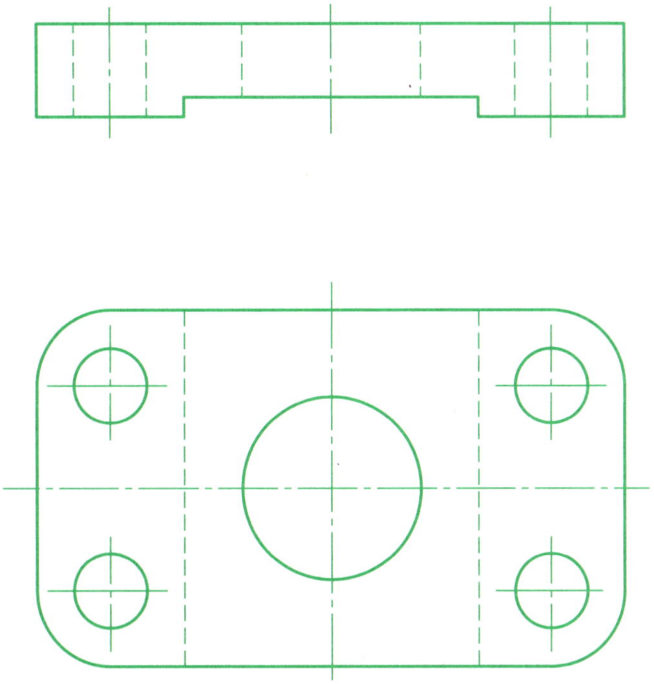

(2)

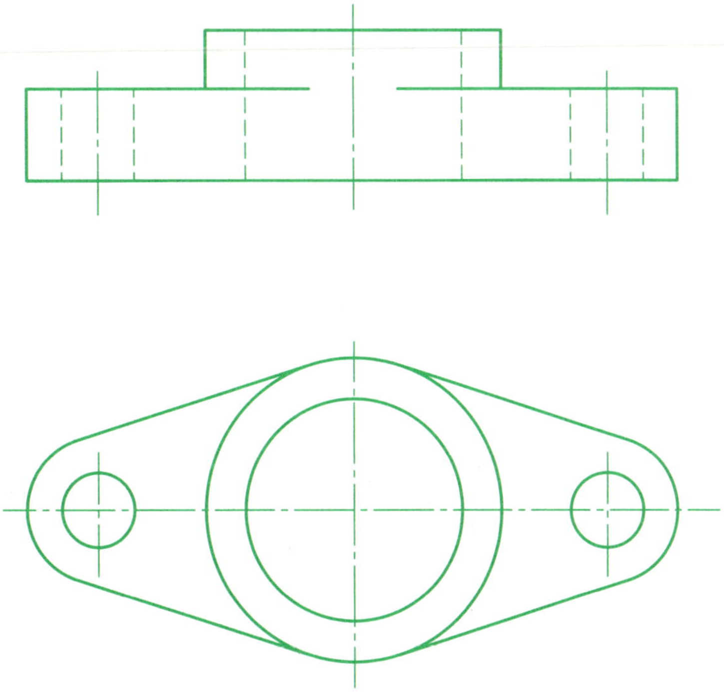

班级________ 学号________ 姓名________

5-5 标注各图的尺寸(按1：1直接从图中量取)。

(1)

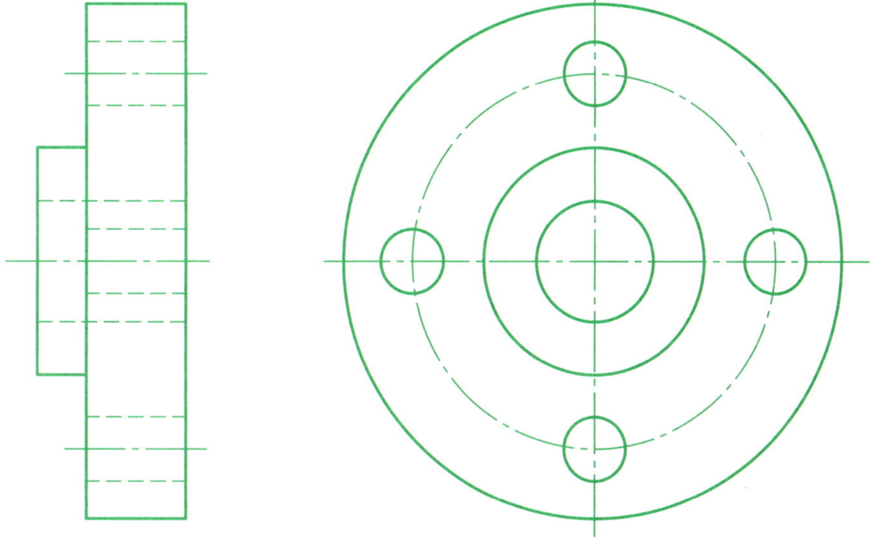

(2)

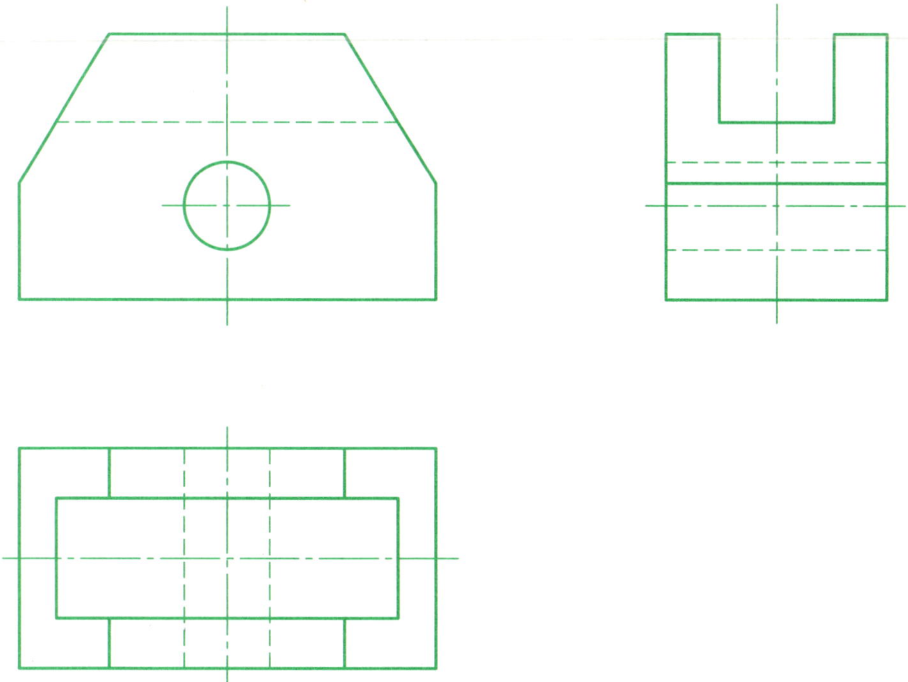

班级________ 学号________ 姓名________

5-6 分析组合体由哪些形体组成，补画左视图。

(1)

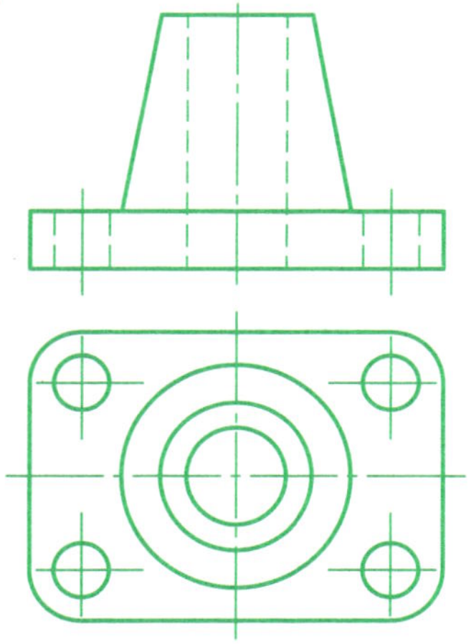

(2)

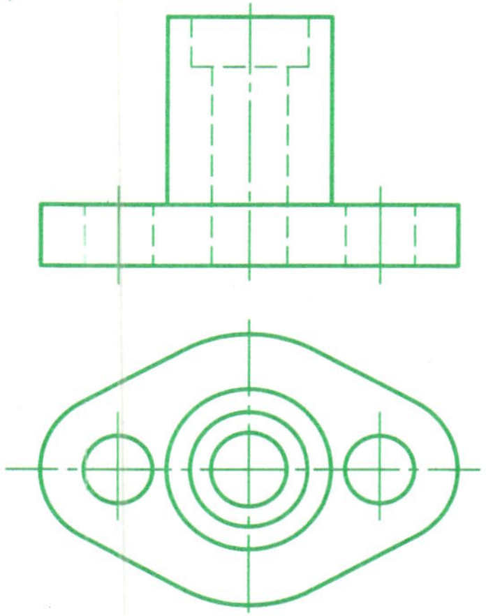

(3)

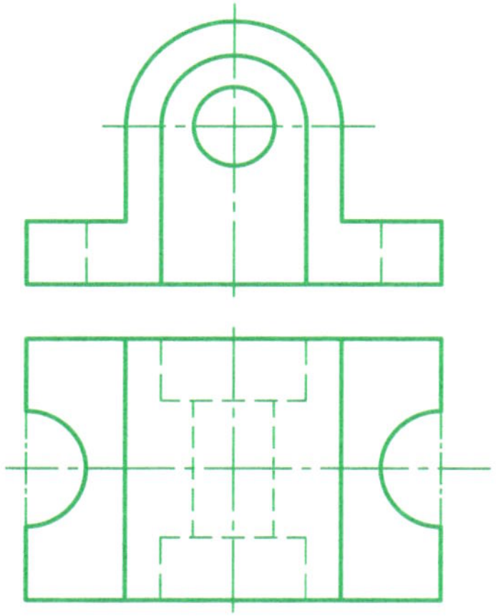

(4)

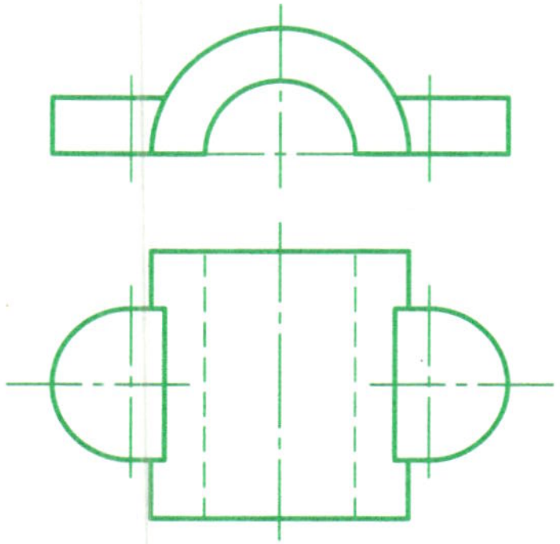

班级 ＿＿＿＿＿＿ 学号 ＿＿＿＿＿＿ 姓名 ＿＿＿＿＿＿

5-7 补画左视图。

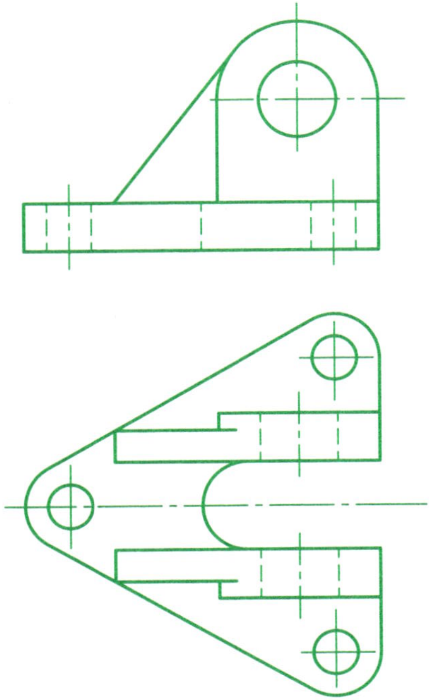

5-8 补画左视图。

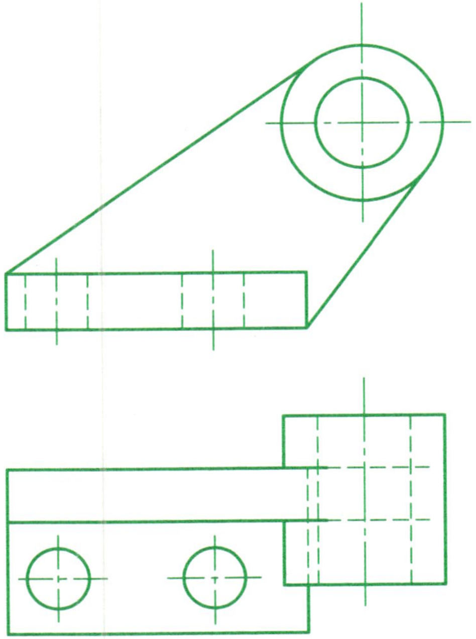

班级 ____________ 学号 ____________ 姓名 ____________

5-9 补画左视图。

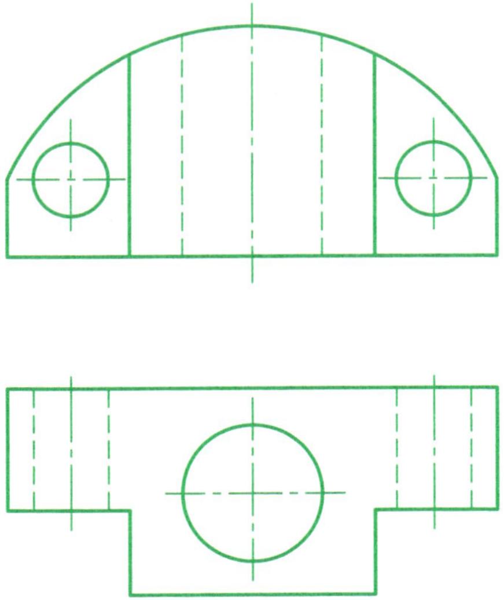

5-10 补画左视图。

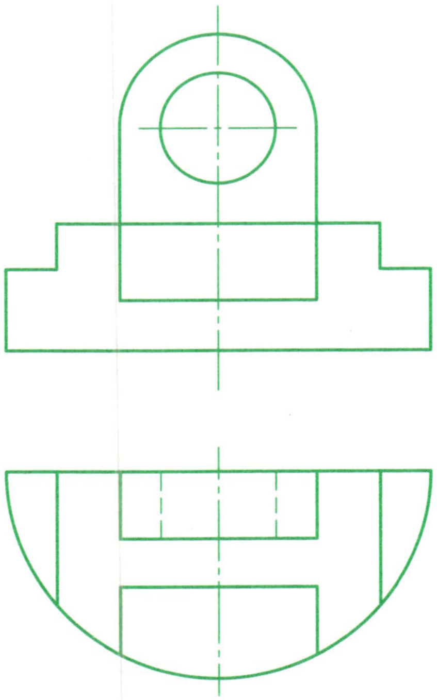

班级 ________ 学号 ________ 姓名 ________

5-11 补画主视图。

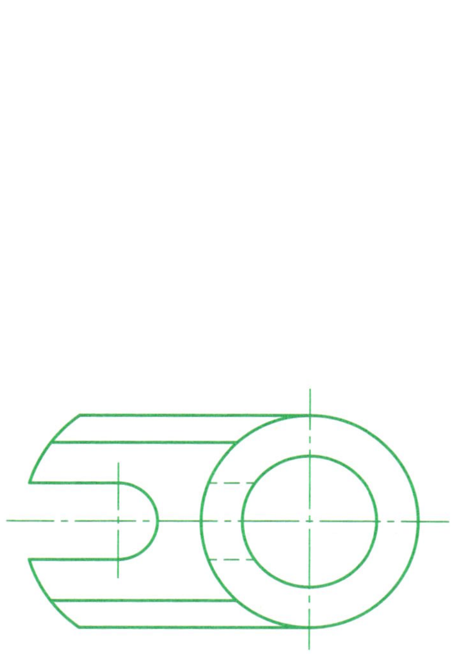

5-12 补画左视图。

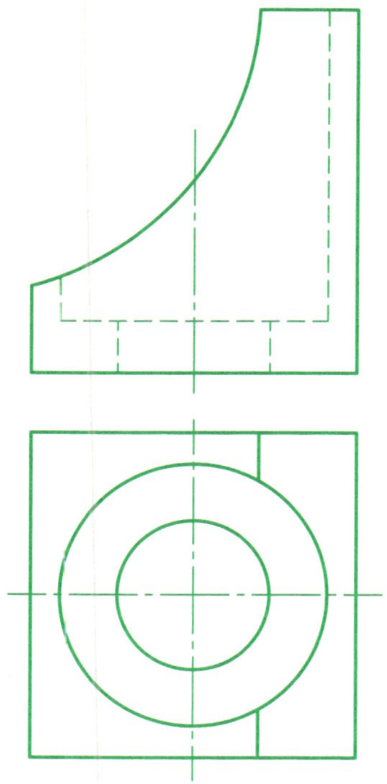

班级 ________ 学号 ________ 姓名 ________

5-13 分析组合体的形成，补画左视图。

(1)

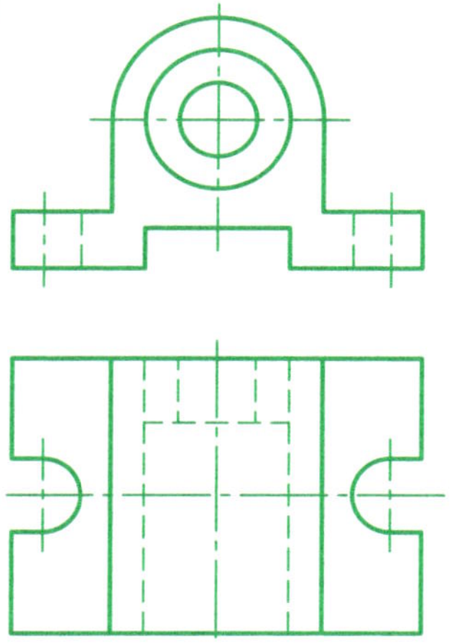

(2)

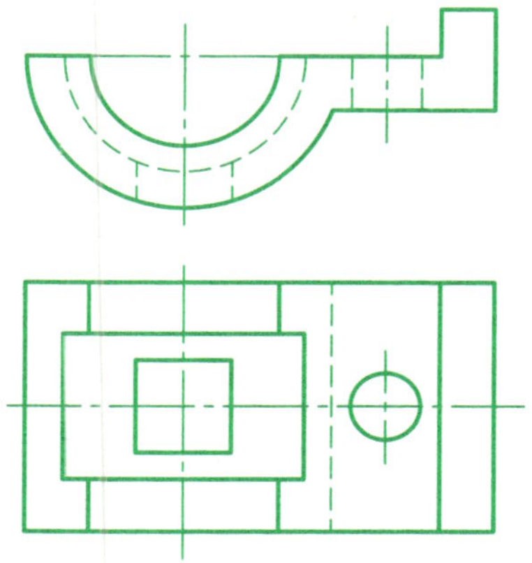

(3)

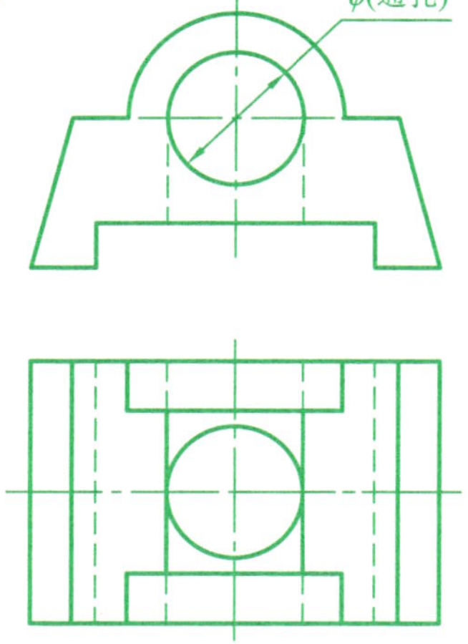

(4)

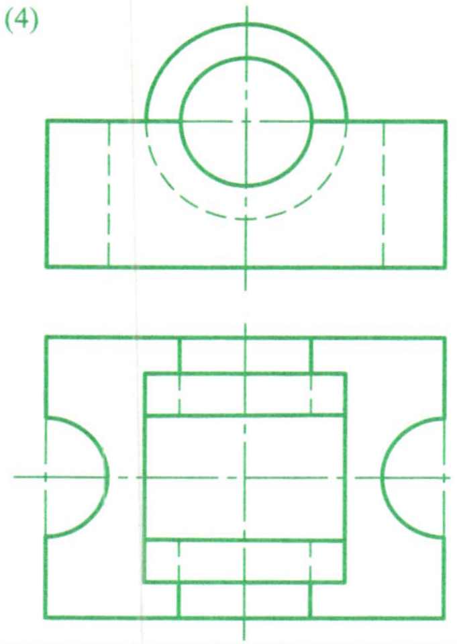

班级 ____________ 学号 ____________ 姓名 ____________

5-14 根据已给两视图，补画主视图。

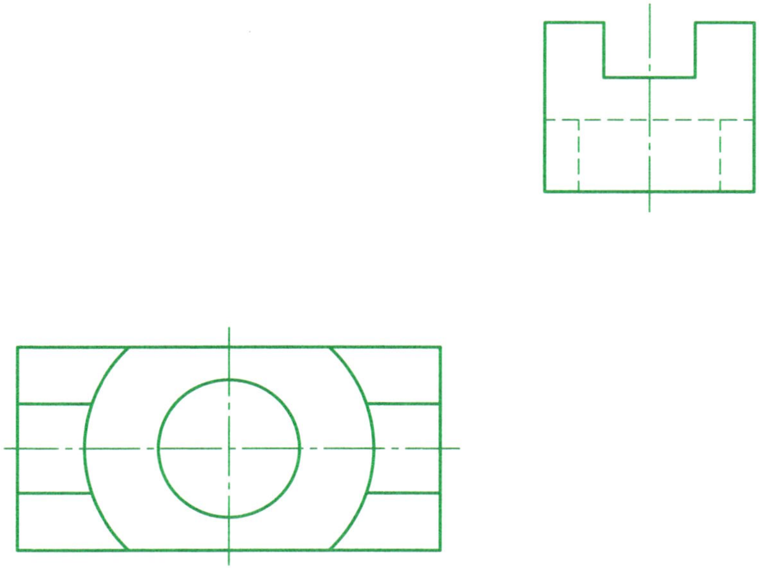

5-15 根据已给两视图，补画俯视图。

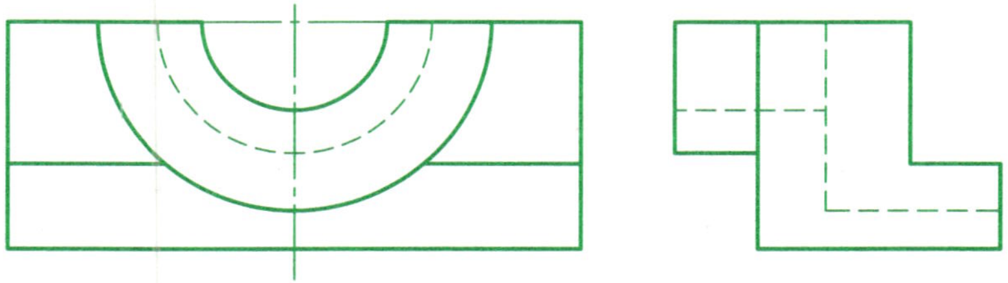

班级 ________ 学号 ________ 姓名 ________

5-16 分析图中切口和截交线的投影，并画出左视图。

班级 __________ 学号 __________ 姓名 __________

5-17 进行图线分析，并画出左视图。

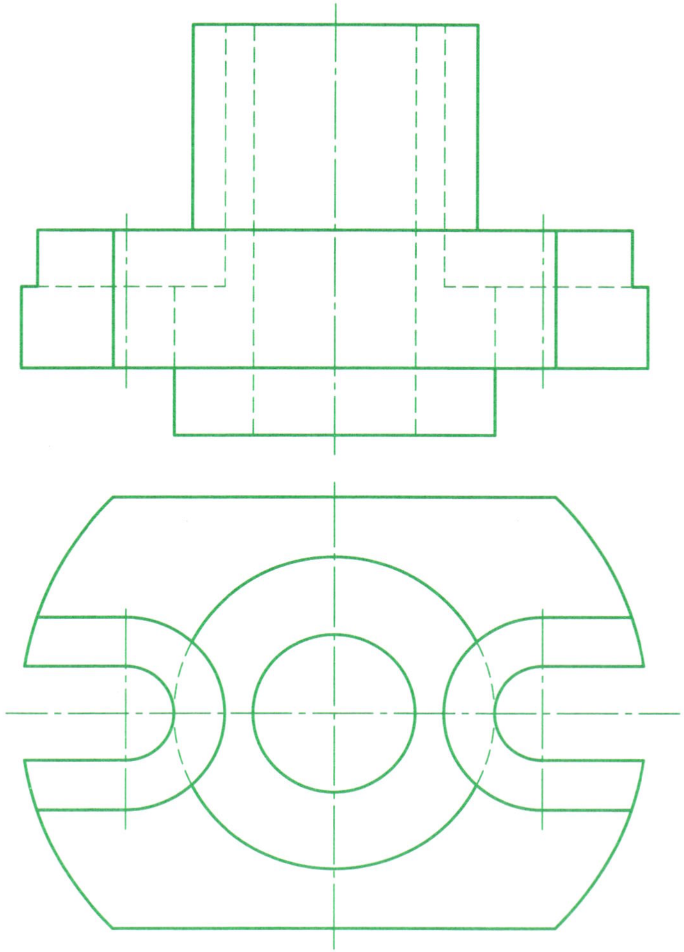

班级 ____________ 学号 ____________ 姓名 ____________

5-18 读图后画出左视图。

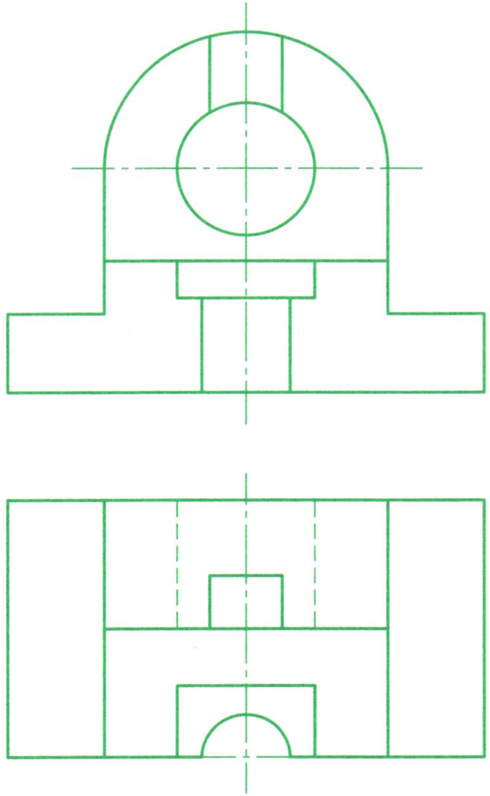

班级 ________ 学号 ________ 姓名 ________

5-19 读图后画出左视图。

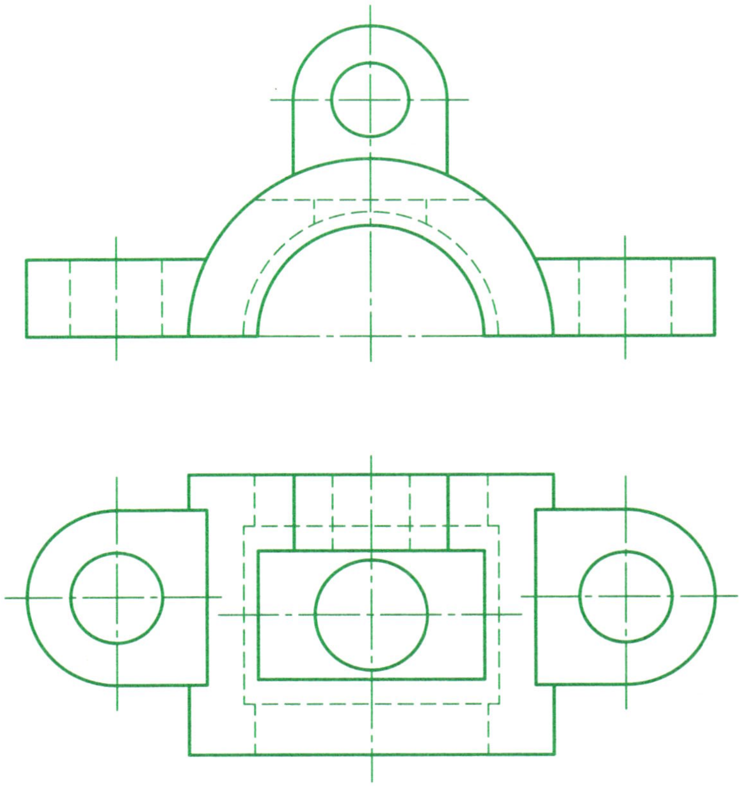

班级 ________ 学号 ________ 姓名 ________

5-20 读图后画出主视图。

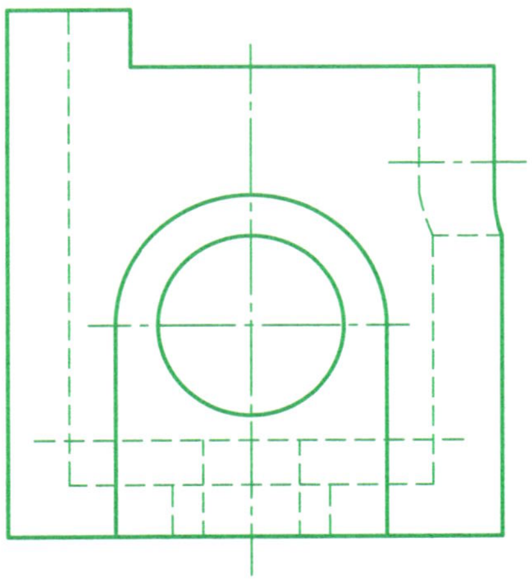

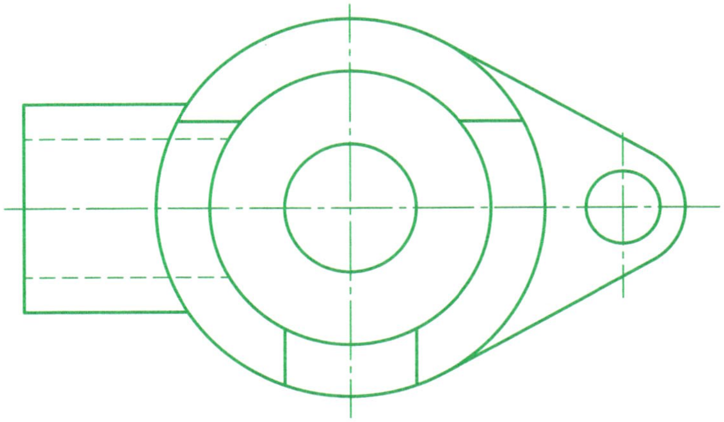

班级 ________ 学号 ________ 姓名 ________

6-1 补画左视图，并作正等轴测图。

(1)

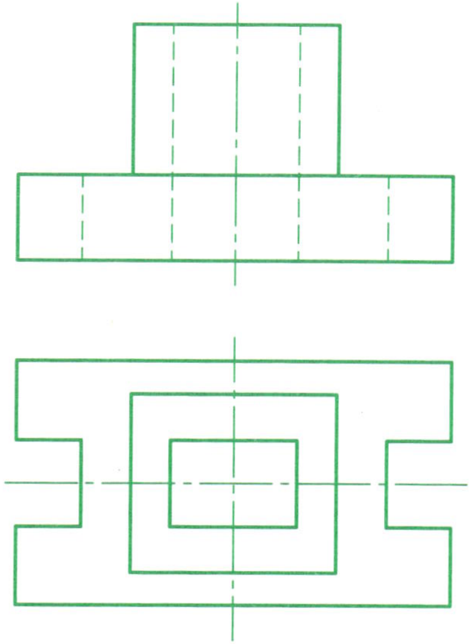

(2)

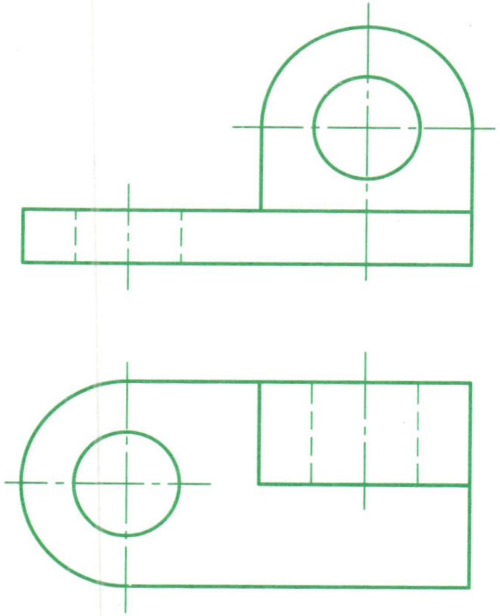

班级 ________ 学号 ________ 姓名 ________

6-2 画出物体的正等轴测图。

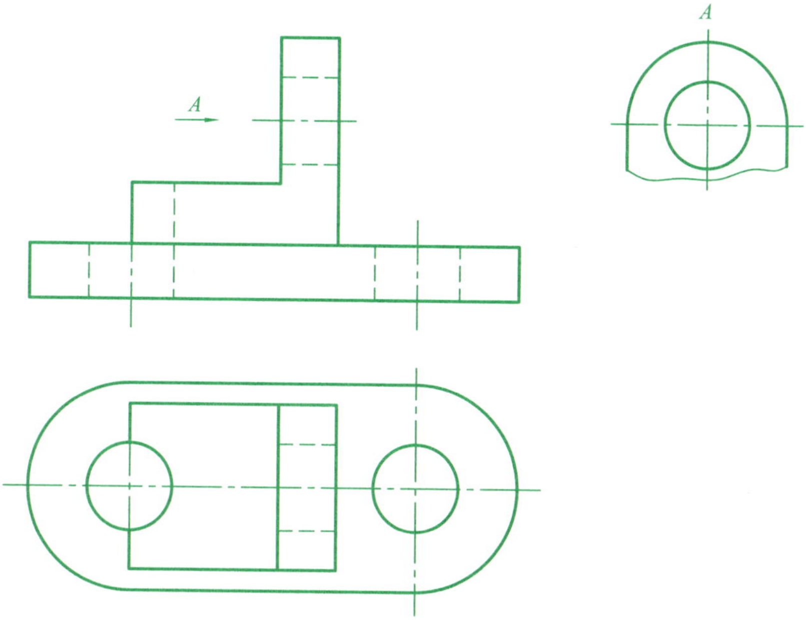

班级 ________ 学号 ________ 姓名 ________

6-3 画出各物体的斜二等轴测图。

(1)

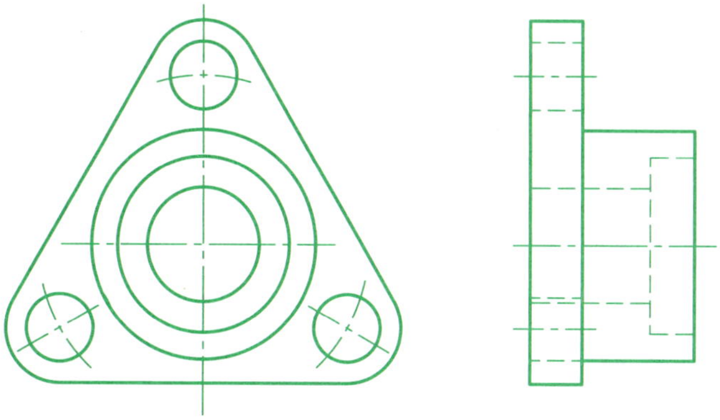

(2)

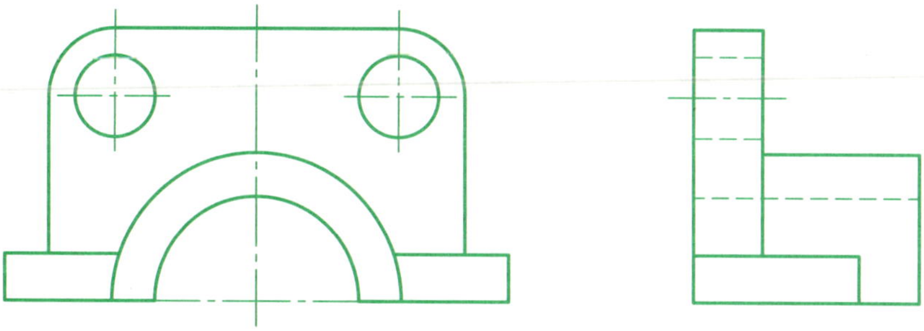

班级＿＿＿＿ 学号＿＿＿＿ 姓名＿＿＿＿

6-4 画出物体的斜二等轴测图。

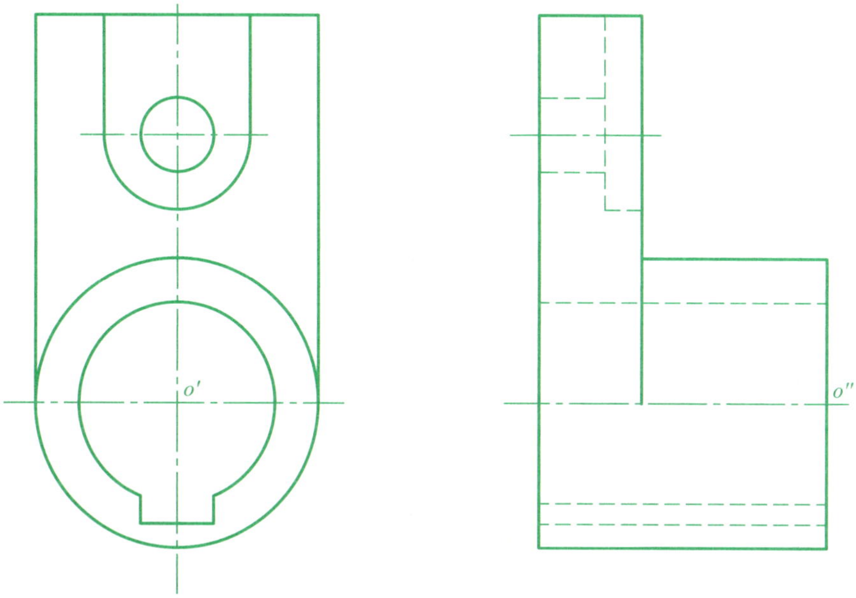

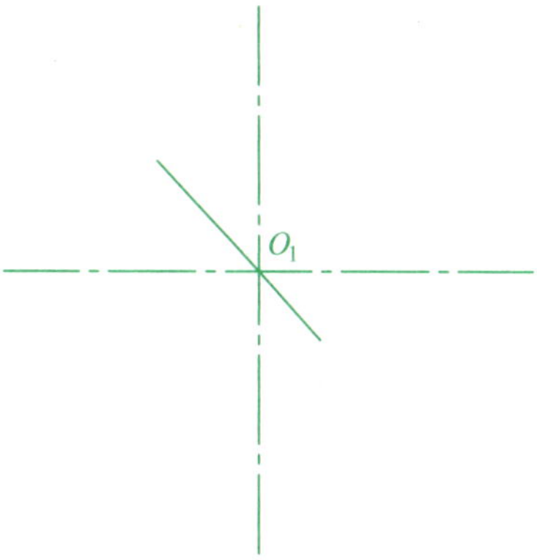

班级________ 学号________ 姓名________

7-1 根据所给的两视图，参照轴测图补画出B向局部视图。

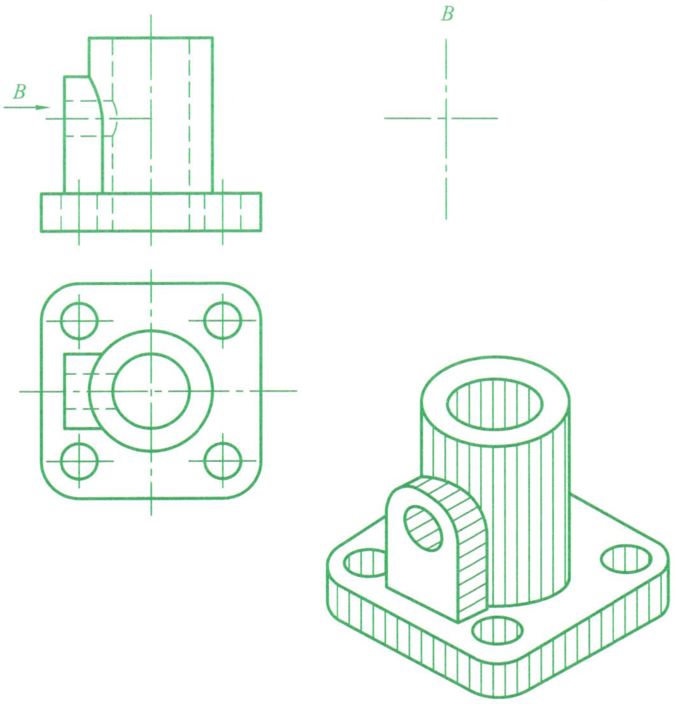

7-2 根据所给的两视图，参照轴测图补画出A向斜视图。

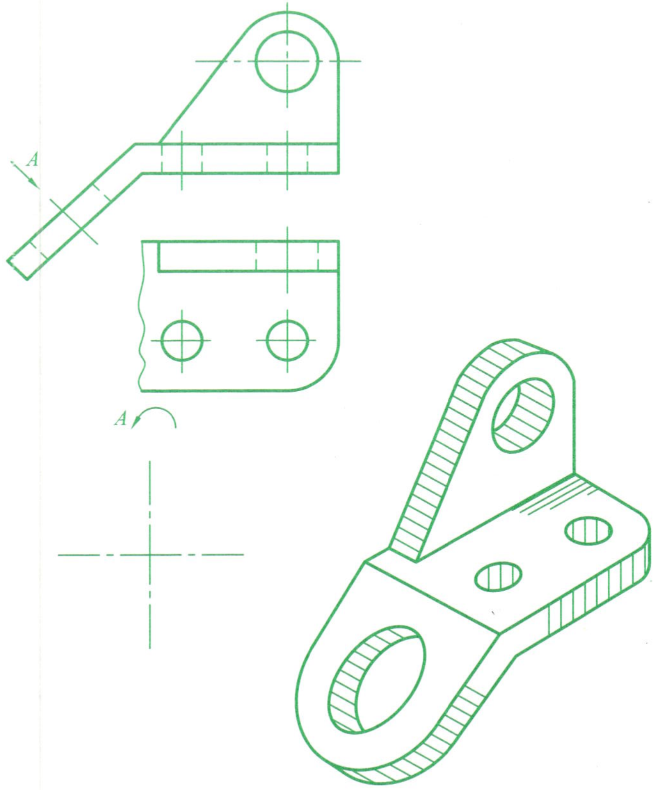

班级 ________ 学号 ________ 姓名 ________

7-3 分析各物体的全剖视图，补画主视图中遗漏的图线。

(1)

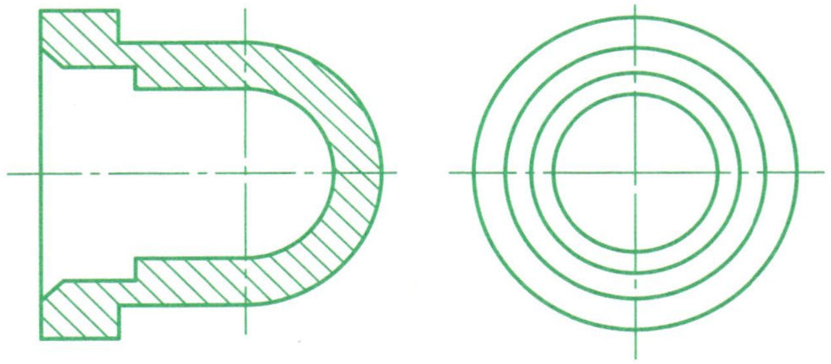

(2)

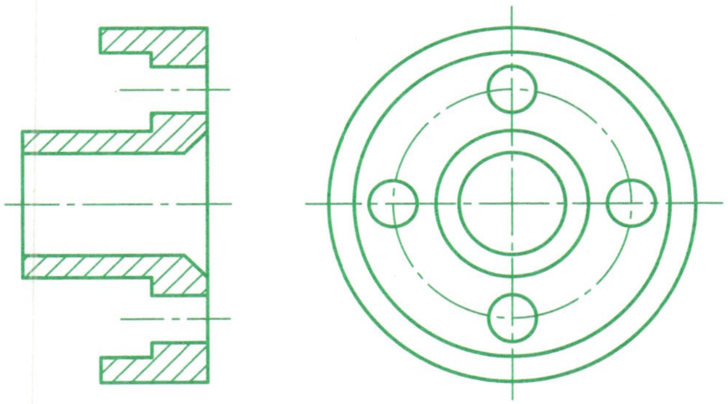

(3)

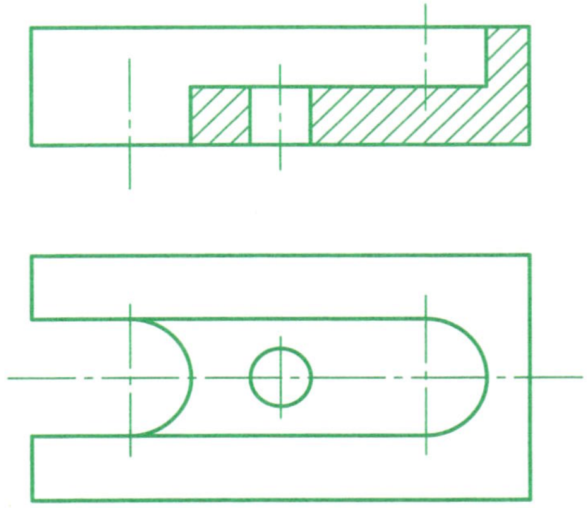

(4)

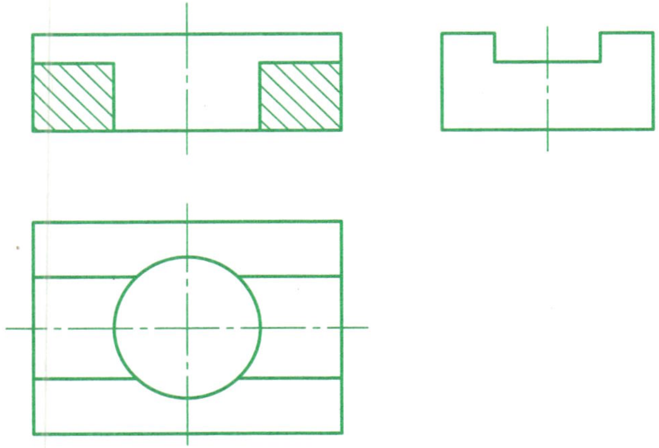

班级 ________ 学号 ________ 姓名 ________

7-4 在指定位置将各主视图改为全剖视图。

(1)

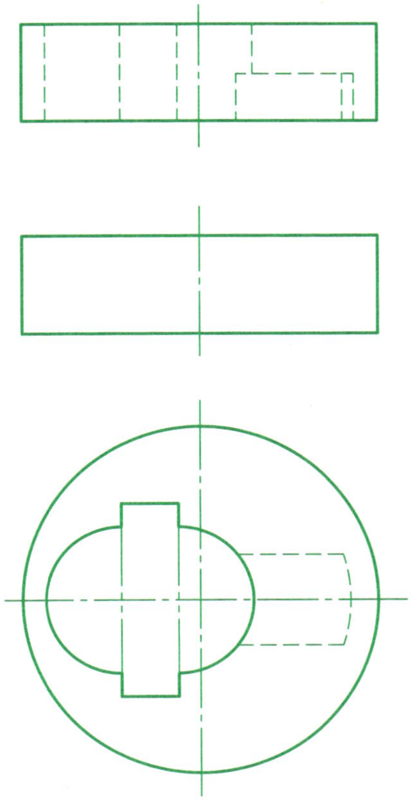

(2)

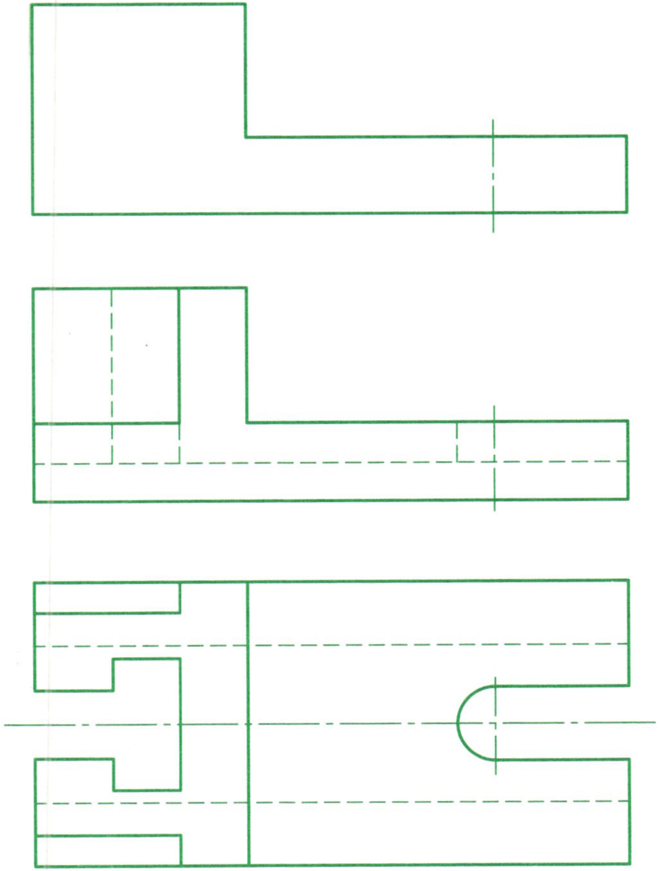

班级 ________ 学号 ________ 姓名 ________

7-5 求作全剖视左视图。

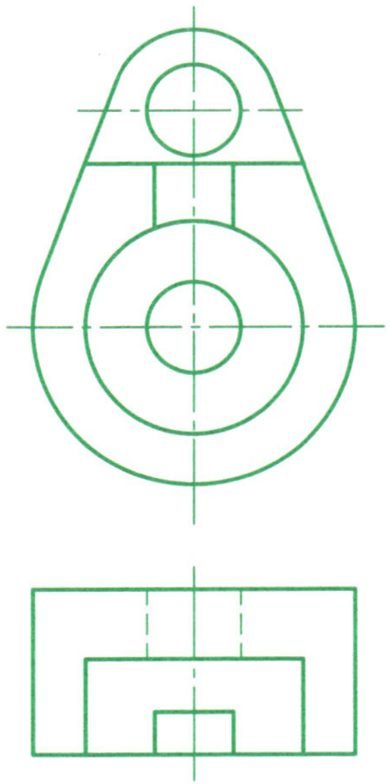

7-6 求作全剖视主视图。

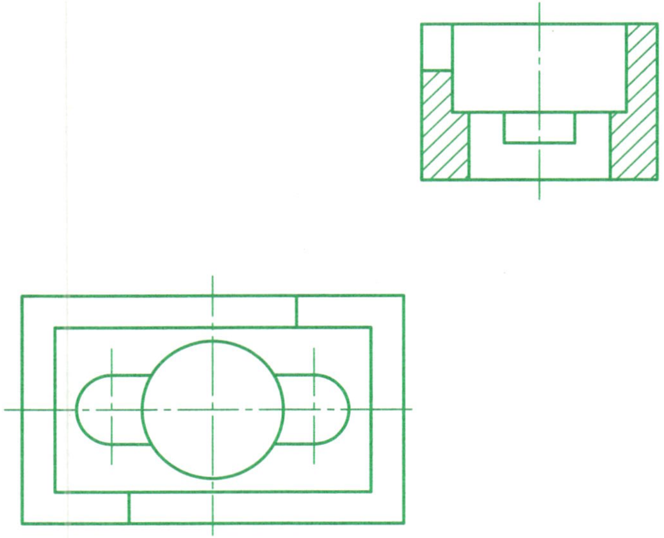

班级 ________ 学号 ________ 姓名 ________

7-7 补画左视图(外形图)，并在主视图上作全剖视。

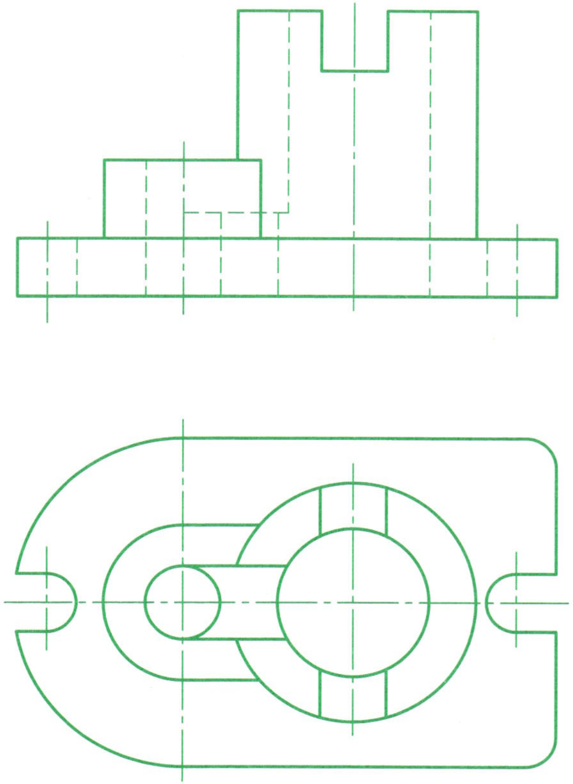

班级 __________ 学号 __________ 姓名 __________

7-8 用阶梯剖作出全剖视。

(1)

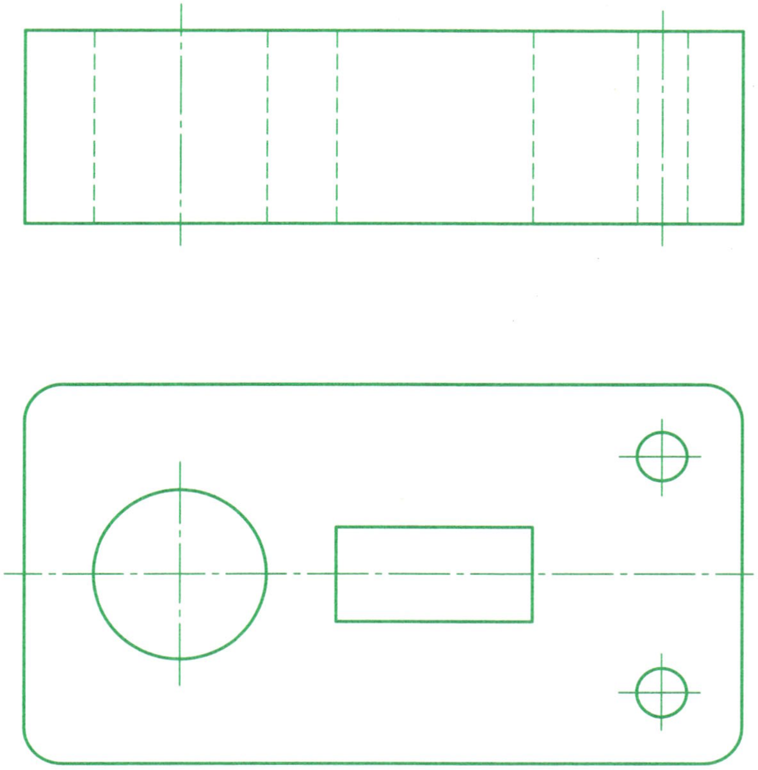

(2)

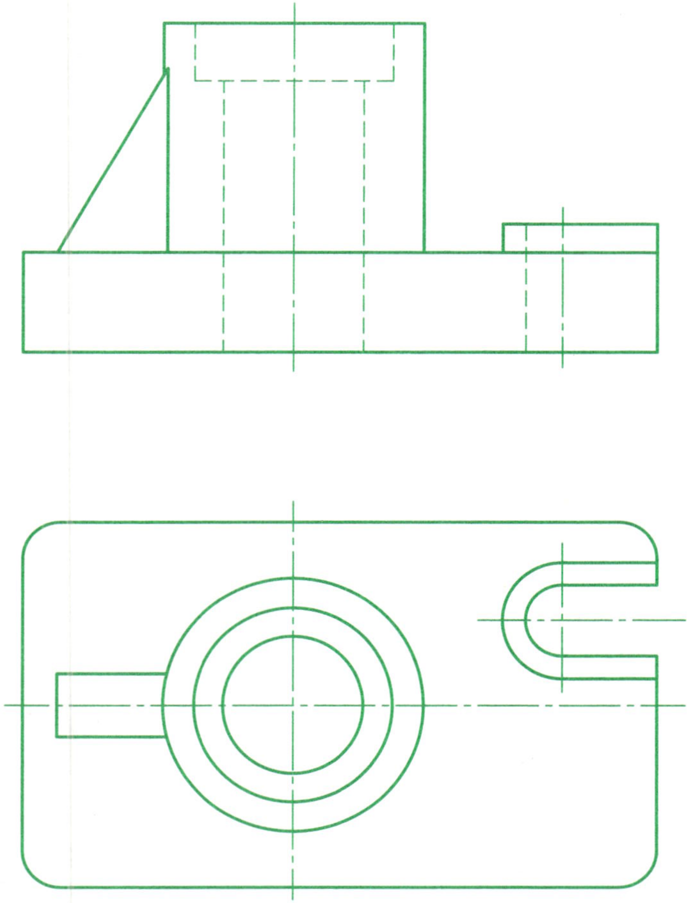

班级 ________ 学号 ________ 姓名 ________

7-9 在主视图上用阶梯剖作出全剖视，在俯视图上作局部剖视(表示右端圆柱孔)。

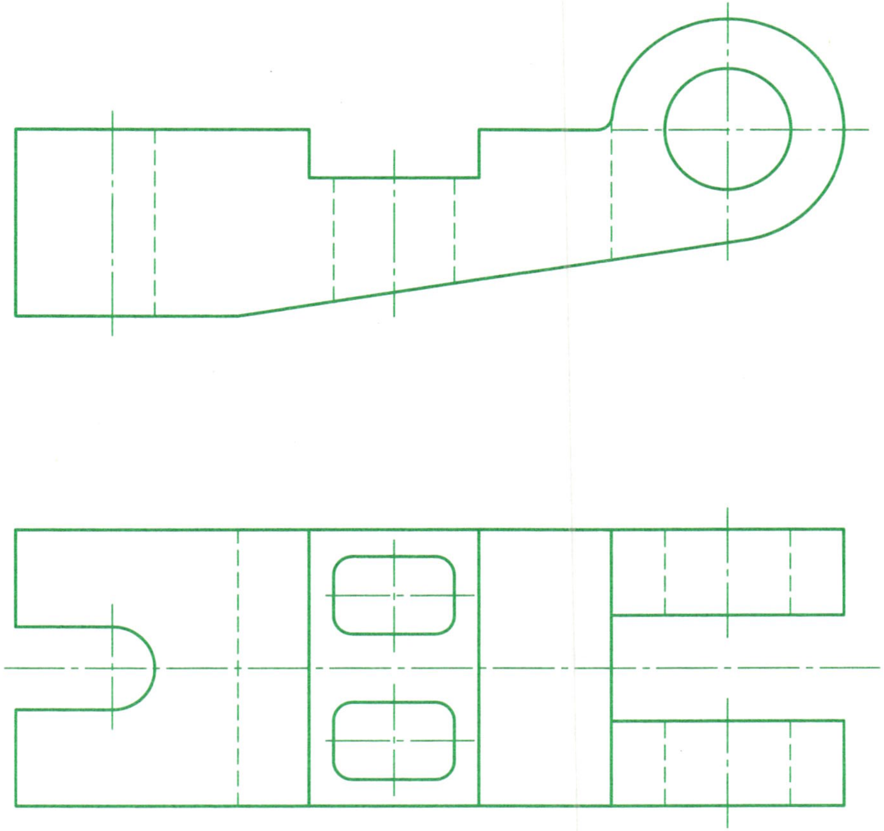

班级 ________ 学号 ________ 姓名 ________

7-10 在两视图中间的空白处将主视图改画成旋转剖视。

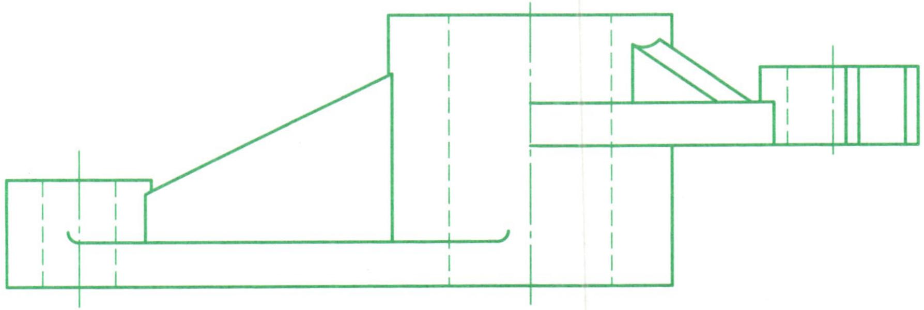

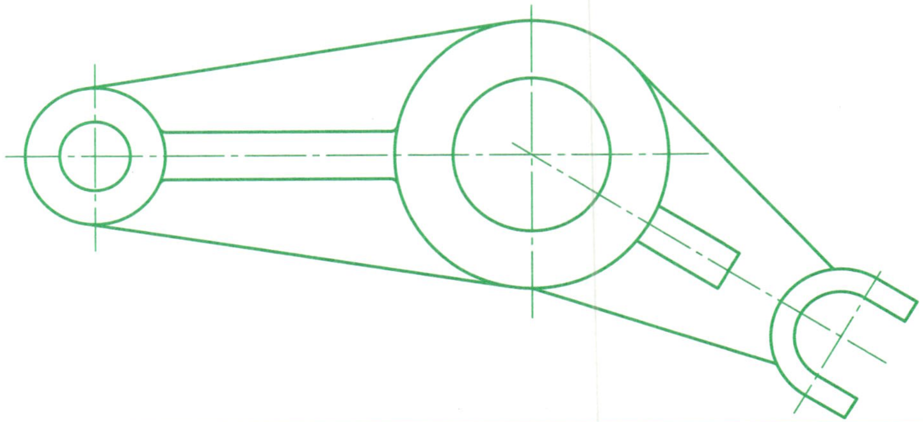

班级 ________ 学号 ________ 姓名 ________

7-11 在主视图左边的空白处把主视图改画成旋转剖视。

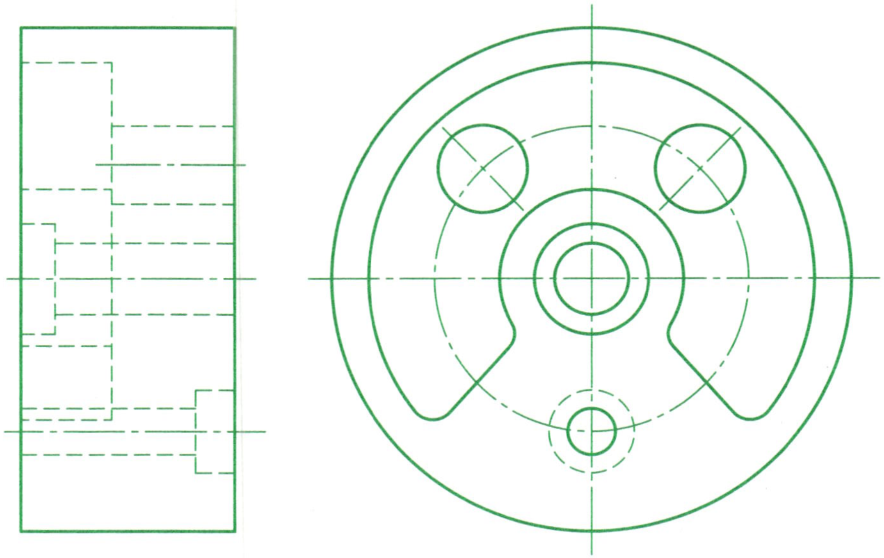

班级 ____________ 学号 ____________ 姓名 ____________

7-12 将主视图改为旋转剖视，重新画在上方的空白处。

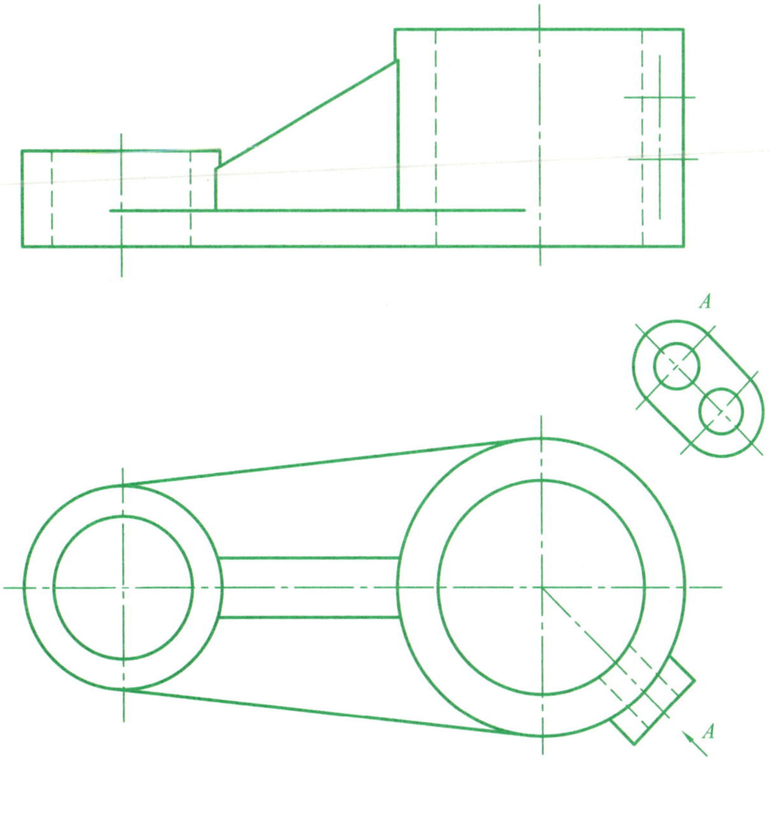

班级______ 学号______ 姓名______

7-13 读懂视图，在中间的矩形中(带两个圆孔)补全A—A剖视图，在左边空白处画出B—B斜剖视图。

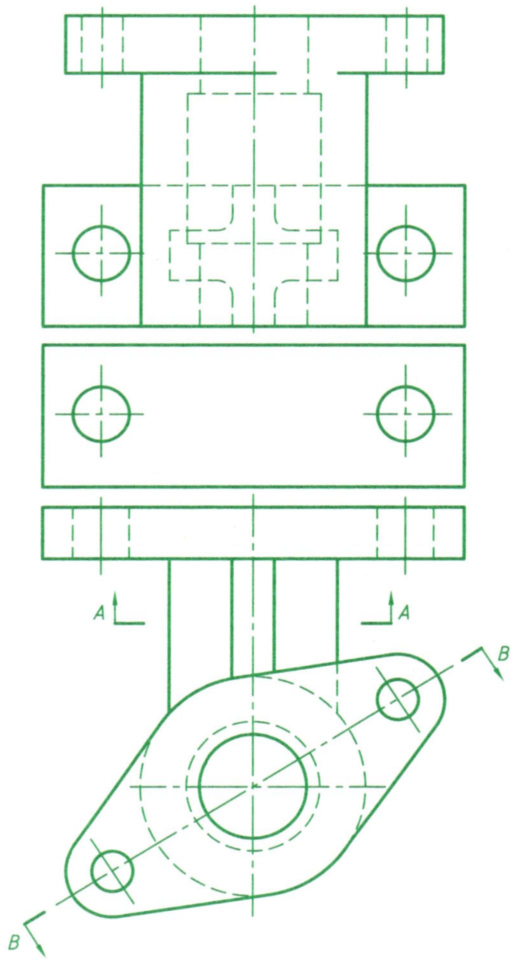

班级 ________ 学号 ________ 姓名 ________

7-14 在指定的位置将主视图画成半剖视图。

(1)

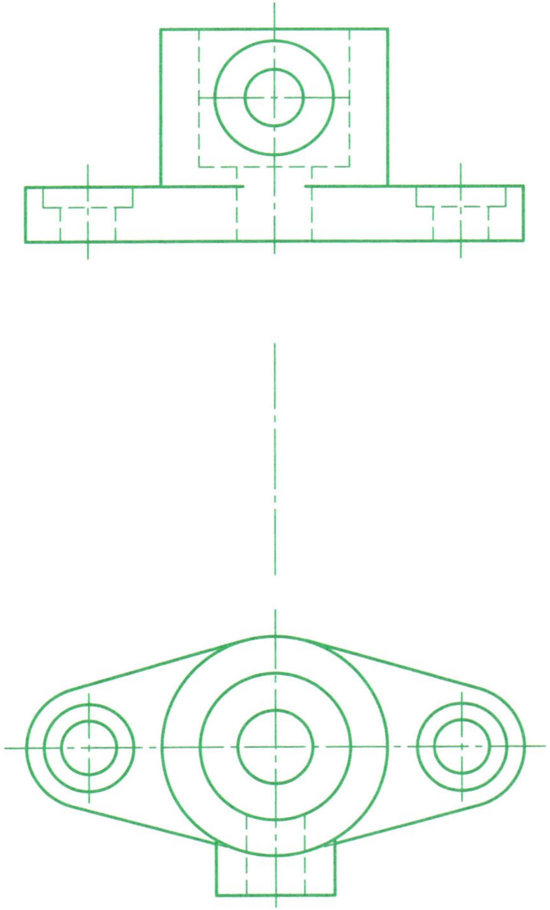

(2)

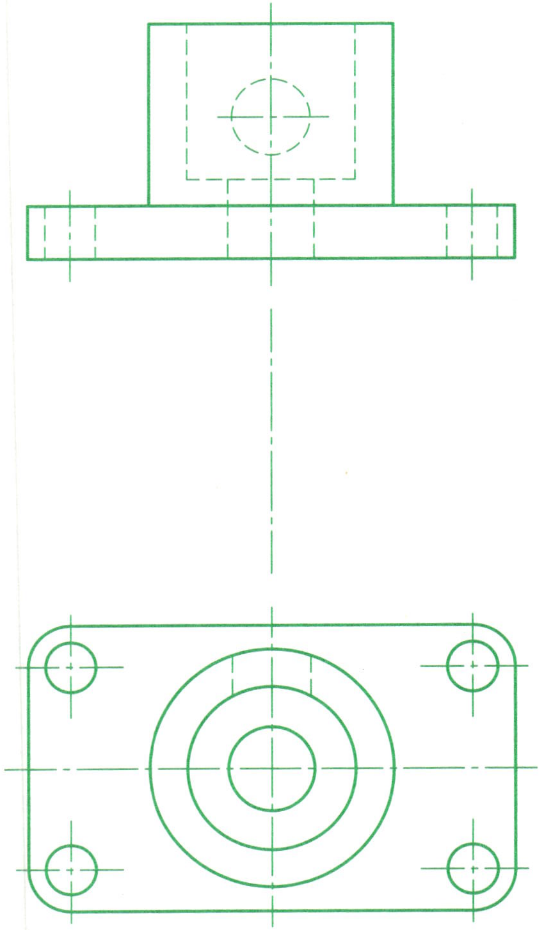

班级 ____________ 学号 ____________ 姓名 ____________

7-15 补画出半剖视的左视图，并在主视图上作半剖视。

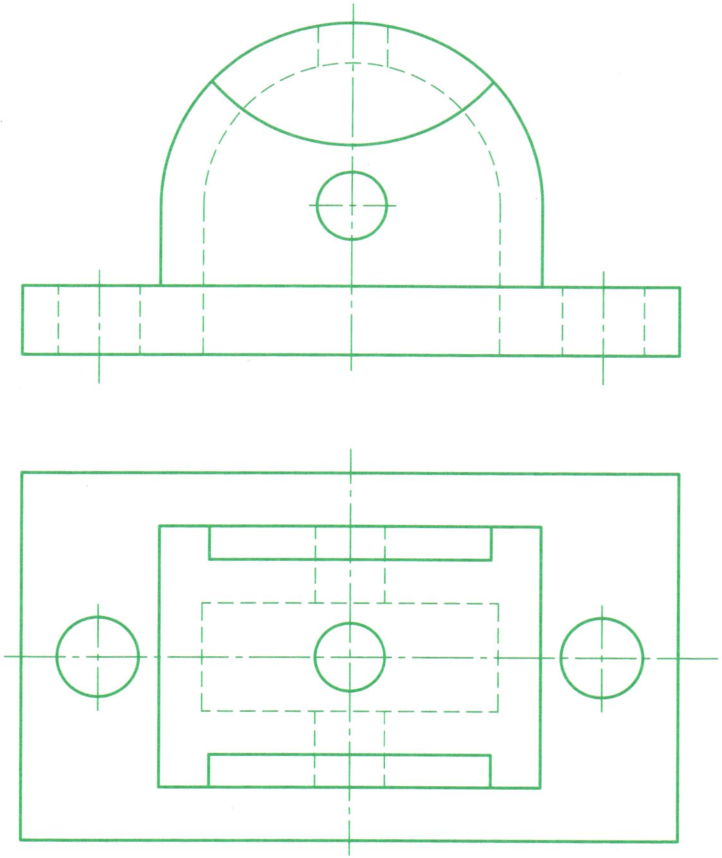

班级 ________ 学号 ________ 姓名 ________

7-16 改正各局部剖视图中的错误。

(1)

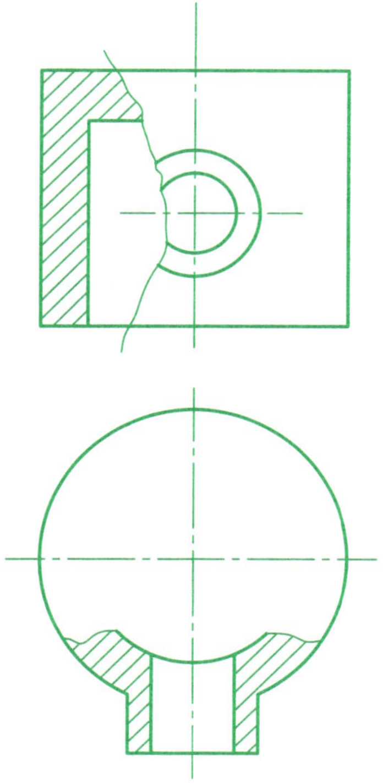

(2)

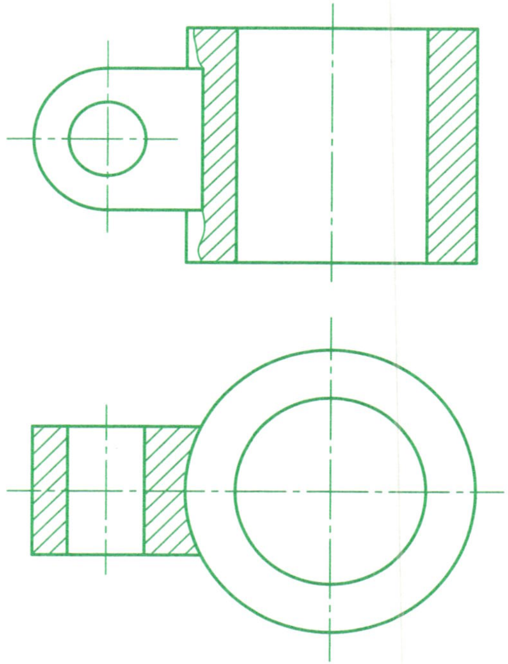

(3)

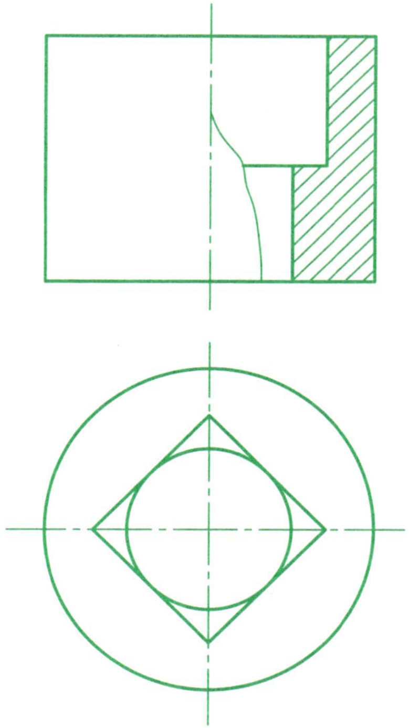

班级 ________ 学号 ________ 姓名 ________

7-17 在主视图及俯视图中作局部剖视，重新画在右边空白处。

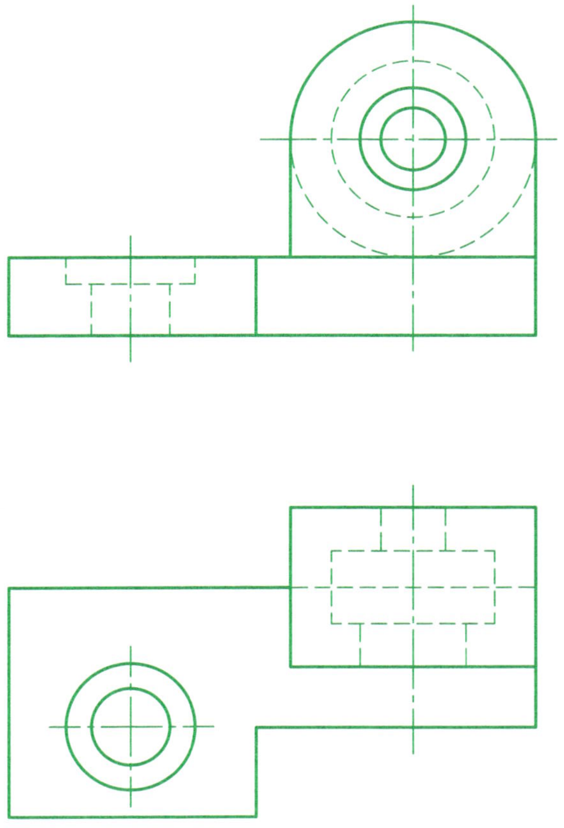

班级 ________ 学号 ________ 姓名 ________

7-18 补画左视图(外形图)，并在主视图和俯视图上作局部剖视，分别表示ϕ_1、ϕ_2孔与ϕ孔相通。

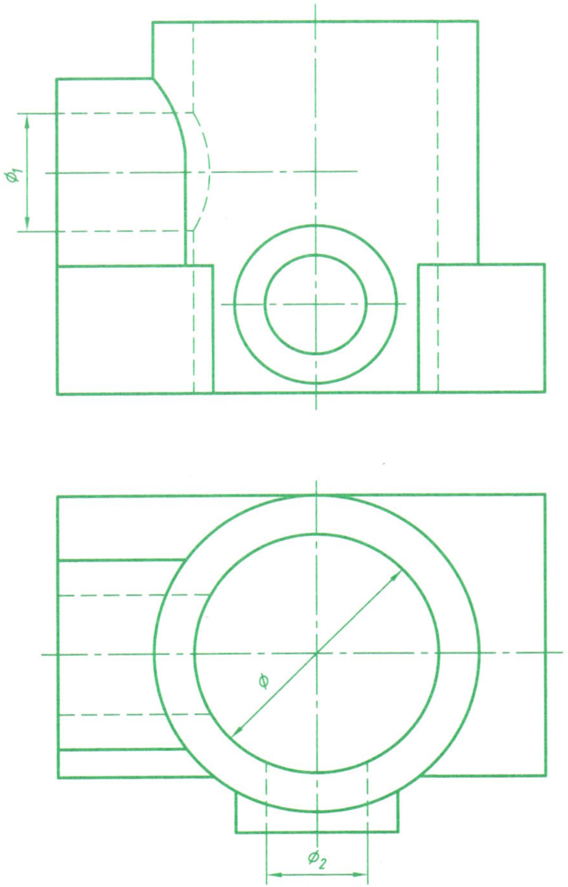

班级 ________ 学号 ________ 姓名 ________

7-19 补全主视图中所缺的线条(图中所有孔均为圆孔)。

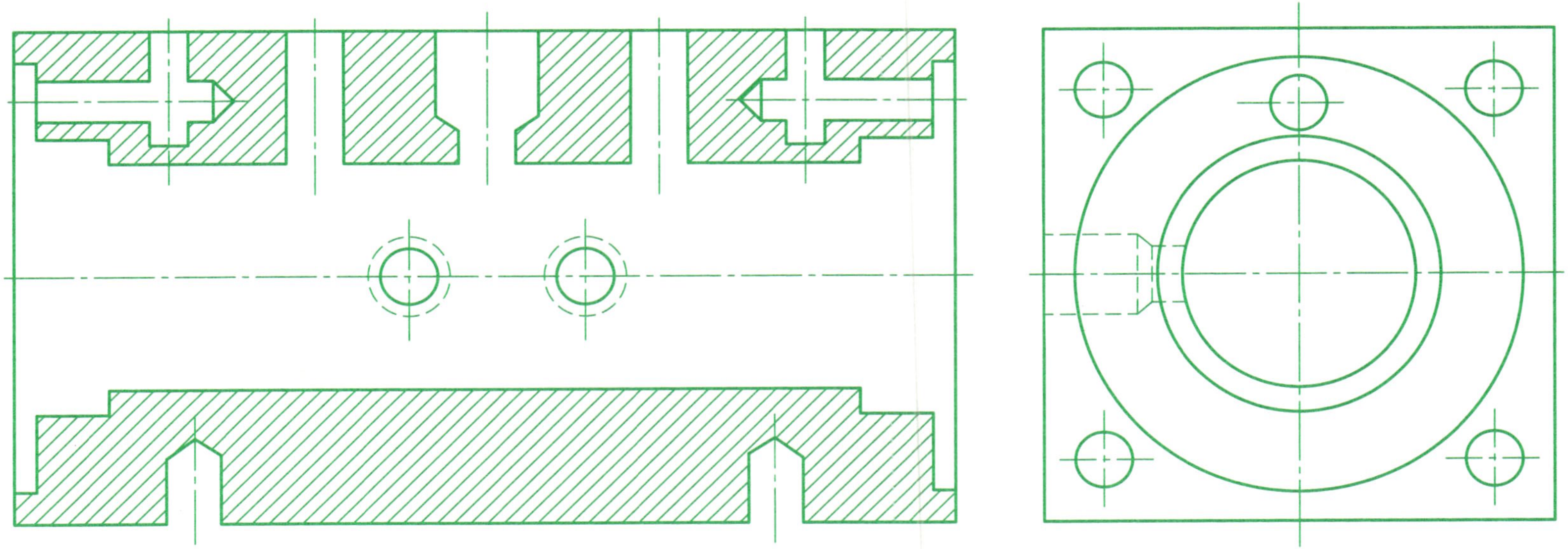

班级 ________ 学号 ________ 姓名 ________

7-20 作出水泵轴的三个断面图(键槽深3 mm)。

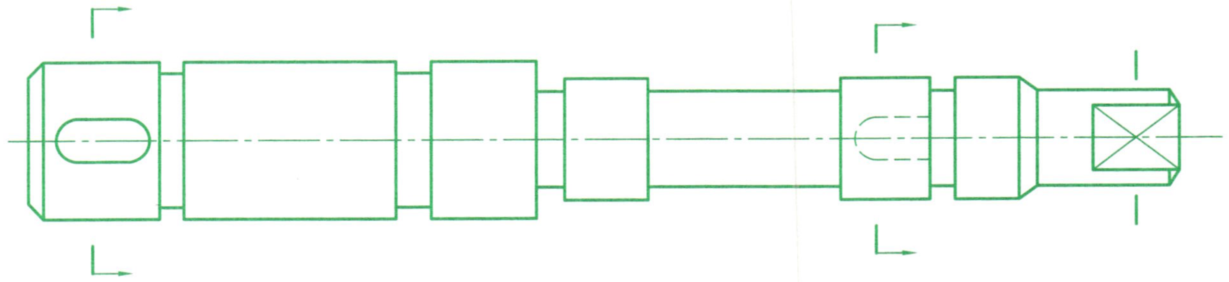

班级 ________ 学号 ________ 姓名 ________

7-21 根据主视图上给出的剖切平面位置线，画出断面图(左边断面处为上、下二平面，右边断面处是四个通孔)。

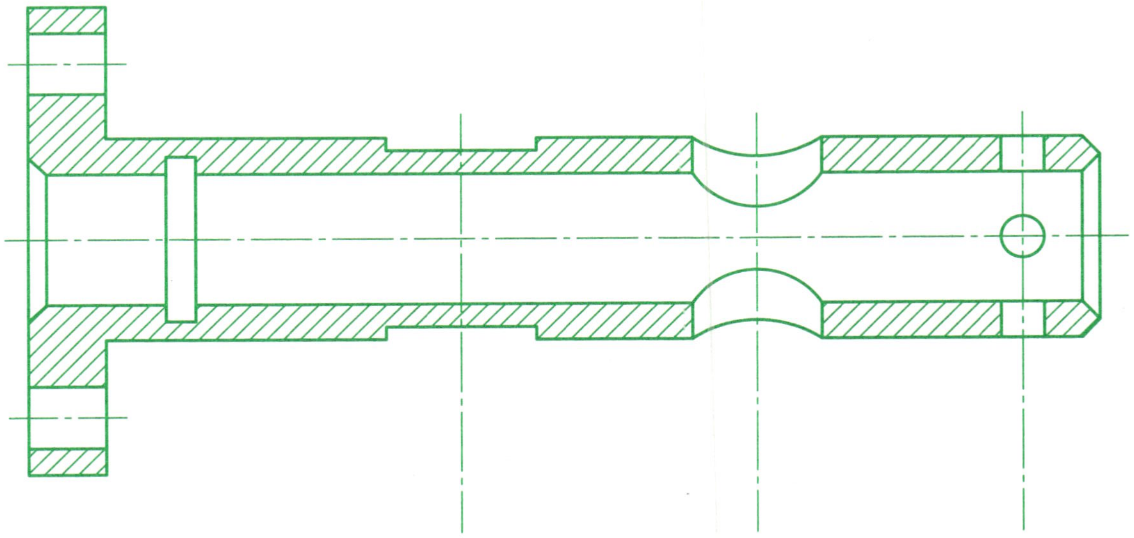

班级 ________ 学号 ________ 姓名 ________

7-22 按剖视的简化画法，在指定位置将左图所示零件的主视图画成全剖视。

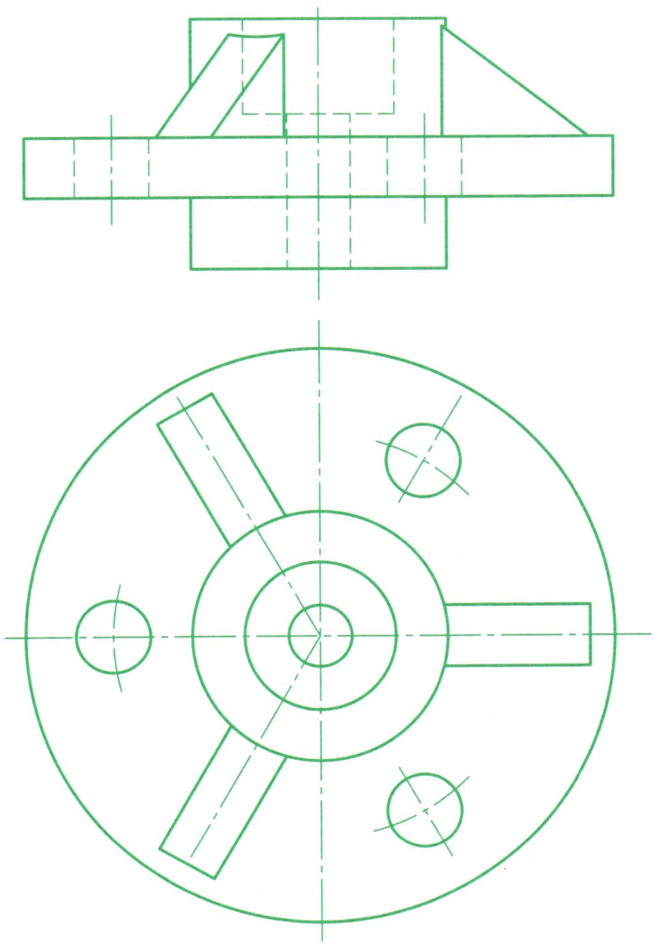

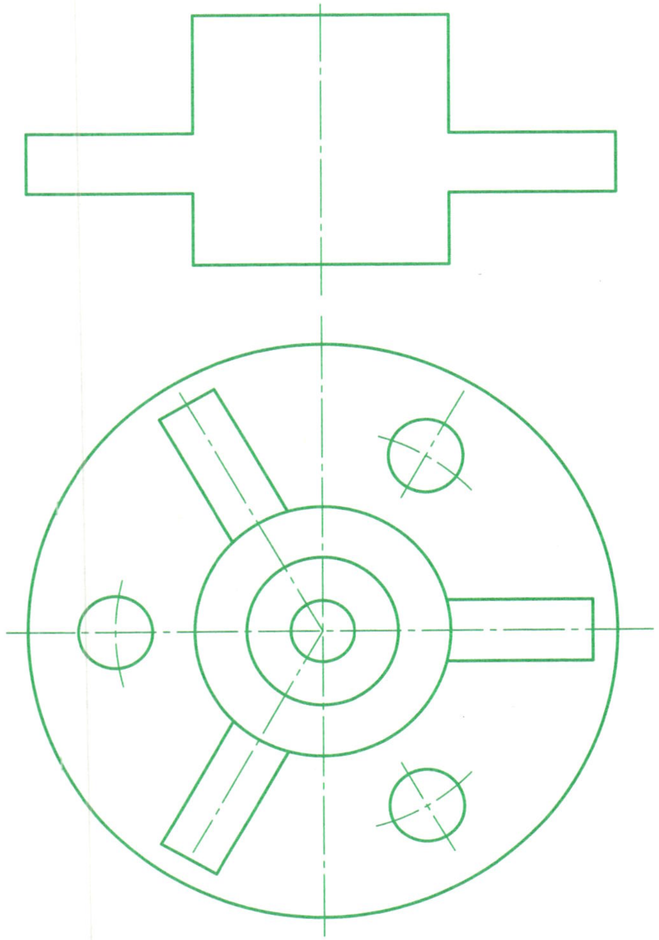

班级 ____________ 学号 ____________ 姓名 ____________

7-23 在主视图上作半剖视(也可在A3图纸上画三视图，并作适当剖视)。

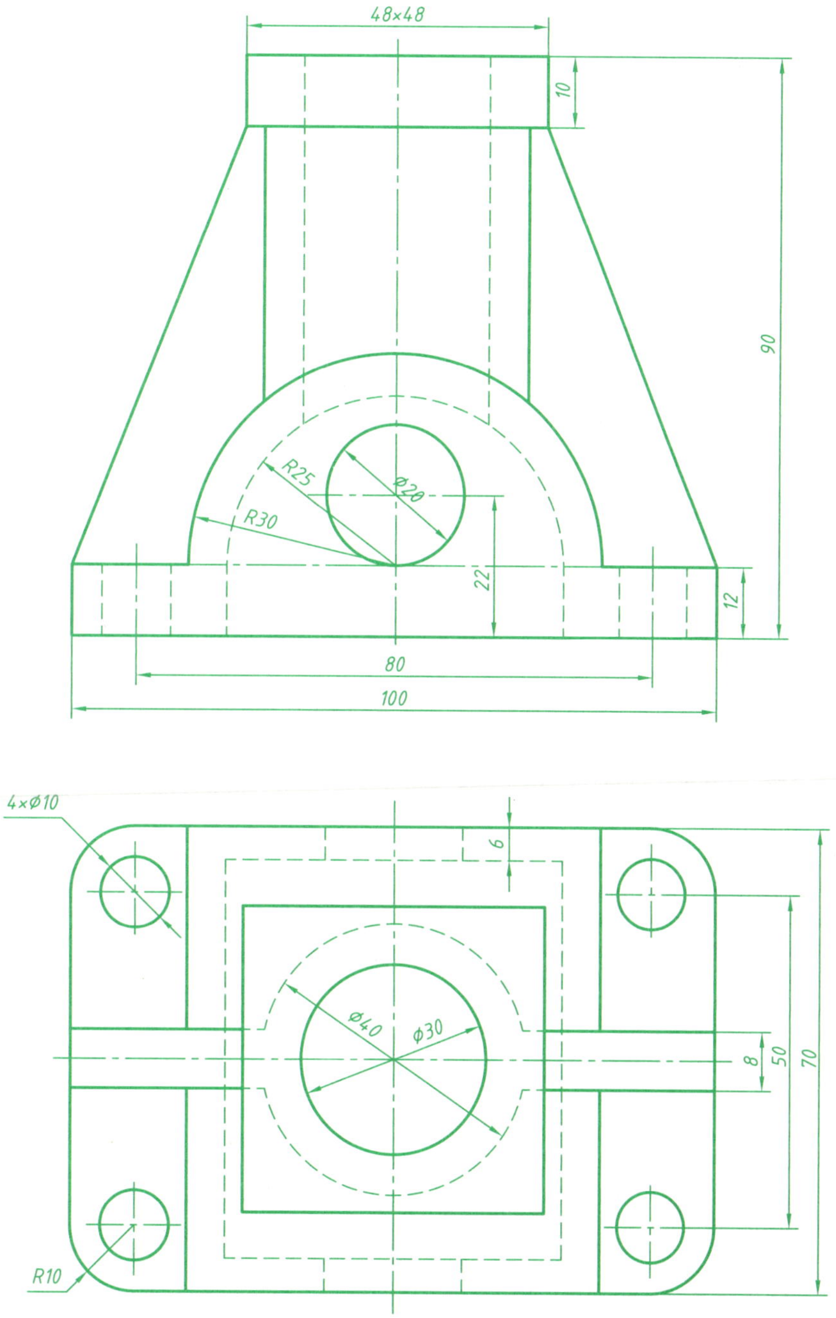

班级＿＿＿＿ 学号＿＿＿＿ 姓名＿＿＿＿

7-24 选择适当视图及剖视，画在A3图纸上。

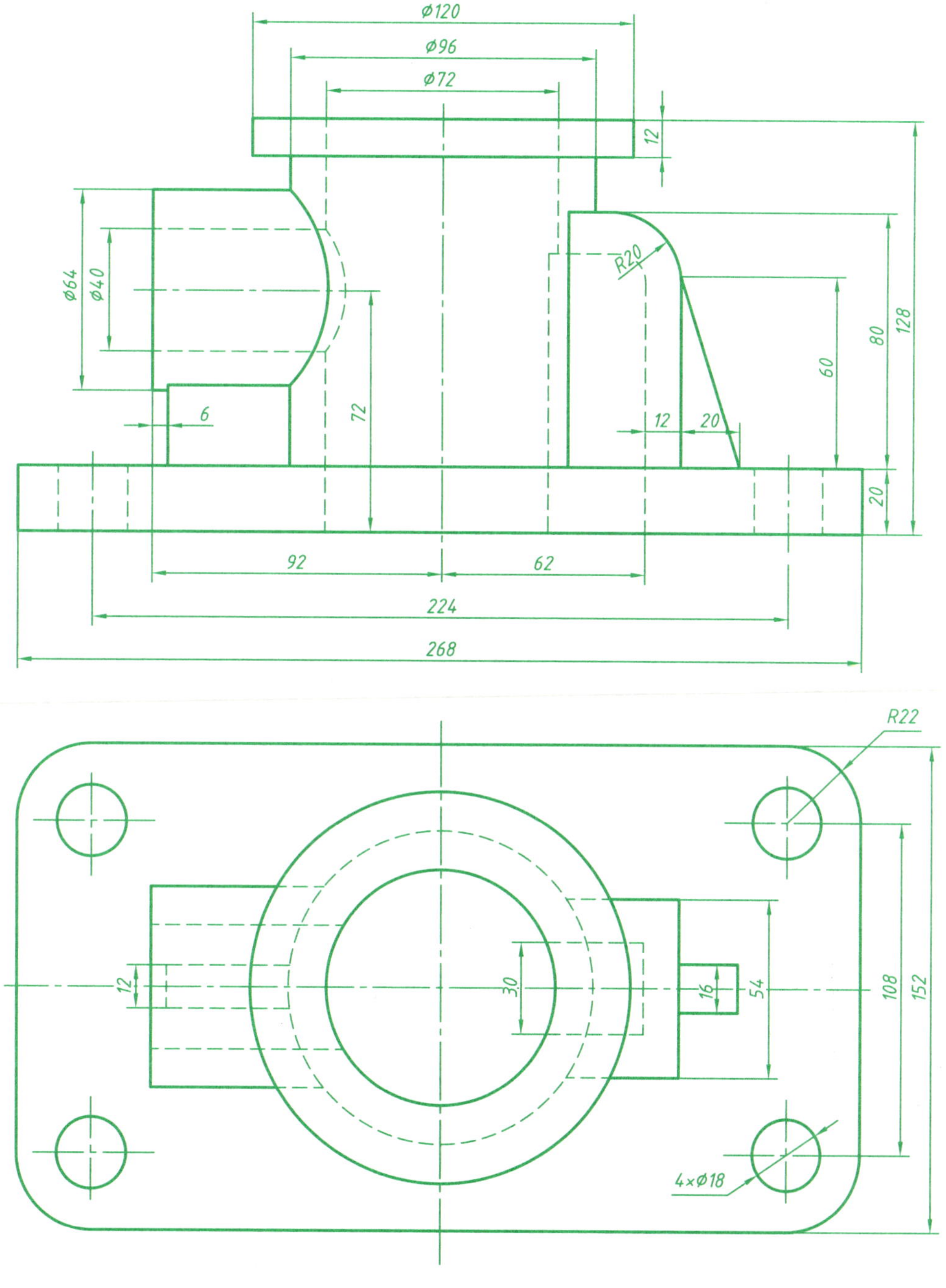

班级 ______ 学号 ______ 姓名 ______

8-1 分析各图中的错误，并把正确的图形画在下面。

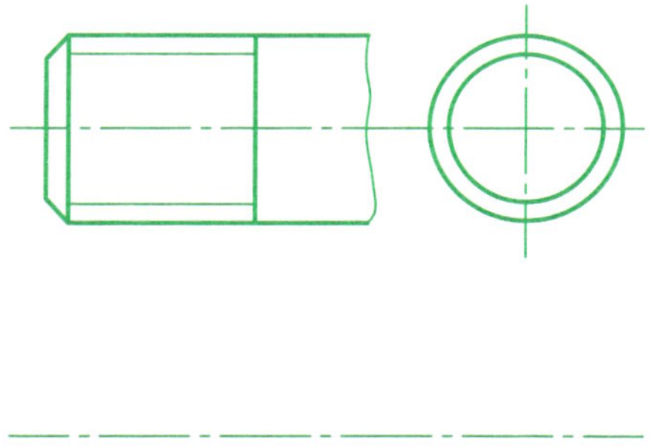

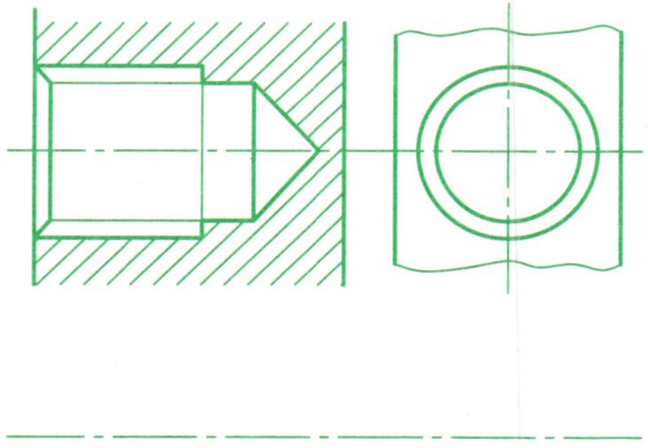

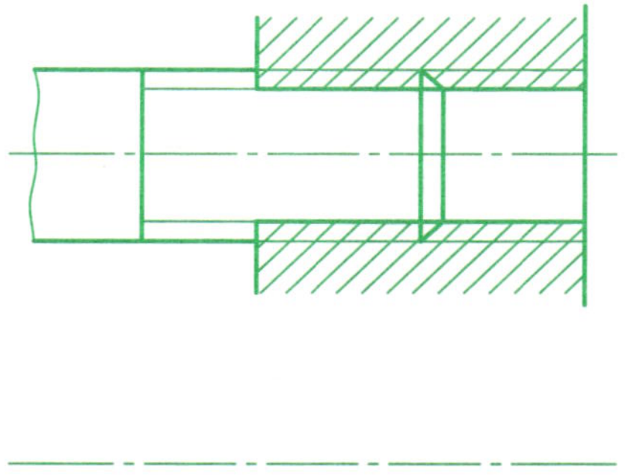

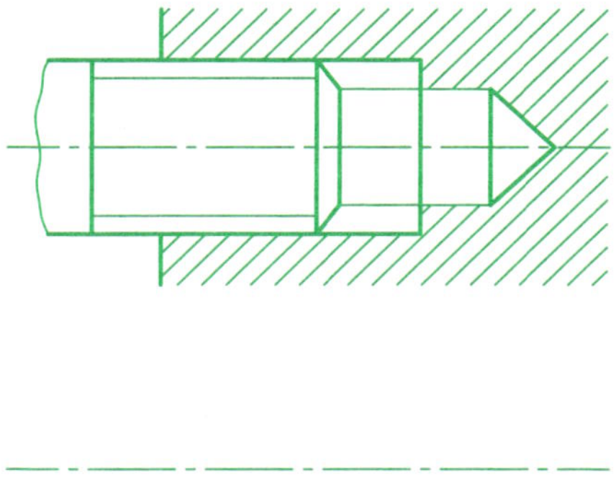

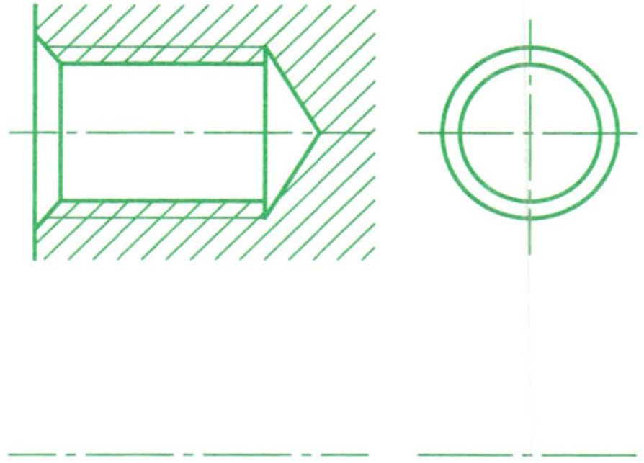

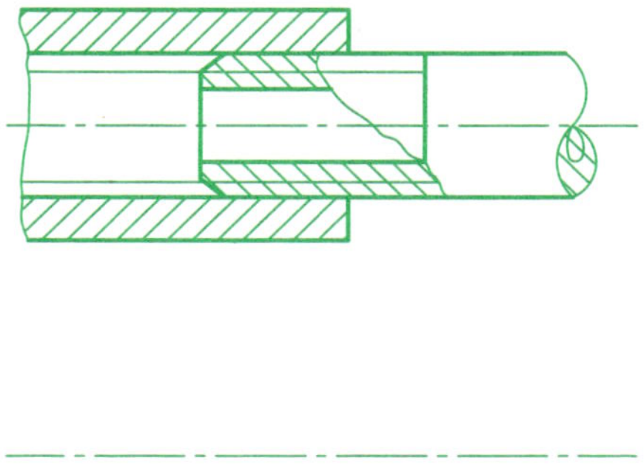

班级 ________ 学号 ________ 姓名 ________

班级＿＿＿＿ 学号＿＿＿＿ 姓名＿＿＿＿

8-2 螺纹的规定标记及尺寸标注。

(1) 已知各螺纹的规定标记，试识别其意义，并查表将相应的数据填入表内。

螺纹的规定标记	螺纹种类	大径	螺距	导程	线数	旋向	公差带代号
M20—6g							
M20×1.5—6g							
M20×2—6H—LH							
Tr40×14(P7)—7e							
G1A							

(2) 根据给定的螺纹要素，标注螺纹的尺寸：

① 普通螺纹，大径30 mm，螺距2 mm，单线，右旋；

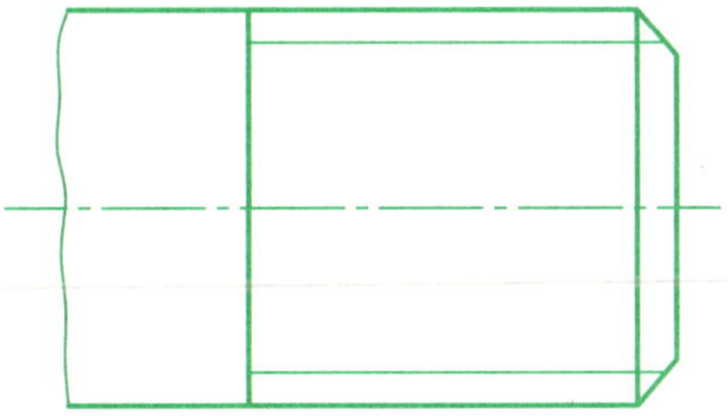

② 普通螺纹，大径16 mm，螺距2 mm，单线，左旋；

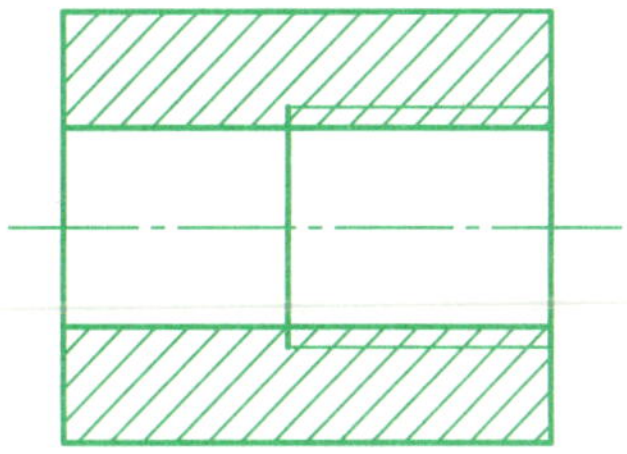

③ 梯形螺纹，公称直径20 mm，螺距4 mm，双线，公差带代号7H；

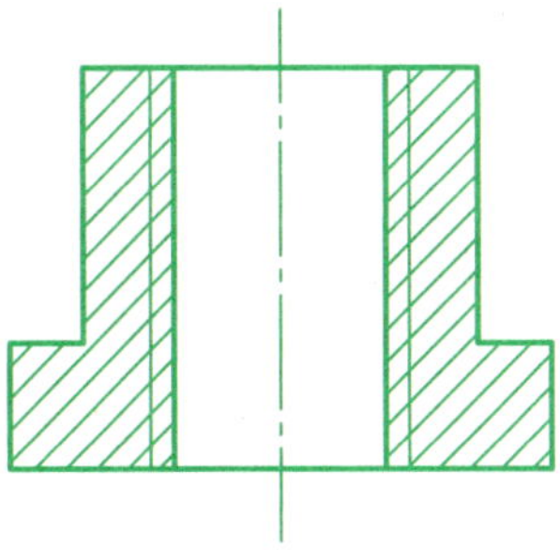

④ 非螺纹密封的圆柱管螺纹，公称直径为3/8英寸，公差为A级。

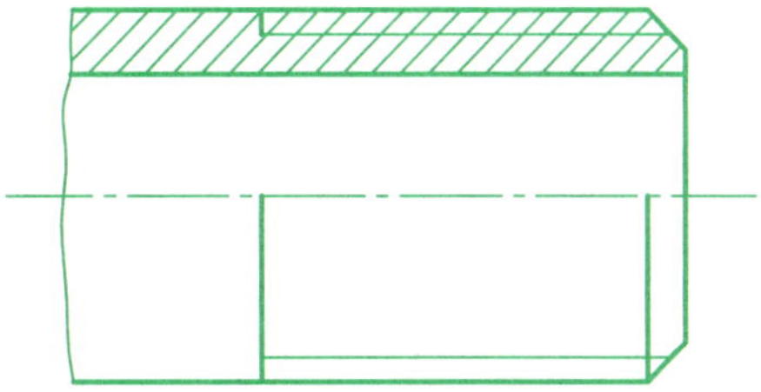

8-3 查表标注螺纹紧固件尺寸数字。

(1) 螺栓　GB/T 5782 M12×45

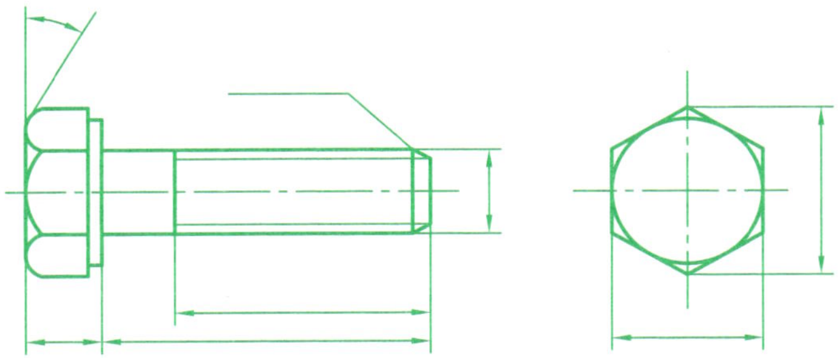

(2) 螺母　GB/T 6170 M12

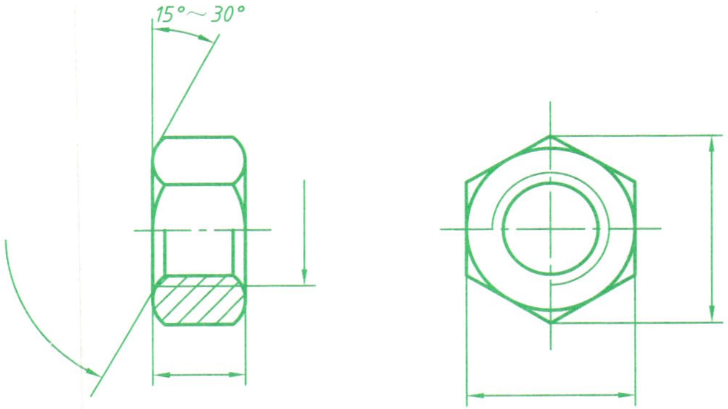

(3) 螺钉　GB/T 65 M5×20

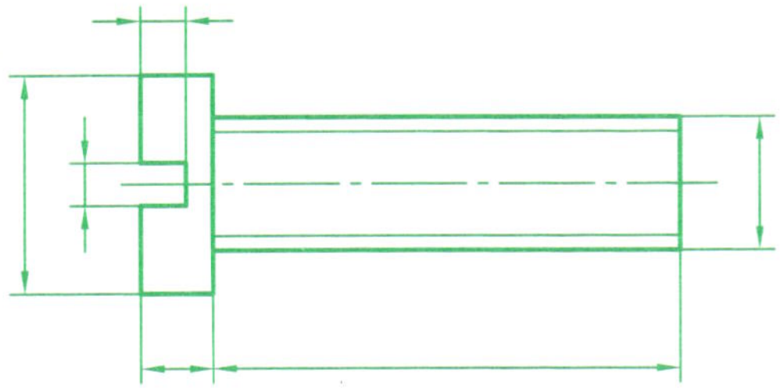

(4) 螺柱　GB/T 898 AM16×60(A型螺柱)

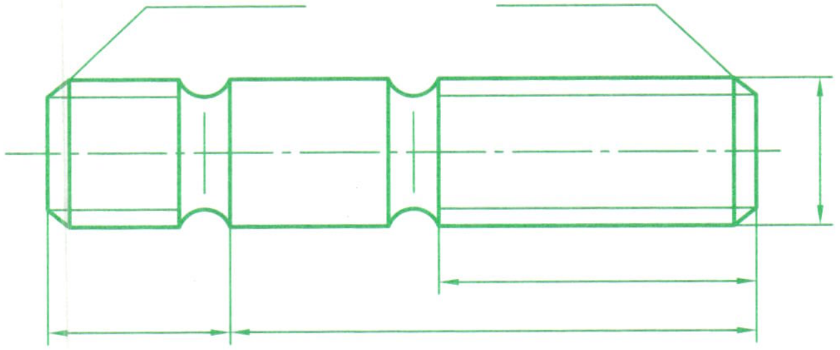

班级 ________ 学号 ________ 姓名 ________

8-4 螺纹紧固件的连接画法(将两小题画在一张A3图纸上，分两栏画，比例2∶1)。

(1) 已知零件1和零件2的厚度$\delta_1=\delta_2=15$，拟选用M12的螺栓(GB/T 5782)、六角螺母(GB/T 6170)和平垫圈(GB/T 97.1)将两件连接起来，试画出该连接结构的装配图并标注尺寸，写出螺栓、螺母、垫圈的规定标记。

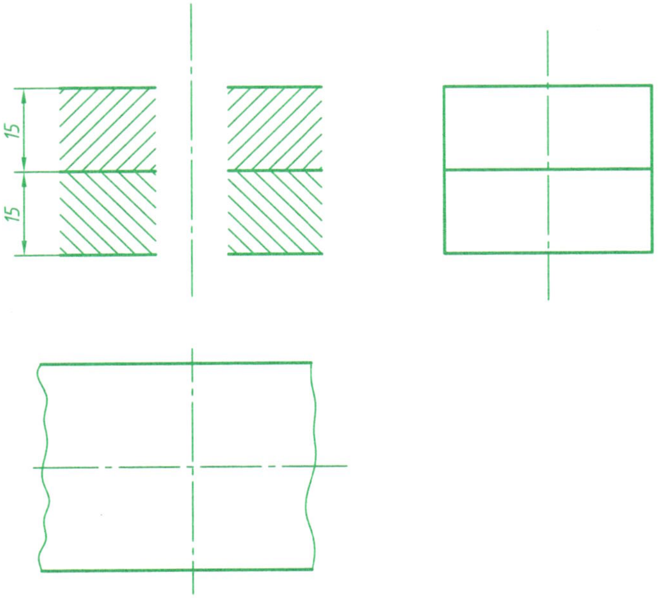

(2) 已知较薄零件厚度为8，较厚零件的材料为铸铁，拟选用M8圆柱头螺钉(GB/T 65)和平垫圈(GB/T 97.1)连接，试画出该连接结构的装配图并标注尺寸，写出螺钉、垫圈的规定标记。

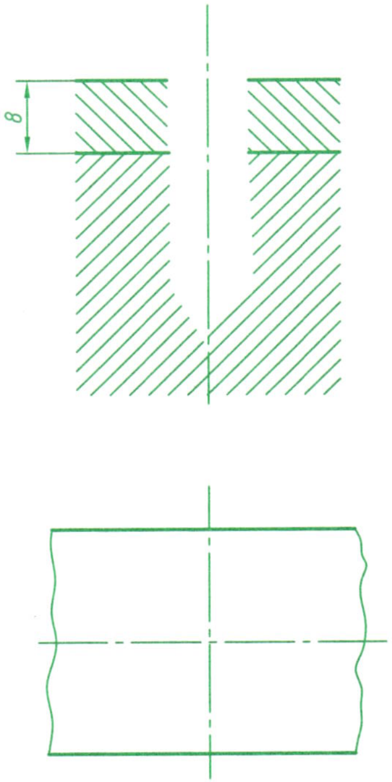

班级 ________ 学号 ________ 姓名 ________

8-5 指出图(a)中的错误，并把正确的图形画在图(b)中。

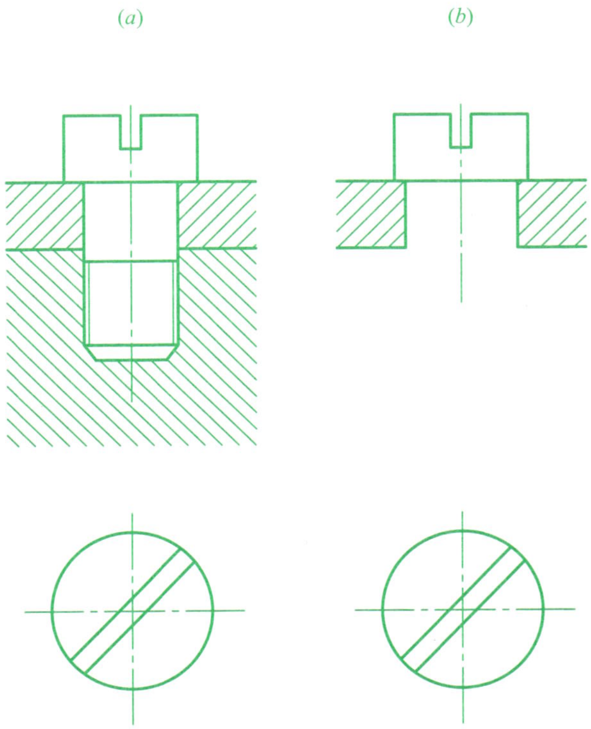

8-6 在图中加画一圆柱头螺钉及另一被连接零件，螺钉直径 d=8 mm，l=20 mm(比例2∶1)。

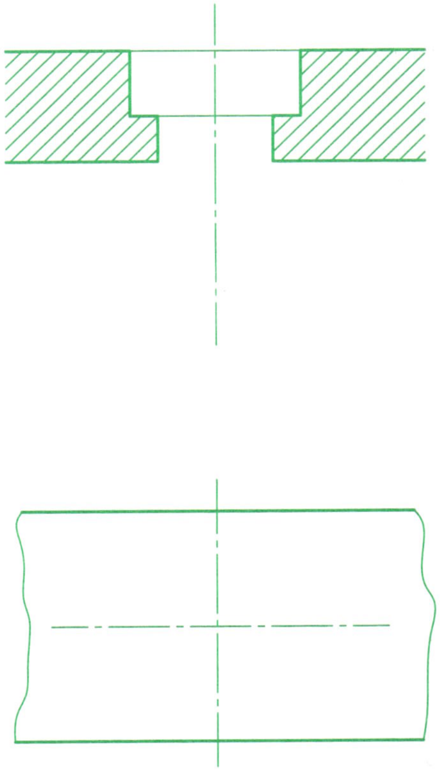

班级 ________ 学号 ________ 姓名 ________

8-7 已知齿轮和轴用A型普通平键联结，轴的直径为40 mm，键的长度为40 mm：

(1) 写出键的规定标记；(2) 查表确定键和键槽的尺寸，用1∶2的比例画全各视图和断面图，并标注键槽的尺寸。

键的规定标记__________________

(1) 轴

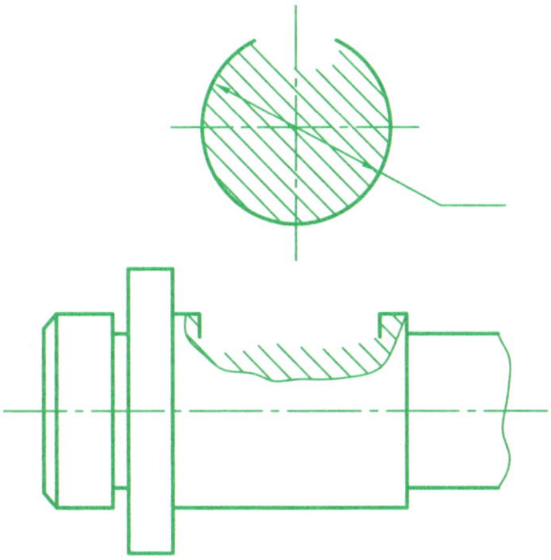

(2) 齿轮

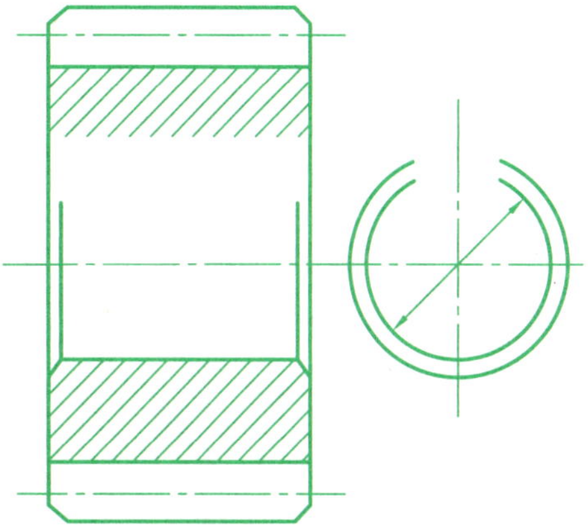

(3) 齿轮、轴与键的装配

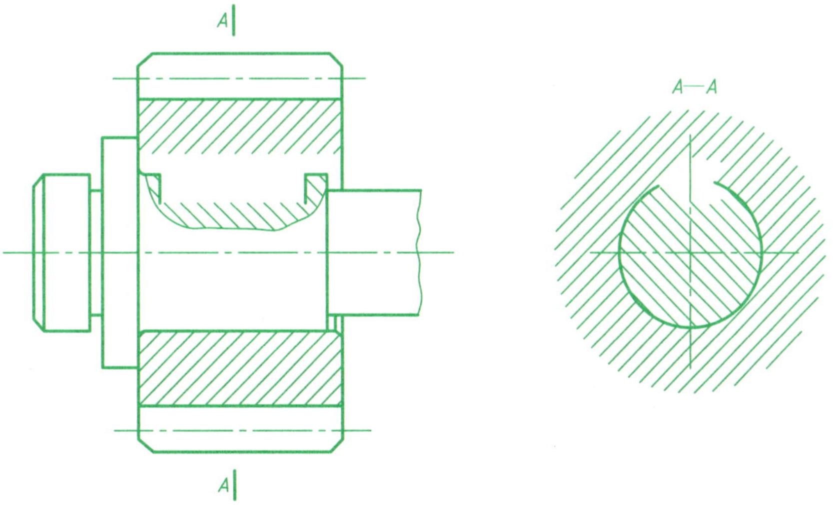

班级______ 学号______ 姓名______

9-1 测得直齿圆柱齿轮齿顶圆直径d_a=210 mm、齿数z=40，计算模数、分度圆直径和齿根圆直径，并用1：2的比例完成各视图，注出齿顶圆、分度圆及齿宽的尺寸(齿宽从图中量取)。

齿数	z	
模数	m	
压力角	α	

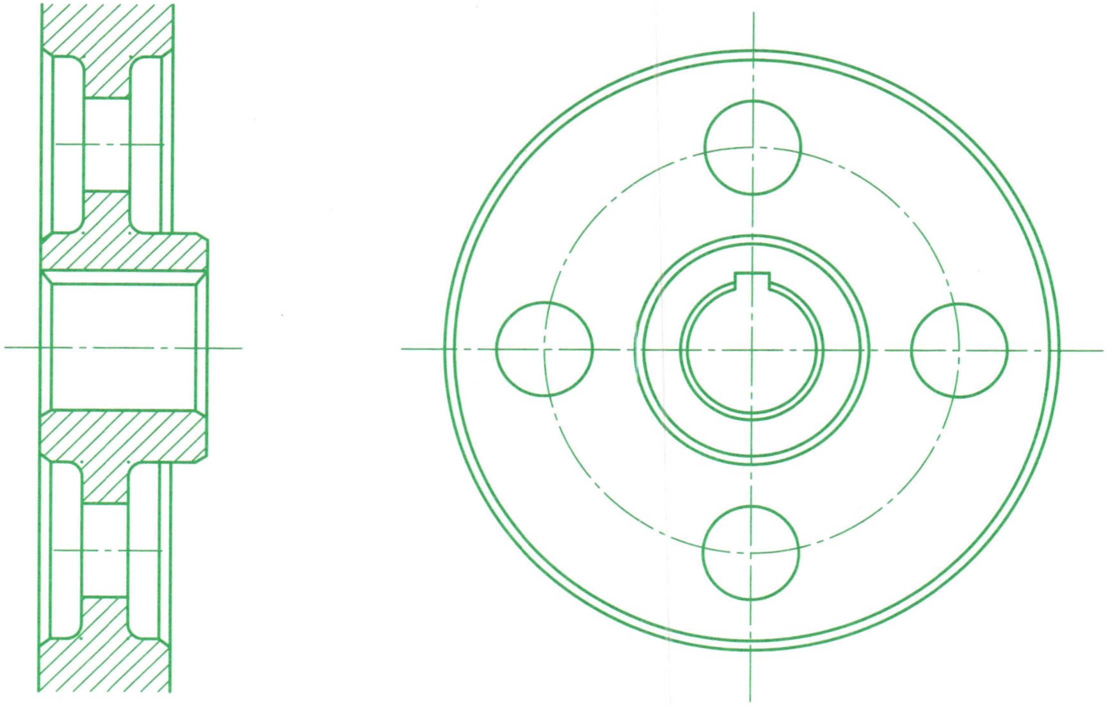

班级 ________ 学号 ________ 姓名 ________

9-2 已知主动齿轮的模数m_1＝2、齿数z_1＝18，两轮标准中心距a＝54 mm，计算并在指定位置填写主动、从动齿轮的分度圆、齿顶圆和齿根圆直径及两轮的传动比；按规定画法补全齿轮啮合图，标注中心距尺寸。

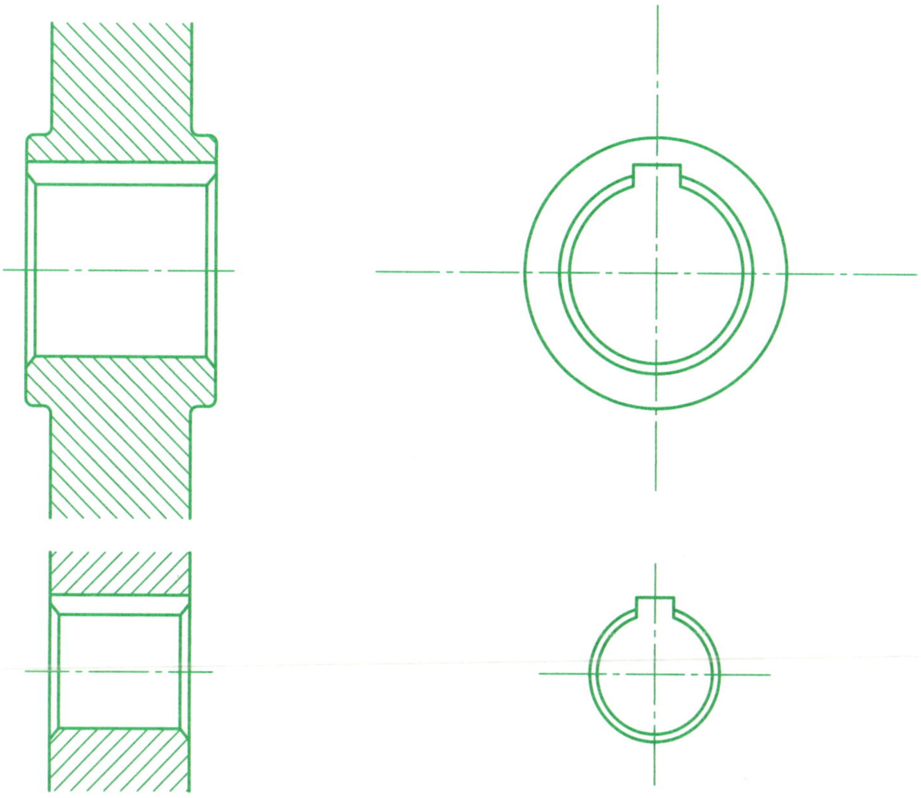

d_{a1}＝ ____________　　d_{a2}＝ ____________

d_1＝ ____________　　d_2＝ ____________

d_{f1}＝ ____________　　d_{f2}＝ ____________

传动比i＝ ____________

班级 ________ 学号 ________ 姓名 ________

9-3 测得圆柱螺旋压缩弹簧的外径$D_2=54$ mm，簧丝直径$d=8$ mm，节距$t=13$ mm，自由高度$H_0=120$ mm，右旋，用1∶1的比例画出弹簧的全剖视图，并标注尺寸。

班级 __________ 学号 __________ 姓名 __________

10-1 检查下面左图中表面结构代号在标注方面的错误，并在右图中正确标注。

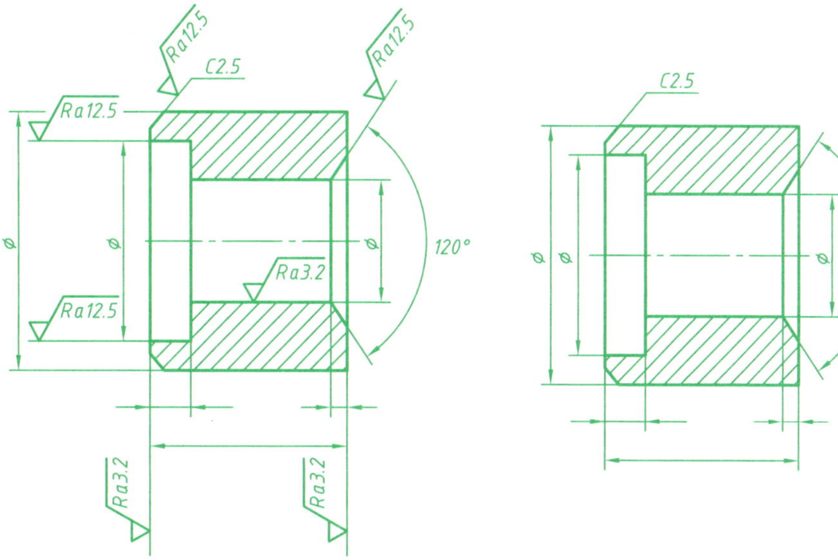

10-2 根据轴承盖立体图上所指定的表面结构要求(见下表)，在视图中标注出相应的表面结构代号。

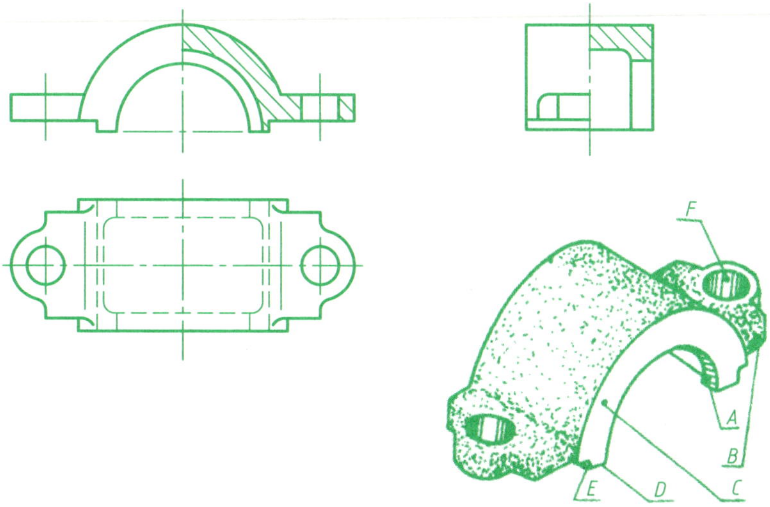

表面位置	*A*	*B*、*C*、*E*	*D*、*F*	其余
Ra	6.3	12.5	25	∀

班级______ 学号______ 姓名______

10-3 根据轴测图画出零件草图和零件图(材料45, 件数1，键槽尺寸可查表确定，表面结构要求、越程槽尺寸适当选取)。

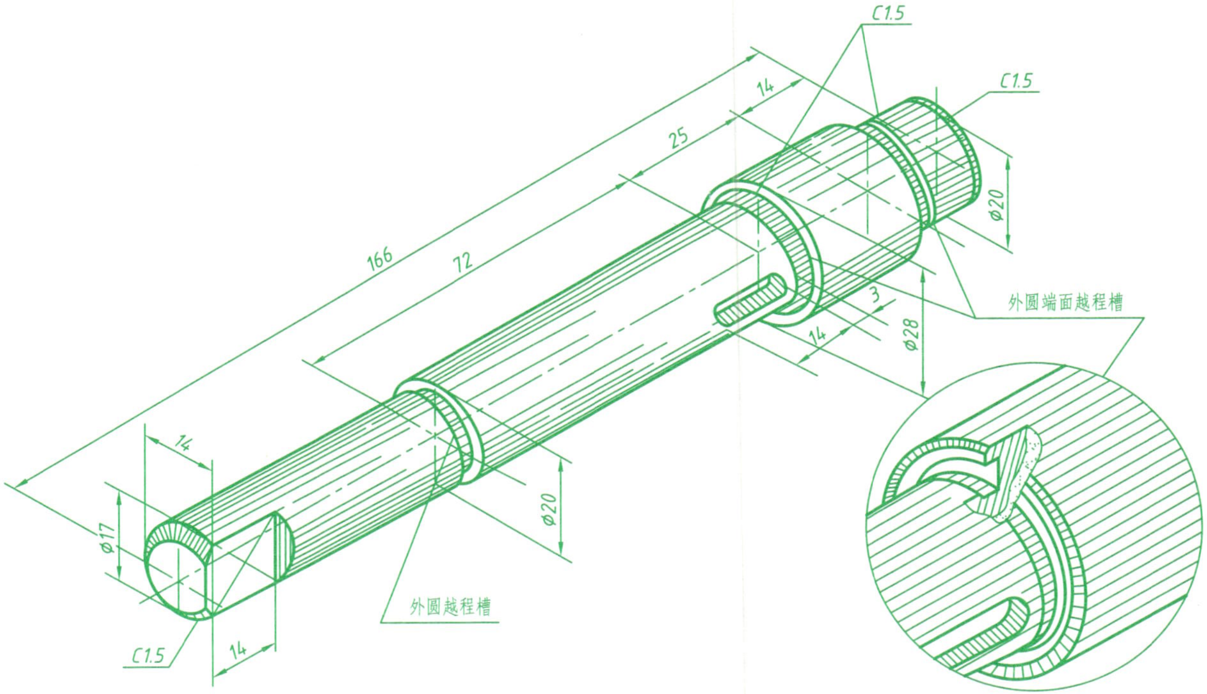

班级 ________ 学号 ________ 姓名 ________

10-4 根据轴测图画出零件草图和零件图(材料HT150, 件数1，表面结构要求适当选取)。

阀盖

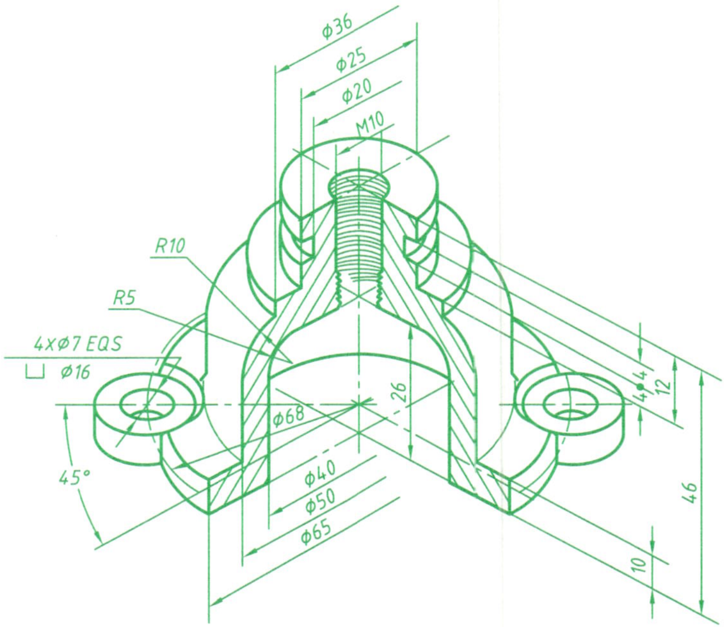

未注圆角R2

班级 ________ 学号 ________ 姓名 ________

10-5 根据支架的轴测图，在A3图纸上画出零件图(材料HT200，件数1，铸造圆角$R3$，表面结构要求适当选取)。

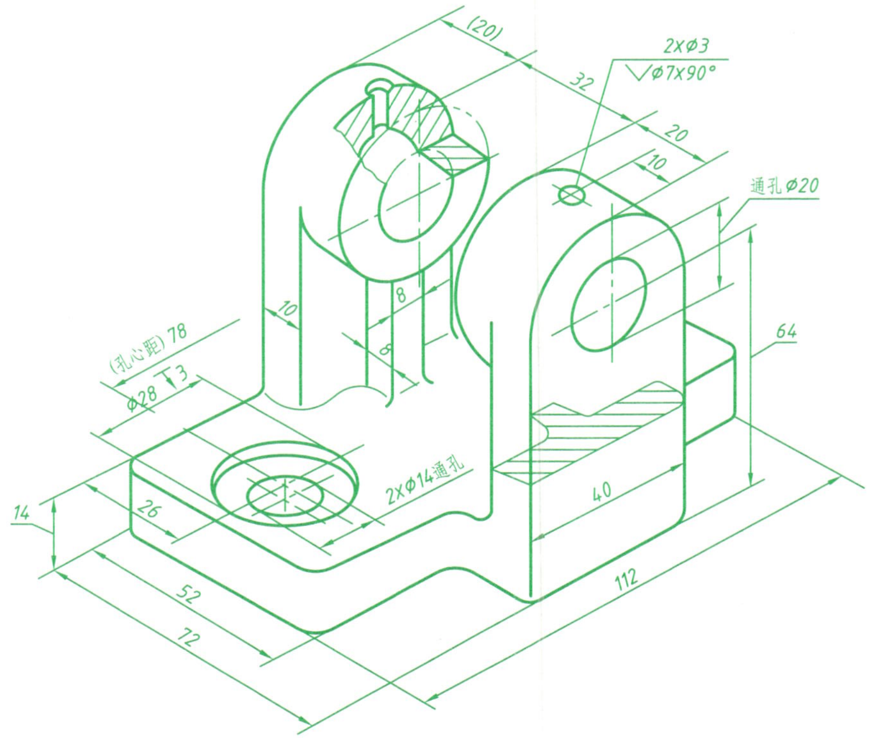

班级 ________ 学号 ________ 姓名 ________

10-6 读懂零件图：(1) 画出右视图；(2) 确定轴向主要尺寸基准，并标注轴向尺寸；(3) 注出M5螺纹不通孔的螺纹深度、钻孔深度；(4) 查表注出用螺钉GB/T 65 M5×20连接的通孔和沉孔的尺寸。

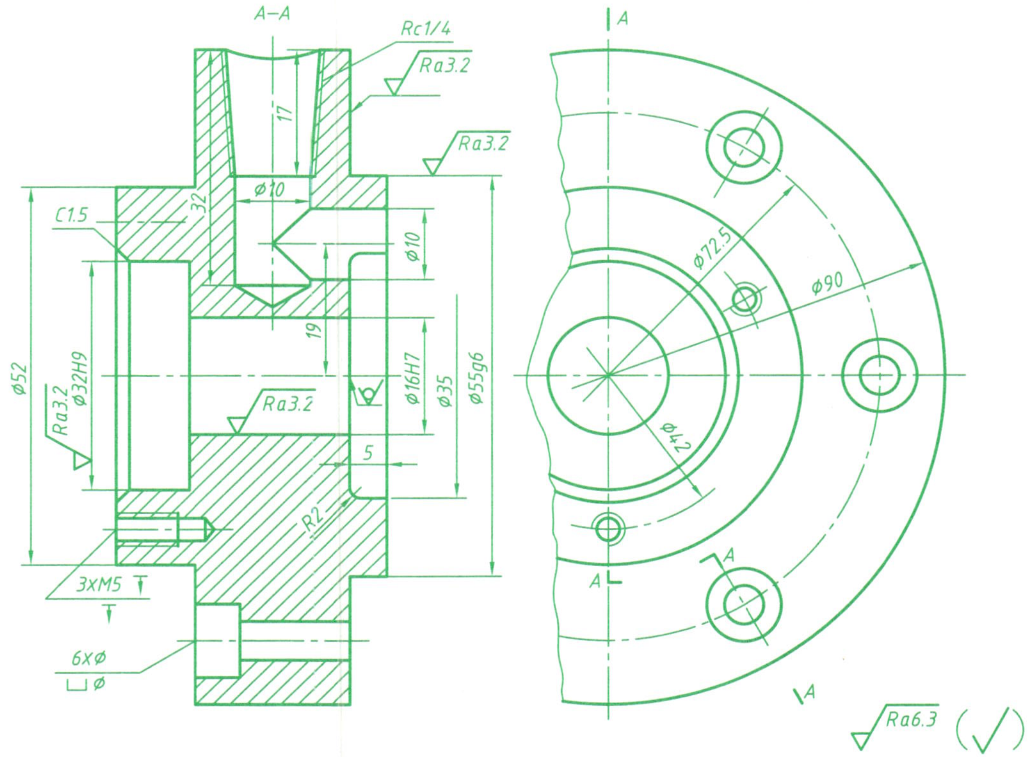

技术要求
锐边倒角C1。

设计			端盖			
校对				比例	1:1	数量
审核			HT150	(校名)		班

班级 ________ 学号 ________ 姓名 ________

10-7 读懂零件图：(1) 补画左视图；(2) 标注出长、宽、高方向尺寸的主要基准。

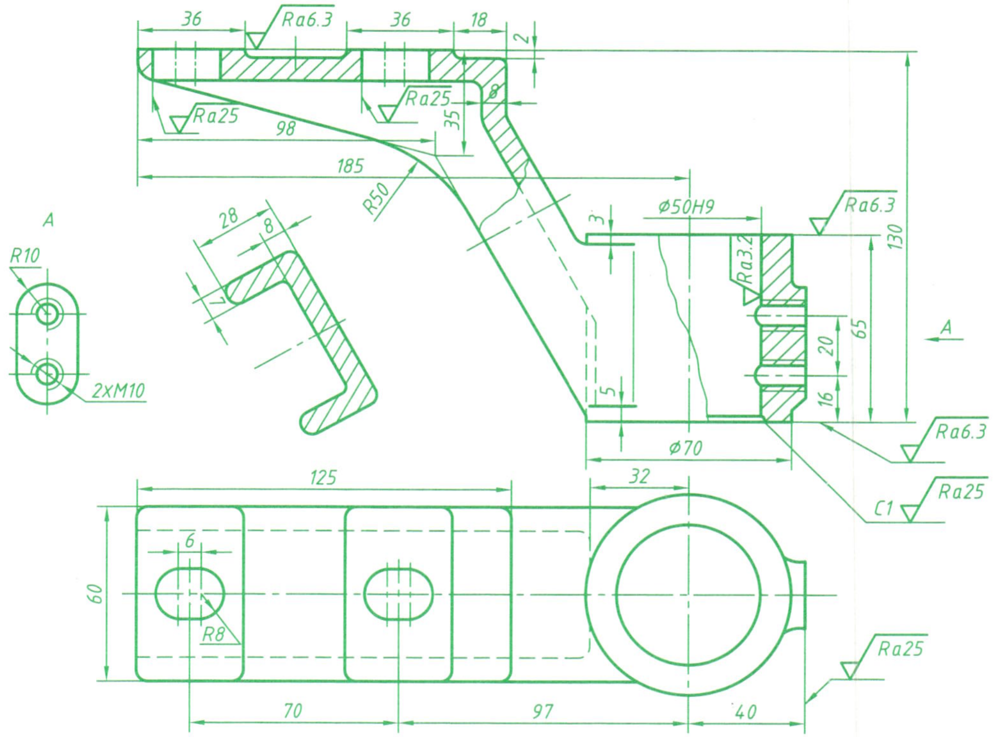

技术要求
铸造圆角R3。

$\sqrt{}$ ($\sqrt{}$)

设计			托架			
校对				比例	1:2	数量
审核			HT150	(校名)		班

班级 ________ 学号 ________ 姓名 ________

11-1 已知公称尺寸和配合代号，回答下列问题并填表。

公称尺寸和配合代号	配合制	配合种类	上、下极限偏差		公差带图
			孔	轴	
$\phi 24\frac{H8}{e7}$					
$\phi 30\frac{H6}{js6}$					
$\phi 50\frac{P6}{h5}$					
$\phi 100\frac{M8}{h7}$					

班级 ________ 学号 ________ 姓名 ________

11-2 解释配合代号的含义，查出偏差值并标注在零件图上。

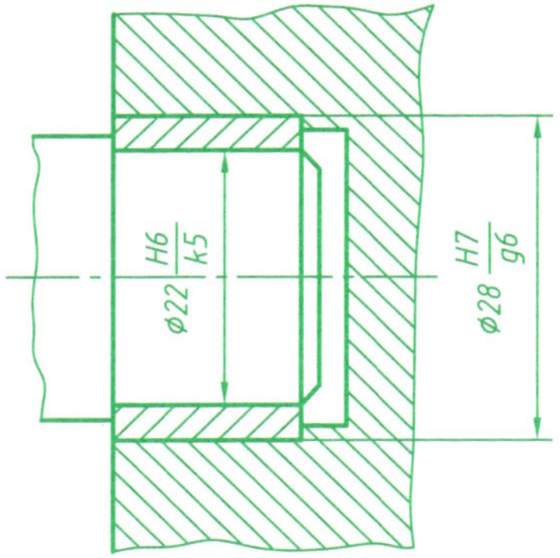

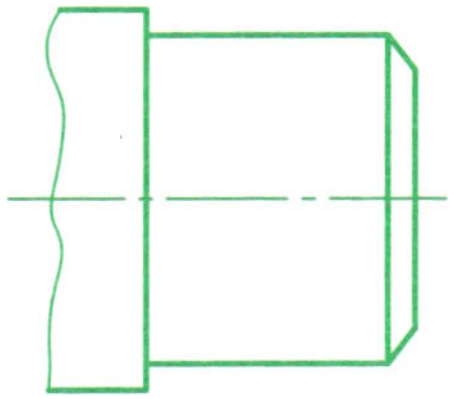

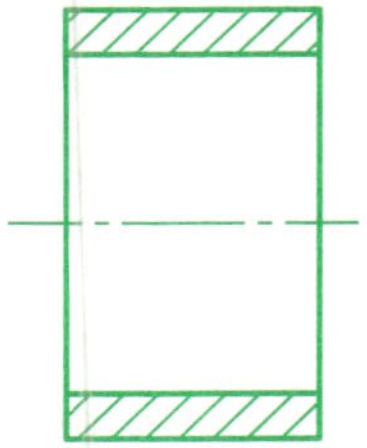

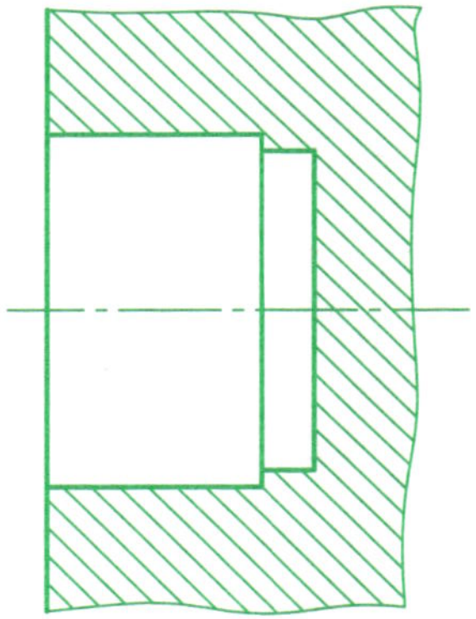

轴套对泵体孔 $\phi 28\frac{H7}{g6}$ ：公称尺寸______，基______制，公差等级______级，______配合

轴　套：上极限偏差________，下极限偏差________

泵体孔：上极限偏差________，下极限偏差________

轴套对轴颈 $\phi 22\frac{H6}{k5}$ ：公称尺寸______，基______制，公差等级______级，______配合

轴　套：上极限偏差________，下极限偏差________

轴　颈：上极限偏差________，下极限偏差________

班级__________ 学号__________ 姓名__________

12-1 根据行程开关示意图及零件图拼画装配图(采用A3图纸，比例4∶1)。

行程开关(二位三通门)说明

一、用途

行程开关是气动控制系统中的位置检测器件，它能将机械运动瞬时转变为控制信号。

二、技术数据

型　号	QKCB—1
工作压力	5 N/cm^2
通道直径	ϕ2 mm
外形尺寸	ϕ20×60 mm

三、工作原理

在非工作情况下，阀芯1在弹簧力及背压的作用下，使发讯口与气源口之间的通道封闭，与泄流口接通。在工作时，阀芯1受外力作用克服弹簧力及背压阻力下移，使得发讯口与气源口接通，打开发讯通道，封闭泄流口，有讯号输出。当外力消失，阀芯1复位。

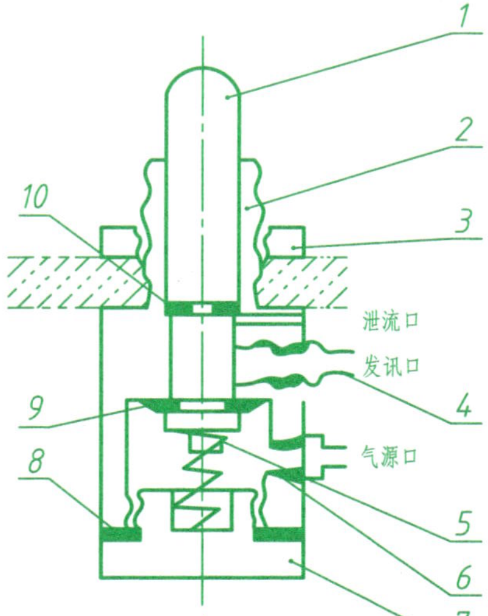

示意图

班级 ________ 学号 ________ 姓名 ________

12-1 (续)

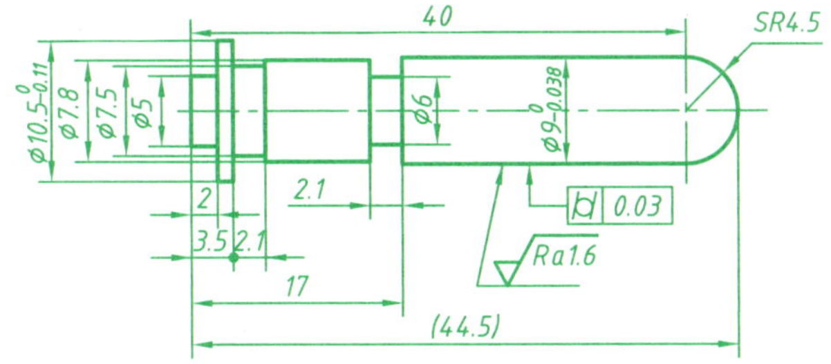

Ra6.3(√)

1	阀芯	1	45	1:2

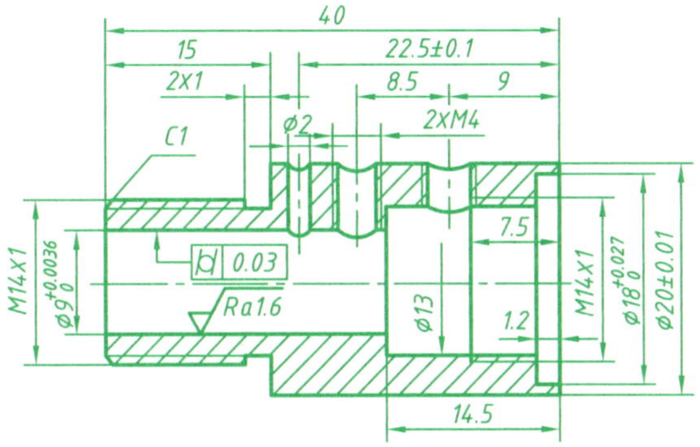

Ra6.3(√)

2	阀体	1	H62	2:1

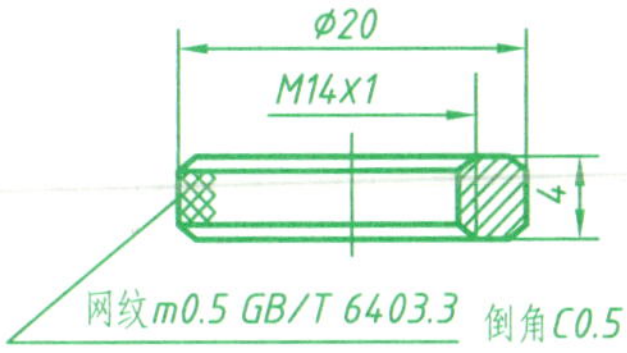

Ra12.5

3	螺母	1	H62	2:1

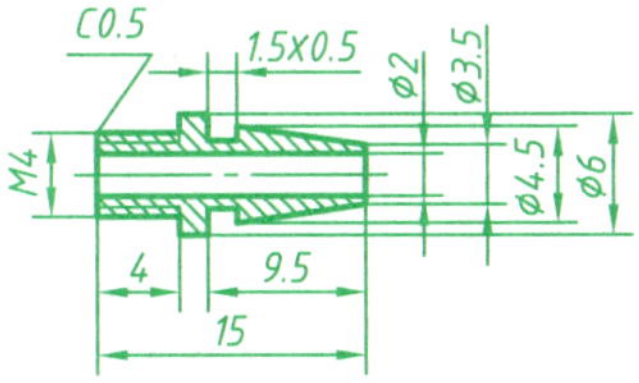

Ra6.3

4	接头管子	2	H62	2:1

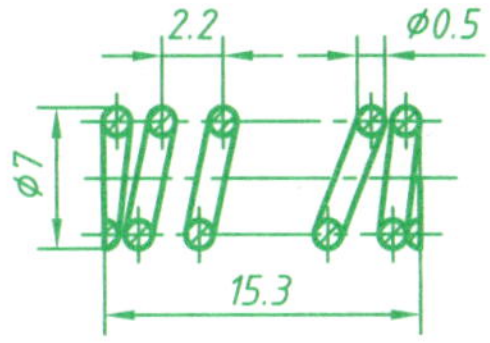

有效圈数n=6.5

5	弹簧	1	65Mn	2:1

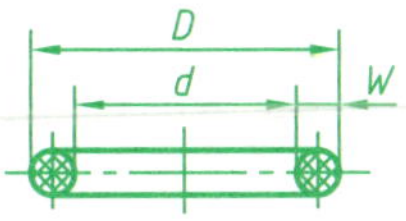

序号	6	8	9	10
D	⌀6	⌀18	⌀11	⌀9
d	⌀3	⌀14	⌀8	⌀6
W	⌀1.9	⌀2.4	⌀1.9	⌀1.9

W——实际直径；件6共2个，件8、9、10各1个。

6、8、9、10	0型密封圈		橡胶	2:1

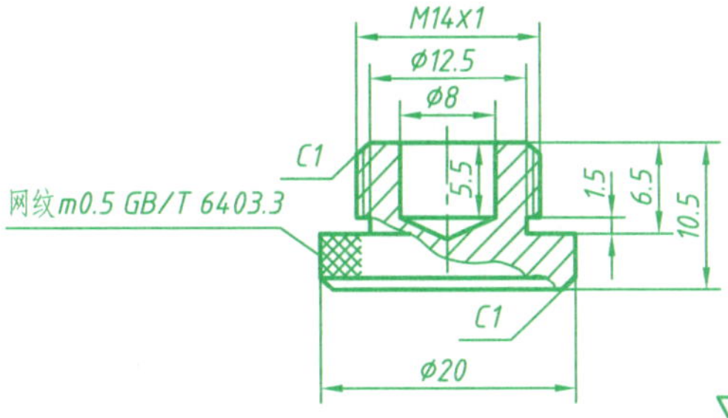

Ra12.5

7	端盖	1	H62	2:1

—107—

班级________ 学号________ 姓名________

12-2 根据部件(单螺钉匹配器)的轴测图画零件图和装配图。

说　　明

一、工作原理

单螺钉匹配器用在波导传输线中，调节螺钉的插入深度以达到使电磁波不产生反射干扰。

二、零件材料和技术要求

① 波导材料为H62，三个连接螺钉(GB/T 65 M3×6)材料为Q235—A，其余零件材料为HPb59—1；

② 扼流内腔与波导、法兰盘与波导采用银钎焊；

③ 全部零件镀银；

④ 法兰盘端面与波导内壁垂直度不大于0.015；

⑤ 两法兰盘端面的平行度不大于0.015；

⑥ 装配后除调节螺钉与法兰盘端面外，其余外表面喷灰漆；

⑦ 4×ϕ6H8装配时配作。

调节螺钉

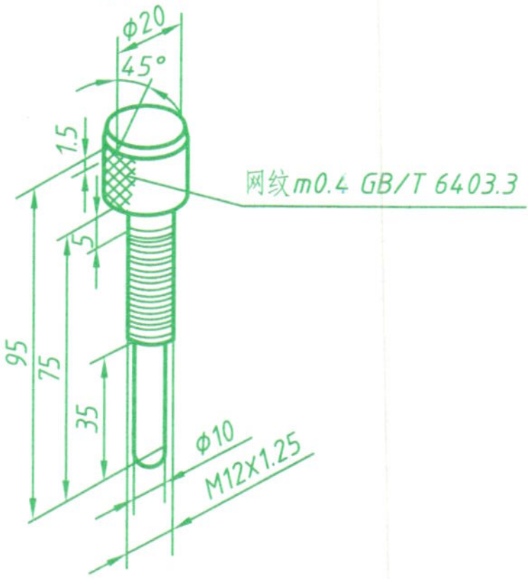

扼流外腔

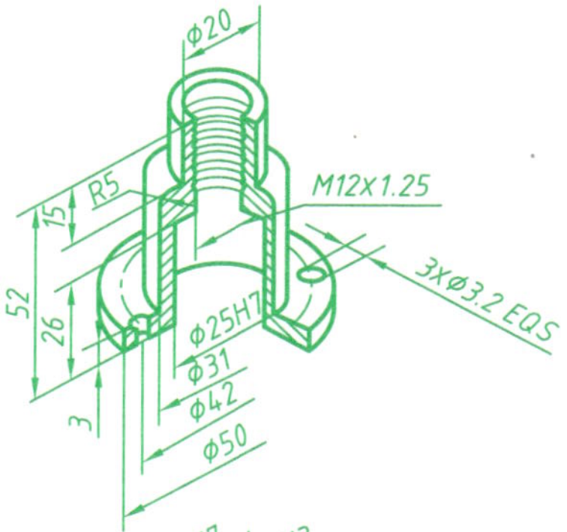

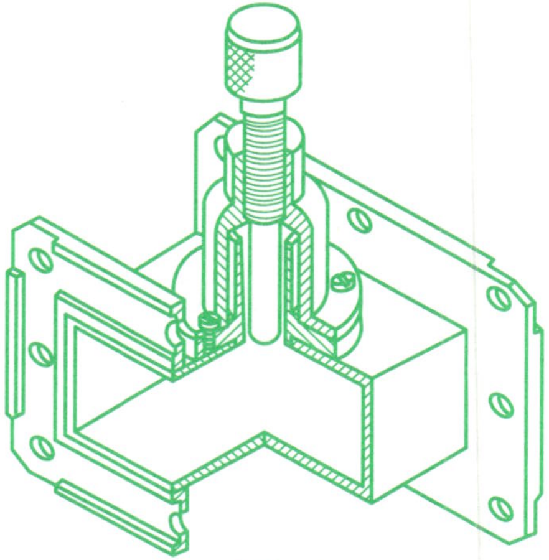

单螺钉匹配器

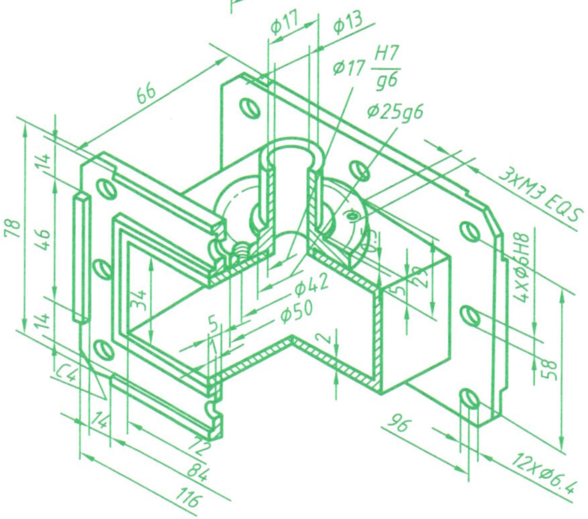

班级 ________ 学号 ________ 姓名 ________

12-2 (续)

法兰盘

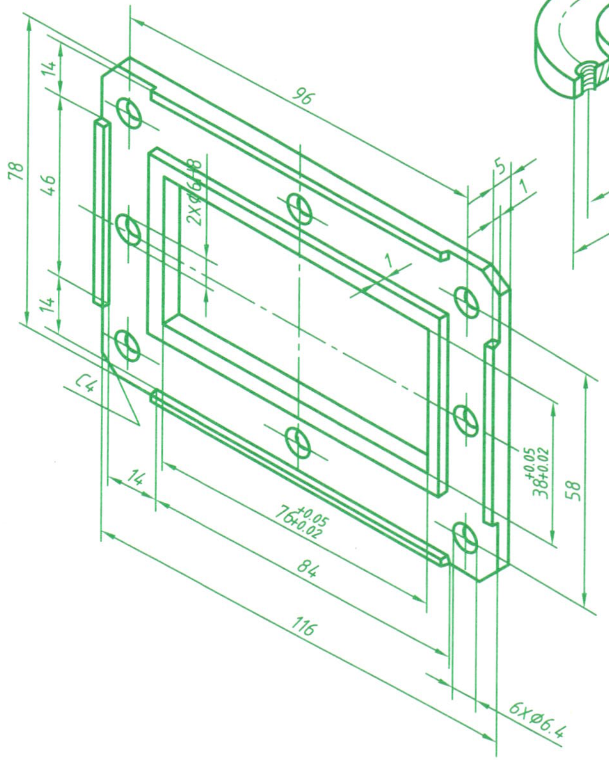

扼流内腔

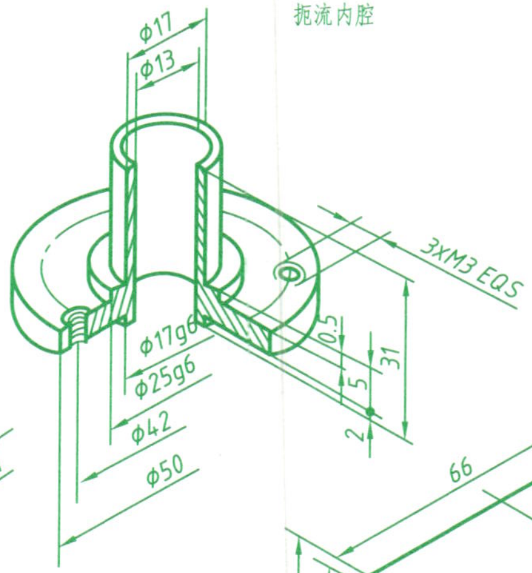

波导

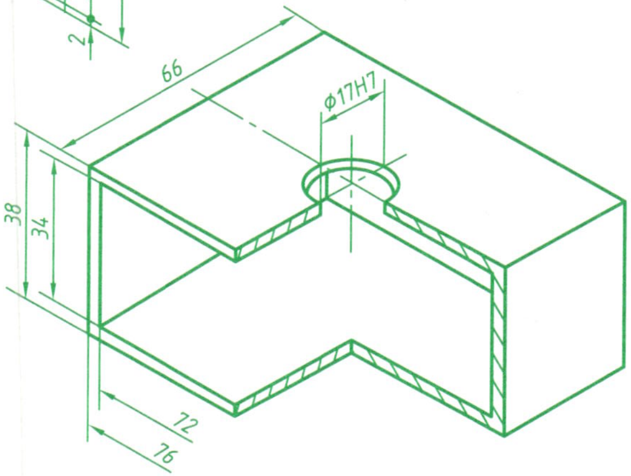

班级 ________ 学号 ________ 姓名 ________

12-3 读懂装配图，拆画零件图。

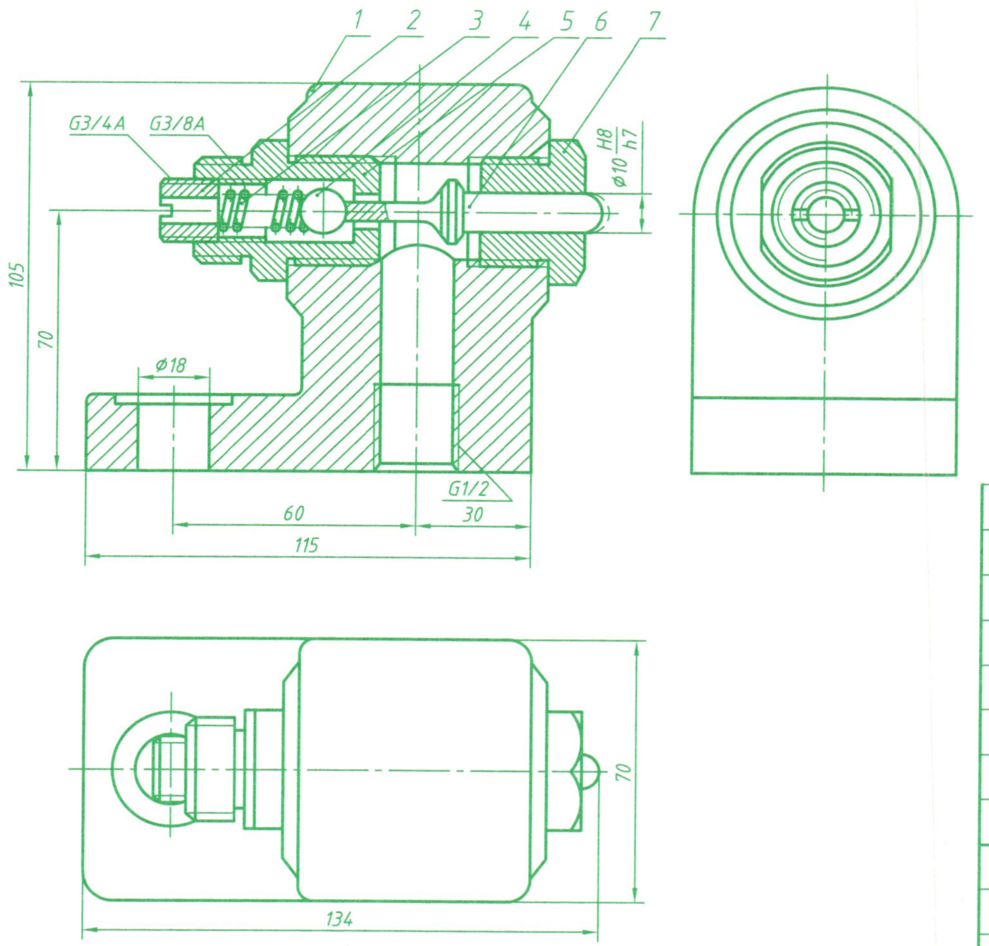

说　明

阀是一种开关机构，用于管道中控制液体或气体的流通。阀体1有三个管螺纹的孔，G1/2处接管子，左端通过管接头5接另一管子；管接头5内有一钢球4，靠弹簧3压向管接头5右侧堵住小孔，使阀关闭；螺塞2用来调节弹簧的压力。欲使阀开启，在推杆6右端沿轴向作用一力，推开小球，液体或气体即可流通；端盖7保证推杆6沿轴向移动。看懂装配图后，拆画阀体1的零件草图。

序号	代号	名称	数量	材料	附注
7	XCF-00-07	端盖	1	Q235-A	
6	XCF-00-06	推杆	1	Q235-A	
5	XCF-00-05	管接头	1	Q235-A	
4	XCF-00-04	钢球	1	Q235-A	
3	XCF-00-03	弹簧	1	65Mn	
2	XCF-00-02	螺塞	1	Q235-A	
1	XCF-00-01	阀体	1	HT200	

设计		阀	XCF-00		
校对			比例		数量
审核			(校名)		班

班级 ________ 学号 ________ 姓名 ________

12-4 读懂装配图，拆画零件图。

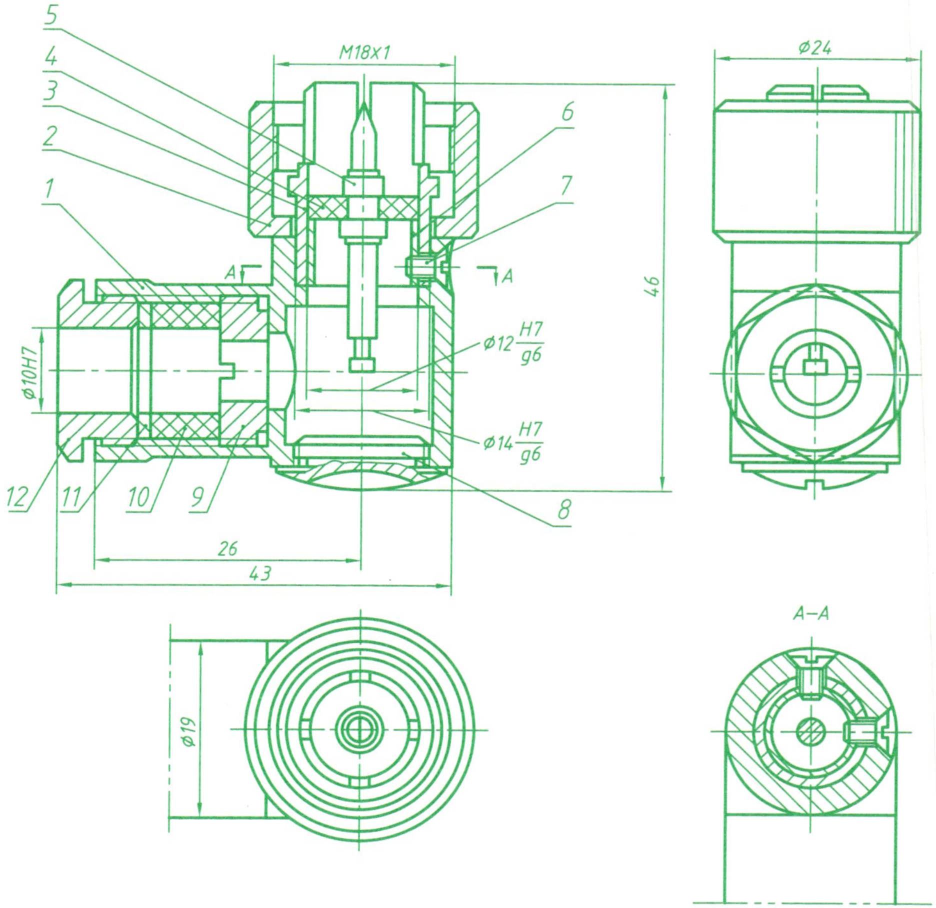

说　明

插头是传输电磁能的转接部件，图示为一种转接90°的插头。看懂装配图后，画出零件1的工作图。

序号	代号	名称	数量	材料	附注
12	CT–01–11	六方螺管	1	Q235–A	
11	CT–01–10	垫圈	1	10	
10	CT–01–09	环	1	橡皮	
9	CT–01–08	螺管	1	HPb59–1	
8	CT–01–07	螺钉	1	Q235–A	
7	GB/T 68	螺钉M2x3	2	Q235–A	
6	CT–01–06	套筒	1	H62	
5	CT–01–05	插头	1	H62	
4	CT–01–04	胶木体	1	苯胺醛塑料	
3	CT–01–03	套筒	1	ZCuSn10Pb1	
2	CT–01–02	连接螺套	1	Q235–A	
1	CT–01–01	螺套	1	Q235–A	

设计		插头	CT–01–00		
校对			比例	数量	
审核			(校名)		班

班级 ________ 学号 ________ 姓名 ________

14-1 用AutoCAD命令绘制下面所示法兰盘的图形，不标尺寸。

(1)

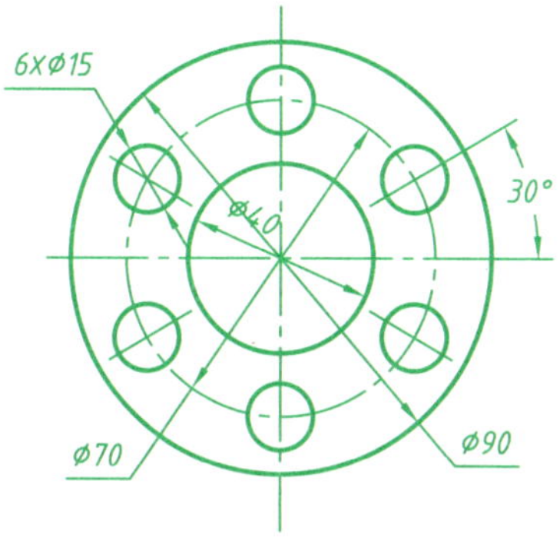

(2)

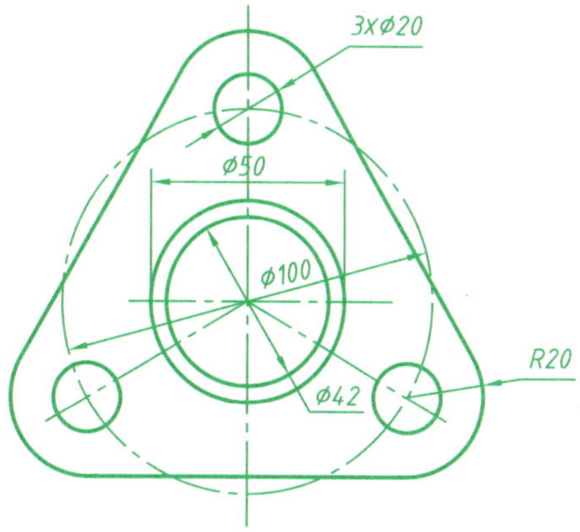

14-2 用AutoCAD命令绘制下图。要求绘制坐标轴、拟合曲线以及注写X、O、Y字符。

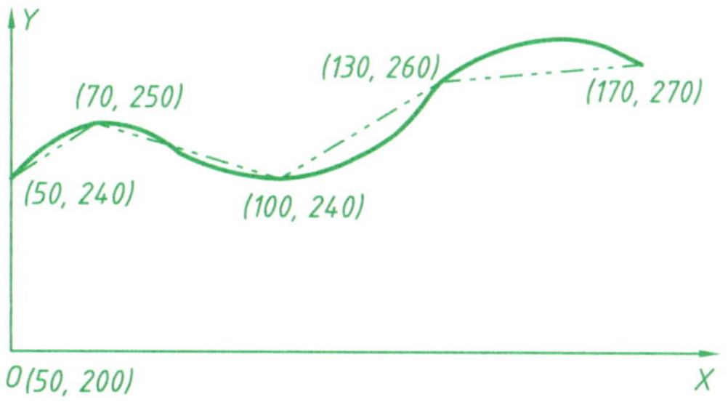

班级 ______ 学号 ______ 姓名 ______

14-3 利用AutoCAD的有关命令绘制下图。

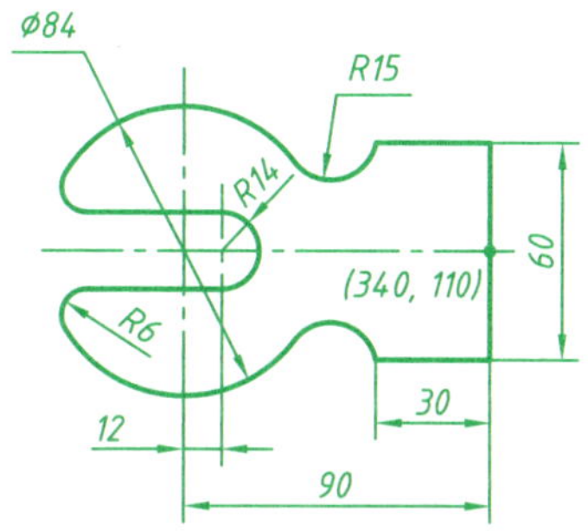

14-4 利用AutoCAD的图案填充命令绘制下面两图，要求标注尺寸。

(1)

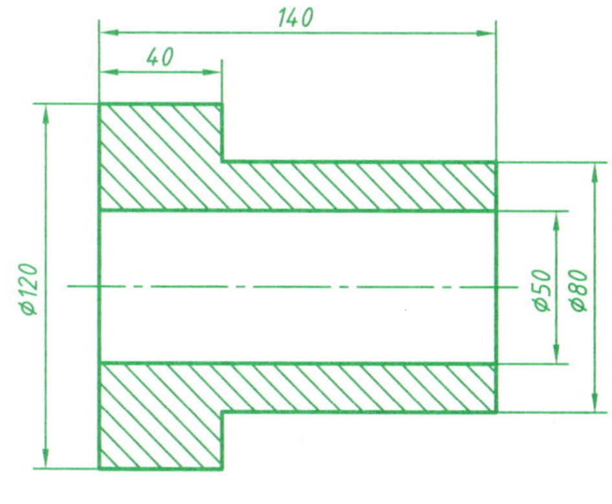

(2)

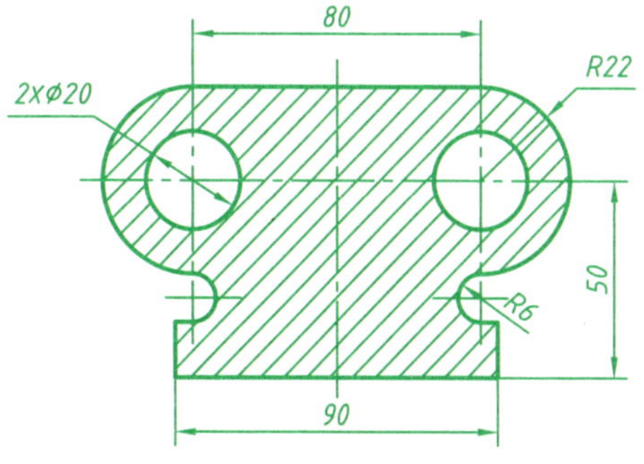

班级______ 学号______ 姓名______

14-5 用AutoCAD命令绘制轴承座的视图，并标注尺寸。

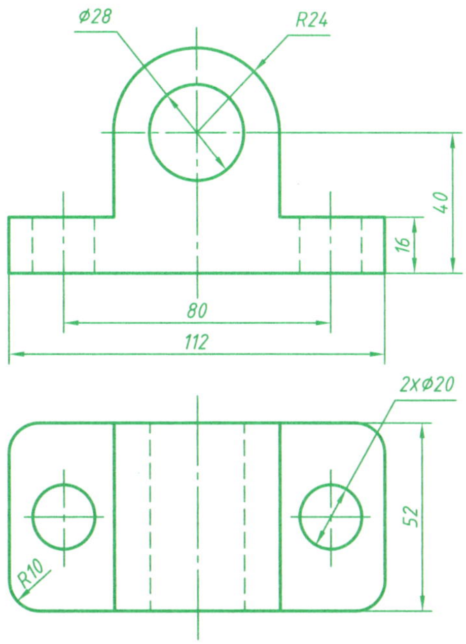

14-6 综合运用AutoCAD命令绘制习题12-2中的单螺钉匹配器的5个零件(调节螺钉、扼流外腔、扼流内腔、波导、法兰盘)的零件图。

班级＿＿＿＿ 学号＿＿＿＿ 姓名＿＿＿＿

15-1 将图(*a*)中的二维图分别用拉伸的方法生成图(*b*)中的立体图。

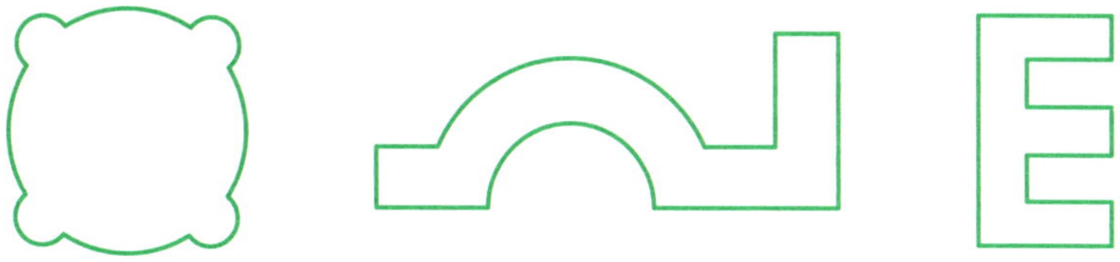

(*a*)

(*b*)

15-2 将图(*a*)中的二维图分别用旋转的方法生成图(*b*)中的渲染图。

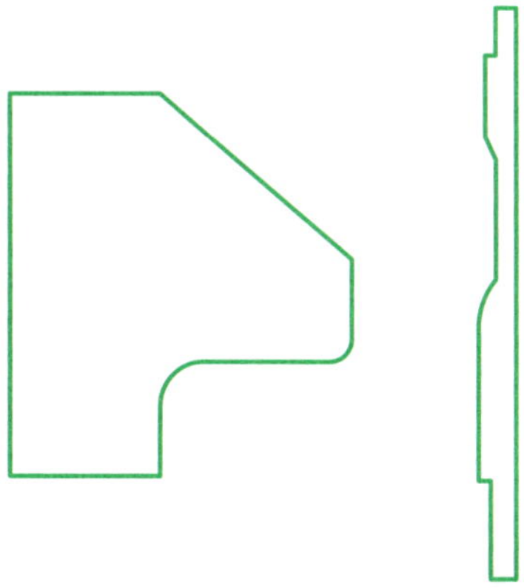

(*a*)

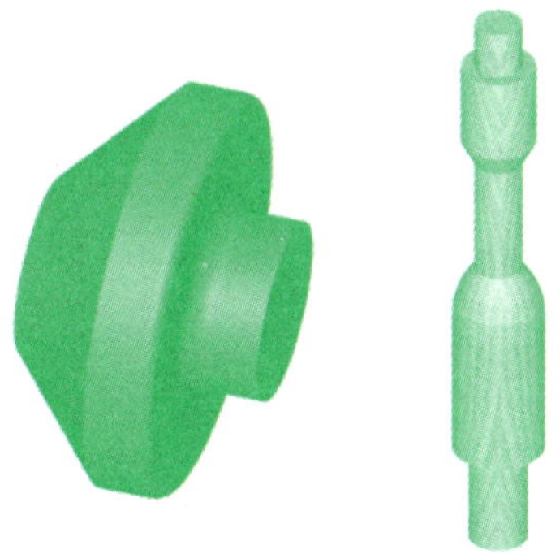

(*b*)

班级________ 学号________ 姓名________

15-3 综合运用AutoCAD的实体造型功能建立习题7-23零件的几何模型，然后剖切生成图(*a*)所示轮廓线图，再渲染生成图(*b*)所示渲染图。

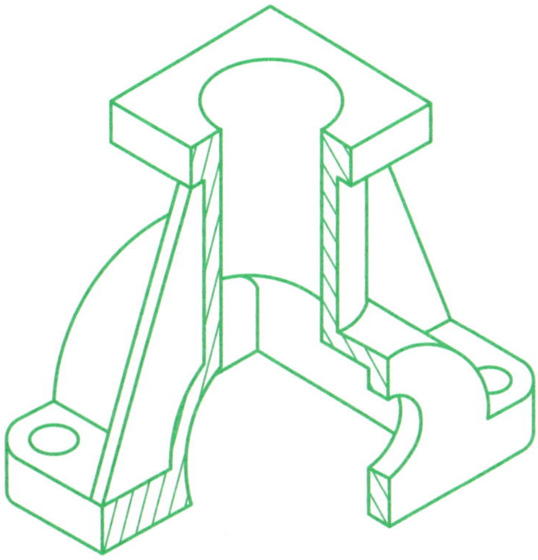

(*a*)

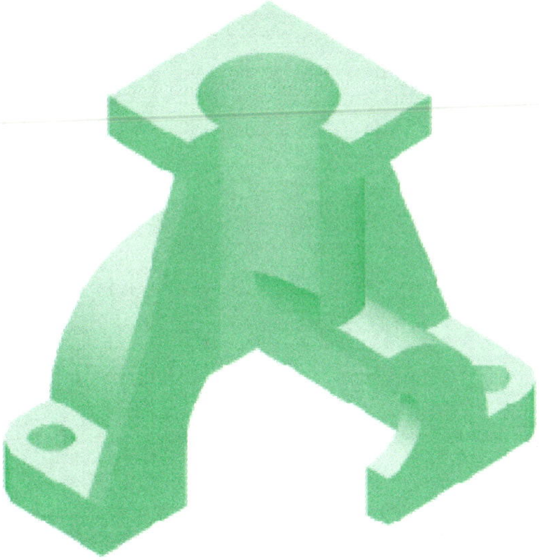

(*b*)

班级 ________ 学号 ________ 姓名 ________